# LEHRBUCH DER GESAMTEN CHEMIE

VON

## F. L. BREUSCH

DR. PHIL., PROFESSOR AN DER UNIVERSITÄT ISTANBUL
DIREKTOR DES ZWEITEN CHEMISCHEN INSTITUTS

ZWEITE AUFLAGE

85 ABBILDUNGEN

Springer-Verlag Berlin Heidelberg GmbH
1954

ISBN 978-3-642-87309-6     ISBN 978-3-642-87308-9  (eBook)
DOI: 10.1007/978-3-642-87308-9

# Vorwort.

Das Buch ist die zweite deutschsprachige Ausgabe (erste Ausgabe in Kommission bei Wepf, Basel 1948) meines türkischen Lehrbuches, das nunmehr in sechster Auflage vorliegt. Die erste, unter zeitbedingten Schwierigkeiten unternommene deutschsprachige Ausgabe hat bei den Studierenden erfreulichen Anklang gefunden, trotz mancher Druckfehler und Mängel, die durch die Herstellung in einem außereuropäischen Land bedingt waren. Ich bin daher dem Springer-Verlag dankbar, daß er mir ermöglichte, eine berichtigte und stark überarbeitete Auflage in Deutschland selbst herauszubringen.

Der Inhalt des Buches entspricht meiner zweisemestrigen, wöchentlich vierstündigen Experimentalvorlesung über Chemie vor türkischen Studierenden der Naturwissenschaften und Medizin. Dementsprechend ist das Buch in erster Linie für solche Studierenden bestimmt, die Chemie im Nebenfach betreiben. Auf die Bedürfnisse der Mediziner ist insofern besonders Rücksicht genommen, als Substanzen und Reaktionen, die in der physiologischen Chemie wichtig sind, hier schon vorbereitend behandelt werden. Es ist der unzweifelhaft bei solchen Studierenden, die nur eine „Grundausbildung" in Chemie anstreben, vorhandene Wunsch, die Grundtatsachen der allgemeinen, der anorganischen und der organischen Chemie in einem handlichen Band zusammen zu haben, der mich veranlaßte, eine Neuauflage in Angriff zu nehmen.

Vielen Kollegen, darunter besonders Herrn Professor ROSENTHALER-Bern, habe ich für nützliche Kritik an der ersten Auflage und Verbesserungsvorschläge zu danken. Für wertvollen Rat und Mithilfe bei der Bearbeitung der Korrekturen dieser zweiten Auflage bin ich meinem Istanbuler Kollegen, Herrn Professor Z. STARY und Herrn Dr. H. MAYEP KAUPP vom Springer-Verlag zu besonderem Dank verpflichtet.

Istanbul, Januar 1954.                                        F. L. BREUSCH.

# Inhaltsverzeichnis.

Erster Teil.

# Allgemeine Chemie.

1. Kapitel.

## Einleitung.

### a) Historische Entwicklung.

*Erklären* heißt nach ERNST MACH eine Sache so weit bringen, daß man sie gedanklich synthetisch nachbilden kann. Die moderne Naturwissenschaft geht weiter; sie möchte aus einer Erklärung nicht nur die gedankliche, sondern auch die praktische Synthese abgeleitet sehen.

Zur gedanklichen Nachbildung sind als denk-ökonomische Werkzeuge möglichst einfache und allumfassende Ideen über die Zusammensetzung der verwirrenden Gegenstandsfülle nötig; aus physiologischen Gründen, da unser menschliches Hirn jeweils nur ein oder wenige Übersichtsprinzipien im Bewußtsein festhalten kann.

*Hypothese.* Die Vielfalt unserer Umwelt hat zuerst die Griechen veranlaßt, zur Erklärung die Hypothese von den vier Hauptelementen Erde, Wasser, Luft und Feuer aufzustellen, aus denen sich alle Erscheinungen der Welt durch komplizierte Mischungen aufbauen sollten (EMPEDOKLES, ARISTOTOLES).

*Dogma.* Diese gedankliche Spekulation, die den praktischen Nachprüfungsversuch (das Experiment) noch nicht kannte, ist über die Römer auf das Christentum übergegangen, das fast 1500 Jahre lang die Weiterentwicklung hemmte. Die spekulative griechische Theorie erstarrte zum Dogma.

*Praxis.* Unabhängig davon hat ohne viel Theorie einige praktische chemische Stoffkunde schon bei vorchristlichen Völkern bestanden; bei Chaldäern, Ägyptern. Die höchst entwickelte nachfolgende Handwerkschemie war die der Araber; sie konnten Alaune, Ammonsalze, Salpetersäure, Indigo, Pflanzengifte und anderes unterscheiden und darstellen.

Ihre schon fortgeschrittenen Kenntnisse wurden nach der Vertreibung der Araber aus Spanien über Europa verbreitet und auf der Suche nach dem „Stein der Weisen" handwerklich erweitert.

Gemischt mit religiösem Aberglauben und mystischem Jahrmarktsbetrug, philosophisch bestenfalls untermauert mit vitalistischen Erklärungsversuchen, entstand daraus das, was man *Alchemie* nennt.

*Hypothese und Praxis.* So liefen historisch unserer heutigen Chemie zwei unabhängige Zweige voraus: die experimentlose theoretische Spekulation der Griechen und das weitgehend theorielose chemische Handwerk.

Erst ihre Vereinigung seit etwa 300 Jahren, und die Geburt der Idee, Hypothesen durch *Experimente* nachzuprüfen, hat in gegenseitiger Befruchtung von Theorie und Experiment zum heutigen umfassenden Gebäude der Chemie geführt.

*Illusionsverzicht.* Dazu bedurfte es einer inneren geistigen Loslösung von starren, dogmatischen Traditionen und von geistiger Intoleranz; eine Loslösung von Illusionen, die philosophisch von ERASMUS VON ROTTERDAM und besonders DESCARTES um 1600 eingeleitet wurde.

Ab 1650 (BOYLE) folgten sich in rascher Folge die Pioniere der neuen chemischen (und physikalischen) Wissenschaften: STAHL, PRIESTLEY, SCHEELE, LAVOISIER, DALTON, AVOGADRO, WÖHLER, BERZELIUS, LIEBIG, PASTEUR und viele andere; anfangs noch im Kontakt mit religiösen Traditionen und Illusionen; dann sich mehr und mehr von ihnen loslösend, bis zu ihrer heutigen völligen Trennung.

### b) Abgrenzung der Chemie und ihrer Aufgaben.

*Physik.* Die drei Haupterscheinungsformen der Materie sind fest, flüssig, gasförmig, z.B. Eis, Wasser, Dampf. Diese Erscheinungsformen kann man ineinander überführen; sie sind für ein und dieselbe Substanz Funktionen der Temperatur und des Drucks. Eine solche reversible Überführung ist ein *physikalischer Vorgang.*

*Chemie.* Man kann Wasser jedoch auch elektrolytisch zersetzen. Es entstehen Gase, deren Mischung auch dann, wenn man sie verflüssigt, nicht wieder Wassereigenschaften hat. Den Vorgang der Verwandlung der Grundeigenschaften einer Substanz nennt man einen *chemischen Vorgang.*

Man kann ein Stück Holz zerbrechen; durch mechanisches Verleimen kann man es wieder in die ursprüngliche Form versetzen: ein physikalischer Vorgang. Wenn dagegen das Holz zu Asche, Wasser und Kohlendioxyd verbrennt, so geht es in andere Verbindungen über, ein chemischer Vorgang hat stattgefunden.

*Definition der Chemie und ihrer Aufgaben.* Alle Vorgänge, die räumliche oder sonst meßbare Zustände und ihre Veränderungen betreffen, ohne die stoffliche Zusammensetzung zu ändern, betrachtet man als Gegenstände der Physik; alle Vorgänge, die mit stofflichen Veränderungen der Materie verbunden sind, ohne daß die Form eine wesentliche Rolle spielt, gehören in den Bereich der Chemie.

Diese scheinbar grundsätzliche Einteilung ist heute nur noch eine praktische auf Grund des verschiedenen Handwerkszeugs von Chemie und Physik. Seit dem Eindringen der Physik in die Chemie (Entstehung einer neuen Disziplin *physikalische Chemie*) sehen wir, daß die Erscheinungen der Chemie Folgen atomphysikalischer Vorgänge sind. Jeden Vorgang und jeden Zustand kann man sowohl von einer physikalischen wie von einer chemischen Seite betrachten.

Trotzdem hat die Chemie eine festumrissene Aufgabe, die an die MACHsche Definition anknüpft: in die riesige Vielfalt der Zusammensetzung und der stofflichen Veränderungen unserer Welt denkökonomisch so Ordnung zu bringen, daß diese mit einem Minimum von allgemeinen Gesetzen begriffen, „erklärt" und synthetisch beherrscht werden können.

*Anorganische Chemie.* Aus der historischen Entwicklung der Chemie haben sich *zwei Hauptgebiete* ergeben: ein Gebiet, das einer Ordnung und der Synthese leichter zugänglich erschien, die *anorganische Chemie*, die sich mit den Salzen, Säuren, Basen, Metallen und Mineralien beschäftigt, in der man verhältnismäßig früh zu reinen, reproduzierbaren Verbindungen kam, die meistens feuerbeständig und aus Bodenschätzen immer wieder herstellbar waren.

*Organische Chemie.* Ein zweites Gebiet war die *organische Chemie*; ein Gebiet, das anfangs nur schwer analytisch erschließbar war, weil organische Verbindungen nicht feuerbeständig sind und einer direkten Synthese mit den damaligen Mitteln nicht zugänglich waren. Erst nach der grundlegenden Harnstoffsynthese von WÖHLER 1829, der zum ersten Mal eine bis dahin nur von lebenden Zellen produzierte Substanz aus leblosen Mineralstoffen herstellte, sah man, daß die historische Spaltung in anorganische und organische Chemie keine grundsätzliche, sondern eine praktische Unterteilung war.

Man hat diese Einteilung, weil sie die Übersicht erleichtert und die handwerklichen Methoden der beiden Gebiete voneinander verschieden sind, beibehalten. Man bezeichnet im großen und ganzen den Kreis der komplizierten Verbindungen des Kohlenstoffs als organische Chemie, den der kohlenstofffreien Verbindungen als anorganische Chemie.

*Spezialchemie.* Daneben haben sich im Rahmen der heutigen Chemie eine große Zahl von Spezialdisziplinen entwickelt, wie analytische Chemie, metallurgische Chemie, Geochemie, Farbstoffchemie, Biochemie, viele Sparten der technischen Chemie usw. Diese Spezialisierung ist nötig, da heute kein Chemiker mehr die ganze Chemie beherrschen kann; er muß sich, wenn er etwas leisten will, spezialisieren.

*Das Wort Chemie* stammt nach E. v. LIPPMANN aus dem Koptischen, bedeutet schwarz und soll zuerst von den Kopten als Bezeichnung für Ägypten (schwarze Erde) gebraucht worden sein; es wurde so von den Arabern übernommen.

*Chemie und Universum.* Menschliche und irdische Maßstäbe bedingen weitgehend den Rahmen unserer Chemie. Zwei Drittel der Vorgänge unserer irdischen anorganischen Chemie spielen sich in wäßriger Lösung ab, dem im Weltall extrem seltenen Zufallslösungsmittel unserer Erdoberfläche. Schon andere Planeten unserer Sonne haben als Oberflächenflüssigkeiten wahrscheinlich flüssiges $SO_2$ oder $CH_4$, Lösungsmittel, in denen ein Teil der chemischen Vorgänge anders verläuft. Auch unsere Erdoberflächentemperatur ist zufällig; wäre sie 100° tiefer, so könnte, wenn dann noch ein vermittelndes flüssiges Lösungsmittel existierte, unsere Chemie sehr viel reichhaltiger sein, da dann eine große Zahl von anorganischen und organischen Verbindungen noch beständig wären, die bei unserer Temperatur nicht mehr existenzfähig sind.

Gemessen an astronomischen Bereichen, hat die Chemie eine minimale Bedeutung; nach EDDINGTON haben 90% der Materie des ganzen Weltalls Temperaturen von mehr als einer Million Grad, eine Temperatur, bei der keinerlei chemische Verbindungen mehr existenzfähig sind. Die Chemie ist, astronomisch gesehen, eine winzige Zufallskomposition in der Nähe des absoluten Nullpunkts. Schon bei $+400°$ C ist praktisch keine von den heute bekannten fast 2 Millionen organischen Verbindungen mehr beständig; bei etwa 6000° C, der Oberflächentemperatur unserer Sonne, sind auch anorganische Verbindungsbruchstücke außer CH, CN, SiO nicht mehr stabil und zerfallen in freie Atome und Ionen. Die Materie des Weltalls liegt fast nur in Form des Gemisches der Atome und Ionen der Elemente vor: nur an ganz seltenen Stellen des Weltalls kommen chemische Verbindungen vor. Solche seltenen Zufallsstellen sind die Planeten unserer Sonne und vielleicht einiger anderer Sterne (61 Cygni; 70 Ophinchi).

## 2. Kapitel.

# Werkzeuge der Chemie.

### a) Handwerksmaterial.

Ein großer Teil der im chemischen Laboratorium verwendeten Geräte ist aus Glas, weil Glas der einzige Körper ist, der gegen die meisten Chemikalien und gegen Hitze bis etwa 400° widerstandsfähig und außerdem durchsichtig ist, so daß man in Glasgefäßen die Reaktionen beobachten kann. Der einzige Nachteil des Glases ist seine leichte Zerbrechlichkeit und seine Unfähigkeit, starke Temperaturdifferenzen ohne Springen zu ertragen.

Weniger zerbrechlich, aber undurchsichtig, sind Geräte aus Platin; für den normalen Gebrauch sind sie zu teuer.

In der chemischen Industrie, für deren gewichtsmäßig große Umsätze man keine passenden Glasgefäße herstellen kann, verwendet man Eisen-Kupfer-Bleigeräte, die je nach ihrem Verwendungszweck mit Emaille oder einem sonstigen korrosionssicheren Überzug versehen sind. Oft werden auch Steinzeug und Quarzgeräte verwendet, manchmal auch Kunstharz.

Die große Zahl der verschiedenen in der Chemie angewandten Methoden ist im Rahmen dieses Buches nicht einheitlich darzustellen; einzelne werden im Text gebracht.

## b) Meßeinheiten.

*Gewichtseinheit:* Als Standardeinheit, ein *Kilogramm* (kg), hat man auf einer internationalen Konferenz 1875 das Gewicht eines Platinstücks gewählt, das in Sèvres bei Paris deponiert ist. Kleinere Einheiten werden durch folgende Formeln definiert: 1 kg = 1000 *Gramm* (g) = 1 000 000 *Milligramm* (mg) = 1 000 000 000 *Mikrogramm* ($\mu$g); früher als *Gamma* ($\gamma$) bezeichnet.

*Längeneinheit:* 1 *Meter* (m) ist gleich der Länge eines ebenfalls in Sèvres aufbewahrten Platinstandardmeters. 1 *Meter* = 10 *Dezimeter* (dm) = 100 *Centimeter* (cm). 1 cm = 10 *Millimeter* (mm) = 10 000 *Mikron* ($\mu$) = $10^7$ *Millimikron* (m$\mu$) = $10^8$ *Ångström* (Å). In Ångström werden vielfach die Wellenlängen der Spektrallinien des Lichts angegeben.

*Flächeneinheit:* Einheit der Fläche ist ein Quadrat mit der Kantenlänge von 1 Meter, das *Quadratmeter* ($m^2$). Der zehntausendste Teil davon ist ein Quadrat mit der Kantenlänge von 1 cm, das *Quadratcentimeter* ($cm^2$).

*Druckeinheit:* Eine *Atmosphäre* (Atm.) ist gleich dem Druck, den eine 760 mm hohe Quecksilbersäule bei null Grad Celsius auf Meereshöhe auf ihre Unterlage ausübt. Die technische Atmosphäre (at), Druck von einem Kilogramm auf ein Quadratcentimeter in Meereshöhe, ist um 3,3% kleiner.

*Temperatureinheit:* Wegen der praktisch leichten Reproduzierbarkeit hat man die Temperatur schmelzenden Eises unter dem Druck von 760 mm Quecksilber als Nullpunkt gewählt. Man bezeichnet diese Temperatur als *null Grad Celsius (0° C)*. Den Siedepunkt reinen Wassers unter 760 mm Quecksilber nimmt man als *hundert Grad Celsius (100° C)*. Alle anderen Temperaturpunkte sind durch lineare Unterteilung eines durch die Wärmeausdehnung verlängerten Quecksilberfadens gewonnen (Quecksilberthermometer); oder sie sind aus der parallel zur Temperaturerhöhung verlaufenden Ausdehnung oder Druckerhöhung von Gasen gewonnen (Gasthermometer). In angelsächsischen Ländern rechnet man außerhalb der Wissenschaft mit *Grad Fahrenheit*; null Grad Celsius entsprechen +32° Fahrenheit, und hundert Grad Celsius +212° Fahrenheit.

Der absolute Nullpunkt liegt bei −273,16° C. Die absolute Temperatur rechnet man vom absoluten Nullpunkt in *Grad Kelvin*. 0° Celsius sind so +273,16° Kelvin.

*Zeiteinheit:* Eine *Sekunde* = 1/86400 eines Sonnentages.

*Raumeinheit:* Als solche gilt das *Liter* (l), das Volumen von 1 kg Wasser bei +4°. Dieses Maß ist nicht identisch mit 1 dm³. Der tausendste Teil des Liters ist das *Milliliter* (ml); und nicht, wie fälschlicherweise in Büchern immer wieder angegeben wird, das cm³. Die Längeneinheit, das Meter, ist an das Urmeter in Paris angeschlossen; die Gewichtseinheit, das Kilo dagegen an das Urkilo, ebenfalls in Paris. Es war ursprünglich so gedacht, daß das Urkilo gleich dem

Gewicht eines Wasserwürfels von 10 cm Kantenlänge sein sollte. Später hat es sich gezeigt, daß beide Grundmaße Differenzen aufweisen. Die Raumeinheit, Liter und Milliliter sind ausschließlich an das Urkilo und nicht an das Urmeter angeschlossen. Ein Milliliter, ml $= 1,000027$ cm$^3$ *.

*Dichte:* Als Dichte bezeichnet man die in ein cm$^3$ enthaltene Masse eines Körpers in Gramm. Das *spezifische Gewicht* ist die Zahl, die angibt, wieviel mal schwerer oder leichter ein Körper ist als Wasser von 4°. Beide Zahlenangaben sind für praktische Zwecke identisch; für genaue Messungen muß aber wieder der Unterschiedsfaktor von 1,000027 berücksichtigt werden, da die Dichte an das Urmeter, das spezifische Gewicht an das Urkilo angeschlossen ist.

*Wärmeeinheit:* Die Calorie ist eine Meß-Form der Energie.

Eine große oder *Kilocalorie* (1 kcal) ist die Wärmemenge, die 1000 g Wasser von 14,5° C auf 15,5° C erwärmt.

Eine kleine oder *Grammcalorie* (1 cal) ist die Wärmemenge, die 1 g Wasser von 14,5° C auf 15,5° C erwärmt.

*Elektrochemische Einheiten:* Ein Ampère ist gleich der Strommenge, die beim Durchgang durch eine Silbersalzlösung in einer Sekunde 0,00118 g metallisches Silber ausscheidet. Ein Ampère eine Sekunde lang nennt man ein *Coulomb*. 96494 Coulomb sind nötig, um ein Mol eines beliebigen einwertigen Ions zu entladen. Das Coulomb hat nicht die Dimension einer Energie; es erhält sie erst durch Multiplikation mit der Voltzahl, der zur Entladung des Ions nötigen Spannung (s. S. 89).

*Energieeinheiten:* Ein *Joule* = ein Coulomb mal ein Volt $= 10^7$ *Erg* $= 0,2389$ *cal* $= 0,102$ *Meterkilogramm* (mkg). 1 Erg ist die Energiemenge, die nötig ist, um ein Gramm in einer Sekunde um 1 Centimeter zu beschleunigen.

Mechanische Energie wird als *Meterkilogramm* gemessen; 1 *mkg* $= 2,343$ cal. 1 *kcal* $= 427$ *mkg* (mechanisches Wärmeäquivalent). 860,3 *kcal* $= 1$ *Kilowattstunde*.

*Leistungseinheiten* sind Energiemengen pro Zeiteinheit: 1 *Watt* ist gleich ein Joule pro Sekunde; die *Pferdestärke* 1 PS $= 75$ *Meterkilogramm pro Sekunde* $= 704$ *Watt pro Sekunde*.

*Chemische Einheiten:*

1 *Mol* = Formelgewicht (oder Molekulargewicht) in Gramm (s. S. 14, 79).

1 *Grammatom* = 1 Atomgewicht in Gramm (s. S. 14).

$$1 \text{ Äquivalentgewicht} = \frac{\text{Formelgewicht (oder Atomgewicht)}}{\text{Wertigkeit}}$$

*Molare Lösung* = 1 Mol, gelöst zu 1 Liter Gesamtflüssigkeit (s. S. 84).

*Normale Lösung* = 1 Äquivalentgewicht, gelöst zu 1 Liter Gesamtflüssigkeit (s. S. 84).

## c) Chemische Literatur.

Die systematische Forschung in der Chemie hat vor allem im Laufe der letzten 100 Jahre ein riesiges Material zusammengetragen, das das Fassungsvermögen seine menschlichen Hirns übersteigt. All dieses Wissen ist systematisch in bisher etwa 2500 Handbüchern und Zeitschriftenbänden niedergelegt, die in jeder guten chemischen Bibliothek der ganzen Welt zu finden sind.

In den Handbüchern ist systematisch nach einem bestimmten Schlüssel (den man kennen lernen muß) jede bisher dargestellte, entweder synthetisierte oder

---

* Dagegen sind die Raumeinheiten der Astronomen, Kubiklichtjahr und Kubikparsec, an das Urmeter angeschlossen.

aus der Natur gewonnene Verbindung, beschrieben in ihren Eigenschaften, auf-
zufinden. Die Zahl dieser bekannten Verbindungen beträgt heute etwa 2 Millionen;
sie wächst jedes Jahr lawinenartig an. Sie wächst, obwohl man es in der
organischen Chemie längst aufgegeben hat, alle unzähligen möglichen Isomeren
(Verbindungen gleicher Summenformel, aber räumlich verschiedener Struktur)
darzustellen und sich darauf beschränkt, die theoretisch oder praktisch wichtigen
zu synthetisieren.

In dieser Fülle ist es für den Chemiker wichtiger, zu wissen, wo und wie er
bei Bedarf eine Verbindung suchen muß, um ihre Eigenschaften zu finden, oder
um festzustellen, daß sie noch nicht dargestellt ist, als die Verbindungen alle
einzeln selbst zu kennen. Daß dazu die *Kenntnis der englischen Sprache unentbehrlich* ist, sei betont.

*Chemische Zeitschriften.* Die chemische Literatur besteht aus zwei Teilen: den
*periodisch* erscheinenden *wissenschaftlichen Zeitschriften*, in denen die Original-
arbeiten der Forscher publiziert sind; sie stehen gesammelt und gebunden in
jeder chemischen Bibliothek. Die wichtigsten Zeitschriften sind: Annalen der
Chemie, seit 1832; Bulletin de la Societé Chimique de France, seit 1859; Journal
of the London Chemical Society, seit 1860; Berichte der Deutschen Chemischen
Gesellschaft, seit 1868; Journal of the American Chemical Society, seit 1879;
Zeitschrift für anorganische Chemie, seit 1892; Helvetica Chimica Acta, seit
1918.

*Referatenblätter.* Der zweite Teil sind die *Referatenblätter*; das wichtigste in
deutscher Sprache ist das *Chemische Zentralblatt* (seit 1890), in dem laufend die
auf der ganzen Welt erscheinenden chemischen Arbeiten, geordnet nach Chemie-
branchen, mit kurzer, objektiver Inhaltsangabe referiert werden und die gebunden
seit 1890 in der Bibliothek eines jeden chemischen Instituts stehen müssen,
so daß keinem Chemiker, der das Zentralblatt liest, eine Arbeit seines Spezial-
gebietes entgehen kann.

In Amerika werden auf gleiche Art „*Chemical Abstracts*" herausgegeben, die
heute vollständiger geworden sind als das Chemische Zentralblatt.

Zu den Referatenblättern gehören die großen *Standardwerke*, in denen jede
einzelne Verbindung systematisch beschrieben ist. Für die *anorganische Chemie*
sind das die *Handbücher von* GMELIN, in denen jedes Element einen bis mehrere
Bände umfaßt. Der Schlüssel zur Benützung ist im ersten Band zu finden.
Standardwerke für die *organische Chemie* sind die 31 Bände von BEILSTEIN, zu
denen alle 10 Jahre entweder Neubearbeitungen oder Ergänzungsbände erscheinen.
Ein Benutzungsschlüssel findet sich im ersten Band und in einem besonderen
Anleitungsband.

*Systematik der Substanzen.* Eine Schwierigkeit der literarischen Systematik
besonders der organischen Chemie liegt bei den *Bezeichnungen*.

Aus historischen Entwicklungen sind für viele Substanzen Trivialbezeich-
nungen (Campher, Indigo, Purin) entstanden. Um alle, auch komplizierte Verbindung ohne Trivialnamen bezeichnen zu können, wurde auf Vorschlag einer
Chemikerkonferenz in Genf ein klares möglichst logisches System ausgearbeitet
(s. S. 227), das aber für komplizierte Formeln monströse Namen ergab. Es
hat sich in der Praxis nicht durchgesetzt; man verwendet statt dessen ein
gemischtes System aus alten oder neuerfundenen Trivialnamen mit dem Genfer
Zahlensystem; z. B. 1,3,5-Trioxy-purin.

Daneben setzt sich für die Registrierung organischer Verbindungen das
RICHTER*sche System* durch, das alle Verbindungen ohne Rücksicht auf chemische
Klassenzugehörigkeit lexikonartig nur nach steigender Summenformel [der

Bruttoformel (s. S. 221)] anordnet; also etwa $C_{11}H_{24}O_3N_2$ vor $C_{11}H_{24}O_3N_4$ usw. Dieses System erlaubt ein rasches Finden einer Verbindung; die Summenformel ist allerdings nicht eindeutig und bezeichnet eine mehr oder weniger große Zahl von Isomeren, die dann formelmäßig betrachtet werden müssen. *Technisch-chemische Literatur* kann im alphabetisch geordneten, lexikonartigen vielbändigen Handbuch von ULLMANN, *Enzyklopädie der technischen Chemie*, nachgesehen werden. Auch jedes Spezialgebiet hat seine Sonderstandardwerke, die meist in guten chemischen Bibliotheken zu finden sind.

## 3. Kapitel.

# Zusammensetzung der Substanzen.

### a) Die Elemente.

Nach der Entdeckung der Idee des planmäßigen Experiments ergab sich automatisch die Forderung, jeden Stoff erst dann als Element (unteilbar) anzuerkennen, wenn er mit keinem Mittel mehr in weitere Bestandteile gespalten werden kann.

*Elemente der Griechen.* Schon bei Beginn der ersten Experimente um 1600 zeigte sich die Unhaltbarkeit der alten griechischen Theorie von den Elementen Erde, Wasser, Feuer, Luft. Erde läßt sich mechanisch durch Aufschlämmen in verschiedene Bestandteile spalten; beim Glühen geht ein Teil verloren, einer nicht. Aus Luft läßt sich, etwa durch Phosphorstücke, $^1/_5$ des Volumens herausholen; die restlichen $^4/_5$ verhalten sich nicht wie Luft, unterhalten die Verbrennung nicht. Feuer ließ sich als Stoff nicht fassen; es ist ein physikalischer Zustand. Später fand man, daß auch Wasser spaltbar ist; durch Elektrolyse oder durch manche Metalle. Durch immer weitere Anwendung neu erfundener chemischer und physikalischer Trennungsmethoden kam man dann im Laufe von 3 Jahrhunderten zu 90 chemischen Grundbestandteilen, den Elementen.

*Chemische Elemente.* Man definiert in der Chemie als *Elemente* solche Substanzen, die sich durch keine der bisher üblichen (s. jedoch S. 32) chemischen und physikalischen Methoden in Bestandteile anderer Art zerlegen lassen; und die, aus beliebigen Quellen gewonnen und an beliebigen Orten untersucht, immer genau meßbar dieselben Reaktionen geben. Diese nur experimentelle Definition ist durch andere Daten auch theoretisch gestützt. Alle Metalle sind Elemente; Schwefel ist ein Element, ebenso Brom, Jod, Kohlenstoff, Sauerstoff usw. Alle Formen und Substanzen der Materie, die wir mit unseren Sinnesorganen überhaupt wahrnehmen, sehen, fühlen, riechen, schmecken können, auch wir selbst, kurz die ganze uns zugängliche Erscheinungswelt, setzt sich aus diesen wenigen Elementen zusammen.

Aus praktischen Gründen hat man zum Zweck einfacher Formulierung für jedes der 90 in der Natur vorkommenden Elemente international gültige *Abkürzungen* eingeführt. Man hat meist den Anfangsbuchstaben des lateinischen oder latinisierten Namens des Elementes gewählt, nötigenfalls unter Hinzunahme eines zweiten, im Namen vorkommenden Buchstabens (BERZELIUS). So bezeichnete man Sauerstoff mit O (= Oxygenium), oder Schwefel mit S (= Sulfur), oder das zu Ehren der Heimat von Madame CURIE Polonium genannte metallische Element mit Po. Die Abkürzungen, chemische Symbole genannt, findet man in der zweiten Spalte der umstehenden Tabelle 1 für alle Elemente angegeben. Die Zahlen der dritten Spalte sind die Ordnungszahlen (s. S. 16). Die vierte Spalte enthält die Atomgewichte (s. S. 13).

Tabelle 1. *Tabelle der Elemente.*

| Name | Symbol | Ordnungszahl | Atomgewicht | Name | Symbol | Ordnungszahl | Atomgewicht |
|---|---|---|---|---|---|---|---|
| Aluminium | Al | 13 | 26,97 | Neon | Ne | 10 | 20,183 |
| Actinium | Ac | 89 | 227, | Nickel | Ni | 28 | 58,69 |
| Antimon | Sb | 51 | 121,76 | Niobium | Nb | 41 | 92,91 |
| Argon | Ar | 18 | 39,944 | Osmium | Os | 76 | 190,2 |
| Arsen | As | 33 | 74,91 | Palladium | Pd | 46 | 106,7 |
| Barium | Ba | 56 | 137,36 | Phosphor | P | 15 | 30,98 |
| Beryllium | Be | 4 | 9,013 | Platin | Pt | 78 | 195,23 |
| Blei | Pb | 82 | 207,21 | Polonium | Po | 84 | 210, |
| Bor | B | 5 | 10,82 | Praseodym | Pr | 59 | 140,92 |
| Brom | Br | 35 | 79,916 | Protactinium | Pa | 91 | 231, |
| Cadmium | Cd | 48 | 112,41 | Quecksilber | Hg | 80 | 200,61 |
| Caesium | Cs | 55 | 132,91 | Radium | Ra | 88 | 226,05 |
| Calcium | Ca | 20 | 40,08 | Radon | Rn | 86 | 222, |
| Cassiopeium | Cp | 71 | 174,99 | Rhenium | Re | 75 | 186,31 |
| Cerium | Ce | 58 | 140,13 | Rhodium | Rh | 45 | 102,91 |
| Chlor | Cl | 17 | 35,457 | Rubidium | Rb | 37 | 85,48 |
| Chrom | Cr | 24 | 52,01 | Ruthenium | Ru | 44 | 101,7 |
| Dysprosium | Dy | 66 | 162,46 | Samarium | Sm | 62 | 150,43 |
| Eisen | Fe | 26 | 55,85 | Sauerstoff | O | 8 | 16,0000 |
| Erbium | Er | 68 | 167,2 | Scandium | Sc | 21 | 45,10 |
| Europium | Eu | 63 | 152,0 | Schwefel | S | 16 | 32,066 |
| Fluor | F | 9 | 19,00 | Selen | Se | 34 | 78,96 |
| Gadolinium | Gd | 64 | 156,9 | Silber | Ag | 47 | 107,880 |
| Gallium | Ga | 31 | 69,72 | Silicium | Si | 14 | 28,06 |
| Germanium | Ge | 32 | 72,60 | Stickstoff | N | 7 | 14,008 |
| Gold | Au | 79 | 197,2 | Strontium | Sr | 38 | 87,63 |
| Hafnium | Hf | 72 | 178,6 | Tantal | Ta | 73 | 180,88 |
| Helium | He | 2 | 4,003 | Tellur | Te | 52 | 127,61 |
| Holmium | Ho | 67 | 164,94 | Terbium | Tb | 65 | 159,2 |
| Indium | In | 49 | 114,76 | Thallium | Tl | 81 | 204,39 |
| Iridium | Ir | 77 | 193,1 | Thorium | Th | 90 | 232,12 |
| Jod | J | 53 | 126,92 | Thulium | Tu | 69 | 169,4 |
| Kalium | K | 19 | 39,096 | Titan | Ti | 22 | 47,90 |
| Kobalt | Co | 27 | 58,94 | Uran | U | 92 | 238,07 |
| Kohlenstoff | C | 6 | 12,010 | Vanadium | V | 23 | 50,95 |
| Krypton | Kr | 36 | 83,7 | Wasserstoff | H | 1 | 1,0080 |
| Kupfer | Cu | 29 | 63,57 | Wismut | Bi | 83 | 209,00 |
| Lanthan | La | 57 | 138,92 | Wolfram | W | 74 | 183,92 |
| Lithium | Li | 3 | 6,940 | Xenon | Xe | 54 | 131,3 |
| Magnesium | Mg | 12 | 24,32 | Ytterbium | Yb | 70 | 173,04 |
| Mangan | Mn | 25 | 54,93 | Yttrium | Y | 39 | 88,92 |
| Molybdän | Mo | 42 | 95,95 | Zink | Zn | 30 | 65,38 |
| Natrium | Na | 11 | 22,997 | Zinn | Sn | 50 | 118,70 |
| Neodym | Nd | 60 | 144,27 | Zirkonium | Zr | 40 | 91,22 |

## b) Die Zusammensetzung der Substanzen.

Der Glaube der alten Griechen an den Mischungsaufbau der Substanzen aus ihren vier Elementen ist in dieser Form falsch. Mischungen lassen sich mechanisch durch Auslesen, Aufschwemmen, Destillieren in ihre Bestandteile trennen. Verbindungen kann man nur chemisch oder durch thermische oder elektrische Einwirkungen aufspalten *(Analyse).*

Umgekehrt kann man aus Elementen Verbindungen aufbauen *(Synthese).* Für die Zusammensetzung der Verbindungen ergeben sich dabei folgende grundlegenden Gesetze.

### c) Gesetz der konstanten Gewichtsverhältnisse.

Mischt man Schwefel- und Eisenpulver, so lassen sich die beiden mechanisch durch einen Magneten, der das Eisenpulver an sich zieht, leicht wieder trennen.

Anders dagegen, wenn man ein Gemisch von 32 g Schwefelpulver und 56 g Eisenpulver an einem Punkt mit einem glühenden Draht berührt. Dann schreitet sichtbar von diesem Punkt unter Aufglühen eine *Reaktion* durch die ganze Pulvermasse fort.

Bei diesem Vorgang gehen Schwefel und Eisen miteinander eine *chemische Verbindung* ein, aus der sich die Elemente nicht mehr mechanisch abtrennen lassen, unter der Voraussetzung, daß man auf 32 g Schwefelpulver genau 56 g Eisenpulver genommen hat. Pulverisiert man die Verbindung, das gebildete Eisensulfid, so trennt der Magnet aus dem Pulver kein Eisen mehr ab.

Man sieht dabei auch gleich, daß die beiden Elemente ihre *Verbindung unter Wärmeentwicklung* eingehen; daß eine bestimmte Energiemenge frei wird, die nachher bei der chemischen Spaltung in die freien Elemente Eisen und Schwefel wieder hineingesteckt werden muß. Man kann auch sagen (unter Vereinfachung der wirklichen Verhältnisse), daß die physikalische Kraft, die der Magnet auszuüben imstande ist, nicht genügt, um die Energie für die Trennung der Verbindung in Elemente zu liefern, die der vorhin als Wärme entwickelten Vereinigungsenergie gleich käme.

*Adhäsions-, Bindungskräfte.* Zwischen den bloßen *Adhäsionskräften*, wie sie die Teilchen einer Mischung gerade zusammenhalten, und den Kräften, die in einer chemischen Verbindung die Elemente zusammenhalten, besteht ein *energetischer Unterschied.*

*Konstante Gewichtsrelation.* Im Gegensatz zur Mischung ist die chemische Verbindung nicht als eine beliebige Mengenkombination der Elemente möglich. Mit einer bestimmten Menge eines Elementes reagiert immer nur eine bestimmte Menge eines anderen Elementes; wie oben 32 g Schwefel mit 56 g Eisen.

Kombiniert man z. B. das Metall Natrium und das Nichtmetall Brom, so findet man, daß reines Salz Natriumbromid nur dann entsteht, wenn man mit 23 g Natrium 80 g Brom reagieren läßt. Nimmt man mehr Brom, so bleibt nach der stark Energie abgebenden Vereinigungsreaktion Brom als Element übrig; nimmt man weniger, so bleibt Natrium übrig. Ebenso erhält man bei der chemischen Spaltung unter Energiezufuhr aus 103 g Natriumbromid 23 g Natrium und 80 g Brom. Diese Proportion von $Na:Br = 23:80$ bleibt stets konstant, ob man Milligramme Natriumbromid untersucht oder Tonnen.

*Das Mengenverhältnis der an einer reinen Verbindung beteiligten Elemente ist konstant (Gesetz der konstanten Gewichtsverhältnisse).*

Das Gesetz der konstanten Gewichtsverhältnisse gilt nur, aber hier ohne Ausnahme, für chemische Verbindungen; nicht für die bloße Mischung, da etwa Schwefel- und Eisenpulver oder die Gase Sauerstoff und Wasserstoff an sich in beliebigen Proportionen mischbar sind.

Die Konstanz der Proportionen drückt man nach Konvention formelmäßig so aus:

**Formel 1.**

| | Fe | + | S | → | FeS | + | 23 kcal |
|---|---|---|---|---|---|---|---|
| Menge: | 56 g Eisen | | 32 g Schwefel | | 88 g Eisensulfid | | |
| | fest, grau<br>Smp. 1530°<br>Dichte 7,86 | | fest, gelb<br>Smp. 118°<br>Dichte 2,07 | | fest, schwarz<br>Smp. 1170°<br>Dichte 4,84 | | |

| | Na | + | Br | → | NaBr | + | 85,8 kcal |
|---|---|---|---|---|---|---|---|
| Menge: | 23 g Natrium | | 80 g Brom | | 103 g Natriumbromid | | |
| | fest, frisch silberweiß<br>Smp. 97,7°<br>Dichte 0,97 | | flüssig, braun<br>Siedep. 59°<br>Dichte 3,14 | | fest, weiß<br>Smp. 740°<br>Dichte 2,17 (mit 2 $H_2O$) | | |

### d) Avogadrosches Gesetz und das Gesetz der Reaktion ganzzahliger Gasvolumina.

Zersetzt man leitfähig gemachtes Wasser durch Durchleiten eines elektrischen Gleichstroms, so bilden sich an beiden Elektroden Gase. (*Elektrolyse* s. S. 87.) Es entstehen dabei ein Volumen Sauerstoff (am positiven Pol, der Anode) und zwei Volumina Wasserstoff (am negativen Pol, der Kathode). Aus 18,016 g Wasser bilden sich 16,00 g Sauerstoff und 2,016 g Wasserstoff.

Aus 18,016 g Wasser, die im Dampfzustand 22,4 Liter Gasraum (auf *Normalbedingungen, 0° C und 760 mm Hg-Druck* zurückgerechnet) einnehmen, entstehen 22,4 Liter Wasserstoff und 11,2 Liter Sauerstoff. Man kann schreiben:

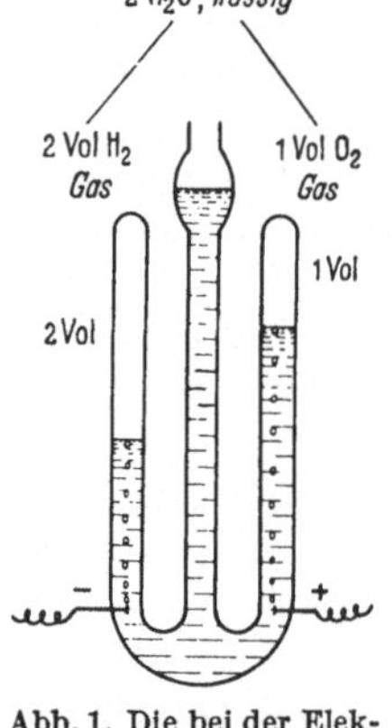


Abb. 1. Die bei der Elektrolyse von H₂O entstehenden Gasvolumina.

22,4 Liter Wasserdampf → 22,4 Liter Wasserstoff + 11,2 Liter Sauerstoff, oder allgemeiner 2 Volumen Wasserdampf → 2 Volumen Wasserstoff + 1 Volumen Sauerstoff.

Läßt man die umgekehrte Reaktion vor sich gehen, so vereinigen sich immer 22,4 Liter Wasserstoff mit 11,2 Liter Sauerstoff zu 22,4 Liter Wasserdampf (unter Normalbedingungen, 760 mm Hg-Druck und 0°).

1811 hat Avogadro das grundlegende *Gesetz* aufgestellt, daß in *gleichen Volumina verschiedener Gase* (unter identischen Druck-Temperaturbedingungen) *gleiche Mengen kleinster Bestandteile, Atome oder Moleküle, vorhanden seien, und daß Gase nur im Verhältnis ganzzahliger Volumina miteinander reagieren können.*

Reduziert man entsprechend den obenstehenden Ansatz, so erhält man:

2 kleinste Teilchen Wasser → 2 kleinste Teilchen Wasserstoff + 1 kleinstes Teilchen Sauerstoff.

Es müssen demnach in der Formel des Wassers $H_xO_y$ mindestens doppelt so viele Teilchen Wasserstoff wie Sauerstoff vorhanden sein. Das Zahlenverhältnis der Bestandteile des Wassers wird am einfachsten durch die Verhältnisformel $H_2O_1$ ausgedrückt. Da man den unteren Faktor 1 wegläßt, ist die einfachste Formel des Wassers $H_2O$. Dabei ist das Gewichtsverhältnis von 2H zu 1O = 2,016 g zu 16,000 g. Dann muß das Gewichtsverhältnis von H zu O 1,008 zu 16,000 sein.

Aus vielen anderen Versuchen fand man, daß 1,008 g bzw. 16,000 g die kleinsten Gewichtsanteile sind, in denen sich Wasserstoff und Sauerstoff an 18,016 g Wasser beteiligen.

*Wertigkeit* (s. auch S. 44). Im $H_2O$ sind mit einem Sauerstoffatom zwei Wasserstoffatome kombiniert. Demnach hat O eine doppelt so hohe Kombinationsfähigkeit als H. Man nennt die Zahl, die angibt, wieviel einzelne H (oder Fluor) ein Element festzuhalten vermag, seine *Wertigkeit*. Die Wertigkeit war zuerst nur eine reine Verhältniszahl. Erst als man nach vielen Versuchen fand, daß Wasserstoff sich niemals mit mehr als einem fremden Atom kombiniert, legte man fest, daß Wasserstoff die niedrigste Wertigkeit, 1, hat. Dann muß Sauerstoff die Wertigkeit 2 haben, da er zwei einwertige Atome festzuhalten vermag.

### e) Gesetz der multiplen Gewichtsverhältnisse.

Dalton fand, daß es mehrere definierte Sauerstoff (O)-Verbindungen des Stickstoffs (N) gibt, oder, wie man sagt, mehrere Stickstoffoxyde.

Bei der Analyse findet man folgende Gewichts- und Volumrelationen der Oxyde:

*Tabelle 2.*

| Stickstoffoxyde | Gramm N / Gramm O | Gewichts-verhältnis | | 22,4 Liter ergeben bei der Spaltung Volumina, Liter | | For-mel |
|---|---|---|---|---|---|---|
| | | N | O | N | O | |
| 1. Gas, Siedepunkt      — 88° | 44 g enthalten 28 g N + 16 g O | 2 | 1 | 22,4 | 11,2 | $N_2O$ |
| 2. Gas, Siedepunkt      — 151° | 30 g enthalten 14 g N + 16 g O | 1 | 1 | 11,2 | 11,2 | $NO$ |
| 3. Gas, Siedepunkt      — 10° | 76 g enthalten 28 g N + 48 g O | 2 | 3 | 22,4 | 33,6 | $N_2O_3$ |
| 4. Flüssigkeit, Siedepunkt + 45° | 108 g enthalten 28 g N + 80 g O | 2 | 5 | 22,4 | 56,0 | $N_2O_5$ |

In diesen verschiedenen Verbindungen des Stickstoffs mit dem Sauerstoff stehen die Mengen des auf eine bestimmte Quantität N kommenden Sauerstoffs im Verhältnis ganzer Zahlen; ebenso umgekehrt die Mengen des N.

Diese ganzzahligen Relationen der Anteile jeder Komponenten finden sich bei allen den chemisch reinen Verbindungen, deren Komponentenelemente mehrere zahlenmäßig verschiedene Kombinationen miteinander eingehen können.

Daraus läßt sich als Erweiterung des Gesetzes der konstanten Proportionen das *Grundgesetz der multiplen Proportionen* ableiten:

*Wenn Elemente miteinander mehrere Verbindungen bilden, so stehen die Mengenanteile des gleichen Elementes in den verschiedenen Verbindungen zueinander im Verhältnis ganzer Zahlen.*

Es können ein oder mehrere Atome eines Elementes immer nur mit einem der mehreren Atome eines anderen Elementes in Verbindung treten; je nach ihrer Wertigkeit.

Da in gleichen Gasvolumina verschiedener gasförmiger Elemente gleichviel kleinste Teilchen (je nach Element Atome oder Moleküle) vorhanden sind, ergibt sich aus dem Gesetz der multiplen Proportionen automatisch das *Gesetz, daß Gase nur im Verhältnis ganzzahliger Volumina miteinander reagieren* (s. S. 10).

Die Verbindungen des Stickstoffs mit Sauerstoff ergeben bei der Analyse Gasvolumina, die die gleichen Zahlenverhältnisse, wie die Gewichte der analysierten Bestandteile zeigen. Nach der AVOGADROschen Regel sind wir deswegen berechtigt, die Verhältniszahlen als Zahlen der an je einem kleinsten Teilchen (dem Molekül) der Stickstoff-Sauerstoffverbindung beteiligten Atome zu betrachten. Die Verbindungen erhalten so die Formeln $N_2O$, $NO$, $N_2O_3$, $N_2O_5$.

Wenn, wie zwei Seiten vorher gezeigt wurde, O, Sauerstoff zweiwertig ist, so muß der *Stickstoff, N*, in den Stickstoffoxyden *verschiedene Wertigkeiten* haben. Er ist einwertig, zweiwertig, drei- und fünfwertig. Wieso diese verschiedenen Wertigkeiten im Atomaufbau begründet sind, wird S. 44 gezeigt. Viele Elemente haben verschiedene Wertigkeiten, manche nur eine.

### f) Der Begriff der chemisch reinen Substanz.

*Definition.* Es wurde bisher häufig der Begriff der *chemisch reinen Verbindung* verwendet; es ist nötig zu definieren, was darunter zu verstehen ist. Als chemisch rein bezeichnet man Verbindungen (oder Elemente), die durch keine der üblichen physikalisch-chemischen Methoden, wie Umkristallisation oder Destillation, weiter zerlegbar sind; wohl aber (bei Verbindungen) durch chemische und elektrochemische Methoden. Eine reine Verbindung hat genau festlegbare physikalische Eigenschaften, die bei der gleichen Verbindung immer genau bis in die meßbaren

Dezimalen reproduzierbar sind, gleichgültig, woher die Verbindung isoliert wurde. Weiter muß eine chemisch reine Verbindung auch in ihren kleinsten mechanisch herstellbaren Partikeln dieselben Eigenschaften haben wie in großen Mengen. Die Grundbedingungen einer chemisch reinen Substanz sind: Genaue Konstanz der beteiligten Elemente; genaue Konstanz der physikalischen und chemischen Eigenschaften, Unabhängigkeit dieser Eigenschaften von Ort und Zeit der Untersuchung und von der Menge der untersuchten Verbindungen.

So ist chemisch reines NaCl eine definierte Substanz von genau festlegbaren Eigenschaften. Auch die kleinsten mechanisch noch herstellbaren Kriställchen haben dieselben Eigenschaften; gleichgültig, ob man das NaCl aus dem Metall Natrium und dem Gas Chlor herstellt, oder durch Eindampfen aus Meerwasser gewinnt.

Dieser Begriff der chemisch reinen Substanz ist wichtig, da physikalische Meßmethoden und alle menschlichen Meßskalen auf chemisch reine Substanzen eingestellt sind.

*Praxis.* Aus praktischen Gründen der technischen Herstellbarkeit gibt es keine zu 100% chemisch reinen Substanzen; auch die reinsten Substanzen enthalten noch 0,01% oder weniger fremde Beimischungen. Für Spezialzwecke oder unter besonders günstigen Bedingungen kann man die Reinheit noch weiter treiben; nie aber kann man 100% Reinheit mit beliebiger Dezimalengenauigkeit erreichen.

*Reine Substanzen, wissenschaftliche Voraussetzung.* Die wissenschaftliche Bearbeitung einer chemischen Verbindung ist meist erst nach ihrer Reindarstellung möglich. Wie schwierig die Reindarstellung einer Verbindung oft ist, kann man an Naturstoffen sehen. So mußten an der Isolierung des chemisch reinen Vitamins $B_1$ viele der besten Chemiker der Erde 20 Jahre arbeiten, bis die Reindarstellung gelang. Wenn man ein Vitamin einmal als chemisch reine Substanz isoliert hat, kann man die zahlenmäßige Zusammensetzung aus Elementen (die Summenformel) und bald auch die Strukturformel (s. S. 222) feststellen; die Synthese macht dann meist keine allzugroßen Schwierigkeiten mehr. So ist das Vitamin $B_1$ bereits ein Jahr nach seiner Reindarstellung in Kristallform synthetisch hergestellt worden; es wird heute fabrikmäßig dargestellt, und man kann in genauer Dosierung, die am besten mit der chemisch reinen Verbindung gelingt, jetzt jährlich Hunderttausende von Menschen vor dem Tod an der gefürchteten Beriberikrankheit bewahren.

## g) Die kleinsten Bausteine, Atome, Moleküle.

Als eine der Bedingungen der chemischen Reinheit einer Substanz wurde festgelegt, daß die Verbindung normalerweise nicht durch physikalische Methoden, wie Umkristallisation oder fraktionierte Destillation in verschiedene chemische Bestandteile gespalten werden kann. Dagegen kann man die Substanzen mechanisch anscheinend beliebig in kleinere Teilchen, etwa Kristallpulver, zerlegen.

Es zeigte sich, daß man prinzipiell nicht beliebig weit teilen kann.

*Atome.* Bei einer Größenordnung der Pulverteilchen von etwa $1/_{10\,000\,000}$ Millimeter käme man an eine Grenze, wo die Teilchen einer Verbindung keine miteinander identischen Eigenschaften mehr hätten, sondern nur mehr (modifizierte) Einzeleigenschaften der an der Verbindung beteiligten Elemente übrig bleiben. Geht man bei der Teilung von reinen Elementen aus, etwa von Eisen oder Platin, so kommt man (wenigstens bei Metallen) zu kleinsten Teilchen, die man *Atome* nennt.

*Moleküle.* Geht man bei der Teilung von reinen *chemischen Verbindungen* aus, etwa Naphthalin, so kommt man zu kleinsten Teilchen, die aus einer Kombination von Atomen in ganzzahligen Verhältnissen bestehen; man nennt solche kleinsten Teilchen *Moleküle.* So sind die kleinsten Naphthalinteilchen, die noch Naphthalineigenschaften haben, aus 10 (energetisch veränderten) Atomen Kohlenstoff C und 8 ebensolchen Atomen H aufgebaut; man gibt diesem *Molekül* die *Summenformel* $C_{10}H_8$ (die durch genaue Untersuchungen gestützt ist). Diese sehr praktische Summenformulierung wurde von BERZELIUS erfunden.

Moleküle lassen sich, wie am Anfang erläutert, durch chemische oder elektrische oder thermische Methoden, meist unter Energiezufuhr, etwa durch Glühen unter Luftabschluß, zu Atomen bzw. Elementen spalten, da die Beständigkeit der Moleküle mit steigender Temperatur abnimmt.

## h). Atomgewicht, Molekulargewicht.

Die Atome und Moleküle waren lange hypothetisch, bloße denkökonomische Gebilde, deren reale Existenz vielfach bezweifelt wurde, bis es in den letzten 80 Jahren gelang, durch verschiedene Methoden ihr Einzelgewicht und ihre Dimensionen in Centimetern zu messen, so daß ihre tatsächliche Existenz heute gesichert erscheint, selbst wenn sie noch niemand gesehen hat. Solche Ableitungsmethoden sind: aus der kinetischen Gastheorie (LOSCHMIDT 1865); aus der BROWNschen Molekularbewegung (s. S. 62); aus der Oberflächenspannung; aus der Messung der elektrischen Elementarquanten; aus der Röntgenspektroskopie von Kristallen.

*Atom-Absolutgewicht.* Dadurch hat man das absolute Gewicht des Wasserstoffatoms zu $1{,}66 \cdot 10^{-24}$ g bestimmen können. Da, wie S. 46 gezeigt wird, bei Gasen meist nicht Atome, etwa Wasserstoff $=$ H, sondern chemische Verbindungen zweier Atome H zu $H_2$, also Moleküle vorliegen, und da, wie S. 10 gezeigt, 2,016 g *Wasserstoffgas* (1 *Mol*) 22,4 Liter von Normalbedingungen erfüllen, sind in diesem Volumen $6{,}0236 \cdot 10^{23}$ *Moleküle $H_2$* vorhanden (LOSCHMIDTsche *Zahl*).

Von dieser ungeheuren Zahl 6,0236 mit 23 Nullen kann man sich durch folgendes Beispiel ein Bild machen: Wenn man in eine vollkommen luftleer gepumpte elektrische Glühbirne ein so großes Loch bohrt, daß jede Sekunde 100000 Gasmoleküle eindringen, dann dauert es ungefähr 100 Millionen Jahre, bis die Birne auf normalen Atmosphärendruck kommt. Das sind Ziffern von astronomischer Größenordnung.

Die absoluten Gewichtszahlen der Atome und Moleküle sind viel zu klein, als daß man in der chemischen Praxis damit bequem rechnen könnte. Man hat sich deshalb durch eine künstliche, aber denkökonomisch brauchbare Konstruktion folgendermaßen geholfen:

*Chemische Atomgewichte* (s. auch *physikalisches* Atomgewicht, S. 35). Wie sehr genaue Messungen gezeigt haben, verbinden sich 2 g Wasserstoff mit 15,85 g Sauerstoff zu $H_2O$. Da Wasserstoff das leichteste Element ist, hat man ihm zuerst das *Atomgewicht* 1 gegeben; dann hat Sauerstoff das Atomgewicht 15,85; ein Atom Sauerstoff ist 15,85mal schwerer als ein Atom Wasserstoff.

Da die meisten Atomgewichte aus praktischen Gründen aus Sauerstoffverbindungen abgeleitet werden, hat man später nicht dem Wasserstoff, sondern dem Sauerstoff eine ganze Zahl als Atomgewicht zugrunde gelegt; man hat willkürlich das *Atomgewicht des Sauerstoffs* auf 16,000 festgelegt; damit errechnet sich das Atomgewicht des *Wasserstoffs H* zu 1,008.

Durch Methoden, die anschließend beschrieben sind, hat man so die relativen Atomgewichte aller Elemente bestimmen können. Sie sind einzeln für jedes Element S. 8 angegeben.

Das Atomgewicht ist eine reine Verhältniszahl. In der chemischen Praxis muß man mit diesen Verhältniszahlen Relationen von Gewichtsmengen der Elemente ausrechnen können.

*Grammatom, Mol.* Das Atomgewicht eines Elementes in Gramm nennt man ein *Grammatom*; das Molekulargewicht oder das Formelgewicht (die Summe der Atomgewichte aller an einer Verbindung, einer Formel beteiligten Atome) in Gramm nennt man ein *Mol* (s. S. 5).

*Ein Grammatom eines beliebigen Elementes enthält immer gleichviel Atome*; $6,02 \cdot 10^{23}$. *Ein Mol* einer beliebigen Verbindung enthält ebenfalls *immer* $6,02 \cdot 10^{23}$ *Moleküle*. Ein Mol eines Gases ist immer in 22,4 Litern von 0° Celsius unter 760 mm Hg-Druck (Normalbedingungen) enthalten.

## i) Atomgewichtsbestimmung.

*Gewichtsrelation in Oxyden.* Wenn man zur Atomgewichtsbestimmung eines Elementes feststellt, wieviel Sauerstoff und wieviel Element in der chemisch reinen Verbindung *Element-Sauerstoff*, oder wie man sagt, einem *Element-Oxyd* vorhanden sind, dann erhält man eine Gewichtsrelation. Rechnet man den Gehalt an Sauerstoff auf 16 g um, und den Gehalt des zu untersuchenden Elementes entsprechend, so erhält man ein Gewicht in Gramm, das *Verbindungsgewicht*, das angibt, wieviel Gramm Element sich mit einem Grammatom Sauerstoff = 16 g verbinden. Dieses Gewicht kann gleich dem Atomgewicht des betreffenden Elementes sein; und zwar dann, wenn das Element ebenso zweiwertig ist wie der Sauerstoff, da sich dann ein Atom Element und ein Atom Sauerstoff vereinigen.

Es verbindet sich z. B. Calcium mit Sauerstoff im genauen Verhältnis 16 g O zu 40 g Calcium. Da nach seiner Stellung im Periodensystem Calcium zweiwertig ist, so daß sich 1 Atom Calcium mit 1 Atom Sauerstoff verbindet, ist das Atomgewicht des Calciums 40. Da das Atomgewicht des Wasserstoffs sich zu dem des Calciums wie 1,008:40 verhält und da in 1,008 g Wasserstoff $6,02 \cdot 10^{23}$ Atome vorhanden sind, müssen auch in 40 g Calcium $6,02 \cdot 10^{23}$ Atome vorhanden sein.

Die Vereinigung des Calciums und Sauerstoffs zu Calciumoxyd CaO formuliert man analog Formel 1, S. 9, so:

**Formel 2.**

<table>
<tr><td>Ca</td><td>+</td><td>$^1/_2 O_2$</td><td>→</td><td>CaO</td><td>+</td><td>152 kcal</td></tr>
<tr><td>40 g Calcium-<br>metall</td><td></td><td>16 g Sauerstoff-<br>gas</td><td></td><td>56 g Calcium-<br>oxyd</td><td></td><td>pro Mol<br>Calciumoxyd</td></tr>
<tr><td>fest, grau<br>Smp. 851°<br>Dichte 1,55</td><td></td><td>farblos<br>Siedep. −183°</td><td></td><td>fest, weiß<br>Smp. 2572°<br>Dichte 3,4</td><td></td><td></td></tr>
</table>

Da man die Wertigkeit des Partners bei neuen Verbindungen mit Sauerstoff, den Oxyden, nicht immer von vornherein kennt, hat man häufig die Wahl zwischen mehreren möglichen Atomgewichten; vor allem bei Elementen, die mehrere Oxyde geben, wie es bei den Stickoxyden (S. 11) beschrieben wurde.

*Regel von* DULONG-PETIT. Es gibt z. B. verschiedene Oxyde des Kupfers; ein rotes und ein schwarzes. Durch Analyse kennt man das Gewichtsverhältnis des O zu Cu in den beiden Verbindungen. Es ist beim roten Oxyd O:Cu = 16:127; beim schwarzen O:Cu = 16:63,5, wenn man als Grundeinheit für O = 16 wählt.

Man hat demnach die Wahl zwischen zwei Atomgewichten 63,5 und 127, von denen nur eines das richtige sein kann. Zwischen diesen beiden kann man unterscheiden nach einer *Regel von* DULONG *und* PETIT, die aussagt, daß das *Produkt aus spezifischer Wärme und Atomgewicht* für alle Elemente mit Ausnahme einiger im Periodensystem (s. S. 19) am Anfang stehender bei Zimmertemperatur *um 6,4 liegt*.

Im vorliegenden Falle der Kupferoxyde ist die spezifische Wärme des metallischen Kupfers 0,092 (für Wasser $= 1,0$). Das Produkt aus dem vermuteten Atomgewicht ist im ersten Falle $0,092 \times 127 = 11,6$; im zweiten Fall $0,092 \times 63,5 = 5,8$. Da 5,8 näher am Durchschnittswert des DULONG-PETITschen Gesetzes 6,4 liegt als 11,6, ist das zweite Atomgewicht das richtige; $Cu = 63,5$.

Über Molekulargewichtsbestimmungen und Atomgewichtsbestimmungen durch Wägung von Gasvolumina s. S. 57.

## 4. Kapitel.

# Die Elemente und ihre Ordnung im Periodensystem.

## a) Die physikalische Struktur des Atoms.

*Planetensystem.* Während man bis etwa 1900 die Atomstruktur als die einer nicht weiter definierbaren Kugelmasse ansah, kam zuerst NAGAOKA, dann RUTHERFORD auf Grund optisch-physikalischer Überlegungen auf den Gedanken, sich das Atom als eine Art von Sonnensystem vorzustellen; mit einem elektrisch positiv geladenen Kern als Zentralsonne und negativ geladenen Teilchen, Elektronen, als Planeten.

*Wirkungsquantum.* Diese Theorie erwies sich erst als fruchtbar, nachdem BOHR 1913 unter Einbeziehung des PLANCKschen *Wirkungsquantums* zu einem vom Planetensystem etwas abweichenden Modell kam, in dem für die Elektronenbahnen als wahrscheinlichster Ort nur noch bestimmte, durch das unteilbare PLANCKsche Wirkungsquantum festgelegte übereinanderliegende Kugelschalen oder Ellipsenschalen zugelassen waren, deren Radien sich wie die Quadrate ganzer Zahlen verhalten; also $1:4:9:25$ usw. Die Geschwindigkeiten der Elektronen in diesen Schalen verhalten sich wie $1, {}^1/_2, {}^1/_3, {}^1/_4$ usw. Die mathematische Relation zwischen Elektronengeschwindigkeit und Kernabstand ist dieselbe wie bei den KEPLERschen Planetengesetzen; d.h. in Wirklichkeit rotieren Kern und Elektron um einen gemeinsamen Schwerpunkt. Als anziehende Kraft wirkt in diesem Fall nicht die Schwerkraft, sondern die COULOMBsche elektrostatische Anziehungskraft zwischen positivem Kern und negativen Elektronen. Dieses Modell wurde zuerst für Wasserstoff durchgerechnet, als einfachstes Modell, da H als Atom nur ein Elektron hat. Die Geschwindigkeit des Elektrons auf der innersten Bahn beträgt ${}^1/_{137}$ der Lichtgeschwindigkeit, der Radius 0,53 Å und die Umlaufzahl $10^{16}$ pro Sekunde. Die Zahl ${}^1/_{137}$ spielt in der Atomphysik eine Rolle; man nennt sie SOMMERFELDsche Feinstrukturkonstante (s. S. 41; Formel 12).

*Strahlenemission.* Alle Elemente senden beim Erhitzen, stark verdünnte Gase auch beim Durchleiten hochgespannter Ströme, Licht aus, das meist nicht kontinuierlich, durch alle Lichtwellenlängen gleichmäßig, sondern nur in bestimmten Wellenlängen emittiert wird. Es gibt ein *spezifisches Emissionsspektrum eines jeden Elements.* Nach der BOHRschen Theorie kommen die spezifischen Linien des Spektrums dadurch zustande, daß durch die Erhitzung (Energiezufuhr) Elektronen aus innen liegenden Schalen auf äußere Schalen gehoben werden. Dort können sie sich nur kurze Zeit halten; etwa $10^{-8}$ sec. Beim Zurückfallen in den stabilen Zustand auf innere Schalen kommt es zur Emission elektromagnetischer Schwingungen. Es entstehen Lichtstrahlen (,,*Photonen*") errechenbaren Energieinhaltes, also errechenbarer Wellenlänge. Viele dieser Wellenlängen liegen in dem engen Bereich, den das tierische Auge sieht (s. Abb. 27, S. 68). Die Summe der so emittierten Strahlen spezifischer Wellenlängen ist das Emissionsspektrum. Die Intensität der einzelnen Linien ist von der Energiezufuhr und damit von der Temperatur abhängig, so daß mit zunehmender Temperatur die Intensitäten der einzelnen Linien von den langwelligen energiearmen Ultrarotstrahlen (Wärmestrahlen bei niederer Temperatur) zu den sichtbaren und ultravioletten energiereicheren Emissionslinien fortschreiten; Emission von Strahlen des sichtbaren Lichts bei hoher Temperatur.

Tatsächlich ließen sich die Wellenlängen bestimmter Spektrallinien des Wasserstoffs im sichtbaren und ultraroten Gebiet nach einer einfachen Formel von RYDBERG und BALMER nachrechnen.

**Formel 3 a.**

$$v = R\left(\frac{1}{2^2} - \frac{1}{m^2}\right)$$

Schwingungszahl von Spektrallinien.

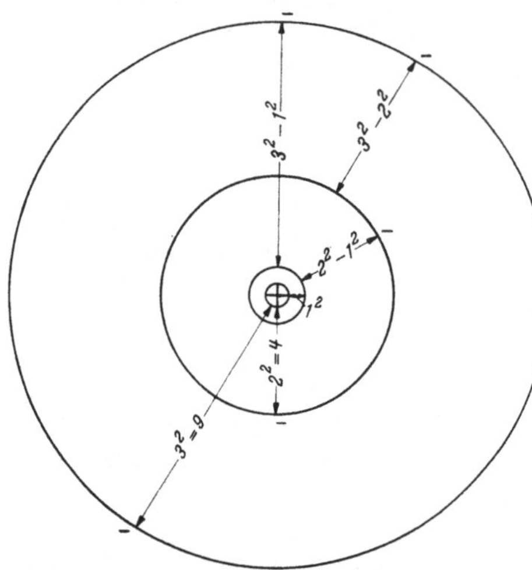


Abb. 2. Schema der drei innersten möglichen Elektronenniveaus des Wasserstoffatoms. Die Energiedifferenzen zwischen den verschiedenen Niveaus entsprechen dem Energiegehalt der ausgeschickten Strahlen.

$R$ ist eine Konstante (RYDBERGsche Konst. = 109 679). Für $m$ setzt man ganze Zahlen 3, 4, 5 usw. ein, die den betreffenden Kugelschalen entsprechen; $m^2$ entspricht dann dem Radius der Schalen. Eine spezielle Linienserie des Wasserstoffspektrums wird immer dann ausgesendet, wenn das Elektron aus der dritten, vierten, fünften Kugelschale in die zweite zurückfällt. Man nennt sie BALMER-*Serie*. Eine andere Linienserie im Ultraviolett ist die LYMANsche, im Ultrarot die PASCHEN-*Serie*, die ähnlichen Formeln gehorcht. Bei Elementen höherer Ordnungszahl mit vielen Elektronen liegen die Verhältnisse viel komplizierter. Diese Erklärung der Wasserstofflinien ist neben andern Versuchsergebnissen eine gute experimentelle Bestätigung der BOHRschen Theorie, wenn sich diese Theorie auch in der Folge als zu einfach erwies. Aus solchen Überlegungen und durch lange experimentelle Arbeit ist es gelungen, in die Kenntnis des inneren Aufbaus der Atome weiter einzudringen.

Auch alle höheren Elemente sind im Prinzip nach dem BOHRschen Modell gebaut (über ihre Struktur s. S. 23, Tabelle 6).

## b) Die Ordnungszahl der Elemente.

*Ordnung nach Atomgewichten.* Die Ordnungszahl eines Elementes (s. S. 8) war ursprünglich aus der Ordnung der Elemente nach steigendem Atomgewicht gewonnen worden. Diese Anordnung nach Atomgewichten, in das nach chemischen Eigenschaften geordnete Periodensystem eingebaut, machte an einigen Stellen Schwierigkeiten; da z.B. Kobalt mit der Ordnungszahl 27 ein höheres Atomgewicht hatte (58,94) als das nachfolgende Element Nickel mit der Ordnungszahl 28 und einem niedrigeren Atomgewicht 58,69 (s. Tabelle S. 19). Ähnliche Inversionen zeigen Argon-Kalium und Tellur-Jod.

*Ordnung nach Röntgenspektren.* Durch Untersuchungen von MOSELEY (1913) wurde gezeigt, daß die Spektren kurzwelliger Röntgenstrahlen, die entstehen, wenn Elektronen hoher Geschwindigkeit und Energie auf Metalle (Elemente) aufprallen und das so erhaltene Röntgenlicht nach LAUE an Kristallgittern spektroskopisch zerlegt wird, einer einfachen Beziehung zur Ordnungszahl gehorchen.

Die Röntgenspektren werden dann angeregt, wenn ein innerstes $K$-Elektron (Abb. 2, S. 16 und Tabelle 6) durch Energiezufuhr herausgehoben wird und auf die $K$-Schale zurückfällt. Zur Heraushebung sind wegen der Nähe des anziehenden Kerns besonders hohe Energiezufuhren nötig, wie sie nur in Kathodenstrahlen verfügbar sind, nicht aber in unseren thermischen Energiezufuhren. Die Anziehungskraft des Atomkerns ist proportional der positiven Kernladung, d. h. der Ordnungszahl; daher der treppenförmige Verlauf der Kurve.

**Formel 3 b.**
$$\sqrt{v} = c(Z - a)$$
Schwingungszahl der Röntgenspektren.

$v$ ist die Schwingungszahl, $Z$ die Ordnungszahl des untersuchten Elements, $c$ und $a$ sind Konstanten. Daraus ergibt sich das MOSELEY*sche Gesetz: Die Ordnungszahlen der Elemente sind der Wurzel aus den Schwingungszahlen zusammengehöriger Röntgenschwingungsserien proportional.*

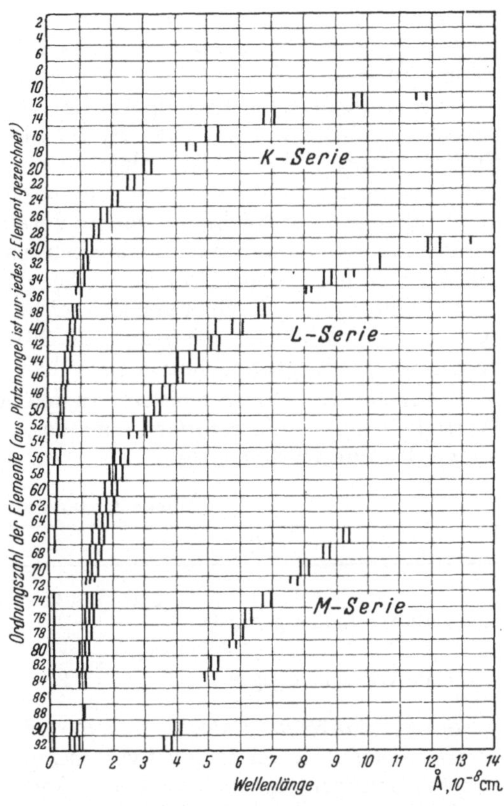


Abb. 3. Röntgenspektrallinien der Elemente nach MOSELEY.

Die vorläufig willkürliche Ordnungszahl muß deswegen eine wichtige Strukturzahl des Atominneren sein. Sie hat sich in der Folge als die wichtigste Zahl zur Kennzeichnung eines Elementes erwiesen. Die Ordnungszahl gibt die Zahl der positiven Kernladungen, den Kernprotonengehalt, und damit gleichzeitig die Zahl der um den Kern kreisenden negativen Elektronen an. Sie ist physikalisch wichtiger als das Atomgewicht.

## c) Das Periodensystem der Elemente und die Periodizität der chemischen Eigenschaften.

*Historisches.* DÖBEREINER machte 1829 als erster darauf aufmerksam, daß sich unter den damals bekannten etwa 50 Elementen einzelne Gruppen zusammenstellen lassen, die chemisch ähnliche Eigenschaften haben. So Lithium, Natrium, Kalium, oder Calcium, Strontium, Barium u. a. Eine Reihenordnung der Elemente nach dem Atomgewicht wurde 1864 von NEWLANDS aufgestellt, der auch feststellte, daß sich in dieser *Reihe Elemente mit periodisch wiederkehrenden Eigenschaften* finden.

*Periodensystem.* 1869 kamen unabhängig LOTHAR MEYER und MENDELEJEFF auf die Idee, in der fortlaufend nach der Ordnungszahl und dem Atomgewicht geordneten Reihe die *Elemente mit ähnlichen Eigenschaften in Perioden untereinander* zu schreiben; sie fanden so das nach ihnen benannte *Periodensystem der Elemente*, das heute noch großenteils unverändert benutzt wird. Mit diesem System (oder einem ähnlichen etwas modifizierten) wurde zum erstenmal eine Fülle von chemischen und physikalischen Eigenschaften der Elemente systematisch erklärbar: die Periodizität der Wertigkeiten, der chemischen und physikalischen Erscheinungen. Das System leistete noch mehr. Man fand, daß im System manche Stellen leer blieben; man schloß daraus auf das Fehlen noch unbekannter Elemente, deren ungefähre chemische Eigenschaften sich auf Grund der Ähnlichkeit der Nachbarelemente voraussagen ließen. Diese Elemente wurden daraufhin gesucht und auch tatsächlich bis auf zwei aus Gründen der MATTAUCHschen Isobarenregel (S. 209) instabilen Ausnahmen (Nr. 43 und 61) gefunden.

Die Unterteilung in Gruppen kommt besser im auseinandergezogenen Periodensystem nach WERNER (Tabelle 7, S. 25) zum Ausdruck. Die Elemente einer vertikalen Hauptgruppe haben dieselben maximalen Wertigkeiten.

*Wertigkeit und Periodensystem.* In den horizontalen Reihen steigt die maximale Wertigkeit gegen Sauerstoff regelmäßig von 1 bis 8 an. Die Wertigkeit gegen H nimmt bis zur vierten Gruppe bis 4 zu; von da wieder auf null ab.

Tabelle 3. *Wertigkeit gegen O und H.*

| Gruppe (E = Element) | 1 | 2 | 3 | 4 | 5 | 6 | 7 | 8[1] |
|---|---|---|---|---|---|---|---|---|
| Maximale Wertigkeit gegen O | $E_2O$ 1 | $EO$ 2 | $E_2O_3$ 3 | $EO_2$ 4 | $E_2O_5$ 5 | $EO_3$ 6 | $E_2O_7$ 7 | $EO_4$ 8 |
| Maximale Wertigkeit gegen H | $EH$ 1 | $EH_2$ 2 | $EH_3$ 3 | $EH_4$ 4 | $EH_3$ 3 | $EH_2$ 2 | $EH$ 1 | — 0 |

*Schmelzpunkte der Chloride und Periodensystem.* In vertikalen Gruppen nimmt der Schmelzpunkt der Halogenverbindungen in den ersten Gruppen ab, in den anderen Gruppen zu. Auch die Löslichkeit der Salze zeigt meist Regelmäßigkeiten.

Auch in horizontalen Reihen nimmt der Schmelzpunkt der Halogenverbindungen von links nach rechts ab, wie Tabelle 4 zeigt.

Tabelle 4. *Schmelzpunkte der Elementchloride.*

| Gruppen des Periodensystems | 1 | 2 | 3 | 4 | 5 | 6 | 7 |
|---|---|---|---|---|---|---|---|
| 1 | LiCl 600° | $BeCl_2$ 404° | $BCl_3$ — 109° | $CCl_4$ — 24° | $NCl_3$ — 116° | $OCl_2$ — 116° | FCl — 155° |
| 2 | NaCl 800° | $MgCl_2$ 718° | $AlCl_3$ 190° | $SiCl_4$ — 70° | $PCl_3$ — 92° | $SCl_2$ — 80° | ClCl — 100° |
| 3 | KCl 768° | $CaCl_2$ 774° | $ScCl_3$ | $GeCl_4$ — 52° | $AsCl_3$ — 13° | $SeCl_2$ — 80° | BrCl — 54° |
| 4 | RbCl 713° | $SrCl_2$ 870° | $YCl_3$ 721° | $SnCl_4$ — 36° | $SbCl_3$ 73,2° | $TeCl_2$ 203° | JCl 27° |
| 5 | CsCl 626° | $BaCl_2$ 960° | $LaCl_3$ 872° | $PbCl_4$ — 15° | $BiCl_3$ 229° | — | — |

[1] In diesem Falle Platinmetalle als achte Gruppe gerechnet.

Tabelle 5. *Periodensystem.* Die obere Zahl vor dem Symbol ist das Atomgewicht, die untere die Ordnungszahl (= positive Kernladung).

| Periode | | 1. Gruppe | 2. Gruppe | 3. Gruppe | 4. Gruppe | 5. Gruppe | 6. Gruppe | 7. Gruppe | 8. Gruppe | 0. Gruppe |
|---|---|---|---|---|---|---|---|---|---|---|
| | | $^{1,008}_{1}$H | | | | | | | | $^{4,00}_{2}$He |
| Kleine Periode | 1 | $^{6,94}_{3}$Li | $^{9,02}_{4}$Be | $^{10,8}_{5}$B | $^{12,0}_{6}$C | $^{14,0}_{7}$N | $^{16,0}_{8}$O | $^{19,0}_{9}$F | | $^{20,2}_{10}$Ne |
| | 2 | $^{23,0}_{11}$Na | $^{24,3}_{12}$Mg | $^{27,0}_{13}$Al | $^{28,1}_{14}$Si | $^{31,0}_{15}$P | $^{32,1}_{16}$S | $^{35,5}_{17}$Cl | | $^{39,9}_{18}$Ar |
| Große Periode | 3 | $^{39,1}_{19}$K | $^{40,1}_{20}$Ca | $^{45,1}_{21}$Sc | $^{47,9}_{22}$Ti | $^{50,9}_{23}$V | $^{52,0}_{24}$Cr | $^{54,9}_{25}$Mn | $^{55,84}_{26}$Fe $^{58,9}_{27}$Co $^{58,7}_{28}$Ni | |
| | | $^{63,6}_{29}$Cu | $^{65,4}_{30}$Zn | $^{69,7}_{31}$Ga | $^{72,6}_{32}$Ge | $^{74,9}_{33}$As | $^{79,0}_{34}$Se | $^{79,9}_{35}$Br | | $^{83,7}_{36}$Kr |
| | 4 | $^{85,4}_{37}$Rb | $^{87,6}_{38}$Sr | $^{88,9}_{39}$Y | $^{91,2}_{40}$Zr | $^{92,9}_{41}$Nb | $^{96,0}_{42}$Mo | | $^{101,7}_{44}$Ru $^{102,9}_{45}$Rh $^{106,7}_{46}$Pd | |
| | | $^{107,9}_{47}$Ag | $^{112,4}_{48}$Cd | $^{114,8}_{49}$In | $^{118,7}_{50}$Sn | $^{121,8}_{51}$Sb | $^{127,6}_{52}$Te | $^{126,9}_{53}$J | | $^{131,3}_{54}$X |
| | 5 | $^{132,9}_{55}$Cs | $^{137,4}_{56}$Ba | $^{138,9}_{57}$La ↑↓ | $^{178,6}_{72}$Hf | $^{180,9}_{73}$Ta | $^{184,0}_{74}$W | $^{186,3}_{75}$Re | $^{191,5}_{76}$Os $^{193,1}_{77}$Ir $^{195,2}_{78}$Pt | |
| | | $^{197,2}_{79}$Au | $^{200,6}_{80}$Hg | $^{204,4}_{81}$Tl | $^{207,2}_{82}$Pb | $^{209,0}_{83}$Bi | $^{210}_{84}$Po | | | $^{222}_{86}$Rn |
| | | | $^{226,0}_{88}$Ra | $^{227}_{89}$Ac | $^{232,1}_{90}$Th | $^{231}_{91}$Pa | $^{238,1}_{92}$U | | | |

Seltene Erden ↑↓ $^{140,1}_{58}$Ce $^{140,9}_{59}$Pr $^{144,3}_{60}$Nd — $^{150,4}_{62}$Sm $^{152,0}_{63}$Eu $^{157,}_{64}$Gd $^{159,2}_{65}$Tb $^{162.5}_{66}$Dy $^{164,9}_{67}$Ho $^{167,2}_{68}$Er $^{169,4}_{69}$Tu $^{173.0}_{70}$Yb $^{175,0}_{71}$Cp

*Metalle, Nichtmetalle.* Man kann die Elemente in zwei große Klassen einteilen: die *Metalle*, die $^3/_4$ aller Elemente ausmachen, und die *Nichtmetalle*. Ihre Verteilung sieht man am besten aus dem Periodensystem nach WERNER, Tab. 7, S. 25. Der Block der *Nichtmetalle* (auch *Metalloide* genannt) ist dort durch Punkte umrahmt; sie stehen alle in der rechten oberen Ecke des Systems. Zwischen den Metallen und Nichtmetallen liegt eine Übergangsgruppe der *Halbmetalle*, deren Zuteilung zur einen oder anderen Gruppe nicht frei von Willkür ist. Alle Elemente der Nebengruppen sind Metalle.

*Metalle* bestehen aus einzelnen Atomen. Sie sind in festem Zustand in Kristallen als atomare Metallgitter geordnet. Sie tauschen in kompakten Metallstücken ihre äußeren Elektronen leicht aus. Man nimmt an, daß die Elektronen in Metallstücken ein im Raum des Stückes frei bewegliches Elektronengas bilden. Diese leicht beweglichen Elektronen sind für den Transport des Stroms in metallischen Leitern verantwortlich, obwohl sich die Elektronen auch bei maximalem Stromdurchgang nur um 0,3 mm/sec fortbewegen (Impuls selbst $0,3 \cdot 10^{12}$ mm/sec). Metalle sind für Licht praktisch undurchlässig.

Die *Nichtmetalle* bestehen aus Molekülen wie $Cl_2$, $N_2$, $P_4$. Nur die reaktionsunfähigen Gase (Edelgase) der achten Gruppe bestehen aus Atomen. Nichtmetalle leiten den elektrischen Strom nicht oder nur sehr wenig und lassen sichtbares Licht mehr oder weniger passieren.

In Verbindungen finden sich die *Metalle* als positiv geladene *Kationen* (sie geben Elektronen ab; s. S. 88); die *Nichtmetalle* als negativ geladene *Anionen* (sie nehmen Elektronen auf). Die Halbmetalle (auch manche Metalle in höheren Wertigkeiten) können sowohl als metallische Kationen, wie auch, in Form von Komplexionen (s. S. 50), in Anionen auftreten. Man sagt, sie können *amphoter* reagieren (s. Tabelle 19, S. 80).

In den horizontalen Reihen des Periodensystems nimmt (bei den Hauptgruppen) der metallische Charakter und damit die Fähigkeit zur Kationenbildung von links nach rechts ab. Der reaktivste Kationenbildner, das Element, das am leichtesten ein Elektron abgibt, ist das links unten stehende Caesium. Der reaktivste Anionenbildner ist das an der entgegengesetzten Ecke, rechts oben, stehende Fluor; es hat die größte Fähigkeit, ein Elektron von anderen Elementen an sich zu reißen (s. Formel 13, S. 43).

*Vertikalreihen des Periodensystems.* In der ersten Vertikalgruppe des Periodensystems stehen die einwertigen (ein Elektron abgebenden) Alkalimetalle Li, Na, K, Rb, Cs. In der zweiten Gruppe stehen die zweiwertigen (zwei Elektronen abgebenden) Erdalkalimetalle Be, Mg, Ca, Sr, Ba, Ra. In der dritten Gruppe folgen nach dem ersten Element, dem Halbmetall Bor, das Metall Aluminium und einige seltene, dreiwertige Metalle. In der maximal vierwertigen Gruppe C, Si, Ge, Sn, Pb ist das erste Element, Kohlenstoff, ein Nichtmetall, die anderen sind Metalle. Die Zahl der Nichtmetalle nimmt in der nächsten, maximal fünfwertigen Gruppe zu: von N, P, As, Sb, Bi sind die ersten beiden Nichtmetalle. Dann folgen in der sechsten Gruppe auf die Nichtmetalle O und S das Halbmetall Se und die Metalle Te und Po. Die siebte Gruppe (die Halogene) besteht nur aus Nichtmetallen F, Cl, Br, J, die maximal siebenwertig sein können. Die achte Gruppe (oft auch als nullte Gruppe gerechnet) der Edelgase He, Ne, Ar, Kr, X muß man den Nichtmetallen zurechnen, obwohl sie zu allen chemischen Reaktionen unfähig sind.

### d) Periodizität der physikalischen Eigenschaften.

Außer den chemischen Eigenschaften, wie sie im Periodensystem zum Ausdruck kommen, weisen auch viele physikalische Eigenschaften der Elemente *periodischen*

*Charakter* auf; so *Atomvolumen, Dichte, Schmelz- und Siedepunkt, Ionisierungs-spannung*; weiter *Kompressibilität, Ausdehnungskoeffizient* und andere Eigen-schaften. Auch zahlreiche Verbindungen weisen periodische Eigenschaften auf; so die O-, H- und Halogenverbindungen (s. Tab. 4, S. 18). Alle diese physikalischen

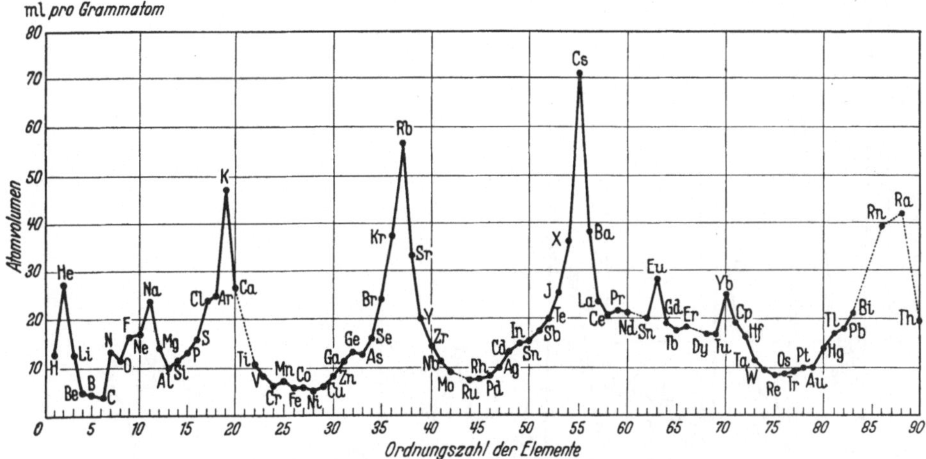

Abb. 4. Kurve der Atomvolumina der Elemente.

Periodizitäten, wie auch die Periodizität der chemischen Eigenschaften werden durch den periodischen Wechsel in der Zahl der äußeren Elektronen verursacht. Im Gegensatz dazu ändern sich die MOSELEYschen Röntgenspektren gleichmäßig, entsprechend dem gleichmäßigen Ansteigen der Kernladungen der Elemente mit steigender Ordnungszahl (s. S. 17).

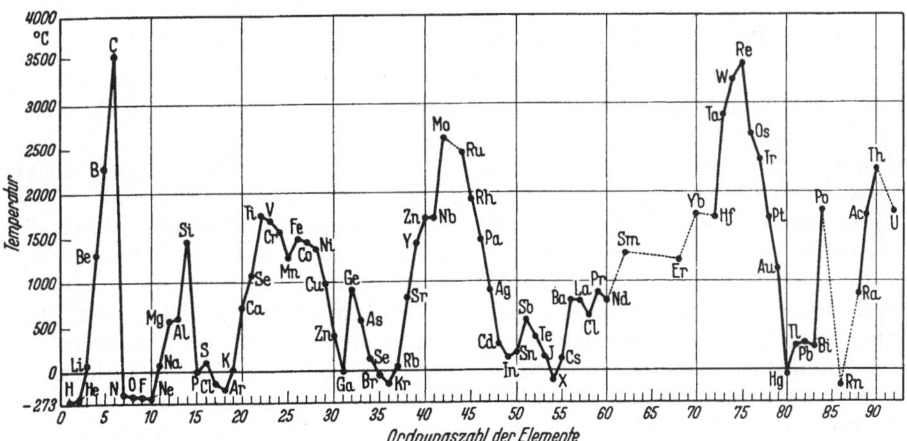

Abb. 5. Kurve der Schmelzpunkte der Elemente.

Der Unterschied rührt daher, daß sich die Röntgenspektren nur von den Bewegungen der innersten 2 Elektronen auf der $K$-Schale (s. Abb. 2, S. 16) ableiten; der $K$-Schale, deren Radius sich mit steigender positiver Kernladung, mit steigender Ordnungszahl, in stetigen Treppen (s. Abb. 3, S. 17) durch die steigende Kernanziehung verkleinert, während physikalische und chemische Eigenschaften der Elemente von den äußersten, voluminösen Elektronenschalen abhängen, die sich in Perioden, parallel zum Periodensystem der Elemente ändern (s. Tabelle 6, S. 23).

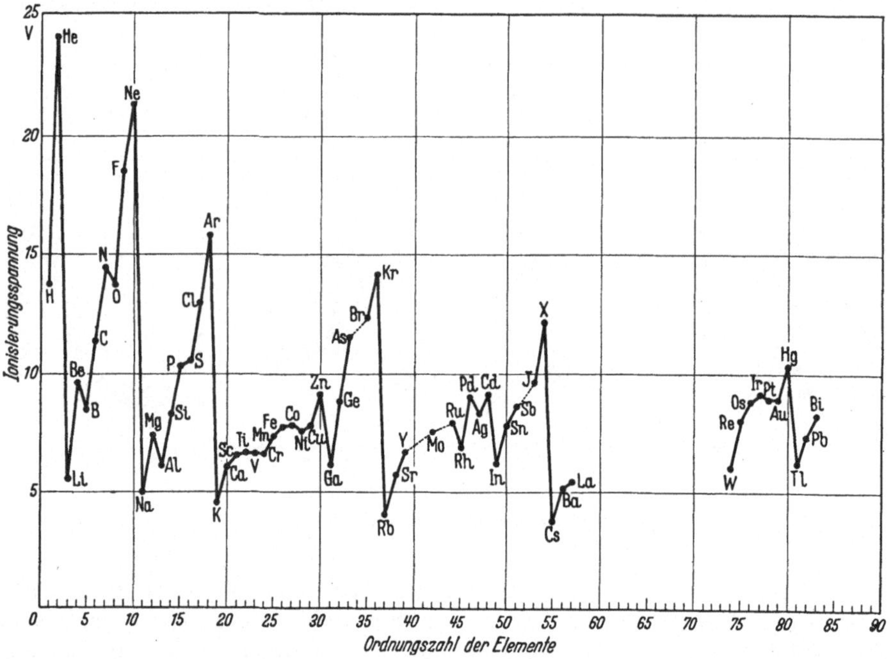


Abb. 6. Kurve der Ionisierungsspannungen der Elemente. Die Zahlen geben an, wieviel Volt Spannungsgefälle ein Kathodenstrahl (durch elektrische Potentialdifferenz beschleunigte Elektronen) durchlaufen haben muß, um das betreffende Element beim Auftreffen gerade in Ionenzustand überzuführen.

### e) Die Periodizität der Elektronenschalen der Elemente.

Die Periodizität vieler Eigenschaften der Elemente hat ihren Grund in der periodischen Anordnung der äußeren Elektronen um den positiven Atomkern eines Elementes.

Die Zahl der Elektronen eines Elementes ist gleich der Zahl seiner positiven Kernladungen und gleich seiner Ordnungszahl.

Diese Elektronen haben, außer bei den einfachsten Elementen Wasserstoff und Helium, nicht in einer Schale Platz. Sie kreisen auf den verschiedenen, nach der BOHRschen Theorie erlaubten Niveauschalen um den Atomkern.

Auf der ersten Schale, der $K$-Schale, haben maximal 2 Elektronen Platz. Wenn sie gefüllt ist, werden neue Elektronen in die folgende $L$-Schale eingebaut, die maximal 8 Elektronen aufnehmen kann. Die folgende $M$-Schale nimmt bis zum Argon (Element Nr. 18) ebenfalls 8 Elektronen auf.

Insgesamt kann die $M$-Schale, unterteilt in drei nahe beieinander liegende Unterniveaus, 18 Elektronen aufnehmen; die darauf folgende $N$-Schale in 4 Unterniveaus 32 Elektronen.

Vom Argon ab treten Komplikationen auf, so daß zuerst weitere Schalen ($N, O, P, Q$) mit Elektronen ausgefüllt werden, während in noch weiter innen liegenden Schalen Elektronenlücken bleiben, die erst bei folgenden Elementen nachträglich nachgefüllt werden. Die Elektronenzahl der jeweils äußersten Schale liegt zwischen 1 und 8; *nur diese Elektronen der äußersten Schale* (von wenigen Elementen abgesehen) *beteiligen sich an chemischen Reaktionen.* Nur sie sind durch die bei

Tabelle 6. *Die Elektronenschalen der einzelnen Elemente.*

| $n=$ | | K 1 (s) | L 2 (s) | L 2 (p) | M 3 (s) | M 3 (p) | M 3 (d) | N 4 (s) | N 4 (p) |
|---|---|---|---|---|---|---|---|---|---|
| 1 | H | 1 | | | | | | | |
| 2 | He | 2 | | | | | | | |
| 3 | Li | 2 | 1 | | | | | | |
| 4 | Be | 2 | 2 | | | | | | |
| 5 | B | 2 | 2 | 1 | | | | | |
| 6 | C | 2 | 2 | 2 | | | | | |
| 7 | N | 2 | 2 | 3 | | | | | |
| 8 | O | 2 | 2 | 4 | | | | | |
| 9 | F | 2 | 2 | 5 | | | | | |
| 10 | Ne | 2 | 2 | 6 | | | | | |
| 11 | Na | 2 | 2 | 6 | 1 | | | | |
| 12 | Mg | 2 | 2 | 6 | 2 | | | | |
| 13 | Al | 2 | 2 | 6 | 2 | 1 | | | |
| 14 | Si | 2 | 2 | 6 | 2 | 2 | | | |
| 15 | P | 2 | 2 | 6 | 2 | 3 | | | |
| 16 | S | 2 | 2 | 6 | 2 | 4 | | | |
| 17 | Cl | 2 | 2 | 6 | 2 | 5 | | | |
| 18 | Ar | 2 | 2 | 6 | 2 | 6 | | | |
| 19 | K | 2 | 2 | 6 | 2 | 6 | | 1 | |
| 20 | Ca | 2 | 2 | 6 | 2 | 6 | | 2 | |
| 21 | Sc | 2 | 2 | 6 | 2 | 6 | 1 | 2 | |
| 22 | Ti | 2 | 2 | 6 | 2 | 6 | 2 | 2 | |
| 23 | V | 2 | 2 | 6 | 2 | 6 | 3 | 2 | |
| 24 | Cr | 2 | 2 | 6 | 2 | 6 | 5 | 1 | |
| 25 | Mn | 2 | 2 | 6 | 2 | 6 | 5 | 2 | |
| 26 | Fe | 2 | 2 | 6 | 2 | 6 | 6 | 2 | |
| 27 | Co | 2 | 2 | 6 | 2 | 6 | 7 | 2 | |
| 28 | Ni | 2 | 2 | 6 | 2 | 6 | 8 | 2 | |
| 29 | Cu | 2 | 2 | 6 | 2 | 6 | 10 | 1 | |
| 30 | Zn | 2 | 2 | 6 | 2 | 6 | 10 | 2 | |
| 31 | Ga | 2 | 2 | 6 | 2 | 6 | 10 | 2 | 1 |
| 32 | Ge | 2 | 2 | 6 | 2 | 6 | 10 | 2 | 2 |
| 33 | As | 2 | 2 | 6 | 2 | 6 | 10 | 2 | 3 |
| 34 | Se | 2 | 2 | 6 | 2 | 6 | 10 | 2 | 4 |
| 35 | Br | 2 | 2 | 6 | 2 | 6 | 10 | 2 | 5 |
| 36 | Kr | 2 | 2 | 6 | 2 | 6 | 10 | 2 | 6 |

| $n=$ | | K 1 | L 2 | M 3 | N 4 (s) | N 4 (p) | N 4 (d) | N 4 (f) | O 5 (s) | O 5 (p) | O 5 (d) | P 6 (s) |
|---|---|---|---|---|---|---|---|---|---|---|---|---|
| 37 | Rb | 2 | 8 | 18 | 2 | 6 | | | 1 | | | |
| 38 | Sr | 2 | 8 | 18 | 2 | 6 | | | 2 | | | |
| 39 | Y | 2 | 8 | 18 | 2 | 6 | 1 | | 2 | | | |
| 40 | Zr | 2 | 8 | 18 | 2 | 6 | 2 | | 2 | | | |
| 41 | Nb | 2 | 8 | 18 | 2 | 6 | 4 | | 1 | | | |
| 42 | Mo | 2 | 8 | 18 | 2 | 6 | 5 | | 1 | | | |
| 43 | — | 2 | 8 | 18 | 2 | 6 | 6 | | 1 | | | |
| 44 | Ru | 2 | 8 | 18 | 2 | 6 | 7 | | 1 | | | |
| 45 | Rh | 2 | 8 | 18 | 2 | 6 | 8 | | 1 | | | |
| 46 | Pd | 2 | 8 | 18 | 2 | 6 | 10 | | | | | |
| 47 | Ag | 2 | 8 | 18 | 2 | 6 | 10 | | 1 | | | |
| 48 | Cd | 2 | 8 | 18 | 2 | 6 | 10 | | 2 | | | |
| 49 | In | 2 | 8 | 18 | 2 | 6 | 10 | | 2 | 1 | | |
| 50 | Sn | 2 | 8 | 18 | 2 | 6 | 10 | | 2 | 2 | | |
| 51 | Sb | 2 | 8 | 18 | 2 | 6 | 10 | | 2 | 3 | | |
| 52 | Te | 2 | 8 | 18 | 2 | 6 | 10 | | 2 | 4 | | |
| 53 | J | 2 | 8 | 18 | 2 | 6 | 10 | | 2 | 5 | | |
| 54 | X | 2 | 8 | 18 | 2 | 6 | 10 | | 2 | 6 | | |
| 55 | Cs | 2 | 8 | 18 | 2 | 6 | 10 | | 2 | 6 | | 1 |
| 56 | Ba | 2 | 8 | 18 | 2 | 6 | 10 | | 2 | 6 | | 2 |
| 57 | La | 2 | 8 | 18 | 2 | 6 | 10 | | 2 | 6 | 1 | 2 |
| 58 | Ce | 2 | 8 | 18 | 2 | 6 | 10 | 1 | 2 | 6 | 1 | 2 |
| 59 | Pr | 2 | 8 | 18 | 2 | 6 | 10 | 2 | 2 | 6 | 1 | 2 |
| 60 | Nd | 2 | 8 | 18 | 2 | 6 | 10 | 3 | 2 | 6 | 1 | 2 |
| 61 | — | 2 | 8 | 18 | 2 | 6 | 10 | 4 | 2 | 6 | 1 | 2 |
| 62 | Sm | 2 | 8 | 18 | 2 | 6 | 10 | 5 | 2 | 6 | 1 | 2 |
| 63 | Eu | 2 | 8 | 18 | 2 | 6 | 10 | 6 | 2 | 6 | 1 | 2 |
| 64 | Gd | 2 | 8 | 18 | 2 | 6 | 10 | 7 | 2 | 6 | 1 | 2 |
| 65 | Tb | 2 | 8 | 18 | 2 | 6 | 10 | 8 | 2 | 6 | 1 | 2 |
| 66 | Dy | 2 | 8 | 18 | 2 | 6 | 10 | 9 | 2 | 6 | 1 | 2 |
| 67 | Ho | 2 | 8 | 18 | 2 | 6 | 10 | 10 | 2 | 6 | 1 | 2 |
| 68 | Er | 2 | 8 | 18 | 2 | 6 | 10 | 11 | 2 | 6 | 1 | 2 |
| 69 | Tu | 2 | 8 | 18 | 2 | 6 | 10 | 12 | 2 | 6 | 1 | 2 |
| 70 | Yb | 2 | 8 | 18 | 2 | 6 | 10 | 13 | 2 | 6 | 1 | 2 |
| 71 | Cp | 2 | 8 | 18 | 2 | 6 | 10 | 14 | 2 | 6 | 1 | 2 |

| $n=$ | | K 1 | L 2 | M 3 | N 4 | O 5 (s) | O 5 (p) | O 5 (d) | P 6 (s) | P 6 (p) | P 6 (d) | Q 7 (s) |
|---|---|---|---|---|---|---|---|---|---|---|---|---|
| 72 | Hf | 2 | 8 | 18 | 32 | 2 | 6 | 2 | 2 | | | |
| 73 | Ta | 2 | 8 | 18 | 32 | 2 | 6 | 3 | 2 | | | |
| 74 | W | 2 | 8 | 18 | 32 | 2 | 6 | 4 | 2 | | | |
| 75 | Re | 2 | 8 | 18 | 32 | 2 | 6 | 5 | 2 | | | |
| 76 | Os | 2 | 8 | 18 | 32 | 2 | 6 | 6 | 2 | | | |
| 77 | Ir | 2 | 8 | 18 | 32 | 2 | 6 | 7 | 2 | | | |
| 78 | Pt | 2 | 8 | 18 | 32 | 2 | 6 | 8 | 2 | | | |
| 79 | Au | 2 | 8 | 18 | 32 | 2 | 6 | 10 | 1 | | | |
| 80 | Hg | 2 | 8 | 18 | 32 | 2 | 6 | 10 | 2 | | | |
| 81 | Tl | 2 | 8 | 18 | 32 | 2 | 6 | 10 | 2 | 1 | | |
| 82 | Pb | 2 | 8 | 18 | 32 | 2 | 6 | 10 | 2 | 2 | | |
| 83 | Bi | 2 | 8 | 18 | 32 | 2 | 6 | 10 | 2 | 3 | | |
| 84 | Po | 2 | 8 | 18 | 32 | 2 | 6 | 10 | 2 | 4 | | |
| 85 | — | 2 | 8 | 18 | 32 | 2 | 6 | 10 | 2 | 5 | | |
| 86 | Rn | 2 | 8 | 18 | 32 | 2 | 6 | 10 | 2 | 6 | | |
| 87 | — | 2 | 8 | 18 | 32 | 2 | 6 | 10 | 2 | 6 | | 1 |
| 88 | Ra | 2 | 8 | 18 | 32 | 2 | 6 | 10 | 2 | 6 | | 2 |
| 89 | Ac | 2 | 8 | 18 | 32 | 2 | 6 | 10 | 2 | 6 | 1 | 2 |
| 90 | Th | 2 | 8 | 18 | 32 | 2 | 6 | 10 | 2 | 6 | 2 | 2 |
| 91 | Pa | 2 | 8 | 18 | 32 | 2 | 6 | 10 | 2 | 6 | 3 | 2 |
| 92 | U | 2 | 8 | 18 | 32 | 2 | 6 | 10 | 2 | 6 | 5 | 1 |
| 93 | Np | 2 | 8 | 18 | 32 | 2 | 6 | 10 | 2 | 6 | 5 | 2 |
| 94 | Pu | 2 | 8 | 18 | 32 | 2 | 6 | 10 | 2 | 6 | 6 | 2 |
| 95 | Am | 2 | 8 | 18 | 32 | 2 | 6 | 10 | 2 | 6 | 7 | 2 |
| 96 | Cm | 2 | 8 | 18 | 32 | 2 | 6 | 10 | 2 | 6 | 8 | 2 |

chemischen Reaktionen verfügbaren Energiemengen vom Atom loszulösen; nur sie sind für die Wertigkeiten (s. S. 18, 45) in chemischen Reaktionen verantwortlich.

### f) Als Ionen farbige Elemente.

Einige Elemente bilden *farbige Ionen*. Es hat sich gezeigt, daß *alle solchen Elemente auch paramagnetisch* sind, d. h. wie Eisen in einem Magnetfeld die Kraftlinien auf sich ziehen. Sie haben meist inkomplette innere Elektronenschalen. Die Zusammenhänge sind noch nicht einwandfrei geklärt. Den Block der als Ionen gefärbten und paramagnetischen Elemente kann man am besten darstellen, wenn man das Periodensystem nach WERNER so auseinanderzieht, daß Haupt- und Nebengruppen getrennt sind. Bei manchen Elementen hängt Paramagnetismus von der Ladung des Ions ab; $Cu^{++}$ ist paramagnetisch und farbig; $Cu^+$ ist diamagnetisch und farblos (Tabelle 7; nächste Seite).

## 5. Kapitel.

## Atomkerne.

### a) PROUTsche Hypothese und Isotopen.

*Isotopen.* 1815 stellte der englische Arzt PROUT die Hypothese auf, daß *die Atome aller Elemente Vielfache des Wasserstoffatoms* seien. Dann müssen auch ihre Atomgewichte, bezogen auf das Wasserstoffatom als Einheit, nahezu ganze Zahlen sein. Tatsächlich weichen aber die bis zur dritten Dezimale bekannten Atomgewichte vieler Elemente von ganzen Zahlen ab. 1909 wurde zuerst von SODDY die Idee ausgesprochen, daß es von einem Element verschiedene *Isotope* mit theoretisch ganzzahligem, aber verschiedenem Atomgewicht gäbe. Isotope Atome sind solche, die sich zwar in ihrer Masse, nicht aber in ihrer positiven Kernladung und demnach auch nicht in ihrer Elektronenzahl unterscheiden.

*Massenspektrograph.* Diese Idee wurde 1913 von ASTON mit dem von ihm konstruierten *Massenspektrographen* experimentell untersucht und ihre Richtigkeit bewiesen. Im Massenspektrographen wird ein Kanalstrahlenbündel (ionisierte, positiv geladene Atome des Elementes von hoher Geschwindigkeit) durch abgestimmte elektrische und magnetische Felder so abgelenkt, daß Atome verschiedenen Atomgewichts spektrumartig nebeneinander auf einer geeigneten photographischen Platte Schwärzungen erzeugen. Die Abstände und Intensitäten der Schwärzungslinien kann man messen.

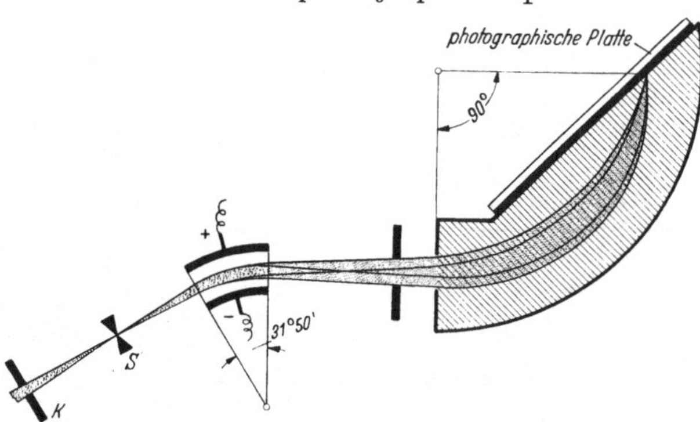



Abb. 7. Schema des Massenspektrographen nach MATTAUCH und HERZOG. Aus den von $K$ kommenden Kanalstrahlen (gasförmigen Elementkationen hoher Geschwindigkeit) wird durch die Blende $S$ ein paralleles Bündel ausgeschnitten und zuerst durch ein (dafür gerade als günstig ausgerechnetes) elektrisches Feld um 31°59′ abgelenkt. Dann werden die Materiestrahlen durch ein senkrecht zur Papierebene stehendes Magnetfeld, wie beim Cyclotron (S. 31), in Kreisbahnen gezwungen. Schließlich werden bei geeigneter Stellung der photographischen Platte alle Teilchen verschiedener Geschwindigkeit, aber gleicher Masse auf je einem Strich der Platte vereinigt. Die Intensitäten der schwarzen Striche werden photoelektrisch unter dem Mikroskop gemessen. Daraus wird die prozentuale Zusammensetzung der Isotopen errechnet. Auf dem Bild ist der Strahlengang aus Materieteilchen einer Masse, aber verschiedener Geschwindigkeit gezeichnet.

*Isotopenprozente und Atomgewichte.* Man erhält aus der Lage der Linien die Atomgewichte, und aus deren Schwärzungsintensität die prozentuale Beteiligung der Isotopen eines Elementes. Die Atomgewichte der Isotopen erwiesen sich aus Gründen des Packungsanteils (s. S. 35) nur angenähert als ganzzahlige Vielfache des Wasserstoffs. Aus der Mischung der erhaltenen Atomgewichte der Isotopen und ihrer prozentualen Beteiligung am Mischelement kann man die realen Atommischgewichte errechnen, die tatsächlich in fast allen Fällen mit den praktisch gefundenen, nicht ganzzahligen Atomgewichten identisch sind. Manche Elemente bestehen nur aus einem Isotop; z. B. Phosphor mit dem Atomgewicht 31,0; manche bestehen aus bis zu 10 Isotopen, wie etwa Zinn.

Die prozentuale Beteiligung der Isotopen am Mischelement ist überall dieselbe, gleichgültig ob man das Element aus Gestein oder aus einem Meteor oder aus Meerwasser isoliert. Auch auf den Sternen ist die prozentuale Isotopenverteilung praktisch dieselbe, soweit wir bisher aus der Feinanalyse der Sternspektren sehen.

Durch die Auffindung der Isotopen wird die früher unerklärliche und störende Atomgewichtsinversion zwischen Kobalt-Nickel, Argon-Kalium und Tellur-Jod verständlich (s. S. 216). Bei ihnen ergibt die zufällige Mischung der Atomgewichte der Isotopen beim ersten Element ein höheres Atomgewicht als beim zweiten. Das Atomgewicht ist ein praktisch wichtiges, theoretisch mehr sekundäres Charakteristikum der Elemente.

*Chemische Identität der Isotopen. Die chemischen Eigenschaften eines Elementes sind nur durch die Zahl seiner Elektronen, besonders der äußersten Elektronenschale bedingt.* Die chemische Identität der Isotopen eines Elementes rührt daher, daß sie gleiche Elektronenzahl haben. Einer gleichen Elektronenzahl müssen automatisch gleichviel positive Kernladungen oder nach der PROUTschen Hypothese gleichviel $H^+$-Kerne (Protonen) entsprechen.

## b) Neutron, Positron, Neutrino, Meson.

*Neutron.* Im Widerspruch zur PROUTschen Hypothese haben die Isotopen eines Elements zwar gleichviel Protonen, Wasserstoffkerne (gleiche Kernladung), aber trotzdem

Tabelle 7. *Auseinandergezogenes Periodensystem nach* WERNER *mit dem Block der farbige Ionen bildenden und gleichzeitig paramagnetischen Elemente. Der Block ist schwarz eingerahmt; der punktiert eingerahmte Block zeigt gleichzeitig die Lage der Nichtmetalle.*

| 1a | 2a | 3a | 4a | 5a | 6a | 7a | 8a | 1b | 2b | 3b | 4b | 5b | 6b | 7b | 8b |
|---|---|---|---|---|---|---|---|---|---|---|---|---|---|---|---|
| 1 H | | | | | | | | | | | | | | | 2 He |
| 3 Li | 4 Be | 5 B | | | | | | | | | 6 C | 7 N | 8 O | 9 F | 10 Ne |
| 11 Na | 12 Mg | 13 Al | | | | | | | | | 14 Si | 15 P | 16 S | 17 Cl | 18 Ar |
| 19 K | 20 Ca | 21 Sc | 22 Ti | 23 V | 24 Cr | 25 Mn | 26 Fe 27 Co 28 Ni | 29 Cu | 30 Zn | 31 Ga | 32 Ge | 33 As | 34 Se | 35 Br | 36 Kr |
| 37 Rb | 38 Sr | 39 Y | 40 Zr | 41 Nb | 42 Mo | 43 — | 44 Ru 45 Rh 46 P | 47 Ag | 48 Cd | 49 In | 50 Sn | 51 Sb | 52 Te | 53 J | 54 X |
| 55 Cs | 56 Ba | 57–71 | 72 Hf | 73 Ta | 74 W | 75 Re | 76 Os 77 Ir 78 Pt | 79 Au | 80 Hg | 81 Tl | 82 Pb | 83 Bi | 84 Po | 85 — | 86 Rn |
| 87 — | 88 Ra | 89 Ac | 90 Th | 91 Pa | 92 U | | | | | | | | | | |

verschiedenes Atomgewicht. So ist die Ordnungszahl, also die Zahl der Protonen, im Calcium nur 20, während die Atomgewichte der Calciumisotopen angenähert 40, 42, 43 und 44 betragen. Es müssen demnach im Kern des Atoms neben Protonen noch etwa ebensoviele Massenteilchen von der Masse eins und der elektrischen Ladung null vorhanden sein. CHADWICK gelang 1932 der Nachweis dieser Teilchen, der *Neutronen*.

*Positron.* Man hat gefunden, daß man Protonen in Neutronen und ein positiv geladenes Analogon von der Masse des Elektrons spalten kann. Man nennt dieses Teilchen *Positron.* Es kann bei einigen Kernzerfallsreaktionen aus einem Proton des Kerns gebildet werden, der dadurch in ein Neutron übergeht.

Es ist, soweit heute bekannt ist, nicht in freiem Zustand am Aufbau der Materie beteiligt. Es vereinigt sich rasch mit einem der in großer Überzahl vorhandenen Elektronen. Durch die Vereinigung wird die gesamte Masse der beiden in eine sehr kurzwellige, und damit extrem energiereiche $\gamma$-Strahlung verwandelt.

*α-Teilchen.* In den Atomkernen, die, soweit bis jetzt bekannt, nur aus Protonen und Neutronen bestehen, liegen nicht nur Anhäufungen dieser beiden Bestandteile vor, sondern auch Anhäufungen von Komplexen aus je 2 Protonen und 2 Neutronen. Diese Gebilde, die als α-Strahlen beim Zerfall des Radiums ausgeschickt werden, sind identisch mit zweifach positiv geladenen Heliumatomen, die ihre beiden Elektronen verloren haben. Solches doppelt positiv geladenes Helium ist auf chemischem Wege nicht darzustellen, da Helium als Element ein Edelgas ist, das außer 2 Protonen und 2 Neutronen noch 2 Elektronen enthält, die wegen der stabilen kompletten (Edelgas) Ausfüllung der $K$-Elektronenschale keinerlei chemische Reaktionen eingehen und deshalb dem Helium auf chemischem Weg auch nicht weggenommen werden können, wohl aber durch Zufuhr hoher Energiemengen durch Kathodenstrahlen (s. Abb. 6, S. 22).

*Neutrino.* FERMI vermutet im Atomkern noch einen weiteren Bestandteil, das *Neutrino*, von der Masse des Elektrons und der Ladung null.

*Mesonen.* Nachdem YUKAWA sie als Bestandteil des Atomkerns vorausgesagt hatte, wurden in den durchdringenden Höhenstrahlen *Mesonen* gefunden. Es sind Sekundärteilchen von der nur kurzen Lebenszeit von $10^{-6}$ sec, die aus Gasmolekülen der irdischen Atmosphäre durch Höhenstrahlen (Protonenstrahlen astronomischer Herkunft und sehr großer Energie) gebildet werden. Mesonen haben die Masse von 200—300 Elektronen. Sie zerfallen von selbst in normale Elektronen und $\gamma$-Strahlen höchster Energie.

Mesonen scheinen im Aufbau des Atomkerns eine ähnliche Zusammenhaltsfunktion zu haben, wie die elektrostatischen Kräfte beim Zusammenhalt von positivem Atomkern und negativen Elektronen.

### c) Zusammensetzung der Elemente aus den Atombausteinen.

Die Atome bauen sich aus folgenden Bestandteilen auf.

*Tabelle 8.*

| Name | Masse pro Mol in g | Elektrische Ladung | Formelbezeichnung | Vorkommen in |
|---|---|---|---|---|
| Proton . . . . | 1,00755 | $+1$ | $H^+$ | Atomkern |
| Neutron. . . . | 1,00895 | $0$ | $n^\circ$ | Atomkern |
| Elektron . . . | 0,00054 | $-1$ | $e^-$ | Atomschale |
| Positron . . . | 0,00054 | $+1$ | $e^+$ | Zerfallsprodukt künstlich radioaktiver Elemente |

Da der Gesamtdurchmesser eines Atoms von der Größenordnung $10^{-8}$ cm ist (gegenüber $10^{-12}$ bis $10^{-13}$ cm Kerndurchmesser), ist der allergrößte Teil des Atoms leer (LENARD, RUTHERFORD). Denkt man sich den Durchmesser des Atoms auf 30 km vergrößert (nicht ganz die Entfernung Dover—Calais), so ist

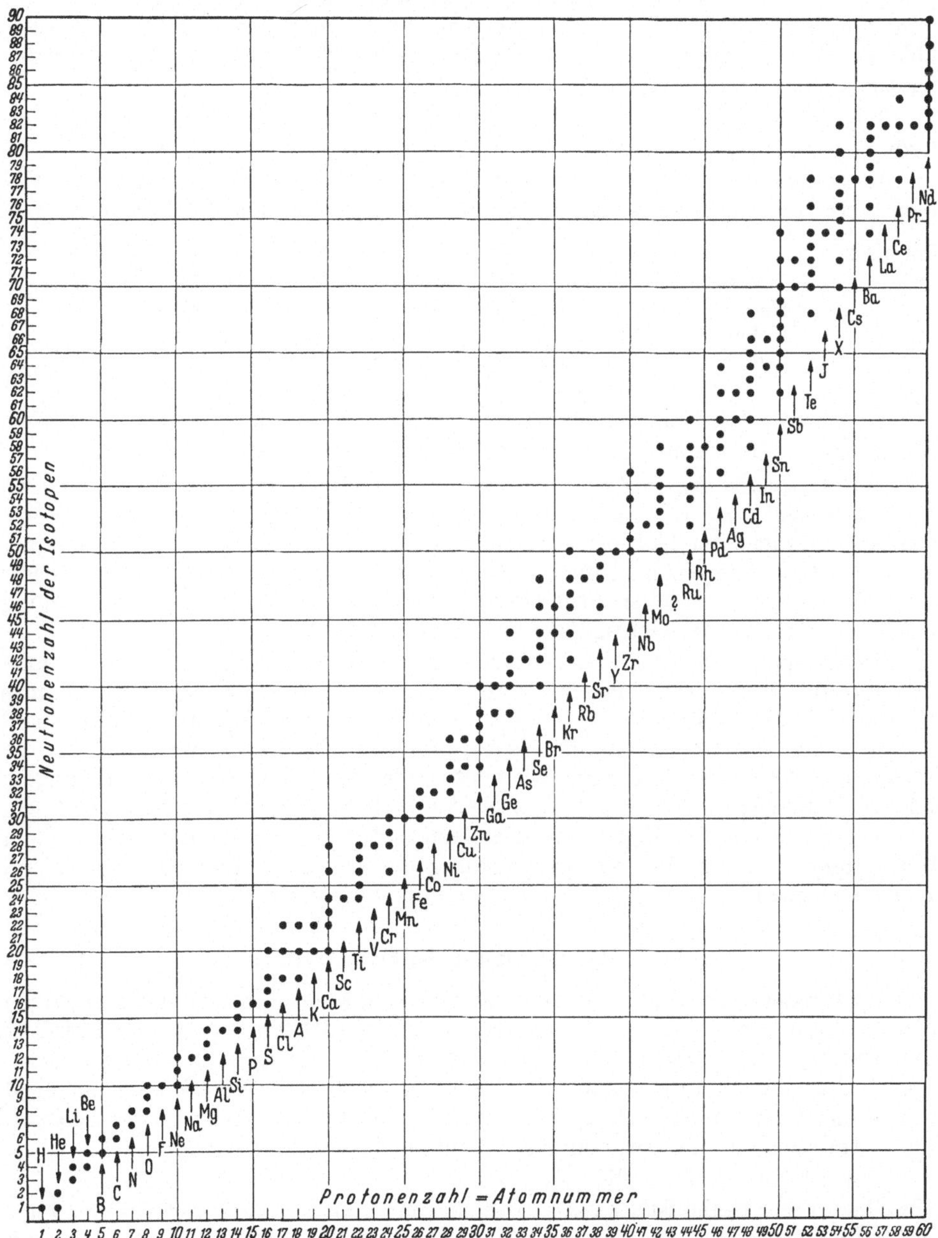


Abb. 8. Protonen-Neutronendiagramm der stabilen Isotopen der Elemente. Jeder schwarze Punkt repräsentiert ein stabiles Isotop. Seine *Massenzahl* erhält man durch Addition der zugehörigen *Protonen* und *Neutronen*. Die Kurve ist nur bis Element 60 gezeichnet. Alle außerhalb des Punktbündels liegenden Atomkombinationen sind instabil und damit radioaktiv; es sind die von JOLIOT-CURIE entdeckten kurzlebigen künstlichen radioaktiven Elemente (S. 32). Auch solche künstlich radioaktiven Elemente sind praktisch nur darstellbar, wenn ihr Protonen-Neutronenverhältnis nahe bei dem des Bündels der stabilen isotopen Elemente liegt.

der Durchmesser des Kerns ein Meter. In diesem sehr kleinen Kern ist praktisch die ganze Masse des Atoms konzentriert.

Diese Zahlen sind aus Durchstrahlungsversuchen von Materie mit der sehr energiereichen $\alpha$-Strahlen (Heliumkerne ohne Elektronenhülle) abgeleitet. Dabei passieren fast alle Strahlen ungestört durch und nur ein ganz kleiner Bruchteil wird abgelenkt, dieser Bruchteil aber sehr stark. Rechnerisch läßt sich daraus ableiten, daß Masse und Ladung in einem im Vergleich zum Atomdurchmesser winzig kleinen Kern konzentriert sein müssen.

*Protonen-Neutronenrelation.* Die Atomkerne enthalten bei Elementen niedriger Ordnungszahl etwa die gleiche Zahl von Protonen und Neutronen.

Mit steigender Ordnungszahl überwiegen die Neutronen; die schweren Elemente des Periodensystems enthalten alle mehr Neutronen als Protonen; z.B.

**Formel 4.**

$$
\begin{aligned}
\text{Stickstoff} &= \phantom{0}7\,\text{Protonen} + \phantom{0}7\,\text{Neutronen} \rightarrow \text{Massenzahl}\ \phantom{0}14 \\
\text{Mangan} &= 25\,\text{Protonen} + 30\,\text{Neutronen} \rightarrow \text{Massenzahl}\ \phantom{0}55 \\
\text{Kobalt} &= 27\,\text{Protonen} + 32\,\text{Neutronen} \rightarrow \text{Massenzahl}\ \phantom{0}59 \\
\text{Jod} &= 53\,\text{Protonen} + 74\,\text{Neutronen} \rightarrow \text{Massenzahl}\ 127
\end{aligned}
$$

*Massenzahl.* Die Zahl der Protonen eines Elementes, die Zahl seiner positiven Kernladungen, ist immer gleich seiner *Ordnungszahl* im Periodensystem.

Die *Summe aus der Zahl der Neutronen und Protonen* eines Isotops nennt man die *Massenzahl.* Sie ist angenähert gleich dem Atomgewicht des Einzelisotops. Das Atomgewicht der Isotopen ist in den meisten Fällen nach der positiven oder negativen Seite um einen kleinen Wert von der Massenzahl verschieden. Dieser kleine Unterschied zwischen Atomgewicht und Massenzahl ist für die Gewinnung von Atomkernenergie wichtig; s. S. 34, Packungsanteil.

Die Isotopen eines Elementes haben dieselbe Protonenzahl und unterscheiden sich nur durch die verschiedene Zahl ihrer Neutronen und damit durch ihre Massenzahl; sie stehen in Abb. 8, S. 27, übereinander. Mit der Protonenzahl ist auch die Elektronenzahl der Isotopen eines Elementes dieselbe. Da die chemischen Eigenschaften eines Elementes von der Elektronenzahl abhängen, sind auch die chemischen Eigenschaften der Isotopen eines Elementes identisch.

Die prozentuale Beteiligung der einzelnen Isotopen eines Elementes an seinem Mischatomgewicht ist bei der Besprechung der einzelnen Elemente jeweils im Titel angegeben.

## d) Atomkernzerfall, Radioaktivität.

*Zerfallsreihen.* Das Element des Periodensystems der natürlich vorkommenden Elemente mit dem höchsten Atomgewicht ist *Uran.* 1869 entdeckte der Physiker BECQUEREL, daß Uran dauernd sehr kurzwellige Röntgenstrahlen ausschickt. Seine Mitarbeiterin CURIE hat aus Uranerzen noch weitere, ebenfalls dauernd strahlende Elemente entdeckt und isoliert. Das wichtigste davon ist das *Radium,* das letzte Element der zweiten Hauptgruppe des Periodensystems.

Uran ist das Anfangsglied der sog. natürlichen *radioaktiven Zerfallsreihe.* Ein Glied dieser Reihe ist Radium. Das Radium zerfällt selbst weiter über 10 unbeständige Zwischenelemente in 5 Heliumkerne und Uranblei, einem Bleiisotop vom Atomgewicht 206, das stabil *und nicht mehr radioaktiv ist.* Ähnliche Zerfallsreihen gehen vom Element Thorium (Atomgewicht 232) aus.

*Strahlenemission.* Beim *Zerfall der radioaktiven Elemente* werden *drei Arten von Strahlen* ausgeschickt.

1. $He^{++}$-*Kerne* großer Geschwindigkeit (20000 km/sec), $\alpha$-*Strahlen* genannt.

2. *Elektronen* großer Geschwindigkeit (15000 bis nahe an 300000 km/sec): $\beta$-*Strahlen* (Formel $e^-$); bei manchen künstlich radioaktiven Elementen, vor allem bei den Isotopen, die in Abb. 8, S. 27, unterhalb des Bündels der stabilen Isotopen liegen, auch Positronenemission ($e^+$).

3. Extrem kurzwellige und energiereiche Röntgenstrahlen (Wellenlänge $10^{-9}$ bis $10^{-11}$ mm): $\gamma$-*Strahlen*.

SODDY-FAJANS-*Regeln*. Für den Zerfall haben sich nach SODDY-FAJANS folgende *Regeln* ergeben:

1. Zerfällt ein Element unter Aussendung von $\alpha$-Strahlen, so vermindert sich gleichzeitig seine Massenzahl um 4 (Massenzahl des He = 4). Da mit dem $He^{++}$ zwei Protonen austreten, vermindert sich die positive Kernladung und damit die Ordnungszahl des Elements um 2. Vermindert sich die Ordnungszahl um 2, so rückt das betreffende Element im Periodensystem um 2 Gruppen zurück. So wird z.B. aus dem Radium (zweite Hauptgruppe des Periodensystems, zweiwertig) durch einfache $\alpha$-Strahlung das Gas Radiumemanation (Radon Rn, nullte oder achte Edelgasgruppe des Periodensystems, nullwertig).

2. Zerfällt ein Element unter Aussendung von Elektronen ($\beta$-Strahlen), wobei Neutronen des Kerns in Protonen umgewandelt werden (diese Elektronen stammen aus dem Atomkern), so steigt die Ordnungszahl ($=$ Protonenzahl) um eins. Das neugebildete Element rückt im Periodensystem um eine Gruppe nach rechts. Die

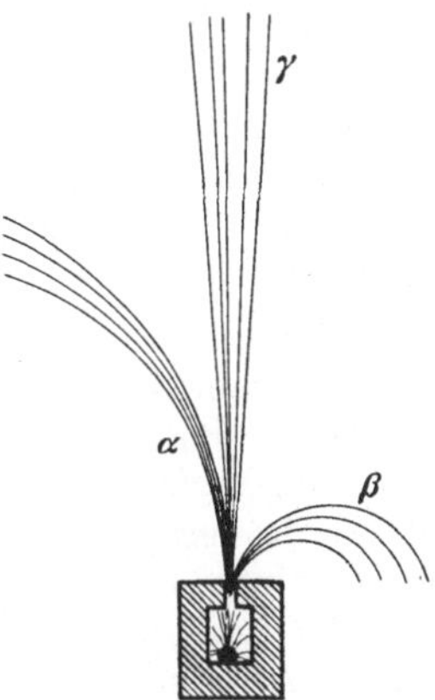



Abb. 9. Trennung der $\alpha$-, $\beta$- und $\gamma$-Strahlen unter dem Einfluß eines Magnetfeldes (senkrecht zur Papierebene gedacht). $\alpha$- und $\beta$-Strahlen, elektrisch geladene Materialteilchen großer Geschwindigkeit werden wie alle Leiter von elektrischem Strom, im magnetischen Feld abgelenkt und in Kurvenbahnen gezwungen; wegen ihrer entgegengesetzten elektrischen Ladungen in entgegengesetzter Richtung. $\gamma$-Strahlen, elektrisch neutrale Photonen hoher Energie, bleiben unbeeinflußt.

Abb. 10. Radioaktive Zerfallsreihe des Urans 238. Beim Zerfall verwandelt sich Uran vom Atomgewicht 238 über 14 Zwischenstufen unter Aussendung von $\alpha$-, $\beta$- und $\gamma$-Strahlen in ein Bleiisotop vom Atomgewicht 206. Bei einem $\alpha$-Zerfall ($He^{++}$-Kerne) vermindert sich das Atomgewicht um 4, die Kernladung um 2. Das neugebildete Element steht im Periodensystem zwei Gruppen weiter links. Bei $\beta$-Zerfall (Elektronenabspaltung aus einem Neutron des Kerns) bleibt das Atomgewicht praktisch konstant. Die positive Kernladung steigt um eins, und das neugebildete Element steht im Periodensystem eine Gruppe weiter rechts.

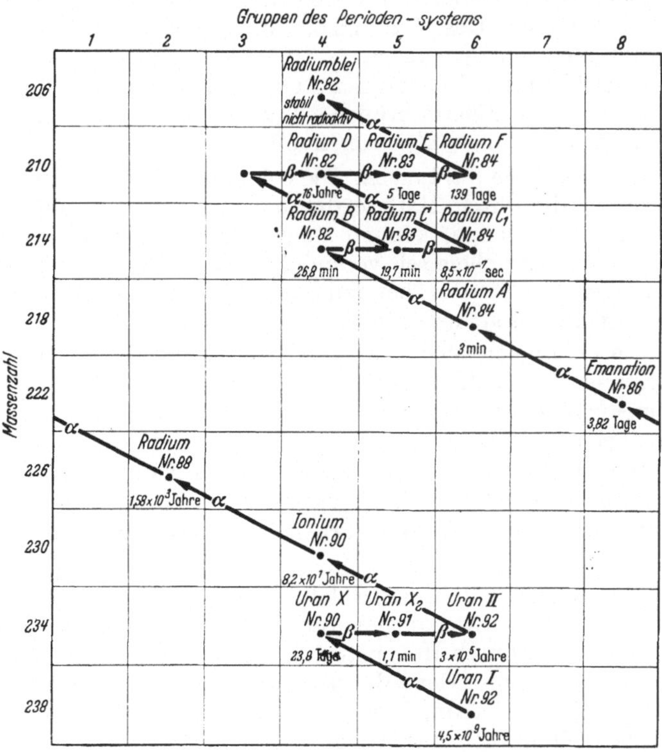

Masse und das Atomgewicht ändern sich dabei praktisch nicht, da Elektronen eine relativ sehr geringe Masse haben (s. Tabelle 8, S. 26).

Bei künstlich radioaktiven Elementen (S. 32) kennt man auch Zerfall durch *Positronenausstrahlungen*, wobei ein Kernproton in ein Neutron übergeht; dabei bleibt die Massenzahl und das Atomgewicht dasselbe, aber die Ordnungszahl sinkt um eins; das neue Element rückt um eine Gruppe nach links.

*Halbwertszeit.* Der *Zerfall* der einzelnen radioaktiven Elemente erfolgt mit verschiedener Geschwindigkeit. Man rechnet diese Geschwindigkeit als *Halbwertszeit.* Man versteht darunter die Zeit, in der die Hälfte des betreffenden Elements zerfällt, wobei sich entgegen der landläufigen Meinung das Gewicht nur wenig vermindert. Diese Halbwertszeit beträgt für Uran 5 Milliarden Jahre, für Radium 1580 Jahre und für Radiumemanation 4 Tage. Der radioaktive Zerfall ist bis jetzt durch keine äußere Gewalt zu beeinflussen gewesen, da er sich im Atomkern abspielt, während alle chemischen Reaktionen und extremsten physikalischen Einwirkungen (Druck, hohe Temperatur) nur bis zu den Elektronenschalen vordringen, ohne den Kern beeinflussen zu können.

*Energiefreisetzung.* Beim radioaktiven Zerfall werden große Energiemengen frei. Während z. B. bei der Verbrennung von 0,5 g $H_2$ 17 kcal frei werden, ergibt 1 g Radium bei seinem Halbwertszerfall 2 Millionen kcal ab (pro Stunde 138 cal). Die Energiemengen, die bei solchen Kernreaktionen frei gemacht werden, sind mehr als 100000mal größer als die maximalen Energiemengen chemischer Reaktionen.

Die mit der Geschwindigkeit wachsende *Energie* der beim radioaktiven Zerfall abgeschickten oder der künstlich beschleunigten Partikel wird in *Elektronenvolt (eV)* angegeben. Man bezeichnet damit die Potentialdifferenz in Volt, die ein elektrisch geladenes Teilchen durchlaufen haben muß, um aus der Ruhelage die betreffende Geschwindigkeit zu erreichen. Die Energiegrößenordnung der Reaktionen im Atomkern ist 0,5—10 Millionen Elektronenvolt (1—10 MeV). Ein Elektronenvolt entspricht etwa 23 kcal pro Mol (= $6{,}02 \cdot 10^{23}$) geladener Teilchen. Die Energiegrößenordnung der ergiebigsten chemischen Reaktionen beträgt nur wenige Elektronenvolt.

*Biochemische Wirkungen.* Die beim radioaktiven Zerfall entstehenden Strahlen, darunter die durch Materie durchdringenden $\gamma$-Strahlen (Röntgenstrahlen sehr kurzer Wellenlänge) können wegen ihres hohen Energiegehaltes Moleküle zertrümmern oder chemisch verändern. Diese Einwirkung ist besonders ausgeprägt bei lebendem Gewebe, bei den komplizierten und hochempfindlichen chemischen Zellorganisatoren im Zellkern, den Chromosomen.

Chromosomen sind die Katalysatorenerbmasse, die den Aufbau der nachfolgenden Generation regelt. $\gamma$-Strahlen ändern durch photochemische Chromosomenveränderung manchmal den Aufbau der neuen Zellen. Es entstehen so sprunghaft Mutationen unter Bildung neuer Arten oder Rassen. Die meisten solcher Rassenänderungen enden wegen Umweltunbrauchbarkeit tödlich und pflanzen sich nicht fort (Letalvariationen). In sehr seltenen Fällen entsteht jedoch eine Rasse höherer Brauchbarkeit: die Weiterentwicklung der Rassen.

Vielleicht ist die, oder ein Teil der Entwicklung aller Tier- und Pflanzenrassen unserer Erde durch solche zufälligen Mutationssprünge auf Grund radioaktiver Zufallseinwirkungen durch die überall vorhandene geringe Bodenradioaktivität oder durch Höhenstrahlen vor sich gegangen. Eine eigene systematische Wissenschaft, die Genetik, bedient sich in Experimenten dieser Möglichkeit (MULLER). Sie hat im Pflanzenreich viele neuen Rassenvariationen erzeugt; die Möglichkeiten auch im Tierreich sind noch nicht abzusehen.

Eine bösartige Veränderung tierischer Zellen, die auch durch Röntgenstrahlen verursacht werden kann, ist die Carcinombildung, ein hemmungslos ungeordnetes Zellwachstum (Röntgenkrebs). Umgekehrt lassen sich die Zellchromosomen mancher Carcinomgewebe durch harte Röntgenstrahlen oder $\gamma$-Strahlen aus Radium abtöten; Carcinom ist in anatomisch günstig zugänglichen Fällen durch Radium oder Röntgenstrahlen manchmal heilbar.

### e) Atomzertrümmerung und Atomaufbau.

*Atomzertrümmerung mit $\alpha$-Strahlen.* Der allergrößte Teil des Atoms ist nach der Vorstellung BOHRs über den Atomaufbau leerer Raum (s. Abb. 2, S. 16). Wenn man deshalb $\alpha$-Strahlen (He$^{++}$-Kerne), die vom Radium mit etwa $^1/_{16}$ Lichtgeschwindigkeit ausgeschickt werden, durch Materie treten läßt, so wird das $\alpha$-Teilchen durch die leeren Räume von Tausenden von Atomen hindurch fliegen, bis es zufällig einmal einen Kern trifft (LENARD).

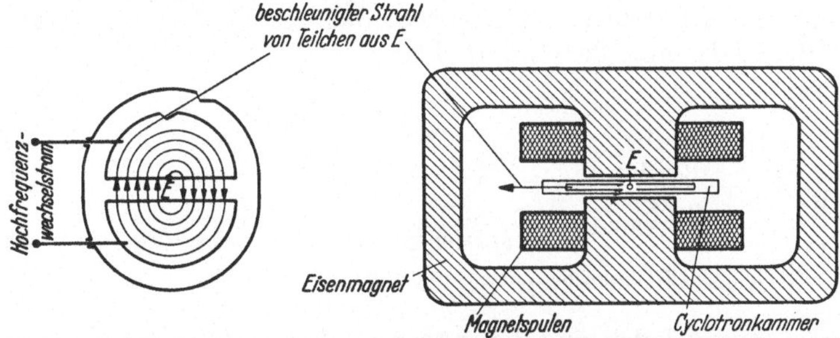


Abb. 11. Schema eines Cyclotrons (LAWRENCE). Im Cyclotron können elektrisch geladene Massenteilchen in ihrer Geschwindigkeit beschleunigt werden. Von einer Strahlenquelle in $E$ (Elektronen, Protonen, Deutonen) werden ausgeblendete Bündel im Hochvakuum durch ein extrem starkes homogenes Magnetfeld in eine zum Magnetfeld senkrechte Spiralbahn gezwungen. Diese Kreisbahnbildung läßt man in zwei auseinandergeschnittenen, einander gegenübergestellten Hälften einer flachen durchgeschnittenen Blechschachtel vor sich gehen, die, voneinander isoliert, mit hochfrequentem Wechselstrom geladen werden. Wenn man die Frequenz des Wechsels der elektrischen Aufladung und die Stärke des Magnetfeldes richtig abnimmt, so erhält das geladene Teilchen nach der halbkreisförmigen Passage einer $D$-Schachtel durch gerade rechtzeitige entgegengesetzte Aufladung der andern $D$-Schachtel beim Passieren des Zwischenraums eine Beschleunigung, die seine Geschwindigkeit und damit seine magnetische Kreisbahn vergrößert. Das Teilchen wird bei der nächsten Passage durch den Spalt durch die inzwischen erfolgte entgegengesetzte Aufladung der nächsten $D$-Schachtel wieder beschleunigt; bis man am äußersten Ende der Spirale den hochbeschleunigten Materiestrahl durch ein vorgelegtes elektrisches Sonderfeld als geradlinigen Strahl aus dem Apparat herauslenken kann. Mit diesem Cyclotron, dessen größtes gebautes einen Magneten von etwa 5000 Tonnen Eisen hat, können Materiestrahlen mit Energieinhalten bis zu 100 Millionen Elektronenvolt ($2,3$mal $10^8$ kcal/Mol) erzielt werden; die zur Zertrümmerung aller Arten von Atomen ausreichen. Das Cyclotron kann, da es im Prinzip ein Massenspektrograph (s. S. 24) ist, auch zur Isotopentrennung im technischen Maß verwendet werden. — Von der Ablenkbarkeit von Materiestrahlen elektrisch geladener Teilchen macht man auch beim *Elektronenmikroskop* Gebrauch. Dabei werden Durchgangsschattenbilder von Substanzen so erzeugt, daß Elektronenstrahlen durch Linsen aus ringförmigen elektrischen und magnetischen Feldern zur kleinsten Konvergenz auf das zu untersuchende Objekt gezwungen werden; das Schattenbild der durchgekommenen Strahlen wird dann nach stärkster Vergrößerung auf eine fluorescierende Mattscheibe projiziert. Im Gegensatz zu Mikroskopen, die wegen der Wellenlänge des sichtbaren Lichts von $^1/_{2000}$ mm nicht über 2000fach auflösen können, lassen sich mit dem Elektronenmikroskop Vergrößerungen bis zum 100000fachen herstellen.

Nur in diesem Fall, wenn der Kern eines anderen Elementes durch ein $\alpha$-Teilchen getroffen wird, kann eine Reaktion zwischen den beiden Kernen eintreten. Gleichzeitig kann durch die ungeheure Energie des auftreffenden $\alpha$-Teilchens ein anderes Bruchstück aus dem Kern herausgeschlagen werden. Diese Erscheinung wurde zum erstenmal von RUTHERFORD beobachtet, als er Stickstoff vom Atomgewicht 14 mit $\alpha$-Teilchen bestrahlte. Dabei zeigte es sich, daß in den seltenen Fällen einer Reaktion aus dem N ($= 14$) ein Sauerstoffisotop von der Massenzahl 17 aufgebaut und gleichzeitig ein H-Kern gebildet wurde. Man formuliert solche Atomkernreaktionen folgendermaßen:

**Formel 5.**

$$^{14}_{7}\mathrm{N} \quad + \quad ^{4}_{2}\mathrm{He} \quad \rightarrow \quad ^{17}_{8}\mathrm{O} \quad + \quad ^{1}_{1}\mathrm{H} \quad - \quad 1 \text{ Mill. El. Volt}$$

| Stickstoff | $\alpha$-Strahl | Isotop des Sauerstoffs | Proton | |
|---|---|---|---|---|
| | (7,7 Mill. El. Volt) | (0,7 Mill. El. Volt) | (6 Mill. El. Volt) | |

Die obere Zahl vor dem Element-symbol bezeichnet die *Massenzahl* (Summe der Neutronen und Protonen im Kern, s. S. 28), die untere Zahl ist die *Ordnungszahl* (s. S. 16) des Elementes, und gibt die Zahl der Protonen, der positiven Ladungen des Kerns. Diese Zahlenindices haben nichts mit den chemischen Formeln zu tun, deren Zahlenbezeichnung rechts unten, z. B. $C_{10}H_8$ angibt, wieviel C und H an einer Verbindung beteiligt sind.

Die Formel stellt die Kombination einer *Atomzertrümmerung* und eines *Atomaufbaus*, eine *Atomumwandlung* dar.

*Atomzertrümmerung mit künstlich beschleunigten Teilchen.* Statt mit α-Teilchen kann man mit künstlich durch hohe elektrische Felder (oder durch das Cyclotron) beschleunigten Protonen $^1_1H$, oder mit Deutonen (Deuteriumkern $^2_1D$) Atomumwandlungen in großer Variation hervorrufen.

*Atomumwandlung mit Neutronen.* Eine noch größere Bedeutung haben Neutronenstrahlen ($^1_0n$) erhalten. Sie entstehen am besten bei der Bestrahlung von Beryllium mit α-Strahlen. Man mischt dazu eine kräftige α-Strahlenquelle, z. B. ein Radiumsalz, mit Berylliumpulver.

**Formel 6.**

$$^4_2He \quad + \quad ^9_4Be \quad \rightarrow \quad ^{12}_6C \quad + \quad ^1_0n \quad + \quad 5{,}6 \text{ Mill. El. Volt}$$

<table>
<tr><td>Heliumkern</td><td>Beryllium</td><td>Kohlenstoff</td><td>Neutron</td></tr>
<tr><td>α-Strahl aus Radium</td><td>Masse 9<br>Protonen 4</td><td>Masse 12<br>Protonen 6</td><td>Masse 1<br>Protonen 0</td></tr>
<tr><td>Masse 4<br>Protonen 2<br>(5,2 Mill. El. Volt)</td><td></td><td>(0,8 Mill. El. Volt)</td><td>(ca. 10 Mill. El. Volt)</td></tr>
</table>

(Erklärung der Zahlen vor den Formeln siehe oben).

Da Neutronen ungeladen sind, kann man sie nicht im Cyclotron beschleunigen. Doch gehen auch langsame Neutronen thermischer Geschwindigkeit (1000 bis 2000 m/sec bei Zimmertemperatur) leicht Kernreaktionen mit anderen Atomen ein, weil sie wegen des Mangels einer Ladung von den Kernen nicht abgestoßen werden wie Protonen und α-Strahlen. Neutronen haben beim Eindringen in den Atomkern keinen hohen Energiewall zu überwinden, wie er von geladenen Teilchen nur bei sehr großen Geschwindigkeiten und Energieinhalten ($\rightarrow$ Millionen Elektronenvolt) überwunden werden kann.

## f) Künstliche radioaktive Elemente.

In vielen Fällen entstehen bei solchen Kernreaktionen Isotopen, deren Kernaufbau (= Zusammensetzung) aus Neutronen und Protonen nicht mehr stabil ist und deren zahlenmäßige Zusammensetzung des Kerns keinem der in Abb. 8, S. 27 gezeigten stabilen Isotopen entspricht, z. B.:

**Formel 7.**

$$^{23}_{11}Na \quad + \quad ^2_1D \quad \rightarrow \quad ^{24}_{11}Na \quad + \quad ^1_1H$$

<table>
<tr><td>stabiles Natrium-<br>isotop</td><td>Deutonenstrahl</td><td>unstabiles radioaktives Natriumisotop<br>Halbwertszeit 14 Std.</td><td>Proton</td></tr>
</table>

Man kann so von vielen Elementen Isotopen künstlich herstellen, die in der Natur nicht vorkommen und die mehr oder weniger schnell unter Strahlenaussendung weiter zerfallen (JOLIOT-CURIE).

So zerfällt das radioaktive künstliche $^{24}_{11}Na$ weiter unter Verlust eines Elektrons aus einem Neutron des Kerns. Die Massenzahl bleibt unverändert, aber die Protonenzahl wird um eins vermehrt; es entsteht ein Isotop des Magnesiums mit der Kernladung und damit Ordnungszahl 12.

**Formel 8.**

$$^{24}_{11}\text{Na} \quad \rightarrow \quad ^{24}_{12}\text{Mg} \quad + \quad e^- \quad + \quad \gamma$$

| radioaktives Natrium | stabiles Isotop des Magnesiums | Elektron | Gammastrahl |
|---|---|---|---|
| Halbwertszeit 14 Std | | aus dem Kern | (1,38 und 2,76 Mill. |
| Masse 24 | Masse 24 | $\beta$-Strahl | El. Volt) |
| Protonen 11 | Protonen 12 | (1,39 Mill. El.Volt) | |
| Neutronen 13 | Neutronen 12 | | |

$^{24}_{11}$ Na ist ein *künstlich radioaktives Element*. Solche Atomarten gehören chemisch immer zu einem der schon bekannten Elemente. Ausnahmen sind die neuen synthetischen Elemente 93—96 (s. S. 37). Man kennt heute mehr als 300 künstlich radioaktive Isotopen der in der Natur vorkommenden Elemente; sie haben meist nur geringe Halbwertszeiten, sie liegen in dem S. 27 gezeichneten Protonen-Neutronendiagramm teils innerhalb, meistens gerade ober- oder unterhalb des Punktbündels der stabilen Atome.

### g) Die Einsteinsche Masse-Energie-Beziehung.

Nach Einstein sind Masse und Energie äquivalent. Die Gleichung ihrer Beziehung ist:

*Energie (in Erg) = Masse (in Gramm) · Quadrat der Lichtgeschwindigkeit (in cm/sec).*

Diese Äquivalenz von Masse und Energie kommt dem menschlichen Empfinden aus physiologischen Gründen unwahrscheinlich vor, weil unser Massensinn, das Tastgefühl, außerordentlich viel unempfindlicher ist als unsere Energiesinne, Gesicht und Gehör.

Die kleinste Masse = Energiemenge, die wir (auf der Erde) als Gewicht mit den feinsten Nervenenden unseres Tastsinns eben noch fühlen können, liegt bei etwa $^1/_{10}$ mg $= 10^{-4}$ g $=$ 9mal $10^{16}$ Erg.

Die geringste Energie = Massenmenge, die wir mit dem Ohr im optimalen Schalfrequenzbereich von 1000—3000 Herz noch wahrnehmen, ist $10^{-8}$ Erg $= 10^{-29}$ g.

Die geringste Lichtmenge, die unser Auge noch sieht, beträgt etwa 100 mittlere Lichtquanten; das sind ungefähr $10^{-10}$ Erg $= 10^{-31}$ g.

Unsere Energiesinne Gehör und Gesicht sind in bezug auf Beeinflussung durch Energie $=$ Masse $10^{25}$—$10^{27}$mal empfindlicher als unser Massensinn Tastgefühl (Dessauer).

Aus dem Einsteinschen Äquivalenzprinzip von Masse und Energie folgt ohne weiteres, daß chemische Reaktionen, die unter Aufnahme oder Abgabe von Energie verlaufen, gleichzeitig mit einer geringen Änderung der Gesamtmasse einhergehen.

Die Massenänderung, etwa bei der Verbrennung von Kohlenstoff unter Wärmeabgabe, kann man jedoch nicht messen, da die Grenze unserer Wiegegenauigkeit bei 5mal $10^{-6}$ g liegt, während der Massenverlust bei der Bildung von 100 g $CO_2$ aus C und $O_2$ nur 5 mal $10^{-8}$ beträgt.

### h) Massendefekt der Isotopen der Elemente, Packungsanteil.

*Heliumdefekt.* Wenn wir annehmen, daß die Isotopen aller Elemente aus Wasserstoffkernen (Protonen) und Neutronen aufgebaut sind, so müssen alle Atomgewichte nahezu Vielfache des H-Atomgewichts sein, wenn das geringe Elektronengewicht vernachlässigt wird.

Es zeigte sich jedoch, daß Helium das Atomgewicht 4,0034 hat, während es $4 \cdot 1{,}0083 = 4{,}033$ haben müßte, wenn es durch direkte Addition von 4 H entstanden wäre. Bei der *Kondensation* von 4 H zu einem He kommt es also zu einem *Massenverlust*, der sich, da Masse bzw. Energie nicht verloren gehen kann, notwendig als freie Energie äußern muß.

Die bei diesem Massenverlust von 0,03 g (30 mg) pro Grammatom Helium freiwerdende Energie erreicht nach der EINSTEINschen Gleichung den ungeheuren Betrag von 640 Millionen Kilogrammcalorien ($1\,\text{kcal} = 4{,}2 \cdot 10^{10}$ Erg). Diese große Kondensationsenergie des Wasserstoffs (und anderer leichter Elemente) beim Aufbau von schwereren Elementen unter geringem *Massenverlust* ist die *Energiequelle der Sonnenstrahlung*; im Innern der Sonne und in den Fixsternen finden bei mehreren Millionen Grad Temperatur solche Kondensationsprozesse statt (Formel 10, S. 36).

Der Massendefekt, der bei der Kondensation von Wasserstoff zu einem beliebigen höheren Isotop auftritt, läßt sich als Differenz aus dem berechneten Vielfachen des H-Atomgewichts, der *Massenzahl* (= Summe der Protonen und Neutronen im Atomkern, S. 28), und dem tatsächlich gefundenen *Atomgewicht* der einzelnen Isotopen feststellen. Es zeigt sich, daß alle Elemente gegenüber Wasserstoff einen solchen Massendefekt aufweisen.

*Massendefekt als Bindungsenergie.* Der *Massendefekt* ist das *Äquivalent der Bindungsenergie zwischen Protonen und Neutronen* im Atomkern, da zur Spaltung der zusammengesetzten Atomkerne in Protonen und Neutronen sehr große Energiemengen (also Masse) zugeführt werden müssen. Die kondensierten Kerne der in der Ordnungszahl höher als Wasserstoff stehenden Elemente müssen notwendig geringere Massen haben, da ihre Kernbausteine fester aneinander gebunden sind als einzelne freie Protonen und Neutronen, und damit geringeren Energieinhalt haben. Den Massendefekt rechnet man als *Packungsanteil*.

**Formel 9.**

*Packungsanteil.* Man bezeichnet den Quotienten

$$\frac{\text{Abweichung von der Massenzahl}}{\text{Massenzahl}} \quad \text{als Packungsanteil}$$

$$\text{Packungsanteil des Heliums} = \frac{\text{Atomgewicht} - \text{Massenzahl}}{\text{Massenzahl}}$$

$$= \frac{4{,}0034 - 4}{4} = \frac{0{,}0034}{4} = 0{,}00085 = 8{,}5 \cdot 10^{-4}.$$

Trägt man den Packungsanteil gegen die Massenzahl (s. S. 28) graphisch auf, so erhält man die Kurve der Abb. 12.

Aus der Kurve sieht man, daß schon bei den niedrigsten Elementen, bis Massenzahl 50, fast das Maximum des Massendefektes (= Minimum des Packungsaneils) erreicht ist; über 60 steigt der Packungsanteil wegen der wachsenden gegenseitiger Abstoßung der Protonen im Kern wieder an. Das Maximum an Energie durch Kondensation von Protonen und Neutronen zu höheren Elementen (die Hauptenergiequelle der Sterne) ist demnach nur durch Kondensation von Wasserstoff zu den leichten Elementen von etwa Massenzahl 20—80 zu erwarten. Diese mittleren Elemente sind die energetisch stabilsten.

Dementsprechend bedarf die Zertrümmerung ihrer Kerne eines größeren Energieaufwandes als die der leichtesten und der schwersten Elemente.

*Positiver, negativer Packungsanteil.* Die Elementisotopen der Massenzahl 1 bis 19 und 170—239 zeigen positiven, die Isotopen der Massenzahl 20—169 dagegen negativen Packungsanteil, bezogen auf das Mischatomgewicht der drei stabilen Sauerstoffisotopen gleich 16,000. (Legt man Wasserstoff als Einheit zugrunde, so haben alle Isotopen negativen Packungsanteil.)

*Atomgewicht und Massenzahl.* Das ist wichtig, da so bei den Isotopen der Massenzahl 1—19 und 170—239 die Massenzahl (= Summe der Protonen und Neutronen) gleich der nächsten ganzen Zahl *unter* dem Isotopenatomgewicht ist, während sie bei den Isotopen 20—170 gleich der nächsten *über* dem Atomgewicht des Isotopen liegenden ganzen Zahl ist.

*Physikalisches und chemisches Atomgewicht.* Die schon vor 70 Jahren festgelegte chemische Atomgewichtsgrundlage $O = 16,000$ (s. S. 13) beruht, wie man erst nach der Isotopenentdeckung bemerkt hat, auf dem natürlichen Gemisch von drei stabilen Sauerstoffisotopen ($^{16}O = 99,76\%$; $^{17}O = 0,04\%$; $^{18}O = 0,20\%$). Da die Atomphysiker in ihren heutigen ultrapräzisen Messungen nicht auf das zur Zeit noch etwas unsichere Mischungsverhältnis der drei O-Isotopen aufbauen können, haben sie das häufigste Isotop $^{16}O$ als ihre Einheit festgelegt und ihm das Atomgewicht

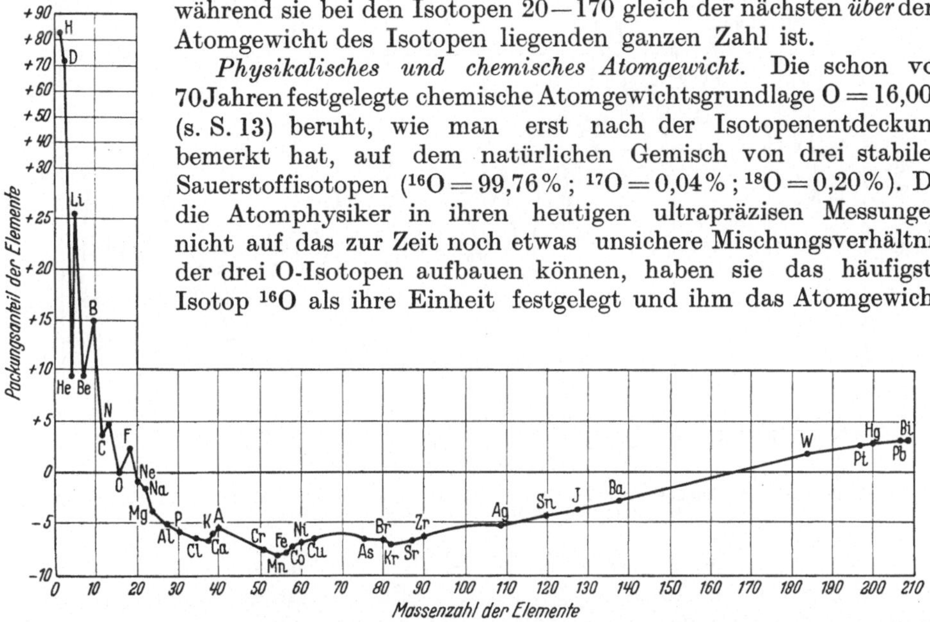

Abb. 12. Packungsanteilkurve der Elemente. Die Kurve stellt das Mittel aus den meist nur wenig voneinander abweichenden Werten der Isotopen eines Elementes dar.

16,000 gegeben. Dadurch sind die physikalischen und die chemischen Atomgewichtsangaben um einen kleinen Faktor verschieden geworden, den SMYTHEschen Faktor. Man rechnet für sehr genaue Bedürfnisse folgendermaßen um:

Physikalisches Atomgewicht $= 1,000275 \cdot$ chemisches Atomgewicht.

## i) Häufigkeitsverteilung der Elemente im Universum.

Wenn die mittleren Elemente die stabilsten sind, so ist zu erwarten, daß sie im Universum am häufigsten vorkommen. Tatsächlich ist die prozentuale Verteilung der Elemente, wie sie durch Spektralanalyse aus Meteoriten gewonnen wurde, der Packungsanteilkurve umgekehrt ähnlich; wo diese Kurve Minima anzeigt (also Maxima der Stabilität), zeigt die Häufigkeitskurve Maxima. Es ist dabei zu berücksichtigen, daß wir nur mit Reserve berechtigt sind, die Zusammensetzung von Meteoriten sehr verschiedener Art als Durchschnittswerte der Zusammensetzung des Universums anzusehen. Für Wasserstoff gilt die Kurve nicht, da das Universum noch nicht zu einem Endzustand der Welthäufigkeitsverteilung der Elemente gekommen ist, sondern vorläufig aus der Kondensation des H-Überschusses seine verfügbare Wärmeenergie bezieht. Wasserstoff dürfte noch über 90% des Universums ausmachen.

An der Häufigkeitskurve ist noch bemerkenswert, daß alle Elemente mit ungerader Ordnungszahl ungefähr 10mal seltener sind als die mit gerader Ordnungszahl (HARKINSsche Regel).

Warum alle natürlichen Elemente mit höherer Ordnungszahl als Wismut,
Nr. 83, bis hinauf zum Uran radioaktiv zerfallen und weshalb Elemente mit noch
höheren Ordnungszahlen in der Natur gar nicht vorkommen, ist trotz vieler auf-
gewandter Mühe noch nicht sicher geklärt.

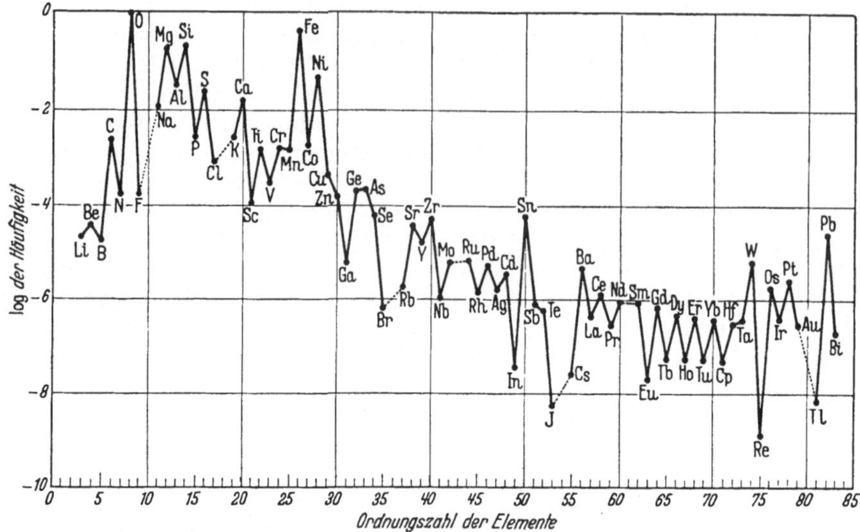


Abb. 13. Häufigkeit des Vorkommens der Elemente in Meteoriten (nach GOLDSCHMIDT). Die Zahlen sind Durchschnittswerte aus Metall- und Steinmeteoriten.

## k) Verwendung der Atomkernenergie.

*Sternenergie aus H-Kondensation.* Nach der Packungsanteilkurve (S. 35) gehen
bei der Kondensation des Wasserstoffs zu Helium von 1000 g Masse 7 g verloren;
die sehr große dafür entstehende Energiemenge (1,4mal $10^{11}$ Kilocalorien) ist
die Quelle der Energie der Sonne und aller selbstleuchtenden Sterne.

Diese Kondensationsenergie ist durch unsere bisherigen menschlichen Hilfsmittel für uns noch nicht freizumachen. Wohl aber sind im Inneren der Sterne,
in denen nach fundierten Rechnungen von EDDINGTON Temperaturen von etwa
10—40 Millionen Grad herrschen, Bedingungen gegeben, die Kernreaktionen
ermöglichen. Bei solchen Temperaturen, die für $H^+$-Ionen (Protonen) Wärmegeschwindigkeiten von 150 km/sec bedeuten, haben praktisch alle Elemente
durch die riesige Wucht der thermischen Bewegungen und Zusammenstöße die
meisten Elektronen auch der inneren Schalen verloren; solch nackte hochionisierte
Atomkerne gehen beim Zusammenprall leichter Kernreaktionen ein.

*Sonnenenergieschema.* Die Freimachung der *Kondensationsenergie* des Wasserstoffs zu Helium durchläuft *in der Sonne* folgenden Cyclus, wobei die Atome des
normalen Kohlenstoffs als Katalysatoren dienen (BETHE).

Zuerst wird $^{12}$C durch dreimaligen Einbau von Protonen relativ kleiner Ge-
schwindigkeit über $^{13}$N$\rightarrow$$^{13}$C$\rightarrow$$^{14}$N in $^{15}$N übergeführt, das nach weiterer Aufnahme
eines Protons sofort unter $\alpha$-Spaltung in $^{12}$C und $^4$He zerfällt. Dadurch sind im

**Formel 10.**

$$^{12}_{6}C + ^1_1H \rightarrow ^{13}_{7}N; \quad ^{13}_{7}N \rightarrow \beta\text{-Zerfall } ^{13}_{6}C + e^+;$$
$$^{13}_{6}C + ^1_1H \rightarrow ^{14}_{7}N; \quad ^{14}_{7}N + ^1_1H \rightarrow ^{15}_{8}O; \quad ^{15}_{8}O \rightarrow \beta\text{-Zerfall } ^{15}_{7}N + e^+;$$
$$^{15}_{7}N + ^1_1H \rightarrow ^{12}_{6}C + ^4_2He.$$

Schema der Entstehung der Sonnenenergie durch Kondensation von 4 H zu He.
Wie in Formel 7, 8 und 11 bedeutet die obere kleine Zahl vor dem Symbol die Massenzahl (S. 28), die untere
die Kernladungszahl = Kernprotonenzahl = Ordnungszahl. Die Differenz gibt die Neutronenzahl des Kerns.

Endeffekt 4 Protonen zu einem Heliumkern kondensiert worden; der beträchtliche Massenverlust wird als Strahlungsenergie abgegeben und ist die Quelle der Sonnenenergie. Mit C als Katalysator genügt bereits die von 6 Millionen Grad hervorgerufene thermische Protonengeschwindigkeit, um die Reaktion in Gang zu bringen.

*Atombombe, Uranspaltung.* Die Packungsanteilkurve (S. 35) hat ein Minimum bei den mittleren Elementen Nickel, Eisen, Krypton. Sie steigt von da bis zum höchsten Element Uran wieder um etwa 0,1% Masse an.

Es muß darum theoretisch möglich sein, ebenso wie aus der Kondensation der leichten Elemente zu mittleren, auch aus der Spaltung der schweren Elemente wie des Urans in Bruchstücke mittleren Atomgewichts große Energiemengen zu gewinnen, nämlich die Energie, die einem Massenverlust von 0,1%, also 1 g Substanz auf 1 kg $= 2$mal $10^{10}$ Kilocalorien entspricht.

Atomkerne sind stabile Gebilde. Man kann sie nur durch Zufuhr hoher Energiemengen aus dem Gleichgewicht bringen. Bei allen bisher durchgeführten Atomreaktionen mußte man weit mehr Energie zuführen, als man gewinnt.

1939 fanden HAHN und STRASSMANN, daß eines der Uranisotopen, das zu 0,7% im normalen Uran vorkommende Uran 235, bei einer Behandlung mit Strahlen langsamer Neutronen thermischer Geschwindigkeit (etwa 1000 bis 2000 m/sec) in Elemente halber Massenzahl, Barium, Krypton, Molybdän und ähnliche zerfällt. Damit war nach der Packungsanteilkurve automatisch ein Massenverlust von (optimal) 0,1% verknüpft; es mußten pro Kilogramm dabei 2mal $10^{10}$ Kilocalorien freiwerden. Schnelle Neutronen, wie sie aus Beryllium mit $\alpha$-Strahlen entstehen (s. S. 32), sind unwirksam; man muß sie verlangsamen, z.B. durch Passierenlassen durch Graphitplatten. Das Hauptisotop Uran 238, das 99,3% des natürlichen Urans ausmacht, absorbiert Neutronen unter Aufbau der höheren Elemente Nr. 93—96, die in der Natur nicht vorkommen.

Würde pro Neutron immer nur ein Uran 235-Atom zertrümmert werden, so wäre die Reaktion energetisch wenig rentabel, da auch die Bildung von Neutronen praktisch nicht in genügend großem Maßstab durchgeführt werden kann.

Es hat sich jedoch beim Zerfall des U 235 gezeigt (und das ist das außerordentliche bei dieser Reaktion), daß bei der Bildung mittlerer Atome gleichzeitig pro Atom U 235 drei neue schnelle Neutronen frei werden. Verlangsamt man diese Neutronen (durch Passierenlassen durch deuteriumhaltige Substanzen oder Graphit), so kann jedes gebildete Neutron drei neue Atome Uran 235 zum Zerfall bringen, die neun Neutronen aussenden, die neun Atome Uran 235 zerstören usw. Es kommt in extrem kurzer Zeit zur Bildung einer durch Verzweigung *anschwellenden Kettenreaktion:* das Hauptcharakteristicum einer *Explosion.* Das ist das Wirkungsprinzip der ersten verwendeten Art einer *Atombombe.*

*Uran-Isotopentrennung.* Die Schwierigkeit der Ausführung des U 235-Zerfalls in technischem Maßstab besteht darin, daß das für die Reaktion wesentliche Isotop des natürlichen Urans, 235, das nur zu 0,7% im Uran vorhanden ist, vom Hauptisotop 238, das 99,3% ausmacht, getrennt werden muß. Die nötige Trennung der beiden Isotopen bei einem Massenunterschied von nur wenig mehr als 1% ist enorm schwer. Sie wird durch thermische fraktionierte Diffusion des leicht flüchtigen Uran-VI-fluorids in einem CLUSIUSschen Trennungsrohr durchgeführt; neuerdings anscheinend auch mit technischen Ultrazentrifugen höchster Geschwindigkeit.

*Plutoniumsynthese und Elemente* Nr. 93—96. Während das Uranisotop 235 langsame Neutronen leicht einfängt, nimmt Uran 238 schnelle Neutronen auf.

Durch einmaligen Neutroneneinfang und zweimalige $\beta$-Strahlung (Elektronenabspaltung aus 2 Kernneutronen → 2 Kernprotonen) steigt die Kernladungszahl des Urans 238 von 92 auf 94. Es entsteht, über ein kurzlebiges Element Neptunium, (Np) 93, ein neues, synthetisches, in der Natur bisher nicht gefundenes Element *Plutonium* (Pu) von der Massenzahl 239 und der Ordnungszahl 94. Man kann es, da es im Periodensystem zwei Gruppen weiter rechts steht als Uran, chemisch vom Uran leicht abtrennen. Das ist technisch wichtig, da auch Plutonium durch einfachen Einfang thermischer Neutronen zur Kernexplosion gebracht werden kann, wie Uran 235. Zum Unterschied von Uran 235, das nur durch schwierige Isotopenfraktionierung von Uran 238 trennbar ist, gelingt die Abtrennung von Plutonium auf chemischem Wege. Deswegen war auch schon die zweite verwendete Atombombe eine Plutoniumbombe.

Mit Plutonium beginnt im Periodensystem eine neue Gruppe von sog. seltenen Erden (s. S. 166). Auch die Elemente Nr. 95, *Americium* (Am) und 96, *Curium* (Cm) sind dargestellt worden. Halbwertszeiten:

*Tabelle 9.*

$^{237}_{93}\mathrm{Np} = 2{,}2 \cdot 10^6$ Jahre, $^{238}_{93}\mathrm{Np} = 2$ Tage, $^{239}_{93}\mathrm{Np} = 2{,}3$ Tage;

$^{238}_{94}\mathrm{Pu} = 50$ Jahre, $^{239}_{94}\mathrm{Pu} = 24\,000$ Jahre; $^{241}_{95}\mathrm{Am} = 500$ Jahre,

$^{242}_{95}\mathrm{Am} = 18$ Std; $^{240}_{96}\mathrm{Cm} = 1$ Monat; $^{242}_{96}\mathrm{Cm} = 5$ min.

*Kritische Masse.* Das Ingangkommen der Explosionskettenreaktion bei Uran und Plutonium hängt von der Schichtdicke der von den Neutronen durchlaufenen Uranmetallschicht ab. Ist die Uranschicht dünn, so daß nur etwa 20% der Neutronen abgefangen werden, so tritt keine Kettenreaktion und keine Explosion ein, da von den bei einem Kernzerfall entstehenden 3 neuen Neutronen auch nur 20%, also 0,6 im Durchschnitt absorbiert werden. Erst wenn man die Schichtdicke des Stückes oder bei einer Uranmetallkugel den Radius so dick wählt, daß etwas mehr als 33% absorbiert werden, ist eine Kettenreaktion möglich; dann wird von den neugebildeten 3 Neutronen wieder mehr als ein Neutron absorbiert. Die Masse, die eine Urankugel haben muß, damit gerade eine *Kettenreaktion* starten kann, nennt man *kritische Masse*. Sie beträgt für Uran 235 mehrere Kilogramm, für Uran 238 mehrere Tonnen. Die kritische Masse für Plutonium 239, aus dem die zweite bisher verwendete Atombombe bestand, liegt nach vorläufigen Angaben bei 43 kg.

Die Explosion wird so ausgelöst, daß zwei in der Bombe räumlich getrennte Stücke Metall mit Massen wenig unter der kritischen Masse plötzlich zusammengebracht werden (sie werden in einem Geschützrohr zusammengeschossen); überschreitet die Summe der beiden die kritische Masse, so erfolgt sofort Explosion. Werden sie nur langsam zusammengebracht, so schmilzt und verdampft das Metall, bevor es zur Explosion kommt.

Die bei der Explosion freiwerdenden Energiemengen erhitzen die Reaktionsmasse und ihre Umgebung auf Millionen Grad. Die bei der Explosion von 1 kg Uran 235 auftretenden $\gamma$-Strahlenintensitäten entsprechen für kurze Zeit der $\gamma$-Strahlung von 1000 Tonnen Radium, wodurch sekundär große chemische und biologische Reaktionen ausgelöst werden.

*Wasserstoffbombe.* Man arbeitet zur Zeit daran, die bei der Explosion der Plutoniumbombe freiwerdenden hohen Energiemengen als Initiator der Kondensation von H zu He zu verwenden, eine Reaktion, die zu ihrer Einleitung viele Millionen Grad nötig hat, die jedoch in Gegenwart von C als Katalysator schon bei 6 Millionen Grad vor sich geht (s. Formel 10, S. 36). Solche Temperaturen treten normalerweise nur in Sternen auf, jedoch auch bei der Explosion der Uran-

und Plutoniumbombe. Da mit der Wasserstoffkondensation zu Helium ein 7mal größerer Massenverlust verknüpft ist, als bei der Uran-Plutoniumspaltung, ist auch die aus der gleichen Masse gewinnbare Energiemenge 7mal größer.

Während jedoch Uran 235 und Plutonium 239 in einer Bombe maximal nur in zwei Stücken unter der kritischen Masse (also wenige Kilogramm) verwendet werden können, ist die Masse des in eine Wasserstoffbombe einzubringenden Wasserstoffs unbegrenzt. So können eventuell Atomkernbomben von mehr als tausendfach größerer Wirkung hergestellt werden.

Wegen seiner niedrigeren Zündungstemperatur eignet sich das radioaktive Wasserstoffisotop Tritium ($_1^3T$, Halbwertszeit 31 Jahre) besser als Wasserstoff zu der oben beschriebenen Kernreaktion. Es läßt sich durch Neutronenbestrahlung aus dem in einer Menge von 10% vorhandenen natürlichen Isotopen des Lithiums von der Massenzahl 6 herstellen (vgl. Formeln 5—8, S. 31 und 33).

**Formel 11.**

$$_3^6Li + {}_0^1n \to {}_2^4He + {}_1^3T.$$

Die Kernkondensation bei der Explosion erfolgt nach

$$_1^3T + {}_1^2D \to {}_2^4He + {}_0^1n + 17{,}6 \text{ Millionen Elektronenvolt.}$$

*Technische Atomkern-Energie* ist nur als regelbare, nicht zu schnelle Wärmeproduktion brauchbar, durch die sich Wasser in Dampf für Dampfmaschinen oder für Heizzwecke verwandeln läßt, und nicht als Explosionsreaktion, die alles zerstört. Das kann man durch einen Kunstgriff erreichen. Dazu werden nach der bisher entwickelten Technik knapp unter der kritischen Masse gehaltene Barren aus normalem Uran (99,3% $^{238}U$; 0,7% $^{235}U$), getrennt durch Graphitplatten, einander gerade soweit genähert, daß die Wärmeproduktion, aber noch keine Explosion einsetzt. Graphitwände sind zur Trennung geeignet; Kohlenstoff absorbiert keine Neutronen, sondern verlangsamt sie bloß. Da Uranmetall gegen heißes Kühlwasser empfindlich ist, wird es mit einem die Neutronen ebenfalls nicht störenden Aluminiumüberzug versehen. Weitere Einzelheiten sind noch nicht veröffentlicht. So ist zum erstenmal in der Weltgeschichte *Atomkernenergie in technische Energie* verwandelt worden. Auch hier wird die Zukunft vielleicht der H-Kondensation und nicht der Uranspaltung gehören.

## 1) Chemie der Sterne und der Erde.

*Zusammensetzung.* Soweit wir aus Analysen von auf der Erde gefundenen Meteoren und aus Spektralanalysen der Sternoberflächen wissen, kommen nirgends im Weltaufbau andere Elemente vor als die unseres Periodensystems (s. Häufigkeitskurve der Elemente in Meteoriten, S. 36). Auch auf unserer Sonne, die zu den sog. gelben Sternen von 5000—6000° Oberflächentemperatur gehört, kommen (wenigstens in der uns allein sichtbaren Oberfläche) fast alle uns bekannten Elemente vor; kein einziges unbekanntes. Das war auch zu erwarten, da unsere Erde aus der Sonne entstanden ist, wie man heute annimmt.

*Chemische Verbindungen.* Bei 5000—6000° sind alle Elemente beständig, allerdings fast nur noch als solche; die meisten chemischen Verbindungen sind bei diesen Temperaturen nicht mehr existenzfähig. Im Sonnenspektrum finden sich nur noch Linien einiger Molekülbruchstücke, wie CH, CN, $C_2$, TiO, CaH, OH.

*Ionen.* Unter der extremen Energiezufuhr der Sterntemperaturen haben die Elemente ihre Elektronen teilweise verloren; sie sind alle mehr oder weniger ionisiert. Die Ionisierung geht vielfach weiter, als der uns bekannten maximalen

Ionisierung durch Abgabe nur der Elektronen der äußersten Schale entspricht. So zeigen Sternspektren Linien, die (ausrechenbar) dem siebenfach ionisierten Eisen entsprechen, während wir in chemischen Verbindungen nur maximal 6fach ionisiertes Eisen kennen (in den Ferraten $Na_2FeO_4$).

Durch Wegfall der voluminösen Elektronenschalen vermindert sich der Raumbedarf der restlichen Ionen beträchtlich; so erhöht sich die Möglichkeit zu räumlich dichteren Packungen, und die Dichte kann stark ansteigen. Anscheinend sind unter extremen, uns noch unbekannten Bedingungen ganze Sterne aus eng zusammengedrängten Atomkernen beständig, die ihre Elektronen verloren haben. Anders ist es nicht zu erklären, daß ein kleiner Begleiter des Sterns Sirius von 80% der Masse unserer Sonne die Dichte 60000 hat, das 3000fache des dichtesten auf der Erde bekannten Elementes Platin.

*Wasserstoffsterne.* Unter den Fixsternen gibt es solche mit 10000—25000° Oberflächentemperatur, die dauernd durch Strahlung sehr große Energiemengen verlieren. Sie bestehen, wie ihre Spektren anzeigen, nur aus den leichtesten Elementen, H, N, O, He, Si, Mg. Erst mit zunehmendem Alter und langsamer Abkühlung der Oberfläche auf die Temperatur gelber Sterne treten durch Kondensation der leichten Elemente die höheren Elemente des Periodensystems in den Sternspektren auf.

*Sternenergie.* Aus dem bei der Kondensation eintretenden Massenverlust (s. Packungsanteilkurve, S. 35) bestreiten die Sterne die riesigen, für die Strahlung nötigen Energiemengen. So strahlt unsere Sonne wahrscheinlich in unverminderter Stärke seit mehr als 3 Milliarden Jahren (dem Mindestalter unseres Erd-Sonnensystems), ohne daß sie ihre Temperatur seither merklich geändert hat, wie man aus geologisch-biologischen Daten ableiten kann.

Das ganze Weltall baut sich, soweit wir heute wissen, ausschließlich aus den uns bekannten chemischen Elementen und ihren Bausteinen, Protonen, Neutronen, Elektronen und Positronen auf.

*Erde.* Die Erde, ein vielleicht aus der Sonnenmasse entstandener, schon weitgehend erkalteter Planet von etwa 6370 km Radius und von der hohen Dichte 5,5 (Sonnendichte nur 1,4) besteht aus einer 1200 km dicken äußeren Schale von hauptsächlich Silicatgesteinen (Ca, Mg, Al, Fe, K, Na-Silicatgesteine der Dichte 2,3—4). Diese Schale schwimmt auf einer weiteren halberstarrten 1700 km dicken Metallsulfidschicht der Dichte 5—6 und diese auf einem unter hohem Druck stehenden, zähen, 4000° heißen Metallkern aus Eisen-Nickel der Dichte 8 (Fe:Ni = 10:1). Organisches Leben existiert nur in der ganz engen Grenzschicht zwischen Silicatschicht und der Sauerstoff-Stickstoff-Gashülle der Erde und in der Wasserschicht. Nur in dieser ganz engen Grenzschicht sind die Existenzbedingungen der organischen Verbindungen und lebenden Zellen, Temperaturen von 0—60°, flüssiges Wasser, Licht und Sauerstoff vorhanden. Die Erdmasse ist $6 \cdot 10^{24}$ kg; die $H_2O$-Menge aller Meere ist $1,35 \cdot 10^{21}$ kg.

## m) Universelle Konstanten.

Durch die neue Entwicklung der Astrophysik und -chemie hat sich gezeigt, daß die Eigenschaften der kleinsten Materieteilchen, Protonen und Elektronen, in viele astronomischen Gesetze und Gleichungen eingehen.

Grundkonstanten der Natur, auf die sich wahrscheinlich einmal alle Beobachtungen und Gesetze der exakten Naturwissenschaften, der Physik, Astronomie und Chemie zurückführen lassen werden, sind:

*Tabelle 10.*

$c$, die Lichtgeschwindigkeit im Vakuum . . . . . . . . . . . 2,99 · $10^{10}$ cm sec$^{-1}$
$e$, die elektrische Ladung des Elektrons . . . . . . . . . . . 4,77 · $10^{-10}$ dyn$^{\frac{1}{2}}$ cm
$G$, Gravitationskonstante (gegenseitige Anziehung zweier Massen
    von je 1 g im Abstand von 1 cm) . . . . . . . . . . . . 6,68 · $10^{-8}$ cm$^3$ g$^{-1}$ sec$^{-2}$
$h$, das PLANCKsche Wirkungsquantum . . . . . . . . . . . . 6,55 · $10^{-27}$ erg sec
$m$, die Ruhemasse des Elektrons . . . . . . . . . . . . . . . 9,03 · $10^{-28}$ g
$M$, die Masse des Protons . . . . . . . . . . . . . . . . . . 1,65 · $10^{-24}$ g
$\lambda$, die kosmologische Konstante; abgeleitet aus der EINSTEINschen Relativitätstheorie und
    der beobachteten Radialgeschwindigkeit der Spiralnebel.

Aus der Kombination dieser Zahlen lassen sich viele Naturkonstanten aufbauen. So ist die S. 15 erwähnte SOMMERFELDsche Feinstrukturkonstante, die Geschwindigkeit des Wasserstoffelektrons auf seiner innersten möglichen Bahn um das Proton identisch mit der Kombination

**Formel 12.** $\qquad \dfrac{2\pi e^2}{h \cdot c} = \dfrac{1}{137}$ der Lichtgeschwindigkeit.

Aus diesen universellen Konstanten läßt sich nach EDDINGTON auch der wahrscheinliche Durchmesser unseres Weltalls zu etwa 6000 Millionen Lichtjahren errechnen. (Das Lichtjahr ist der von einem Lichtstrahl in einem Jahr durchlaufene Weg = etwa $10^{13}$ km.) Die größte Entfernung, bis zu der zur Zeit irdische Fernrohre reichen, ist 150 Millionen Lichtjahre. Die Gesamtmasse des Universums ergibt sich ebenfalls aus den obengenannten Konstanten; sie beträgt $10^{79}$ Protonen- und Neutronenmassen.

6. Kapitel.

# Die Arten der chemischen Bindung.

## a) Allgemeines.

Die Elemente gehen unter den auf der Erde herrschenden Temperaturbedingungen untereinander Verbindungen ein, deren Bestandteile, die Atome, sich daran nach dem Gesetz der multiplen Proportionen in Verhältniszahlen, den Atomgewichten oder deren Vielfachen, beteiligen.

*Verhältnis der Verbindungen zu Elementen im Universum.* Vom Gesamtuniversum liegen mehr als 95% in Form von freien Elementen oder Ionen vor; nur in ganz verschwindend wenigen Zonen, die massenmäßig 3—5% des Universums ausmachen, sind die Temperaturen niedrig genug (unter 5000°, gegen 10—40 Millionen Grad in der Hauptmasse der Sterne), um Vereinigungen von Elementen zu Verbindungen zuzulassen.

*Zusammenhaltskräfte in Verbindungen.* Wie und warum gehen Elemente miteinander Verbindungen ein?

Soweit man heute weiß, hat man *in Verbindungen zwei Arten von Zusammenhaltskräften* zwischen den Atomen zu unterscheiden:

Erstens die reinen *Ionenbeziehungen*, bei denen die elektrisch geladenen Atome, die Ionen, hauptsächlich durch COULOMBsche *elektrostatische Kräfte* zusammengehalten werden. Solche Substanzen, wie Salze, Basen und Säuren haben deshalb stark *polaren* Charakter.

Zweitens die *Bindungen*, bei denen Atome durch *gemeinsame Benützung von Elektronenpaaren* aneinander fest gebunden sind. Solche Bindungen sind im Idealfall *unpolar, apolar* (auch als *homöopolar* bezeichnet).

Zwischen beiden steht die Bindungsart der Atome in den *Komplexen*.

Für den Zusammenhalt der Moleküle in festen Substanzen und Flüssigkeiten sind daneben die VAN DER WAALSschen *Kräfte* verantwortlich. Es sind teils unabgesättigte Restkräfte der polaren Bindungskräfte, teils gravitationsartige, nur auf kurze Entfernung wirkende Kräfte, die heute noch wenig erfaßbar sind, die auch für den Zusammenhalt der Atome in verflüssigten und kristallisierten Edelgasen verantwortlich sind.

Die Bindung der Atome in festen *Metallen* hängt mit der leichten Loslösbarkeit der äußeren Elektronen zusammen, die im massiven Metallstück als eine Art Elektronengas frei beweglich sind.

*Rolle der Elektronen.* Aus physikalischen Daten weiß man, daß in der Nähe des absoluten Nullpunkts, in der sich unser Leben abspielt, von den Elektronenschalen der Atome (meist) nur die Elektronen der äußersten Schale genügend gelockert sind, um von den Atomen abgegeben oder angelagert zu werden. Diese lockeren, ablösbaren Elektronenwolken aus der äußersten Elektronenschale der Elemente sind es, die durch ihre Wanderungen und ihre Bahndeformationen für die Eigenschaftsänderungen beim Zusammentreten der Elemente zu Verbindungen verantwortlich sind. Die energetischen Niveauänderungen ihres Platzwechsels oder ihrer Bahndeformationen sind die Grundlage der Bindungskräfte, die die Atome in Verbindungen zusammenhalten.

## b) Ionenbeziehungen, polare Verbindungen.

*Elektronenzahl und Periodensystem.* Wie man aus der Element-Elektronentabelle 6 (S. 23) sieht, haben bei den senkrechten Hauptgruppen des *Periodensystems* die *Elemente der ersten Gruppe* in der äußersten Schale *ein Elektron*, die der *zweiten Gruppe zwei*, die der *dritten drei* usw., bis zur achten Gruppe, den *Edelgasen*, die 8 *Elektronen* in der äußersten Schale haben. *Die Edelgase*, die schon als Elemente eine komplette äußere Achterschale von Elektronen haben, sind *unfähig zu chemischen Reaktionen*; sie sind deshalb auch einatomig (Ar, Ne), und unfähig, zu Molekülen zusammenzutreten wie $H_2$, $N_2$. Ihre Atome sind im Gleichgewicht ihres Elektronensystems so stabil, daß sie aus der äußeren Elektronenschale unter dem Einfluß der bei chemischen Reaktionen verfügbaren Kräfte keine Elektronen abgeben können. Dagegen lassen sie sich durch Energiezufuhr von einer bestimmten Grenzenergie ab aufwärts in Ionen überführen (s. Abb. 6, S. 22).

*Komplettierung der Achterschale.* Bei den meisten Elementen ist der Zustand der stabilste, bei dem in der äußersten Schale 8 Elektronen kreisen; jedes Element sucht seine äußerste Elektronenschale ganz oder wenigstens teilweise auf 8 zu ergänzen (Oktett-Theorie; KOSSEL).

Deswegen geben die Elemente der ersten Hauptgruppe, die Alkalien, die in der äußersten Schale nur ein locker gebundenes Elektron haben, dieses leicht ab, um so die Oberfläche einer kompletten Achterschale zu gewinnen. Die Wärmebewegungen bei der Temperatur unserer Umwelt reichen nicht zur Loslösungsarbeit dieses Elektrons vom Kern aus (der Ionisationsarbeit); wohl aber genügen schon die Wärmebewegungen bei der Oberflächentemperatur unserer Sonne, 5000—6000°.

Umgekehrt suchen Elemente, die wie das Chlor schon 7 Elektronen in der äußeren Schale haben, ein Elektron aufzunehmen, um ihre äußerste Schale auf 8 Elektronen zu vervollständigen.

Beim Chloratom wird eine beträchtliche Energie frei (98 kcal pro Grammatom Chlor, als *Ionisationsarbeit* bezeichnet), wenn seine äußerste Elektronenschale auf die Edelgaskonfiguration der Achterschale ergänzt wird. Die Edelgaskonfiguration

mit acht Außenelektronen ist energieärmer und damit stabiler als die Atom-
konfiguration des Chlors mit sieben Außenelektronen.

*Gitterenergie.* Die bei der Aufnahme des Elektrons durch das Cl-Atom frei-
werdende Energie würde nicht zur Ablösungsarbeit des Elektrons vom Atom
Natrium ausreichen, wenn nicht bei der Kristallbildung, der Bildung des NaCl-
Ionengitters, eine sehr große Energiemenge frei würde, die *Gitterenergie.* Sie
beträgt für ein Mol NaCl (58,44 g) 187 kcal. Der überschüssige Betrag der
Gitterenergie verursacht, daß sich die beiden Elemente unter Feuererscheinung
vereinigen. Von der gewonnenen Gesamtenergie ist noch die aufzuwendende
Energie der Spaltung des $Cl_2$-Moleküls in 2 Cl-Atome abzuziehen; sie beträgt
$-59,6$ kcal pro Mol $Cl_2$.

**Formel 13.**

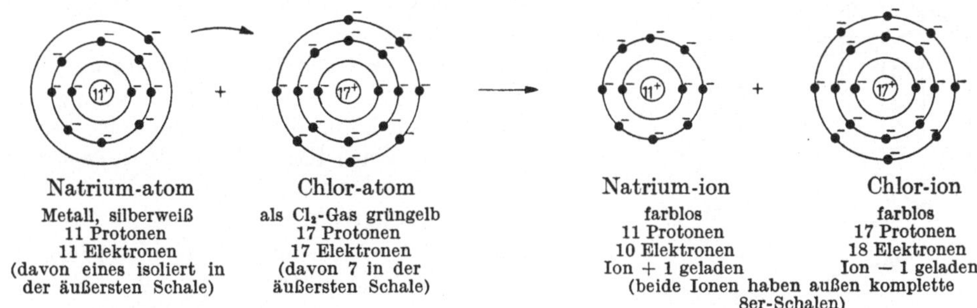



| Natrium-atom | Chlor-atom | Natrium-ion | Chlor-ion |
|---|---|---|---|
| Metall, silberweiß | als $Cl_2$-Gas grüngelb | farblos | farblos |
| 11 Protonen | 17 Protonen | 11 Protonen | 17 Protonen |
| 11 Elektronen | 17 Elektronen | 10 Elektronen | 18 Elektronen |
| (davon eines isoliert in der äußersten Schale) | (davon 7 in der äußersten Schale) | Ion + 1 geladen | Ion − 1 geladen |

(beide Ionen haben außen komplette 8er-Schalen)

*Salzbildung.* Man sagt, Natrium verbrennt im Chlorgas. Nach der Vereinigung haben beide Elemente, Natrium wie Chlor, in ihrer äußersten Elektronenschale Edelgaskonfiguration, Schalen von 8 Elektronen. Sie unterscheiden sich
trotzdem wesentlich von den Edelgasen dadurch, daß bei beiden durch den
Übertritt des Elektrons das innere elektrostatische Gleichgewicht des Atoms
gestört ist. Natrium, das als Atom 11 positive Kernprotonen und 11 negative
Elektronen hatte, hat auf 11 gebliebene positive Kernprotonen jetzt nur noch
10 negative Elektronen. Das *elektrisch neutrale Atom Natrium* ist in das elektrisch
*positiv geladene Natriumion (Kation,* S. 88) übergegangen.

Umgekehrt ist es beim Chlor. Es hat als neutrales Chloratom 17 Protonen
und 17 Elektronen; nach der Vereinigung durch die chemische Reaktion hat es
auf 17 positive Kernprotonen jetzt 18 negative Elektronen. *Chlor* ist aus dem
*elektrisch neutralen Atomzustand* in das *elektrisch negative Chlorion, das Anion,*
übergegangen. Eine solche Verbindung aus einem Metallkation und einem
Nichtmetall-Anion nennt man ein *Salz.*

*Polare Verbindung, Salz.* Das weiße Produkt, das aus dem silberweißen
Metall Natrium und dem grünen Gas Chlor entstanden ist, und das ganz andere
Eigenschaften hat als seine Ausgangselemente, ein Salz, nennt man eine *polare
Verbindung.*

Ein Salz baut sich nicht aus Atomen, sondern aus elektrisch entgegengesetzt
geladenen Ionen auf. *Ionen sind also elektrisch geladene Atome* oder Atomkombinationen, die zur Erreichung der Edelgaskonfiguration entweder Elektronen
abgegeben oder aufgenommen haben.

In einem *Salz* sind die beiden entgegengesetzt geladenen Ionen (+ und −)
hauptsächlich durch *elektrostatische Kräfte* zusammengehalten.

*Dissoziation in Lösungen.* Nach der Lösung in Wasser werden die beiden
Ionen durch das Dazwischentreten von $H_2O$-Molekülen (Dipolen, s. S. 75)

mehr oder weniger in räumlich unabhängige Ionen getrennt; man sagt: bei der *Lösung in $H_2O$ dissoziiert NaCl zu $Na^+$- und $Cl^-$-Ionen.* Den Vorgang nennt man *Dissoziation.*

Tatsächlich sind die Ionen schon im Kristall voneinander unabhängig, wenn auch durch die beträchtliche Gitterenergie zusammengehalten; die Lösung hebt nur die regelmäßige Anordnung der Ionen zugunsten einer regellosen Beweglichkeit auf. Jedes Ion bewegt sich in wäßriger Lösung bei voller Dissoziation frei und unabhängig vom andern. Es gibt, wenn man nicht nur ein Ionenpaar $Na^+Cl^-$, sondern NaCl-Kristalle in Wasser löst, kein individuelles $Na^+$-Ion, das zu einem individuellen $Cl^-$-Ion gehört. Jedes $Na^+$ gehört zu jedem $Cl^-$. Wenn beim Eindampfen der Lösung wieder farblose NaCl-Kristalle entstehen, so ist es rein zufällig, welches $Na^+$ welchem $Cl^-$ benachbart ist, wie in der Abb. 14 zu sehen ist.

Zwischen $Na^+$ und $Cl^-$ besteht im festen oder gelösten Zustand keine individuelle Bindung; es gibt deshalb auch keine individuellen NaCl-Moleküle. Der polare NaCl-Kristall ist als *Ionengitter* aufgebaut; fast alle Salze, Säuren und Basen sind als Kristalle Ionengitter.

Das Charakteristicum einer Ionengitterverbindung ist, daß der eine Partner, das positive Kation ($Na^+$ oder $Ca^{++}$ oder $Al^{+++}$) ein Elektron (bzw. mehrere Elektronen) an ein Anion ($Cl^-$ oder $S^{--}$) mehr oder weniger vollständig abgegeben hat. Aus Ionengittern bestehen besonders Verbindungen zwischen Metallen und Nichtmetallen; etwa $Ca^{++}Cl_2^{--}$, $Al^{+++}Br_3^{---}$, $Na_2^{++}SO_4^{--}$,

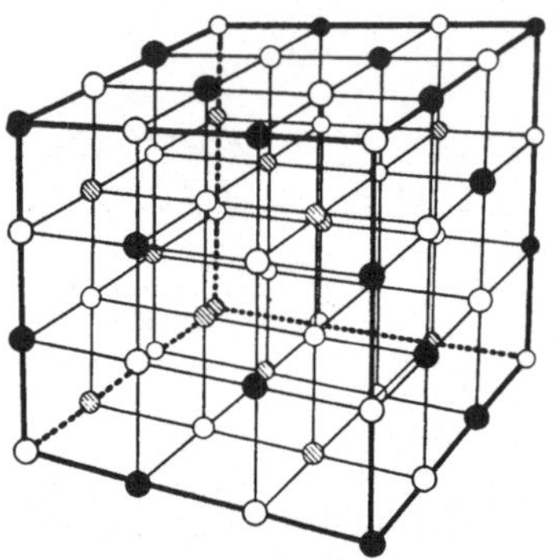

Abb. 14. Kristallgitterschema des NaCl. Die schwarzen und weißen Kreise bedeuten abwechselnd $Na^+$- und $Cl^-$-Ionen. Jedes Ion ist räumlich von 6 entgegengesetzt geladenen Gegenionen umgeben. Der Abstand zwischen jedem $Na^+$ und $Cl^-$ beträgt $2,8 \cdot 10^{-8}$ cm.

$Ba^{++}S^{--}$ u. a. Da *in Ionengittern keine Moleküle* definierter Größe vorkommen, sollte man in diesem Fall auch nicht vom Molekulargewicht sprechen, sondern nur vom *Formelgewicht*, definiert als Summe der Atomgewichte aller an einer Formel beteiligten Atome.

## c) Wertigkeit (s. auch S. 18).

Elemente, die nicht in der ersten Hauptgruppe des Periodensystems stehen, haben in ihrer äußersten Schale mehrere Elektronen, soviel, wie der Nummer ihrer Vertikalgruppe entspricht. So hat z. B. elementares Hg außen zwei Elektronen. Wenn es sie abgibt, wird es zweifach positiv geladen; es kann zwei einfach negativ geladene Anionen binden. Man sagt, es ist $+$ zweiwertig. Das zweiwertige $Hg^{++}$-Ion hat in seiner äußersten Schale 8 Elektronen; es hat die Edelgaskonfiguration erreicht. Mehr Elektronen kann es nicht mehr abgeben; zwei ist seine *maximale Wertigkeit.*

Das Element Hg mit zwei Außenelektronen muß nicht beide Elektronen auf einmal abgeben; es kann auch nur eines abtreten. Das dann entstehende $Hg^+$-Ion ist $+$ einwertig. Ein Element kann eine kleinere Wertigkeit als seine durch das Periodensystem festgelegte maximale Wertigkeit haben, nie aber eine größere (s. S. 11 und 18).

Ein Atom, das ein Elektron abgegeben oder aufgenommen hat, sei es voll zur Ionenbildung oder sei es als Herleihung zur gemeinsamen Benützung mit anderen Atomen als Bindung, nennt man *einwertig.*

Ein Atom, das zwei Elektronen abgegeben oder aufgenommen hat, ist *zwei-wertig*. Bei Abgabe oder Aufnahme von 3, 4, 5, 6, 7 oder 8 Elektronen ist es 3-, 4-, 5-, 6-, 7-, *8wertig*. Entstehen dabei polare oder komplexe Verbindungen, so bezeichnet man die Wertigkeit jedes Ions (eines elektrisch geladenen Atoms) mit — oder +, je nachdem, ob die betreffenden Atome Elektronen aufgenommen

**Formel 14.**

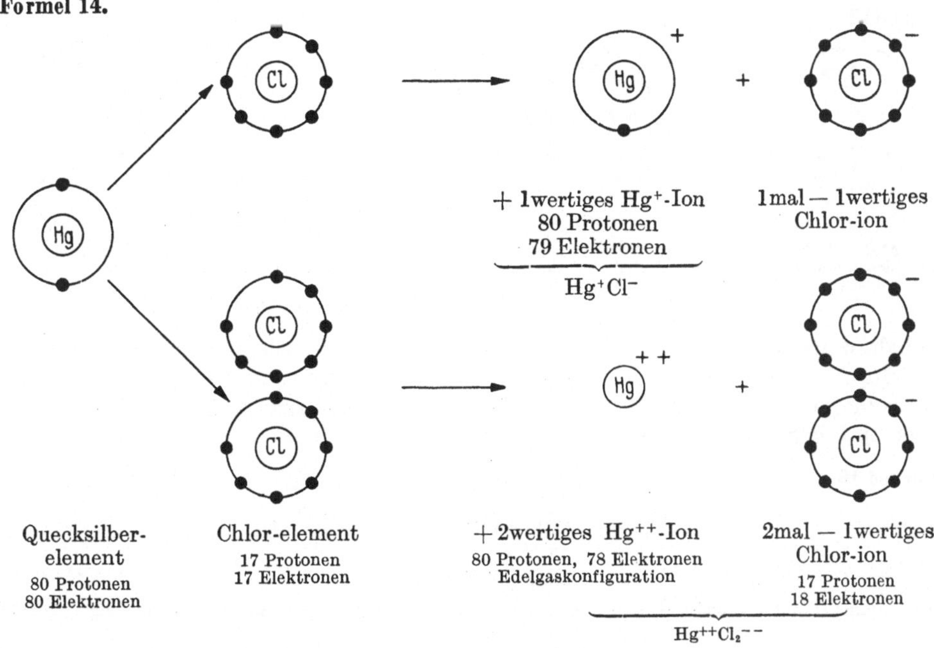


haben und dadurch negativ elektrisch geladen worden sind (An-ionen), oder Elektronen abgegeben haben und dadurch positiv geladen sind (Kat-ionen, s. S. 88).

So ist im $Na^+Cl^-$ das Natrium + 1wertig, das Chlor — 1wertig; im $Al^{+++}Cl_3^{---}$ ist Aluminium + 3wertig, Chlor — 1wertig (s. a. S. 11 und 18).

## d) Bindungen, unpolare Zusammenhaltskräfte.

Wie früher gesagt, kommen viele der gasförmigen Nichtmetalle, Chlor, Stickstoff, nicht als Atome, sondern als Moleküle $Cl_2$, $N_2$ vor.

*Moleküle.* In ihnen sind, ebenfalls der Tendenz zur Bildung der Edelgaskonfiguration zufolge, die äußeren Elektronenschalen auf 8 aufgefüllt. Dabei haben 2 Chloratome mit je 7 Außenelektronen sich wahrscheinlich so zusammengelagert, daß beide Atome gemeinsam 2 Elektronen benützen.

Anders als bei polaren Ionenverbindungen, bei denen das Kation seine äußeren Elektronen vollständig an das Anion abgibt, ist hier das Elektron nur auf eine bestimmte Distanz ausgeliehen; es wird vom nicht unterscheidbaren Schuldner und Gläubiger gleichmäßig benutzt. Da keines der beiden Cl-Atome bevorzugt ist, sind sie über die Brücke ihrer zwei gemeinsamen Elektronen fest und individuell aneinander gebunden. Aus Konvention verwendet man statt *zwei von beiden Atomen gemeinsam benutzten Elektronen einen Bindestrich,* um eine *chemische Bindung* zwischen den beiden Atomen auszudrücken. Keines der beiden Atome wird durch die Vereinigung zum Molekül elektrisch geladen. Eine solche Kombination nennt man eine *unpolare* (oder *homöopolare*) Verbindung. Atomkombinationen, in denen durch Bindungen individuelle nicht austauschbare Atome zusammengehalten werden, nennt man *Moleküle*. Die Atome in solchen Molekülen können durch 2, 4 und 6 gemeinsame Elektronen zusammen-

**Formel 15.**

<table>
<tr><td>Chlor-atom, elektrisch neutral.</td><td>Chlor-molekül, elektrisch neutral.</td></tr>
<tr><td>Pro Atom 17 positive Kernladungen und 17 negative Elektronen. In der äußersten Schale je 7 Elektronen, nur etwa $^1/_{1000}$ sec beständig</td><td>Im Molekül 2 × 17 positive Kernladungen und 2 × 17 negative Elektronen. In der äußersten Schale je 8 Elektronen, 2 gemeinsame Elektronen. Stabil, grünes Gas $Cl_2$</td></tr>
</table>

gehalten werden. So ist $Cl_2$ durch zwei gemeinsame Elektronen = 1 Bindung, $N_2$ durch 6 gemeinsame Elektronen = 3 Bindungen zusammengehalten; N hat 5 Elektronen in seiner äußersten Schale; je 2 N leihen sich gegenseitig je 3 davon aus und benutzen sie gemeinsam.

**Formel 16.**

$$:\overset{..}{Cl}:\overset{..}{Cl}: \;=\; \begin{matrix} | & | \\ -Cl-Cl- \\ | & | \end{matrix} \;=\; Cl-Cl \;=\; Cl_2$$

Molekül Chlor, Gas.

Zwei Atome Cl mit 7 Außenelektronen leihen sich gegenseitig je eines. So entsteht eine Bindung. Abstand der beiden Atomkerne 2,0 Å

$$:N\overset{:}{\underset{:}{:}}N: \;=\; -N\equiv N- \;=\; N\equiv N \;=\; N_2$$

Molekül Stickstoff, Gas.

Zwei Atome N mit 5 Außenelektronen leihen sich gegenseitig je 3. Es bilden sich so zwischen den beiden N drei gemeinsame Elektronenpaare; es entsteht die dreifache „Bindung" zwischen zwei N-Atomen. Der Abstand der beiden Atomkerne beträgt 1,10 Å

Besonders leicht zur Bildung *unpolarer (homöopolarer)* Verbindungen ist der *Kohlenstoff mit 4 Außenelektronen* befähigt. Die ganze organische Chemie, die Chemie des Kohlenstoffs, beschäftigt sich fast ausschließlich mit solchen Verbindungen. Kohlenstoff kann lange, durch Elektronenbindung zusammengehaltene Ketten bilden; er ist das einzige Element, aus dem die großen hochpolymeren (S. 410) Moleküle entstehen können, die die Bausteine aller lebenden Zellen sind. Kein anderes Element des Periodensystems kann Grundbaustein lebender Gebilde sein.

### e) Verhalten von polaren und unpolaren Verbindungen in Lösung.

Im Gegensatz zu Ionengitterkristallen zerfallen Molekülverbindungen beim Lösen nicht in Ionen (es sei denn durch sekundäre Reaktionen). Dabei, z.B. beim Lösen von Paraffin in Äther, werden nur die VAN DER WAALSschen Massenanziehungskräfte zwischen den Molekülen aufgehoben; die Moleküle selbst bewegen sich elektrisch neutral und unter vollem Zusammenhalt der an jedem Molekül beteiligten individuellen Atome frei in der Lösung.

Zum Unterschied von den meisten polar gebauten Ionengittern, die beim Lösen zur Trennung der Ionen Energiezufuhr brauchen, also eine beträchtliche *Lösungswärme* erfordern (wobei die Lösung sich abkühlt), verbraucht die Trennung der nur durch schwache Nebenkräfte zusammengehaltenen organischen Moleküle voneinander beim Lösen nur geringe Lösungswärme.

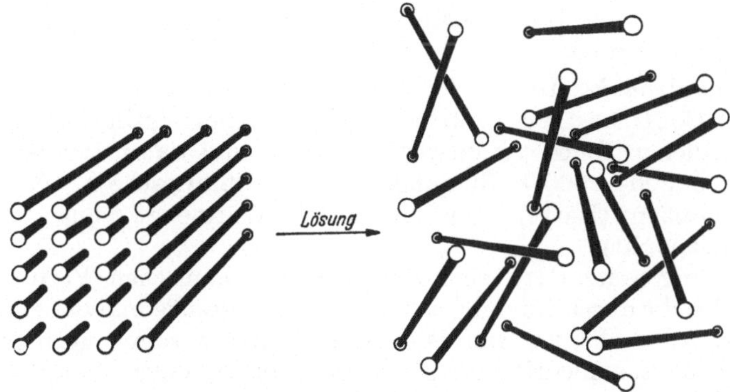


Abb. 15. Lösung eines Kristalls einer unpolaren Molekülverbindung; etwa Paraffin. Die Moleküle gehen als Ganzes in Lösung; die individuellen Atome bleiben in jedem Molekül unverändert vereinigt.



Abb. 16. Lösung eines Kristalls der polaren Ionenverbindung des Salzes NaCl. Der ganze Kristall zerfällt in unabhängige Ionen, von denen keines individuell zu irgendeinem anderen gehört.

Daß in Molekülen individuelle Atome beim Lösen zusammenbleiben, kann man beweisen. Löst man eine polare aus Ionen aufgebaute Verbindung wie HCl in $D_2O$, so stellt sich sofort ein Gleichgewicht her, da HCl in $D_2O$ in Ionen dissoziiert.

**Formel 17.**

$$2\,HCl \; + \; D_2O \; \rightleftarrows \; DCl \; + \; HCl \; + \; HDO \; \rightleftarrows \; 2\,DCl \; + \; H_2O$$

| Chlor-wasserstoff | Deuterium-oxyd, schweres Wasser | Chlor-deuterium | | | | Wasserstoff-oxyd, normales Wasser |

Löst man dagegen das Natriumsalz einer organischen Fettsäure, die Kohlenstoff und Wasserstoff in unpolarer Bindung enthält (s. Formel 139, S. 144), in $D_2O$, schwerem Wasser, so wird kein D des $D_2O$ mit dem H der Fettsäure ausgetauscht.

*Räumliche Bindungsrichtungen in unpolaren Verbindungen.* In unpolar (homöopolar) gebauten Molekülen haben die von einem Atom ausgehenden Bindungen ziemlich starre räumliche Richtungen. Diese Beschränkung der Bindungsrichtungen ist durch gegenseitige Beeinflussung der Elektronenbahnen **verursacht,** so daß nur noch ausgewählte Bahnrichtungen möglich sind. Die von einem Atom ausgehenden Bindungsrichtungen schließen somit bestimmte Winkel ein. Nur solche Moleküle sind existenzfähig, die räumlich die ungefähre Einhaltung dieser Bindungswinkel zwischen den einzelnen Atomen erlauben.

Zum Beispiel schließen die vom Kohlenstoff ausgehenden 4 Bindungsrichtungen miteinander je einen Winkel von 109° ein (s. S. 223). Die im $H_2O$ von Sauerstoff ausgehenden zwei Bindungsrichtungen schließen einen Winkel von 104° ein (s. S. 75, Wasserdipole).

*Härte, Schmelzpunkt.* Da für den Zusammenhalt polar gebauter Salzkristalle die (starken) COULOMBschen elektrostatischen Anziehungskräfte zwischen den elektrisch geladenen Ionen verantwortlich sind, sind Salze meistens hart und schmelzen hoch (500—2000°); Bindungen durch COULOMBsche Kräfte sind schwer auseinanderzureißen (Härte) oder durch die Wärmebewegung zu zerstören (hoher Schmelzpunkt).

Ganz im Gegensatz dazu sind die meisten organischen Verbindungen, in deren Kristallen die durch Bindungen zusammengehaltenen individuellen Moleküle fast nur durch schwache, VAN DER WAALSsche Kräfte zusammengehalten werden, weich und schmelzen niedrig (bis 300°), so Wachse, Fette, Paraffin, Proteine, Zucker u. a. Organische Kristalle sind leicht entweder mechanisch zu zerkleinern oder durch geringe Wärmezufuhr zu schmelzen.

*Bindungsübergänge.* Zwischen Ionenbeziehung und unpolarer Bindung gibt es fließende Übergänge, z.B. bei Acetessigester oder bei den Element-Halogenverbindungen je nach der Stellung des Elementes im Periodensystem.

*Tabelle 11.*

| Gruppe des Periodensystems | 1 | 2 | 3 | 4 | 5 | 6 | 7 |
|---|---|---|---|---|---|---|---|
| Elementchlorid | NaCl | $MgCl_2$ | $AlCl_3$ | $SiCl_4$ | $PCl_3$ | $S_2Cl_4$ | ClCl |
| Zustand . . . | fest, hart | fest, hart | fest, weich | flüssig | flüssig | flüssig | gasförmig |
| Schmelzpunkt . | 800° | 718° | 190° | $-70°$ | $-92°$ | $-77°$ | $-100°$ |

rein polar $\longrightarrow$ teilweise unpolar $\longrightarrow$ unpolar

## f) Komplexe.

Eine dritte Art von Verbindung zwischen Elementen sind die Komplexe. Diese Art des Zusammenhalts wird auch als koordinative Beziehung bezeichnet. Komplexe findet man besonders unter den sauerstoffhaltigen Säuren und ihren Salzen. Komplexe etwas anderer Art bilden die Ionen der farbigen, paramagnetischen (s. S. 25) Elemente aus den Nebengruppen des Periodensystems.

Sauerstoff hat in seiner äußersten Schale 6 Elektronen; er sucht zur Ergänzung der Edelgaskonfiguration zwei fremde Elektronen aufzunehmen und wird dadurch $-2$wertig. In einer der wichtigsten Säuren, der Schwefelsäure $H_2SO_4$, in der Schwefel $+6$wertig ist, verteilen sich die Wertigkeiten wie folgt:

**Formel 18.**

$$H_2SO_4 \xrightarrow[\text{gesetzt aus}]{\text{zusammen-}} \underset{+2}{(2\,H)^{++}} + \underset{+6}{S^{+++}_{+++}} + \underset{-8}{(4\,O)^{----}}$$

$H_2SO_4$ entsteht durch Addition von $H_2O$ an $SO_3$.

**Formel 19.**

$$H_2O + SO_3 \longrightarrow H_2SO_4 \rightleftarrows (2\,H)^{++} + (SO_4)^{--}$$

Die beiden $H^+$ sind als Ionen gebunden; sie dissoziieren in wäßriger Lösung ab, während S und O nicht dissoziieren, also wahrscheinlich auch nicht ausschließlich polar gebunden sind.

*Formulierungen der Komplexe.* Weder die Ionenformulierung noch die Bindungsformulierung ist imstande, die Struktur von $SO_4^{--}$ darzustellen. Diese Struktur wird besser wiedergegeben, wenn man $SO_4$ als polares Komplexion

$$\begin{bmatrix} O^{-2} & O^{-2} \\ & S^{+6} & \\ O^{-2} & O^{-2} \end{bmatrix} =$$

schreibt, indem man die Frage der gegenseitigen Bindungskräfte offen läßt und nur die Wertigkeiten gegeneinander abzählt, so, als könnten S und O dissoziieren. Da S $+6$wertig, die 4 O zusammen $-8$wertig sind, ist der ganze Komplex $-2$wertig.

Will man den Komplex, in dem die Bindungsverhältnisse zwischen polar und unpolar liegen, als Molekülformel mit Bindestrichen schreiben, so bedient man sich der von LEWIS vorgeschlagenen *Elektronenformeln.* In ihnen bedeutet nicht nur jeder Bindestrich zwei gemeinsame Elektronen, sondern es werden auch diejenigen Elektronenpaare als blind endigende Striche geschrieben, die im Atom schon vorher vorhanden waren. In der deutschen und französischen Literatur verwendet man nach EISTERT statt dessen einen quergestellten Strich. Dabei erhalten die Elemente maximal 4 Striche (= 8 Außenelektronen), Wasserstoff, der maximal 2 Elektronen tragen kann, erhält nur einen Bindestrich.

**Formel 20.**

$$\ddot{O}:\overset{..}{\underset{..}{S}}:\ddot{O}: \quad + \quad \overset{H}{\underset{..}{\overset{..}{O}}}:H \;\rightarrow\; \begin{bmatrix} :\ddot{O}: \\ :\ddot{O}:\overset{..}{S}:\ddot{O}: \\ :\ddot{O}: \end{bmatrix}^{--} \begin{matrix} H^+ \\ \\ H^+ \end{matrix} = \begin{bmatrix} O \\ | \\ O-S-O \\ | \\ O \end{bmatrix}^{--} \begin{matrix} H^+ \\ \\ H^+ \end{matrix}$$

$$\underset{\text{Schwefeltrioxyd}}{SO_3} \quad + \quad \underset{\text{Wasser}}{OH_2} \;\rightarrow\; \underset{\text{Schwefelsäure}}{H_2SO_4}$$

Elektronenformel; LEWISsche Formulierung<br>des komplexen Ions $SO_4^{--}$

Schwefel (mit 6 Elektronen) leiht oder gibt alle 6 an 3 Sauerstoffatome her, von denen jedes ebenfalls 6 Außenelektronen enthält. S wird dadurch $+6$wertig, 3 Sauerstoffatome nehmen je 2 Elektronen auf und werden dadurch dreimal $-2$wertig. Ein viertes $-2$wertiges Sauerstoffatom (aus $H_2O$) mit 8 Elektronen lagert sich ein; der ganze Komplex ist jetzt $+6 -8 = -2$wertig. Als rein polar gebundenes, abdissoziierbares Gegenion fungiert $(2\,H)^{++}$ (in der Säure) oder $(2\,Na)^{++}$ in Salzen. Zur Formulierung der Komplexe hat man auch als Komplex-

$$\text{bindung} \quad \begin{bmatrix} & O & \\ & \uparrow & \\ O & \leftarrow S \rightarrow & O \\ & \downarrow & \\ & O & \end{bmatrix} \quad \text{vorgeschlagen.}$$

Solche Komplexe, die man (ohne Aussage über die Bindungsart) entweder nur als Komplexformel oder als Elektronenformel schreiben kann, sind häufig. Zum Beispiel:

**Formel 21.**

$$\begin{matrix}\text{Komplexion} \\ \text{Wertigkeit} \\ (+5-6 = -1)\end{matrix} \quad \begin{bmatrix} O^{-2} \\ \quad N^{+5}\,O^{-2} \\ O^{-2} \end{bmatrix}^- H^+ = \begin{bmatrix} O \\ | \\ O = N \\ | \\ O \end{bmatrix}^- H^+ \quad \underset{\text{Salpetersäure}}{H^+NO_3^-}$$

$$\text{Komplexion} \quad \begin{bmatrix} H^{+1} & H^{+1} \\ & N^{-3} \\ H^{+1} & H^{+1} \end{bmatrix}^{+} Cl^{-} = \begin{bmatrix} H & H \\ & N \\ H & H \end{bmatrix}^{+} Cl^{-} \qquad NH_4^{+}Cl^{-}$$

Komplexion, Wertigkeit $(+4-3=+1)$ — Ammoniumchlorid, Salz

$$\text{Komplexion} \quad \begin{bmatrix} O^{-2} & O^{-2} \\ & P^{+5} \\ O^{-2} & O^{-2} \end{bmatrix}^{-} (3\,H)^{+++} = \begin{bmatrix} & \overline{O} & \\ \overline{O} & P & \overline{O} \\ & O & \end{bmatrix}^{-} (3\,H)^{+++} \qquad H_3^{+++}PO_4^{---}$$

Komplexion, Wertigkeit $(+5-8=-3)$ — Phosphorsäure

Ob man von Komplex- oder Elektronenformeln Gebrauch macht, ist eine Frage der Zweckmäßigkeit.

Als Komplexzentren können nicht nur Nichtmetalle, sondern auch Metalle auftreten. So sind im Salz Ferrocyankalium $\begin{bmatrix} CN^{-} & CN^{-} \\ CN^{-} & Fe^{++} & CN^{-} \\ CN^{-} & CN^{-} \end{bmatrix}$ sechs negative $CN^{-}$-Ionen mit dem 2wertigen $Fe^{++}$ zu einem beständigen 4fach negativen Komplex zusammengetreten. Die sechs $CN^{-}$ sind räumlich in den Mittelpunkten der sechs Flächen eines Würfels angeordnet, in dessen Mittelpunkt das $Fe^{++}$ steht. Die Wertigkeit eines Komplexes ist immer gleich der Summe der Wertigkeiten der beteiligten Ionen.

*Koordinationszahl.* Die Zahl, die angibt, wieviel fremde Bestandteile um das Zentralion gruppiert sind, nennt man die *Koordinationszahl* (WERNER). Die Koordinationszahl hat nichts mit der Wertigkeit zu tun. Sie beträgt bei Eisen 6, bei Kupfer 4 und bei Silber 2. Der genaue Grund dieser Verschiedenheit der Koordinationszahlen ist noch unbekannt. Die außerhalb des Komplexes stehenden Ausgleichsionen sind rein polar gebunden; also in wäßriger Lösung abdissoziierbar.

**Formel 22.**

$$K_4[Fe(CN)_6] \;\substack{\leftarrow \\ \rightarrow}\; K^{+} + K^{+} + K^{+} + K^{+} + \begin{bmatrix} CN^{-} & CN^{-} \\ CN^{-} & Fe^{++} & CN^{-} \\ CN^{-} & CN^{-} \end{bmatrix}^{=}_{=} \qquad Fe^{++}$$

Ferrocyankalium 4 Kalium-ionen Ferrocyanidkomplex-ion — Koordinationszahl 6

$$[Cu(NH_3)_4]Cl_2 \;\substack{\leftarrow \\ \rightarrow}\; \begin{bmatrix} NH_3 & NH_3 \\ & Cu^{++} \\ NH_3 & NH_3 \end{bmatrix}^{++} + Cl^{-} + Cl^{-} \qquad Cu^{++}$$

Kupfertetramminchlorid Kupfertetramminkomplex-ion 2 Chlor-ionen — Koordinationszahl 4

$$[Ag(NH_3)_2]NO_3 \;\substack{\leftarrow \\ \rightarrow}\; [NH_3Ag^{+}NH_3]^{+} + NO_3^{-} \qquad Ag^{+}$$

Silberdiamminnitrat Silberdiamminkomplex-ion Nitrat-ion — Koordinationszahl 2

An Stelle von Ionen, wie $CN^{-}$, können sich an Komplexen auch elektrisch neutrale Gruppen wie $NH_3$ oder $H_2O$ beteiligen. Auf solche lockeren Komplexsalzbildungen sind wahrscheinlich auch die zahlreichen *Kristallwasserhydrate* vieler Salze zurückzuführen.

*Komplexdissoziation.* In wäßriger Lösung dissoziieren Komplexsalze in Gegenion und *Komplexion*. Die Komponenten des Kernkomplexes bleiben vereinigt; sie dissoziieren praktisch nicht. Deswegen kann man in wäßrigen Lösungen eines Komplexsalzes das Zentralion meist nicht direkt nachweisen, da fast alle Nachweisreaktionen in wäßriger Lösung Ionenreaktionen sind.

So läßt sich aus einer Lösung des $[Ag(NH_3)_2]^{+}NO_3^{-}$ das $Ag^{+}$-Ion nicht mit als AgCl fällen, obwohl dessen Löslichkeit nur $1{,}5 \cdot 10^{-4}\%$ beträgt. Das heißt die Dissoziation des Komplexes selbst in $Ag^+$ und $NH_3$ und damit die Konzentration der $Ag^+$-Ionen in der Lösung ist geringer, als der zur Ausfällung von unlöslichem AgCl nötigen Konzentration entspricht.

Behandelt man eine Lösung des Komplexsalzes jedoch mit $Na_2^+ S^{--}$, so fällt unlösliches $Ag_2S$ aus, dessen Löslichkeit noch geringer, etwa von der Größenordnung $10^{-20}\%$ ist. Daraus kann man schließen, daß auch der Komplex zu einer $Ag^+$-Konzentration, die unter $10^{-4}\%$, aber über $10^{-20}\%$ liegt, dissoziiert ist. Komplexe sind ebenfalls, wenn auch nur wenig, in Ionen gespalten.

Die Dissoziationsunterschiede zwischen Komplexen wie $K_4[Fe(CN)_6]$ (zerfällt in vier $K^+$ und $[Fe(CN)_6]^{--}$), und den Doppelsalzen wie Alaunen $KAl(SO_4)_2$, die in $K^+ + Al^{+++} + 2\,SO_4^{==}$ zerfallen, sind nicht prinzipiell, sondern graduell.

Zu Komplexionenbildung neigen besonders die Metalle der Nebengruppen des Periodensystems, am meisten die rechts unten stehenden schweren Metalle.

*Gemischte Bindungsarten.* In vielen Verbindungen kommen nebeneinander Ionenbeziehungen, Bindungen und Komplexe vor, so in den Salzen der Polythionsäuren oder in organischen Säuren. In der Essigsäure sind drei der H und die beiden C durch gemeinsame Elektronenpaare zu einem individuellen Molekül aneinander gebunden. Das an der $-COO^-$-Gruppe stehende $H^+$ ist nur polar fixiert und als Ion in wäßriger Lösung abdissoziierbar; die Gruppe $-COO^-$ selbst kann man als *mesomeren Komplex* auffassen (s. a. S. 99 und 334). Man bezeichnet diese Grenzformeln auch als *Resonanzformeln*.

**Formel 23.**

$$\left[\begin{array}{cc} H & |\overline{O}| \\ | & \| \\ H\!-\!C\!-\!-\!C \\ | & | \\ H & |\underline{O}| \end{array}\right]^{-} H^+ \;\rightleftharpoons\; \left[\begin{array}{cc} H & |\overline{O}| \\ | & | \\ H\!-\!C\!-\!-\!C \\ | & \| \\ H & |\underline{O} \end{array}\right]^{-} H^+$$

Elektronenformel der Essigsäure

Ionenbeziehungen, Bindungen und Komplex nebeneinander im selben Molekül. Die beiden Formeln bezeichnen die mesomeren Grenzzustände

In der Gruppe $-COOH$ sind beide O gleichberechtigt, d.h. das abdissoziierende $H^+$ gehört zum Komplex $-COO^-$ und nicht zu einem individuellen der beiden O-Atome. Das bezieht sich nur auf freie dissoziierte organische Säuren in wäßriger Lösung; in den nichtdissoziierenden Estern der Fettsäuren (s. Formeln 320 und 321, S. 259) sind die Alkohole an eines der beiden O-Atome individuell fest gebunden.

*Metallische Bindung* Über weitere Zusammenhaltskräfte, wie sie in *Metalllegierungen* bestehen, die oft nicht nach dem Gesetz der multiplen Proportionen zusammengesetzt sind und häufig beliebigen Mischungscharakter haben, ist man noch nicht sehr unterrichtet. In Metallen sind die Außenelektronen aller beteiligten Atome nicht nur an Nachbaratome ausgeliehen, sondern schwimmen als Elektronengas im ganzen Metallkristall verteilt; sie sind so für die elektrische Leitfähigkeit der Metalle verantwortlich.

*Gültigkeit der Bindungstheorien.* Keine der bestehenden Theorien ist imstande, den Zusammenhalt aller Arten von Verbindungen widerspruchsfrei zu erklären. Es erfüllt auch keine das Hauptkriterium einer guten Theorie, die Möglichkeit der exakten Vorausberechnung der Eigenschaften neuer Verbindungen. Die Schwierigkeiten rühren daher, daß im Interesse der Anschaulichkeit der Atomkern und besonders die Elektronen als definierte Massenvolumina mit definierten räumlichen Eigenschaften betrachtet werden müssen, während man sie eigentlich als nur statistisch abgrenzbare Energiewolken und Wellenpakete auffassen müßte.

Man bedient sich mechanischer Modellvorstellungen von mehr oder weniger
großer Zweckmäßigkeit, wie sie sich dem aufs Anschauliche gerichteten Geist
darbieten.

*Vorausberechenbarkeit von Eigenschaften.* Exakte Voraussagen über Eigenschaften von Verbindungen scheitern auch daran, daß die gleichzeitigen Einwirkungen vieler an einer Verbindung beteiligter Atome aufeinander mathe-
matisch prinzipiell nicht berechenbar sind. In der Astronomie hat es sich gezeigt,
daß schon das scheinbar einfache Dreikörperproblem (gleichzeitige Einwirkung
der einfachen Gravitationskräfte von drei Körpern aufeinander) prinzipiell unlös-
bar ist und nur durch Näherungsrechnungen angegangen werden kann. In
chemischen Verbindungen sind zusätzlich zu den Gravitationskräften zwischen
den beteiligten Atomen auch noch elektrostatische Kräfte und thermische
Schwingungskräfte beteiligt, so daß selbst Näherungsrechnungen nur in einfach
gelagerten und günstigen Fällen ungefähre Voraussagen zulassen.

7. Kapitel.

# Verhalten der Verbindungen.

## a) Feste Stoffe, Kristalle.

Im festen Zustand bestehen alle chemisch reinen Körper, wenigstens prinzipiell, aus Kristallen. Das Charakteristische jedes Kristalls ist die räumlich
regelmäßig wiederholte Schichtenanordnung seiner Elementarbestandteile.

*Amorph.* Daß die Gegenstände des täglichen Lebens, lebendes Material, Holz,
Glas, vielfach Steine, nicht kristallisiert sind, liegt an ihrer heterogenen Zusammensetzung; sie bestehen aus Gemischen vieler reiner Substanzen. Gesteine kann
man schon unter dem Mikroskop als Kristallgemische erkennen. Viele organischen
Materialen der lebenden Welt, Proteine und sogar Krankheitskeime, die Viren
(s. S. 333) hat man nach Reinigung kristallisiert erhalten. Cellulose, der
Hauptbestandteil des Holzes (s. S. 315), läßt sich durch Interferenzanalyse
mit Röntgenstrahlen als submikroskopische Faserkristalle erkennen. Glas endlich ist eine sehr langsam, in Jahrzehnten und Jahrhunderten kristallisierende
unterkühlte Schmelze. Den Zustand nichtkristallisierter fester Stoffe bezeichnet
man als *amorph*. Viele Stoffe findet man in nichtkristallisiertem *amorphem
Zustand*. Wahrscheinlich ist der amorphe Zustand jedoch, wenigstens bei chemisch
einheitlichen Stoffen, ein metastabiler Zustand, verursacht durch geringe Richtkräfte der Moleküle und hohe Viscosität (Zähigkeit). Mit der Zeit und bei geeigneter Reinigung kristallisieren alle reinen Stoffe.

*Kristalle.* Es gibt *Ionengitterkristalle*, deren Elementarteile elektrisch geladene
Ionen sind (Salze, z.B. NaCl), und *Molekülkristalle*, deren Elementarteile Moleküle
sind (s. Abb. 15, S. 47); fast alle organischen Verbindungen gehören hierher.
Metalle bilden *Atomgitterkristalle*. Dazwischen sind alle Übergänge möglich
(Komplexkristalle, $Na_2^+[SO_4]^{--}$, $K_3^{+++}[Fe(CN)_6]^{---}$).

Von der räumlichen Form und Größe der Ionen und Moleküle, von der Ladung
der Ionen, von physikalischen Größen (Temperatur, Druck) hängt es ab, zu
welcher der möglichen Raumanordnungen, zu welcher Kristallform sich die
Elementarteile anordnen.

Man unterscheidet *sieben geometrische Hauptklassen von Kristallen:* kubisch,
tetragonal, hexagonal, rhomboedrisch, rhombisch, monoklin und triklin. Mit
Unterklassen dieser Hauptgruppen kann man makroskopisch 32 Kristallklassen
unterscheiden.

*Mischkristalle.* In Ionengitterkristallen können einzelne Ionen auch durch Ionen anderer Elemente vertreten werden. Eine Bedingung dieser Vertretbarkeit ist, daß ihre räumlichen Dimensionen, die Ionenradien, um nicht mehr als etwa 5% verschieden sind. Sind beide Ionenarten zweier Salze so größenähnlich, so können sie *Mischkristalle* bilden. So bilden die beiden chemisch völlig verschiedenen, aber in ihren Ionengittern ähnlich dimensionierten Salze $BaSO_4$ und $KMnO_4$ Mischkristalle. Es gibt Salze, die Mischkristalle beliebiger Mischverhältnisse bilden ($KCl + KBr$) und solche, die nur in bestimmten Mischungsgrenzen dazu befähigt sind wie KCl und NaCl.

*Isomorphieregel von* MITSCHERLICH. Salze des gleichen Anions von Elementen, die im Periodensystem untereinander in derselben Wertigkeitsgruppe stehen, haben meist gleiche Kristallform. LiCl, NaCl, KCl, CsCl und RbCl kristallisieren kubisch wie Steinsalz in Würfelform. CsCl zeigt eine Abweichung in der Zugehörigkeit zu einer Unterklasse des kubischen Systems.

*Schmelzpunkt, Viscosität.* Kristalle haben wie alle festen Körper eine extrem hohe Viscosität. Das heißt ihre Bestandteile sind sehr wenig gegeneinander beweglich, nur durch große mechanische Kräfte von ihrem Platz verschiebbar. Sie sind nur durch langzeitige Einwirkung hoher Drucke plastisch zu verformen, wie Gesteine unter dem Gebirgsdruck in geologischen Perioden. Die Bestandteile fester Substanzen führen praktisch nur Wärmeschwingungen um ihre Ruhepunkte aus. Da mit steigender Temperatur die Amplitude dieser Schwingungen größer wird, wodurch der Abstand der Kristallelemente etwas zunehmen muß, dehnt sich der Kristall aus. Wenn die Kraft der Wärmeschwingungen die Zusammenhaltskräfte im Kristall gerade überschreitet, schmilzt der Kristall. Die entsprechende, meist auf 0,1° genau definierbare Temperatur nennt man *Schmelzpunkt*. Schmelzen tritt meist ein, wenn die thermische Vergrößerung des Kristalls in jeder Dimension etwa 5% gegenüber der Größe beim absoluten Nullpunkt beträgt. Nähert man sich dem Schmelzpunkt von seiten höherer Temperatur, von der flüssigen Phase, so spricht man vom *Erstarrungspunkt* statt vom Schmelzpunkt.

## b) Flüssigkeiten.

In einer Flüssigkeit sind die Moleküle und Ionen frei gegeneinander verschieblich. Die Adhäsionskräfte zwischen den Elementarteilen sind jedoch groß genug, um diese trotz freier Verschiebbarkeit aneinander zu ketten; die Kontinuität der Flüssigkeit bleibt gewahrt.

*Viscosität* (s. auch oben). In jeder Flüssigkeit haben die Bestandteile bestimmte *Beweglichkeiten* gegeneinander, die Materialkonstanten sind. Man bezeichnet sie als *Viscosität* und mißt sie relativ als Ausflußzeit gleicher Mengen Flüssigkeit aus einer geeigneten Capillare. Hohe Viscosität haben Glycerin, Zuckerlösungen (Honig), manche Proteinlösungen, Schmieröle, mittlere hat Wasser, kleine Äther. Die Viscosität nimmt mit steigender Temperatur ab; beim Erwärmen werden alle Flüssigkeiten dünnflüssiger. (Über eine Ausnahme s. bei geschmolzenem Schwefel, S. 98.) Die geringste bisher beobachtete Viscosität hat flüssiges Helium, weil bei ihm als einatomigem neutralem Edelgas die VAN DER WAALSschen Kräfte fast null sind. Die Viscosität flüssigen Heliums beträgt weniger als $^1/_{1000}$ von der des Wassers.

*Kompressibilität.* Flüssigkeiten setzen (wie feste Körper) einer Zusammendrückung, einer Verkleinerung ihres Volumens, starken Widerstand entgegen; ihre *Kompressibilität* ist gering. So sind zur Verkleinerung des Volumens von Wasser um nur 4,5% 1000 Atmosphären nötig.

*Sonstige physikalische Eigenschaften.* Die meisten Flüssigkeiten (bei Zimmertemperatur) sind farblos und klar durchsichtig; farbige Flüssigkeiten sind selten ($Cl_2O_6$, Chlorhexoxyd rot; $Mn_2O_7$ schwarz; Brom braun). Praktisch alle chemisch reinen Flüssigkeiten (außer Hg) sind bei Zimmertemperatur Isolatoren. Geschmolzene Salze zeigen meist elektrolytische Leitfähigkeit (Leiter zweiter Klasse, s. S. 87).

*Siedepunkt.* Bei Steigerung der Temperatur einer Flüssigkeit, die mit einer Vergrößerung des Volumens verbunden ist, wird schließlich der Punkt erreicht, bei dem die Adhäsionskräfte zwischen den Bestandteilen der Flüssigkeit durch die mit der Temperatur steigende Energie der thermischen Bewegung überwogen werden. Die Bestandteile können sich, wenn diese Temperatur erreicht ist, frei voneinander trennen und ein Gas bilden. Die Substanz siedet; die zugehörige Temperatur wird *Siedepunkt* genannt. Der Siedepunkt ist vom Druck abhängig; er steigt mit zunehmendem und sinkt mit fallendem Druck.

*Kritische Temperatur und kritischer Druck.* Für jede Flüssigkeit gibt es eine maximale Temperatur (mit einem zugehörigen bestimmten Druck), oberhalb deren die Flüssigkeit auf alle Fälle in den Gaszustand übergeht, und zwar gleichgültig, wie hoch man den Druck wählt. Man nennt diese Materialkonstanten *kritische Temperatur* und *kritischen Druck*. Bei sehr hohen Drucken (10000 Atm. und mehr) gilt diese Regel nicht mehr.

Für einige Substanzen sind die kritischen Daten: ($t =$ Grad Celsius; $T = t + 273 =$ absolute Temperatur; $D =$ Druck in Atmosphären) zusammengestellt.

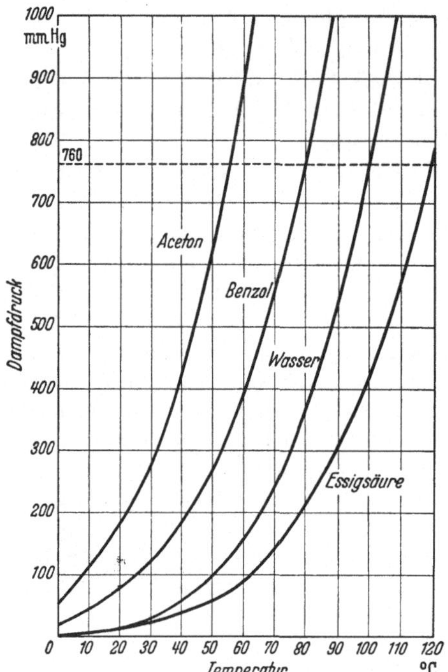



Abb. 17. Dampfdruckkurve einiger Flüssigkeiten. Die Kurven geben den jeweiligen Dampfdruck der Flüssigkeit bei einer bestimmten Temperatur. Die Temperatur, bei der der Dampfdruck 760 mm Hg Atmosphärendruck) erreicht, ist der Siedepunkt der Substanz unter Normaldruck.

Tabelle 12. *Kritischer Druck und kritische Temperatur.*

| Stoff | $t$ in °C | $T$ absolut | $D$ in Atm. | Stoff | $t$ in °C | $T$ absolut | $D$ in Atm. |
|---|---|---|---|---|---|---|---|
| $N_2$ . . . | $-147°$ | 126° | 33,5 | $H_2O$ . . . | 374° | 647° | 218 |
| $O_2$ . . . | $-118°$ | 155° | 49,7 | $NH_3$ . . . | 132° | 405° | 111,5 |
| $Cl_2$ . . . | 144° | 417° | 76,1 | $SO_2$ . . . | 157° | 430° | 77,7 |
| $H_2S$ . . | 100° | 373° | 88,9 | Äthanol . | 243° | 516° | 63 |
| $NO_2$ . . | $-94°$ | 179° | 65 | Benzol . . | 288° | 561° | 48 |

Schon unterhalb ihres Siedepunktes bei Normaldruck hat jede Flüssigkeit für jede Temperatur einen bestimmten *Dampfdruck*. Der Siedepunkt unter Normalbedingungen ist die Temperatur, bei der der Dampfdruck gerade Atmosphärendruck, den Druck einer Quecksilbersäule von 760 mm Höhe erreicht.

Zwischen kritischer Temperatur und den Siedepunkten bei verschiedenen Drucken bestehen empirische Beziehungen, die ein ungefähres Ausrechnen der

Daten auseinander zulassen (Fehler $\pm$ 10%). Man erhält die ungefähren Daten, wenn man die kritische Temperatur $T$ (absolut) mit folgenden Faktoren multipliziert:

Tabelle 13. *Schmelzpunkt-Siedepunkt-Regeln.*

| Kritische absolute Temperatur | Schmelzpunkt | Siedepunkt beim Druck | | |
|---|---|---|---|---|
| | | 760 mm Hg | 15 mm Hg | $\to$ 0 mm Hg |
| $T = 1$ | 0,44 | 0,64 | 0,51 | 0,41 |

Wie man sieht, kann im Hochvakuum ($\to$ 0 mm Hg) der Siedepunkt ($T \cdot 0,41$) unter den Schmelzpunkt ($T \cdot 0,44$) sinken. Viele Substanzen verdampfen im Hochvakuum als feste Kristalle ohne zu schmelzen, z. B. $H_2O$ als Eis; den Vorgang nennt man *Sublimation.*

*Flüssige Kristalle.* Zwischen flüssigem und kristallisiertem Zustand gibt es in seltenen Fällen kurz oberhalb des Schmelzpunkts einen Zwischenzustand, die flüssigen Kristalle. Dabei sind nicht alle Einzelmoleküle frei gegeneinander verschiebbar, sondern nur einzelne Pakete. Die Flüssigkeit erscheint dann oft trüb; erst bei weiterem Erhitzen wird sie plötzlich klar. Paraazoxyphenethol und Cholesterinester der Benzoesäure oder niederer Fettsäuren zeigen diese Erscheinung. Auch Wasser und andere, besonders hydroxylhaltige Stoffe bestehen als Flüssigkeiten in der Nähe des Schmelzpunktes aus solchen (in diesem Fall nicht als Trübung sichtbaren) Molekülaggregaten. Darauf ist die Abnormalität der Dichte des Wassers zurückzuführen, dessen größte Dichte bei $+4°$ liegt.

## c) Gase.

In Gasen sind die beteiligten Moleküle (bei Edelgasen Atome) frei gegeneinander beweglich. Die mechanische Energie ihrer Wärmebewegungen und die beim Zusammenstoß der Gasmoleküle auftretenden Rückstoßkräfte sind größer als die Attraktionskräfte, die im festen und flüssigen Zustand die Teilchen zusammenhalten. Die Wärmegeschwindigkeiten der Teilchen sind schon bei Zimmertemperatur groß (400—1700 m/sec). Die Viscosität von Gasen ist sehr gering. Die Dichte der Gase beträgt bei 0° und 760 mm Hg-Druck nur etwa $^1/_{1000}$ derselben Substanz im flüssigen oder festen Zustand.

Das Verhalten der Gase kann man aus der Vorstellung der Gasmoleküle als frei fliegende elastische Billardkugeln ableiten, die verschiedenste Geschwindigkeit haben (kinetische Gastheorie). Die Geschwindigkeiten sind nach Art einer GAUSSschen Wahrscheinlichkeitskurve (Glockenform) verteilt. Die Abszisse ihres Maximums bezeichnet man als die durchschnittlich wahrscheinliche Geschwindigkeit. Diese durchschnittliche Geschwindigkeit steigt mit der Temperatur; sie beträgt für Wasserstoff bei 0° 1,69 km/sec; bei 40000000° C, der Innentemperatur der Sterne (EDDINGTON), 150 km/sec. Die Temperatur von Gasen läßt sich umgekehrt nur durch die durchschnittliche Teilchengeschwindigkeit definieren. Beim Zusammenprall zweier Gasmoleküle erfolgt verlustloser elastischer Rückstoß. Die durchschnittliche freie Weglänge, die ein Gasmolekül zwischen zwei Zusammenstößen zurücklegt, ist bei Normalbedingungen etwa $10^{-5}$ cm; pro Sekunde macht ein Gasmolekül etwa $10^9$ bis $10^{10}$ Zusammenstöße durch. Im freien Weltraum, in dem ein sehr hohes Vakuum herrscht, kann die freie Weglänge auf Millionen von Kilometern steigen, die durchschnittliche Zeit zwischen den Zusammenstößen auf mehrere Jahre.

Den oben entwickelten Modellvorstellungen entsprechen nur wenige Gase genau, und zwar bei stark vermindertem Druck *(ideale Gase).* Die meisten Gase zeigen auf Grund sekundärer Beeinflussungen der Gasmoleküle durch elektrostatische und VAN DER WAALSsche Kräfte kleine Abweichungen *(reale Gase)*.

Tabelle 14. *Geschwindigkeit und freie Weglänge in Gasen bei 0° und 760 mm Hg.*

| Substanz | Geschwindig-keit in m/sec | Freie Weglänge mal $10^{-8}$ cm | Substanz | Geschwindig-keit in m/sec | Freie Weglänge mal $10^{-8}$ cm |
|---|---|---|---|---|---|
| $H_2$ . . . . . . . | 1692 | 1123 | CO . . . . . | 454 | 584 |
| He . . . . . . . | 1204 | 1798 | $CO_2$ . . . . . | 362 | 397 |
| $N_2$ . . . . . . . | 454 | 599 | HCl . . . . . | 398 | 433 |
| $O_2$ . . . . . . . | 425 | 647 | $NH_3$ . . . . | 582 | 441 |

### d) Gasgesetze.

BOYLE-MARIOTTE*sches Gesetz*. *Volumen und Druck von idealen Gasen* stehen nach dem Gesetz von BOYLE-MARIOTTE in folgender Beziehung:

$$\text{Druck} \cdot \text{Volumen} = \text{konstant.}$$

Erhöht sich der Druck auf das Doppelte, so sinkt das Volumen auf die Hälfte. Bei Erhöhung des Druckes auf 100 Atm. reduziert sich das Normalvolumen auf $^1/_{100}$. Dieses Gesetz (für ideale Gase) gilt annähernd für alle Gase. Bei hohen Drucken, über 50 Atm., bei denen das Eigenvolumen der Gasmoleküle schon eine Rolle spielt, sind Korrekturen nötig, die die Verminderung des verfügbaren Raumes durch die Moleküle berücksichtigen. In der Nähe des Siedepunktes (der sog. Dampfphase) gilt die Beziehung meist nicht mehr.

GAY-LUSSAC*sches Gesetz*. *Volumen, Druck und Temperatur* eines idealen Gases sind durch das GAY-LUSSACsche Gesetz verknüpft: Jedes Gas dehnt sich pro Grad Temperaturerhöhung um 1/273 seines Volumens bei 0° aus. Hält man das Volumen konstant, so erhöht sich nach dem GAY-LUSSACschen Gesetz der Druck um 1/273.

**Formel 24.**

$$\text{Endvolumen bei konstantem Druck} = \text{Volumen bei } 0° \cdot 1 + \left( \frac{\text{Temperaturerhöhung über } 0°}{273} \right)$$

$$\text{Enddruck bei konstantem Volumen} = \text{Druck bei } 0° \cdot 1 + \left( \frac{\text{Temperaturerhöhung über } 0°}{273} \right)$$

Die Erhöhung von Druck und Volumen eines Gases sind direkte Folgen der Vergrößerung der molekularen Wärmebewegung.

*Absoluter Nullpunkt*. Durch Extrapolation des experimentell gefundenen Wertes 1/273 von 0° C nach unten erfährt man, daß bei —273° theoretisch das Volumen aller Gase null ist; alle Gase sind dort, beim *absoluten Nullpunkt*, fest kristallisiert; jede Art von Wärmeschwingungen hört dort auf.

DALTON*sches Gesetz*. In Gemischen verschiedener Gase ist, wie bei einer Mischlösung von Ionen, jede Gasart unabhängig von der anderen (soweit sie nicht chemisch miteinander reagieren); ihre Volumina und ihre Partialdrucke addieren sich (DALTONsches Gesetz).

### e) Gasdichte und Molekulargewichtsbestimmung.

*Gase haben Gewicht:* je 22,4 Liter unter Normalbedingungen (760 mm Hg-Druck; 0° Celsius) wiegen ein Molekulargewicht in Gramm; z.B. 22,4 Liter $O_2 = 32$ g; 22,4 Liter $H_2 = 2,016$ g; 22,4 Liter $CO_2 = 44$ g. Aus der direkten Wägung abgemessener Gasvolumina kann man daher Molekulargewichte bestimmen.

Führt man eine gewogene Menge einer unzersetzt vergasbaren Substanz (in Gramm; $g$) in Gas über, so kann man aus dem gefundenen reduzierten *Gasvolumen* (in Liter $v$) das Molekulargewicht $M$ berechnen.

**Formel 25.**

$$M \text{ (Molekulargewicht)} = \frac{22{,}4 \cdot g \text{ (Substanz in Gramm)}}{v \text{ (gebildetes Gasvolumen in Liter)}}$$

Das ist das Prinzip der *Molekulargewichtsbestimmung nach* Dumas. Die Anwendungsmöglichkeit der Dumasschen Methode wurde durch Viktor Meyer wesentlich erweitert. Er bestimmte nicht mehr direkt das Volumen einer bei erhöhter Temperatur vergasten Substanz, sondern das von der Gassubstanz verdrängte Luftvolumen. Man kann so leichter das zu messende Gasvolumen auf Normalbedingungen re-

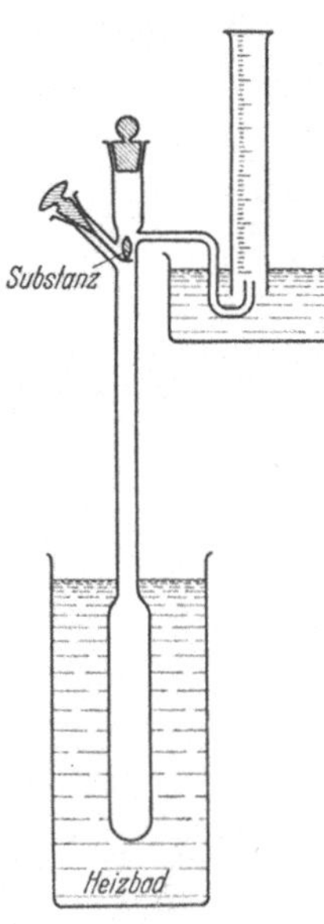


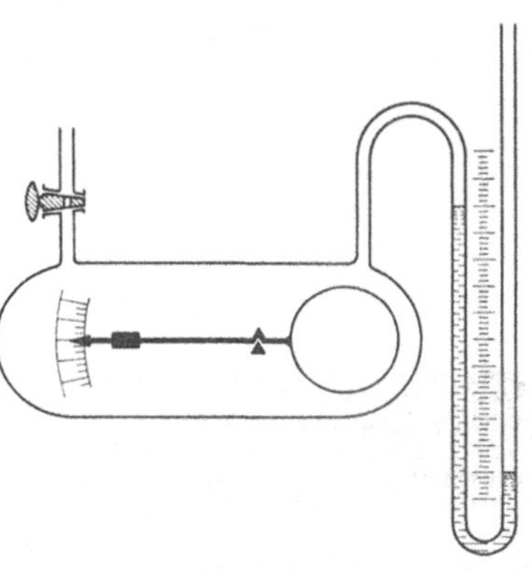

Abb. 18.       Abb. 19.

Abb. 18. Molekulargewichtsbestimmung nach Viktor Meyer. Die genau abgewogene Substanzmenge wird zuerst oben im Apparat durch eine Haltevorrichtung festgehalten. Nach dem gasdichten Verschluß des Apparats durch die Schliffe fällt durch Drehen der Haltevorrichtung die Substanz in den unteren Teil des Apparats. Durch das Heizbad, dessen Temperatur höher sein muß als der Siedepunkt der Substanz, wird sie verdampft. Der Dampf nimmt, auf Normalbedingungen reduziert, pro Mol in Gramm 22,4 Liter ein. Eine genau entsprechende Menge Luft wird aus dem Apparat verdrängt, in einem seitlichen, vorher wassergefüllten Zylinder aufgefangen und das Volumen gemessen. Aus der eingewogenen Substanzmenge und dem verdrängten Luftvolumen läßt sich das Molekulargewicht bestimmen.

Abb. 19. Gaswaage. Ein hohler, zugeschmolzener Glasballon ist an einem Ende eines kleinen Waagebalkens angeschmolzen, dessen anderes Ende durch ein fixiertes Eisenblättchen ausbalanciert ist. Die ganze Waage ruht in einem evakuierbaren Glasgefäß auf einer Glasschneide. Bringt man ein leichtes Gas in das äußere Gefäß, so wird der Gasballon schwerer und sinkt; das Umgekehrte tritt mit einem schweren Gas ein. Wenn man die Waage auf zwei bekannte Gase geeicht hat, kann man (bei sonst konstanten Bedingungen) direkt die Dichte an der Skala ablesen. Genauere Resultate erhält man, wenn man bei einem Gas unbekannter Dichte den Druck am seitlichen Manometer solange ändert, bis der Zeiger, wie bei der vorigen Eichung mit einem bekannten Gas, wieder auf null steht; aus dem gemessenen Über- oder Unterdruck kann man die Dichte berechnen.

duzieren, ohne Kondensation der Substanz durch Abkühlung fürchten zu müssen. Die Methode wird besonders in der organischen Chemie angewendet. Relative Gasdichten von bei Zimmertemperatur gasförmigen Substanzen bestimmt man mit der *Gaswaage*.

### f) Joule-Thomson-Effekt und Gasverflüssigung.

Während ideale Gase nach dem Billardkugelmodell bei einer Vergrößerung ihres Volumens ihre Temperatur nicht ändern, zeigen reale Gase meist eine Abkühlung. Diese Abkühlung ist darauf zurückzuführen, daß zur Auseinanderziehung der Gasmoleküle gegen die noch vorhandenen kleinen van der Waalsschen

Anziehungskräfte Arbeit geleistet werden muß. Die dazu nötige Energie wird dem Wärmevorrat des Gases entnommen; das Gas kühlt sich ab. Man nennt die Erscheinung nach ihren Entdeckern JOULE-THOMSON-Effekt. Der Effekt ist erst bei tiefen Temperaturen, von Raumtemperaturen abwärts, merkbar. Bei Wasserstoff ist er, durch sekundäre Einflüsse, oberhalb $-80°$ sogar umgekehrt: bei Zimmertemperatur erwärmt sich Wasserstoff bei passiver Ausdehnung.

Der JOULE-THOMSON-Effekt liegt dem technischen *Gasverflüssigungsverfahren nach* LINDE zugrunde. Dabei werden die Gase zuerst auf 50—100 Atm. komprimiert, wobei sie sich erwärmen. Mit Wasser auf Zimmertemperatur abgekühlt,

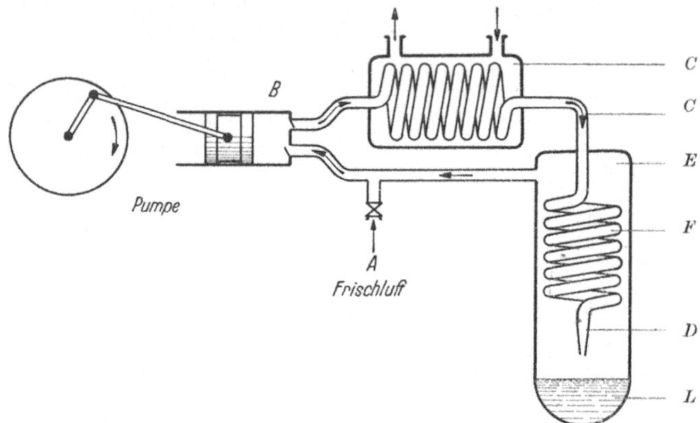


Abb. 20. Gasverflüssigung nach dem LINDE-Prinzip. Durch eine Motorpumpe wird angesaugte Luft aus $A$ hoch komprimiert ($B$). Die dadurch heiß gewordene Luft wird erst durch Wasser vorgekühlt ($C$), dann durch eine enge Düse $D$ plötzlich entspannt. Auf Grund des JOULE-THOMSON-Effekts erfolgt starke Abkühlung. Die von der Düse durch die Pumpe rückgesaugte kalte Luft $E$ kühlt auf dem Rückweg weitere komprimierte, schon vorgekühlte Luft $F$ noch tiefer ab, deren Temperatur bei der Expansion dann noch tiefer sinkt. Nach einiger Arbeitszeit der Anlage verflüssigt sich ein Teil der Luft in $L$. Entsprechend der Verflüssigung wird neue Luft aus $A$ nachgesaugt.

wird das Gas plötzlich auf Normaldruck expandiert, wobei es sich weit unter Zimmertemperatur abkühlt (z.B. Luft um 0,2° pro Atmosphäre Druckänderung). Der so gewonnene Kältevorrat wird benützt, um eine neue Menge hochkomprimiertes, mit Wasser auf Zimmertemperatur gekühltes Gas auf tiefere Temperatur zu kühlen. Bei dessen Expansion wird eine noch tiefere Temperatur erreicht, die wieder zur noch tieferen Vorkühlung benutzt wird usw. So gelangt man stufenweise zu immer tieferen Temperaturen, bis sich schließlich alle Gase verflüssigen lassen; nach Vorkühlung mit flüssiger Luft sogar Wasserstoff und Helium.

### g) Schmelzwärme und Verdampfungswärme.

*Spezifische Wärme.* Die von allen Substanzen beim Erwärmen verbrauchte Energie mißt man in Calorien. Die Zahl, die angibt, wieviel Grammcalorien ein Gramm einer Substanz zur Erwärmung um einen Grad (zwischen definierten Temperaturgrenzen) braucht, nennt man *spezifische Wärme*. Die Körper dehnen sich beim Erwärmen normalerweise aus. Die zugeführte Energie ist ein Äquivalent der bei der räumlichen Vergrößerung der Abstände der Ionen und Moleküle geleisteten Arbeit.

*Schmelzwärme.* Hat die Vergrößerung der Abstände einen bestimmten Betrag erreicht (etwa 5% der Dimensionen bei $-273°$), so reichen die Anziehungskräfte nicht mehr zur Ausgleichung der immer energischer werdenden thermischen Molekülbewegungen aus; die feste Substanz zerfällt zu einer Flüssigkeit, in der die Ionen oder Moleküle zwar noch einen Zusammenhalt wahren, aber weitgehend frei und unabhängig voneinander beweglich sind (Schmelzpunkt). Für den Übergang vom festen in den flüssigen Zustand muß noch eine Sonderenergie, die *Schmelzwärme*, zugeführt werden.

*Verdampfungswärme.* Bei der Überführung von Flüssigkeiten in Gase mit völliger Abtrennung der Moleküle voneinander beim Siedepunkt ist noch eine neue, besonders hohe Energiezufuhr, die *Verdampfungswärme*, nötig.

Die folgende Tabelle gibt die Daten einiger Substanzen in Grammcalorien pro Gramm Substanz.

Tabelle 15. *Thermische Daten.*

|  | Wasser | | Benzol | | Eisessig | |
|---|---|---|---|---|---|---|
|  | Temperatur | cal | Temperatur | cal | Temperatur | cal |
| Spezifische Wärme, fest, pro g/grad | bei $-20°$ | 0,43 | bei $0°$ | 0,21 | bei $0°$ | 0,61 |
| Schmelzwärme pro g . . . . . . | bei $0°$ | 79,4 | bei $5,5°$ | 30,6 | bei $16,8°$ | 46,7 |
| Spezifische Wärme, flüssig, pro g/grad | ↑↓ | 1,0 | ↑↓ | 0,41 | ↑↓ | 0,53 |
| Verdampfungswärme pro g . . . . | bei $100°$ | 539,9 | bei $80,0°$ | 94,9 | bei $118°$ | 97 |

Die Schmelzwärme hängt nur wenig vom Druck ab, da auch der Schmelzpunkt durch die normalerweise vorkommenden Drucke nur wenig gemäß dem LE CHATELIERschen Prinzip (s. S. 91) beeinflußt wird. Wasser schmilzt unter 2000 Atm. Druck bei $-20°$, weil Wasser eine größere Dichte hat als Eis; dagegen schmilzt Benzol bei 11000 Atm. Druck bei $+204°$ (BRIDGMAN), weil festes Benzol eine größere Dichte hat als flüssiges.

Die Verdampfungswärme nimmt mit steigendem Druck ab, während der Siedepunkt zunimmt. Bei der kritischen Temperatur wird die Verdampfungswärme null, da bei der kritischen Temperatur Flüssigkeits- und Gasphase identisch werden und für den Übergang von flüssig in gasförmig keine Energiezufuhr mehr nötig ist.

Tabelle 16. *Verdampfungswärme, Druck und Siedepunkt von $H_2O$.*

| Siedepunkt des Wassers . . . | 65,3° | 81,7° | 100° | 121° | 146° | 180° | 310° | 374° |
|---|---|---|---|---|---|---|---|---|
| Druck in Atm. . . . . . . . | 0,25 | 0,5 | 1 | 2 | 5 | 10 | 100 | 218,5 |
| Verdampfungswärme cal/g . . | 560 | 549 | 539 | 523 | 506 | 482 | 305 | 0 |

## h) Schmelzpunktserniedrigung und Siedepunktserhöhung.

*Eutektischer Punkt.* Metalle, ineinander gelöst, erniedrigen gegenseitig ihren Schmelzpunkt. Die ausgeprägten *Minima* der Schmelzpunkt-Prozentdiagramme nennt man *eutektische Punkte* (S. 172, 174, 185).

Ähnliche eutektische Punkte erhält man, wenn man in einem bei Zimmertemperatur flüssigen Lösungsmittel eine feste Substanz löst. So ergibt sich bei festem Naphthalin, gelöst in Benzol, folgende Kurve (Abb. 21):

*Gefrierpunktserniedrigung.* Jede Substanz, gelöst in einer anderen, erniedrigt deren Schmelzpunkt, falls nicht sekundäre chemische Reaktionen stören. Bei niedrigen Konzentrationen einer Substanz, 0,1—5%, ist der Anfang des Kurvenabschnitts ($A—B$, und $C—D$ in Abb. 21) meistens praktisch geradlinig. In diesem Kurvenabschnitt ist die Schmelzpunktserniedrigung der Konzentration des gelösten Fremdkörpers direkt proportional. Jedes Lösungsmittel erniedrigt seinen Schmelzpunkt (bei kleinen Konzentrationen der gelösten Substanz) pro Mol gelöster Substanz um einen bestimmten konstanten Betrag; die *molare Schmelzpunkts- oder Gefrierpunktserniedrigung.*

Kennt man diese spezifische Konstante eines Lösungsmittels, so kann man aus der experimentell gefundenen Gefrierpunktserniedrigung einer eingewogenen Substanzmenge in einer bekannten Menge Lösungsmittel das Molekulargewicht des betreffenden Stoffes bestimmen *(Kryoskopie)*.

**Formel 26.**

$$\text{Molekulargewicht} = \text{Konstante} \cdot \frac{1000 \cdot \text{Gramm Substanz}}{\text{Gefrierpunktserniedrigung} \cdot \text{Gramm Lösungsmittel}} \cdot$$

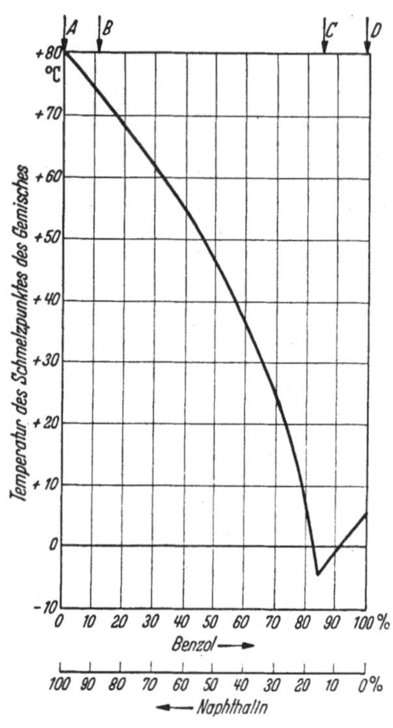


Abb. 21. Schmelzpunktsdiagramm des Gemisches Naphthalin-Benzol.

Die Konstante beträgt für $H_2O$ 1,86; HCOOH = 2,77; $CH_3COOH$ = 3,9; Benzol = 5,07; Dioxan = 4,6.

Die Gefrierpunktserniedrigung läßt sich theoretisch ableiten; sie ist dem Quotienten aus dem Quadrat der absoluten Schmelzpunktstemperatur $(T)$ und der Schmelzwärme $(Q)$ des Lösungsmittels proportional.

**Formel 27.**

$$\text{Gefrierpunkts-}\atop\text{erniedrigung} = \frac{R \text{ (Gaskonstante in cal/grad)} \cdot T^2}{1000 \cdot Q} \cdot$$

Aus *Abweichungen* der berechneten Gefrierpunktserniedrigung von Salzlösungen in $H_2O$ hat ARRHENIUS als erster auf den *Zerfall von Salzen in Ionen* in wäßrigen Lösungen geschlossen. NaCl gibt infolge Zerfalls in Ionen $Na^+ + Cl^-$ in $H_2O$ beinahe das Doppelte der aus dem Formelgewicht berechneten Schmelzpunktserniedrigung.

*Siedepunktserhöhung.* Die gleiche Gesetzmäßigkeit besteht bei der *Siedepunktserhöhung* durch gelöste Stoffe; auch daraus kann man Molekulargewichte bestimmen, falls der gelöste Stoff nicht niedriger siedet als das Lösungsmittel (Ebullioskopie).

## i) Osmose und Diffusion.

Ebenso wie Gase jeden ihnen dargebotenen Raum zu erfüllen suchen, wobei sie einen Druck ausüben, suchen auch gelöste Stoffe jeden dem Lösungsmittel dargebotenen Raum auszufüllen.

*Diffusion.* Läßt man durch vorsichtiges Unterschichten eine Zuckerlösung an reines Wasser grenzen, so suchen sich die Zuckermoleküle über die ganze Flüssigkeitsmenge zu verteilen. Sie *diffundieren* entgegen der Schwerkraft nach oben in das reine Wasser; dafür diffundieren Wassermoleküle von oben nach unten in die Zuckerlösung. Die Zuckermoleküle üben wie die Gasmoleküle einen *Diffusionsdruck* aus, der energetisch wie der Gasdruck durch die Wärmebewegungen der Moleküle oder Ionen unterhalten wird.

*Semipermeable Membran.* Schaltet man zwischen konzentrierte Zuckerlösung und reines Wasser ein sehr feines Sieb, etwa eine poröse Tonplatte oder Cellophan oder tierische Haut, so können die kleinen $H_2O$-Moleküle leicht diffundieren; die relativ großen Zuckermoleküle aber nur schwer. Solche nur teilweise durchlässigen Trennungswände nennt man *semipermeabel*. Der einseitige leichte

Durchtritt von Wassermolekülen durch die semipermeable Trennungswand setzt sich solange fort, bis der durch die Wasserzufuhr auf der anderen Seite ansteigende *hydrostatische Druck* dem Diffusionsdruck gerade das Gleichgewicht hält. Diesen Überdruck bezeichnet man als *osmotischen Druck*. Man kann ihn direkt mit einem Manometer messen.

*Osmotischer Druck.* Der osmotische Druck hängt, wie die Gefrierpunktserniedrigung, von den Molkonzentrationen der gelösten Substanz ab.

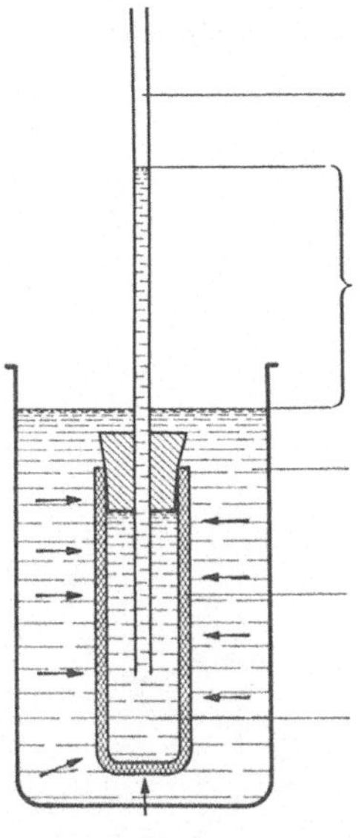

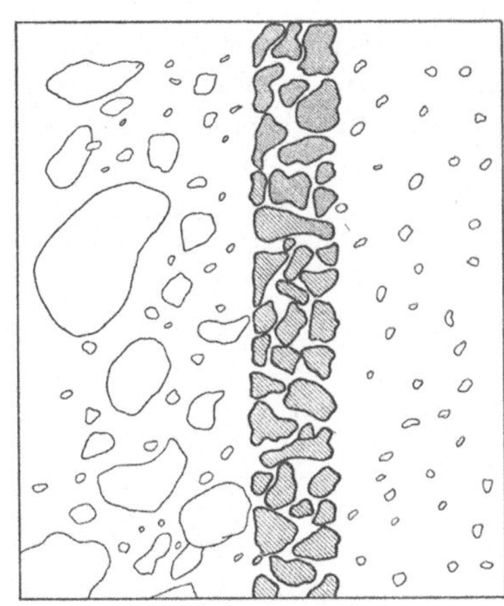

Abb. 22.          Abb. 23.

Abb. 22. Schema einer Osmose mit Messung des osmotischen Drucks. Die kleinen Wassermoleküle können durch die Tonwand nach innen diffundieren: dagegen können die etwa 10mal größeren Zuckermoleküle nicht oder nur langsam heraus. Durch das einseitige Zuströmen von Wasser nach innen erhöht sich der Innendruck; meßbar am Manometer.

Abb. 23. Schema einer semipermeablen Membran. Sie wirkt gegenüber den in ständiger BROWNscher Molekularbewegung befindlichen Molekülen und Kolloidteilchen wie ein Sieb: Teilchen kleineren Durchmessers als die Poren der Membran, wie kleine Moleküle, kommen durch, große nicht.

Analog zu den Gasgesetzen hat man gefunden, daß *jedes Mol einer zu einem Liter gelösten Substanz einen osmotischen Druck von 22,4 Atm. ausübt*, so wie jedes Mol eines Gases, auf 1 Liter komprimiert, einen Druck von 22,4 Atm. oder bei 22,4 Litern Volumen einen Druck von einer Atmosphäre ausübt (s. S. 56).

Theoretisch kann man auch mit dieser Methode Molekulargewichte bestimmen; die Ausführung scheitert meistens am Mangel idealer semipermeabler Trennungswände. Nur für hochpolymere, kolloidal gelöste Stoffe sehr hohen Molekulargewichts (Proteine, s. S. 329; Polysaccharide, s. S. 314) ist die Methode verwendbarer, weil die Poren semipermeabler Membranen (Cellophan, Kollodiumhaut, tierische Membran) Wasser leicht durchlassen, für hochpolymere Moleküle aber praktisch ganz undurchlässig sind.

*Osmose und Biochemie.* Semipermeable Membranen und die Differenzen und Regulationen des osmotischen Drucks sind in der *Biochemie* wesentlich. Fast alle *Zellwände* aller lebenden Organismen sind semipermeable Membranen. Die Zellen sind von Blut und Lymphe umspült. Unser Blut hat eine bestimmte Konzentration an gelösten Stoffen (den Zellen zuzuführende Nahrungsstoffe; abzuführende Abfallstoffe, Salze). Der osmotische Druck des Blutes und der Zellsäfte wird vom Körper genau konstant gehalten. Eine NaCl-Lösung mit demselben osmotischen Druck wie menschliches Blut ist die physiologische Kochsalzlösung (0,9% NaCl). Man kann sie in großen Mengen gefahrlos injizieren. Injiziert man größere Mengen von reinem Wasser, so stirbt der Organismus. Die lebenswichtigen *roten Blutkörperchen*, die mit einer nur äußerst dünnen semipermeablen Membran aus Cholesterin, Protein und Phosphatiden umschlossen sind, nehmen dann wegen ihres höheren Salzgehaltes (höheren osmotischen Druckes) Wasser auf und platzen. Das einmal im Blutserum aufgelöste Hämoglobin kann keinen Sauerstoff mehr von den Lungen zu den Zellen transportieren; der Körper erstickt (Tod durch *Hämolyse*).

## k) Kolloidaler Zustand.

*Echte Lösungen* lassen ein Lichtbündel passieren, ohne daß man von der Seite etwas davon bemerkt. *Suspensionen,* die aus feinen mikroskopisch noch sichtbaren Teilchen bestehen, z.B. Milch, lassen Licht nur als diffusen Schein durch.

Zwischen diesen beiden Extremen, nämlich der Lösung, in der die gelösten Moleküle oder Ionen Durchmesser von etwa $10^{-8}$ cm haben, und den feinen

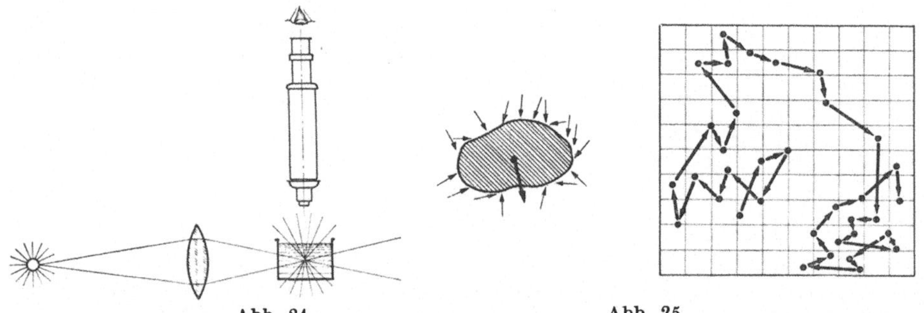

Abb. 24.           Abb. 25.

Abb. 24. Ultramikroskop nach SIEDENTOPF-ZSIGMONDY. In einer Flüssigkeit in einem durchsichtigen Glas suspendierte kleine Teilchen, deren Größe unter der mikroskopischen Sichtbarkeitsgrenze ($^1/_{2000}$ mm), aber über $^1/_{10000}$ mm liegt, leuchten bei starker seitlicher Beleuchtung im Mikroskop als Lichtpunkte auf. Sie wirken wie kleine Spiegel. Man kann so die Existenz dieser Teilchen feststellen, nicht aber ihre Form bestimmen.

Abb. 25. BROWNsche Bewegung kleiner Teilchen. Jedes Atom, Ion und Molekül führt oberhalb des absoluten Nullpunktes Wärmebewegungen aus; im festen Zustand Schwingungen um eine Mittellage; im flüssigen oder gasförmigen regellose gradlinige Bewegungen, die durch ständige gegenseitige Zusammenstöße zu Zickzackbewegungen werden. Zu jeder Temperatur gehört eine nur statistisch als Durchschnitt großer Zahlen gültige Durchschnittsgeschwindigkeit. Die Geschwindigkeit eines Einzelteilchens kann ganz wesentlich von der Durchschnittsgeschwindigkeit abweichen. In Flüssigkeiten suspendierte kleine Kolloidteilchen werden deshalb unregelmäßig einmal zufällig von mehr und schnelleren Molekülen von der einen Seite gestoßen, in der nächsten Sekunde zufällig mehr von der anderen, so daß sie sekundäre, im Mikroskop ausmeßbare langsame Zickzackbewegungen ausführen: die von dem Botaniker BROWN entdeckte Bewegung suspendierter feiner Teilchen in Flüssigkeiten, aus deren quantitativer Verfolgung sich auch die LOSCHMIDTsche Zahl errechnen ließ.

Suspensionen mit Teilchendurchmessern von $10^{-2}$ bis $10^{-4}$ cm, gibt es ein großes Gebiet der *kolloidalen Lösungen,* in denen die kolloidal gelösten Teilchen Dimensionen von $10^{-5}$ bis $10^{-7}$ cm haben.

Man kann grundsätzlich *zwei Arten von kolloidalen Lösungen* unterscheiden: Solche, bei denen die gelösten Teilchen deswegen groß sind, weil sie sehr *hohe Molekulargewichte* haben (Stärke, Proteine, Kautschuk; Molgewicht von 33000 bis 10 Millionen) und solche, bei denen *mechanische* oder sonstige *Zerteilung* zu Partikeln geführt hat, die noch Tausende von Atomen oder Molekülen derselben Art enthalten, die aber doch schon so klein sind, daß sie in einem Lösungsmittel schweben bleiben (kolloidale Metallösungen, Milch, halbfeste Kolloide, Crèmen, Salben, Schokolade). Auch Rauch und Nebel sind solche *kolloiddisperse Systeme,* wie man sie auch nennt; weiter sehr feiner Schaum. Erde, Ackerboden besteht aus Gemischen grobdisperser und feindisperser bis kolloidaler Systeme neben echten Lösungen von Substanzen.

TYNDALL-*Phänomen.* Kolloidale Lösungen, die keine grobdispersen Teile mehr enthalten (man nennt sie auch *Sole*), lassen ein Lichtbündel noch durchtreten wie eine molekulare Lösung. Von dem Lichtbündel streuen jedoch an den kolloidalen Teilchen seitlich Strahlen ab, wie von einem Lichtbündel, das in einen dunklen staubigen Raum fällt. Dieses *seitliche Streuen von Lichtbündeln* beim Durchgang durch *kolloidale Lösungen* nennt man das TYNDALL-*Phänomen.* SIEDENTOPF und ZSIGMONDY machten davon bei der Konstruktion des *Ultramikroskops* Gebrauch. Dabei wird eine kolloidale Lösung, in die seitlich ein starkes Lichtbündel hineingeleitet wird, von oben mit dem Mikroskop betrachtet. Man sieht bei nicht zu kleinen Kolloidteilchen, wenn sie durch die BROWNsche Bewegung für einen Moment gerade so liegen, daß sie als Mikrospiegel für die Umleitung eines Lichtstrahls wirken, das punktförmige Aufleuchten der einzelnen Partikel. Die Form der ultramikroskopisch sichtbaren Kolloidteilchen kann man nicht erkennen, da sie kleiner sind als die Wellenlängen der sichtbaren Strahlen $(0{,}3\text{—}0{,}7\ \mu)$.

BROWN*sche Bewegung.* BROWNsche Bewegung nennt man die von der unsichtbaren Wärmebewegung der Moleküle verursachte langsame, im Mikroskop sichtbare Sekundärbewegung von größeren Kolloidteilchen in Flüssigkeiten (s. Abb. 25).

*Koagulation.* Die meisten Kolloidteilchen tragen in wäßriger Lösung eine *elektrische Oberflächenladung,* die das Zusammentreten der Teilchen, die *Ausfällung, Ausflockung, die Koagulation,* verhindert. Durch Änderung der elektrischen Verhältnisse kann man diese metastabilen Kolloide zum Zusammentreten zu größeren Teilchen, zur Ausfällung bringen. So werden viele kolloidale Lösungen durch Zusatz von ionisierten Salzen aus wäßriger Lösung zur Ausflockung ihres Kolloids gebracht.

*Schutzkolloide.* Das Zusammentreten und Ausfallen der Teilchen kann durch Schutzkolloide verhindert werden. So z. B. durch Proteinlösungen, die, wie Gelatinelösung, die Beweglichkeit der großen Teilchen wesentlich hemmen oder die für die Stabilität günstigen elektrischen Verhältnisse herstellen.

*Gele. Halbfeste kolloidale Lösungen,* wie sie in festen Gelatinelösungen, gequollenen Silicaten, weiter teilweise im Ton oder im tierischen Fleisch vorliegen, nennt man *Gele.* Solche Gele kommen nur bei Lösungen von hochmolekularen Stoffen vor, deren Moleküle lange Fäden bilden, die sich zu einem filzartigen Netzwerk zusammenlegen und auf diese Art große Wassermengen immobilisieren. So ist eine wäßrige *Gelatinelösung* (des Fadenproteins Gelatine siehe S. 332) bei Zimmertemperatur schon fest, wenn auf 97% $H_2O$ nur 3% Gelatine kommen.

*Viscosität.* Lösungen von höhermolekularen Stoffen, deren Moleküle in einer Dimension besonders ausgedehnt sind *(Fadenmoleküle),* sind meistens auch dickflüssig, viscos. Aus der Viscosität einer Lösung bekannten Gehalts kann man [allerdings nur in polymerhomologen Reihen organischer Hochpolymeren (S. 412)] nach einer Regel von STAUDINGER das ungefähre Molekulargewicht berechnen; die Viscosität steigt in solchen Reihen mit dem Molekulargewicht.

*Leim.* Unter bestimmten, noch nicht genau definierten Voraussetzungen sind kolloidale Lösungen von Fadenmolekülen klebrig; sie haben Leimeigenschaften. GRAHAM benannte die *Kolloide* nach dem griechischen Wort *kolla = der Leim.* Solche Leimeigenschaften haben Gelatine, Stärke und Kautschuklösungen.

*Zerteilungskolloide.* Während hochpolymere wasserlösliche Stoffe, Polysaccharide, Proteine, Silicate in Wasser, oder Kautschuk in Benzol, von selbst stabile kolloidale Lösungen bilden, muß man andere kolloidale Lösungen oft künstlich herstellen. So kann man *kolloidale Metallösungen* durch elektrisches Zerstäuben unter Wasser (Lichtbogen zwischen Metallen unter Wasser) erhalten. Derartige kolloidale Lösungen von Platin, Gold und besonders Silber sind farbig, je nach Korngröße rot, gelb, blau, meistens dunkelbraun (Kollargol). Sie wirken bactericid (vielleicht nicht als Metalle, sondern erst nach Lösung zu Ionen) und werden in der Medizin gebraucht. Zum Unterschied von kolloidalen Lösungen hochpolymerer Moleküle sind die Lösungen dieser Zerteilungskolloide metastabil.

Halbfeste, durch ihre hohe Viscosität stabile Zerteilungskolloide sind alle medizinisch gebrauchten *Salben, Emulsionen, Cremen, Breie* und *Schokolade*; sie werden durch Zerreiben und Zermahlen mechanisch hergestellt. Sie sind in dieser kolloidal feinen Verteilung von der tierischen Außenhaut und der Darmhaut leichter resorbierbar. Unsere normale Nahrung wird teils durch Kauen, teils im Magen und Darm, mechanisch und chemisch (Gallensaftbeimischung) in solch halbkolloidale Emulsionen übergeführt.

*Physikalisches Verhalten.* Durch gewöhnliche Laboratoriumsfilter (Porendurchmesser $10^{-1}$ bis $10^{-3}$ mm) laufen kolloidale Lösungen durch; erst Kollodiumfilter (Poren $10^{-5}$ bis $10^{-7}$ mm) halten sie zurück, diese werden deshalb auch als semipermeable Diffusionsmembranen verwendet (Pergament, Cellophan, Kollodiumhäute).

Folgende Tabelle zeigt *Eigenschaften von Lösungen kleiner Teilchen* verschiedener Korngröße.

Tabelle 17. *Eigenschaften von kleinen Teilchen in Flüssigkeiten.*

| Teilchendurchmesser | 0,1 mμ | 1 mμ | 10 mμ | 100 mμ | 1 μ | 10 μ | 100 μ | 1 mm |
|---|---|---|---|---|---|---|---|---|
| Sichtbarkeit | unsichtbar | | im Ultramikroskop sichtbar | | im Mikroskop sichtbar | | mit bloßem Auge sichtbar | |
| Optisches Verhalten | klar | | gibt TYNDALL-Effekt | | | | trübe Suspension | |
| Filtrierbarkeit | passiert alle Filter | | durch Pergament zurückgehalten | | | | durch Filtrierpapier zurückgehalten | |

## 1) Oberflächenadsorption.

In Dispersionskolloiden oder in sehr feinen Pulvern ist die Oberfläche der Substanz sehr vergrößert, oft bis zum Millionenfachen gegenüber Kristallen gleichen Gewichts gesteigert. Alle festen Oberflächen können je nach ihren chemischen und elektrischen Eigenschaften gasförmige oder gelöste Stoffe in der Dicke von einigen Moleküllagen adsorbieren.

*Adsorptionsfärbung.* Farbstoffe, die meistens gelockerte Elektronen enthalten, deren Moleküle daher noch Restaffinitäten aufweisen, werden an festen Oberflächen besonders leicht adsorbiert. Die direkte Färbbarkeit einiger Gewebe durch geeignete Farbstoffe beruht manchmal auf einer stabilen Adsorption. Meist ist allerdings noch Salzbildung beim Färbevorgang beteiligt (s. S. 382).

*Flüssigkeitsentfärbung.* Vielfach ist gar nicht Anfärbung erwünscht, sondern umgekehrt eine möglichst weitgehende Entfernung eines Farbstoffs aus einer Lösung; so z.B. in der Fabrikation des Zuckers, wo die gelben Extraktlösungen aus Rüben oder Zuckerrohr farblos gemacht werden müssen; oder in der Alkaloidfabrikation aus natürlichen, meistens braunen Drogenextrakten.

Zur Entfärbung verwendet man mit Vorteil unlösliche Pulver mit sehr großer Oberfläche; etwa Kieselgur (Pulver mikroskopischer Diatomeenschalen), oder noch besser Holzkohle, Knochenkohle, Blutkohle. Man erhält diese Kohle durch luftfreies Erhitzen von Holz oder tierischen Abfällen; aus den Kohlenhydraten $C_6H_{12}O_6$ werden durch das Erhitzen auf 500° sechs chemisch gebundene Moleküle $H_2O$ ausgetrieben (s. Formel 435, S. 299). Es bleibt ein atomar feines Gerust von Kohlenstoff mit sehr vielen Höhlungen und großer Oberfläche stehen, das große Mengen chemisch reaktiver Substanzen wie Farbstoffe oberflächlich zu adsorbieren vermag. Man schüttelt oder erwärmt dazu die gefärbte Lösung mit Holzkohlepulver und kann dann meistens eine ganz oder nahezu farblose Lösung abfiltrieren.

*Eluieren.* Zwischen der Menge des adsorbierten und des in Lösung gebliebenen Stoffes besteht ein *Adsorptions-Lösungsgleichgewicht*, das von komplizierten chemischen und oberflächenphysikalischen Eigenschaften abhängt.

Fügt man zu einem Adsorptionsmittel mit seiner adsorbierten Substanz nach dem Abfiltrieren neues frisches Lösungsmittel hinzu, so geht nach dem Gleichgewichtsverhältnis wieder ein Teil des adsorbierten Stoffs in Lösung; der adsorbierte Stoff läßt sich *eluieren, herauslösen.* Eine solche Eluierung geht besonders leicht vor sich, wenn man zum Auswaschen ein anderes Lösungsmittel wählt, in dem das Adsorptionsgleichgewicht mehr nach der Seite der Lösung liegt. In wäßriger Lösung kann man das oft erreichen, wenn man zur Adsorption Wasser und saure Lösungen, zur Eluierung aber leicht alkalische Lösungen verwendet und umgekehrt.

*Gasadsorption.* Ebenso wie Flüssigkeiten lassen sich auch *Gase an Kohle adsorbieren.* Sie kondensieren sich dort weit über ihrem Siedepunkt bei gewöhnlichem Druck, weil die jeweils wenigen Gasmolekülschichten über der sehr großen Oberfläche unter hohem Adsorptionsdruck stehen. So werden aus den Abgasen chemischer Fabriken auch große Lösungsmittelmengen wie Alkohol und Benzol zurückgewonnen.

## m) Chromatographie.

Von Adsorptionserscheinungen macht man in einem wichtigen Laboratoriumsverfahren Gebrauch, der *Chromatographie* (TSWETT). Als flüssigkeitsunlösliches Adsorbens verwendet man meistens (der Sichtbarkeit wegen) feinporige weiße Pulver; für Wasser und Benzol besonders zubereitetes $Al_2O_3$ oder $Ca_3(PO_4)_2$; für organische Lösungsmittel häufig auch Puderzucker, Stärke und andere. Man füllt mit diesen Pulvern senkrecht stehende, oben offene, unten mit einem feinen Sieb oder Glaswolle verschlossene Glasrohre und schüttet die gefärbte Lösung oben auf das Pulver. Die Lösung sickert durch und der Farbstoff bleibt (oft) sichtbar an einer Stelle in der weißen Säule hängen. Nach Ablauf der (dann farblosen) Mutterlaugen eluiert man den Farbstoff mit einem anderen geeigneten Lösungsmittel und kann ihn so nach Abdampfen des Lösungsmittels isolieren. Durch ihre mehr oder minder große Adsorptionsfähigkeit kann man so komplizierte Farbstoffgemische trennen. Die Trennung und Isolierung der zahlreichen *natürlichen Farbstoffe* der Carotinoidreihe war nur mit dieser Methode möglich (ZECHMEISTER, KARRER). Neuerdings chromatographiert man auch farblose Stoffe, die man in der Adsorptionssäule dann durch Ultraviolettfluorescenz (Porphyrine) oder andere Methoden sichtbar macht.

## n) Katalyse.

*Definition.* Man bezeichnet als *Katalysatoren* Stoffe, die eine (an sich thermodynamisch mögliche) nur langsam ablaufende *Reaktion beschleunigen*; entweder indem sie die Zahl der reaktionswirksamen Molekül- oder Atomzusammenstöße erhöhen, oder durch Zwischenreaktionen Hemmungen beseitigen, *ohne in die Reaktionsendgleichung einzugehen.*

*Oberflächenkatalyse.* An *Oberflächen* oder Grenzflächen werden viele Stoffe stark absorbiert. Metalle oder Glas absorbieren aus feuchter Luft Schichten von etwa 50 Wassermolekülen Dicke so fest, daß die letzten Reste erst bei 500° verdampfen statt bei 100°. Diese hohe Verdampfungstemperatur entspricht einem Haftdruck von mehreren hundert Atmosphären. Stoffe, die an Oberflächen Schichten bilden, stehen unter hohem Druck.

Die meisten chemischen Reaktionen verlaufen unter hohem Druck leichter als bei gewöhnlichem. Oberflächen können als *Katalysatoren* zur Beschleunigung von Reaktionen dienen, dann, wenn die Loslösung des Reaktionsproduktes von der Oberfläche leichter erfolgt als die Adsorption der Komponenten. Kolloidale Lösungen und Suspensionen mancher Metalle mit ihrer sehr großen Oberfläche sind dazu besonders geeignet. So katalysiert eine kolloidale Lösung von Rhodium die direkte Spaltung von Ameisensäure $HCOOH$ in $H_2 + CO_2$; Rhodiumpulver tut das nicht oder nur wenig. Kolloidale Platinlösungen übertragen $H_2$ auf organische Doppelbindungen; Platinpulver ist dazu nur wenig imstande. Bei der katalytischen $SO_2$-Oxydation zu $SO_3$ verwendete man früher als Katalysator Asbest, auf dem kolloidal feines Platin fest niedergeschlagen war. Die kolloidalen Katalysatoren bleiben dabei unverändert.

*Chemische Katalyse, Enzyme.* Sehr viele Katalysatoren beteiligen sich zwar chemisch an der Reaktion, gehen aber in deren Verlauf wieder in den Ausgangszustand zurück.

Solche *Wechsel- oder Transportkatalysatoren*, die nicht Oberflächenkatalysatoren, sondern chemische Beteiligungskatalysatoren sind, machen den Hauptteil der *Enzyme* aus. Enzyme sind Proteine (deren aktive Gruppen manchmal fixierte Schwermetallionen sind), die als unzählige Katalysatoren den komplizierten Mechanismus der chemischen Vorgänge *in den lebenden Zellen* regeln.

In allen aeroben Zellen gibt es eisenhaltige Fermente (Cytochrome), die wahrscheinlich durch ständiges Hin- und Herpendeln zwischen der zwei- und dreiwertigen Eisenstufe den Wasserstoff der Nahrungsmittel (Zucker, Fette, Proteine) zum Luft-$O_2$ transportieren, wobei sich die beiden zu $H_2O_2$ vereinigen können (WIELAND). Durch einen eisenhaltigen Proteinkatalysator, Katalase, wird das $H_2O_2$ sofort in $H_2O + O$ gespalten.

**Formel 28.**

Aus der Luft $\rightarrow O_2 \leftarrow Fe^{++} \rightleftarrows Fe^{+++} \leftarrow H_2$ (aus Nahrungsstoffen)

$H_2O + O \xleftarrow{\text{Katalase}} H_2O_2$  Eisenporphyrin-
ungiftig      giftig      enzyme

Möglicherweise ist jedoch diese Theorie der Pendelkatalyse des $Fe^{+++}/Fe^{++}$ in der Zelle falsch; eventuell erfolgt an den Eisenporphyrinkatalysatoren der Zellen nur eine Deformationsreaktion der katalysierten chemischen Stoffe (HAUROWITZ).

*Technik und Katalyse.* Katalysatoren werden heute in der Technik in großen Mengen verwendet. Teils sind es anorganische Stoffe, Metalloxyde (Vanadiumoxyde, Eisenoxyde; MITTASCH), teils Metalle (Nickel, Fetthärtung, S. 260; Na als Polymerisator von Budadien zu Kunstkautschuk) teils organische Stoffe (Diphenylguanidin als Vulkanisationsbeschleuniger).

*Gene und Chromosomen als Katalysatoren.* Das winzige, 0,5 mm große Ei, von dem etwa bei menschlichen Rassen die Entstehung eines neuen Menschen ausgeht, ist eine ungeheuer konzentrierte geordnete Packung von einzeln noch ganz unbekannten Katalysatoren (Gene, aufgebaut aus Proteinen, S. 329 und Nucleinsäuren, S. 404), die alle im geeigneten Entwicklungsmilieu nacheinander zur geeigneten Zeit in Aktion kommen und langsam den Aufbau des neuen Organismus nach ererbtem Plan bewirken.

*Katalysatorgifte.* Genau so wie es katalytische Beschleuniger gibt, existieren auch *katalytische Verlangsamer* (Verzögerer) von chemischen Reaktionen. So setzt man dem Kautschuk zur Verminderung der Auto-Oxydation und des Hartwerdens Hydrochinon und ähnliche Stoffe als Oxydationshemmstoffe zu. $As_2O_3$, CO, HCN wirken auf viele Metallkatalysatoren durch chemische Oberflächenbindung stark hemmend und giftig *(Katalysatorgifte).* Die Giftigkeit von CO und HCN für Tiere beruht darauf, daß sie zum Eisen des Blutfarbstoffs Hämoglobin (und anderer Eisenporphyrinkatalysatoren, der Cytochrome) eine so große Affinität haben, daß sie schon in geringer Menge das für den $O_2$-Transport im Blut nötige Eisen blockieren und so den Tod durch Ersticken hervorrufen.

Chemische Betriebe haben mit der ständigen Gefahr der Vergiftung ihrer Katalysatoren durch Verunreinigungen, z.B. bei Metallkatalysatoren durch Schwefel-Arsenspuren und andere Stoffe, zu kämpfen.

## o) Optisches Verhalten von Molekülen, RAMAN-Spektren.

*Strahlen* sind räumlich weitergeleitete elektromagnetische Schwingungen. Sie haben Wellencharakter. Elektromagnetische Wellen treten auf, wenn elektrische Ladungen (Elektronen oder Ionen) Schwingungen ausführen. Strahlen pflanzen sich im Vakuum um 299 800 km/sec fort. Sie sind charakterisiert durch ihre *Frequenz*, das ist die Zahl der Schwingungen pro Sekunde. Die *Wellenlänge* in Millimetern ist daher durch den Quotienten $\dfrac{2,998 \cdot 10^{11}}{\text{Frequenz pro Sekunde}}$ gegeben.

*Photonen.* Jeder Lichtimpuls trägt eine bestimmte Energiemenge mit sich, da er von einem genau berechenbaren mechanischen Absturz eines Elektrons aus einer höheren Elektronenschale in eine tiefere herrührt (s. Abb. 2, S. 16), hat also nach der EINSTEINschen Masse-Energiebeziehung auch Masse. Der Energiegehalt steigt mit der Frequenz; er ist gegeben durch das Produkt aus $h$, *dem PLANCKschen Wirkungsquantum,* und $v$, *der Frequenz.* Man nennt einen einzelnen Strahlimpuls ein *Photon* (s. S. 16).

$6,02 \cdot 20^{23}$ (s. S. 13) solcher Photonen, ein „Mol" Photonen, repräsentieren je nach Wellenlänge verschiedene Energiemengen. Ein Mol roter Photonen der Wellenlänge 0,0007 mm hat einen Energiegehalt von 40,8 kcal; ein Mol violetter Photonen von 0,0004 mm Wellenlänge dagegen repräsentiert 71,5 kcal. Da die Größen der Bindungsenergien von Atomen zu Verbindungen in vielen Substanzen, besonders organischen, um 60—100 kcal/Mol liegen, wirkt rotes Licht noch nicht zerstörend, wohl aber violettes und besonders das noch energiereichere ultraviolette (Bindungsenergie C—H = 92 kcal; C—O = 71 kcal; C—O in Alkoholen = 74 kcal). Auch die Explosion von $H_2 + Cl_2 \rightarrow 2\,HCl$ (Chlorknallgas), bei der zur Einleitung einer Kettenreaktion erst die zur Spaltung von $Cl_2$ in 2 Cl-Atome (s. S. 133) nötige Energiemenge von 59 kcal/Mol hineingesteckt werden muß, kann nur durch violettes, nicht durch rotes Licht ausgelöst werden. Dasselbe gilt für die photochemische Spaltung des Silberbromids in Brom und

Silber in der photographischen Platte, ein Vorgang, der ebenfalls nur durch violettes, blaues und grünes Licht auslösbar ist, nicht durch rotes.

*Sichtbares Spektrum.* Das Gesamtbild aller Wellenlängen, geordnet nebeneinander gesehen, nennt man das kontinuierliche *Spektrum.* Vom Spektrum aller Wellenlängen ist unserem menschlichen optischen Organ, dem Auge, nur ein enger Bereich sichtbar, die Wellenlängen von 0,0004—0,0007 mm. In diesem winzigen Bereich spielt sich unser ganzes Farbenempfinden von violett über blau grün, gelb bis rot ab. Dabei ist unser Auge für gelbes Licht etwa 50- bis 100mal empfindlicher als für rotes und violettes.

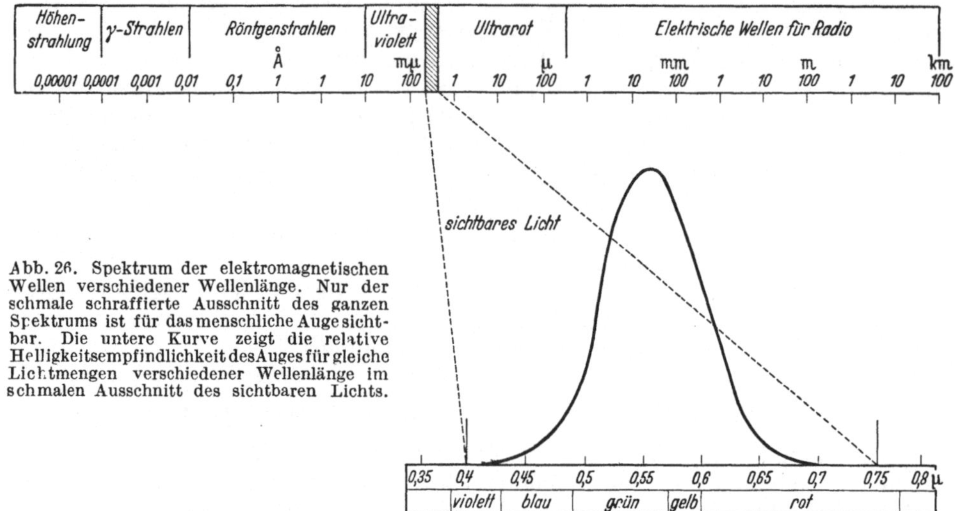


Abb. 26. Spektrum der elektromagnetischen Wellen verschiedener Wellenlänge. Nur der schmale schraffierte Ausschnitt des ganzen Spektrums ist für das menschliche Auge sichtbar. Die untere Kurve zeigt die relative Helligkeitsempfindlichkeit des Auges für gleiche Lichtmengen verschiedener Wellenlänge im schmalen Ausschnitt des sichtbaren Lichts.

Alle anderen Strahlen sind für uns nur durch Apparate nachweisbar; die langwelligen durch thermoelektrische Messungen, alle kurzwelligeren als die sichtbaren durch Photographie.

*Schwingungen in Molekülen.* In Molekülen treten Schwingungen zwischen den aneinander gebundenen Atomen auf. Man kann sich etwa vorstellen, daß die *Bindung* durch gemeinsame Elektronenpaare den Charakter einer elastischen Feder hat.

Die Wellenlängen der durch *intramolekulare Schwingungen* der einzelnen Atome um Ruhelagen verursachten Strahlen liegen, besonders in organischen Verbindungen, teilweise im *Ultravioletten* (Schwingungen mehr oder weniger fest gebundener Elektronen), teils im *Ultraroten* (Schwingungen der gebundenen Atome und Ionen gegeneinander).

Das sichtbare Gebiet ist praktisch schwingungsfrei, was in der Farblosigkeit der meisten organischen Verbindungen zum Ausdruck kommt.

*Farbige Verbindungen.* Wenn in Molekülen durch Häufungen von konjugierten Doppelbindungen oder durch chromophore Gruppen (s. S. 382) gelockerte Elektronen auftreten, die dann entsprechend langsamer schwingen, verschieben sich die kurzwelligen ultravioletten, für unser Auge unsichtbaren Schwingungen in das sichtbare Gebiet: es entstehen Stoffe, die für unser Auge *farbig* sind.

RAMAN-*Spektren.* Die für die Erforschung der Konstitution vieler Verbindungen wichtigen *Molekülspektren* liegen im Ultraroten, das bis vor kurzem schwer zu messen war. Durch einen 1923 von SMEKAL vorausgesagten und 1928 von RAMAN gefundenen Verschiebungseffekt sind diese Spektren auch im sichtbaren Gebiet meßbar geworden.

Bestrahlt man Moleküle mit weißem Licht (einem Gemisch vieler Frequenzen), so absorbieren die Moleküle gerade nur die Frequenz ihrer eigenen Schwingungen als energetische Resonanzanregung für die Schwingungen. Dem durchgelassenen Licht fehlen die absorbierten Frequenzen, was man in einem Spektrographen feststellen kann. So entsteht das *Absorptionsspektrum* einer Substanz, das, wie erwähnt, für die meisten Substanzen nicht im sichtbaren Gebiet liegt.

Bestrahlt man dagegen mit monochromatischem Licht einer höheren Frequenz (und damit höheren Energie) als der der molekularen Schwingungen, so entnimmt das getroffene Molekül diesem Strahl für jede Schwingungsmöglichkeit gerade soviel Energie, als zur Anregung der betreffenden Spezialschwingung nötig ist. Der jetzt energieärmere, langwelligere monochromatische Strahl wird teilweise als Streustrahl diffus seitlich, nach Art des TYNDALL-Effekts abgegeben. Jeder angeregten Schwingungsmöglichkeit entspricht eine als Streustrahl abgegebene Lichtfrequenz. Die Summe der so erhaltenen einzelnen Linien des Streuspektrums, wie sie von den einzelnen Schwingungsgruppen des Moleküls aus dem monochromatischen Licht erzeugt worden sind, nennt man das RAMAN-*Spektrum* einer Substanz. Aus der Differenz der Frequenzen und damit der Energiegehalte des eingestrahlten Lichts und des ausgestrahlten Streulichts kann man auf die Energie der Molekülschwingungen und damit auf Art und Festigkeit der Bindungen im Molekül schließen. Neben Frequenzen der Streustrahlen, die der Differenz aus Erregerstrahl und Eigenfrequenz entsprechen, kommen Frequenzen vor, die der Summe beider entsprechen.

Das RAMAN-Spektrum hängt von der Frequenz des Erregerlichtes ab; für jede Substanz ist nur die *Energiedifferenz* zwischen Erregerlicht und Streulicht konstant. Das Spektrum verschiebt sich parallel zur Frequenz der Lichtquelle.

Die Schwingungsfrequenz und damit die Festigkeit der Kuppelung zweier Atome steigt mit der Zahl der Bindungen; die Schwingungsfrequenz einer dreifachen Bindung ist höher als die einer zweifachen und diese wieder höher als die einer einfachen.

Die Energiedifferenzen, die gleich der Energie der entsprechenden Strahlen des Ultrarotabsorptionsspektrums sind, drückt man der Bequemlichkeit wegen meist als Zahl der Wellen pro Zentimeter eines Lichtstrahls aus. Dann erhalten einzelne Gruppen in den Molekülen bestimmte spezifische Zahlen, die den Vorteil haben, von anderen chemischen Gruppen nicht beeinflußt zu werden. Folgende Gruppen haben Zahlen:

Tabelle 18. *Wellenzahl pro Zentimeter der Bindungsschwingungen.*

| | | | | | |
|---|---|---|---|---|---|
| —C—C— | 950 | C=O | 1720 | —C—H | 2900 |
| C=C | 1640 | —C—N | 1000 | —O—H | 3400 |
| —C≡C— | 2200 | —C—Cl | 660 | N—H | 3340 |

Im RAMAN-Spektrum zeigt jede Schwingungsmöglichkeit im Molekül die dafür spezifische Linie, ohne durch die Schwingungen anderer Gruppen wesentlich gestört zu werden. Man kann auf diese Weise genaue, bis ins einzelne gehende

Analysen der Struktur einer Verbindung aufstellen; viele, mit anderen Mitteln unlösbare Konstitutionsfragen können so gelöst werden.

Da die RAMAN-Spektren nur lichtschwach und mit bloßem Auge nicht sichtbar sind, sind sehr starke Lichtquellen, große Spektrographen und stundenlange Belichtungszeiten der photographischen Platten nötig.

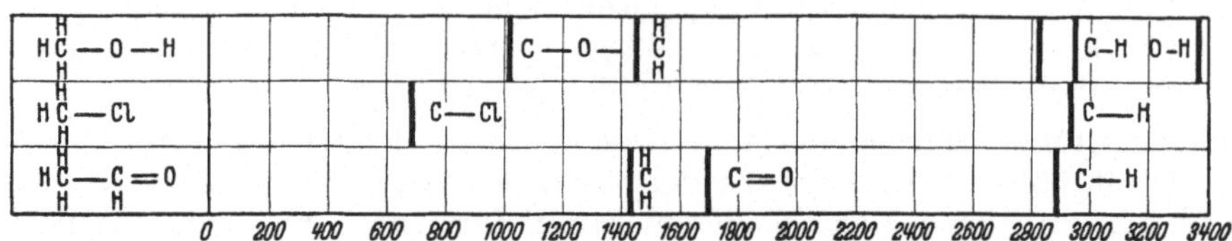

Abb. 27. RAMAN-Spektren einiger organischer Bindungen. Das Spektrum zeigt jeweils die Wellenzahlen pro Zentimeter der einzelnen im Molekül vorkommenden Bindungsschwingungen. Die Schwingungszahlen gleicher Kombinationen, etwa von C—H oder von H—C—H sind auch in Molekülen verschiedener chemischer Konstitution fast dieselben, was die auf andere Art oft unmögliche Identifikation der Kombinationen erlaubt.

8. Kapitel.

# Zustände und Vorgänge in Lösungen.

## a) Löslichkeit, Sättigung.

Von einer wirklichen Lösung kann man nur dann sprechen, wenn die darin gelösten Stoffe durch Eindampfen unverändert wieder gewonnen werden können. Lösung eines Stoffes findet dann statt, wenn die Moleküle des Lösungsmittels imstande sind, die Adhäsionskräfte zwischen den Molekülen einer festen Substanz oder die elektrostatischen Kräfte zwischen den Ionen eines Salzgitters zu überwinden.

Wir sind heute noch nicht in der Lage, die Löslichkeit eines Stoffes genau vorauszuberechnen. Dagegen gibt es gut brauchbare empirische Löslichkeitsregeln. So lösen sich Salze, soweit sie nur aus ein- oder zweifach geladenen positiven oder negativen Ionen bestehen, bei denen die eindringenden Wasserdipole keine zu erheblichen Gitterkräfte zu überwinden haben, meist leicht in Wasser. Alle Alkali- und Erdalkalihalogenide sind in Wasser löslich; ebenso alle Alkali-Sulfate, Nitrate, Phosphate und Hydroxyde; dagegen sind die Erdkali-Phosphate, Oxyde und Sulfate schon schwer löslich, und die Oxyde und Phosphate der dritten Gruppe sind fast unlöslich.

*Lösungsgruppen.* In organischen Lösungsmitteln (Alkohol, Benzin, Chloroform) sind polar gebaute salzartige Substanzen, wie $Na^+Cl^-$ bis auf wenige Ausnahmen nicht löslich. Die Löslichkeit hängt oft vom Anion ab; im Gegensatz zu Fluoriden und Chloriden sind manche Jodide in Alkohol und in Aceton löslich (z.B. in Äthanol NaBr = 1,2%; NaJ = 42%).

Die unpolaren organischen Verbindungen des Kohlenstoffs, die Moleküle von Kohlenstoffketten, sind dagegen meistens in Wasser unlöslich. Sie lösen sich in organischen Lösungsmitteln, deren Moleküle ebenfalls unpolar gebaut sind.

*Hydrophile, hydrophobe Substanzen.* Auch hier gibt es Differenzierungen; so sind manche sauerstoffhaltigen organischen Verbindungen wie Alkohole, Säuren, Zucker (mit *hydrophilen* Gruppen —OH, —COOH, —$SO_3H$, Aldehyde) leichter in O-haltigen Lösungsmitteln wie $H_2O$, Methanol, Äthanol, Aceton und Dioxan löslich; die O-freien oder O-armen organischen Verbindungen wie Kohlenwasserstoffe und Fette (*hydrophobe* Substanzen) sind am besten in O-freien Lösungsmitteln Benzin, Benzol, Chloroform löslich. Die heterocyclischen organischen Verbindungen, Amine und Proteine lösen sich am leichtesten in N-haltigen Lösungsmitteln, wie Pyridin. Das sind nur ungefähre, keine zahlenmäßig definierbaren Regeln. Bis man diese Erscheinungen in allgemeinen Formeln beherrscht, wird noch viel Arbeit nötig sein. Denn die Löslichkeit ist eine komplexe Eigenschaft, zu der viele noch nicht übersehbare Faktoren beitragen.

*Sättigung, Löslichkeit.* Für jeden Stoff gibt es bei bekannter Temperatur in einem bestimmten Lösungsmittel eine maximale lösbare Menge.

Wasser löst bei 20° maximal 26,4 g NaCl in 100 g Lösung; man nennt eine solche Lösung *gesättigt.* Den Grad der Sättigung mißt man entweder als Gramm gelöste Substanz in 100 ml Gesamtlösung (oft auch in 100 g Gesamtlösung), oder auch als Gramm gelöste Substanz pro 100 g reinem Lösungsmittel. Die Werte sind, vor allem bei leichtlöslichen Stoffen und hohen Konzentrationen, wesentlich verschieden, so daß bei Löslichkeitsangaben immer eine nähere Erklärung nötig ist. Die maximal lösliche Menge nennt man die *Löslichkeit des Stoffes* in dem betreffenden Lösungsmittel. Die Löslichkeits- oder Sättigungsgrenze für NaCl ist im Toten Meer in Palästina beinahe erreicht. Sättigung einer Lösung erreicht man, indem man das Lösungsmittel längere Zeit mit einem Überschuß an fester Substanz schüttelt; es muß am Ende etwas von der festen Substanz übrig bleiben, die sich als Bodenkörper absetzt. Die gesättigte Lösung ist mit dem Bodenkörper in dynamischem Gleichgewicht; ununterbrochen löst sich vom Bodenkörper etwas auf, und dafür kristallisiert aus der Lösung die gleiche Menge wieder aus, so daß die Konzentration dieselbe bleibt.

*Temperatureinfluß.* Die Sättigungsgrenze der meisten Substanzen steigt mit der Temperatur an. Es löst sich z.B. in heißem Wasser mehr $KClO_3$ oder $KNO_3$ als in kaltem, oder in heißem Alkohol mehr Naphthalin als in kaltem.

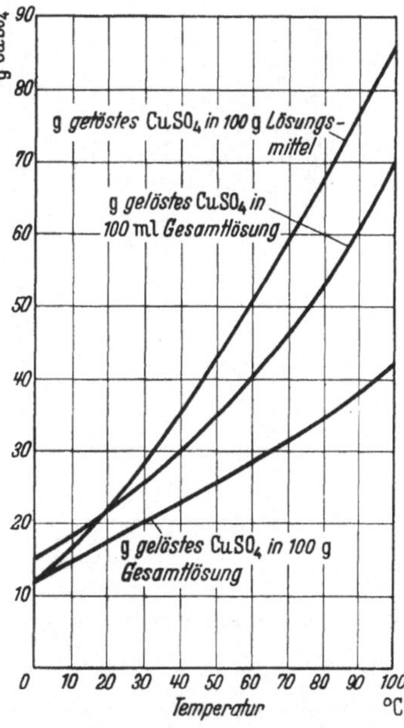


Abb. 28. Temperatur-Löslichkeitsdiagramm von $CuSO_4$ in $H_2O$, ausgedrückt in verschiedenen Maßeinheiten. Die Angaben dieses Buches beziehen sich meist auf die unterste Meßeinheit, die man in der Biochemie auch als Prozent Löslichkeit bezeichnet (g-%, mg-% = g oder mg in 100 g Gesamtlösung).

Dampft man eine klar filtrierte gesättigte Lösung teilweise ein, so wird die Sättigungsgrenze überschritten und die gelöste Substanz *kristallisiert*, bis die Sättigungsgrenze wieder erreicht ist.

Bei manchen Substanzen ändert sich die Löslichkeit mit steigender Temperatur wenig, wie bei NaCl und $MgCl_2$; bei manchen (seltenen) sinkt sie sogar, wie bei $Li_2SO_4$ (s. Abb. 29).

*Umkristallisation.* Bringt man die Lösung einer Substanz mit steigender Sättigungskurve in der Hitze bis zur Sättigungsgrenze und kühlt anschließend ab, so ist in der Kälte die Sättigungsgrenze überschritten. Diejenige Substanzmenge, die der Löslichkeitsdifferenz zwischen heiß und kalt entspricht, wird unlöslich, sie fällt aus; man sagt, sie *kristallisiert* aus. Die Kristalle werden im allgemeinen um so größer, je langsamer die Abkühlung erfolgt, d. h. je länger die Ionen bzw. Moleküle Zeit zur Ordnung im Kristallgitter haben. Die so gewonnenen Kristalle kann man abfiltrieren und trocknen. Sie sind meist reiner als die Ausgangssubstanz.

Dieses Verfahren der *Umkristallisation* ist zur Reindarstellung von Substanzen im Laboratorium und in der Technik wichtig. Man kann die Kristallisation bei chemisch unreinen Verbindungen, Gemischen, oft so leiten, daß nur die gewünschte Substanz rein auskristallisiert, während die Verunreinigung im Lösungsmittel bleibt oder umgekehrt. Im umgekehrten Falle reichert sich die gesuchte Substanz im Filtrat der Kristalle an. Die *gesättigte Lösung*, die nach dem Abfiltrieren der Kristalle übrig bleibt, nennt man *Mutterlauge*.

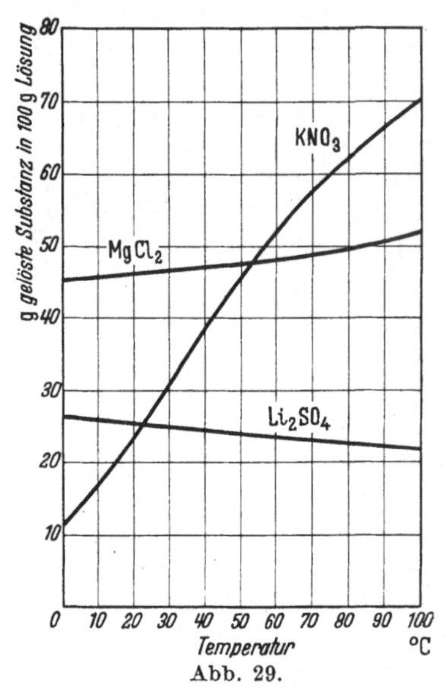

Abb. 29.

So werden nicht nur Salze technisch gereinigt, sondern auch organische Stoffe. Rübenzucker wird durch Kristallisation aus Wasser gereinigt.

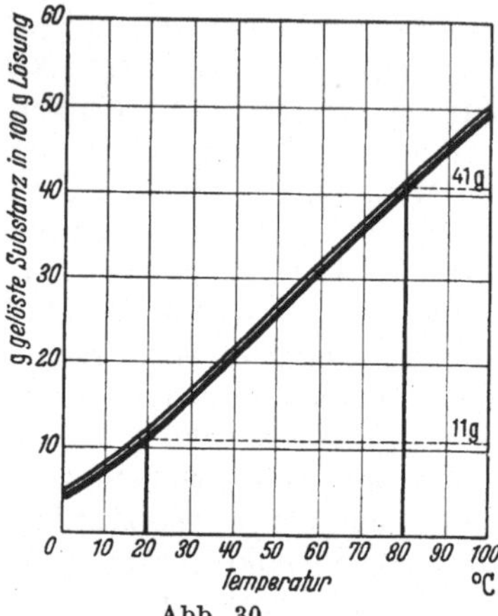

Abb. 30.

Abb. 29. Löslichkeitskurven. Beispiel von mit steigender Temperatur ansteigender, fast gleichbleibender und abfallender Löslichkeit von Salzen in Wasser.

Abb. 30. Beispiel der Umkristallisation von KClO₃. Sättigt man Wasser bei 80° mit unreinem KClO₃, so lösen sich 41 g in 100 g Gesamtlösung. Nach dem Abkühlen auf 20° lösen sich nur noch 11 g; 30 g, die Differenz, kristallisieren rein aus und können abfiltriert werden. Verunreinigungen und andere Salze bleiben im günstigen Falle in Lösung, wenn sie nicht in zu großen Mengen vorhanden sind und ähnliche Temperaturlöslichkeitskurven haben. So läßt sich nach der vorhergehenden Abbildung KNO₃ durch Kristallisation leicht von MgCl₂ und von Li₂SO₄ trennen, weil beide flache Löslichkeitskurven haben. Dagegen gelingt die Trennung von MgCl₂ und Li₂SO₄ voneinander auf diesem Wege nicht, da auch die beiden anderen Salzpaare MgSO₄ und LiCl, die sich aus den vier Ionenarten bilden können, ähnliche flache Löslichkeitskurven haben.

Der Löslichkeitsanstieg oder -abfall in Abhängigkeit von der Temperatur ist mit dem LE CHATELIERschen *Prinzip* verknüpft (s. S. 91). Alle Substanzen, die bei der Lösung in einem Lösungsmittel Wärme verbrauchen, lösen sich bei Temperaturerhöhung leichter, sie haben eine steigende Löslichkeitskurve. Alle, die bei der Lösung Wärme abgeben (falls nicht Sekundärreaktionen dafür verantwortlich sind), werden durch weitere Wärmezufuhr in ihrer Löslichkeit vermindert; sie haben eine mit der Temperatur fallende Löslichkeitskurve. Diese einfache Beziehung wird oft erheblich durch Sekundäreffekte, z. B. Hydrolyse und Hydratbildung gestört und überdeckt.

### b) Übersättigte Lösungen.

Lösungen, die auch nach Überschreitung der Sättigungsgrenze nicht auskristallisieren, nennt man *übersättigt*. Sie sind *metastabil*. Sie bleiben oft übersättigt, weil sie keinen Kristallkeim enthalten, an dem sich die Moleküle bzw. Ionen orientieren können, oder weil die Richtkräfte zwischen den Molekülen nur gering sind. Gibt man einen Kristallkeim der betreffenden Substanz hinein, so kristallisiert in vielen Fällen die ganze Lösung rasch durch. Dagegen brauchen Zucker zur Kristallisation aus übersättigten Lösungen mehrere Tage. Honig ist eine übersättigte Zuckerlösung, die wegen ihrer hohen inneren Viscosität erst nach Monaten auskristallisiert, fest wird. Salze kristallisieren meistens sofort oder in kurzer Zeit, weil die Orientierung der elektrisch geladenen Gitterionen in einem Salzkristall unter dem Einfluß viel größerer COULOMBscher Kräfte erfolgt, als die nur durch schwache Nebenvalenzkräfte verursachte Molekülordnung organischer Verbindungen. Komplizierte organische Stoffe neigen leichter zur Bildung übersättigter Lösungen. Typisch sind dafür Alkaloide und Zucker.

Die Auskristallisation ist mit einer Wärmeabgabe verbunden (LE CHATELIER-sches Prinzip), wenigstens bei den Verbindungen, denen zur Lösung der Kristalle Wärme zugeführt werden muß; also bei allen mit steigender Löslichkeitskurve.

*Biochemie und Übersättigung.* Eine wichtige Rolle spielen übersättigte Lösungen in der Biochemie. So sind $Ca^{++}$-Ionen (in Gegenwart von $HPO_4^=$ und $HCO_3^-$) im Blut in der dreifachen Konzentration ihrer Löslichkeitsgrenze vorhanden. Im Blut finden sich 10 mg $Calcium^{++}$ in 100 ml, während in 100 ml Wasser beim Blut-$p_H$ bei 37° nur 3 mg $Calcium^{++}$ als Carbonat + Phosphat löslich wären ($p_H$ s. S. 81). Das Serum ist an Calciumverbindungen ständig übersättigt. Aus dieser übersättigten Lösung entnehmen die Knochen, die aus zahllosen Kriställchen von Calciumphosphat und Carbonat bestehen, als Impfkristalle die übersättigten Calciumsalze des Blutserums; die Knochen wachsen. (Die tatsächlichen Verhältnisse im Organismus sind ungeheuer viel verwickelter.) Im Alter, wenn viele Regulationsmechanismen nicht mehr funktionieren, werden die übersättigten Calciumsalze oft an falscher Stelle, nämlich in den Arterien abgeladen; es kommt zur Arterienverkalkung, bei der die Arterien hart und brüchig wie Glasrohre werden können. All die unzähligen chemischen Reaktionen in den Zellen, von deren Ablauf alles Leben abhängt, spielen sich in komplizierten Lösungen ab; im Blut, in der Lymphe, in den Zellsäften.

Die meisten Tiere scheiden aus dem Blut in den Nieren als Harn Lösungen ab, die an Calciumsalzen oder Harnsäureverbindungen übersättigt sind; diese Lösungen bleiben normalerweise übersättigt, bis der Urin den Körper verlassen hat. Urin trübt sich meist erst beim Aufbewahren dadurch, daß aus Harnstoff Ammoniak abgespalten, der Urin dadurch alkalisch wird und infolgedessen die Calciumphosphate ausfallen. Anders ist es, wenn sich einmal in den ableitenden Nierenwegen Impfkristalle von Calciumphosphat oder Calciumcarbonat oder Ammoniumurat bilden; etwa weil der von der Niere produzierte Urin statt seiner normalen schwach sauren Reaktion eine alkalische annimmt, was die Löslichkeit herabsetzt. Dann scheidet der immer wieder neugebildete Urin immer wieder seine übersättigten Salze an der gleichen falschen Stelle aus und es kommt zur Bildung der gefürchteten *Nierensteine*. Ähnlich entstehen die aus $Ca^{++}$-Salzen und Cholesterin bestehenden *Gallensteine*.

Auch die Bildung von Tropfsteinen in Gesteinshöhlen beruht teilweise auf denselben Ursachen.

## c) Lösung von Flüssigkeiten ineinander.

So, wie sich feste Stoffe in Flüssigkeiten lösen, können sich auch feste Stoffe in festen Stoffen *(Legierungen)* und Flüssigkeiten in Flüssigkeiten oder Gase in Flüssigkeiten lösen. Gase untereinander sind immer in beliebigen Verhältnissen mischbar. Auch viele Flüssigkeiten sind in beliebigen Mischungsverhältnissen ineinander mischbar, so Wasser mit Alkohol oder Aceton, oder Chloroform mit Benzin. Jedoch besteht in all diesen Fällen eine Temperaturgrenze, unterhalb deren die Komponenten nur noch begrenzt ineinander löslich sind.

Diese untere Temperaturgrenze, die kritische Mischungstemperatur, liegt für Methanol-Hexan bei $+34°$, für Eisessig-$CS_2$ bei $+4°$, für Buttersäure-$H_2O$ bei $-4°$.

Für manche Gemische liegt sie weit über Zimmertemperatur, so für Äther-$H_2O$ oder Brom-$H_2O$-Gemische.

Manche Flüssigkeiten sind praktisch ganz unlöslich ineinander, wie Wasser und Benzin.

### d) Lösung von Gasen in Flüssigkeiten; HENRY-DALTONsches Gesetz.

Auch Gase haben bestimmte Löslichkeiten in Flüssigkeiten, die nicht nur von der Temperatur, sondern auch noch vom Druck abhängen. Bei $20°$ und einem Druck von 760 mm Hg löst ein Liter Wasser 2,5 Liter $H_2S$-Gas; 39,3 Liter $SO_2$-Gas; 0,02 Liter CO-Gas; 445 Liter HCl-Gas; 0,015 Liter $N_2$-Gas; 0,031 Liter $O_2$-Gas; 0,878 Liter $CO_2$-Gas.

HENRY-DALTON*sches Gesetz*. Erhöht man den Druck eines Gases über einer Flüssigkeit auf das Doppelte, so löst sich in der Flüssigkeit die doppelte Gewichtsmenge Gas. Da unter doppeltem Druck die doppelte Gewichtsmenge Gas das gleiche Volumen hat wie die einfache Gewichtsmenge unter einfachem Druck, ist *das in einer Flüssigkeit lösliche Gasvolumen* (nicht aber die Gewichtsmenge) *konstant und unabhängig vom Gasdruck*.

Wird umgekehrt der Druck eines Gases über einer Flüssigkeit vermindert, so lösen sich nur entsprechend kleinere Gewichtsmengen; das Volumen des gelösten Gases ist auch hier unabhängig vom Druck.

Ist eine Flüssigkeit mit einem Gasgemisch in Berührung, so verhalten sich die einzelnen Gase in bezug auf ihre Löslichkeit so, als wäre jedes nur allein vorhanden. Die gelöste Gewichtsmenge jedes einzelnen Gases ist proportional dem Druckanteil des betreffenden Gases (dem Partialdruck) in dem Gasgemisch, das mit der Flüssigkeit in Berührung ist.

*Gase lösen sich in Flüssigkeiten proportional ihrem Partialdruck im Gasraum* (HENRY-DALTON*sches Gesetz*).

So löst Wasser, das unter reinem $O_2$-Gas bei 760 mm Hg-Druck und $20°$ 31 ml $O_2$-Gas im Liter löst, unter Luft (21% $O_2$; Partialdruck des Sauerstoffs $^1/_5$ von 760 mm Hg) nur 6,3 ml $O_2$-Gas. Von dieser geringen Menge bestreiten alle unter Wasser lebenden Tiere ihren Sauerstoffbedarf.

### e) Ionen und Elektrolyse; Moleküle und Elektrophorese.

Das praktische Hauptkriterium, ob eine Verbindung aus Ionen oder aus Molekülen besteht, ist im allgemeinen ihr Verhalten bei der Elektrolyse in wäßriger Lösung.

*Elektrolyse* (s. S. 87). Leitet man einen Gleichstrom durch eine wäßrige Lösung von $Na^+Cl^-$, so wird das *positiv geladene $Na^+$* von der *negativen Elektrode, der Kathode* angezogen; man nennt es ein *Kation*. Gleichzeitig wird das *negativ geladene $Cl^-$* von der *positiven Elektrode, der Anode* angezogen, man nennt es deshalb ein *Anion*. In Lösungen polarer Ionenverbindungen wandert immer das positiv geladene Element oder die positive Gruppe ($Na^+$, $Cu^{++}$) als Kation zur Kathode, das negativ geladene als Anion in entgegengesetzter Richtung zur Anode. Beide Ionen werden an den Elektroden entladen; es entstehen, wenigstens primär, die freien elektrisch ungeladenen Elemente. Diesen Vorgang nennt man *Elektrolyse*.

Nur Lösungen polar gebauter ionisierbarer Stoffe leiten den elektrischen Strom; der Strom wird in Form von Ionen transportiert. Stoffe, die im Wasser in Ionen zerfallen und deren Lösungen so den elektrischen Strom leiten, nennt man *Elektrolyte*. Alle Salze, Basen, Säuren sind Elektrolyte (über Elektrolyse s. S. 87).

*Elektrophorese*. Moleküle wandern im elektrischen Feld, soweit sie überhaupt wasserlöslich sind, entweder gar nicht, oder sie wandern als ganzes ungespaltenes Molekül nach der Anode oder der Kathode; je nachdem, ob das Molekül kleine positive oder negative Restladungen trägt *(Elektrophorese)*. Diese letzte Methode wird zum Reinigen von Proteinen und anderen Kolloiden verwendet (TISELIUS).

## f) Dissoziation und Wasserdipole.

Stark polare Verbindungen wie Salze, Basen, Säuren sind in wäßriger Lösung in Partikeln von entgegengesetzter Ladung, *Ionen*, spaltbar. Sie sind *ionisierbar*, im Gegensatz zu unpolaren Verbindungen, die nicht ionisierbar sind.

*Dipole*. Wie kommt das zustande? Die Moleküle des Wassers sind in ihren beiden Bindungsrichtungen gewinkelt, so daß die beiden positiven Wasserstoffe einseitig (im Winkel von $104°40'$) am doppelt negativen Sauerstoffion sitzen. $H_2O$ ist zwar als ganzes elektrisch neutral; seiner räumlichen Struktur nach ist es aber polar gebaut. Man nennt solche Moleküle *Dipole*.

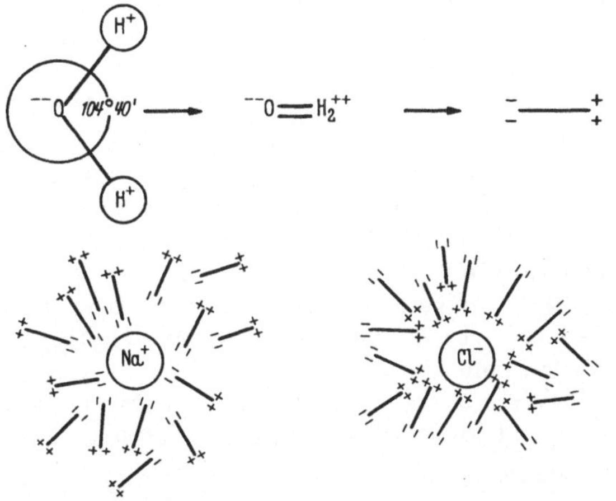

Jedes Molekül, in dem die Schwerpunkte der negativen und der positiven Ladungen räumlich nicht zusammenfallen, sondern mehr oder weniger auseinander liegen, hat mehr oder weniger Dipoleigenschaften, die Eigenschaft, sich in elektrischen Feldern auszurichten ($H_2O$, $SO_2$).

*Hydrathülle der Ionen*. Ein positiv geladenes Ion, etwa das $Na^+$, orientiert in wäßriger

Abb. 31. Wasserdipole und Hydratation der Ionen. Durch den Winkel von 104° zwischen den Bindungsrichtungen (s. auch S. 223) der beiden H am O erhält das $O=H_2$ eine räumlich polare Struktur. Es entsteht ein Dipol, dessen eines Ende schwach positiv, dessen anderes Ende schwach negativ geladen ist, da sich die beiden Ladungen räumlich nicht ganz ausgleichen. Der Abstand H—O beträgt 1,01 m$\mu$, $10^{-8}$ cm. Solche Dipole lagern sich, wie gezeichnet, an die Ionen an. Die Wasserdipole sind nicht regelmäßig um die Ionen angeordnet, da keine Äquivalenz der elektrischen Ladungen vorliegt. Die Hydrathülle gleicht vielmehr einer diffusen Wolke von gerichteten Dipolen, die nach außen immer lockerer fixiert sind. Bei der Elektrolyse wird die Wasserdipolhülle von den wandernden Ionen mitgeschleppt: ein Grund der relativ langsamen Ionenwanderung und der etwa 10000mal geringeren Leitfähigkeit der Elektrolytlösungen gegenüber der von Metallen (s. auch S. 99, $SO_2$-Dipole).

Lösung die benachbarten Wasserdipole so, daß sie sich mit dem negativen Ende dem $Na^+$ zuneigen und sich locker als Dipolwolke verankern. Jedes *Ion* umgibt sich mit einer *Hülle von gerichteten Wasserdipolen*, der *Hydrathülle*. Diese Hydrathülle der Ionen hat je nach der Wertigkeit des Ions einen Durchmesser von 3—9mal $10^{-7}$ cm. Durch die Hydrathülle wird das Ion in Wasser im Durchmesser mehr als 10mal größer, denn der eigentliche Ionendurchmesser beträgt 1—2mal $10^{-8}$ cm.

Es hängt vom Verhältnis zwischen der Kraft der gegenseitigen Bindung der Ionen $Na^+$ und $Cl^-$ und der Kraft, mit der die einzelnen Ionen Wasserdipole anziehen, ab, ob eine Verbindung in Wasser leicht dissoziiert oder nicht. Oder anders ausgedrückt: Die Dissoziation einer polaren Verbindung in Wasser ist vom Verhältnis der aufzuwendenden Trennungsenergie der an einer Verbindung beteiligten Ionen zur freiwerdenden Hydratationsenergie bei Anlagerung der Wasserdipole an die Ionen abhängig (DEBYE und HÜCKEL).

Die gegenseitige Unabhängigkeit der Ionen und damit Dissoziation und Löslichkeit sind um so größer, die gegenseitige elektrische Anziehung der Ionen im Kristallgitter ist um so kleiner, je mehr sich die Ionen der Edelgaskonfiguration nähern, je kleiner also die Differenz zwischen positiver Kernladung und Elektronenzahl in der äußersten Schale ist.

Diese Bedingungen sind am besten zwischen den Metallen der ersten Gruppe des Periodensystems und den Halogeniden der siebten Gruppe erfüllt. Alle Verbindungen zwischen Alkalimetallen, auch zwischen Erdalkalimetallen und Halogeniden, sind deshalb in Lösung stark ionisiert. Dagegen sind Verbindungen aus näher aneinanderliegenden Gruppen des Periodensystems, z.B. aus Erdalkalimetallen der zweiten Gruppe und den Sulfiden der sechsten Gruppe, oder den Phosphaten der fünften Gruppe, in Wasser weniger löslich und ionisierbar. Ionisation und Löslichkeit gehen bei stark polaren Stoffen oft parallel.

## g) Massenwirkungsgesetz.

Bisher wurden nur Lösungen einer einzigen Substanz in Lösungsmitteln beschrieben. In der analytischen, technischen und biologischen Chemie liegen die Verhältnisse komplizierter, da dort meist Gemische mehrerer Substanzen im selben Lösungsmittel vorliegen, die sich in ihren Löslichkeiten gegenseitig beeinflussen.

Zur wenigstens oberflächlichen Beherrschung dieser Erscheinung ist die Kenntnis des *Massenwirkungsgesetzes* nötig, das am folgenden Beispiel erläutert werden soll.

*Gleichgewicht.* Erhitzt man ein Gasgemisch von 1 Mol $CO_2$ und 1 Mol $H_2$ auf 850° und kühlt sofort ab, so findet man ein *Gleichgewicht:*

**Formel 29.**

$$CO_2 \quad + \quad H_2 \quad \underset{v_1}{\overset{v_2}{\rightleftarrows}} \quad CO \quad + \quad H_2O$$

$$\text{Kohlendioxyd} \qquad \text{Wasserstoff} \qquad \text{Kohlenmonoxyd} \qquad \text{Wasserdampf}$$

$$c_1 \qquad\qquad c_2 \qquad\qquad c_3 \qquad\qquad c_4$$

Behandelt man 1 Mol CO und 1 Mol $H_2O$ als Gemisch ebenso, so kommt man zum selben Gleichgewicht. Die hohe Temperatur muß man wählen, da sonst die *Einstellungsgeschwindigkeit* des Gleichgewichtes zu gering wird. Die Geschwindigkeit einer chemischen Reaktion steigt im Durchschnitt bei einer Temperaturerhöhung von 10° auf das Doppelte.

*Umkehrbare Reaktion.* Eine Reaktion, die von beiden Seiten zum selben *Gleichgewicht* führt, nennt man eine *umkehrbare Reaktion* (s. auch S. 86). Der Endzustand, das Gleichgewicht, kommt dadurch zustande, daß die Geschwindigkeit der Reaktion von links nach rechts $v_1$ und die umgekehrte von rechts nach links $v_2$ dieselbe ist:

$$v_1 = v_2.$$

Nennt man $c_1$ die Konzentration (in Mol) des $CO_2$ und $c_2$ die Konzentration (in Mol) von $H_2$, so ist die Reaktionsgeschwindigkeit $v_1$ *proportional* dem Produkt $c_1 \cdot c_2$; d.h. die Reaktionsgeschwindigkeit ist proportional der aktiven Masse. $k_1$ ist eine Materialkonstante.

**Formel 30.**

$$v_1 = c_1 \cdot c_2 \cdot k_1.$$

Wenn man die gleichen Überlegungen für die umgekehrte Reaktion von rechts nach links anstellt, so kommt man zu

**Formel 31.**

$$v_2 = c_3 \cdot c_4 \cdot k_2$$

oder, da $v_1 = v_2$ ist, zu

$$c_1 \cdot c_2 \cdot k_1 = c_3 \cdot c_4 \cdot k_2$$

oder umgewandelt zu

$$\frac{c_1 \cdot c_2}{c_3 \cdot c_4} = \frac{k_2}{k_1} = K\,.$$

*Gleichgewichtskonstante.* Dieses $K$ nennt man die *Gleichgewichtskonstante*; sie ändert sich mit der Temperatur. Die Gleichgewichtskonstante ist gleich dem Produkt der Molkonzentrationen sämtlicher Molekülarten der einen Seite, dividiert durch das Produkt der Molkonzentrationen aller Molekülarten der anderen Seite einer chemischen Gleichung.

*Dissoziationskonstante.* Das Massenwirkungsgesetz läßt sich auf Elektrolyte in wäßriger Lösung anwenden.

Für eine wäßrige Lösung von Essigsäure, in der die Säure zu einem bestimmten Betrag in Ionen zerfällt, läßt sich folgende Gleichung aufstellen:

**Formel 32.**

$$\begin{array}{ccc} \text{H}^+ & + \quad \text{Acetat}^- \ \rightleftarrows & \text{Essigsäure} \\ \text{Kation} & \text{Anion} & \text{undissoziiert} \\[4pt] c_1 & c_2 & c_3 \end{array}$$

Da im Unterschied zum oben erwähnten Beispiel auf der rechten Seite nur eine Komponente beteiligt ist, erhält man:

**Formel 33.**

$$\frac{c_1 \cdot c_2}{c_3} = K\,.$$

Die Konstante $K$, die angibt, wieviel von einem in Wasser gelösten Salz, einer Säure oder einer Base in Ionen gespalten ist, nennt man die *Dissoziationskonstante*. Sie ist für verschiedene Verdünnungen verschieden, ebenso für verschiedene Temperaturen (über die prozentuale Dissoziation siehe S. 81).

*Pufferwirkung.* Wenn man in einer wäßrigen Essigsäurelösung KBr auflöst, so ändert sich praktisch nichts an der Dissoziation der Säure. Wenn man jedoch statt Kaliumbromid Kaliumacetat zugibt, so wird in der Gleichung für die Dissoziationskonstante der Faktor $c_2$, die Konzentration der Acetationen, vergrößert; da $K$ konstant bleibt, muß sich notwendig $c_1$, die $\text{H}^+$-Ionenkonzentration vermindern und $c_3$, *die* Konzentration der undissoziierten Säure vermehren. Verminderung der $\text{H}^+$-Ionenkonzentration bedeutet Abschwächung der Säure, da die Stärke einer Säure der Zahl der abdissoziierenden $\text{H}^+$-Ionen proportional ist. Eine Säure läßt sich demnach durch die Zugabe eines ihrer Salze abschwächen oder *abpuffern*; ein Vorgang, von dem man in Technik und Wissenschaft, etwa in der Biochemie, vielfach Gebrauch macht (s. a. Abb. 32, S. 85).

### h) Löslichkeitsprodukt, Ionenprodukt.

Das Produkt aus den Molkonzentrationen der Ionen einer gelösten Substanz nennt man das *Ionenprodukt*. Das Produkt der Ionenkonzentrationen in einer *gesättigten Lösung* nennt man das *Löslichkeitsprodukt*. Das Löslichkeitsprodukt ist gleich dem maximal möglichen Ionenprodukt eines Salzes in einer Lösung.

Alle *Ausfällungen von Salzen* aus wäßrigen Lösungen beruhen auf der *Überschreitung des Löslichkeitsproduktes*. Folgendes Beispiel zeigt das an der Ausfällung des Silberchlorids.

**Formel 34.**

$$Ag^+ + NO_3^- + \quad Na^+ + Cl^- \rightarrow \quad \underline{Ag^+Cl^-} \quad + \quad Na^+ + NO_3^-$$
$$\downarrow$$

| Silbernitrat | Natriumchlorid | Silberchlorid | Natriumnitrat |
|---|---|---|---|
| Salz; löslich 68% in H$_2$O; Ionenprodukt in 1 molarer (17%-iger) Lösung 0,4. Löslichkeitsprodukt > 1 | Salz; löslich 26,3% in H$_2$O; Ionenprodukt in 1 molarer (5,8%-iger) Lösung 0,7. Löslichkeitsprodukt > 1 | Salz, lösl. $1{,}43 \cdot 10^{-4}$% in H$_2$O; maximales Ionenprodukt = Löslichkeitsprodukt = $1 \cdot 10^{-10}$; fällt unlöslich aus | Salz; löslich 46,8% in H$_2$O; Ionenprodukt in 1 molarer (8,5%-iger) Lösung 0,6. Löslichkeitsprodukt > 1 |

In einer gesättigten Lösung von $NaCl \rightleftharpoons Na^+ + Cl^-$ wird das Löslichkeitsprodukt aus den Molkonzentrationen von $Na^+$ und $Cl^-$ durch Eintragen von $K^+Br^-$ im Prinzip nicht gestört, da kein gleiches Ion zugegeben wird, das das Löslichkeitsprodukt stört.

Anders dagegen, wenn gasförmige HCl eingeleitet wird. Jetzt wird durch Zugabe eines gleichartigen Ions $Cl^-$ das Löslichkeitsprodukt überschritten: ein Teil des NaCl fällt unlöslich aus. So kann man chemisch reines NaCl gewinnen, das durch bloße Umkristallisation nicht gereinigt werden kann, weil sein Löslichkeitsunterschied in $H_2O$ zwischen 0° und 100° gering ist (s. Abb. 42, S. 142).

### i) Säuren, Basen.

Eine Sonderstellung nehmen die sauerstoff-wasserstoffhaltigen Verbindungen der Elemente, ihre *Hydroxyde*, ein. Man erhält sie meist mit Wasser aus den Oxyden.

**Formel 35.**

$$E \quad + \quad O \quad \rightarrow \quad EO \quad ; \quad + H_2O \quad \rightarrow \quad E(OH)_2$$
$$\text{Element} \quad \text{Sauerstoff} \quad \text{Elementoxyd} \qquad \qquad \text{Elementhydroxyd}$$

*Elementhydroxyde.* Diese Hydroxyde, polare Verbindungen, zerfallen in wäßriger Lösung, durch Eindringen von Wasserdipolen (s. S. 75), je nach der Stellung des Elementes im Periodensystem in folgende Ionen:

**Formel 36.**

$$\boxed{H_2O\text{-Dipole}}$$
$$\downarrow \downarrow$$
$$\begin{matrix} HO^- \\ HO^- \end{matrix} \quad + \quad E^{++} \quad \leftarrow \quad E\begin{matrix} OH \\ OH \end{matrix} \quad \rightarrow \quad E\begin{matrix} O^- \\ O^- \end{matrix} \quad + \quad \begin{matrix} H^+ \\ H^+ \end{matrix}$$

| Hydroxyl-Ion, Anion | Element-kation | Element-hydroxyd | Element-Sauerstoffanion (Komplex-Ion) | Wasserstoff-Ion, Proton, Kation |
|---|---|---|---|---|

|  Base  |  Säure  |
|---|---|

*H$^+$- und OH$^-$-Ionen.* Eine Verbindung, bei deren Dissoziation in Wasser überwiegend freie *Wasserstoffionen H$^+$* (in Wirklichkeit deren Hydrat $H_3O^+$) auftreten, nennt man eine *Säure*. Eine Verbindung, bei deren Dissoziation überwiegend *Hydroxylionen* (OH$^-$) auftreten, nennt man eine *Base*. H$^+$-Ionen charakterisieren immer eine Säure, unabhängig davon, ob das Gegenion Sauerstoff enthält (z.B. in $H^+NO_3^-$) oder nicht (z.B. in $H^+Cl^-$).

Ob ein Elementhydroxyd eine Base oder eine Säure ist, hängt von der Stellung des Elementes im Periodensystem ab (s. S. 80).

Man kann Hydroxyde als gemischte Oxyde des Wasserstoffs und eines anderen Elementes auffassen. Die Fixierung des O und H in der Gruppe OH variiert zwischen reiner Ionenbeziehung (bei den Hydroxyden der 5., 6. und 7. senkrechten Gruppe), und echter Bindung (bei den Hydroxyden der 1. und 2. Gruppe). Sie hängt vom Charakter des anderen Partners ab.

*Basen.* Da im NaOH das Natriumion wegen seines größeren Radius (s. Atomvolumina, S. 21, Abb. 4) weiter vom O entfernt ist als das H, kann es mit seiner kleinen Ladung ($+$ 1wertig) das O nicht sehr fest fixieren: die Wasserdipole dringen deshalb am leichtesten zwischen $Na^+$ und $OH^-$ ein. NaOH zerfällt in wäßriger Lösung praktisch vollständig in $Na^+$- und $OH^-$-Ionen. Bei den Ionen der zweiten Gruppe, wie $Ca^{++}$, ist die Fixation zwischen Ca und O wegen der doppelten elektrischen Ladung des Calciumions schon größer: die Dissoziation von $Ca(OH)_2$ in $Ca^{++}$ und $2\ OH^-$ ist geringer als die des NaOH. Parallel damit ist die Löslichkeit geringer.

*Amphotere.* Beim Hydroxyd des $+$ 4wertigen Siliciums, $Si(OH)_4$, ist die 4fache Ladung schon so stark, daß die Wasserdipole die Beziehung zwischen Si und OH nur noch ebenso schwer lösen können wie die Beziehung zwischen O und H. $Si(OH)_4$ kann deshalb durch Wasserdipole, wenn auch nur schwach, in beide Richtungen gespalten werden; es kann als schwache Base und als schwache Säure fungieren. Man bezeichnet diese doppelte Reaktionsfähigkeit als *amphoter.*

*Säuren.* Im $OP(OH)_3$, ($P + 5$wertig), $O_2S(OH)_2$ ($S + 6$wertig) und noch mehr im $O_3ClOH$, ($Cl + 7$wertig) wird der Sauerstoff wegen der steigenden elektrischen Ladung des Zentralions immer fester gebunden so, daß die Wasserdipole nicht mehr die Gruppen PO, SO, und ClO spalten können. Durch die festere Fixierung und Heranziehung des O an P, S und Cl wird gleichzeitig die Festigkeit der Beziehung zwischen O und H so weit gelockert, daß die Wasserdipole leicht $H^+$-Ionen abspalten können. Freie $H^+$-Ionen sind das Charakteristikum einer Säure, deren Stärke der Wasserstoffionenkonzentration proportional ist. Die Säurestärke nimmt dementsprechend von $OP(OH)_3$ über $O_2S(OH)_2$ bis $O_3Cl(OH)$ zu.

## k) Neutralisation, Salze.

Durch Vereinigung einer Säure mit einer Base entstehen neben Wasser Salze.

**Formel 37.**

$$H^+Cl^- \quad + \quad Na^+OH^- \quad \rightarrow \quad Na^+Cl^- \quad + \quad H_2O \quad + \quad 13{,}7\ kcal$$

| Säure | Base | Salz | Wasser | Neutralisationswärme |
|---|---|---|---|---|
| schmeckt sauer | schmeckt laugig | schmeckt salzig neutral | | pro Äquivalent |

Wenn die Beteiligung beider Komponenten in stöchiometrischen Mengen erfolgt, so nennt man den Vorgang *Neutralisation*, falls gleichstarke Säuren und Basen beteiligt sind.

Aus der Vereinigung von 1 Mol $H^+$-Ionen und 1 Mol $OH^-$-Ionen entsteht immer 1 Mol neutrales und praktisch undissoziiertes Wasser HOH. Deswegen ist die *Neutralisationswärme* von 1 Äquivalent einer starken Base mit 1 Äquivalent einer starken Säure immer die gleiche; sie beträgt 13,7 kcal.

Tabelle 19. *Dissoziation der Elementhydroxyde zu Säuren und Basen.*

| | Gruppe des Periodensystems | | | | | | |
|---|---|---|---|---|---|---|---|
| | 1 | 2 | 3 | 4 | 5 | 6 | 7 |
| | Na Metall | Ca Metall | Al Metall | Si Halbmetall | P Nichtmetall | S Nichtmetall | Cl Nichtmetall |
| Basen $\longrightarrow$ / Säuren $\longrightarrow$ | $NaOH$ $\downarrow$ $Na^+OH^-$ starke Base | $Ca(OH)_2$ $\downarrow$ $Ca^{++}(OH)_2^=$ mittelstarke Base | $Al(OH)_3$ $\downarrow$ $Al^{+++}(OH)_3^{\equiv}$ $\uparrow\downarrow$ schwache Base $\downarrow\uparrow$ $(AlO_3H_2)^-H^+$ sehr schwache Säure | $Si(OH)_4$ $\downarrow$ $Si^{++}(OH)_4^{=}$ sehr schwache Base $\downarrow\uparrow$ $(SiO_4H_2)^=H_2^{++}$ schwache Säure | $OP(OH)_3$ $\downarrow$ $\begin{bmatrix} O \\ O^P O \end{bmatrix}^{\equiv} H_3^{+++}$ mittelstarke Säure | $\overset{O}{\underset{O}{}}S(OH)_2$ $\downarrow$ $\begin{bmatrix} O \\ O^S O \end{bmatrix}^= H_2^{++}$ starke Säure | $O\overset{O}{\underset{O}{}}Cl\,OH$ $\downarrow$ $\begin{bmatrix} O \\ OClO \\ O \end{bmatrix}^- H^+$ sehr starke Säure |
| Dissoziationskonstante $K_{H^+}$ wäßrige Lösungen (Konz. etwa 0,1 n) | $10^{-14}$ | | $10^{-13}$ | $10^{-10}$ | $7,5 \cdot 10^{-3}$ | $4 \cdot 10^{-1}$ (?) | etwa $10^{+9}$ |
| | Metallhydroxyde, Basen | | Amphotere | | | Nichtmetallhydroxyde, Säuren | |

## l) Säure — Basenstärke.

Jede Säure, jedes Salz und jede Base ist in wäßriger Lösung mehr oder weniger in Kation und Anion (s. S. 87) zerfallen, durch das Eindringen von Wasserdipolen (s. S. 75) dissoziiert. Säuren dissoziieren in $H^+$ und Anion, Basen in $OH^-$ und Kation. Über die Größe der *Dissoziation* verschiedener Säuren und Basen in 0,1 normaler Lösung gibt die folgende Tabelle Auskunft. In konzentrierten Lösungen ist die Dissoziation geringer. Die Stärke einer Säure oder Base ist proportional ihrer Dissoziation.

Tabelle 20. *Dissoziation von Säuren und Basen in 0,1 normaler Lösung in $H_2O$ bei 20°. Der Dissoziationsgrad $a = 1$ bedeutet 100%ige Dissoziation in Ionen (s. auch Tabelle 19, S. 80; über Dissoziationskonstante $K$ s. S. 77 und 262).*

| Säuren | Dissoziation $\alpha$ | Basen | Dissoziation $\alpha$ |
|---|---|---|---|
| $H^+NO_3^-$ | $0,92 = 92\%$ | $Na^+(OH)^-$ | $0,84\ = 84\%$ |
| $H^+Cl^-$ | $0,92 = 92\%$ | $Ba^{++}(OH)_2^{--}$ | $0,80\ = 80\%$ |
| $H^+HSO_4^-$ | $0,58 = 58\%$ | $(NH_4)^+(OH)^-$ | $0,013 =\ 1,3\%$ |
| $H^+H_2PO_4^-$ | $0,26 = 26\%$ | | |
| $H^+Acetat^-$ | $0,0135 = 1,3\%$ | $H^+OH^-$ neutral | $0,0000001$ |

## m) Wasserstoffionenkonzentration.

Das Wasser selbst ist fast undissoziiert. Erst in 10 Millionen Liter Wasser ist bei 22° 1 Mol $H_2O$ ($= 18$ g) in Form von $H^+$- und $OH^-$-Ionen vorhanden. Die molare $H^+$-Ionenkonzentration ist $10^{-7}$, und daher beträgt natürlich die $OH^-$-Ionenkonzentration ebenfalls $10^{-7}$. Das Produkt aus $H^+$- und $OH^-$-Ionenkonzentration nennt man *Ionenprodukt*; es beträgt für Wasser bei 20° $10^{-14}$. Es steigt mit der Temperatur und ist bei 100° 5,8mal $10^{-14}$.

Da das $(OH)^- \cdot (H)^+$-Ionenprodukt in allen wäßrigen Lösungen von Säuren und Basen konstant bleibt (s. S. 78), sinkt zwangsläufig mit steigender $H^+$-Ionenkonzentration die $OH^-$-Ionenkonzentration, und umgekehrt.

Wäßrige Lösungen starker Säuren sind dadurch charakterisiert, daß die $H^+$-Ionen über die $OH^-$-Ionen stark überwiegen; bei starken Basen überwiegen die $OH^-$-Ionen. Auch in Lösungen sehr starker Basen, in denen die $OH^-$-Ionen überwiegen, finden sich noch einige $H^+$-Ionen, jedoch weniger als im Wasser; in Lösungen starker Basen beträgt die $H^+$-Ionenkonzentration $10^{-14}$ des theoretischen Maximums und weniger. Da die *Wasserstoffionenkonzentration* in der Biochemie wichtig ist, hat man dafür einen einfachen Ausdruck geschaffen. Man berechnet den *negativen Logarithmus der $H^+$-Ionenkonzentration* und bezeichnet ihn als $p_H$ *(Wasserstoffexponent)*. Das $p_H$ ist in wäßriger 1-normaler Lösung bei:

*Tabelle 21.*

| | | | | |
|---|---|---|---|---|
| HCl . . . . . . . . . | $H^+Cl^-$ | H-Ionenkonzentration | $\sim 10^{-0} = p_H\ 0$ | sauer |
| Essigsäure . . . . . . | $H^+Acetat^-$ | H-Ionenkonzentration | $\sim 10^{-4} = p_H\ 4$ | sauer |
| Wasser . . . . . . | $H^+OH^-$ | H-Ionenkonzentration | $\sim 10^{-7} = p_H\ 7$ | neutral |
| Ammoniumhydroxyd . | $(NH_4)^+OH^-$ | H-Ionenkonzentration | $\sim 10^{-11} = p_H\ 11$ | alkalisch |
| Natronlauge . . . . . | $Na^+OH^-$ | H-Ionenkonzentration | $\sim 10^{-14} = p_H\ 14$ | alkalisch |

In 0,1 normaler Lösung verschiebt sich das $p_H$ um etwa 1 in Richtung auf den Neutralpunkt $p_H$ 7, in 0,01 normaler Lösung um etwa 2 Einheiten. Das $p_H$ des reinen Wassers bezeichnet man als *neutral*. $H^+$-Ionen liegen im Wasser nicht als solche, sondern als Hydrat *$(H_3O)^+$*, „*Hydroxoniumionen*" vor (aus $H_2O + H^+ = H_3O^+$).

Wie wichtig die Wasserstoffionenkonzentration für die Biochemie ist, mag man daraus ersehen, daß der menschliche Organismus sein $p_H$ von 7,3 im Blut bis fast auf die zweite Dezimale genau konstant erhält. Schon eine Änderung des $p_H$ um 0,1 verursacht oder begleitet schwere Krankheitserscheinungen.

### n) Farbindicatoren.

Zur *Messung der Wasserstoffionenkonzentration* kann man zwei Methoden anwenden: erstens eine physikalisch-elektrometrische, indem man die (mit der $H^+$-Ionenkonzentration proportional variierende) Potentialdifferenz zwischen der Untersuchungslösung und einer definierten Elektrode, aktiviertem Wasserstoff in Gegenwart von Platin, mißt. Sie ist die genauere Methode, aber auch die technisch schwierigere.

Die zweite und häufiger angewendete Methode ist die der Farbindicatoren. Indicatoren sind organische Farbstoffe, die, gelöst in der zu untersuchenden

Tabelle 22. *Farbindicatoren.*

| Name des Farbindicators | Umschlags-$p_H$ | Farbe sauer ←→ alkalisch | |
|---|---|---|---|
| Thymolblau 1 . . . . . . . | 1,2— 2,8 | rot | gelb |
| Methylorange . . . . . . | 3,1— 4,4 | rot | gelborange |
| Kongorot . . . . . . . . | 3,8— 5 | blau | rot |
| Methylrot . . . . . . . . | 4,4— 6,2 | violettrot | gelborange |
| Lackmus . . . . . . . . | 6 — 8 | rot | blau |
| Phenolphthalein . . . . . | 8,2— 9,8 | farblos | violettrot |
| Thymolblau 2 . . . . . . | 8,0— 9,6 | gelb | blau |
| Alizaringelb . . . . . . . | 10,0—12,1 | hellgelb | braungelb |

wäßrigen Lösung, in Abhängigkeit von der Konzentration der Wasserstoffionen und damit vom $p_H$ ihre Farbe ändern.

Voraussetzung der Brauchbarkeit eines Farbstoffs als Indicator ist, daß die Farbänderung sofort erfolgt, deutlich sichtbar ist, und daß der Farbumschlag in einem genügend engen Bereich von $p_H$-Änderung erfolgt. Wichtig ist weiter noch, daß die Gegenwart anderer, neutraler Stoffe, z.B. von Proteinen, keinen allzugroßen Adsorptionsfehler bedingt, wie leider bei den meisten Indicatoren (am wenigsten bei Nitrophenolen).

Mit einer solchen Reihe von Farbstoffen kann man durch Ausprobieren rasch das ungefähre $p_H$ einer Lösung feststellen, falls die zu messende Lösung nicht selbst störend gefärbt ist.

Zur Ausführung gibt man zu der zu untersuchenden farblosen Lösung einige Tropfen der meist alkoholischen Lösung des Indicators zu; probiert man so nacheinander mehrere Indicatoren verschiedenen $p_H$-Umschlaggebietes (s. Tabelle 20), so kann man das ungefähre $p_H$ rasch bestimmen. Es gibt auch Mischindicatoren oder damit getränkte Reagenspapiere, die für jedes $p_H$ eine andere Farbe geben; das $p_H$ kann man an einer von der Fabrik mitgegebenen Farbskala ablesen (Mercks Universalindicator).

### o) Säure — Basen-Titration.

Die Indicatoren sind im Laboratorium wichtig für die *Säure-Basentitration* (s. Formel 37, S. 79).

*Titration.* Sehr oft ist der Gehalt einer Lösung an Säure oder Base unbekannt. Da jede nicht zu schwache Säure ein $p_H$ von 1—4, jede Base ein $p_H$ von 11—14 hat, wählt man einen Indicator, dessen Umschlagsbereich nahe beim Neutralpunkt ($p_H$ 7) liegt. Will man den Gehalt einer Lösung an Säure bestimmen, so mißt man eine bestimmte Menge davon in ein Becherglas ab, fügt einige Tropfen Indicatorlösung zu und läßt dann langsam aus einem graduierten Glasrohr von einer Basenlösung bekannter Konzentration (etwa 1 normal oder $^1/_{10}$ normal) zufließen, bis die Farbe des Indicators gerade umschlägt.

Dann hat man das $p_H$ auf den Umschlagspunkt des Indicators, in diesem Fall etwa $p_H$ 7, gebracht. Man hat, wie man sagt, *neutralisiert*. Die Lösung enthält neutrales Salz und neugebildetes Wasser.

Aus der Menge verbrauchter Base läßt sich an Hand der Reaktionsgleichung berechnen, wieviel Säure in der vorgegebenen Menge Lösung enthalten war.

**Formel 38.**

$$x \text{ Mol Na}^+\text{OH}^- \;+\; x \text{ Mol H}^+\text{Cl}^- \;\rightarrow\; x \text{ Mol Na}^+\text{Cl}^- \;+\; x \text{ Mol H}_2\text{O}$$

$$\text{Base, } p_H = 14 \qquad\qquad \text{Säure, } p_H = 0 \qquad\qquad \text{Salz, neutral, } p_H = 7$$

$$2 \text{ Mol Na}^+\text{OH}^- \;+\; 1 \text{ Mol H}_2^{++}\text{SO}_4^{==} \rightarrow 1 \text{ Mol Na}_2^{++}\text{SO}_4^{=} \;+\; 2 \text{ Mol H}_2\text{O}$$

Diesen Vorgang nennt man *titrieren*; das graduierte Glasrohr, aus dem man die Lösung bekannter Normalität zufließen läßt, nennt man *Bürette*. Das vorher von der Fabrik auf eine bestimmte Zahl von ml geeichte Glasrohr, mit dem eine bestimmte Menge der zu titrierenden Lösung aufgenommen wird, nennt man *Pipette*.

## p) Äquivalentgewicht, molar, normal.

Im Fall der Salzsäure HCl braucht man nach Formel 39 auf 1 Mol Säure 1 Mol Natronlauge zur Neutralisation. Im Fall der Schwefelsäure $H_2^{++}SO_4^{--}$ auf 1 Mol Säure dagegen 2 Mol Natronlauge, und im Falle der Phosphorsäure $H_3^{+++}PO_4^{---}$ sogar 3 Mol Natronlauge. Oder auf je 1 Mol Natronlauge gerechnet, verbraucht man 1 Mol Salzsäure, $^1/_2$ Mol Schwefelsäure und $^1/_3$ Mol Phosphorsäure. (Wenigstens formell; s. aber Formel 102, S. 120 und Abb. 32, S. 85.)

Wenn das Formelgewicht 36, 98 und 98 g für die drei Säuren ist, wird man zur Umsetzung von 1 Mol NaOH im Gewicht von 40 g 36 g HCl, 49 g $H_2SO_4$ und 32,6 g $H_3PO_4$ brauchen.

**Formel 39.**

| HCl Formelgewicht | $= 36$ | 1 Mol NaOH braucht 36 g $= ^1/_1$ Mol HCl |
| H$_2$SO$_4$ Formelgewicht | $= 98$ | 1 Mol NaOH braucht 49 g $= ^1/_2$ Mol H$_2$SO$_4$ |
| H$_3$PO$_4$ Formelgewicht | $= 98$ | 1 Mol NaOH braucht 32,6 g $= ^1/_3$ Mol H$_3$PO$_4$ |

*Säureäquivalent.* Für praktische Zwecke hat man den Begriff des *Äquivalentgewichts* geschaffen. Das Äquivalentgewicht ist definiert als *Formelgewicht* (oder bei Elementen Atomgewicht), *dividiert durch Wertigkeit*, worunter in diesem Fall die Neutralisationswertigkeit der Säuren und Basen verstanden wird.

Die Neutralisationswertigkeit einer Säure ist gleich der Zahl der durch Kationen ersetzbaren abdissoziierbaren $H^+$-Ionen der Säure. Die Neutralisationswertigkeit einer Base ist gleich der Zahl der durch Anionen ersetzbaren $OH^-$-Ionen der Base.

Das Äquivalentgewicht erhält man in beiden Fällen durch Division des Formelgewichtes durch die Neutralisationswertigkeit.

Das Äquivalentgewicht der HCl ist gleich ihrem Formelgewicht, das der $H_2SO_4$ gleich ihrem halben Formelgewicht, und das der Phosphorsäure $H_3PO_4$ gleich einem Drittel des Formelgewichts (Säureäquivalent).

Je nachdem, wieviel durch Kationen ersetzbare Protonen ($H^+$) eine Säure enthält, wieviel Mol einer einsäurigen Base sie verbraucht, spricht man von einer *ein-, zwei- oder dreibasischen Säure.* Umgekehrt nennt man je nach der Zahl der durch einbasische Anionen ersetzbaren OH-Ionen eine Base eine *ein-, zwei- oder dreisäurige Base.*

Der bisher an Säuren und Basen entwickelte Begriff des Äquivalentgewichts ist allgemein auf alle Verbindungen anwendbar.

Das Eisen geht z.B. zwei Verbindungen ein: $FeCl_2$ und $FeCl_3$, in denen das Eisen $+2$- und $+3$wertig ist. Das Chlor ist $-1$wertig. Das Atomgewicht des Eisens ist 56. Das Äquivalentgewicht des Eisens ist

$$\text{im ersten Falle } FeCl_2 = 56:2 = 28,$$
$$\text{im zweiten Falle } FeCl_3 = 56:3 = 18,6.$$

Man kann demnach den Begriff des Äquivalentgewichtes allgemeiner fassen, als es im vorhergehenden Teil geschehen ist.

*Das Äquivalentgewicht einer Verbindung oder eines Elements ist der Bruchteil des Formelgewichts, der sich mit einem Grammatom Wasserstoff oder $^1/_2$ Grammatom Sauerstoff verbinden oder umsetzen würde.*

Sind alle Teilnehmer einer Reaktion einwertig, so ist das Äquivalentgewicht gleich dem Formelgewicht.

*Molare Lösung. Ein Formelgewicht (Molekulargewicht) in Gramm, gelöst zu 1 Liter Flüssigkeit,* ergibt eine Lösung, die man eine *molare Lösung* nennt. So enthält eine molare Lösung von $H_2SO_4$ vom Formelgewicht 98 im Liter 98 g $H_2SO_4$. 98 g $H_2SO_4$ bezeichnet man als ein *Mol.*

*Normale Lösung. Ein Äquivalentgewicht in Gramm, gelöst zu 1 Liter Gesamtflüssigkeit,* ergibt eine *normale Lösung.*

Eine normale Lösung ist daher stets eine $\dfrac{\text{molar}}{\text{Wertigkeit}}$ Lösung. Eine normale Lösung von $H_2SO_4$ enthält nur $98/2 = 49$ g $H_2SO_4$ im Liter, da $H_2SO_4$ zweibasisch, zweiwertig ist also zwei Mol einwertige Base, etwa NaOH, neutralisieren kann.

## q) Hydrolyse.

Neutrale Salze enthalten keine $H^+$- oder $OH^-$-Ionen, bei ihrer Bildung haben sich Säure und Base gegenseitig voll neutralisiert (s. Formel 37, S. 79). Löst man sie in Wasser, so ist die Reaktion der Lösung häufig dennoch nicht neutral. Es herrscht nur dann neutrale Reaktion, wenn das gelöste Salz aus einer starken Säure und einer starken Base gebildet ist (z. B. NaCl). Dagegen reagieren Salze aus starken Basen und schwachen Säuren in wäßriger Lösung alkalisch (Natriumacetat, $Na_3PO_4$, KCN usw.), Salze aus schwachen Basen und starken Säuren sauer (z. B. $NH_4Cl$, $AlCl_3$, $MgCl_2$). Diese Erscheinung beruht auf der Eigendissoziation des Wassers, dessen Ionen in die Dissoziationsgleichgewichte eingreifen; man bezeichnet sie als *Hydrolyse* oder *hydrolytische Spaltung.*

So bildet z. B. Natriumacetat in wäßriger Lösung ein Dissoziationsgleichgewicht

$$\text{1. } \underset{\text{undissoziiert}}{Na^+ \, Acetat^-} \rightleftharpoons \underset{\text{Kation}}{Na^+} + \underset{\text{Anion}}{Acetat^-},$$

das wie bei allen Salzen überwiegend auf der rechten Seite, der Seite der Ionen liegt. Nun dissoziiert in geringem Umfang auch $H_2O$ nach

$$\text{2. } H_2O \rightleftharpoons H^+ + OH^-,$$

so daß in der Lösung folgende Ionen vorliegen: $Na^+$, $Acetat^-$, $H^+$ und $OH^-$. Es sind daher außer 1. und 2. noch die beiden weiteren Gleichgewichte zu berücksichtigen:

$$\text{3. Essigsäure} \rightleftharpoons H^+ + Acetat^-$$
$$\text{4. NaOH} \rightleftharpoons Na^+ + OH^-$$

Bei 4., starke Base, liegt das Gleichgewicht überwiegend auf der rechten, bei 3. aber (schwache Säure!) überwiegend auf der linken Seite (vgl. Formel 32, S. 77 und Tabelle 20, S. 81). Das heißt, ein Teil der Acetat$^-$-Ionen des Salzes muß sich mit den H$^+$-Ionen des Wassers zu undissoziierter Essigsäure vereinigen, Dadurch ist das Gleichgewicht der H$^+$- und OH$^-$-Ionen in der Lösung gestört, die OH$^-$-Ionen überwiegen, die Lösung reagiert alkalisch.

Analog bilden sich beim Lösen eines Salzes aus einer schwachen Base mit einer starken Säure, z. B. Aluminiumsulfat Al$_2$(SO$_4$)$_3$ in Wasser Dissoziationsgleichgewichte, von denen die des Al$_2$(SO$_4$)$_3$ und der H$_2$SO$_4$ stark auf der Seite der Ionen liegen, während das Gleichgewicht Al(OH)$_3$ $\rightleftharpoons$ Al$^{+++}$ + 3 OH$^-$ überwiegend auf der Seite des undissoziierten Hydroxyds liegt. Es verschwinden also Al$^{+++}$- und OH$^-$-Ionen aus der Lösung, während SO$_4^=$- und H$^+$-Ionen zurückbleiben: Die Lösung reagiert sauer.

### r) Saure, basische Salze.

Bei der Neutralisation einer mehrbasischen Säure mit Lauge entstehen je nach den Mengenverhältnissen saure oder neutrale Salze. So entsteht bei der Neutralisation der zweibasischen H$_2$SO$_4$ zuerst ein saures Sulfat NaHSO$_4$, Natriumhydrogensulfat (auch als Natriumbisulfat bezeichnet), und erst mit 2 Mol NaOH entsteht das neutrale Na$_2$SO$_4$. Bei der dreibasischen H$_3$PO$_4$ entstehen nacheinander 2 saure Salze NaH$_2$PO$_4$ und Na$_2$HPO$_4$ und zuletzt Na$_3$PO$_4$.

Bei einwertigen Säuren und Basen entstehen neutrale Salze dadurch, daß sich entsprechende Äquivalente von Säuren und Basen verbinden.

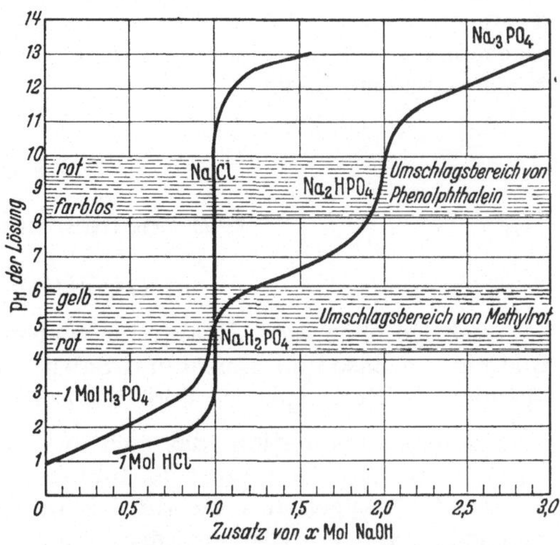


Abb. 32. Neutralisationskurve von HCl und H$_3$PO$_4$. Zur Neutralisation von 1 Mol der starken einbasischen Säure HCl ist genau ein Mol der starken Base NaOH nötig. Mit dem ersten Tropfen zugesetzter überschüssiger NaOH steigt das p$_H$ der Lösung sofort von 2,5 auf 11. Anders ist es bei der Neutralisation der mittelstarken dreibasischen Säure H$_3$PO$_4$. In Treppenstufen, die jeweils der Bildung von primärem (p$_H$ = 4,5), sekundärem (p$_H$ = 8,3) und tertiärem (p$_H$ = 12—13) Natriumphosphat entsprechen, steigt das p$_H$ langsam an. Setzt man deshalb zu einer neutralen Lösung von Natriumphosphatgemischen kleine Mengen Säure oder Base zu, so ändert sich das p$_H$ nur wenig, im Gegensatz zur sprunghaften p$_H$-Änderung einer neutralen NaCl-Lösung nach Zusatz von ganz wenig Base oder Säure. Man kann deshalb Salze mehrbasischer Säuren als Puffersubstanzen verwenden; solche Lösungen fangen kleine Mengen Basen oder Säuren ab, ohne ihr p$_H$ wesentlich zu ändern. Die schraffierten Flächen geben den Umschlagsbereich von zwei Farbindicatoren an. Bei der Neutralisation von 1 Mol HCl schlagen beide Indicatoren nach Verbrauch von 1 Mol NaOH um. Bei der Neutralisation von H$_3$PO$_4$ schlägt Methylrot nach Zusatz von 1 Mol NaOH, Phenolphthalein dagegen erst nach Zusatz von 2 Mol NaOH um.

Bei den mehrbasischen Säuren liegen die Verhältnisse deswegen komplizierter, weil die Dissoziation des ersten abspaltbaren Protons viel größer ist als die des zweiten und diese wieder größer als die des dritten. Bei den mehrbasischen Säuren sind deswegen im gleichen Molekül mehrere verschieden starke Säuren zu neutralisieren. Bringt man zu der dreibasischen H$_3$PO$_4$ ein Mol NaOH, so wird die Säure nur partiell neutralisiert, und zwar zu saurem Salz. Deswegen zeigt eine wäßrige Lösung von NaH$_2$PO$_4$ schwach saure Reaktion, etwa p$_H$ 4,5. Gibt man zwei Mol NaOH zu, so steigt das p$_H$ bis über den Neutralpunkt, p$_H$ 8,3, weil in dem entstandenen Salz Na$_2$$^{++}$H$^+$PO$_4^=$ zwar noch ein abspaltbares Proton vorhanden ist, aber dessen Dissoziation sehr gering ist und in der Wirkung weit überwogen wird durch die einsetzende hydrolytische Spaltung (s. a. Formel 102, S. 120). Gibt man drei Mol NaOH zu, so steigt das

$p_H$ bis 11 und zuletzt bis 13. Die dreibasische $H_3PO_4$ ist praktisch schon mit 2 Mol NaOH neutralisiert. Durch solche Phosphate oder die Salze der ebenfalls dreibasischen Citronensäure kann man fast alle mittleren $p_H$-Bereiche herstellen und beherrschen; davon macht man in der Biochemie Gebrauch. Bei mehrbasischen Säuren hat die Neutralisationskurve (s. Abb. 32) einen stufenweisen und flachen Verlauf; ihre Salze können, ohne allzugroße Änderung des $p_H$, kleinere Mengen Säure oder Base abfangen. Man verwendet solche Salze deswegen als *Pufferlösungen*, zur annähernden Konstanthaltung des $p_H$ bei biochemischen Reaktionen, bei denen intermediär geringe Mengen Säuren oder Basen entstehen können.

9. Kapitel.

# Die chemischen Reaktionen.

## a) Oxydation, Reduktion.

Wichtige chemische Reaktionen neben den Neutralisationsreaktionen ($H_2O$-Bildung aus Base und Säure) und Substitutionsreaktionen, die in der organischen Chemie eine Rolle spielen, sind die *Oxydationen und Reduktionen* (s. auch S. 76).

Das Wort Oxydation, das sich aus historischen Gründen eingebürgert hat, ist im Gegensatz zum Wort Reduktion irreführend. Oxydation hat nichts mit Sauerstoff (Oxygenium) zu tun. Man kann mit Chlor, Brom oder Schwefel oder jedem anderen Element, das bereit ist, Elektronen aufzunehmen (Formel 60 und 124, S. 101 und 132), ebenso oxydieren. *Oxydation bedeutet immer Erhöhung der Zahl der positiven Ladungen* eines Atoms. Viele Metalle sind besonders leicht oxydierbar, weil sie leicht Elektronen abgeben, um eine äußere Elektronenschale von 8 Elektronen, die Edelgaskonfiguration, zu erhalten, und so ihre positive Ladung erhöhen. So ist die Überführung von nullwertigem Calciummetall (mit 2 Elektronen in der äußersten Schale) in $+2$wertiges Calciumion, durch Abgabe seiner zwei Elektronen und Übergang in die nächstniedrige komplette 8er-Elektronenschale, eine Oxydation.

Diese Oxydation kann erfolgen durch Elektronenabgabe des Metalls an $Cl_2$ oder an $O_2$ oder an S oder an andere Elemente, die dadurch reduziert werden ($=$ Elektronen aufnehmen); immer so, daß die positive Ladungszahl des Calciums erhöht wird. Eine Oxydation liegt auch vor, wenn in $H^+J^-$ das $-1$wertige Jodion in nullwertiges Jodelement übergeführt wird, also ein Elektron abgibt (Prinzip der Jodometrie, s. Formel 129, S. 136).

*Reduktion. Reduktion bedeutet immer Erniedrigung der positiven Ladung, oder Erhöhung der negativen Ladung*; d. h. Elektronenzuwachs. Dazu sind besonders Nichtmetalle in der oberen rechten Ecke des Periodensystems geneigt; sie nehmen zur Ergänzung ihrer äußersten Elektronenschale möglichst auf acht, leicht Elektronen, negative Ladungen auf.

**Formel 40.**

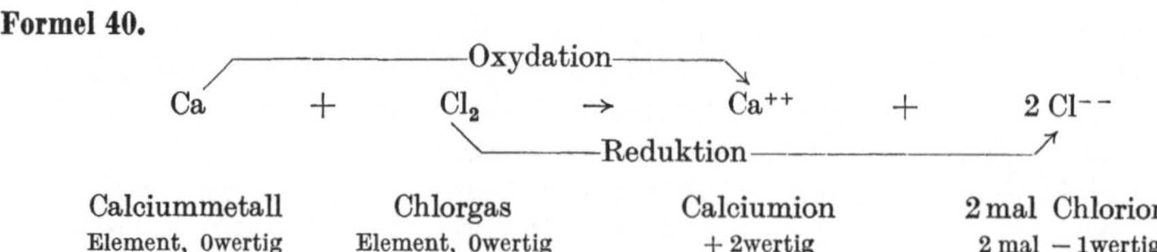

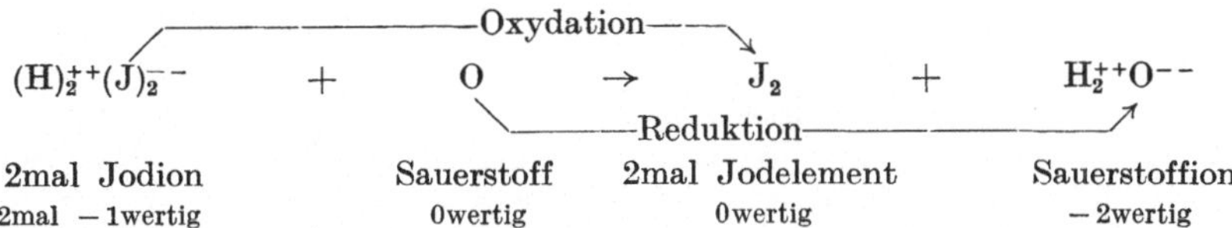


*Oxydationsmittel, Reduktionsmittel.* Ob eine Substanz als Oxydationsmittel oder als Reduktionsmittel reagiert, hängt immer vom zweiten Reaktionspartner ab; d. h. davon, ob der zweite Reaktionspartner seine Elektronen leichter abgibt oder aufnimmt als der erste. So reagiert $H_2O_2$ gegen organische Substanzen als Oxydationsmittel (z. B. in Raketentreibstoffen), gegen $KMnO_4$ aber als Reduktionsmittel (s. Formel 53, S. 95).

Nach ihrer Bereitschaft, Elektronen abzugeben (die sich in Volt ausdrücken läßt), kann man allen Substanzen wie in der elektrischen Spannungsreihe *Redoxpotentiale* zuordnen. Diese Stufenreihe der Redoxpotentiale ist besonders in der Biochemie wichtig, z. B. bei der stufenweisen Oxydation des Nahrungs-H durch den Luftsauerstoff.

Die hauptsächlichen Oxydationsmittel sind $O_2$, $Cl_2$, $KMnO_4$, $H_2CrO_4$, $H_2O_2$ u. a.; Reduktionsmittel sind Sulfite, viele Metalle wie Na, Ca, Al, Zn, Sn, 2wertige Chromsalze, organische Stoffe, wie Ameisensäure, Aldehyde und die photographischen Entwickler (s. Formel 570, S. 362) und viele andere Substanzen.

*Redoxydationskuppelung. Oxydation und Reduktion sind stets untrennbar.* Wenn eine Substanz oxydierend wirkt *(Oxydationsmittel)*, so wird sie bei der Reaktion reduziert. Wenn eine Substanz reduzierend wirkt *(Reduktionsmittel)*, so wird sie selbst stets oxydiert. Diese Verkettung ist zwangsläufig, da in jeder chemischen Reaktionsgleichung nicht nur die Massen und Energien beider Seiten identisch sein müssen, sondern auch die Summen der elektrischen Ladungen. *Oxydations-Reduktionsreaktionen bedeuten Verschiebung von elektrischen Ladungen* zwischen den beteiligten Atomen (s. Formeln 40, S. 86; 53, S. 95; 81, S. 110; 125, S. 132).

## b) Elektrochemie.

In einer Lösung einer polaren Substanz in Wasser sind elektrisch geladene, durch $H_2O$-Dipolwolken (s. S. 75) hydratisierte positive und negative Ionen vorhanden, z. B. in einer $CuCl_2$-Lösung neben $H^+$- und $OH^-$-Ionen $Cu^{++}$- und $Cl^-$-Ionen. Taucht man in eine solche Lösung zwei Platinbleche und lädt sie dadurch verschieden auf, daß man sie an die beiden Pole eines Akkumulators anschließt, so fließt, wie man an einem Ampèremeter sieht, ein Strom.

Der Strom fließt praktisch nicht in reinem Wasser; ebensowenig fließt er, wenn nur eine nichtionisierbare Molekülverbindung gelöst ist, wie Alkohol oder Zucker. Die Leitfähigkeit hängt von der Konzentration der gelösten Ionen, von der Dissoziation der gelösten Substanz, außerdem von der Ionenbeweglichkeit ab.

Der Strom wird in einer Lösung nur durch Ionen transportiert.

Lösungen dissoziierender Salze sind *elektrische Leiter zweiter Klasse,* während man die Metalle elektrische Leiter erster Klasse nennt. Leiter erster Klasse haben eine $10^3$- bis $10^8$mal größere Leitfähigkeit als elektrische Leiter zweiter Klasse.

*Elektrolyse.* In der Lösung von $CuCl_2$ wandern die positiv geladenen Kupferionen zur negativen Elektrode (der Kathode), da sich entgegengesetzte Ladungen anziehen. Man nennt alle positiv geladenen Ionen deshalb *Kationen*. Gleichzeitig wandern die negativ geladenen $Cl^-$-Ionen zur positiv geladenen Elektrode, zur Anode. Alle negativ geladenen Ionen werden deshalb *Anionen* genannt. Die $Cu^{++}$-Ionen werden an der Kathode entladen; jedes $Cu^{++}$-Ion, dem zwei Elektronen fehlen, nimmt dort zwei Elektronen auf, und wird dadurch zum elektrisch ungeladenen Kupferatom. Ebenso gibt jedes $Cl^-$-Ion (das ein Elektron mehr hat, als seiner positiven Kernladung entspricht, s. Formel 12, S. 43) an der Anode ein Elektron ab (nur nach Energiezufuhr) und wird dadurch zum elektrisch ungeladenen elementaren Chlorgas: 2 $Cl^-$-Ionen $\rightarrow$ 2 Cl-Atome $\rightarrow Cl_2$-Molekül.

*Ionenwanderungsgeschwindigkeit.* In Wasser gelöste *Ionen* haben im elektrischen Feld bestimmte *Wanderungsgeschwindigkeiten*, die von der Ladung der

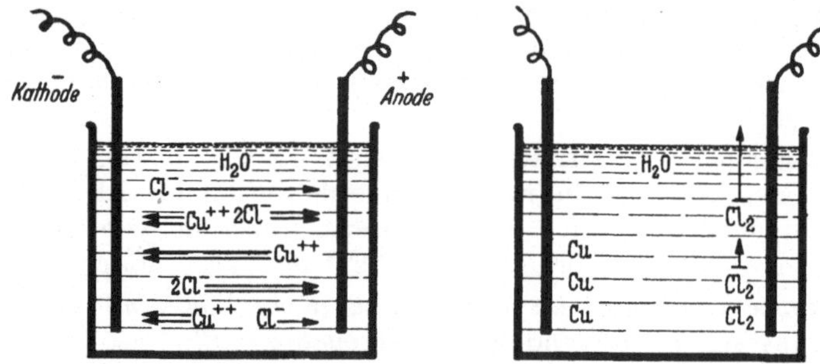


Abb. 33. Elektrolyse von $Cu^{++}Cl_2^{--}$. Bei der Elektrolyse der wäßrigen Lösung werden die positiven $Cu^{++}$-Ionen an der negativen Kathode entladen und schlagen sich dort als elementares rotes Metall nieder. Die negativen $Cl^-$-Ionen werden an den positiven Anoden zu neutralen Cl-Atomen entladen, die sich sofort zu $Cl_2$-Molekülen vereinigen und als Gas entweichen. Zur Entladung von 1 Mol $CuCl_2$ (134,49 g), zur Spaltung in die Elemente, sind 2mal 96 490 Coulomb nötig.

Elektroden, von der Ladung der Ionen, von ihrer Masse und von der Masse der mitgeführten Hydrathüllen aus Wasserdipolen, außerdem von der Temperatur abhängen. Sie sind von der Größenordnung 0,01—0,00001 cm/sec bei 1 Volt Spannungsdifferenz pro Zentimeter Weg.

*Ionenentladung.* Man kann in Lösung so jedes dissoziierbare Salz, jede Säure, jede Base (jeden *Elektrolyten*) zur Entladung seiner Ionen zwingen. Ob ein an seiner Elektrode angekommenes Ion dort entladen wird oder nicht, hängt von der Höhe der Spannung zwischen den Elektroden, von der Voltzahl ab, da der zur Entladung verschiedener Ionen nötige Energieaufwand verschieden ist.

FARADAY*sches Gesetz.* Die Menge der entladenen Ionen hängt von der Zahl der durch die Lösung gegangenen Ampèresekunden ab, denn es hat sich gezeigt, daß zur Überführung von einem *Äquivalentgewicht* beliebiger *Ionen* in neutrale Elemente oder Gruppen stets dieselbe Elektrizitätsmenge nötig ist, nämlich 96 490 *Ampèresekunden* oder 96 490 *Coulomb*. Die Ladung des Elektrons, die elektrische Elementarladung, beträgt 1,59mal $10^{-19}$ Coulomb.

*Bei gleicher Stromstärke entlädt der elektrische Strom in gleicher Zeit aus Lösungen verschiedener Elektrolyte äquivalente Gewichtsmengen von Ionen (*FARADAY*sches Gesetz).*

*Energetisches.* Die freie Energie, die bei der Elektronenaufnahme oder -abgabe der betreffenden Atome unter Bildung der Ionen polarer Verbindung entstanden ist, muß bei der Elektrolyse wieder aufgewendet werden, um die Ionen in den Atomzustand überzuführen. Weil bei der Ionisierung ganz verschiedene Energiemengen entstanden sind, müssen den verschiedenen Ionen auch ganz verschiedene Energiemenge zur Überführung in den atomaren Zustand zugeführt werden.

Die Ampèresekunde (das Coulomb) hat nicht die Dimension einer Energie; erst Multiplikation mit der Voltzahl gibt die Energieeinheit Wattsekunde oder Joule (= $10^7$ Erg = 0,102 Meterkilogramm = 0,239 gcal, s. S. 5).

Deshalb zeigt sich die Verschiedenheit der zur Entionisierung nötige Energiemengen in den verschiedenen Voltspannungen, die nötig sind, um die betreffenden Ionen als Elemente zur Abscheidung zu bringen, sie an den Elektroden zu entladen. Praktisch ist diese Voltzahl meistens (auf Grund sekundärer Reaktionen an der Elektrodenoberfläche) etwas größer als die berechnete (sog. nötige Überspannung).

*Elektrische Spannungsreihe.* Man kann die Metalle in eine Reihe ordnen, in der die zur Überführung ihrer Ionen in die Elemente nötige Spannung, gemessen an der Spannung des Wasserstoffs, von links nach rechts absinkt.

Umgekehrt zeigt jedes Metall, in einer Elektrolytlösung einer Wasserstoffelektrode (mit $H_2$-Gas umspültes Platin) gegenübergestellt, eine charakteristische Aufladung, das Normalpotential, das der oben erwähnten Voltzahl mit umgekehrtem Vorzeichen gleich ist. Ordnet man die Elemente nach diesem Normalpotential, so erhält man die *elektrische* Spannungsreihe.

Tabelle 23. *Elektrische Spannungsreihe der Elemente.*

| Li | K | Ba | Na | Ca | Mg | Mn | Zn | Fe | Cd | Ni | Sn | Pb | $H_2$ | Bi | Cu | Ag | Hg | Au |
|---|---|---|---|---|---|---|---|---|---|---|---|---|---|---|---|---|---|---|
| ↓ | ↓ | ↓ | ↓ | ↓ | ↓ | ↓ | ↓ | ↓ | ↓ | ↓ | ↓ | ↓ | ↓ | ↓ | ↓ | ↓ | ↓ | ↓ |
| $Li^+$ | $K^+$ | $Ba^{++}$ | $Na^+$ | $Ca^{++}$ | $Mg^{++}$ | $Mn^{++}$ | $Zn^{++}$ | $Fe^{++}$ | $Cd^{++}$ | $Ni^{++}$ | $Sn^{++}$ | $Pb^{++}$ | $2H^+$ | $Bi^{+++}$ | $Cu^{++}$ | $Ag^+$ | $Hg^{++}$ | $Au^{+++}$ |
| −2,96 | −2,92 | −2,9 | −2,71 | −2,87 | −2,4 | −1,1 | −0,76 | −0,44 | −0,40 | −0,22 | −0,14 | −0,12 | 0,0 | +0,2 | +0,34 | +0,80 | +0,85 | +1,3 |

$$- \longleftarrow \uparrow \longrightarrow + \qquad \text{Volt}$$

*Elektrische Batterie.* Aus jedem Paar von Elementen der Spannungsreihe kann man eine elektrische Batterie konstruieren, da zwei verschiedene Glieder dieser Reihe, in einer Elektrolytlösung einander gegenübergestellt, eine Voltzahldifferenz ihrer Aufladung gegenüber der Flüssigkeit aufweisen, die ihrer Differenz in der Spannungsreihe entspricht.

DANIELL-*Element.* Ein einfacher Fall ist die *Batterie nach* DANIELL.

In ihr steht ein Zinkstreifen in $Zn^{++}SO_4^{--}$-Lösung einem Kupferblech in $Cu^{++}SO_4^{--}$-Lösung gegenüber; beide Lösungen sind durch eine poröse Tonwand getrennt. Bei Stromabnahme aus der Batterie vermindert sich das Gewicht des Zinks, das in Lösung geht; eine genau äquivalente Menge Kupfer wird dafür aus $Cu^{++}SO_4^{--}$ ausgeschieden. Die als elektrische Energie verfügbare Gesamtenergie wird aus folgendem Reduktions-Oxydationsprozeß gewonnen:

**Formel 41.**

$$Zn \quad + \quad Cu^{++}SO_4^{--} \quad \rightarrow \quad Zn^{++}SO_4^{--} \quad + \quad Cu \quad + \quad 50110\,cal$$

| Zinkmetall | Kufersulfatlösung | Zinksulfatlösung | Kupfermetall |
|---|---|---|---|
| Zn nullwertig | Cu + 2wertig | Zn + 2wertig | Cu nullwertig |

Die aus der Differenz der Lösungsenergie von Zink und Kupfer gewonnene Energie tritt bei vorheriger Vermischung der $ZnSO_4$- und $CuSO_4$-Lösungen als Wärme auf; bei Trennung der beiden Lösungen durch ein poröses Diaphragma kann sie als elektrische Energie abgeleitet werden. Bei Überführung von 1 Mol Zink in $Zn^{++}$ werden 2mal 96490 Coulomb frei, die, multipliziert mit der zu erwartenden Voltzahl des Elementes (seiner elektromotorischen Kraft) der Wärmeenergie 50110 gcal äquivalent sein müssen. Da 1 Volt · 1 Coulomb = 1 Wattsekunde = 0,239 cal ist, erhält man:

**Formel 42.**

$$50\,110 \text{ cal} = 0{,}239 \cdot 2 \cdot 96\,490 \cdot \text{Volt}$$

$$\text{Elektromotorische Kraft} = \frac{50\,110}{0{,}239 \cdot 2 \cdot 96\,490} = 1{,}086 \text{ Volt}.$$

Aus der elektrischen Spannungsreihe ergibt sich Zn $(= -0{,}76$ Volt$) + $ Cu $(= +0{,}34$ Volt$) = 1{,}10$ Volt. Dieser Wert stimmt mit dem aus den energetischen Überlegungen gefundenen Wert von 1,08 Volt gut überein. Praktisch ist die elektrische Ausbeute meistens geringer, da ein Teil der verfügbaren Energie durch Sekundärreaktionen (Diffusion der Elektrolyte und anderes) als Wärme verloren geht.

Praktisch am besten haben sich Kupfer-Zink- und Zink-Graphitbatterien bewährt. Für *Taschenlampenbatterien*, bei denen man in kleinstem Raum unter Vermeidung von viel Flüssigkeit große elektrische Kapazität unterbringen muß, verwendet man als Elektroden Zink und aktivierte, mit Sauerstoff gesättigte oder mit einem Oxydationsmittel ($MnO_2$) vermischte Aktivkohle. Als Elektrolyt nimmt man gelatinierte, in wenig Watte festgehaltene, konzentrierte $MgCl_2$-Lösung.

**Formel 43.**

$$Zn \; + \; MgCl_2 \; + \; H_2O \; + \; \tfrac{1}{2}O_2 \; \rightarrow \; ZnCl_2 \; + \; Mg(OH)_2 \; + \; \text{elektrische Energie}$$

| Zink-metall | Magnesium-chlorid | | (aus $MnO_2$) | Zinkion | Magnesium-hydroxyd | |
|---|---|---|---|---|---|---|

Zn null-wertig     $\rightarrow$     Oxydation $\rightarrow$     Zn $+$ 2wertig

Eine normale Taschenlampenbatterie besteht aus drei Einzelzellen zu je 1,5 Volt und gibt 4,5 Volt bei 0,3—0,6 Ampère.

Während diese elektrischen Batterien (z.B. Taschenlampenbatterien) beim Gebrauch irreversibel verändert werden, hat man in dem Elektrodenpaar Pb—$PbO_2$ ein reversibles elektrisches Element gefunden, den *Bleiakkumulator* (s. S. 174).

### c) Energie- und Massenerhaltungsgesetz.

*Bei allen chemischen Reaktionen* bleibt bis in alle meßbaren Dezimalen die *Gesamtmasse erhalten*, wie man durch sehr sorgfältige Messungen festgestellt hat. Es ist dabei gleichgültig, in welche chemische Verbindung man ein Element überführt, mit der Limitierung durch die EINSTEINsche Masse-Energiebeziehung, die sich jedoch bei molaren Umsätzen erst in der achten Dezimale, außerhalb der direkten Wägemöglichkeiten bemerkbar macht (s. a. S. 33).

Ebenso bleibt nach einem Gesetz, das ROBERT MAYER entdeckt hat, bei jeder beliebigen *chemischen Reaktion die Gesamtenergie* erhalten; sie wird nur von einer Erscheinungsform in die andere umgewandelt. So wird die latente Verbindungsenergie des Kohlenstoffs C mit $O_2$ (die Verbrennungswärme des Kohlenstoffs) als die Energieform Wärme abgegeben, während umgekehrt die Spaltung des gebildeten Kohlendioxyds $CO_2$ Energiezufuhr in Gestalt der gleichen Menge Wärmeenergie verlangt.

**Formel 44.**

$$C \; + \; O_2 \; + \; \text{latente chemische Energie} \; \underset{\rightarrow}{\leftarrow} \; CO_2 \; + \; \text{Wärmeenergie}$$

| Kohle | Sauerstoff | | Kohlendioxydgas | |
|---|---|---|---|---|
| fest, schwarz | Gas, farblos | | farblos | |

Nach dem Gesetz der Erhaltung der Masse müssen in einer chemischen Gleichung die Summen der miteinander reagierenden Mengen der einen Seite gleich der Summe der entstehenden Mengen der anderen Seite sein. Ebenso ist nach dem Gesetz der Erhaltung der Energie die Summe aller latenten und erschienenen Energien der einen Seite gleich der Summe aller latenten und erschienenen Energien der anderen Seite.

Durch die Erkenntnis, daß Masse als konzentrierteste Energieform angesehen werden kann, werden diese Sätze dahin vereinfacht: *In einer chemischen Gleichung ist auf beiden Seiten die Summe aus Energie und Masse, beides in derselben Einheit ausgedrückt, gleich.*

Masse und Energie sind durch die EINSTEINsche Formel verbunden:

**Formel 45.**

Energie (in Erg) = Masse (in Gramm) · [Lichtgeschwindigkeit in cm per sec.]$^2$.

LE CHARTELIER*sches Prinzip.* Erhöht man in dem Kohlenstoff-Sauerstoff-system von Formel 44 die Temperatur, führt also Wärmeenergie zu, so verschiebt sich das Gleichgewicht nach links, also nach der Richtung, in der Wärme verbraucht wird.

Daraus ist von LE CHATELIER ein *Verschiebungsgesetz* abgeleitet worden, das aussagt, daß sich jedes Gleichgewichtssystem mit Erhöhung der Temperatur nach der Seite verschiebt, die Wärme verbraucht und den ausgeübten Zwang vermindert (s. S. 72, 112). Man nennt es das *Prinzip des kleinsten Zwanges.* LE CHATELIER *hat das Prinzip so formuliert: Wird auf ein im Gleichgewicht befindliches System ein Zwang ausgeübt, so verändert sich das System in dem Sinne, daß es dem Zwang auszuweichen versucht.* Die Reaktion sucht den einwirkenden Zwang zu vermindern. Das Prinzip gilt bei Gasreaktionen auch für die Druckvolumbeziehung. Bei Erhöhung des Druckes in einem Gleichgewichtssystem aus reagierenden Gasen laufen die Reaktionen bevorzugt ab, die eine Volumenverminderung herbeiführen. Davon macht man technisch bei der $NH_3$-Synthese Gebrauch (s. S. 112).

HESS*sches Gesetz.* Bei der direkten Verbrennung von C (Graphit) zu $CO_2$ entstehen pro Mol 94,2 kcal. Statt direkt, kann man diese Verbrennung auch stufenweise über CO verlaufen lassen. C zu CO verbrannt, gibt 26,1 kcal; CO zu $CO_2$ verbrannt, ergibt 68,1 kcal. Die Summe der erhaltenen Teilenergien C→CO→$CO_2$ ist gleich der Energie der direkten Reaktion C→$CO_2$. Durch Subtraktion der Verbrennungswärme CO→$CO_2$ von der Verbrennungswärme C→$CO_2$ kann man die direkt nur unsicher bestimmbare Wärmeausbeute der Reaktion C→CO zu 26,1 cal berechnen.

Dieser Sachverhalt ist im *Satz von* HESS formuliert. Er sagt aus, daß *die Energiedifferenz zwischen dem Anfangs- und Endzustand einer Reaktion unabhängig von den Wegen der Zwischenreaktionen ist.*

**Formel 46.**

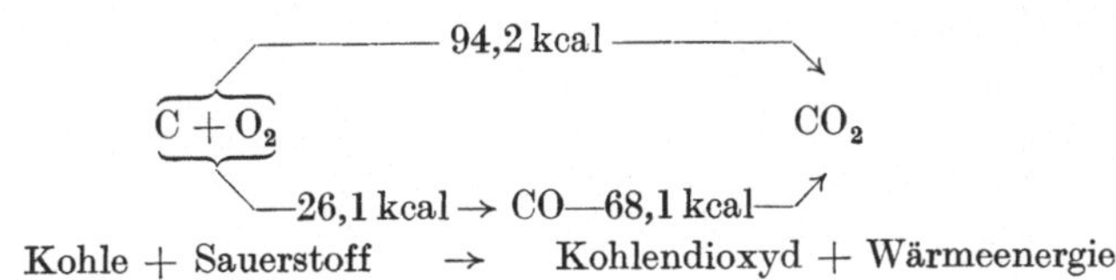


Kohle + Sauerstoff     →     Kohlendioxyd + Wärmeenergie

Zweiter Teil.

# Spezielle anorganische Chemie.

10. Kapitel.

## Nichtmetalle.

### Wasserstoff, H, Nr. 1.

(lat. hydrogenium; engl. hydrogen; franz. hydrogène)[1].

Atomgewicht: 1,008; Dichte: flüss. 0,071; Dichte bei $-260°$ fest $= 0,076$; Schmelzpunkt: $-259°$; Siedepunkt: $-253°$; farblos; Wertigkeit: $+1$, $-1$; Elektronen: 1; Isotope: 1 (99,98%); 2 (0,02%).

*Geschichte.* Wasserstoff wurde 1774 von CAVENDISH isoliert, aber erst 1781 von LAVOISIER als Element erkannt.

*Vorkommen.* Das geologische Hauptvorkommen ist das Wasser, das als Eis in Grönland, Sibirien und am Südpol große Dauergebirge bildet. In der Erdatmosphäre kann sich freier $H_2$ (0,01%) nicht dauernd halten; die Erdanziehung reicht nicht zu seiner Festhaltung, und er diffundiert in den freien Weltraum, wird aber aus Erdgasquellen in kleinen Mengen stets nachgeliefert (Entstehung aus heißen Metallen und Wasser in tieferen Zonen der Erdrinde). Leuchtende Sterne bestehen zu einem großen Teil aus Wasserstoff; durch Kondensation seiner Atomkerne zu Helium und höheren Elementen unter Massenverlust werden die Energiemengen geliefert, die von den Sternen in Form von Strahlung ausgesandt werden (s. S. 36).

*Biologisches.* Biologisch ist Wasserstoff als Bestandteil des Wassers wichtig für alle lebenden Organismen, die 10—98% $H_2O$ enthalten, außerdem ist er in organischer Bindung in den Hauptbestandteilen aller lebenden Substanz, in Kohlenhydrat, Protein, Fett enthalten. Freies $H_2$-Gas wird daraus von einigen Bakterien gebildet; auch Darmgase enthalten etwas $H_2$. Protonen, $H^+$-Ionen, spielen in Chemie und Physik sowohl chemisch wie physikalisch eine große Rolle.

*Element.* Wasserstoff kommt als Element unter gewöhnlichen Bedingungen nicht in atomarem Zustand H, sondern nur als Molekül H—H (unpolar gebunden) vor. $H_2$ ist das leichteste aller Gase (22,4 Liter $= 2,016$ g unter Normalbedingungen). Wasserstoff hat die höchste spezifische Wärme aller Gase (3,41 cal/g bei 18°); sein JOULE-THOMSON-Effekt (Abkühlung bei Ausdehnung) ist bis $-80°$ C anormal negativ, so daß man Wasserstoff nach dem LINDE-Prinzip (s. S. 58) erst nach Vorkühlung auf weniger als $-80°$ verflüssigen kann. Arbeiten mit flüssigem $H_2$ von $-253°$ sind gefährlich, da sich in der Flüssigkeit aus der Luft leicht $O_2$ kondensiert (Siedepunkt $-183°$), wodurch sich flüssiges, hochexplosives Knallgas bildet.

*Ortho-para-Wasserstoff.* Das Molekül $H_2$ besteht aus 2 Atomen H, deren Kerne je einen mechanischen Drehimpuls besitzen. Die Atome stellen so Kreisel dar.

---

[1] Es wäre zu begrüßen, wenn die Bezeichnungen Wasserstoff, Stickstoff und Sauerstoff auch im Deutschen durch die international üblichen Bezeichnungen Hydrogen, Nitrogen und Oxygen ersetzt würden. Das wäre leicht, da ihre Verbindungen, die Hydride, Nitride und Oxyde sowieso schon mit den internationalen Namen bezeichnet werden.

Je nachdem, ob die beiden beteiligten Kreisel parallele Drehung (parallelen Spin) haben oder entgegengesetzte, nennt man sie *ortho-Wasserstoff* (parallele Drehung) oder *para-Wasserstoff* (antiparallele Drehung). Beide Formen unterscheiden sich etwas in spezifischer Wärme, Dampfdruck und Siedepunkt.

Beide Wasserstoffarten stehen für jede Temperatur in einem Gleichgewicht: bei 0° 25% para/75% ortho; bei − 253°, dem Siedepunkt des $H_2$, 99,8% para/0,2% ortho. Man kann auch bei Zimmertemperatur fast reinen para-Wasserstoff durch rasches Erwärmen von flüssigem para-Wasserstoff erhalten und konservieren, wenn man sorgfältig für Abwesenheit von Katalysatoren sorgt. Platin und paramagnetische Ionen bewirken eine rasche Einstellung des Gleichgewichts.

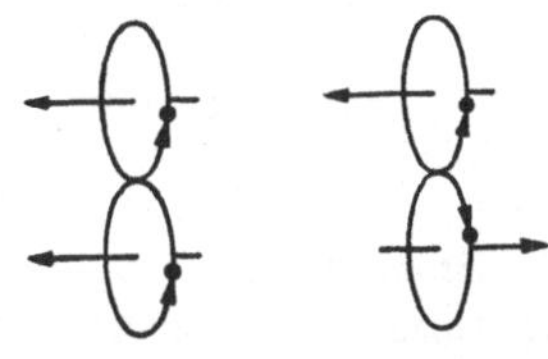



Abb. 34.

*Chlorknallgas, Knallgas.* Das Gas $H_2$ ist unter normalen Reaktionsbedingungen nicht sehr reaktiv. Mit $Cl_2$ gemischt, bleibt es im Dunkeln unverändert; am Licht (*photochemische Reaktion*, s. S. 67) erfolgt sofort explosionsartige Umsetzung zu Chlorwasserstoffgas (Kettenreaktion, s. bei Cl). Man nennt das Gemisch *Chlorknallgas*.

**Formel 47.**

$$H_2 \quad + \quad Cl_2 \quad \rightarrow \quad 2\,HCl \quad + \quad 43{,}7\ kcal$$

| Wasserstoff | Chlor | Chlorwasserstoff | ↓ |
|---|---|---|---|
| Gas, farblos | Gas, gelbgrün | Gas, farblos | Explosion, Überschußenergie |
| Siedep. − 253° | Siedep. − 34° | Siedep. − 85° | der Reaktion |

Das *Gemisch von $H_2$ und $O_2$* ist auch am Licht unverändert stabil; erst nach Zündung explodiert es heftig; diese Mischung nennt man *Knallgas.*

**Formel 48.**

$$2\,H_2 \quad + \quad O_2 \quad \rightarrow \quad 2\,H_2O \quad + \quad 136{,}6\ kcal$$

| Wasserstoff | Sauerstoff | Wasser |
|---|---|---|
| Gas, farblos | Gas, farblos | Siedep. + 100° |
| Siedep. − 253° | Siedep. − 183° | |

$H_2$-Gas wird analytisch mit überschüssigem $O_2$ in einer dicken Glasbürette durch Explosion mit Funkenzündung bestimmt.

**Formel 49.**

$$2\,H_2 \quad + \quad O_2 \quad \rightarrow \quad 2\,H_2O$$

| 2 Mol Wasserstoff | 1 Mol Sauerstoff | 2 Mol Wasser |
|---|---|---|
| 44,8 Liter Gas + | 22,4 Liter Gas → | 0,036 Liter flüssig |

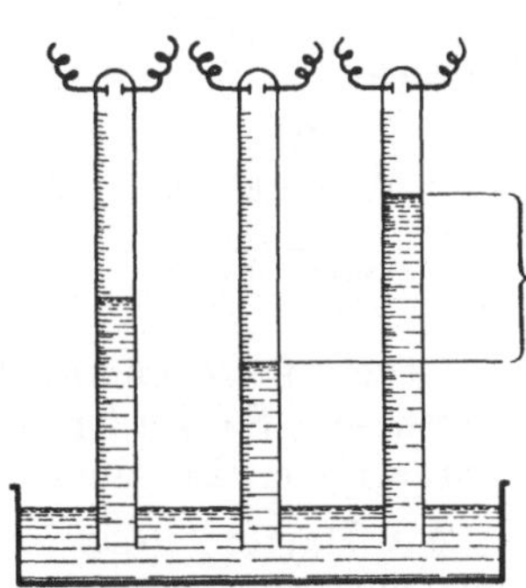

Abb. 35. Bestimmung des $H_2$-Gehaltes eines Gases. Zu dem Gasgemisch (links) gibt man überschüssigen Sauerstoff (Mitte). Man zündet; 2 Volumen $H_2$ vereinigen sich mit 1 Volumen $O_2$ zu flüssigem $H_2O$, dessen Volumen man vernachlässigen kann. Von der verschwundenen Gasmenge (Differenz, rechts) waren $^2/_3$ Wasserstoff.

Das dabei entstehende $H_2O$ nimmt nach Abkühlung als Wasser praktisch keinen Raum ein; von dem nach der Explosion verschwundenen Volumen sind nach der Formel genau $^2/_3$ Wasserstoff. Mit den übrigen Elementen außer $F_2$ (Bildung von HF) und $Cl_2$ reagiert $H_2$ bei Zimmertemperatur nicht.

*$H_2$-Spaltung.* Zur Spaltung eines Mols $H_2$ in 2 Grammatome H ist die hohe Energie von 107 kcal nötig; die gleichen 107 kcal werden bei der Wiedervereinigung frei. Der im Gegensatz zu $H_2$ sehr reaktionsfähige H entsteht deshalb durch hohe Energiezufuhr. Man kann H nach dem LE CHATELIERschen Prinzip durch Erhitzen herstellen; es bildet sich für jede Temperatur ein

Gleichgewicht. Atomarer H bildet sich auch beim Auflösen von Metallen in Säuren (s. a. S. 178).

**Formel 50.**

$$H_2 \underset{\text{Energieabgabe 107 kcal}}{\overset{\text{Energiezufuhr 107 kcal}}{\rightleftarrows}} 2\,H$$

| Zn | + | 2 HCl | → | ZnCl$_2$ | + | 2 H | → | H$_2$ ↑ |
|---|---|---|---|---|---|---|---|---|
| Zinkmetall | | Salzsäure | | Chlorzink | | atomarer | | nach 0,001 sec |
| grau, Smp. 419° | | | | | | nascierender | | molekularer |
| | | | | | | Wasserstoff | | Wasserstoff |

*Atomarer H.* Dieser *Wasserstoff in statu nascendi* hat starke Reduktionswirkung, kondensiert sich aber unter dem Einfluß der Flüssigkeit, die die Reaktionswärme der Wiedervereinigung von 107 Calorien aufnimmt, in weniger als $^1/_{1000}$ sec zu H$_2$. Von LANGMUIR ist ein technisches Verfahren der Schweißung von Metallen mit H$_2 \rightleftarrows$ 2 H-Gemischen (Durchblasen von H$_2$ durch Wolframlichtbogen), die bei der Verbrennung mit O$_2$ eine besonders heiße Flamme ergeben, entwickelt worden. Atomarer H liegt auch teilweise in den Adsorptionsverbindungen von H$_2$ an Platinmetallen vor. Atomarer H kann Oxyde reduzieren, in der organischen Chemie Doppelbindungen, Nitrogruppen, reaktionsfähige Ketogruppen und anderes *hydrieren* (s. S. 353).

*H$_2$-Darstellung.* Die Darstellung des H$_2$-Gases erfolgt entweder durch Elektrolyse von Wasser (in der Technik) oder durch Einwirkung von Säuren auf geeignete Metalle (im Laboratorium Kippapparat mit Zink, HCl-Füllung, s. Abb. 38, S. 106). Falls es in der Technik nicht auf ganz reinen H$_2$ ankommt, benützt man das Wassergasverfahren: Einwirkung von Wasserdampf auf glühende Kohlen.

**Formel 51.**

| H$_2$O | + | C | $\xrightarrow{800-1000°}$ | H$_2$ | + | CO |
|---|---|---|---|---|---|---|
| Wasserdampf | | Kohle | | Wasserstoffgas | | Kohlenmonoxyd |
| farblos | | fest, schwarz | | farblos | | Gas, farblos |
| Siedep. +100° | | Smp. 3845° | | Siedep. −253° | | Siedep. −191° |

Durch fraktionierte Verflüssigung oder andere Methoden kann man CO abtrennen. So werden die großen H$_2$-Mengen zur Kohlehydrierung (Darstellung synthetischen Benzins) am billigsten gewonnen.

Zur Härtung (das ist Hydrierung) der flüssigen Fette (Margarine, s. S. 260) wird elektrolytisch gewonnener H$_2$ verwendet. Zu Schweißzwecken (Knallgasgebläse) wurde H$_2$-Gas, in Stahlflaschen auf 200 Atm. komprimiert, früher viel gebraucht; es ist heute für die meisten Zwecke durch Acetylen-O$_2$-Gebläse (Schweiß- und Schneidgebläse) verdrängt. Luftballone füllt man mit H$_2$; die größte technische Schwierigkeit liegt darin, daß die kleinen H$_2$-Moleküle langsam durch die Gummihaut diffundieren und so verloren gehen.

*Wasser.* Das wichtigste Oxyd des Wasserstoffs ist das *Wasser H$_2$O*. Es entsteht bei der Knallgasreaktion durch Vereinigung von Wasserstoff und Sauerstoff. Da es leicht in großer Reinheit als Standard überall dargestellt werden kann, basieren viele physikalischen Maßeinheiten auf den Eigenschaften des Wassers.

Tabelle 24. *Eigenschaften reinen Wassers.*

*Dichte:* bei $+4° = 1,000$; Definition.
*Schmelzpunkt:* bei 1 Atm. $= 0°$ Celsius; Definition.
*Siedepunkt:* bei 1 Atm. $= 100°$ Celsius; Definition.
*Schmelzwärme:* bei $0°$ 1,42 kcal pro Mol; 79,4 cal pro Gramm.
*Verdampfungswärme:* bei $100°$: 9,72 kcal pro Mol; 539,9 cal pro Gramm.
*Kritische Temperatur:* $374°$; *kritischer Druck:* 218 Atm.
*Spezifische Wärme:* zwischen 14,5 und $15,5° = 1$ cal pro Gramm; Definition.

*Wasserstoffperoxyd, $H_2O_2$*, eine zweite Verbindung von H und O, ist rein eine farblose, zähe, hochexplosive Flüssigkeit vom Schmelzpunkt $-0,9°$ und der Dichte 1,46. $H_2O_2$ mischt sich mit $H_2O$. *30%ige Lösungen* in $H_2O$ sind in paraffinierten dunklen Flaschen lange stabil; sie werden als *Perhydrol* bezeichnet. Die Dielektrizitätskonstante von $H_2O_2$ ist noch höher als die von $H_2O$; eine 37%ige $H_2O_2$-Lösung hat bei $0°$ DK $= 119$; $H_2O$ bei $0°$ DK $= 88$.

$H_2O_2$ ist metastabil; es erhält sich bei Zimmertemperatur nur deshalb, weil in reinen Lösungen die Zersetzungsgeschwindigkeit klein ist. Durch kolloidale Metalle, besonders Platin, auch durch $MnO_2$ und Sonnenlicht wird die Zersetzung beschleunigt; durch Phosphorsäure und organische Stoffe, z.B. Harnstoff und Acetanilid, wird sie katalytisch gehemmt und bis zur Unmerklichkeit verlangsamt. Kristallisierte, stabile wasserlösliche Präparate einer Anlagerungsverbindung von $H_2O_2$ an Harnstoff werden unter dem Namen Ortizon als desinfizierender Zusatz zu Mundwässern und Zahnpasten benutzt.

1—3%ige Lösungen werden als Wund- und Halsdesinfektionsmittel verwendet.

$H_2O_2$ ist ein Oxydationsmittel.

**Formel 52.**

$$H_2O_2 \rightarrow H_2O + O; \qquad 2\,O \rightarrow \overset{\uparrow}{O_2}$$

| Wasserstoff-<br>superoxyd | Wasser | atomarer Sauerstoff<br>starkes Oxydationsmittel,<br>nur sehr kurze Zeit beständig | molekularer<br>Sauerstoff<br>stabil |

Gegenüber stärkeren Oxydationsmitteln verhält sich $H_2O_2$ als Reduktionsmittel.

**Formel 53.**

$$\overbrace{5\,H_2O_2 + 2\,KMnO_4 + 3\,H_2SO_4 \rightarrow 8\,H_2O + \underbrace{2\,MnSO_4} + K_2SO_4 + 5\,O_2}^{\text{Oxydation}}$$

Reduktion

| Wasser-<br>stoff-<br>superoxyd | Kalium-<br>perman-<br>ganat | | | Mangan-<br>sulfat | freier<br>Sauer-<br>stoff |
| flüssig, farblos<br>Sauerstoff<br>$-$ 2wertig | violette<br>Kristalle<br>Mn $+$ 7wertig | | $\longrightarrow$ | rosa Kristalle<br>Mn $+$ 2wertig | Gas, farblos<br>Sauerstoff<br>nullwertig |

Diese Reaktion wird im Laboratorium als Darstellungsmethode für reines $O_2$-Gas verwendet.

Technisch wurde $H_2O_2$ über Bariummetall hergestellt, das an der Luft von selbst zu $BaO_2$ verbrennt; daraus läßt sich mit $H_2SO_4$ eine Lösung von $H_2O_2$ in $H_2O$ gewinnen, aus der man $H_2O_2$ durch Vakuumdestillation anreichern kann (S. 158).

Eine heute übliche elektrolytische Darstellungsmethode von $H_2O_2$ s. bei Persulfaten (Formel 67, S. 105).

Eine Nachweismethode für $H_2O_2$ steht bei Titan (Formel 204, S. 197).

## Deuterium, D, Nr. 1.

Atomgewicht: 2,014; Schmelzpunkt: −254°; Siedepunkt: −250°;
Wertigkeit: +1, −1; Elektronen: 1.

*Deuterium* ist das von UREY 1932 entdeckte Isotop des Wasserstoffs, das neben dem Proton ($_1^1H$) im Kern noch ein Neutron ($_1^0n$) enthält. Es kommt im gewöhnlichen Wasser zu etwa $^1/_{5000}$ des H vor. Da sein Atomgewicht fast genau doppelt so hoch ist wie das des H, sind die physikalischen Eigenschaften von $D_2$ und $H_2$ trotz fast gleicher chemischer Eigenschaften genügend verschieden, um eine vollständige Isotopentrennung möglich zu machen. Die Trennung kann durch fraktionierte Diffusion von $H_2$-$D_2$-Gemischen durch feinporige Tonrohre erfolgen, wobei die kleineren $H_2$-Moleküle rascher diffundieren, besser durch Elektrolyse von Wasser, da $D^+$ eine um 0,045 Volt höhere Überspannung zur Überführung in $D_2$ braucht als $H^+$. Trotzdem ist die Anreicherung durch eine einzige Elektrolyse gering; durch vielfach wiederholtes Verbrennen des entstandenen $H_2$ zu $H_2O$ und neues Elektrolysieren bis auf kleine Wasserreste kann man schließlich aus großen Mengen Wasser kleine Quantitäten von 99,9 %igem $D_2O$ anreichern.

*Deuteriumoxyd. $D_2O$, schweres Wasser*, ist heute käuflich, da es bei großen Hydrierwerken mit elektrolytisch gewonnenem $H_2$ (z.B. bei Ammoniakwerken in Norwegen) aus den $H_2O$-Elektrolytrückständen ohne all zu große Sonderkosten gewonnen werden kann.

Die *Eigenschaften von $D_2O$* sind folgende:

*Schmelzpunkt* +3,8°; *Siedepunkt* +101,4°; *kritische Temperatur* +371°. *Dichte* bei 4° 1,107. Die *Löslichkeit* von Salzen in $D_2O$ ist meist um $^1/_2$ bis $^1/_3$ geringer als in $H_2O$, ebenso Dissoziation und elektrische Leitfähigkeit.

Biologisch spielt $D_2O$ keine Rolle; in reinem $D_2O$ sterben alle lebenden Zellen. In einer Konzentration von $^1/_{5000}$ kommt $D_2O$ neben HDO wie im gewöhnlichen Wasser, auch im Zellwasser aller lebenden Organismen vor. Geringfügige Anreicherungen in einigen Pflanzen und Tieren sind festgestellt worden.

*Isotopindicatoren. $D_2$* wird in der *Biochemie* als *Markierungs- und Indicatorsubstanz* vielfach verwendet. In vielen organischen zelleigenen Verbindungen, z.B. Fettsäuren, lassen sich einzelne H-Atome chemisch im Laboratorium durch D ersetzen. Solche Substanzen sind, da sie, wenigstens im Paraffinteil der Fettsäure, mit dem Körper-$H_2O$ ihr Deuterium nicht austauschen, markiert, mit einem Indicator versehen. Man hat sehr feine Methoden entwickelt (massenspektrographisch, S. 24, SCHÖNHEIMER), die es erlauben, D in kleinsten Spuren quantitativ zu bestimmen. Da solche mit D statt mit H versehene Substanzen, etwa Fette, sich im Körper bei den kleinen eingeführten D-Mengen biochemisch genau wie normale Fette verhalten, kann man sie und ihre biochemischen Umsatzprodukte im Körper von Zelle zu Zelle verfolgen. Diese Methoden, z.B. auch die Verwendung von künstlich radioaktivem Phosphor als Indicator im Zellstoffwechsel (VON HEVESY), werden unsere Kenntnisse über die chemischen Vorgänge in lebenden Zellen in den nächsten Jahrzehnten wesentlich erweitern.

*Tritium.* Ein künstliches radioaktives Isotop des Wasserstoffs, Tritium, $_1^3T$, Halbwertszeit 31 Jahre, Siedepunkt −248°, läßt sich nach Formel 11, S. 39, gewinnen, und wird im Gemisch mit Deuterium in der Wasserstoffbombe verwendet (s. S. 38).

## Sauerstoff, O, Nr. 8.

(lat. oxygenium; engl. oxygen; franz. oxygène).

Atomgewicht: 16,000; Dichte: flüss. 1,118; Schmelzpunkt: −218°; Siedepunkt: −183°.
Wertigkeit: −2; Elektronenschalen: 2,6; Isotope: 16 (99,76 %) : 17 (0,04 %) 18 (0,2 %).

*Geschichte, Vorkommen.* Dieses (in Bindung als Metalloxyd) häufigste Element unserer Erdrinde wurde 1774 von PRIESTLEY und 1777 von SCHEELE hergestellt und 1781 von Lavoisier als verbrennungsunterhaltende Substanz erkannt; er nannte es Oxygenium. Sein geologisches Hauptvorkommen sind die Gesteine (Metall- und Nichtmetalloxyde), weiter das Wasser $H_2O$; daneben enthält die Atmosphäre freies elementares Gas $O_2$; in Bodennähe überall 20,9 Vol.-% $O_2$.

Die Verbindungen von $O_2$ mit Elementen nennt man *Oxyde*; sie werden bei jedem Element gesondert behandelt.

*Biologisches.* Biologisch ist $O_2$ eines der wichtigsten Elemente unserer Erde: Die gesamte Tierwelt bestreitet ihren Energie-Wärmeverbrauch ausschließlich aus der Vereinigung von organischen Nahrungsverbindungen (Fett, Kohlenhydrat, Protein) mit $O_2$, aus der „Verbrennung" der Nahrungsstoffe. Im Gegensatz zu der landläufigen Vorstellung von Verbrennung, wobei Feuer, hohe Temperaturen auftreten, verläuft die Verbrennung der Nahrungsstoffe in lebenden Zellen langsam, gebremst, so daß nie zu hohe Temperaturen entstehen, bei denen die lebende Zelle zerstört würde. Der zur Verbrennung nötige $O_2$ diffundiert entweder direkt durch die Zellwände (Würmer, Vogeleier), oder er wird aus der Luft durch sackartige Diffusionsorgane (Lungen) erst in einer im Körperinneren zirkulierenden Flüssigkeit angereichert (Blut und Lymphkreislauf), und so den Zellen angeboten. Wassertiere absorbieren den aus der Luft im Wasser gelösten $O_2$ (maximal lösl. 31 ml pro 1 Liter $H_2O$ bei 20°, Atmosphärendruck, in Berührung mit reinem $O_2$-Gas; bei Berührung mit Luft 6 ml/1 $H_2O$) durch besondere blutreiche Diffusionsorgane, die Kiemen, oder durch die Haut. Das als Verbrennungsprodukt ebenfalls durch Diffusion in die Atmosphäre ausgeatmete $CO_2$ wird von wachsenden Pflanzen wieder aufgenommen *(Assimilation)* und mit Hilfe der Energie der Sonnenstrahlen (primär) zu Kohlenhydraten (s. S. 300) reduziert. Dabei entsteht freier $O_2$. Sekundär entstehen in der Pflanze aus Kohlenhydraten auf noch unbekannten chemischen Wegen Fette und Proteine.

Es findet ein Kreislauf zwischen Tier- und Pflanzenwelt statt, durch den der $O_2$-Gehalt der Atmosphäre konstant bleibt.

**Formel 54.**

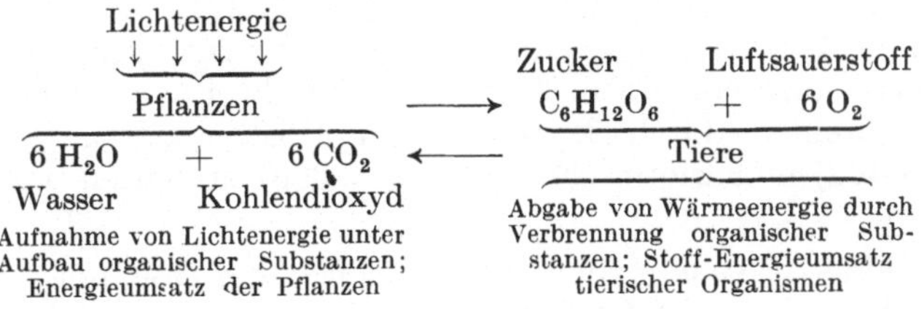


*Element $O_2$.* Im Laboratorium stellt man $O_2$-Gas aus $KMnO_4$ und $H_2O_2$ dar; technisch durch fraktionierte Destillation flüssiger Luft. Der höher siedende $O_2$ (Siedep. —183°) bleibt nach dem Wegsieden des $N_2$ Siedep. —196°) als schwach himmelblaue Flüssigkeit zurück. Das Gas $O_2$ ist geruchlos und farblos, in sehr dicken Schichten (Luftatmosphäre) schwach blau. $O_2$ wird für Knallgas- und Acetylengebläse gebraucht. Er wird dazu in Stahlflaschen unter 200 Atm. gepreßt; im Gegensatz zu $CO_2$ ist Sauerstoff auch unter so hohem Druck in der Flasche nicht flüssig, da seine kritische Temperatur bei —118,8° liegt. In flüssigem Sauerstoff kommen außer $O_2$-Molekülen auch $O_4$-Moleküle vor.

*Ozon.* Außer in Form von $O_2$ kann Sauerstoff noch als $O_3$, Ozon, auftreten. Im Gegensatz zum geruchlosen $O_2$ riecht Ozon scharf. Es ist als Gas farblos und entsteht bei stillen elektrischen Entladungen in Luft oder in $O_2$. Schönbein stellte es zuerst 1839 bei der freiwilligen Luftoxydation von weißem Phosphor am Geruch fest. Rein dargestellt wurde es erst 1922 durch RIESENFELD und SCHWAB, nachdem 10%ige stabile Mischungen mit $O_2$ schon 1856 von SIEMENS erhalten worden waren. Reines $O_3$ ist ein hochexplosives Gas. Bei $-112°$ kondensiert es sich zu einer ebenfalls explosiven schwarzblauen Flüssigkeit, die bei $-251°$ zu schwarzbraunen Kristallen erstarrt. Bei der Zersetzung zerfällt es in $O_3 \rightarrow O_2 + O$; der dabei momentan auftretende atomare O ist ein starkes Oxydationsmittel.

$O_3$-Gas spaltet leicht organische Doppelbindungen unter Bildung von explosiven, meist zähflüssigen farblosen *Ozoniden*. Diese lassen sich mit Lauge unter Bildung von Carbonsäuren und Aldehyden abbauen.

*Isotop* $^{18}_8O$. Das etwas angereicherte Isotop des $O_2$ mit dem Atomgewicht 18 (statt 16), das zu 0,2% im gewöhnlichen Sauerstoff vorkommt, wird neuerdings wie Deuterium als Indicatorsubstanz zur Verfolgung des Schicksals individueller O-Atome in chemischen Reaktionen verwendet.

## Schwefel, S, Nr. 16.
(lat. sulfur; engl. sulphur; franz. soufre).
Gelbe Kristalle; Atomgewicht: 32,06; Dichte: 2,05 rhombisch; Schmelzpunkt: 119°; Siedepunkt: 444°; Wertigkeit: $-2$, $+4$, $+6$; Elektronenschalen: 2, 8, 6; Isotope: 32 [96%]; 33 [1%]; 34 [3%].

*Vorkommen.* Der in der Natur (Sizilien, Amerika: Texas) frei vorkommende gelbe Schwefel war schon im Altertum bekannt. Neben dem freien Element finden sich ganze Gebirge aus Metallsulfiden: z.B. *Pyrit* $FeS_2$, *Magnetkies FeS*, *Zinkblende ZnS*, daneben Sulfate $CaSO_4 \cdot 2\,H_2O$, *Gips* und $BaSO_4$, *Schwerspat*. In vielen natürlichen Quellen findet sich teils freier Schwefel in kolloidaler Suspension, teils $H_2S$-Gas gelöst. Vulkanische Gase enthalten manchmal $SO_2$-Gas. Meerwasser enthält geringe Mengen Sulfate (0,3 mg-% $SO_4^{++} = 0,3$ mg pro 100 g $H_2O$).

*Biologisches.* In der Natur kommt Schwefel als Baustein der Aminosäuren Cystin, Cystein, Methionin (Formel 473, S. 321), Taurin (Formel 481, S. 325) in den Proteinen aller lebenden Zellen vor. Der schlechte Geruch von faulendem Fleisch und faulenden Eiern beruht teilweise auf der Bildung von $H_2S$ aus den Proteinen durch Bakterien. $H_2S$ ist stark giftig. Vitamin $B_1$ (Formel 648, S.402) und Biotin (Formel 634, S. 396) enthalten organisch gebundene S-Brücken.

*$SO_2$-Gas* ist ein starkes Gift für Bakterien, Pilze und Insekten; es wird deshalb als billiges Desinfektionsmittel verwendet (Ausschwefeln der Weinfässer durch brennenden S vor der Weineinlagerung). Da $SO_2$ auch ein Pflanzengift ist, leiden die Wälder (vor allem Nadelwälder) in der Umgebung von Industriewerken mit $SO_2$-haltigen Rauchgasen.

Fein verteilter Schwefel, in Cremen, Puder oder in kolloidaler Form in Wasser (Schwefelmilch) wird als wirksames Heilmittel bei vielen parasitären Hautkrankheiten verwendet; ebenso werden natürlich vorkommende Schwefelquellen gebraucht.

*Element.* Elementarer Schwefel existiert in mehreren Modifikationen. Bei Zimmertemperatur ist *rhombischer Schwefel* beständig. Oberhalb 95,6° (Umwandlungspunkt) geht er langsam in *monoklinen Schwefel* (Smp. 119°) über, der sich bei Zimmertemperatur langsam wieder rückwärts umwandelt. Erhitzt man flüssigen Schwefel weiter, so wird er um 250° braun und dickflüssig, bei noch höherer Temperatur wieder dünnflüssig und siedet (nach Selbstentzündung an der Luft bei 250°) bei 444°. Wird solcher dünnflüssiger Schwefel in kaltes Wasser gegossen, so geht er in eine honigartige braune *zähplastische Modifikation* über, die sich bei Zimmertemperatur langsam in festen rhombischen Schwefel zurückverwandelt. Während rhombischer und monokliner Schwefel in $CS_2$ löslich sind, ist plastischer nur teilweise löslich. Alle Schwefelmodifikationen sind Nichtmetalle und praktisch elektrische Nichtleiter. Das Molekül des elementaren rhombischen Schwefels hat nach kryoskopischen Messungen die Formel $S_8$.

Technisch wird Schwefel aus natürlichen Lagern durch Ausschmelzen gewonnen, neuerdings auch aus Steinkohlen, die 1—2% S enthalten, die bei der Verkokung als $H_2S$ weggehen und durch Waschung der Gase mit Eisenoxydsuspensionen als FeS gewonnen werden können.

Schwefel wird hauptsächlich für zwei Zwecke verwendet: als freier Schwefel zur Vulkanisierung von Kautschuk und als Oxyd $SO_3$ zur Fabrikation der technisch wichtigsten Säure $H_2SO_4$, Schwefelsäure.

*Schwefeldioxyd.* Das *Schwefeldioxyd, $SO_2$,* das man durch direkte Verbrennung des Schwefels an der Luft erhält, ist ein farbloses, scharf riechendes Gas (Siedep. $-10°$, lösl. bei 20° 40 Liter Gas/1 Liter $H_2O$). In $SO_2$ ist Schwefel $+4$wertig. $SO_2$ wird technisch in großen Mengen beim Abrösten sulfidischer Erze gewonnen.

**Formel 55.**

$$2\,FeS_2 \quad + \quad 5\tfrac{1}{2}\,O_2 \quad \rightarrow \quad Fe_2O_3 \quad + \quad \overset{\uparrow}{4\,SO_2}$$

|  |  |  |  |
|---|---|---|---|
| Pyrit | Sauerstoff | Eisenoxyd | Schwefeldioxyd |
| fest, metallgrau | aus Luft | fest, rot | Gas, farblos |
| Dichte 4,87 | Gas | Smp. 1565° | Siedep. $-10°$ |
| Smp. 1171° |  | Dichte 5,24 |  |

$SO_2$ wird als Flüssigkeit unter Druck (kritische Temperatur $+157°$ bei 77 Atm.) in der Erdölindustrie als Lösungsmittel verwendet; es löst ungesättigte Petroleumkohlenwasserstoffe auf und gesättigte nicht, die man so trennen kann (EDELEANU-*Verfahren*). Flüssiges $SO_2$ wurde früher auch als Kühlflüssigkeit in elektrischen Kühlschränken verwendet (Verdampfungswärme bei 10° 96 cal/g). In flüssigem $SO_2$ gelöste Salze dissoziieren wie in $H_2O$; die Dissoziation ist schwächer wegen der geringeren Dielektrizitätskonstante. Solche Lösungen leiten den elektrischen Strom (Elektrolytleitung). $SO_2$ hat wie $H_2O$ Dipolstruktur; d.h. die beiden O-Atome liegen nicht symmetrisch zum S auf einer Geraden.

**Formel 56.**

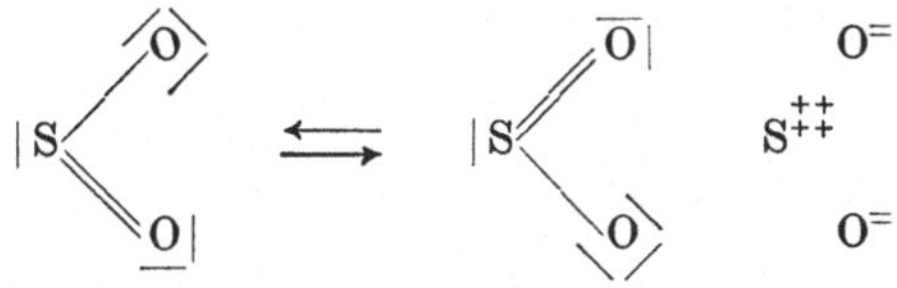

Dipol-Strukturformel des $SO_2$ (s. S. 75)

Zwei mesomere Grenzformeln (s. S. 334). Der Winkel zwischen den beiden Bindungsrichtungen der beiden O am S beträgt 121°; der Abstand S—O = 1,43 Å

In der wäßrigen Lösung von $SO_2$ liegt ein Gleichgewicht zwischen Gas und einer Säure vor, der *schwefligen Säure*. Die Struktur dieser Säure (Schwefel $+4$wertig), wie auch der weit wichtigeren Schwefelsäure, in der S$+6$wertig ist,

7*

ist die einer Komplexverbindung; in Elektronenformulierung wird sie folgendermaßen bezeichnet:

**Formel 57.**

$$SO_2 + H_2O \; \underset{\text{Kälte}}{\overset{\text{Wärme}}{\rightleftarrows}} \; H_2SO_3 \; \rightleftarrows \; H^+ + SO_3H^- \; \rightleftarrows \; 2\,H^{++} + SO_3^=$$

Schwefeldioxyd    Schweflige Säure    einbasisch    zweibasisch Schweflige Säure
Gas, Siedep. $-10°$

$$\left[\begin{matrix} O^{-2} \\ \quad S^{+4}O^{-2} \\ O^{-2} \end{matrix}\right]^= 2\,H^{++} \qquad \left[\begin{matrix} |\overline{O}| \\ | \\ |\overline{O} - S \, | \\ | \\ |O| \end{matrix}\right]^= 2\,H^{++}; \qquad \left[\begin{matrix} O^{-2} \quad O^{-2} \\ \quad S^{+6} \\ O^{-2} \quad O^{-2} \end{matrix}\right]^{--} 2\,H^{++} \qquad \left[\begin{matrix} |\overline{O}| \\ | \\ |\overline{O} - S - \overline{O}| \\ | \\ |O| \end{matrix}\right]^= 2\,H^{++}.$$

Komplexformel    Elektronenformel    Komplexformel    Elektronenformel

Schweflige Säure. $H_2^{++}SO_3^{--}$    Schwefelsäure. $H_2^{++}SO_4^{--}$

Schweflige Säure ist eine mittelstarke Säure; das Gleichgewicht ist, wie bei $CO_2$, weitgehend nach der Seite reiner Lösung von $SO_2$ in Wasser verschoben. Durch Erwärmen kann man das frei gelöste $SO_2$ vertreiben, da seine Löslichkeit mit steigender Temperatur geringer wird, wodurch sich das Gleichgewicht verschiebt und schließlich alles $SO_2$ aus der Lösung verschwindet. Deswegen kann man reine $H_2SO_3$ wie auch $H_2CO_3$ nicht herstellen; sie ist nur in verdünnter wäßriger Lösung bekannt.

*Sulfite.* Die kristallisierten Metallsalze der schwefligen Säure nennt man *Sulfite*, z.B. *Natriumsulfit* $Na_2SO_3 \cdot 7\,H_2O$ (lösl. 20,3% in $H_2O$) und Natriumhydrogensulfit *(Natriumbisulfit)* $NaHSO_3$. Sie sind gut beständig, zersetzen sich aber schon wenig oberhalb 100°. Man erhält sie durch Einleiten von $SO_2$-Gas in Laugen oder in $Na_2CO_3$-Lösungen. Die farblosen, kristallisierten Sulfite sind *Reduktionsmittel.* Der $+4$wertige S, der noch 2 Elektronen in seiner äußeren Schale enthält, sucht sie noch abzugeben, um in den Zustand der vollständigen nächstniederen 8er Elektronenschale zu kommen; $S^{+4}$ sucht in $S^{+6}$ überzugehen; die $S^{+6}$-Verbindungen sind stabiler.

Alkalisulfit und Bisulfitlösungen werden in der Färbereiindustrie und in der chemischen Technik gebraucht; $Ca(HSO_3)_2$ (das nur in wäßriger Lösung existiert) wird als *Bisulfitlauge* zum Aufschließen des Holzes zu Cellulose (Zellstoff) verwendet (Herauslösung von 30% Lignin des Holzes durch Bisulfit).

Durch Übersättigen einer Kaliumbisulfitlösung mit $SO_2$ erhält man *Kaliummetabisulfit*, $K_2S_2O_5$, weiße harte Kristalle, deren Lösung als Reduktionsmittel in der Küpenfärberei verwendet wird.

Reduziert man eine solche Lösung mit Zink, so kommt man zum *Hyposulfit*, $Na_2S_2O_4$ (früher Hydrosulfit genannt), das in entwässertem Zustand beständig ist.

**Formel 58.**

$$\left[\begin{matrix} |\overline{O} - S - S - \overline{O}| \\ | \quad | \\ |O| \; |O| \end{matrix}\right]^- 2\,Na^{++} \qquad \left[\begin{matrix} O^{-2} \qquad O^{-2} \\ \quad (S-S)^{+6} \\ O^{-2} \qquad O^{-2} \end{matrix}\right]^- 2\,Na^{++}$$

Natriumhyposulfit.
Neuerdings auch als Dithionit bezeichnet.
$Na_2S_2O_4 \cdot 2\,H_2O$; weiße Kristalle; leicht löslich in $H_2O$

Während im Metabisulfit beide S $+4$wertig sind, liegen im Hyposulfit wahrscheinlich nebeneinander $+4$- und $+2$wertiger Schwefel vor. Eine vom Hyposulfit abgeleitete Formaldehydverbindung ist $CH_2(OH)SO_2^-Na^+ \cdot 2\,H_2O$ *Rongalit,* ein weißes Salz. Alle Hyposulfite sind starke Reduktionsmittel, in Wasser wenig beständig und werden in der Küpenfärberei gebraucht (Indigoreduktion zu Indigweiß, s. S. 21).

*Thiosulfat.* Beim Kochen von Sulfiten mit Schwefelpulver löst sich ein Teil des Schwefels, es entstehen die schön kristallisierenden *Thiosulfate.* Man kann den Vorgang als eine Oxydation von Sulfit mit S auffassen; das zentrale S-Atom geht dabei aus dem $+4$wertigen in den $+6$wertigen Zustand über; das neueintretende S ist $-2$wertig. Man kann Thiosulfat als eine Verbindung aus Sulfaten und Sulfiden ($H_2S$) ansehen.

**Formel 59.**

$$\begin{bmatrix} O^{-2} & O^{-2} \\ & S^{+6} \\ O^{-2} & S^{-2} \end{bmatrix}^{=} 2\,Na^{++} \quad \begin{bmatrix} & |\overline{O}| & \\ & | & \\ |\overline{O} - & S - & \overline{S}| \\ & | & \\ & |\overline{O}| & \end{bmatrix}^{=} 2\,Na^{++} = Na_2^{++}S_2O_3^{--}.$$

*Natriumthiosulfat,* $Na_2S_2O_3 \cdot 5\,H_2O$, ebenso $(NH_4)_2S_2O_3$ werden als Fixiersalz in der Photographie verwendet; sie bilden mit dem unlöslichen AgBr der Photoplatte leicht wasserlösliche Komplexe (s. S. 188). Fälschlicherweise werden Thiosulfate manchmal als Salze der unterschwefligen Säure bezeichnet, wozu auch die bei Apothekern immer noch übliche alte lateinische Bezeichnung „Natrium hyposulfurosum" beiträgt.

*Jodometrie* (s. a. S. 136). Weiter wird $Na_2S_2O_3$ in der Jodometrie verwendet. Mit Jod, das man als Äquivalent von Oxydationsmitteln (s. Formel 40, S. 87) aus HJ-Lösungen erhält, bildet es quantitativ Tetrathionat und NaJ. Der Endpunkt der Titration wird durch Stärkelösung festgestellt, mit der $J_2$ noch in großer Verdünnung eine blaue Adsorptionsfarbe zeigt.

**Formel 60.**

$$2\,H^+J^- \quad + \quad H_2O_2 \quad \rightarrow \quad 2\,H_2O \quad + \quad J_2$$

| Jodwasssserstoff | Wasserstoffsuperoxyd | Wasser | Jod, Element |
|---|---|---|---|
| Jod $-1$wertig<br>farblos | oder ein anderes<br>Oxydationsmittel | | nullwertig<br>braun |

$$J_2 \quad + \quad \rightarrow \quad 2\,J^- \quad +$$

| Jod, elementar | Thiosulfat-ion | Jod-ion | Tetrathionat-ion |
|---|---|---|---|
| braun, nullwertig | | farblos, $-1$wertig | |

*Polythionate* sind bis zu Hexathionaten bekannt. In ihnen sind wahrscheinlich zwei $+6$wertige S-Atome durch eine Kette aus zweiwertigen S-Atomen aneinander gebunden. Auch mit freiem Chlor reagiert Thiosulfat. Es wird unter dem Namen „Antichlor" nach der Chlorbleichung von Textilfasern und Papier (s. S. 316) zur Entfernung von überschüssigem, für die Gewebe schädlichem $Cl_2$ verwendet. Zum Unterschied von $J_2$ reagiert $Cl_2$ mit Thiosulfat unter Bildung von $Na_2SO_4$ und freiem S; nicht unter Tetrathionatbildung.

Die Thiosulfate sind beständig. Die freien Säuren, besonders des einfachen Thiosulfats, zerfallen beim Versuch sie zu isolieren. Ein verdünntes Gemisch von Polythionatsäuren in Wasser ($H_2S_4O_6$ und $H_2S_5O_6$), die WACKENRODER*sche Flüssigkeit,* erhält man durch Sättigen von wäßriger $H_2SO_4$ mit $H_2S$-Gas.

*Schwefeltrioxyd.* **Das Gas** $SO_2$ **läßt sich entweder an Platinkatalysatoren** mit $O_2$ bei 400° oder mit $NO_2$ zu $SO_3$, Schwefeltrioxyd, oxydieren. Reines $SO_3$ ist farblos kristallisiert, schmilzt bei $+15°$ und siedet bei $+46°$, polymerisiert sich aber bei Zimmertemperatur zu festen weißen, verfilzten Kristallnadeln, die sich bei 50° über die Gasform wieder in monomeres $SO_3$ verwandeln. $SO_3$ raucht an der Luft ($H_2SO_4$-Bildung), verkohlt Kohlenhydrate (Holz, Zucker, Baumwolle), vereinigt sich mit Wasser explosionsartig und ist äußerst reaktionsfähig.

Beide Oxydationsprozesse des $SO_2$ haben in der Technik große Bedeutung, da $SO_3$ sich mit $H_2O$ zur wichtigsten technischen Säure $H_2SO_4$, Schwefelsäure, verbindet.

**Formel 61.**

1.
$$SO_2 \;+\; \tfrac{1}{2}O_2 \xrightarrow[400°]{\text{Pt-Katalysator}} SO_3 \;+\; 23,1 \text{ kcal}$$
(Kontaktverfahren)

2.
$$SO_2 \;+\; NO_2 \;\rightarrow\; SO_3 \;+\; NO; \quad 2\,NO \;+\; O_2 \;\rightarrow\; 2\,NO_2$$
(Bleikammerverfahren)

$$SO_3 \;+\; H_2O \;\rightarrow\; H_2SO_4 \;+\; 21,3 \text{ kcal}$$

Schwefel-          Schwefel-

trioxyd            säure

*Schwefelsäure.* Nach dem älteren Verfahren, dem *Bleikammerverfahren*, wird das aus der Abröstung der Metallsulfide erhaltene $SO_2$ (Temperatur 250—300°) nach Vorreinigung in Staubkammern zuerst von unten in den *Gloverturm* geführt. Das ist ein mit säurefesten Steinen ausgemauerter, mit Lavastücken oder Tonringen gefüllter, bis 10 m hoher Turm, in dem von oben ein Gemisch von $HNO_3$, $HO$—$SO_2$—$ONO$, Nitrosylschwefelsäure und 60%iger $H_2SO_4$ den heißen $SO_2$-Gasen entgegengeführt wird. An den großen Berührungsflächen des Gloverturms wird $SO_2$ durch $NO_2$ (aus der $HNO)_3$ langsam oxydiert.

Durch die hohe Temperatur der Reaktionsgase wird gleichzeitig die von oben kommende $NO_2$-haltige etwa 60%ige $H_2SO_4$ auf 80% eingedampft; sie wird unten im Gloverturm frei von Stickstoffverbindungen abgelassen.

Das aus $SO_2$, $SO_3$, $H_2O$, $NO_2$, NO und etwas Schwefelsäure bestehende 200° heiße Gasgemisch, das oben den Gloverturm verläßt, wird in großen, mit Blei ausgeschlagenen Kammern *(Bleikammern)* mit insgesamt bis 5000 cm³ Inhalt etwa $^1/_2$ Std sich selbst überlassen; hier wird langsam alles $SO_2$ von $NO_2$ zu $SO_3$ fertig oxydiert. Von oben wird in die Bleikammern die nötige Menge $H_2O$ versprüht, so daß sich 60%ige flüssige $H_2SO_4$ bildet und kondensiert, die unten abgelassen wird. Die so erhaltene Säure wird entweder direkt mit $NH_2$ zum Düngemittel $(NH_4)_2SO_4$ verarbeitet oder in Quarzpfannen auf offenem Feuer weiter zu konzentrierter $H_2SO_4$ eingedampft und nötigenfalls durch Destillation gereinigt.

In dem Schlamm, der sich auf dem Boden der Bleikammern sammelt, findet sich rotes elementares Selen (etwa 1 g auf 1,5 kg $H_2SO_4$), das als steter natürlicher Begleiter des S als Gas $SeO_2$ mit $SO_2$ in die Kammern kam, dort aber zum Element Se reduziert wird (s. S. 181). Ebenso finden sich Tellur und Thallium.

Die aus der Bleikammer abgehenden Restgase, Gemische von viel $N_2$ mit nitrosen Gasen, werden mit Luft gemischt; alle nitrosen Gase werden zu $NO_2$ oxydiert. Der Gasstrom wird zuletzt durch neue mit 60%iger $H_2SO_4$ berieselte Absorptionstürme *(GAY-LUSSAC-Türme)* geleitet; alles $NO_2$ wird als $HNO_3$ und Nitrosylschwefelsäure absorbiert und wandert wieder in den Gloverturm.

Das Prinzip des Verfahrens ist eine Oxydation von $SO_2$ durch $NO_2$ und Reoxydation des dabei gebildeten NO durch Luft-$O_2$ zu $NO_2$, so daß die nitrosen

Gase als katalytische Überträger von Luft-$O_2$ auf $SO_2$ wirken. Ein kleiner Teil der nitrosen Gase wird nicht nur zu $NO$, sondern zu $N_2$ reduziert und geht dadurch verloren, so daß man im Bleikammerprozeß ständig einen Teil der umlaufenden nitrosen Gase neu zuführen muß.

Eine Bleikammeranlage arbeitet kontinuierlich bis zu einem Jahr; länger hält auch Bleiblech der zerfressenden Wirkung der $H_2SO_4$ nicht stand.

Im zweiten Verfahren *(Kontaktverfahren)* werden sehr sorgfältig (durch Elektro-Entstaubung) gereinigte $SO_2$-Gase mit Luft über Platin-Asbestkontakte

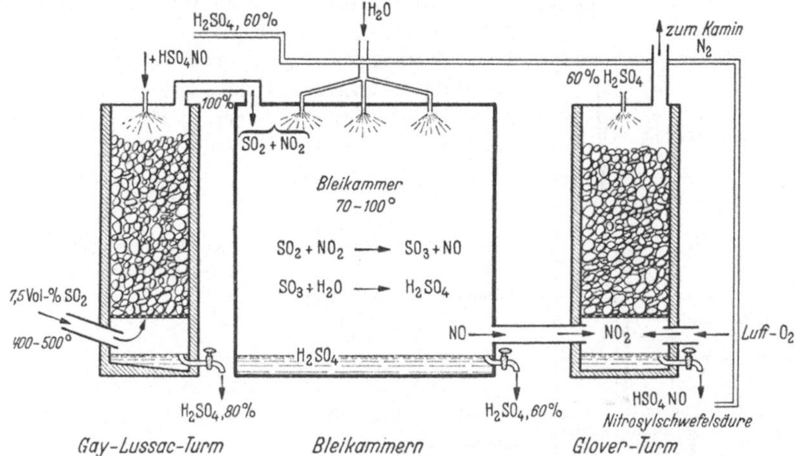

Abb. 36. Darstellung von $SO_2$ und $H_2SO_4$ nach dem Bleikammerverfahren.

oder billiger über Vanadiumpentoxyd $V_2O_5$ geleitet und dort zu $SO_3$ oxydiert. Die Vorreinigung der Gase ist schwierig; schon kleine Spuren Arsen, wie sie in den meisten Sulfiderzen vorkommen, vergiften den Katalysator, machen ihn unwirksam.

**Formel 62.**

$$SO_2 \quad + \quad \tfrac{1}{2}O_2 \quad \underset{\text{über 430°}}{\overset{\text{Katalysator ab 400°}}{\rightleftarrows}} \quad SO_3 \quad + \quad 23{,}1 \text{ kcal}$$

Schwefeldioxyd          Schwefeltrioxyd

Gas, farblos       fest, farblos

Siedep. $-10°$       Smp. $+15°$; Siedep. $+46°$

Dichte 2,75

Die Reaktion wird zwischen 400 und 450° durchgeführt. Unter 400° sind die Katalysatoren wenig wirksam; über 430° fängt das gebildete $SO_3$ an, sich rückwärts in $SO_2$ und $O_2$ zu zersetzen.

Man muß deshalb in einem engen Temperaturbereich arbeiten, was wegen der Reaktionswärme, die von der Katalysatoroberfläche abgeleitet werden muß, große technische Schwierigkeiten macht.

Das beim Kontaktverfahren gebildete gasförmige $SO_3$ kann nicht direkt in $H_2O$ zu $H_2SO_4$ gelöst werden; es bildet mit $H_2O$ schwer kondensierbare Nebel aus $H_2SO_4$-Tröpfchen. Man leitet es deshalb in konzentrierte $H_2SO_4$, mit der es *rauchende Schwefelsäure $H_2SO_4 + SO_3$ (Oleum)* bildet, die nachher durch Zugabe der berechneten Menge $H_2O$ in $H_2SO_4$ übergeführt wird.

Die dabei entstehende Reaktionswärme ist beträchtlich: $SO_3 + H_2O \rightarrow H_2SO_4 + 21{,}3$ kcal. Die direkte Vereinigung von festem $SO_3$ mit $H_2O$ führt zu explosionsartigem Zerspritzen.

Reine 100%ige Schwefelsäure, $H_2SO_4$, ist eine ölige, in jedem Verhältnis mit $H_2O$ mischbare ($+21,3$ kcal pro Mol $H_2SO_4$), bei $10,5°$ schmelzende und bei $338°$ siedende, sehr hygroskopische Flüssigkeit. Da schon vor dem Siedepunkt etwas $SO_3$ entweicht, siedet bei $338°$ eine 98,3%ige Säure, die *konzentrierte Schwefelsäure* des Handels. Von $H_2SO_4$ gibt es zahlreiche definierte Hydrate.

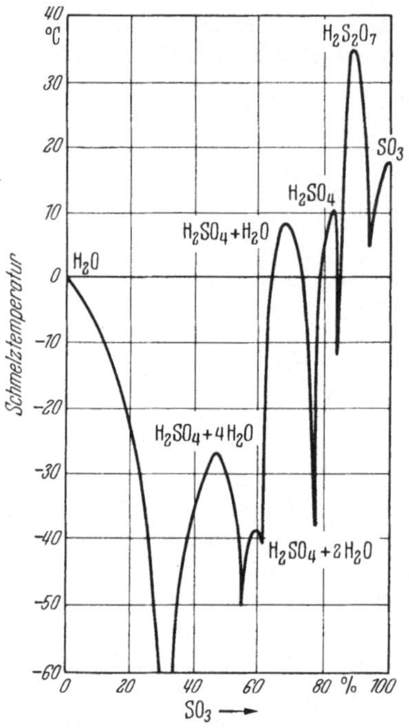


Abb. 37. Schmelzdiagramm der Hydrate von $SO_3$.

Da der Gehalt an $H_2SO_4$ meist aus dem spezifischen Gewicht oder der Siedetemperatur bestimmt wird, kann man ihn aus entsprechenden Diagrammen entnehmen. (Dichte von 98,3 gewichtsprozentiger $H_2SO_4 = 1,84$; 60%iger $= 1,50$; 20%iger $= 1,14$.) $H_2SO_4$ ist stark wasseranziehend, hygroskopisch. Sie entreißt manchen organischen Verbindungen, z.B. Kohlenhydraten, $H_2O$, und verkohlt sie so.

**Formel 63.**

$$C_6H_{12}O_6 \;+\; H_2SO_4 \;\rightarrow\; 6\,C \;+\; H_2SO_4(6\,H_2O)$$
Zucker     Schwefelsäure    Kohle    Schwefelsäurehydrat
farblos,      konzentriert   schwarz, amorph
kristallisiert   98,3%, farblos
Siedep. 338°
Dichte 1,84

$H_2SO_4$ ist eine starke 2basische Säure; eine 1%ige Lösung ist zu etwa 30% in $H^+$ und $HSO_4^-$ dissoziiert.

**Formel 64.**

$$H_2SO_4 \;\underset{\leftarrow}{\rightarrow}\; H^+ \;+\; HSO_4^- \;\underset{\leftarrow}{\rightarrow}\; 2\,H^{++} \;+\; SO_4^=$$
Schwefelsäure       Bisulfation         Sulfation

*Sulfate.* Von ihren Salzen, den *Sulfaten*, sind nur die farblosen Erdalkalisulfate, $CaSO_4$, $SrSO_4$, $BaSO_4$ und $PbSO_4$, in $H_2O$ schwer löslich. Alle anderen sind wasserlöslich. Alle sind gut kristallisiert; viele kristallisieren isomorph.

Die Sulfate mancher, besonders 3wertiger Metalle zersetzen sich beim Glühen; so $Fe_2(SO_4)_3$ und $Al_2(SO_4)_3$ zu $Al_2O_3 + 3\,SO_3$. Aus solchen Sulfaten wurden vor 100 Jahren $SO_3$ und $H_2SO_4$ dargestellt.

Die Alkalisulfate sind glühbeständig; $Na_2SO_4$, *Natriumsulfat* Smp. $884°$, Dichte $2,69$; $K_2SO_4$, Smp. $1067°$, Dichte $2,66$. Die sauren Alkalisulfate *(Bisulfate)* $NaHSO_4$ (Smp. $182°$) und $KHSO_4$ (Smp. $210°$) sind kristallisiert und hygroskopisch. Sie werden technisch manchmal zu Schmelzen als milder reagierende Form von $H_2SO_4$ verwendet. Nur von Alkalimetallen sind Bisulfate bekannt.

Die jährliche Weltproduktion an $H_2SO_4$ betrug 1937 über 6 Millionen Tonnen.

*Pyrosulfate.* Erhitzt man saure Sulfate, so gehen sie in Salze der *Pyroschwefelsäure* über.

**Formel 65.**

$$2\,K^+H^+SO_4^= \;\xrightarrow[400°]{300} \; K_2^{++}S_2O_7^= \;+\; \overset{\uparrow}{H_2O}$$
Kaliumhydrogensulfat          Kaliumpyrosulfat
(Kaliumbisulfat)
kristallisiert, farblos       kristallisiert, farblos, leicht
Smp. 210°, Dichte 2,24     wasserlöslich, Smp. etwa 300°
Dichte 2,27

In wäßriger Lösung bilden sich aus Pyrosulfaten wieder gewöhnliche Sulfate (ortho-Sulfate) zurück.

CARO*sche Säure.* Behandelt man konzentrierte $H_2SO_4$ in der Kälte mit $H_2O_2$, so erhält man CARO*sche Säure,* die mit $H_2O$ wieder umgekehrt bis zu einem Gleichgewicht zerfällt.

**Formel 66.**

$$\begin{bmatrix} O^{-2} & O^{-2} \\ & S^{+6} & \\ O^{-2} & O^{-2} \end{bmatrix}^{=} \begin{matrix} H^+ \\ H^+ \end{matrix} \; + \; H_2O_2 \; \underset{+\,H_2O}{\overset{\text{wasserfrei}}{\rightleftarrows}} \; \begin{bmatrix} O^{-2} & O^{-2} \\ & S^{+6} & \\ O^{-2} & OO^{-2} \end{bmatrix}^{=} \begin{matrix} H^+ \\ H^+ \end{matrix} \; + \; H_2O$$

　　Schwefelsäure　　　　　Wasserstoff-　　　　　　CAROsche
　　　　　　　　　　　　　superoxyd　　　　　Sulfomonopersäure

Man kann sie als bei 45° schmelzende farblose Kristalle rein darstellen; sie ist wie $H_2O_2$ leicht wasserlöslich und ein starkes Oxydationsmittel, ebenso ihre Salze; sie bildet nur einbasische Salze.

*Perschwefelsäure.* Durch Elektrolyse von $H_2SO_4$ und anodische Oxydation bei hoher Stromdichte erhält man eine andere peroxydhaltige Schwefelsäure, die Perschwefelsäure: farblose Kristalle; Schmelzpunkt 60°. Da sie bei 100° in wäßriger Lösung quantitativ in $H_2SO_4$ und $H_2O_2$ zerfällt, verwendet man sie zur technisch-elektrolytischen Darstellung von $H_2O_2$ (s. S. 95).

**Formel 67.**

$$\begin{bmatrix} & O & & O \\ O & S & O-O & S & O \\ & O & & O \end{bmatrix}^{=} \begin{matrix} H^+ \\ H^+ \end{matrix} \; + \; 2\,H_2O \; \overset{100°}{\longrightarrow} \; 2 \times \begin{bmatrix} & O & \\ O & S & O \\ & O & \end{bmatrix}^{=} \begin{matrix} H^+ \\ H^+ \end{matrix} \; + \; H_2O_2$$

　　Perschwefelsäure　　　　　　　　　　　　Schwefelsäure　　　Wasserstoff-
　farblos, Smp. etwa 60°　　　　　　　　　　　　　　　　　　　superoxyd

Das beständige, weiße *Kaliumpersulfat, $K_2S_2O_8$* (lösl. 3%), wird technisch als Oxydationsmittel verwendet, ebenso das Ammoniumpersulfat (in $H_2O$ 40% lösl.).

*Schwefel-Halogenverbindungen.* Durch Vereinigung von trockenem HCl-Gas mit festem $SO_3$ erhält man das Halbchlorid der $H_2SO_4$, die flüssige, an feuchter Luft unter Zersetzung rauchende *Chlorsulfonsäure, $HSO_3Cl$.* Sie wird in der organischen Chemie manchmal zur Einführung von Sulfogruppen verwendet.

**Formel 68.**

$$\begin{bmatrix} O & O \\ & S & \\ O & Cl \end{bmatrix}^{-} H^+; \; \begin{bmatrix} O & Cl \\ & S & \\ O & Cl \end{bmatrix} \; + \; \begin{matrix} HOH \\ HOH \end{matrix} \; \rightarrow \; \begin{bmatrix} O & O \\ & S & \\ O & O \end{bmatrix}^{=} \begin{matrix} H^+ \\ H^+ \end{matrix} \; + \; 2\,HCl$$

　Chlorsulfon-　　　Sulfuryl-　　　　　　　Schwefelsäure　　　Chlor-
　　säure　　　　　chlorid　　　　　　　　　　　　　　　wasserstoff

　flüss., farblos　　flüss., farblos
　Siedep. 156°　　Siedep. 69°
　Dichte 1,79　　　Dichte 1,66
zersetzt sich mit $H_2O$　zersetzt sich mit $H_2O$

Ähnlichen Zwecken dient das *Sulfurylchlorid, $SO_2Cl_2$,* das Dichlorid der Schwefelsäure, das man durch direkte Vereinigung von $SO_2$ und $Cl_2$ bei Anwesenheit von Campher als Katalysator erhält. Es ist eine an feuchter Luft rauchende farblose Flüssigkeit vom Siedepunkt 69°; mit Wasser zersetzt es sich zu HCl und $H_2SO_4$. Dichte 1,66.

Aus Schwefeldichlorid und $SO_3$ erhält man das flüssige *Thionylchlorid, $SOCl_2$,* das Dichlorid der schwefligen Säure vom Siedepunkt 76° und der Dichte 1,63.

**Formel 69.**

$$OS\begin{matrix}Cl\\Cl\end{matrix} \quad + \quad \begin{matrix}H\\O\\H\end{matrix} \quad \rightarrow \quad \overset{\uparrow}{\overline{SO_2}} \quad + \quad \overset{\uparrow}{\overline{2\,HCl}}$$

Thionylchlorid      Wasser      Schwefeldioxyd      Chlorwasserstoff
flüss., farblos; Siedep. 76°            Gas; Siedep. −10°      Gas; Siedep. −85°
Dichte 1,63

Es zersetzt sich mit Wasser. In der organischen Chemie ist es ein bequemes Ersatzmittel für das unangenehm zu handhabende $PCl_5$; man kann damit die OH-Gruppen in organischen Säuren —COOH durch —Cl ersetzen. Da alle entstehenden Reaktionsprodukte außer dem gebildeten Säurechlorid Gase sind und überschüssiges Thionylchlorid durch Destillation entfernt werden kann, erhält man so Säurechloride leicht rein in guter Ausbeute.

**Formel 70.**

$$C_{15}H_{31}\!-\!C\!\!\begin{matrix}\diagup O\\\diagdown OH\end{matrix} \quad + \quad SOCl_2 \quad \rightarrow \quad C_{15}H_{31}\!-\!C\!\!\begin{matrix}\diagup O\\\diagdown Cl\end{matrix} \quad + \quad \overset{\uparrow}{\overline{SO_2}} \quad + \quad \overset{\uparrow}{\overline{HCl}}$$

Palmitinsäure        Thionylchlorid        Palmitylchlorid
farblos, fest          flüss.            farblos, fest        Gas        Gas
Siedep. > 300°      Siedep. 76°      Siedep. > 300°

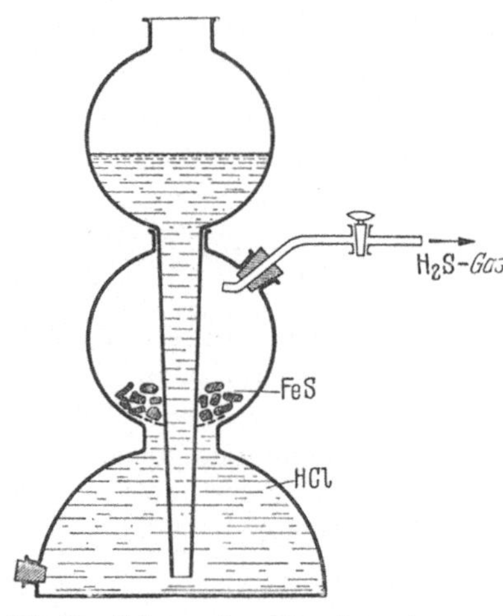


Abb. 38. Schema eines KIPP-Apparates zur Entwicklung von Gasen aus einem festen Stoff und einer Flüssigkeit. In der mittleren Glashohlkugel ist die feste Substanz in Stücken untergebracht. Von oben wird Flüssigkeit zugegossen, die durch die untere Kugel von unten an die Substanz herankommt und mit ihr unter Gasbildung reagiert. Das gebildete Gas wird durch einen seitlichen Hahn oben aus der mittleren Kugel entnommen. Schließt man den Hahn, so drängt das weiter gebildete Gas die Flüssigkeit in die untere Kugel zurück; der Kontakt zwischen den reagierenden Substanzen wird so unterbrochen und die Reaktion kommt zum Stillstand.

Durch Behandeln von geschmolzenem Schwefel mit trockenem $Cl_2$-Gas erhält man gelbes, flüssiges *$S_2Cl_2$, Schwefeldichlorid* (Siedep. $+170°$), das an der Luft raucht, Schwefel gut löst und deshalb bei der Kautschukvulkanisierung gebraucht wird. Es sind auch höhere Chloride, $SCl_2$ und $SCl_4$ (Smp. $−30°$; beim Sieden Zersetzung), bekannt, die sich mit $H_2O$ zersetzen. Dagegen ist das farblose Gas, $SF_6$, erhältlich aus den Elementen, sehr beständig (Siedep. $−62°$).

*Schwefelwasserstoff.* Das Hydrid des Schwefels, $H_2S$, Schwefelwasserstoff, ist ein Gas, in dem der Schwefel —2wertig ist. Man kann es bei erhöhter Temperatur aus den Elementen erhalten; in umkehrbarer, temperaturabhängiger Gleichgewichtsreaktion $S + H_2 \leftrightarrows H_2S + 5$ kcal. Es siedet bei $−61°$ und erstarrt bei $−83°$ zu weißen Kristallen. Bei Zimmertemperatur unter Druck verflüssigtes $H_2S$ (kritische Temperatur $+100°$ bei 89 Atm.) löst viele organische Stoffe. Es ist an der Luft nach vorheriger Zündung brennbar, und oxydiert sich im Gemisch mit Luft, besonders an Metalloberflächen langsam von selbst. Obwohl es in tierischen Darmgasen vorkommt, ist es, durch die Lungen eingeatmet, sehr giftig; wie Blausäure, HCN blockiert es die eisenporphyrinhaltigen Atmungskatalysatoren (s. S. 128).

Ein Volumen $H_2O$ löst bei 20° 2,6 Volumina $H_2S$ (Schwefelwasserstoffwasser). Man erhält $H_2S$ im Laboratorium aus FeS und HCl im KIPPschen Apparat.

**Formel 71.**

$$FeS \quad + \quad 2\,HCl \quad \rightarrow \quad FeCl_2 \quad + \quad \overset{\uparrow}{\overline{H_2S}}$$

Eisensulfid      Salzsäure      Ferrochlorid      Schwefelwasserstoff

schwarz, Smp. 1170°    (etwa 15%ig)    farblos, krist.    Gas, farblos
unlöslich in $H_2O$        zu 38% in $H_2O$ löslich    Siedep. $-61°$
Dichte 4,84        Smp. 677°; Dichte 2,98

$H_2S$ ist eine schwache Säure. Die Dissoziationskonstante der ersten Stufe in 0,1 normaler wäßriger Lösung beträgt bei 20° nur $9 \cdot 10^{-8}$; die Dissoziationskonstante der zweiten Stufe ist noch bedeutend kleiner: $1,1 \cdot 10^{-12}$. Seine Salze mit Metallen heißen *Sulfide*. Die Salze mit starken Basen (Alkalien) reagieren alkalisch. Sie sind in wäßriger Lösung stark hydrolytisch gespalten. Die meisten anderen Sulfide, besonders *Schwermetallsulfide*, sind *in Wasser* praktisch *unlöslich*. Da man sie aus wäßrigen Lösungen durch Einleiten von $H_2S$-Gas ausfällen kann, werden Schwermetallionen in der analytischen Chemie vielfach so abgetrennt und analysiert. Unlösliche Metallsulfide und besonders Polysulfide sind sehr beständig; geologisch bestehen ganze Gebirge aus Sulfiden. Durch langdauernde Einwirkung von Luft und Feuchtigkeit werden sie zu Hydroxyden und Oxyden hydrolysiert und zersetzt; sie verwittern (Entstehung von Eisenoxydlagern aus Pyrit, $FeS_2$).

Manche Sulfide, z.B. $Cr_2S_3$, zersetzen sich mit Wasser sofort hydrolytisch.

**Formel 72.**

$$Cr_2S_3 \quad + \quad 6\,H_2O \quad \rightarrow \quad 2\,Cr(OH)_3 \quad + \quad \overset{\uparrow}{\overline{3\,H_2S}}$$

Chrom-3-sulfid            Chromhydroxyd      Schwefelwasserstoff

grün, fest                grün, fest         Gas
in $H_2O$ unlöslich

$H_2S$ ist ein Reduktionsmittel. Es gibt auch kristallisierbare saure Sulfide, Hydrosulfide, z.B. NaHS und KHS.

Das technisch wichtigste Salz des $H_2S$, *$Na_2S \cdot 9\,H_2O$, Natriumsulfid*, besteht aus hygroskopischen, großen farblosen Kristallen; es wird durch Glühreduktion von $Na_2SO_4$ mit Kohle dargestellt. Bei 18° lösen sich 15,3 g zu 100 ml Gesamtlösung in Wasser.

Da seine wäßrige Lösung die Fähigkeit hat, das wasserunlösliche Protein Keratin (s. S. 332) anzuweichen, wird es in der Lederaufbereitungsindustrie und in der Kosmetik zur Entfernung von Haaren verwendet.

Alkalisulfidlösungen, besonders $(NH_4)_2S$-Lösungen, lösen große Mengen von elementarem Schwefel zu gelben *Polysulfidlösungen*.

**Formel 73.**

$$x\,(NH_4)_2S \quad + \quad y\,S \quad \rightarrow \quad \underbrace{(NH_4)_2S_2 + (NH_4)_2S_3 + (NH_4)_2S_4}$$

Ammoniumsulfid      Schwefelpulver        Polysulfide

wasserlöslich, farblos      gelb            gelb, wasserlöslich

Die Weltproduktion von Schwefel war 1937 3 Millionen Tonnen.

*Analytisch* wird S zu $SO_4^{=}$ oxydiert und als unlösliches *$BaSO_4$* gefällt, abfiltriert, getrocknet und gewogen.

## Stickstoff, N, Nr. 7.

(engl. nitrogen; franz. azote).

Atomgewicht: 14,008; Dichte flüssig: 0,87; Schmelzpunkt: $-210°$; Siedepunkt: $-195°$;
Wertigkeit: $-3, +1, +2, +3, +4, +5$; Elektronenschalen: 2,5; Isotope: 14 [99,62 α%]; 15 [0,38%].

*Vorkommen.* Das sehr reaktionsträge Element $N_2$ wurde durch PRIESTLEY 1772 und SCHEELE 1777 als der nichtbrennbare und die Verbrennung nicht unterhaltende Teil der Luft erkannt.

Geologisch findet sich Stickstoff als $NaNO_3$ (Chilesalpeter) und als Guano, einem Gemisch organischer N-Verbindungen aus in Jahrhunderten angesammelten, verwitterten Vogelexkrementen. Auch die chilenischen Lager von $NaNO_3$ sind aus organischen Substanzen entstanden. Der Gehalt der Luft, des Hauptvorkommens von $N_2$, beträgt in Erdnähe 78,09 Vol.-%.

*Biologisches.* Gebundener N ist ein Hauptbestandteil aller lebenden Substanz. Die Proteine, die Gerüstsubstanz der tierischen Zellen (auch pflanzlicher) enthalten 14% N, zum größten Teil eingebaut in Aminosäuren (s. S. 320). N-haltig sind auch die Purine (s. S. 402) und Lecithine (s. S. 277). Da nur wenige Organismen imstande sind, den reaktionsträgen $N_2$ der Luft in ihre chemische Körpersubstanz einzubauen (z. B. Bakterien auf den Wurzeln von Leguminosen, Lupinen), muß man für erhöhte Wachstumsleistungen den meisten Pflanzen gebundenen Stickstoff als Düngemittel zuführen. Dazu ist sowohl gebundenes $NH_3$ in Salzform, als auch Nitrat geeignet; beides können Pflanzen verwerten, während tierische Zellen Stickstoff nur noch in der komplizierten Form von Proteinen verwenden können. Unser Körper baut den Proteinstickstoff zu Harnstoff ab (Formel 334; S. 265); Vögel und Reptilien zu Harnsäure (Formel 649; S. 402); Mäuse teilweise zu Acetamid (Formel 332; S. 265).

*Element.* $N_2$-Gas kann man durch fraktionierte Destillation flüssiger Luft erhalten; $N_2$ ($-195°$) siedet zuerst weg; $O_2$ ($-183°$) bleibt zurück. Auch durch Überleiten von Luft, die mit KOH getrocknet und von $CO_2$ befreit ist, über glühendes Kupferpulver ($Cu + O \rightarrow CuO$) kann man reinen $N_2$ erhalten, dem in diesem Fall noch 1% Edelgase der Luft beigemischt sind (s. S. 138).

*Stickoxyde.* Es gibt eine Reihe von *Stickoxyden*, $N_2O$, $NO$, $N_2O_3$, $NO_2$, $N_2O_4$, $N_2O_5$. Elementarer $N_2$ geht mit $O_2$ direkt keine Verbindung ein, da zur Spaltung des $N_2$ hohe Energiezufuhr nötig ist. Demgegenüber besteht technisch ein großes Interesse an der Synthese von Stickoxyden aus den billigsten Rohmaterialien $N_2 + O_2$ der Luft.

Die zur Spaltung von molekularem $N_2$ in atomaren N aufzuwendende Energie ist sehr hoch: 208 cal pro Mol. Die Spaltung beträgt bei Zimmertemperatur 0%, bei 3000° 0,075%, bei 4000° 2,93% in reversiblem Gleichgewicht. Solch aktiver atomarer N vereinigt sich leicht mit $O_2$ zu NO. Man muß deswegen zur Vereinigung von N und O sehr hohe Temperaturen anwenden. Das Gleichgewicht $N_2 + O_2 \rightleftarrows 2\,NO$ ist weitgehend von der Temperatur abhängig. Das gebildete NO ist energiereich; bei seinem Zerfall entstehen 42,2 Calorien; doch ist die Zerfallsgeschwindigkeit unterhalb 1000° unmerkbar klein.

Wenn man das bei 3000° eingestellte Gleichgewicht von 5,2 Vol.-% NO konservieren will, muß man die Gase deshalb schnell von 3000° auf 1000—1500° abkühlen; unterhalb dieser Temperatur wird die rückläufige Zersetzungsgeschwindigkeit praktisch null. Man erreicht das dadurch, daß man einen Luftstrom durch ein wassergekühltes Eisenrohr bläst, zwischen dessen Wänden und einem zentralen Kohlenstab ein Lichtbogen brennt. Man erhält so im besten Falle Gase mit 2—3% NO. Nach dieser Methode wurden früher Millionen Tonnen von gebundenem Stickstoff hergestellt. Heute wird gebundener Stickstoff aus Luft-$N_2$ nach dem billigeren HABER-BOSCH-Verfahren (s. S. 112) hergestellt.

*Stickstoff-Monoxyd und Dioxyd.* Das Gas NO ist farblos (Siedep. $-151°$). Es löst sich nur wenig in Wasser und reagiert mit Luft-$O_2$ sofort unter Bildung von braunem $NO_2$-Gas. Durch Zinnchlorür, $SnCl_2$, wird es zu $NH_3$ reduziert.

$$\textbf{Formel 74.} \qquad NO \quad + \quad \tfrac{1}{2}O_2 \quad \underset{> 200°}{\overset{\text{bis } 200°}{\rightleftarrows}} \quad NO_2$$

| Stickoxyd | Stickstoffdioxyd |
|---|---|
| Gas, farblos | Gas, braunrot |
| Siedep. $-151°$ | Siedep. $+22°$ |

Das dunkelbraune, stechend riechende Gas $NO_2$ kondensiert sich bei 22° zu einer gelbbraunen Flüssigkeit, die bei $-10°$ zu farblosen Kristallen erstarrt. Es liegt ein Gleichgewicht vor:

**Formel 75.**

$$N_2O_4 \quad \underset{\text{Kälte}}{\overset{\text{Wärme}}{\rightleftarrows}} \quad 2\,NO_2$$

Stickstofftetroxyd       Stickstoffdioxyd

bei $-10°$ fest       bei $+23°$ Gas
farblos, Dichte 1,49       braun

Oberhalb 200° zersetzt sich $NO_2$ langsam in $NO$ und Sauerstoff. In Laugen löst sich $NO_2$ leicht und geht dabei in Salze der $HNO_3$, Salpetersäure, und der $HNO_2$, salpetrigen Säure, über.

**Formel 76.**

$$2\,NO_2 \quad + \quad 2\,K^+OH^- \quad \rightarrow \quad K^+NO_3^- \quad + \quad K^+NO_2^- \quad + \quad H_2O$$

Stickstoffdioxyd    Kalilauge    Kaliumnitrat    Kaliumnitrit

Gas, braun          N + 5wertig    N + 3wertig
N $-$ 4wertig      Smp. 336°, lösl. 24%    Smp. 387°, lösl. 75%
           Dichte 2,11      Dichte 1,91

*Salpetersäure.* Durch direktes Lösen von $NO_2$ in Wasser in Gegenwart von Luft erhält man *Salpetersäure* $HNO_3$.

**Formel 77.**

$$2\,NO_2 \quad + \quad \tfrac{1}{2}O_2 \quad + \quad H_2O \quad \rightarrow \quad 2\,HNO_3$$

Stickstoffdioxyd    Luftsauerstoff          Salpetersäure

Gas, braun                  flüssig, farblos,
Siedep. $+23°$           Siedep. der 98,2%igen Säure 86°;
                    mit $H_2O$ mischbar, Dichte 1,51

$HNO_3$ kann auch aus Salpeter mit $H_2SO_4$ durch Destillation gewonnen werden.

**Formel 78.**

$$2\,Na^+NO_3^- \quad + \quad H_2SO_4 \quad \xrightarrow{150°} \quad Na_2^+SO_4^{--} \quad + \quad \overset{\uparrow}{HNO_3}$$

Natriumnitrat    Schwefelsäure    Natriumsulfat    Salpetersäure

Chilesalpeter      flüssig      fest, kristallisiert    destilliert ab
farblos, kristallisiert    Siedep. 338°    Smp. 884°
Smp. 308°

Heute wird Salpetersäure meist durch katalytische Oxydation des nach dem HABER-BOSCH-Verfahren hergestellten, billigen $NH_3$ mit Luft an Platinkontakten zu $NO_2$ und nachherige Behandlung nach Formel 77 hergestellt. ·

Reine 98,2%ige $HNO_3$ (Dichte 1,51) ist eine farblose, an feuchter Luft rauchende, mit $H_2O$ mischbare, stark oxydierende Flüssigkeit vom Siedepunkt 86°. Mit $H_2O$ bildet sie ein konstant siedendes Hydrat vom Siedepunkt 121,8°; es ist die 69,2%ige *konzentrierte Salpetersäure* des Handels. 69,2%ige $HNO_3$; in der noch Stickoxyde gelöst sind, ist die *rote rauchende Salpetersäure.* Die Dichte der 69,2%igen Säure ist 1,41; der 40%igen 1,25; die der 20%igen 1,12.

$HNO_3$ ist eine der stärksten Säuren. Da sie außerdem noch stark oxydierend wirkt, löst sie auch Metalle, die in der elektrischen Spannungsreihe (s. S. 89) rechts vom H stehen; z.B. Silber, nicht aber Gold und Platin; daher der alte Name Scheidewasser. Andererseits werden manche Metalle, z.B. Eisen, durch oxydierende $HNO_3$ mit einer schützenden Oxydschicht überzogen, *passiviert*, so daß man $HNO_3$ in eisernen Kesseln transportieren kann.

$HNO_3$ wird hauptsächlich in der organischen Industrie gemeinsam mit $H_2SO_4$ zum *Nitrieren* verwendet (Sprengstoffindustrie; s. S. 352, 353). Das Gemisch von $HNO_3 + H_2SO_4$ heißt *Nitriersäure*; die $H_2SO_4$ hat als stark hygroskopische Substanz den Zweck, das bei der Nitrierung gebildete $H_2O$ an sich zu reißen (s. S. 351).

**Formel 79.**

$$R\text{—}H \quad + \quad HO\text{—}NO_2 \quad \xrightarrow{H_2SO_4} \quad R\text{—}NO_2 \quad + \quad H_2O$$
$$\downarrow$$
$$H_2SO_4$$

| Organische Substanz | Salpetersäure | Nitroverbindung | Schwefelsäure-hydrat |

Organische Stoffe werden durch heiße $HNO_3$ vielfach zerstört, oxydiert. Auf der Haut erzeugt $HNO_3$ gelbe Flecken durch Bildung von Nitrophenylderivaten aus aromatischen Aminosäuren der Proteine (Xanthoproteinreaktion, S. 333).

*Nitrate.* Die *Salze* der Salpetersäure heißen *Nitrate*; sie sind alle kristallisiert und leicht wasserlöslich; die Alkalisalze sind glühbeständig. Die wichtigsten sind $NaNO_3$, *Chilesalpeter* (krist., farblos, Smp. 308°; lösl. $H_2O$ 50%; Dichte 2,25), $NH_4NO_3$ und besonders $KNO_3$, *Kalisalpeter* (Smp. 336°; lösl. $H_2O$ 25%; Dichte 2,11), der als Düngemittel verwendet wird. $K^+$ ist das anorganische Hauptkation der Pflanzen.

Durch Wasserabspaltung aus wasserfreier $HNO_3$ mit $P_2O_5$ und Destillation im Vakuum erhält man $N_2O_5$, *Stickstoffpentoxyd* oder Salpetersäureanhydrid.

**Formel 80.**

$$2\,HNO_3 \quad + \quad P_2O_5 \quad \rightarrow \quad \overset{\uparrow}{N_2O_5} \quad + \quad (P_2O_5 + H_2O)$$

| Salpetersäure | Phosphor-pentoxyd | Stickstoff-pentoxyd | Gemisch von Phosphorsäuren |
| flüssig, Siedep. 86° wasserfrei | fest, weiß | fest, weiß; Smp. 30° Siedep. 50°; Dichte 1,64 | |

Es bildet farblose Kristalle vom Schmelzpunkt 30°, Siedepunkt 50°, die sich beim Erwärmen zersetzen und mit $H_2O$ in heftiger Reaktion $HNO_3$ zurückbilden. Wie im $HNO_3$ ist im $N_2O_5$ der Stickstoff $+5$wertig.

*Nitrite.* Bei der Einleitung von $NO_2$ in Alkalien entstehen neben Nitraten Salze der salpetrigen Säure (Formel 76).

Die in Wasser leicht löslichen, etwas hygroskopischen, farblosen Salze (mit leicht gelblichem Stich), wie $NaNO_2$ (krist., farblos, Smp. 284°, lösl. $H_2O$ 45%) und $KNO_2$ sind beständig. Die freie *salpetrige Säure $HNO_2$* ist dagegen nur in verdünnter Lösung bei tiefer Temperatur kurze Zeit haltbar. Trotzdem werden mit dieser unbeständigen Säure in der organischen Farbstoffchemie in großem Umfang technische Synthesen durchgeführt, so bei der Darstellung der Azo-farbstoffe (S. 387). $HNO_2$ kann auch als Oxydationsmittel wirken; stärkeren Oxydationsmitteln gegenüber, etwa $KMnO_4$, verhält sie sich aber wie ein Reduktionsmittel; sie wird dabei zu $HNO_3$ oxydiert.

**Formel 81.**

$$2\,H^+MnO_4^- + 2\,H_2SO_4 + 5\,H^+NO_2^- \xrightarrow[\text{Oxydation}]{\text{Reduktion}} 2\,Mn^{++}SO_4^= + 5\,H^+NO_3^- + 3\,H_2O$$

| Permangan-säure | Salpetrige Säure | Mangan-sulfat | Salpeter-säure |
| violett Mn $+7$wertig | N $+3$wertig | fast farblos Mn $+2$wertig | N $+5$wertig |

$HNO_2$ in wäßriger Lösung ist eine mittelstarke Säure. In ihr ist der Stickstoff $+3$wertig.

*Stickstofftrioxyd.* Das Anhydrid der salpetrigen Säure, Stickstofftrioxyd $N_2O_3$, entsteht aus einem Gemisch von NO und $NO_2$ beim Abkühlen.

**Formel 82.**

$$NO \quad + \quad NO_2 \quad \underset{< -30°}{\overset{> -30°}{\rightleftharpoons}} \quad N_2O_3$$

| Stickstoffmonoxyd | Stickstoffdioxyd | Stickstofftrioxyd |
|---|---|---|
| Gas, farblos | Gas, braun | dunkelblaue Flüssigkeit |
| Siedep. $-151°$ | bei $-10°$ fest, farblos | Siede-Zersetzungspunkt $-10°$ |
| | | Dichte 1,44 |

Bei tiefer Temperatur, $-30°$, kondensiert sich ein solches Gemisch zu einer dunkelblauen Flüssigkeit. Beim Erwärmen bildet sich wieder braunes Gasgemisch $NO + NO_2$. Leitet man $N_2O_3$ in konzentrierte $H_2SO_4$, so bildet sich *Nitrosylschwefelsäure $HSO_4NO$*; farblose Kristalle vom Schmelzpunkt 73°. Diese Säure bildet sich auch im Bleikammerprozeß, wenn der Bleikammer nicht genug $H_2O$ zugeführt wird. Durch $H_2O$ wird Nitrosylschwefelsäure zu $H_2SO_4$ und $HNO_2$ gespalten.

**Formel 83.**

$$HSO_4NO \quad + \quad HOH \quad \rightarrow \quad H_2SO_4 \quad + \quad HNO_2$$

| Nitrosyl-schwefelsäure | Schwefelsäure | Salpetrige Säure |
|---|---|---|
| farblos, Smp. $+73°$ | | nur in kalter wäßriger Lösung beständig |

*Nitrosylchlorid.* Erwärmt man Nitrosylschwefelsäure mit NaCl, so entweicht ein *gelbes Gas, NOCl, Nitrosylchlorid* vom Siedepunkt $-8°$. Die Anwesenheit von gelöstem *NOCl*, neben nascierendem Cl und freiem $Cl_2$ ist für die lösende Wirkung des Königswassers $(HNO_3 + 3 HCl)$ auf Edelmetalle, Platin, Gold, verantwortlich, die dadurch in die löslichen Chloride übergeführt, werden.

*Stickoxydul.* Ein weiteres Oxyd ist das *Stickoxydul $N_2O$.* Es ist ein farbloses, geruchloses, chemisch reaktionsträges Gas, das bei vorsichtigem (Explosionsgefahr!) trockenem Erhitzen von $NH_4NO_3$ entsteht (Siedep. $-89°$).

**Formel 84.**

$$NH_4^+NO_3^- \quad \rightarrow \quad \overset{\uparrow}{N_2O} \quad + \quad 2\,H_2O$$

| Ammoniumnitrat | Stickoxydul | |
|---|---|---|
| kristallisiert, farblos | Gas, farblos, fast geruchlos | |
| löslich $H_2O$ zu 63% | Siedep. $-89°$ | |

Mit $NH_3$ bildet $N_2O$ explosive Gemische (Explosion nur durch Zündung).

**Formel 85.**

$$3\,N_2O \quad + \quad 2\,NH_3 \quad \rightarrow \quad 4\,N_2 \quad + \quad 3\,H_2O \quad + \quad x\;kcal$$

Gas     Gas        Gas     Gas

$\underbrace{\text{5 Volumen Gas}} \qquad \underbrace{\text{7 Volumen Gas}}$

$N_2O$ hat schwach berauschende Eigenschaften *(Lachgas)*, riecht schwach süßlich, und wird auch heute noch für kurzdauernde Narkosen, Zahnextraktionen, verwendet. Es löst sich nur wenig in Wasser und bildet damit im Gegensatz zu allen anderen Stickoxyden keine Säure. Oberhalb 800° zersetzt es sich.

*NH-Verbindungen.* Während N gegenüber $O +1$- bis $+5$wertig sein kann, also 5 Elektronen abgeben kann, um zur nächstniedrigen 8er-Schale zu kommen, ist er H gegenüber nur $-3$wertig; d.h. er kann nur 3 Elektronen aufnehmen; dann ist die nächsthöhere 8er-Elektronenschale aufgefüllt.

*Ammoniak.* Die wichtigste Verbindung von N und H ist $NH_3$ *Ammoniak.* Es ist ein farbloses, stechend riechendes Gas vom Siedepunkt $-33{,}4°$ und Schmelzpunkt $-77°$; die kritische Temperatur ist $+132{,}4°$ bei einem kritischen Druck von 112 Atm. Bei Zimmertemperatur verflüssigtes $NH_3$ ist wie $H_2O$ und flüssiges $SO_2$ ein gutes Lösungsmittel für anorganische Salze; viele dissoziieren in dieser Lösung in Ionen. Auch metallisches K, Na und Ca lösen sich darin zu tiefblauen Flüssigkeiten, legierungsartigen Lösungen, die teilweise $NaNH_2$, Alkaliamid, teilweise komplexe Verbindungen wie $Ca(NH_3)_6$ enthalten.

Flüssiges $NH_3$ hat eine hohe Verdampfungswärme (327 cal/g beim Siedepunkt unter Normaldruck; $H_2O = 539$ cal), die unter erhöhtem Druck (Kühlschränke) auf etwa 300 cal sinkt. $NH_3$ wurde früher als wirksame umlaufende Substanz in Kühlschränken verwendet (manchmal auch $SO_2$); es ist heute durch Fluor-Chlor-Alkylderivate mit besseren kühltechnischen Eigenschaften verdrängt.

Da technisch Interesse an $NH_3$ besteht und andererseits aus sonstigen Quellen (Gaswaschwasser der Leuchtgasfabriken) zu wenig $NH_3$ zur Verfügung steht, hat man auf verschiedene Weise *Synthesen* versucht.

Einer direkten Synthese aus $N_2 + 3\,H_2$ stand lange die Reaktionsträgheit des $N_2$ im Weg, wie bei der NO-Synthese.

So versuchte man aus $Mg_3N_2$, das sich beim Überleiten von $N_2$ über glühendes Magnesium bildet, und das sich mit $H_2O$ zu MgO und $NH_3$ zersetzt, $NH_3$ zu gewinnen. Das Verfahren hat sich nicht durchgesetzt.

*Kalkstickstoffverfahren.* Nach dem *Kalkstickstoffverfahren* von FRANK und CARO wird Calciumcarbid $CaC_2$ mit $N_2$ bei erhöhter Temperatur zu $CaCN_2$ *Calciumcyanamid* umgesetzt. Das $CaCN_2$, die Calciumverbindung des $H_2N\!-\!C\!\equiv\!N$, des Cyanamids, ist ein graues Pulver. Es zersetzt sich mit überhitztem Wasserdampf:

**Formel 86.**

$$CaCN_2 \quad + \quad 3\,H_2O \quad \xrightarrow{200°} \quad CaCO_3 \quad + \quad 2\,NH_3\uparrow$$

| Calciumcyanamid | Calciumcarbonat | Ammoniak |
|---|---|---|
| fest, weiß, Smp. 1190° | fest, unlöslich in $H_2O$ | Gas, Siedep. $-33°$ in $H_2O$ löslich |

Da die gleiche Zersetzung auch bei Zimmertemperatur, wenn auch nur langsam, erfolgt (z. B. durch Bodenfeuchtigkeit), wird Calciumcyanamid (Kalkstickstoff) als wertvolles Düngemittel verwendet.

HABER-BOSCH-*Verfahren.* Das wichtigste Syntheseverfahren für $NH_3$ ist die direkte Vereinigung von $N_2$ und $3\,H_2$ zu $2\,NH_3$ unter 200 Atm. Druck bei 450° nach HABER-BOSCH.

**Formel 87.**

$$N_2 \quad + \quad 3\,H_2 \quad \underset{>400°}{\overset{<400°}{\underset{\text{Druck}}{\rightleftarrows}}} \quad 2\,NH_3$$

| Stickstoff | Wasserstoff | Ammoniak |
|---|---|---|
| 1 Volumen Gas $+$ | 3 Volumen Gas $\rightarrow$ | 2 Volumen Gas |

$N_2$, $H_2$, und $NH_3$ stehen miteinander in einem von Druck und Temperatur abhängigen Gleichgewicht. Da bei der $NH_3$-Bildung das Gesamtvolumen abnimmt, ist die Reaktion nach dem Prinzip von LE CHATELIER (s. S. 91) druckempfindlich; der $NH_3$-Gehalt steigt mit dem Druck. Da die Reaktion exotherm ist, sinkt nach dem gleichen Prinzip der $NH_3$-Gehalt mit steigender Temperatur, wie man aus der Kurve sieht. Die *Geschwindigkeit* der *Gleichgewichtseinstellung* ist unterhalb 400° unmeßbar klein. Zur Vereinigung von $N_2$ und $H_2$ muß die Temperatur mindestens 400° sein. Da andererseits durch die Temperaturerhöhung der Prozentanteil des $NH_3$ am Gleichgewicht vermindert wird, hat man ein Interesse, die Temperatur der Gleichgewichtseinstellung möglichst niedrig zu halten. Das erreicht man durch *Katalysatoren.* HABER, der laboratoriumsmäßig die Gleichgewichte und Synthesemöglichkeiten erforschte, verwendete Platin und Osmium; bei der sehr schwierigen Überführung dieser Methode in den technischen Großbetrieb (BOSCH) mußten billigere Katalysatoren verwendet werden. Es wird heute besonders vorbehandeltes *poröses Eisen* verwendet (aus glühendem $Fe_3O_4$ durch $H_2$ reduziert, mit $Al_2O_3$-Zusätzen).

Technisch wird elektrolytisch oder aus Wassergas (s. S 125) gewonnener $H_2$ mit aus flüssiger Luft gewonnenem (bei Wassergas schon beigemischtem) $N_2$ bei 400° unter 200 Atm. behandelt. Die Reaktionsgase enthalten nachher 8—10% $NH_3$, das man durch Wasser unter Druck herauslöst; die restlichen Gase gehen von neuem in den Druckofen.

Die Produktion an $NH_3$ nach diesem Verfahren betrug 1937 allein in Deutschland fast 1 Million Tonnen.

*$NH_3$-Oxydation.* $NH_3$ brennt nach Zündung in reinem Sauerstoff. Es entsteht:

**Formel 88.**

$$2\,NH_3 \;+\; 1\tfrac{1}{2}\,O_2 \;\rightarrow\; N_2 \;+\; 3\,H_2O$$

Führt man die Oxydation jedoch bei 460° an Platinkatalysatoren durch, so erhält man über die intermediäre Bildung von NO direkt $HNO_3$, Salpetersäure.

**Formel 89.**

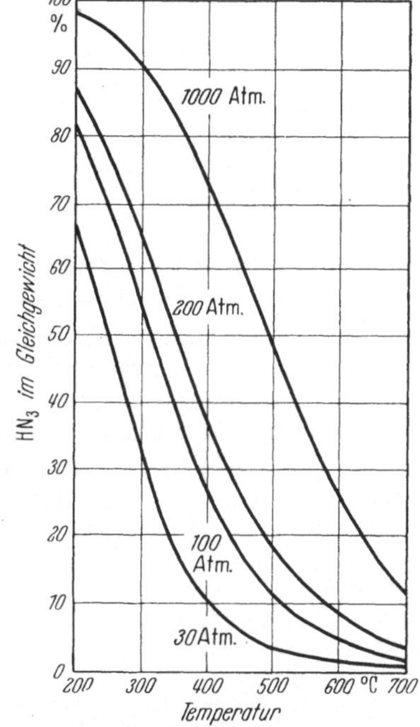


Abb. 39. Drucktemperaturdiagramm des Gleichgewichts $N_2 + 3\,H_2 \rightleftarrows 2\,NH_3$. Die Einstellgeschwindigkeit dieses Gleichgewichtes wird unterhalb 400° unmeßbar klein. Für die technische $NH_3$-Synthese sind darum nur die Gleichgewichte oberhalb 400° wichtig, obwohl die Ausbeuten an $NH_3$ mit steigender Temperatur geringer werden.

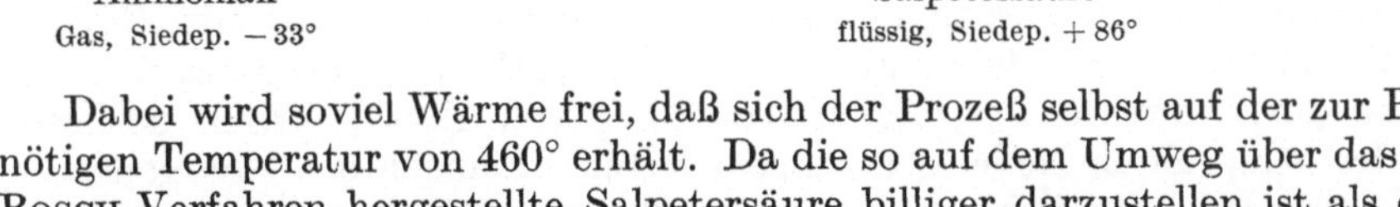


Dabei wird soviel Wärme frei, daß sich der Prozeß selbst auf der zur Reaktion nötigen Temperatur von 460° erhält. Da die so auf dem Umweg über das HABER-BOSCH-Verfahren hergestellte Salpetersäure billiger darzustellen ist als die über das Lichtbogenverfahren aus NO hergestellte, werden heute praktisch alle synthetischen N-Verbindungen nach diesem Verfahren hergestellt.

*Ammoniumhydroxyd.* In Wasser löst sich $NH_3$ leicht, bei 10° 907 ml $NH_3$-Gas in 1 ml $H_2O$. Die Lösung riecht intensiv nach $NH_3$; sie reagiert alkalisch (Salmiakgeist), denn das gelöste $NH_3$ steht in einem Gleichgewicht mit *$NH_4OH$, Ammoniumhydroxyd*, das sich chemisch wie ein Alkalihydroxyd verhält.

Bei −79° kristallisiert beständiges reines $(NH_4)OH$. Beim Erwärmen verschiebt sich das Gleichgewicht nach der Richtung des gelösten $NH_3$; da gleichzeitig dessen Löslichkeit in $H_2O$ mit steigender Temperatur abnimmt, läßt sich durch Kochen alles $NH_3$ aus der wäßrigen Lösung entfernen, besonders wenn man Laugen, z.B. $K^+OH^-$ zugibt, wodurch nach dem Massenwirkungsgesetz die Konzentration von $(NH_4)^+OH^-$ vermindert wird.

Dem $NH_4^+$-Ion liegt eine *Komplexstruktur* zugrunde. In diesem Komplex ist Stickstoff — 3wertig. Die Bindungen zwischen den 4 H und dem N sind gleich-

**Formel 90.**

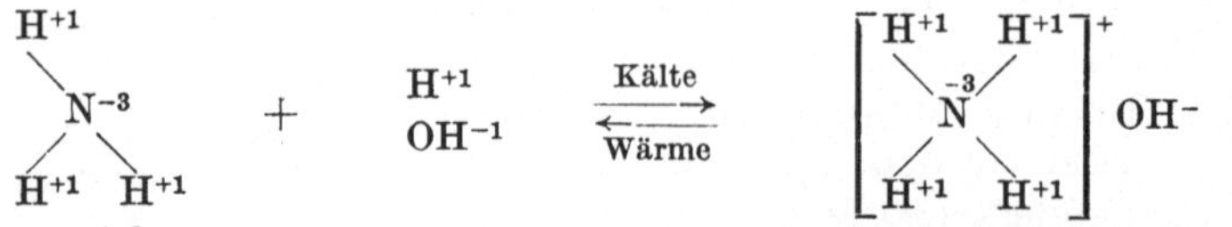

$$H^{+1} \diagdown \atop N^{-3} \diagup \atop H^{+1} \; H^{+1} \quad + \quad {H^{+1} \atop OH^{-1}} \quad \underset{\text{Wärme}}{\overset{\text{Kälte}}{\rightleftharpoons}} \quad \left[ {H^{+1} \; H^{+1} \atop N^{-3} \atop H^{+1} \; H^{+1}} \right]^+ OH^-$$

Ammoniakgas          Ammonium-hydroxyd

N — 3 wertig       N — 3 wertig; 4 bindig  
Molekül elektrisch neutral    Komplex + 1 elektrisch geladen $(+4-3=+1)$  
$OH^-$ negatives Gegenion; $p_H = 11{,}6$. $(NH_4)^+$  
verhält sich in vielen Eigenschaften wie ein Alkaliion

berechtigt. Da $NH_3$ elektrisch neutral ist, ist das Gebilde $(NH_4)^+$ einfach positiv geladen; wie ein Alkaliion bedarf es zum Ausgleich eines negativen Ions.

*Ammoniumsalze.* $NH_4OH$ bildet wie Alkalihydroxyde mit allen Säuren schön kristallisierte, wasserlösliche, farblose Salze (soweit nicht das Anion farbig ist): die Ammoniumsalze, die bei Erhöhung der Temperatur entweder sublimieren oder, bei nichtflüchtigem Anion, wie etwa $(NH_4)_2^+HPO_4^{--}$, sich zersetzen.

$NH_4^+Cl^-$, *Salmiak*, wird meist durch Neutralisieren des $NH_3$ mit HCl aus dem Waschwasser der Gasfabriken gewonnen. Salmiak schmeckt salzig bitter und sublimiert schon ab 100°. Im Dampfzustand ist $NH_4Cl$ teilweise dissoziiert.

**Formel 91.**

$$NH_4^+Cl^- \quad \underset{\text{kalt}}{\overset{300°}{\rightleftharpoons}} \quad NH_3 \quad + \quad HCl$$

Salmiak       Ammoniak       Chlorwasserstoff

farblos, fest, kristallisiert     Gas        Gas  
löslich in $H_2O$ 30%  
Dichte 1,53

Das so entstehende HCl-Gas kann in der Hitze Metalloxyde in flüchtige Chloride überführen. Man verwendet deshalb Salmiak als Lötmittel; durch die Hitze des Lötkolbens (etwa 400—600°) wird durch das HCl-Gas der Salmiakdämpfe die Oberfläche der zu lötenden Metalle von Oxyden befreit und metallisch blank gemacht (bei Eisen und Messing), so daß das Lot (Pb—Sn, S. 172) haften kann.

$(NH_4)_2^+SO_4^-$, *Ammoniumsulfat* (lösl. 75%, Dichte 1,77), farblos, kristallisiert, nichthygroskopisch, sublimierbar, wird als Düngemittel in Mischung mit $NH_4NO_3$ jährlich zu mehreren hunderttausend Tonnen synthetisch hergestellt. Man gewinnt es durch direkte Vereinigung von $NH_3$ und $H_2SO_4$, durch dosiertes Mischen der versprühten Nebel der konzentrierten Lösungen der Komponenten in großen Türmen; die dabei entstehende Neutralisationswärme genügt zur Verdampfung des ebenfalls entstehenden Wassers; das Salz setzt sich direkt kristallisiert fest im Vorratsraum ab.

$NH_4NO_3$, *Ammoniumnitrat*, farblos, Dichte 1,72, etwa 60% in $H_2O$ löslich und etwas hygroskopisch, wird als Sicherheitssprengstoff und rauchloses Pulver (s. S. 352) verwendet. Es zerfällt bei langsamem Erhitzen in $N_2O$ und $H_2O$. Durch Initialzündung explodiert es.

Dabei entsteht kein Rauch, weil alles in Gas verwandelt wird; im Gegensatz zum gewöhnlichen Pulver, bei dem herausgeschleuderte feine, anorganische Teilchen ($K_2CO_3$, Kohle) Rauch bilden.

$NH_4^+NO_2^-$, *Ammoniumnitrit*, farblos, kristallisiert, hygroskopisch, verpufft beim Erhitzen; die Zersetzung zu $N_2$ und $H_2O$ geht langsamer beim Kochen in wäßriger Lösung. Man gewinnt so im Laboratorium reines $N_2$-Gas (nach Über-leitung über glühendes Kupfer; zur Beseitigung kleiner Mengen von mitgebildeten N-Oxyden).

**Formel 92.**

$$NH_4NO_3 \xrightarrow[\text{Initialzündung}]{\text{Explosion}} \underbrace{N_2 + 2\,H_2O + \tfrac{1}{2}O_2}_{\text{Gase; } 3^1/_2 \text{ Mol} = 78,3 \text{ Liter}} + \text{x kcal}$$

Ammoniumnitrat fest
Volumen pro Mol 80 g
fest = 0,05 Liter

$(NH_4)_2^+CO_3^{--}$, *Ammoniumcarbonat*, früher Hirschhornsalz genannt, weil man es aus tieri-schen Abfällen durch Sublimation gewann, ist farblos, leicht sublimierbar und leicht in Wasser löslich. Es wird als Backpulver verwendet, da es schon bei Backtemperatur (150—250°) in Gase zerfällt und das Gebäck auftreibt (lang-sam ohne Explosion). Es enthält meist da-neben Ammoniumcarbaminat und Ammonium-bicarbonat.

$(NH_4)_2^{++}H^+PO_4^{\equiv}$, *Diammoniumphosphat*, das man aus $NH_3$ und $H_3PO_4$ erhält, wird in Mischung mit $(NH_4)_2SO_4$, $NH_4NO_3$, $KNO_3$ und $CaHPO_4$ als *Mischdünger* verwendet. Ein guter Mischdünger muß die einzelnen Elemente in der prozentualen Zusammensetzung enthalten, wie sie die betreffenden Feldfrüchte brauchen. Ammoniumphosphat (neben $NH_4Br$) wird auch als Imprägniermittel für Holz zwecks Feuer-sicherheit verwendet; beim Erwärmen bildet sich im verkohlenden Holz eine Gasschutz-schicht von $NH_3$ und eine dünne flüssige Schutz-schicht von $H_3PO_4$, die den Zutritt von Luft zu der Holzkohle verhindert; die Entflammungs-temperatur wird so wesentlich heraufgesetzt und die Gefahr, daß sich ein lokaler Brand ausbreitet, herabgesetzt.

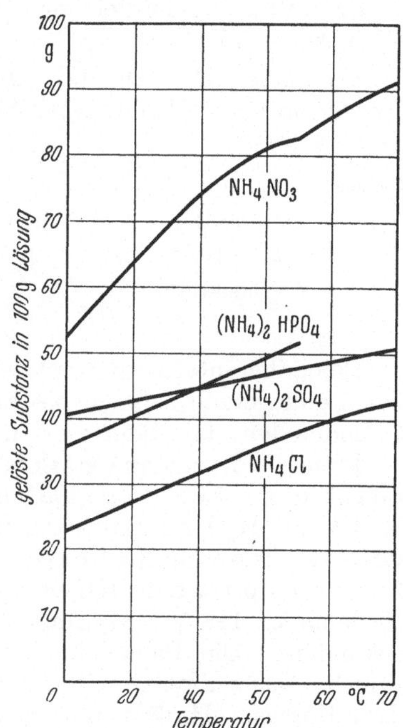


Abb. 40. Löslichkeit von Ammonium-salzen.

**Formel 93.**    $(NH_4)_2^+CO_3^{--} \xrightarrow[\text{Kälte}]{\text{bei 150° langsam}} \underbrace{2\,NH_3 + CO_2 + H_2O}$

Ammonium-carbonat
Volumen als feste Kristalle
0,06 Liter pro Mol

4 Mol = 4 Volumen Gas
= 89,0 Liter von 0°

*Natriumamid und Nitride.* $NH_3$ hat auch schwach saure Eigenschaften; H ist durch Metalle ersetzbar. So erhält man $NaNH_2$, *Natriumamid*, wenn man trockenes $NH_3$-Gas bei 300° über Na-Metall leitet. Es ist ein weißes Pulver und zersetzt sich mit $H_2O$ zu $NaOH + NH_3$. Die Silberverbindung $AgNH_2$ ist explosiv.

**Formel 94.**

$$NaNH_2 \quad + \quad HOH \quad \rightarrow \quad NaOH \quad + \quad NH_3$$

Natriumamid                                Natriumhydroxyd        Ammoniak
weiß, kristallisiert
Smp. 206°, Siedep. 400°

8*

$NaNH_2$ bildet an feuchter Luft das explosive gelbe Peroxyd $NaNH_2 + O_2$. In den *Nitriden* sind alle 3 H des $NH_3$ durch Metalle ersetzt.

*Chloramin.* Man kennt auch $NH_2Cl$, *Chloramin*; es ist darstellbar nach:

**Formel 95.**

$$NH_3 \quad + \quad NaOCl \quad \xrightarrow{H_2O} \quad NH_2Cl \quad + \quad NaOH$$

Ammoniak   Natriumhypochlorit   Chloramin

Gas   fest   Gas

$$3\,NH_2Cl \quad \rightarrow \quad NH_4Cl \quad + \quad 2\,HCl \quad + \quad \overset{\uparrow}{N_2}$$

Chloramin   Ammoniumchlorid

Chloramin kondensiert sich bei $-66°$ zu weißen Kristallen, zersetzt sich aber schon bei $-50°$.

*Hydrazin.* Das Diamid oder *Hydrazin* erhält man nach RASCHIG durch Oxydation von $NH_3$ mit NaOCl in Gegenwart von Leim (Leim dient als kolloider Stabilisator).

**Formel 96.**

$$NH_3 \quad + \quad NaOCl \quad \xrightarrow{Leim} \quad NH_2Cl \quad + \quad NaOH$$

$$NH_2Cl \quad + \quad NH_3 \quad \longrightarrow \quad H_2N{-}NH_2(HCl)$$

Chloramin   Hydrazin-chlorhydrat

weiß, fest, Smp. 89°; in $H_2O$ leichtlöslich

Das dabei intermediär entstehende, unbeständige Chloramin ist in Gegenwart von Leim gerade solange beständig, bis es in der Flüssigkeit ein Molekül $NH_3$ gefunden hat, mit dem es sich zum Monochlorhydrat des Hydrazins umsetzt.

Freies Hydrazin, eine stark basische, hygroskopische Flüssigkeit der Dichte 1,01, raucht an der Luft (Carbonatbildung), schmilzt bei $+1,4°$, und siedet bei 113,5°. Es ist mit $H_2O$ und Alkohol, nicht mit Äther mischbar. Das Hydrat $(N_2H_5)^+$ $OH^-$, Hydrazoniumhydroxyd, ist im Gegensatz zu Ammoniumhydroxyd bei Zimmertemperatur in reinem Zustand beständig. Es ist eine flüssige Base vom Siedepunkt 118,5°. Hydrazin bildet zwei Reihen von Salzen, primäre und sekundäre. Die Salze sind wie Ammoniumsalze kristallisiert, weiß, in $H_2O$ löslich. Das Sulfat vom Schmelzpunkt 85° ist etwas schwerer löslich und neben dem flüssigen Hydrazinmonohydrat Handelsware. Wäßrige Hydrazinlösungen werden als Reduktionsmittel verwendet; z.B. werden in wäßriger Lösung Gold- und Platinsalze beim Kochen mit Hydrazinsalzen zu den Metallen reduziert.

*Hydroxylamin.* Das Oxyderivat des Ammoniaks, $H_2N{-}OH$, *Hydroxylamin*, weiß, schmilzt bei 33°, zersetzt sich aber schon bei $+15°$ und explodiert als Flüssigkeit bei 100°. Es mischt sich mit Wasser, ist eine sehr schwache Base und bildet mit starken Säuren gut kristallisierte, beständige, farblose Salze, so das $(H_3N{-}OH)^+Cl^-$, *Hydroxylaminchlorhydrat* (lösl. in $H_2O$ bei 17° zu 45%; lösl. in Alkohol; Smp. 151°) und das $(H_3NOH)_2^{+}SO_4^{--}$ (lösl. in $H_2O$ bei 20° 27%; Smp. 170°). Wie Hydrazinsalze sind sie Reduktionsmittel und für lebende Organismen giftig. In der organischen Chemie wird Hydroxylamin als Reagens auf Aldehyd- und Ketongruppen verwendet (Oximbildung s. Formel 293, S. 250).

Hydroxylaminsalze erhält man durch komplizierte Umsetzungen von $NaNO_2$ mit saurer $NaHSO_3$-Lösung und nachheriges Kochen, oder besser durch elektrolytische Reduktion von $HNO_3$ in stark schwefelsaurer Lösung an Bleikathoden nach TAFEL.

*Azide.* Leitet man $N_2O$ in geschmolzenes $NaNH_2$, so bildet sich *Natrium azid, $Na^+N_3^-$.*

Aus Natriumazid, einem weißen, in Wasser löslichen, beständigen Salz, gewinnt man mit Säuren wäßrige Lösungen der freien $HN_3$, *Stickstoffwasserstoffsäure*. Die reine Säure gewinnt man daraus durch Vakuumdestillation. Sie ist eine farblose Flüssigkeit, siedet bei 37°, ist mit $H_2O$ und Alkohol mischbar und äußerst *explosiv*. Ihre wäßrige Lösung ist haltbarer; sie ist eine schwache Säure.

**Formel 97.**

$$NaNH_2 \mid ON_2 \xrightarrow{250°} NaN_3 + H_2O\uparrow$$

| Natriumamid | Stickoxydul | Natriumazid |
|---|---|---|
| kristallisiert, farblos | farblos, Gas | weiß, kristallisiert, löslich |
| Smp. 206° | Siedep. $-89°$ | 30% in $H_2O$, Dichte 1,84 |
| | | explodiert beim Erhitzen |

Die Schwermetallazide, besonders $AgN_3$, $HgN_3$ und $Pb(N_3)_2$, sind auf Schlag explosiv; da sie diese Detonation auf eine Pulverladung übertragen können, wird $Pb(N_3)_2$ als *Zündkapselsubstanz (Initialzündung)* für Patronen und Granaten verwendet (s. S. 353).

Die Strukturformel der Stickstoffwasserstoffsäure ist noch strittig; während man früher eine cyclische Formel annahm, ist man auf Grund neuer Untersuchungen zu gestreckten Formeln gekommen; wahrscheinlich liegen mesomere Zustände zwischen Grenzformeln vor.

**Formel 98.**

$$\left[\overline{N}=N=\overline{N}\right]^- H^+ \;\underset{\rightarrow}{\overset{\leftarrow}{}}\; \left[\,|\overline{N}{-}N{\equiv}N|\,\right]^- H^+ \;=\; N_3^- H^+$$

Elektronengrenzformeln der mesomeren Zustände
der Stickstoffwasserstoffsäure

*Cyanverbindungen* werden beim Kohlenstoff besprochen.

*Halogenstickstoff.* Durch Elektrolyse von konzentrierten $NH_4Cl$-Lösungen kann man an der Anode flüssigen, dunkelgelben, höchstexplosiven $NCl_3$ *(Chlorstickstoff)* erhalten. Er ist in organischen Lösungsmitteln löslich, in Wasser unlöslich.

Aus einer gesättigten Jod-Jodkaliumlösung und $NH_3$ entsteht ein schwarzer Niederschlag, der etwa die Formel $NH_2J$ bis $NHJ_2$ hat. Feucht ist die Substanz ungefährlich; trocken explodiert sie heftig schon bei Berührung.

*Analyse.* Zwecks Bestimmung wird organisch gebundener Stickstoff entweder nach Zersetzung der Verbindungen durch Glühen im Verbrennungsrohr mit CuO unter Durchleiten von reinem $CO_2$ zu Stickstoffoxyden verbrannt, die dann durch glühendes Cu zu $N_2$ reduziert werden. Das gebildete $N_2$ wird über konzentrierter KOH aufgefangen und volumetrisch gemessen (DUMAS); oder es wird nach dem Verfahren von KJELDAHL (besonders für Proteine in der Biochemie) der gesamte Stickstoff durch Kochen der Substanz mit konzentrierter $H_2SO_4$ zu $NH_3$ reduziert, nachher mit Lauge als solches ausgetrieben und entweder mit HCl titriert oder nach NESSLER (s. bei Hg) mit $K_2[HgJ_4]$ colorimetriert. Man kann $NH_3$ auch als schwerlösliches gelbes $(NH_4)_2[PtCl_6]$ fällen. Die erstaunliche Tatsache, daß konzentrierte heiße $H_2SO_4$ reduzierend wirkt, rührt von einer geringfügigen Dissoziation in der Hitze zu $H_2SO_3$ und O und einer Reduktion durch das organische Material ebenfalls zu $H_2SO_3$ her, die heiß reduzierend wirkt. Nach ROSENTHALER kann man die gleiche Reduktion zu $NH_3$ durch bloßes Kochen der wäßrigen Lösung mit $FeSO_4$ und $H_2O_2$ erreichen.

Als spezieller *Nachweis* für $HNO_3$ und *Nitrate* wird die *Blaufärbung* mit einer Lösung von *Diphenylamin* (Formel 549, S. 354) in konzentrierter $H_2SO_4$ und die Ausfällung als unlösliches Nitratsalz des *Nitrons* verwendet, einer komplizierten synthetischen organischen Base von nicht ganz sicher festgelegter Strukturformel.

Nitrate und Stickoxydverbindungen lassen sich durch DEVARDA*sche Legierung* *(50% Cu, 45% Al, 5% Zn)* in alkalisch-wäßriger Lösung quantitativ zu $NH_3$ reduzieren.

# Phosphor, P, Nr. 15.

(engl. phosphorus; franz. phosphore).

Atomgewicht: 30,98; Dichte: 1,82 weiß; 2,2 violett. Schmelzpunkt: 44° weiß; 593° violett; Siedepunkt: 282° weiß. Wertigkeit: −3, +3, +5; Elektronenschalen: 2,8,5; Isotope: 31 [100%].

*Vorkommen.* Der 1669 von BRANDT durch trockene Destillation von eingedampftem Urin aufgefundene Phosphor kommt in der Natur nirgends frei, sondern immer nur in Form von Phosphaten vor. Die wichtigsten Vorkommen sind *Apatit* [ungefähr $3\,Ca_3(PO_4)_2 \cdot Ca(F, Cl)_2$] und *Phosphorit* $Ca_3(PO_4)_2$. Tierische Knochen und Zähne bestehen (neben organischem Material) aus $3\,Ca_3(PO_4)_2 \cdot CaCO_3$.

*Biologisches.* Knochen sind das biologisch wichtigste Vorkommen des Phosphors. Daneben finden sich in allen lebenden Zellen organische Phosphorsäureester (seltener Pyrophosphate); so Lecithine (Formel 371, S. 277), Glycerinphosphorsäure, Coenzyme, Nucleinsäuren (Formel 652f., S. 404), Zuckerphosphate u. a. Casein aus Milch enthält Serinphosphorsäure (Formel 474, S. 322). Für medizinisch-therapeutische Zwecke werden zahlreiche synthetische organische Phosphorverbindungen empfohlen. Komplizierte biochemische Zusammenhänge zwischen Phosphatstoffwechsel und Vitamin D sind noch ungeklärt. Rachitis ist eine Störung des Phosphat-Calciumstoffwechsels und durch Vitamin D (Formel 599, S. 379) heilbar. Im Harn ist stets saures Calciumphosphat enthalten; beim Aufbewahren des Harnes wird die saure Reaktion durch bakterielle Harnstoffzersetzung ($NH_3$-Bildung) alkalisch: der Harn setzt unlösliches $Ca_3(PO_4)_2$ ab. Bei Stoffwechselanomalien kann dieses Ausfallen schon in den Nieren erfolgen: Nierensteinbildung. Saure Calciumphosphate sind wichtige Pflanzendüngemittel. Weißer Phosphor und $PH_3$ sind schwere Gifte; roter Phosphor ist ungiftig, ebenso Phosphat-ionen.

*Element.* Elementarer Phosphor ist in zwei nichtmetallischen Modifikationen bekannt: als weißer und als violetter (oder roter) Phosphor. Eine nur unter sehr hohen Drucken beständige metallische Modifikation ist von BRIDGMAN entdeckt worden.

Der weiße Phosphor vom Schmelzpunkt 44° und Siedepunkt 282° (Dichte 1,82) ist schon mit Wasserdampf flüchtig. Er hat (durch Beimischung von violettem) meist eine gelbliche Farbe und muß unter Wasser aufbewahrt werden, da er sich an der Luft nach einiger Zeit von selbst entzündet, besonders in dünner Schicht. Weißer Phosphor leuchtet im Dunkeln an der Luft, worauf eine sehr empfindliche Nachweismethode von Phosphorspuren in organischem Material, etwa Mageninhalt, beruht.

Weißer Phosphor ist in Schwefelkohlenstoff löslich (90%; in Benzol 3,3%; in Äther 1,25%), nach dem Eindunsten einer $CS_2$-Lösung auf Papier erfolgt Selbstentzündung. Solche Brände sind, wenigstens bei größeren Phosphormengen, nicht durch Wasser, sondern nur durch Bedecken mit Sand zu löschen. Brennender Phosphor verspritzt infolge seines niedrigen Siedepunkts. Er wird als Füllung von Brandbomben verwendet. Phosphor wird auch heute noch nach dem alten Prinzip von BRANDT durch Glühreduktion von Calciumphosphat mit Kohle und Sand unter Luftabschluß erhalten.

Erhitzt man farblosen Phosphor unter Luftabschluß auf 250°, so geht er in *roten* oder *violetten Phosphor* über. Violetter Phosphor ist ungiftig, unlöslich in $CS_2$, brennt an der Luft unterhalb 440° nicht und stellt die stabilere Modifikation dar (Dichte 2,20). Der Schmelzpunkt ist 593° unter Druck; dabei geht violetter Phosphor in weißen über. Man kann durch Destillation von violettem Phosphor unter Luftabschluß und Kondensieren der Dämpfe weißen erhalten.

**Formel 99.**

$$Ca_3(PO_4)_2 \ + \ 3\,SiO_2 \ + \ 5\,C \ \xrightarrow{1000°} \ 3\,CaSiO_3 \ + \ 5\,CO\uparrow \ + \ 2\,P\uparrow$$

| neutrales Calciumphosphat fest, weiß krist. farblos Smp. 1730° | Quarz fest Smp. 1800° | Kohle fest, schwarz Smp. 3845° | Calciumsilicat fest, farblos Smp. 1510° | Kohlenmonoxyd Gas, farblos Siedep. −191° | Phosphorgas durch Kühlung zu weißem P kondensiert Smp. 44° Siedep. 282° Dichte 1,82 |

Eine dritte, halbmetallische Modifikation, *schwarzer Phosphor*, wurde bei 220° und 4000 Atm. Druck erhalten; seine Dichte ist 2,7.

*Verwendung.* Technisch wird Phosphor zur Darstellung der für organische Synthesen viel gebrauchten Phosphorhalogenide $PCl_3$, $PCl_5$ verwendet, weiter zur Darstellung von $P_2O_5$ und von reiner Phosphorsäure.

*Streichhölzer.* Die früher verwendeten Phosphorzündhölzer, deren Köpfe aus weißem Phosphor, Mennige, $KNO_3$ und Leim bestanden und die durch Reibung an jeder Fläche Feuer fingen, sind heute verboten, weil die zu leichte Zugänglichkeit des giftigen weißen Phosphors (schmelzbar in heißem Kaffee) zu Morden führte, und weil das Arbeiten mit weißem Phosphor bei den Arbeitern zu schweren Kiefernekrosen führte.

Die Zündmasse der heutigen Streichholzköpfe besteht aus $K_2Cr_2O_7$, $KClO_3$, $K_2PbO_3$, $ZnO$, Schwefel, Stärkekleister und Glaspulver. Als Reibfläche wird eine Mischung aus rotem Phosphor, $Sb_2S_3$, Leim und Glaspulver verwendet. Durch die Reibungswärme wird etwas von dem roten Phosphor der Reibfläche durch die Oxydationsmittel des Streichholzkopfes entzündet; dadurch entzündet sich der ganze Streichholzkopf. Um ein Nachglimmen der Hölzer zu verhüten (Brandgefahr), tränkt man sie mit Ammoniumphosphatlösungen.

*Phosphortrioxyd.* Bei der freiwilligen langsamen Oxydation von weißem P an der Luft bildet sich zuerst $P_2O_3$, *Phosphortrioxyd*, weiße, schneeartige, sehr hygroskopische Kristalle vom Smp. 22° und Siedepunkt 170°; Dichte 2,13. Nach Dampfdichtebestimmungen ist die Formel $(P_2O_3)_2$ mit $+3$wertigem Phosphor. $P_2O_3$ zersetzt sich mit $H_2O$ zu Gemischen von P und $H_3PO_4$; mit verdünnter $H_2SO_4$ geht es in phosphorige Säure über.

**Formel 100.**

$$P_2O_3 \ + \ 3\,H_2O \ \xrightarrow{H_2SO_4} \ 2\,H_3PO_3 \qquad \left[\begin{array}{c} |\overline{O}| \\ | \\ H-P-\overline{O}| \\ | \\ |\underline{O}| \end{array}\right]^{=} 2\,H^{++}$$

| $P_2O_3$ Phosphortrioxyd weich, weiß, Dichte 2,13 Smp. 22°; Siedep. 176° | | $2\,H_3PO_3$ Phosphorige Säure fest, weiß, Smp. 73°, Dichte 1,65, leicht in $H_2O$ löslich |

*Phosphorige Säure* $H_3PO_3$ ist nur *zweibasisch*; das dritte nichtabdissoziierbare H ist direkt an P gebunden. Sie schmilzt rein bei 73° und ist ein starkes Reduktionsmittel. Ihre Salze heißen Phosphite.

*Phosphorpentoxyd.* Beim direkten Verbrennen an der Luft bildet sich aus Phosphor $P_2O_5$, *Phosphorpentoxyd* mit $+5$wertigem Phosphor. Es ist ein weißes, lockeres Pulver, sublimiert bei 250°, ohne zu schmelzen, hat als Dampf die

Formel $(P_2O_5)_2$, ist hygroskopisch und das schärfste bekannte Trocknungsmittel für Gase und Flüssigkeiten. Es ist imstande, selbst aus organischen Verbindungen $H_2O$ herauszureißen, z.B. bei der Bildung von $C_2O_3$, Kohlensuboxyd (Formel 301, S. 252) aus Malonsäure.

Bei der Vereinigung von $P_2O_5$ mit $H_2O$ entsteht unter Wärmeentwicklung (35 kcal, lokales Kochen des Wassers unter Zischen) Metaphosphorsäure und daraus sekundär Phosphorsäure.

**Formel 101.**

$$P_2O_5 \xrightarrow{H_2O} 2\,HPO_3 \xrightarrow{2\,H_2O} 2\,H_3PO_4$$

Phosphorpentoxyd        Meta-phosphorsäure        Ortho-phosphorsäure

fest, weiß, Dichte 2,11      fest, glasig, Dichte 2,17      kristallisiert, Dichte 1,88

sublimiert bei 250°                               schmilzt bei 42°

*Phosphorsäure.* $H_3PO_4$ *ortho-Phosphorsäure* ist eine 3basische, mittelstarke Säure. Da sie beim Erhitzen nicht flüchtig ist, kann sie trotzdem stärkere Säuren wie HCl, $HNO_3$ und $H_2SO_4$ aus ihren Salzen verdrängen. Rein schmilzt sie (farblose hygroskopische Kristalle) bei 42° und ist in jedem Verhältnis mit $H_2O$ mischbar. Im Handel findet man meist syrupöse Phosphorsäure von 85—95%.

*Phosphate.* $H_3PO_4$ *bildet 3 Reihen von Salzen: primäre,* deren Lösung sauer reagiert, z.B. $KH_2PO_4$, das in 0,1 molarer Lösung $p_H = 4,5$ zeigt; *sekundäre,* wie $Na_2HPO_4$, das in 0,1 molarer Lösung $p_H = 8,3$ zeigt, also schwach alkalisch reagiert, und *tertiäre,* z.B. $Na_3PO_4$ mit $p_H$ etwa $= 12$, das stark alkalisch reagiert. Die alkalische und saure Reaktion rührt von hydrolytischem Zerfall her.

**Formel 102.**

tertiäres Phosphat $\Big\}$ $Na_3PO_4 + H_2O \rightleftharpoons Na_2HPO_4 + Na^+ + OH^-$      $p_H = 12$

sekundäres Phosphat $\Big\}$ $Na_2HPO_4 + H_2O \rightleftharpoons NaH_2PO_4 + Na^+ + OH^-$      $p_H = 8,3$

primäres Phosphat $\Big\}$ $2\,NaH_2PO_4 \rightleftharpoons Na_2HPO_4 + 3\,H^{+++} + PO_4^{---}$   $p_H = 4,5$

Durch Verwendung von Farbindicatoren von verschiedenem $p_H$ des Farbumschlagpunktes kann man die verschiedenen (s. S. 85) $p_H$-Stufen titrieren. Mischungen verschiedener $Na^+$- und $K^+$-Phosphate werden in der experimentellen Biochemie als Puffersubstanzen zur Erhaltung eines gewollten $p_H$ verwendet (Sörensen). Auch in unserem Blut sind Phosphatgemische an der grundlegend wichtigen Konstanthaltung des Blut-$p_H$ beteiligt, allerdings nur zu weniger als 1%; die andern Blut-$p_H$-Puffer sind Proteine und Carbonate bzw. Bicarbonate.

Die Alkaliphosphate sind in Wasser löslich. Von den anderen Kationelementen sind nur die primären sauren Phosphate löslich, die sekundären und tertiären in $H_2O$ unlöslich. Saures Calciumphosphatsulfat wird als Düngemittel im großen verwendet (Superphosphate, gewonnen aus Thomasschlacke, S. 212).

*Pyro-, Metaphosphorsäure.* Erhitzt man $H_3PO_4$ auf 300°, so erhält man $H_4P_2O_7$ *Pyrophosphorsäure und schließlich durch Glühen die polymere* $(HPO_3)_x$ *Metaphosphorsäure der Dichte 2,17.*

Salze der reinen Pyrophosphorsäure erhält man durch trockenes Erhitzen von sekundären Phosphaten.

Reine *Pyrophosphorsäure* ist glasig, farblos, leicht, aber langsam wasserlöslich, bildet nur 2 Reihen Salze ($Na_2$ und $Na_4$) und geht erst beim Kochen mit $H_2O$ wieder in ortho-Phosphorsäure $H_3PO_4$ über. Man kann sie, wenn auch schwierig, kristallisiert erhalten; sie schmilzt bei 65°.

Bei langem Erhitzen von $H_3PO_4$ auf schwache Rotglut bildet sich langsam die einbasische glasige *$HPO_3$*, *Metaphosphorsäure*. Sie ist wasserlöslich und hat die bemerkenswerte Eigenschaft, Proteine aus Lösungen quantitativ auszufällen. Durch längeres Kochen mit $H_2O$ geht Metaphosphorsäure wieder in $H_3PO_4$ über.

**Formel 103.**

Ortho-phosphorsäure     Pyro-phosphorsäure     Meta-phosphorsäure

in reinem Zustand kristallisiert    farblos, fest, Smp. 65°    fest, glasig, Dichte 2,17
fest, Smp. 42°, Dichte 1,88

Das in der analytischen Chemie zur Bereitung von Phosphorsalzperlen verwendete $Na(NH_4)HPO_4$ geht beim Glühen im Natriummetaphosphat über, das viele Metalloxyde zu charakteristisch gefärbten Schmelzen löst (s. Formel 105).

**Formel 104.**

$$2\,Na_2HPO_4 \xrightarrow{\text{Glühen}} Na_4P_2O_7 \;+\; H_2O\uparrow$$

sekundäres Natrium-phosphat     Natriumpyrophosphat

mit 12 Kristall-$H_2O$ löslich 19%    mit 10 Kristall-$H_2O$ löslich
5%, Smp. wasserfrei 988°

*Phosphortetroxyd.* Erhitzt man ein Gemisch von $P_2O_3$ und $P_2O_5$ im Vakuum auf 300°, so sublimiert farbloses *$P_2O_4$*, *Phosphortetroxyd*, von der Dichte 2,54, das mit $H_2O$ in $H_3PO_4$ und $H_3PO_3$ zerfällt.

**Formel 105.**

$$n(NH_4)HNaPO_4 \xrightarrow{\text{Glühen}} (NaPO_3)n \;+\; nH_2O\uparrow \;+\; nNH_3\uparrow$$

Saures Natrium-ammonium-     Natrium-
phosphat     metaphosphat

kristallisiert, leichtlösl. in $H_2O$    glasig, Smp. 610°
wenig lösl. in $H_2O$

$$NaPO_3 \;+\; CuO \xrightarrow{\text{Glühen}} NaCuPO_4$$

Natrium-meta-phosphat    Kupferoxyd    Natrium-kupfer-phosphat

farblos, glasig    schwarz, Smp. 1148°    blaues Glas
Smp. 610°, Dichte 2,47.

Die dem $P_2O_4$ als Anhydrid entsprechende *$H_4P_2O_6$ Unterphosphorsäure* entsteht nicht aus $P_2O_4$; man erhält sie durch langsame Selbstoxydation von weißem Phosphor in Gegenwart von $H_2O$ als weiße Kristalle (wasserfrei, Smp. 35°). Ihre Salze, *Subphosphate*, sind weiß kristallisiert. Obwohl die Säure nach ihrer Konstitution wahrscheinlich $+3$- und $+5$wertigen Phosphor im selben Molekül enthält, ist sie kalt kein Reduktionsmittel; dagegen reduziert sie beim Kochen.

*Phosphorwasserstoff.* Das dem $NH_3$ analoge Gas *$PH_3$*, *Phosphorwasserstoff*, erhält man beim Kochen von weißem Phosphor mit KOH-Lösungen.

**Formel 106.**

$$4\,P \;+\; 3\,KOH \;+\; 3\,H_2O \;\rightarrow\; 3\,KH_2PO_2 \;+\; PH_3\uparrow$$

Weißer    Kalium-       Unter-phosphorig-    Phosphor-
Phosphor    hydroxyd      saures Kalium    wasserstoff

Smp. 44°            kristallisiert    Gas, farblos
Siedep. 280°         wasserlöslich    Siedep. −87°

Dabei entsteht gleichzeitig ein Salz der *unterphosphorigen Säure*, das beim trockenen Erhitzen $PH_3$ entwickelt. Auch aus Metallphosphiden, den Salzen des Phosphorwasserstoffs, die man direkt aus den Elementen erhält, kann man mit Säuren $PH_3$ frei machen.

$PH_3$ siedet bei $-87°$, ist in Wasser fast unlöslich und riecht rettichartig. Der Geruch des Acetylens aus Karbidlaternen rührt vom beigemischten $PH_3$ aus Calciumphosphiden her. Reines Acetylen ist geruchlos. $PH_3$ ist giftig und in reinem Zustand an der Luft unter 150° nicht selbstentzündlich. Von der Herstellung ist dem $PH_3$ immer $P_2H_4$ (analog $N_2H_4$, Hydrazin) beigemischt. Flüssiger Phosphorwasserstoff siedet bei $+57°$ und ist an der Luft selbstentzündlich.

Wie $NH_3$ kann $PH_3$ mit trockenen Halogenwasserstoffsäuren Salze bilden *(Phosphoniumsalze)*, die jedoch wegen der geringen Basizität von $PH_3$ sehr zersetzlich sind und schon mit $H_2O$ zerfallen. Das beständigste ist *Phosphoniumjodid $(PH_4)^+J^-$*, farblose, bei 80° sublimierende Kristalle. Es ist ein starkes Reduktionsmittel; es wird zusammen mit HJ, bei 150—200°, in der organischen Chemie zur Reduktion unter Druck von Doppelbindungen, Oxy- und Ketogruppen verwendet.

*Phosphorhalogenide.* In seinen Halogenverbindungen ist P $+3$- und $+5$wertig. Die beständigsten sind die des 3wertigen P; die 5wertigen gehen beim Erwärmen unter Halogenverlust in 3wertige über. Man erhält sie durch direkte Vereinigung der Elemente.

*$PCl_3$, Phosphortrichlorid*, flüssig, Siedepunkt 76°, raucht an der Luft und zersetzt sich mit $H_2O$.

**Formel 107.**

$$PCl_3 \quad + \quad 3\,H_2O \quad \rightarrow \quad H_3PO_3 \quad + \quad \overset{\uparrow}{\underline{3\ HCl}}$$

<table>
<tr><td>Phosphortrichlorid</td><td></td><td></td><td>Phosphorige</td><td>Chlorwasserstoff-</td></tr>
<tr><td>flüssig, Siedep. 76°<br>Dichte 1,54</td><td></td><td></td><td>Säure</td><td>Gas</td></tr>
</table>

*$PCl_5$, Phosphorpentachlorid*, ein weißes, meist schwach gelbes Pulver, sublimiert unter teilweiser reversibler Spaltung $PCl_5 \rightleftarrows PCl_3 + Cl_2$ bei 100°. Der Schmelzpunkt unter Druck ist 149°. Es zersetzt sich mit $H_2O$. Es wird dazu verwendet, Hydroxylgruppen in Säuren und Alkoholen durch Chlor zu ersetzen (s. Formel 324, S. 263).

**Formel 108.**

$$R{-}OH \quad + \quad PCl_5 \quad \rightarrow \quad R{-}Cl \quad + \quad POCl_3 \quad + \quad \overset{\uparrow}{\underline{HCl}}$$

<table>
<tr><td>R-Hydroxyl</td><td>Phosphor-<br>pentachlorid</td><td>R-Chlorid</td><td>Phosphor-<br>oxychlorid</td><td>Chlor-<br>wasserstoff</td></tr>
<tr><td></td><td>fest, sublimiert<br>Dichte 2,11</td><td></td><td>flüssig, farblos<br>Siedep. 108°<br>Dichte 1,76</td><td>Gas</td></tr>
</table>

Dabei entsteht *$POCl_3$, Phosphoroxychlorid*, farblos, flüssig, Siedepunkt 108°, das sich mit $H_2O$ weiter zu $H_3PO_4$ und HCl zersetzt.

$PBr_3$, flüssig, farblos, siedet bei 173°. $PBr_5$, flüssig, farblos, zersetzt sich langsam schon bei Zimmertemperatur; $PJ_5$ ist nicht mehr darstellbar.

*Analyse.* Zum qualitativen Nachweis wird weißer elementarer Phosphor noch in kleinsten Spuren so bestimmt, daß man die zu untersuchende Flüssigkeit im Dunkeln mit Wasser am absteigenden Kühler kocht; an der Kondensationsstelle im Kühler, da wo die Dämpfe mit Luft-$O_2$ in Berührung kommen, sieht man ein grünes Leuchten, herrührend von der langsamen kalten Verbrennung des Phosphors *(Chemolumineszenz)*.

Alle übrigen P-Verbindungen werden nach Oxydation als $PO_4^{\equiv}$-Ionen analysiert. Entweder fällt man in wäßriger Lösung mit $MgCl_2$ und $NH_4OH$ als weißes unlösliches $MgNH_4PO_4$, oder in salpetersaurer Lösung mit Ammoniummolybdat durch Kochen als gelbes komplexes $(NH_4)_3[P(Mo_3O_{10})_4]$. In dieser Fällung ist das Gewichtsverhältnis P/Rest $= 1/80$; noch für 1 mg P als Phosphat kommen 80 mg Niederschlag zur Wägung, ein für Genauigkeit und Empfindlichkeit der Analysenmethode sehr günstiges Verhältnis.

## Kohlenstoff, C, Nr. 6.
### (engl. carbon; franz. carbone).

Atomgewicht: 12,01; Dichte: 2,2 Graphit, 3,51 Diamant; Schmelzpunkt: 3845°; Siedepunkt: 3927°; Wertigkeit: $+2$, $+4$; Elektronenschalen: 2,4; Isotope: 12 (99,3); 13 (0,7%).

*Vorkommen.* Obwohl der Kohlenstoff das Hauptelement aller organischen Substanzen und aller lebenden Zellen ist, ist er in der Erdrinde verhältnismäßig selten; sein Anteil ist nur 0,90%. Seine geologischen Hauptvorkommen sind $CaCO_3$, *Kalkstein* (Kreide, Marmor, Korallen), und $CaCO_3 \cdot MgCO_3$, *Dolomit.* Daneben finden sich andere Carbonate: $PbCO_3$, $BaCO_3$, $FeCO_3$. Sehr konzentrierte, aber nur an wenigen Stellen der Erde vorhandene Vorkommen sind die Kohlenlager. Sie sind durch Wasserabspaltung aus den Kohlenhydraten (Cellulose, S. 315) untergegangener Wälder unter Luftabschluß, Druck und hoher Temperatur im Laufe vieler Jahrtausende entstanden. Je nach dem Grad der Entwässerung unterscheidet man Torf (Wassergehalt 80—90%; C-Gehalt der Trockensubstanz 55%), Braunkohle ($H_2O$ 50%; Trocken-C $= 60\%$), Steinkohle ($H_2O$ 5%; Trocken-C $= 82\%$), Anthrazit ($H_2O = 1$—3%; Trocken-C $= 90$—95%). Der Heizwert sinkt mit dem Wassergehalt und steigt mit dem C-Gehalt. Der Heizwert von 1 kg Rein-Kohlenstoff ist 7900 kcal. Alle Kohlen enthalten 1—8% anorganische Asche. Dagegen sind N und S nur wenig vorhanden. An selteneren Stellen findet sich Graphit und noch seltener Diamant.

*Biochemie des Kohlenstoffs.* Kohlenstoff ist in gebundener Form das hauptsächliche Element aller lebenden Zellen und aller organischen Substanzen. Er ist auf Grund seiner zentralen Stellung im Periodensystem (erstes Element der vierten Vertikalgruppe), das einzige Element, das mit sich selbst stabile lange Molekülketten (S. 223, 226) aufbauen kann, wie sie für die komplizierten Variationen organischer Substanzen der belebten Welt nötig sind.

Die C-haltigen Verbindungen Kohlenhydrate (S. 300), Fette (S. 259) und Proteine (S. 329) sind die Nahrungsstoffe aller tierischen Zellen, durch deren Oxydation diese Zellen ihren Kraft- und Wärmebedarf decken. $CO_2$ ist das Endprodukt der langsamen Verbrennung der Nahrungsstoffe in unserem Körper: die aus unseren Lungen ausgeatmete Luft enthält 4% $CO_2$. Dieses von der Tierwelt und Bakterienwelt ausgeschiedene $CO_2$ wird umgekehrt von den Pflanzen zum Aufbau ihrer Kohlenhydrate und Fette gebraucht, durch Reduktion des $CO_2$ zu $(C_6H_{10}O_5)_x$, zu Kohlenhydraten unter Verwendung der Energie des Sonnenlichts (1—2 cal/cm² Erdoberfläche und Minute, wovon nur etwa $1^0/_{00}$ zum Pflanzenaufbau verwendet wird). S. a. Formel 54, S. 97. Man schätzt die jährlich von Pflanzen auf der Erde assimilierte $CO_2$-Menge auf 80 Milliarden Tonnen; ebensoviel wird von Tieren und Bakterien aus Pflanzenmaterial neu produziert. In diesem steten Kreislauf ist die Luft das Ausgleichsreservoir; sie enthält 0,03% $CO_2$.

Die Erdatmosphäre enthält 0,03% $= 6 \cdot 10^{11}$ Tonnen $CO_2$. Alle Tiere und Pflanzen der Erde enthalten zusammen fast ebensoviel: $2,7 \cdot 10^{11}$ Tonnen $CO_2$ (alles C als $CO_2$ gerechnet). Alles Meerwasser enthält 100 mal soviel $CO_2$: $2,7 \cdot 10^{13}$ Tonnen.

*Element.* Das *Element* C kommt in zwei Modifikationen vor: *Graphit* und *Diamant.* Man sah amorphen Kohlenstoff früher als dritte Modifikation an; es hat sich gezeigt, daß in ihm mikrokristalliner Graphit vorliegt.

*Diamant* ist die rein nichtmetallische Form des Kohlenstoffs, ist Nichtleiter der Elektrizität und kristallisiert in Form von regulären Tetraedern mit gewölbten Flächen. Die Dichte ist 3,5. Er ist rein wasserklar, durchsichtig, zeigt wegen seines hohen Brechungsindex (2,5) starkes Farbenspiel und ist der härteste bisher bekannte Körper (neben Borcarbid). Diamant ist sehr selten. Er ist wahrscheinlich in tiefen Erdschichten unter hohem Druck und hoher Temperatur auskristallisiert und dann durch Eruptionen an die Erdoberfläche gekommen, wie in den Minen Südafrikas. Sekundär gelangte er von da in Flußsande (Brasilien). Eine einwandfreie künstliche Herstellung ist noch nicht gelungen. Diamant ist bei Zimmertemperatur gegen alle Chemikalien resistent.

Reine farblose Diamanten werden als Schmucksteine verkauft; die größere Menge, besonders der dunklen (Carbonados) wird technisch als unentbehrliches Schleifmaterial, z.B. für Gesteinsbohrer von Erdölbohrungen und anderes verwendet, weiter für Glasschneidemesser. Bei 850° verbrennt Diamant an der Luft. Unter Luftabschluß geht er oberhalb 1500° in Graphit über.

*Graphit* ist die halbmetallische Modifikation des Kohlenstoffs. Er ist schwarz, undurchsichtig, im Gegensatz zum Diamanten weich, und ein guter Leiter für Wärme und Elektrizität. Die Dichte ist 2,2. Seine Moleküle $C_x$ stellen übereinandergelagerte Schichten oder Netze aus regelmäßigen Sechsecken dar (wie Bienenwaben im Querschnitt). Dabei sind nur 3 Elektronen jedes C-Atoms in der Netzebene gebunden; das vierte ist wie in Metallen frei beweglich und bedingt die elektrische Leitfähigkeit (s. S. 20). Diese Struktur läßt sich dadurch wahrscheinlich machen, daß Graphit mit heißer $HNO_3$ und $KClO_3$ *Graphitsäure* bildet, hochmolekulare gelbgrüne Blättchen der ungefähren Formel $(C_2O)_x$, in denen, wie sich röntgenographisch feststellen läßt, die „Bienenwaben"-Struktur erhalten ist. Wegen seiner Schichtgitterstruktur läßt sich Graphit in äußerst feine, molekulare dünne Blättchen zerlegen, die leicht übereinander weggleiten. Graphit schmiert beim Abreiben (Bleistifte) und wird deswegen auch als Schmiermittel verwendet. Er schmilzt unter Luftabschluß bei 3845° und siedet bei 3927°. Graphit wird mit Bindemitteln zu Graphitwürfeln gepreßt und so in Form von Kohlenbürsten als Zuleiter des Stroms zu den Kollektoren von Elektromotoren verwendet, weiter als Elektrodenmaterial, für unschmelzbare Tiegel und für die Minen der Bleistifte. An der Luft verbrennt er ab 700°. Er wird teils bergmännisch gewonnen, teils technisch durch Erhitzen von amorphem Kohlenstoff in elektrischen Öfen in Gegenwart von Metalloxyden nach ACHESON hergestellt *(ACHESON-Graphit).*

Durch Erhitzen organischer Stoffe unter Luftabschluß erhält man *amorphe,* oberflächenreiche *Kohle,* die immer noch einige Prozent anderer Substanzen enthält und aus mikrokristallinem Graphit besteht. Solcher amorpher Kohlenstoff in beinahe molekular feiner Verteilung kann an seinen sehr großen Oberflächen (bis zu einem Quadratmeter pro mg) viele aktiven Stoffe, Gase, Farbstoffe, Geruchsstoffe, Nebel und Giftgase adsorbieren; er wird deshalb als Blutkohle, Knochenkohle, Holzkohle in der chemischen Technik in großen Mengen verwendet, auch als Gasmaskeneinsatz und Darmtherapeuticum zur Unschädlichmachung von Darmbakterien und Giften (Adsorptionskohle, s. S. 64).

*Ruß.* Eine andere Verteilungsform des mikrokristallinen Graphits ist *Ruß,* den man erhält, wenn man Gasflammen mit ungenügender Luftzufuhr gegen gekühlte Flächen brennen läßt. Solcher *Gasruß* wird als färbender Bestandteil der *Druckerschwärze* und der *Tusche* verwendet. Große Mengen werden als

Beimischung zu Kautschuk gebraucht (schwarze Autoreifen), wodurch deren Qualität verbessert wird.

*Leuchtgas.* Erhitzt man natürliche Steinkohle in Retorten unter Luftabschluß auf 500° *(Verschwelung)* oder auf 800° *(Verkokung)*, so destillieren neben $H_2O$ $NH_3$, Teer und Gase ab. Die zurückbleibende poröse harte Kohle heißt *Koks*. Die bei der Destillation entstehenden Produkte werden unter Kühlung der Dämpfe teils kondensiert *(Teeröl)*, teils durch Waschen der Gase mit schwer flüchtigen Ölen gewonnen (so das *Rohbenzol*), teils durch Waschen mit Alkalien ($H_2S$) oder mit Säuren ($NH_3$) den Gasen entzogen.

Nach den Waschungen der Gase bleibt das gewöhnliche Leuchtgas übrig. Es enthält etwa 40% $H_2$, 30% $CH_4$, 10—20% CO, Rest $N_2$ und $CO_2$; je nach Qualität der Kohle und Erhitzungstemperatur. Daneben finden sich stets kleine Mengen von Benzol, Naphthalin, $H_2S$, Acetylen und HCN. Gutes Leuchtgas soll bei der Verbrennung 5000 kcal/m³ ergeben. Wegen der Giftigkeit des CO entfernt man es neuerdings künstlich; die Verfahren sind jedoch teuer.

*Kohlenmonoxyd.* Verbrennt Kohlenstoff an der Luft bei ungenügender Luftzufuhr, so bildet sich das sehr giftige, brennbare Gas CO, Kohlenmonoxyd. Es ist geruchlos, Siedepunkt — 191°.

**Formel 109.**

$$C \quad + \quad \tfrac{1}{2}O_2 \quad \rightarrow \quad CO \quad + \quad 26,4\ \text{kcal}$$

Kohle     Sauerstoff     Kohlenmonoxyd

fest, schwarz    Gas     Gas, farblos
Smp. 3845°    Siedep. — 183°     Siedep. — 191°

CO ist der giftige Bestandteil des Leuchtgases (10—20%). Seine Giftigkeit beruht auf seiner hohen Affinität zum Eisen des roten Blutfarbstoffs (s. S. 393), die etwa 200mal so groß ist wie die des $O_2$, so daß schon geringe Mengen CO zur Atmungsblockierung genügen. Bei geringer CO-Vergiftung ist der Schaden durch $O_2$-Überschuß rückgängig zu machen; bei schwerer sind empfindliche zentralnervöse Zentren irreversibel erstickt. Im CO ist C 2wertig. Alle Verbindungen des 2wertigen C zeigen die gleiche Giftigkeit. In $H_2O$ löst sich Kohlenmonoxyd unter Normaldruck bei 0° zu 35 ml/pro Liter.

CO ist bei Zimmertemperatur reaktionsträg; durch fein verteiltes Silberpermanganat $Ag^+MnO_4^-$ oder $MnO_2 + CuO$ wird es bei Zimmertemperatur zu unschädlichem $CO_2$ oxydiert (Spezialgasmaskeneinsätze).

Eine fast farblose Palladiumchloridlösung wird von CO zu schwarzem kolloidalem Pd reduziert; mit $PdCl_2$-Lösung getränkte und getrocknete Papierstreifen sind das einzige bekannte schnelle Nachweismittel für CO in Brunnen, Schächten und Sprenglöchern oder bei Gasrohrbrüchen unter dem Boden.

CO zerfällt in Abhängigkeit von der Temperatur in reversiblem Gleichgewicht zu $2\,CO \rightleftharpoons C + CO_2$; bei 700° sind z.B. 58 Vol.-% CO vorhanden, bei 400° 100%.

CO läßt sich, im Gemisch mit $H_2$, leicht durch Überleiten von $H_2O$-Dampf über glühende Kohlen herstellen.

**Formel 110.**

$$H_2O \quad + \quad C \xrightarrow{1000°} CO \quad + \quad H_2 \quad - 31,4\ \text{kcal}$$

Wasserdampf     Kohle     Gas     Gas

fest

Wassergas

Es entsteht das sog. *Wassergas*, das für viele technischen Zwecke (Methanolsynthese, s. S. 240) gebraucht wird. Da sich beim Überleiten des $H_2O$-Dampfes die glühenden Kohlen abkühlen (negative Wärmetönung der Reaktion), leitet man nach einiger Zeit zu ihrer neuen Erhitzung wieder Luft ein; dabei entsteht durch Verbrennung der Kohle Luftgas oder *Generatorgas*, ein Gemisch von 30—40% CO und 60—70% $N_2$.

Beide Gase werden entweder getrennt aufgefangen oder gemischt und als Kraftgas (30% CO, 15% $H_2$, 50% $N_2$, 1400 kcal/1 m³) verwendet.

Mit manchen Metallen in fein verteiltem Zustand, besonders Eisen, Nickel, Kobalt bildet Kohlenmonoxyd flüssige farblose *Carbonylverbindungen*, z.B. *Ni(CO)₄* (Siedep. +43°; unlösl. in $H_2O$; lösl. in Alkohol).

Metallcarbonyle sind komplexartige Verbindungen, in denen die Metalle nullwertig sind; ähnlich wie bei denjenigen Komplexverbindungen, die bei der Auflösung von metallischem Calcium in flüssigem $NH_3$ entstehen (s. a. S. 112).

Leitet man CO bei 120° unter 3 Atm. Druck in Natronlauge, so bildet sich glatt Natriumformiat, das Salz der einfachsten Fettsäure, der Ameisensäure.

**Formel 111.**

$$CO + NaOH \xrightarrow[120°]{3\ Atm.} \underset{O}{\overset{}{H—C—O^-Na^+}}$$

Kohlenmonoxyd  Wäßrige Lauge

Gas, Siedep. −185°

Ameisensaures Natrium

kristallisiert, farblos, wasserlöslich

Aus Ameisensäure lassen sich viele organischen Verbindungen synthetisieren. Wie beim Acetylen aus Calciumcarbid und bei der FISCHER-TROPSCH-Synthese liegt hier eine Ursynthese organischer Stoffe aus anorganischem Material vor.

*Phosgen.* Durch direkte Vereinigung von CO und $Cl_2$ bei 200° oder im Sonnenlicht entsteht *$COCl_2$*, *Phosgen*, Siedepunkt +8°. Es ist ein Lungengift (wurde auch als Giftgas verwendet).

**Formel 112.**

$$O=C{\Large<}^{Cl}_{Cl} + {\overset{H}{\underset{H}{O}}} \rightarrow \overline{O=C=O}{\uparrow} + \overline{2\ HCl}{\uparrow}$$

Phosgen  Wasser  Kohlendioxyd  Chlorwasserstoff

flüssig, farblos, Siedep. +8°
Dichte 1,39

Gas, farblos
sublimiert fest bei −78°

Gas, löslich in $H_2O$
zu Salzsäure

Man kann es als Dichlorid der Kohlensäure $O=C{\Large<}^{OH}_{OH}$ auffassen. Es wird bei technischen Synthesen viel verwendet (s. Formel 338, S. 266).

*Kohlendioxyd.* Bei guter $O_2$-Zufuhr verbrennt C hauptsächlich zu $CO_2$.

**Formel 113.**

$$C + O_2 \rightarrow \overline{CO_2}{\uparrow} + 95,0\ kcal$$

Kohle  Sauerstoff  Kohlendioxyd

fest, schwarz
Smp. 3845°

Siedep. −183°

Gas, farblos, sublimiert fest bei −78°

$CO_2$, *Kohlendioxyd*, ist ein Gas; farblos, geruchlos, Schmelzpunkt unter Druck −57°, Sublimationspunkt −78°, kritische Temperatur +31° bei 73 Atm. Es ist schwerer als Luft und nicht brennbar. In den Kohlensäurebomben des Handels liegt $CO_2$ (bis 31° C) als flüssiges $CO_2$ vor. Bei plötzlichem starkem Öffnen der mit dem Ventil nach unten gerichteten Bombe wird für einen Teil des verdampften $CO_2$ so viel Verdunstungswärme verbraucht, daß sich der Rest als *festes $CO_2$*, *Kohlensäureschnee*, abscheidet.

$CO_2$-Schnee läßt sich bei Zimmertemperatur lange erhalten, da er sich mit einer die Wärme schlecht leitenden $CO_2$-Gasschicht umgibt. Darauf beruht auch seine Wirkung zur Kühlung von Lebensmitteln und von histologischen Präparaten *(Trockeneis)*, auch zu Feuerlöschzwecken; $CO_2$ hindert hierbei durch Abschließung von Luft das Weiterbrennen.

Das $CO_2$-Molekül hat räumlich eine gestreckte, symmetrische Form $O = C = O$, und keine Dipolstruktur wie $H_2O$ (s. S. 75) und $SO_2$ (S. 99).

*Kohlensäure.* Von $CO_2$ lösen sich in einem Liter $H_2O$ 1,7 Liter bei 0°, 0,87 Liter bei 20°. In der Lösung bestehen folgende Gleichgewichte:

**Formel 114.**

$$CO_2 \quad + \quad H_2O \quad \xrightleftharpoons{\text{bei} + 4°} \quad H_2CO_3$$

Kohlendioxyd, Gas $\qquad$ Wasser $\qquad\qquad\qquad$ Kohlensäure

99,4% $\qquad\qquad\qquad\qquad\qquad$ 0,6%

$$O = C\begin{smallmatrix}OH\\OH\end{smallmatrix} \quad \rightleftharpoons \quad O = C\begin{smallmatrix}O^-H^+\\OH\end{smallmatrix} \quad \rightleftharpoons \quad O = C\begin{smallmatrix}O^-H^+\\O^-H^+\end{smallmatrix}$$

Dissoziation der Kohlensäure in Ionen

Das Gleichgewicht ($CO_2 \leftrightarrows H_2CO_3$) ist stark in Richtung des freien, gelösten $CO_2$ verschoben. Da dessen Löslichkeit mit steigender Temperatur abnimmt, läßt sich durch Kochen alles $CO_2$ aus $H_2O$ austreiben (wie bei $SO_2$ und $NH_3$).

Die gelöste, wenig beständige *Kohlensäure* ist eine schwache Säure. Ihre Salze, die *Carbonate*, sind dagegen sehr beständig. Die Alkalisalze sind wasserlöslich und glühbeständig; die anderen sind meist unlöslich und zersetzen sich teilweise beim Glühen (so $CaCO_3$). Alle lösen sich in stärkeren Säuren. Sie werden bei den Metallen einzeln besprochen.

Wasser, das überschüssiges $CO_2$-Gas unter Druck (1—2 Atm.) gelöst enthält, wird als *Sodawasser* bezeichnet. Vergorene Malzextrakte unter dem Druck des bei der Gärung aus Zucker selbst entwickelten $CO_2$ sind *Biere*; aus Traubensaft hergestellte Weine unter dem Druck der eigenen Gärungs-$CO_2$ sind *Champagner*.

$CO_2$-Gas entweicht an vielen Stellen der Erde, meist aus Quellen. $CO_2$ ist im Gegensatz zu CO ungiftig; übersteigt die Konzentration der umgebenden Luft an $CO_2$ jedoch 4%, so kann bei den meisten Tieren die im Blut gelöste $CO_2$ in den Lungen nicht mehr herausdiffundieren: die Tiere ersticken. Die menschliche Ausatmungsluft enthält 4% $CO_2$.

Im Laboratorium wird $CO_2$ im Kippapparat (s. S. 106) aus Marmor und HCl dargestellt.

**Formel 115.**

$$CaCO_3 \quad + \quad 2\,HCl \quad \rightarrow \quad CaCl_2 \quad + \quad \overset{\uparrow}{CO_2}$$

Marmor, Calciumcarbonat $\qquad$ wäßrige Salzsäure $\qquad$ Calciumchlorid $\qquad$ Kohlendioxyd

wasserunlöslich $\qquad\qquad\qquad\qquad\qquad\qquad$ kristallisiert $\qquad\qquad$ Gas
$\qquad\qquad\qquad\qquad\qquad\qquad\qquad\qquad$ leicht wasserlöslich $\qquad$ subl. bei $-78°$

Technisch gewinnt man $CO_2$ durch Brennen von Kalkstein bei 1000° in einer temperaturabhängigen reversiblen Reaktion.

**Formel 116.**

$$CaCO_3 \quad \underset{\text{kalt}}{\overset{1000°}{\rightleftharpoons}} \quad CaO \quad + \quad \overset{\uparrow}{CO_2}$$

Kalkstein $\qquad\qquad\qquad$ Gebrannter Kalk $\qquad$ Kohlendioxyd
Calciumcarbonat $\qquad\qquad$ Calciumoxyd $\qquad\qquad$ Gas
Dichte 2,93 $\qquad\qquad\qquad$ est, Smp. 2570° $\qquad$ subl. bei $-78°$
$\qquad\qquad\qquad\qquad\qquad\qquad$ Dichte 3,4

*Cyanverbindungen.* Glüht man organische Abfälle unter Luftabschluß mit Alkalien, so bilden sich Salze der *Cyanwasserstoffsäure*, $N\equiv C^-H^+$. Die freie Säure, die auch Blausäure genannt wird, riecht bittermandelartig, schmilzt bei $-15°$, siedet bei $+26{,}5°$, ist farblos, in Wasser leicht löslich und eines der stärksten bekannten Gifte. Man kann sie als Nitril (S. 239) der Ameisensäure (S. 255) auffassen. Sie kommt gebunden in bitteren Mandeln als Amygdalin vor. Man erhält Cyanwasserstoffsäure aus ihren Salzen, z.B. $K^+CN^-$-Kaliumcyanid, durch Säuren; sie ist eine so schwache Säure, daß schon das $CO_2$ der Luft zur Austreibung aus den Salzen genügt: KCN riecht nach HCN. Sie ist ein rasch wirkendes Nervengift und hat wie CO zum Eisen des roten Blutfarbstoffs Hämoglobin, dem Transportvehikel des $O_2$ aus den Lungen zu den Zellen im Tierkörper, eine größere Affinität als $O_2$. Daneben hat HCN spezifische Giftwirkung auf andere eisenhaltige Enzyme der Zelle. Die Wirkung (tödl. Dosis beim Menschen 50 mg HCN per os, Gegenmittel $H_2O_2$: Oxydation zu ungiftigem HCNO) erfolgt rasch, da HCN neben Alkohol eine der wenigen Substanzen ist, die schon vom Magen aus resorbiert werden, während etwa Schwermetallgifte erst nach Stunden wirken, weil sie nach längerem Verweilen im Magen erst vom Darm aus resorbiert werden.

Erhitzt man das $Hg^{++}$-Salz der Blausäure, so entsteht das giftige Gas *Dicyan* *(CN)₂*.

**Formel 117.**

$$Hg(CN)_2 \rightarrow Hg + (CN)_2\uparrow \qquad \begin{matrix} C\equiv N \\ | \\ C\equiv N \end{matrix} \xrightarrow{4\,H_2O} \begin{matrix} C{-}OH \\ | \\ C{-}OH \end{matrix}$$

Quecksilbercyanid — Quecksilber — Dicyan — Dicyan — Oxalsäure

farblos, kristallisiert, löslich in $H_2O$ und Alkohol — Metall, flüssig — Gas, farblos, Siedep. $-20°$ — — fest, kristallisiert, Smp. $189°$

Es siedet bei $-20°$ und ist brennbar. Man kann es als Dinitril der Oxalsäure auffassen. Es löst sich in $H_2O$ zuerst unverändert, geht aber langsam in braune polymere Produkte über, neben teilweiser Verseifung zu Oxalsäure.

*Knallsäure.* Eine der Blausäure nahestehende Säure ist die *Knallsäure*, $CNO^-H^+$, die man auch als Oxim des CO auffassen kann. Frei zersetzt sich die Säure. Ihre Salze heißen Fulminate, weil sie sich beim Erhitzen unter plötzlichem Aufblitzen zersetzen. Das wichtige Hg-Salz erhält man durch langsames Eingießen einer warmen Lösung von 10 g Hg in 120 ml konzentrierter $HNO_3$ in 110 ml Alkohol bei $70°$. Nach der stürmischen Reaktion fällt man das beständige *Hg(CNO)₂* mit $H_2O$. Es ist (trocken, gepreßt) gegen Stoß höchst empfindlich und wird als *Initialzünder* in Granaten und Patronen verwendet (Knallquecksilber).

*Cyansäure.* Ein Isomeres der Knallsäure ist die ungiftige Cyansäure, $NCO^-H^+$. Ihre Salze, die Cyanate, entstehen aus Cyaniden durch Oxydationsmittel, z.B. $H_2O_2$. Das Ammoniumcyanat $NCO^-(NH_4)^+$ war das erste anorganische Ausgangsprodukt einer organischen Synthese; WÖHLER fand 1828, daß es durch Erhitzen in wäßriger Lösung in $H_2N{-}CO{-}NH_2$ Harnstoff übergeht (s. Formel 334, S. 265).

KCN geht beim Schmelzen mit Schwefel in das ungiftige $K^+CNS^-$, *Rhodankalium*, über (farblos, krist., Smp. $183°$, lösl. zu 70% in $H_2O$, lösl. in Alkohol). Es ist das Salz der frei nichtbeständigen Rhodanwasserstoffsäure.

*Kohlenwasserstoffe.* Mit Wasserstoff geht C eine große Reihe von Verbindungen ein, die im organischen Teil besprochen werden.

*Schwefelkohlenstoff.* Bringt man bei 800° Schwefeldämpfe mit Holzkohle zusammen, so entsteht die in reinem Zustand aromatisch riechende, farblose Flüssigkeit *Schwefelkohlenstoff* $CS_2$ von hoher Lichtbrechung (Siedep. 46°, leicht brennbar), Dichte 1,26, die sich mit $H_2O$ nicht mischt und von ihm nicht zersetzt wird.

**Formel 118.**

$$C \quad + \quad 2\,S \quad \xrightarrow[\text{unter Luftabschluß}]{800°} \quad CS_2 \quad -21\ \text{kcal}$$

| Kohle | Schwefel | Schwefelkohlenstoff |
|---|---|---|
| fest, schwarz, | fest, gelb, | farblos, flüssig |
| Siedep. 3927° | Siedep. 444° | unlösl. in $H_2O$, Siedep. 46° |
| Dichte 2,25 | Dichte 2,07 | Dichte 1,26 |

Die Vereinigung erfolgt unter Wärmeverbrauch. In der organischen Chemie wird $CS_2$ wegen seiner Billigkeit als Lösungsmittel viel verwendet, z.B. als Extraktionsmittel für Fette aus Ölpreßrückständen. Die Dämpfe wirken bei längerem Einatmen als Lebergifte. $CS_2$ kann sich schon beim Verdampfen auf dem Wasserbad von selbst entzünden; es verbrennt mit fahlblauer Flamme unter teilweiser Abscheidung von Schwefel.

*Halogenverbindungen* des C sind technisch wichtig. $CHCl_3$, $CCl_4$ kann man aus den entsprechenden Kohlenwasserstoffen mit Halogenen erhalten; sie werden im organischen Teil besprochen (s. S. 237).

*Carbide.* Als Salze von Kohlenwasserstoffen kann man die *Carbide* betrachten. Man gewinnt sie durch Erhitzen der Metalle mit Kohle unter Luftabschluß auf hohe Temperatur. Die Carbide der Alkali- und Erdalkalimetalle, sowie $Al_3C_4$ zersetzen sich mit $H_2O$ zu Metallhydroxyden und Kohlenwasserstoffen, S. 155, 230. Manche Carbide, $B_6C$ und $WC$, sind wasserbeständig und extrem hart und werden deshalb technisch als Schleifmittel verwendet.

*Analytisch* wird C fast immer nach Verbrennung zu $CO_2$ in wäßrige Lauge geleitet und dort entweder als Gewichtszuwachs an $K_2CO_3$ gewogen oder titriert.

# Fluor, F, Nr. 9.
### (engl. fluorine; franz. fluorine).

Grüngelbes Gas; Atomgewicht: 19,00; Dichte: flüss. 1,1; Schmelzpunkt: $-223°$; Siedepunkt: $-188°$; Wertigkeit: $-1$; Elektronenschalen: 2, 7; Isotope: 19 (100%).

*Vorkommen.* Fluor wurde 1886 von MOISSAN zuerst durch Elektrolyse wasserfreier HF in Platingefäßen hergestellt. Fluor kommt geologisch in vielen Silicatgesteinen in kleinen Mengen vor so wie im Apatit; sein Hauptvorkommen ist *Flußspat* $CaF_2$, der manchmal in glasklaren, regulären, zentimetergroßen Kristallen gefunden wird. Da solche Kristalle noch sehr kurzwelliges ultraviolettes Licht (bis herab zu 1000 Å) im Gegensatz zu allen andern glasklaren Substanzen passieren lassen, macht man Linsen und Prismen aus ganz reinen (leider seltenen) $CaF_2$-Kristallen. Ein weiteres wichtiges Fluormineral ist *Kryolith, Eisstein, $Na_3AlF_6$*, der auf Grönland vorkommt und als Flußmittel bei der $Al_2O_3$-Elektrolyse (s. S. 161) gesucht ist.

*Biologisch* kommt F als $CaF_2$ im Zahnschmelz in geringer Menge vor. Lösliche Fluoride werden bei der alkoholischen Gärung in kleinen Mengen zur Niederhaltung wilder Heferassen verwendet. Lösliche Fluoride sind giftig; man verwendet sie als Rattengift. Völliger Mangel an Fluor im Trinkwasser führt bei der Bevölkerung der Gegend zu erhöhter Anfälligkeit gegen Zahn-Caries.

*Element.* Das Element $F_2$ ist ein gelbgrünes, stechend riechendes Gas vom Siedepunkt $-188°$. Es ist auf Grund seiner Stellung im Periodensystem

(s. Tabelle 5, S. 19) das aggressivste aller Elemente, das mit größter Energie Elektronen an sich reißt, und nur in Gefäßen aus Cu oder Pt aufbewahrbar ist. Auch heute noch wird es nach MOISSAN dargestellt. Es hat neuerdings technisches Interesse für organische Synthesen gefunden, da unter anderem Difluor-Dichlormethan $CF_2Cl_2$ („Freon") ausgezeichnete thermische Eigenschaften hat und als umlaufende Flüssigkeit in elektrischen Kühlschränken verwendet wird.

*Fluorwasserstoff.* Mit $H_2$ vereinigt sich $F_2$ sofort unter Explosion (auch im Dunkeln). Die Vereinigung stellt die höchste, mit chemischen Mitteln erreichbare Energieproduktion dar; die Bildungswärme ist 64000 kcal/kg gebildeter HF. Mit einer $H_2 + F_2$-Flamme lassen sich Temperaturen bis 6000° erreichen. Die entstehende HF ist eine stechend riechende, farblose, an der Luft rauchende Flüssigkeit vom Siedepunkt 19°, die sich mit $H_2O$ beliebig mischt. Technisch wird HF aus Flußspat $CaF_2$ mit $H_2SO_4$ dargestellt. HF neigt mit fallender Temperatur zur Bildung von Assoziationsmolekülen $(HF)_2$, $(HF)_4$, $(HF)_8$. Die wäßrige Lösung, Fluorwasserstoffsäure oder *Flußsäure* ist eine mittelstarke Säure; die Salze heißen *Fluoride*.

HF hat als einzige aller Säuren die Fähigkeit, Silicate und damit Glas aufzulösen.

**Formel 119.**

$$SiO_2 \quad + \quad 4\,HF \quad \xrightarrow[\text{konz.}]{H_2SO_4} \quad \overset{\uparrow}{SiF_4} \quad + \quad \underset{\downarrow}{2\,H_2O} \atop H_2SO_4$$

| Quarz | Flußsäure | Silicium-tetrafluorid | |
|---|---|---|---|
| fest, farblos | in $H_2O$ | Gas, farblos | |
| Smp. etwa 1700° | | Siedep. −95° | |
| unlösl. in $H_2O$ | | | |

Das gebildete $SiF_4$ ist ein Gas, das entweicht, wenn man dafür sorgt, daß das entstehende $H_2O$ durch $H_2SO_4$ gebunden wird. Man verwendet HF (40%ige Flußsäure, in Kunstharzflaschen) als Glasätztinte.

Mit überschüssiger HF bildet $SiF_4 \rightarrow H_2^{++}[SiF_6]^{--}$ Kieselfluorwasserstoffsäure, eine komplexe gasförmige, wasserlösliche Säure, deren Salze schön kristallisieren. Ähnliche komplexe Säuren bildet Fluor mit Al, B, Zr, Ti und Sn.

Es sind neuerdings auch Fluoroxyde bekannt geworden, so $F_2O$, ein farbloses, aggressives Gas vom Siedepunkt −145°; doch gibt es keine sauerstoffhaltigen Säuren des Fluors wie bei den nachfolgenden Halogenen.

## Chlor, Cl, Nr. 17.

### (engl. chlorine; franz. chlore).

Grüngelbes Gas; Atomgewicht: 35,457; Dichte: 1,47 flüss.; Schmelzpunkt: −103°; Siedepunkt: −34°; Wertigkeit: −1, +1, +3, +5, +7; Elektronenschalen: 2,8,7; Isotope: 35 (75%), 37 (25%).

*Geschichte und Vorkommen.* Das gasförmige $Cl_2$ wurde 1774 zuerst von SCHEELE dargestellt; erst DAVY erkannte es 1810 als Element. Es kommt in gebundener Form in allen Silicatgesteinen in geringer Menge vor; sein Hauptvorkommen ist Meerwasser, das 2,6% NaCl (neben anderen Salzen) enthält. Es ist als $Cl^-$-Ion neben $Na^+$-Ion aus allen Gesteinen ins Meerwasser gekommen, da diese beiden Elemente als einzige auf dem Wege aus dem Gestein ins Meer keine unlöslichen Verbindungen bilden, so daß sie nirgends sekundär als unlösliches Mineral ausfielen. Aus eingetrockneten abgeschlossenen Meeresbuchten sind die großen Steinsalzlager entstanden (hauptsächlich NaCl, daneben auch KCl und $MgCl_2$), wenn sie geologisch sekundär durch wasserundurchlässige Tonschichten abgedeckt und so vor der Wiederauswaschung durch Regenwasser geschützt wurden.

*Biologisches.* Biologisch spielt $Cl^-$ eine wichtige Rolle; es kommt, gelöst in der Zellflüssigkeit aller lebenden Zellen, vor allem der tierischen vor. Menschliches Blut enthält etwa 0,36% $Cl^-$-Ionen. $Cl^-$-Ionen sind neben anderen noch unbekannten biochemischen Funktionen an der Aufrechterhaltung des osmotischen Zelldrucks wesentlich beteiligt. Der tierische Magensaft enthält 0,4 bis 0,5% freie Salzsäure HCl. Chlorhaltige natürliche organische Substanzen sind bis jetzt nur wenige bekannt (s. S. 358, Chloromycetin).

*Element.* Das grüne, erstickend scharf riechende, giftige Gas $Cl_2$ siedet bei $-34°$ (kritische Temperatur $+144°$), löst sich in $H_2O$ (3 Volumina in 1 Volumen Wasser bei 20°; Chlorwasser) und ist chemisch sehr reaktionsfähig. Mit Alkalimetallen vereinigt es sich bei geringem Erwärmen unter Feuererscheinung; mit vielen anderen Metallen dann, wenn sie fein verteilt sind. Massives Eisen wird von trockenem Chlor nicht angegriffen. Man kann deshalb flüssiges $Cl_2$ in Stahlbomben aufbewahren; in den Bomben ist der Druck bei 20° nur 6 Atm.

Man gewinnt freies $Cl_2$ in großen Mengen als anodisches Beiprodukt der NaCl-Elektrolyse zur Darstellung von NaOH (s. S. 141).

Im $Cl_2$-Molekül sind die Cl-Atome ziemlich fest aneinander gebunden; zu ihrer Dissoziation in Atome sind 59,6 kcal pro Mol nötig.

*Chlorsauerstoffverbindungen.* Vom Chlor, das gegen O maximal $+7$wertig sein kann (entsprechend seiner Stellung in der siebenten Gruppe des Periodensystems maximal 7 Elektronen abgeben kann), sind 4 Sauerstoffverbindungen bekannt: $Cl_2O$, $ClO_2$, $Cl_2O_6$, $Cl_2O_7$.

Das $Cl_2O$, *Chlormonoxyd*, ein gelbbraunes zersetzliches Gas (Siedep. $+4°$), erhält man nach:

**Formel 120.**

$$2\,Cl_2 \quad + \quad 2\,HgO \quad \xrightarrow[\text{bei 0°}]{\text{trocken}} \quad HgCl_2, HgO \quad + \quad \overset{\uparrow}{Cl_2O}$$

| Chlor | Quecksilberoxyd | Quecksilber-oxychlorid | Chlormonoxyd |
|---|---|---|---|
| Gas, grün<br>Siedep. $-34°$ | rotgelb, fest | kristallisiert, braun | braungelbes Gas, explosiv<br>zu orange Flüssigkeit kondens., Siedep. $+4°$ |

Es ist das Anhydrid der *unterchlorigen Säure, HOCl*, die in reinem Zustand nicht beständig ist, wohl aber in kalter wäßriger Lösung (bis 25%), oder als Alkalisalz (Hypochloritlösung, *Eau de Javelle*). Unterchlorige Säure kommt neben HCl im Gleichgewicht mit gelöstem $Cl_2$-Gas in Chlorwasser vor.

**Formel 121.**

$$Cl_2 \quad + \quad H_2O \quad \underset{\text{Kälte}}{\overset{\text{Wärme}}{\rightleftarrows}} \quad H^+ClO^- \quad + \quad H^+Cl^-$$

| Chlor | Wasser | Unterchlorige Säure | Salzsäure |
|---|---|---|---|
| Gas, grün | | farblos | farblos |

Leitet man $Cl_2$ in NaOH-Lösung, so bildet sich neben NaCl Natriumhypochloritlösung.

**Formel 122.**

$$Cl_2 \quad + \quad 2\,Na^+OH^- \quad \rightarrow \quad Na^+Cl^- \quad + \quad Na^+ClO^- \quad + \quad H_2O$$

| Chlor | Wäßrige | Natrium- | Natrium- | |
|---|---|---|---|---|
| Gas, grün | Natronlauge | chlorid | hypochlorit | |
| | | fest, farblos<br>wasserlöslich | kristallisiert, farblos<br>leicht wasserlöslich | |

Unterchlorige Säure ist eine schwache, nur in Lösung bekannte Säure. Ihre Salze mit starken Basen, wie $Na^+OCl^-$, reagieren deshalb in wäßriger Lösung schwach alkalisch. Sie ist, wie alle Sauerstoffsäuren der Halogene, ein starkes

Oxydationsmittel. Sie bleicht organische Farbstoffe durch Oxydation und Chlorierung (Zerstörung von farbengebenden Doppelbindungen der natürlichen Carotinoide, s. S. 375) rasch aus und wird deshalb in der Textilindustrie als Bleichmittel verwendet. Die Transportform der unterchlorigen Säure ist ihr $Ca^{++}$-Salz, der Chlorkalk, $CaOCl_2$ (Formel 152, S. 153).

$ClO_2$, *Chlordioxyd*, ein braunrotes explosives Öl vom Siedepunkt $+10°$, das man aus $KClO_3$ durch vorsichtige Behandlung mit konzentrierter $H_2SO_4$ erhält, löst sich in $H_2O$. Es bildet damit keine Säure. Löst man es in wäßrigen Alkalien, so erhält man Salze der chlorigen Säure $HClO_2$ (Chlor $+3$wertig) und Chlorsäure $HClO_3$ (Chlor $+5$wertig).

**Formel 123.**

$$2\,ClO_2 \quad + \quad 2\,Na^+OH^- \quad \rightarrow \quad Na^+ClO_2^- \quad + \quad Na^+ClO_3^- \quad + \quad H_2O$$

| Chlordioxyd | Natronlauge | Natriumchlorit | Natriumchlorat | |
|---|---|---|---|---|
| braunrot | | kristallisiert, farblos | kristallisiert, farblos | |
| Siedep. $+10°$ | | wasserlöslich | Dichte 2,49 | |
| Cl $+4$wertig | | Cl $+3$wertig | Cl $+5$wertig | |

Die nur in wäßriger Lösung bekannte *chlorige Säure $H^+ClO_2^-$* ist eine schwache Säure, deren Salze *Chlorite* heißen; sie sind starke Oxydationsmittel.

*Chlorate.* Freie *Chlorsäure $H^+ClO_3^-$* ist nur in bis zu 40%iger wäßriger Lösung als mittelstarke und oxydierende Säure bekannt; ihre gut beständigen Salze heißen *Chlorate*. Man erhält sie durch Erwärmen wäßriger Alkali-Hypochloritlösungen; es tritt dabei eine Redoxydation ein, bei der zwei Mol $KClO$ ein drittes zu $KClO_3$ oxydieren und selbst zu $KCl$ reduziert werden. Die zugrunde liegende gekoppelte Reduktionsoxydationsreaktion nennt man auch *Disproportionierung*.

**Formel 124.**

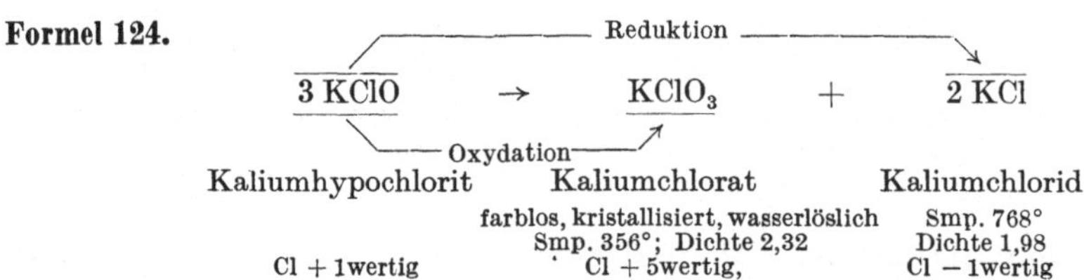

| Kaliumhypochlorit | Kaliumchlorat | Kaliumchlorid |
|---|---|---|
| | farblos, kristallisiert, wasserlöslich | Smp. 768° |
| | Smp. 356°; Dichte 2,32 | Dichte 1,98 |
| Cl $+1$wertig | Cl $+5$wertig, | Cl $-1$wertig |

Das schön kristallisierte $KClO_3$ (*Kaliumchlorat, Kalium chloricum* der Apotheker) wird als sauerstoffabgebender Bestandteil in Sprengstoffen verwendet (s. S. 352); es ist giftig und wird in wäßriger Lösung manchmal als Desinfektionsmittel gebraucht.

*Perchlorate.* Erwärmt man $KClO_3$ über 400°, so bildet sich in einer neuen Redoxydationsreaktion *(Disproportionierung)* langsam und ohne Explosion neben freiem $O_2$ Kaliumperchlorat $K^+ClO_4^-$ mit $+7$wertigem Chlor und $K^+Cl^-$.

**Formel 125.**

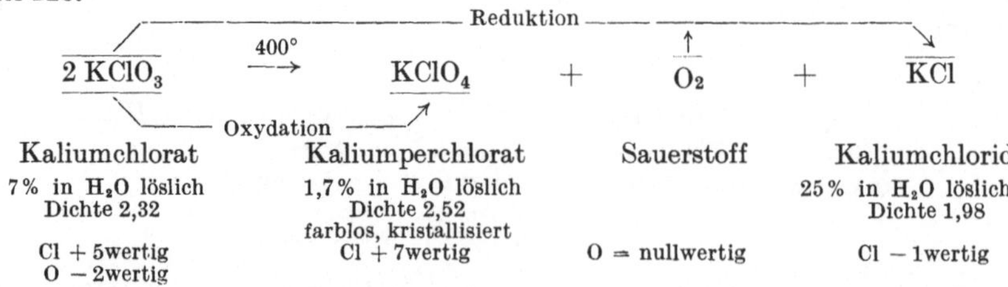

| Kaliumchlorat | Kaliumperchlorat | Sauerstoff | Kaliumchlorid |
|---|---|---|---|
| 7% in $H_2O$ löslich | 1,7% in $H_2O$ löslich | | 25% in $H_2O$ löslich |
| Dichte 2,32 | Dichte 2,52 | | Dichte 1,98 |
| | farblos, kristallisiert | | |
| Cl $+5$wertig | Cl $+7$wertig | O $=$ nullwertig | Cl $-1$wertig |
| O $-2$wertig | | | |

Von den farblosen wasserlöslichen Salzen der Perchlorsäure ist das Kaliumsalz in $H_2O$, besonders in Alkohol schwerlöslich (in $H_2O$ bei 20° 1,7%). Man macht davon in der analytischen Chemie zur Trennung vom leichtlöslichen $NaClO_4$ Gebrauch. Chlorate und Perchlorate können durch Initialzündung zur Explosion gebracht werden; eine *Sprengstoffgruppe*, die *Cheddite*, besteht aus Chloraten, Perchloraten und organischen Bestandteilen. Sprengstoffe s. S. 352.

Reine $HClO_4$ läßt sich (im Gegensatz zu anderen ClO-Säuren) mit konzentrierter $H_2SO_4$ aus Perchloraten gewinnen. Sie ist eine sehr explosive, farblose, wasserlösliche Flüssigkeit, die sich beim Erhitzen zersetzt. 30%ige wäßrige Lösungen (von öliger Konsistenz) sind haltbar und nicht explosiv.

Aus reiner $HClO_4$ kann man mit $P_2O_5$ $H_2O$ abspalten; es entsteht ein explosives farbloses Öl vom Siedepunkt 83°, $Cl_2O_7$, *Chlorheptoxyd*, das Anhydrid der Perchlorsäure.

*Chlorwasserstoff.* Wichtiger als die O-Verbindungen des Chlors ist die einzige H-Verbindung *HCl Chlorwasserstoff* mit — 1wertigem Chlor.

Man erhält HCl durch direkte Vereinigung der Elemente $H_2$ und $Cl_2$ nach Formel 47, S. 93.

Die Vereinigung der Gase erfolgt unter Explosion, entweder durch Zündung oder durch Belichtung *(Chlorknallgas)*. Im Dunkeln erfolgt ohne Zündung keine Reaktion; die Vereinigung ist lichtempfindlich; es liegt eine *photochemische Reaktion* vor (s. S. 67). Die Reaktion erfolgt nicht zwischen $Cl_2$ und $H_2$, sondern zwischen $Cl + H_2 \rightarrow HCl + H$; einige Moleküle $Cl_2$ (nötige Spaltungsenergie 59,6 cal) müssen erst durch die Lichtenergie (1 Mol violette Photonen $= 71$ cal, s. S. 67) in je zwei Cl-Atome gespalten werden. Bei der ersten Reaktion entsteht atomarer H, der nach $H + Cl_2 \rightarrow HCl + Cl$ wieder atomares Chlor bildet, so daß die Reaktion, einmal eingeleitet, sich von selbst fortsetzt, die Explosion fortschreitet. Man nennt solche Reaktionen *Kettenreaktionen* (HABER). Solche Ketten brechen dann ab, wenn sich zufällig 2 freie Atome treffen, statt Atom und Molekül; oder beim Zusammenstoß von Atomen mit der Wand, die die Reaktionswärme der Molekülbildung ableitet.

HCl ist ein Gas, das sich bei — 85° zu einer farblosen Flüssigkeit kondensiert. HCl ist in diesem Zustand nicht ionisiert; in trockenem HCl-Gas liegen echte Moleküle vor. In $H_2O$ löst sich HCl-Gas leicht und bildet die starke ionisierte *Salzsäure*. In Lösung liegen keine HCl-Moleküle mehr vor wie im trockenen Gas HCl, sondern fast nur Ionen (s. Tabelle 20, S. 81). Die Löslichkeit von HCl in Wasser sinkt mit steigender Temperatur; sie beträgt bei 20° 36 g HCl pro 100 g Gesamtlösung. Kocht man, so entweicht solange HCl-Gas, bis eine konstant siedende 16%ige wäßrige Salzsäure destilliert. Die Dichte 36 gewichtsprozentiger HCl ist $= 1,18$; für 20%ige HCl $= 1,10$.

Technisch stellt man HCl durch Einwirkung von konzentrierter $H_2SO_4$ auf NaCl in der Wärme dar.

**Formel 126.**

| NaCl | $+$ | $H_2SO_4$ | $\xrightarrow[]{50\text{—}100°}$ | $HCl \uparrow$ | $+$ | $NaHSO_4$ |
|---|---|---|---|---|---|---|
| Natriumchlorid | | Konzentrierte Schwefelsäure | | Chlorwasserstoff | | Natriumbisulfat |
| fest, farblos Smp. 800° Dichte 2,16 | | ölig, farblos | | Gas, Siedep. $-85°$ | | kristallisiert, farblos fest, Smp. 182° Dichte 2,74 |

Bei Rotglut kann man auch $NaHSO_4$ mit NaCl umsetzen.

**Formel 127.**

| NaCl | $+$ | $NaHSO_4$ | $\xrightarrow[]{800\text{—}900°}$ | $HCl \uparrow$ | $+$ | $Na_2SO_4$ |
|---|---|---|---|---|---|---|
| | | | | Gas | | Natriumsulfat kristallisiert, Smp. 884° Dichte 2,69 |

Mit Basen bildet HCl die gut kristallisierenden *Chloride*, die bei den einzelnen Elementen besprochen werden. Die meisten sind wasserlöslich; nur AgCl, CuCl, $PbCl_2$, HgCl, TlCl sind schwerlöslich. Chlorschwefelverbindungen s. bei Schwefel (s. S. 106).

*Analytisch* wird Chlor in Form des $Cl^-$-Ions mit $Ag^+NO_3^-$ als unlösliches weißes AgCl gefällt und gewogen.

### Brom, Br, Nr. 35.
#### (engl. bromine; franz. brome).

Braune Flüssigkeit; Atomgewicht: 79,91; Dichte: 3,14; Schmelzpunkt: $-7°$; Siedepunkt: $+59°$; Wertigkeit: $-1$, $+1$, $+5$; Elektronenschalen: 2,8,18,7; Isotope: 79 (50,6%); 81 (49,4%).

*Vorkommen.* Das 1826 von BALARD entdeckte Brom findet sich neben $Cl^-$- als $Br^-$-Ion zu etwa 0,01% im Meerwasser, weiter in Staßfurter Abraumsalzen. Freies elementares braunes flüssiges Brom kommt nirgends in der Natur vor.

*Biologisches.* Gebundenes Brom spielt wahrscheinlich eine *biologische Rolle*. Der natürliche Farbstoff der Purpurschnecke ist Bromindigo. Bromsalze wirken beruhigend auf das Nervensystem; viele synthetischen Schlafmittel enthalten Brom in organischer Bindung (z.B. Formel 339; S. 267). Eine Vermutung, daß auch dem natürlichen tierischen Schlaf bromhaltige innere Sekrete (Hormone) zugrunde liegen, hat bisher Nachprüfungen nicht standgehalten.

*Element Brom.* Elementares Brom $Br_2$, das man aus den Endlaugen der Staßfurter Salzaufbereitung durch Einleiten von $Cl_2$ in die heiße Lösung als Destillat gewinnt, ebenso aus Endlaugen des Toten Meeres, ist eine rotbraune Flüssigkeit vom Siedepunkt $+59°$ und Schmelzpunkt $-7°$, und der Dichte 3,14. Bei $-250°$ wird festes Brom farblos. Es verdampft leicht und bildet bei Zimmertemperatur erstickend riechende, braune, für Augen und Lungen schädliche Dämpfe. Es löst sich leicht in organischen Lösungsmitteln, in $H_2O$ 3,5% bei 20° (gelbbraunes Bromwasser). Brom ist chemisch sehr reaktiv; mit Alkalimetallen und fein verteilten anderen Metallen reagiert es unter Feuererscheinung; es entstehen Metallbromide.

*Bromsäure.* Bromoxyde sind im Gegensatz zu Oxyden anderer Halogenide bei Zimmertemperatur unstabil und nur bei tiefen Temperaturen beständig. Von sauerstoffhaltigen Säuren des Broms kennt man nur *HBrO* und *HBrO₃*, *Bromsäure.* Man kann sie analog den entsprechenden Chlorsauerstoffsäuren darstellen; wie diese sind sie nur in wäßriger Lösung beständig. Dagegen sind die gut kristallisierten Salze der Bromsäure stabil und leicht darzustellen. *KBrO₃* und *NaBrO₃ Natriumbromat* (lösl. in $H_2O$ 27,7 g/100 ml) werden als *Urtitersubstanzen* (abwägbare reine Oxydationsmittel) in der Jodometrie (s. S. 87 und 136) verwendet.

*Bromwasserstoff.* Bromdämpfe und $H_2$ vereinigen sich am Licht wie $Cl_2$ und $H_2$, jedoch langsam ohne Explosion, zu HBr.

Reiner *HBr Bromwasserstoff* ist ein farbloses Gas, das sich bei $-67°$ zu einer farblosen Flüssigkeit kondensiert. Er löst sich bei Zimmertemperatur bis 65% in $H_2O$ (Dichte 1,77). Beim Kochen eines solchen Gemisches geht bei 126° eine 48%ige HBr (Dichte 1,49) über, die konzentrierte wäßrige *Bromwasserstoffsäure*. Sie ist eine starke Säure; ihre Salze heißen *Bromide*. Die Bromide sind gut kristallisiert, weiß mit manchmal ganz schwach gelbem Stich und meist wasserlöslich. Das wichtigste Bromid ist das in $H_2O$ praktisch unlösliche schwachgelbe *AgBr, Silberbromid* (Smp. 419°, Dichte 6,47). Es ist die lichtempfindliche Substanz der photographischen Platte (s. S. 187).

*Analytisch* wird $Br^-$ als unlösliches AgBr gefällt, wie $Cl^-$.

# Jod, J, Nr. 53.

(engl. iodine; franz. jode).

Violettschwarze Kristalle; Atomgewicht: 126,92; Dichte: 4,93; Schmelzpunkt: +113° sublimiert;
Siedepunkt: +183°;
Wertigkeit: −1, +1, +3, +5, +7; Elektronenschalen: 2,8,18,18,7; Isotope: 127 (100%).

*Vorkommen.* Das 1811 von COURTOIS in der Asche von Seetang entdeckte Jod ist in geringen Spuren weit verbreitet; Meerwasser enthält 0,0002% Jodionen. Einige Pflanzen wie Seetang reichern es daraus an, aus deren Asche (bis 0,4% Jod) man es technisch gewinnt. Chilesalpeter $NaNO_3$ enthält geringe Beimengungen des für Pflanzen giftigen $KJO_3$, Kaliumjodat, das vor dessen Gebrauch als Düngemittel durch Umkristallisation entfernt werden muß. Diese Mutterlaugen der $NaNO_3$-Reinigung sind die hauptsächliche technische Jodquelle.

*Biologie.* Biologisch ist Jod ein wichtiges Element. Ein für Wachstum und geregelte Nahrungsverbrennung im Tierkörper verantwortliches Hormon ist die jodhaltige Aminosäure *Thyroxin* (s. Formel 478; S. 324). Das Thyroxin wird aus anorganischem Jod in der Schilddrüse aufgebaut (BAUMANN), die 2 mg gebundenes Jod pro Gramm Trockensubstanz enthält. Die nötigen Spuren von anorganischem Jod erhält der Körper aus dem Trinkwasser und in Dampfform aus der Luft (etwa 0,0005 mg Jod pro Kubikmeter). Da Joddampf aus dem Meerwasser stammt, ist in weit ab vom Meer gelegenen Gegenden die Luft jodarm (etwa 0,00003 mg Jod pro Kubikmeter); fehlt auch noch Jod im Trinkwasser, so kann es bei Bewohnern solcher Gegenden zu Kropfbildung und Kretinismus kommen (manche Alpengegenden). Andere noch unbekannte Faktoren sind daneben beteiligt. Durch künstliche Zugabe von NaJ zum Kochsalz (Schweiz) kann man vorbeugen. In meeresnahen Gegenden mit Überangebot von Jod kann umgekehrt durch endokrine Überproduktion von Thyroxin die durch übermäßig gesteigerten Stoffwechsel charakterisierte Basedowkrankheit entstehen.

Freies Jod wirkt als mildes Halogen bakterientötend, ohne tierische Gewebe wesentlich zu schädigen; in alkoholischer Lösung *(Jodtinktur)* wird es als Wunddesinfiziens verwendet. Organische Jodpräparate (*Jodoform*, S. 238) werden therapeutisch benützt. *Abrodil* (jodmethansulfonsaures Natrium, Formel 298, S. 252) als Kontrastmittel in der Röntgenographie der Galle und Niere. Jodhaltige Verbindungen geben wegen des hohen Atomgewichts von Jod im Röntgenbild einen Schatten.

*Element.* Das freie Jod $J_2$ besteht aus metallisch glänzenden violettschwarzen Kristallen vom Schmelzpunkt 113° und Siedepunkt 183°; Dichte 4,93. Es sublimiert schon unterhalb seines Schmelzpunktes unter Bildung violett-brauner Dämpfe. Jod löst sich leicht in organischen Lösungsmitteln, in Äther, Aceton, Alkohol mit brauner Farbe, in Chloroform und $CS_2$ mit violetter und in Benzol mit roter. Den verschiedenen Färbungen liegen Komplexbildungen mit dem Lösungsmittel zugrunde. In $H_2O$ ist Jod mit brauner Farbe nur 0,02% löslich. Leicht löst es sich in KJ-Lösung; in der braunen Lösung liegt eine komplexähnliche Anlagerungsverbindung $KJ_3$ vor.

*Jodsauerstoffverbindungen.* Läßt man Jod auf Alkalilösungen einwirken, so bildet sich unter Entfärbung wie bei $Cl_2$ zuerst NaJO, Hypojodid, das unbeständig ist und sich (wie KClO beim Erhitzen; s. S. 132) schon in der Kälte zu NaJ und $Na^+JO_3^-$ *Natriumjodat* disproportioniert.

Aus Natriumjodat läßt sich die freie *Jodsäure* $HJO_3$, farblose, hygroskopische, nichtexplosive Kristalle vom Schmelzpunkt etwa 200°, gewinnen. Ihre wäßrige Lösung ist eine mittelstarke Säure. Sie ist ein schwaches Oxydationsmittel und macht aus HJ braunes Jod frei.

**Formel 128.**

$$J_2 + 2\,NaOH \rightarrow [NaJO] + Na^+J^- + H_2O; \quad 3\,[NaJO] \rightarrow Na^+JO_3^- + 2\,Na^+J^-$$

Jod              Natrium-      unbeständig    Natrium-                      Natrium-
braun            hydroxyd                     jodat                        jodat
kristal-
lisiert                                       kristallisiert, farblos      farblos, kristal-
                                              mit 2 H$_2$O löslich, 63 %   lisiert, mit 5 H$_2$O
                                              Smp. 661°, Dichte 3,6        löslich 8,3 %

*Jodometrie.* Freies Jod kann man mit Thiosulfatlösung titrieren (Formel 60, S. 101). Viele Reduktionsmittel setzen sich mit überschüssigen Mengen $JO_3^-$ um (eingewogen als kristallisiertes $K^+JO_3^-$ oder $Na^+JO_3^-$; sog. *Urtitersubstanzen*). Den übriggebliebenen Teil kann man gemäß Formel 60 zurücktitrieren. Man hat so eine Methode zur Bestimmung von Reduktionsmitteln (*Jodometrie*, s. S. 101).

**Formel 129.**

$$HJO_3 \quad + \quad 5\,HJ \quad \xrightarrow[\text{Reduktion}]{\text{Oxydation}} \quad 6\,J \downarrow \quad + \quad 3\,H_2O$$

Jodsäure              Jodwasserstoffsäure       Freies Jod          Wasser
farblos, kristallisiert      (in H$_2$O)        braun, fest
Smp. 200°, Dichte 4,63
leicht wasserlöslich
J + 5wertig           J − 1wertig               J nullwertig

Erhitzt man $HJO_3$ über 180°, so bildet sich weißes, kristallisiertes beständiges $J_2O_5$, Jodpentoxyd (Dichte 4,79), das bei 300° unter teilweisem, aber nicht explosivem Zerfall in die Elemente schmilzt. Mit $H_2O$ bildet es $HJO_3$ zurück.

*Jodwasserstoff, HJ,* erhält man in wäßriger Lösung, wenn man Jod in Wasser mit rotem Phosphor kocht.

**Formel 130.**

$$3\,J_2 \quad + \quad 2\,P \quad \rightarrow \quad 2\,PJ_3; \quad + \quad 6\,H_2O \quad \rightarrow \quad 6\,HJ \quad + \quad 2\,H_3PO_3$$

Jod          Roter         Phosphor-      Wasser      Jod-              Phosphorige
braun, fest  Phosphor      trijodid                   wasserstoff       Säure
                           unbeständig                farblos, Gas      nicht mit Wasser-
                                                      Siedep. −35,4°; in    dampf flüchtig
                                                      H$_2$O zur Säure löslich
                                                      mit Wasserdampf
                                                      flüchtig

Das intermediär entstehende (frei nicht beständige) $PJ_3$ wird durch $H_2O$ sofort in die mit Wasserdampf flüchtige $HJ$ und in die nichtflüchtige $H_3PO_3$ gespalten.

$HJ$ ist in reinem Zustande ein farbloses Gas vom Siedepunkt −35,4°. Es löst sich leicht in $H_2O$ (425 Volumen in 1 Volumen $H_2O$ bei 10°) zur starken *Jodwasserstoffsäure.* Bei 127° siedet ein konstantes Gemisch mit 57 % $HJ$ (Dichte 1,74). Jodwasserstoff ist schon durch schwache Oxydationsmittel in $H_2O$ und freies Jod zerlegbar (s. $HJO_3$); bei erhöhter Temperatur ist $HJ$, besonders als $PH_4J$ (Phosphoniumjodid), ein starkes Reduktionsmittel, das in der organischen Chemie verwendet wird.

Die *Salze* der $HJ$, die *Jodide*, sind gut kristallisiert, farblos oder schwach gelb und zeigen ähnliche Löslichkeit wie die Chloride. Zum Unterschied von Chloriden und Bromiden sind die Jodide oft in Alkohol und Aceton löslich. *Kaliumjodid, $K^+J^-$* ist farblos, regulär kristallisiert, löslich zu 59 % in $H_2O$, 16,4 % in Methanol, schmilzt bei 681° und hat die Dichte 3,13. $AgJ$ ist unlöslich, gelb (Smp. 555°, Dichte 5,67) und wie $AgBr$ und $AgCl$ lichtempfindlich (s. S. 187). $Na^+J^-$, Dichte 3,66, Schmelzpunkt 662°, ist 42 % in Äthanol und leicht in $H_2O$ und Aceton löslich.

Jod kann mit anderen Halogenen Verbindungen bilden; man erhält die *Jodhalogenide* aus den Elementen. So $JF_7$, farblose Kristalle vom Schmelzpunkt 5°; JCl, rote Kristalle, Schmelzpunkt 27°; JBr, braunschwarze Kristalle, Schmelzpunkt etwa 40° u. a. Alle sind exotherm und zerfallen mit Wasser unter Hydrolyse in Säuren.

*Analytisch* wird $J^-$ als unlösliches gelbes AgJ gefällt. Zum Unterschied von AgCl und AgBr, die in $NH_4OH$ unter Komplexsalzbildung löslich sind, ist AgJ in Ammoniaklösung nicht löslich.

## Element Nr. 85.

*Das Element Nr. 85, das Ekajod,* ist nicht stabil und bisher auch nicht als natürlich vorkommendes radioaktives Element isoliert worden. Es wurde inzwischen in Spuren als künstliches radioaktives Element dargestellt. Es hat Metallcharakter, ist bei 275° flüchtig; seine Salze sind mit $H_2S$ fällbar. Man hat vorgeschlagen, es *Astatin* zu nennen.

## Edelgase.
### Helium, He, Nr. 2; Neon, Ne, Nr. 10; Argon, Ar, Nr. 18; Krypton, Kr, Nr. 36; Xenon, X, Nr. 54.

*Isolierung.* RAYLEIGH entdeckte 1894, daß Stickstoff aus $NH_4NO_2$ unter Normalbedingungen 1,2508 g/Liter wiegt, während 1 Liter reinsten Stickstoffs aus der Luft ein Gewicht von 1,2572 g hat. Er schloß aus dieser Differenz, daß im Luftstickstoff noch ein oder mehrere andere, chemisch indifferente schwere Gase vorkommen müssen. RAMSAY gelang es bald, durch chemische Bindung des $N_2$ aus großen Luftmengen die *Edelgase Helium, Neon, Argon, Krypton* und *Xenon* zu isolieren. Später erkannte man, daß dazu noch ein radioaktives Zerfallsprodukt des Uranradiums zu rechnen war, das *Radon* (manchmal als Niton oder Radiumemanation bezeichnet). Das Argon hat in der amerikanischen Literatur die Abkürzung A.

*Keine chemischen Eigenschaften.* Die Edelgase sind die Hauptelemente der 8. Gruppe des Periodensystems, die man oft auch als nullte Gruppe rechnet. Die Atome *aller Edelgase* besitzen *abgeschlossene stabile äußere Elektronenschalen von 8 Elektronen* (s. S. 23); Helium nur 2, da in der innersten K-Schale maximal nur 2 Elektronen Platz haben. Dadurch haben die Edelgase keine Neigung, Elektronen abzugeben, noch aufzunehmen. Es gelingt deshalb mit den bei chemischen Reaktionen verfügbaren Energiemengen nicht, sie in den ionisierten Zustand überzuführen. Sie gehen *keinerlei chemische Verbindungen* ein, auch nicht mit sich selbst. Im Gegensatz zu $N_2$, $O_2$, $H_2$ sind sie deshalb *einatomige Gase*, He, Ne.

Zu ihrer Ionisierung, d. h. Abspaltung von Außenelektronen, z. B. durch Beschießung mit Elektronen, muß das Strahlungselektron hohe Energie besitzen, bedeutend höhere, als für die Ionisierung aller anderen Elemente erforderlich ist (s. S. 22 die Kurve der Ionisationsspannungen der Elemente).

Die Edelgase sind farblos; sie geben unter stark vermindertem Druck bei elektrischer Anregung in GEISSLER-Röhren teilweise farbiges Licht, wovon man zur Herstellung von Reklameleuchtröhren und zur Erzeugung von monochromatischem Licht für physikalische Versuche Gebrauch macht.

*Edelgase in der Beleuchtungstechnik.* Neuerdings verwendet man Krypton in sehr verdünntem Zustand als Glühlampengasfüllung. Es hat sich gezeigt, daß die Wolframfäden in Glühbirnen nicht im Hochvakuum gebrannt werden können (was technisch das einfachste wäre), da sie dabei zu rasch verdampfen und das Metall sich als schwarzer Beschlag auf der Glaswand niederschlägt. Diese Verdampfung läßt sich durch geringe Mengen indifferenter Gase in der Birne vermindern; um so mehr, je höher das Atom- bzw. Molekulargewicht des Gases ist. Xenon (Atomgewicht 131) und Krypton (83,7) sind der früheren $N_2$-Füllung (Molekulargewicht 28) weit überlegen. Ein Gemisch dieser beiden Gase gewinnt man nach einem einfachen Verfahren von CLAUDE durch Herauslösen aus gasförmiger Luft mit flüssiger Luft.

*Argonüberschuß.* Außer Argon sind die Edelgase relativ selten. Das abnorm große Vorkommen von Argon (0,93 Vol.-% der Luft) ist wahrscheinlich eine Folge des langsamen Zerfalls des radioaktiven Kaliumisotopen vom Atomgewicht 40, das an dem in großen Mengen vorkommenden natürlichen Kalium zu 0,012% beteiligt ist.

Tabelle 25. *Eigenschaften der Edelgase.*

| Nr. | Name | Symbol | Atomgewicht | Zahl der Isotopen | Smp. (°) | Siedep. (°) | Vorkommen in Luft (Vol.-%) |
|---|---|---|---|---|---|---|---|
| 2 | Helium | He | 4,003 | 2 | −272 | −268,8 | 0,0005 |
| 10 | Neon | Ne | 20,183 | 3 | −248,6 | −245,9 | 0,0018 |
| 18 | Argon | Ar | 39,94 | 3 | −190 | −185,8 | 0,9325 |
| 36 | Krypton | Kr | 83,7 | 6 | −157 | −151,7 | 0,0001 |
| 54 | Xenon | X | 131,3 | 9 | −111,5 | −106,9 | 0,000009 |
| 86 | Radon | Rn | 222 | 3 radioaktiv | − 71 | − 62 | $5 \cdot 10^{-18}$ |

## 11. Kapitel.

# Metalle.

### a) Alkalimetalle.

*Kationen.* Diese erste Hauptgruppe des Periodensystems umfaßt die Metalle *Lithium, Natrium, Kalium, Rubidium und Caesium.* Sie enthalten alle ein Elektron in der äußersten Schale, das sie beim Eingehen einer Verbindung, beim Übergang des Elementes in den Ionenzustand, ganz abgeben. Sie bilden nur salzartige, aus Ionen aufgebaute Verbindungen. Sie sind alle $+1$wertig und reine *Kationenbildner.* Ihre Dichten nehmen mit steigendem Atomgewicht zu, ihre Schmelzpunkte und Siedepunkte dagegen ab.

*Basenbildner.* Die *Hydroxyde* $E^+OH^-$ lösen sich leicht in Wasser und zerfallen darin entsprechend der Stellung der Alkalimetalle im Periodensystem (s. Tabelle 19, S. 80) ausschließlich in Metallkation$^+$ und Hydroxylanion$^-$. Alkalihydroxyde sind starke Basen, deren Stärke vom $Li^+OH^-$ bis zum $Cs^+OH^-$ zunimmt, weil wegen des zunehmenden Atomvolumens der Alkalielemente vom Li zum Cs (s. Abb. 4, S. 21) die $OH^-$-Gruppe immer schwächer an das Alkalikation gebunden wird, also immer leichter abdissoziieren kann. Die Alkalisalze mit farblosen Anionen sind farblos und (mit wenigen Ausnahmen) leicht in Wasser, manche auch in Alkohol löslich.

*Atomvolumen.* Die *Alkalimetalle* haben die *größten Atomvolumina* (Abb. 4, S. 21) und entsprechend die jeweils geringsten Dichten aller Elemente der betreffenden Querreihen im Periodensystem.

*Element Nr. 87.* Das Element Nr. 87, das im Periodensystem unter Caesium stehen müßte, ist, wie alle Elemente mit höherer Atomnummer als 83, unbeständig und ist erst neuerdings als künstliches radioaktives Element dargestellt worden. Man hat dafür den Namen *Francium* vorgeschlagen.

*Ammonium.* Ähnlich wie Alkalimetalle verhält sich chemisch das *Ammonium* $NH_4$. Es ist zwar bei Zimmertemperatur nicht frei darstellbar, verhält sich aber in fast allen Salzen als $NH_4^+$-Ion wie ein Alkaliion (s. bei N, S. 114).

*Beziehung zur nächsten Vertikalreihe.* Das jeweils erste Element einer Vertikalreihe des Periodensystems gleicht in manchen seiner Eigenschaften den Elementen der folgenden Vertikalreihe. Zum Beispiel ist das Carbonat des in der ersten Reihe stehenden Lithiums in Wasser wenig löslich, das Lithiumphosphat ganz unlöslich in Wasser, im Gegensatz zu den Carbonaten und Phosphaten der anderen Alkalimetalle der ersten Reihe. Die gleichen Eigenschaften finden sich dagegen bei den Hauptelementen der zweiten Reihe, dem Calcium, Strontium und Barium.

## Lithium, Li, Nr. 3.

Atomgewicht: 6,94; Dichte: 0,53; Schmelzpunkt: 180°; Siedepunkt: 1336°;
Wertigkeit: + 1; Elektronenschalen: 2,1; Isotope: 6 (7,9 %); 7 (92,1 %).

*Vorkommen.* Lithium findet sich als Silicat *(Lithionglimmer, Lepidolith)* und in geringen Mengen als LiCl in einigen Thermalquellen.

*Biologie.* Ob $Li^+$ biologisch eine Rolle spielt, ist noch unbekannt; durch geringe Gaben auf den Acker kann man manche Pilzkrankheiten des Getreides hemmen. Da Lithiumurat wasserlöslich ist (0,3 % bei 20°), werden $Li_2CO_3$-Lösungen manchmal in der Hoffnung einer Auflösung von Harnsäuresteinen in die harnableitenden Nieren- und Blasenwege injiziert. $Li^+$-Salze sind in kleinen Dosen ungiftig.

*Element.* Das elementare *Lithiummetall* gewinnt man durch Elektrolyse von niedrig schmelzenden eutektischen Gemischen von LiCl + LiBr. Es hat von allen Metallen das kleinste spezifische Gewicht (0,53). Es ist frisch silberweiß, läuft aber an der Luft rasch an. Technisch kann man es als Leichtmetall nicht direkt verwenden, da es sich mit $H_2O$ rasch zersetzt.

**Formel 131.**

$$2\,Li \quad + \quad 2\,HOH \quad \rightarrow \quad 2\,Li^+OH^- \quad + \quad \overset{\uparrow}{H_2}$$

| Lithium-metall | Wasser | Lithium-hydroxyd | Wasserstoff |
|---|---|---|---|
| Smp. 180° | | fest, farblos | Gas |
| Dichte 0,53 | | Smp. 446°, Dichte 1,4 | |
| | | löslich in $H_2O$ 11,6 % | |

Dagegen wird es in einigen niedrig schmelzenden Legierungen als geringprozentiger Zusatz (dann feuchtigkeitsfest) verwendet.

*Verbindungen.* Verbrennt Lithium an trockener Luft, so bildet sich *$Li_2O$*, *Lithiumoxyd*, ein weißes Pulver, das mit $H_2O$ sofort in *Lithiumhydroxyd* übergeht.

**Formel 132.**

$$Li_2O \quad + \quad HOH \quad \rightarrow \quad 2\,Li^+OH^-$$

| Lithium-oxyd | Wasser | Lithium-hydroxyd |
|---|---|---|
| fest, farblos | | fest, farblos |
| Smp. 1700°, Dichte 2,01 | | Smp. 446°, Dichte 1,4 |

LiOH ist im Wasser löslich (11,6 %); die *Lösung reagiert alkalisch.* Beim Glühen geht LiOH wieder in $Li_2O$ über, zum Unterschied von allen anderen Alkalihydroxyden, die gegen Glühen stabil sind. Es gleicht darin dem $Mg(OH)_2$ und $Ca(OH)_2$ in der zweiten Vertikalgruppe des Periodensystems.

Im *LiH*, *Lithiumhydrid*, einem kristallisierten weißen Pulver der Dichte 0,82, vom Schmelzpunkt 680°, das man direkt aus den Elementen bei 600° erhält, hat der Wasserstoff wie in anderen Hydriden negative Ladung, während er sonst ausschließlich als Kation auftritt. Mit Wasser zersetzt sich LiH zu $H_2$ und LiOH.

LiCl (Schmelzpunkt 614°, Dichte 2,07), $Li_2SO_4$ und $LiNO_3$ sind leicht wasserlöslich (s. Abb. 41), kristallisiert und farblos. $Li_3PO_4$ ist im Gegensatz zu allen anderen Alkaliphosphaten in $H_2O$ schwer löslich (0,03 %), wie die Erdalkaliphosphate. $Li_2CO_3$ zerfällt schon bei 780° in $Li_2O$ und $CO_2$ und ist auch nur zu 1,32 % in $H_2O$ löslich.

*Analytisch* wird Lithium nach seiner roten Flammenfärbung (670 m$\mu$: rot) spektroskopisch bestimmt oder als unlösliches Phosphat $Li_3PO_4$ gefällt.

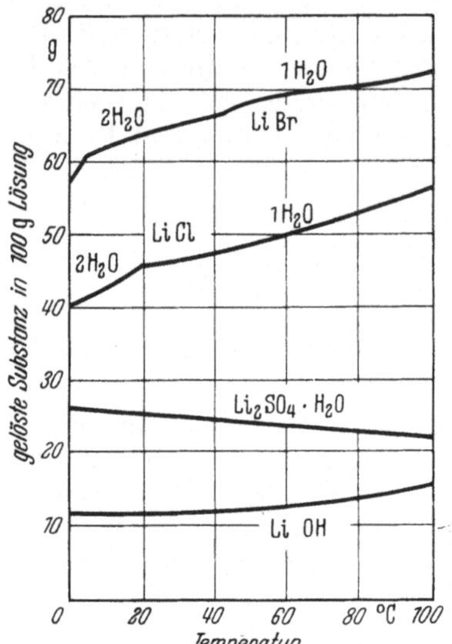


Abb. 41. Löslichkeit von Lithiumsalzen.

### Natrium, Na, Nr. 11.

(engl. sodium; franz. soude).

Atomgewicht: 22,99; Dichte: 0,97; Schmelzpunkt: 98°;
Siedepunkt: 883°;
Wertigkeit: +1; Elektronenschalen: 2,8,1; Isotope: 23 (100 %).

*Vorkommen.* In der Natur findet sich Natrium in allen Silikatgesteinen als Kation (1 bis 5 %). Das Meerwasser enthält 2,6—2,7 % NaCl. Aus eingetrockneten Meeresarmen sind bei nachträglicher Bedeckung mit wasserundurchlässigen Tonschichten Salzlager entstanden, die bergmännisch abgebaut werden (z.B. in Staßfurt). In den Körperflüssigkeiten aller Lebewesen kommt $Na^+$ vor; das menschliche Blut enthält etwa 0,32 % $Na^+$-Ionen neben 0,36 % $Cl^-$-Ionen und anderen Salzen. Na-Salze spielen neben K-Salzen eine Hauptrolle in der Regulierung des osmotischen Drucks in den Zellen.

*Element.* *Natrium* ist ein silberglänzendes, sehr weiches Metall, das an der Luft unter Hydroxydbildung (sichtbar auf einer Schnittfläche) sofort trüb anläuft; es steht in der elektrischen Spannungsreihe (s. S. 89) weit links und reagiert mit $H_2O$ heftig unter $H_2$-Bildung. Es wird durch Elektrolyse von geschmolzenem wasserfreiem NaOH (bei 350°) oder NaCl (600°) dargestellt.

**Formel 133.**

$$2\,Na^+Cl^- \xrightarrow[\text{Energie}]{\text{elektrische}} 2\,Na \quad + \quad \overset{\uparrow}{Cl_2}$$

Natriumchlorid       Natriummetall    Chlorgas
Salz, weiß           grau        grün
Smp. 800°, Dichte 2,16    Smp. 98°, Dichte 0,97

Verwendet wird es technisch für Reduktionen (in Alkohol, oder als NaHg-Legierung auch in Wasser) und zur Darstellung von Natriumperoxyd, $Na_2O_2$, das sich beim Erhitzen von geschmolzenem Natriummetall an trockener Luft bildet. Zur Aufbewahrung wird Natriummetall unter Petroleum vor Luft und Feuchtigkeit geschützt.

*Natriumhydroxyd.* Eine der wichtigsten Verbindungen des Na ist das *NaOH*, *Natriumhydroxyd.* Es löst sich unter starker Wärmeentwicklung (Lösungswärme in Wasser +9,9 kcal pro Mol). Seine Lösung reagiert alkalisch; es dissoziiert in $Na^+$ und $OH^-$ ($p_H$ der 1-normalen Lösung $= 14$ bei 20°). Technisch wird es durch Elektrolyse wäßriger NaCl-Lösungen (Badspannung 3,6 Volt) hergestellt; dabei muß man Kathode und Anode durch Diaphragmen trennen, um zu verhüten, daß das gebildete NaOH mit dem anodisch gebildeten $Cl_2$ reagiert, weil so der Prozeß teilweise wieder rückgängig gemacht würde. Es gibt Verfahren mit horizontalen und vertikalen Diaphragmen; auch solche, bei denen die Trennung nur durch das verschiedene spezifische Gewicht von Anoden- und Kathodenflüssigkeit erfolgt (Glockenverfahren). An der Kathode wird von den in der Lösung vorhandenen Ionen $Na^+$, $H^+$, $OH^-$ und $Cl^-$ das $H^+$-Ion am leichtesten entladen; es entweicht als $H_2$-Gas. Dabei entsteht der willkommene $H_2$, während an der Anode $Cl_2$ entweicht, von dem die Fabriken nur wenig verwenden können und dessen Beseitigung als Chlorkalk Geld kostet. Das aus den übrigbleibenden Ionen bestehende NaOH ist nach dem Eindampfen farblos kristallisiert, hat die Dichte 2,13, und schmilzt bei 321,8°. Bei 18° ist es zu 52% in $H_2O$ löslich. Es löst sich auch in Methanol und Äthanol. NaOH ist stark hygroskopisch.

Kaustische Soda ist durch Umsetzung von $Na_2CO_3$-Lösung mit $Ca(OH)_2$-Aufschwemmungen und nachträgliches Eindampfen des Filtrates gewonnenes NaOH. NaOH wird im großen zur Neutralisation von Säuren, für Synthesen und Kondensationen in der organischen Chemie und besonders zur Seifenfabrikation verwendet (s. S. 144).

*Na₂O, Natriumoxyd,* kann man nur auf Umwegen durch Erhitzen von $Na_2O_2$ (erhältlich durch Verbrennen von Na in reinem $O_2$) mit Natriummetall unter Luftabschluß erhalten; es ist ein weißes Pulver, das mit $H_2O$ sofort NaOH bildet.

*Natriumhydrid, NaH,* Dichte 1,38, erhält man durch Erhitzen von Na in $H_2$-Atmosphäre. NaH besteht aus salzartigen, farblosen Kristallen, in denen das H-Ion wie in anderen Hydriden, aber im Gegensatz zu allen sonstigen H-Verbindungen negativ geladen ist; NaH leitet geschmolzen den elektrischen Strom. An feuchter Luft zersetzt es sich.

**Formel 134.**

$$Na^+H^- \quad + \quad H_2O \quad \rightarrow \quad Na^+OH^- \quad + \quad \overset{\uparrow}{H_2}$$

|  |  |  |  |
|---|---|---|---|
| Natriumhydrid | | Natriumhydroxyd | Wasserstoff |
| fest, weiß | | fest, kristallisiert | Gas |
| Dichte 1,38 | | Smp. 322°, Dichte 2,13 | |

*Salze des Natriums.* Das wichtigste natürliche Salz des Natriums ist das *NaCl* (Dichte 2,16, Smp. 800°, lösl. in $H_2O$ zu 26%). Das aus Meerwasser oder Salinenlaugen durch Eindampfen gewonnene *Koch- und Speisesalz* enthält meistens hygroskopisches $MgCl_2$; es backt zusammen. Man kann NaCl durch Behandeln mit wenig Wasser reinigen; chemisch rein erhält man es durch Ausfällen aus gesättigter, wäßriger NaCl-Lösung mit HCl-Gas oder Alkohol. Da Salz für Genußzwecke unentbehrlich und überall hoch besteuert ist, verwendet man in der Technik (Seifenausfällung, S. 144) entweder steuerfreies Salinenrohsalz oder denaturiertes, durch Zusätze schwer genießbar gemachtes NaCl.

Weniger wichtig sind die ebenfalls farblosen, in $H_2O$ leicht löslichen Salze *NaF* (Dichte 2,79, Smp. 992°, lösl. 13%), *NaBr* (Dichte 3,20, Smp. 747°, lösl. 45%) und *NaJ* (Dichte 3,66, Smp. 662°, lösl. 70%). NaBr und NaJ sind auch mit zwei Molekülen Kristallwasser bekannt.

*Nitrat, Nitrit.* $NaNO_3$, Natriumnitrat (Smp. 312°) kommt als *Chilesalpeter* in großen natürlichen Lagern in den Anden vor. Er hat sich im Lauf von Jahrtausenden aus tierischen Resten gebildet und ist in Gegenden ohne Regen erhalten geblieben. Wenn der Rohsalpeter durch Umkristallisieren von Spuren Chlorat und Jodat befreit ist (die Pflanzengifte sind), wird er als Düngemittel angewendet.

Heute ist er teilweise durch synthetisch aus nitrosen Gasen (s. Formel 76, S. 109) und Soda gewonnenen synthetischen, billigeren Salpeter ersetzt.

$NaNO_2$, Natriumnitrit, ein hygroskopisches Salz (Smp. 284°), wird aus nicht durchoxydierten nitrosen Gasen und Soda erhalten; es wird zur Fabrikation der Azofarbstoffe (s. S. 386) verwendet.

$Na_2SO_4$, *Natriumsulfat, Glaubersalz*, das bis 32° 10 Kristallwasser hat (Dichte wasserfrei 2,69, Smp. 884°) wird aus Staßfurter Salinenmutterlaugen gewonnen. Das saure Salz $NaHSO_4$ Natriumhydrogensulfat *(Natriumbisulfat)* ist hygroskopisch und wird in der chemischen Industrie für saure Schmelzen verwendet (Smp. 182°).

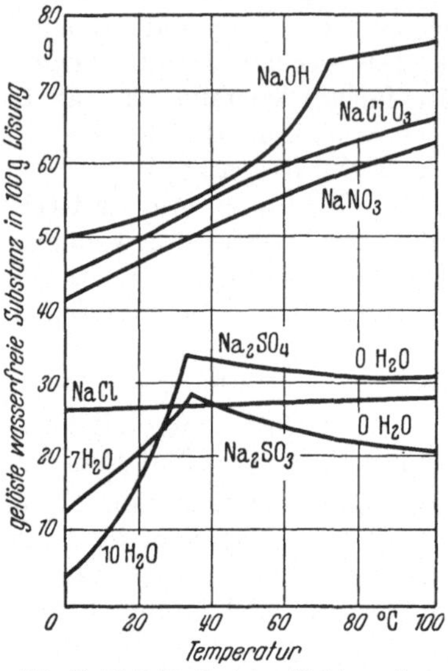

$Na_2SO_3$, *Natriumsulfit*, und $NaHSO_3$, *Natriumbisulfit*, die Na-Salze der schwefligen Säure, sind technisch gebrauchte Reduktionsmittel. Eine 40%ige Lösung von $NaHSO_3$ wird als *Bisulfitlauge* bezeichnet, obwohl sie schwach sauer reagiert. Die gut kristallisierten Bisulfitverbindungen der Aldehyde und Ketone (Formel 299, S. 252) werden zu deren Reinigung verwendet.

Wichtig ist auch *Natriumthiosulfat* $Na_2S_2O_3 \cdot 5\,H_2O$ (Dichte 1,68, Smp. 48°, lösl. in $H_2O$ 40%), das Salz der frei nichtbeständigen Thioschwefelsäure. Man wendet *Natriumthiosulfat* in der Jodometrie (s. Formel 60, S. 101), hauptsächlich aber als *Fixiersalz* in der Photographie an (s. Formel 195, S. 188). Es bildet mit Silberhalogeniden leicht wasserlösliche Komplexsalze.



Abb. 42. Löslichkeit einiger Natriumsalze.

Das kristallisierte hygroskopische Salz des Schwefelwasserstoffs, $Na_2S$, *Natriumsulfid*, wird in der Fabrikation organischer Schwefelfarbstoffe gebraucht (Smp. unter Luftabschluß 920°, Dichte 1,85).

*Phosphate.* Die drei schön kristallisierenden Natriumsalze der Phosphorsäure, $Na_3PO_4$, $Na_2HPO_4$ und $NaH_2PO_4$, werden als Puffersubstanzen in der Biochemie angewendet (s. S. 86), das alkalisch reagierende $Na_3PO_4 \cdot 12\,H_2O$ (s. Abb. 32, S. 85), auch als Ausfällungsmittel für Calciumsalze aus Wasser (Enthärten), als Waschmittel und in der organischen Färberei zur Niederschlagung unlöslicher Farbstoff-Schwermetallphosphate auf Textilfasern. Natriummetaphosphat entsteht beim Glühen von Natriumammoniumphosphat (s. S. 121).

*Soda.* $Na_2CO_3$, *Natriumcarbonat, Soda* ist die neben NaOH wichtigste technisch verwendete Na-Verbindung. Man kann Soda wie jedes Carbonat aus Metallhydroxyd und $CO_2$ erhalten.

**Formel 135.**

$$2\,NaOH \quad + \quad CO_2 \quad \rightarrow \quad Na_2CO_3 \quad + \quad H_2O$$

Natriumhydroxyd    Kohlendioxydgas        Soda             Wasser

fest, weiß                                 fest, weiß

Smp. 322°, Dichte 2,13             Smp. wasserfrei 852°, Dichte 2,53

löslich etwa 10%

Entsprechend seiner Entstehung aus einer starken Base und einer sehr schwachen Säure reagiert es in wäßriger Lösung *alkalisch*.

Soda dient als Ausgangsmaterial zur Darstellung von $NaNO_3$, $NaNO_2$ und anderen Natriumsalzen, außerdem als *Waschmittelzusatz*, zum Entkalken von Wasser (Ausfällung von unlöslichem $CaCO_3$). Das oberhalb 32° auskristallisierende $Na_2CO_3 \cdot H_2O$ heißt *calcinierte Soda*; das unterhalb entstehende Salz $Na_2CO_3 \cdot 10\,H_2O$ wird *Kristallsoda* genannt.

Das saure Na-Salz der Kohlensäure, *NaHCO₃*, *Natriumbicarbonat*, ist bei Zimmertemperatur beständig; es zersetzt sich beim Erhitzen zu Soda und $CO_2$. Es wird therapeutisch zur Neutralisation von zu saurem Magensaft verwendet.

**Formel 136.**

$$2\,NaHCO_3 \xrightarrow{150°} Na_2CO_3 + \uparrow CO_2 + \uparrow H_2O$$

| Natrium-bicarbonat | Soda | Kohlendioxyd | Wasser |
|---|---|---|---|
| kristallisiert | fest | Gas | Dampf |
| Dichte 2,20 | Smp. 852° | | |
| lösl. 7% in $H_2O$ | Dichte 2,53 | | |

Die *technische Synthese der Soda* wurde zuerst nach einem komplizierten Verfahren von LEBLANC aus NaCl durchgeführt.

**Formel 137.**

$$2\,NaCl + H_2SO_4 \rightarrow Na_2SO_4 + \uparrow 2\,HCl$$

| Kochsalz | Konzentrierte Schwefelsäure | Wasserfreies Natriumsulfat | Chlorwasserstoffgas |
|---|---|---|---|
| Dichte 2,16 | | kristallisiert, Smp. 884° | entweicht, wird zu Salzsäure in $H_2O$ gelöst |

$$Na_2SO_4 + 2\,C \xrightarrow{900°} Na_2S + \uparrow 2\,CO_2$$

Kohle — Kohlendioxyd

$$Na_2S + CaCO_3 \xrightarrow{900°} Na_2CO_3 + CaS \downarrow$$

| Natriumsulfid | Kalksteinpulver | Soda | Calciumsulfid |
|---|---|---|---|
| fest, weiß | | weiß | weiß |
| Smp. 920° | | Smp. 852°, Dichte 2,53 | in kaltem Wasser |
| | | in $H_2O$ löslich | fast unlöslich |

Das dabei in großen Mengen entstehende, durch Luftfeuchtigkeit unter Bildung von $H_2S$-Gas langsam zersetzte CaS machte dann schließlich die Fabrikation im großen in bewohnten Gegenden unmöglich. Heute wird Soda nach SOLVAY dargestellt. Man läßt unter Druck $CO_2$ und $NH_3$-Gas auf gesättigte NaCl-Lösung einwirken.

Das schwer lösliche (7%) $NaHCO_3$ kristallisiert aus, wird abfiltriert und durch Erhitzen zu Soda und $CO_2$ zersetzt (Formel 136).

**Formel 138.**

$$CO_2 + NH_3 + H_2O \rightarrow NH_4HCO_3$$

| Kohlendioxyd | Ammoniak | | Ammonium-bicarbonat |
|---|---|---|---|
| | | | farblos, löslich in $H_2O$ 15% bei 20° |

$$NH_4HCO_3 + NaCl \rightarrow NaHCO_3 \downarrow + NH_4Cl$$

| Ammoniumbicarbonat | Kochsalz | Natriumbicarbonat | Ammoniumchlorid |
|---|---|---|---|
| löslich 15% | löslich 26% | fällt aus | löslich 26% |
| | | löslich 7% | |
| | | wird nach Formel 136 zersetzt | |

*Seifen.* Die Natriumsalze der höheren Fettsäuren (s. S. 254), wachsartige weiße Kristalle, sind die *Seifen.*

Sie lösen sich in kaltem Wasser nur wenig, in heißem leicht mit schwach alkalischer Reaktion. Durch Zugabe von festem NaCl werden sie entsprechend dem Massenwirkungsgesetz (Zugabe gleicher Ionen) aus ihren Lösungen ausgefällt, *ausgesalzen*, wovon man bei der Seifenfabrikation Gebrauch macht.

**Formel 139.**

$$Na^+\ {}^-OOC\!-\!(CH_2)_{16}\!-\!CH_3$$

Natriumsalz der Stearinsäure; Seife

farblos, fest; nur wenig kolloidal wasserlöslich; quellbar

Die *Seifen* besitzen nach ihrer Molekülstruktur ein in Wasser lösliches und ein nur in Lipoiden (Fetten, Ölen) lösliches Ende. Sie reichern sich deshalb an *Wasserfettgrenzflächen* an. Wie Untersuchungen ergeben haben, stellen sich ihre Moleküle fast senkrecht zur Grenzfläche und bilden in der Grenzfläche eine *monomolekulare Schicht*. Sie dringen auch in Grenzflächen zwischen Fett und festen Gegenständen, etwa Tuchfasern, ein. Da-

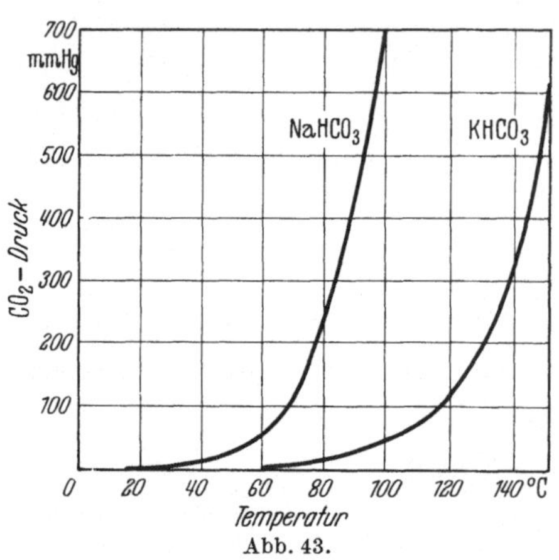


Abb. 43.

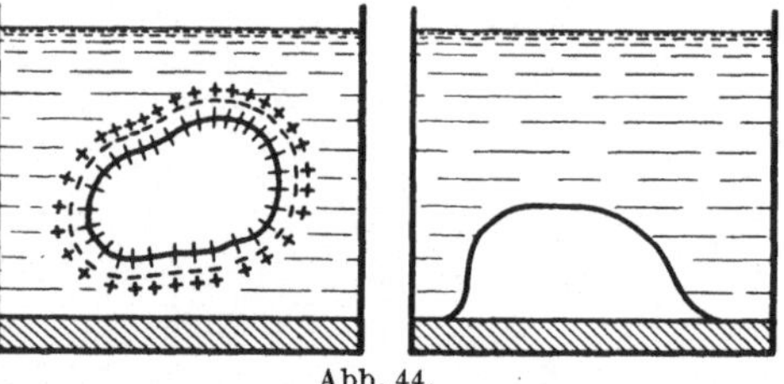

Abb. 44.

Abb. 43. Kurven der Zersetzungsdrucke von festem $NaHCO_3$ und $KHCO_3$ in Abhängigkeit von der Temperatur.
Abb. 44. Die Waschwirkung der Seife. Seifenmoleküle stellen sich in monomolekularer Palisadenschicht senkrecht zu Wasserfettgrenzflächen. Das ionisierte, hydrophile Ende des Seifenmoleküls ist in das Wasser gerichtet, das wasserunlösliche Paraffinende in das Fett. Die lipophilen, hydrophoben, an einer Fläche festhaftenden Fettteilchen werden so an ihrer Oberfläche hydrophil. Sie lösen sich dann leicht von ihrer Unterfläche ab, gehen in Wasser in kolloidale Suspension und lassen sich so wegwaschen.

durch lösen sie Schmutzteilchen, die fast immer eine fettige Oberflächenhaut. haben, von ihrer Unterfläche ab, so daß sie sich mit Wasser abspülen lassen: die *Waschwirkung der Seife*. Bei der Waschwirkung spielen auch oberflächenelektrische Erscheinungen eine komplizierte Rolle. In kalkhaltigem Wasser bilden sich unlösliche Calciumseifen; die Waschwirkung geht dadurch verloren.

*Cyanverbindungen.* Das Natriumsalz der Blausäure ist das *NaCN, Natriumcyanid*. Da die Blausäure noch schwächer ist als die Luftkohlensäure, wird NaCN an der Luft unter Bildung der sehr giftigen Blausäure (Cyanwasserstoffsäure) zersetzt.

**Formel 140.**

$$2\,Na^+CN^- \;+\; H_2O \;+\; CO_2 \;\rightarrow\; Na_2CO_3 \;+\; 2\,\overline{HCN}\!\uparrow$$

| Natriumcyanid | | Luftkohlendioxyd | Soda | Cyanwasserstoff Blausäure |
|---|---|---|---|---|
| fest, farblos, Smp. 562° leicht wasserlöslich | | 0,03 % der Luft | | flüssig, farblos Siedep. +26° leicht wasserlöslich |

NaCN riecht wegen des niedrigen Siedepunkts des entstehenden Cyanwasserstoffs nach Blausäure.

*Borax.* Das Na-Salz der Tetraborsäure $Na_2B_4O_7 \cdot 10\,H_2O$ ist der farblose, schön kristallisierte *Borax* (Dichte 1,73, lösl. in $H_2O$ zu 2,5%). Borax reagiert schwach alkalisch und wird als Waschmittel verwendet (Smp. wasserfrei 741°).

Borax und Natriumammoniumphosphat geben beim Schmelzen mit Salzen farbiger Kationen schön gefärbte, klar durchsichtige Schmelzen, die in der analytischen Chemie (Gesteinsanalyse) als empfindliche Proben zur Erkennung verschiedener Elemente mit farbigen Ionen verwendet werden.

*Wasserglas.* Eine teilweise kolloidale Lösung des Gemisches aus Natriumsalzen verschieden stark kondensierter Kieselsäuren ist das *Wasserglas* mit den Hauptbestandteilen $Na_2SiO_3$ und $Na_2Si_2O_5$. Die Natriumsilicate erhält man durch Zusammenschmelzen von Soda und fein gepulvertem $SiO_2$, Quarz.

*Amalgam.* Für Laboratoriumssynthesen wichtig ist *Natriumamalgam:* eine feste Legierung von Na-Metall in Quecksilber, die unter Feuererscheinung beim Eintauchen von Na-Metall in flüssiges Hg entsteht. Sie zersetzt sich mit Wasser wie freies Natrium, aber viel weniger stürmisch als das freie Natrium. Natriumamalgam wird als *Reduktionsmittel* verwendet.

**Formel 141.**

$$2\,NaHg_x \quad + \quad 2\,HOH \quad \rightarrow \quad 2\,NaOH \quad + \quad \overset{\uparrow}{\underline{H_2}} \quad + \quad x\,Hg$$

| Natriumamalgam | Wasser | Natrium-hydroxyd | Wasser-stoff | Quecksilber-metall |
|---|---|---|---|---|
| fest, metallartig | | | Gas | |

*Analyse. Spektralanalytisch* läßt sich Natrium noch in sehr kleinen Mengen durch seine intensive gelbe Flammenfärbung feststellen. Es sendet beim Glühen neben anderen Linien intensiv gelbe Linien der Wellenlänge 5895 und 5890 Å aus. Diese Eigenschaft des Natriumdampfs, nahezu monochromatisches Licht auszuschicken, wird zu physikalischen Meßzwecken verwendet. In einer evakuierten Röhre verdampftes Natrium gibt beim Stromdurchgang *gelbes Licht* mit einer Lichtausbeute, die die gewöhnlicher Glühfadenlampen übertrifft (Natriumdampflampe).

Gewichtsanalytisch quantitativ ist Natrium schwer zu bestimmen, da seine Salze mit fast allen Anionen in $H_2O$ leicht löslich sind. Nur das Salz der Pyroantimonsäure $Na_2H_2Sb_2O_7$ ist in Wasser schwerer löslich (bei 20° 0,04%), im Gegensatz zum leichter löslichen Kaliumsalz.

### Kalium, K, Nr. 19.

(engl. potassium; franz. potasse).

Atomgewicht: 39,09; Dichte: 0,86; Schmelzpunkt: 63,5°; Siedepunkt: 762°.
Wertigkeit: +1; Elektronenschalen: 2,8,8,1; Isotope: 39 (93,44%); 40 (0,012%); 41 (6,55%).

*Vorkommen.* Wie Natrium kommt Kalium in allen Silicatgesteinen zu 1—6% als Kation vor. Da einige seiner Verbindungen schwerer löslich sind und von Pflanzen zurückgehalten werden, hat es sich nicht in gleicher Menge im Meerwasser angesammelt wie NaCl. Die größten bergmännisch verfügbaren Kalisalzvorkommen sind die Abraumsalze von Staßfurt, KCl und $K_2SO_4$, gemischt mit Magnesiumsalzen.

*Biologisches.* Alle Pflanzen enthalten Kaliumsalze; Holzasche, vor allem Tabakasche, ist fast reines $K_2CO_3$ (Pottasche). Auch in tierischen Organen kommen Kaliumsalze vor: Serum enthält nur 0,021% Kaliumion, Muskel dagegen 0,26%, Leber bis 0,37%. Welche biochemische Funktion das $K^+$ hat, ist noch nicht bekannt. $K^+$ ist für den Kontraktionsmechanismus des Muskels unentbehrlich. Kaliumsalze sind ungiftig.

*Element.* Das Element Kalium ist ein weiches Metall und, im Hochvakuum destilliert, an der Oberfläche silberblank. Da es in der elektrischen Spannungsreihe noch weiter links als Natrium steht (s. S. 89), wird es durch feuchte Luft und $H_2O$ sehr schnell zersetzt. Auf Wasser geworfen, schmilzt es durch die Reaktionswärme und reagiert unter $H_2$-Bildung so heftig, daß sich der Wasserstoff entzündet. Man muß es im Laboratorium unter Petroleum aufbewahren.

Dargestellt wird Kalium (ähnlich wie Natrium) durch Elektrolyse von KOH. Technisch wird das freie Metall kaum verwendet. Mit Natrium bildet es eine Legierung, deren tiefster eutektischer Punkt bei $-12°$ liegt; die Legierung ist bei Zimmertemperatur flüssig und entzündet sich an der Luft von selbst.

*Oxyde.* $K_2O$, *Kaliumoxyd, hellgelb, kristallisiert,* muß wie $Na_2O$ auf dem Umweg über $K_2O_4$, *Kaliumtetroxyd,* dargestellt werden, das sich aus metallischem Kalium beim Erhitzen an trockener Luft bildet. $K_2O_4$ ist ein gelbes Pulver, vielleicht ein Salz des Ozons. Es zersetzt sich langsam von selbst, rasch mit $H_2O$ unter $O_2$-Abgabe.

*Kaliumhydroxyd.* Löst man $K_2O$ in Wasser, so erhält man *KOH, Kaliumhydroxyd* (Dichte 2,04, Smp. 360°). Es ist farblos, hygroskopisch, und kommt in Form gegossener, auf dem Bruch strahlig-kristalliner Stangen, oder in Plätzchenform in den Handel. KOH löst sich unter starker Wärmeabgabe in Wasser zur Kalilauge ($+13$ kcal pro Mol); es dissoziiert in $K^+$- und $OH^-$-Ionen und bildet so die stärkste in der Chemie verwendete *Lauge.* Die Lösung absorbiert aus der Luft $CO_2$. KOH wird wie NaOH durch Elektrolyse von KCl-Lösungen hergestellt. Technisch wird KOH wie NaOH gebraucht. Die bei der Fabrikation nötigen Schmelzen mit KOH (Smp. 360°) müssen in Silbertiegeln ausgeführt werden; alle anderen Materialien, Glas, Porzellan, Quarz, selbst Platin werden durch geschmolzenes KOH angegriffen.

*Salze, Halogenide.* KCl, *Kaliumchlorid* (Smp. 768°, Dichte 1,98), farblose Kristalle, wird als Ausgangsmaterial der Kalisalpeterherstellung verwendet. *KBr* (Smp. 742°, Dichte 2,75) wird medizinisch als Nervenberuhigungsmittel gegeben. KJ ist ein Reagens in der Jodometrie (Smp. 682°, Dichte 3,1).

Wichtig ist das $KClO_3$, *Kaliumchlorat,* farblos (Smp. 356°, Dichte 2,32), das man durch Elektrolyse von KCl-Lösungen unter Durchmischung von Anoden- und Kathodenflüssigkeit erhält. Man läßt den kathodisch gebildeten $H_2$ entweichen, während man das anodisch gebildete $Cl_2$ durch Umrühren wieder in der Lösung zur Reaktion bringt; es wird so zu Chlorat umgewandelt. Kaliumchlorat ist, vor allem bei erhöhter Temperatur oder in saurer Lösung, ein starkes *Oxydationsmittel;* es wird bei der Zündholzfabrikation, zu Feuerwerkskörpern und anderem verarbeitet. $KClO_3$ ist giftig. Da es unglücklicherweise in der Pharmazie als Kalium chloricum bezeichnet wird, passieren immer wieder verhängnisvolle Verwechslungen mit dem ungiftigen KCl (Apothekerbezeichnung des KCl *Kalium chloratum*).

$KJO_3$, *Kaliumjodat* (Smp. 560°, Dichte 3,89, lösl. in $H_2O$ 8,1%) und $KBrO_3$, *Kaliumbromat* (lösl. in $H_2O$ zu 6,9%), sind Urtitersubstanzen in der Jodometrie.

$KClO_4$ *Kaliumperchlorat* ist in Wasser, besonders in Gegenwart von Alkohol schwer löslich (in $H_2O$ lösl. 1,7%), im Gegensatz zu $NaClO_4$ (in $H_2O$ lösl. 65%). Es wird deshalb zur sonst schwierigen Trennung von $Na^+$ und $K^+$ verwendet. Man erhält $KClO_4$ in einer Disproportionierungsreaktion (Formel 125, S. 132) durch Erhitzen von reinem $KClO_3$ auf 400°.

$KNO_3$, *Kalisalpeter,* farblos kristallisiert (Smp. 336°, Dichte 2,1), wird aus dem leicht löslichen Chilesalpeter durch Umsetzung heiß gesättigter Lösungen mit konzentrierten KCl-Lösungen erhalten.

$KNO_3$ ist bei erhöhter Temperatur ein Oxydationsmittel und wird als sauerstoffliefernder Zusatz im Schießpulver verwendet; das hygroskopische $NaNO_3$ ist dazu unbrauchbar. *Schießpulver* ist ein fein (und vorsichtig) gepulvertes

Gemisch aus etwa 70 % $KNO_3$ + 30 % Kohle und Schwefelpulver. Es explodiert auf Schlag und Initialzündung, aber bei weitem nicht so heftig wie organische Sprengstoffe (s. Tabelle 40, S. 353). Es hat eine relativ kleine Detonationsgeschwindigkeit.

**Formel 142.**

$$NaNO_3 \quad + \quad KCl \quad \rightarrow \quad \underset{\downarrow}{KNO_3} \quad + \quad NaCl$$

| Chilesalpeter | Kaliumchlorid | Kaliumnitrat | Kochsalz |
|---|---|---|---|
| löslich bei 100° 68% | löslich bei 100° 36% | löslich bei 100° 71% | löslich bei 100° 28% |
| bei 0° 42% | bei 0° 22% | bei 0° 11% | bei 8° 26% |
| | | kristallisiert nach dem Erkalten | fällt schon in der Wärme aus |

$KNO_2$, *Kaliumnitrit* (Smp. 387°, Dichte 1,9, leicht lösl. in $H_2O$), ist meist in Form geschmolzener, hygroskopischer weißer Stangen mit leicht gelblichem Stich im Handel. Es wird wie $NaNO_2$ dargestellt und gebraucht.

$K_2SO_4$, Kaliumsulfat, und $KHSO_4$, *Kaliumbisulfat*, verhalten sich wie die entsprechenden Natriumsalze.

*KHS, Kaliumhydrosulfid*, das saure Kaliumsalz des Schwefelwasserstoffs, erhält man kristallisiert durch Einleiten von $H_2S$ in konzentrierte KOH-Lösung. Es zersetzt sich beim Erhitzen und wird in manchen Synthesen organischer Farbstoffe verwendet.

Das gut kristallisierte $KH_2PO_4$ wird als Puffersubstanz zur Konstanthaltung des $p_H$ bei biochemischen Arbeiten verwendet.

$K_2CO_3$, *Pottasche* (Dichte 2,43, Smp. 897°), gewinnt man aus Holzasche, daneben in kleinerem Maße nach dem LEBLANC-Verfahren. Das SOLVAY-Verfahren ist nicht anwendbar, da $KHCO_3$, Kaliumbicarbonat, zum Unterschied von $NaHCO_3$ in Wasser leichtlöslich ist und nicht ausfällt.

*Kaliumcyanid.* Technisch wichtig ist das $K^+CN^-$, „Cyankalium" (Dichte 1,52, Smp. 634°), das Kaliumsalz der Blausäure. Es bildet sich aus N-haltigen organischen Substanzen beim Erhitzen mit $K_2CO_3$. Das farblose kristalline, etwas hygroskopische KCN ist neben NaCN die Transportform der für viele organische Synthesen wichtigen Blausäure. Seine wäßrige Lösung reagiert stark alkalisch. Es ist giftig. Durch Oxydationsmittel, teilweise schon durch Luft-$O_2$ geht es in $K^+NCO^-$, *Kaliumcyanat*, über, das ungiftig ist. Mit Schwefel bildet es $K^+NCS^-$, *Kaliumrhodanid*, ein empfindliches Reagens auf $Fe^{+++}$.

*Wirtschaftliches.* Die Weltproduktion an Kaliumsalzen, gerechnet als $K_2O$, betrug 1937 etwa 2,6 Millionen Tonnen, von denen in Deutschland 1,7 Millionen Tonnen produziert wurden. Der größte Teil geht als Kunstdünger in die Landwirtschaft.

*Analytisch* wird Kaliumion, wie schon erwähnt, als $KClO_4$ gefällt. Qualitativ kann $K^+$ durch seine violette Flammenfärbung (Linien 768 m$\mu$ rot und 404 m$\mu$ violett) nachgewiesen werden. Die störende Überdeckung durch das viel intensivere gelbe Licht von immer vorhandenen Natriumspuren kann man durch

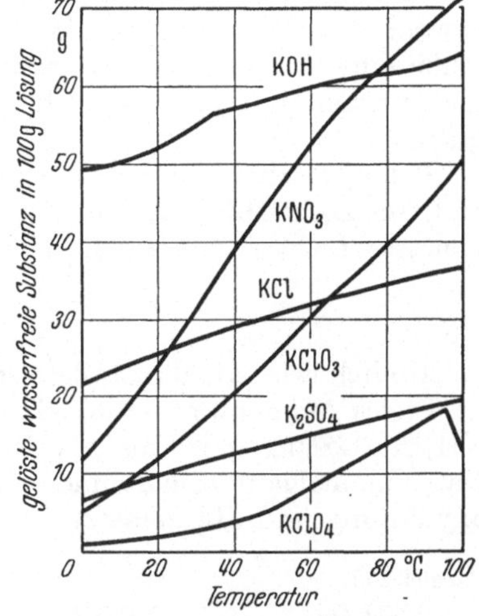


Abb. 45. Löslichkeit der Kaliumsalze. $K_2CO_3$ hat fast dieselbe Löslichkeitskurve wie KOH.

Vorschalten eines blauvioletten Glases (Kobaltglas), das die gelbe Strahlung absorbiert, ausschalten.

<table>
<tr><td>

### Rubidium, Rb, Nr. 37.

Atomgewicht: 85,48; Dichte: 1,52; Schmelzpunkt: 39°; Siedepunkt: 696°; Elektronenschalen: 2, 8, 18, 8, 1; Isotope: 85 (72,8%); 87 (27,2%).

</td><td>

### Caesium, Cs, Nr. 55.

Atomgewicht: 132,9; Dichte: 1,87; Schmelzpunkt: 28,5°; Siedepunkt: 690°. Elektronenschalen: 2, 8, 18, 18, 8, 1. Isotope: 133 (100%).

</td></tr>
</table>

Die beiden schweren Alkalielemente Rubidium und Caesium wurden von BUNSEN und KIRCHHOFF 1851 spektroskopisch in der Dürkheimer Mineralquelle gefunden, wo sie als Salze in kleinen Mengen vorkommen. Die freien Elemente sind wie Kalium elektrolytisch darzustellen.

Die farblosen kristallisierten $Rb^+OH^-$ und $Cs^+OH^-$ sind in wäßriger Lösung die stärksten vorkommenden Basen; noch stärkere Basen als $K^+OH^-$ (s. a. S. 80). $Rb_2O$ (Dichte 3,7) ist gelb; $Cs_2O$ (Dichte 4,36) ist orangefarben.

Die anderen Salze verhalten sich analog den $K^+$-Salzen. Technisch werden sie bis jetzt außer zur Färbung von Leuchtraketen nicht verwendet, obwohl sie aus Mutterlaugen der Staßfurter Abraumsalze in verhältnismäßig großen Mengen gewonnen werden könnten. Über ihr biochemisches Verhalten ist nichts bekannt. Rubidiumsalze haben noch mehr als Kaliumsalze beruhigende Eigenschaften und werden als Hypnotikum bei Epilepsie verwendet. Caesiumsalze sind mäßig giftig.

Beide werden am besten spektralanalytisch bestimmt. Rubidium gibt rotviolettes Licht (Linie 781 mμ rot und 421 mμ violett), Caesiumionen geben blauviolettes Licht (Linie 458 mμ blau).

## Ammonium, $NH_4$.

Ähnlich wie Alkalimetalle verhält sich der Komplex $NH_4$, Ammonium.

Freies Ammonium ist unbekannt; dagegen erhält man durch Elektrolyse von $NH_4^+Cl^-$-Lösung mit Hg als Kathode ein Ammoniumamalgam, das sich wie Natriumamalgam verhält und sich mit $H_2O$ zu $H_2$, $NH_4^+OH^-$, Ammoniumhydroxydlösung und Hg zersetzt.

**Formel 143.**

$$2\,NH_4Hg_x \quad + \quad 2\,HOH \quad \rightarrow \quad 2\,x\,Hg \quad + \quad 2\,NH_4^+OH^- \quad + \quad \uparrow H_2$$

| Ammonium-amalgam | Wasser | Quecksilber-metall | Ammonium-hydroxyd | Wasserstoff-gas |
|---|---|---|---|---|
| grau, fest | | flüssig | | |

Ammoniumoxyd $(NH_4)_2O$ und Ammoniumhydroxyd $NH_4OH$ (weiß, fest, Smp. — 77°) sind rein nur bei tiefen Temperaturen beständig und isoliert worden. Bei Zimmertemperatur zersetzen sie sich. Dagegen ist eine 40%ige Lösung von $NH_3$ in Wasser beständig, wobei ein Gleichgewicht zwischen $NH_4OH$ und gasförmig gelöstem $NH_3$ besteht. Die Salze des Ammoniums sind bei N besprochen worden (s. S. 114). Sie sind ungiftig und werden medizinisch manchmal als Antineuralgikum und als Expectorans verwendet.

## b) Erdalkalimetalle, zweite Vertikalgruppe.

Die Elemente der zweiten Hauptgruppe des Periodensystems sind alle Metalle und zweiwertig. Es sind: Beryllium, Magnesium, Calcium, Strontium, Barium, Radium. Ihre Schmelzpunkte fallen, die Dichten und Siedepunkte steigen mit dem Atomgewicht. Die beiden ersten Elemente Magnesium und besonders Beryllium zeigen Ausnahmen davon. Beryllium als erstes Element gleicht in einigen Verbindungseigenschaften den Elementen der dritten Gruppe, wie Lithium aus der ersten Gruppe in manchen Eigenschaften zur zweiten Gruppe gehört. Die Reaktivität der Elemente gegen Luft und Wasser steigt mit dem Atomgewicht, ebenso die Basizität der Hydroxyde $E^{++}(OH)_2^{--}$, wie bei den Alkalimetallen.

## Beryllium, Be, Nr. 4.

(franz. glucinium).

Atomgewicht: 9,01; Dichte: 1,86; Schmelzpunkt: 1280°; Siedepunkt: 2970°;
Wertigkeit: +2; Elektronenschalen: 2,2; Isotope: 9 (100%).

*Vorkommen.* Beryllium ist ein seltenes Element; es kommt als Halbedelstein *Beryll* $Be_3Al_2Si_6O_{18}$ vor. Smaragd und Aquamarin sind durch Chromoxydbeimengung grün oder bläulich gefärbte Berylle. Eine biologische Rolle des Berylliums ist bisher nicht bekannt. Berylliumsalze wurden früher manchmal als Therapeutikum bei Tuberkulose verwendet, haben sich aber später als schwere chronische Gifte erwiesen. Besonders giftig ist in die Lungen geratener Berylliummetallstaub.

*Metall.* *Berylliummetall* wird durch Schmelzelektrolyse von Fluoriden hergestellt; es ist gegen Wasser durch den Schutz einer Oxydhaut selbst beim Kochen beständig. Es ist stahlgrau und hart. Beryllium wird wegen seiner guten Durchlässigkeit für Röntgenstrahlen als Austrittsfenster für Röntgenröhren verwendet; Beryllium-Kupfer-Legierungen für Kontaktfedern von Motorenbürstenhaltern.

*Verbindungen.* *Berylliumoxyd* $BeO$, weiß (Smp. 2530°, Dichte 3,02), erhält man durch Glühen aus Berylliumhydroxyd, das aus Berylliumsalzen mit $NH_4OH$ entsteht. $Be^{++}(OH)_2^=$ ist im Gegensatz zu den Hydroxyden aller anderen Erdalkalimetalle und Alkalimetalle in $H_2O$ unlöslich; es gleicht darin dem $Al(OH)_3$ der dritten Gruppe des Periodensystems. Berylliumsalze sind farblos.

*Berylliumhydroxyd* kann amphoter reagieren, sowohl als Base wie als Säure, ähnlich wie Aluminiumhydroxyd. Es löst sich in Säuren unter Bildung von Salzen, in denen das Beryllium Kation ist, und in Laugen zu Beryllaten, in denen Beryllium als $BeO_2^{--}$-Komplexion im Anion steht.

**Formel 144.**

| | | | |
|---|---|---|---|
| $Be^{++}(OH)_2^=$ | $+$ | 2 HCl | $\rightarrow$ |
| Berylliumhydroxyd | | Säure | |
| Base | | | |

$Be^{++}(OH)_2^=$ $+$ 2 HCl $\rightarrow$ $Be^{++}Cl_2^=$ $+$ 2 $H_2O$
Berylliumhydroxyd Säure Berylliumchlorid Wasser
Base Salz, Smp. 404°, in $H_2O$ löslich

$BeO_2^=(H_2)^{++}$ $+$ 2 $Na^+OH^-$ $\rightarrow$ $BeO_2^=Na_2^{++}$ $+$ 2 $H_2O$
Berylliumhydroxyd Base Natrium-beryllat Wasser
Säure Salz

$BeCl_2$, $Be(NO_3)_2$, $BeSO_4$ sind wasserlöslich, das letzte unter teilweiser Hydrolyse. Carbonate und Acetate (basische Acetate) sind in $H_2O$ schwer löslich. Ein kristallisiertes basisches Berylliumacetat $Be_4O(C_2H_3O_2)_6$ siedet schon bei 330°. Wasserfreies $BeCl_2$ ist in Alkohol, Äther, sogar in Benzol und $CS_2$ löslich.

In Ableitung vom süßen Geschmack der Salze nennt man französisch Beryllium *Glucinium.*

## Magnesium, Mg, Nr. 12.

Atomgewicht: 24,32; Dichte: 1,74; Schmelzpunkt: 650°; Siedepunkt: 1100°;
Wertigkeit: +2; Elektronenschalen: 2,8,2; Isotope: 24 (77,4%); 25 (11,5%); 26 (11,1%).

*Vorkommen.* Das geologische Hauptvorkommen des Magnesiums ist der in $H_2O$ unlösliche *Dolomit* $MgCa(CO_3)_2$, *Magnesit* $MgCO_3$, weiter die löslichen

*Abraumsalze* aus Salzbergwerken, meistens $MgCl_2$ und $MgSO_4$ und deren Doppel-salz› *(Kainit: $KCl \cdot MgSO_4 \cdot 3\,H_2O$; Schönit: $K_2SO_4 \cdot MgSO_4 \cdot 6\,H_2O$; Carnallit $MgCl_2 \cdot KCl \cdot 6\,H_2O$).* Daneben kommt es in Silicaten vor; *Talk, $Mg_3(OH)_2[Si_4O_{10}]$ und Asbest* sind komplizierte Magnesiumsili ate. Meerwasser enthält etwa 0,1 % $Mg^{++}$, das als hygroskopisches $MgCl_2$ für das Feuchtwerden des gewöhn-lichen Kochsalzes verantwortlich ist.

*Biologisch* ist $Mg^{++}$ ein ständiger Bestandteil der Körperflüssigkeiten der Lebewesen; die Konzentration im menschlichen Blut ist 2,3 mg $Mg^{++}$-Ion pro 100 ml. Magnesiumsalze, besonders $MgSO_4$, werden als Abführmittel ver-wendet (Tagesdosis 5—20 g).

*Metall.* Die Darstellung des Metalls erfolgt durch Elektrolyse von geschmol-zenem $MgCl_2$ bei 700° an Kohlenanoden und Eisenkathoden. Es ist als Metall silberweiß; es überzieht sich an der Luft mit einer zusammenhängenden dünnen weißen Oberflächenhaut von MgO, die das Metall vor weiterer Zersetzung schützt. In Legierung mit Aluminium wird es als Leichtmetall benutzt. Leider schützt die Oxydhaut nur gegen gewöhnliches Wasser und nicht gegen salzhaltiges Wasser, in dem sie löslich ist, so daß Magnesiumlegierungen für den Schiffbau bis jetzt unbrauchbar sind. Dagegen werden Magnesiumlegierungen im Flugzeug-, Auto-mobil- und Apparatebau, sowie im Bau leichter Eisenbahnwagen viel verwendet. Dünne Drähte oder Magnesiumpulver dienen als Blitzlicht; sie verbrennen mit blendend weißer Flamme unter hoher Energieabgabe. Magnesium, dessen ober-flächliche reaktionsverhindernde MgO-Haut durch Jod zerstört ist, *aktiviertes Magnesium*, wird zu organischen *Synthesen nach* GRIGNARD verwendet (siehe Formel 245, S. 230).

*Verbindungen.* Glühendes metallisches Magnesium verwandelt sich im $N_2$-Strom in $Mg_3N_2$, *Magnesiumnitrid*, ein weißes Pulver, das sich mit $H_2O$ zu $NH_3$ und $Mg(OH)_2$ zersetzt.

**Formel 145.**

$$Mg_3N_2 \quad + \quad 6\,HOH \quad \rightarrow \quad 3\,Mg(OH)_2 \quad + \quad 2\,NH_3\uparrow$$

| Magnesiumnitrid | Wasser | Magnesiumhydroxyd | Ammoniak |
|---|---|---|---|
| fest, weiß | | fest, weiß<br>Dichte 2,4<br>fast unslöslich in $H_2O$ | Gas |

*MgO* (Smp. 2640°, Dichte 3,6) erhält man bei direkter Verbrennung des Metalls als weißes wasserunlösliches Pulver (Magnesia usta).

$Mg(OH)_2$ entsteht aus $Mg^{++}$-Salzen und NaOH-Lösungen.

**Formel 146.**

$$Mg^{++}Cl_2^{=} \quad + \quad 2\,Na^+OH^- \quad \rightarrow \quad Mg(OH)_2\downarrow \quad + \quad 2\,Na^+Cl^-$$

| Magnesiumchlorid | Base | Magnesiumhydroxyd | |
|---|---|---|---|
| weiß, Smp. 718°<br>Dichte 2,32<br>löslich in $H_2O$ bei 20° 35% | | fest, weiß<br>Dichte 2,4<br>löslich in $H_2O$ zu 0,1% | |

$Mg(OH)_2$ ist in Wasser schwer löslich, ist aber trotzdem zur vollen Neutrali-sation starker Säuren fähig, weil die geringen Mengen des in Wasser gelösten $Mg(OH)_2$ stark dissoziieren. Es liegt eine starke Base vor. Im Gegensatz zu $Be(OH)_2$ kann $Mg(OH)_2$ nicht als Säure reagieren; es ist nicht amphoter.

Das sehr hygroskopische $MgCl_2 \cdot 6\,H_2O$ verliert beim Kochen mit Wasser infolge Hydrolyse langsam sein $Cl^-$ als HCl und geht in $Mg(OH)_2$ über. Das extrem hygroskopische $Mg(ClO_4)_2$, *Magnesiumperchlorat*, wird neuerdings als

Trocknungsmittel für Gase verwendet *(Anhydron)*; seine Trocknungskapazität reicht nahe an die des $P_2O_5$.

**Formel 147.**

$$Mg^{++}Cl_2^{=} \quad + \quad 2\,H_2O \quad \xrightarrow{\text{Kochen}} \quad Mg(OH)_2 \quad + \quad \uparrow\,2\,HCl$$

Magnesiumchlorid        Wasser                Magnesiumhydroxyd        Chlorwasserstoff

wasserlöslich                                            fast unslöslich            Gas, entweicht

*MgSO₄ . 7 H₂O, Bittersalz* (Smp. wasserfrei 1120°, Dichte 2,66), wird als Abführmittel verwendet; es ist der Abführbestandteil vieler natürlicher Mineralwässer.

Eine unlösliche basische Verbindung 5 MgO + MgCl₂, wie sie aus konzentrierten MgCl₂-Lösungen und festem MgO entsteht, wird in Mischung mit Holzmehl unter dem Namen *Magnesiazement* als Fußbodenbelag verwendet.

Gemische von $MgCO_3$ und $Mg(OH)_2$, basische Carbonate, werden in der Medizin als Neutralisationsmittel (Magnesia alba) für zu sauren Magensaft verschrieben.

Die Weltproduktion an Magnesiummetall war 1944 fast 300000 Tonnen.

*Analytisch* wird $Mg^{+}_{+}$ als unlösliches $MgNH_4PO_4$ gefällt (lösl. in $H_2O$ bei 15° zu 0,006%), abfiltriert, durch Glühen in $Mg_2P_2O_7$ übergeführt und so gewogen.

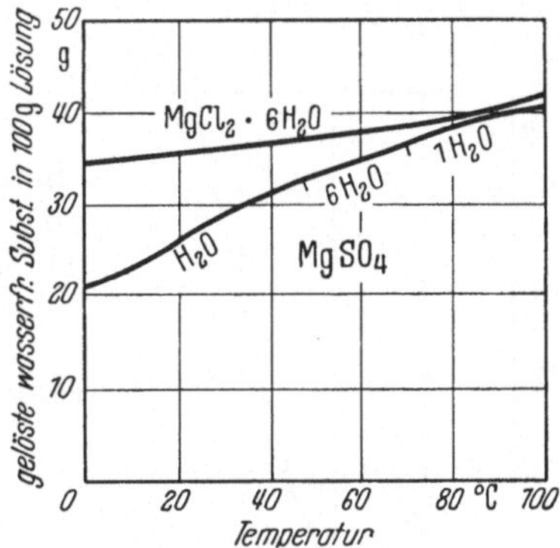


Abb. 46. Löslichkeit von Magnesiumsalzen.

## Calcium, Ca, Nr. 20.

Atomgewicht: 40,08; Dichte: 1,54; Schmelzpunkt: 851°; Siedepunkt: 1439°;
Isotope: 40 (96,96%); 42 (0,64%); 43 (0,15%); 44 (2,07%); 46 (0,003%); 48 (0,185%);
Wertigkeit: +2; Elektronenschalen: 2,8,8,2.

*Vorkommen.* Calcium kommt in der Natur nirgends als freies Element vor. Seine *Hauptvorkommen* sind *CaCO₃, Kalkstein, Marmor, Korallen*, daneben *Dolomit, CaCO₃ · MgCO₃*, weiter *Gips, CaSO₄ · 2 H₂O* und Calciumsilicate der normalen Silicatgesteine, die alle 1—10% $Ca^{++}$ enthalten. Reines $CaCO_3$ ist weiß (Marmor, Kreide); gelbe Färbungen rühren von Eisenbeimischungen her. $CaCO_3$ kommt auch in großen klaren Kristallen, *Kalkspat*, vor. Kalkspat ist doppelbrechend; er zerlegt auftreffende Strahlenbündel in zwei senkrecht zueinander polarisierte Lichtbündel von verschiedenem Brechungswinkel. NICOLsche *Prismen* zur Messung der Drehung polarisierten Lichtes sind meist aus Kalkspatkristallen herausgeschnitten.

*Biochemisch* ist $Ca^{++}$ wichtig. Der größte Teil der tierischen *Knochen* besteht aus $Ca^{++}$-Salzen [*3 Ca₃(PO₄)₂, CaCO₃ + 1% Calciumcitrat*]. Auch Serum enthält 10 mg Calciumionen pro 100 ml; eine Konzentration, die durch den Körper genau konstant gehalten wird. Schon kleine Verminderungen dieses geringen Calciumgehaltes im Serum etwa auf 7 mg pro 100 ml können schwere Krankheiten bedingen oder begleiten. Bei sehr geringem Calciumgehalt im Trinkwasser und in der Nahrung wachsen die Knochen schlecht. $CaF_2$ kommt im Zahnschmelz vor. Calciumsalze wirken blutstillend und diuretisch. Sie werden bei allergischen Zuständen und zur Förderung der Verkalkung von Tuberkuloseherden intravenös gegeben, meistens als Calciumgluconat (s. Formel 457, S. 312).

*Metall.* Das Metall Calcium wird durch Elektrolyse seiner geschmolzenen Halogenide hergestellt; es hat technisch noch wenig Verwendung gefunden; gegen $H_2O$ und Luft ist es wenig beständig, jedoch viel beständiger als die Alkalimetalle.

*Calciumhydrid.* Mit $H_2$ verbindet sich Calcium bei 400° unter Feuererscheinung zu $CaH_2$, *Calciumhydrid*, in dem wieder wie beim LiH das Calcium Kation und der Wasserstoff Anion ist. Es ist ein weißes Pulver und starkes Reduktionsmittel, das sich mit $H_2O$ zu $H_2$ und $Ca(OH)_2$ zersetzt.

**Formel 148.**

$$CaH_2 \quad + \quad 2\,H_2O \quad \rightarrow \quad Ca(OH)_2 \quad + \quad 2\,H_2\uparrow$$

Calciumhydrid      Wasser          Calciumhydroxyd              Wasserstoff

weiß, fest, Smp. 816°                      weiß, kristallisiert
unter Zersetzung                       zersetzt sich bei 400°
Dichte 1,7                      löslich in $H_2O$ bei 20° 0,16%
                                       Dichte 2,23

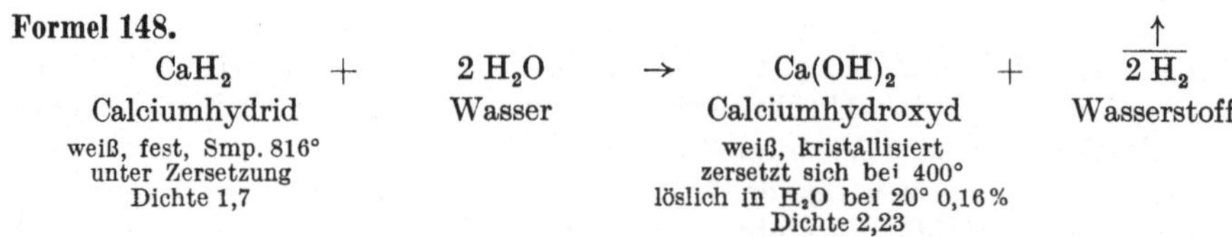

Abb. 47. $CO_2$-Zersetzungsdruck von $CaCO_3$ in Abhängigkeit von der Temperatur.

*CaO und Derivate.* Die technisch wichtigsten Verbindungen sind *CaO, Calciumoxyd* und *Ca(OH)$_2$, Calciumhydroxyd*; sie entstehen durch Brennen von natürlichem $CaCO_3$ bei 1000—1100° in großen, 10 m hohen Schacht- oder Ringöfen.

**Formel 149.**

$$CaCO_3 \quad \xrightarrow{1000°} \quad CaO \quad + \quad CO_2\uparrow$$

Calciumcarbonat              Calciumoxyd       Kohlen-
                                                 dioxydgas
fest, weiß, löslich in $H_2O$        fest, weiß
bei 18° zu $1,3 \cdot 10^{-3}$%        Smp. etwa 2570°
Dichte 2,93                      Dichte 3,4

*CaO, gebrannter Kalk*, ergibt mit Wasser unter Wärmeentwicklung (+18 kcal pro Mol) *Calciumhydroxyd, Ca(OH)$_2$*, ein lockeres Pulver. Mit etwas mehr Wasser entsteht eine dicke Paste, die an der Luft unter Aufnahme von $CO_2$ langsam zu $CaCO_3$ erhärtet.

**Formel 150.**

$$CaO \quad + \quad H_2O \quad \rightarrow \quad Ca(OH)_2; \quad + \quad CO_2 \quad \rightarrow \quad CaCO_3 \quad + \quad H_2O$$

Gebrannter              gelöschter Kalk   Kohlen-       Kalkstein         Wasser
Kalk                                  dioxyd    Calciumcarbonat
                    löslich in $H_2O$  0,16%                                verdunstet
fest, weiß           Dichte 2,23         aus Luft     Dichte 2,93          langsam
Smp. 2570°                            (0,03% $CO_2$)   löslich in $H_2O$
Dichte 3,4                                              $1,3 \cdot 10^{-3}$%

*Mörtel.* Ein Gemisch von gelöschtem Kalk und Sand ist der Mörtel (Luftmörtel). Er verbindet beim Erhärten zu $CaCO_3$, in geringerem Maß zu Calciumsilicaten, die Steine von Bauten. Wegen der geringen $CO_2$-Konzentration der Luft (0,03%) und wegen der geringen Löslichkeit des $SiO_2$ der Sandkörner geht das Erhärten, vor allem im Innern der Wand, nur langsam vorwärts. Für Unterwasserbauten ist Mörtel unbrauchbar, da $Ca(OH)_2$ in Wasser löslich ist. Im Mörtel liegt hauptsächlich das zur Erhärtung nötige Kation $Ca^{++}$ vor; das Anion, $CO_3^=$, muß aus der Luft kommen und fehlt unter Wasser.

*Zement.* Für Unterwasserbauten, Fundamentbauten und Eisenbetonkonstruktionen benutzt man Zement. Im Zement sind im Gegensatz zum Mörtel sowohl Kation ($Ca^{++}$, $Al^{+++}$) wie Anion ($SiO_3^=$, $AlO_3^{\equiv}$) der zu bildenden neuen Verbindung (der Kittsubstanz) schon vorhanden; Zement kann auch unter Wasser ohne Luft erhärten.

Zu seiner Darstellung werden meistens $CaCO_3$ und Aluminiumsilicate fein gemahlen in Drehöfen auf 1300—1400° erhitzt. Das Produkt wird nach dem Erkalten

**Formel 151.**

$$4\,CaO \quad + \quad SiO_2 \quad + \quad Al_2O_3 \quad \xrightarrow{\text{H}_2\text{O}} \quad CaSiO_3 \quad + \quad Ca_3Al_2O_6$$

Zement — getrennte trockene Teilchen eines feinen grauen Pulvers — Umwandlung in wenigen Stunden, Trocknung in Monaten — Betonbindemittel, harte, verfilzte Kristallnadeln

nochmals fein gemahlen *(Portlandzement)*. Dieses trockene staubfeine Pulver wird kurz vor dem Gebrauch mit Wasser angerührt; die entstehende Paste erhärtet je nach Zusammensetzung und Feinheit der Pulverisierung in wenigen Minuten bis Stunden unter langsamer Bildung von hydratisierten festen Calciumsilicaten und Calciumaluminaten (Abbinden des Zements). *Beton* ist Zement mit zugemischten Steinsplittern und Kies; im Eisenbeton werden die hauptsächlichen Zugrichtungen des fertigen Baus durch eingelegte Eisenstäbe verstärkt; da abgebundener Beton zwar große Druckfestigkeit, aber nur geringe Reißfestigkeit hat.

Da Zemente überall aus örtlich vorhandenen geologischen Materialien hergestellt werden, gibt es eine große Zahl verschiedener Zemente.

*Chlorkalk.* Beim Überleiten von $Cl_2$ über trockenes $Ca(OH)_2$ entsteht $CaOCl_2$, *Chlorkalk.* Man faßt $CaOCl_2$ auch als Gemisch von $CaCl_2$ und $Ca(OCl)_2$ auf.

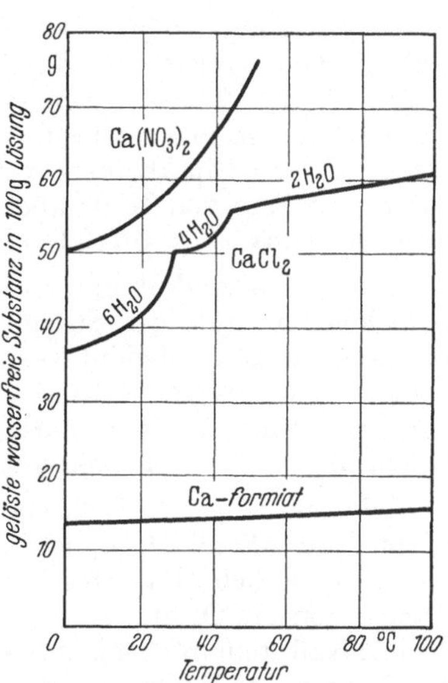


Abb. 48. Löslichkeit einiger Calciumsalze.

**Formel 152.**

$$2\,Ca(OH)_2 \quad + \quad 2\,Cl_2 \quad \rightarrow \quad [Ca(OCl)_2 \quad + \quad CaCl_2]$$

Calciumhydroxyd, weiß, fest — Chlorgas, grün — Calciumhypochlorit — Calciumchlorid

$$2\,CaOCl_2 = \text{Chlorkalk}$$
weiß, fest

Chlorkalk, ein festes, weißes, nach freiem Chlor riechendes Pulver, zersetzt sich mit Wasser reversibel unter Bildung von Spuren von HOCl, das sich seinerseits bis zu einem Gleichgewicht unter Bildung von $Cl_2$ zersetzt (s. Formel 121, S. 131).

**Formel 153.**

$$CaOCl_2 \quad + \quad H_2O \quad \rightleftarrows \quad Ca(OH)Cl \quad + \quad HOCl$$

Chlorkalk, fest, weiß — Wasser — — Unterchlorige Säure

Oxydationsmittel
zerfällt nach Formel 121, S. 131

Chlorkalk wirkt stark oxydierend; seine wäßrigen Suspensionen zerstören sowohl Mikroorganismen (als *Desinfektionsmittel*) wie Farbstoffe auf Textilfasern als *Bleichmittel* (s. S. 377). Da freies Chlor ein Abfallprodukt der Alkalielektrolyse und deshalb billig ist, ist auch Chlorkalk das billigste Desinfektions- und Bleichungsmittel.

*Salze.* $CaCl_2$, *Calciumchlorid*, Schmelzpunkt 774°, Dichte 2,15, besteht aus weißen, sehr hygroskopischen porösen Körnern, oder es wird als verfestigte geschmolzene Masse geliefert. $CaCl_2$ wird als *Trocknungsmittel* für Gase und organische Flüssigkeiten viel verwendet. Bei der Wasseraufnahme geht es in das kristallisierte $CaCl_2 \cdot 6\,H_2O$ über. Das in Wasser ganz unlösliche $CaF_2$, *Calcium-fluorid*, Schmelzpunkt 1400°, kommt als *Flußspat* in schönen Kristallen vor, die wegen ihrer Ultraviolettdurchlässigkeit (ab 1200 Å; Quarz erst ab 1700 Å) zu Linsen und Prismen für optische Spezialinstrumente verarbeitet werden.

$CaSO_4 \cdot 2\,H_2O$, *Gips*, Dichte 2,3, findet sich in der Natur neben *Anhydrid*, $CaSO_4$. Gips spaltet bei 120—150° $1^1/_2$ Mol $H_2O$ ab und geht in *gebrannten Gips* $CaSO_4 \cdot {}^1/_2H_2O$ über. Beim Verrühren mit wenig $H_2O$ geht die so erhaltene weiche Paste nach kurzem in eine feste Masse von $CaSO_4 \cdot 2\,H_2O$ über. Davon macht man zu Gipsabgüssen von Kunstgegenständen oder in der Zahnheilkunde zur Herstellung von Kieferabdrücken Gebrauch, auch zum Weißen von Innenwänden. Gips ist zu 0,119 % in $H_2O$ löslich; er schmilzt wasserfrei bei 1450°.

*CaS, Calciumsulfid*, ein grauweißes Pulver, besonders aber $CaH_2S_2$, hat die Fähigkeit, in wäßriger Suspension das wasserunlösliche Haarprotein Keratin anzuweichen und kolloidal wasserlöslich zu machen; es wird in der Kosmetik als für die Haut unschädliches Haarentfernungsmittel verwendet. CaS, das Spuren von Schwermetallsulfiden enthält, hat wie ZnS die Fähigkeit, nach vorheriger Belichtung im Dunkeln weiterzuleuchten (Leuchtphosphor).

*Calciumbicarbonat.* Während $CaCO_3$ in Wasser praktisch unlöslich ist (löslich 1,7 mg pro 100 ml $H_2O$), ist $CaH_2(CO_3)_2$, *Calciumbicarbonat*, in Wasser 1,2 g pro 100 ml löslich. Da sich schon durch die 0,03 % $CO_2$ der Luft an feuchten Oberflächen von $CaCO_3$ Spuren von Calciumbicarbonat bilden, führen alle Gewässer, die mit Kalkstein in Berührung waren, gelöstes $CaH_2(CO_3)_2$. Da beim Verdampfen des Wassers das lösliche Calciumbicarbonat, etwa durch erhöhte Lufttemperatur an der Verdampfungsstelle, großenteils wieder in unlösliches $CaCO_3$ übergeht, ausfällt (Formel 154), kommt es an geeigneten Stellen zur Kalksteinbildung, *Tropfsteinbildung* in Höhlen oder nassen Steingebäuden oder am Ausfluß heißer, kalkhaltiger Quellen. Auf der gleichen Grundlage erfolgt auch die gefährliche Kesselsteinbildung in Dampfkesseln. Durch die dadurch gebildete wärmeisolierende Steinschicht zwischen eiserner Kesselwand und Wasser kommt es zu lokalen Überhitzungen und, bei plötzlichem Abspringen der Steinschicht an der überhitzten Eisenwand, zu Dampfexplosionen.

*Wasserhärte.* Stark kalkhaltiges Wasser wird als *hartes Wasser* bezeichnet; diese Härte ist technisch unerwünscht. Die Härte mißt man nach Härtegraden. 1 Härtegrad entspricht in der deutschen Literatur 10 mg CaO im Liter Wasser. Auch gutes Quellwasser hat einen Härtegrad von 1—3 *(weiches Wasser)*. Im Wasser mancher Städte beträgt der Härtegrad bis zu 30—40. $Ca^{++}$-haltiges Wasser ist wegen der Ausfällung unlöslicher $Ca^{++}$-Seifen zum Waschen unbrauchbar; in Färbereien führt $Ca^{++}$-haltiges Wasser zu Fleckenbildung. Aus technisch verwendetem Wasser muß $Ca^{++}$ meistens entfernt werden. Falls nur Calciumbicarbonat vorhanden ist, kocht man das Wasser und filtriert das ausgeschiedene $CaCO_3$ ab.

**Formel 154.**

$$CaH_2(CO_3)_2 \quad \xrightarrow[\text{in }H_2O]{\text{Kochen}} \quad CaCO_3 \quad + \quad H_2O \quad + \quad \overset{\uparrow}{CO_2}$$

Calciumbicarbonat            Calciumcarbonat            Wasser            Kohlendioxyd
löslich in $H_2O$ 1,2 %       löslich in $H_2O$ 1,5 · 10⁻³ %

Nach einem anderen Verfahren leitet man das Wasser durch kolloide gelatinöse Silicate, die Calciumionen adsorptiv, vielleicht als Calciumsilicate zurückhalten: das *Permutit*verfahren. Permutit kann durch konzentrierte NaCl-Lösung wieder vom $Ca^{++}$ befreit und zu neuer Verwendung regeneriert werden. Neuerdings werden auch gelatinöse Kunstharze dazu verwendet. Neben dieser *temporären*, leicht entfernbaren Härte gibt es eine *permanente*, auf Anwesenheit von $CaSO_4$ und $Mg^{++}$-Salzen beruhende Härte, die schwer zu entfernen ist, aber auch weniger stört.

*Calciumnitrid.* Wie Magnesium bildet Calcium bei 500—600° in $N_2$-Atmosphäre $Ca_3N_2$ *Calciumnitrid*, das sich mit Wasser zersetzt:

**Formel 155.**

$$Ca_3N_2 \quad + \quad 6\,H_2O \quad \xrightarrow{100°} \quad 3\,Ca(OH)_2 \quad + \quad \overset{\uparrow}{2\,NH_3}$$

Calciumnitrid                     Calciumhydroxyd      Ammoniak
graubraunes Pulver                                        Gas
Smp. 1195°

Man hat darauf ein Verfahren zur Synthese von $NH_3$ gegründet, das aber durch das billigere HABER-BOSCH-Verfahren verdrängt ist.

*Calciumcarbid.* Erhitzt man CaO mit Kohle im elektrischen Ofen auf 2000°, so entsteht unter beträchtlichem Energieverbrauch $CaC_2$, *Calciumcarbid* (WÖHLER 1862).

**Formel 156.**

$$CaO \quad + \quad 3\,C \quad \xrightarrow[+\,112\,kcal]{2200°} \quad CaC_2 \quad + \quad \overset{\uparrow}{CO}$$

Calciumoxyd       Kohle                       Calciumcarbid      Kohlenmonoxyd
weiß, Smp. 2570°    schwarz, Smp. 3845°         weiß, Smp. 2300°
Dichte 3,4                                durch C-Beimischung grau
                                       Dichte 2,22

$CaC_2$ reagiert heftig und unter Erwärmung mit Wasser. Es bildet sich Acetylen (s. S. 234).

**Formel 157.**

$$CaC_2 \quad + \quad 2\,H_2O \quad \rightarrow \quad Ca(OH)_2 \quad + \quad \overset{\uparrow}{H\!-\!C\!\equiv\!C\!-\!H}$$

Calciumcarbid                          Calciumhydroxyd        Acetylen
wenn rein, weiß                                  Gas, farblos
technisch grau durch                          in reinem Zustand geruchlos
1—2% C-Beimischung                          Siedep. − 84°

Acetylen ist ein Gas, das zu Beleuchtungszwecken verwendet werden kann (Carbidlaternen). Wegen seiner heißen Flamme beim Verbrennen mit $O_2$ wird es zum Schweißen und Schneiden von Metallstücken verwendet; neuerdings ist es ein Ausgangsprodukt der Synthese organischer Verbindungen geworden (s. S. 248).

Der üble Geruch des technischen Acetylens rührt von Beimischungen von $PH_3$ aus $Ca_3P_2$ her; reines Acetylen ist geruchlos und wird sogar als Narkosegas verwendet.

*Kalkstickstoff.* Behandelt man bei 1000° $CaC_2$ mit $N_2$, so bildet sich Kalkstickstoff, Calciumcyanamid, $CaCN_2$ (Verfahren von FRANK-CARO).

**Formel 158.**

$$CaC_2 \quad + \quad N_2 \quad \rightarrow \quad CaCN_2 \quad + \quad C$$

| Calciumcarbid | Stickstoff | Calciumcyanamid | Kohle |
|---|---|---|---|
| Smp. 2300° Dichte 2,22 | | weiß, Smp. 1190° | Gemisch, grau |

Kalkstickstoff

Calciumcyanamid bildet mit $H_2O$ langsam $NH_3$ und wird als Düngemittel verwendet (durch Kohlebeimischung grauer *Kalkstickstoff*).

**Formel 159.**

$$CaCN_2 \quad + \quad 3\,H_2O \quad \xrightarrow[\text{langsam, in Tagen}]{\text{bei 20°}} \quad CaCO_3 \quad + \quad 2\,\uparrow NH_3$$

| Calciumcyanamid Kalkstickstoff | Wasser Bodenfeuchtigkeit | Calciumcarbonat | Ammoniak wird vom Boden chemisch gebunden |
|---|---|---|---|

*Analyse.* Als *analytischer* Nachweis wird die Fällung der $Ca^{++}$-Salzlösungen mit Ammoniumcarbonat oder mit Ammoniumoxalat verwendet. Die letzte Methode, Fällung als Calciumoxalat, ist so empfindlich, daß man in einem klinisch wichtigen Verfahren noch 0,1 mg $Ca^{++}$ in 1 ml Serum auf 1% genau bestimmen kann. Man fällt 1 ml Serum mit Ammoniumoxalat, zentrifugiert, wäscht den Niederschlag mehrfach, löst ihn in verdünnter $H_2SO_4$ bei 60° und titriert die entstandene freie Oxalsäure mit $^1/_{100}$-normaler $KMnO_4$-Lösung.

$Ca^{++}$ färbt die Flamme rot; es emittiert neben anderen die Linien 646 m$\mu$; 620 m$\mu$; 607 m$\mu$, rot; 554 m$\mu$, grün.

## Strontium, Sr, Nr. 38.

Atomgewicht: 87,63; Dichte: 2,60; Schmelzpunkt: 757°; Siedepunkt: 1366°;
Wertigkeit: $+2$; Elektronenschalen: 2,8,18,8,2; Isotope: 84 (0,56%); 86 (9,86%); 87 (7,02%); 88 (82,56%).

Geologisch ist Strontium selten; es kommt als farblose Mineralien *Strontianit*, $SrCO_3$, und *Cölestin*, $SrSO_4$, vor. Im biologischen Geschehen spielt $Sr^{++}$, soweit bisher bekannt, keine Rolle. Strontiumsalze sind für den Organismus mäßig giftig. $SrBr_2$ wird als Sedativum und Tonicum gegeben.

Das *Metall* kann man durch Elektrolyse von Halogenidgemischen ($SrCl_2 + KCl$) darstellen. Es wird technisch nicht verwendet; durch Luft und Feuchtigkeit wird es leichter zersetzt als Calcium.

*Sr(OH)$_2$*, *Strontiumhydroxyd*, Dichte 3,6, entsteht wie $Ca(OH)_2$; es ist leichter in $H_2O$ löslich als dieses und eine stärkere Base. Es kommt auch mit $8\,H_2O$ vor. $Sr(OH)_2$ wird in der Zuckerindustrie zur Ausfällung von unlöslichen Strontiumsaccharaten aus nichtkristallisierendem Zuckersirup verwendet. Die abfiltrierten Strontiumsaccharate (die keine Salze, sondern Additionsverbindungen sind) lassen sich durch Behandeln mit $CO_2$ in unlösliches $SrCO_3$ und $H_2O$-löslichen reinen Zucker spalten.

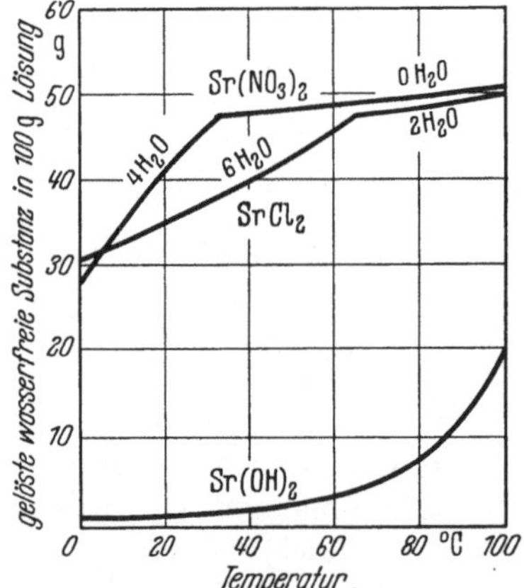


Abb. 49. Löslichkeit einiger Strontiumsalze.

$SrCl_2$ (Smp. 870°, Dichte 3,05) und *Sr(NO$_3$)$_2$* (Smp. 645°) sind in $H_2O$ leicht löslich und farblos. *SrSO$_4$* (Smp. 1600°) ist fast unlöslich (bei 20° 1,4 mg in 100 ml $H_2O$). Das farblose $Sr(NO_3)_2$ wird zur Rotfärbung von Raketen verwendet; $Sr^{++}$ emittiert beim Glühen 5 Linien zwischen 686 und 640 m$\mu$, rot; 605 m$\mu$ orange und 460 m$\mu$ blau.

Die Weltproduktion an Strontiumsalzen war 1937 etwa 20000 Tonnen.

Die rote Flammenfärbung und die Fällung als unlösliches $SrSO_4$ dienen zum *analytischen Nachweis*.

## Barium, Ba, Nr. 56.

Atomgewicht: 137,36; Dichte: 3,7; Schmelzpunkt: 710°; Siedepunkt: 1638°;
Wertigkeit: +2; Elektronenschalen: 2,8,18,18,8,2; Isotope: 130 (0,1%); 132 (0,1%);
134 (2,4%); 135 (6,6%); 136 (7,8%); 137 (11,3%); 138 (71,7%).

*Vorkommen.* In der Natur findet sich gebundenes Barium als *Schwerspat* $BaSO_4$ und *Witherit* $BaCO_3$ in kleinen Mengen in jedem Gestein.

*Biologisch* spielt es, soweit bekannt, keine Rolle; einige Pflanzen reichern $Ba^{++}$ an. Für Tiere sind $Ba^{++}$-Salze giftig; doch wird das fast unlösliche $BaSO_4$ (lösl. 0,3 mg pro 100 ml bei 20°) als Röntgenkontrastmittel zur Magen-Darmdurchleuchtung ohne Schaden vertragen. Bariumsulfat eignet sich zu diesem Zweck wegen seiner Unlöslichkeit und des hohen Atomgewichts des Ba, wodurch Röntgenstrahlen stark absorbiert werden.

*Metall.* *Bariummetall* wird durch Elektrolyse konzentrierter $BaCl_2$-Lösung an Hg-Kathoden als Amalgam gewonnen, woraus durch Abdestillation von Hg bei 400° im Vakuum reines Barium erhalten wird. Es ist im Gegensatz zu Calciummetall gegen $H_2O$ fast so reaktiv wie Na und K.

*Oxyd.* $BaO$ kann nicht wie CaO aus dem Carbonat hergestellt werden, da sich $BaCO_3$ erst bei 1300° zersetzt. Dagegen geht das (leicht wasserlösliche) *Nitrat* $Ba(NO_3)_2$ bei 300° in das Oxyd über.

**Formel 160.**

$$Ba(NO_3)_2 \xrightarrow{\;300—600°\;} BaO \quad + \quad N\text{-Oxyde}$$

| Bariumnitrat | Bariumoxyd | |
| --- | --- | --- |
| leicht wasserlöslich | farblos, Smp. 1923° | |
| Dichte 3,24 | Dichte 5,72 | |

Mit $H_2O$ bildet BaO das Hydroxyd $Ba^{++}(OH)_2^{=}$.

*Bariumhydroxyd*, farblos, kristallisiert, ist in wäßriger Lösung eine starke Base (Löslichkeit s. Abb. 50). Da man das $Ba^{++}$ als unlösliches $BaSO_4$ oder $BaCO_3$ leicht wieder aus einer Lösung entfernen kann, wird $Ba^{++}(OH)_2^{--}$ als Base in Synthesen verwendet; unter anderem auch wie $Sr(OH)_2$ in der Zuckerindustrie. Dargestellt wird es durch Reduktion des natürlich vorkommenden $BaSO_4$ durch Erhitzen mit Kohle zu BaS und hydrolytische Spaltung des letzteren durch Kochen mit $H_2O$; $H_2S$ wird durch Kochen als Gas entfernt.

**Formel 161.**

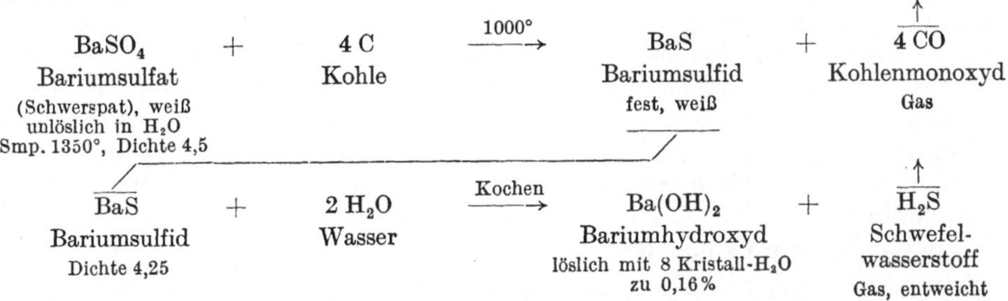

Im Gegensatz zu $Ca(OH)_2$ gibt $Ba(OH)_2$ beim Glühen kein Wasser ab.

*BaO₂*, *Bariumsuperoxyd*, farblos, amorph, Dichte 4,96, wird technisch aus BaO durch Erhitzen unter Druck mit trockener, $CO_2$-freier Luft gewonnen. Durch Behandlung mit der berechneten Menge verdünnter $H_2SO_4$ fällt $BaSO_4$ quantitativ aus; nach Filtration hat man eine reine wäßrige Lösung von $H_2O_2$, woraus man früher durch Fraktionieren oder Ausfrieren von $H_2O$ konzentriertes $H_2O_2$ (bis 30%, Perhydrol) im großen technisch herstellte ( S. 95).

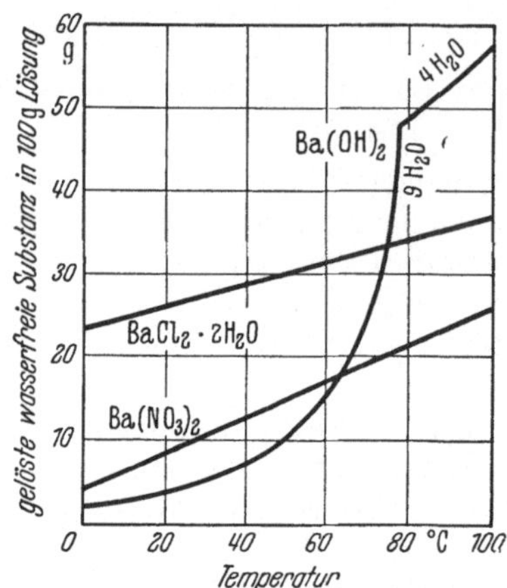


Abb. 50. Löslichkeit der Bariumsalze [Ba(OH)₂ als BaO gerechnet].

Ein durch Umsetzung von BaS mit $ZnSO_4$ erhaltenes unlösliches Gemisch von $BaSO_4$ und ZnS wird unter dem Namen *Lithopon* als deckkräftige weiße Malerfarbe verwendet, die nicht wie Bleiweiß durch $H_2S$ nachdunkelt.

*BaCl₂ · 2 H₂O*, Dichte 3,09 und *Ba(NO₂)₂* sind in $H_2O$ löslich. Sie werden zur Grünfärbung von Leuchtfeuern und Raketen verwendet. Erhitztes $Ba^{++}$ emittiert neben roten Linien 5 grüne Linien 553, 533, 524, 513, 500 mμ. Alle Bariumsalze sind farblos.

*BaCO₃ und Ba₃(PO₄)₂* sind wie die entsprechenden Calciumsalze in $H_2O$ unlöslich, in Säuren löslich; *BaSO₄*, *Bariumsulfat*, ist in allen Solventien außer konzentrierter $H_2SO_4$ unlöslich.

*Analytisch* wird $Ba^{++}$ durch seine Flammenfärbung nachgewiesen, und durch Fällung als unlösliches $BaSO_4$ bestimmt.

## Radium, Ra, Nr. 88.

Atomgewicht: 226,05; Dichte: etwa 6,0; Schmelzpunkt: 700°; Siedepunkt: —; Wertigkeit: +2; Elektronenschalen: 2,8,18,32,18,8,2; Isotope: instabil, radioaktiv.

*Element.* Das Element Radium (s. a. S. 28) ist ein radioaktives Zerfallsprodukt des Urans und findet sich in der Natur mit Uran zusammen. Es ist in sehr geringen Spuren weit verbreitet (1—45 mg pro Tonne Gestein); relativ konzentriertere Vorkommen sind selten. Die an Radium reichsten Uranerze enthalten etwa 100 bis 150 mg pro Tonne. 1000 kg Uranmetall enthalten 340 mg Radium im Zerfallsgleichgewicht. Es wird so isoliert, daß nach Aufschluß der Uranerze und nach Zugabe von geringen Mengen von $BaCl_2$ zur Lösung, durch Ausfällen mit $H_2SO_4$ unlösliches $BaSO_4$ niedergeschlagen wird, das das noch unlöslichere Radiumsulfat mit sich reißt (FAJANS). Dieses Gemisch der Barium- und Radiumsulfate wird dann in die Bromide übergeführt, die verschiedene Löslichkeit in HBr-haltigem $H_2O$ haben und so durch fraktionierte Kristallisation nach CURIE getrennt werden können.

*Biologisch-medizinisch* ist Radium wichtig geworden, da die sehr harte Röntgenstrahlung ($\gamma$-Strahlung), die es bei seinem radioaktiven Zerfall (s. S. 28) aussendet, eines der ganz wenigen, gegen menschliche Carcinome (besonders Oberflächencarcinome) manchmal wirksamen Mittel ist. Lösliche Radiumsalze sind sehr giftig.

Radiummetall gleicht dem Bariummetall; es reagiert heftig mit $H_2O$, wie Kaliummetall. Sein Hydroxyd $Ra^{++}(OH)_2^-$ ist leicht wasserlöslich, die Lösung stark alkalisch.

*Salze* des Radiums sind farblos.

*Salze.* *Ra(NO₃)₂* und Radiumhalogenide sind wasserlöslich; *RaBr₂* (Dichte 5,79; Smp. 728°) zu 4,4%; gegen $BaBr_2 · 2 H_2O = 51\%$. *RaCO₃* und *RaSO₄* sind unlöslich ($RaSO_4$ lösl. $2{,}1 \cdot 10^{-4}\%$).

Die Weltproduktion an Radium ist etwa 30—60 g jährlich. Der Preis pro Gramm ist von 150000 Dollar auf 30000 Dollar gesunken.

*Analytisch* wird Radium durch die empfindliche Ionisationsmethode bestimmt (Messung der elektrischen Leitfähigkeit von Luft in Gegenwart von $Ra^{++}$-Salzen). Radiumsalze färben die Flamme rot; $Ra^{++}$ emittiert 4 scharfe Linien: 665 und 634 m$\mu$, rot; 482 und 468 m$\mu$, blau; daneben eine verschwommene grüne.

## c) Dritte Vertikalgruppe des Periodensystems.

Sie umfaßt die Elemente Bor, Aluminium, Scandium, Yttrium, die seltenen Erden, und das nicht rein dargestellte radioaktive Actinium.

Ihre Dichten nehmen mit dem Atomgewicht zu; ihre Schmelzpunkte zeigen keine Regelmäßigkeit. Ihre Hydroxyde sind außer $B(OH)_3$ in Wasser praktisch unlöslich. $B(OH)_3$ und $Al(OH)_3$ haben noch den Charakter schwacher Säuren und bilden Kationen und Anionen, sie sind amphoter. Mit steigendem Atomgewicht nimmt der basische Charakter der Hydroxyde zu. Wie in allen bisherigen Gruppen zeigt das erste Element Bor teilweise Eigenschaften der nächsten vierten Gruppe, z.B. des Siliciums.

Die 14 Elemente 57—71, die seltenen Erden oder Lanthaniden, zeigen alle sehr ähnliche Eigenschaften, was mit der Gleichheit der äußeren, für die chemischen Eigenschaften verantwortlichen Elektronenschalen, bei Inkomplettheit der inneren Elektronenschalen, zusammenhängt (s. Tabelle S. 23).

## Bor, B, Nr. 5.
### (engl. boron).

Atomgewicht: 10,82; Dichte: 2,34; Schmelzpunkt: 2300°; Siedepunkt: etwa 2550;
Wertigkeit: $+3$; Elektronenschalen: 2,3; Isotope: 10 (20%); 11 (80%).

*Vorkommen. Bor* kommt in der Natur nur als Anion in Form von Salzen der Borsäure vor und findet sich in kleinen Mengen, besonders in allen Silicatgesteinen, im Turmalin, einem Aluminiumborsilicat. Freie Borsäure wird als *Sassolin $H_3BO_3$ [oder $B(OH)_3$]* aus vulkanischen Dämpfen abgelagert. Da Borationen durch Verwitterung der Gesteine in das Meerwasser geraten, das 0,2 mg pro Liter enthält, sammelt es sich auch in Salzlagern an. Daneben gibt es geologische Vorkommen von reinem Natrium-, Magnesium- und Calciumborat, außerdem borathaltige Seen.

*Biologisch* findet sich Borsäure in Spuren in allen Organismen. Manche Pflanzen brauchen Borverbindungen zu ihrer Entwicklung; der zugrunde liegende biochemische Mechanismus ist noch unbekannt. Therapeutisch wird Borsäure als mildes Wundheilmittel und Antiseptikum verwendet (Borsalben, Streupuder), manchmal auch zur Sterilhaltung von Fleischkonserven. Borsäure ist wenig giftig.

*Element.* Bor wird nach dem Thermitverfahren (s. S. 162) durch Reduktion von Boroxyd mit Magnesiumpulver hergestellt. Es existiert in 2 Formen: 1. schwarzgraue Kristalle, Dichte $= 2,34$ und 2. als braunes amorphes Pulver, Dichte $= 1,73$ vom hohen Schmelzpunkt 2300°, das den elektrischen Strom nur wenig aber deutlich leitet. Es ist gegen kochende Säuren und Alkalien beständig.

$H_3BO_3$, *Borsäure,* wasserlösliche, farblose, fettig glänzende große Kristallschuppen, ist eine sehr schwache Säure; ihre Alkalisalze reagieren alkalisch.

Durch Zusatz von organischen Polyalkoholen (Glykol, Glycerin, Zuckern; S. 299) zu Borsäure bilden sich leicht *Polyester der Borsäure,* bei denen eine

OH-Gruppe der Borsäure frei bleibt. Durch diese Esterbildung wird der Säure-charakter des $H^+$ an der freibleibenden OH-Gruppe so verstärkt, daß die Bor-säurelösung mit Alkali gegen Phenolphthalein titrierbar wird.

**Formel 162.**

$$\mathrm{B}\!\begin{array}{l}\diagup\mathrm{OH}\\ \!\!-\mathrm{OH}\\ \diagdown\mathrm{OH}\end{array} + \begin{array}{l}\mathrm{HOCH_2\!-\!CHOH\!-\!CH_2OH}\\ \mathrm{HOCH_2\!-\!CHOH\!-\!CH_2OH}\end{array} \xrightleftharpoons[\ ]{\text{in } H_2O} \mathrm{B}\!\begin{array}{l}\diagup\mathrm{O^-\ H^+}\\ \!\!-\mathrm{OCH_2\!-\!CHOH\!-\!CH_2OH}\\ \diagdown\mathrm{OCH_2\!-\!CHOH\!-\!CH_2OH}\end{array} + 2\,H_2O$$

| Borsäure | Glycerin | Diglycerin-borsäure |
|---|---|---|
| weiß, fest<br>äußerst<br>schwache Säure | ölig, wasserlöslich<br>Siedep. 290°, neutral | flüssig, wasserlöslich<br>mittelstarke, einbasische Säure |

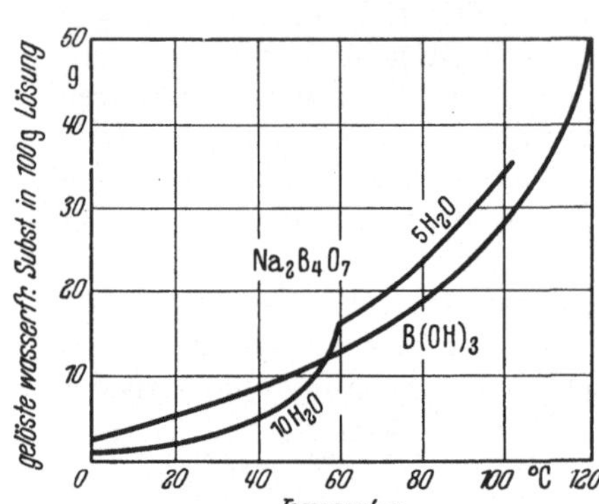



Abb. 51. Löslichkeit von Borverbindungen.

Borsäure neigt, wie Kieselsäure der 4. Gruppe des Periodensystems, der sie nahe steht, zur Bildung von *Polysäuren*.

So ist das bekannteste Natriumsalz, der auch natürlich vorkommende *Borax* $Na_2B_4O_7 \cdot 10\,H_2O$, ein Salz der Tetrabor-säure. Seine wäßrige Lösung reagiert al-kalisch; er wird als mildes Waschmittel verwendet.

**Formel 163.**

$$\begin{array}{cccccc} \mathrm{OB\!-\!O\!-\!B\!-\!O\!-\!B\!-\!O\!-\!BO} \\ \qquad\quad | \qquad\qquad | \\ \quad\ \ \mathrm{Na^+O^-} \qquad \mathrm{O^-Na^+} \end{array}$$

Borax, Natrium-tetraborat

farblos, Smp. mit 10 $H_2O$ 60°; Smp. wasserfrei 741°
Dichte 1,73; $H_2O$-Löslichkeit s. Abb. 51

Die freie Borsäure ist zwar schon mit Wasserdampf flüchtig; beim Glühen geht sie aber unter stufenförmigem Wasserverlust in das nichtflüchtige, glüh-beständige *Borsäureanhydrid* $B_2O_3$, eine hygroskopische glasige Masse vom Schmelzpunkt 580° (Dichte 1,84) über, die geeignete Metalloxyde zu schön gefärb-ten Gläsern löst. Borsäure als Zusatz wird auch zur Fabrikation hitzebeständiger chemischer Gerätegläser verwendet *(Jenaer Glas, Pyrexglas)*.

Eine kristallisierte Verbindung $NaBO_3 \cdot H_2O_2 \cdot 3\,H_2O$, *Natriumperborat* (lösl. $H_2O$ 1,7%) wird leicht aus konzentrierten NaOH- und $H_2O_2$-Lösungen durch $H_3BO_3$ ausgefällt. Es wird Waschmitteln und Zahnpasten als mildes, leicht alkali-sches Oxydationsmittel zugesetzt.

*Borane.* Durch Reduktion von $B_2O_3$ mit Magnesium erhält man neben freiem Bor Metallboride, die sich mit verdünnten Säuren zu *Boranen* $B_2H_6$ (Siedep. $-92°$), $B_4H_{10}$ (Siedep. $+17°$) und anderen farblosen Borwasserstoffen zersetzen. Wasser hydrolysiert die Borane zu Borsäure und freiem $H_2$.

*Borcarbid.* Technisch wichtig ist Borcarbid $B_4C$, schwarze Kristalle, die man aus $B_2O_3$ und Kohle im elektrischen Ofen erhält. Borcarbid ist neben Diamant die *härteste bekannte Substanz*; es wird technisch als Schleifmittel verwendet.

**Formel 164.**

$$\mathrm{B}\!\begin{array}{l}\diagup\mathrm{OH}\\ \!\!-\mathrm{OH}\\ \diagdown\mathrm{OH}\end{array} + \begin{array}{l}\mathrm{HO\!-\!C_2H_5}\\ \mathrm{HO\!-\!C_2H_5}\\ \mathrm{HO\!-\!C_2H_5}\end{array} \xrightarrow{\ H_2SO_4\ } \mathrm{B}\!\begin{array}{l}\diagup\mathrm{O\!-\!C_2H_5}\\ \!\!-\mathrm{O\!-\!C_2H_5}\\ \diagdown\mathrm{O\!-\!C_2H_5}\end{array} + \begin{array}{c}3\,H_2O\\ \downarrow\\ H_2SO_4\end{array}$$

| Borsäure | Äthylalkohol | Borsäure-triäthylester | |
|---|---|---|---|
| weiß, kristallisiert<br>zersetzt sich beim<br>Erhitzen | flüssig, Siedep. 78° | flüssig, farblos<br>Siedep. 120°<br>brennt mit grüner Flamme | |

*Analyse.* Quantitativ analytisch ist Bor schwierig zu bestimmen; eine qualitative Probe ist die Bildung des mit grüner Flamme brennenden Borsäuretriäthylesters aus $H_3BO_3$, Äthanol und konz. $H_2SO_4$.

## Aluminium, Al, Nr. 13.

Atomgewicht: 26,97; Dichte: 2,70; Schmelzpunkt: 658°; Siedepunkt: 2270°;
Wertigkeit: +3; Elektronenschalen: 2,8,3; Isotope: 27 (100%).

*Vorkommen.* Aluminium kommt in der Natur hauptsächlich in den weitverbreiteten Mineralien *Feldspat* und *Glimmer*, weiter als Hydroxyd und als Oxyd $Al_2O_3$, *Korund*, vor. Kristallisierter $Al_2O_3$ mit etwas $Cr_2O_3$ ist *Rubin*, mit Titan- und Eisenbeimischung *Saphir*. Man kann diese Edelsteine heute durch Zusammenschmelzen entsprechender Pulvermischungen in einer Knallgasgebläseflamme in Tropfenform (und nachheriges Schleifen) reiner herstellen als Natur

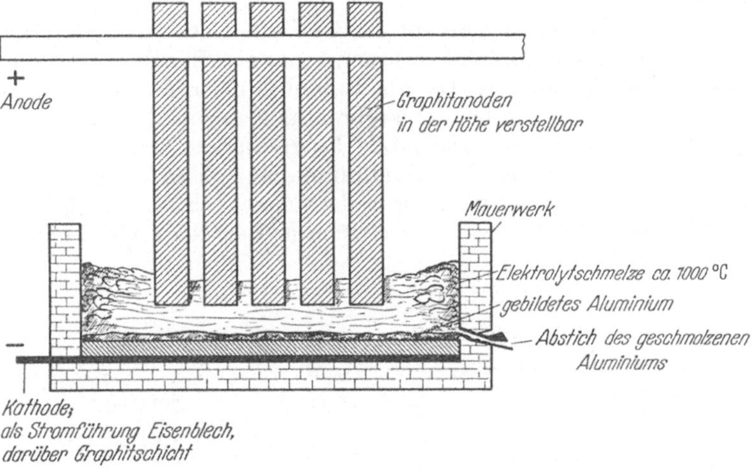


Abb. 52. Aluminiumdarstellung. Technische Schmelzelektrolyse von Aluminiumsalzen.

steine. In Island findet sich der technisch wichtige *Kryolith* $Na_3AlF_6$. Im *Beryll* $3\,BeO, Al_2O_3, 6\,SiO_2$ und *Spinell* $MgAl_2O_4$ (Halbedelsteine) ist Aluminium als Oxyd Anion. In allen Gesteinen kommen große Mengen Aluminiumsilicate und Aluminate vor (z.B. Feldspat, Glimmer), aus deren hydrolytischem Zerfall der durch Eisen gelbgefärbte, hydratisierte Ton entsteht. Die weißen Formen des Tons werden *Kaolin* genannt, von der ungefähren Zusammensetzung $Al_2Si_2O_7 \cdot H_2O$. Das technisch wichtigste Aluminiumerz ist *Bauxit*, ein weißes kolloidkristallines Halbhydrat des Aluminiumoxyds *AlO(OH)*, das sich in Frankreich und Ungarn findet (Dichte 3,4).

Über eine biochemische Rolle des Aluminiums ist bis jetzt nichts bekannt. Aluminiumsalze sind fast ungiftig. Aluminiumacetat wird als Adstringens und mildes Desinfektionsmittel in der Wundtherapie verwendet (essigsaure Tonerde).

*Metall.* Elementares *Aluminiummetall* wird heute durch Elektrolyse von geschmolzenem $Al_2O_3$ hergestellt. Zur Erniedrigung des außerordentlich hohen Schmelzpunktes von 2050° werden $Na_3AlF_2$, Kryolith und $CaF_2$, Flußspat, zugegeben; man kann so bei 950° in der Schmelze an Kohlenelektroden elektrolysieren. Als Vorbereitung der Elektrolyse muß man Bauxit zur Entfernung von Eisen- und Siliciumoxyden erst auf chemischem Wege durch alkalische Schmelze in $Na_3AlO_3$ überführen und daraus in wäßriger Lösung $Al(OH)_3$ ausfällen, das beim Glühen in $Al_2O_3$ übergeht.

Das Metall ist silberweiß; es ist gegen Luft und Wasser durch einen unsichtbaren zusammenhängenden Überzug von $Al_2O_3$-Hydrat geschützt. In Salzwasser ist dieser Überzug wie beim Mg nicht beständig; deswegen kann man Seeschiffe nicht aus Aluminium bauen. Einige Legierungen haben gute physikalische Eigenschaften und relative Beständigkeit gegen Elektrolytkorrosion: *Silumin*, das 86% Al und 14% Si enthält; *Elektron* (10% Aluminium, 80% Mg, je 5% Cu und Zn); *Duraluminium* (93% Al, 6% Cu; je 0,5% Mn und Mg). In Blattform wird Aluminium als Stanniolersatz verwendet; als Pulver in Leinöl unter dem Namen Aluminiumbronze zum Rostschutzanstrich für Eisen. Ferner werden elektrische Hochspannungskabel für Freileitungen auch aus Aluminium hergestellt, weil sie trotz wesentlich erhöhten Querschnitts gegenüber Kupferleitungen nur etwa das halbe Gewicht haben und billiger sind. Weitere Anwendungsgebiete sind Leichtmetallgeräte, Apparate und Explosionsmotoren. Aluminiumpulver dient wie Mg-Pulver als Blitzlicht.

Pulverisiertes Aluminium verbrennt an der Luft leicht zu $Al_2O_3$. Kompakte Stücke schmelzen im Feuer bloß und verbrennen nur oberflächlich, weil Aluminium einer der besten Wärmeleiter ist. Da Aluminium in der elektrischen Spannungsreihe sehr weit links steht, wird bei der Verbrennung eine große Energiemenge frei (190 kcal pro Grammatom Al). Die große Energiespanne nützte GOLDSCHMIDT in seinem *Thermitverfahren* aus. Da Aluminium eine höhere Verbrennungswärme hat als alle in der elektrischen Spannungsreihe weiter rechts stehenden Elemente, kann es ihren Oxyden den Sauerstoff entziehen und sie dadurch in Metalle überführen.

**Formel 165.**

$$2\,Al \quad + \quad 1\tfrac{1}{2}O_2 \quad \rightarrow \quad Al_2O_3 \quad + \quad 393\ kcal$$
Metall  Sauerstoff  Oxyd

$$2\,Cr \quad + \quad 1\tfrac{1}{2}O_2 \quad \rightarrow \quad Cr_2O_3 \quad + \quad \underline{289\ kcal}$$

Differenz 104 kcal

Reduktion

$$2\,Al \quad + \quad Cr_2O_3 \quad \rightarrow \quad Al_2O_3 \quad + \quad 2\,Cr \quad + \quad 104\ kcal$$

Oxydation

| Aluminium-metall | Chromoxyd | Aluminium-oxyd | Chrommetall | Überschuß-energie |
|---|---|---|---|---|
| nullwertig | + 3wertig | + 3wertig | nullwertig | |

Durch die Reaktionswärme schmilzt das neugebildete Metall zusammen. Man hat das Verfahren früher zur Darstellung vieler freier Metalle angewendet; heute wird es noch manchmal zum Verschweißen der Enden von Eisenbahnschienen verwendet. Man baut dazu um die Enden der Schienen einen Kasten aus Ton, der mit einem Gemisch aus Aluminiumpulver und $Fe_3O_4$-Pulver gefüllt wird. Nach dem Anzünden des Gemisches und der heftigen Reaktion hat sich bei geeigneter Anordnung zwischen den Enden der Schienen ein Klumpen flüssigen Eisens festgesetzt, der, nach dem Erkalten zurechtgeschliffen, die zwei Schienen zu einer verbindet.

*$Al_2O_3$ und Derivate.* $Al_2O_3$, Aluminiumoxyd (Smp. 2046°, Dichte 3,9) unlöslich in $H_2O$, erhält man auch durch Glühen von $Al(OH)_3$. Es ist weiß, bei geeigneter Vorbehandlung in diesem Falle locker, hat gute Adsorptionskraft und wird in der Chromatographie (s. S. 65) als Adsorptionsmittel verwendet. $Al(OH)_3$ erhält man durch Behandeln von Aluminiumsalzen mit $NH_3$; je nach den Bedingungen bilden sich kolloide Suspensionen oder kristalline Hydroxyde. $Al(OH)_3$ ist in $H_2O$

unlöslich, löst sich aber leicht in Säuren und Basen; es reagiert *amphoter*. Die Hydroxyde einer Reihe von Metallen und sog. „Halbmetallen" zeigen amphoteres Verhalten; sie stehen zwischen den Hydroxyden, die in Lösungsmitteln großer Dielektrizitätskonstante ($H_2O$, $SO_2$) in Metallionen und Hydroxylionen zerfallen (Basen), und solchen, die in Nichtmetalloxyd-ionen und Protonen zerfallen (Säuren s. Formel 144, S. 80, und S. 149).

**Formel 166** (s. a. Tabelle 19, S. 80).

$$Ca(OH)_2 \quad \rightarrow \quad Ca^{++} + 2\,(OH)^=$$

Calcium-hydroxyd
Metall-hydroxyd
dissoziiert nur
als *Base* $\quad\rightarrow\quad$ Base

$$PO_3^{\equiv} + 3\,(H)^{+++} \quad \leftarrow \quad P(OH)_3$$

Phosphor-trihydroxyd
Nichtmetall-hydroxyd
dissoziiert nur
Säure $\quad\leftarrow\quad$ als *Säure*

$$(AlO_3H_2)^- + H^+ \quad \leftarrow \quad Al(OH)_3 \quad \rightarrow \quad Al^{+++} + 3\,(OH)^{\equiv}$$

Aluminium-trihydroxyd
*amphoter*, dissoziiert
Säure $\quad\leftarrow$ als *Säure und* als *Base* $\rightarrow\quad$ Base

*Aluminate.* Die Metallsalze der „Säure" Aluminiumhydroxyd, die Aluminate, kommen als komplizierte Calcium- und Magnesiumsalze in vielen Gesteinen vor. Aus *Aluminaten*, im Gemisch mit *Silicaten*, bestehen die Mineralien *Feldspat* und *Glimmer*, weiter die aus Ton und Kaolin hergestellten *Tonwaren*, *Porzellan*, *Steinzeug* und teilweise Gläser. Alle sind gesinterte Gemische aus natürlich vorkommendem $CaO$, $Al_2O_3$, $SiO_2$ und Alkalioxyden. Die Alkalioxyde sind die leichtest schmelzenden Bestandteile, die anderen schmelzen erst gegen oder über 2000°. Die Industrie dieser Stoffe ist eine der ältesten der Menschheit; im Prinzip sind ihre technischen Methoden seit mehreren Jahrtausenden dieselben geblieben.

*Backsteine, Dachziegel* und *Töpferwaren* sind aus natürlichem Fe-haltigem gelbrotem Ton kalt geformt und bei 600—900° im Ofen gebrannt. Da die Bestandteile nur oberflächlich zusammensintern, sind die so erhaltenen Stücke mehr oder weniger porös. Um sie wasserdicht zu machen, muß man sie mit einem leicht schmelzenden Überzug, $NaCl$ oder $Na_2CO_3$ nochmals erhitzen; es bilden sich zusammenhängende unlösliche Alkalisilicatglasuren. Gewöhnliche Backsteine halten Temperaturen bis etwa 900° aus. Feuerfeste Backsteine (bis 1600°) müssen aus sehr hoch schmelzendem, fast reinem $SiO_2$ oder $Al_2O_3$ mit wenig verbindendem $CaO$ bei hoher Temperatur gebrannt sein.

*Steinzeug* wird aus eisenfreiem, möglichst farblosem Ton mit Kalksteinzusätzen hergestellt und zum Unterschied von Tonwaren mehrfach bis nahe zum Schmelzen gebrannt. Es ist fast weiß, undurchsichtig, hat glasartigen Bruch, ist undurchlässig und nicht porös wie Ton.

*Porzellan* wird aus natürlichem, reinweißem *Kaolin* $Al_2Si_2O_7 \cdot H_2O$ (etwa 50%), fein gemahlenem *Quarz* und *Feldspat* (je etwa 25%), gemischt mit Wasser, als feuchte Paste geformt, getrocknet und dann zweimal bei 900° und bei 1500° bis zum glasartigen Zusammensintern der Teilchen erhitzt. Zwischen den beiden Bränden wird eine Oberflächenglasur, wahlweise mit anorganischen feuerbeständigen Farbstoffen, aufgetragen. Porzellan und Steinzeug werden wegen ihrer Beständigkeit gegen die meisten Chemikalien auch für Behälter in der chemischen Industrie verwendet, Porzellan neben seiner Verwendung für Ge-schirre als Isolatorenmasse in der Elektroindustrie.

*Salze.* Von Aluminiumsalzen ist das $Al_2(SO_4)_3 \cdot 18\,H_2O$ in Wasser leicht löslich. Es wird in der organischen *Färberei* (s. S. 382) als Farbenbeize zur Bildung unlöslicher Aluminiumfarbstoffsalze auf der Textilfaser verwendet.

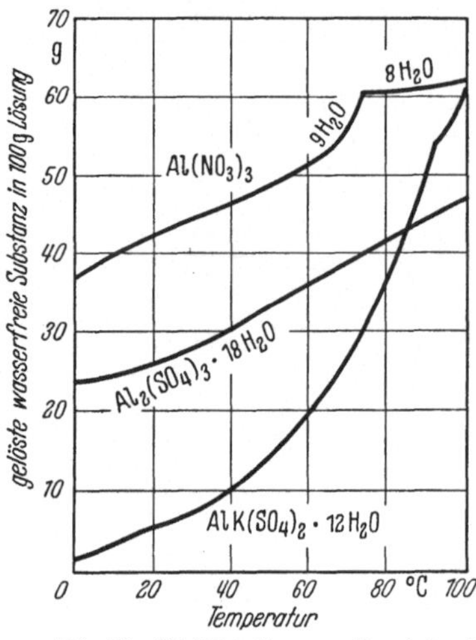


Abb. 53. Löslichkeit von Aluminium-salzen in H₂O.

Außerdem wird es zur Leimung von *Schreib-papier* gebraucht (Ausfällung unlöslicher Aluminiumsalze von Harzsäuren), zur Verminderung zu großer Saugfähigkeit und zur Oberflächenglättung des Papiers. Das dabei teilweise gebildete Aluminiumhydroxyd ist wichtig für das nachträgliche Schwarzwerden der Tinte auf Schreibpapier (s. S. 360).

Ein Doppelsalz mit Kaliumsulfat ist der schön kristallisierende *Alaun* $KAl(SO_4)_2 \cdot 12\,H_2O$ (Dichte 1,75; lösl. in H₂O zu 6%). Die Sulfate vieler dreiwertiger Metalle (z. B. Chrom) bilden mit Alkalisulfaten *Alaune*, *Doppelsalze*, die meist isomorph sind und in denen sich die dreiwertigen Elemente gegenseitig vertreten können. Sie sind nicht zu verwechseln mit Komplexsalzen (s. S. 48); Alaune zerfallen in wäßriger Lösung in die Einzelionen, Komplexsalze nicht.

**Formel 167.**

$$KAl(SO_4)_2 \quad \xrightarrow{\;H_2O\;} \quad K^+ \;+\; Al^{+++} \;+\; 2\,SO_4^=$$

Alaundoppelsalz
zerfällt vollständig in Ionen

$$[Ag(NH_3)_2]Cl \quad \xrightarrow{\;H_2O\;} \quad [Ag(NH_3)_2]^+ \;+\; Cl^-$$

Komplexsalz        Silberdiamminkomplex-kation   Chlor-anion
gibt praktisch nur Komplexionen

$AlCl_3$ ist ein weißgelbes, bei 183° unter 760 mm Hg sublimierendes Salz, das in wäßriger Lösung teilweise reversibel unter Hydrolyse zerfällt und beim Kochen alles Cl⁻ als flüchtige HCl verliert.

**Formel 168.**

$$AlCl_3 \quad + \quad 3\,H_2O \quad \underset{\rightarrow}{\overset{\leftarrow}{}} \quad Al(OH)_3 \quad + \quad \overset{\uparrow}{\underline{3\,HCl}}$$

Aluminiumchlorid                Aluminium-hydroxyd    Chlorwasserstoff
weiß, sublimiert bei 183°                           entweicht beim Kochen
Dichte 2,44

Man erhält AlCl₃ deshalb nicht durch Eindampfen seiner wäßrigen Lösung, sondern nur direkt aus den Elementen. In der organischen Chemie wird es als Katalysator zur Einführung von Alkylhalogeniden (mit denen es lockere Additionsverbindungen bildet, s. Formel 504, S. 337) in Benzolkerne verwendet. Ein kristallisiertes Hydrat AlCl₃ · 6 H₂O existiert.

*Ultramarine.* Aluminiumsilicat-Natriumpolysulfidgemische von nicht ganz einheitlicher Zusammensetzung sind die *Ultramarine*. Sie kommen natürlich als Halbedelsteine (Lapislazuli) vor und lassen sich künstlich durch Zusammenschmelzen von Kaolin, Soda, Kohle, Schwefel bei 800—900° und nachheriges Mahlen und Wässern als lichtechte unlösliche *grüne oder blaue Farbpulver* gewinnen.

Für die Farbe ist wahrscheinlich kolloidaler und chemisch statt Sauerstoff eingebauter Schwefel verantwortlich. Die Weltproduktion an Ultramarin betrug 1937 etwa 25000 Tonnen.

*Permutite* sind feste, kolloidal poröse Natriumaluminiumsilicate, die für die Wasserenthärtung verwendet werden (s. S. 154).

Die *Weltproduktion* an *Kaolin* war vor dem Krieg 3,5 Millionen Tonnen, die von *Bauxit* etwa 4 Millionen Tonnen und die von *Aluminium* etwa 600000 Tonnen. 1944 betrug die Welt-Aluminiumproduktion 2 Millionen Tonnen.

*Analytisch* wird $Al^{+++}$ als $Al(OH)_3$ gefällt, geglüht, und als $Al_2O_3$ gewogen.

## Scandium, Sc, Nr. 21.

Atomgewicht: 45,10; Dichte: 3,1; Schmelzpunkt: 1400°; 3wertig; Elektronenschalen: 2,8,9,2; Isotope: 45 (100%).

## Yttrium, Y, Nr. 39.

Atomgewicht: 88,9; Dichte: 4,34; Schmelzpunkt: 1475°; 3wertig; Elektronenschalen: 2,8,18,9,2; Isotope: 89 (100%).

Diese Metalle gehören zwar nicht direkt zu den seltenen Erden, kommen aber meist gemeinsam mit ihnen vor. Ihre Salze sind dreiwertig, farblos, die des Scandiums hydrolysieren leicht und neigen zur Doppelsalzbildung. $Y(OH)_3$ ist eine starke Base. Das metallische Yttrium ähnelt dem Eisen, ist leicht oxydierbar und wird schon durch kochendes Wasser zersetzt. Es läßt sich aus dem farblosen, wasserlöslichen $YCl_3$ durch Erhitzen mit metallischem Natrium gewinnen.

Scandium ist in kleinen Konzentrationen in Gesteinen weit verbreitet, Yttrium ist sehr selten. Beide sind bisher weder biologisch noch technisch genauer geprüft worden.

## Lanthaniden (Seltene Erden), 57—71.

Die Elemente mit den Atomnummern (gleich Protonenzahlen) 57—71 bilden im Rahmen der Periodensystems (s. S. 19 und 25) eine Sondergruppe, die Gruppe der seltenen Erdmetalle. Sie sind alle + 3wertig; wenige können daneben + 2- und + 4wertig sein. In ihren chemischen Eigenschaften sind sie einander sehr ähnlich; in der Natur kommen sie demgemäß fast ausschließlich gemeinsam vor. Da sie zudem ähnliche Ionenradien haben (0,8—1,2 · $10^{-8}$ cm), mischen sie sich in ihren Verbindungen isomorph. Natürliche Minerale sind *Cerit*, *Gadolinit*; wichtiger sind die sekundär durch Schwemmung entstandenen *Monazitsande* Brasiliens.

Die chemische Ähnlichkeit und Dreiwertigkeit der Lanthaniden rührt daher, daß sie alle in der äußersten P-Elektronenschale 2 Elektronen, in der O-Schale 9 Elektronen haben. Die zwei P-Elektronen und ein O-Elektron sind in ihren Salzen abdissoziiert. Der Anstieg in der Gesamtelektronenzahl mit der Atomnummer (zum Ausgleich der mit der Atomnummer steigenden Protonenzahl) wird durch Einbau von Elektronen in der drittinnersten, der N-Schale vollzogen, die bis zum Lanthan unvollständig nur mit 18 Elektronen besetzt, nachträglich bis zum Cassiopeium (Nr. 71) auf 32 Elektronen aufgefüllt wird (s. S. 23). Cassiopeium hat in der angelsächsischen Literatur den Namen Lutetium und das Zeichen Lu.

Da die chemischen Eigenschaften im Prinzip nur von den äußersten abdissoziierbaren Elektronen abhängen, während Kern und innere Elektronenschalen nur modifizierend einwirken, besitzen die seltenen Erden trotz verschiedener Ordnungszahl chemisch ähnliche Eigenschaften. Sie sind deswegen nicht mit Isotopen (s. S. 24) zu verwechseln, die bei gleicher Protonen- und Elektronenzahl sich nur durch verschiedene Neutronenzahl unterscheiden. Wegen der weitgehenden chemischen Ähnlichkeit macht auch die Reindarstellung der Verbindungen der einzelnen Elemente dieser Gruppe außerordentliche Schwierigkeiten. Dabei haben sich zwei Methoden bewährt: Die fraktionierte Fällung mit $NH_3$, da die Basizität der Hydroxyde etwas verschieden ist, und die fraktionierte Kristallisation der Doppelnitrate mit Ammoniumnitrat und Natriumnitrat (AUER VON WELSBACH).

Im folgenden sind die Namen und wichtigsten Eigenschaften zusammengestellt.

Tabelle 26. *Lanthaniden, Seltene Erden Nr. 57—71.*

| | Name | Zeichen | Nr. | Atomgewicht | Schmelzpunkt (°) | Dichte | Isotope |
|---|---|---|---|---|---|---|---|
| | Lanthan | La | 57 | 138,92 | 885 | 6,1 | 139 (100%) |
| | Cerium | Ce | 58 | 140,13 | 775 | 6,8 | 140 (89%); 142 (11%) |
| Salze farbig; paramagnetisch | Praseodym | Pr | 59 | 140,92 | 932 | 6,5 | 141 (100%) |
| | Neodym | Nd | 60 | 144,27 | 840 | 6,9 | 142 (25,9%); 143 (13%); 144 (22,6%); 145 (9,2%); 146 (16,5%); 148 (6,8%); 150 (5,9%) |
| | — | — | 61 | — | — | — | instabil |
| | Samarium | Sm | 62 | 150,37 | >1300 | 7,7 | [1] 144 (3%); 147 (17%); 149 (15%); 150 (5%); 152 (16%); 154 (20%) |
| | Europium | Eu | 63 | 152,0 | 1200° | 5,3 | 151 (49%); 153 (51%) |
| Salze farblos | Gadolinium | Gd | 64 | 156,9 | — | 7,9 | 152 (0,2%); 154 (1,5%); 155 (21%); 156 (22%); 157 (17%); 158 (22%); 160 (16%) |
| | Terbium | Tb | 65 | 159,2 | — | 8,3 | 159 (100%) |
| Salze farbig; paramagnetisch | Dysprosium | Dy | 66 | 162,46 | — | 8,5 | 158 (0,1); 160 (1,5%); 161 (22%); 162 (24%); 163 (24%); 164 (28%) |
| | Holmium | Ho | 67 | 164,94 | — | 8,8 | 165 (100%) |
| | Erbium | Er | 68 | 167,2 | — | 9,2 | 162 (0,25%); 164 (2%); 166 (35%); 167 (24%); 168 (29%); 170 (10%) |
| | Thulium | Tu | 69 | 169,4 | — | 9,3 | 169 (100%) |
| Salze farblos | Ytterbium | Yb | 70 | 173,04 | — | 7,0 | 168 (0,06%); 170 (4,2%); 171 (14,2%); 172 (21,5%); 173 (17,0%); 174 (29,5%); 176 (13,3%) |
| | Cassiopeium (Lutetium) | Cp (Lu) | 71 | 174,99 | — | 9,7 | 175 (97,5%); 176 (2,5%, radioaktiv) |

[1] Das α-instabile Samarium 148 ist zu 14% beteiligt.

Diese Elemente sind wegen ihrer sehr ähnlichen chemischen Eigenschaften so schwer zu trennen, daß von einigen die 100%ige Reindarstellung immer noch nicht gelungen ist.

Viele der Lanthaniden (Elemente Nr. 59—63 und 66—69) bilden *gelbe Salze* (siehe Tabelle 26). Parallel zur Farbigkeit geht *Paramagnetismus* der Salze; d.h. diese Salze vermögen in einem magnetischen Feld die Feldlinien wie Eisen auf sich zu konzentrieren. Zwischen Paramagnetismus und Farbigkeit der Salze besteht Parallelität; Salze der Elemente 57, 58, 64, 65 und 70, 71 sind *diamagnetisch* und *farblos*. Beide Eigenschaften hängen in noch nicht geklärter Weise mit der mangelnden Ausfüllung innerer Elektronenschalen zusammen (s. S. 23).

Von allen seltenen Erden kommt *Cer* am meisten vor und hat auch technische Verwendung gefunden. Legierungen aus Eisen und Cer sind sehr spröde und hart; sie geben beim Anschlagen Funken und werden als Feuersteine für Taschenfeuerzeuge verwendet. 0,9% $Ce_2O_3$ ist den aus Thoriumoxyd bestehenden Gasglühlichtstrümpfen beigemischt. Ceriumoxalat wird als Mittel gegen Seekrankheit empfohlen; über sonstige biologische Eigenschaften der seltenen Erdmetalle ist nichts bekannt.

*Analytisch* werden sie am besten spektroskopisch nachgewiesen und bestimmt.

## Actinium, Ac, Nr. 89.

Atomgewicht: 227; Wertigkeit: + 3; radioaktiv.

Dieses letzte Element der dritten Gruppe ist radioaktiv, hat nur eine kurze Lebensdauer (Halbwertszeit 13,5 Jahre), kommt im Uran als dessen Zerfallsprodukt vor und ist bis jetzt nicht rein isoliert worden. In seinen chemischen Eigenschaften gleicht es den anderen Elementen der dritten Gruppe.

## d) Vierte Vertikalgruppe des Periodensystems.

Diese Gruppe umfaßt das Nichtmetall Kohlenstoff, das Halbmetall Silicium und die Metalle Germanium, Zinn und Blei. Während sonst im Periodensystem die Haupt- und Nebengruppen einer Vertikalgruppe wesentlich unterschieden sind, haben in der vierten Gruppe die Nebengruppenelemente Titan, Zirkonium, Hafnium, Thorium viele Eigenschaften mit Silicium gemeinsam.

Mit dem Fortschreiten in den Vertikalgruppen sinkt im Periodensystem die Grenze zwischen Nichtmetallen, Halbmetallen und Metallen nach unten bis zur achten Gruppe, in deren Hauptgruppe kein Element mehr Metallcharakter hat (Edelgase). Alle Elemente der Nebengruppen sind reine Metalle (s. Tabelle 5, S. 19).

Die Elemente der vierten Gruppe sind maximal vierwertig; außer Silicium können sie auch zweiwertig sein. Kohlenstoff wurde schon bei den Nichtmetallen besprochen (s. S. 123).

## Silicium, Si, Nr. 14.

(engl. silicon; franz. silicum).

Atomgewicht: 28,06; Dichte: 2,35; Schmelzpunkt: 1414°; Siedepunkt: 2630°;
Wertigkeit: + 4; Elektronenschalen: 2,8,4; Isotope: 28 (89,6%); 29 (6,2%); 30 (4,2%).

*Vorkommen.* Silicium ist das neben Sauerstoff häufigste Element, (25%) der Oberflächenschicht unserer Erde. Es kommt ausschließlich in Anionenform, in den Silicaten, kieselsauren Salzen oder als Anhydrid $SiO_2$, *Quarz*, vor. Die wichtigsten Bestandteile der Silicatgesteine sind neben $SiO_2$: *Feldspat $KAlSi_3O_8$ (Orthoklas), Glimmer $KAl_2[AlSi_3O_{10}](OH)_2$ (Muskowit)* und $Mg^{++}$- und $Ca^{++}$-hältige Salze von Polykieselsäuren. Durch ihre Verwitterung unter Hydratisierung (Wassereinlagerung), besonders der Feldspäte, entsteht *Ton, Kaolin $Al_2Si_2O_7 \cdot H_2O$.* Die sehr harten und in Wasser fast unlöslichen $SiO_2$-Körner und Kristalle der Gesteine werden nach der Zerstörung der verbindenden Feldspate und Glimmer vom Wasser weggetragen und beim Transport abgeschliffen: *Kies* und *Sand.*

*Biologie.* Spuren löslicher Kieselsäure in Fluß- und Meerwasser werden von Pflanzen und Tieren zur mechanischen Verfestigung aufgenommen; Gräser und Vogelfedern enthalten $SiO_2$; mikroskopisch kleine Radiolarien bauen ihre Schalen daraus auf. Große natürliche Lager solcher nach dem Absterben der Lebewesen übriggebliebener mikroskopisch kleiner $SiO_2$-Skelete sind die Kieselgurlager. *Kieselgur*, ein graues bis braunweißes, feines, mehlartiges Pulver, hat infolge seiner großen Zahl feinster Hohlräume ein sehr großes Aufsaugevermögen, das vielfach für Adsorptionszwecke benutzt wird. ALFRED NOBEL hat das schwer zu handhabende flüssige Nitroglycerin (s. S. 276) durch Aufsaugen in Kieselgur als erster in den halbfesten, plastischen, versandfähigen *Dynamit* übergeführt.

Dauernde Einatmung von Silicatgesteinsstaub in gewerblichen Betrieben führt zu schweren Lungenkrankheiten *(Silicose)*.

*Metall. Metallisches Silicium* wird durch Reduktion von $SiO_2$ mit Aluminium nach dem Thermitverfahren hergestellt. Es ist grauschwarz, ähnelt dem Graphit, ist jedoch sehr hart und hat nur mittlere elektrische Leitfähigkeit; es steht zwischen Metallen und Graphit. Technisch wird es als Legierungszugabe zu Eisen verwendet, das dadurch säurefester wird.

*Quarz. $SiO_2$, Siliciumdioxyd* (Smp. je nach Kristallmodifikation 1500—1700° Dichte 2,3—2,6) kommt geologisch in bis zu metergroßen, glasklaren Kristallen als *Quarz* vor. In kleineren Kristallen ist Quarz ein Bestandteil aller Urgesteine, Granit, Porphyr, Gneis. Daneben gibt es glasartiges, durchscheinendes, oft durch Beimengungen schön gefärbtes, amorphes $SiO_2$, das durch langsamen Wasserverlust aus sekundär durch Silicathydrolyse gebildeter Kieselsäure $H_2SiO_3$ entstanden ist *(Achat, Chalcedon, Opal)*.

*Quarz* dreht einen parallel zur kristallographischen Hauptachse durchlaufenden polarisierten Lichtstrahl pro Millimeter Schicht um 22°. Es gibt rechts- und links drehende Quarze (s. Formel 257, S. 235). Zur Erzeugung von *Ultraschall* werden senkrecht zur Hauptachse eines Kristalls geschnittene *Quarzplatten* zwischen zwei mit hoher Wechselspannung aufgeladenen Metallplatten in Schwingung versetzt. Auf der extrem genau konstanten Schwingungsdauer von temperaturkonstant gehaltenen Quarzplatten sind die genauesten *astronomischen Uhren* aufgebaut. Aus geschmolzenem $SiO_2$ gegossene und geblasene chemische *Geräte* werden wegen ihrer chemischen Widerstandsfähigkeit und ihrer Unempfindlichkeit gegen plötzliche Temperaturänderungen in der Chemie gebraucht; wegen der zur Bearbeitung nötigen Temperatur ($\sim$1800°), die hohe Kosten verursacht, sind sie teuer.

*Kieselsäure; Silicate.* $SiO_2$ ist das Anhydrid der *Kieselsäure $H_4SiO_4$*; durch Erhitzen oder allmählich in geologischen Zeiträumen allein geht Kieselsäure im Durchgang durch immer wasserärmere *Polykieselsäuren* in $SiO_2$ über (s. a. S. 172).

**Formel 169.**

$$SiO_2 \cdot 2\,H_2O \;\rightarrow\; SiO_2 \cdot H_2O \;\rightarrow\; 2\,SiO_2 \cdot H_2O \;\rightarrow\; 4\,SiO_2 \cdot H_2O \;\rightarrow\; SiO_2$$

$$H_4SiO_4 \qquad\rightarrow\qquad H_2SiO_3 \qquad\rightarrow\qquad H_2Si_2O_5 \rightarrow H_2Si_4O_9 \qquad\rightarrow\qquad (SiO_2)_x$$

| ortho-Kieselsäure | meta-Kieselsäure | Polykieselsäuren | Quarz, Opal, Achat |
|---|---|---|---|
| | | | hochpolymer |

$SiO_2$ kommt in drei Modifikationen vor *(Quarz, Tridymit, Cristobalit)*, deren jede innerhalb eines bestimmten Temperaturgebietes beständig ist. Die Salze der vielen möglichen Polykieselsäuren sind die natürlichen Silicatgesteine. Alle Salze der Kieselsäuren außer Natrium- und Kaliumsilicaten sind wasserunlöslich. Ammoniumsilicate sind nicht beständig. Sie zerfallen beim Versuch ihrer Darstellung in $NH_3$ und die (sehr schwache) freie Kieselsäure. Die kolloidale Lösung der Natriumsilicate in Wasser (Wasserglas) ist dickflüssig viscos; es liegen Lösungen der $Na^+$-Salze hochpolymerer Kieselsäuren vor.

Die technisch wichtigste Verwendung von $SiO_2$ ist seine Beimischung zu Zement, Glas, Porzellan (s. S. 163).

*Glas* erhält man durch Zusammenschmelzen von Soda, Quarzsand und Metalloxyden. Gläser sind amorph erstarrte, tief unter ihren Schmelzpunkt unterkühlte Schmelzen, die nur deswegen stabil sind, weil wegen der hohen Viscosität des Glases die Kristallisationsgeschwindigkeit, die Geschwindigkeit der Orientierung der Ionen zum Kristallgitter, praktisch auf null gesunken ist. In sehr langen Zeiten kristallisieren auch Gläser: altes Glas wird trüb und brüchig. War der zur Fabrikation verwendete Quarzsand eisenfrei (weiß) und ist das Metalloxyd farblos, etwa CaO, so erhält man farblose Gläser. Je nachdem, ob man statt CaO $Al_2O_3$ oder BaO oder PbO verwendet, erhält man Gläser verschiedener physikalischer Eigenschaften. Die Zusammensetzung einiger wichtiger Gläser ist folgende:

Tabelle 27. Glaszusammensetzung.

| | |
|---|---|
| Fensterglas | $Na_2O \cdot CaO \cdot 6\ SiO_2$ |
| Jenaer Geräteglas | $Na_2O \cdot CaO \cdot 6\ SiO_2 + 8\%\ Al_2O_2 + 5\%\ B_2O_3 + 4\%\ BaO$ |
| Optisches Bleiglas | $K_2O \cdot PbO \cdot 6\ SiO_2$ |

Grünes oder braunes Bierflaschenglas ist Fensterglas, das statt mit reinweißem Quarzsand mit gewöhnlichem, eisenhaltigem, gelbem Sand zusammengeschmolzen wurde. Oft werden zur Erzielung fluorescierender grüner und brauner Farbtöne auch Uransalze zugeschmolzen. Die Zusammensetzung der Gläser variiert mit dem Verwendungszweck. Fensterglas muß weder temperaturbeständig noch optisch rein sein; Jenaer Geräteglas dagegen muß besonders temperaturunempfindlich sein, was man durch Zusatz von $B_2O_3$ als teilweisen Ersatz von $SiO_2$ erreicht; optische Gläser müssen einen hohen Brechungsindex haben, wozu man, da die Lichtbrechung vom spezifischen Gewicht des Glases und dem Atomgewicht der beteiligten Ionen abhängt, das schwere PbO (Dichte 9,5) statt CaO (Dichte 3,3) verwendet.

*Porzellan.* Wird dem Glas viel $Al_2O_3$ beigemischt, das einen hohen Schmelzpunkt hat, so können $SiO_2$ und $Al_2O_3$ einander nicht mehr lösen; das Ganze schmilzt bei den im Ofen erreichbaren Temperaturen nicht mehr klar wie ein Glasfluß, sondern sintert bloß noch trüb und bleibt weiß und undurchsichtig: es ist das *Porzellan* (s. bei Al, S. 163).

Peroxyde des Siliciums sind nicht bekannt.

*Silane.* Durch Zersetzung von Magnesium-Siliciumlegierungen erhält man farblose, gasförmige, teilweise auch flüssige *Silicium-Wasserstoff*-Verbindungen (Silane), die den gesättigten aliphatischen Kohlenwasserstoff-Verbindungen (S. 225) analog gebaut sind.

**Formel 170.**

| | | | | | | | |
|---|---|---|---|---|---|---|---|
| $SiMg_2$ | $+$ | $4\ HCl$ | $\rightarrow$ | $\overset{\uparrow}{SiH_4}$ | $+$ | $2\ MgCl_2$ |
| Magnesiumsilicid | | Chlorwasserstoff | | Silicomethan | | Magnesiumchlorid |
| fest, weiß | | | | Gas, farblos; Siedep. $-112°$ | | |

Neben $SiH_4$ erhält man bei dieser Umsetzung auch höhere Silane, wie $Si_2H_6$, $Si_3H_8$.

Die *Silane* (STOCK) zerfallen bei Ausschluß von Luft und Feuchtigkeit in der Wärme in die Elemente; sie sind an der Luft schon bei Zimmertemperatur oder kurz darüber selbstentzündlich und verbrennen dabei zu $SiO_2$. Ihre Unbeständigkeit wächst (im Gegensatz zu den Kohlenwasserstoffen) mit der Kettenlänge; das

$$\text{Tetrasilan (flüss., Siedep. } +85°\text{) } \underset{\text{H}\quad\text{H}\quad\text{H}\quad\text{H}}{\overset{\text{H}\quad\text{H}\quad\text{H}\quad\text{H}}{\text{HSi—Si—Si—SiH}}} \text{ explodiert mit Luft sofort.}$$

Dadurch wird eine für andere Sterne und Planeten phantasievoll vermutete, unserer irdischen lebenden Kohlenstoffwelt analog gebaute Siliciumwelt unwahrscheinlich. Doch sind neuerdings Silicone (s. S. 415) entwickelt worden, gemischte hochpolymere Harze aus Kohlenwasserstoffen und Kieselsäuren.

*Salze.* $Si(OH)_4$ Kieselsäure kann wie die Hydroxyde aller Halbmetallelemente amphoter reagieren. So bildet sich bei Einwirkung von HF auf Silicate, besonders beim Erwärmen mit konzentrierter $H_2SO_4$ als wasserentziehendem Mittel, leicht das Gas $SiF_4$, das unter Atmosphärendruck aus dem festen Zustand bei $-95°$ sublimiert.

**Formel 171.**

$$SiO_2 \quad + \quad 4\,HF \quad \rightarrow \quad \overset{\uparrow}{\overline{SiF_4}} \quad + \quad \underset{\underset{H_2SO_4}{\downarrow}}{2\,H_2O}$$

$$\text{aus Silicaten} \qquad \text{Flußsäure} \qquad \underset{\text{Gas, farblos, Subl. p. } -95°}{\text{Siliciumtetrafluorid}}$$

Mit Wasser zersetzt sich $SiF_4$ rückläufig.

Dagegen löst es sich unzersetzt in wäßriger Flußsäure unter Gleichgewichtsbildung zu der starken, nicht kochbeständigen, komplexen Kieselfluorwasserstoffsäure, deren Salze beständig sind.

**Formel 172.**

$$SiF_4 \quad + \quad 2\,HF \quad \rightleftarrows \quad H_2^{++}[SiF_6]^{--}$$

$$\underset{\text{Gas, Subl. p. } -95°}{\text{Silicium-tetrafluorid}} \quad \underset{\text{Gas, Siedep. } +19°}{\text{Fluorwasserstoff}} \quad \underset{\substack{\text{Gas, leicht wasserlöslich}\\\text{Dihydrat kristallisiert, Smp. 19°}\\\text{sonst nur in wäßriger Lösung bekannt}}}{\text{Kiesel-fluorwasserstoff}}$$

Die konzentrierteste bei Zimmertemperatur beständige, wäßrige Lösung enthält 32% $H_2SiF_6$.

*$SiCl_4$*, Siliciumtetrachlorid, farblose Flüssigkeit (Smp. $-70°$, Siedep. $+57°$, Dichte 1,48), $SiBr_4$ und $SiJ_4$ werden aus den Elementen hergestellt; mit $H_2O$ zersetzen sie sich sofort wie $SiF_4$. Sie rauchen an der Luft. Man kennt auch *$SiHCl_3$, Silicochloroform* (analog $CHCl_3$, Chloroform), eine zersetzliche, farblose Flüssigkeit vom Siedepunkt $+33°$; Dichte 1,35.

*SiC*, das *Siliciumcarbid* oder *Carborundum*, wird durch gemeinsames Erhitzen von $SiO_2$ und C auf 2000° hergestellt.

**Formel 173.**

$$SiO_2 \quad + \quad 3\,C \quad \overset{2000°}{\longrightarrow} \quad SiC \quad + \quad \overset{\uparrow}{\overline{2\,CO}}$$

$$\underset{\text{Dichte 2,65}}{\underset{\text{Quarzpulver}}{}} \quad \text{Kohle} \quad \underset{\substack{\text{wenn rein, farblos, sehr hart}\\\text{Smp. oberhalb 2700°, Dichte 3,17}}}{\text{Siliciumcarbid}} \quad \underset{\text{Gas}}{\text{Kohlenmonoxyd}}$$

SiC ist fast so hart wie Diamant; es wird als Schleifmaterial (Schleifsteine, Pulver, Schmirgel) technisch im großen verwendet.

*Analyse.* Quantitativ analytisch wird Silicat-Ion durch Kochen mit Säuren als $H_2SiO_3$ gefällt, abfiltriert, durch Glühen in $SiO_2$ übergeführt und gewogen. Qualitativ oder quantitativ kann es als flüchtiges $SiF_4$-Gas nachgewiesen oder abgetrennt werden.

# Germanium, Ge, Nr. 32.

Atomgewicht: 72,60; Dichte: 5,4; Schmelzpunkt: 958°;
Wertigkeit: $+2$, $+4$; Elektronenschalen: 2, 8, 18, 4; Isotope: 70 (21,2%); 72 (27,3%); 73 (7,9%);
74 (37,1%); 76 (6,5%).

Es wurde von WINKLER 1886 gefunden; seine Eigenschaften waren von MENDELEJEFF 1871 auf Grund der Stellung im Periodensystem genau vorausgesagt worden. Es findet sich in Kupfer- und Silbersulfiderzen. Eine biologische Rolle ist nicht bekannt. Germaniumsalze werden manchmal in der Therapie von Anämiezuständen verwendet. Das Element kann aus $GeO_2$ durch Glühen mit Kohle hergestellt werden. Es ist ein grauweißes, in verdünnten Säuren unlösliches Metall. In konzentrierten Säuren löst es sich.

Das $GeO_2$ (Smp. 1115°, Dichte 4,70; lösl. $H_2O = 0,5\%$) ist ein weißes Pulver. Wie $SiO_2$ ist es ein Säurebildner; die farblosen Salze heißen Germanate; z. B. $Na_2^{++}GeO_3^{--}$.

$GeCl_2$ (Kristalle) und $GeCl_4$ (flüssig; Siedep. 86°, Dichte 1,87) werden durch Wasser zu dem (nur in wäßriger Lösung bekannten) Hydroxyd $Ge(OH)_2$ und den Oxyden $GeO$ und $GeO_2$ hydrolysiert. Germaniumsalze sind farblos.

Wie beim Silicium gibt es gasförmige ($GeH_4$, Siedep. $-90°$) und flüssige Germaniumwasserstoffe, die gegen Luft und $H_2O$ weniger empfindlich sind als Silane.

# Zinn, Sn, Nr. 50.

(lat. stannum; engl. tin; franz. étain).

Atomgewicht: 118,70; Dichte: 7,28; Schmelzpunkt: 231°; Siedepunkt: 2362°.
Wertigkeit: $+2$, $+4$; Elektronenschalen: 2, 8, 18, 18, 4; Isotope: 112 (1,1%); 114 (0,8%); 115 (0,4%);
116 (15,5%); 117 (9,1%); 118 (22,5%); 119 (9,8%); 120 (28,5%); 122 (5,5%); 124 (6,8%).

*Vorkommen.* Das Zinn ist schon im Altertum als Metall bekannt gewesen. Geologisch kommt es als Sulfid, gemeinsam mit Kupfer- und Eisensulfid vor; die größten Vorkommen sind sekundär durch Hydrolyse der Sulfide entstandene Zinnsteinlager ($SnO_2$). Die größten finden sich in Malakka (Bankazinn).

Eine *biologische* Rolle des Zinns ist nicht bekannt. Zinnsalze sind, wenigstens in den kleinen Quantitäten, in denen sie aus Geschirren, Stanniol, in den Körper kommen, ungiftig. Sie wurden früher als Spasmolytica verwendet. Zinndämpfe treten im Gegensatz zu Bleidämpfen wegen des hohen Zinnsiedepunktes bei der technischen Verarbeitung nicht auf.

*Metall.* Das metallische Zinn wird aus $SnO_2$ durch Erhitzen mit Kohle gewonnen. Es gibt zwei metallische Modifikationen von Zinn, das gewöhnliche silberweiße, beim Brechen gegossener Stangen knirschende tetragonale, großkristalline Zinn (Dichte 7,28) und das unterhalb 13,2° beständige, graue pulverförmige (Dichte 5,7), in das Zinngegenstände bei langem Stehen unter 13° langsam zerfallen (Zinnpest). Eine rhombische Modifikation ist oberhalb 161° beständig.

Zinn wird technisch zu vielen *Legierungen* verwendet: *Bronzen* enthalten etwa 10% Sn $+$ 90% Cu; *Weichlot*, ein bei 181° schmelzendes *eutektisches Gemisch* besteht aus 64% Zinn und 36% Blei; *Britanniametall* für Eßgeräte besteht aus 90% Sn, 8% Sb $+$ 2% Cu.

Zinn ist, durch eine dünne unsichtbare $SnO_2$-Haut geschützt, gegen Luft, Wasser und verdünnte organische Säuren beständig. Deswegen wird es im großen als Oberflächenüberzug auf Eisenblech verwendet; man nennt dieses zinnüberzogene Eisenblech *Weißblech* und macht daraus Konservenbüchsen für Nahrungsmittel.

*Verzinntes Eisenblech* ist gegen Feuchtigkeit rostsicher, aber nur so lange, als die Zinnschicht unversehrt ist. Ist sie angekratzt, so daß Feuchtigkeit mit Eisen und mit Zinn gleichzeitig in Berührung kommt, so entsteht ein kurzgeschlossenes elektrisches Element von 0,30 Volt Spannung (Fe = − 0,44 Volt; Sn = − 0,14 Volt in der elektrischen Spannungsreihe; s. S. 89), in dem das Eisen Anode ist und oxydiert wird. Angekratztes verzinntes Eisenblech rostet deshalb schneller als gewöhnliches Eisen. Umgekehrt ist es mit verzinktem Eisenblech (Zink = − 0,76 Volt; Fe = − 0,44 Volt). In dem dabei entstehenden kurzgeschlossenen Element von 0,32 Volt ist Eisen Kathode und Zink Anode. Eisen wird nicht angegriffen und das Zink überzieht sich in Wasser mit ZnO, das als Isolator weiteren Stromdurchgang unterbricht. Leider ist Zink gegen organische Säuren (Obstkonserven) unbeständig; zinküberzogene Eisenbleche sind deswegen für Konservenbüchsen unbrauchbar.

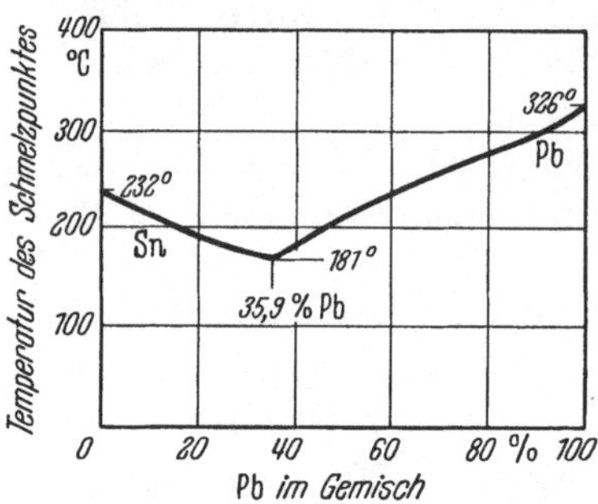


Abb. 54. Schmelzpunkte der Legierung Zinn-Blei. Der eutektische Punkt, der Punkt des niedrigsten Schmelzpunktes einer Pb-Sn-Legierung liegt bei 35,9% Blei und 181° Celsius.

*Verbindungen.* Sowohl von zwei- wie vierwertigem Sn kennt man Oxyde. SnO, ein graues Pulver, geht beim Erwärmen leicht in SnO$_2$ (Dichte 6,95; sublim. bei 1800—1900°; unlösl. in H$_2$O), das weiße Oxyd des vierwertigen Zinns, über. Das *Sn(OH)$_2$*, das *Zinn-II-hydroxyd (Stannohydroxyd)*, ist ein starkes Reduktionsmittel, das leicht in die vierwertige Stufe, in *Sn(OH)$_4$ (Stannihydroxyd)*, übergeht. Beide Hydroxyde sind amphoter; so bildet Sn(OH)$_4$ als Stannihydroxyd (eine sehr schwache Base) oder als *Zinnsäure* mit Säuren und Basen Salze.

**Formel 174.**

$$Sn(OH)_4 \quad + \quad 4\,HCl \quad \rightleftarrows \quad SnCl_4 \quad + \quad 4\,H_2O$$

Zinnhydroxyd als Base        Säure        Zinntetrachlorid        Wasser
                                               flüssig

$$Sn(OH)_4 \quad + \quad 2\,NaOH \quad \rightarrow \quad Na_2^{++}[Sn(OH)_6]^{--}$$

Zinnhydroxyd als Säure        Base                Natriumstannat

Präpariersalz; fest, kristallisiert, farblos
zu 30% in H$_2$O löslich

Erhitzt man Zinnsäure längere Zeit, so geht sie in die in Säuren und Alkalien schwer lösliche Metazinnsäure und schließlich in SnO$_2$ über: H$_4$SnO$_4$→(H$_2$SnO$_3$) → SnO$_2$; eine polymere Modifikation, die in manchem der Kieselsäure gleicht (Bildung kolloidaler Lösungen; Formel 169, S. 168).

*SnCl$_2$ · 2 H$_2$O, Zinnchlorür* ist ein farbloses Salz vom Schmelzpunkt wasserfrei 247°. Es wird vielfach als starkes Reduktionsmittel verwendet.

**Formel 175.**

$$Sn^{++}Cl_2^{--} \quad + \quad 2\,Hg^+Cl^- \quad \xrightarrow[Oxydation]{Reduktion} \quad Sn^{++++}Cl_4^{==} \quad + \quad 2\,Hg$$

Zinnchlorür        Kalomel                        Zinntetrachlorid        Quecksilber-Metall
(Zinn-II-chlorid)                                   (Zinn-IV-chlorid)

Sn + 2wertig        Hg + 1wertig                  Sn + 4wertig            nullwertig
kristallisiert, Smp. 247°  fest, unlöslich         flüssig                flüssig
löslich in H$_2$O zu 45%   Smp. 543°               Siedep. 114°           Siedep. 357°
Dichte 3,39, löslich                               Dichte 2,23
in Alkohol und Äther

Sowohl Sn$^{++}$- wie Sn$^{++++}$-Halogenide lösen sich in Alkohol und Äther, am meisten die Jodide.

*SnCl$_4$, Zinntetrachlorid*, ist eine Flüssigkeit (Siedep. 114°), die an der Luft unter Bildung von Hydraten und HCl raucht. Die wäßrige Lösung ist weitgehend hydrolysiert. $SnCl_4$ bildet mit HCl eine komplexe Säure $H_2(SnCl_6)$, deren farbloses Ammoniumsalz *(NH₄)₂(SnCl₆)* sublimierbar ist und in der Färberei als *Pinksalz* (lösl. bei 15° zu 25% in $H_2O$) zum unlöslichen Niederschlag von Zinnfarbstoffverbindungen auf Textilfasern verwendet wird (Farblacke s. S. 382). Man achte auf die Bezeichnung $SnCl_4$, da die Apotheker Zinntetrachlorid als „Stannum bichloratum" bezeichnen.

Die *Weltproduktion* an Zinn war 1937 etwa 200000 Tonnen.

*Analytisch* wird $Sn^{++++}$ entweder als Zinnsäure $Sn(OH)_4$ gefällt und nach dem Glühen als $SnO_2$ gewogen oder als *bronzefarbenes* festes wasserunlösliches $SnS_2$ mit $H_2S$ aus seinen Lösungen gefällt; $SnS_2$ (Dichte 5,0) wird auch als braune Malerfarbe verwendet.

## Blei, Pb, Nr. 82.
### (lat. plumbum; engl. lead; franz. plomb).

Atomgewicht: 207,22; Dichte: 11,34; Schmelzpunkt: 327°; Siedepunkt: 1755°;
Wertigkeit: +2, +4; Elektronenschalen: 2, 8, 18, 32, 18, 4; Isotope: 204 (1,5%); 206 (23,6%);
207 (22,6%); 208 (52,3%).

*Vorkommen.* Blei war schon im Altertum bekannt. Es findet sich natürlich als *PbS, Bleiglanz*; daneben als $PbCO_3$, Cerussit, $PbCrO_4$ und $PbSO_4$.

*Biologisch* spielt es wahrscheinlich keine Rolle. Seine Salze sind sehr giftig; schon die kleinen Spuren, die aus Bleiwasserleitungen in das Trinkwasser gelangen, können unter ungünstigen Umständen chronische Bleivergiftungen hervorrufen. Bei Malern ist Bleivergiftung eine häufig vorkommende Berufskrankheit (Bleiweiß als Anstreichfarbe). Auch Bleidämpfe sind giftig. Bei der Lebensmittelbearbeitung ist jeder Kontakt mit Bleigeräten verboten.

*Metall.* Zur Gewinnung metallischen Bleies röstet man PbS, Bleisulfid, erst an der Luft unvollständig zu PbO.

**Formel 176.**

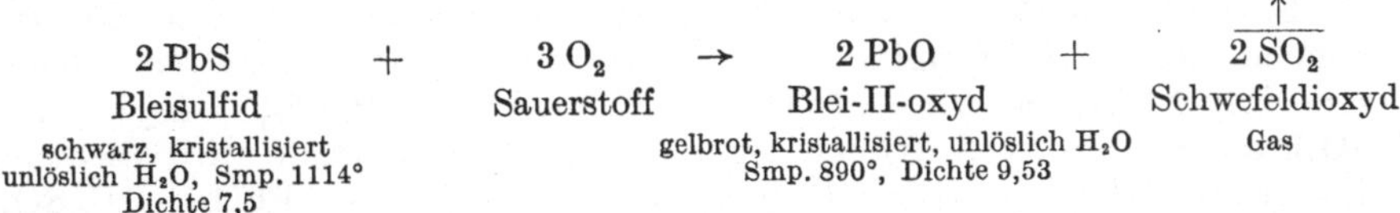

| 2 PbS | + | 3 $O_2$ | → | 2 PbO | + | ↑ 2 $SO_2$ |
|---|---|---|---|---|---|---|
| Bleisulfid | | Sauerstoff | | Blei-II-oxyd | | Schwefeldioxyd |
| schwarz, kristallisiert unlöslich $H_2O$, Smp. 1114° Dichte 7,5 | | | | gelbrot, kristallisiert, unlöslich $H_2O$ Smp. 890°, Dichte 9,53 | | Gas |

Anschließend läuft unter Luftabschluß daneben als zweite Reaktion:

| PbS | + | 2 PbO | → | 3 Pb | + | ↑ $SO_2$ |
|---|---|---|---|---|---|---|
| Bleisulfid | | Blei-II-oxyd | | Blei | | Schwefeldioxyd |
| schwarz, Smp. 1114° Dichte 7,5 | | kristallisiert, gelbrot, Smp. 890° Dichte 9,53 | | Smp. 327° Dichte 11,34 | | Gas |

Man gewinnt so direkt flüssiges Blei. Dieses Rohblei enthält noch Arsen, Antimon, Zinn, von denen es entweder durch Oxydation an der Luft (wobei Blei zuletzt oxydiert wird) oder durch Mischen mit einer $NaNO_3$-NaOH-Schmelze bei 400° gereinigt wird. Die betreffenden Metalle gehen dabei nach Oxydation durch das Nitrat als Stannate, Antimoniate und Arseniate in die NaOH-Schmelze; das in der Salzschmelze unlösliche geschmolzene Blei wird abgelassen.

*Verwendung.* *Blei* wird wegen seiner sehr guten Resistenz gegen Luftfeuchtigkeit und gegen viele Säuren in der chemischen Industrie als Auskleidung für *Apparate* verwendet (z. B. im Bleikammerverfahren). Vielfach wird Bleiblech auch als Hausbedeckung gebraucht. *Flintenschrot* ist eine *Bleilegierung* mit 0,3%

Arsen; *Letternmetall* für Druckereien enthält etwa 80% Blei neben 20% Antimon und Zinn. *Optischen Gläsern* wird Bleioxyd zur Erhöhung des Brechungsindexes zugesetzt. Ein großer Teil des Bleis geht in die Bleiakkumulatorenfabriken.

Der *Bleiakkumulator* beruht auf folgendem Prinzip: In wäßriger Schwefelsäure stehen sich zwei Bleigerüste gegenüber, von denen das eine mit Bleischwamm, das andere mit Bleidioxyd $PbO_2$ beladen ist. Bei leitender Verbindung der beiden Platten bildet das System ein Element, dessen Spannung sich aus der Stellung von Pb (—0,13) und $PbO_2$ (—2,17) in der Spannungsreihe zu 2,04 Volt ergibt.

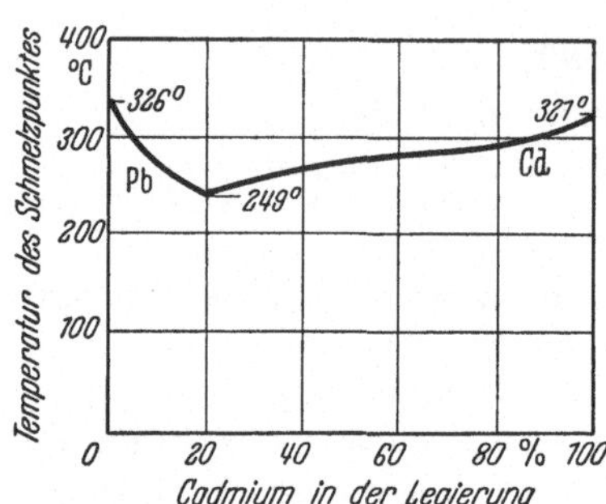


Abb. 55. Schmelzpunktdiagramm der Legierung Blei-Cadmium.

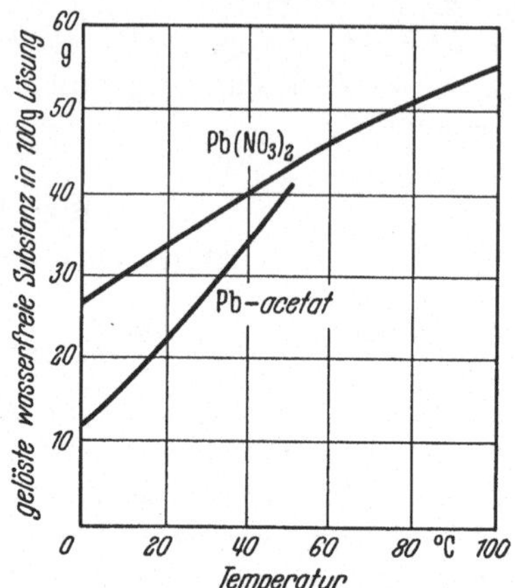


Abb. 56. Löslichkeit von Bleisalzen in $H_2O$.

Beim Entladen fließt ein Strom vom Pb (Anode) zum $PbO_2$ (Kathode). Dabei wird an der Anode Pb zu $Pb^{++}SO_4^=$ oxydiert, an der Kathode $PbO_2$ zu PbO reduziert, das sich mit $H_4SO_2$ zu $PbSO_4$ umsetzt. Sind beide Elektroden mit $PbSO_4$ bedeckt, wird der Akkumulator stromlos. Beim Aufladen macht man die Kathode zur Anode und umgekehrt; bei der Elektrolyse kehren sich entsprechend die elektrochemischen Prozesse um. An der negativen, früher positiven (Pb) Elektrode wird $PbSO_4$ zu Pb reduziert ($PbSO_4 + H_2 = Pb + + H_2SO_4$), an der positiven, früher negativen ($PbO_2$) Elektrode wird Bleisulfat zu Bleidioxyd und $H_2SO_4$ oxydiert ($Pb SO_4 + SO_3 + O + 2 H_2O = PbO_2 + 2 H_2SO_4$). Gleichzeitig wird durch Rückbildung der Schwefelsäure die ursprüngliche Elektrolytkonzentration wiederhergestellt.

Beim Entladen des Akkumulators gewinnt man etwa 90% der beim Aufladen aufgewandten Energie zurück.

*Bleiverbindungen.* Wie Zinn bildet Blei zwei- und vierwertige Salze. Das *PbO* (*Bleiglätte, Lithargyrum*, Smp. 890°, Dichte 9,5), bekannt in gelben und roten Modifikationen, entsteht aus Blei an der Oberfläche beim Erhitzen mit Luft; es ist in Wasser unlöslich; löslich in Säuren.

*$PbO_2$, Bleidioxyd* (Dichte 9,37, oft falsch als Bleisuperoxyd bezeichnet) entsteht durch anodische Oxydation aus Bleisalzlösungen. Es ist ein braunes Pulver, das schon bei 400° $O_2$ abgibt. Im Gegensatz zu Zinn, bei dem die vierwertige Stufe die stabilere und glühbeständig ist, ist beim Blei die zweiwertige Stufe beständiger.

In der vierwertigen Stufe kann Blei, wie Zinn und Silicium, als Anionenbildner fungieren: Salze der nicht frei beständigen Säure $H_4(PbO_4)$ nennt man *Plumbate*. Das wichtigste ist das Salz des zweiwertigen Bleis, Bleiplumbat *$Pb_2(PbO_4)$*

oder *Mennige* (Dichte 9,1) ein rotes wasserunlösliches Pulver, das als roter Öl-farbenanstrich und Rostschutzmittel für Eisenkonstruktionen viel verwendet wird. Es zersetzt sich ab 550° unter Bildung von PbO. Es beschleunigt als Oxydationskatalysator das Festwerden des Leinöls (s. Formel 319, S. 258), der Ölschicht auf Eisen, das so mechanisch geschützt wird; es wirkt auch passivierend auf die Eisenoberfläche, die dann weniger zu Rostbildung neigt; z. B. als roter Schiffsanstrich mit Mennige.

*PbCl₂ Bleichlorid* (Smp. 498°, Dichte 5,85) ist in $H_2O$ schwerlöslich (0,8% bei 20°).

*Pb(NO₃)₂ und Pb(acetat)₂ · 3H₂O* werden technisch als leichtlösliche Bleisalze verwendet; sie sind farblos; ihre Löslichkeit s. Abb. 56.

*PbCO₃* und *PbSO₄*, beide weiß, sind in $H_2O$ unlöslich.

*PbCrO₄, Bleichromat*, ist eine der wichtigsten gelbroten Malerfarben; färbt sich aber durch PbS-Bildung im Laufe der Jahre dunkel.

**Formel 177.**

$$PbCrO_4 \quad + \quad H_2S \quad \rightarrow \quad PbS \quad + \quad H_2CrO_4$$

| Bleichromat | Schwefelwasserstoff | | Bleisulfid | Chromsäure |
|---|---|---|---|---|
| rot, fest, Smp. 844° | | | schwarz, fest, Smp. 1114° | gelb-rot |
| unlöslich in $H_2O$ | | | Dichte 7,5; unlöslich in $H_2O$ | wasserlöslich |
| Dichte 6,3 | | | | |

*Bleiweiß.* Ein basisches Bleicarbonat, das schon im Altertum bekannte *2 PbCO₃ · Pb(OH)₂, Bleiweiß*, ist die beste und deckkräftigste weiße Malerfarbe. Man erhält es durch langdauerndes Einwirkenlassen von Essigsäuredämpfen an der Luft auf dünne Bleiplatten (wodurch lösliches Bleiacetat entsteht) und von Luft-CO₂, das aus dem Bleiacetat unlösliches Bleiweiß als lockeres Pulver ausfällt. Bleiweiß hat den Nachteil, daß es in bewohnten Räumen durch Spuren von $H_2S$ langsam in schwarzes PbS übergeht. Darauf beruht das Dunkelwerden der mit Bleiweiß bemalten weißen Stellen alter Ölgemälde. Man kann sie durch vorsichtiges Behandeln mit $H_2O_2$ aufhellen, wodurch schwarzes PbS in weißes PbSO₄ über-geführt wird.

**Formel 178.**

$$Bleiweiß \quad + \quad H_2S \quad \rightarrow \quad PbS$$

Schwefel-wasserstoff / Bleisulfid

$$PbS \quad + \quad 4\,H_2O_2 \quad \rightarrow \quad PbSO_4 \quad + \quad 4\,H_2O$$

| Bleisulfid | Wasserstoff-peroxydlösung | Bleisulfat | Wasser |
|---|---|---|---|
| schwarz, fest | | fest, weiß, Dichte 6,2 | |
| Dichte 7,5 | | fast unlöslich in $H_2O$ | |
| | | (bei 17° 4 · 10⁻³%) | |

Von den vierwertigen Salzen wird Pb(SO₄)₂ von Wasser hydrolytisch zersetzt (Bleiakkumulator, S. 174), während PbCl₄ bereits bei 40° in PbCl₂ und Cl₂ zerfällt.

**Formel 179.**

$$Pb^{++++}(SO_4)_2^{==} \quad + \quad 2\,H_2O \quad \rightarrow \quad Pb^{++++}O_2^{==} \quad + \quad 2\,H_2SO_4$$

| Blei-IV-Sulfat | | Bleidioxyd | |
|---|---|---|---|
| kristallisiert, weiß | | fest, braunschwarz | |

$$Pb^{++++}Cl_4^{==} \quad \xrightarrow[\text{in } H_2O]{40-60°} \quad \rightarrow \quad Pb^{++}Cl_2^{=} \quad + \quad Cl_2\uparrow$$

| Blei-IV-chlorid | | Blei-II-chlorid | Chlorgas |
|---|---|---|---|
| gelb, flüssig, Smp. −15° | | weiß, kristallisiert, Smp. 498° | |
| in $H_2O$ löslich | | in $H_2O$ schwerlöslich | |

Von der Zersetzlichkeit des $PbCl_4$ macht man bei der Darstellung von $Cl_2$ im Laboratorium Gebrauch.

Die Weltproduktion an Blei betrug 1939 etwa 1,5 Millionen Tonnen.

*Analytisch* wird Blei entweder durch $H_2S$ als *schwarzes PbS* oder durch Sulfationen als schwerlösliches *weißes $PbSO_4$* gefällt.

## e) Halbmetalle und Metalle der 5. Hauptgruppe.

An die Nichtmetalle Stickstoff (s. S. 107) und Phosphor (s. S. 118) schließen sich die Halbmetalle Arsen, Antimon und das Metall Wismut an. Sie sind gegen Sauerstoff $+3$- und $+5$wertig, gegen Wasserstoff nur $-3$wertig (s. S. 18). Die Hydroxyde von Arsen und Antimon reagieren amphoter; von beiden Metallen kommen metallische und nichtmetallische Modifikationen vor (Grenzstellung im Periodensystem; s. Tabelle 5, S. 19). Wismut ist nur Metall; $Bi(OH)_3$ ist eine schwache Base, ohne saure Eigenschaften. Nur Oxyde des wenig beständigen 5wertigen Wismuts zeigen saure Eigenschaften.

## Arsen, As, No. 33.
### (engl.; franz. arsenic).

Atomgewicht: 74,91; Dichte: 5,72; Schmelzpunkt: 817°; Siedepunkt: sublimiert ab 66°; Wertigkeit: $+3$, $+5$, $-3$; Elektronenschalen: 2, 8, 18, 5; Isotope: 75 (100%).

*Vorkommen.* Arsenverbindungen waren als Gifte schon im Altertum bekannt. In der Natur findet es sich als Arsenkies *FeAsS*, *Auripigment $As_2S_3$* und *Realgar $As_4S_4$*; weiter mit Kobalt- und Silbererzen; an wenigen Lagerstätten auch gediegen als „*Scherbenkobalt*".

*Biologisches.* Eine biologische Rolle ist nicht unwahrscheinlich, aber noch nicht genau nachgewiesen. Arsen kommt in kleinsten Mengen, etwa 0,1—0,01 mg pro 100 g in tierischen Geweben vor. Menschlicher Urin enthält 0,01 mg im Liter. Durch kleine Gaben von Arsenverbindungen (um 1 mg pro Tag) kann man vorübergehend Leistungssteigerungen der Muskeln erzielen; davon macht man für Rekonvaleszenten Gebrauch (Arseno-Eisen-Hämoglobin-Präparate). Organische Arsenderivate, wie Salvarsan (s. Formel 574, S. 365) sind als Heilmittel wichtig. Die löslichen Salze des Arsens, besonders des 3wertigen, sind äußerst giftig; auch das Gas $AsH_3$ ist ein starkes Gift. Man verwendet Arsensalze im Forstbetrieb gegen Insektenschädlinge; für Pflanzen scheinen As-Salze nicht sehr giftig zu sein.

*Metall.* *Arsenmetall* kann man durch Erhitzen von Arsensulfiden mit Eisenpulver erhalten. Es ist grauweiß, metallisch und sublimiert leicht. Unter 36 Atm. Druck schmilzt es bei 817°. Es löst sich in $HNO_3$; in HCl nur bei Luftzutritt. $H_2O$ greift nicht an. Durch rasches Abkühlen von Arsendämpfen erhält man eine gelbe, gleich Phosphor in $CS_2$ lösliche nichtmetallische Modifikation, die bei Zimmertemperatur im Licht schnell wieder in metallisches Arsen übergeht.

Metallisches Arsen wird zu 0,8% dem Blei von Flintenschrot beigeschmolzen; diese Legierung läßt sich leichter körnen.

*Verbindungen.* Beim Erhitzen an der Luft geht Arsen langsam in das weiße, glasartig und kristallin vorkommende *$As_2O_3$*, *Arsentrioxyd*, über (langsam in $H_2O$ lösl. zu 1,6%). $As_2O_3$ löst sich beim Erwärmen in Laugen unter Bildung von Arseniten.

**Formel 180.**

$$As_2O_3 \;+\; 3\,H_2O \;\rightleftarrows\; 2\,H_3AsO_3; \;+\; NaOH \;\rightarrow\; NaH_2AsO_3$$

| Arsentrioxyd | Wasser | Arsenige Säure | Primäres Natriumarsenit |
|---|---|---|---|
| fest, weiß, sublimiert bei 321° Dichte 3,7° | | nur in Lösung bekannt | farblos, kristallisiert, leicht wasserlöslich |

In Wasser unlösliche *Kupferarsenite* verschiedener Zusammensetzung sind schöne *grüne* Pulver, die viel als *Malerfarbe* verwendet wurden, heute aber für Innenanstriche verboten sind, weil Pilze, die auf dem günstigen Nährboden des Tapetenkleisters wachsen, aus Arsenfarben $As^{+++}$ in das flüchtige giftige Gas $AsH_3$ und in ebenfalls flüchtige Alkylarsenverbindungen verwandeln.

Dampft man $As_2O_3$ (As $+$ 3wertig) mit $HNO_3$, Salpetersäure, auf dem Wasserbad ein, so bildet sich *Arsensäure $H_3AsO_4$* (As $+$ 5wertig). Sie ist mit $^1/_2$ Kristallwasser fest, kristallisiert, vom Schmelzpunkt 35°, hat eine Dichte von 2,5 und ist ähnlich wie Phosphorsäure mit Wasser mischbar. Sie ist eine mittelstarke, dreibasische Säure. Ihre Salze heißen *Arsenate* und sind mit den Phosphaten oft isomorph. Gleich $MgNH_4PO_4$ ist auch $MgNH_4AsO_4$ in Wasser unlöslich und wird deshalb manchmal zur Arsenanalyse verwendet. Arsensäure bildet (wie Phosphorsäure) mit Molybdänsäure, Wolframsäure, Kieselsäure viele komplexe Säuren höherer Ordnung von komplizierter Zusammensetzung und hohem Formelgewicht, die *Heteropolysäuren*.

**Formel 181.**

<table>
<tr><td>$H_7[As(W_2O_7)]$</td><td>$H_7[P(W_2O_7)_6]$</td></tr>
<tr><td>Arsenwolframsäure</td><td>Phosphorwolframsäure</td></tr>
<tr><td>gelbe Blättchen; wasserlöslich</td><td>weiße Oktaeder; in Wasser löslich</td></tr>
</table>

Sie leiten sich von der frei nicht beständigen $H_7PO_6$, bzw. $H_7AsO$, ab, deren komplex gebundene Sauerstoffatome durch $Mo_2O_7$- und $W_2O_7$-Komplexe ersetzt sind.

Beim Erhitzen auf 300° geht Arsensäure reversibel in Arsenpentoxyd $As_2O_5$ über; im Gegensatz zur $H_3PO_4$, die beim Glühen nur in $HPO_3$, Metaphosphorsäure und nicht in $P_2O_5$ übergeht. $As_2O_5$ ist wie $P_2O_5$ ein sehr hygroskopisches weißes Pulver, das sich bei Rotglut in $As_2O_3$ und $O_2$ zersetzt.

Mit nascierendem Wasserstoff bilden alle löslichen Arsenverbindungen $AsH_3$, ein farbloses, luftbeständiges, extrem giftiges Gas vom Siedepunkt $-55°$, Schmelzpunkt $-113,5°$.

Die *Arsenhalogenide* $AsCl_3$ (flüss.; Siedep. 130°, Dichte 2,16) und $AsBr_3$ (fest, farblos, Smp. 31°, Siedep. 221°) zersetzen sich mit Wasser.

**Formel 182.**

<table>
<tr><td>$AsCl_3$</td><td>$+$</td><td>3 HOH</td><td>$\rightarrow$</td><td>$H_3AsO_3$</td><td>$+$</td><td>3 HCl</td></tr>
<tr><td>Arsentrichlorid</td><td></td><td>Wasser</td><td></td><td>Arsenige Säure</td><td></td><td>Chlorwasserstoff</td></tr>
<tr><td>flüssig, Siedep. 130°<br>Dichte 2,16</td><td></td><td></td><td></td><td></td><td></td><td></td></tr>
</table>

*Arsensulfide $As_2S_3$* (Dichte 3,43) und *$As_2S_5$* erhält man als gelbe Niederschläge durch Einleiten von $H_2S$ in die wäßrigen Lösungen der entsprechenden Salze. Sie werden als Malerfarben verwendet. $As_2S_3$ kommt als Auripigment geologisch vor. Die Sulfide sind in Wasser und verdünnten Säuren unlöslich, sie lösen sich in $Na_2S$-Lösungen unter Bildung von Salzen der Arsensulfosäuren.

**Formel 183.**

<table>
<tr><td>$As_2S_5$</td><td>$+$</td><td>3 $Na_2S$</td><td>$\rightarrow$</td><td>2 $Na_3[AsS_4]$</td></tr>
<tr><td>Arsenpentasulfid</td><td></td><td>Natriumsulfid</td><td></td><td>Natriumthioarsenat</td></tr>
<tr><td>fest, gelb, unlöslich in $H_2O$</td><td></td><td>farblos, wasserlöslich</td><td></td><td>farblos, kristallisiert, leicht in $H_2O$ löslich</td></tr>
</table>

*Analyse.* Die Giftigkeit der Arsenverbindungen und ihr unauffälliger schwach süßer Geschmack machten sie zu absichtlichen Vergiftungen geeignet. Diese Möglichkeit wurde eingeschränkt durch die außerordentliche Empfindlichkeit der zum Nachweis von Arsenspuren verwendeten Marschschen *Probe.* Sie beruht auf der Bildung von $AsH_3$-*Gas* aus allen löslichen anorganischen Arsenverbindungen durch nascierenden Wasserstoff.

**Formel 184.**

$$As_2O_3 \quad + \quad 18\,H \quad \rightarrow \quad 6\,H_2O \quad + \quad \overset{\uparrow}{\underline{2\,AsH_3}}$$

Arsentrioxyd  +  Wasserstoff  →  Wasser  +  Arsenwasserstoff

in Lösung   nascierender, atomarer   Gas, farblos, Siedep. −55°

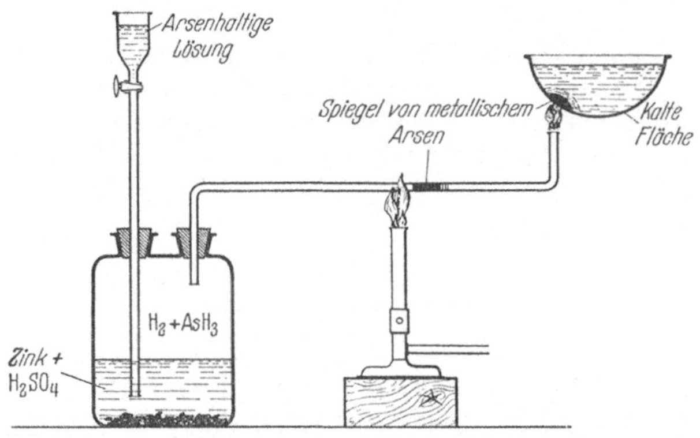


Abb. 57. Arsenwasserstoffnachweis nach MARSH-BERZELIUS. Durch die Probe sind noch 0,0000001 g Arsen nachzuweisen. Voraussetzung dieser Genauigkeit ist äußerste Reinheit der Reagentien, da geringe Spuren von Arsen in vielen normalen Chemikalien, $H_2SO_4$, Zn usw. zu finden sind.

Leitet man das gebildete Gas durch ein mit einem Brenner von außen erhitztes Glasrohr, so zersetzt es sich quantitativ in $H_2$ und metallisches Arsen, das als schwarzer Metallspiegel an der Glaswand sichtbar wird. So läßt sich noch ein Zehntausendstel eines Milligramms As nachweisen. Antimon gibt ähnliche Reaktion.

Bei der GUTZEIT*schen Probe* wird in den Gasstrom, der $AsH_3$ mit sich führt, ein mit konzentrierter $AgNO_3$-Lösung getränkter Papierstreifen gehängt; es bildet sich ein gelber Fleck von $AsAg_3 \cdot 3\,AgNO_3$, das beim Verdünnen mit Wasser durch Bildung metallischen Silbers schwarz wird.

## Antimon, Sb, Nr. 51.

(lat. stibium; engl. antimony; franz. antimoine).

Atomgewicht: 121,76; Dichte: 6,69; Schmelzpunkt: 630°; Siedepunkt: 1635°; Wertigkeit: +3, +5, −3; Elektronenschalen: 2, 8, 18, 18, 5; Isotope: 121 (56%); 123 (44%).

*Vorkommen.* Antimonverbindungen waren im Altertum bekannt. Antimon kommt in der Natur als $Sb_2S_3$, *Grauspießglanz*, vor; daneben als gemischtes Sulfid mit Cu- und Ag-Sulfiden; manchmal auch als $Sb_2O_3$, *Antimonblüte*.

*Biologie.* Eine biologische Rolle des Sb ist nicht bekannt. Sb-Salze sind weniger giftig als As-Salze; hauptsächlich weil sie schon vom Magen aus heftig erbrechend wirken, so daß sie gar nicht in wesentlichen Mengen zur Resorption in den Darm kommen. Brechweinstein ist Kaliumantimonyltartrat (s. Formel 407, S. 289). Organische Antimonverbindungen sind neuerdings in der Therapie von Tropenkrankheiten wichtig geworden.

*Metall.* Zur Darstellung des Antimonmetalls wird das Sulfid durch Abrösten, Glühen an der Luft erst in das beständige, nichtflüchtige $Sb_2O_4$ übergeführt und dieses durch Erhitzen mit Kohle reduziert.

Das *Metall* ist großkristallin, bläulichweiß und sprödhart; es ist gegen Luftfeuchtigkeit, verdünnte HCl und $H_2SO_4$ beständig; in $HNO_3$ und konzentrierter $H_2SO_4$ beim Erwärmen löslich. Durch Oxydation von $SbH_3$ bei −100° entsteht eine *gelbe*, in Schwefelkohlenstoff lösliche *instabile nichtmetallische Antimonmodifikation*, die schon bei Zimmertemperatur in metallisches Antimon übergeht.

Antimon wird als Legierungszusatz zu Blei oder Zinn verwendet; das sehr weiche Blei wird so härter. Ein Hartblei ist das in Druckereien verwendete *Letternmetall* (80% Pb; 10% Sn; 10% Sb; Smp. 240°).

**Formel 185.**

$$Sb_2S_3 \quad + \quad 5\,O_2 \quad \longrightarrow \quad Sb_2O_4 \quad + \quad 3\,SO_2 \uparrow$$

Antimon-III-sulfid     Sauerstoff     Antimon-oxyd     Schwefeldioxyd

rotgelb, kristallisiert, Smp. 548°     weiß, Smp. 650°     Gas

$$Sb_2O_4 \quad + \quad 4\,C \quad \xrightarrow{\text{glühen}} \quad 2\,Sb \quad + \quad 4\,CO$$

Antimon-oxyd     Kohlenstoff     Antimon-metall     Kohlenoxyd

Smp. 630°

*Verbindungen.* Das farblose Oxyd $Sb_2O_3$ (Smp. 656°, Dichte 5,6, unlösl. in $H_2O$) und das schwach gelbe $Sb_2O_5$ (zersetzt sich bei 300°; wenig lösl. in $H_2O$) entstehen wie die entsprechenden Oxyde des Arsens. Beide sind Anhydride von Säuren $H_3SbO_3$, *antimonige Säure* (die in Lösung frei bekannt ist) und $H_3SbO_4$, *Antimonsäure*, die man nur in Form ihrer Salze kennt.

Die Salze erhält man durch Zusammenschmelzen der Antimonoxyde mit Metalloxyden. Da die Säuren schwach sind, sind ihre dreibasischen Salze wenig beständig; beständiger sind die sauren Salze, die neutral reagieren. Das wichtigste ist das farblose $K_2H_2Sb_2O_7 \cdot H_2O$ (lösl. in $H_2O$ 2,74%), das saure Kaliumsalz der *Pyroantimonsäure*. Es wird zum Nachweis von $Na^+$-Ionen verwendet, da das $Na_2H_2Sb_2O_7 \cdot H_2O$ (lösl. 0,03%) in Wasser schwerer löslich ist als das Kaliumsalz.

Ein Oxyd des drei- und fünfwertigen Antimons ist $Sb_2O_4$, ein weißes, glühbeständiges Pulver. Langsam mit Wasser, leicht mit Alkalien zersetzt es sich in antimonige Säure und Antimonsäure.

**Formel 186.**

$$Sb_2O_4 \quad + \quad 6\,NaOH \quad \rightarrow \quad Na_3^{+++}[SbO_3]^{\equiv} \quad + \quad Na_3^{+++}[SbO_4]^{\equiv} \quad + \quad 3\,H_2O$$

Antimon-tetroxyd     Natrium-antimonit     Natrium-antimoniat

weiß, kristallisiert     kristallisiert, farblos     kristallisiert, farblos
fast unlöslich in $H_2O$     wasserlöslich     wasserlöslich
schmilzt sehr hoch     Sb + 3wertig     Sb + 5wertig
Dichte 3,9

Salze des dreiwertigen Antimons hydrolysieren leicht unter Bildung des einwertigen Antimonylions.

**Formel 187.**

$$Sb^{+++}Cl_3^{\equiv} \quad + \quad H_2O \quad \rightleftarrows \quad SbO^+Cl^- \quad + \quad 2\,HCl$$

Antimon-III-chlorid     Wasser     Antimonylchlorid     Chlorwasserstoff

kristallisiert, farblos, Smp. 73°     weißes Pulver, schwerlöslich in $H_2O$
Dichte 3,14     zersetzt sich bei 170°

Es entstehen basische, in Wasser schwerlösliche Antimonylsalze, z. B. $2\,SbOCl \cdot Sb_2O_3$, das früher als *Algarotpulver* medizinisch verwendet wurde. Die wichtigste Antimonylverbindung ist der medizinisch verwendete *Brechweinstein* $K^+SbO^+[C_4H_4O_6]^= \cdot {}^1/_2H_2O$ *(Kaliumantimonyltartrat)*.

*$SbCl_3$ Antimontrichlorid* läßt sich aus dem Metall oder Sulfid durch Einkochen mit HCl gewinnen. Es ist eine weiße, butterartige Masse, die bei 73° schmilzt, bei 219° unzersetzt siedet. Mit Carotinoiden, besonders dem farblosen Vitamin A (S. 377), bildet es in Chloroformlösung blaue Additionsverbindungen, durch die Vitamin A noch in kleinen Mengen nachweisbar ist.

$SbF_3$ und $SbCl_3$ bilden mit HCl komplexe Säuren, deren Salze beständig sind und teilweise in der Färberei als Beizen verwendet werden.

Die rote Farbe vieler Gummigegenstände rührt von $Sb_2S_5$, *Antimonpentasulfid*, her, einem rotgelben Pulver, das man aus Sb-V-Salzen mit $H_2S$ erhält. Es wird als Beimischung zum Vulkanisieren des Kautschuks verwendet, da es sich beim Erwärmen leicht nach folgender Gleichung

**Formel 188.**

$$Sb_2S_5 \xrightarrow{\;200°\;} Sb_2S_3 \quad + \quad 2\,S$$

| Antimonpentasulfid | Antimontrisulfid | Freier Schwefel |
|---|---|---|
| fest, orangegelb | zuerst gelbrot, dann grau | für Vulkanisation |
| unlöslich in $H_2O$ | Smp. 548°, unlöslich in $H_2O$ | |
| | Dichte 4,12 | |

spaltet, wobei neben Antimontrisulfid freier Schwefel für die Vulkanisation entsteht. Das Natriumsalz einer Thioantimonsäure ist das SCHLIPPEsche *Salz* $Na_3SbS_4 \cdot 9\,H_2O$.

*Analytisch* wird Sb-Ion entweder mit $H_2S$ in saurer Lösung als gelbes, langsam grauwerdendes $Sb_2S_3$ gefällt, oder mit nascierendem Wasserstoff wie $As^{+++}$ in den farblosen gasförmigen $SbH_3$, *Antimonwasserstoff*, Siedepunkt $-18°$, Schmelzpunkt $-91°$, übergeführt, der sich beim Erwärmen wie $AsH_3$ leicht in Sb-Metall (Spiegel) und $H_2$ zersetzt. $Sb_2O_3$ kann (wie $As_2O_3$) leicht mit angesäuerter Bromatlösung $HBrO_3$ oxydimetrisch titriert werden; als Indicator dient Methylorange, das durch den ersten überschüssigen Bromattropfen zu einer farblosen Verbindung oxydiert wird.

## Wismut, Bi, Nr. 83.

(engl., franz. bismuth).

Atomgewicht: 209,0; Dichte: 9,80; Schmelzpunkt: 271°; Siedepunkt: 1560°;
Wertigkeit: $+3$, $+5$, $-3$; Elektronenschalen: 2,8,18,32,18,5; Isotope: 209 (100%).

*Vorkommen.* Das seit etwa 400 Jahren bekannte Wismut kommt geologisch als $Bi_2S_3$, $Bi_2O_3$ und als gediegenes Metall vor.

*Wismutmetall* ist weißrötlich, sehr spröde und leicht pulverisierbar. Sein Dampf ist grün. Im Vakuum ist es schon ab 300° flüchtig.

Das *Metall* wird aus dem Oxyd durch Reduktion mit Kohle wie bei Sb hergestellt; man kann es durch Schmelzen mit Chlorat oder Nitrat, das andere beigemengte Metalle (Zn, Ni, Sb) in Oxyde überführt, reinigen. Wismut löst sich in $HNO_3$; in HCl nur bei Luftzutritt. Gegen $H_2O$ ist es beständig.

Technisch wird Wismutmetall als Legierungsbeimischung verwendet; Wismutsalze in der Chemotherapie von Krankheiten. Im Gegensatz zu Sb und besonders As sind Wismutsalze wegen ihrer Schwerlöslichkeit wenig giftig. Wismutmetall, das schöne Kristalle bildet und sich pulverisieren läßt, ändert seine elektrische Leitfähigkeit im Magnetfeld und wird deshalb zu dessen Messung verwendet. Wismutlegierungen haben sehr tiefliegende Eutektika; das WOODsche Metall enthält 1 Teil Cd $+$ 1 Teil Sn $+$ 2 Teile Pb $+$ 4 Teile Bi; es schmilzt bei 71°. Geschmolzenes Wismut dehnt sich beim Erstarren aus, eine Seltenheit unter Metallen. Wismutlegierungen dienen deshalb in der Druckerei als Klischeemetall und für gegossene Buchstaben der Linotype-Maschinen, denn das erstarrende Metall dringt durch seine Ausdehnung in die winzigsten Hohlräume des Negativs. Infolgedessen werden auch feine Einzelheiten genau wiedergegeben.

*Verbindungen.* $Bi_2O_3$ (Smp. 820°, Dichte 8,9), ein gelbbraunes, beim Erhitzen reversibel dunkler werdendes wasserunlösliches Pulver, das auch als Mineral vorkommt, entsteht beim Glühen aus weißem $Bi(OH)_3$, das beim Fällen von Wismutsalzen mit $NH_3$ gebildet wird.

*$BiCl_3$ und $Bi(NO_2)_3 \cdot 5H_2O$* sind farblose Salze, die ähnlich wie die entsprechenden Antimonsalze in Wasser unter Bildung von basischen schwerlöslichen farblosen Bismutylsalzen zerfallen.

**Formel 189.**

$$Bi^{+++}Cl_3^{\equiv} \quad + \quad H_2O \quad \rightarrow \quad BiO^+Cl^- \quad + \quad 2\,HCl$$

| Wismut-III-chlorid | | Bismutyl-chlorid |
|---|---|---|
| kristallisiert, weiß | | weiß, unlöslich in $H_2O$ |
| Smp. 229°, Dichte 4,75 | | Dichte 7,72 |

$$Bi^{+++}(NO_3)_3^{\equiv} \quad + \quad H_2O \quad \leftrightarrows \quad BiO^+NO_3^- \quad + \quad 2\,HNO_3$$

| Wismutnitrat | | Bismutyl-nitrat |
|---|---|---|
| farblos, kristallisiert | | weiß, schwerlöslich in $H_2O$ |

Ein Gemisch des basischen Wismutnitrats mit BiOOH $[Bi^{+++}(OH)_2^{=}NO_3^-]$ wird unter dem Namen *Bismutum subnitricum* als milder antiseptischer Wundstreupuder verwendet. Ölige kolloidale Suspensionen *(Bismogenol)* zur intramuskulären Injektion werden als Unterstützung der Salvarsan-Lues-Therapie empfohlen; ebenso Wismutsalicylat-Ölsuspensionen.

Verbindungen des 5wertigen Wismuts sind sehr unbeständig. Die Weltproduktion an Wismut betrug 1937 5000 Tonnen.

*Analytisch* wird Wismut als unlösliches Sulfid oder Carbonat gefällt.

## f) Die Halbmetalle der 6. Gruppe.

Sie umfassen die Schwefelhomologen Selen, Tellur und das nur kurzlebige radioaktive Polonium.

## Selen, Se, Nr. 34.

Atomgewicht: 78,96; Dichte: rot 4,4; Metall: 4,8; Schmelzpunkt: rot 144°; Metall: 220°; Siedepunkt: 688°; Wertigkeit: $-2$, $+4+6$; Elektronenschalen: 2,8,18,6; Isotope: 74 (0,9%); 76 (9,5%); 77 (8,3%); 78 (24,0%); 80 (48%); 82 (9,3%).

*Vorkommen.* Das 1817 von BERZELIUS im Bleikammerschlamm gefundene, als Begleiter des S im Pyrit, $FeS_2$, vorkommende Selen existiert als Element in 2 Modifikationen.

*Element.* Bei der Reduktion von Selenverbindungen bildet sich *rotes*, in $CS_2$ lösliches *Selen*, das beim Erwärmen schon bei 80° in eine stabilere Modifikation von *grauem, metallischem Selen* übergeht, das in $CS_2$ unlöslich ist, aber in $CHCl_3$ löslich. Selendampf ist rot.

Dieses graue Selen leitet im Dunkeln den elektrischen Strom schlecht; beim Belichten erhöht sich die Leitfähigkeit infolge von Lockerung oder Abspaltung von Elektronen bis auf das Tausendfache. Im Dunkeln sinkt die Leitfähigkeit in etwa $^1/_{1000}$ sec auf den ursprünglichen Betrag. Darauf ist die Konstruktion elektrischer Belichtungsmesser gegründet, die für photographische Apparate viel verwendet werden *(Selenphotozellen)*. Für die Filmbildübertragung ist die Einstellschnelligkeit der Selenzellen zu gering; dazu braucht man Zellen mit Reaktionsgeschwindigkeiten von weniger als $^1/_{1000000}$ sec, wozu nur Kaliummetallzellen geeignet sind.

*Biochemisch* spielt Selen, soweit bisher bekannt ist, keine Rolle; Selen selbst und seine Salze sind stark giftig. In Gebieten mit größerem geologischem Vorkommen von Selen im Boden resorbieren Pflanzen Selenverbindungen, z. B. Getreide, das dann als Futter bei Tieren Lebervergiftungen verursacht.

Bei der Darstellung von elementarem rotem Selen durch Reduktion gelöster Selensalze bilden sich leicht farbige kolloidale Lösungen.

*Verbindungen.* In $O_2$ (nicht in Luft) verbrennt Selen zudem, bei 300° sublimierbaren festen weißen $SeO_2$ (Smp. unter Druck 345°, Dichte 3,95), während das im Periodensystem vorher kommende $SO_2$ ein Gas ist. $SeO_2$-Dampf ist gelb. $SeO_2$ löst sich in Wasser zu $H_2SeO_3$, der kristallisierten farblosen *selenigen Säure* (Dichte 3,0, zers. sich beim Erhitzen), deren Salze, *Selenite*, beständig und im Gegensatz zu Sulfiten keine Reduktionsmittel sind.

Oxydiert man $SeO_2$ mit heißen konzentrierten Lösungen von $HClO_3$ und dampft im Vakuum ein, so erhält man $H_2SeO_4$ *Selensäure*; es sind in Wasser wie $H_2SO_4$ zu einer starken Säure lösliche weiße hygroskopische Kristalle der Dichte 2,8; vom Schmelzpunkt 58°. Die Salze, *Selenate*, sind meistens mit den Sulfaten isomorph. $BaSeO_4$ ist wie $BaSO_4$ in $H_2O$ schwerlöslich (0,008%). Durch Reduktionsmittel gehen Selenate in rotes Selen über.

Wie aus FeS mit Salzsäure $H_2S$, so gewinnt man aus FeSe mit HCl den gasförmigen farblosen $SeH_2$, *Selenwasserstoff* (Siedep. $-42°$). Er wird durch Luft, besonders an Metalloberflächen, rasch zu rotem elementarem Selen oxydiert.

Aus Selen und Halogenen lassen sich *Selenhalogenide* darstellen: $SeCl_4$, weiße, bei 180° sublimierende Kristalle; $SeF_4$, flüssig farblos, Siedepunkt $> 100°$; $SeOCl_2$, flüssig, farblos, Siedepunkt 176° u. a. Durch $H_2O$ werden sie zersetzt.

*Analytisch* wird Selen durch Reduktion zu rotem elementarem Selen und Wägung bestimmt.

## Tellur, Te, Nr. 52.
### (franz. tellure).

Atomgewicht: 127,61; Dichte: 6,25; Schmelzpunkt: 452°; Siedepunkt: 1390°;
Wertigkeit: $-2 + 4 + 6$; Elektronenschalen: 2,8,18,18,6; Isotope: 122 (2,9%); 123 (1,6%);
124 (4,5%); 125 (6,0%); 126 (19,0%); 128 (32,8%); 130 (33,1%).

Das teils als PbTe, als $(AsAu)Te_2$ und als gediegenes Metall vorkommende Tellur wurde um 1780 entdeckt. Es ist seltener als Selen.

Als *Metall* ist es silberweiß; wie metallisches Selen zeigt es eine sehr komplizierte Temperaturabhängigkeit seiner elektrischen Leitfähigkeit. Sein Dampf ist goldgelb.

Sein biochemisches Verhalten ist unbekannt; seine Salze sind giftig.

Braunes amorphes erhält man leicht aus allen Tellurverbindungen durch wäßrige Reduktionsmittel; durch Schmelzen gewinnt man das Metall. Es ist unlöslich in HCl, löslich in $HNO_3$. Mit $O_2$ verbrennt Tellur zu $TeO_2$, *Tellurdioxyd*, einem weißen Pulver (Dichte 5,6, Smp. 733°), das in Wasser nur schwer löslich ist und mit Alkalien Salze der (schwachen) tellurigen Säure $H_2TeO_3$ bildet. Sie bildet leicht Polysäuren. Mit Oxydationsmitteln erhält man die in kaltem Wasser wenig lösliche kristallisierte $H_6TeO_6$, *Tellursäure*.

**Formel 190.**

$$TeO_2 \;+\; HNO_3 \;+\; H_2O \;\xrightarrow[\text{Oxydation}]{\text{Kochen}}\; H_6TO_6 \;\xrightarrow{\text{Erwärmen}}\; TeO_3$$

| Tellurdioxyd | Salpetersäure | | Tellursäure | Tellurtrioxyd |
|---|---|---|---|---|
| weiß, kristallisiert | | | farblose Kristalle | fest, gelb |
| Smp. 733°, wasserlöslich | | | Smp. 136°, wasserlöslich | unlöslich in $H_2O$ |
| Dichte 5,67 | | | Dichte 3,05 | zersetzt sich beim Schmelzen, Dichte 5,08 |

Sie ist eine sehr schwache Säure und wird durch Reduktionsmittel zu metallischem Tellur reduziert.

Aus Metalltelluriden bildet sich mit Säuren *Tellurwasserstoff* $TeH_2$; ein giftiges, bei $-4,8°$ siedendes farbloses, leicht zu Tellur oxydierbares Gas.

*Tellurhalogenide* bilden sich aus den Elementen. $TeCl_4$ besteht aus farblosen Kristallen vom Schmelzpunkt 224°, die sich mit Wasser zersetzen.

*Analytisch* bestimmt man Tellurverbindungen durch Reduktion zu Tellur und Wägung.

## Polonium, Po, Nr. 84.

Das letzte Element dieser Reihe besteht aus 6 Isotopen der Massenzahl 210—218, die alle kurzlebige (Halbwertszeiten unter 140 Tagen) radioaktive Zwischenglieder der Zerfallsreihe von Thorium und Radium sind. Keines ist rein isoliert; ihre chemischen Eigenschaften sind aus den Reaktionen anderer Elemente erschlossen, die diese radioaktiven Elemente bei chemischen Umwandlungen begleiten; z. B. daraus, ob sie bei Fällungen verwandter Elementverbindungen von Se und Te aus wäßriger Lösung mit ausfallen oder in Lösung bleiben. Unwägbare, aber durch ihre Strahlungseigenschaften eindeutig definierte Poloniummengen kann man aus wäßrigen Lösungen von Radiumsalzen durch Elektrolyse auf Platinblech niederschlagen. Die so an Polonium verarmte Lösung bildet in wenigen Monaten die alte Menge Polonium bis zu einem Zerfallsgleichgewicht nach.

## g) Die Metalle der ersten Nebengruppe.

*Alle Nebengruppen* des Periodensystems enthalten ausschließlich *Metalle*.
In der ersten *Nebengruppe* stehen die wichtigen Elemente Kupfer, Silber, Gold. Obwohl sie alle in der äußersten Elektronenschale 1 Elektron, in der nächsten 18 haben, sind sie in ihrer Wertigkeit und ihrem chemischen Verhalten sehr verschieden. Der Grund dafür liegt darin, daß bei einigen von ihnen nicht nur das alleinstehende Elektron, sondern auch eines oder zwei aus den weiter innen liegenden Schalen beweglich sind.

## Kupfer, Cu, Nr. 29.
### (lat. cuprum; engl. copper; franz. cuivre).
Atomgewicht: 63,57; Dichte: 8,92; Schmelzpunkt: 1083°; Siedepunkt: 2360°;
Wertigkeit: $+1$, $+2$; Elektronenschalen: 2,8,18,1; Isotope: 63 (68%); 65 (32%).

*Vorkommen.* Kupfer ist das wohl älteste dem Menschen bekannte Metall. Geologisch kommt es als $CuFeS_2$, *Kupferkies*, auf sekundären Lagerstätten als $CuCO_3 \cdot Cu(OH)_2$, *Malachit*, manchmal auch als gediegenes Kupfer vor.

*Biologisches.* Spuren von Kupfersalzen finden sich in allen Organismen; menschliches Blut enthält 0,8 mg $Cu^{++}$-Ionen im Liter; Harn ebensoviel. Manche Mollusken enthalten als Blutfarbstoff das blaue Hämocyanin, das an Stelle von $Fe^{++}$ ein Kupferion pro Molekül enthält. Ein Kupferhäminenzym ist aus Kartoffeln isoliert worden. Kupfersalze sind für Menschen fast ungiftig (bis zu 2 g; mehr wirkt als Brechmittel). Manche Bakterien und Algen, auch Amöben sind jedoch gegen Spuren Kupfer sehr empfindlich.

*Darstellung.* Die *technische Verarbeitung* der Kupfererze (meist $CuFeS_2$) ist wegen der zahlreichen Beimengungen schwierig. Zuerst wird durch Rösten der Erze mit Luft überschüssiger S wegoxydiert. Dann wird das flüssige, unter der Schlacke sich ansammelnde Gemisch von $Cu_2S$ und FeS abgelassen (Kupferstein). Durch diese flüssige Schicht wird in einem, dem BESSEMER-Verfahren ähnlichen Prozeß heiße Luft durchgepreßt, die einen Teil des $Cu_2S$ zu $Cu_2O$ oxydiert.

Das gebildete $Cu_2O$ reagiert in der Schmelze mit $Cu_2S$ unter Bildung von Kupfer und flüchtigem $SO_2$.

**Formel 191.**

$$Cu_2S \quad + \quad 2\,CuO \quad \rightarrow \quad 4\,Cu \quad + \quad \overset{\uparrow}{\overline{SO_2}}$$

| Kupfersulfid | Kupferoxyd | Rohkupfer | Schwefeldioxyd |
|---|---|---|---|
| schwarz, Smp. 1130° | schwarz, Smp. 1235° | rot, Smp. 1083° | Gas |
| unlöslich in $H_2O$ | unlöslich $H_2O$, löslich | Dichte 8,92 | |
| Dichte 5,6 | Säuren, Dichte 6,0 | | |

*Metall.* Das entstandene Rohkupfer, etwa 90%ig, wird dann durch Elektrolyse in reines *Elektrolytkupfer* von 99,9% übergeführt. Größte Reinheit ist nötig, da die gute *elektrische Leitfähigkeit* des Kupfers, die *Grundlage seiner technischen Verwendung*, schon durch kleine Mengen fremder Metalle herabgesetzt wird. Kupfer steht in der elektrischen Spannungsreihe rechts vom H, löst sich also nicht in sauerstofffreien Säuren (HCl). Bei Luftzutritt und in $HNO_3$ löst es sich leicht.

*Legierungen.* Kupfer wird viel zu Legierungen verwendet: *Messing* 10—50% Zink, Rest Kupfer; *Bronze* 5—20% Zinn, Rest Kupfer. Den *Phosphorbronzen* werden zum Guß Kupferphosphide zugesetzt; sie sind zäh und widerstandsfähig und werden zu Maschinenteilen, besonders zu hitzefesten Buchstaben-negativen (Matrizen) der Linotype-Maschinen verwendet, auf denen Buch- und Zeitungsschriftsätze aus einer Schreibmaschine automatisch zeilenweise gegossen werden. Die meisten *Münzen* sind ebenfalls Kupferlegierungen; so Nickel-, Silber- und Goldmünzen. *Neusilber* (für Bestecke) enthält je 20% Zink und Nickel, neben Kupfer. Durch 1% Silicium wird die Härte des Kupfers stark erhöht (elektrische Schleifkontakte). Legierungen mit 40% Nickel und etwas Mangan werden als *Konstantan* zu elektrischen Widerstandsdrähten mit nahezu temperaturunabhängiger Ohmzahl verarbeitet. Eine elektrische Batterie aus Kupfer und Zink (Daniellelement, 1,09 Volt) wurde früher im Haushalt für Klingelstrom verwendet (s. S. 89).

*Oxyde.* Kupfer ist als Kation $+1$- und $+2$wertig. Sein einwertiges Oxyd, *$Cu_2O$*, das *rote Kupferoxydul* (Smp. 1235°, Dichte 6,0, unlösl. $H_2O$) erhält man aus Kupfer(I)-salzlösungen durch Kochen mit Alkali. Durch Oxydation in feuchter Luft bildet sich daraus *$Cu(OH)_2$*, das bald spontan in das schwarze, in $H_2O$ unlösliche *$CuO$* (Smp. 1148°, Dichte 6,45) übergeht. $CuO$ wird in der organischen Chemie bei der C,H-Analyse nach LIEBIG verwendet. Alle organischen Verbindungen werden oberhalb 350° von $CuO$ zu $CO_2$ und $H_2O$ oxydiert; das $CuO$ geht dabei in Cu über.

**Formel 192.**

$$C_xH_y \quad + \quad \left(2\,x + \frac{y}{2}\right) CuO \quad \xrightarrow{600°} \quad \overset{\uparrow}{\overline{x\,CO_2}} \quad + \quad \overset{\uparrow}{\overline{\tfrac{y}{2}\,H_2O}} \quad + \quad \left(2\,x + \frac{y}{2}\right) Cu$$

| Organische Verbindung | Kupferoxyd | Kohlendioxyd | Wasser | Kupfermetall |
|---|---|---|---|---|
| Zersetzung > 400° | schwarz, fest | Gas | Gas | Smp. 1083° |
| | Smp. 1148° | | | Dichte 8,92 |
| | Dichte 6,45 | | | |

*Salze.* Die Salze des einwertigen $Cu^+$ *(Cuprosalze)* sind farblos und, wie die des nachfolgenden Elementes Silber, in $H_2O$ meist schwerlöslich; so $CuCl$ (Smp. 432°, Dichte 3,53, lösl. etwa 0,5%), $CuBr$, $CuCN$. In Lösung oder wäßriger Suspension zersetzen sich einwertige $Cu^+$-Salze leicht zu einem Gleichgewicht.

**Formel 193.**

$$2\,Cu^+Cl^- \;\underset{\longleftarrow}{\overset{HCl}{\longrightarrow}}\; Cu^{++}Cl_2^{--} \;+\; Cu$$

<table>
<tr><td>Kupfer-I-chlorid<br>weiß, kristallisiert, Smp. 432°<br>schwerlöslich, H₂O<br>Cu + 1wertig, Dichte 3,53</td><td>Kupfer-II-chlorid<br>(als Hydrat · 2 H₂O)<br>löslich zu 41%<br>Cu + 2wertig, Dichte 3,05</td><td>Kupfermetall<br>rotes Pulver<br>Cu nullwertig<br>Dichte 8,92</td></tr>
</table>

Es findet eine Disproportionierung zu dem in wäßriger Lösung blau gefärbten Salzen des $+2$wertigen *Cupriions* und zu nullwertigem metallischem Kupfer statt. Das Gleichgewicht stellt sich von beiden Seiten ein. In HCl löst sich CuCl zu einem Komplexsalz H[CuCl₂]; diese Lösung kann CO-Gas absorbieren und wird in der Gasanalyse verwendet.

Beständiger sind die Kupfer(II)-salze; das wichtigste ist das blaue *Kupfersulfat* $CuSO_4 \cdot 5\,H_2O$ (auch Kupfervitriol genannt), das man aus Kupfer durch Kochen mit $H_2SO_4$ erhält. Durch Erhitzen auf 250°

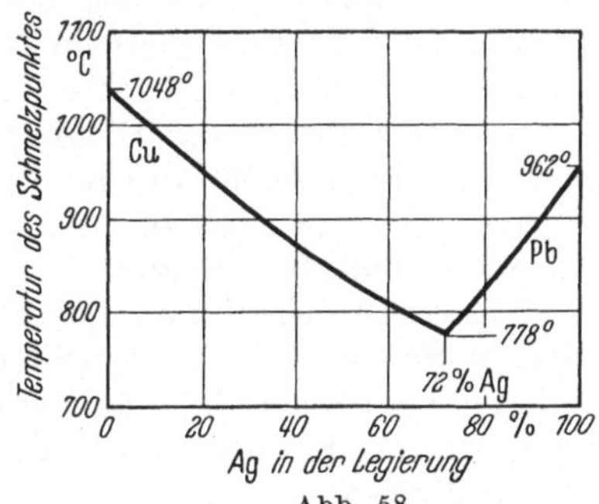

Abb. 58.

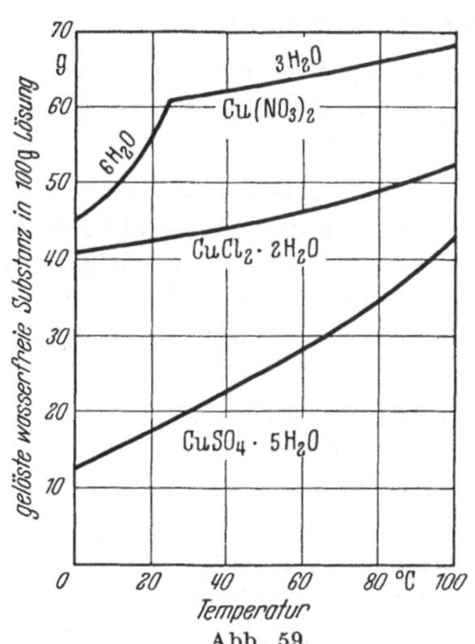

Abb. 59.

Abb. 58. Schmelzpunktsdiagramm der Legierung Kupfer-Silber.

Abb. 59. Löslichkeit der Kupfersalze in H₂O.

geht es in weißes kristallwasserfreies $CuSO_4$ über. Die blaue Farbe beruht auf der Bindung von vier Wassermolekülen an das Cu in dem Komplexsalz $[Cu\,(H_2O)_4]^{++}SO_4^{=} \cdot H_2O$.

Das Kupfer(II)-ion neigt zur Komplexsalzbildung. Versetzt man unlösliches $Cu(OH)_2$ mit $NH_3$, so löst es sich mit kornblumenblauer Farbe zu einem Komplexsalz $[Cu(NH_3)_4]^{++}(OH)_2^{=}$, dem SCHWEIZERschen *Reagens*, das Cellulose auflöst (s. S. 317) und deswegen in der Kunstseidefabrikation verwendet wird. Alkalische Komplexsalze mit organischen Säuren wie Weinsäure (z. B. FEHLINGsche *Lösung*, s. S. 289) werden in der klinischen Chemie zum Nachweis von Zuckern verwendet. Die Aminosäuren bilden mit Kupferionen schwerlösliche Komplexsalze.

$CuCl_2 \cdot 2\,H_2O$ ist blaugrün (Smp. wasserfrei 630°, Dichte 3,05), das hygroskopische Nitrat blau. $2\,CuCO_3 \cdot Cu(OH)_2$, *basisches Kupfercarbonat* (unlösl. in $H_2O$), bildet sich auf Kupferblech, das lang feuchter Luft ausgesetzt war, als schöne grüne wasserunlösliche *Patina*. Es wird auch künstlich hergestellt und als grüne haltbare Farbe gebraucht. Es zersetzt sich bei 200°. Ein Gemisch von basischen Kupferarseniten und Acetaten ist das *Schweinfurter Grün*; wegen der Gefahr der $AsH_3$-Bildung durch Pilze ist seine Verwendung in Wohnräumen verboten.

Die *Weltproduktion* an Kupfer war 1937 etwa 2 Millionen Tonnen.

*Analytisch* wird $Cu^{++}$ durch $H_2S$ als unlösliches schwarzes $Cu_2S$ oder durch $K_4[Fe(CN)^6]$ als unlösliches braunes $Cu_2[Fe(CN)_6]$ gefällt. Sehr empfindlich ist auch die dunkelblaue Färbung von $Cu^{++}$-Salzlösungen mit Ammoniak.

## Silber, Ag, Nr. 47.

(lat. argentum; engl. silver; franz. argent).

Atomgewicht: 107,88; Dichte: 10,5; Schmelzpunkt: 960°; Siedepunkt: 2150°; Wertigkeit: $+1$; Elektronenschalen: 2,8,18,18,1; Isotope: 107 (52,5%); 109 (47,5%).

*Vorkommen.* Silber ist eines der am längsten bekannten Metalle, da es in der Natur gediegen vorkommt, schön glänzt, relativ niedrig schmilzt und weich und deshalb leicht zu bearbeiten ist. Daneben findet man es als Mischsulfid mit Blei und Zinn; außerdem als farbloses unlösliches AgCl *(Hornsilber)*.

*Gewinnung.* Silber war früher fast so teuer wie Gold; heute läßt es sich aus Rückständen der Bleifabrikation, in denen es sich automatisch anreichert, billig gewinnen.

Man isoliert das Metall Silber aus angereicherten Schmelzen durch „*Parkessieren*", indem man dem geschmolzenen Blei bei 350° etwas Zink zufügt, das in Blei fast unlöslich ist (Zweilösungssystem). Da die Löslichkeit des Silbers im Zink sehr viel größer ist als im Blei, reichert es sich im Zink (Smp. 419°, Dichte 7,13) an, das wegen seines höheren Schmelzpunktes und seiner geringeren Dichte auf dem geschmolzenen Blei (Smp. 327°, Dichte fest 11,34) als festes Metall schwimmt und abgeschöpft wird. Aus der Zinksilberlegierung wird das Zink in Retorten abdestilliert und der zurückbleibende Rest aus Silber und Blei solange an der Luft erhitzt, bis alles Pb zu PbO oxydiert ist (Treibprozeß). Geschmolzenes PbO schwimmt auf und wird abgegossen; geschmolzenes Silber bleibt übrig (Silberblick). Erze, die AgCl oder $Ag_2S$ enthalten, werden mit wäßriger Natriumcyanid-Lösung behandelt *(Cyanidlaugerei)*; $Ag_2S$ und AgCl gehen als Komplexsalz in Lösung. Daraus wird Silber durch Einrühren von Zink- oder Aluminiumstaub gewonnen.

*Metall.* Silber ist weich, weiß, gut polierbar, der beste thermische und elektrische Leiter aller Metalle. Es löst beim Schmelzen $O_2$, den es beim Erstarren unter Spritzen wieder abgibt. In bewohnten Räumen wird es durch $H_2S$ an der Oberfläche dunkel unter Bildung von schwarzem $Ag_2S$. Es wird technisch meist nur in Legierung mit Kupfer verwendet. Solche Legierungen sind härter als reines Silber. Bis zu einem Gehalt von 50% Kupfer bleibt die Farbe des Ag unverändert (Silbermünzen). Viele Gegenstände werden oberflächlich versilbert; entweder elektrolytisch oder durch Glühen der Gegenstände nach Auftragung einer AgHg-Silberamalgampaste; Hg ist flüchtig, Silber bleibt zurück (Feuerversilberung).

Durch elektrische Zerstäubung von Silber unter Flüssigkeiten (Lichtbogen zwischen Silberstäben) oder durch vorsichtige Reduktion von Salzen lassen sich kolloidale farbige Silberlösungen herstellen, die starke bactericide Wirkung haben *(Collargol)*. Viel Silber wird in der Photographie als AgBr verwendet, weiter in der Spiegelfabrikation.

Eine *biologische Rolle* der Silberionen ist nicht bekannt. Lösliche Silbersalze wirken stark desinfizierend, in höheren Konzentrationen ätzend auf lebende Gewebe. Eintropfung von 1% $AgNO_3$-Lösung (CREDÉsche Tropfen) ist in vielen Ländern zur Verhütung der Augengonorrhoe von Neugeborenen obligatorisch. Bei längerem Silbersalzgebrauch kann es zur Abscheidung von metallischem Silber in den Knorpeln kommen: Dauerschwarzfärbung der Nasenknorpel.

*Salze.* Silber steht in der elektrischen Spannungsreihe weit rechts vom H (s. S. 89); es löst sich deshalb nicht in sauerstofffreien Säuren. Es löst sich in $HNO_3$ in der Kälte, in konzentrierter $H_2SO_4$ erst bei erhöhter Temperatur (Oxydation).

$Ag_2O$, das schwarze und einzige *Silberoxyd*, entsteht aus Silbersalzlösungen mit Alkali direkt; es ist in $H_2O$ zu 0,05% löslich und in dieser Lösung stark basisch ($Ag_2O + H_2O \rightleftharpoons 2 Ag^+(OH)^-$. Es zersetzt sich bei 300° zu Ag und O.

$AgNO_3$, *Silbernitrat* (Smp. 208°, Dichte 4,35, lösl. in $H_2O$ 70%, lösl. in Alkohol) ist neben $AgSO_4$ (Smp. 660°, Dichte 5,43, lösl. in $H_2O$ 0,74%) und Silberacetat das meist verwendete, lösliche Silbersalz.

Tabelle 28. *Die Silberhalogenide haben folgende Eigenschaften.*

| | AgF | AgCl | AgBr | AgJ |
|---|---|---|---|---|
| Farbe . . . . . . . . . . . . . . | farblos | farblos | weißgelb | gelb |
| Schmelzpunkt . . . . . . . . . | 435° | 449° | 419° | 555° |
| Löslich in $H_2O$ bei 15° . . . . . | 57% | $1,5 \cdot 10^{-4}$% | $1,3 \cdot 10^{-5}$% | $2,5 \cdot 10^{-7}$% |
| Dichte . . . . . . . . . . . | 5,85 | 5,56 | 6,47 | 5,67 |

*Photographie.* AgCl, AgBr, AgJ sind in $H_2O$ unlöslich und lichtempfindlich; sie werden durch Licht aller Wellenlängen kürzer als 6000 Å langsam in ihre Elemente Ag + Cl, Br, J gespalten. Das dabei gebildete fein verteilte Silber ist schwarz; die Halogene sind flüchtig. Silbersalze werden am Licht (langsam) schwarz. Darauf beruht die heute übliche *Schwarzweiß-Photographie.*

Zur direkten Schwärzung sind verhältnismäßig große Lichtmengen nötig, wie sie beim Photographieren, wo für bewegte Objekte nur kurz belichtet werden kann, nicht zur Verfügung stehen.

*Latentes Bild.* Bei der kurzen Belichtung einer Photoplatte (auf Film oder Glasplatte im Dunkeln aufgetragene, zur Steigerung der Empfindlichkeit längere Zeit erwärmte Gelatine-AgBr-Emulsion) in der Kamera entsteht an den Lichtstellen ein latentes, für das Auge noch nicht sichtbares Bild von submikroskopischen Ag-Kristallkeimen.

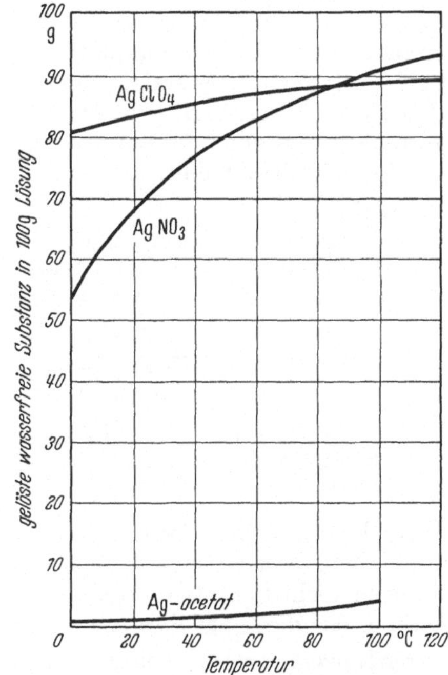


Abb. 60. Löslichkeit von Silbersalzen in $H_2O$.

Jeder Lichtstrahl geeigneter Wellenlänge, jedes Photon spaltet ein AgBr in Ag + Br (s. S. 67).

*Entwicklung.* AgBr wird von Reduktionsmitteln organischer Art, *Entwicklern* (s. Formel 570, S. 362), an den Stellen schnell zu schwarzem Ag reduziert, die schon durch vorherige kurze Belichtung photochemisch entstandene, aber noch unsichtbare metallische Silberkeime enthalten. Diese Silberkeime wirken als nötige Katalysatoren der Reduktion; nur an diesen Stellen wird die Platte durch Reduktion rasch schwarz.

Wegen des Einschlusses in die submikroskopischen AgBr-Kristalle der Emulsion sitzt nur etwa jedes 300. photochemisch gebildete Ag-Atom an der Kristalloberfläche und ist so katalytisch bei der Reduktion von farblosem AgBr zu schwarzem Ag im Entwicklerbad wirksam. Man kann im Prinzip durch Verkleinerung des Kristallkorns der AgBr-Kristalle in der Emulsion Photoplatten herstellen, die 300mal empfindlicher sind als die gewöhnlichen, was jedoch an technischen Hindernissen scheitert.

**Formel 194.**

$$Ag^+Br^- \quad + \quad H \quad \xrightarrow[\text{Keim}]{\text{Ag-}} \quad Ag \quad + \quad \overset{\uparrow}{\overline{H^+Br^-}}$$

Silberbromid                Reduktionsmittel           Silber              Bromwasserstoff

fast farblos, unlöslich in $H_2O$    (Formel 570)    schwarz, in Gelatine-        farblos
kolloidal in Gelatineemulsion        s. S. 362       emulsion kolloidal fein    in $H_2O$ löslich
der Photoplatte. Ag $+1$ wertig                      verteilt. Ag nullwertig    wird ausgewaschen

Im Entwicklerbad wird das latente Bild zu einem sichtbaren Bild verstärkt.

*Fixierbad.* An den nicht belichteten, im Entwickler aus Mangel an Photokeimen weiß gebliebenen Stellen sitzt noch unverändertes AgBr. Würde man den Film oder die Platte so ans Licht bringen, so würden diese weißen Stellen langsam durch direkte photochemische Wirkung auch schwarz. Man muß deshalb im Dunkeln das nicht umgesetzte AgBr als lösliches Komplexsalz im Fixierbad herauswaschen. Als Fixierbad kann man Lösungen von KCN, $Na_2S_2O_3$, bei AgCl auch $NH_3$ verwenden; meistens nimmt man eine Lösung von $Na_2S_2O_3$ *(Fixiersalz)*. Das AgBr geht als Komplexsalz in Lösung und kann mit $H_2O$ ausgewaschen werden; während das schwarze im Entwicklerbad gebildete kolloidale metallische Silber bleibt.

**Formel 195.**

$$Ag^+Br^- \quad + \quad 2\,Na_2^{+\,+}S_2O_3^{-\,-} \quad \rightarrow \quad Na_3^{+\,+\,+}[Ag(S_2O_3)_2]^{\equiv} \quad + \quad Na^+Br^-$$

Silberbromid          Natriumthiosulfat                   Komplexsalz              Natriumbromid
unlöslich in $H_2O$     löslich in $H_2O$              löslich in $H_2O$ auswaschbar

$$Ag^+Br^- \quad + \quad 2\,K^+CN^- \quad \rightarrow \quad K^+[Ag(CN)_2]^- \quad + \quad K^+Br^-$$

unlöslich             Kaliumcyanid                       Komplexsalz              Kaliumbromid
                      löslich in $H_2O$              löslich in $H_2O$ auswaschbar

$$Ag^+Cl^- \quad + \quad 2\,NH_3 \quad \rightarrow \quad [Ag(NH_3)_2]^+Cl^-$$

Silberchlorid         Ammoniak                           Komplexsalz
unlöslich in $H_2O$                                       löslich in $H_2O$

Nach gründlichem Auswaschen mit Wasser und nach Trocknung ist das photographische *Negativ* fertig (belichtete Stellen schwarz, unbelichtete farblos). Zur richtigen Licht-Schattenverteilung muß man vom Negativ nochmals ein Negativ machen, das dann als *Positivkopie* helldunkelrichtig ist.

*Farbtonänderungen.* Durch nachträgliches Behandeln mit löslichen Goldsalzen (meist $K^+[AuCl_4]^-$) kann man den schwarzen Ton des kolloidalen Silbers in einen goldroten überführen, wie das bei Kopien oft erwünscht ist.

**Formel 196.**

$$3\,Ag \quad + \quad Au^{+++}Cl_3^{---} \quad \rightarrow \quad Au \quad + \quad 3\,Ag^+Cl^-$$

Kolloidales Silber       Gold-III-chlorid           Kolloidales Gold           Silberchlorid

schwarz, Metall        Salz, gelb, in $H_2O$ löslich    goldrot, Metall        Salz, farblos, wird als lösliches
Ag nullwertig          Gold $+3$wertig                 Gold nullwertig          Komplexsalz herausgelöst
                                                        ersetzt Silber          Ag $+1$wertig

*Analytisch* wird $Ag^+$ als *unlösliches AgCl* gefällt und durch Wägen bestimmt. Auf der Genauigkeit von AgCl-Bestimmungen beruhen viele Atomgewichtsbestimmungen, da man die Chloride der meisten Elemente in hoher Reinheit darstellen kann. Aus dem Gewicht der AgCl-Fällung, die man erhält, wenn man eine genauest abgewogene Menge Elementchlorid in Wasser mit $AgNO_3$-Lösung versetzt, läßt sich das Atomgewicht des Elements auf mehrere Dezimalen genau berechnen, wenn man alle Bedingungen, Löslichkeit des AgCl, Umrechnung der Gewichte auf Vakuum, Wertigkeit und ähnliches berücksichtigt.

## Gold, Au, Nr. 79.

(latein. aurum; franz. or; engl. gold).

Atomgewicht: 197,2; Dichte: 19,3; Schmelzpunkt: 1063°; Siedepunkt: 2710°;
Wertigkeit: +1, +3; Elektronenschalen: 2, 8, 18, 32, 18, 1; Isotope: 197 (100%).

*Vorkommen.* Gold kommt in der Natur fast nur gediegen vor; eingesprengt in kleinen drahtförmigen Splittern in Urgestein. Sekundär ist Gold nach Zersetzung der Urgesteine in den Flußläufen da liegen geblieben, wo diese beim Austritt aus Gebirgen langsamer zu fließen beginnen (Goldseifen). Alle Flüsse aus Urgesteinsgebirgen führen fein verteiltes Gold in ihrem Sand.

Zur *Gewinnung des Goldes* wird der Sand mit einem Wasserstrom entweder über mit Hg gefüllte flache Pfannen geleitet, in denen sich Gold leicht als Amalgam HgAu löst (Amalgamverfahren). Häufiger wird das Cyanidverfahren verwendet. Hierzu wird der Sand mit verdünnter NaCN-Lösung an der Luft behandelt; das Gold löst sich unter Oxydation zu einem Komplexsalz.

**Formel 197.**

| | | | | |
|---|---|---|---|---|
| 2 Au | + | 4 Na$^+$CN$^-$ | + | $O_2$ | + | 2 $H_2O$ | → |
| Gold, Metall | | Natriumcyanid | | Luftsauerstoff | | Wasser | |
| fein verteilt | | weiß, kristallisiert leicht löslich in $H_2O$ | | | | | |

$$2\,\text{Na}^+[\text{Au(CN)}_2]^- \quad + \quad \text{H}_2\text{O}_2 \quad + \quad 2\,\text{NaOH}$$

Goldkomplexsalz      Wasserstoffsuperoxyd      Natriumhydroxyd
leicht wasserlöslich

Aus der Lösung wird Gold durch metallisches Zink abgeschieden und durch Elektrolyse gereinigt.

**Formel 198.**

$$2\,\text{Na}^+[\text{Au(CN)}_2]^- \quad + \quad \text{Zn} \quad \rightarrow \quad \text{K}_2^{++}[\text{Zn(CN)}_4] \quad + \quad 2\,\text{Au}$$

Natriumgoldcyanid    Zinkmetall    Kaliumzinkcyanid    Goldmetall
Gold +1wertig     Zn nullwertig    Zn +2wertig    Smp. 1063°
                                                   Gold nullwertig

Gold wurde wegen seiner schönen Farbe, seiner Resistenz gegen Witterungseinflüsse, wegen seiner Weichheit und leichten Bearbeitbarkeit schon in ältesten Zeiten als Schmuckmetall verwendet.

*Biologisch* ist Gold unwichtig; kolloidale Goldlösungen wirken bactericid, wie die meisten kolloidalen Suspensionen von Edelmetallen. Organische Goldverbindungen wurden mit zweifelhaftem Erfolg in der Therapie der Tuberkulose verwendet, ebenso ohne Erfolg gegen Syphilis versucht.

*Metall.* Das weiche, dehnbare metallische *Gold* läßt sich zu feinsten, weniger als $^1/_{1000}$ mm dicken Blättchen auswalzen oder elektrolytisch erzeugen; sie sind bläulich durchscheinend *(Blattgold)*. Da Gold zu weich ist, wird es für Gebrauchsgegenstände fast immer legiert, meistens mit Kupfer; die Legierungen sind härter In der Schmuckwarenindustrie bezeichnet man 100%iges Gold als 24karätig.

75%iges als 18karätig usw. Die Hauptmenge des Goldes wird als Währungs-
deckung der Staatsbanken und als konzentriertestes wertbeständiges Sparobjekt
von Privaten festgehalten. Das Gold ist der einzige zugängliche Gegenstand, der
seit Jahrhunderten seinen Kaufwert ungefähr konstant erhalten hat. Da Gold
selten ist und überall nur in geringen Mengen vorkommt, waren und sind seine
Produktionskosten immer ungefähr dieselben geblieben, so daß auch der Preis,
gemessen an seiner Kaufkraft, relativ stabil ist.

*Salze.* Gold steht in der elektrischen Spannungsreihe sehr weit rechts. Es
löst sich nicht in Säuren; nur beim Kochen mit Königswasser ($HCl + HNO_3$;
enthält $NOCl$) geht es als $AuCl_3$ in Lösung. Entsprechend seiner elektrischen
Stellung sind alle Goldsalze leicht zum Metall reduzierbar.

Neben dreiwertigen Salzen bildet Gold einwertige, wenig beständige, hellgelbe, meist komplexartige Salze, die in Wasser unter gegenseitiger Reduktion
und Oxydation schnell so zerfallen, daß von 3 AuCl eines zu $AuCl_3$ oxydiert und
2 zu Au reduziert werden.

**Formel 199.**

$$3\ Au^+Cl^- \xrightarrow[\text{Reduktion-Oxydation}]{\text{in } H_2O} Au^{+++}Cl_3^{\equiv} \quad + \quad 2\ Au$$

| Gold-(I)-chlorid | Gold-(III)-chlorid | Goldmetall |
|---|---|---|
| hellbraun, kristallisiert | rotbraun, kristallisiert | Smp. 1063° |
| zersetzt sich beim Erwärmen | Smp. 288°, leicht löslich in $H_2O$ | |
| Au + 1wertig | Au + 3wertig | Au nullwertig |

$AuCl_3 \cdot 2H_2O$ (Smp. 288°) ein gelbes, hygroskopisches Salz, bildet mit HCl
eine stabile komplexe Säure $HAuCl_4 \cdot 4H_2O$, *Goldchloridchlorwasserstoffsäure*,
deren K-Salz in der Photographie als Goldtonmittel verwendet wird.

Die *Weltproduktion* an Gold betrug 1937 etwa 1000 Tonnen.

*Analytisch* wird Gold als Metall ausgefällt. Für geringste Mengen verwendet
man die *dokimastische Methode:* Das Gold wird nach einigen Umwegen zur Anreicherung als kleine Kugel in einer Boraxperle geschmolzen und der Durchmesser
im Mikroskop ausgemessen. Eine gleiche variierte Methode wird auch zum Nachweis minimalster Spuren Quecksilber verwendet (s. S. 195, STOCK).

## h) Zweite Nebengruppe des Periodensystems.
## Zink, Zn, Nr. 30.

(franz., engl. zinc).

Atomgewicht: 65,38; Dichte: 7,13; Schmelzpunkt: 419,4°; Siedepunkt: 906°;
Wertigkeit: +2; Elektronenschalen: 2, 8, 18, 2; Isotope: 64 (50,9%); 66 (27,3%);
67 (3,9%); 68 (17,4%); 70 (0,5%).

*Vorkommen.* Geologisch kommt Zink als *Zinkblende ZnS, Zinkspat oder
Galmei $ZnCO_3$ und als ZnO vor.* Meist enthalten seine Erze noch Cu, Ag, Cd.

*Biologie.* Eine *biologische* Bedeutung des Zinks ist wahrscheinlich, aber noch
nicht bewiesen. Besonders große Zinkmengen enthält der Augenhintergrund.
Insulin kristallisiert nur als Zinksalz. ZnO wird als wundheilender Puder und in
Salben verwendet. Zinksalze sind nur wenig giftig.

*Gewinnung.* Die Erze werden durch Rösten an der Luft erst in ZnO übergeführt, und dieses wird mit Kohle in großen Retorten bei 800—1000° unter
Luftabschluß zu Zn reduziert. Das gebildete Zink (Siedep. 906°) destilliert ab
*(Retortenzink).* Neuerdings wird auch das geröstete Erz mit $H_2SO_4$ ausgekocht,
filtriert und das Zink aus der $ZnSO_4$-Lösung elektrolytisch gewonnen.

*Metall.* Das Metall ist bläulichweiß, grob kristallisiert und bedeckt sich an der
Luft mit einer schützenden homogenen Schicht von ZnO. Es wird deshalb viel

als Schutzüberzug, z. B. zur Verzinkung von Eisenblech (Wellblech, Eimer usw.) verwendet. Verzinktes Eisenblech rostet in kaltem Wasser schwer (s. S. 172). Gegen heißes Wasser, Salzwasser oder Obstsäuren ist diese Schutzschicht wenig beständig; für Kochgeschirre und Konservenbüchsen kann man deshalb nur verzinnte Bleche brauchen.

Zink wird in vielen Legierungen verwendet; die wichtigste ist *Messing* (20 bis 50% Zink, Rest Kupfer).

*Verbindungen.* Zink ist als Ion stets zwei wertig. Sein *Oxyd*, das weiße in $H_2O$ unlösliche *ZnO* (Smp. 2000°), entsteht beim Verbrennen von Zinkpulver an der Luft oder durch Glühen von $Zn(OH)_2$. Das weiße $Zn(OH)_2$ bildet sich aus $Zn^{++}$-Salzen mit NaOH.

**Formel 200.**

$$ZnCl_2 \;+\; 2\,NaOH \;\rightarrow\; \underset{\downarrow}{Zn(OH)_2} \;+\; 2\,NaCl$$

Zinkchlorid    Lauge    Zinkhydroxyd    Natriumchlorid

weiß, krist. Smp. 313°     weiß, krist.
Siedep. 730° hygr.     $2 \cdot 10^{-4}$% lösl. in $H_2O$
leicht lösl. in $H_2O$     Dichte 3,05
Dichte 2,91

In einem Überschuß von NaOH ist der Niederschlag zu Zinkaten löslich; $Zn(OH)_2$ reagiert amphoter.

**Formel 201.**

$$Zn(OH)_2 \;+\; 2\,Na^+OH^- \;\rightarrow\; Na_2^{++}[ZnO_2]^= \;+\; 2\,H_2O$$

Zinkhydroxyd    Lauge    Natrium-zinkat    Wasser
fast unlösl. in $H_2O$     weiß, krist. leicht lösl. in $H_2O$

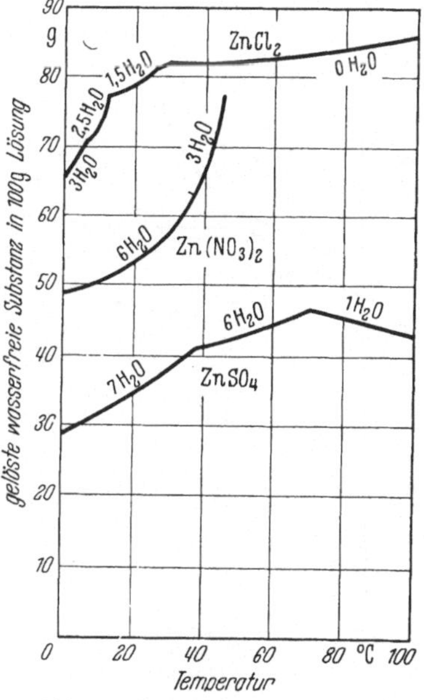


Abb. 61. Löslichkeit der Zinksalze in $H_2O$.

$ZnCl_2$, *Chlorzink* (Smp. 313° wasserfrei, Dichte 2,91) ist farblos kristallisiert, stark hygroskopisch und wird als wasserabspaltendes Mittel bei Kondensationsreaktionen in der organischen Chemie benutzt. Seine wäßrige Lösung reagiert sauer, weil $Zn(OH)_2$ eine sehr schwache Base, HCl eine starke Säure ist.

$ZnSO_4 \cdot 7H_2O$, farblos, wird als lösliches Zinksalz viel verwendet.

Das unlösliche weiße *ZnS, Zinksulfid* (Dichte 4,06, Smp. unter Druck 1800°, subl. bei 1200°), wird in öliger Suspension gemeinsam mit $BaSO_4$ als *weiße Farbe (Lithopone)* an Stelle von Bleiweiß verwendet; es dunkelt in bewohnten Räumen nicht nach, wie Bleiweiß, hat aber weniger Deckkraft. *ZnS*, das Spuren von Schwermetallsulfiden enthält, wirkt wie CaS *phosphorescierend*, im Dunkeln nachleuchtend (Leuchtphosphore).

Mit $NH_3$ bilden Zinksalze Komplexe; so geht $Zn(OH)_2$ mit $NH_3$ in Lösung unter Bildung von Zinkhexamminhydroxyd, das mit Säuren Salze bildet.

**Formel 202.**

$$Zn(OH)_2 \;+\; 6\,NH_3 \;\rightarrow\; [Zn(NH_3)_6]^{++}(OH)_2^=$$

Zinkhydroxyd    Ammoniak    Zinkhexammin-hydroxyd
fest, unlöslich in $H_2O$     farblos, fest, in $H_2O$ löslich
        Komplexsalz

Die Weltproduktion an Zink betrug 1937 1,5 Millionen Tonnen.

*Analytisch* wird $Zn^{++}$ durch $(NH_4)_2S$-Lösung als weißes Sulfid ZnS gefällt.

# Cadmium, Cd, Nr. 48.

Atomgewicht: 112,41; Dichte: 8,64; Schmelzpunkt: 321°; Siedepunkt: 767°;
Wertigkeit: +2; Elektronenschalen: 2, 8, 18, 18, 2; Isotope: 106 (1,5%); 108 (1%); 110 (12,8%);
111 (13,0%); 112 (24,2%); 113 (12,3%); 114 (28%); 116 (7,3%).

Das Cadmium kommt geologisch zu etwa 0,5% in allen Zinkerzen vor. Es ist seit mehr als 100 Jahren bekannt. Eine biologische Rolle ist bis jetzt nicht festgestellt. Die Salze sind mäßig giftig.

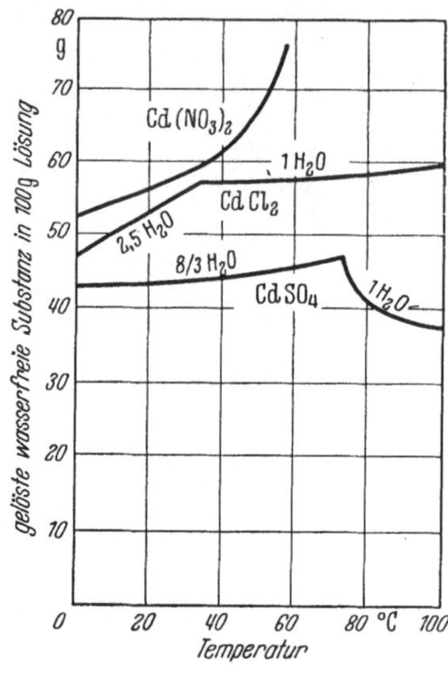


Abb. 62. Löslichkeit der Cadmiumsalze in H₂O.

Das *Metall* wird wie Zink durch Reduktion des CdO mit Kohle gewonnen. Bei der technischen Retortenzinkdestillation geht es in die erste Fraktion, da Cadmium niedriger siedet als Zink.

Cadmium ist als Metall silberweiß, steht in der elektrischen Spannungsreihe weiter rechts als Zink und ist wie dieses ein ausgezeichneter Rostschutz für Eisenblech. Es wird auch zu Amalgamplomben (s. S. 193) und zu niedrig schmelzenden Legierungen, z. B. Woodschem Metall, verwendet.

*Verbindungen.* CdO, *Cadmiumoxyd* (Dichte 8,6), ein braunes Pulver, entsteht aus dem weißen $Cd(OH)_2$ (Dichte 4,79) durch Erhitzen, das seinerseits aus Cadmiumsalzlösungen mit Lauge entsteht. Im Gegensatz zu Zink, das mit überschüssiger Lauge unter Bildung von Zinkaten in Lösung geht, ist $Cd(OH)_2$ in Laugen unlöslich, reagiert also nicht mehr amphoter (s. S. 80) wie $Zn(OH)_2$. In $NH_3$ löst es sich wie $Zn(OH)_2$ unter Bildung des Komplexes $[Cd(NH_3)_6]^{++}(OH)_2^{=}$.

Das *Cadmiumsulfat*, $3CdSO_4 \cdot 8H_2O$, besteht aus farblosen wasserlöslichen Kristallen; ebenso $CdCl_2 \cdot 2H_2O$ (Smp. wasserfrei 568°, Dichte 4,05).

*CdS*, ein *gelbes*, amorphes, in Wasser unlösliches Pulver wird als sehr beständige, gelbe Malerfarbe verwendet (*Cadmiumgelb*; Smp. 1750° unter 100 Atm. Druck, Dichte 4,82).

Die *Weltproduktion* an Cadmium war 1937 1500 Tonnen.

Analytisch wird Cd⁺⁺ mit $H_2S$ aus Lösungen als gelbes unlösliches CdS gefällt.

# Quecksilber, Hg, Nr. 80.

(lat. hydrargyrum; engl. mercury; franz. mercure).

Atomgewicht: 200,61; Dichte: 13,54; Schmelzpunkt: −38,8°; Siedepunkt: 357°;
Wertigkeit: +1, +2; Elektronenschalen: 2, 8, 18, 32, 18, 2; Isotope: 196 (0,1%); 198 (9,8%); 199 (16,4%);
200 (23,7%); 201 (13,6%); 202 (29,3%); 204 (6,85%).

*Vorkommen.* Das in der elektrischen Spannungsreihe rechts vom H stehende Quecksilber kommt in der Natur teilweise gediegen als Tröpfchen, meistens als roter *Zinnober, HgS,* vor. Quecksilber war schon im Altertum bekannt.

*Biologie.* Im normalen biologischen Ablauf spielt Hg keine Rolle. Seine löslichen *Salze* sind sehr *giftig.* Da das flüssige Metall einen merkbaren Dampfdruck hat, kann es bei langem Arbeiten mit Hg und Einatmen der Dämpfe zu Nervenstörungen kommen (Arbeiter früher in Spiegelfabriken). Peroral oder als Salbe auf die Haut eingerieben, wird metallisches Quecksilber von den meisten Menschen in großen Mengen vertragen; bis zur Entdeckung des Salvarsans war die Quecksilbertrink- und -schmierkur jahrhundertelang das einzige Heilmittel gegen Syphilis und Ileus. Man trank bis zu 1 kg Quecksilber auf einmal.

*Metall.* Das Metall wird aus HgS durch Erwärmen mit Eisenspänen unter Luftabschluß reduziert und gleich überdestilliert. Es ist nach Reinigen durch Schütteln mit $HNO_3$, wodurch viele andere Metalle zuerst herausgelöst werden, und mehrfachem Destillieren ein spiegelblankes, an der Luft klar bleibendes *flüssiges* Metall, das einzige bei Zimmertemperatur. Nur noch die Legierung von Kalium und Natrium ist ebenfalls flüssig; sie ist jedoch praktisch unbrauchbar; sie fängt an der Luft von selbst Feuer. Von kalter verdünnter HCl und $H_2SO_4$ wird Hg nicht angegriffen.

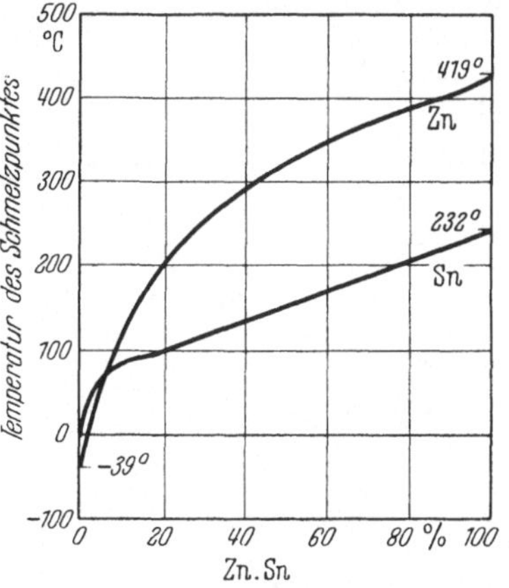


Abb. 63. Schmelzpunkte des Zink- und Zinnamalgams.

Quecksilber wird zur Füllung von Barometern, Thermometern, Gasbüretten, Quecksilberdampfstrahlpumpen und sonstigen Apparaten verwendet. Zwei physikalische Einheiten basieren auf Quecksilber: der Druck von einer Atmosphäre wird gemessen als der Druck einer Hg-Säule von 760 mm Höhe; die elektrische Widerstandseinheit, das Ohm, ist definiert durch den Widerstand von 1,063 m einer Hg-Säule von 1 mm² Querschnitt bei 0°. Zugeschmolzene dicke Quarzrohre, in denen zwischen Eisenelektroden in Quecksilberdampf im Vakuum ein Lichtbogen brennt, werden als Quarzlampen, Ultraviolettlampen (Quarz ist im Gegensatz zu Glas für ultraviolette Strahlen von 1800 Å ab aufwärts durchlässig) zur Heilung von Rachitis (s. S. 378) verwendet.

Hg löst eine große Zahl von Metallen (z.B. Na, K, Al, Zn, Cd, Ag, Au, Pt, dagegen nicht Fe) zu *Amalgamen*: teils Verbindungen, die definierte Zusammensetzung haben, teils bloße Mischungen. Manche davon entstehen unter starker Energieabgabe; $Na_xHg_y$ z.B. aus den Elementen unter Feuererscheinung. Sie sind, wenn Hg nicht in großem Überschuß vorhanden ist, fest. Diese leichte Amalgambildung wird bei der Goldgewinnung verwendet (s. S. 189). Die technisch wichtigsten Amalgame sind die *Zahnplomben.*

Dazu werden zwei Sorten von Amalgam verwendet.

*1. Kupferamalgam.* Es besteht aus einer festen, bei Zimmertemperatur beständigen Legierung, die eine von der Fabrik abgemessene Zusammensetzung hat und in kleinen millimetergroßen Würfelchen geliefert wird. Erwärmt man diese feste Legierung über einer kleinen Flamme auf ungefähr 200°, so geht sie in eine bei dieser Temperatur beständige Legierung von geringem Hg-Gehalt über; freies Hg tritt in Tröpfchenform an die Oberfläche. Nach dem Erkalten geht diese, durch flüssiges Hg jetzt plastisch gewordene Masse erst nach Stunden wieder in die ursprüngliche, bei Zimmertemperatur beständige feste Mischung über. Man kann sie derweil in die Zahnlöcher stopfen. Die Vorteile dieser Plombe: Sie kommt schon nach 3 Std zur Ruhe; das Kupfer wirkt bactericid; Kupferplomben halten Jahrzehnte. Die Nachteile: Das Kupfer durchwandert langsam, durch elektrische Vorgänge, den Zahn und färbt ihn durch CuS-Bildung schwarz; die Legierung gibt dauernd Spuren von Hg an den Körper ab.

*2. Zinnsilberamalgam.* Dazu wird eine von der Fabrik gelieferte geraspelte Legierung von 60% Sn und 40% Ag mit Hg (ungefähr, nach Gefühl) zu einer Paste angerührt; damit werden die Zahnlöcher gefüllt. Da im Gegensatz zur ersten Legierung das Hg in die geraspelten $^{1}/_{10}$ mm dicken Sn, Ag-Filter nur langsam eindringt, arbeiten die Plomben wochenlang, bis sie voll homogen sind. Die dadurch verursachten Volumenänderungen bedingen eine geringere Haftfestigkeit der Plombe im Zahn. Vorteile: Die Plombe bleibt, trotz des Ag-Gehaltes, farblos; es bildet sich aus unbekannten Gründen kein $Ag_2S$. Das Hg ist, im Gegensatz zum Kupferamalgam, fester gebunden undwird praktisch nicht an den Körper abgegeben. Nachteile: Geringere Haftfestigkeit, geringere Lebensdauer.

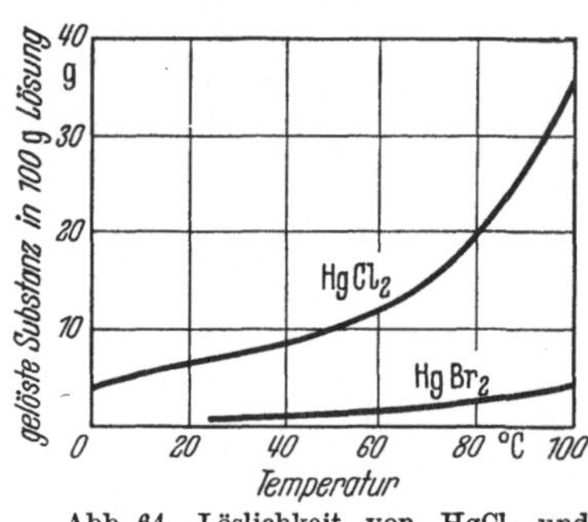



Abb. 64. Löslichkeit von HgCl₂ und HgBr₂ in H₂O.

Phantasie begabte Fabrikanten geben dazu 1% Au oder 1% Pt, was die Qualität nicht ändert und den Preis erhöht.

*Hg-Salze* sind einwertig (auch als Mercurosalze bezeichnet) und zweiwertig (Mercurisalze).

*Kalomel.* Das wichtigste einwertige Salz ist das im Wasser fast unlösliche weiße *Kalomel HgCl* (lösl. bei 18° 2,1 · 10⁻⁴%; Dichte 7,15), das bei 383° sublimiert, ohne zu schmelzen. Es ist dimer: $Hg_2Cl_2$. Wegen seiner geringen Löslichkeit ist es wenig giftig; es wird als Abführmittel gegeben.

*HgNO₃ · H₂O* (Dichte 4,79) ist, wie alle Nitrate, in Wasser löslich. Es entstehen basische Hg⁺-Salze. Alle einwertigen Quecksilbersalze *(Mercurosalze)* färben sich mit $NH_3$ schwarz durch teilweise Bildung von kolloidalem, freiem, metallischem Hg.

*Sublimat.* Das wichtigste zweiwertige Quecksilbersalz ist das farblose *HgCl₂*, *Sublimat (Mercurichlorid* Smp. 275°; sublimiert gegen 300°; Dichte 5,42). Es ist ein starkes *Gift* (tödliche Dosis für Menschen 300 mg) und wird in der Chirurgie zur Desinfektion von Instrumenten gebraucht, und zwar als 0,1%ige Lösung des Komplexsalzes *Na₂[HgCl₄]*, (farblos), in Tabletten gepreßt und zur Vermeidung von Verwechslungen künstlich mit Eosin gefärbt. Obwohl HgCl₂ in Wasser leicht löslich ist, bleibt es praktisch undissoziiert; seine Lösungen leiten den Strom fast nicht. HgCl₂ ist eine Übergangssubstanz zwischen polar gebauten Salzen und echten Molekülen. Ag⁺ fällt wegen der mangelnden Ionisierung nur einen Teil des Cl⁻ als AgCl. Als Molekül ist Sublimat auch in Alkohol, selbst in Äther, löslich.

HgCl₂ wird als Imprägnierungsmittel zum Konservieren von Stoffen und ausgestopften Tieren in Museen, von Telegraphenholzmasten und Eisenbahnschwellen verwendet. Es wirkt auf alle lebenden Zellen, Bakterien, Pilze, Hefen, durch Ausfällung ihrer Zellproteine als unlösliche Hg-Salze tödlich.

Bei der Ausfällung des in $H_2O$ praktisch unlöslichen HgJ₂ (lösl. in $H_2O$ 0,06 g im Liter) entsteht erst eine gelbe Modifikation, die bei Zimmertemperatur leuchtend rot wird. Mit KJ bildet es das farblose Komplexsalz *K₂(HgJ₄)*, dessen Lösung nach NESSLER schon mit geringsten *Spuren NH₃* Gelbfärbung ergibt, mit mehr NH₃ eine Ausfällung von braunem Hg₂J₃NH₂. Die NESSLERsche *Lösung* wird in der Biochemie viel verwendet (colorimetrische Empfindlichkeitsgrenze 1 mg NH₃ in 20 Liter $H_2O$).

*Hg(CN)₂* ist wie HgCl₂ farblos, in Wasser löslich und praktisch undissoziiert (lösl. 8%).

*Hg(SCN)₂, Quecksilberrhodanid,* ein weißes, wasserunlösliches Pulver, wird als Scherzartikel gebraucht; es verbrennt an der Luft unter Bildung voluminöser fester schaumartiger Massen aus viel Gas und geschmolzenem HgO (Pharao-schlangen).

**Formel 203.**

$$Hg(SCN)_2 \xrightarrow{O_2} HgO + \overset{\uparrow}{2\,SO_2} + \overset{\uparrow}{2\,CO} + \overset{\uparrow}{N_2}$$

| Quecksilber-rhodanid | Quecksilber-oxyd | Schwefel-dioxyd | Kohlen-monoxyd | Stickstoff |
|---|---|---|---|---|
| fest, weiß | kristallisiert, gelb unlöslich in $H_2O$ bildet halbgeschmolzen die Lamellen des Schaumes Dichte 11,14 | Gas | Gas | Gas |

HgS entsteht als schwarzer Niederschlag aus Quecksilber(II)-lösungen mit $H_2S$; durch Erwärmen mit $Na_2S$-Lösungen entsteht daraus der als rote Malerfarbe verwendete, auch natürlich vorkommende *Zinnober*; er hat die gleiche Formel HgS (unlösl. $H_2O$; subl. bei 580°, Dichte 8,09).

*Hg(CNO)*$_2$, das weiße Salz der Knallsäure (s. S. 128) ist nicht in feuchtem, wohl aber gepreßtem trockenem Zustand stoßempfindlich, explosiv. Es wird, mit Glaspulver und $KClO_3$ gemischt, zu Zündkapseln für Patronen und Granaten verarbeitet *(Knallquecksilber, Fulminat)*.

Das *gelbe* zweiwertige *HgO* entsteht leicht aus löslichen *Mercurisalzen* mit Alkalien; beim Aufbewahren wird es durch allmähliche Zunahme der Korn-größe *rot* (löslich in $H_2O$ 0,005%; Dichte 11,14). Es bildet sich auch aus Hg und $O_2$ bei 300°; bei 400° zerfällt es wie $Ag_2O$ in die Elemente.

Die *Weltproduktion* an Quecksilber war 1937 4000 Tonnen.

*Analytisch* wird $Hg^{++}$ aus Lösungen als HgS gefällt; in sehr kleinen Mengen, etwa in biologischen Objekten, wird es nach der bei Gold (S. 190) beschriebenen dokimastischen Methode bestimmt (Nachweisbarkeitsgrenze $10^{-8}$ g; STOCK).

## i) Dritte Nebengruppe des Periodensystems.

### Gallium, Ga, Nr. 31.

Atomgewicht: 69,72; Dichte: 5,90; Schmelzpunkt: 29,7°; Siedepunkt: 2344°;
Wertigkeit: +2, +3; Elektronenschalen: 2, 8, 18, 3; Isotope: 69 (61,2%); 71 (38,8%).

Das Element, das dem Zink in vielen Eigenschaften ähnelt und in Zinkblenden als Sulfid vorkommt, wurde 1875 von BOISBAUDRAN gefunden; gemäß einer Voraussage MENDELEJEFFS 1869 auf Grund einer Lücke im Periodensystem.

Das bläulichweiße, durch Elektrolyse der alkalischen Hydroxydlösung gewinn-bare Metall wird in kleinen Mengen als Amalgam zu Zahnplomben und wegen seines niederen Schmelzpunktes (29,7°) und hohen Siedepunktes (2300°) zur Metallfüllung von Hochtemperaturthermometern verwendet. Es ist gegen $H_2O$ beständig, löst sich aber in Säuren und Basen.

Seine zwei- und dreiwertigen Salze sind farblos; sein Hydroxyd $Ga(OH)_3$ ist amphoter. Nachgewiesen wird es spektroskopisch; es gibt violette Flammen-färbung (Linien bei 403,3 m$\mu$).

### Indium, In, Nr. 49.

Atomgewicht: 114,76; Dichte: 7,31; Schmelzpunkt: 156°; Siedepunkt: > 1450°
Wertigkeit: +1, (+2), +3; Elektronenschalen: 2, 8, 18, 18. 3; Isotope: 113 (4,5%); 115 (95,5%).

Es wurde 1803 von WINKLER ebenfalls in Zinkblenden gefunden. Es ist sehr selten. Das Metall ist silberweiß und kann durch Elektrolyse seiner Salze ge-wonnen werden. Es ist gegen $H_2O$ stabil, löslich in Säuren und Basen. Seine meisten Salze sind farblos, ein- und dreiwertig wie die wasserlöslichen $InCl_3$ und $In_2(SO_4)_3$. $In_2O_3$ ist gelb, wasserlöslich, und $In_2S_3$ (Smp. 1050°) ist rot und wasserunlöslich. Indiumsalze können Aluminiumsalze in Alaunen vertreten. Das $In_2O_3$ geht mit Wasser nicht in das Hydroxyd über.

Analytisch läßt sich Indium durch seine indigoblauen Spektrallinien identifizieren (410,2 m$\mu$ und 451,1 m$\mu$ violettblau).

## Thallium, Tl, Nr. 81.

Atomgewicht: 204,39; Dichte: 11,85; Schmelzpunkt: 302°; Siedepunkt: 1457°;
Wertigkeit: +1, +3; Elektronenschalen: 2, 8, 18, 32, 18, 3; Isotope: 203 (29,4%); 205 (70,6%).

*Element.* Dieses 1861 von CROOKES entdeckte Element findet sich in geringen Mengen in allen Silicatgesteinen, besonders Glimmern und Pyriten. Es reichert sich im Bleikammerschlamm der Schwefelsäurefabriken an und wird daraus nach Lösen in verdünnter $H_2SO_4$ als unlösliches TlJ gefällt. Das durch Elektrolyse darstellbare silberweiße, weiche *Metall* oxydiert sich an der Luft langsam zum Hydroxyd und Carbonat. In seinen physikalischen und chemischen Eigenschaften ist es dem Blei sehr ähnlich.

*Salze.* Seine *Salze* sind ein- und dreiwertig, meist farblos und sehr giftig; sie verursachen in kleinen Dosen Haarausfall und werden als Rattengift verwendet.

Das wasserlösliche, gelbe TlOH ist eine starke Base. Es gleicht hierin den Alkalihydroxyden.

Die einwertigen Thalliumhalogenide verhalten sich wie Silberhalogenide (der ersten Nebengruppe). TlF ist leicht wasserlöslich, wie AgF; das farblose TlCl ist schwerlöslich (0,3%. Smp. 427°, Dichte 7) und die gelben TlBr (0,05%, Dichte 7,55) und TlJ (0,006%, Smp. 447°) sind praktisch unlöslich.

$Tl_2CO_3$, $Tl_2SO_4$ und $TlNO_3$ sind wie die entsprechenden Alkalisalze farblos und wasserlöslich. Ebenso sind die farblosen Sulfate und die Halogenide der dreiwertigen Stufe teilweise unter Zersetzung wasserlöslich. $TlCl_3$ bildet mit Metallchloriden farblose Doppelsalze ($K_3TlCl_6$).

*Analysiert* werden Thalliumionen durch Fällung als schwarzes $Tl_2S$ mit $H_2S$ oder spektroskopisch nach ihrer grünen Flammenfärbung (Linie 535,0 m$\mu$ grün).

## k) Vierte Nebengruppe des Periodensystems.

Die Elemente dieser Gruppe, Titan, Zirkon, Hafnium, Thorium schließen sich in ihren Eigenschaften vielfach an das Silicium der vierten Hauptgruppe an.

## Titan, Ti, Nr. 22.

Atomgewicht: 47,90; Dichte: 4,50; Schmelzpunkt: 1825°; Siedepunkt: 3300°;
Wertigkeit: (+2), +3, +4; Elektronenschalen: 2, 8, 10, 2; Isotope: 46 (8,5%);
47 (7,8%); 48 (71,3%); 49 (5,5%); 50 (6,9%).

*Vorkommen.* Titan wurde 1795 von KLAPROTH entdeckt und 1825 von BERZELIUS isoliert. Das Hauptvorkommen ist $TiO_2$, *Rutil*, gelbe briefkuvertähnliche Kristalle, die in allen Silicatgesteinen zu 0,5—1,5% vorkommen. Daneben finden sich Titaneisenoxyde $FeTiO_3$ und Calciumtitanate $CaTiO_3$. Angereichert findet sich $TiO_2$ in sekundären Anschwemmlagern.

*Metall.* Das Metall wird durch Schmelzelektrolyse oder nach dem Thermitverfahren hergestellt. Es ist grau, stahlhart, schmiedbar und wird als Legierungszusatz zur Erzielung harten und stoßfesten Stahls verwendet (Lokomotivräder).

*Biologisch* spielt es, soweit bekannt, keine Rolle.

*Verbindungen.* $TiO_2$, *Titandioxyd*, ist in reinem Zustand weiß (Smp. 1775°, Dichte 3,84) und wird manchmal als weiße Farbe verwendet. Es reagiert weder mit heißen verdünnten Säuren noch Alkalien. Beim Einkochen mit konzentrierter $H_2SO_4$ gibt es farbloses *Titansulfat* $Ti(SO_4)_2$, das beim Verdünnen der Lösung in Titanylsulfat $TiO^{++}SO_4^{--}$ übergeht. Beim Schmelzen mit wasserfreier NaOH bilden sich Natriumtitanate $Na_4(TiO_4)$, die beim Lösen in Wasser unter Hydrolyse kolloidale $H_4TiO_4$, *Titansäure*, ausscheiden. Farblose Lösungen von $TiOSO_4$, Titanylsulfat, werden zum *Nachweis von* $H_2O_2$ verwendet, das schon in kleinen Spuren eine *orangerote Färbung* von *Peroxytitanylsulfat* $TiO_2(SO_4)$ hervorruft.

**Formel 204.**

$$H_2O_2 \quad + \quad TiO^{++}SO_4^{=} \quad \xrightarrow{\text{in } H_2SO_4} \quad H_2^{++}[TiO_2(SO_4)_2]^{=} \quad + \quad H_2O$$

| Wasserstoff-superoxyd | Titanylsulfat | Pertitanyl-schwefelsäure | |
|---|---|---|---|
| farblos | farblos | orangefarbig | |
| | Titan + 4wertig | Titan + 6wertig | |

$$TiCl_4 \quad + \quad 4\,HOH \quad \rightleftarrows \quad H_2TiO_3 \quad + \quad 4\,HCl$$

| Titantetrachlorid | Wasser | Titansäure | |
|---|---|---|---|
| flüssig, farblos | | farblos | |
| Siedep. 136°, Dichte 1,72 | | unlöslich in $H_2O$ | |

$TiCl_4$, darstellbar aus den Elementen, ist wie $SiCl_4$ eine nicht salzartige, farblose Flüssigkeit vom Siedepunkt +136°, die an feuchter Luft raucht und sich mit $H_2O$ zu Titansäure und HCl zersetzt (Dichte 1,72).

Mit konzentrierten Lösungen der Alkalichloride bildet $TiCl_4$ die komplexen, wasserlöslichen, gelben, wasserbeständigen *Chlorotitanate* $Na_2^{++}[TiCl_6]^{--}$. Mit Nichtmetallhalogeniden und vielen organischen Verbindungen bildet es zersetzliche Molekülverbindungen, ähnlich wie $SnCl_4$. Wie diese kann man $TiCl_4$ als Katalysator zur Polymerisation organischer Verbindungen, z. B. des Butadiens oder des Styrols (s. S. 411) anwenden.

Salze des *dreiwertigen Titans* sind durch Reduktion mit nascierendem Wasserstoff aus vierwertigem darstellbar; sie sind *violett und grün* und oxydieren sich schon an der Luft wieder zu 4wertigen farblosen Titanverbindungen.

*Analytisch* wird Titan entweder als Titansäure gefällt oder mit $H_2O_2$ colorimetrisch nachgewiesen.

## Zirkonium, Zr, Nr. 40.

Atomgewicht: 91,22; Dichte: 6,53; Schmelzpunkt: 1857°; Siedepunkt: 3200°;
Wertigkeit: (+2, +3), +4; Elektronenschalen: 2, 8, 18, 10, 2; Isotope: 90 (48%); 91 (11,5%);
92 (22%); 94 (17%); 96 (1,5%).

Das 1789 von KLAPROTH entdeckte Zirkonium findet sich primär als Silikat, sekundär als weißes $ZrO_2$, *Zirkonerde.*

Das *Metall*, spröd und schmiedbar, hart wie Stahl und gegen Luft resistent, wird durch Einwirkung von Natriummetall auf geschmolzenes $K_2ZrF_6$ dargestellt. Es ist gegen alle Säuren resistent und wird nur von Königswasser gelöst.

$ZrO_2$, *Zirkondioxyd* (Dichte 5,5) schmilzt bei etwa 2700°; es sendet beim Glühen vor allem im Gemisch mit Oxyden seltener Erden, blendend weißes Licht aus und wurde in Stäbchenform als Leuchtkörper der vorübergehend gebrauchten NERNST-*Lampen* verwendet. Es ist kalt ein elektrischer Nichtleiter, heiß guter Elektrizitätsleiter. Gesintertes $ZrO_2$ wird wegen seiner chemischen Resistenz gegen Säuren und Basen auch zur Herstellung chemischer Geräte verwendet.

Es hat sich gegen die billigeren und gegen plötzliche Kühlung resistenteren Geräte aus geschmolzenem $SiO_2$ bis jetzt nicht durchgesetzt. Es wird manchmal als Zusatz zu Emaille verwendet.

$ZrCl_4$ (farblose Kristalle), sublimiert bei 331° und wird durch $H_2O$ hydrolytisch gespalten. $ZrCl_3$ ist braun; $ZrCl_2$ schwarz.

*Analytisch* wird Zirkonium als schwerlösliches $Zr(OH)_4$ gefällt.

## Hafnium, Hf, Nr. 72.

Atomgewicht: 178,6; Dichte: 13,3; Schmelzpunkt: 2207°; Siedepunkt: > 3200°;
Wertigkeit: + 4; Elektronenschalen: 2,8,18,32,10,2; Isotope: 174 (0,18%); 176 (5,24%); 177 (18,47%);
178 (27,31%); 179 (13,84%); 180 (35,14%).

Es wurde 1922 durch von Hevesy und de Coster in Kopenhagen auf Grund seines Röntgenspektrums (s. S. 17) in Zirkonmineralien als deren häufiger Begleiter gesucht, gefunden und isoliert. Es gleicht in fast allen Eigenschaften dem Zirkonium, so daß die Trennung schwierig ist. Das farblose, wasserunlösliche $HfO_2$, Dichte 10,43, schmilzt bei 2812°. Das farblose HfC, Hafniumcarbid, hat den höchsten bekannten Schmelzpunkt, etwa 4000°.

## Thorium, Th, Nr. 90.

Atomgewicht: 232,12; Dichte: 11,7; Schmelzpunkt: 1827°; Siedepunkt: 3530°;
Wertigkeit: + 4; Elektronenschalen: 2,8,18,32,18,10,2; Isotope: 232 (100%).

Das radioaktive Element wurde 1828 von Berzelius gefunden; es ist das stabilste aller bekannten radioaktiven Elemente mit einer Halbwertszeit von $1,3 \cdot 10^{10}$ Jahren. Es findet sich als Gemisch mit anderen Oxyden in brasilianischem Monazitsand: in geringen Mengen weit verbreitet in Silicatgesteinen.

$ThO_2$, *Thoriumdioxyd*, im Gemisch mit $Ce_2O_3$ ist die leuchtende Masse der *Gasglühstrümpfe* (Auerlicht).

Die *Strahlung* eines Körpers wächst mit der vierten Potenz der absoluten Temperatur (Stefan-Boltzmannsches Gesetz). Davon wird von einem gewöhnlichen Temperaturstrahler ein großer Teil im ultraroten (> 7790 Å), für unser Auge unsichtbaren Gebiet als Wärme ausgestrahlt. Mit steigender Temperatur verschiebt sich das Maximum der Strahlung nach dem kurzwelligeren, energiereicheren, also sichtbaren Gebiet von 7700—3900 Å (Wiensches Gesetz). Das Produkt aus der Wellenlänge der Maximalemission und der absoluten Temperatur ist konstant. In $ThO_2 + 0,9\%$ $Ce_2O_3$-Gemischen ist das Spektralmaximum der Strahlung weit mehr, als es der entsprechenden reinen Temperaturstrahlung zukommt, in das sichtbare Gebiet verschoben. Die Lichtausbeute der Leuchtgaslampen mit Auerlicht ist fast so hoch wie bei elektrischen Glühlampen. Da Leuchtgas als Energiequelle notwendig billiger ist als Elektrizität (es kostet pro Energieeinheit nur 30% der durch Kohleverbrennung gewinnbaren Elektrizität), weil es weniger verlustreiche Energietransformationen von der Kohle her durchmacht, ist Gasbeleuchtung heute noch billiger als elektrische.

Das *Metall Thorium* kann man durch Elektrolyse einer (nichtkomplexen) Schmelze von $ThCl_4 + NaCl$ herstellen. Es ist grau, kristallin; in Alkalien unlöslich, langsam löslich in Säuren wie HCl und $H_2SO_4$; $HNO_3$ passiviert. $ThO_2$ ist weiß (Smp. 3050°, Dichte 9,69) und unlöslich in wäßrigen Basen und Säuren.

Durch Behandeln von $ThO_2$ mit $CCl_4$ in der Hitze erhält man das farblose, in Wasser unzersetzt lösliche Salz $ThCl_4$ (Smp. 814°, sublimiert). $ThF_4$ ist wasserunlöslich.

$Th(SO_4)_2 \cdot 4H_2O$, weiß, ist in Wasser löslich (0,74%); ebenso $Th(NO_3)_4 \cdot 4H_2O$ (lösl. 65%, farblos).

*Analytisch* kann Thorium als unlösliches basisches Thiosulfatderivat oder als unlösliches Jodat gefällt werden.

## l) Fünfte Nebengruppe des Periodensystems.

### Vanadium, V, Nr. 23.

Atomgewicht: 50,95; Dichte: 6,07; Schmelzpunkt: 1726°; Siedepunkt: 3000°;
Wertigkeit: +2, +3, +4, +5, +7; Elektronenschalen: 2,8,11,2; Isotope: 51 (100%).

Es wurde 1830 von SEFSTRÖM im Laboratorium von BERZELIUS entdeckt. Es kommt weitverbreitet in geringen Mengen teils als Oxyd $V_2O_5$, teils als Anion in Vanadinaten vor. Technisch wird es aus *Roscoelit*, einem Vanadium-Aluminiumsilicat, gewonnen.

Das *Metall*, stahlartig hart, wird nach dem Thermitverfahren aus $V_2O_5$ hergestellt. Es ist wasser- und säureresistent und wird technisch als *Legierungszugabe zu Stählen* verwendet; besonders für zähharte Werkzeugstähle, Drehstähle. Biologisch reichert es sich in manchen Pflanzen, Eichen, Zuckerrüben, aber auch in manchen niederen Seetieren an, die im Blut Vanadiumporphyrinverbindungen enthalten. Grund und Funktion dieses Phänomens sind unbekannt.

Das beständigste *Oxyd $V_2O_5$* ist *braun*, schmilzt bei 658°; es ist in Wasser fast unlöslich (0,1%), bildet aber leicht kolloidale Lösungen mit Strömungsdoppelbrechung; die Kristalle haben demnach Stäbchenform.

Die der $H_3PO_4$ analoge $H_3VO_4$, *Vanadinsäure*, ist in $H_2O$ nur zu 0,1% löslich; sie bildet Polysäuren $H_4V_2O_7$, $H_4V_6O_{17}$ usw., deren Salze farblos bis gelb und beständig sind. Durch *Reduktion* mit nascierendem $H_2$ entstehen *blaue, grüne, violette* 4-, 3- und 2wertige Vanadiumsalze. Sie gehen leicht wieder in die beständige 5wertige Stufe über, sind also Reduktionsmittel. *Vanadiumsalze werden wegen* des leichten Wechsels der Oxydationsstufen in der Technik vielfach als *Oxydations-Reduktions-Katalysatoren* verwendet. Vanadiumhalogenide werden durch $H_2O$ zersetzt.

### Niobium, Nb, Nr. 41.

Atomgewicht: 92,91; Dichte: 8,56; Schmelzpunkt: 1950°; Siedepunkt: 2900°;
Wertigkeit: (+2, +3, +4), +5; Elektronenschalen: 2,8,18,12,1; Isotope: 93 (100%).

In der amerikanischen Literatur wird Niobium manchmal als *Columbium* bezeichnet. Das sehr seltene Element wurde 1801 von HATCHETT entdeckt und 1839 von ROSE isoliert. Das Metall ist säureresistent und wird (selten) als Platinersatz verwendet.

Es kommt geologisch als gemischtes Oxyd vor. Das beständigste Oxyd ist das weiße, in Basen unter Komplexsalzbildung lösliche $Nb_2O_5$ (Smp. 1520°; Dichte 4,47; unlösl. $H_2O$). Niobiumsalze sind 2-, 3-, 4- und 5wertig und meist farblos. Niobhalogenide hydrolysieren teilweise mit $H_2O$.

### Tantal, Ta, Nr. 73.

Atomgewicht: 180,88; Dichte: 16,6; Schmelzpunkt: 3030°; Siedepunkt: 4100°;
Wertigkeit: (+2, +3, +4), +5; Elektronenschalen: 2,8,18,32,11,2; Isotope: 181 (100%).

Tantal wurde 1801 von EKEBERG im Laboratorium von BERZELIUS gefunden. Es findet sich als gemischtes Oxyd mit Fe, Mn und Nb und ist etwas häufiger als Niobium.

Das *Metall* wird durch Elektrolyse von geschmolzenem $K_2TaF_7$ gewonnen. Es ist grau, hart und zäh und vollkommen säurefest, selbst gegen Königswasser. Man fertigt deshalb chemische Geräte, chirurgische Instrumente daraus. Wegen seines hohen Schmelzpunktes (3030°) wurde es eine Zeitlang zu Glühfäden für elektrische Birnen verarbeitet; es ist heute durch das noch höher schmelzende Wolfram (Smp. 3380°) verdrängt.

Das weiße $Ta_2O_5$ (Dichte 8,735), das sich beim Verbrennen des Metalls an der Luft bildet, ist in $H_2O$ unlöslich. Beim Schmelzen mit Alkali entstehen daraus farblose, wasserlösliche komplexe Tantalate, z.B. $K_8Ta_6O_{19} \cdot 16H_2O$. Das entsprechende Na-Salz ist schwerlöslich.

2-, 3-, 4wertige Tantalsalze sind meist farbig (grün, gelb).

## Protactinium, Pa, Nr. 91.

Atomgewicht: 231; Dichte: —; Schmelzpunkt: —; Siedepunkt: —;
Wertigkeit: +5; Elektronenschalen: 2,8,18,32,18,11,2,; Isotope: —.

Das radioaktive Element wurde 1918 von HAHN und MEITNER und unabhängig von SODDY und CRANSTON entdeckt. Es kommt wie Radium im Uran als dessen Zerfallsprodukt vor (in einer Tonne Uran neben 340 mg Radium 280 mg Protactinium). Es hat eine Halbwertszeit von $3,2 \cdot 10^4$ Jahren und ähnelt chemisch dem Thorium.

## m) Sechste Nebengruppe des Periodensystems.

Sie umfaßt die Metalle Chrom, Molybdän, Wolfram und Uran, die 2-, 3-, 4-, 5- und 6wertig sein können. In ihren niedrigen Oxydationsstufen sind sie Kationenbildner; die höheren Oxyde sind fast durchweg Säurebildner. Alle Salze der niederen Stufen und viele der höheren sind farbig.

## Chrom, Cr, Nr. 24.

(engl. chromium; franz. chrome).

Atomgewicht: 52,01; Dichte: 7,1; Schmelzpunkt: 1765°; Siedepunkt: 2660°;
Wertigkeit: +2, +3, (+5), +6; Elektronenschalen: 2,8,12,2; Isotope: 50 (4,5%); 52 (83,78%);
53 (9,43%); 54 (2,3%).

*Vorkommen.* Das 1797 von VAUQUELIN entdeckte Chrom kommt als gemischtes Oxyd $Cr_2O_3 \cdot FeO$, *Chromeisenstein*, daneben als *Rotbleierz*, $PbCrO_4$, vor.

Eine *biologische Rolle* des Chroms ist nicht bekannt. Die Salze sind giftig; bei Arbeitern chromverarbeitender Betriebe (z.B. Gerbereien) kommt es manchmal zu chronischen Vergiftungen.

*Metall.* Das weiße, sehr harte *Metall Chrom* wurde früher nach dem Thermitverfahren hergestellt; heute durch Elektrolyse wäßriger Lösungen seiner Salze, die man durch Auflösen der Chromoxyde in heißer Schwefelsäure erhält. Eine andere Methode besteht in der Behandlung von Chromeisenstein mit Koks im elektrischen Widerstandsofen, wodurch *Ferrochrom*, eine Eisen(35%)-Chrom (65%)-Legierung mit Kohlenstoff entsteht, die ohne Isolierung des Chroms direkt zu Chromstahl weiter verarbeitet wird. Chromoxyd allein mit Koks gibt nur Chromcarbide. Wegen der guten Feuchtigkeitsresistenz des Chroms werden Gebrauchsgegenstände verchromt, Autokühler, Türgriffe, Bestecke. Legierungen von Chrom und Eisen sind als Chromstahl wegen ihrer Zähigkeit und Resistenz gegen Weichwerden in der Hitze (im Gegensatz zu gewöhnlichem Stahl) geschätzt; sie werden als Schnelldrehstähle verwendet.

Metallisches Chrom läßt sich durch anodische Oxydation passivieren; es überzieht sich dabei wahrscheinlich mit einer unsichtbar dünnen Oxydhaut und ist in diesem Zustand gegen verdünnte Säuren weitgehend unempfindlich, trotz seiner Stellung links vom H in der elektrischen Spannungsreihe. Es löst sich in HCl und $H_2SO_4$, dagegen wegen der Passivierung nicht in oxydierenden Säuren wie $HNO_3$.

*Chromoxyde und Derivate.* Es gibt zwei *Chromoxyde*; das erste ist das graugrüne, durch Glühen von blaugrünem $Cr(OH)_3$ (das man aus $Cr^{+++}$-Salzen mit $NH_4OH$ erhält) entstehende $Cr_2O_3$ (Dichte 5,2) mit dreiwertigem Chrom. Es ist in Wasser, verdünnten Laugen, Säuren unlöslich, schmilzt bei 2275°, löst sich aber leicht in schmelzendem Alkali, konzentrierter $H_2SO_4$ und in Glasschmelzen.

**Formel 205.**

$$Cr_2O_3 \quad + \quad 4\,NaOH \quad + \quad 1\tfrac{1}{2}O_2 \quad \xrightarrow{\text{Schmelze}} \quad 2\,Na_2[CrO_4] \quad + \quad 2\,H_2O\uparrow$$

| Chrom-III-oxyd | Natriumhydroxyd | Luftsauerstoff | Natriumchromat | Wasser |
|---|---|---|---|---|
| Smp. 2275° Dichte 5,21 graugrün unlöslich in $H_2O$ Cr + 3wertig | Smp. 318° | | gelb, mit 4 Kristall-$H_2O$ löslich zu 31%, Smp. 320° (wasserfrei), Dichte mit 10 $H_2O$ = 1,48; Cr + 6wertig | |

Ein Hydrat des $CrO_3$ wird als grüne Malerfarbe verwendet.

Das Hydroxyd des $Cr_2O_3$, das *Cr(OH)₃*, ist amphoter; es hat sowohl saure wie basische Eigenschaften. Es löst sich in Laugen zu stark hydrolysierenden Chromiten; in Säuren zu Salzen.

**Formel 206.**

$$Cr(OH)_3 \quad + \quad 3\,Na^+OH^- \quad \rightarrow \quad Na_3^{+++}[CrO_3]^{\equiv}$$

| Chromhydroxyd, Säure | Natriumhydroxyd | Natriumchromit |
|---|---|---|
| grün, in $H_2O$ unlöslich | | |

$$Cr(OH)_3 \quad + \quad 3\,H^+Cl^- \quad \rightarrow \quad Cr^{+++}Cl^{\equiv} \quad + \quad 3\,H_2O$$

| Chromhydroxyd, Base | Chlorwasserstoff | Chrom-III-chlorid | Wasser |
|---|---|---|---|
| | | + 6 $H_2O$, violett und grün (s. S. 203) löslich in $H_2O$ zu 35% Smp. etwa 1150°, Dichte 2,76 | |

*Chromtrioxyd.* Das Oxyd des sechswertigen Chroms $CrO_3$, *Chromtrioxyd*, besteht aus dunkelrotem, mit stark saurer Reaktion wasserlöslichen, bei 198° unter Zersetzung schmelzenden Kristallen, die man aus Alkalichromaten mit konzentrierter $H_2SO_4$ erhält.

**Formel 207.**

$$Na_2CrO_4 \quad + \quad x\,H_2SO_4 \quad \rightarrow \quad Na_2SO_4 \quad + \quad \underset{\downarrow\,H_2SO_4}{H_2O} \quad + \quad CrO_3$$

| Natriumchromat | Schwefelsäure | Natriumsulfat | | Chromtrioxyd (Chrom-VI-oxyd) |
|---|---|---|---|---|
| gelb, Smp. 320° | konzentriert | löslich in $H_2O$ | | dunkelrote Kristalle Smp. 198°, Dichte 2,70 leichtlöslich in $H_2O$ schwerlöslich in konz. $H_2SO_4$ |

$CrO_3$ zersetzt sich oberhalb seines Schmelzpunktes rasch:

**Formel 208.**

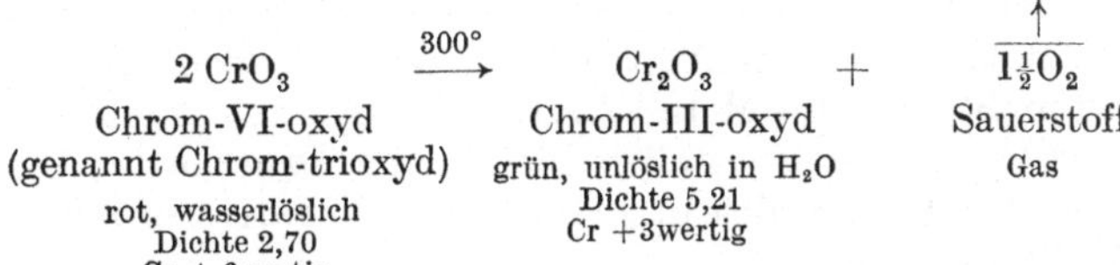

$$2\,CrO_3 \quad \xrightarrow{300°} \quad Cr_2O_3 \quad + \quad 1\tfrac{1}{2}O_2\uparrow$$

| Chrom-VI-oxyd (genannt Chrom-trioxyd) rot, wasserlöslich Dichte 2,70 Cr + 6wertig | Chrom-III-oxyd grün, unlöslich in $H_2O$ Dichte 5,21 Cr + 3wertig | Sauerstoff Gas |
|---|---|---|

$CrO_3$ ist ein starkes *Oxydationsmittel*; organische Verbindungen, z. B. Alkohol, auf $CrO_3$ aufgetropft, brennen sofort. In Eisessig löst es sich unzersetzt.

Das Hydroxyd des $CrO_3$, $H_6CrO_6$, ist nicht existenzfähig; es bildet sich unter Wasserabspaltung intermediär $H_2CrO_4$, *Chromsäure*, und daraus sofort $H_2Cr_2O_7$, *Dichromsäure*, die nur in wäßriger gelbroter Lösung bekannt ist. Deren Salze, *die gelben Chromate ($K_2CrO_4$, Smp. 975°)* und gelbroten *Bichromate ($K_2Cr_2O_7$)* kristallisieren gut.

Daneben gibt es rote und blaue *Perchromsäuren* und deren Salze $HCrO_5$,$H_3CrO_8$ und andere, die durch Einwirkung von $H_2O_2$ auf saure oder alkalische Chromverbindungen entstehen. Empfindliche Chromnachweise basieren darauf.

*Chromate.* Die meist gelben Chromate des + 6wertigen Chroms erhält man durch Schmelzen jeder Chromverbindung mit Alkali an der Luft (Formel 205).

*Dichromate.* Durch Lösen in Wasser und Ansäuren gehen sie in die roten Bichromate über.

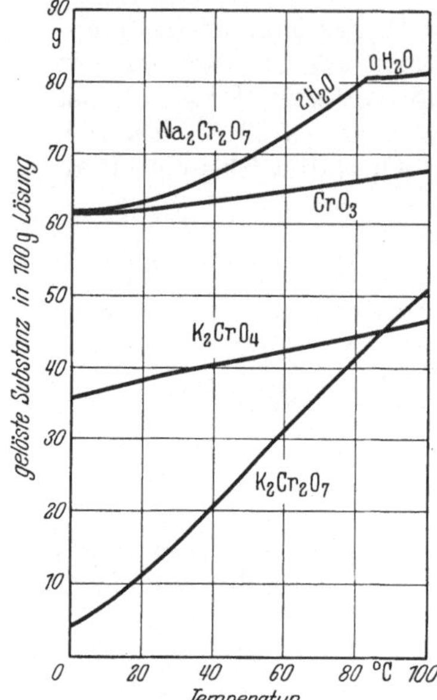


Abb. 65. Löslichkeit von Chromverbindungen in $H_2O$.

**Formel 209.**

$$2\,Na_2CrO_4 + H_2SO_4 \rightarrow Na_2Cr_2O_7 + Na_2SO_4 + H_2O$$

| Natriumchromat | Natriumdichromat | Natriumsulfat | Wasser |
|---|---|---|---|
| kristallisiert gelb, wasserlöslich mit 4 $H_2O$ zu 31% bei 25° Dichte 1,48 mit 10 $H_2O$ | kristallisiert orangerot mit 2 $H_2O$ löslich zu 65% bei 25° Dichte mit 2 $H_2O$ 2,52 | | |

*Bichromate* sind neben $Cr^{+++}$-Salzen die technisch meist verwendeten Chromverbindungen; sie dienen als *Oxydationsmittel* in der organischen Chemie, Farbstoffchemie (chinoide Farbstoffe, S. 346 u. 383) und in Gerbereien.

Das wichtigste ist $K_2Cr_2O_3$, orangefarbige Kristalle vom Smp. 393° und der Dichte 2,69; lösl. in $H_2O$ zu 11% bei 20° (s. Abb. 65).

Dichromat oxydiert Gelatine (ein aus Knochen und Leder hergestelltes hochmolekulares Fadenprotein (s. S. 332) und wird dabei zu $Cr^{+++}$ reduziert. Im Gegensatz zu den beiden Ausgangsstoffen ist $Cr^{+++}$-Gelatine wasserunlöslich. Die Oxydation wird durch Licht katalysiert; im Dunkeln findet keine Oxydation statt.

**Formel 210.**

$$K_2Cr_2O_7 + H_2SO_4 + Gelatine \rightarrow K_2SO_4 + Cr_2(SO_4)_3 + Oxygelatine + H_2O$$

Kaliumbichromat　　　　　Protein　　　　　　　　　　　Oxydierte Chromgelatine

Chrom + 6wertig　　　in warmem Wasser löslich　　　in Wasser unlöslich

　　　　　　　　　　　　　　　　　　　　　　　　　　Chrom + 3wertig

Davon macht man in einem *Photodruckverfahren* Gebrauch: Eisenplatten werden im Dunkeln mit Dichromatgelatine bestrichen, durch das photographische Negativ belichtet, und dann im Dunkeln mit heißem Wasser die nichtbelichteten wasserlöslichen Stellen weggelöst. Die belichteten unlöslichen Stellen bleiben; die Platte wird so mit Säure behandelt, die an den unbelichteten, nicht durch Gelatine geschützten Stellen die Metalloberfläche wegätzt. Nach dem Wässern und Abbürsten der $Cr^{+++}$-Gelatinestellen bleibt eine Druckplatte, bei der zum Druck fertig die weißen Stellen des ursprünglichen Negativs erhaben sind, also schwarz drucken (Photo, s. S. 187 u. 362).

Das Säurechlorid der Chromsäure, das man aus Chromat, NaCl und konzentrierter $H_2SO_4$ beim Erhitzen erhält, das *Chromylchlorid, $CrO_2Cl_2$*, ist eine rote, bei 116° siedende Flüssigkeit. Es raucht an feuchter Luft und zerfällt mit $H_2O$.

**Formel 211.**

$$CrO_2Cl_2 \quad + \quad 2\,HOH \quad \rightarrow \quad H_2CrO_4 \quad + \quad \overset{\uparrow}{2\,HCl}$$

Chromylchlorid      Wasser      Chromsäure      Chlorwasserstoff
flüssig, rot, Siedep. 116°                  Gas
Dichte 1,91

*Salze.* Chrom ist in seinen Verbindungen $+2$-, $+3$- und $+6$wertig.

Blaue Lösungen des *$CrCl_2$, Chromchlorids,* entstehen bei der Reduktion von Chromsalzlösungen mit Zink in starker Salzsäure unter Luftabschluß. Sie sind scharfe Reduktionsmittel und oxydieren sich an der Luft sofort zur 3wertigen Stufe. Von den 3wertigen, beständigen Salzen kommt $CrCl_3 \cdot 6\,H_2O$ als *blaugrünes* und als *violettes* Salz vor. Beide Salze sind *komplexisomer:* $[CrCl_2 \cdot (H_2O)_4]^+Cl^- \cdot 2\,H_2O$ ist grün; $[Cr(H_2O)_6]^{+++}Cl_3^{---}$ ist violett. Durch Erhitzen kann man das violette in das grüne überführen; bei Zimmertemperatur tritt langsam die umgekehrte Entwicklung ein. Im grünen Salz, in dem $2\,Cl^-$ im Komplex selbst gebunden sind, ist nur $^1/_3$ des Chlors durch $Ag^+NO_3^-$ als $AgCl$ fällbar. $+3$wertige Chromsalze bilden auch mit organischen Verbindungen Komplexsalze; ihre Koordinationszahl ist meist 6, manchmal 4. Ähnliche Erscheinungen der Komplexisomerie zeigt das violette wasserlösliche *$Cr_2(SO_4)_3 \cdot 12\,H_2O$* (lösl. 55%), das in der Färberei als Metallbeize verwendet wird.

Ein gemischtes Sulfat ist das früher als Beize verwendete violette Doppelsalz *$KCr(SO_4)_2 \cdot 12\,H_2O$, Chromalaun* (lösl. 15%).

Die Weltjahresproduktion an Chrom war 1937 mehr als eine Million Tonnen.

*Analytisch* wird Chrom durch Ausfällung mit $NH_3$ als $Cr(OH)_3$ oder durch Überführung in Chromat bestimmt.

## Molybdän, Mo, Nr. 42.

(engl. molybdenum).

Atomgewicht: 95,95; Dichte: 10,2; Schmelzpunkt: 2622°; Siedepunkt: 3560°;
Wertigkeit: $(+2, +3, +4, +5)$, $+6$; Elektronenschalen: 2, 8, 18, 13, 1; Isotope: 92 (14,9%); 94 (9,4%); 95 (16,1%); 96 (16,1)%; 97 (9,6%); 98 (24,1%); 100 (9,25%).

Es wurde von SCHEELE 1778 als Element erkannt und kommt natürlich als Sulfid, als grauer, graphitartiger Molybdänglanz $MoS_2$ vor. Eine biologische Rolle ist nicht bekannt; die Salze sind mäßig giftig.

**Formel 212.**

$$Na_2^{++}CO_3^{--} \quad + \quad MoO_3 \quad \rightarrow \quad Na_2^{++}MoO_4^{--} \quad + \quad \overset{\uparrow}{CO_2}$$

Natriumcarbonat      Molybdäntrioxyd      Natrium-molybdat      Gas
                   weiß, Smp. 795°    weiß, mit 10 Kristall $H_2O$ löslich 39,4%
                   fast unlöslich in $H_2O$    Smp. wasserfrei 687°
                   Dichte 4,50

$$\xrightarrow[\text{Säure}]{\text{mit wenig}} \quad Na_6[Mo_7O_{24}] \cdot 22\,H_2O$$

Natrium-polymolybdat
weiß, kristallisiert, löslich 54%

*Metall.* Das wie Chrom silberweiße, harte *Metall* wird aus dem Oxyd $MoO_3$ (erhalten durch Rösten von $MoS_2$) durch Reduktion mit Kohle bei Rotglut hergestellt. Es ist beständig gegen verdünnte Säuren und wird wie Chrom zu Stahllegierungen verwendet.

Das farblose $MoO_3$, *Molybdäntrioxyd*, schmilzt bei 795°, sublimiert aber schon früher. Es löst sich in Säuren und Alkalien, in Wasser nur sehr wenig.

*Molybdate.* Mit Alkalien bildet es *Molybdate*, die wie Chromate die Neigung haben, in Salze von Polysäuren überzugehen.

**Formel 213.**

$$(NH_4)_5H[Mo_6O_{21}] \quad + \quad H_3PO_4 \quad \xrightarrow[\text{kochen}]{HNO_3} \quad (NH_4)_3[P(Mo_3O_{10})_4] \cdot 6\,H_2O$$

| Ammoniummolybdat | Phosphorsäure | Ammoniumphosphormolybdat |
|---|---|---|
| farblos | | gelb, kristallisiert, fast unlöslich in $HNO_3$ |

Das Ammoniumsalz einer dieser Säuren, das $(NH_4)_5H(Mo_6O_{21}) \cdot 3\,H_2O$, gewöhnlich *Ammoniummolybdat* genannt, wird als sehr empfindliches Reagens auf Phosphationen verwendet.

Vom Molybdän sind daneben Salze der $+2$-, $+3$-, $+4$- und $+5$wertigen Stufe bekannt. Sie sind blau, grün, gelb, violett und zeigen teilweise ähnliche Komplexisomerien wie $Cr^{+++}$-Salze.

*Molybdänblau.* Durch Zusammenschmelzen von Ammoniumpolymolybdat mit $MoO_3$ erhält man blaue Pulver nicht ganz einheitlicher Art $Mo_5O_{14} \cdot 6\,H_2O$, die als unlösliche blaue Malerfarbe verwendet werden.

*Analytisch* wird Molybdän als $MoO_3$ gefällt und nach dem Glühen gewogen.

## Wolfram, W, Nr. 74.

(engl. tungsten; franz. ebenso; im französischen manchmal als Tu formuliert).

Atomgewicht: 183,92; Dichte: 19,1; Schmelzpunkt: 3380°; Siedepunkt: 4800°;
Wertigkeit: ($+2$, $+3$, $+4$, $+5$), $+6$; Elektronenschalen: 2, 8, 18, 32, 12, 2; Isotope: 180 (0,2%);
182 (22,6%); 183 (17,3%); 184 (30,1%); 186 (29,8%).

*Vorkommen.* Das 1781 von SCHEELE als Element entdeckte, 1858 von CRONSTEDT dargestellte Metall kommt natürlich als *Tungstein, Scheelit $CaWO_4$*, weiter als Fe-, Mn- und Pb-Wolframat vor.

*Metall.* Die Erze werden auf chemischem Wege erst in gelbes $WO_3$ übergeführt und mit Wasserstoff bei 1200° reduziert. Wolframmetall ist silberweiß, hat den höchsten Schmelzpunkt aller Metalle, ist noch reißfester als Stahl und läßt sich zu feinsten Fäden ausziehen, die als Glühlampenfäden (in Krypton, Glühtemperatur 2500°) verwendet werden (Smp. 3380°). Es ist in Säuren praktisch unlöslich, außer in kochender $H_2SO_4$. Es wird wie Chrom und Molybdän zur Darstellung besonders harter Stahllegierungen verwendet, auch zu Röntgenantikathoden und an Stelle von Bogenlampenkohlen.

Biologisches über Wolfram ist nicht bekannt.

*Verbindungen.* Bei hoher Temperatur verbrennt W langsam an der Luft zu *gelbem $WO_3$, Wolframocker*, (Smp. 1473°, Dichte 7,16), unlöslich in Säuren, löslich in Alkalien unter Bildung von *Wolframaten*, z.B. $Na_2WO_4 \cdot 2\,H_2O$.

Aus den farblosen, wasserlöslichen Alkaliwolframaten fällen Säuren weiße unlösliche *Wolframsäuren $H_2WO_4 \cdot H_2O$*, die unter Bildung unlöslicher Komplexe Proteine quantitativ mit sich reißen.

Da die entstehende Proteinwolframsäure unlöslich und deshalb neutral ist, bleibt die Lösung trotz Säurezusatz neutral, was speziell bei biochemischen Laboratoriumsreaktionen oft erwünscht ist. Darauf beruht eine biochemisch viel angewendete Methode der Proteinausfällung aus biologischen Flüssigkeiten, Gewebefiltraten, Blut, Lymphe.

Eine neuerdings als präparatives Fällungsmittel für basische Naturstoffe verwendete komplexe Heteropolysäure ist die kristallisierte farblose *Phosphor-*

*wolframsäure* $H_7[P(W_2O_7)_6] \cdot 19H_2O$. Wie die meisten anderen Heteropolysäuren (z. B. Arsenwolframsäure, Phosphormolybdänsäure) ist sie sehr leicht in Äther löslich. Man erhält sie durch Kochen von Alkaliphosphaten mit $WO_3$, nachheriges Ausäthern der sauren Lösung und Verdampfung der abgetrennten ätherischen Lösung.

**Formel 214.**

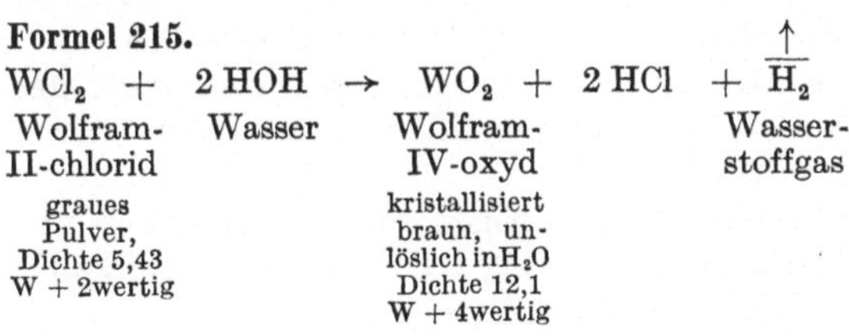

$$Na_2^{++}WO_4^{--} + \text{lösl. Protein} + H_2SO_4 \rightarrow Na_2^{++}SO_4^{--} + \underline{H_2WO_4 \cdot \text{Protein}}$$

| | | | |
|---|---|---|---|
| Natriumwolframat | lösl. Säure | Salz | Protein-wolframsäure |
| neutral, weiß, kristallisiert | | neutral, löslich | farblos, unlöslich in $H_2O$ |
| Smp. 698°, löslich mit | | | neutral |
| 2 $H_2O$ zu 42% | | | |
| Dichte mit 2 $H_2O$ = 3,23 | | | |

Wie Molybdän bildet Wolfram wenig beständige $+2$-, $+3$-, $+4$-, $+6$wertige rote, braune, schwarze *Salze*, die sich in Wasser unter Hydrolyse oder Disproportionierung zersetzen; einige wie $WCl_2$ zersetzen Wasser unter Bildung von Wasserstoff.

**Formel 215.**

$$WCl_2 + 2 HOH \rightarrow WO_2 + 2 HCl + \overset{\uparrow}{\underline{H_2}}$$

| Wolfram-II-chlorid | Wasser | Wolfram-IV-oxyd | Wasser-stoffgas |
|---|---|---|---|
| graues Pulver, | | kristallisiert braun, un- | |
| Dichte 5,43 | | löslich in $H_2O$ | |
| W + 2wertig | | Dichte 12,1 | |
| | | W + 4wertig | |

*Analytisch* wird Wolfram als Wolframsäure gefällt, geglüht und als $WO_3$ gewogen.

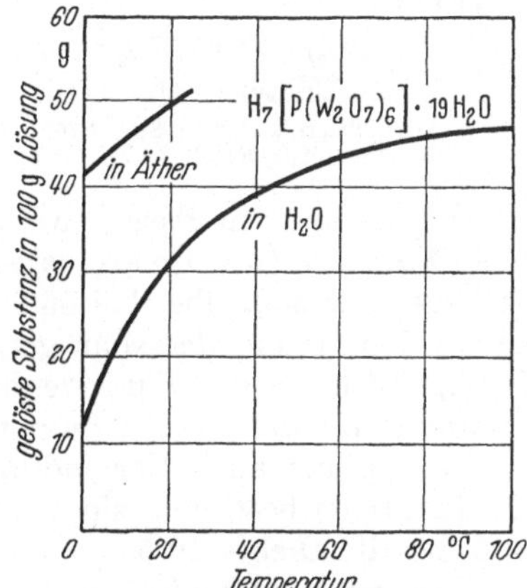


Abb. 66. Löslichkeit von Phosphor-wolframsäure.

## Uran, U, Nr. 92.

(franz.; engl. uranium).

Atomgewicht: 238,07; Dichte: 19,0; Schmelzpunkt: 1689°; Siedepunkt: —; Wertigkeit: $(+3) +4 (+5) +6$; Elektronenschalen: 2, 8, 18, 32, 18, 13, 1; Isotope: 234 (0,006%, radioaktiv); 235 (0,72%, radioaktiv, Halbwertszeit 7,1 · 10⁸ Jahre); 238 (99,3%, radioaktiv, Halbwertszeit 4,5 · 10⁹ Jahre).

*Vorkommen.* Das 1789 von KLAPROTH entdeckte Uran, das höchste natürlich vorkommende radioaktiv zerfallende Element (BECQUEREL 1896, s. S. 28) kommt als schwarze *Uranpechblende* $U_3O_8$ vor; meist gemischt mit Blei- und Zinnoxyden oder als *Carnotit*, Calcium-Uran-Vanadium-Oxyd. $U_3O_8$ ist zwar weit verbreitet in Gesteinen, aber relativ selten in abbauwürdigen Lagern vorhanden. Es wurde früher wegen seines Radiumgehaltes (etwa 110 mg pro Tonne) abgebaut, neuerdings wegen der Gewinnung von Atomenergie aus Uranisotopen (s. S. 39).

Das *Metall Uran* wird durch Reduktion der weißglühenden Oxyde mit $H_2$ gewonnen; es ist grau wie Eisen, beständig gegen Laugen und Säuren, wird aber von kochendem Wasser, besonders unter erhöhtem Druck, langsam angegriffen. Es enthält pro 1000 kg Metall 340 mg Radium.

Uransalze sind sehr giftig.

*Verbindungen.* $UO_3$ erhält man als goldgelbes Pulver beim Abrauchen von Uranaten mit $H_2SO_4$. Es ist unlöslich in $H_2O$; es löst sich in Glasschmelzen mit goldgelber Farbe *(Uranglas)*. Bei Erhitzen des $UO_3$ über 700° bildet sich in $H_2O$

unlösliches graugrünes $U_3O_8$ (sublimiert bei 1300°). $UO_3$ löst sich in Säuren; beim Eindampfen kristallisieren die gelbgrünen fluorescierenden wasserlöslichen *Uranylsalze* aus.

**Formel 216.**

$$UO_3 \quad + \quad 2\,HNO_3 \quad \rightarrow \quad (UO_2)^{++}(NO_3)_2^{--} \qquad (UO_2)^{++}(SO_4)^{--}$$

| Uran-(VI)-oxyd | Salpetersäure | Uranylnitrat | Uranylsulfat |
|---|---|---|---|
| gelbes Pulver | | kristallisiert, grüngelb, + 6 H₂O | kristallisiert, grüngelb |
| unlöslich in H₂O | | löslich, 57%, in Äther und Alkohol | löslich in H₂O 16% |
| Dichte 5,92 | | Dichte 2,81 | Dichte 3,28 |

Das Natriumuranylacetat ist eines der seltenen in Wasser wenig löslichen Na-Doppelsalze und wird deshalb manchmal zum Nachweis von $Na^+$-Ionen verwendet.

**Formel 217.**

$$(UO_2)^{++}(OOCCH_3)_2^{--} \quad + \quad Na^+(OOCCH_3)^- \quad \rightarrow \quad Na^+(UO_2)^{++}(OOCCH_3)_3^{\equiv}$$

| Uranylacetat | Natriumacetat | Natrium-uranylacetat |
|---|---|---|
| kristallisiert, gelbgrün, Smp. 275° | kristallisiert, farblos | kristallisiert, gelbgrün, löslich in H₂O |
| + 2 H₂O, löslich 7,7% | + 3 H₂O, löslich 70% | 4,6%, löslich Aceton 2,6% |

$UO_3$ ist auch in Basen zu *Uranaten* löslich; es reagiert amphoter. Es bilden sich *Diuranate* (wie Bichromate); z.B. $Na_2(U_2O_7) \cdot 5\,H_2O_3$ orangegelb. Wichtig ist heute das hellgelbe, bei 56,2° sublimierende, kristallisierte $UF_6$ (Dichte 4,68). Durch Benützung der sehr geringen Unterschiede in der Geschwindigkeit der Thermodiffusion der Fluoride der beiden Uranisotopen 235 und 238 gelang deren Trennung für die erste Atombombe (s. S. 37).

Uran bildet auch Verbindungen der 3-, 4-, 5wertigen Stufe, von denen nur die 4wertigen beständig sind. Das braunschwarze Oxyd $UO_2$ schmilzt bei 2227° und hat die Dichte 10.5.

Uran-ion wird *analytisch* als unlösliches, braunes Uranylferrocyanid $(UO_2)_2^{++++}$ $[Fe(CN)_6]^{--}$ bestimmt.

## n) Siebte Nebengruppe des Periodensystems.

Sie umfaßt die Elemente Mangan und Rhenium; das Element Nr.43 fehlt und ist wahrscheinlich unbeständig radioaktiv; es ist bis jetzt jedenfalls trotz vielen Suchens nicht gefunden worden. Nach der MATTAUCHschen *Isobarenregel*, die stabile *isobare* Isotope (= Isotope gleicher Massenzahl) bei Nachbarelementen verbietet, darf es nicht existieren, weil alle möglichen isobaren Isotope bei Nachbarelementen bereits vertreten sind. Es wurde als künstliches radioaktives Element dargestellt (Technetium).

## Mangan, Mn, Nr. 25.

(franz. manganèse; engl. manganese).

Atomgewicht: 54,93; Dichte: 7,2; Schmelzpunkt: 1221°; Siedepunkt: 2135°;
Wertigkeit: +2 (+3), +4, +6, +7; Elektronenschalen: 2, 8, 15; Isotope: 55 (100%).

*Vorkommen.* Der schon den alten Römern bekannte *Braunstein* $MnO_2$ wurde von PLINIUS als Magnes bezeichnet. Natürliche Vorkommen sind die magnetischen $MnO_2$ und $Mn_3O_4$, *Hausmannit*, daneben $MnSiO_3$ und $MnS$.

*Metall.* Das Metall wird nach dem aluminothermischen Verfahren von GOLD-SCHMIDT hergestellt. Es läßt sich im Hochvakuum destillieren. Reines Metall ist stahlgrau, hart, spröd, pulverisierbar, wird schon von Wasser langsam angegriffen und löst sich leicht in Säuren. Beim Erhitzen an der Luft verbrennt es zu $Mn_3O_4$. Rein wird es praktisch nicht verwendet; dagegen werden Mangan-

eisenlegierungen, wie man sie durch gemeinsame Reduktion von Manganeisen-
oxyden im Hochofen erhält, als Spiegeleisen, *Manganeisen*, verwendet. Reines
Mangan läßt sich aus seinen Oxyden durch Reduktion mit C nicht herstellen;
man erhält Carbide.

*Biologisch* spielen Mangan-(II)-Salze wahrscheinlich eine Rolle als Zellkatalysatoren; Genaues ist noch nicht bekannt. $KMnO_4$, Kaliumpermanganat, wird
als äußeres Desinfektionsmittel verwendet. Mangansalze sind nur wenig giftig.

*Verbindungen.* Mangan kann $+2$-, $+3$-, $+4$-, $+6$- und $+7$wertig sein. Von
allen diesen Stufen gibt es *Hydroxyde*.

$Mn(OH)_2$ erhält man aus den beständigen $Mn^{++}$-Salzen mit wäßriger Lauge;
es ist basisch, in Wasser schwerlöslich, farblos und wird durch Spuren von $O_2$
sofort zu braunen höheren Oxyden oxydiert.
Darauf beruht ein sehr empfindliches Nach-
weisverfahren für gasförmigen $O_2$. Durch
Erhitzen unter Luftabschluß geht es in graugrünes wasserunlösliches *MnO* (Smp. 1785°)
über, das kalt luftbeständig ist.

Das wichtigste beständige Salz des $Mn^{++}$
ist das hellrosa, fleischfarbene *Mangansulfat*
$MnSO_4 \cdot 1, 4, 5, 7, H_2O$. $MnCO_3$, ebenfalls hellrosa, wasserunlöslich, kommt in Gesteinen vor.
*MnS, Mangansulfid*, hellrosa, ist in Wasser
unlöslich.

Anhydride des $Mn(OH)_3$, des wasserunlöslichen Hydroxyds des 3wertigen Mangans,
finden sich natürlich als *MnO(OH)*, *Manganit*,
und als $Mn_2O_3$, *Braunit*. Frisch gefälltes
$Mn(OH)_3$ oxydiert sich an der Luft zu $MnO_2$.

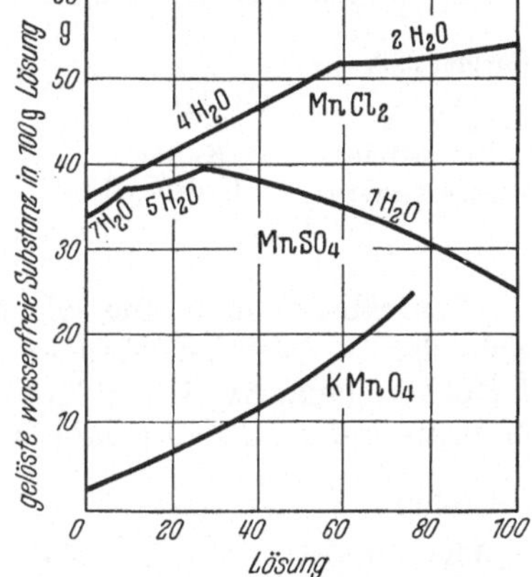


Abb. 67. Löslichkeit einiger Mangansalze.

Die dreiwertigen Anhydride sind luftbeständig. $Mn(OH)_3$ hat nur schwach basische
Eigenschaften. Es existiert ein grüngraues wasserunlösliches $Mn^{+++}PO_4^{\equiv} \cdot$
$2\,H_2O$; das wenig beständige Sulfat bildet mit Rubidiumsulfat beständige
*Alaune*, $Rb^+Mn^{+++} (SO_4)_2^{==} \cdot 12\,H_2O$.

*Braunstein.* $MnO_2$, *Braunstein*, Dichte 5,02, das Anhydrid des nichtbestän-
digen $Mn(OH)_4$ ist amphoter. Man kennt viele Verbindungen, in denen $MnO_2$
Anion ist; z.B. Manganite, etwa das natürlich vorkommende *Hartmanganerz*
$(MnO_2)_2BaO = Ba^{++}(Mn_2O_5)^=$. Bei starkem Erhitzen geht $MnO_2$ in das bei hohen
Temperaturen beständigste rotbraune Manganoxyd $Mn_3O_4$ über (Smp. 1560°).
Braunstein gibt Sauerstoff ab; er ist besonders in der Wärme ein gutes Oxydations-
mittel und wird als solches technisch verwendet, z.B. in der Glasfabrikation als
Bleichmittel für Glas.

In starken Säuren löst sich $MnO_2$ als Kation und bildet Salze, z.B. $Mn^{++++}$
$Cl_4^{==}$ und $Mn^{++++}(SO_4)_2^{==}$. Diese Salze werden, entsprechend dem schwach
basischen Charakter des $MnO_2$, durch Wasser unter Spaltung in Säure und $MnO_2$
hydrolysiert.

**Formel 218.**

$$MnO_2 \quad + \quad 4\,HCl \underset{\text{kalt}}{\rightleftharpoons} Mn^{++++}Cl_4^{==} \quad + \quad 2\,H_2O$$

Braunstein                                 Mangan-IV-chlorid         Wasser
wasserunlöslich                           grüne Lösung
Dichte 5,02

Erhitzt man eine $MnCl_4$-Lösung, so spaltet sich freiwillig $Cl_2$ ab.

Diese Reaktion wird im Laboratorium zu $Cl_2$-Gasdarstellung benützt; man erwärmt $MnO_2$ mit konz. HCl.

**Formel 219.**

$$Mn^{++++}Cl_4^{==} \xrightarrow{\;60-100°\;} Mn^{++}Cl_2^{=} \quad + \quad Cl_2\uparrow$$

Mangan-IV-chlorid                    Mangan-II-chlorid          Chlor

rosafarbig, kristallisiert          Gas, grün
$+ 4 H_2O$ löslich 40%
Dichte 2,97

*Manganate.* Das Hydroxyd des $+ 6$wertigen Mangans, $Mn(OH)_6$, ist frei nicht beständig; es hat nur noch sauren Charakter. Seine Salze, die beständigen grünen, wasserlöslichen *Manganate* entstehen beim Schmelzen aller Manganverbindungen mit Alkali an der Luft.

**Formel 220.**

$$MnO_2 \quad + \quad 2\,KOH \quad + \quad \tfrac{1}{2}O_2 \xrightarrow{\;500°\;} K_2^{+}[MnO_4]^{--} \quad + \quad H_2O$$

Braunstein        Kalium-        Luft-                Kaliummanganat

Mangan $+ 4$wertig     hydroxyd     sauerstoff        dunkelgrüne Kristalle
löslich in Alkali, neutrales $H_2O$ zersetzt
Mangan $+ 6$wertig

Neutralisiert man eine solche alkalische wäßrige Lösung, so disproportioniert sich das $+ 6$wertige Mangan durch eine kombinierte Reduktion-Oxydation; 1 Mol Manganat oxydiert 2 Mol Manganat zu 2 Mol Permanganat mit $+ 7$wertigem Mangan und wird selbst dabei zu $+ 4$wertigem Mangan reduziert.

**Formel 221.**

$$3\,K_2^{+}[MnO_4]^{--} \quad + \quad 2\,H_2O \rightarrow 2\,K^{+}[MnO_4]^{-} \quad + \quad MnO_2 \quad + \quad 4\,KOH$$

Kaliummanganat        Wasser        Kaliumpermanganat        Braunstein

grün                                kristallisiert, violett     Mangan
Mangan $+ 6$wertig                  löslich in $H_2O$ zu 8%      $+ 4$wertig
Mangan $+ 7$wertig

*Permanganate.* Das violette, schön kristallisierende $KMnO_4$, *Kaliumpermanganat*, ist ein starkes Oxydationsmittel, das in der Technik und im Laboratorium viel gebraucht wird. Sehr verdünnte, rosarote Lösungen werden in der Medizin als Desinfektionsmittel verwendet. 1 Mol $KMnO_4$ gibt in saurer Lösung 2,5 Mol O ab (Reduktion zu $Mn^{++}$); in alkalischer Lösung 1,5 Mol O (Reduktion zu $Mn^{++++}$).

*Manganometrie.* Auf der oxydierenden Eigenschaft der violetten $KMnO_4$-Lösungen beruht eine titrimetrische Methode, die *Manganometrie*. Mit einer $KMnO_4$-Lösung von bekanntem Titer kann man alle Reduktionsmittel ohne Indicator genau titrieren. Endpunkt ist in saurer Lösung der scharfe Farbumschlag von siebenwertigem Mn (violett) $\rightarrow Mn^{++}$ (farblos). Auch viele andere Substanzen lassen sich so titrieren; z.B. Calcium$^{++}$ als Oxalat in der wichtigen klinischen Methode der Ca-Bestimmung im Blut (s. S. 151).

Noch leichter geben $Ca(MnO_4)_2$ und besonders $AgMnO_4$ ihren Sauerstoff ab. Das letztere oxydiert bei Zimmertemperatur als Pulver CO zu $CO_2$ und wird deshalb als Filtereinsatz für *Spezialgasmasken* verwendet.

Im Gegensatz zur Mangansäure ist freie *Permangansäure*, $HMnO_4$, in wäßriger Lösung als violette starke Säure bis zu einer Konzentration von 20% beständig.

Aus festem $KMnO_4$ und 90%iger $H_2SO_4$ bildet sich $Mn_2O_7$, *Manganheptoxyd*, als ölige, schwere, dunkle, in Wasser wenig lösliche Flüssigkeit, die schon bei 40° teilweise in violette Dämpfe übergeht und sich beim Erhitzen in $MnO_2$ und $O_2$ zersetzt. Ihr Gemisch mit organischen Substanzen kann heftig explodieren.

Die jährliche Weltproduktion von Mangan war vor dem Krieg etwa 3 Millionen Tonnen.

*Analytisch* lassen sich Mangansalze nach Oxydation durch Erhitzen mit $PbO_2$ und konzentrierter $HNO_3$ zu violettem $MnO_4^-$ nachweisen (Genauigkeitsgrenze $1:10$ Millionen) oder durch Fällung als $MnS$ oder $MnNH_4PO_4$ (wie beim Magnesium) bestimmen.

## Technetium, Tc, Nr. 43.

Element Nr. 43 ist instabil, weil bei den Nachbarelementen $^{42}$Mo und $^{44}$Ru alle für Nr. 43 möglichen Massenzahlen bereits durch stabile Isotope besetzt sind. Nach der grundlegenden MATTAUCHschen *Isobarenregel* sind aber stabile Isobare, Isotope gleicher Massenzahl (Summe aus Protonen und Neutronen, s. S. 28), bei zwei Nachbarelementen verboten. Das Element wurde erst neuerdings in Amerika als künstlich radioaktives Gemisch mehrerer Isotopen hergestellt, von denen das stabilste ein $\beta$-Strahler der Halbwertszeit von 3mal $10^6$ Jahren ist. Es hat nach seiner Herstellung den Namen *Technetium* und das Symbol *Tc* erhalten.

## Rhenium, Re, Nr. 75.

Atomgewicht: 186,31; Dichte: 20,9; Schmelzpunkt: 3170°; Siedepunkt: —;
Wertigkeit: $(+3)$, $+4$ $(+5)$, $+6$, $+7$; Elektronenschalen: 2,8,18,32,13,2; Isotope: 185 (38,2%); 187 (61,8%).

Es wurde erst 1925 durch NODDACK und BERG auf Grund seines (nach der MOSELEYschen Reihe, s. S. 17) vorausberechneten Röntgenspektrums entdeckt. Es kommt meistens in Molybdänerzen in kleinen Mengen vor.

Das silberweiße Metall ist gegen Luft und Feuchtigkeit beständig; es löst sich in Salpetersäure. Seine Verbindungen sind $+3$-, $+4$-, $+5$-, $+6$-, $+7$wertig; sie ähneln denen des Mangans; sie sind (in derselben Reihenfolge) rot, braun, gelb, grün, weiß. Die beständigsten sind die farblosen Perrhenate, z. B. $K^+ReO_4^-$; im Gegensatz zu $KMnO_4$ nur ein schwaches Oxydationsmittel. $Re_2O_7$ ist weiß, schmilzt bei 304° und siedet im Gegensatz zu $Mn_2O_7$ unzersetzt bei 450°. Mit Wasser bildet es eine starke farblose Säure $H^+ReO_4^-$, Perrheniumsäure.

## o) Achte Nebengruppe des Periodensystems.

Sie umfaßt drei Untergruppen von Elementen: die Eisenmetalle Eisen, Kobalt, Nickel, bei denen, im Periodensystem ein seltener Fall, das nachfolgende Nickel aus seiner Isotopenmischung ein niedrigeres Atomgewicht hat als das vorhergehende Kobalt, und die Platingruppen Ruthenium, Rhodium, Palladium, sowie Osmium, Iridium, Platin. Die untereinanderstehenden Elemente ähneln sich in ihrem chemischen Charakter. Alle sind Metalle von hohem spezifischem Gewicht und hohem Schmelzpunkt; in Verbindungen sind Ru und Os maximal $+8$wertig.

## Eisen, Fe, Nr. 26.

### (lat. ferrum; engl. iron; franz. fer).

Atomgewicht: 55,85; Dichte: 7,86; Schmelzpunkt: 1530°; Siedepunkt: 2730°;
Wertigkeit: $+2$, $+3$ $(+4)$; Elektronenschalen: 2,8,14,2; Isotope: 54 (5,8%); 56 (91,6%); 57 (2,1%); 58 (0,3%).

*Vorkommen.* Es ist (als meteorisches Eisen) eines der ältesten Gebrauchsmetalle der Welt. Es kommt geologisch in allen Silicatgesteinen zu 1—5% vorangereichert findet es sich als $FeS_2$, *Pyrit*; $FeCO_3$, *Eisenspat*; *Limonit und Raseneisenerz, Fe(OH)$_3$*; als *Magnetit, Fe$_3$O$_4$* und *Hämatit, Fe$_2$O$_3$*. Pyrit ist meist großkristallin goldartig, metallisch glänzend; die anderen Erze sind braun und rot.

Fast alle gelben, roten und braunen Farben natürlicher Gesteine rühren von Eisen-oxyd- und -hydroxybdeimengungen her. Der *Erdkern* besteht aus *Nickeleisen* wie die meisten *Meteore*. Auch die meisten nicht zu jungen Sterne zeigen starke Eisenspektren.

*Biologie. Eisen* ist ein biologisch wichtiges Metall. Der *rote Blutfarbstoff*, der Transporteur des eingeatmeten Sauerstoffs aus den Lungen zu den Zellen, das *Hämoglobin* (s. Formel 627, S. 393) ist eine *Eisen-Porphyrin-Proteinverbindung*. Auch andere zellgebundene Atmungskatalysatoren, die Cytochrome, weiter die Enzyme Katalase und Peroxydase sind Eisen-Porphyrin-Proteinverbindungen. Ein menschlicher Körper enthält etwa 6 g chemisch gebundenes Eisen, von dem ständig ein Teil ausgeschieden wird und durch die Nahrung wieder ergänzt werden muß.

*Metall.* Zur Darstellung *metallischen Eisens* aus Pyrit wird dieser durch Rösten in $Fe_2O_3$ übergeführt, wobei $SO_2$ für die $H_2SO_4$-Fabrikation (s. S. 102) frei wird.

**Formel 222.**

$$2\,FeS_2 \quad + \quad 5\tfrac{1}{2}\,O_2 \quad \rightarrow \quad Fe_2O_3 \quad + \quad \overset{\uparrow}{4\,SO_2}$$

Pyrit    Sauerstoff    Hämatit    Schwefeldioxyd

goldgelb, kristallisiert   rot, amorph, Smp. 1570°   Gas → zur $H_2SO_4$-Fabrikation
unlöslich in $H_2O$, Dichte 4,87   Dichte 5,24

Die Eisenoxyde werden durch Reduktion mit Kohle oder Kohlenoxyd im Hochofen zu Metall reduziert.

*Hochofen.* Der Hochofen ist ein etwa 30 m hoher, aus feuerfesten Steinen gemauerter Schacht von oben 3, in der Mitte 4 und unten 2 m Durchmesser. Durch einen Schrägaufzug werden oben Eisenoxyde, Koks und etwas Kalk-stein durch ein automatisches Verschlußsystem zugegeben. Von unten wird dem brennenden Eisenoxyd-Koksgemisch heiße, auf 700° vorgewärmte Luft zugeblasen. Zwischen 400 und 800° reduziert das gebildete CO über komplizierte Zwischen-reaktionen die Oxyde zu Eisen.

**Formel 223.**

$$Fe_2O_3 \quad + \quad 3\,CO \quad \xrightarrow[\text{bei } 500\text{—}700°]{\text{Red.-Oxydation}} \quad 2\,Fe \quad + \quad \overset{\uparrow}{3\,CO_2}$$

Eisenoxyd    Kohlenmonoxyd    Eisenmetall    Kohlendioxyd

Smp. 1570°    C + 2wertig    Smp. 1530°    C + 4wertig
Fe + 3 wertig      Fe nullwertig
Dichte 5,24      Dichte 7,86

Oberhalb 900° reduziert auch Kohle (Koks) direkt.

**Formel 224.**

$$Fe_2O_3 \quad + \quad 3\,C \quad \xrightarrow[\text{Red.-Oxydation}]{> 900°} \quad 2\,Fe \quad + \quad \overset{\uparrow}{3\,CO}$$

Eisenoxyd    Kohlenstoff    Eisenmetall    Kohlenmonoxyd

braun, Dichte 5,24   C nullwertig    Dichte 7,86    C + 2wertig
Fe + 3wertig      Fe nullwertig

Zwischen fester Kohle, CO, $CO_2$ und Luft bestehen dabei komplizierte, tempe-raturabhängige Gleichgewichte, die eine ständige genaue Überwachung des Hoch-ofens nötig machen.

Durch das Verschwinden des Kokses als CO und $CO_2$ sinkt die ganze Masse im im Hochofen langsam nach unten in die heißeste Ofenpartie; das metallische Eisen sinkt mit silicatischen Verunreinigungen des Roherzes und der Kohle ge-schmolzen auf den Boden des Ofens. Da Eisen und Silikatschmelze sich nicht ineinander lösen, bleiben die beiden Schmelzen flüssig getrennt übereinander stehen; das schwerere Eisen unten. Durch seitliche, mit Ton verstopfte Löcher wird die untere Flüssigkeit, das *Eisen*, von Zeit zu Zeit *abgelassen (Anstich)*. Eine höher liegende Öffnung erlaubt es, die darüberstehende *Silicatschmelze* abzulassen. Der Hochofen arbeitet kontinuierlich bis zu einem Jahr; dann ist meistens die Ausfütterung aus feuerfesten Steinen zerstört.

*Abgase des Hochofens.* Die *Gase*, die nach der Reduktion der Eisenoxyde den Hochofen oben verlassen, enthalten Wärme (etwa 800°) und wechselnde Mengen

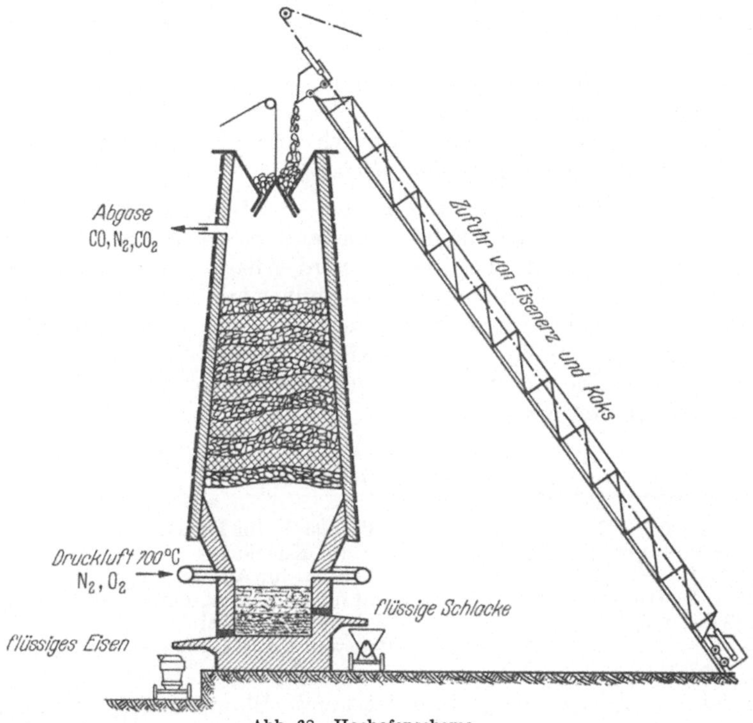


Abb. 68. Hochofenschema.

von noch verbrennbarem CO. Die Wärme wird ihnen in großen, mit einem Gitterwerk aus Steinen ausgemauerten Türmen entzogen; diese Türme dienen, heiß geworden, zum Durchleiten und Anwärmen der Gebläseluft für den Hochofen (Wechselarbeit der *Winderhitzer*). Der *CO-Gehalt* der Abgase wird für Motoren im werkeigenen Betrieb verwendet *(Generatorgas)*.

*Schlacke.* Die *Silicatschmelze (Schlacke)*, die sich über dem Eisen am Hochofengrund findet, wird zu Bausteinen vergossen oder, bei hohem Phosphatgehalt, zu Düngemitteln verarbeitet.

*Gußeisen.* Das aus dem Hochofen erhaltene graue Roheisen mit 2,5—4% C wird für billigste Eisenwaren als sprödes und hartes *Gußeisen* direkt in Formen gegossen. Je nach der Abkühlungsgeschwindigkeit erhält man weißes (rasch gekühlt) oder graues (langsam) Gußeisen. Weißes Gußeisen bildet sich besonders aus manganhaltigen Schmelzen (>4% Mn), während bei grauem Gußeisen der Siliciumgehalt überwiegt (>2% Si). Im ersten Fall ist der Kohlenstoff als Eisencarbid $Fe_3C$ *(Zementit)* gelöst geblieben (daher die weiße Bruchfläche), im zweiten als Graphit ausgeschieden.

14*

Zur *Verbesserung der Qualität* wird der C-Gehalt auf weniger als 1,7% erniedrigt. Das geschieht entweder durch mehrstündiges Glühen des Eisens mit Eisenoxyd an der Luft (nach SIEMENS-MARTIN oder im elektrischen Induktionsofen) oder durch Durchblasen von Luft durch das geschmolzene Eisen in großen kippbaren „Birnen" *(Konverter)* von 30 Tonnen Inhalt. Dabei werden C, Si und Mn zu $CO_2$, $SiO_2$, $Mn_3O_4$ oxydiert, ebenso P zu $P_2O_5$. Zum Abfangen der nichtflüchtigen Stoffe kleidet man die Birnen je nach den Beimengungen des Eisens mit Silicaten aus (BESSEMER-*Verfahren*). Zur Abfangung des $P_2O_5$ wird $CaCO_3$ als Ofenfutter verwendet (THOMAS-*Verfahren*). Die dabei in großen Mengen gebildeten Calciumphosphate werden zu Düngemitteln verarbeitet (Thomasmehl, s. auch S. 120).

*Schmiedeeisen.* Treibt man den Entkohlungsprozeß auf weniger als 0,6% C, so ist das erhaltene Eisen zum Unterschied von brüchigem Gußeisen zäh. Es wird schon unterhalb seines Schmelzpunkts weich und läßt sich durch Pressen oder Hammerschlag heiß verformen *(Schmiedeeisen)*.

Vermindert man den C-Gehalt nur auf 0,6—1,7%, so erhält man *Stahl*; kühlt man solches Eisen aus dem glühenden Zustand plötzlich ab, etwa durch Eintauchen in kaltes Wasser oder kaltes Öl, so wird es hart. Auch Schmiedeeisen läßt sich durch nachträgliches Erhitzen in Kohlepulver auf Rotglut oberflächlich auf den C-Gehalt von Stahl bringen; man nennt das Verfahren *Zementation*.

Durch Zulegierung von Metallen wie Ni, Ag, Cr, Mo, W, Mn, Si und anderen kann man Spezialstähle für verschiedenste Zwecke herstellen. So erhält man durch Zuschmelzen zum Eisen von:

Tabelle 29. *Spezialstähle.*

| | |
|---|---|
| 15% W; 4% Cr; 0,7% C . . . . . . . . | Wolframstahl für Drehstähle |
| 6% Cr; 0,2% Mn; 0,1% Si; 0,6% C . . | Stahl für Kugellager |
| 5% Ni; 0,2% C . . . . . . . . . . . | Nickelstahl für Autoachsen |
| 3% Ni; 1,5% Cr; 0,4% C . . . . . . | Stahl für Geschütze, Panzer |
| 20% Cr; 8% Ni; 0,3% C . . . . . . | V 2 A-Stahl, rostfrei |
| 36% Ni . . . . . . . . . . . . . . | Invarstahl (Ausdehnungskoeffizient = fast null |

*Weicheisen. Chemisch reines Eisen* ist *weich* (Blumendraht). Es wird, da es keine magnetischen Verzögerungserscheinungen zeigt wie Stahl, für Elektromotoren und Dynamos verwendet.

*Rost; Eisenoxyde.* An feuchter Luft überzieht sich Eisen mit einer aus Oxyd, Hydroxyd und Carbonat gebildeten Schicht *(Rost)*, die leider nicht zusammenhängend ist wie bei vielen anderen Metallen, sondern zur Bildung abblätternder Schichten neigt, wodurch immer neue Metalloberflächen für die Rostbildung und daher Zerstörung frei werden. Dagegen ist die Oxydschicht, die man aus glühendem Eisen und Wasserdampf erhält, zusammenhängend. Welche wirtschaftliche Bedeutung *Rostschutzanstriche* (Mennige, Leinöl, Phosphate) haben, mag man daraus ersehen, daß jährlich etwa 20 Millionen Tonnen Eisengegenstände durch Rost unbrauchbar werden.

Das natürlich als Hämatit vorkommende *Eisenoxyd $Fe_2O_3$* (Smp. 1650° unter Druck, Dichte 5,24), grau bis rot, unlöslich in $H_2O$, entsteht durch Erhitzen aus dem braunen, wasserunlöslichen $Fe(OH)_3$, das man aus $Fe^{+++}$-Salzen mit Alkalien erhält. Fein gemahlenes sehr hartes $Fe_2O_3$-Pulver ausgeschlämmter Korngröße wird als *Polierrot* in der optischen Industrie zum Polieren von Linsen und Glasplatten verwendet, manche Varietäten auch als *braune* bis leuchtend *rote Malerfarben*.

Erhitzt man $Fe_2O_3$ über 1200°, so geht es in das *schwarze wasserunlösliche* *$Fe_3O_4$* (Smp. 1538°, Dichte 5,18), Eisenoxyduloxyd, *Magnetit* über. *Geschmolzener Magnetit* ist gegen Chemikalien sehr widerstandsfähig; er ist ein guter metallischer Elektrizitätsleiter und wird in der Alkalichloridelektrolyse als gegen $Cl_2$ widerstandsfähiges *Anodenmaterial* verwendet. Er wird konstitutionell als $Fe_2(FeO_4)$, ein gemischtes, komplexes Oxyd aus dem $Fe_2O_3$ und dem rein nicht beständigen Oxyd FeO angesehen.

*Eisensalze.* In Eisensalzen ist Fe $+2$- und $+3$wertig.

*Eisen-II-salze ; Ferrosalze.* Das wichtigste zweiwertige Eisensalz ist das grüne $FeSO_4 \cdot 7 H_2O$ (Dichte 1,89, lösl. in $H_2O$ 27%), dessen grüne Farbe auf Hydratkomplexsalzbildung beruht; wasserfreies $FeSO_4$ ist wie wasserfreies $CuSO_4$ farblos. Während trockene, reine Kristalle von $FeSO_4 \cdot 7 H_5O$ an der Luft lange Zeit beständig sind, oxydieren sich wäßrige Lösungen an der Luft langsam zu braunen dreiwertigen $Fe^{+++}$-Verbindungen, in saurer Lösung langsamer. Beständiger ist das zwischen Doppelsalz und Komplex stehende blaßgrüne MOHRsche *Salz* $(NH_4)_2Fe(SO_4)_2 \cdot 6 H_2O$ (lösl. in $H_2O$ 27%, Dichte 1,86). Das ebenfalls grüne, leicht wasserlösliche $FeCl_2 \cdot H_2O$ kommt in mehreren, in ihrer Kristallwasserzahl von der Temperatur abhängigen Hydraten vor.

Ein komplexes, farbloses, wasserlösliches und beständiges Eisenoxalat $K_2^{++}[Fe(C_2O_4)_2]^{--} \cdot H_2O$ bildet sich aus *Kleesalz*, saurem Kaliumoxalat, $K^+H^+(C_2O_4)^=$ und Eisenoxyden; darauf beruht die Reinigungswirkung von Kleesalz als Rostfleckenentfernungsmittel.

*$Fe(OH)_2$ und $FeCO_3$* erhält man als wasserunlösliche weiße Verbindungen aus $Fe^{++}$-Salzen bei Sauerstoffausschluß; an der Luft oxydieren sie sich zu braunen $Fe^{+++}$-Verbindungen.

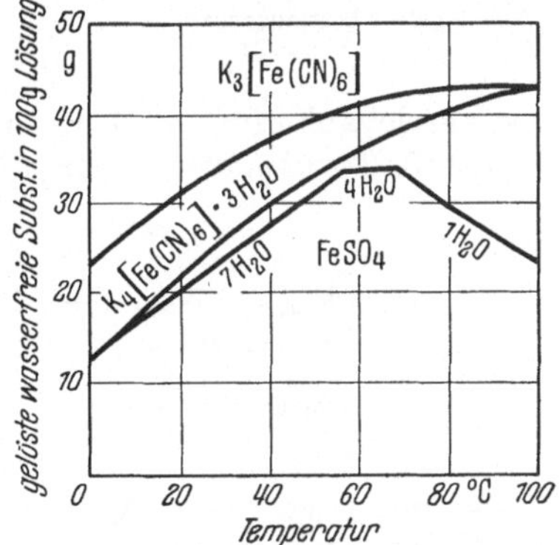


Abb. 69. Löslichkeit einiger Eisensalze in $H_2O$.

*Eisen-III-salze; Ferrisalze.* Das wasserunlösliche *$Fe(OH)_3$* bildet leicht braunrote kolloidale Lösungen. Starke Elektrolyte flocken es als Niederschlag aus. Dabei werden Begleitstoffe, besonders Proteine, mitgerissen; darauf beruht ein Verfahren zur Entfernung von Proteinen aus biologischen Flüssigkeiten ohne $p_H$-Änderung.

Das aus Eisen und Chlor erhältliche *braune hygroskopische $FeCl_3$* (Dichte 2,80, Smp. 304°) kristallisiert in vielen temperaturabhängigen Hydraten. Das $FeCl_3 \cdot 6 H_2O$ löst sich bei 20° zu 48% in $H_2O$. Wasserfreies $FeCl_3$ löst sich in Alkohol (60%), Aceton (38%), in Äther und selbst in Benzol.

Das gelbe *$Fe_2(SO_4)_3$* hydrolysiert sich beim Lösen in $H_2O$ mit brauner Farbe; etwas beständiger ist der amethystfarbene *Eisenalaun $NH_4^+Fe^{+++}$* *$(SO_4)_2^{==} \cdot 12 H_2O$*, löslich zu 14% in $H_2O$ unter geringer Braunfärbung. Alle löslichen $Fe^{+++}$-Salze (Ferrisalze) geben mit löslichen Rhodansalzen intensiv rote Lösungen von *Eisen-III-rhodanid:* $Fe(SCN)_3 \cdot 3 H_2O$, rot, krist., leicht wasserlöslich, dissoziiert nicht.

*Ferrite.* $Fe(OH)_3$ hat schwach amphoteren Charakter; es löst sich nicht nur in Säuren; beim Erhitzen mit konzentrierten wäßrigen Alkalien bilden sich Ferrite.

*Eisenkomplexsalze.* Versetzt man Eisen-II-salze mit Blausäure und neutralisiert dann, so bildet sich das komplexe, wasserlösliche, *gelbe Blutlaugensalz* oder

*Ferrocyankalium* $K_4^{++++}[Fe(CN)_6]^{==}$ (Dichte 1,85, lösl. in $H_2O$ 21%). Aus Eisen-III-salzen erhält man ebenso das *rote Blutlaugensalz* oder *Ferricyankalium* $K_3^{+++}[Fe(CN)_6]^{---}$ (Dichte 1,89, lösl. in $H_2O$ zu 80%).

**Formel 225.**

$$Fe(OH)_3 \quad + \quad NaOH \quad \to \quad Na[FeO_2] \quad + \quad 2\,H_2O$$

Braunes Eisen-III-hydroxyd     Base     Natriumferrit     Wasser
<br>unlöslich in $H_2O$, Dichte 3,9       löslich in $H_2O$

Aus Ferrocyankalium fällen Eisen-III-salze einen blauen unlöslichen Farbstoff: das *Berliner Blau.*

**Formel 226.**

$$3\,K_4^{++++}[Fe(CN)_6]^{==} \quad + \quad 4\,Fe^{+++}Cl_3^{\equiv} \quad \to \quad Fe_4[Fe(CN)_6]_3 \quad + \quad 12\,K^+Cl^-$$

Ferrocyankalium     Ferrichlorid     Berliner Blau     Kaliumchlorid
<br>gelbes Blutlaugensalz       blau, amorph, nur kolloidal in $H_2O$ löslich

Aus Ferricyankalium und Eisen-II-salzen erhält man einen ähnlichen blauen Farbstoff, *Turnbullsblau*, der allmählich in Berliner Blau übergeht.

**Formel 227.**

$$x\,Fe_3[Fe(CN)_6]_2 \quad \to \quad Fe_4^{\,4\cdot(+3)} \begin{bmatrix} CN^{(-1)} & CN^{(-1)} & CN^{(-1)} \\ & Fe^{(+2)} & \\ CN^{(-1)} & CN^{(-1)} & CN^{(-1)} \end{bmatrix}_3^{3\cdot(-4)}$$

Turnbullsblau             Berliner Blau
<br>Fe-Ion + 2wertig, im Komplex Fe + 3wertig       Fe-Ion + 3wertig, im Komplex Fe + 2wertig

Die intensive blaue Farbe rührt daher, daß 2 Wertigkeitsstufen desselben Metalls am selben Komplexmolekül beteiligt sind; solche Verbindungen sind meist stark gefärbt, z. B. $Pb_2(PbO_4)$, Mennige; wahrscheinlich oscillieren die Wertig-keiten zwischen den Stufen.

*Blaupauspapier* für technische Zeichnungen ist mit rotgelbem Ferricyankalium und farblosem Eisen-III-oxalat imprägniert. Im Licht reduziert Oxalsäure Eisen-III-salz zu Eisen-II-salz, das mit Ferricyankalium unlösliches Turnbulls-blau ergibt; aus den unbelichteten Stellen werden die unveränderten Salze aus-gewaschen.

Das braune im Wasser unlösliche Kupfersalz der Ferrocyanwasserstoffsäure wird zum Nachweis von $Cu^{++}$ verwendet: $Cu_2[Fe(CN)_6]$.

Ein ähnliches Komplexsalz ist das $Na_2^{++}[Fe(CN)_5NO]^{=} \cdot 2\,H_2O$, *Nitro-prussidnatrium*, das wasserlösliche dunkelrote Kristalle bildet. Seine verdünnte wäßrige Lösung wird als empfindliches Reagens auf Aceton verwendet; mit Alkali und Aceton entsteht Rotfärbung.

*Eisencarbonyl.* Reinstes mit $H_2$ aus Oxalat bei 400° reduziertes Eisenpulver verbindet sich mit reinem CO unter Druck zu einer in Wasser unlöslichen gelben Flüssigkeit $Fe(CO)_5$, *Eisenpentacarbonyl* (Dichte 1,46, Siedep. 105°), das gegen Säuren und $H_2O$ beständig ist. Beim Erhitzen bildet sich Fe und CO. Eisen ist in dieser reinen Komplexverbindung wahrscheinlich nullwertig.

Die *Weltproduktion* an Eisen war 1937 nahe an 100 Millionen Tonnen.

*Analytisch* wird $Fe^{+++}$ als $Fe(OH)_3$ gefällt. Zum Nachweis dient die Bildung von Berliner Blau oder die Rotfärbung mit einem löslichen Rhodansalz (Emp-findlichkeitsgrenze 1:10 Millionen). $Fe^{++}$-Salze kann man mit Permanganat titrieren.

# Kobalt, Co, Nr. 27.

(franz., engl. cobalt).

Atomgewicht: 58,94; Dichte: 8,8; Schmelzpunkt: 1490°; Siedepunkt: etwa 3185°;
Wertigkeit: $+2$, $+3$; Elektronenschalen: 2,8,15,2; Isotope: 59 (100%).

*Vorkommen.* Aus den schon vorher bekannten Kobalterzen stellte BRANDT 1735 zuerst das Metall her. Geologisch kommt es zusammen mit Nickelerzen und als $CoAsS$, *Kobaltglanz,* sowie als $CoAs_2$, *Speiskobalt,* vor. Co ist auf der Erde selten, in Meteoriten und wahrscheinlich im Erdkern häufig.

*Biologisch* spielt $Co^{++}$ eine Rolle als Bestandteil des antianämischen Leberfaktors, des Vitamins $B_{12}$ (s. S. 406); bei $Co^{++}$-Mangel in der Nahrung ist die Neubildung der roten Blutkörperchen gestört. Eine unter Haustieren in Neuseeland auftretende, durch Mangel an $Co^{++}$ im Boden verursachte Krankheit konnte durch Co-Salze geheilt werden.

*Kobaltmetall,* das bisher technisch nur wenig Anwendung gefunden hat, stellt man nach komplizierter chemischer Überführung der Erze in $Co_2O_3$ durch dessen Reduktion mit Kohle her. Es ist glänzend stahlgrau, magnetisch, läßt sich oxydativ oberflächlich passivieren und ist dann gegen verdünnte Säuren gut beständig. Eine Legierung von *50—60% Co, 30—40% Cr und 8* bis *20% W, Stellit,* wird als Platinersatz für widerstandsfähige Geräte verwendet.

*Kobaltsalze* sind hauptsächlich $+2$wertig; $+3$wertige Salze sind in Gegenwart von Wasser meist nur als *Komplexsalze* stabil.

*CoO, Kobaltoxyd* (Dichte 5,68, Smp. 1810°), ein hellrosa bis graugrün gefärbte Pulver entsteht beim Glühen aller Hydroxyde und Carbonate des Kobalts. Das entsprechende Hydroxyd $Co(OH)_2$ (hellrot, wasserunlöslich) bildet sich aus Co-Salzen mit Alkali unter Luftabschluß; es oxydiert sich an der Luft teilweise zu braunem $Co(OH)_3$. Mit Säuren bildet dieses Hydroxyd nicht Salze des $+3$wertigen, sondern solche des $+2$wertigen Kobalts und reinen Sauerstoff.

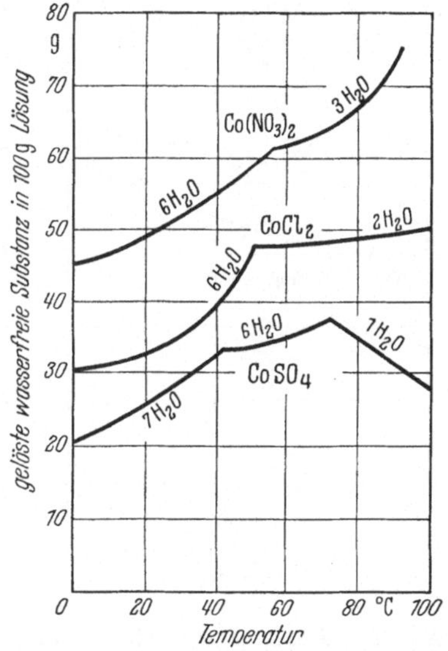


Abb. 70. Löslichkeit einiger Kobaltsalze in $H_2O$.

Durch Glühen von $Co(NO_3)_2$ entstehen zuerst die schwarzen $Co_2O_3$ und $Co_3O_4$, die zuletzt in CoO übergehen. Zusammengeschmolzene Gemische von *CoO und ZnO* werden als *Riemansgrün,* $CoO \cdot Al_2O_3$, als *Thenardsblau,* $CoO \cdot SiO_2$, *Kobaltsilicate* als *blaues Smalte* zu feuerfesten *Porzellan- und Töpfereifarben* verwendet. Die wichtigsten *Salze* sind die leicht wasserlöslichen hellroten *$Co(NO_3)_2 \cdot 6\,H_2O$, $CoSO_4 \cdot 7\,H_2O$, $CoCl_2 \cdot 6\,H_2O$,* deren Hydratwassergehalt mit steigender Temperatur abnimmt, so daß bei verschiedenen Temperaturen verschiedene Hydrate auskristallisieren.

Komplexsalze des $+3$wertigen Kobalts sind in sehr großer Zahl bekannt. Die Koordinationszahl ist wie beim Eisen 6. An ihnen wurden die Eigenschaften der Komplexsalze von WERNER zuerst systematisch untersucht.

Analytisch wichtig ist das gelbe, wasserlösliche (über 20%) $Na_3^{+++}[Co(NO_2)_6]^{---}$; es wird zum Nachweis von $K^+$ verwendet, da das gelbe $K_3^{+++}[Co(NO_2)_6]^{---}$ in Wasser schwerlöslich ist (0,08%).

*Analytisch* wird Kobaltion als Hydroxyd gefällt. Mit $NH_4SCN$ bildet sich ein blaues, in Amylalkohol lösliches Komplexsalz; Kobaltsalze färben beim Schmelzen eine Phorphorsalzperle (Formel 105, S. 121) blau.

## Nickel, Ni, Nr. 28.

Atomgewicht: 58,69; Dichte: 8,90; Schmelzpunkt: 1455°; Siedepunkt: 3177°;
Wertigkeit: + 2 ; Elektronenschalen: 2,8,16,2; Isotope: 58 (67,4 %); 60 (26,7 %); 61 (1,2 %); 62 (3,8 %); 64 (0,88 %).

*Vorkommen.* Das 1751 von CRONSTEDT entdeckte Nickel findet sich in großer Menge als Metall im *Eisennickelerdkern* und in Meteoren. In den uns bergmännisch zugänglichen Erdschichten kommt es als *(Fe,Ni), S, Magnetkies,* als NiS und als *NiAs, Rotnickelkies,* oder als deren Gemische vor. Daneben findet sich $MgNi\,SiO_3 \cdot H_2O$, *Garnierit*. Eine biologische Rolle des Nickels ist bisher nicht bekannt.

Zwischen Nickel und Kobalt besteht Atomgewichtsinversion; die Ursache liegt beim Isotopenverhältnis (s. S. 25).

*Metall.* Zur Darstellung des *Metalls* werden die Erze erst durch Rösten und Verschlacken mit $SiO_2$ von S, As und Fe befreit, dann wird das erhaltene Oxyd mit Kohle reduziert. Neuerdings werden auch elektrolytische Verfahren mitbenutzt.

Nickelmetall ist schön silberweiß, paramagnetisch, gegen Wasser und Luft beständig, so daß man vielfach Gebrauchsgegenstände elektrolytisch vernickelt. Gegen Säuren ist es jedoch nicht stabil. Es wird zu Stahllegierungen verwendet. Sehr poröses, durch $H_2$-Reduktion von Nickeloxyd bei Rotglut hergestelltes Nickel kann, besonders unter Druck, viel $H_2$-Gas als Legierung lösen. Diese

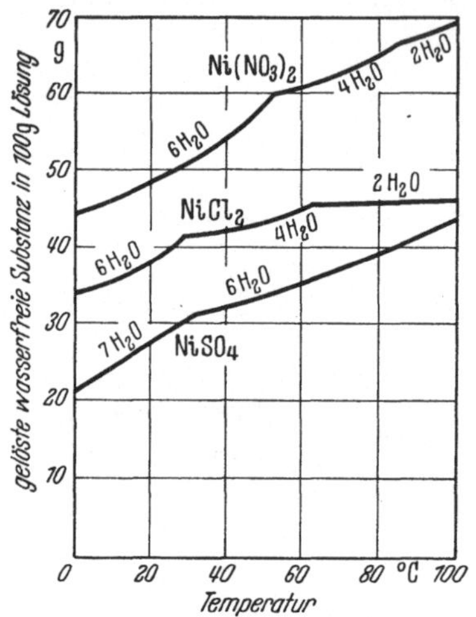


Abb. 71. Löslichkeit der Nickelsalze in H₂O.

$Ni(H)_x$-*Legierung* enthält Wasserstoff in sehr reaktionsfähigem, teilweise atomarem Zustand. Die gleiche Eigenschaft, leicht legierungsartige feste Lösungen mit $H_2$ zu bilden, findet sich auch bei den im Periodensystem unter dem Nickel stehenden Elementen Palladium und Platin (s. S. 218).

Man kann damit $H_2$ an organische Verbindungen, besonders Doppelbindungen, änlagern (SABATIER). Davon macht man in der *Fetthärtung*, Margarineherstellung technisch Gebrauch (s. S. 260).

*Salze.* Von Nickel sind nur Salze der + 2wertigen Stufe bekannt.

Das grüne in $H_2O$ unlösliche $Ni(OH)_2$ erhält man aus Nickelsalzlösungen mit Alkalien; es geht beim Glühen in graugrünes, wasserunlösliches, säurelösliches NiO über (Dichte 7,45, Smp. 1990°).

Die wichtigsten wasserlöslichen Nickelsalze sind die grünen $NiSO_4 \cdot 7\,H_2O$ (Dichte 1,94, lösl. $H_2O$ 26%), $NiCl_2 \cdot 6\,H_2O$ (lösl. $H_2O$ zu 55%) und $Ni(NO_3)_2 \cdot 6\,H_2O$ (Dichte 2,05, lösl. 45%). Wie bei Eisen und Kobalt gibt es bei verschiedenen Temperaturen verschiedene stabile Hydrate. Im Gegensatz zum Kobalt, das hauptsächlich als $Co^{+++}$ Komplexsalze bildet, ist in den zahlreichen bekannten Nickelkomplexsalzen Ni stets · + 2wertig.

Wie Eisen und Kobalt bildet feinverteiltes Nickel mit Kohlenoxyd eine farblose flüssige Carbonylverbindung, $Ni(CO)_4$, *Nickelcarbonyl*, vom Siedepunkt 43°, die gegen Wasser und Säuren beständig ist. Aus ihr kann man durch thermische Zersetzung (Durchleiten der Dämpfe durch glühendes Rohr) chemisch reinstes metallisches Nickel gewinnen. Wie im Komplex des Eisenpentacarbonyls (S. 214) ist im Komplex Nickelcarbonyl das Nickel nullwertig.

Die *Weltproduktion* an Nickel war 1937 etwa 90 000 Tonnen.

*Analytisch* wird $Ni^{++}$ als schwarzes $NiS$ (Smp. 797°) gefällt; eine äußerst empfindliche Probe ist die *Rotfärbung* und Fällung mit einer alkoholischen Lösung von *Dimethylglyoxim* (Formel 379, S. 280).

## Ruthenium, Ru, Nr. 44.

Atomgewicht: 101,7; Dichte: 12,26; Schmelzpunkt: 2370°; Siedepunkt: —;
Wertigkeit: +3, +4, +6, +7, +8; Elektronenschalen: 2,8,18,15,1; Isotope: 96 (5,68%); 98 (2,22%);
99 (12,81%); 100 (12,70%); 101 (16,93%); 102 (31,34%), 104 (18,27%).

Dieses erste der leichten Platinelemente wurde 1845 von CLAUS entdeckt. Es findet sich geologisch zusammen mit den anderen Platinmetallen, ist sehr selten und hat technisch keine Verwendung gefunden.

Das grauweiße, spröde Metall ist nur in Königswasser löslich; seine Salze sind +3-, 4-, 6- und 7wertig, rot, rotbraun, grün. Von der 8wertigen Stufe (8. Gruppe des Periodensystems) ist nur das goldgelbe, bei 25° schmelzende und bei 100° verdampfende $RuO_4$, *Rutheniumtetroxyd*, bekannt (Dichte 3,29, wenig in Wasser, leicht in Äthanol löslich). Es ist wie $Mn_2O_7$ und $OsO_4$ ein Oxydationsmittel.

## Rhodium, Rh, Nr. 45.

Atomgewicht: 102,91; Dichte: 12,4; Schmelzpunkt: 1966°; Siedepunkt: —;
Wertigkeit: +3; Elektronenschalen: 2,8,18,16,1; Isotope: 103 (100%).

Rhodium findet sich als seltenes Element mit den anderen Platinmetallen.

Das weiße, weiche, hämmerbare Metall ist selbst gegen Königswasser beständig; durch gasförmiges Fluor wird es angegriffen. Fein verteiltes Rhodium hat katalytische Fähigkeiten, so wird z.B. Ameisensäure zersetzt.

**Formel 228.**

$$H-C\!\!\big<{}^{OH}_{O} \quad + \quad \xrightarrow[\text{kolloidal}]{\text{Rh-Metall}} \quad \overset{\uparrow}{CO_2} \quad + \quad \overset{\uparrow}{H_2}$$

Ameisensäure          Kohlendioxyd     Wasserstoff
flüssig, wasserlöslich        Gas            Gas
Siedep. 101°

Rhodium wird mit Platin zu Thermoelementen verarbeitet.

Seine gelben Salze sind meist +3wertig, ebenso seine roten Komplexsalze, z.B. $Na_3(RhCl_6) \cdot 12\,H_2O$, von denen Rhodium seinen Namen hat.

## Palladium, Pd, Nr. 46.

Atomgewicht: 106,7; Dichte: 11,97; Schmelzpunkt: 1554°; Siedepunkt: —;
Wertigkeit: +2, +4; Elektronenschalen: 2,8,18,18; Isotope: 102 (0,8%); 104 (9,3%); 105 (22,6%); 106 (27,2%)
108 (26,8%); 110 (13,5%).

Dieses 1804 von WOLLASTON entdeckte Metall ist neben Platin das wichtigste Element der Platingruppe. Das silberglänzende Metall *Palladium löst* (noch mehr als das im Periodensystem darüberstehende Nickel), je nach dem Verteilungszustand, bis zum *800fachen seines Volumens $H_2$-Gas* auf; $H_2$ ist wie bei Nickel in einem besonders reaktionsfähigen Zustand und kann so auf ungesättigte organische Verbindungen übertragen werden. Massives Palladiumblech, das für alle anderen Gase undurchdringlich ist, läßt $H_2$ passieren, wovon man in Wissenschaft und Technik Gebrauch macht (Gasnachfüllung durch kleine Palladiumfenster in zu gasfrei gewordene ausgebrauchte Röntgenröhren).

Die braunen Palladiumsalze sind hauptsächlich $+2$wertig. Das aus braunen hygroskopischen Kristallen bestehende $PdCl_2 \cdot 2\,H_2O$ (Dichte 4,0, leicht lösl. in in $H_2O$) wird durch $CO$ zu metallischem, kolloidal schwarzem Palladium reduziert.

**Formel 229.**

$$PdCl_2 \;+\; H_2O \;+\; CO \;\rightarrow\; 2\,HCl \;+\; \overset{\uparrow}{CO_2} \;+\; Pd$$

| Palladium-II-chlorid | Kohlenmonoxyd | Kohlendioxyd | Palladium-metall |
|---|---|---|---|
| verdünnte Lösung<br>leicht gelbbraun<br>Dichte mit 2 $H_2O$ = 4,0<br>Pd + 2wertig | C + 2wertig | C + 4wertig | kolloidal, schwarz<br>Dichte 11,97<br>Pd nullwertig |

Darauf beruht ein empfindlicher Nachweis von Spuren des giftigen *CO-Gases* (Schwarzfärbung von gelbweißem, mit verdünnter $PdCl_2$-Lösung getränktem Papier). $PdJ_2$ ist im Gegensatz zu $PdCl_2$ in Wasser fast unlöslich; davon macht man manchmal zum Nachweis des Jodions Gebrauch.

## Osmium, Os, Nr. 76.

Atomgewicht: 190,25; Dichte: 22,48; Schmelzpunkt: 2700°; Siedepunkt: —;
Wertigkeit: ($+2$, $+4$), $+6$, $+8$; Elektronenschalen: 2,8,18,32,14,2; Isotope: 184 (0,018%); 186 (1,59%); 187 (1,64%); 188 (13,3%); 189 (16,2%); 190 (26,4%); 192 (40,9%).

Das bläulichweiße, sehr seltene, glasharte, selbst in Königswasser unlösliche Metall hat das höchste spezifische Gewicht aller Elemente.

Osmiumsalze sind $+2$-, 4-, 6- und 8wertig. Sie sind grün, rotgelb, dunkelrot.

Das *$OsO_4$*, *Osmiumtetroxyd* (Dichte 4,90, lösl. in $H_2O$ 6,5%, lösl. in Chloroform und Äthanol) bildet sich in Form von farblos klaren Nadeln aus Os-Metall und $O_2$ bei 400°. Es schmilzt bei 40° und siedet bei 138°. Es ist giftig und speziell für die Augen gefährlich, da seine Dämpfe von lebenden feuchten Geweben intracellulär zu kolloidalem, schwarzem Metall reduziert werden. Besonders ungesättigte Fette (s. S. 258) verursachen diese Reaktion; man macht davon bei mikroskopischen Präparaten Gebrauch, um *Fette* in der Zelle im mikroskopischen Strukturbild *schwarz* sichtbar zu machen.

## Iridium, Ir, Nr. 77.

Atomgewicht: 192,22; Dichte: 22,41; Schmelzpunkt: 2454° ; Siedepunkt 4400°;
Wertigkeit: ($+1$), $+3$, $+4$, ($+6$); Elektronenschalen: 2,8,18,32,15,2; Isotope: 191 (38,5%), 193 (61,5%).

Reines *Iridium* ist spröd, silberweiß, sehr hart und gegen alle Säuren außer Königswasser beständig. Da das billigste Metall der Gruppe, Platin, das für widerstandsfähige chemische Geräte viel verwendet wird, zu weich ist, schmilzt man ihm 5—10% Iridium zu *(Geräteplatin)*. Diese Legierung ist härter als Platin. Hartes, reines Iridium wird zu Federspitzen in Füllfederhaltern verwendet.

Die Salze sind 1-, 3-, 4- und 6wertig; die-beständigsten sind $+3$- und $+4$wertig. Sie sind vielfarbig: schwarz, grün, violett, rot, gelb, blau, braun. Die meisten sind Komplexsalze.

## Platin, Pt, Nr. 78.

(engl. platinum; franz. platine).

Atomgewicht: 195,23; Dichte: 21,4; Schmelzpunkt: 1774°; Siedepunkt: 4400°;
Wertigkeit: $+2$, $+4$; Elektronenschalen: 2,8,18,32,17,1; Isotope: 192 (0,8%); 194 (30,2%); 195 (35,5%); 196 (26,6%); 198 (7,2%).

*Vorkommen.* Platin ist das häufigst vorkommende Element dieser Gruppe. Es findet sich fast immer gediegen in Legierung mit den anderen Platinmetallen und mit Gold.

*Metall.* Das silberweiße Metall ist weich und dehnbar, läßt sich zu feinsten Drähten ausziehen und ist gegen alle Säuren außer Königswasser beständig. Platin wird für Schmuck, für künstliche Zähne und Gebisse, für *chemische Geräte*, als Heizdraht für elektrische Hochtemperaturöfen, als *Elektrodenmaterial* (speziell für Anoden bei $Cl_2$-Entwicklung) verwendet.

Das Urmeter in Paris, an das international alle Längenmaßstäbe angeschlossen sind, besteht aus einer Legierung von 90% Platin und 10% Iridium; ebenso das Urkilo.

Wie die im System der Elemente darüberstehenden Elemente Ni und Pd löst Platin $H_2$ in großen Mengen zu einer Legierung, die reaktionsfähigen atomaren H enthält. In der präparativen organischen Chemie macht man nach dem Verfahren von PAAL und SKITA davon zur Übertragung von $H_2$ über kolloidales Platin auf organische Doppelbindungen Gebrauch (s. 232).

Man kann so flüssige ungesättigte Pflanzenölfette in gesättigte feste Fette überführen (Margarine, s. S. 260). In der Technik verwendet man das billigere, aber weniger wirksame Nickel. Dafür muß man bei Nickel mit hohen $H_2$-Drucken arbeiten.

Je nach der Herstellungsart, durch Glühen von gelbem $(NH_4)_2^{++}[PtCl_6]^{--}$ oder durch Reduktion wäßriger Lösungen mit Hydrazinhydrat (s. S. 116) erhält man *Platinschwamm* oder *Platinmoor*. Für technische Zwecke ($SO_2 \rightarrow SO_3$. Oxydation (S. 103); $NH_3 \rightarrow HNO_3$-Oxydation (S. 113) schlägt man kolloidales *Platin auf Asbest* nieder. Solche Katalysatoren sind gegen die gleichen Giftempfindlich wie tierische Zellen: gegen Cyanide, Arsenverbindungen und Sulfide.

*Salze.* Platinsalze sind +2- und +4wertig; sie treten fast nur als Komplexsalze auf. Die Koordinationszahl der +2wertigen ist 4, die der +4wertigen 6.

Die Salze der 2wertigen Stufe sind braun und rot. Ein komplexes, citronengelbes, in Wasser wenig lösliches $Ba^{++}[Pt(CN)_4]^{--} \cdot 4 H_2O$, *Bariumplatincyanür* (Dichte 2,07), zeigt unter der Wirkung von Röntgenstrahlen *Fluorescenz*; es wird, auf Mattglasscheiben aufgestrichen, deshalb klinisch zum Sichtbarmachen der Schattenbilder bei *Röntgendurchleuchtungen* benützt.

Es ist auch ein +2wertiges schwarzes PtO bekannt, das aus Pt und $O_2$ bei schwachem Glühen entsteht.

Die wichtigeren Salze der +4wertigen Stufe sind meist braun oder gelb. $PtCl_4$, Dichte 2,43, rotbraun, wasserlöslich (mit 5 $H_2O$ zu 58%, auch lösl. in) Aceton), wird durch Wasser hydrolysiert, löst sich aber in Säuren zu der gelben, stabilen, wasserlöslichen, komplexen Säure $H_2(PtCl_6)$, *Platinchlorwasserstoffsäure*, deren gelbe $K^+$- und $NH_4^+$-Salze in Wasser schwerlöslich sind. Man macht davon zu analytischen Bestimmungen Gebrauch. Das schwerlösliche $(NH_4)_2^{++}$ $[PtCl_6]^{--}$ (lösl. 0,6%) wird auch zur Isolierung des Platins von seinen Nebenelementen angewendet, da man daraus durch Glühen reines Metall isolieren kann.

Die Weltproduktion aller Platinmetalle, wovon Platin mehr als 90% ausmacht, war 1937 12 Tonnen.

*Analytisch* wird Platin als Platinammoniumchlorid gefällt und nach Glühen als Pt gewogen.

**Formel 230.**

$$(NH_4)_2[PtCl_6] \xrightarrow{1000°} Pt \quad + \quad \underbrace{2\,NH_3 + 2\,HCl + 2\,Cl_2}_{\text{Gase}}$$

Platinammoniumchlorid      Platinmetall

gelb, kristallisiert, löslich zu 0,6%      wird gewogen
Dichte 3,06      Dichte 21,4

Dritter Teil.

# Organische Chemie.

## 12. Kapitel.

## Einleitung und Methoden.

Die *organische Chemie* beschäftigt sich im wesentlichen mit den Verbindungen des *Kohlenstoffs* mit Wasserstoff, Sauerstoff und Stickstoff, in geringerem Maße auch mit Verbindungen des Kohlenstoffs mit Schwefel, Phosphor, Metallen und den Halogenen.

*Molekülreaktionen.* Die synthetischen und analytischen Methoden der organischen Chemie sind von denen der anorganischen Chemie teilweise verschieden. Während die meisten Reaktionen der anorganischen Chemie als Ionenreaktionen entweder gar nicht oder sofort und quantitativ verlaufen oder zu reversiblen Gleichgewichten führen, sind fast alle Reaktionen der organischen Chemie langsam vor sich gehende Molekülreaktionen. Sie verlaufen meistens nicht quantitativ; es treten nicht-reversible Seitenreaktionen auf, die zu verschiedenen Nebenprodukten führen.

*Ausbeute.* In der organischen Chemie bezeichnen Formelgleichungen deshalb oft nicht wie in der anorganischen einen stöchiometrisch quantitativen Verlauf oder ein reversibles Gleichgewicht, sondern nur den Verlauf einer bevorzugten Reaktion aus mehreren möglichen. Man bezeichnet bei einer organischen Reaktion als *Ausbeute* den *Prozentsatz*, der angibt, wieviel Prozent des gewünschten Endprodukts vom theoretisch Möglichen aus den zur Reaktion angesetzten Stoffen entstehen. Die Ausbeute hängt von äußeren Bedingungen, Temperatur, Lösungsmitteln, Katalysatoren ab.

*Schmelz- und Siedepunkt.* Viele Stoffe der anorganischen Chemie schmelzen hoch und sieden noch höher, meistens über 1000°. Deshalb sind Schmelz- und Siedepunktsbestimmungen anorganischer Verbindungen im normalen Laboratorium schwierig auszuführen. Die meisten einfacheren organischen Verbindungen haben dagegen *Schmelzpunkte* und *Siedepunkte*, die bis etwa 300° C liegen. Deswegen sind in der organischen Chemie Schmelz- und Siedepunkte leicht zu messende Charakteristica der Verbindungen.

*Analyse.* Alle reinen organischen Verbindungen haben ebenso wie die reinen anorganischen Verbindungen eine *stöchiometrisch genau definierte Zusammensetzung.* Das Gesetz der konstanten Proportionen gilt auch hier streng. Während man die Proportionen der Komponenten anorganischer Verbindungen am genauesten durch Fällungsanalyse feststellt (etwa $Cl^-$ in NaCl durch Fällung und Wägung als AgCl) muß man in der organischen Chemie die Zusammensetzung einer Verbindung durch eine *Verbrennungsanalyse* feststellen.

Das Prinzip der Verbrennungsanalysen ist immer dasselbe: Die genau gewogene organische Substanz wird in einem schwer schmelzbaren Glasrohr unter Durchleiten von $O_2$-Gas in Gegenwart von CuO (nach LIEBIG) oder an Platinkontakten (DENNSTEDT) durch Erhitzen des Rohres verbrannt. Von den gebildeten Oxydationsprodukten, $H_2O$ und $CO_2$, wird $H_2O$ in einem mit trockenem $CaCl_2$ gefüllten Röhrchen absorbiert, $CO_2$ in einem mit konzentrierter KOH-Lösung oder festem Natronkalk gefüllten kleinen Absorptionsgefäß. Vor und nach der

Analyse werden beide Absorptionsgefäße genau gewogen; die Differenz gibt die gesuchten Werte von $CO_2$ und $H_2O$.

Diese Methode ist heute so verfeinert worden, daß man mit nur 2 mg Substanz Analysen mit 0,1% Genauigkeit ausführen kann (Mikroanalyse nach PREGL).

*Summenformel.* Es sei als Beispiel angenommen, daß die Zusammensetzung der reinen Essigsäure unbekannt sei. Man verbrennt zur Analyse eine genau abgewogene Menge Substanz, etwa 600 mg, mit überschüssigem Sauerstoff und findet in den Absorptionsapparaten eine Bildung von 880 mg $CO_2$ und 360 mg $H_2O$. Aus den Atomgewichten ($C = 12$, $O = 16$, $H = 1$) läßt sich ausrechnen,

| | | |
|---|---|---|
| daß in | 880 mg $CO_2$ | 240 mg C |
| und in | 360 mg $H_2O$ | 40 mg H enthalten sind. |

Rechnet man so, als wären 1000 mg ($= 1$ g) Essigsäure verbrannt worden, so enthalten 1000 mg Essigsäure 400 mg Kohlenstoff und 66,6 mg Wasserstoff Essigsäure enthält demnach 40% C und 6,66% H. Der Rest muß, da sich durch qualitative Proben feststellen läßt, daß N, S, P und anorganische Elemente in Essigsäure fehlen, O, Sauerstoff sein. Man kann Sauerstoff auch direkt bestimmen.

$$100\% - (40\% + 6,66\%) = 53,34\% \ O.$$

In jeder Verbindung stehen die beteiligten Elemente nach dem Gesetz der multiplen Proportionen im Verhältnis ganzer Zahlen; also 1 zu 2, zu 3 usw. Die Gewichtsverhältnisse richten sich dann nach dem Verhältnis der Atomgewichte. Das heißt, man muß gefundene Gewichtsverhältnisse durch die Atomgewichte dividieren, um zu den Verhältnissen der Atomzahlen zu kommen.

Um aus dem bei der Essigsäure gefundenen Prozentverhältnis, das nur empirische Zahlen gibt, Indexzahlen für jede der beteiligten Atomarten zu finden, muß man die gefundenen Prozentzahlen durch die bekannten Atomgewichte dividieren. Man erhält dann:

Tabelle 30.

| | Gefundene Prozente | Atomgewicht | $\dfrac{\text{Prozent}}{\text{Atomgewicht}}$ | Verhältnis | Einfachste Formelproportion |
|---|---|---|---|---|---|
| C | 40,0 | 12 | 3,3 | 1. | $C_1$ |
| H | 6,6 | 1 | 6,6 | 2. | $H_2$ |
| O | 53,3 | 16 | 3,3 | 1. | $O_1$ |

Danach muß die Essigsäure die stöchiometrische Formel $C_1H_2O_1$ haben. Die Indexzahlen 1, 2, 3 geben nur die einfachste mögliche Relation der Elemente in der Essigsäure an. Die wirkliche Formel kann auch $C_2H_4O_2$ oder $C_3H_6O_3$ sein. Eine Entscheidung darüber ergeben die Methoden der Molekulargewichtsbestimmung (Dampfdichtebestimmung, Gefrierpunktserniedrigung, Siedepunktserhöhung, s. S. 59). Im vorliegenden Fall ist nur eine Dampfdichtebestimmung weit oberhalb des Siedepunkts brauchbar. Dabei wird ein Molekulargewicht von 60 gefunden. Nach der Berechnung findet man für $C_1H_2O_1$ ein Molekulargewicht von 30, für $C_2H_4O_2$ 60 und für $C_3H_6O_3$ 90. Die wirkliche Formel der Essigsäure ist demnach $C_2H_4O_2$.

*Konstitution, Isomere* (s. auch S. 226). $C_2H_4O_2$ ist nur die *Bruttoformel* oder *Summenformel*, die den Chemiker nicht vollständig befriedigt, da er für Synthesen die räumliche auf die Papierebene projizierbare Formel braucht. Er braucht die sog. *Konstitutionsformel*, die angibt, an welche anderen Atome im Molekül jedes einzelne Atom individuell gebunden ist; anders als in einer aus Ionen aufgebauten Substanz, wo es keine „individuellen" Bindungen zwischen den Atomen gibt.

Zur Feststellung der Konstitutionsformel, die sehr viel schwieriger ist als die der Bruttoformel, gibt es viele, von Fall zu Fall verschiedene Methoden. Man geht meistens so vor, daß man, z. B. im vorliegenden Fall der Essigsäure, nach den Prinzipien eines Puzzlespiels, alle möglichen Konstitutionsformeln aus 2 C, 4 H und 2 O auf Papier malt. Dabei gilt als Regel, daß vom C immer 4 Bindungen (Bindungsstriche), vom O 2 Bindungsstriche und vom H 1 Bindungsstrich ausgehen.

Man nennt solche Substanzen gleicher Bruttoformel, aber verschiedener Konstitution *Isomere* (s. Formeln 238, S. 226; 239, S. 227.

Aus $C_2H_4O_2$ kann man sich ohne Rücksicht auf ihre mögliche Existenzfähigkeit folgende isomeren Möglichkeiten ausdenken.

**Formel 231.**

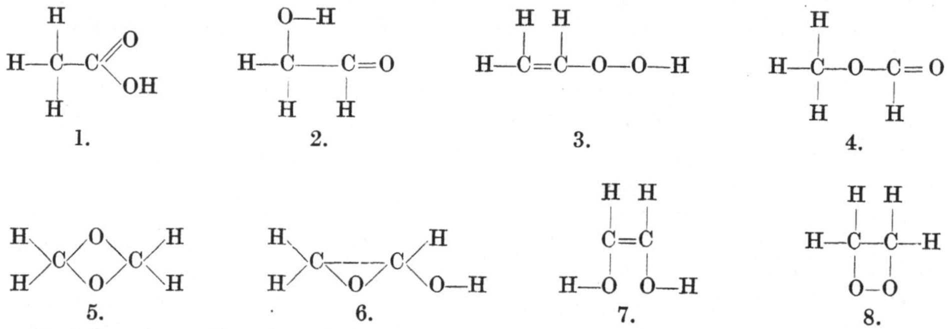

Mögliche isomere Konstitutionsformeln (Strukturformeln) der Summenformel $C_2H_4O_2$.

Regeln: Von einem C gehen vier Bindungen, von O zwei und von H eine Bindung (= Bindungsstrich, s. S. 46) aus.

Für die Entscheidung, welches die richtige Konstitutionsformel ist, gibt es keine festen Regeln, und die Konstitutionsaufklärung komplizierter Stoffe, etwa von Alkaloiden, Hormonen und Vitaminen, beschäftigt die besten Chemiker der Welt oft jahrzehntelang.

Der Weg ist meistens der des *partiellen Abbaus* zu Stoffen bekannter Konstitution und der partiellen oder totalen *Synthese*. Ein anderer Weg ist der der *Ausschließung* der mit den Eigenschaften des Stoffs nicht vereinbaren Formeln. Daneben werden vielfach *physikalische Meßmethoden* verwendet, da viele physikalische, z. B. optische, elektrische und magnetische Eigenschaften der Verbindungen von der Konstitution abhängen.

Im vorliegenden Falle der Essigsäure ist der Weg der Ausschließung der einfachste. Essigsäure reagiert in wäßriger Lösung stark sauer. Von den 8 gezeichneten Substanzen enthält nur Formel 1 eine Gruppe, die stark saure Eigenschaften verleiht. Formel 4 und 5 sind auzuschließen, da sich die Substanz zu Äthan reduzieren läßt, so daß nur eine ununterbrochene C—C-Kette vorliegen kann. Die Stoffe der Formel 3 und 8, soweit sie überhaupt existenzfähig sind, müssen den Charakter starker Oxydationsmittel haben, der bei Essigsäure fehlt. Formel 2, 6 und 7 müssen starke Aldehydreaktionen geben, die der Essigsäure ebenfalls fehlen.

*Konstitutionsbeweis.* Der endgültige Beweis einer Konstitutionsformel muß durch eine formelmäßig durchsichtige *Synthese* geliefert werden. Dieser Beweis wird im Fall der Essigsäure durch Totalsynthese geliefert: Kohle → Calciumcarbid → Acetylen → Acetaldehyd → Essigsäure (s. S. 248).

*Räumlicher Aufbau. Kohlenstoff* ist das erste Element der mittelsten vierten Gruppe des Periodensystems. Er hat als *einziges Element* (in geringem Maß auch das Silicium und das Bor) die *Fähigkeit, lange Ketten* aus vielen gleichen Atomen zu bilden. Die *Bindungen* zwischen zwei C-Atomen haben meist *homöopolaren, unpolaren* Charakter. Das C-Atom hat nur 4 Elektronen in seiner äußeren Schale. Es sucht diese Schale, wie jedes Element, auf die Edelgaskonfiguration der 8-Schale zu bringen. Es sucht z. B. vom Nachbar-C-Atom oder von einem H-Atom Elektronen zu übernehmen. Da beide in diesem Falle ihre Elektronen nicht ganz abgeben, sondern nur teilweise ausleihen, kommt es zu einem Gleichgewicht, in dem je *2 Elektronen von 2 Atomen gemeinsam benützt* werden (LEWIS) (s. S. 46.)

**Formel 232.**

$$.\overset{\overset{\text{H}}{\cdot}\,\overset{\text{H}}{\cdot}\,\overset{\text{H}}{\cdot}}{\underset{\overset{\text{H}}{\cdot}\,\overset{\text{H}}{\cdot}\,\overset{\text{H}}{\cdot}}{C}\,\overset{}{C}\,\overset{}{C}} \rightarrow .C:C:C. = .\overset{\text{H H H}}{\underset{\text{H H H}}{C-C-C}}. = \overset{\text{H H H}}{\underset{\text{H H H}}{-C-C-C-}} =$$

$$= -CH_2-CH_2-CH_2-$$

Der Einfachheit halber bezeichnet man in der organischen Chemie *2 gemeinsame Elektronen durch einen Bindestrich.* Vom *Kohlenstoff* gehen also *4 Bindestriche* aus; der Kohlenstoff ist praktisch in allen organischen Verbindungen *vierwertig* und *vierbindig.* Stickstoff ist in organischen Verbindungen 3 wertig, Sauerstoff und Schwefel sind 2 wertig und H ist 1 wertig. Daneben kommen, wie beim Schwefel in den Sulfonsäuren und beim Stickstoff in der Ammoniumform, auch andere Bindungszahlen vor.

Am *C-Atom* sind die *räumlichen Richtungen der 4 Bindungen so verteilt, daß das Atom im Mittelpunkt eines Tetraeders sitzt und die Bindungen nach den 4 Ecken zielen.*

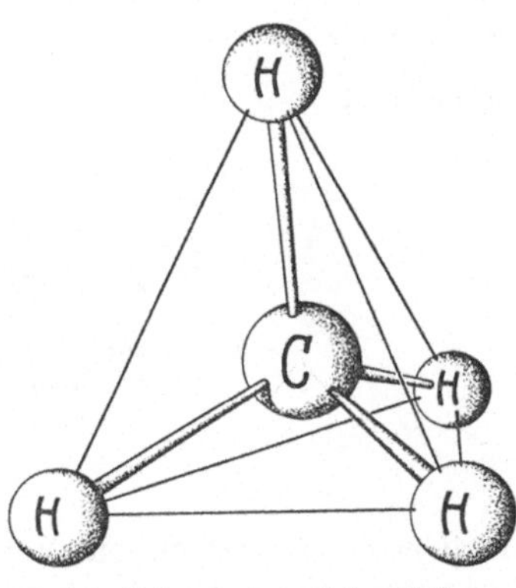


Abb. 72. Tetraederformel des Methans.

**Formel 233.**

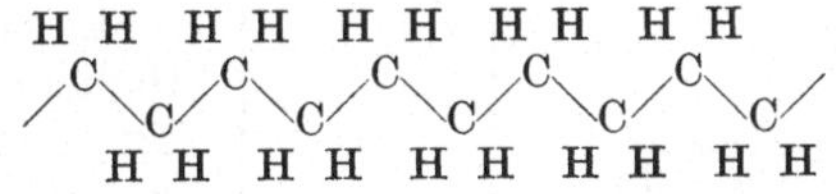

Räumliche Zickzackform der Paraffinkette.

Deswegen hat auch, wie man aus Untersuchungen der Röntgeninterferenzen kristallisierter organischer Kettenverbindungen weiß, eine *Kette von C-Atomen* nicht eine langgestreckte gerade Form, sondern *Zickzackform.*

Je 3 Kohlenstoffatome bilden dabei (theoretisch nach der Rechnung am Tetraeder) einen Winkel von 109° 28′. Das ist der stabilste Zustand einer Kette aus C-Atomen. Dieser Winkel wird z. B. beim Diamanten genau eingehalten, mit dem Unterschied gegenüber Methan ($CH_4$), daß beim Diamanten an Stelle der in der Figur gezeichneten H-Atome wieder C-Atome stehen.

Die in organischen Molekülen durch eine einfache Bindung (= ein gemeinsames Elektronenpaar) zusammengehaltenen Gruppen sind um diese Bindung als Achse frei drehbar. Das heißt, Molekülketten können jede Form annehmen, die unter Berücksichtigung des Winkels zwischen den Bindungsrichtungen am Kohlenstofftetraeder geometrisch erlaubt ist.

Die Zahl der möglichen Lagen wird auf einige bevorzugte eingeschränkt, wenn etwa an den beiden Enden einer Paraffinkette elektrisch gleich geladene Teilchen (z. B. zwei $NH_2$-Gruppen) zu einer gegenseitigen Abstoßung der Kettenenden führen. Es wird dann eine gerade, möglichst lange Kette bevorzugt, bei der die beiden sich elektrisch abstoßenden Enden möglichst weit auseinanderliegen. Umgekehrt wird eine mehr ringförmige Anordnung bevorzugt, wenn entgegengesetzt geladene Teilchen an den Enden stehen; z. B. eine —$NH_2$- und eine —COOH-Gruppe. Solche rechnerisch schwer erfaßbaren Einflüsse bedingen die räumliche Anordnung der nicht direkt aneinander gebundenen Atome im organischen Molekül und damit die räumliche Form des Moleküls selbst. Sie entscheiden, ob ein Molekül als kleinstes Kristallelement des festen Zustands annähernd Kugelform, Prismenform, Blattform oder Fadenform hat. Von solchen rechnerisch noch nicht genau übersehbaren Einflüssen hängen auch Schmelzpunkt, Siedepunkt und Kristallsystem der Substanzen teilweise ab, die deshalb heute noch nicht genau vorausberechenbar sind.

*Klasseneinteilung organischer Verbindungen: aliphatisch, cyclisch, heterocyclisch.* Die Kohlenstoffketten können sowohl offen, in *Kettenform*, als auch geschlossen in *Ringform* auftreten. Man hat im ersten Fall sog. *acyclische*, auch

**Formel 234.**

H H H H H H
—C—C—C—C—C—C—
H H H H H H

Acyclische = aliphatische
C-H-Verbindung

Cyclische C-H-Verbindung

als *aliphatisch* bezeichnete Verbindungen, im zweiten Fall *cyclische Verbindungen.* Aus räumlichen Gründen sind 5- und 6gliedrige Ringe am stabilsten; wenn auch Ringe noch kleinerer und größerer Gliederzahl bekannt sind. So kennt man 15- und 16gliedrige Ringe (s. Formel 291, S. 249), die jedoch räumlich nicht einen kreisförmigen Ring bilden, sondern aus zwei parallelen, an den Enden aneinandergebundenen Paraffinketten bestehen.

Der Grund für die bevorzugte Stabilität von cyclischen Verbindungen aus 5 und 6 Ringgliedern liegt darin, daß in diesen Verbindungen der natürliche Winkel zwischen

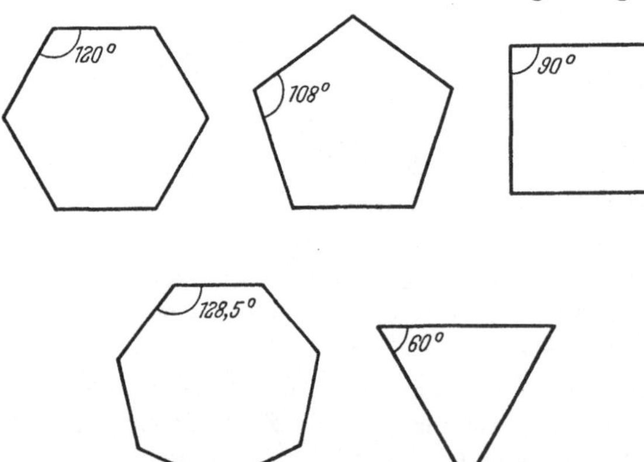
Abb. 73. Innenwinkel im gleichseitigen 3-, 4-, 5-, 6- und 7-Eck.

den Bindungen am wenigsten aus seiner stabilen Lage verbogen werden muß.

Wie vorhin erwähnt, ist der natürliche Winkel zwischen 3 aneinandergebundenen C-Atomen 109°. Dieser Wert liegt zwischen den geometrischen

Winkelwerten eines gleichseitigen Sechsecks (Innenwinkel 120°) und eines gleichseitigen Fünfecks (Innenwinkel 108°). Alle anderen Ringe zwingen die Kohlenstoffkette zu starken Verbiegungen der Bindungsrichtungen und sind deshalb
weniger stabil.

Sind in einem *Ring* am Ringskelet nicht nur C-Atome, sondern auch *S- oder
N- oder O-Atome* beteiligt, so nennt man die Verbindungen *heterocyclisch*.

**Formel 235.** Heterocyclische Ringe.

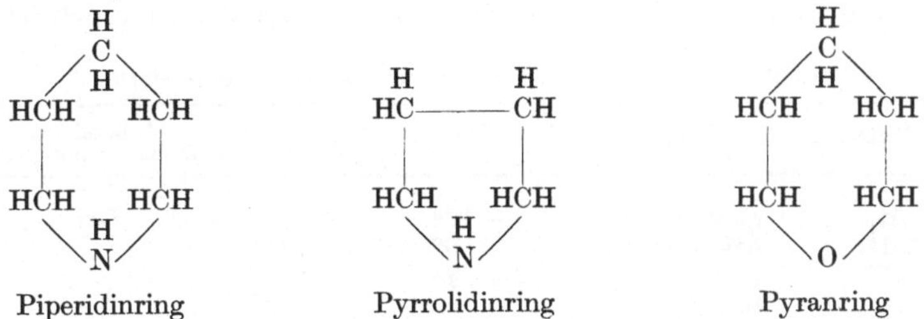

Piperidinring          Pyrrolidinring          Pyranring

Die drei Klassen alipathisch, cyclisch und heterocyclisch sind die Haupt-
einteilungsklassen der organischen Chemie; die Hunderttausende organischer
Verbindungen, die wir heute kennen, leiten sich aus den Stammverbindungen
durch Ersatz von H-Atomen durch irgendwelche *Substituenten* ab.

Als Substituenten bezeichnet man jede Art von chemischer Gruppe, die in
organischen Molekülen ein H ersetzen; z.B. $-CH_3$, $-C_2H_5$, $-C_6H_5$, $-COOH$,
$-OH$, $-NH_2$, $-NO_2$, $-SO_3H$, $-CH_3$, $-Cl$, $-Br$ usw.

<h3 style="text-align:center">13. Kapitel.</h3>

# Aliphatische Kohlenwasserstoffe.

## a) Paraffin-Kohlenwasserstoffe.

Alle Verbindungen, die nur aus Kohlenstoff und Wasserstoff bestehen, nennt
man *Kohlenwasserstoffe*.

*Homologe Reihe.* Die einfachste aliphatische Verbindung ist das *Methan.* Es
ist ein Gas, das (an der Luft angezündet) brennbar ist und im gewöhnlichen
Leuchtgas vorkommt. Ersetzt man im Methan 1 H durch ein weiteres C und die
zugehörigen 3 H, durch die *Methylgruppe* $-CH_3$, so kommt man zum *Äthan.*
Ersetzt man auch hier 1 H durch $-CH_3$, so erhält man *Propan.* Das nächste ist
dann das *Butan.*

**Formel 236.**

| | | | | |
|---|---|---|---|---|
| H | H H | H H H | H H H H | H H H H H |
| HCH | HC—CH | HC—C—CH | HC—C—C—CH | HC—C—C—C—CH |
| H | H H | H H H | H H H H | H H H H H |
| Methan | Äthan | Propan | Butan | Pentan |

Beginn der homologen Reihe der Paraffin-Kohlenwasserstoffe.

Eine solche Reihe von organischen Verbindungen, bei denen sich jedes folgende
Glied vom vorhergehenden durch die Einführung einer $-CH_2$-Gruppe unterscheidet, nennt man eine *homologe Reihe.* Homologe Reihen s. S. 239, 240,
245, 254.

Bis zum Butan sind diese Verbindungen bei Zimmertemperatur Gase. Das nächste, das *Pentan*, ist bereits eine Flüssigkeit. Das darauffolgende *Hexan* bildet mit dem *Heptan, Octan* und *Nonan* das *Benzin*. Die höheren Glieder der Reihe bilden *Motorenöle, Vaseline* und *Paraffine*.

Die vorliegende homologe Reihe nennt man nach ihren höchsten Gliedern (Paraffine) auch *Paraffinkohlenwasserstoffe*. Die Reihe kann man im Prinzip beliebig weit synthetisieren; man kennt sie heute bis $C_{60}H_{122}$. Paraffinkohlenwasserstoffe haben die allgemeine Summenformel $C_nH_{2n+2}$. Sie enthalten keine Doppelbindungen. Sie werden auch als *gesättigte Kohlenwasserstoffe* bezeichnet.

Tabelle 31. *Eigenschaften der Paraffin-Kohlenwasserstoffe.*

| Formel | Name | Siedepunkt °C | Schmelzpunkt °C | Zustand bei Zimmertemperatur |
|---|---|---|---|---|
| $CH_4$ | Methan | − 164 | − 184 | Gas |
| $C_2H_6$ | Äthan | − 93 | − 171 | „ |
| $C_3H_8$ | Propan | − 45 | − 190 | „ |
| $C_4H_{10}$ | Butan | + 0,6 | − 135 | „ |
| $C_5H_{12}$ | Pentan | + 36 | − 131 | Flüssigkeit |
| $C_6H_{14}$ | Hexan | + 69 | − 93 | „ |
| $C_7H_{16}$ | Heptan | + 98 | − 97 | „ |
| . . . . | . . . . | . . . . | . . . . | |
| $C_{60}H_{122}$ | Hexakontan | über + 400 | + 99 | Paraffin fest |

Die Dichten der flüssigen Kohlenwasserstoffe liegen zwischen 0,6—0,75, die der festen zwischen 0,75—0,8.

*Konstitutionsisomerie* (s. auch S. 222). Um von einem Homologen zum nächsten zu kommen, wurde bisher immer ein H des endständigen Kohlenstoffatoms durch eine neue $CH_3$-Gruppe ersetzt. Man kann jedoch auch ein oder zwei H der mittelständigen C-Atome einer Kette durch neue *Substituenten* ersetzen.

**Formel 237.**

$$
\begin{array}{c}
H \\
-CH \\
H
\end{array}
\rightarrow
\begin{array}{c}
H \\
-C-CH_3 \\
H
\end{array}
\rightarrow
\begin{array}{c}
CH_3 \\
| \\
-C-CH_3 \\
H
\end{array}
\rightarrow
\begin{array}{c}
CH_3 \\
| \\
-C-CH_3 \\
| \\
CH_3
\end{array}
$$

Man kommt so zu *verzweigten Ketten*. Man kann z.B. das Butan auch als verzweigte Formel schreiben. Es entsteht eine neue Verbindung, die man als *Isobutan* bezeichnet.

**Formel 238.**

| | Struktur- oder Konstitutionsformel | | Brutto- oder Summenformel | Siedepunkt |
|---|---|---|---|---|
| Butan | $\begin{array}{c} H\ \ H\ \ H\ \ H \\ HC-C-C-CH \\ H\ \ H\ \ H\ \ H \end{array}$ | = | $C_4H_{10}$ | + 0,6° |
| Isobutan | $\begin{array}{c} H\ \ H\ \ H \\ HC-C-CH \\ H\ |\ H \\ HCH \\ H \end{array}$ | = | $C_4H_{10}$ | − 10° |

Butan und Isobutan sind *Isomere*. Zwei isomere Verbindungen sind solche, die *gleiche Summenformel*, aber *verschiedene Konstitutionsformeln* und damit verschiedene Eigenschaften haben. So haben beide Butane die Zusammensetzung $C_4H_{10}$, aber verschiedene Siedepunkte und physikalische Eigenschaften.

Man unterscheidet isomere Verbindungen im engeren Sinne und solche im weiteren Sinn. Butan und Isobutan, die chemisch derselben Verbindungsklasse angehören, sind Isomere im engeren Sinn; die vorher bei der Analyse der Konstitution der Essigsäure hingemalten Isomeren (Formel 231, S. 222) sind solche im weiteren Sinn, weil sie zwar Isomere der Summenformel darstellen, aber chemisch verschiedenen Klassen angehören.

Vom Butan gibt es zwei mögliche Isomere. Schon beim Pentan gibt es 3 Isomere.

**Formel 239.**

$$CH_3-CH_2-CH_2-CH_2-CH_3 \qquad\qquad CH_3-CH_2-\overset{\text{H}}{\underset{\text{CH}_3}{C}}-CH_3 \qquad\qquad CH_3-\overset{\text{CH}_3}{\underset{\text{CH}_3}{C}}-CH_3$$

| Normales Pentan | Sekundäres Pentan | Tertiäres Pentan |
|---|---|---|
| farblose Flüssigkeit | unlöslich in $H_2O$ | Siedep. $+10°$ |
| Siedep. $+36°$ | löslich in organischen Lösungsmitteln | |
| Dichte 0,61 | Siedep. $+28°$ | |
| | Dichte 0,60 | |

*Unterscheidung der Isomeren.* Um sie zu unterscheiden, nennt man das erste *Normal-* oder *primäres* Pentan, das zweite, das eine einfache verzweigte C-Kette hat, *sekundäres* Pentan und das dritte, das eine doppelt verzweigte Kette hat, *tertiäres* Pentan. Der Siedepunkt sinkt bei Isomeren mit abnehmendem Längsdurchmesser des Moleküls.

Beim Hexan gibt es bereits 5 Isomere; bei den höheren Kohlenwasserstoffen steigen die Isomeriemöglichkeiten, wie man sich leicht ausrechnen kann, stark an. So gibt es z. B. vom Eikosan ($C_{20}H_{42}$) 366319 Isomere, wenn man die später zu besprechenden optischen Isomeren (s. S. 235) dazurechnet. Von dieser sehr großen Zahl von Isomeren sind naturgemäß nur wenige synthetisiert worden, meistens nur die unverzweigten Ketten. Auch in natürlichem Petroleum kommen fast nur unverzweigte Homologe vor. *Prinzipiell* sind sie mit den später zu besprechenden Methoden *alle synthetisierbar.*

*Nomenklatur.* Bei einer so großen Zahl von Isomeren versagt die Einteilung primär, sekundär und tertiär als Nomenklaturprinzip. Um auch sehr komplizierte, verzweigte Ketten rationell zu benennen, betrachtet man die jeweils längste unverzweigte Kette eines Moleküls als *Hauptkette,* numeriert deren C-Atome und kann so den Ort angeben, an dem Methyl-, Äthyl- usw. als *Seitenkette* eintritt.

**Formel 240.**

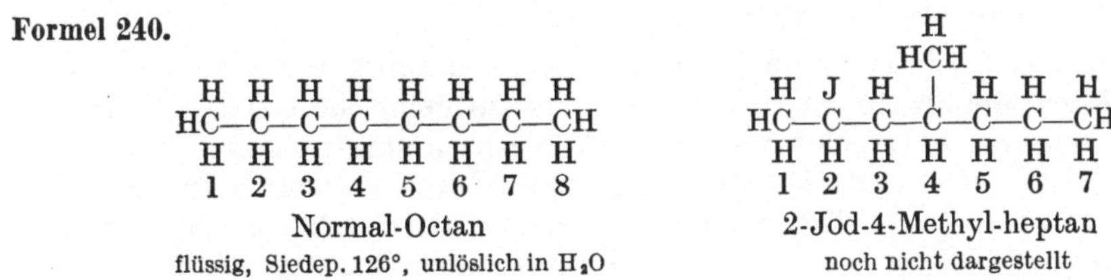

| Normal-Octan | 2-Jod-4-Methyl-heptan |
|---|---|
| flüssig, Siedep. 126°, unlöslich in $H_2O$ | noch nicht dargestellt |

Hat man ein Heptan, das am vierten C eine $CH_3$-Gruppe trägt, so nennt man es 4-Methyl-heptan, obwohl die Verbindung 8 C-Atome hat, also eigentlich ein Isooctan ($C_8H_{18}$) ist. Man nimmt die *gerade Kette* als *Grundkohlenwasserstoff* und bezeichnet die *Seitenkette* mit einer *Zahl* und der Substituentenbezeichnung, also Methyl-, Äthyl-, Chlor-, Nitro usw. Die Namen aller gesättigten Kohlenwasserstoffe enden auf Grund internationaler Vereinbarung mit *-an.*

*Eigenschaften.* Alle Paraffinkohlenwasserstoffe sind in Wasser unlöslich. Da sie ein niedrigeres spezifisches Gewicht als Wasser haben, schwimmen sie auf Wasser. Sie sind *leicht brennbar* und, weil sie auf Wasser schwimmen, mit Wasser nicht löschbar (Benzinbrände). Chemisch sind sie reaktionsträge, wie schon der Name *Paraffine* sagt (Parum affinis = wenig Verwandtschaft zeigend). Sie werden bei Zimmertemperatur nur von Halogenen (unter Substitution von H-Atomen) und von gewissen Oxydationsmitteln langsam angegriffen.

*Petroleum.* Viele dieser Kohlenwasserstoffe, besonders geradkettige, finden sich im natürlichen *Petroleum*, außerdem im flüssigen Anteil des Steinkohlendestillates.

Petroleum oder Erdöl ist, so wie es aus geologischen Lagerstätten nach Anbohren entweder unter eigenem Druck oder durch mechanische Verfahren an die Oberfläche gebracht wird, meistens eine zähe, dunkle Flüssigkeit, manchmal mit Gasen durchsetzt. Die jährliche Weltproduktion war 1938 fast 300 Millionen Tonnen. Es ist wahrscheinlich aus riesigen Lagern abgestorbener pflanzlicher und tierischer Reste unter Luftabschluß bei erhöhter Temperatur entstanden. Früher vermutete man auch eine anorganische Herkunft durch Zersetzung von Metallcarbiden (Eisencarbiden) mit Wasser unter Druck und Luftabschluß bei hoher Temperatur unter der Erdoberfläche.

Erdöl hat, je nach Herkunft, sehr verschiedene Zusammensetzung. Die Hauptbestandteile sind aliphatische und cyclische Kohlenwasserstoffe; doch kommen in kleineren Mengen zahlreiche andere S-, O- und N-haltige organische Verbindungen vor, die die Rohstoffgrundlage der organisch-chemischen Industrie bilden. Erdöl wird in großen Raffinerien durch fraktionierte Destillation und durch chemische Prozesse in verschiedene Fraktionen zerlegt.

Dabei erhält man außer den im Petroleum gelösten, gasförmigen Kohlenwasserstoffen zuerst grobe Fraktionen, die dann in weitere Feinfraktionen zerlegt werden.

Tabelle 32. Fraktionen des Petroleums.

| | | |
|---|---|---|
| Petroläther | Siedepunkt von | 30—80° |
| Benzin | | 80—180° |
| Leuchtpetroleum, Schmieröle | | 180—300° |
| Vaseline, Paraffin | über | 300° |
| Teer | | Destillationsrückstand |

*Benzin und Motoren.* Die wichtigste Fraktion des Petroleums vom Siedepunkt 80—180° wird als *Motorenbenzin* verwendet.

Ein *Explosionsmotor* ist (grob beschrieben) ein einseitig verschlossener, von außen gekühlter Metallzylinder, in dem Benzin-Luftgemische durch elektrische Funken (Zündkerze) entzündet werden. Als Verbrennungsprodukte entstehen hauptsächlich $CO_2$, $H_2O$ und CO (CO-Vergiftungen durch laufende Benzinmotore in geschlossenen Garagen). Der bei der Explosion entstehende Überdruck treibt einen Kolben vor sich her, der seine Energie durch einen Exzenter auf eine Welle mit Schwungrad überträgt. Das Benzin-Luftgemisch wird vor der Zündung durch Aufwärtsbewegung des Kolbens im selben Zylinder komprimiert. Die *Leistung* des Motors steigt mit der Höhe der vorherigen *Kompression* des Brennstoffgemischs. Bei hoher Kompression wird das Benzin-Luftgemisch so hoch erhitzt, daß es vor der elektrischen Zündung explodiert, also bevor der Kolben seinen höchsten Punkt erreicht hat. Es ist das sog. „*Klopfen*" eines Motors bei zu hoher Kompression.

*Klopffestes Benzin.* Bei modernen Hochleistungsmotoren (Flugzeuge) hat man ein Interesse an möglichst hoher Kompression, da sie die Leistung des Motors pro Kilogramm Gewicht erhöht. Man muß deshalb klopffestes Benzin verwenden, dessen Dämpfe im Gemisch mit Luft trotz höchster Kompression nicht vor der regulären elektrische Zündung explodieren, und bei dem die Explosionswelle (s. S. 352) gerade mit der optimalen Geschwindigkeit fortschreitet. Die *Klopffestigkeit* mißt man nach einer empirischen Skala an einem Standardmotor und bezeichnet sie mit der „*Octanzahl*" eines Benzins. Als wirksames Mittel setzte man dem Hochleistungsbenzin bis vor kurzem 0,1—1% *Bleitetraäthyl* zu. Als Antiklopfmittel haben sich besonders *verzweigte Kohlenwasserstoffe* bewährt. So werden heute jährlich Hunderttausende von Tonnen der folgenden Kohlenwasserstoffe (und ähnlicher) synthetisiert, da sie im Naturpetroleum nicht oder nicht genügend vorkommen.

**Formel 241.**

$$
\begin{array}{cc}
\begin{array}{c}
CH_3 \\
| \\
H_3C-C-CH_2-CH_3 \\
| \\
CH_3
\end{array}
&
\begin{array}{c}
CH_3 \qquad CH_3 \\
| \qquad\quad | \\
H_3C-C-CH_2-CH-CH_3 \\
| \\
CH_3
\end{array}
\end{array}
$$

2,2-Dimethylbutan
flüssig, Siedep. 49°
Dichte 0,67

2,2,4-Trimethylpentan
flüssig, Siedep. 100°
Dichte 0,69
Octanzahl = 100

*Schmieröl.* Mittlere Fraktionen des Petroleums können je nach geologischer Herkunft als Schmieröle verwendet werden. Ihre Wirksamkeit beruht darauf, daß sie auf festen Körpern, Metallen, sehr reißfeste, nur wenige Moleküllagen dicke *Ölfilme* bilden. Dadurch werden aufeinanderliegende glatte Metallflächen so weit auseinandergehalten, daß sie praktisch ohne Abnützung auf den Ölfilmen gleiten (Ölen von Lagern rotierender und schiebender Maschinenteile). Leider sind als Schmieröle nur ganz enge Fraktionen des Erdöls brauchbar; gute Schmieröle sind teuer.

*Technische Synthesen.* Paraffinkohlenwasserstoffe werden heute auch großtechnisch aus Kohle *synthetisiert*. Dazu dienen zwei Verfahren. Beim ersten, nach dem Prinzip von BERGIUS, wird Kohlepulver mit Teer zusammen bei 200—400° mit Wasserstoff unter 200 Atmosphären zusammengebracht. Beim zweiten Verfahren, nach FISCHER-TROPSCH, wird gasförmiges Kohlenoxyd, wie es technisch (s. S. 110 u. 125) in großen Mengen gewonnen werden kann, mit Wasserstoff zusammen über Katalysatoren, meistens Metalloxyde, geleitet. In beiden Fällen erhält man Gemische, die dem natürlichen Petroleum ähneln. Das so synthetisierte Petroleum ist zur Zeit jedoch noch teurer als das natürliche. Trotzdem werden jährlich mehrere Millionen Tonnen nach diesen und ähnlichen Verfahren hergestellt.

*Cracking.* Da der wertvollste Teil der Erdölfraktionen, das Benzin, nur etwa 5—20% des Rohpetroleums ausmacht, versucht man den Rest ebenfalls in benzinähnliche Produkte überzuführen. Das geschieht durch hohes Erhitzen der höheren Kohlenwasserstofffraktionen unter 40 Atmosphären auf 500°, wodurch die langen Paraffinketten in kleinere, benzinähnliche Bruchstücke zerbrechen. Man bezeichnet diesen Vorgang als *Cracking.* Umgekehrt kann man aus den Erdgasen, Methan, Äthan usw., die aus vielen Petroleumquellen mit ausströmen, durch katalytische Polymerisation (s. S. 411) unter Druck bei erhöhter Temperatur benzinähnliche Produkte herstellen.

Aus der Steinkohlenteerdestillation bei der Leuchtgasfabrikation gewinnt man ebenfalls geringe Mengen Benzin.

*Konstitutionssynthesen.* Während bei den technischen Synthesen Gemische vieler Kohlenwasserstoffe entstehen, gibt es eine Reihe von Laboratoriumssynthesen, die eher zu einheitlichen Produkten führen. So geht eine *Synthese* z. B. von den *Carbiden* aus.

**Formel 242.**

$$Al_4C_3 + 12\,H_2O \rightarrow 4\,Al(OH)_3 + 3\,CH_5 \text{ (Methan) Gas. Siedep.} -161°$$

$$CaC_2 + H_2O \rightarrow CaO + C_2H_2 \text{ (Acetylen) Gas. Siedep.} -81°.$$

Eine weitere durchsichtige Synthese eines höheren Kohlenwasserstoffs aus einem niedrigeren ist die WURTZsche *Synthese*. Man läßt dazu auf Paraffinhalogenide metallisches Natrium einwirken.

**Formel 243.**

$$\begin{array}{ccccccccc}
\text{H} & & & & & \text{H} & & \text{H  H} & \\
\text{HC—J} & + & 2\,\text{Na} & + & \text{J—CH} & \rightarrow & \text{HC—CH} & + & 2\,\text{NaJ} \\
\text{H} & & & & \text{H} & & \text{H  H} &
\end{array}$$

Jodmethyl       Natrium              Äthan

flüssig, Siedep. $+43°$    Metall, Smp. 98°         Siedep. $-93°$
Dichte 2,25

Die Ausbeuten sind schlecht. Diese Methode wird nur noch selten angewendet, da Halogenalkyle und Alkalimetalle unter Explosion reagieren können; die Auslösung der Explosion kann durch leichten Stoß erfolgen.

Weiter kann man aus den Alkylhalogeniden, die aus den Alkoholen oft leichter zugänglich sind als die entsprechenden Paraffine, durch Umsatz mit metallischem Magnesium in trockenem Äther nach GRIGNARD die salzartigen, festen Paraffin-Magnesium-Halogenidverbindungen erhalten; sie setzen sich mit Wasser in Kohlenwasserstoff und Magnesiumsalz um. So entsteht z. B. aus Äthyl-Magnesium-Jodid mit Wasser Äthan.

**Formel 244.**

$$\begin{array}{ccccccccc}
\text{H  H} & & & \text{H  H} & & & \text{H  H} & & \\
\text{HC—C—J} & + & \text{Mg} \rightarrow & \text{HC—C—MgJ} & + & \text{HOH} \rightarrow & \text{HC—CH} & + & \text{JMgOH} \\
\text{H  H} & & & \text{H  H} & & & \text{H  H} &
\end{array}$$

Jodäthyl          Äthylmagnesiumjodid        Äthan     Jodmagnesium-

flüssig, Siedep. $+72°$     kristallisiert        Siedep. $-93°$    hydroxyd
farblos, Dichte 1,92    in Äther löslich

Setzt man Äthylmagnesiumjodid jedoch mit einem anderen Paraffinhalogenid, z. B. Methyljodid um, so erhält man einen Kohlenwasserstoff mit drei aneinandergebundenen Kohlenstoffatomen, das Propan.

**Formel 245.**

$$\begin{array}{ccccccc}
\text{H  H} & & \text{H} & & \text{H  H  H} & & \\
\text{HC—C—MgJ} & + & \text{J—CH} & \rightarrow & \text{HC—C—CH} & + & \text{JMgJ} \\
\text{H  H} & & \text{H} & & \text{H  H  H} &
\end{array}$$

Äthylmagnesiumjodid     Jodmethyl     Propan

kristallisiert, in Äther löslich    Siedep. $+43°$   Siedep. $-45°$

GRIGNARD-Synthese

Auf diese Art kann man je nach den Bedingungen alle Kohlenwasserstoffe darstellen.

*Alkylradikale.* Denkt man sich in einem Paraffinkohlenwasserstoff ein Wasserstoffatom weggenommen, so kommt man zu einer Formel mit einem einsamen Elektron. Ein derartiges Gebilde ist nicht frei beständig (s. jedoch Formel 577, S. 367); es tritt aber bei vielen chemischen Reaktionen als kurzlebiges Zwischenprodukt auf, man nennt es ein *Radikal*. Ein solches Radikal entsteht z. B. bei der oben besprochenen Reaktion aus dem Äthan; man nennt es *Äthyl*, oder aus dem Methan das *Methyl*. Diese Bezeichnung wird auch für *Substituenten* verwendet; bei der Besprechung der Isomeren wurde das Methylheptan erwähnt. Als *Alkyl* bezeichnet man allgemein einen Paraffinrest wie Äthyl-, Propyl- usw.

**Formel 246.**

$$
\begin{array}{cccc}
\text{H H} & \text{H H} & \text{H H H} & \text{H H H} \\
\text{HC—CH} & \text{HC—C—} & \text{HC—C—CH} & \text{HC—C—C—} \\
\text{H H} & \text{H H} & \text{H H H} & \text{H H H} \\
\text{Äthan} & \text{Äthyl-} & \text{Propan} & \text{Propyl-}
\end{array}
$$

## b) Doppelbindung, ungesättigte Kohlenwasserstoffe, Olefine.

*Doppelbindung.* Nimmt man im Äthan an jedem Kohlenstoff ein Wasserstoffatom weg, so bleibt formal an jedem Kohlenstoffatom ein freies Elektron. Die beiden freien Elektronen vereinigen sich sofort zu einem Elektronenpaar, also zu einer neuen Bindung. Auf diese Art erhält man eine Verbindung, bei der zwei Kohlenstoffatome nicht wie bisher durch eine Bindung (= 2 gemeinsame Elektronen), sondern durch *zwei* Bindungen (= 2mal 2 Elektronen; s. Formel 15 und 222, S. 46 und 223) aneinandergehalten sind.

**Formel 247.**

$$
\begin{array}{c}
\text{H H} \\
\text{H—C—C—H} \xrightarrow{-H_2} \left[ \text{H—C—C—H} \right] \rightarrow \text{H—C=C—H} \\
\text{H H}
\end{array}
$$

Äthan　　　　　　　　　　　　Äthylen (Äthen)
Gas, Siedep. −104°

Man nennt eine solche Bindung eine *Doppelbindung*. Man kann diese Doppelbindung auch als ein Ringgebilde mit nur zwei Gliedern auffassen.

Die Doppelbindung ist weniger resistent gegenüber chemischen Einwirkungen als die einfache Bindung, da die natürlichen räumlichen Winkel zwischen den Bindungsrichtungen am Kohlenstoffatom (109°) in der Doppelbindung sehr stark verbogen sind.

*Olefine.* Kohlenwasserstoffe mit Doppelbindungen nennt man zum Unterschied von den Paraffinkohlenwasserstoffen *Olefinkohlenwasserstoffe*, weil in natürlichen Pflanzenölen, in geringerem Maß auch in tierischen Fetten, solche Doppelbindungen vorkommen.

Von den Olefinen gibt es, wie in der Paraffinreihe, homologe Reihen. Zur chemischen Kennzeichnung hängt man an die Bezeichnung des Kohlenwasserstoffs die Endung *-ylen* oder korrekter nur *-en* an. So bezeichnet man z. B. den vom Propan abgeleiteten Kohlenwasserstoff als *Propen*, den vom Butan abgeleiteten als *Buten* usw. Für das erste Glied der Reihe ist der Name Äthylen in Ableitung vom Äthan gebräuchlich.

**Formel 248.**

$$\text{Proyplen (Propen) Siedep.} \; -48° \qquad \begin{array}{c} \text{H} \\ \text{HC—C=CH} \\ \text{H H H} \end{array}$$

$$\text{Butylen (Buten) Siedep.} \; -\; 5° \qquad \begin{array}{c} \text{H H} \\ \text{HC—C—C=CH} \\ \text{H H H H} \end{array}$$

Da Stoffe mit Doppelbindung viele andere chemische Substanzen, z. B. Halogene, oder mit Platin katalytisch angeregten Wasserstoff (s. S. 219, 260) leicht an die Doppelbindung anlagern, nennt man sie auch *ungesättigte Kohlenwasserstoffe.*

*Reaktionen der Doppelbindungen.* Buten lagert an die Doppelbindung leicht Brom an; es entsteht 2,3-Dibrombutan.

**Formel 249.**

$$\begin{array}{c} \text{H} \qquad\quad \text{H} \\ \text{HC—C=C—CH} \\ \text{H H H H} \end{array} \;+\; \text{Br}_2 \;\rightarrow\; \begin{array}{c} \text{Br Br} \\ \text{H} \;|\;\;| \; \text{H} \\ \text{HC—C—C—CH} \\ \text{H H H H} \end{array}$$

Buten-(2)                                    2,3-Dibrombutan

Siedep. + 1°                             flüssig, Siedep. + 158°

Smp. − 186°                      in $H_2O$ unlösilch, Dichte 1,78

Werden Moleküle mit Äthylendoppelbindungen in wasserfreien organischen Lösungsmitteln, z. B. Chloroform, mit gasförmigem *Ozon* behandelt, so entstehen unter Spaltung der —C=C— -Bindung und Einlagerung von Sauerstoff die öligen, explosiven *Ozonide.* Mit Wasser zerfallen sie in zwei Aldehyd- oder Ketonreste und in $H_2O_2$.

**Formel 250.**

$$\left.\begin{array}{c} \text{Ozon} \quad \text{O}_3 \\ \text{—C=C—} \\ \text{H H} \end{array}\right\} \;\rightarrow\; \begin{array}{c} \text{O—O} \\ \text{—C} \diagdown \;\diagup \text{C—} \\ \text{H} \; \text{O} \; \text{H} \end{array} \;+\; \text{H}_2\text{O} \;\rightarrow\; \begin{array}{c} \text{—C=O} \\ \text{H} \end{array} \;+\; \begin{array}{c} \text{O=C—} \\ \text{H} \end{array} \;+\; \text{H}_2\text{O}_2$$

Doppelbindung            Ozonid                            Aldehyde        Wasser-

                          ölig, explosiv                               (Ketone)        stoffsuper-

                                                                       oxyd

Diese Methode ist wichtig für die Ermittlung der Lage einer Doppelbindung in einem Molekül. So wurde von HARRIES die Lage der Doppelbindungen im hochpolymeren Kautschuk festgestellt, bei dessen Ozonisierung hauptsächlich Lävulinaldehyd (s. Formel 378, S. 280) entsteht.

Auch durch Oxydation mit $KMnO_4$ oder $OsO_4$ lassen sich Doppelbindungen angreifen. Es entstehen Di-hydroxyderivate oder nach Sprengung der Kette an der Stelle der Doppelbindung Carboxylgruppen von Säuren.

*Lage-Isomerie.* Bei den Olefinen gibt es eine neue Art von Isomerie. Es ist im Penten nicht gleichgültig, ob die Doppelbindung zwischen dem ersten und zweiten oder zwischen dem zweiten und dritten C-Atom steht. Um solche Verbindungen zu unterscheiden, setzt man hinter die Endung *-en* der ungesättigten Verbindung in Klammern die Nummer des Kohlenstoffatoms, von dem die Doppelbindung ausgeht. Es gibt zwei verschiedene Pentene, Penten-(1) und Penten-(2).

Beide sind physikalisch in bezug auf Siedepunkt, Schmelzpunkt und spezifisches Gewicht etwas verschieden, verhalten sich aber chemisch sehr ähnlich.

**Formel 251.**

$$HC\!=\!C\!-\!C\!-\!C\!-\!CH \qquad\qquad HC\!-\!C\!=\!C\!-\!C\!-\!CH$$

Penten-(1)          Penten-(2)
                       cis, trans-Gemisch

flüssig, Siedep. + 40°      Siedep. + 36°, in $H_2O$ unlöslich

*Cis-trans-Isomerie.* In einer normalen Kohlenstoffkette, in der die Kohlenstoffatome durch eine Bindung aneinandergebunden sind, sind die Moleküle um diese *Bindung als Achse* mehr oder weniger *frei drehbar.* Anders dagegen, wenn zwei Kohlenstoffatome durch eine Doppelbindung, also durch ein flächenartiges Gebilde (die Fläche eines Zweierrings) zusammenhängen. Dann sind für die restlichen Substituenten der Kohlenstoffatome, die an der Doppelbindung sitzen, nach dem Tetraedermodell (s. S. 223) nicht mehr beliebige Lagen im Raum möglich. Wenn man sich das auf Papier aufzeichnet, so sieht man, daß z. B. vom Penten-(2) zwei räumlich verschiedene Moleküle möglich sind, die ebenso wie die bisher besprochenen Isomeren physikalisch verschiedene Eigenschaften haben.

**Formel 252.**

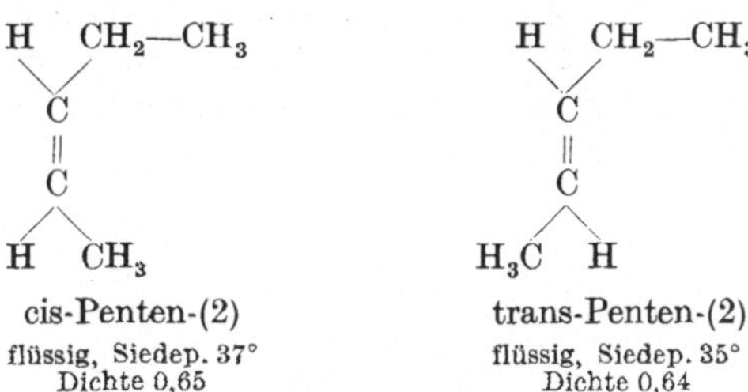

cis-Penten-(2)          trans-Penten-(2)
flüssig, Siedep. 37°        flüssig, Siedep. 35°
Dichte 0,65             Dichte 0,64

Man bezeichnet die beiden als *cis-Penten* und als *trans-Penten*, je nachdem die beiden Substituenten (Methyl- und Äthylgruppe) diesseits (lateinisch *cis*) oder jenseits (lateinisch *trans*) der Doppelbindung liegen. Man nennt diese Art von Isomerie *cis-trans-Isomerie.*

*Di-en-Kohlenwasserstoffe.* Wie im Äthan eine Doppelbindung, kann man im Pentan zwei Doppelbindungen einführen. Solche Kohlenwasserstoffe kennzeichnet man durch die nachgesetzte Silbe *di-en.* Von den Di-enen gibt es weitere Isomere; je nachdem, ob die beiden Doppelbindungen direkt nebeneinander stehen oder durch eine oder durch zwei oder noch mehr normale einfache Bindungen getrennt sind.

**Formel 253.**

$$HC\!=\!C\!=\!C\!-\!C\!-\!CH \qquad\qquad HC\!=\!C\!-\!C\!-\!C\!=\!CH$$

Pentadien-(1,2)          Pentadien-(1,4)
bisher nicht rein dargestellt     Siedep. 26°, Dichte 0,659

$$HC\!=\!C\!-\!C\!=\!C\!-\!CH \qquad\qquad HC\!-\!C\!=\!C\!=\!C\!-\!CH$$

Pentadien-(1,3)         Pentadien-(2,3)
Siedep. 42°, Dichte 0,695     Siedep. 51°, Dichte 0,721, farblos
konjugierte Doppelbindung      flüssig, unlösl. in $H_2O$

*Konjugierte Doppelbindung.* Von diesen Di-enen sind die wichtigsten die, die die Doppelbindung in der Stellung *1,2—3,4* zueinander stehen haben. Man nennt diese

Kombination von Doppelbindung eine *konjugierte* Doppelbindung. Sie kommt in vielen Naturstoffen, vor allen Dingen Farbstoffen (s. S. 382), vor. Konjugierte Doppelbindungen zeigen gegenüber Halogenen ein abnormales Verhalten. Halogene lagern sich meistens nicht direkt an eine der beiden Doppelbindungen an, sondern an die beiden Randkohlenstoffatome der konjugierten Bindung, während aus den zwei Doppelbindungen eine einzige mittelständige Doppelbindung entsteht. Auch die Anlagerung von $H_2$ mit Platin als Katalysator (s. S. 219) erfolgt meist zuerst in 1,4-Stellung.

**Formel 254.**

$$-\underset{\underset{1}{H}}{C}=\underset{\underset{2}{H}}{C}-\underset{\underset{3}{H}}{C}=\underset{\underset{4}{H}}{C}- \ + \ Br_2 \ \rightarrow \ \overset{Br}{\underset{\underset{1}{H}}{C}}-\underset{\underset{2}{H}}{C}=\underset{\underset{3}{H}}{C}-\overset{Br}{\underset{\underset{4}{H}}{C}}-$$

Dien (1,3)           1,4-Dibrom-en-(2)

*Isopren.* Ein wichtiger Kohlenwasserstoff, durch dessen Polymerisation (siehe Formel 666, S. 414) ein dem natürlichen ähnlicher Kautschuk entsteht, ist das Methylbutadi-en oder *Isopren.* Aus Isopren kann man sich viele andere Naturstoffe wie Terpene, Carotinoide (s. S. 367, 375) und andere aufgebaut denken. Butadien selbst und 2,3-Dimethylbutadien sind Ausgangsprodukte zur technischen Synthese einer Sorte des künstlichen Kautschuks (S. 414).

**Formel 255.**

HC=C—C=CH      HC=C—C=CH      H—C≡C—H
 H  H  H  H       H  H  H (CH$_3$)

Butadien-(1,3)       Isopren        Acetylen (Äthin)
Gas, Siedep. − 5°    2-Methylbutadien-(1,3)    Gas, Siedep. − 81°
       flüssig, Siedep. + 34°, farblos     farblos
         Dichte 0,685         rein geruchlos

### c) Dreifache Bindung.

Wenn man aus dem Äthan 4 Wasserstoffatome wegnimmt, so bleiben formal 4 freie Elektronen, die sich gegenseitig zu zwei neuen Bindungen absättigen; man kommt so zum *Acetylen,* einem Gas, in dem die 2 Kohlenstoffatome durch dreifache Bindung aneinander gebunden sind.

*Acetylen.* Acetylen läßt sich aus Calciumcarbid und Wasser gewinnen (siehe Formel 157, S. 155). Es ist wegen seiner dreifachen Bindung eine sehr reaktionsfähige Verbindung. Es addiert 4 Halogenatome. Das Molekül ist labil; es kann, vor allem als Gas in komprimiertem Zustand, unter Explosion von selbst zerfallen (seine Bildungswärme aus 2 C + 2 H ist negativ). Da es, mit Sauerstoff verbrannt, eine Flamme von über 2000° ergibt, wird es in der Technik zum Schweißen und Schneiden von Eisen vielfach verwendet.

Im Acetylen sind die beiden H durch den Einfluß der dreifachen Bindung so beweglich, daß sie durch Metalle vertretbar sind. Es sind die Metallacetylide, deren bekanntestes das Calciumcarbid $CaC_2$ (s. S. 155) ist. Das explosive Kupferacetylid hat früher manchmal Anlaß zu Unglücksfällen gegeben, wenn man Acetylengas für technische Zwecke durch Kupfer- und Messingröhren leitete. Trotzdem wird, unter Einhaltung besonderer Vorsichtsmaßnahmen, Kupferacetylid heute großtechnisch als Durchgangsverbindung in der Polymerisation von Acetylen benützt (REPPE).

Von den dreifach ungesättigten Verbindungen gibt es ebenfalls eine homologe Reihe. Zur Kennzeichnung heftet man an das Stammwort des Kohlenwasserstoffs die Endung *-in*. Man kommt so zur Bezeichnung *Äthin* (statt *Acetylen*), *Propin*, *Butin* usw.

**Formel 256.**

|  |  |  |
|---|---|---|
| H | H    H | |
| HC—C≡CH | HC—C≡C—CH | HC≡C—C≡CH |
| H | H    H | |
| Methylacetylen | Dimethylacetylen | Diacetylen |
| (Propin) | (Butin, 2) | (Buta-di-in, 1,3) |
| Siedep. − 23° | Siedep. + 18° | Siedep. + 9,5° |

In der Natur wurde eine dreifache Bindung bis jetzt nur in einigen Fettsäuren gefunden (6,7-Stearolsäure). Bei Acetylenderivaten gibt es, anders als bei Äthylenderivaten, aus räumlichen Gründen der Bindungsrichtungen keine cis-trans-Isomerie.

## d) Optische Isomerie.

Wie bei Abb. 72, S. 223 gezeigt wurde, ist die Richtung der vier von einem Kohlenstoffatom ausgehenden Bindungen so, als ob das Kohlenstoffatom im Mittelpunkt eines Tetraeders säße und die Bindungen nach den vier Ecken des Tetraeders zielen.

Wenn an einem Kohlenstoff vier verschiedene Substituenten sitzen, so sieht man aus dem räumlichen Bild leicht, daß dann von derselben Verbindung zwei spiegelbildliche Formen existieren müssen. Spiegelbilder lassen sich bekanntlich nicht miteinander zur Deckung bringen.

Die Formeln aller räumlichen organischen Verbindungen lassen sich in eine Fläche projizieren, also auf eine Papierebene zeichnen. Dabei erhalten die beiden räumlichen Spiegelbildformen des Kohlenstofftetraeders auch in der Papierfläche die Form von Spiegelbildern. Man hat als Regel gefunden, daß alle Substanzen, deren Formelbilder man durch bloßes Verschieben in der Papierebene zur Deckung bringen kann, identisch sind. Substanzen, deren Formeln Spiegelbilder sind, bei denen das nicht möglich ist, sind nicht identisch.

Von einer Substanz, die an einem Kohlenstoffatom vier verschiedene Substituenten trägt, wie das Methyl-äthyl-propyl-methan (= 3-Methyl-hexan), lassen sich zwei Formelbilder schreiben; entweder als Raumformel, wie in Formel 257 oder als Flächenformel, wie in Formel 258. Die beiden Formelbilder lassen sich weder im Raum, noch durch Drehen in der Papierebene zur Deckung bringen, sondern verhalten sich wie zwei Spiegelbilder.

**Formel 257.**

H            H

●—Propyl    Propyl—●

Methyl   Äthyl     Äthyl   Methyl

Spiegelebene

Man nennt solche Substanzen *optisch aktive Substanzen*.

Das Kohlenstoffatom, das im Molekül Träger von 4 verschiedenen Substituenten ist, nennt man ein *asymmetrisches Kohlenstoffatom*. Die asymmetrischen C-Atome aller Strukturformeln dieses Buches sind mit * gekennzeichnet.

Von zwei derart spiegelbildlich gleichen Verbindungen dreht die eine die Ebene polarisierten Lichts im Uhrzeigersinn, oder, wie man sagt, nach rechts: (+)-Form. Die andere dreht um den genau gleichen Winkel entgegengesetzt dem Uhrzeigersinn nach links: (—)-Form. Die beiden Substanzen sind *optische Isomere*, die man durch Vorsetzen der Zeichen (+) und (—) kennzeichnet. Im vorliegenden Beispiel haben wir also ein Paar von optischen Isomeren: (+)-3-Methylhexan, das die Polarisationsebene nach rechts dreht, und (—)-3-Methylhexan, das sie um den gleichen Winkel nach links dreht.

**Formel 258.**

$$\begin{array}{ccc}
\text{(+)-3-Methylhexan, d-Form} & (+)\,(-) & \text{(—)-3-Methylhexan, l-Form} \\
\text{rechtsdrehend, im Uhrzeigersinn} & \text{Racemgemisch} & \text{linksdrehend, gegen den Uhrzeigersinn}
\end{array}$$

*Racemgemisch.* Ein Gemisch von gleichen Mengen der beiden rechts und links drehenden Formen, das durch Kompensation polarisiertes Licht nicht dreht, nennt man ein *racemisches Gemisch*.

Viele Verbindungen, die in der Natur vorkommen, zeigen optische Aktivität. Bei *Synthesen im Laboratorium* entstehen dagegen immer (Ausnahmen s. Formel 567, S. 361) die *racemischen Gemische*. Diese Gemische kann man durch Methoden, die später bei der Weinsäure (S. 289) besprochen werden, in die optischen Isomeren spalten.

*Optische Drehung.* Die Größe der optischen Drehung einer organischen Verbindung hängt von der chemischen Konstitution ab. Man ist noch nicht in der Lage, aus einer gegebenen Konstitution den Grad der Drehung vorauszuberechnen. Die optische Drehung wird meistens in Lösung gemessen. Zahlenmäßig wird sie durch folgende Formel angegeben:

**Formel 259.**

$$[\alpha]_{\mathrm{D}}^{20°} = \frac{100 \cdot a}{l \cdot q}.$$

Darin ist $[\alpha]$ die *spezifische Drehung* einer Substanz. Jeder Zahlenwert gilt immer nur für eine bestimmte Lichtwellenlänge und eine bestimmte Temperatur; man verwendet meist monochromatisches gelbes Natriumlicht (D-Linie). In der Formel bedeutet:

$q$ den Substanzgehalt in Gramm von 100 ml der untersuchten Lösung;

$l$ die Länge der im Meßapparat vom Licht durchlaufenen Schichtdicke der Substanzlösung, gemessen in Dezimetern;

$a$ den am Apparat gemessenen Ablenkungswinkel von Null.

Rechts- (mit dem Uhrzeiger) oder Linksdrehung (gegen den Uhrzeiger) kann aus dem Drehungssinn der Ablenkung ersehen werden. Gemessen wird in einem Halbschattenpolarimeter zwischen gekreuzten Nicolprismen; moderne Apparate erlauben Meßgenauigkeiten bis herab zu 0,01°.

Da die Drehung auch vom Lösungsmittel abhängt, muß dieses angegeben werden. Die Drehung ist der Konzentration meist nicht genau parallel; manchmal kommt es mit steigender Konzentration sogar zu einer Drehungsumkehr (bei (+)-Äpfelsäure über 35%). Auch zeigen einfache Derivate optisch aktiver Substanzen, etwa Ester oder Salze von Säuren, in Lösung keineswegs dieselben Drehungen wie die Muttersubstanz.

Die optische Drehung ist eine sehr komplexe und heute noch nicht vorausberechenbare Eigenschaft; Zahlenangaben gelten nur für die jeweiligen definierten Untersuchungsbedingungen.

Man hat früher die (+)-Verbindungen mit $d$ (dextro) und die (—)-Verbindungen mit $l$ (laevo) bezeichnet.

Im Laufe der Entwicklung hat die Bezeichnung $d$ und $l$ jedoch einen etwas anderen Sinn angenommen; darauf wird bei den Aminosäuren (s. S. 320) näher eingegangen.

14. Kapitel.

# Aliphatische Verbindungen mit einem Substituenten.

## a) Halogenverbindungen.

*Halogenkohlenwasserstoffe.* In den Paraffinkohlenwasserstoffen ist jedes H durch andere Gruppen, *Alkylgruppen* (wie man die homologe Reihe der Methyl-, Äthyl- usw. Substituenten bezeichnet), wie auch durch Chlor, Brom, Jodatome, durch Stickstoff, Sauerstoff oder Schwefel enthaltende Gruppen ersetzbar. Der direkte Ersatz gelingt nur schwer, da Paraffinkohlenwasserstoffe reaktionsträg sind. Man kann jedoch bei höherer Temperatur, besonders im Sonnenlicht und in Gegenwart von Katalysatoren solche Reaktionen beschleunigen und z. B. Halogene in das Molekül einführen. Man erhält auf diese Art Halogenkohlenwasserstoffe oder *Alkylhalogenide.* Aus Äthan und Chlor entsteht zuerst das *Chloräthyl.* Es ist eine bei Zimmertemperatur siedende Flüssigkeit, die bei leichten Operationen zur Narkose (manchmal auch für lokale Vereisungen; Verdunstungskälte) verwendet wird. Es lassen sich der Reihe nach alle 6 Wasserstoffe des Äthans durch Chlor ersetzen, bis zum Hexachloräthan.

**Formel 260.**

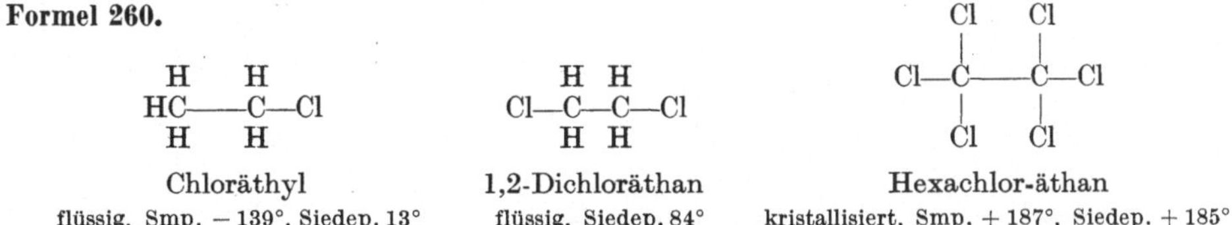

| Chloräthyl | 1,2-Dichloräthan | Hexachlor-äthan |
|---|---|---|
| flüssig, Smp. −139°, Siedep. 13° | flüssig, Siedep. 84° | kristallisiert, Smp. +187°, Siedep. +185° |
| Dichte 0,921, unlöslich in $H_2O$ | Dichte 1,26 | Dichte 2,091, unlöslich in $H_2O$ |

Das Hexachloräthan zeigt die bei Atmosphärendruck seltene Eigenschaft, daß sein Siedepunkt unter dem Schmelzpunkt liegt. Das Hexachloräthan *sublimiert,* ohne zu schmelzen. Unter vermindertem Druck (vor allem im Hochvakuum) zeigen sehr viele organische Substanzen diese Erscheinung, da bei Verminderung des Drucks der Siedepunkt jeder Substanz beträchtlich sinkt (um 100° und mehr), während der Schmelzpunkt praktisch konstant bleibt (s. S. 53, 54).

Alle Alkylhalogenide sind, wie die Kohlenwasserstoffe selbst, in Wasser unlöslich. Ihre Dichte ist im Gegensatz zu den Kohlenwasserstoffen meistens größer als 1; sie sind meist schwerer als Wasser. Beim stufenweisen Ersatz von H durch Halogen, z. B. im Methan, entstehen unvollständig halogenierte Produkte. Eines der wichtigsten ist das *Chloroform,* Trichlormethan, das in der Chirurgie für tiefe Narkosen verwendet wird.

*Tetrachlorkohlenstoff.* Werden im Methan alle 4 H durch Chlor ersetzt, so erhält man $CCl_4$, Tetrachlorkohlenstoff. Er wird aus $CS_2$ und $Cl_2$ in Gegenwart von Fe als Katalysator dargestellt. Da er im Gegensatz zu Kohlenwasserstoffen *nicht brennbar* ist und ein gutes Lösungsmittel für Fette darstellt, wird er in der Technik als Fettextraktionsmittel und Lösungsmittel verwendet. Im Gemisch mit schaumbildenden Substanzen (Saponinen; Formel 603, S. 381) und komprimiertem $CO_2$ wird $CCl_4$ zu *Feuerlöschern für Benzinbrände* verwendet: die im Auto mitgeführten „Tetralöscher".

**Formel 261.**

$$
\begin{array}{ccc}
\text{Cl} & \text{Br} & \text{J} \\
| & | & | \\
\text{Cl—C—Cl} & \text{H—C—Br} & \text{H—C—J} \\
| & | & | \\
\text{Cl} & \text{Br} & \text{J}
\end{array}
$$

| Tetrachlorkohlenstoff | Bromoform | Jodoform |
|---|---|---|
| flüssig, farblos, Siedep. $+77°$ | flüssig, farblos | gelbe Kristalle, sublimiert, Smp. $119°$ |
| Dichte 1,594, löslich in $H_2O$ 0,08% | Siedep. $151°$ | Dichte 4,008, unlöslich in $H_2O$ |
| löslich in organischen Lösungsmitteln | Dichte 2,89 | |

*Chloroform* stellt man aus Äthanol oder Aceton dar. Man oxydiert durch Chlorkalk oder gasförmiges Chlor Äthanol zu Acetaldehyd, der in der gleichen Reaktion mit Chlor substituiert wird und in Trichloracetaldehyd oder *Chloral* übergeht. Chloral ist ein Schlafmittel. Viele halogensubstituierte organische Verbindungen zeigen narkotische Wirkungen. Mit Alkalien spaltet sich Chloral in Chloroform und ameisensaures Salz.

**Formel 262.**

Äthanol — Acetaldehyd — Chloral

Siedep. $+78°$, Dichte 0,816 — Siedep. $+20°$ — farblos, flüssig, Hydrat kristallisiert, Smp. $47°$, 83% in $H_2O$ löslich, Dichte 1,90

Chloroform — Kalium-formiat

flüssig, Siedep. $61°$, farblos, 0,8% in $H_2O$ löslich, Dichte 1,498 — Salz der Ameisensäure

Aus Äthylalkohol, Jod und Alkalien entsteht das gelbe kristallisierte *Jodoform*, das intensiven Geruch hat und früher viel als Wunddesinfektionsmittel verwendet wurde.

*Chloraceton.* Manche sauerstoffhaltigen Halogenderivate der Kohlenwasserstoffe wirken schon in großer Verdünnung, wie sie dem Dampfdruck der Verbindungen bei gewöhnlicher Temperatur entspricht, irritierend auf die Haut, speziell auf die Schleimhäute der Augen. So werden Dämpfe von *Chloraceton* und *Chloracetophenon* als *Tränengase* verwendet.

**Formel 263.**

Chloraceton — Chlor-acetophenon

flüssig, Siedep. $119°$, in $H_2O$ löslich — fest, Smp. $58°$, Siedep. $244°$, fast unlöslich in $H_2O$

Zu den Halogenalkylen kann man auch gelangen, indem man in den Alkoholen die —OH-Gruppe mit $PCl_5$ (Phosphorpentachlorid) durch Chlor ersetzt.

**Formel 264.**

$$\begin{matrix} H & H \\ HC{-}C{-}OH \\ H & H \end{matrix} \quad + \quad PCl_5 \quad \rightarrow \quad \begin{matrix} H & H \\ HC{-}C{-}Cl \\ H & H \end{matrix} \quad + \quad HCl \quad + \quad POCl_3$$

Äthanol     Phosphor-pentachlorid     Äthylchlorid     Phosphoroxychlorid

Siedep. 78° — mit $H_2O$ mischbar     farblos, kristallisiert     Siedep. $+13°$ — wenig löslich in $H_2O$     flüssig, Siedep. 107°

Die Alkylhalogenide werden zu vielen Synthesen verwendet, da sich die Halogene durch andere Substituenten mehr oder weniger leicht ersetzen lassen.

**Formel 265.**

$$CH_3{-}CH_2{-}J + Mg \quad \rightarrow \quad CH_3{-}CH_2{-}MgJ \qquad \text{GRIGNARD-Verbindungen.}$$
$$CH_3{-}CH_2{-}J + AgNO_3 \rightarrow \quad CH_3{-}CH_2{-}O{-}NO_2 \qquad \text{Salpetersäureester.}$$
$$CH_3{-}CH_2{-}J + KCN \quad \rightarrow \quad CH_3{-}CH_2{-}CN \qquad \text{Nitril.}$$
$$CH_3{-}CH_2{-}J + KOH \quad \rightarrow \quad CH_3{-}CH_2{-}OH \qquad \text{Alkohol.}$$

### b) Alkohole.

Wenn in einem Kohlenwasserstoff ein H durch die Gruppe —OH ersetzt wird, so kommt man zu einer neuen Klasse, den *Alkoholen*.

Substituiert man im Methan ein H durch —OH, so erhält man das *Methanol*, den *Methylalkohol*.

**Formel 266.**

$$\begin{matrix} & H & \\ & | & \\ H{-}&C&{-}H \\ & | & \\ & H & \end{matrix} \qquad\qquad \begin{matrix} & H & \\ & | & \\ H{-}&C&{-}OH \\ & | & \\ & H & \end{matrix}$$

Methan         Methanol

Gas, Siedep. $-161°$     flüssig, Siedep. $+65°$ — Dichte 0,792 — mit $H_2O$ mischbar

Das nächst höhere Homologe ist das *Äthanol* oder der gewöhnliche *Äthylalkohol*. Auch bei den Alkoholen gibt es eine homologe Reihe. Viele der Glieder kommen in der Natur vor. Die Alkohole werden nach den entsprechenden Paraffinkohlenwasserstoffen durch Anhängung der Endsilbe *-ol* bezeichnet.

**Formel 267.**

$$\text{Methan} \quad \rightarrow \quad \text{Methanol} \qquad \begin{matrix} H \\ HC{-}OH \\ H \end{matrix}$$

$$\text{Äthan} \quad \rightarrow \quad \text{Äthanol} \qquad \begin{matrix} H & H \\ HC{-}C{-}OH \\ H & H \end{matrix}$$

$$\text{Propan} \quad \rightarrow \quad \text{Propanol} \qquad \begin{matrix} H & H & H \\ HC{-}C{-}C{-}OH \\ H & H & H \end{matrix}$$

$$\text{Heptan} \quad \rightarrow \quad \text{Heptanol} \qquad \begin{matrix} H & H & H & H & H & H & H \\ HC{-}C{-}C{-}C{-}C{-}C{-}OH \\ H & H & H & H & H & H & H \end{matrix}$$

*Eigenschaften der Alkohole.* Im Gegensatz zu den niederen Homologen der Kohlenwasserstoffreihe, die bis $C_5$ Gase sind, sind schon die niederen Alkohole farblose Flüssigkeiten; die höheren sind wie Paraffine fest und kristallisiert. Die niederen Glieder bis zum Propanol sind (im Gegensatz zu den Kohlenwasserstoffen) mit Wasser in jedem Verhältnis mischbar; die mittleren vom Butanol aufwärts sind noch teilweise in Wasser löslich, die höheren, vom $C_6$ an, sind in Wasser praktisch unlöslich. Sie sind dafür in flüssigen Kohlenwasserstoffen, wie Benzin, löslich, in denen z. B. Methanol nur wenig löslich ist. Alkohole zeigen oft Molekülassoziation; in Lösung zeigen sie das doppelte Molekulargewicht.

Die —OH-Gruppe verleiht einem organischen Molekül die Eigenschaft, in Wasser mehr oder weniger löslich zu sein; man sagt, die *—OH-Gruppe* ist eine *hydrophile* Gruppe.

Eigenschaften aliphatischer Alkohole sind in der folgenden Tabelle zusammengestellt:

Tabelle 33. *Eigenschaften der Alkohole.*

| | Summenformel | Schmelzpunkt °C | Siedepunkt °C | Dichte | Löslichkeit in Wasser bei 20° |
|---|---|---|---|---|---|
| Methanol. . . . . | $CH_3OH$ | — 97 | + 65 | 0,792 | mischbar |
| Äthanol . . . . . | $C_2H_5OH$ | —114 | + 78 | 0,806 | ,, |
| Propanol . . . . . | $C_3H_7OH$ | —127 | + 97 | 0,819 | ,, |
| n-Butanol . . . . | $C_4H_9OH$ | — 90 | +118 | 0,825 | 7% |
| n-Pentanol . . . . | $C_5H_{11}OH$ | — 79 | +138 | 0,830 | 1% |
| n-Hexanol . . . . | $C_6H_{13}OH$ | — 52 | +157 | 0,833 | 0 |
| n-Dekanol . . . . | $C_{10}H_{21}OH$ | + 7 | +231 | 0,839 | 0 |
| Cetylalkohol . . . | $C_{16}H_{33}OH$ | + 47 | — | 0,849 | 0 |

*Einzelne Alkohole und ihre Darstellung.* Die Alkohole werden auf verschiedenste Art dargestellt. Teilweise kommen sie in der Natur in Verbindung mit Säuren als Ester vor (s. Formel 320, S. 259); man kann sie durch Verseifen der Ester mit Lauge gewinnen.

*Methanol* wird aus den Produkten der trockenen Destillation von Holz gewonnen, neuerdings auch durch Reduktion aus Formaldehyd (aus Wassergas, S. 125). Es wird als Lösungsmittel verwendet. Es ist giftig (Allgemeinvergiftung mit 10 g; Erblindung mit 40 g getrunkenem Methanol). Sein technisch wichtigster Ester ist Schwefelsäuredimethylester oder *Dimethylsulfat.* Es wird aus Sulfurylchlorid und Methanol dargestellt. Dimethylsulfat wird für Methylierungen verwendet.

Es ist ein schweres geruchloses Atemgift.

**Formel 268.**

$$H_3C-OH \quad H_3C-OH \quad + \quad \begin{matrix}Cl\\Cl\end{matrix}{>}S{<}\begin{matrix}O\\O\end{matrix} \quad \rightarrow \quad \begin{matrix}H_3C-O\\H_3C-O\end{matrix}{>}S{<}\begin{matrix}O\\O\end{matrix} \quad + \quad \overset{\uparrow}{2\ HCl}$$

| Methanol | Sulfurylchlorid | Dimethylsulfat | Chlorwasserstoff |
|---|---|---|---|
| flüssig, Siedep. 65° wasserlöslich Dichte 0,792 | flüssig, Siedep. 69° mit $H_2O$ zersetzt | flüssig Siedep. 188° mit $H_2O$ zersetzt Dichte 1,32 | |

*Äthylalkohol* gewinnt man meist auf biologischem Wege, durch Vergären von Stärke- und Zuckerlösungen durch Hefepilze. Die Hefepilze spalten mit ihren Zellkatalysatoren, den Enzymen (s. Proteine), auf komplizierten chemischen Zwischenwegen 1 Molekül Zucker in 2 Moleküle Äthanol und 2 Moleküle Kohlendioxyd (s. auch Formel 313, S. 256).

Man kann Äthanol auch aus Acetylen über Acetaldehyd darstellen (siehe Formel 287, S. 248).

Der Äthylalkohol wird im tierischen Körper langsam, aber in relativ großen Mengen (Maximum bis 200 g pro Mensch und Tag) verbrannt und ist, im Gegensatz zum sehr giftigen Methanol (verursacht Erblindung) und den ebenfalls (für die Leber) schädlichen mittleren Alkoholen, den *Fuselölen* ($C_5$, Isoamylalkohol), verhältnismäßig unschädlich.

**Formel 269** (s. a. Formel 313, S. 256).

$$\text{Zucker (Hexosen)} \xrightarrow[O_2]{\text{Enzyme}} 2 \text{ Mol } \underset{\overset{|}{COOH}}{\overset{\overset{CH_3}{|}}{C}=O} \xrightarrow{\text{Enzyme}} \underset{\overset{|}{H}}{\overset{\overset{CH_3}{|}}{C}=O} + \overset{\uparrow}{\underline{CO_2}} \xrightarrow[H_2]{\text{Enzyme}} \underset{\overset{|}{H}}{\overset{\overset{CH_3}{|}}{HC}-OH}$$

|  | Brenztraubensäure | Acetaldehyd | Äthanol |
|---|---|---|---|
| fest, kristallisiert wasserlöslich | Öl, Siedep. 175° mit $H_2O$ mischbar | Siedep. $+20°$ mit $H_2O$ mischbar | Siedep. $+78°$ mit $H_2O$ mischbar |

Äthanol wird als Anregungsmittel genossen. Biere enthalten davon etwa 3—8 %, Weine 8—15 %, Branntweine (durch Destillation von Weinen oder sonstigen vergorenen Zuckerlösungen angereicherte Alkohol-Wassergemische) 30—80 %. Nach dem Genuß reichert sich der Alkohol für einige Stunden im umlaufenden Blut an; schwere Trunkenheit entspricht etwa 0,15—0,2 % Alkoholgehalt des Blutes.

*Mikro-Alkohol-bestimmungsmethoden*, z. B. nach WIDMARK (Destillation des Äthanols aus einem gewogenen Tropfen Blut in Bichromatschwefelsäure und anschließende Rücktitration des Bichromats), erlauben quantitative Äthanolbestimmungen noch in einem Tropfen Blut; so wird bei Autounfällen der Grad der Trunkenheit quantitativ festgestellt.

Methanol und Äthanol gehören (neben Aceton) zu den seltenen organischen Flüssigkeiten, die einige anorganische polare Salze gut lösen. Sie lösen z. B. NaJ, $HgCl_2$, $AgNO_3$, KCN.

Die *höheren Alkohole* kann man oft erhalten, wenn man entsprechende Kohlenwasserstoffhalogenide mit Alkalien in der Hitze behandelt, wobei Halogen durch —OH ersetzt wird. Dabei bilden sich jedoch durch HCl-Abspaltung leicht unerwünschte Nebenprodukte (Olefine; s. S. 231).

**Formel 270.**

$$\underset{\overset{|}{\underset{H\ H\ H\ H}{}}}{\overset{H\ H\ H\ H}{HC-C-C-C}}-Cl + NaOH \begin{cases} \overset{H\ H}{\underset{H\ H\ H\ H}{HC-C-C=CH}} \\[2pt] \text{Buten-(1)} \\ \text{Siedep. } -5° \\[6pt] \overset{H\ H\ H\ H}{\underset{H\ H\ H}{HC-C-C-C}}-OH \\[2pt] \text{n-Butanol} \end{cases}$$

n-Butylchlorid
flüssig, Siedep. 78°
unlöslich in $H_2O$
Dichte 0,88

n-Butanol
flüssig, Siedep. $+117°$
7,3 % löslich in $H_2O$
Dichte 0,82

Mit besseren Ausbeuten kann man die Umsetzung erreichen, wenn man zuerst das Chlorid mit Natrium- oder Silberacetat zum Ester umsetzt und letzteren mit Natronlauge verseift.

**Formel 271.**

$$\begin{array}{c} \text{H H H H} \\ \text{HC—C—C—C—Cl} \\ \text{H H H H} \end{array} + \text{Ag}^+\begin{array}{c} \text{H} \\ \text{O}^-\text{—C—CH} \\ \| \quad \text{H} \\ \text{O} \end{array} \rightarrow \begin{array}{c} \text{H H H H} \qquad \text{H} \\ \text{HC—C—C—C—O—C—CH} \\ \text{H H H H} \quad \| \quad \text{H} \\ \text{O} \end{array} + \text{AgCl}$$

Butylchlorid              Silberacetat              Butanol-essigsäureester

flüssig, Siedep. 78°         kristallisiert,          flüssig, Siedep. 126°, unlöslich in $H_2O$

$$+ \text{NaOH} \rightarrow \begin{array}{c} \text{H H H H} \\ \text{HC—C—C—C—OH} \\ \text{H H H H} \end{array} + \text{Na}^+\text{O}^-\begin{array}{c} \text{H} \\ \text{—C—CH} \\ \| \quad \text{H} \\ \text{O} \end{array}$$

Butanol                                        Natriumacetat

flüssig, Siedep. 117°                      kristallisiert, Smp. 324°
7,3 % in $H_2O$ löslich                    löslich in $H_2O$ etwa 65 %

Weiter lassen sich Alkohole durch Reduktion von Aldehyden, Ketonen und Estern mit Natriumamalgam, neuerdings besonders mit $LiAlH_5$, gewinnen.

*Reaktionen der Alkohole.* Normale Alkohole gehen durch vorsichtige Oxydation mit Chromsäure in Aldehyde über, durch Oxydation mit Permanganat in Säuren. Die Alkoholhydroxylgruppe läßt sich mit $PCl_5$ durch Cl ersetzen. Durch Wasserabspaltung aus zwei Molekülen Alkohol bilden sich Äther (s. Formel 277, S. 244) neben Olefinen; durch Wasserabspaltung aus Alkoholen mit Aldehyden Acetale (siehe Formel 295, S. 251), durch Wasserabspaltung aus Alkoholen und Säuren Ester (Formel 320, S. 259).

*Isomere Alkohole.* Ebenso wie bei den Paraffinkohlenwasserstoffen gibt es auch bei den Alkoholen zahlreiche Isomere. Bei den Alkoholen unterscheiden wir je nachdem, ob die OH-Gruppe sich an einem primären, sekundären oder tertiären Kohlenstoffatom befindet, *primäre, sekundäre* und *tertiäre* Alkohole. Man kann sie durch ihr verschiedenes Verhalten gegen schwache Oxydationsmittel in der Kälte unterscheiden.

**Formel 272.**

Primärer
Propylalkohol

flüssig, Siedep. 97°
mit $H_2O$ mischbar
Dichte 0,804

$$\begin{array}{c} \text{H H H} \\ \text{HC—C—C—OH} \\ \text{H H H} \end{array} \quad \xrightarrow{O_2} \quad \begin{array}{c} \text{H H} \qquad \text{O} \\ \text{HC—C—C} \diagdown \\ \text{H H} \qquad \text{OH} \end{array}$$

Propionsäure

flüssig, Siedep. 141°
mit $H_2O$ mischbar

Sekundärer
Butylalkohol

flüssig, Siedep. 118°
12 % in $H_2O$ löslich
Dichte 0,811

$$\begin{array}{c} \text{H H H} \\ \text{HC—C—C—OH} \\ \text{H H} \quad | \\ \text{HCH} \\ \text{H} \end{array} \quad \xrightarrow{O_2} \quad \begin{array}{c} \text{H H} \\ \text{HC—C—C=O} \\ \text{H H} \quad | \\ \text{HCH} \\ \text{H} \end{array}$$

Methyläthyl-
keton

flüssig, Siedep. 80°
mit $H_2O$ mischbar

Tertiärer
Amylalkohol

flüssig, Siedep. 102°
12 % in $H_2O$ löslich
Dichte 0,806

$$\begin{array}{c} \text{H} \\ \text{HCH} \\ \text{H H} \quad | \\ \text{HC—C—C—OH} \\ \text{H H} \quad | \\ \text{HCH} \\ \text{H} \end{array} \quad \xrightarrow{O_2} \quad$$

bleibt
unverändert

*Halogenalkohole.* Ebenso wie von Kohlenwasserstoffen gibt es von Alkoholen Halogenderivate. Sie haben vielfach narkotische Eigenschaften. So werden der *Tribromäthylalkohol (Avertin)* und der Trichlortertiärbutylalkohol *(Chloreton)* als Narkotica verwendet; Chloreton nur zur Tiernarkose.

**Formel 273.**

Br
|    H
Br—C—C—OH
|    H
Br

Tribrom-äthanol (Avertin)
farblos, kristallisiert, Smp. 80°
löslich in $H_2O$

H
HCH
Cl   |
ClC—C—OH
Cl   |
HCH
H

Chloreton
kristallisiert, Smp. 97°
kalt unlöslich, warm in $H_2O$ löslich

*Ungesättigte Alkohole.* Ein ungesättigter Alkohol, *Allylalkohol*, kann auf Umwegen aus Glycerin dargestellt werden. Der einfachste ungesättigte Alkohol, der *Vinylalkohol*, ist frei nicht beständig, er geht sofort in den isomeren Acetaldehyd über.

**Formel 274.**

H
HC=C—C—OH
H  H  H

Allylalkohol
flüssig. Siedep. 97°, Dichte 0,87
mit $H_2O$ mischbar

[ HC=C—OH ]
   H  H

Vinylalkohol
unbeständig

→

H   O
HC—C
H   H

Acetaldehyd
Siedep. + 20°
mit $H_2O$ mischbar

Dagegen sind die Ester des Vinylalkohols beständig; man kann sie durch Katalysatoren zu glasklaren Harzen polymerisieren (s. S. 414). In der Technik werden sie zur Darstellung von Kunstharzen verwendet (splitterfeste Autofensterscheiben).

Einige *höhere ungesättigte Alkohole* mit verzweigter C-Kette kommen in Pflanzenölen vor. So die *Riechstoffe Geraniol* (Pelargonium, Rosengeruch) und *Farnesol* (Maiglöckchen, Lindenblüten) und der wichtige mit Chlorophyll veresterte geruchlose Alkohol *Phytol*.

**Formel 275.**

$CH_3$—C=C—$CH_2$—$CH_2$—C=C—$CH_2$—OH
  |   H                |   H
  $CH_3$              $CH_3$

Geraniol
flüssig, Siedep. 121°/17 mm Hg
Dichte 0,882

$CH_3$—C=C—$CH_2$—$CH_2$—C=C—$CH_2$—$CH_2$—C=C—$CH_2$—OH
  |   H            |   H            |   H
  $CH_3$          $CH_3$          $CH_3$

Farnesol
flüssig
Siedep. 140°/4 mm Hg

$CH_3$—( C—$CH_2$—$CH_2$—$CH_2$ )—C=C—$CH_2$—OH
        H                              |   H
        |                              $CH_3$
        $CH_3$                    ₃

Phytol
flüssig
Siedep. 145°/0,08 mm Hg
Dichte 0,85

*Thioalkohole.* Wenn man Alkylhalogenide statt mit Kaliumhydroxyd mit Kaliumhydrosulfid behandelt, so kommt man zu den *Thioalkoholen* oder *Mercaptanen*, in denen das Sauerstoffatom des Alkohols durch ein Schwefelatom ersetzt ist.

**Formel 276.**

H  H
HC—C—Cl    +   KSH   →
H  H

Chloräthyl
Siedep. + 13°

H  H
HC—C—SH    +   KCl
H  H

Thioäthanol, Äthyl-mercaptan
flüssig, Siedep. + 37°, Dichte 0,85
in $H_2O$ schwerlöslich

16*

Man kann sie als Derivate des Schwefelwasserstoffs auffassen. Es sind schlechtriechende Flüssigkeiten, die tiefer sieden als die entsprechenden Alkohole. Die niederen Glieder lösen sich etwas in Wasser und geben mit Quecksilber- und Bleisalzen unlösliche Niederschläge. Sie sind bis jetzt in Naturstoffen nur selten gefunden worden; sie werden technisch wenig verwendet.

## c) Äther.

Wenn man Alkohole unter bestimmten Bedingungen mit wasserentziehenden Mitteln, z. B. mit konzentrierter Schwefelsäure erwärmt, so geben 2 Moleküle Alkohol zusammen 1 Molekül Wasser ab und die restlichen Gruppen treten zu einer neuen Verbindung, einem *Äther*, zusammen.

**Formel 277.**

$$\underset{\substack{\text{2 Mol Äthanol}\\ \text{Siedep. } +78°}}{\underset{\substack{\text{H H} \\ \text{H H}}}{\text{HC}-\text{C}-\text{O}\,\text{H} + \text{HO}-\text{C}-\text{CH}}} \xrightarrow{\text{H}_2\text{SO}_4} \underset{\substack{\text{Diäthyläther}}}{\underset{\substack{\text{H H} \quad\quad \text{H H}}}{\text{HC}-\text{C}-\text{O}-\text{C}-\text{CH}}}$$

2 Mol Äthanol — Siedep. +78°

Diäthyläther — flüssig, Siedep. +34°, Dichte 0,714, löslich in H₂O 7%, mischbar mit allen organischen Lösungsmitteln, leicht brennbar

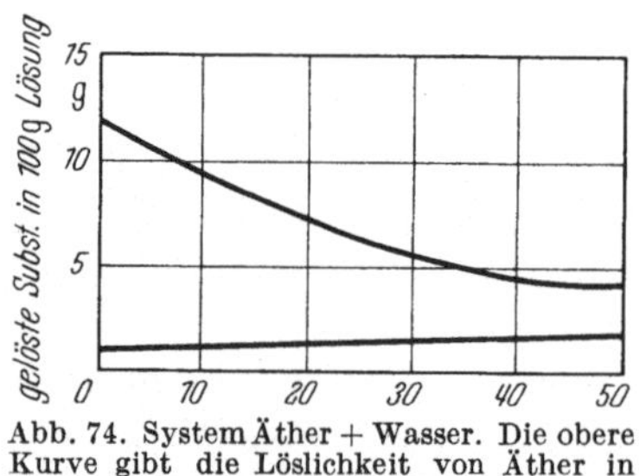

Abb. 74. System Äther + Wasser. Die obere Kurve gibt die Löslichkeit von Äther in Wasser; die untere die Löslichkeit von Wasser in Äther.

In einem Äther sind 2 Alkylgruppen durch eine Sauerstoffbrücke miteinander verbunden. Die Äther sind in Wasser viel weniger löslich als die entsprechenden Alkohole, durch den Verlust der hydrophilen —OH-Gruppe. Die Äther sieden trotz des beinahe doppelt so hohen Molekulargewichtes niedriger als die entsprechenden Alkohole, weil die freien Alkohole teilweise zu Doppelmolekülen assoziiert sind, Äther dagegen nicht.

*Diäthyläther.* Der wichtigste Äther ist der Diäthyläther, eine bei 34° siedende, leicht bewegliche, leicht brennbare Flüssigkeit, die in Technik und Laboratorium als Extraktionsmittel viel gebraucht wird. Reiner Diäthyläther ist neben Chloroform das meist verwendete Narkosemittel. Diäthyläther wird auf dem oben angegebenen Wege aus Äthanol in großen Mengen dargestellt.

*Dimethyläther* ist ein in H₂O ziemlich leichtlösliches Gas vom Siedepunkt −23°. Durch Kondensation verschiedener Alkohole kann man *gemischte Äther* herstellen. Monoäther höherer Paraffinalkohole mit dem Trialkohol Glycerin kommen in der Natur vor, so der „Batylalkohol" von Fischleberölen, in welchem Glycerin mit n-Octadecylalkohol veräthert ist.

Viele Äther lösen sich in konzentrierten Säuren wie H₂SO₄ oder HCl unter Bildung von *Oxoniumsalzen* $\left[\text{H}_3\text{C}-\overset{+}{\underset{|}{\text{O}}}-\text{CH}_3 \atop \text{H}\right]\text{Cl}^-$. Die Oxoniumsalze der Äther sind den Ammoniumsalzen analog gebaut, zerfallen aber zum Unterschied von diesen in wäßriger Lösung in Säure und Äther.

*Thioäther.* Während die Thioalkohole niedriger sieden als die gewöhnlichen Alkohole, weil sie nicht zu Doppelmolekülen assoziiert sind, sieden die Thioäther wegen ihres höheren Molekulargewichtes höher als die gewöhnlichen sauerstoffhaltigen Äther.

**Formel 278.**

$$\underset{\text{H}}{\overset{\text{H}}{\text{HC}}}\!-\!\text{S}\,\underline{\text{H}} + \underline{\text{HS}}\!-\!\underset{\text{H}}{\overset{\text{H}}{\text{CH}}} \;\rightarrow\; \underset{\text{H}}{\overset{\text{H}}{\text{HC}}}\!-\!\text{S}\!-\!\underset{\text{H}}{\overset{\text{H}}{\text{CH}}} \;+\; \text{H}_2\text{S}$$

2 Mol Methyl-mercaptan      Dimethyl-thioäther
Siedep. + 6°          Dimethylsulfid
Siedep. +38°, Dichte 0,845
fast unlöslich in $H_2O$

## d) Aldehyde.

Ersetzt man im Äthan $\underset{\text{H H}}{\overset{\text{H H}}{\text{HC}\!-\!\text{CH}}}$ 2 H am selben C-Atom durch —OH-Gruppen, so gibt das entstehende Gebilde freiwillig 1 Mol Wasser ab und geht in $\underset{\text{H H}}{\overset{\text{H}}{\text{HC}\!-\!\text{C}}}\!=\!\text{O}$ über. Man nennt eine solche Verbindung einen *Aldehyd*; die Gruppe $-\underset{\text{H}}{\text{C}}\!=\!\text{O}$ nennt man *Aldehydgruppe*, die Gruppe $\rangle\text{C}\!=\!\text{O}$ nennt man *Carbonylgruppe*.

**Formel 279.**

$$\underset{\text{H H}}{\overset{\text{H H}}{\text{HC}\!-\!\text{CH}}} \qquad \left[\underset{\underset{\text{OH}}{\text{H} \mid}}{\overset{\text{H H}}{\text{HC}\!-\!\text{C}\!-\!\text{OH}}}\right] \;\rightarrow\; \underset{\text{H}}{\overset{\text{H H}}{\text{HC}\!-\!\text{C}}}\!=\!\text{O} \;+\; \text{H}_2\text{O}$$

Äthan     Asymmetrisches     Acetaldehyd
Gas       Dihydroxyäthan      flüssig
Siedep. −93°    unbeständig        Siedep. +20°

Das niedrigste Glied mit einem C ist der *Formaldehyd*, das nächste Homologe ist *Acetaldehyd*, dann folgt *Propionaldehyd, Butyraldehyd* usw. Abgesehen vom Gas Formaldehyd sind Aldehyde farblose, stark riechende Flüssigkeiten; die höheren Homologen sind paraffinartig fest.

*Tabelle 34.*

| Name | Siedepunkt ° | Formel | Löslich in $H_2O$ | Dichte |
|---|---|---|---|---|
| Formaldehyd . . . | −19 | $\text{HC}{\Large\langle}\genfrac{}{}{0pt}{}{\text{O}}{\text{H}}$ | 40% | 0,815 bei −20° |
| Acetaldehyd . . . | +20 | $\underset{\text{H}}{\overset{\text{H}}{\text{HC}}}\!-\!\text{C}{\Large\langle}\genfrac{}{}{0pt}{}{\text{O}}{\text{H}}$ | ∞ mischbar | 0,781 |
| Propionaldehyd . . | +49 | $\underset{\text{H H}}{\overset{\text{H H}}{\text{HC}\!-\!\text{C}}}\!-\!\text{C}{\Large\langle}\genfrac{}{}{0pt}{}{\text{O}}{\text{H}}$ | 16,0% | 0,800 |
| Butyraldehyd . . | +75 | $\underset{\text{H H H}}{\overset{\text{H H H}}{\text{HC}\!-\!\text{C}\!-\!\text{C}}}\!-\!\text{C}{\Large\langle}\genfrac{}{}{0pt}{}{\text{O}}{\text{H}}$ | 3,7% | 0,817 |

*Formaldehyd.* Der Formaldehyd ist in monomolekularem Zustand ein stechend riechendes Gas, das sich zu 40% in Wasser löst. Die Lösung ist unter dem Namen *Formalin* bekannt.

Bei längerem Aufbewahren bilden sich in solchen Lösungen wasserunlösliche Polyformaldehyde, die als weiße Pulver ausfallen. Polyformaldehyde sind Molekül-assoziationen vieler einzelner Formaldehydmoleküle zu Kettenformeln. Man nennt solche Moleküle großen Molekulargewichts, die durch immer wiederholte Aneinanderreihung desselben Kettenglieds zustande kommen, Polymere (S. 410). Man sagt, der (feste) Polyformaldehyd ist ein Polymeres des monomolekularen gasförmigen Formaldehyds (STAUDINGER).

**Formel 280.**

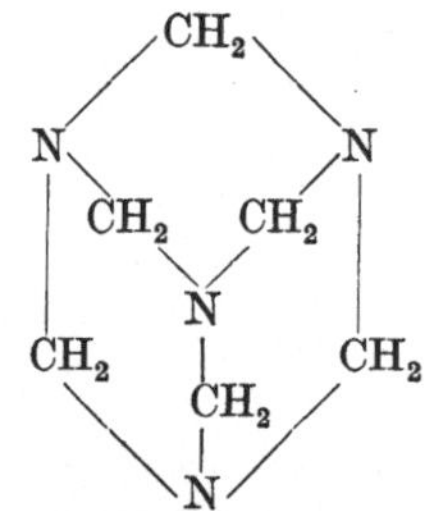

Formaldehyd-gas
farblos, wasserlöslich
Siedep. −19°

Polyformaldehyd (Polyoxymethylen)
weiß, fest, wasserunlöslich
zersetzt sich beim Schmelzen zu $COH_2$-Gas

Da Formaldehyd mit Proteinen eine in Wasser unlösliche Verbindung eingeht, die Proteine ausfällt, ist er ein starkes Gift für lebende Substanzen, die großenteils aus Proteinen bestehen. Man verwendet ihn wegen seiner Billigkeit deswegen in großem Maßstab als *Desinfektionsmittel*, seine wäßrige Lösung als Konservierungsmittel, z. B. für anatomische und mikroskopische Präparate.

**Formel 281.**

Urotropin,
Hexamethylentetramin
farblos, kristallisiert
Smp. 164°, etwa 40% löslich
in $H_2O$, löslich in Alkohol

Durch Kondensation von Formaldehyd mit $NH_3$ bildet sich Urotropin oder *Hexamethylentetramin*, das in der Medizin als internes Nierendesinfektionsmittel verwendet wird. Die Nieren haben in geringem Maß die Fähigkeit, Spuren von Formaldehyd aus Urotropin abzuspalten.

Hochpolymere Kondensationsprodukte aus Formaldehyd mit Phenol oder Casein werden als Kunstharze verwendet (s. S. 414).

*Acetaldehyd.* Acetaldehyd ist eine mit Wasser mischbare Flüssigkeit von angenehmem Geruch. Mit ganz geringen Mengen $H_2SO_4$ polymerisiert sich Acetaldehyd teilweise zum flüssigen *Paraldehyd*, $(CH_3—CHO)_3$, der früher als Schlafmittel verwendet wurde. Bei sehr tiefer Temperatur bildet sich ein höheres Polymeres, der *Metaldehyd* $(CH_3—CHO)_x$, der als fester Brennstoff für Feldkocher verwendet wird (Metabrennstoff).

**Formel 282.**

Acetaldehyd
flüssig, Siedep. 20°
mischbar mit $H_2O$

Paraldehyd
flüssig, Siedep. 124°
Dichte 0,994
12,5% löslich in $H_2O$

Metaldehyd
fest, weiß, sublimiert
bei 150°, unlöslich in $H_2O$
löslich in Alkohol

Beim Erhitzen (mit und ohne $H_2O$) werden diese Polymeren in den einfachen Acetaldehyd zurückgespalten.

*Homologe Aldehyde.* Die höheren Homologen, z. B. *Heptylaldehyd* (flüssig-Siedep. 155°) *bis Decylaldehyd*, werden wegen ihres angenehmen Geruchs als *Riechstoffe* verwendet; sie kommen auch in natürlichen ätherischen Ölen vor.

Ein ungesättigter Aldehyd ist das *Acrolein*, das man aus Glycerin durch Erhitzen mit wasserabspaltenden Mitteln ($H_2SO_4$) herstellen kann.

**Formel 283.**

Glycerin
farbloses dickes Öl, Siedep. 290°,
mit $H_2O$ mischbar, Dichte 1,26

Acrolein
flüssig, Siedep. 52°, 50 %
in $H_2O$ löslich, Dichte 0,84

Acrolein ist eine Flüssigkeit von stechendem Geruch.

Mehrfach ungesättigte Aldehyde kommen in der Natur vor; so als Geruchsstoff im Citronenöl das *Citral*, ein Aldehyd mit verzweigter Kohlenstoffkette und zwei Doppelbindungen. Der entsprechende Alkohol ist das Geraniol (s. S. 243).

**Formel 284.**

Crotonaldehyd
flüssig, Siedep. 102°, Dichte 0,847
in $H_2O$ löslich

Citral (Geranial, Neral)
flüssig, Siedep. 228°, Dichte 0,888
unlöslich in $H_2O$

*Synthesen der Aldehyde.* Aldehyde kann man aus den entsprechenden Alkoholen durch vorsichtige Oxydation gewinnen; so gewinnt man Acetaldehyd aus Äthanol durch Oxydation mit verdünnter Chromsäure.

**Formel 285.**

$$3\ HC\text{—}C\text{—}OH\ +\ 2\,CrO_3\ \rightarrow\ Cr_2O_3\ +\ 3\,H_2O\ +\ 3\,HC\text{—}C$$

Äthanol
flüssig, Siedep. 78°

Acetaldehyd
flüssig, Siedep. 20°

Ähnlich kann man Formaldehyd aus Methanol durch Luftoxydation darstellen. Methanol selbst wird großtechnisch aus CO und $H_2$ unter Druck in Gegenwart von Katalysatoren hergestellt.

**Formel 286.**

$$C=O\ +\ 2\,H_2\ \xrightarrow[\text{Erwärmung}]{\text{Katalysator}}\ HC\text{—}OH$$

Kohlenmonoxyd    Wasserstoff    Methanol

$$HC\text{—}OH\ +\ \tfrac{1}{2}O_2\ \xrightarrow{\text{Katalysator}}\ HC=O\ +\ H_2O$$

Methanol
flüssig, Siedep. +65°,
Dichte 0,79, mit $H_2O$ mischbar

Formaldehyd
Gas, Siedep. −19°

Acetaldehyd kann technisch durch Anlagerung von $H_2O$ an Acetylen unter dem Einfluß von Quecksilberoxyd in saurer Lösung synthetisiert werden (s. auch S. 155).

**Formel 287.**

$$\left. \begin{array}{l} H-OH \\ HC\equiv CH \end{array} \right\} \xrightarrow{\text{Hg-Salze}} \left[ \begin{array}{c} HC=C-OH \\ H \quad H \end{array} \right] \rightarrow \begin{array}{c} H \quad \diagup O \\ HC-C\diagdown \\ H \quad \quad H \end{array}$$

| Acetylen | Vinylalkohol | Acetaldehyd |
|---|---|---|
| Gas, Siedep. $-84°$ | nicht beständig | flüssig, Siedep. $20°$ |
| | | mit $H_2O$ mischbar |

Da aus Acetaldehyd durch Reduktion Alkohol hergestellt werden kann, durch Oxydation Essigsäure, und da Acetylen aus Calciumcarbid, also direkt aus Kohle und Kalk gewonnen wird, liegt eine technische Ursynthese organischer Verbindungen aus Kohle vor.

## e) Ketone.

Ersetzt man in einem Aldehyd das H an der $-\overset{\text{H}}{\underset{}{C}}=O$-Gruppe (z. B. im Propionaldehyd) durch einen Paraffinrest, etwa $-CH_3$, so erhält man ein *Keton*.

**Formel 288.**

| Propionaldehyd | Methyl- | Äthylmethylketon | Aceton, Dimethylketon |
|---|---|---|---|
| flüssig, Siedep. $50°$ | | flüssig, Siedep. $80°$ | flüssig, Siedep. $56°$, mit $H_2O$ |
| lösl. in $H_2O$ zu $16\%$ | | mit $H_2O$ mischbar | und organ. Flüss. mischbar |
| Dichte $0{,}80$ | | Dichte $0{,}77$ | Dichte $0{,}78$ |

*Aceton.* Das einfachste mögliche Keton ist das *Aceton*.

Aceton kommt als Seitenprodukt aus nicht verbrannter Acetessigsäure (siehe Formel 414, S. 292) im Intermediärstoffwechsel der Fettsäuren (s. S. 261) bei schweren Fällen von Diabetes im Urin vor (Ketonurie). In der Technik wird Aceton vielfach als gutes Lösungsmittel verwendet.

*Darstellung.* Ketone kann man aus sekundären Alkoholen durch Oxydation mit Kaliumpermanganat oder Kaliumbichromat darstellen.

**Formel 289.**

$$\begin{array}{c} CH_3 \\ | \\ HC-OH \\ | \\ CH_3 \end{array} \quad + \quad \tfrac{1}{2}O_2 \quad \rightarrow \quad \begin{array}{c} CH_3 \\ | \\ C=O \\ | \\ CH_3 \end{array}$$

| Isopropylalkohol | Aceton |
|---|---|
| flüssig, Siedep. $82°$ | Siedep. $56°$ |
| mit $H_2O$ mischbar | Dichte $0{,}780$ |
| Dichte $0{,}787$ | |

Diese Reaktion ist umkehrbar; man kann durch starke Reduktionsmittel aus Ketonen sekundäre Alkohole darstellen.

Auch durch trockene Destillation der Calciumsalze von organischen Säuren lassen sich Ketone gewinnen.

**Formel 290.**

$$H_3C-C\!\!<\!\!\begin{array}{c}O\\O^-\end{array}\Big|\ \ H_3C-C\!\!<\!\!\begin{array}{c}O^-\\O\end{array}\Big]\ Ca^{++}\ \rightarrow\ \begin{array}{c}CH_3\\|\\C=O\\|\\CH_3\end{array}\ +\ CaCO_3$$

Calcium-acetat     Aceton
fest, wasserlöslich    Siedep. 56°

*Vorkommen.* Die höheren Homologen des Acetons kommen in ätherischen Ölen vor, so z. B. *Methylhexylketon* (Siedep. 172°), *Methylheptylketon* (Siedep. 195°) und andere. Auch in tierischen Organismen kommen höhere Ketone vor; so ist der Moschusgeruchstoff, das *Muskon*, ein *ringförmiges Keton* aus 15 Kettengliedern; das *Zibeton*, der Geruchsstoff der Zibetkatze, ein Ringketon aus 17 Gliedern.

**Formel 291.**

$$H_3C-\overset{O}{\overset{\|}{C}}-(CH_2)_5-CH_3$$

Methylhexylketon
flüssig, Siedep. 172°
in $H_2O$ unlöslich

$$\begin{array}{l}CH_2-\overset{CH_3}{\overset{*\,|}{\underset{H}{C}}}-CH_2-CH_2-CH_2-CH_2-CH_2\!\!\searrow\\O\!=\!\underset{|}{C}-CH_2-CH_2-CH_2-CH_2-CH_2-CH_2\!\!\nearrow\end{array}CH_2$$

Muskon
farbloses Öl, wasserunlöslich

Die unerwartete Beständigkeit eines Ringes mit 15 Gliedern ist wahrscheinlich so zu deuten, daß kein kreisähnlicher Ring wie beim Cyclohexan vorliegt, sondern daß zwei parallele Paraffinketten an den Enden miteinander verbunden sind. Man hat neuerdings eine ganze Reihe solcher hochgliedriger Ringketone synthetisch gewonnen; viele haben Moschusgeruch (RUZICKA).

*Reaktionen der Carbonylgruppe.* Als Trennungsmethode der Aldehyde und Ketone verwendet man ihr Verhalten gegen schwache Oxydationsmittel; während Ketone nicht angegriffen werden, werden Aldehyde dabei zu Säuren weiter oxydiert.

**Formel 292.**

$$\begin{array}{c}H\ \ H\\HC-C-C\!\!<\!\!\begin{array}{c}H\\O\end{array}\\H\ \ H\end{array}\ +\ \tfrac{1}{2}O_2\ \rightarrow\ \begin{array}{c}H\ \ H\\HC-C-C\!\!<\!\!\begin{array}{c}OH\\O\end{array}\\H\ \ H\end{array}\ \Big|\ \begin{array}{c}H\\HCH\\|\\C=O\\|\\HCH\\H\end{array}\ +\ O_2\ \rightarrow\ \text{unverändert}$$

Propionaldehyd    Propionsäure    Aceton
Siedep. 49°     flüssig, Siedep. 141°   Siedep. 56°
mit $H_2O$ mischbar   mit $H_2O$ mischbar
Dichte 0,807     Dichte 0,998

Da Säuren mit Laugen wasserlösliche Salze geben, Ketone nicht, kann man die Reaktionsprodukte durch Behandlung mit wäßrigen Laugen trennen.

Die den Aldehyden und Ketonen gemeinsame Carbonylgruppe $-\overset{O}{C}-$ gibt einige spezifische Reaktionen.

*Oxime.* Aldehyde und Ketone geben beim Umsatz mit Hydroxylamin Oxime. Die Reaktionsprodukte der Aldehyde nennt man *Aldoxime*, die Reaktionsprodukte der Ketone *Ketoxime*.

**Formel 293.**

$$\underset{\text{Acetaldehyd}}{\overset{\displaystyle \begin{array}{c} H \\ HC{-}C{\Big\langle}\!\!\begin{array}{c} O \\[-2pt] H \end{array} \\ H \end{array}}{}} + H_2N{-}OH \quad\rightarrow\quad \underset{\text{Acetaldehyd-oxim}}{\overset{\displaystyle \begin{array}{c} H \\ HC{-}C{=}N{-}OH \\ H \quad H \end{array}}{}}$$

Acetaldehyd    Hydroxylamin      Acetaldehyd-oxim
Siedep. 20°       kristallisiert, Smp. 47°, in $H_2O$ löslich
Dichte 0,964

Aceton    Hydroxylamin      Acetonoxim
Siedep. 65°      farblos, kristallisiert
Dichte 0,79      Smp. 60°, in $H_2O$ löslich
Dichte 0,97

*Phenylhydrazone.* Weiter setzen sich sowohl Aldehyde wie Ketone mit *Phenylhydrazin* (s. Formel 554, S. 356) zu Phenylhydrazonen um.

**Formel 294.**

Acetaldehyd      Phenylhydrazin      Acetaldehyd-phenylhydrazon
Siedep. 20°     flüssig, Siedep. 244° als    kristallisiert, Smp. 75 und 100°;
kristallisiertes HCl-Salz in $H_2O$ löslich    cis- und trans-Modifikation
Dichte 1,18

Da diese Derivate in Wasser oft schwer löslich sind, meist gut kristallisieren und als Kristalle scharf definierte Schmelzpunkte zeigen, sind sie als Nachweismittel wertvoll; um so mehr, als viele Aldehyde und Ketone nicht gut kristallisieren. Sie sind besonders wertvoll in der Zuckerchemie, da fast alle Zucker freie reaktionsfähige Carbonylgruppen enthalten (s. S. 299).

*Carbonylacetale.* Die *Carbonylgruppe* $-\overset{\displaystyle O}{\underset{\displaystyle \|}{C}}-$ kann auch in der *Hydratform* $\overset{\displaystyle HO\quad OH}{\underset{\displaystyle C}{\diagdown\!\diagup}}-$ reagieren; selbst wenn es meistens nicht gelingt, diese Hydratform zu isolieren. Ein halogenierter Aldehyd, Chloral (S. 238), auch einige andere Aldehyde kommen in Hydratform vor. Aus Aldehyden oder Ketonen und Alkoholen kann man durch Erwärmen mit wasserabspaltenden Mitteln *Acetale* darstellen.

*Acetale* sind Flüssigkeiten oder feste Stoffe, die sich durch Erwärmen mit wäßrigen Säuren wieder in die Ausgangssubstanzen spalten lassen; gegen Alkalien sind sie meist beständig. Acetale hoher Fettaldehyde (Palmitin, Stearin) mit dem Trialkohol Glycerin sind von FEULGEN in allen lebenden Geweben entdeckt worden. Sie kommen mit den Phosphatiden zusammen vor; die dritte —OH-Gruppe des Glycerins ist mit Phosphorsäure verestert *(Plasmalogensäure, Acetalphosphatide).*

**Formel 295.**

$$CH_3{-}C({=}O){-}CH_3 + H_2O \rightleftarrows$$

Aceton — Siedep. 56° — mit H₂O mischbar

Acetonhydrat — frei nicht beständig

$+$ Äthanol — Siedep. 78° mit H₂O mischbar — flüssig, Siedep. 114°

Acetondiäthylacetal — fast unlöslich in H₂O, durch Säure hydrolysiert

$$CH_3{-}CH_2{-}C({=}O)H \xrightarrow{H_2O} CH_3{-}CH_2{-}C(OH)_2H \cdot HO{-}CH_3$$

Propionaldehyd — Siedep. 50° — mit H₂O mischbar

-hydrat — frei nicht beständig

$+$ Methanol — Siedep. 65° — mit H₂O mischbar

$$\rightarrow CH_3{-}CH_2{-}C(O{-}CH_3)_2H$$

Propionaldehyd-dimethylacetal — flüssig, Siedep. 86°, fast unlöslich in H₂O

**Formel 296.**

$$CH_3{-}(CH_2)_{14}{-}C\langle\,{O{-}CH}\,;\,{O{-}CH}\,\rangle$$

Plasmalogensäure

wachsartig fest, farblos
Smp. 50—150° (Zersetzung)
unlöslich in H₂O und Äther
löslich in NaOH, Methanol
Chloroform

*Sulfonale.* Kondensiert man Aceton statt mit Äthanol mit Thioäthanol, so erhält man ein Thioacetal, das mit KMnO₄ oxydiert in das entsprechende Sulfonderivat übergeht. Das gebildete *Sulfonal* ist ein Schlafmittel.

**Formel 297.**

Aceton (Hydratform) + Thioäthanol — Mercaptan flüssig, Siedep. 37°

$\rightarrow$ Acetondiäthyl-thioacetal — flüssig, zersetzlich — Siedep. bei 12 mm Hg 150°

$+$ KMnO₄ $\rightarrow$ Sulfonal, Diäthyl-sulfon-dimethylmethan — kristallisiert, Smp. 128° — 0,2% in H₂O löslich

Ein Alkylsulfonsäurederivat ist das als Röntgenkontrastmittel für Nieren und Harnwege verwendete *jodmethansulfonsaure Natrium (Abrodil).*

**Formel 298.**

$$\begin{array}{c} H \\ | \\ J\!-\!C\!-\!O_2S\diagup^{O^-Na^+} \\ | \\ H \end{array}$$

Jodmethansulfonsaures Natrium

Abrodil, leicht wasserlöslich, kristallisiert, farblos

*Carbonylbisulfite.* Die meisten *Aldehyde* und Ketone vermögen mit *Natrium-bisulfit* zu gut kristallisierten Verbindungen zusammenzutreten, aus denen sich die Carbonylverbindungen mit Alkali meist zurückgewinnen lassen.

**Formel 299.**

$$\begin{array}{c} H\ \ \ H \\ HC\!-\!C\!\diagup \\ |\ \ \ \ \diagdown \\ H\ \ \ \ O \end{array} \ +\ NaHSO_3 \ \rightarrow\ \begin{array}{c} H\ \ H \\ HC\!-\!C\!-\!OH \\ |\ \ \ \ \diagdown \\ H\ \ \ \ SO_3Na \end{array}$$

Acetaldehyd

flüssig, Siedep. 20°

Acetaldehyd-bisulfit

farblos, Salz, kristallisiert, in $H_2O$ leicht löslich

*Keten.* Leitet man Aceton durch ein glühendes Rohr, so bilden sich *Keten* und Methan.

**Formel 300.**

$$\begin{array}{c} \ \ \ \ O \\ \ \ \ \| \\ H\ \ \ H \\ HC\!-\!C\!-\!CH \\ |\ \ \ \ | \\ H\ \ \ H \end{array} \xrightarrow{600°} \begin{array}{c} HC\!=\!C\!=\!O \\ | \\ H \end{array} +\ \begin{array}{c} H \\ | \\ HCH \\ | \\ H \end{array}$$

Aceton

flüssig, farblos
Siedep. 56°

Keten

farbloses Gas
Siedep. −56°

Methan

Gas
Siedep. −164°

Keten ist ein äußerst reaktionsfähiges Gas; mit $H_2O$ bildet es Essigsäure; —OH-Gruppen werden acetyliert, d. h. in Ester der Essigsäure übergeführt.

**Formel 301.**

$$\begin{array}{c} HC\!=\!C\!=\!O + HOH \\ | \\ H \end{array} \rightarrow\ \begin{array}{c} H\ \ \ \ O \\ HC\!-\!C\diagup \\ |\ \ \ \ \diagdown \\ H\ \ \ \ OH \end{array} \qquad O\!=\!C\!=\!C\!=\!C\!=\!O$$

Keten

Gas, Siedep. −56°

Essigsäure

flüssig, Siedep. 118°

Kohlensuboxyd

Gas, farblos, Siedep. + 6°

Auch durch Wasserabspaltung mit $P_2O_5$ aus Carbonsäuren kann man zu Ketenen gelangen; so entsteht aus Malonsäure das äußerst reaktionsfähige stechend riechende Gas *Kohlensuboxyd,* das mit $H_2O$ Malonsäure zurückbildet.

*Kondensationsreaktionen der Ketone.* Aceton und andere Ketone sind zu vielen Umsetzungen fähig. Bei längerem Kochen mit kondensierenden Mitteln, z. B. $Ba(OH)_2$ verwandelt sich Aceton in *Mesityloxyd,* beim Kochen mit $H_2SO_4$ in *Phoron.*

**Formel 302.**

$$\begin{array}{c} CH_3 \\ | \\ C\!=\!O + H_3C\!-\!C\!-\!CH_3 \\ |\ \ \ \ \ \ \ \ \ \| \\ CH_3\ \ \ \ \ \ \ O \end{array} \rightarrow\ \begin{array}{c} CH_3 \\ | \\ C\!=\!C\!-\!C\!-\!CH_3 \\ |\ \ H\ \| \\ CH_3\ \ \ O \end{array} \rightarrow\ \begin{array}{c} CH_3\ \ \ \ \ \ \ CH_3 \\ |\ \ \ \ \ \ \ \ \ \ | \\ C\!=\!C\!-\!C\!-\!C\!=\!C \\ |\ \ H\ \|\ H\ | \\ CH_3\ \ O\ \ \ \ CH_3 \end{array}$$

Aceton

Siedep. 56°, in $H_2O$ löslich
Dichte 0,79

Mesityloxyd

flüssig, Siedep. 130°, unlöslich
in $H_2O$
Dichte 0,854

Phoron

flüssig, Siedep. 197°
Dichte 0,85

Unter dem Einfluß von konzentrierter $H_2SO_4$ kondensieren sich 3 Moleküle zu *Trimethylbenzol* oder *Mesitylen*.

**Formel 303.**

$$H_2SO_4 \longrightarrow$$

3 Mol Aceton
Siedep. 56°
flüssig, mit $H_2O$ mischbar
Dichte 0,79

Mesitylen, 1,3,5-Trimethylbenzol
flüssig, Siedep. 163°, unlöslich in $H_2O$
Dichte 0,864

Reduziert man Aceton mit Magnesiumamalgam, so kondensieren sich zwei Moleküle unter Bildung von *Pinakon*, einem Glykolderivat, das sich beim Erwärmen mit $H_2SO_4$ unter Wasserabspaltung in ein asymmetrisches Keton, *Pinakolin*, umlagert.

**Formel 304.**

$$\xrightarrow{H_2}$$

2 Mol Aceton
Siedep. 56°, Dichte 0,79
mit $H_2O$ mischbar

Pinakon
flüssig, Smp. 38°, Siedep. 172°
Dichte 0,97 wenig löslich in $H_2O$

$$\xrightarrow{\text{Umlagerung}}$$

Pinakolin
flüssig, Siedep. 106°, Dichte 0,799
löslich 2,4% in $H_2O$

## f) Carbonsäuren.

*Eigenschaften.* Ersetzt man im Äthan $HC-CH$ (mit H-Atomen) alle 3 H-Atome an einem C durch $-OH$-Gruppen, so erhält man eine hypothetische Verbindung,

**Formel 305.**

Äthan
Gas, Siedep. $-93°$

Säurehydrat
unbeständig

Essigsäure
flüssig, Siedep. 118°

die spontan $H_2O$ verliert und in eine Säure übergeht; im vorliegenden Falle in die Essigsäure.

Der gleiche Vorgang führt beim Propan zur Propionsäure, beim Butan zur Buttersäure usw.

Die Gruppe $-\overset{\overset{\text{O}}{\|}}{\text{C}}-\text{OH}$, oder einfacher geschrieben $-\text{COOH}$, nennt man eine *Säuregruppe* oder *Carboxylgruppe*.

Diese Gruppe zeigt Säureeigenschaften, weil sie in wäßriger Lösung in *Säurerest und $H^+$-Ionen* zerfallen, dissoziieren kann.

**Formel 306.**

$$\begin{array}{c}\text{H}\\\text{HC}-\text{C}\\\text{H}\end{array}\overset{\text{O}}{\underset{\text{OH}}{\diagdown}}\quad\rightleftharpoons\quad\begin{array}{c}\text{H}\\\text{HC}-\text{C}\\\text{H}\end{array}\overset{\text{O}}{\underset{\text{O}^-}{\diagdown}}\quad+\quad\text{H}^+$$

| Essigsäure | Acetat-ion | Wasserstoffion |

Siedep. 118°

Die Carboxylgruppe hat Komplexcharakter, d. h. die negative Ladung ist auf beide O-Atome verteilt und nicht auf einem lokalisiert. In der Carboxylgruppe ist das H-Atom polar gebunden. Es hat sein Elektron mehr oder weniger vollkommen abgegeben; im Gegensatz zu den H-Atomen in Kohlenwasserstoffen, die unpolar gebunden sind und nicht abdissoziieren können (s. Formel 23, S. 51). In organischen Säuren ist deshalb wie in jeder anorganischen Säure das polar gebundene $H^+$-Ion (und nur dieses) durch Metallionen ersetzbar; alle *organischen Säuren* können *Salze* bilden.

**Formel 307.**

$$\begin{array}{c}\text{H}\\\text{HC}-\text{C}\\\text{H}\end{array}\overset{\text{O}}{\underset{\text{O}^-\text{H}^+}{\diagdown}}+\text{Na}^+\text{OH}^-\rightarrow\begin{array}{c}\text{H}\\\text{HC}-\text{C}\\\text{H}\end{array}\overset{\text{O}}{\underset{\text{O}^-\text{Na}^+}{\diagdown}}+\text{H}_2\text{O}$$

| Essigsäure | Natriumhydroxyd | Natriumacetat | Wasser |

flüssig, Siedep. 118°        fest, kristallisiert, Salz, Smp.
Dichte 1,02           wasserfrei 324°, leicht wasserlöslich

*Fettsäuren.* Die in den natürlichen Fetten vorkommenden Säuren sind Paraffincarbonsäuren; man nennt sie *Fettsäuren*.

In der Natur finden sich praktisch immer nur die geradkettigen, unverzweigten Fettsäuren.

Tabelle 35. *Eigenschaften der einzelnen Fettsäuren.*

| Name | Summen-formel | Siede-punkt ° | Schmelz-punkt ° | Löslich-keit in Wasser | Dichte | Vorkommen oder technische Herkunft |
|---|---|---|---|---|---|---|
| Ameisensäure . . . | $CH_2O_2$ | 100 | $+8$ | $\infty$ | 1,20 | Holzteer, Brennesseln |
| Essigsäure . . . . . | $C_2H_4O_2$ | 118 | $+16$ | $\infty$ | 1,05 | Holzteer, Wein |
| Propionsäure . . . | $C_3H_6O_2$ | 141,1 | $-20$ | $\infty$ | 0,99 | Holzteer |
| Buttersäure . . . . | $C_4H_8O_2$ | 164,5 | $-5.5$ | $\infty$ | 0,95 | ranzige Butter |
| Valeriansäure . . . | $C_5H_{10}O_2$ | 186,4 | $-34.5$ | 4% | 0,94 | ranzige Butter |
| Capronsäure . . . | $C_6H_{12}O_2$ | 205 | $-3,9$ | 0,2% | 0,92 | ranzige Butter |
| Caprylsäure . . . . | $C_8H_{16}O_2$ | 237 | $+16,5$ | 0,05% | 0,91 | ranzige Butter |
| Caprinsäure . . . . | $C_{10}H_{20}O_2$ | 268 | $+31,4$ | 0 | 0.89 | Cocosfett |
| Laurinsäure . . . . | $C_{12}H_{24}O_2$ | 225* | $+43,2$ | 0 | 0,88 | Walrat, Cocosfett |
| Myristinsäure . . . | $C_{14}H_{28}O_2$ | 250,5* | $+54$ | 0 | 0,86 | Fette |
| Palmitinsäure . . . | $C_{16}H_{32}O_2$ | 271,5* | $+62,6$ | 0 | 0,85 | Fette |
| Stearinsäure . . . . | $C_{18}H_{36}O_2$ | 291* | $+69,3$ | 0 | 0,83 | Fette |
| Arachinsäure . . . | $C_{20}H_{40}O_2$ | — | $+75,4$ | 0 | — | Fette |

* Siedepunkt bei 100 mm Druck.

*Ameisensäure.* Das erste Glied, die flüssige, mit $H_2O$ mischbare Ameisensäure, kommt in Pflanzen und in Ausscheidungen von Ameisen vor. Die reine Säure wird durch wasserentziehende Mittel, z. B. $H_2SO_4$, in CO und $H_2O$ gespalten.

**Formel 308.**

$$\text{H--C}\!\!\underset{\displaystyle \text{OH}}{\overset{\displaystyle \text{O}}{\big<}} \quad + \quad \text{H}_2\text{SO}_4 \quad \rightarrow \quad \overset{\uparrow}{\text{CO}} \quad + \quad \underset{\downarrow}{\text{H}_2\text{O}}$$
$$\text{H}_2\text{SO}_4$$

Ameisensäure     Konz. Schwefelsäure     Kohlenmonoxyd
Siedep. $+100°$                          Gas, Siedep. $-191°$
Dichte 1,20

Darauf beruht eine Darstellungsmethode für CO im Laboratorium.

Die technische Darstellung der Ameisensäure erfolgt hauptsächlich über die Reaktion von CO mit NaOH unter Druck (nach Formel 111, S. 126). Andere Bildungsweisen der Ameisensäure sind:

1. Verseifung (Nitrilhydrolyse) der Cyanwasserstoffsäure:

**Formel 309.**

$$\text{HCN} \quad + \quad 2\,\text{H}_2\text{O} \quad \rightarrow \quad \text{H--C}\!\!\underset{\displaystyle \text{O}}{\overset{\displaystyle \text{OH}}{\big<}} \quad + \quad \text{NH}_3$$

Cyanwasserstoffsäure
Blausäure
flüssig, Siedep. $+26°$           Ameisensäure
Dichte 0,697             flüssig, Siedep. $100°$, farblos
in $\text{H}_2\text{O}$ löslich            Dichte 1,22
                          mit $\text{H}_2\text{O}$ mischbar

2. Oxydation von Methylalkohol und Formaldehyd:

**Formel 310.**

$$\underset{\displaystyle \text{H}}{\overset{\displaystyle \text{H}}{\text{HC--OH}}} \xrightarrow{\;\text{O}_2\;} \text{H--C}\!\!\underset{\displaystyle \text{H}}{\overset{\displaystyle \text{O}}{\big/}} \xrightarrow{\;\text{O}_2\;} \text{H--C}\!\!\underset{\displaystyle \text{OH}}{\overset{\displaystyle \text{O}}{\big<}}$$

Methanol        Formaldehyd             Ameisensäure
flüssig, Siedep. $65°$    Gas, Siedep. $-21°$         flüssig, Siedep. $100°$

3. Hydrolyse des Chloroforms durch Verseifung mit Lauge:

**Formel 311.**

$$\underset{\displaystyle \text{Cl}}{\overset{\displaystyle \text{Cl}}{\text{Cl--C--H}}} + 3\,\text{NaOH} \xrightarrow{\text{kochen}} \left[\;\text{HO--}\underset{\displaystyle \text{OH}}{\overset{\displaystyle \text{H\,O}}{\text{C--H}}}\;\right] \rightarrow \underset{\displaystyle \text{OH}}{\overset{\displaystyle \text{O}}{\text{C--H}}} + 3\,\text{NaCl}$$

Chloroform                frei unbeständig       Ameisensäure
Siedep. $61°$, unlöslich                    Siedep. $100°$, mischbar
in $\text{H}_2\text{O}$                              mit $\text{H}_2\text{O}$
Dichte 1,498                            Dichte 1,22

4. Aus Oxalsäure durch Erhitzen in Gegenwart von Glycerin:

**Formel 312.**

$$\underset{\displaystyle \text{HO}}{\overset{\displaystyle \text{O}}{\big\backslash}}\!\!\text{C--C}\!\!\underset{\displaystyle \text{OH}}{\overset{\displaystyle \text{O}}{\big/}} \xrightarrow{300°} \underset{\displaystyle \text{O}}{\overset{\displaystyle \text{O}}{\text{C}}} + \text{H--C}\!\!\underset{\displaystyle \text{OH}}{\overset{\displaystyle \text{O}}{\big<}}$$

Oxalsäure           Kohlendioxyd       Ameisensäure
kristallisiert, Smp. $189°$      Gas            Siedep. $100°$
Dichte 1,63                               Dichte 1,22

Ameisensäure reduziert im Gegensatz zu Essigsäure Kaliumpermanganatlösung. Das hängt damit zusammen, daß Ameisensäure am Kohlenstoff direkt neben der Carbonylgruppe ein H trägt, so daß im Molekül der Ameisensäure auch die Aldehydgruppe vorkommt. Aldehydgruppen sind aber Reduktionsmittel und leicht oxydierbar.

*Essigsäure.* Die nächst höhere Säure, die Essigsäure, ist eine der technisch wichtigsten Säuren. Reine 100%ige Säure (Dichte = 1,05) ist ein gutes organisches Lösungsmittel. Man nennt sie auch Eisessig, weil reine Essigsäure bei + 16° gefriert. Ihre Salze mit Metallen heißen *Acetate*.

Essigsäure spielt im Stoffwechsel lebender Organismen eine Rolle; zahlreiche Mikroorganismen wie auch die Zellen der Warmblütler bilden und verbrennen

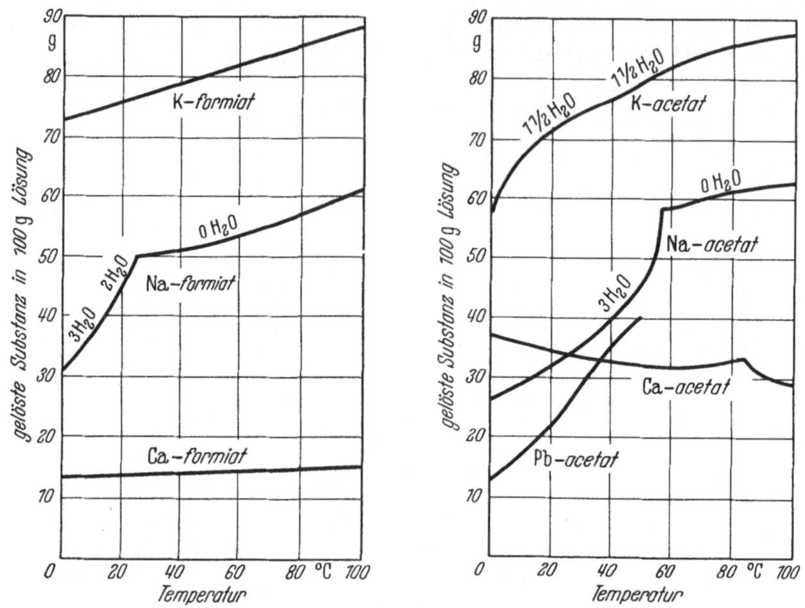


Abb. 75. Löslichkeit einiger kristallisierter Salze der Ameisensäure in $H_2O$.
Abb. 76. Löslichkeit der Salze der Essigsäure (Acetate) in $H_2O$.

Essigsäure (Formeln 322, S. 261 und 468, S. 319). So entsteht beim Sauerwerden des Weins neben anderen organischen Säuren Essigsäure.

**Formel 313.**

$$C_6H_{12}O_6 \quad \xrightarrow{\text{Gärung}} \quad \begin{array}{c}\text{normale Hefe (s. S. 241)}\end{array}$$

Zucker
Kohlenhydrate

$$\xrightarrow{\text{Essig-bakterien}}$$

H H
HC—C—OH
H H

Äthanol
Siedep. 78°, Dichte 0,79

H
HC—C=O
H |
  OH

Essigsäure
Siedep. 118°, Dichte 1,05

Essigsäure für Nahrungszwecke wird meist durch Vergärung zuckerhaltiger Lösungen und nachherige Oxydation des Alkohols durch Essigsäurebakterien hergestellt.

Technisch wird sie entweder aus Holzdestillaten oder nach dem schon früher besprochenen Verfahren der Anlagerung von $H_2O$ an Acetylen zu Acetylaldehyd mit nachfolgender Oxydation nach Formel 287, S. 248, dargestellt.

Bei der trockenen Destillation des Holzes entsteht neben Essigsäure auch Ameisensäure; daneben höhere Säuren.

*Höhere Fettsäuren.* Von den höheren Homologen kommen die übelriechenden flüssigen Säuren $C_4$, Buttersäure, $C_5$, Valeriansäure und $C_6$, Capronsäure, in ranziger Butter und im Schweiß vor. Die Säuren von $C_{10}$ ab aufwärts sind geruchlos und bei Zimmertemperatur fest. Die wichtigsten, die als Glycerinester den Hauptbestandteil der Fette ausmachen, sind *Palmitinsäure*, $C_{16}H_{30}O_2$, und *Stearinsäure*, $C_{18}H_{36}O_2$. Man stellt sie aus natürlich vorkommenden Fetten dar.

*Ungesättigte Fettsäuren.* Die einfachste ist die frei nur kurze Zeit beständige *Acrylsäure*. Sie polymerisiert sich bald je nach den Bedingungen zu weißen Pulvern oder zu glasklaren Harzen. Die Ester der Acrylsäure und der Methylacrylsäure polymerisieren sich ebenfalls spontan oder unter dem Einfluß von Katalysatoren zu wasserunlöslichen hochpolymeren festen und klar durchsichtigen Harzen, die zur Herstellung von splittersicheren Autoscheiben verwendet werden (s. Formel 666, S. 414).

Vom nächsthöheren Homologen, der *Crotonsäure*, gibt es cis- und trans-Isomere. Die beiden cis- und trans-α-Methylcrotonsäuren kommen als *Angelicasäure* (trans-) in der Angelicawurzel und als *Tiglinsäure* (cis-) im Kamillenöl und im Crotonöl vor.

**Formel 314.**

|  |  |  |
|---|---|---|
| HC=C—COOH<br>H  H | H   H<br>HC—C=C—COOH<br>H   H   H | CH₃<br>H   H   \|<br>HC—C=C—COOH<br>H |
| Acrylsäure | Crotonsäure (trans) | Tiglinsäure (cis) |
| Smp. 12,3°, Siedep. 142°<br>wasserlöslich, polymerisiert<br>sich rasch, Dichte 1,05 | kristallisiert, Smp. 72°<br>in $H_2O$ leichtlöslich<br>Dichte 0,973 | kristallisiert, Smp. 64°<br>in $H_2O$ löslich<br>Dichte 0,964 |

Die doppelt ungesättigte Sorbinsäure kommt in Vogelbeeren vor. Undecylen-(10)-säure erhält man leicht durch Destillation von Ricinusöl.

**Formel 315.**

|  |  |
|---|---|
| H<br>HC—C=C—C=C—COOH<br>H  H  H  H  H | HC=C—(CH₂)₈—COOH<br>H  H |
| Sorbinsäure | Undecylen-(10)-säure |
| kristallisiert, Smp. 134°<br>löslich in $H_2O$ und Äthanol | fest, farblos, Smp. 24,5°<br>unlöslich in $H_2O$ |

*Ölsäure.* Die wichtigste ungesättigte Fettsäure ist die als Glycerinester in natürlichen flüssigen Fetten vorkommende *Ölsäure*. Sie ist zu etwa 30% auch an tierischen Fetten beteiligt. Flüssige Pflanzenfette enthalten mehr davon; *Olivenöl* ist fast reiner *Ölsäureglycerinester*. Die Ölsäure ist eine einfache ungesättigte, flüssige $C_{18}$-Fettsäure mit einer Doppelbindung zwischen dem 9. und 10. Kohlenstoffatom, von der Carboxylgruppe aus gerechnet. Es gibt zwei verschiedene Ölsäuren, die *cis-Form*, die als *Ölsäure*, und die *trans-Form*, die als *Elaidinsäure* bezeichnet wird. Die in der Natur vorkommende Ölsäure ist flüssig, die natürlich nicht vorkommende Elaidinsäure fest. Durch Behandeln mit Spuren von $HNO_2$ läßt sich Ölsäure in Elaidinsäure umwandeln.

**Formel 316.**

$$CH_3{-}(CH_2)_7{-}CH\ (10)$$
$$\begin{array}{c} O \\ \diagdown \\ HO \diagup \end{array} C{-}(CH_2)_7{-}CH\ (9)$$

Ölsäure

farblos, Smp. 14°
Siedep. 234° bei 15 mm Hg
unlöslich in $H_2O$, Dichte 0,88

$$CH_3{-}(CH_2)_7{-}CH\ (10)$$
$$(9)\ HC{-}(CH_2)_7{-}C\begin{array}{c} \diagup O \\ \diagdown OH \end{array}$$

Elaidinsäure

Smp. 51°, kristallisiert
unlöslich in $H_2O$
Dichte 0,85

Im Hirn findet sich, gebunden an Sphingosin (s. Formel 433, S. 298), in den Cerebrosiden die Nervonsäure:

**Formel 317.**

$$CH_3{-}(CH_2)_7{-}\overset{H}{C}{=}\overset{H}{C}{-}(CH_2)_{13}{-}C\begin{array}{c} \diagup O \\ \diagdown OH \end{array}$$

Nervonsäure

kristallisiert, Smp. 39° (cis-), 65° (trans-)

$$CH_3{-}(CH_2)_4{-}\overset{H}{C}{=}\overset{H}{C}{-}CH_2{-}\overset{H}{C}{=}\overset{H}{C}{-}(CH_2)_7{-}C\begin{array}{c} \diagup O \\ \diagdown OH \end{array}$$

Linolsäure

farblos, Öl, Dichte 0,90, unlöslich in $H_2O$, löslich in NaOH

*Linolsäure.* Auch *doppelt ungesättigte Fettsäuren* kommen in der Natur vor: so neben Sorbinsäure die *Linolsäure*, eine doppelt ungesättigte $C_{18}$-Fettsäure; die *Linolensäure* ist dreifach ungesättigt.

In japanischen Lacκölen finden sich Säuren mit 3 und mehr Doppelbindungen (Eläostearinsäure).

*Leinöl, Ölfarben.* Die höheren mehrfach ungesättigten Säuren und ihre Glycerinester, die in frischem Zustand Öle sind, *erhärten* an der Luft. Das beruht darauf, daß unter dem Einfluß geringer Metallspuren (meistens Fe), die sich überall finden, an die Doppelbindungen Sauerstoff so gebunden wird, daß —O—-Brücken zwischen zwei Molekülen Linolsäure entstehen, die mit einem dritten Molekül ebenso reagieren, dann mit einem vierten usw. Die —O—-Brücken bilden sich auch in der dritten Dimension, im Bild senkrecht zur Papierebene, so daß ein dreidimensionales Makromolekül entsteht (Formel 669, S. 416).

**Formel 318.**

Polymerisation und Hartwerden des Leinöls

Es entstehen so Verbindungen mit hohem Molekulargewicht und entsprechend hohem Erweichungspunkt, die bei Zimmertemperatur fest sind, in denen die gleichen Moleküle in immer wiederholter Folge durch Zwischenbindungen aneinandergeheftet sind. Man nennt diese Stoffe *Hochpolymere* (s. S. 410).

Die so erhärteten Öle sind feste, filmbildende Harze. Das *Trocknen der Ölfarben* (mit Leinöl angerührte Farbstoffe) beruht darauf. Dieses Trocknen hat nichts mit dem üblichen Trocknen durch Verdunsten eines Lösungsmittels zu tun. Durch Zusätze von Metallsalzen (Siccative) kann man das Trocknen des Leinöls beschleunigen.

*Ester.* Behandelt man eine wasserfreie organische Säure, gelöst in einem reinen Alkohol, mit einem wasserabspaltenden Mittel, etwa $H_2SO_4$ oder gasförmigem HCl, so bilden sich wie bei den Acetalen Kondensationsprodukte, die *Ester.*

**Formel 319.**

$$HC-C\begin{matrix}O\\OH\end{matrix} \quad + \quad HO-\begin{matrix}H&H\\C&CH\\H&H\end{matrix} \quad \underset{\underset{\text{wäßrig}}{KOH}}{\overset{\overset{\text{wasserfrei}}{H_2SO_4}}{\rightleftarrows}} \quad HC-C\begin{matrix}O\\ \\O\end{matrix}\begin{matrix}H&H\\-C-CH\\H&H\end{matrix} \quad + \quad H_2O$$

Essigsäure · · · · · · · · · · Äthanol · · · · · · · · · · · · Essigsäure-äthylester

Siedep. 118°, Dichte 1,05 · · Siedep. 78°, Dichte 0,79 · · · flüssig, farblos, Siedep. 77°, Dichte 0,90
mischbar mit $H_2O$ · · · · · · · · · · · · · · · · · · · · · · mit $H_2O$ nicht mischbar
· · · · · · · · · · · · · · · · · · · · · · · · · · · · · · · · löslich 8,6% in $H_2O$

Esterbildung
(s. auch Formeln 368, 369; S. 276).

Die Ester sind wasserklare Flüssigkeiten (bei höheren Homologen feste Körper), die sich praktisch nicht im Wasser lösen und durch Kochen mit wäßrigen Säuren oder Laugen wieder in ihre Komponenten gespalten werden können.

Einige Ester der Phosphorsäure werden als *Nervengiftgase* verwendet.

**Formel 320.**

Tetraäthyl-pyrophosphat
(TEPP)
farblose Flüssigkeit
unlöslich in $H_2O$

Di-isopropoxy-phosphoryl-
fluorid (DFP)
farblose Flüssigkeit, Siedep. etwa
180°; unlöslich in $H_2O$

Diäthyl-para-nitrophenyl-
thiophosphat
(Parathion)

Sie hindern in kleinsten eingeatmeten Dosen die zur Entspannung kontrahierter Muskeln unentbehrliche Acetylcholinesterase (s. S. 298). Parathion wird auch als Insekticid verwendet.

Ester niederer Fettsäuren kommen in der Natur vielfach vor. Manche haben Obstgeruch; so riecht z. B. Buttersäureäthylester (flüssig, Siedep. 121°) nach Birnen. Viele solche Ester werden künstlich hergestellt und in der Parfümerie verwendet, manche auch als Lösungsmittel.

Die höheren Homologen dieser Reihe kommen in lebenden Organismen, Pflanzen und Tieren, in großen Mengen in den Fetten vor.

*Fette* sind *dreifache Fettsäureester des Glycerins.* Die eigentlichen in Fetten vorkommenden Säuren sind die mit 14, 16 und 18 C-Atomen; besonders die beiden letzten, die *Palmitin-* ($C_{16}$) und die *Stearinsäure* ($C_{18}$).

**Formel 321.**

$$HC-O-\overset{O}{C}-CH_2-CH_2-CH_2-CH_2-CH_2-CH_2-CH_2-CH_2-CH_2-CH_2-CH_2-$$
$$-CH_2-CH_2-CH_2-CH_3$$

$$HC-O-\overset{O}{C}-CH_2-CH_2-CH_2-CH_2-CH_2-CH_2-CH_2-CH_2-CH_2-CH_2-CH_2-$$
$$-CH_2-CH_2-CH_2-CH_3$$

$$HC-O-\overset{O}{C}-CH_2-CH_2-CH_2-CH_2-CH_2-CH_2-CH_2-CH_2-CH_2-CH_2-CH_2-$$
$$-CH_2-CH_2-CH_2-CH_3$$

Glycerin-tripalmitinsäureester (Tripalmitin)
farblos, kristallisiert, wachsartig, Smp. 65°, unlöslich in $H_2O$, Dichte 0,865

In den natürlich vorkommenden Fetten sind die 3 Hydroxylgruppen des Glycerins meist nicht mit denselben Fettsäuren verestert. Die natürlichen Fette sind fast immer Mischglyceride und deren Gemische. Dadurch ist eine große Zahl von isomeren Fetten möglich.

Reiner Glycerintripalmitinsäureester oder, wie man einfacher sagt, *Tripalmitin*, ist fest und paraffinartig kristallisiert, ebenso *Tristearin*. Demgegenüber sind die natürlich vorkommenden Fette meistens teigartig weich. Das rührt daher, daß die isomeren Fette gegenseitig ihren Schmelzpunkt erniedrigen, weiterhin von der Beimischung flüssiger Fette, die als Säurekomponente Fettsäuren mit einer oder mehreren Doppelbindungen enthalten.

Im Gegensatz zu den tierischen Fetten, die halbfest sind, sind pflanzliche Fette fast immer ungesättigt und daher flüssig. Das flüssige Olivenöl besteht größtenteils aus dem Glycerinester der Ölsäure, dem *Triolein*.

Alle natürlich vorkommenden Fette enthalten als Alkohol das Glycerin. Erst neuerdings hat man in einigen Bakterienarten (Tuberkelbacillen) auch höhere Alkohole wie Pentite und Trehalose als Esterbestandteile aufgefunden.

*Biochemie der Fette.* Fette sind Hauptbestandteile der *menschlichen Nahrung*. Sie werden nach der Aufnahme mit der Nahrung im Darm (nicht im Magen) durch Enzyme (s. S. 333) des Pankreas und der aus der Leber stammenden alkalisch reagierenden Galle teilweise in Fettsäure und Glycerin gespalten. Nach der Resorption durch die Darmwand werden die Fettsäuren von den Körperzellen je nach Bedürfnis wieder mit Glycerin verestert und in den Geweben deponiert. Bei Bedarf wird Fett vom Körper verbrannt.

Die Verbrennung geht folgenden Weg: Durch Enzyme wird in der Leber in die Fettsäurekette zuerst in $\beta$-Position O eingeführt ($\beta$-Oxydation nach KNOOP).

Dann wird Essigsäure als Acetylphosphat abgespalten. Die ganze Fettsäurekette wird so zu Essigsäure abgebaut. Acetylphosphat geht enzymatisch in *Acetylcoenzym A* (s. Formel 322, S. 261) über, das durch ein weiteres, von OCHOA kristallisiert isoliertes Enzym mit Oxalessigsäure zu Citronensäure gekuppelt wird.

Citronensäure wird in allen Organen leicht über $\alpha$-Ketoglutarsäure $\rightarrow$ Bernsteinsäure zu Oxalessigsäure oxydiert, die so als eine Art von Katalysator bei der Fettverbrennung und bei der Zuckerverbrennung wirkt. Bei jedem Rundlauf über den Cyclus werden 2 C-Atome der Fettsäurekette zu $CO_2$ oxydiert und durch die Lungen ausgeatmet. Oxalessigsäure wird biochemisch aus Brenztraubensäure (s. Formel 426, S. 296) und $CO_2$ aufgebaut. Beim Acetylcoenzym A mündet auch die Zuckerverbrennung (s. S. 319) in den Citronensäurecyclus.

Wird, wie bei der Zuckerkrankheit (bei Insulinmangel, Diabetes), nicht genug Oxalessigsäure aus Zucker auf dem Weg über die Carboxylierung der Brenztraubensäure gebildet, so wird die von der Leber aus Acetylcoenzym A weiterproduzierte, von den anderen Organen nicht verbrennbare Acetessigsäure teilweise in Form ihres Zersetzungsprodukts Aceton durch die Nieren ausgeschieden: die *Ketonurie* der Diabetiker.

*Margarine.* Da in der menschlichen Nahrung feste Fette bevorzugt werden, während die billigsten natürlich vorkommenden Fette *Pflanzenöle* (Palmkernöle) sind, hat man Verfahren ausgearbeitet, diese flüssigen Fette in feste überzuführen. Dazu werden die flüssigen Fette unter Druck und bei 100—200° *mit Wasserstoff* in Anwesenheit von Nickelkatalysatoren *hydriert*. Die ungesättigten Fettsäuren der Pflanzenöle gehen dabei in gesättigte über. Nach dem Abfiltrieren vom Katalysator und nach dem Erkalten werden die Fette fest. Sie werden (nach geeigneter Mischung mit Ölen) unter dem Namen *Margarine* als Kunstspeisefette verkauft, nachdem man ihnen zur Verbesserung des Geschmacks meistens noch Buttermilch und den Butteraromastoff Diacetyl (s. S. 280) zugemischt hat.

*Kunstfette.* Während bis vor kurzem alle Fette, Margarine, Fettsäuren und Seifen ausschließlich aus natürlichen Quellen stammten, ist es in den letzten

**Formel 322.** Biologische Fettsäureverbrennung im Tierkörper.

$$
\begin{array}{ccccccc}
CH_3 & & CH_3 & & & & \\
| & & | & & & & \\
CH_2 & & CH_2 & & & & \\
| & & | & & CH_3 & & CH_3 \\
(CH_2)_{11} & \rightarrow & (CH_2)_{11} & \rightarrow\ 8\ \text{Mol} & | & \rightarrow\ 8\ \text{Mol} & | \\
| & & | & & C{=}O & & C{=}O \\
CH_2 & & C{=}O & & | & & | \\
| & & | & & O & & S \\
CH_2 & & CH_2 & & | & & | \\
| & & | & & HO{-}P{-}OH & & \text{Coenzym A} \\
COOH & & COOH & & O & & \\
\end{array}
$$

Palmitinsäure  $\beta$-Ketosäure  Acetylphosphat  Acetyl-coenzym A

*in Leber*

$$
\begin{array}{ccccc}
 & & \text{Oxalessigsäure} & & OH \qquad \text{Citronensäure} \\
CH_3 & + & O{=}C{-}CH_2 & \xrightarrow{H_2O} & H_2C{-}\underset{|}{\overset{|}{C}}{-}CH_2 \\
| & & |\quad\ \ | & & |\qquad |\qquad | \\
C{=}O & & COOH\ COOH & & COOH\ COOH\ COOH \rightarrow CO_2 \\
| & & & & \\
S & & \uparrow\ \text{Citronensäurecyclus} & & \downarrow \\
| & & & & \\
\text{Coenzym A} & & H_2C{-}CH_2 & \leftarrow & O{=}C{-}CH_2{-}CH_2 \\
 & & |\quad\ \ | & & |\qquad\qquad | \\
 & & COOH\ COOH & & COOH \qquad\quad COOH \rightarrow CO_2 \\
\end{array}
$$

Acetyl-Coenzym A  Bernsteinsäure  $\alpha$-Ketoglutarsäure

*in allen Geweben*, s. a. Formel 467, S. 319

Jahren gelungen, durch Erhitzen von Paraffinölen der Kettenlänge $C_{12} - C_{20}$ mit Luft unter Druck bei erhöhter Temperatur und in Gegenwart von Mangankatalysatoren künstliche Fettsäuren herzustellen, die nach der Reinigung mit Glycerin verestert werden müssen, um für Menschen eßbar zu werden.

In der Natur kommen ausschließlich Fettsäuren mit durch 2 teilbarer Kohlenstoffzahl (geradzahlige Fettsäuren) vor. Die synthetischen Fette dagegen enthalten gleiche Mengen gerad- und ungeradzahliger Fettsäuren. Beide Sorten sind gleichmäßig gut im Darm resorbierbar und im intermediären Stoffwechsel im Tierkörper verbrennbar.

Während die aus Braunkohlenhydrierparaffinen gewonnenen Fettsäuren ausschließlich normale, unverzweigte Kohlenstoffketten enthalten, sind die nach dem FISCHER-TROPSCH-*Verfahren* aus CO und $H_2$ dargestellten Paraffine und die daraus erhaltenen Fettsäuren zu etwa 30% verzweigt. Die so erhaltenen verzweigten Fette sind für Genußzwecke weniger geeignet, da sie schwerer vom Körper verbrannt werden. Ihre Fettsäuren werden teilweise, nach Einführung einer zweiten Carboxylgruppe, vom Körper ($\omega$-Oxydation) als Dicarbonsäuren im Harn ausgeschieden und belasten so den Nierenstoffwechsel, der auf das Entstehen solcher Dicarbonsäuren im normalen Stoffwechsel nicht eingestellt ist.

*Caloriengehalt.* Ein Kilogramm wasserfreies Fett ergibt bei vollständiger Verbrennung zu $CO_2$ und $H_2O$ etwa 9300 kcal.

*Wachse.* Ester hoher Fettsäuren und hoher Alkohole sind die *Wachse.* So ist das Bienenwachs hauptsächlich ein Ester aus Palmitinsäure $CH_3{-}(CH_2)_{14}{-}$COOH neben anderen hohen Fettsäuren und *Myricylalkohol* $CH_3{-}(CH_2)_{30}{-}OH$. Andere Wachse sind Ester der *Cerotinsäure* $CH_3{-}(CH_2)_{24}{-}COOH$ und des *Myricylalkohols*; daneben kommen auch andere höhere Alkohole vor.

Die technisch wichtigsten Wachse sind Bienenwachse aus Bienenwaben, Carnaubawachs, das als Wachsstaub auf einer südamerikanischen Palmenart vorkommt, und Montanwachs, das man durch Extraktion von Braunkohlen erhält.

Alle Fette und Wachse sind in Wasser ganz unlöslich; sie lösen sich in Kohlenwasserstoffen, Benzin, Benzol, auch in Äther, schwer in Alkohol.

Die in der Technik für Plastiken, Kerzen und Schallplatten vielfach verwendeten Wachse sind zusammengeschmolzene Gemische aus eigentlichen Wachsen, Tristearin, Paraffin und eventuell Kunstharzen.

*Hydrolyse, Verseifung.* Wenn man Fette oder ganz allgemein Ester mit konzentrierter Sodalösung oder mit konzentrierten Laugen, z.B. Natronlauge, längere Zeit kocht, so werden sie *hydrolysiert* oder *verseift*. Sind die Ester Fette ohne Wachsbeimischung, so gehen sie dabei in Lösung, da von den Spaltprodukten der Alkohol, das Glycerin, leicht wasserlöslich ist und die Fettsäuren als Natriumsalze in Lösung gehen.

Die gelösten Natriumsalze der hohen Fettsäuren kann man aus der Lösung durch Zugabe von Natriumchlorid ausfällen. Man erhält die *Seifen*: halbfeste, farblose, durch Pressen formbare Produkte, die heute im Haushalt und in der Technik in großen Mengen verwendet werden. Guten Waschseifen setzt man meistens etwas Perborat zu, das als Oxydationsmittel bleichend wirkt. Verwendet man beim Verseifen statt Natronlauge Kalilauge, so erhält man die nur für technische Zwecke verwendeten *Schmierseifen*. Aus den Mutterlaugen der Seifenfabrikation gewinnt man nach Eindampfen das *Glycerin*.

**Formel 323.**

$$\begin{array}{l}
\overset{\text{H}}{\text{HC}}\!-\!\text{O}\!-\!\overset{\text{O}}{\text{C}}\!-\!(\text{CH}_2)_{16}\!-\!\text{CH}_3 \\[2pt]
\overset{\phantom{H}}{\text{HC}}\!-\!\text{O}\!-\!\overset{\text{O}}{\text{C}}\!-\!(\text{CH}_2)_{16}\!-\!\text{CH}_3 \quad + \quad 3\,\text{NaOH} \quad \rightarrow \\[2pt]
\underset{\text{H}}{\text{HC}}\!-\!\text{O}\!-\!\overset{\text{O}}{\text{C}}\!-\!(\text{CH}_2)_{16}\!-\!\text{CH}_3
\end{array}$$

$$\begin{array}{l}
\text{HC}\!-\!\text{OH} \\[2pt]
\text{HC}\!-\!\text{OH} \quad + \quad 3\,\text{Na}^+\text{O}\!-\!\overset{\text{O}}{\text{C}}\!-\!(\text{CH}_2)_{16}\!-\!\text{CH}_3 \\[2pt]
\text{HC}\!-\!\text{OH}
\end{array}$$

|  |  |  |
|---|---|---|
| Tristearinsäure-glycerinester **Tristearin** | Glycerin | Stearinsaures Natrium **Seife** |
| kristallisiert, Smp. 72°, Dichte 0,86 unlöslich in H$_2$O | flüssig, Siedep. 290° mit H$_2$O mischbar Dichte 1,26 | fest, kristallisiert kalt wenig in H$_2$O löslich (s. a. S. 144) |

Tabelle 36. *Halogenfettsäuren.*

| Formel | Name | Schmelzpunkt ° | Siedepunkt ° | Dichte | Dissoziationskonstante K bei 0° in wäßr. 0,1 n Lösu (s. S. 77) |
|---|---|---|---|---|---|
| H—C—COO⁻H⁺ (H, H) | Essigsäure | krist., Smp. 16,6 | 118 | 1,05 | $1{,}8 \cdot 10^{-5}$ |
| Cl—C—COO⁻H⁺ (H, H) | Chloressigsäure | krist., Smp. 63 | 189 | 1,58 | $1{,}4 \cdot 10^{-3}$ |
| Cl—C—COO⁻H⁺ (H, Cl) | Dichloressigsäure | krist., Smp. 10 | 191 | 1,57 | $5{,}1 \cdot 10^{-2}$ |
| Cl—C—COO⁻H⁺ (Cl, Cl) | Trichloressigsäure | krist., Smp. 57 | 195 | 1,62 | $5 \cdot 10^{-1}$ |

Zur Schonung des wichtigen Glycerins geschieht in großen Fabriken die Verseifung der Fette durch direktes Erhitzen mit $H_2O$ unter Druck auf 140°; unter Zusatz von Emulgatoren (Seifen, Alkylsulfonaten). Erst die von der wäßrigen Lösung nachher abgetrennten Fettsäuren werden mit NaOH in Seifen übergeführt.

*Halogenfettsäuren.* Technisch wichtig sind die Halogenderivate der Essigsäure.

Die Chloressigsäuren stellt man aus Essigsäure und Chlorgas her. Je nach den Chlorierungsbedingungen (Katalysatoren, Licht) erhält man dabei die farblosen, leicht wasserlöslichen Säuren *Monochloressigsäure, Dichloressigsäure* und *Trichloressigsäure.*

Ihre Acidität steigt mit steigendem Chlorgehalt; in wäßriger Lösung ist Trichloressigsäure eine starke Säure. Alle drei sind in $H_2O$ leicht löslich. Trichloressigsäure wird als *Eiweißfällungsmittel* in der biochemischen Analyse verwendet.

*Säurechloride.* In einer Säuregruppe $-\overset{\overset{\text{O}}{\|}}{C}-OH$ kann man die $-OH$-Gruppe mit gleichzeitig wasserentziehend und chlorierend wirkenden Mitteln durch Chlor ersetzen. Mit $PCl_5$ sind allgemein OH-Gruppen zu Chloriden umsetzbar (s. Formel 264, S. 239), mit $SOCl_2$ besonders Carboxyl-OH-Gruppen (Formel 70, S. 106). Man erhält *Säurechloride.*

**Formel 324.**

$$HC\text{---}C\overset{O}{\underset{OH}{\diagup}} \quad + \quad PCl_5 \quad \rightarrow \quad HC\text{---}C\overset{O}{\underset{Cl}{\diagup}} \quad + \quad HCl\uparrow \quad + \quad POCl_3$$

Essigsäure | Acetylchlorid | Phosphoroxychlorid
Siedep. 118°, Dichte 1,05 | flüssig, Siedep. 51°, Dichte 1,10 | flüssig, Siedep. 107°

Säurechloride sieden tiefer als die entsprechenden Säuren. Sie zersetzen sich mit Wasser schnell zu Salzsäure und der ursprünglichen organischen Säure. Die niederen Glieder rauchen deshalb an feuchter Luft.

**Formel 325.**

$$HC\text{---}C\overset{O}{\underset{Cl}{\diagup}} \quad + \quad HOH \quad \rightarrow \quad HC\text{---}C\overset{O}{\underset{OH}{\diagup}} \quad + \quad HCl$$

Acetylchlorid | Essigsäure | Chlorwasserstoff
flüssig, Siedep. 51°, wenig löslich in $H_2O$, zersetzt sich mit $H_2O$ | Siedep. 118°, mit $H_2O$ mischbar |

*Säureanhydride.* Setzt man ein Mol Säurechlorid mit einem Mol des trockenen Natriumsalzes derselben oder einer anderen Säure um, so kommt man zu den Säureanhydriden.

**Formel 326.**

Acetylchlorid

$$\begin{matrix} CH_3\text{---}C\overset{O}{\underset{Cl}{\diagup}} \\ CH_3\text{---}C\overset{O^-Na^+}{\underset{O}{\diagup}} \end{matrix} \quad \rightarrow \quad \begin{matrix} CH_3\text{---}C\overset{O}{\diagdown} \\ {\phantom{CH_3\text{---}C}}O + NaCl \\ CH_3\text{---}C\overset{\phantom{O}}{\underset{O}{\diagup}} \end{matrix} \quad + H_2O \rightarrow \quad \begin{matrix} CH_3\text{---}C\overset{O}{\underset{OH}{\diagup}} \\ CH_3\text{---}C\overset{O}{\underset{OH}{\diagup}} \end{matrix}$$

Natriumacetat | Essigsäureanhydrid | 2 Mol Essigsäure
 | flüssig, Siedep. 140°, unlöslich in $H_2O$, Dichte 1,08 | Siedep. 118°

Man kann Säureanhydride herstellen, die aus zwei Mol derselben Säure aufgebaut sind; man kann auch das Chlorid und das Salz von verschiedenen Säuren nehmen; man erhält dann gemischte Säureanhydride. Die niedrigen Säureanhydride sind Flüssigkeiten, die höheren, wie Palmitinsäureanhydrid, sind fest. Die Säureanhydride sind in Wasser unlöslich, verwandeln sich aber beim Kochen oder bei längerem Stehen mit Wasser in zwei Mol Säure zurück.

**Formel 327.**

$$\underset{\substack{\text{Acetylphosphorsäure}\\ \text{Essigsäure-phosphorsäureanhydrid}}}{\underset{\text{mit } H_2O \text{ rasch zersetzt, nur als Salz isoliert}}{\text{H}_3\text{C}-\overset{\overset{\text{O}}{\|}}{\text{C}}-\text{O}-\overset{\nearrow\text{OH}}{\underset{\searrow\text{OH}}{\text{PO}}}}} \quad \xrightarrow{\text{H}_2\text{O}} \quad \underset{\text{Essigsäure}}{\text{H}_3\text{C}-\overset{\overset{\text{O}}{\|}}{\text{C}}-\text{OH}} \quad + \quad \underset{\text{Phosphorsäure}}{\text{HO}-\overset{\nearrow\text{OH}}{\underset{\searrow\text{OH}}{\text{PO}}}}$$

Ein sehr labiles gemischtes Anhydrid aus Essigsäure und Phosphorsäure (Acetylphosphat) ist in tierischen Geweben aufgefunden worden und spielt bei der Verbrennung von Nahrungsstoffen als Zwischenglied eine Rolle (LIPMANN, s. S. 261).

*Nitrile.* Behandelt man die Ammoniumsalze von Säuren mit wasserentziehenden Mitteln, so erhält man, in schlechter Ausbeute, die Alkylcyanide oder Nitrile Zu den Nitrilen kann man auch durch Wasserentzug aus den Amiden gelangen.

**Formel 328.**

$$\underset{\substack{\text{Ammoniumsalz}\\ \text{der Propionsäure}\\ \text{kristallisiert, wasserlöslich}}}{\text{H}_3\text{C}-\text{C}\text{H}_2-\text{C}\underset{\searrow\text{O}^-\text{NH}_4^+}{\overset{\nearrow\text{O}}{}}} \quad + \quad \overset{-\text{H}_2\text{O}}{\underset{+\text{H}_2\text{O}}{\rightleftarrows}} \quad \underset{\substack{\text{Propionsäureamid}\\ \text{kristallisiert, Smp. 79°}\\ \text{Dichte 1,03, in } H_2O \text{ löslich}}}{\text{H}_3\text{C}-\text{C}\text{H}_2-\text{C}\underset{\searrow\text{NH}_2}{\overset{\nearrow\text{O}}{}}} \quad \overset{-\text{H}_2\text{O}}{\underset{+\text{H}_2\text{O}}{\rightleftarrows}} \quad \underset{\substack{\text{Propionitril}\\ \text{flüssig, Siedep. 97,2°}\\ \text{Dichte 0,782}\\ \text{in } H_2O \text{ wenig löslich}}}{\text{H}_3\text{C}-\text{C}\text{H}_2-\text{C}\equiv\text{N}}$$

Besser erhält man sie durch Umsetzung von Alkylhalogeniden mit Kaliumcyanid. Dabei entstehen als Nebenprodukte die übelriechenden und giftigen *Isonitrile* mit wahrscheinlich zweiwertigem Kohlenstoff.

**Formel 329.**

$$\underset{\substack{\text{Äthylchlorid}\\ \text{flüssig, Siedep. } +13°\\ \text{Dichte 0,917}\\ \text{fast unlöslich in } H_2O}}{\text{H}_3\text{C}-\text{C}\text{H}_2-\text{Cl}} \; + \; \underset{\substack{\text{Kalium-}\\ \text{cyanid}}}{\text{KCN}} \; \to \; \underset{\substack{\text{Äthylcyanid,}\\ \text{Propionitril}\\ \text{Siedep. 97,2°, Dichte 0,782}}}{\text{H}_3\text{C}-\text{C}\text{H}_2-\text{C}\equiv\text{N}} \; \underset{\substack{\text{Äthylisonitril}\\ \text{flüssig, übelriechend, giftig,}\\ \text{Siedep. 79°, Dichte 0,744}\\ \text{schwerlöslich in } H_2O}}{\text{H}_3\text{C}-\text{C}\text{H}_2-\text{N}=\text{C}}$$

Die niederen Nitrile sind Flüssigkeiten, ihre höheren Homologen fest, kristallisiert.

Die Nitrile lassen sich durch Kochen mit Laugen oder Mineralsäuren zu den entsprechenden Säuren verseifen.

**Formel 330.**

$$\underset{\substack{\text{Propionitril}\\ \text{farblos, Siedep. 97,2°, wenig}\\ \text{löslich in } H_2O, \text{ Dichte 0,782}}}{\text{H}_3\text{C}-\text{C}\text{H}_2-\text{C}\equiv\text{N}} \quad \xrightarrow[\text{HCl}]{\text{H}_2\text{O}} \quad \underset{\substack{\text{Propionsäure}\\ \text{Siedep. 141°, mit } H_2O \text{ mischbar}\\ \text{Dichte 0,99}}}{\text{H}_3\text{C}-\text{C}\text{H}_2-\text{C}\underset{\searrow\text{OH}}{\overset{\nearrow\text{O}}{}}} \quad + \quad (\text{NH}_4)\text{Cl}$$

Reduziert man Nitrile mit nascierendem Wasserstoff, so erhält man primäre Amine.

**Formel 331.**

$$CH_3-CH_2-CH_2-C\equiv N \xrightarrow{2\,H_2} CH_3-CH_2-CH_2-CH_2-NH_2$$

Butyronitril    Butylamin

flüssig, Siedep. 118°, unlöslich in    flüssig, Siedep. 76°, mit $H_2O$
$H_2O$, Dichte 0,79    mischbar, Dichte 0,74

*Säureamide.* Setzt man Säurechloride mit Ammoniak oder einem Amin um, so kommt man zu den *Säureamiden.*

**Formel 332.**

$$\underset{\text{Acetylchlorid}}{\overset{O}{\underset{H}{\overset{H}{HC}}-\overset{\|}{C}-Cl}} \quad + \quad \underset{\text{Ammoniak}}{NH_3} \quad \rightarrow \quad \underset{\text{Acetamid}}{\overset{O}{\underset{H}{\overset{H}{HC}}-\overset{\|}{C}-NH_2}}$$

Acetylchlorid    Ammoniak    Acetamid

Siedep. 51°, Dichte 1,10    als trockenes Gas    farblos, kristallisiert, Smp. 82°
in $H_2O$ leichtlöslich, Dichte 1,12

Die Amide kristallisierten gut; sie lassen sich durch Kochen mit Alkalien oder Mineralsäuren hydrolysieren und in Ammoniak und die Ausgangssäure zurücküberführen.

Zu den Amiden kann man auch gelangen, indem man die Ammoniumsalze der Fettsäuren, eventuell mit Wasser abspaltenden Mitteln, trocken erhitzt.

**Formel 333.**

Ammoniumacetat    Acetamid

kristallisiert, zerfließlich    farblos, Smp. 82°
in $H_2O$ leichtlöslich
unlöslich in Äther

Amide kommen in der Natur häufig vor, so scheiden z. B. Mäuse als Endprodukt ihres Nahrungsproteinabbaus das *Acetamid* aus, der Mensch statt dessen Harnstoff; der typische Geruch von Mäusen rührt von Begleitstoffen des Acetamids her.

*Harnstoff.* Das wichtigste in der Natur vorkommende Amid ist das *Amid der Kohlensäure,* der *Harnstoff.* Der Harnstoff ist das Endprodukt der Verbrennung der Proteine (s. Formel 491, S. 329) im menschlichen Körper. Harnstoff wird vom Menschen im Urin ausgeschieden, täglich etwa 20—30 g. Da Pflanzen aus Harnstoff über Ammoniumsalze Proteine aufbauen, ist Harnstoff ein wichtiges Düngemittel. Deshalb wird er in der Technik im großen synthetisiert.

Eine *historisch* wichtige *Synthese* des Harnstoffs wurde von WÖHLER 1828, durchgeführt. Er fand, daß Ammoniumcyanat, eine Verbindung, die sich ganz aus anorganischen Elementen aufbauen läßt, durch Kochen in wäßriger Lösung und nachheriges Eindampfen in Harnstoff übergeht.

**Formel 334.**

Ammoniumcyanat    Harnstoff

fest, kristallisiert    farblos, Smp. 132°
wasserlöslich    Dichte 1,33
leicht wasserlöslich (Abb. 77, S. 266)

Es war WÖHLER so zum erstenmal gelungen, ein Produkt der organischen Chemie aus anorganischen Stoffen herzustellen, während man bis dahin angenommen hatte, daß organische Substanzen grundsätzlich nur von lebenden Zellen synthetisiert werden könnten.

Die technische Synthese des Harnstoffs im großen besteht in der Kondensation des Phosgens mit Ammoniak:

**Formel 335.**

$$O=C\begin{array}{c}Cl\\Cl\end{array} \quad + \quad \begin{array}{c}NH_3\\NH_3\end{array} \quad \rightarrow \quad O=C\begin{array}{c}NH_2\\NH_2\end{array} \quad + \quad 2\,HCl$$

| Phosgen | Ammoniak | Harnstoff |
|---|---|---|
| flüssig, Siedep. $+8°$ mit $H_2O$ zersetzt | Gas Siedep. $-33°$ | Smp. $132°$ |

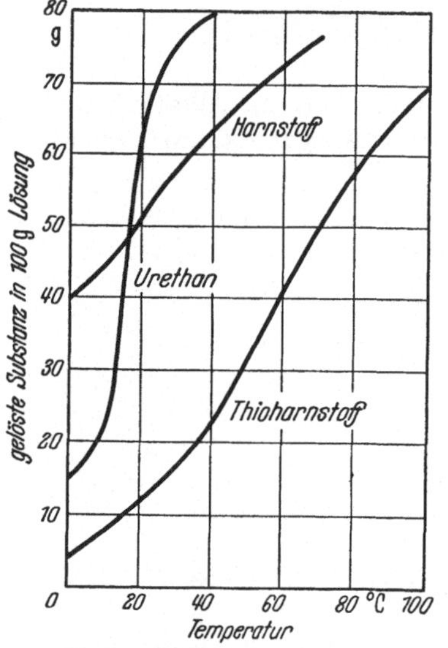


Abb. 77. Löslichkeit von Harnstoffderivaten in $H_2O$.

Harnstoff erhält man auch bei der Reaktion von Kohlendioxyd mit Ammoniak, wobei sich zuerst Ammoniumcarbaminat bildet, das bei weiterem Erhitzen unter Druck in Harnstoff und Wasser übergeht.

**Formel 336.**

$$O=C=O\begin{array}{c}NH_3\\NH_3\end{array} \rightarrow O=C\begin{array}{c}NH_2\\O^-NH_4^+\end{array} \rightarrow O=C\begin{array}{c}NH_2\\NH_2\end{array} + H_2O$$

| Ammoniumcarbaminat | Harnstoff |
|---|---|
| Salz, wasserlöslich | Smp. $132°$ |

Das Ammoniumcarbaminat, das Ammoniumsalz der *Carbaminsäure*, ist eine Zwischenverbindung zwischen Harnstoff und Ammoniumcarbonat.

Carbaminsäure selbst ist nicht bekannt, wohl aber zahlreiche Derivate. Die bekanntesten sind die *Ester der Carbaminsäure*, die man *Urethane* nennt. So ist das Schlafmittel Urethan der Äthylester der Carbaminsäure; ein am N phenyliertes Urethan ist das Antipyreticum *Euphorin*.

**Formel 337.**

$$O=C\begin{array}{c}OH\\NH_2\end{array} \qquad O=C\begin{array}{c}O-C_2H_5\\NH_2\end{array} \qquad O=C\begin{array}{c}O-C_2H_5\\N-\underset{H}{}\end{array}$$

| Carbaminsäure | Urethan | Euphorin |
|---|---|---|
| nicht dargestellt unbeständig | kristallisiert, Smp. $48,2°$ leichtlöslich in $H_2O$ | kristallisiert, Smp. $52°$ fast unlöslich in $H_2O$ |

Zur Synthese der Urethane gibt es verschiedene Wege. Aus Phosgen und Äthanol bildet sich der Äthylester der Chlorameisensäure, der sich mit Ammoniak oder anderen Basen zu Urethanen umsetzt.

**Formel 338.**

$$O=C\begin{array}{c}Cl\\Cl\end{array} + HO-C_2H_5 \rightarrow O=C\begin{array}{c}O-C_2H_5\\Cl\end{array} + NH_3 \rightarrow O=C\begin{array}{c}O-C_2H_5\\NH_2\end{array}$$

| Phosgen | Chlorkohlensäure-äthylester | Urethan |
|---|---|---|
| Siedep. $+8°$ | flüssig, Siedep. $93°$, unlöslich in $H_2O$ Dichte $1,14$ | kristallisiert, Smp. $48,2°$ Dichte $1,11$ |

Ein anderes Schlafmittel, das sich vom Harnstoff ableitet, ist das *Bromural;* ähnlich gebaut ist *Adalin.*

**Formel 339.**

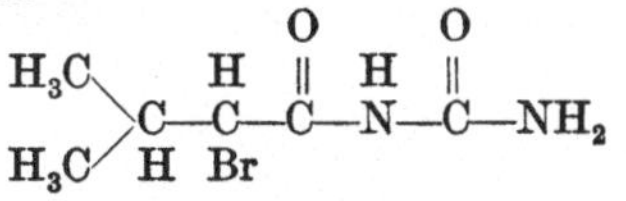

$$\begin{matrix} H_3C \\ H_3C \end{matrix}\!\!>\!\!C\!-\!\underset{H}{\overset{H}{C}}\!-\!\underset{Br}{\overset{O}{\overset{\|}{C}}}\!-\!N\!-\!\underset{}{\overset{O}{\overset{\|}{C}}}\!-\!NH_2 \qquad\qquad \begin{matrix} CH_3\!-\!CH_2 \\ CH_3\!-\!CH_2 \end{matrix}\!\!>\!\!\underset{Br}{C}\!-\!\underset{}{\overset{O}{\overset{\|}{C}}}\!-\!\underset{H}{N}\!-\!\underset{}{\overset{O}{\overset{\|}{C}}}\!-\!NH_2$$

Bromural
α-Bromisovalerianyl-harnstoff
farblos, kristallisiert, Smp. 153°,
0,25 % in H₂O löslich

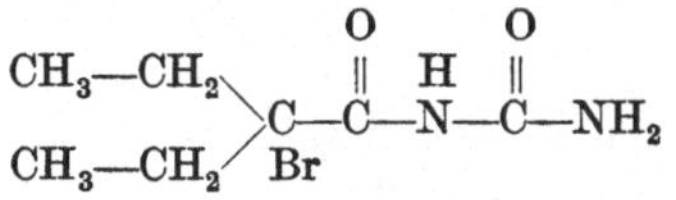

Adalin
α-Brom-α-äthylbutyryl-harnstoff
kristallisiert, Smp. 118°
wenig löslich in H₂O

Eines der wichtigsten Heilmittel gegen Trypanosomen, gegen die Schlaf-krankheit, die bisher weite Gegenden der Tropen unbewohnbar machte, ist das synthetische Harnstoffderivat *Germanin.* Die Formel ist symmetrisch in bezug auf die senkrechte durch die Pfeile gezeigte Achse.

**Formel 340.**

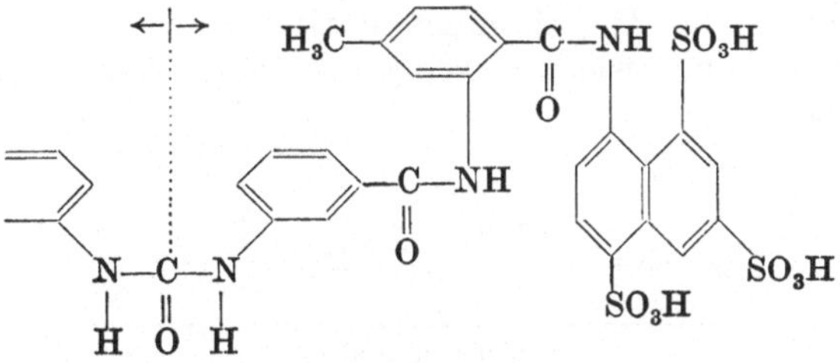

Germanin
farblos, kristallisiert

Erhitzt man Harnstoff trocken, so spaltet sich aus 2 Molekülen 1 Mol NH₃ ab und man erhält das farblose *Biuret.* Dieses gibt in alkalischer Lösung mit Kupfer-salzen eine violettrote Färbung *(Biuretreaktion).*

**Formel 341.**

$$H_2N\!-\!\underset{\overset{\|}{O}}{C}\!-\!NH_2 \;+\; H_2N\!-\!\underset{\overset{\|}{O}}{C}\!-\!NH_2 \;\rightarrow\; H_2N\!-\!\underset{\overset{\|}{O}}{C}\!-\!\overset{H}{N}\!-\!\underset{\overset{\|}{O}}{C}\!-\!NH_2 \;+\; NH_3$$

Harnstoff
Smp. 132°

Biuret
kristallisiert, farblos, Smp. 193°
in H₂O zu 1,5 % löslich

Harnstoff kann, wie das untenstehende Guanidin, in tautomeren Formen reagieren.

Aus Cyansäure und Hydrazin erhält man das *Semicarbazid,* das stark basische Hydrazid der Carbaminsäure, dessen Salze schön kristallisiert sind und die mit Aldehyden und Ketonen gut kristallisierte *Semicarbazone* ergeben.

**Formel 342.**

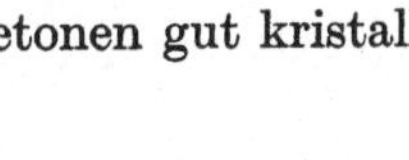

$$NH_2\!-\!\underset{H}{N}\!-\!\underset{\overset{\|}{O}}{C}\!-\!NH_2 \qquad\qquad H_2N\!-\!\underset{\overset{\|}{S}}{C}\!-\!NH_2$$

Semicarbazid
farblos, kristallisiert, Smp. 96°
löslich in H₂O

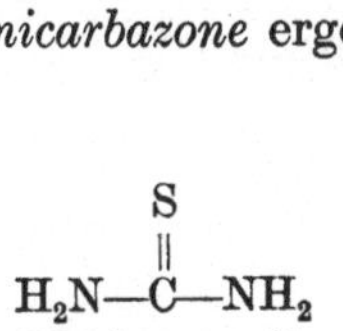

Thioharnstoff
kristallisiert, Smp. 180°
9 % in H₂O löslich
Dichte 1,40

Ersetzt man im Harnstoff das $=O$-Atom durch $=S$, so erhält man *Thioharnstoff*. Wie Harnstoff aus Ammoniumcyanat, entsteht Thioharnstoff aus Ammoniumthiocyanat. Er kann wie Harnstoff in tautomeren Formen reagieren.

*Guanidin.* Ein Harnstoff, in dem das $=O$-Atom durch die Iminogruppe $=NH$ ersetzt ist, ist das *Guanidin.*

Synthetisch erhält man es durch Anlagerung von $NH_3$ an das Amid der Cyansäure, das Cyanamid.

**Formel 343.**

$$N \lVert C \diagdown NH_2 \quad + \quad NH_3 \rightarrow \quad HN=C\diagup NH_2 \diagdown NH_2 \quad \rightleftarrows \quad H_2N-C\diagup NH_2 \diagdown NH \quad \rightleftarrows \quad H_2N-C\diagup NH \diagdown NH_2$$

Cyanamid — Guanidin, 3 tautomere Formen

zerfließlich fest, Smp. 44° — zerfließliche Masse, starke Base
leichtlöslich in $H_2O$ — mit $H_2O$ mischbar

Im Guanidin hat die Doppelbindung keine feste Lage. Alle drei möglichen tautomeren Formen sind gleichberechtigt. So sind die beiden bezeichneten Methylguanidine identisch. Das Guanidin ist stark basisch (einbasisch) und hygroskopisch; es bildet ebenso wie der weniger basische Harnstoff mit Säuren gut kristallisierte Salze.

**Formel 344.**

$$H_3C-N=C\diagup NH_2 \diagdown NH_2 \quad \rightleftarrows \quad H_3C-N\overset{H}{-}C\diagup NH \diagdown NH_2$$

Methylguanidin
zerfließliche Masse, basisch, leichtlöslich in $H_2O$

Guanidinderivate kommen im Eiweiß vor; die Aminosäuren Kreatin und Arginin enthalten ein Guanidinmolekül. Guanidine, die durch Kohlenwasserstoffe substituiert sind, z. B. das *Dekamethylendiguanidin* (Dihydrochlorid $=$ *Synthalin*), wurden eine Zeitlang als Mittel gegen Zuckerkrankheit verwendet, sind aber durch das Hormon aus Pankreas, Insulin (s. S. 332), wieder verdrängt worden.

**Formel 345.**

$$HN\diagdown_{H_2N}\diagup C-N\underset{H}{-}(CH_2)_{10}-N\underset{H}{-}C\diagup NH \diagdown NH_2 \qquad\qquad H_2N-(CH_2)_4-N\underset{H}{-}C\diagup NH \diagdown NH_2$$

Dekamethylen-diguanidin, Synthalin — Agmatin
farblos, kristallisiert — HCl-Salz, farblos, kristallisiert

## g) Amine.

Setzt man Alkylhalogenide mit Ammoniak um, so erhält man Amine.

**Formel 346.**

$$CH_3-CH_2-Cl + NH_3 \rightarrow CH_3-CH_2-NH_2 + HCl$$

Äthylamin, primär
flüssig, farblos
Siedep. 19°

Chloräthyl
Siedep. 13°

$$2\,CH_3-CH_2-Cl + NH_3 \rightarrow \begin{matrix}CH_3-CH_2\diagdown\\CH_3-CH_2\diagup\end{matrix}NH + 2\,HCl$$

Diäthylamin, sekundär
Siedep. 55°, Dichte 0,710

$$3\,CH_3-CH_2-Cl + NH_3 \rightarrow \begin{matrix}CH_3-CH_2\diagdown\\CH_3-CH_2-\\CH_3-CH_2\diagup\end{matrix}N + 3\,HCl$$

Triäthylamin, tertiär
Siedep. 89°, Dichte 0,727

Je nach den Mengenverhältnissen, die man verwendet, entstehen entweder *primäre Amine* (in ihnen ist nur ein H des $NH_3$ durch einen Alkylrest ersetzt) oder es entstehen *sekundäre Amine*, in denen zwei H des $NH_3$ durch Alkylreste ersetzt sind, oder es entstehen *tertiäre Amine*. Bei diesen sind alle drei H des $NH_3$ durch Alkylreste ersetzt. Man verwendet dieselbe Bezeichnung wie bei primären, sekundären und tertiären Alkoholen.

Von den Aminen gibt es, wie von den Kohlenwasserstoffen selbst, den Alkoholen usw., homologe Reihen. So das *Methylamin, Äthylamin, Propylamin* usw. Gleiche Reihen gibt es von den sekundären und tertiären Aminen; die Zahl der möglichen Isomeren ist groß. Die niederen Glieder, wie das Methylamin, sind Gase, die mittleren sind farblose Flüssigkeiten von intensiv basischem Geruch (nach Fischen), die sich leicht in Wasser lösen. Die höheren sind fest und in Wasser schwer löslich.

Tabelle 37. *Amine.*

| | Siedepunkt ° | | Siedepunkt ° | Smp. ° |
|---|---|---|---|---|
| Methylamin . . . . . . | − 6,8 | Propylamin. . . . . . . . | 49 | |
| Dimethylamin . . . . . | + 7 | Butylamin . . . . . . . . | 78 | |
| Trimethylamin . . . . . | + 3 | Pentylamin . . . . . . . | 104 | |
| Äthylamin . . . . . . . | +19 | Hexylamin . . . . . . . . | 129 | |
| Diäthylamin . . . . . . | +55 | Decylamin . . . . . . . . | 217 | +17 |
| Triäthylamin . . . . . . | +89 | Dodecylamin . . . . . . . | 248 | +27 |

Alle *Amine* sind wie $NH_3$ stark *basisch*. Amingruppen kommen in natürlichen organischen Verbindungen häufig vor. Die —$NH_2$-Gruppe, die man auch *Aminogruppe* nennt, ist ein Bestandteil der *Aminosäuren* (s. S. 320), aus denen sich die Hauptkomponenten der lebenden Substanz, die Proteine aufbauen. Die Dichte der Alkylamine liegt zwischen 0,68 und 0,73.

*Darstellung.* Für die Darstellung der Amine gibt es außer den schon erwähnten Methoden durch *Reduktion der Nitrile* und Umsetzung von Ammoniak oder anderen Basen mit Halogenalkylen noch folgende weitere Synthesen:

Die *Oxime* der Aldehyde und Ketone lassen sich mit nascierendem Wasserstoff zu Aminen *reduzieren*.

**Formel 347.**

$$\begin{array}{ccc} \mathrm{H\ H} & & \mathrm{H\ H} \\ \mathrm{HC\!-\!C\!=\!N\!-\!OH} \quad + \quad 2\,H_2 \quad \to \quad & & \mathrm{HC\!-\!C\!-\!NH_2} \\ \mathrm{H} & & \mathrm{H\ H} \end{array}$$

Acetaldehyd-oxim      Äthylamin
farblos, kristallisiert, Smp. 47°      flüssig, Siedep. +19°

Durch *Abbau* von *Säureamiden* mit Brom und Kalilauge nach HOFMANN kann man in sehr komplizierter Reaktion zu dem Amin gelangen, das eine um ein C kürzere Kohlenstoffkette enthält als die Ausgangssäure.

**Formel 348.**

$$\begin{array}{l} \mathrm{H\ H}\quad\quad NH_2 \\ \mathrm{HC\!-\!C\!-\!C} \quad\quad + \quad Br_2 \quad + \quad 2\,KOH \quad \to \\ \mathrm{H\ H}\quad\quad\ \ O \end{array} \quad \mathrm{HC\!-\!C\!-\!NH_2} \quad + \quad \left\{ \begin{array}{l} CO_2 + \\ H_2O + \\ 2\,KBr \end{array} \right.$$

Propionsäure-amid      Äthylamin
3 C-Kette      2 C-Kette
kristallisiert, Smp. 79°      flüssig, Siedep. +19°

*Trennung der Amine.* Bei der Darstellung der Amine sind die Ausbeuten praktisch nie 100%, oft nur 50% und noch weniger. Bei der Aminsynthese mit

Halogenalkylen bilden sich nicht nur primäre, sondern auch sekundäre und tertiäre Amine. Um sie zu unterscheiden und zu trennen, gibt es folgende Methode: *Primäre Amine* bilden mit $HNO_2$, salpetriger Säure, *primäre Alkohole*.

**Formel 349.**

$$HC-\underset{H}{\overset{H}{C}}-NH_2 \;+\; ONOH \;\rightarrow\; HC-\underset{H}{\overset{H}{C}}-OH \;+\; N_2\uparrow \;+\; H_2O$$

Äthylamin     Salpetrige Säure     Äthanol     Stickstoff

flüssig, Siedep. +19°       flüssig, Siedep. 78°

*Sekundäre Amine* bilden mit $HNO_2$ *Nitrosamine*. Die höheren homologen Nitrosamine sind gelbe, in Wasser meist schwerlösliche Öle oder Kristalle, die abgetrennt werden können und sich durch Kochen mit konzentrierten Säuren in sekundäre Amine zurückverwandeln lassen.

**Formel 350.**

$$\begin{matrix} CH_3-CH_2-CH_2 \\ \\ CH_3-CH_2-CH_2 \end{matrix}\!\!\Big\rangle NH \;+\; OH-NO \;\rightarrow\; \begin{matrix} CH_3-CH_2-CH_2 \\ \\ CH_3-CH_2-CH_2 \end{matrix}\!\!\Big\rangle N-NO$$

Dipropylamin             Dipropylnitrosamin

farblos, flüssig, löslich in $H_2O$      schwach gelbes Öl
Siedep. 110°, Dichte 0,738      Siedep. 206°, unlöslich in $H_2O$

*Tertiäre Amine* reagieren mit $HNO_2$ bei Zimmertemperatur nicht. Das nach Entfernung der sekundären Nitrosamine in der Lösung verbleibende Gemisch von tertiärem Amin und primärem Alkohol läßt sich leicht trennen.

Die *primären Amine* reagieren beim Erhitzen mit Chloroform und Kalilauge; sie gehen dabei in die intensiv riechenden *Isonitrile* über.

Man kann so schon geringe Spuren von primären Aminen qualitativ nachweisen.

**Formel 351.**

$$HC-\underset{H}{\overset{H}{C}}-NH_2 \;+\; \underset{Cl}{\overset{Cl}{C}}H \;+\; 3\,KOH \;\rightarrow\; HC-\underset{H}{\overset{H}{C}}-N\!=\!C \;+\; 3\,KCl \;+\; 3\,H_2O$$

Äthylamin     Chloroform        Äthylisonitril

Siedep. 19°     Siedep. 61°      farblos, flüssig, giftig, Siedep. 79°
                       Dichte 0,744, wenig in $H_2O$ löslich

*Salze der Amine.* Alle Amine bilden mit Säuren Salze, die schön kristallisieren und in Wasser mehr oder weniger leicht löslich sind. Einige, so die gelben, gut kristallisierenden Salze mit Pikrinsäure (s. S. 352), sind in Wasser meist schwerlöslich; sie werden als wichtiges analytisches Hilfsmittel zur Isolierung der Amine verwendet.

**Formel 352.**

$$CH_3-CH_2-\underset{H}{\overset{H}{N}} \;+\; HCl \;\rightarrow\; \left[\begin{matrix} & H\!\diagdown & \diagup H \\ & & N \\ CH_3-CH_2 & \diagup & \diagdown H \end{matrix}\right]^{+} Cl^{-}$$

Äthylamin, primäres Amin        Äthylamin-chlorhydrat

Siedep. +19°, farblos        farblos, Salz, kristallisiert

$$\begin{matrix} CH_2-CH_2 \\ | \\ CH_3-CH_2 \end{matrix}\!\!\Big\rangle NH \;+\; HCl \;\rightarrow\; \left[\begin{matrix} CH_2-CH_2 \\ | \\ CH_2-CH_2 \end{matrix}\!\!\Big\rangle N\!\!\diagup^{H}_{\diagdown H}\right]^{+} Cl^{-}$$

Pyrrolidin, sekundäres Amin       Pyrrolidin-chlorhydrat

Siedep. 89°             Salz, kristallisiert

$$\begin{matrix} CH_3\!\diagdown & \diagup CH_3 \\ & N \\ CH_3\!\diagup & \end{matrix} \;+\; HCl \;\rightarrow\; \left[\begin{matrix} CH_3\!\diagdown & \diagup CH_3 \\ & N \\ CH_3\!\diagup & \diagdown H \end{matrix}\right]^{+} Cl^{-}$$

Trimethylamin, tertiäres Amin       Trimethylamin-chlorhydrat

Siedep. +3°, in $H_2O$ löslich       farblos, Salz, kristallisiert, in $H_2O$ löslich

Setzt man tertiäre Amine, z. B. Trimethylamin, mit *Jodalkyl* und *$Ag_2O$* um, so bilden sich Alkylverbindungen des $NH_4OH$, des Ammoniumhydroxyds, die *quaternären Ammoniumbasen*.

So bildet sich z.B. aus Trimethylamin und Jodmethyl das *Tetramethyl-ammoniumjodid*, das man mit $Ag_2O$ zum *Tetramethylammoniumhydroxyd* umsetzen kann.

**Formel 353.**

$$\begin{array}{c} CH_3 \\ \phantom{CH_3}\diagdown N{-}CH_3 \\ CH_3 \diagup \end{array} \quad + \quad JCH_3 \quad \rightarrow \quad \left[\begin{array}{c} CH_3 \diagdown \phantom{N} \diagup CH_3 \\ \phantom{CH_3}N \\ CH_3 \diagup \phantom{N} \diagdown CH_3 \end{array}\right]^+ \ J^-$$

Trimethylamin · Jodmethyl · Tetramethylammoniumjodid

Gas, Siedep. +3° · Siedep. 43° · Salz, leichtlöslich in $H_2O$

$$\left[\begin{array}{c} CH_3 \diagdown \phantom{N} \diagup CH_3 \\ N \\ CH_3 \diagup \phantom{N} \diagdown CH_3 \end{array}\right]^+ OH^- \qquad \left[\begin{array}{c} H \diagdown \phantom{N} \diagup H \\ N \\ H \diagup \phantom{N} \diagdown H \end{array}\right]^+ OH^-$$

Quaternäres
Tetramethylammoniumhydroxyd · Ammonium-hydroxyd

starke Base, leichtlöslich in $H_2O$, mit · bei 20° nur in wäßriger Lösung
5 Kristall-$H_2O$ kristallisiert, Smp. 62° · beständig, s. S. 114

Tetramethylammoniumhydroxyd ist in wäßriger Lösung eine sehr *starke Base*. Es ist als Base stärker als Ammoniumhydroxyd, so stark wie Alkalihydroxyde. In all seinen Ammoniumsalzen ist der Stickstoff vierbindig und 3wertig (und nicht 5wertig, wie oft geschrieben wird). Zu den Tetraalkylbasen gehört auch das neuerdings in der Chirurgie verwendete Desinfektionsmittel *Zephirol*, ein wasserlösliches Gemisch aus Dimethylbenzylalkylammoniumsalzen von starker antiseptischer Wirkung.

**Formel 354.**

$$\left[\begin{array}{c} CH_3 \\ | \\ CH_3{-}(CH_2)_{17}{-}N^+{-}CH_2{-}\langle\ \rangle \\ | \\ CH_3 \end{array}\right] Cl^-$$

Zephirol
farblos, Salz, fest, wasserlöslich

*Senföle.* Gibt man zu einem primären Amin $CS_2$, Schwefelkohlenstoff, so vereinigen sie sich zu Verbindungen, die nach dem Kochen mit Schwermetall-salzlösungen, etwa $HgCl_2$, in die *Ester* der *Isorhodanwasserstoffsäure* übergehen. Die so entstehenden Ester sind identisch mit den *Senfölen*.

**Formel 355.**

$$C_4H_9{-}NH_2 \quad + \quad CS_2 \quad \rightarrow \quad C_4H_9{-}N{-}C\begin{array}{c} H \diagup \phantom{C} \diagdown S \\ \phantom{xxxx} \\ \phantom{xxx}\diagdown SH \end{array} \quad \xrightarrow[100°]{HgCl_2} \quad \begin{array}{c} CH_3 \diagdown \\ \phantom{CH_3}CH{-}CH_2{-}N{=}C{=}S \\ CH_3 \diagup \end{array}$$

Isobutylamin · Isobutylsenföl

Siedep. 77° · farblos, flüssig, Siedep. 162°

Die Senföle sind scharfschmeckende Substanzen, deren Entstehung man als Nachweis für primäre Amine verwenden kann. Die Senföle sind die wirksamen Prinzipien des als Geschmackreizmittel verwendeten *Senfs*. Im natürlichen Senf kommen die Esterglucoside der Isorhodanwasserstoffsäure mit *Allylalkohol, Iso-butylalkohol* und *para-Oxybenzylalkohol* vor. Die Senföle entstehen daraus durch enzymatische Spaltung. Die Senföle sind Flüssigkeiten, die zwischen 100 und 250° sieden.

**Formel 356.**

$$HO-\langle\!\!\!\rangle-\underset{H}{\overset{H}{C}}-N=C=S$$

para-Oxybenzylalkohol-isosulfocyansäureester
aus Sinalbin, gelbes Öl, unlöslich in $H_2O$

$$HC=\underset{H}{C}-\underset{H}{\overset{H}{C}}-N=C=S$$

Allylalkohol-isosulfocyansäureester
farblos, flüssig, Siedep. 148°, Dichte 1,01
0,2% löslich in $H_2O$

Senföle kann man auch durch Anlagerung von S an Isonitrile herstellen.

## h) Nitrokohlenwasserstoffe.

Nitroverbindungen von Kohlenwasserstoffen stellt man am besten so her, daß man Alkylhalogenide mit $AgNO_2$ (Silbernitrit) umsetzt.

Dabei bilden sich zwei isomere Verbindungen: das *Nitroalkyl* und daneben *Alkylnitrit*, der *Alkylester der salpetrigen Säure*.

**Formel 357.**

$$2\,HC\!-\!C\!-\!Cl \;+\; 2\,AgNO_2 \;\rightarrow\; 2\,AgCl \;+\; HC\!-\!C\!-\!N \;+\; HC\!-\!C\!-\!O\!-\!NO$$

Äthylchlorid
Siedep. 13°

Nitroäthan
farblos, flüssig
Siedep. 113°, Dichte 1,05

Äthylnitrit
flüssig, Siedep. 17°
Dichte 0,90

Da beide Verbindungen verschiedene Siedepunkte haben, kann man sie durch fraktionierte Destillation trennen. Die Nitroalkyle sind Flüssigkeiten und in Wasser unlöslich; das Nitroäthan siedet bei 113°. Das Tetranitroderivat des Methans, das *Tetranitromethan*, das man aus Essigsäureanhydrid und konzentrierter Salpetersäure herstellt, wird heute in großem Maßstab als Sprengstoffüllung für Bomben verwendet (in Gemisch mit Toluol; s. S. 353). Tetranitromethan wird auch in der analytischen Chemie angewendet; es bildet, durch Anlagerung an Doppelbindungen, gelbgefärbte Verbindungen und kann so zu deren Nachweis verwendet werden.

**Formel 358.**

$$O_2N-\underset{NO_2}{\overset{NO_2}{\underset{|}{\overset{|}{C}}}}-NO_2$$

Tetranitromethan

Smp. 13°, Siedep. 126°, gelb
unlöslich in $H_2O$, Dichte 1,65

Man kann, wie bei den Alkoholen, primäre, sekundäre und tertiäre Nitrokörper herstellen. Die Nitroalkyle sind direkt zu den entsprechenden Aminoalkylen reduzierbar.

*Primäre* und *sekundäre* Nitroverbindungen *lösen sich in Alkalien* auf, *tertiäre nicht*. Das beruht darauf, daß primäre und sekundäre Nitroalkyle zu sog. Aciformen, den *Nitronsäuren* tautomerisieren können, die dann imstande sind, wasserlösliche Salze zu bilden.

Dabei wandert das H des letzten C-Atoms zur Nitrogruppe und bildet mit einem O am N eine —OH-Gruppe. In diesem Gebilde ist das H locker gebunden und kann abdissoziieren, d.h. die ganze Verbindung hat Säurecharakter. Wie man sieht, ist in der tertiären Nitroverbindung kein solches H mehr verfügbar. Tertiäre Nitroverbindungen sind also nicht imstande, Nitronsäuren zu bilden; sie sind deshalb in Alkalilösungen unlöslich.

**Formel 359.**

$$
\begin{array}{l}
\text{H H O} \\
\text{HC—C—N} \\
\text{H H O}
\end{array}
\ +\ \text{NaOH} \ \rightarrow \
\begin{array}{l}
\text{H H O} \\
\text{HC—C=N} \diagdown \\
\text{H} \qquad \diagdown \text{O}^-\text{Na}^+
\end{array}
\ +\ \text{HOH}
$$

<table>
<tr><td align="center">Primäres Nitroäthan<br>farblos, flüssig, Siedep. 113°, Dichte 1,05</td><td align="center">Natriumsalz der primären Nitronsäure<br>in H₂O löslich</td></tr>
</table>

Primäres Nitroäthan
farblos, flüssig, Siedep. 113°, Dichte 1,05

Natriumsalz der primären Nitronsäure
in $H_2O$ löslich

$$
\begin{array}{l}
\text{H H O} \\
\text{HC—C—N} \\
\text{H } | \text{ O} \\
\text{HCH} \\
\text{H}
\end{array}
\ +\ \text{NaOH} \ \rightarrow \
\begin{array}{l}
\text{H} \qquad \text{O} \\
\text{HC—C=N} \diagdown \\
\text{H } | \qquad \diagdown \text{O}^-\text{Na}^+ \\
\text{HCH} \\
\text{H}
\end{array}
\ +\ \text{HOH}
$$

Sekundäres Nitro-isopropan
farblos, flüssig, Siedep. 115°
unlöslich in $H_2O$, Dichte 1,02

Natriumsalz der sekundären Nitronsäure
in $H_2O$ löslich

$$
\begin{array}{l}
\text{H} \\
\text{HCH} \\
\text{H } | \text{ O} \\
\text{HC—C—N} \\
\text{H } | \text{ O} \\
\text{HCH} \\
\text{H}
\end{array}
\ +\ \text{NaOH} \ \rightarrow \ \text{bleibt ungelöst}
$$

Tertiäres Nitro-isobutan
flüssig, Siedep. 137°

**Formel 360.**

$$
\begin{array}{l}
\text{H H O} \\
\text{HC—C—N} \\
\text{H H O}
\end{array}
\ +\ 3\,\text{H}_2 \ \rightarrow \
\begin{array}{l}
\text{H H} \\
\text{HC—C—NH}_2 \\
\text{H H}
\end{array}
\ +\ 3\,\text{H}_2\text{O}
$$

Nitroäthan
Siedep. 113°
unlöslich in $H_2O$
Dichte 1,05

Äthylamin
Siedep. 19°
leichtlöslich in $H_2O$
Dichte 0,689

## i) Metall-alkyle.

**Formel 361.**

$$
\begin{array}{cc}
\text{H}_5\text{C}_2 \diagdown & \diagup \text{C}_2\text{H}_5 \\
& \text{Pb} \\
\text{H}_5\text{C}_2 \diagup & \diagdown \text{C}_2\text{H}_5
\end{array}
$$

Tetraäthylblei
farblos, flüssig
Siedep. 90° bei 19 mm Hg
unlöslich in $H_2O$, sehr
giftig, Dichte 1,65

Von vielen *Metallen* kann man *Alkylderivate* herstellen. So von Zinn, Zink, Germanium, Blei und anderen. Man kann sie aus den trockenen Metallhalogeniden und Halogen-alkylen durch Behandlung mit metallischem Natrium nach WURTZ erhalten. Die Zinkalkyle wurden früher wie GRIGNARD-Magnesium-Verbindungen zu Synthesen verwendet. Das heute wichtigste ist das als Antiklopfmittel (siehe S. 229) für Motorentreibstoffe verwendete *Tetraäthylblei*.

## k) Sulfonsäuren.

Oxydiert man Thio-alkohole (s. Formel 276, S. 243), so erhält man *Alkylsulfon-säuren.*

**Formel 362.**

$$
\begin{array}{l}
\text{H H} \\
\text{HC—C—SH} \\
\text{H H}
\end{array}
\ +\ 1\tfrac{1}{2}\,\text{O}_2 \ \rightarrow \
\begin{array}{l}
\text{H H O} \\
\text{HC—C—S—OH} \\
\text{H H O}
\end{array}
$$

Äthylmercaptan
farblos, flüssig
Siedep. 37°

Äthylsulfonsäure
farblose zerfließliche Masse
leichtlöslich in $H_2O$

Man kann sie als $H_2SO_4$ auffassen, bei der eine OH-Gruppe durch einen Alkyl-rest ersetzt ist. Sie sind starke Säuren, die wie $H_2SO_4$ hygroskopisch sind und mit

Basen Salze bilden. Die Sulfonsäuren sind neuerdings in der medizinischen Therapie wichtig geworden, da man in den Amiden der para-Aminobenzolsulfonsäuren, den para-Aminosulfonamiden, wirksame Heilmittel gegen verschiedene Infektionskrankheiten entdeckt hat (s. Formel 572, S. 363).

## 15. Kapitel.

# Aliphatische Verbindungen mit mehreren gleichen Substituenten.

### a) Polyalkohole.

Bis jetzt wurden nur aliphatische Verbindungen besprochen, in denen an einem C-Atom ein H durch irgendeinen Substituenten —Cl, —OH, —COOH, —NH$_2$ usw. ersetzt war. Es folgen die Verbindungen, in denen in einem Kohlenwasserstoff zwei oder mehr H an verschiedenen C-Atomen durch mehrere gleiche Substituenten ersetzt sind.

*Glykol.* Ist im Äthan $HC—CH$ (mit H H oben und H H unten) sowohl am C-Atom eins wie an zwei je ein H durch OH ersetzt, so erhält man einen zweifachen Alkohol, das *Glykol.*

Vom Glykol gibt es eine homologe Reihe, da man in jedem beliebigen Kohlenwasserstoff zwei H durch —OH ersetzen kann.

**Formel 363.**

$$Cl—C—C—Cl \; + \; 2\,KOH \; \rightarrow \; HO—C—C—OH \; + \; 2\,KCl$$

1,2-Dichloräthan

flüssig, Siedep. 84°, Dichte 1,28
0,8 % löslich in H$_2$O,

Glykol

farblos, flüssig, Siedep. 197°
Dichte 1,11, viscos, mit H$_2$O mischbar

Man stellt diese Alkohole dar durch Umsetzung von Alkylhalogeniden mit NaOH oder noch besser durch Umsetzung mit Natrium- oder Silberacetat zu den entsprechenden Estern und deren nachherige Verseifung.

**Formel 364.**

1,2-Dibrom-
äthan

flüssig, Siedep.
131°, unlöslich in
H$_2$O, Dichte 2,18

Silberacetat

kristallisiert
in H$_2$O löslich

Glykol-di-
essigsäureester

flüssig, Siedep. 187°
zu 16 % in H$_2$O
löslich, Dichte 1,109

Glykol

Siedep. 197°
Dichte 1,11

Erhitzt man Glykol mit wasserentziehenden Mitteln (H$_2$SO$_4$), so bildet sich leicht ein cyclischer Äther, das *Dioxan,* das seit einigen Jahren als Lösungsmittel verwendet wird.

**Formel 365.**

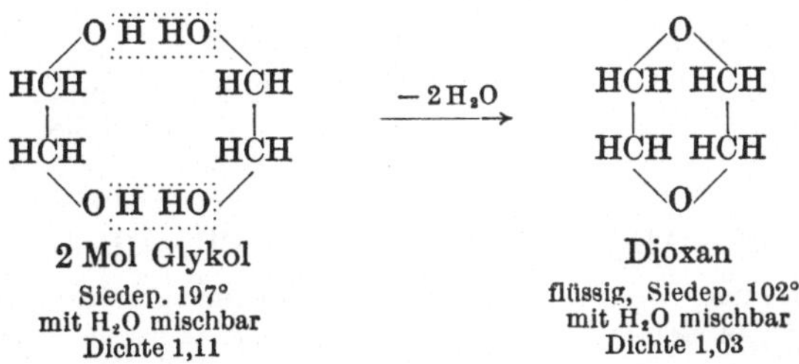

|  |  |
|---|---|
| **2 Mol Glykol** | **Dioxan** |
| Siedep. 197° | flüssig, Siedep. 102° |
| mit $H_2O$ mischbar | mit $H_2O$ mischbar |
| Dichte 1,11 | Dichte 1,03 |

Ein anderer cyclischer Äther des Glykols ist das sehr reaktionsfähige *Äthylenoxyd*, das man mit Alkalien aus *Glykolchlorhydrin* herstellen kann.

**Formel 366.**

|  |  |  |
|---|---|---|
| **Glykol-chlorhydrin** | **Äthylenoxyd** | **Glycerin** |
| farblos, wasserlöslich | farblos, flüssig, wasser- | farblos, flüssig, Siedep. |
| flüssig, Siedep. 129° | löslich, Siedep. +10,7° | 290°, mit $H_2O$ misch- |
| Dichte 1,20 | Dichte 0,889 | bar, Dichte 1,26 |

*Glycerin.* Ersetzt man im Propan drei H an den drei verschiedenen C-Atomen durch —OH, so erhält man *Glycerin*. Es ist in reinem Zustand eine dicke, ölig viscose, farblose Flüssigkeit und in jedem Verhältnis mit Wasser mischbar. Es schmeckt süß; die meisten Verbindungen mit vielen Alkoholgruppen schmecken süß. Die Zucker selbst sind Körper mit vielen OH-Gruppen. Das Glycerin kann aus 1,2,3-Trichlorpropan hergestellt werden. Praktisch wird es aus den Abwässern der Seifenfabrikation (s. Formel 320, S. 262) hergestellt, aus denen es durch Eindampfen und fraktionierte Vakuumdestillation gewonnen wird. Glycerin ist der Alkohol, der, mit Fettsäuren verestert, die Fette bildet.

Sowohl Glykol als Glycerin werden als *Frostschutzmittel* im Gemisch mit Wasser zur Winterfüllung von Autokühlern verwendet (starke Gefrierpunktserniedrigung); Glycerin wegen seiner Viscosität weiterhin als Rohrrücklaufbremsmittel bei Geschützen, weiter in großen Küchenbetrieben als Überhitzungsschutzmantel zwischen Feuer und Speisekesseln, in großem Maß auch zur Sprengstofffabrikation.

*Ester* (s. auch S. 259). Alle Alkohole können mit allen Säuren, auch anorganischen, *Ester* bilden.

So kann man z.B. Halogenalkyle als Ester der Salzsäure mit Alkoholen auffassen.

**Formel 367.**

|  |  |
|---|---|
| **Äthanol** | **Chloräthyl =** |
|  | **Salzsäure-äthylester** |
| Siedep. 78°, mit $H_2O$ mischbar | Siedep. +13°, unlöslich in $H_2O$ |
| Dichte 0,79 | Dichte 0,92 |

Weiter kennt man Ester der Alkohole mit $HNO_3$, $H_3PO_4$ und anderen Säuren.

18*

**Formel 368.**

$$CH_3-CH_2-O\,H + HO-PO_3H_2 \;\rightarrow\; CH_3-CH_2-O-PO_3H_2$$

Äthanol          Phosphorsäure-äthylester =
Äthylphosphat

farblos, Öl, in $H_2O$ leichtlöslich
nicht unzersetzt destillierbar

$$CH_3-CH_2-O\,H + HO-NO_2 \;\rightarrow\; CH_3-CH_2-O-NO_2$$

Äthanol          Salpetersäure-äthylester, Äthylnitrat

Siedep. 78°, Dichte 0,79      farblos, flüssig, Siedep. 88°, in $H_2O$
wenig löslich, Dichte 1,10

Beide Arten von Estern sind beim Glycerin bekannt und wichtig.

*Nitroglycerin.* Der Trisalpetersäureester des Glycerins ist das sog. *Nitroglycerin.* Es ist eine farblose, dicke, wasserunlösliche Flüssigkeit, die man durch Zusammenmischen von Glycerin und konzentrierter $HNO_3$ in Gegenwart wasserentziehender Mittel (konzentrierter $H_2SO_4$) erhält (*Nitriersäure*).

**Formel 369.**

$$
\begin{array}{l}
HC-OH + HO-NO_2 \\
HC-OH + HO-NO_2 \rightarrow \\
HC-OH + HO-NO_2
\end{array}
\qquad
\begin{array}{l}
HC-O-NO_2 \\
HC-O-NO_2 + 3\,H_2O \\
HC-O-NO_2
\end{array}
$$

Glycerin        Glycerin-trisalpetersäureester,
„Trinitroglycerin"

Siedep. 290°, dickflüssig
mit $H_2O$ mischbar, Dichte 1,26

dickflüssig, farblos, explosiv
wenig in $H_2O$ löslich, Dichte 1,59

Das Nitroglycerin, oder besser der Glycerintrisalpetersäureester, explodiert schon durch Zündung. Läßt man in Berührung mit ihm Bleiazid, $Pb(N_3)_2$, oder Quecksilberfulmiat $Hg(ONC)_2$ durch Schlag explodieren (Zündkapsel), so explodiert das ganze Nitroglycerin mit. Man sagt, das Nitroglycerin braucht zur Explosion eine *Initialzündung.*

*Dynamit.* Das Nitroglycerin ist flüssig und in dieser Form wenig für den praktischen Gebrauch geeignet. Durch Mischung mit Kieselgur hat ALFRED NOBEL daraus eine feste Substanz hergestellt. *Kieselgur* ist ein poröses, pulverförmiges Material aus mikroskopisch kleinen marinen Diatomeenschalen. Das durch die Aufsaugung in Kieselgur teigartig oder pulverförmig gemachte Nitroglycerin ist *Dynamit.* Über Explosivstoffe siehe Näheres Tabelle 40.

*Phosphorsäureester* des Glycerins kommen in der Natur in den fettähnlichen *Phosphatiden* vor. In ihnen ist nur eine —OH-Gruppe mit Phosphorsäure verestert; entweder die erste oder die zweite.

**Formel 370.**

α-Glycerinphosphorsäure        β-Glycerinphosphorsäure

farblos, ölig, starke Säuren, leicht wasserlöslich, Salze kristallisiert

Beide Glycerinphosphorsäuren sind in Wasser leichtlöslich und starke Säuren; ihre Salze kristallisieren gut. Die α-Glycerinphosphorsäure ist ein Zwischenglied der Zuckerverbrennung im Muskel (s. Formel 467, S. 319).

*Phosphatide.* In den Phosphatiden sind die beiden freien OH-Gruppen der Glycerinphosphorsäure durch Fettsäuren, z.B. Ölsäure oder andere Säuren, verestert.

**Formel 371.**

$$
\text{Glycerin}
\begin{cases}
\overset{\displaystyle H}{\underset{}{\text{H}-\text{C}-\text{O}-\overset{O}{\overset{\|}{\text{C}}}-(\text{CH}_2)_{16}-\text{CH}_3}} \\[2ex]
\overset{*}{\text{H}-\text{C}-\text{O}-\overset{O}{\overset{\|}{\text{C}}}-(\text{CH}_2)_{16}-\text{CH}_3} \\[2ex]
\text{H}-\text{C}-\text{O}-\overset{H}{\text{P}}-\text{O}-\text{C}-\text{C}-\overset{+}{\text{N}}\begin{smallmatrix}\text{CH}_3\\\text{CH}_3\\\text{CH}_3\end{smallmatrix}
\end{cases}
$$

2 Mol Fettsäure

Phosphorsäure — Cholin

Lecithin
farblos, wachsartig, in Wasser kolloidal quellbar

Gleichzeitig ist ein zweites Säure-H der Phosphorsäure mit einem Aminoalkohol, dem Cholin (s. Formel 431, S. 298), verestert. Die Phosphatide sind *gemischte Ester* aus zwei Alkoholen, *Glycerin und Cholin*, und drei *Säuren*, einem Mol *Phosphorsäure* und zwei Mol *Fettsäuren*. Die Phosphatide kommen im Eidotter der Vogeleier in großen Mengen vor; auch das menschliche und tierische Hirn besteht (in seinen 25% Trockensubstanz) zum Teil aus Phosphatiden und ähnlich gebauten Verbindungen. In kleinen Mengen enthalten auch die meisten natürlichen Fette Phosphatide, besonders die Leberfette.

Die Phosphatide sind fettartige, schmierige, in ganz reinem Zustand farblose Verbindungen; sie sind im Gegensatz zu den Triglyceriden in Wasser meist kolloid löslich oder quellbar. Sie sind etwas hygroskopisch und oxydieren sich an der Luft langsam unter Bildung brauner Schmieren, besonders dann, wenn sie ungesättigte Fettsäuren enthalten. Sie sind in Chloroform löslich, in Aceton meist unlöslich und so von Fetten trennbar.

**Formel 372.**

|  1  |  2  |  3  |  4  |
|:---:|:---:|:---:|:---:|
| l-Erythrit | d-Erythrit | meso-Erythrit | |
| farblos, kristallisiert | kristallisiert | kristallisiert, Smp. 120°, Dichte 1,45 | |
| Smp. 88°, mit $H_2O$ mischbar | Smp. 88° | in $H_2O$ leichtlöslich | |

*Erythrit.* Der nächsthöhere Alkohol mit vier Hydroxylgruppen ist das 1,2,3,4-*Tetraoxybutan*, genannt *Erythrit.*

Erythrit enthält zwei asymmetrische C-Atome (s. S. 277), das 2. und 3. Beide tragen, wie man aus der Formel sieht, vier verschiedene Substituenten: —H, —OH, —$C_2H_3(OH)_2$, —$CH_2OH$. Da bei jedem asymmetrischen C-Atom zwei das polarisierte Licht entgegengesetzt drehende Modifikationen möglich sind, eine linksdrehende und eine rechtsdrehende, sind in diesem Fall $2 \cdot 2 = 4$ verschiedene optische Isomere zu erwarten.

Schreibt man diese vier möglichen Formeln an, so findet man, daß sich Formel 3 und 4 durch Drehung in der Papierebene zur Deckung bringen lassen; sie sind identisch. Die Stellungen der OH-Gruppen an den beiden nicht asymmetrischen End-C-Atomen sind belanglos und brauchen dabei nicht in Betracht gezogen zu werden. Dagegen lassen sich Formel 1 und 2 mit Formel 3 oder 4 nicht durch einfache Drehung in der Papierebene zur Deckung bringen. Die Theorie sagt 3 optisch isomere 1,2,3,4-Tetraoxybutane voraus. Eines, in dem alle beiden asymmetrischen C-Atome nach links drehen; eines, in dem alle nach rechts drehen; und eines, in dem im selben Molekül das eine asymmetrische C-Atom nach links, das andere nach rechts dreht, so daß im Endeffekt die Verbindung durch innermolekulare Kompensation inaktiv ist. Es gibt drei stereoisomere 1,2,3,4-Tetraoxybutane. Man nennt sie Erythrite, die man als *l-Erythrit, d-Erythrit* nach ihrer Drehung und *meso-Erythrit* für die innermolekular inaktive Verbindung bezeichnet. Daneben gibt es noch das Gemisch aus gleichen Teilen l- und d-Erythrit, das als einheitlicher Körper kristallisiert und ebenfalls inaktiv ist; dieses Mal inaktiv nicht durch innermolekulare Kompensation im selben Molekül, sondern durch Kompensation in einer Mischung zweier entgegengesetzt drehender optisch-aktiver Moleküle. Man nennt ein solches Gemisch ein *racemisches Gemisch.* Bei gewöhnlichen *Laboratoriumssynthesen* entstehen immer entweder inaktive Racemgemische oder inaktive Mesoformen. Dagegen finden sich in den *Naturstoffen,* die asymmetrische C-Atome enthalten, meistens *optisch aktive* Modifikationen.

In der Natur findet sich nur der meso-Erythrit in Pflanzen.

**Formel 373.**

```
OH  OH  OH  OH  OH
 |   *|  *|  *|   |
HC—C—C—C—CH
 H   H   H   H   H
```

Adonit

kristallisiert, Smp. 102°, leicht in $H_2O$ löslich

*Pentite.* Die nächsthöheren Alkohole mit 5 OH-Gruppen und 3 asymmetrischen C-Atomen (bei Molekülsymmetrie nur 2) nennt man *Pentite.* Eines der möglichen Stereoisomeren ist der in Pflanzen vorkommende *Adonit.*

*Hexite.* Vom nächsten Alkohol mit 6 Hydroxylgruppen und 4 asymmetrischen C-Atomen, dem *Hexit,* kommen mehrere Stereoisomere in der Natur vor. So der *Sorbit,* der süß schmeckt.

**Formel 374.**

```
OH  OH  H   OH  OH  OH              OH  H   H   OH  OH  OH
 |   |   |   |   |   |               |   |   |   |   |   |
H—C—C—C—C—C—C—H          H—C—C—C—C—C—C—H
 |   |   |   |   |   |               |   |   |   |   |   |
 H   H  OH   H   H   H               H  OH  OH   H   H   H
```

Sorbit　　　　　　　　　　　Mannit

farblos, kristallisiert, Smp. 110°, leicht löslich in $H_2O$, Dichte mit 1 $H_2O$ 1,65　　kristallisiert, Smp. 164°

Sorbit kann durch direkte Reduktion aus Glucose, dem wichtigsten natürlich vorkommenden Zucker, gewonnen werden. Da bei der Zuckerkrankheit die

Glucose als Hauptnahrungsmittel nicht vertragen wird, wohl aber Sorbit, verwendet man den Sorbit als Nahrungszucker für Diabetiker. Weitere isomere Hexite sind *Dulcit, Mannit* und andere. In einigen Pflanzen kommen auch *Heptite* vor.

## b) Polyaldehyde und Ketone.

Aus der primären Alkoholgruppe entsteht durch Oxydation eine Aldehydgruppe, aus sekundären Alkoholen entstehen Ketone. So wie es Kohlenwasserstoffe mit mehreren Hydroxylgruppen gibt, gibt es auch solche mit mehreren Aldehyd- bzw. Ketongruppen. Die einfachste Verbindung dieser Art ist das Glyoxal.

**Formel 375.**

Glyoxal

gelbe Kristalle, Smp. 15°
Siedep. 51°, als Gas grün
mit $H_2O$ mischbar
Lösung in $H_2O$ farblos
(Aldehyd-hydratbildung)
Dichte 1,14

*Glyoxal* entsteht durch Oxydation von Glykol. Seine einzelnen Moleküle lagern sich rasch zu polymeren Molekülen zusammen. Glyoxal als Dialdehyd (bei aromatischen Verbindungen auch Monoaldehyde, s. S. 347) zeigt die Erscheinung, daß in Berührung mit Alkali durch intramolekulare H-Verschiebung eine Aldehydgruppe zur Säure oxydiert und gleichzeitig eine zweite zu Alkohol reduziert wird. Es entsteht eine Oxysäure; im vorliegenden Fall Glykolsäure. Die Reaktion nennt man nach ihrem Entdecker CANNIZZAROsche *Reaktion*.

**Formel 376.**

Aldehydgruppe

Aldehydgruppe

Alkoholgruppe

Säuregruppe

Glyoxal

gelbe Kristalle, Smp. 15°
Siedep. 51°, mit $H_2O$
mischbar

Glykolsäure

Smp. 79°, farblos
leicht wasserlöslich

CANNIZZAROsche Reaktion (s. Formel 412, S. 291)

*Methylglyoxal.* Ein Aldehydketon ist das *Methylglyoxal.* Es löst sich leicht in Wasser und ist bei der intermediären Zuckerverbrennung in lebenden Zellen vielleicht ein Zwischenglied.

**Formel 377.**

Methylglyoxal

gelbe Flüssigkeit, mit
$H_2O$ mischbar
polymerisiert sich rasch

Milchsäure

farblos. Smp. 26°
mit $H_2O$ mischbar

Es wird im Körper durch ein Enzym *Methylglyoxalase* in einer Art von CANNIZZAROscher Reaktion in Milchsäure verwandelt.

**Formel 378.**

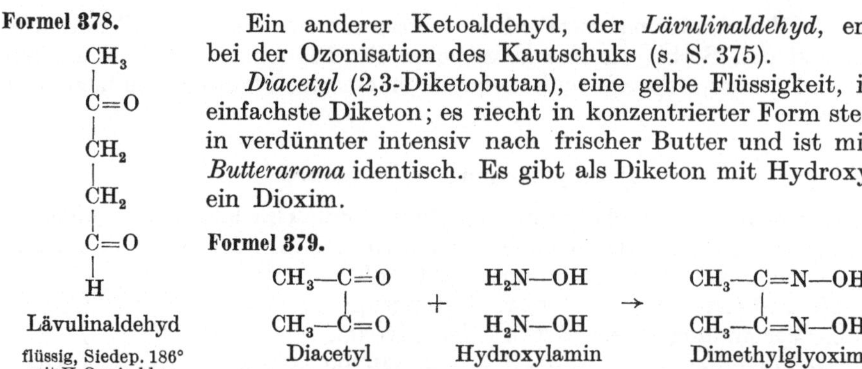

Lävulinaldehyd

flüssig, Siedep. 186°
mit $H_2O$ mischbar
Dichte 1,02

Ein anderer Ketoaldehyd, der *Lävulinaldehyd*, entsteht bei der Ozonisation des Kautschuks (s. S. 375).

*Diacetyl* (2,3-Diketobutan), eine gelbe Flüssigkeit, ist das einfachste Diketon; es riecht in konzentrierter Form stechend, in verdünnter intensiv nach frischer Butter und ist mit dem *Butteraroma* identisch. Es gibt als Diketon mit Hydroxylamin ein Dioxim.

**Formel 379.**

| Diacetyl | Hydroxylamin | | Dimethylglyoxim |
|---|---|---|---|
| gelb, flüssig, Siedep. 88° | | | farblos, kristallisiert, Smp. 234° |
| Dichte 0,98, leichtlöslich $H_2O$ | | | nnlöslich in $H_2O$, löslich in Alkohol |

*Dimethylglyoxim* wird in der analytischen Chemie verwendet, da es mit Nickelionen einen intensiv roten Niederschlag gibt (s. S. 217).

Im *Acetylaceton* (2,4-Diketopentan) ist ein H-Atom zwischen den beiden $C=O$-Gruppen durch Metalle ersetzbar. Manche dieser Metallverbindungen, z.B. die Aluminiumverbindung, sind destillierbar. Acetylaceton ist teilweise enolisiert (s. S. 293).

**Formel 380.**

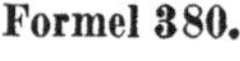

| Acetylaceton, 2,4-Diketopentan | Acetonylaceton, 2,5-Diketohexan |
|---|---|
| farblos, Siedep. 137°, Dichte 0,98 | farblos, flüssig, Dichte 0,97 |
| zu 12%, in $H_2O$ löslich | Siedep. 194°, mit $H_2O$ mischbar |

Acetonylaceton wird zu Synthesen heterocyclischer Verbindungen verwendet (s. Formel 625, S. 392).

### c) Polycarbonsäuren.

*Oxalsäure.* Die einfachste Dicarbonsäure ist die *Oxalsäure*. Sie löst sich leicht in Wasser, ist eine starke Säure und kommt frei und in Form von Salzen vielfach in Pflanzen vor. Das Calciumsalz der Oxalsäure ist in Wasser unlöslich; man macht davon in der analytischen, besonders klinischen Chemie zur Bestimmung des Calciums Gebrauch. Die Methode kann so empfindlich gestaltet werden, daß man noch 0,1 mg $Ca^{++}$ in 1 ml Serum durch Fällung als Calciumoxalat und nachherige Titration der ausgefällten Oxalsäure mit Kaliumpermanganat im klinischen Laboratorium bestimmt (s. S. 156). Oxalsäure und ihre Salze sind peroral von 1 g ab giftig.

**Formel 381.**

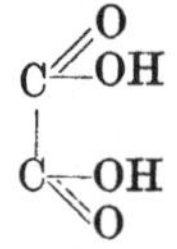

Oxalsäure

kristallisiert, Smp. 189°
Hydrat (2 $H_2O$)
Smp. 101°, Dichte 1,53
8% löslich in $H_2O$

Das saure Kaliumsalz, *Kleesalz*, wird als Rostfleckenentfernungsmittel benutzt, weil es mit Eisenoxyden (Rost) wasserlösliche Komplexsalze bildet, die auswaschbar sind. Technisch kann man Oxalsäure unter anderem durch Alkalischmelze von Kohlenhydraten (Holzmehl) bei 220° herstellen.

Aus Harnstoff und Oxalsäuredichlorid kann man *Parabansäure* darstellen und daraus durch elektrolytische Reduktion zu *Hydantoin* kommen, von dem sich einige synthetische Schlafmittel ableiten.

**Formel 382.**

| Harnstoff | Oxalylchlorid | Parabansäure | | Hydantoin |
|---|---|---|---|---|
| kristallisiert, Smp. 133°, leicht in $H_2O$ löslich, Dichte 1,33 | flüssig, farblos Siedep. 64°, mit $H_2O$ zersetzt, Dichte 1,49 | farblos, kristallisiert Smp. 242°, 4,5 % in $H_2O$ löslich | elektrolytische Reduktion | kristallisiert, farblos Smp. 218°, kalt wenig heiß 30 %, in $H_2O$ löslich |

*Malonsäure.* Das nächsthöhere Homologe ist die Malonsäure. Man erhält sie durch Umsetzung von Monochloressigsäure mit Kaliumcyanid zu Cyanessigsäure und nachherige Verseifung der Nitrilgruppe zur Carboxylgruppe. Malonsäure zersetzt sich beim Erhitzen in Essigsäure und Kohlendioxyd.

**Formel 383.**

HOOC—CH—COOH $\xrightarrow[\rightarrow]{\substack{150 \\ \text{bis} \\ 200°}}$ $\overset{\uparrow}{CO_2}$ + HCH—COOH

| Malonsäure | Kohlendioxyd | Essigsäure |
|---|---|---|
| farblos, kristallisiert Smp. 136°, Dichte 1,61 zu 60 % löslich in $H_2O$ | Gas | flüssig, Siedep. 118° Dichte 1,04 mit $H_2O$ mischbar |

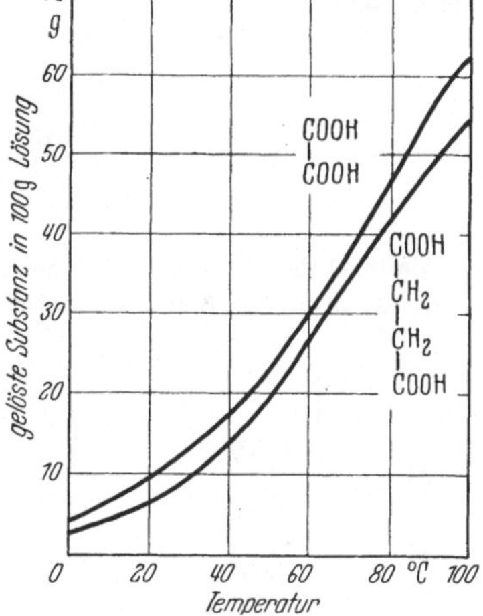


Abb. 78. Löslichkeit von Oxalsäure und Bernsteinsäure in $H_2O$.

Ein H-Atom am mittleren C-Atom ist durch den Einfluß der benachbarten Carboxylgruppen leichtbeweglich und durch $Na^+$ ersetzbar. Das $Na^+$ läßt sich (im Na-Salz des Malonsäurediäthylesters) mit Halogenalkylen umsetzen; man kann so synthetisch neue C—C-Bindungen aufbauen; im vorliegenden Falle entstehen Alkylmalonsäureester.

**Formel 384.**

| Malonsäure-diäthylester | Propylchlorid | Propylmalonsäure-diäthylester |
|---|---|---|
| flüssig, Siedep. 199° Dichte 1,15, unlöslich in $H_2O$ | flüssig, Siedep. 46° | flüssig, Siedep. 225° unlöslich in $H_2O$ |

Durch Verseifen werden die beiden Esteralkoholgruppen abgespalten, durch Erhitzen der substituierten Malonsäure auf 170° wird ein $CO_2$ entfernt; man kann so zu höheren Fettsäuren gelangen.

**Formel 385.**

$$
\begin{array}{c}
\text{Propylmalonsäure} \xrightarrow{170^\circ} \text{Valeriansäure (Pentansäure)} + \uparrow \overline{CO_2}
\end{array}
$$

**Propylmalonsäure**
farblos, kristallisiert, Smp. 96°
in $H_2O$ löslich

**Valeriansäure (Pentansäure)**
flüssig, Siedp. 187°
3,7% in $H_2O$ löslich

Durch Kondensation von Malonsäuredichlorid mit Harnstoff erhält man *Barbitursäure*, von der sich eine Reihe wichtiger synthetischer Schlafmittel ableiten, die aus substituierten Malonsäuren und Harnstoff aufgebaut werden. In der Natur wurde Malonsäure bisher nicht gefunden.

**Formel 386.**

**Malonsäuredichlorid**
flüssig, mit $H_2O$ zersetzt

**Harnstoff**
kristallisiert, Smp. 133°

**Barbitursäure**
kristallisiert, beim Schmelzen
zersetzt, wenig löslich
in kaltem $H_2O$

**Veronal**
farblos, kristallisiert, Smp. 191°
löslich 0,6% in $H_2O$

**Luminal**
farblos, kristallisiert, Smp. 174°
löslich 0,1% in $H_2O$

**Evipan**
farblos, kristallisiert, Smp. 144°
schwerlöslich in $H_2O$

*Bernsteinsäure.* Die nächste homologe Säure ist die *Bernsteinsäure.* Sie kommt in Pflanzen vor; sie entsteht auch bei der trockenen Destillation des Bernsteins. Sie spielt, wie neue Forschungen gezeigt haben, im *Gewebestoffwechsel* der Warmblütler eine große Rolle; dabei wird sie leicht zur entsprechenden ungesättigten Dicarbonsäure, *zur Fumarsäure* dehydrogeniert, die ihrerseits durch den H der Nahrungsstoffe wieder zu Bernsteinsäure hydriert wird (H-Transporteurrolle der $C_4$-Dicarbonsäuren; SZENT-GYÖRGYI).

**Formel 387.**

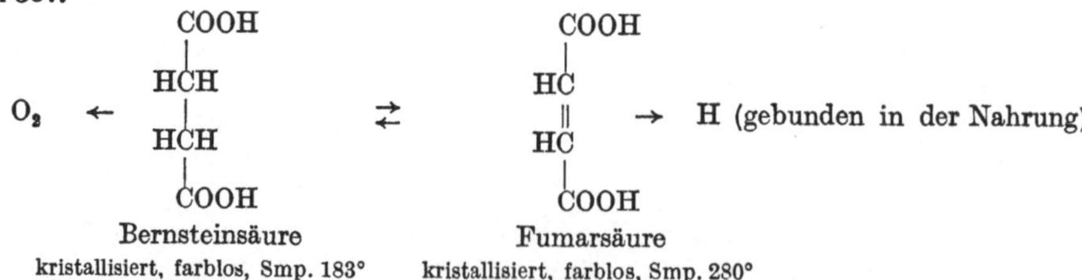

$$O_2 \leftarrow \text{Bernsteinsäure} \rightleftarrows \text{Fumarsäure} \rightarrow \text{H (gebunden in der Nahrung)}$$

**Bernsteinsäure**
kristallisiert, farblos, Smp. 183°
Löslichkeit in $H_2O$, s. Abb. 79
Dichte 1,56

**Fumarsäure**
kristallisiert, farblos, Smp. 280°
in $H_2O$ 0,45% löslich, Dichte 1,62

Das Paar Bernsteinsäure $\rightleftarrows$ Fumarsäure transportiert im Zellstoffwechsel Wasserstoff von den Nahrungsstoffen zum Atmungssauerstoff.

**Formel 388.**

$$\underset{\substack{\text{Bernsteinsäure}\\ \text{Smp. 183°. Dichte 1,56}}}{\text{H}\overset{\text{HC—C}}{\underset{\text{HC—C}}{\vert}}\overset{\text{O}}{\underset{\text{O}}{}}} \xrightarrow{250°} \underset{\substack{\text{Bernsteinsäure-}\\ \text{anhydrid}\\ \text{kristallisiert, farblos, Smp. 120°}\\ \text{Dichte 1,50, wenig in H}_2\text{O löslich}}}{} + NH_3 \xrightarrow{250°} \underset{\substack{\text{Bernsteinsäure-imid}\\ \text{Succinimid}\\ \text{kristallisiert, Smp. 126°}\\ \text{wenig in H}_2\text{O löslich}}}{} + H_2O$$

Bernsteinsäure neigt beim Erhitzen zur Bildung von 5-Ringen, die sich, wie am Anfang gezeigt (s. S. 224), aus räumlichen Gründen der Winkelstruktur der Bindungsrichtungen des C-Atoms am leichtesten bilden. Erhitzt man Bernsteinsäure, so geht sie in ein inneres *Anhydrid* über; erhitzt man das Ammoniumsalz, so bildet sich ein inneres Dicarbonsäureimid, das *Succinimid*.

*Glutarsäure* (Smp. 97°) HOOC—CH_2—CH_2 —CH_2—COOH, *Adipinsäure* (Smp. 153°) HOOC—CH_2—CH_2—CH_2—CH_2—COOH kommen in Rübensaft vor. Die $C_7$-Säure heißt *Pimelinsäure* (Smp. 105°). Die $C_8$-Säure, *Korksäure* (Smp. 140°), HOOC—(CH_2)_6—COOH läßt sich aus Kork gewinnen.

Von der ungesättigten Äthylendicarbonsäure existieren zwei cis-trans-Isomere, die beide bekannt sind.

*Malein- und Fumarsäure.* Da die eine, die *Maleinsäure*, ein Anhydrid bildet, die *Fumarsäure* aber nicht, muß aus räumlichen Gründen die Maleinsäure cis-Konfiguration haben, die Fumarsäure dagegen trans-Konfiguration.

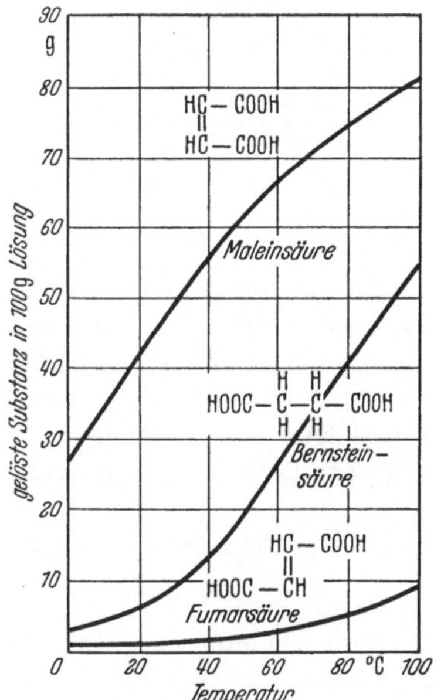


Abb. 79. Löslichkeit von Fumarsäure und Maleinsäure in $H_2O$.

**Formel 389.**

$$\underset{\substack{\text{Fumarsäure}\\ \text{farblos, kristallisiert, Smp. 286°}\\ \text{Dichte 1,62, in H}_2\text{O 0,45\% löslich}}}{\overset{\text{HC—COOH}}{\underset{\text{HOOC—CH}}{\|}}} \qquad \underset{\substack{\text{Maleinsäure}\\ \text{kristallisiert, Smp. 130°}\\ \text{Dichte 1,59}\\ \text{50\% in H}_2\text{O löslich}}}{\overset{\text{HC—COOH}}{\underset{\text{HC—COOH}}{\|}}} \rightarrow \underset{\substack{\text{Maleinsäureanhydrid}\\ \text{kristallisiert, Smp. 56°}\\ \text{Dichte 1,50}}}{\overset{\text{HC—C}}{\underset{\text{HC—C}}{\|}}\overset{\text{O}}{\underset{\text{O}}{}}O}$$

Man beachte den erheblichen Löslichkeitsunterschied der beiden isomeren, räumlich wesentlich verschiedenen Säuren.

Auch pharmakologisch sind die beiden verschieden; während Fumarsäure ungiftig ist und zu etwa 30 mg pro Kilo im tierischen Gewebe vorkommt, kommt Maleinsäure im tierischen Gewebe nicht vor und ist giftig.

*Tricarbonsäuren.* Eine Säure mit drei Carboxylgruppen, die *Tricarballyl-säure,* kommt im Rübensaft vor, ebenso die entsprechende ungesättigte Säure, die *Aconitsäure.* Von dieser gibt es wieder cis- und trans-Isomere. Cis-Aconit-säure ist ein Intermediärprodukt im tierischen Zucker- und Fettstoffwechsel; sie steht im Gewebe im enzymatischen Gleichgewicht mit Citronensäure (Formel 409, S. 290). Citronensäure geht mit $H_2O$-abspaltenden Mitteln (60%ige $H_2SO_4$) beim Kochen in trans-Aconitsäure über (Formel 410, S. 291).

**Formel 390.**

$$
\begin{array}{ccc}
\begin{array}{l}
\text{H} \\
\text{HC—COOH} \\
| \\
\text{HC—COOH} \\
| \\
\text{HC—COOH} \\
\text{H}
\end{array}
&
\begin{array}{l}
\text{HC—COOH} \\
\| \\
\text{C—COOH} \\
| \\
\text{HC—COOH} \\
\text{H}
\end{array}
&
\begin{array}{l}
\text{HOOC—CH} \\
\| \\
\text{C—COOH} \\
| \\
\text{HC—COOH} \\
\text{H}
\end{array}
\\
& \text{cis-} & \text{trans-} \\
\text{Tricarballylsäure} & \text{Aconitsäure} &
\end{array}
$$

| | | |
|---|---|---|
| Tricarballylsäure | cis- Aconitsäure trans- | |
| kristallisiert, farblos, Smp. 166° löslich 40,5 % in H₂O | in wäßriger Lösung nur kurze Zeit beständig, als kristallisiertes Anhydrid trocken stabil | kristallisiert, Smp. 195°, 33 % in H₂O löslich |

## d) Polyamine.

Einige aliphatische Diamine, das *Putrescin* und das *Cadaverin,* bilden sich beim Faulen von Fleisch aus Diaminosäuren (Formel 477, S. 323). Man hielt sie früher für spezifische Leichengifte; das ist unrichtig.

**Formel 391.**

$H_2N—CH_2—CH_2—CH_2—CH_2—NH_2$      Putrescin, Tetramethylendiamin
Smp. 27°, Siedep. 160°, in $H_2O$ löslich

$H_2N—CH_2—CH_2—CH_2—CH_2—CH_2—NH_2$      Cadaverin, Pentamethylendiamin
Syrup, Siedep. 179°, in $H_2O$ löslich

Diese Diamine sind wie alle Amine stark basisch und bilden mit Säuren kristallisierte Salze.

Erhitzt man solche Salze, z.B. das Chlorhydrat, so erhält man cyclische Verbindungen; es entstehen die heterocyclischen Verbindungen *Pyrrolidin* und *Piperidin* (s. S. 397).

**Formel 392.**

$$
\left.\begin{array}{l}
\text{H}_2\text{C—CH}_2\text{—NH}_2 \\
| \\
\text{H}_2\text{C—CH}_2\text{—NH}_2
\end{array}\right\}\text{HCl}
\quad \rightarrow \quad
\left.\begin{array}{l}
\text{H}_2\text{C—CH}_2 \\
| \\
\text{H}_2\text{C—CH}_2
\end{array}\right\rangle\text{NH}
\quad + \quad \text{NH}_4\text{Cl}
$$

| | | |
|---|---|---|
| Tetramethylendiamin, Putrescin | Pyrrolidin | Ammoniumchlorid |
| farblos, Siedep. 160°, Dichte 0,87 in H₂O löslich | flüssig, Siedep. 89°, Dichte 0,85 mit H₂O mischbar | |

Das im tierischen Sperma vorkommende basische *Spermin* ist ein Tetramin.

**Formel 393.**

$$H_2N—(CH_2)_3—NH—(CH_2)_4—NH—(CH_2)_3—NH_2$$

Spermin
farblose Kristalle, reagiert alkalisch, leicht in $H_2O$ löslich

16. Kapitel.

# Aliphatische Verbindungen mit zwei und mehr verschiedenen Substituenten.

## a) Oxysäuren und Oxosäuren.

Bis jetzt wurden Verbindungen besprochen, bei denen eines oder mehrere H eines Paraffinkohlenwasserstoffs durch denselben Substituenten ersetzt sind. Im folgenden werden aliphatische Verbindungen besprochen, bei denen in einem Kohlenwasserstoff mehrere H durch *verschiedene* Substituenten ersetzt sind.

*Glykolsäure.* Eine der einfachsten Verbindungen dieser Art ist die *Glykolsäure*. Sie ist das erste Glied der Reihe der *Oxysäuren*. Man kann sie aus Chloressigsäure durch Kochen mit wäßriger Kalilauge herstellen. Glykolsäure findet sich in Pflanzen.

**Formel 394.**

$$\begin{array}{ccc}
\underset{\displaystyle\underset{COOH}{|}}{\overset{\displaystyle\overset{H}{|}}{HC-Cl}}
& \overset{\displaystyle KOH}{\underset{\displaystyle\substack{Kochen\\ dann\ angesäuert}}{\longrightarrow}}
& \underset{\displaystyle\underset{COOH}{|}}{\overset{\displaystyle\overset{H}{|}}{HC-OH}}
\end{array}$$

Chloressigsäure

kristallisiert, Smp. 63°, sehr
leicht in $H_2O$ löslich, Dichte 1,58

Glykolsäure

kristallisiert, farblos, Smp. 80
hygroskopisch, mit $H_2O$ mischbar

*Milchsäure.* Das nächsthöhere Homologe, die Methylglykolsäure, ist die *Milchsäure*. Sie findet sich in sauer gewordener Milch. Sie ist ein *Zwischenprodukt* beim *Abbau der Kohlenhydrate* in allen *lebenden Zellen*. Dabei spalten sich Glucose sowie deren Polymere, *Stärke* und *Glykogen* (s. Formeln 462, 468, S. 314, 319) ohne Gegenwart von Sauerstoff über komplizierte Zwischenstufen in *zwei Mol Milchsäure* (ohne Sauerstoff = *anaerobe Phase*), besonders im arbeitenden Muskel.

**Formel 395.**

Glykogen

weißes Pulver, kolloidal in $H_2O$
löslich

enzymatisch (Seite 319) → 2 Mol

2 Mol Milchsäure

wenn reinst, kristallisiert, Smp. 26°, meist in Form
eines dicken Syrups, mit $H_2O$ mischbar

Die Milchsäure wird dann in der lebenden tierischen Zelle durch Sauerstoff (= *aerobe Phase*) zu Wasser und Kohlendioxyd verbrannt. Milchsäure hat ein asymmetrisches C-Atom; von den beiden Antipoden kommt die rechtsdrehende l-Milchsäure im Muskel vor.

Im Hirn findet sich eine hohe α-Oxyfettsäure, die *Cerebronsäure*.

**Formel 396.**

$$CH_3-(CH_2)_{21}-\overset{\displaystyle\overset{OH}{\overset{*}{|}}}{\underset{\displaystyle H}{C}}-COOH$$

Cerebronsäure

kristallisiert, Smp. 99—100,5°

In der Natur gibt es auch *sauerstoffhaltige ungesättigte* Fettsäuren. So ist die *Ricinolsäure*, die Fettsäure des Triglycerids *Rizinusöl*, eine Ölsäure mit einer Hydroxylgruppe.

**Formel 397.**

$$CH_3-(CH_2)_5-\underset{\displaystyle\underset{OH}{|}}{\overset{\displaystyle\overset{*H}{|}}{C}}-CH_2-C=C-(CH_2)_7-COOH$$

Ricinolsäure

dickes, farbloses Öl, Smp. +4°, Siedep. 250°/15 mm Hg, unlöslich in $H_2O$, Dichte 0,95

Auch die im Gehirn vorkommende Oxynervonsäure gehört hierher.

**Formel 398.**

$$CH_3—(CH_2)_7—CH=CH—(CH_2)_{12}—\overset{*}{\underset{H}{\overset{OH}{C}}}—COOH$$

Oxynervonsäure
Siedep. 250 /15 mm Hg

Zur Kennzeichnung der Substituenten in Carbonsäuren hat man die Bezeichnung der Kohlenstoffatome von der Carboxylgruppe weg mit den Buchstaben des griechischen Alphabets eingeführt. So bezeichnet man die untenstehende Säure als γ-Oxycapronsäure oder die Milchsäure (s. S. 285) als α-Oxypropionsäure.

**Formel 399.**

$$HOOC—\overset{H}{\underset{H}{C}}—\overset{H}{\underset{H}{C}}—\overset{*H}{\underset{OH}{C}}—\overset{H}{\underset{H}{C}}—\overset{H}{\underset{H}{CH}}$$

α    β    γ    δ    ε
alpha  beta  gamma  delta  epsilon
γ-Oxy-capronsäure
flüssig, geht in Lakton über (s. Formel 459, S. 312)

Von den zahlreichen Homologen dieser Reihe bilden die γ- und δ-Verbindungen Laktone.

*Glycerinsäure.* Eine Dioxysäure, die im Stoffwechsel der Gewebe eine Rolle spielt, ist die *Glycerinsäure.* Man erhält sie durch Oxydation von Glycerin. Sie ist wie Milchsäure leicht wasserlöslich. Man kann sie als α,β-Dioxypropionsäure bezeichnen. Das mittlere C-Atom hat vier verschiedene Substituenten, wie bei der Milchsäure; die Glycerinsäure kommt deshalb in zwei optisch aktiven Isomeren, vor, der d- und l-Glycerinsäure. In lebenden Zellen kommt die l-Säure hauptsächlich als Glycerinsäure-phosphorsäure-ester vor.

**Formel 400.**

| Glycerinsäure | Glycerinsäure- | Glycerinsäure- |
|---|---|---|
| α,β-Dioxypropionsäure | β-phosphorsäureester | α-phosphorsäureester |
| farblos, syrupös-flüssig mit H₂O mischbar | ölig, starke Säure leicht wasserlöslich | ölig, starke Säure leicht wasserlöslich |

*Gluconsäure.* Von den höheren Homologen ist die *Gluconsäure* wichtig; sie entsteht aus Glucose durch Oxydation.

**Formel 401.**

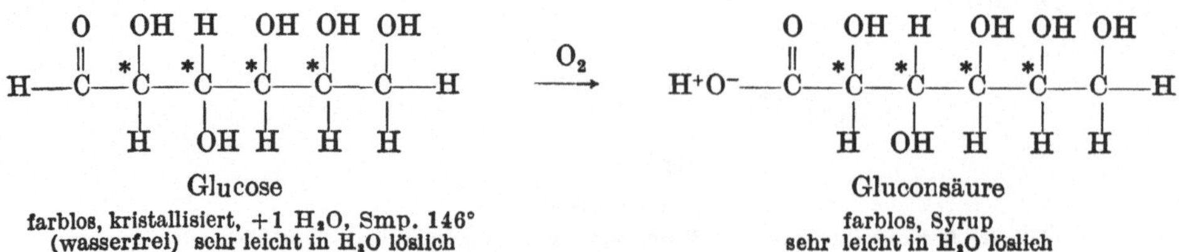

Glucose
farblos, kristallisiert, +1 H₂O, Smp. 146°
(wasserfrei) sehr leicht in H₂O löslich

Gluconsäure
farblos, Syrup
sehr leicht in H₂O löslich

Das Calciumsalz wird in der Medizin zu intravenösen Injektionen verwendet, da anscheinend in dieser Form das für den tierischen Körper wichtige Calcium$^{++}$ leichter verwertbar ist, im Gegensatz zu Lösungen anorganischer Calciumsalze. Die Gluconsäure ist eine $\alpha,\beta,\gamma,\delta,\varepsilon$-Pentaoxy-capronsäure. Sie hat 4 asymmetrische C-Atome; es gibt von ihr $2^4 = 16$ optisch aktive Stereoisomere, die alle bekannt sind.

*Oxybuttersäure.* Von der Buttersäure gibt es 3 Mono-oxysäuren, die $\alpha$-*Oxybuttersäure*, die $\beta$-*Oxybuttersäure* und die $\gamma$-*Oxybuttersäure*.

**Formel 402.**

| | | |
|---|---|---|
| H | H | H |
| HCH | HCH | HC—OH |
| HCH | H$\overset{*}{C}$—OH | HCH |
| H$\overset{*}{C}$—OH | HCH | HCH |
| COOH | COOH | COOH |
| $\alpha$-Oxybuttersäure | $\beta$-Oxybuttersäure | $\gamma$-Oxybuttersäure |
| Smp. 43°, zerfließlich | wenn ganz rein, Smp. 49° normal ölig | flüssig → bildet Lakton optisch inaktiv |

alle leicht in H$_2$O löslich

Davon kommt die $\beta$-*Oxybuttersäure* in den Geweben der Tiere vor; sie ist wahrscheinlich ein Seitenglied in der Verbrennung der Fettsäuren im Organismus. Das $\beta$-C-Atom ist asymmetrisch; es gibt eine d- und eine l-$\beta$-Oxybuttersäure. Beide sind normalerweise ölig, flüssig und leicht in H$_2$O löslich. Bei Diabetes kann l-$\beta$-Oxybuttersäure in großen Mengen im Harn des Zuckerkranken ausgeschieden werden (bis 100 g/Tag). Durch Oxydation geht sie in $\beta$-Ketobuttersäure über; eine Oxydation, die auch in lebenden Zellen vor sich geht.

Mit wasserabspaltenden Mitteln gehen sowohl $\alpha$-Oxybuttersäure, wie $\beta$-Oxybuttersäure in die $\alpha,\beta$-ungesättigte *Crotonsäure* über.

**Formel 403.**

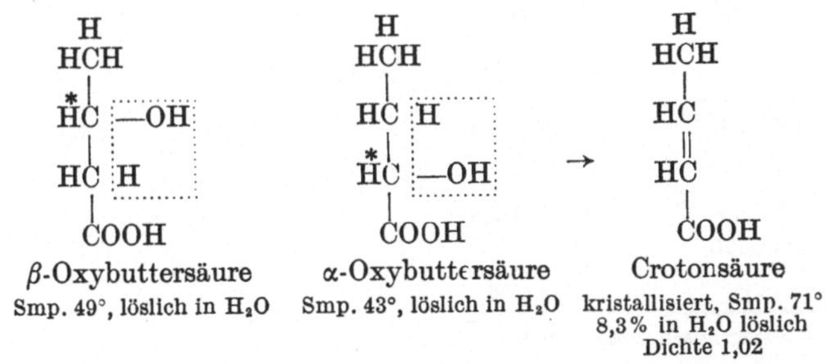

| | | |
|---|---|---|
| H | H | H |
| HCH | HCH | HCH |
| H$\overset{*}{C}$ —OH | HC H | HC |
| HC H | H$\overset{*}{C}$ —OH | HC |
| COOH | COOH | COOH |
| $\beta$-Oxybuttersäure | $\alpha$-Oxybuttersäure | Crotonsäure |
| Smp. 49°, löslich in H$_2$O | Smp. 43°, löslich in H$_2$O | kristallisiert, Smp. 71° 8,3% in H$_2$O löslich Dichte 1,02 |

**Formel 404.**

H
HOOC—C—COOH
OH
Tartronsäure
kristallisiert, Smp. 160 (Zers.)
leicht wasserlöslich

Auch $\beta$-Oxysäuren anderer höherer Fettsäuren kommen wahrscheinlich als Zwischenprodukte der Fettverbrennung in allen Zellen in geringer Menge vor.

*Tartronsäure.* Die einfachste Oxysäure mit 2 Carboxylgruppen ist die von der Malonsäure abgeleitete *Tartronsäure.*

*Äpfelsäure.* Das nächsthöhere Homologe ist die *Äpfelsäure*; es ist die Säure, die hauptsächlich den sauren Geschmack der Äpfel ausmacht. Sie kommt in vielen Früchten vor. Das C-Atom, das die OH-Gruppe trägt, ist asymmetrisch; es gibt dementsprechend d- und l-Äpfelsäure; in Pflanzen und Tieren kommt l-Äpfelsäure vor. In Konzentrationen von über 35% dreht l-Äpfelsäure in $H_2O$ nach rechts; in geringeren Konzentrationen nach links.

WALDEN*sche Umkehr.* An der Äpfelsäure wurde zuerst die Erscheinung der WALDEN*schen Umkehrung* entdeckt.

Ersetzt man in l-Äpfelsäure die Alkoholgruppe mit $PCl_5$ durch —Cl, so entsteht rechtsdrehende d-Chlorbernsteinsäure. Setzt man diese mit AgOH um, so bildet sich nicht l-Äpfelsäure zurück, sondern d-Äpfelsäure. Durch die Reaktionen am asymmetrischen C-Atom ist das eine optische Isomere in das entgegengesetzt drehende übergegangen.

Diese Erscheinung ist allgemein für alle asymmetrischen C-Atome gültig; man darf deshalb bei Arbeiten zur Ermittlung der räumlichen Konfiguration eines asymmetrischen C-Atoms nie tiefgreifende chemische Umsetzungen an diesem Atom vornehmen.

**Formel 405.**

|  | COOH |  |  | COOH |  |  | COOH |
|---|---|---|---|---|---|---|---|
| HO—CH |  | + PCl₅ | HC—Cl |  | +AgOH | HC—OH |  |
| HCH |  |  | HCH |  |  | HCH |  |
|  | COOH |  |  | COOH |  |  | COOH |

l-Äpfelsäure — kristallisiert, Smp. 100° — Dichte 1,59, leicht in $H_2O$ löslich

d-Chlorbernsteinsäure — kristallisiert, Smp. 152°

d-Äpfelsäure — kristallisiert, Smp. 100° — leicht in $H_2O$ löslich

*Weinsäure.* Eine Dicarbonsäure mit 2 OH-Gruppen ist die *Weinsäure.* Sie kommt in vielen Früchten vor; sie macht hauptsächlich den sauren Geschmack des Traubenweins aus (neben Äpfel- und Citronensäure).

**Formel 406.**

1
d-Weinsäure — farblos, Smp. 170° — 70% in $H_2O$ löslich — Dichte 1,76

2
l-Weinsäure — Smp. 170° — 70°% in $H_2O$ löslich — Dichte 1,76

3 = 4
Mesoweinsäure — kristallisiert, Smp. 140° — 60% in $H_2O$ löslich — Dichte 1,66

Racemgemisch Traubensäure

Die Weinsäure ist kristallisiert und leicht in Wasser löslich. Da sie 2 asymmetrische Kohlenstoffatome hat, müßten 4 stereoisomere Weinsäuren existieren, von denen jedoch Nr. 3 und 4 durch Drehen auf der Papierebene zur Deckung gebracht werden können und somit identisch sind. Wie beim Erythrit gibt es d-, l- und meso-Form (s. S. 277).

Das Racemgemisch der d- und l-Weinsäure, die *Traubensäure,* hat eine viel geringere Löslichkeit in $H_2O$ (20%) als die optisch aktiven Komponenten (70%). Auch der Schmelzpunkt der Traubensäure ist wesentlich höher (206°).

Das *saure Kaliumsalz* der d-Weinsäure ist der *Weinstein.* Das Kalium-Natriumsalz ist das *Seignettesalz,* das zur Bereitung der FEHLINGschen Lösung verwendet wird. Das Kaliumantimonylsalz ist der *Brechweinstein*, der früher in der Medizin als Brechmittel verwendet wurde. Da alle sonstigen Antimonylsalze in $H_2O$ unlöslich sind, ist der in $H_2O$ lösliche Brechweinstein wahrscheinlich als Komplexsalz zu formulieren, analog der FEHLINGschen Lösung (siehe unten).

d-Weinsäure geht beim Kochen mit Lauge in das Racemgemisch, die Traubensäure über (neben Mesoweinsäure). Daraus kann man nach PASTEUR l-Weinsäure isolieren. Diese Methode ist bei vielen optisch aktiven Substanzen anwendbar; man kann so optische Antipoden herstellen.

PASTEUR-*Trennung racemischer Gemische.* Wie schon beim Erythrit erwähnt, entstehen bei Laboratoriumssynthesen optisch inaktive racemische Gemische. Die *Trennung* dieser Gemische ist schwierig. Sie gelang zuerst PASTEUR am Beispiel der Weinsäure.

Er fand 3 *Methoden:* 1. Ließ er aus einer Lösung des Natrium-Ammoniumsalzes der Traubensäure unterhalb 27° Kristalle entstehen, so schieden sich vom Salz der Links- und Rechtssäure kleine Kristalle einzeln getrennt aus. Da die verschiedene intramolekulare Anordnung sich auch in der Kristallform ausdrückt, wobei *Kristalle* entstehen, die sich

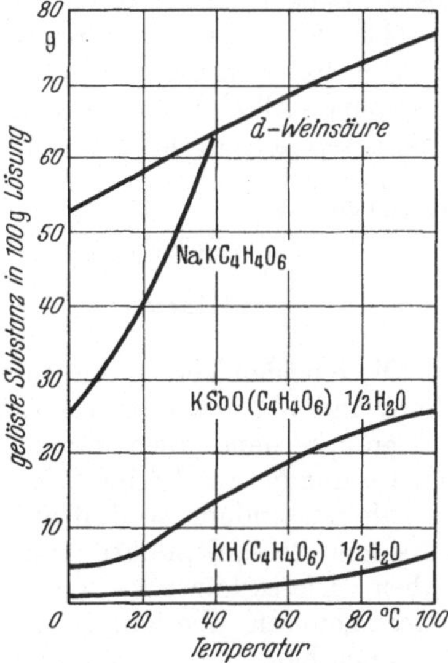


Abb. 80. Löslichkeit der Salze der Weinsäure.

wie *Spiegelbilder* verhalten, konnte er mechanisch die beiden Isomeren *aus-lesen* und trennen. Dieses Verfahren ist nur selten anwendbar.

**Formel 407.**

|  COOK | COOK | COOK |
|---|---|---|
| HĊ—OH | HĊ—OH | HĊ—OH ⎫ (SbO)⁺ |
| HO—ĊH | HO—ĊH | HO—ĊH ⎭ |
| ĊOOH | ĊOONa | ĊOO⁻ |
| Weinstein | Seignettesalz | Brechweinstein |
| Dichte 1,94 | Dichte 1,76 | Dichte 2,60 |

kristallisiert, in $H_2O$ löslich

Komplex in FEHLINGscher Lösung aus
K, Na-Tartrat + Cu(OH)$_2$

2. *Schimmelpilze,* die auf einer wäßrigen Lösung des racemischen Gemisches wachsen, verbrauchen nur die Rechtsform; die l-Weinsäure bleibt unverändert in

Lösung übrig. Auch dieses Verfahren führt nur bei wenigen Substanzen zum Ziel.

3. Das *dritte Verfahren*, das für die Spaltung aller Racemate anwendbar ist und sich als besonders fruchtbar erwiesen hat, beruht darauf, daß man *Salze von optisch aktiven*, in der Natur vorkommenden Basen mit dem zu trennenden racemischen Säuregemisch herstellt.

Gut hat sich dazu neben anderen Alkaloiden das in der Chinarinde vorkommende Alkaloid d-Cinchonin bewährt. Es liegen dann in der Lösung Gemische von d-weinsaurem d-Cinchonin und l-weinsaurem d-Cinchonin vor.

**Formel 408.**

$$1.\begin{cases} \text{d-Cinchonin-} \\ \text{l-Tartrat} \end{cases} \qquad\qquad 2.\begin{cases} \text{d-Cinchonin-} \\ \text{d-Tartrat} \end{cases}$$

Diese beiden Verbindungen haben keine Spiegelbildisomerie mehr, wie d-Weinsäure und l-Weinsäure. Es sind räumlich verschieden dimensionierte Moleküle, die entsprechend auch verschiedene Löslichkeiten haben. Durch Eindampfen der Lösung bis zur Löslichkeitsgrenze fällt deshalb (meistens) das eine Salz früher aus als das andere, so daß man sie trennen kann. Die beiden Salze haben verschiedene Schmelzpunkte, während d- und l-Weinsäure denselben Schmelzpunkt haben. Dieses letzte Verfahren ist universell anwendbar, falls das zu trennende Racemgemisch überhaupt chemisch reaktive oder zur Salzbildung befähigte Gruppen hat.

*Citronensäure.* Eine in der Natur vorkommende Oxytricarbonsäure ist die *Citronensäure*, die man sich von der Tricarballylsäure abgeleitet denken kann. Ein Isomeres, die *Isocitronensäure*, kommt mit ihr zusammen in Früchten, besonders in Orangen und Citronen vor. In Polyporus officinalis kommt *Agaricinsäure* vor.

**Formel 409.**

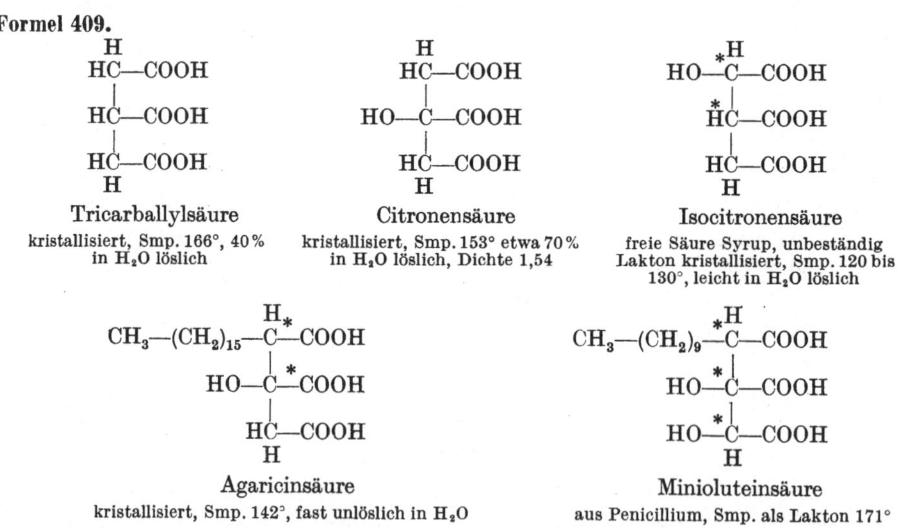

Auch in tierischen Geweben finden sich Citronensäure und Isocitronensäure; sie spielen im intermediären Stoffwechsel eine Rolle (KNOOP, MARTIUS). Citronensäure enthält kein optisch aktives C-Atom, sie ist optisch inaktiv, dagegen enthalten Isocitronensäure und Agaricinsäure 2 asymmetrische C-Atome; es gibt jeweils 4 Stereoisomere.

Die Isocitronensäure liegt in freiem Zustande als inneres Lakton vor. Citronen- und Isocitronensäure gehen durch wasserabspaltende Mittel (50%ige $H_2SO_4$) in Aconitsäure über.

**Formel 410.**

$$
\begin{array}{ccc}
\begin{array}{l}
\text{H} \\
\text{HC—COOH} \\
| \\
\text{HO—C—COOH} \\
| \\
\text{HC—COOH} \\
\text{H}
\end{array}
&
\xrightarrow{-H_2O}
\quad
\begin{array}{l}
\text{H} \\
\text{HOOC—C} \\
\| \\
\text{C—COOH} \\
| \\
\text{HC—COOH} \\
\text{H}
\end{array}
\quad
\xleftarrow{-H_2O}
&
\begin{array}{l}
{}^*\text{H} \\
\text{HO—C—COOH} \\
{}^*| \\
\text{HC—COOH} \\
| \\
\text{HC—COOH} \\
\text{H}
\end{array}
\end{array}
$$

|  |  |  |
|---|---|---|
| Citronensäure | trans-Aconitsäure | Isocitronensäure |
| Smp. 153° | Smp. 191°<br>33% in $H_2O$ löslich | liegt frei als kristallisiertes<br>inneres Lakton vor |

*Aldehyd- und Ketosäuren.* Oxydiert man Oxysäuren vorsichtig, so gehen die primären OH-Gruppen in Aldehydgruppen über; aus den sekundären Alkohlgruppen entstehen Ketogruppen.

*Glyoxylsäure.* So geht die Glykolsäure in *Glyoxylsäure* über.

**Formel 411.**

$$
\begin{array}{l}
\text{H} \\
\text{HC—OH} \\
| \\
\text{COOH}
\end{array}
\quad + \quad H_2O_2 \quad \rightarrow \quad
\begin{array}{l}
\text{H} \\
\text{C=O} \\
| \\
\text{COOH}
\end{array}
$$

|  |  |
|---|---|
| Glykolsäure | Glyoxylsäure |
| kristallisiert, Smp. 70°<br>hygroskopisch | farblos, zerfließliche Kristalle<br>leicht wasserlöslich, hygroskopisch |

Im selben Molekül sind Aldehydgruppe und Säuregruppe vereinigt. Glyoxylsäure zeigt dementsprechend die Reaktionen beider Gruppen. So gibt sie an der Aldehydgruppe mit Phenylhydrazin und Hydroxylamin die spezifischen Carbonylreaktionen; mit der Carboxylgruppe bildet sie Salze, Ester usw.

Kocht man Glyoxylsäure mit Lauge, so gehen 2 Moleküle miteinander eine CANNIZZAROsche Reaktion ein.

**Formel 412.**

$$
\begin{array}{l}
\text{2 Mol} \\
\text{Glyoxylsäure}
\end{array}
\left\{
\begin{array}{l}
\text{HOOC—C} {\Large\diagdown} \begin{array}{l}\text{O}\\\text{H}\end{array} \quad \xrightarrow[H_2]{} \text{Reduktion} \quad \text{HOOC—C(H)(H)—OH} \quad \text{Glykolsäure} \\[2ex]
\text{HOOC—C} {\Large\diagdown} \begin{array}{l}\text{O}\\\text{H}\end{array} \quad \xrightarrow[O]{} \text{Oxydation} \quad \text{HOOC—COOH} \quad \text{Oxalsäure}
\end{array}
\right.
$$

CANNIZZAROsche Reaktion (s. Formeln 376 u. 530, S. 279 und 347).

Es entsteht aus einem Mol oxydierter Glyoxylsäure → Oxalsäure, und aus einem Mol reduzierter Glyoxylsäure → Glykolsäure.

**Formel 413.**

$$
\begin{array}{l}
\text{H} \\
\text{HCH} \\
{}^*| \\
\text{HC—OH} \\
| \\
\text{COOH}
\end{array}
\quad + \quad \tfrac{1}{2} O_2 \quad \rightarrow \quad
\begin{array}{l}
\text{H} \\
\text{HCH} \\
| \\
\text{C=O} \\
| \\
\text{COOH}
\end{array}
$$

|  |  |
|---|---|
| Milchsäure | Brenztraubensäure |
| wenn rein, Kristalle, meistens Syrup<br>farblos, mit $H_2O$ mischbar, Dichte 1,24 | farblos, Öl, Siedep. 165°, Smp. 13°<br>mit $H_2O$ mischbar, Dichte 1,28 |

*Brenztraubensäure.* Das nächsthöhere Homologe ist die *Brenztraubensäure,* α-*Ketopropionsäure,* die man durch Oxydation der Milchsäure erhält.

Praktisch wird Brenztraubensäure durch trockene Destillation von Weinsäure mit wasserabspaltenden Mitteln, Kaliumbisulfat, dargestellt. Sie ist ein in Wasser leichtlösliches Öl (Smp. $+13°$) und eine mittelstarke Säure; sie gibt alle Keto- und Säurereaktionen.

Bei der Verbrennung der Kohlenhydrate im tierischen Organismus spielt Brenztraubensäure mit der Milchsäure zusammen eine Rolle als Zwischenprodukt; sie ist die eigentliche Vorstufe der Milchsäure, die sich aus Zucker bei jeder Muskelkontraktion bildet (s. Formel 467, S. 319).

*Acetessigsäure.* Die β-*Ketobuttersäure* oder *Acetessigsäure* erhält man ebenfalls durch Oxydation der entsprechenden Oxysäure, der β-Oxybuttersäure (siehe Formel 414); besser durch kalte Verseifung von Acetessigester.

Beide Säuren spielen als Zwischenstufen der Verbrennung der Fettsäuren im tierischen Organismus eine Rolle; Zuckerkranke scheiden neben Glucose oft β-Oxybuttersäure, β-Ketobuttersäure und Aceton (Störung des Stoffwechsels der Fettsäuren) im Harn aus. Freie β-Ketosäuren sind nur wenig beständig; sie zerfallen, vor allem in wäßriger Lösung, langsam von selbst in ein Mol Methylketon und ein Mol $CO_2$.

**Formel 414.**

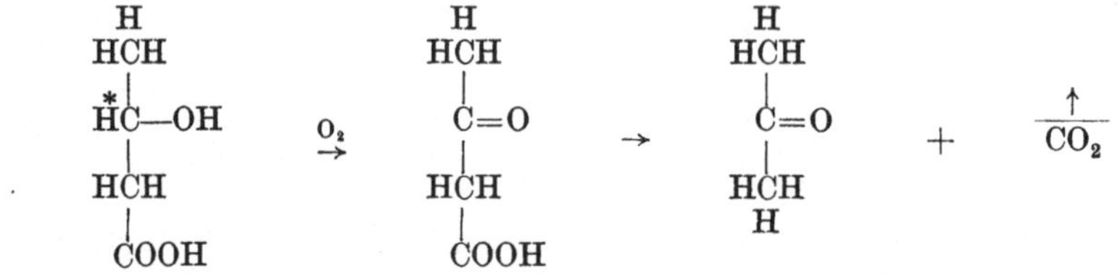

$$
\begin{array}{cccccc}
H & & H & & H & \\
HCH & & HCH & & HCH & \\
\overset{*}{H}C{-}OH & \overset{O_2}{\rightarrow} & C{=}O & \rightarrow & C{=}O & + \quad \overset{\uparrow}{CO_2} \\
HCH & & HCH & & HCH & \\
COOH & & COOH & & H & \\
\end{array}
$$

β-Oxybuttersäure     Acetessigsäure     Aceton
Smp. 49°, löslich in $H_2O$     Öl, zersetzt sich langsam     flüssig, Siedep. 56°
                                          mit $H_2O$ mischbar

Ihre Salze sind trocken beständig, ebenso ihre Ester.

*Acetessigester* (β-Ketobuttersäureäthylester) wird durch Kondensation aus zwei Mol Essigsäureäthylester mit wasserfreiem Natriumäthylat hergestellt, eine Reaktion, die sich als allgemein auch auf Homologe anwendbar erwiesen hat (CLAISEN-*Kondensation*).

**Formel 415.**

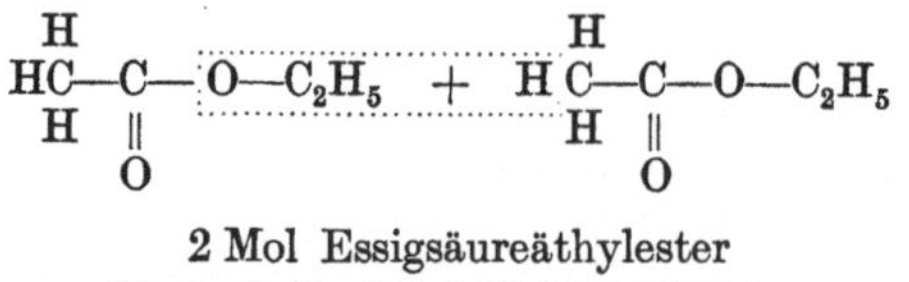

$$
\begin{array}{l}
H \qquad\qquad\qquad\quad H \\
HC{-}C{-}O{-}C_2H_5 \;+\; H\,C{-}C{-}O{-}C_2H_5 \\
H \;\;\Vert \qquad\qquad\qquad H \;\;\Vert \\
\quad\;\; O \qquad\qquad\qquad\qquad O
\end{array}
$$

2 Mol Essigsäureäthylester
flüssig, Siedep. 77°, 8,6% in $H_2O$ löslich

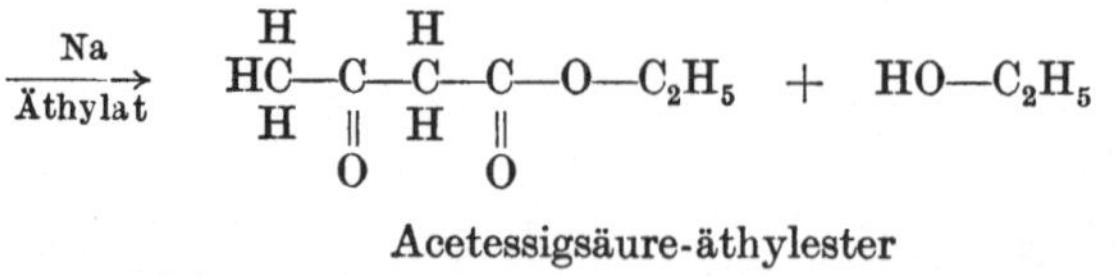

$$
\xrightarrow[\text{Äthylat}]{\text{Na}}
\begin{array}{l}
H \quad\; H \\
HC{-}C{-}C{-}C{-}O{-}C_2H_5 \;+\; HO{-}C_2H_5 \\
H \;\;\Vert\; H \;\;\Vert \\
\quad\;\; O \quad\;\; O
\end{array}
$$

Acetessigsäure-äthylester
(Ketoform, tatsächlich entsteht primär die Enol-Natriumform)
Dichte 1,03, farblos, flüssig, Siedep. 181°, wenig in $H_2O$ löslich

Der Mechanismus dieser Reaktion ist sehr verwickelt; er geht über labile Zwischenstufen (ARNDT).

*Keto-Enol-Tautomerie.* Acetessigester ist in *zwei Modifikationen* bekannt, einer gegen Brom ungesättigten und einer gesättigten.

**Formel 416.**

$$
\begin{array}{ccc}
\text{H} & \text{H} & \\
\text{HC—C—C—C—O—C}_2\text{H}_5 & \rightleftarrows & \text{HC—C=C—C—O—C}_2\text{H}_5 \\
\text{H} \ \| \ \text{H} \ \| & & \text{H} \ | \ \ \ \| \\
\text{O} \ \ \ \text{O} & & \text{OH} \ \ \text{O}
\end{array}
$$

Ketoform etwa 92%          Enolform etwa 8%

Acetessigsäureäthylester

farblos, flüssig, Siedep. 181°

Die *gesättigte Form ist die Ketoform*; bei der ungesättigten ist ein H (ein Proton) der zwischen den Carbonylgruppen befindlichen Methylengruppe zum benachbarten $\beta$-Ketosauerstoff gewandert und hat mit ihm eine OH-Gruppe gebildet. Gleichzeitig ist zwischen den beiden C-Atomen eine Doppelbindung entstanden. Man nennt die ungesättigte Form eine *Enolform*, den Vorgang *Enolisierung*. Viele Ketone neigen zur Bildung von Enolformen, besonders wenn das übernächste C-Atom von der Ketogruppe weg ebenfalls O-Atome trägt.

Die Enolform ist *ungesättigt*; an die Doppelbindung zwischen beiden C-Atomen kann man Halogene anlagern; man kann so die Doppelbindung und die Menge der Enolform titrieren (wenn man schnell arbeitet, bevor sich neue Ketoform in Enol umlagert). Die Ketoform lagert keine Halogene an, da sie keine C=C-Doppelbindung enthält.

*Ketoform* und *Enolform* stehen in einem *Gleichgewicht* zueinander, das beim $\beta$-Ketobuttersäureäthylester (Acetessigester) ungefähr und in starker Abhängigkeit von den äußeren Bedingungen 92/8% beträgt. Man kann durch Ausfrieren bei tiefer Temperatur die Enolform rein darstellen; bei Zimmertemperatur stellt sich rasch wieder ein Gleichgewichtszustand ein.

Die beschriebene Erscheinung nennt man *Tautomerie.* Es liegt hier eine neue Spezialart von Isomerie, die *Keto-Enol-Tautomerie,* vor (S. 334).

Auch das Acetylaceton, das eine —CH$_2$-Brücke zwischen zwei —CO-Gruppen enthält, ist teilweise enolisiert.

**Formel 417.**

$$
\begin{array}{cccc}
\text{H} & \text{H} & \text{H} & \\
\text{HC—C—C—C—CH} & \rightleftarrows & \text{HC—C=C—C—CH} & \quad \text{HC—C—CH} \\
\text{H} \ \| \ \text{H} \ \| \ \text{H} & & \text{H} \ | \ \ \ \| \ \text{H} & \quad \text{H} \ \| \ \text{H} \\
\text{O} \ \ \ \text{O} & & \text{OH} \ \ \text{O} & \quad \text{O}
\end{array}
$$

Enolisiert etwa 80%                    Enolisiert nicht

Acetylaceton                              Aceton

flüssig, Siedep. 137°, Dichte 0,98          flüssig, Siedep. 56°
12,7% in H$_2$O löslich                       mit H$_2$O mischbar

Einfache Ketone, die kein bewegliches H enthalten, enolisieren nicht; so besteht Aceton zu 100% nur aus der Ketoform. Ebensowenig ist die freie Brenztraubensäure merkbar enolisiert; man kennt aber Säureester der Enolform, den Brenztraubensäure-enolphosphorsäureester (Formel 467, S. 319). Er ist eine der Durchgangsstufen bei der Verbrennung der Kohlenhydrate in Muskel und Hefe (s. S. 319).

**Formel 418.**

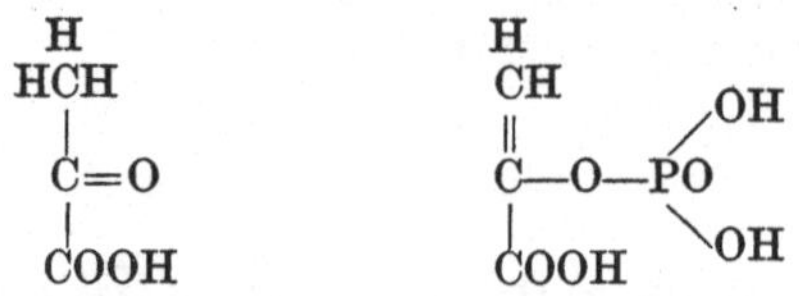

$$
\begin{array}{cc}
\begin{array}{c} H \\ HCH \\ | \\ C=O \\ | \\ COOH \end{array}
&
\begin{array}{c} H \\ CH \\ \| \quad\diagup OH \\ C-O-PO \\ | \quad\diagdown OH \\ COOH \end{array}
\end{array}
$$

Brenztraubensäure      enol-Brenztraubensäure-
farblos, Öl, Siedep. 165°       phosphorsäureester
mit $H_2O$ mischbar       ölig, farblos, leicht wasserlöslich

*Acetessigester-synthesen.* Im *Acetessigester* ist das zur Wanderung befähigte Proton durch *Natrium* ersetzbar; die Enolform hat den Charakter einer schwachen Säure. Dieses Natrium kann man seinerseits wieder mit *Alkylhalogeniden* umsetzen. Man erhält dabei in der Hauptsache nicht Enolalkyläther des Acetessigesters, sondern C-Alkylderivate. Es kommt zur Bildung einer neuen Kohlenstoffkette.

Natriumacetessigester hat den Charakter eines echten Salzes. Das Natrium-ion hat demnach im Molekül keinen festen Platz; das Halogenalkyl kann sich zum Eintritt in das Molekül die Stelle geringsten Widerstandes aussuchen; diese Stelle ist das C-Atom zwischen den beiden $> C=O$-Gruppen.

**Formel 419.**

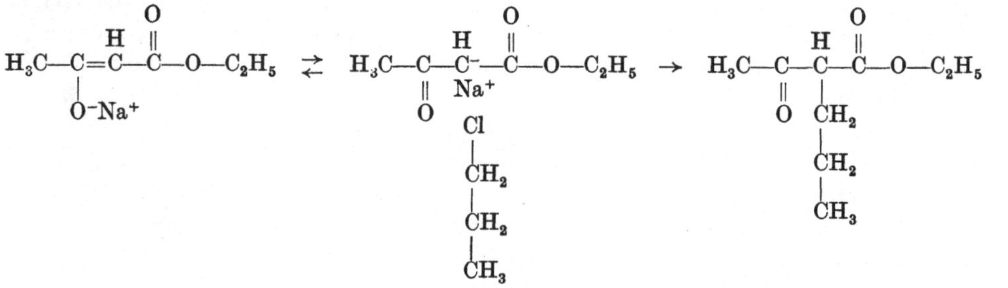

Natriumacetessigester        Propylchlorid        Propylacetessigester
Salz, in $H_2O$ löslich       Siedep. 46°       flüssig, Siedep. 210°, unlöslich in $H_2O$

*Säurespaltung.* Den so erhaltenen substituierten Ester kann man auf zwei Arten spalten. Mit konzentriertem Alkali erhitzt, bilden sich Säuren.

**Formel 420.**

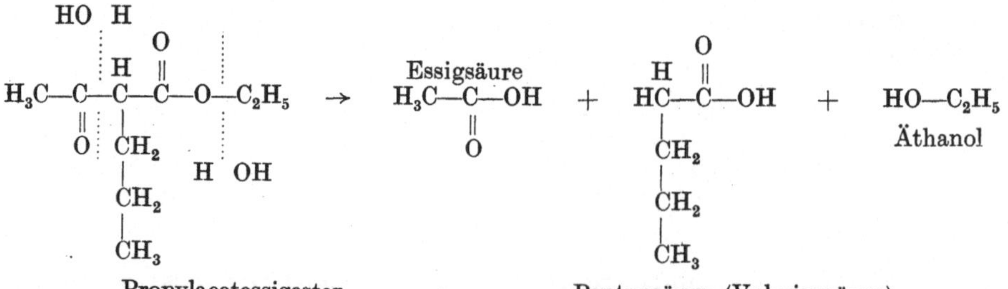

Propylacetessigester        Pentansäure (Valeriansäure)
flüssig, Siedep. 210°, unlöslich in $H_2O$       flüssig, Siedep. 187°, zu 4% in $H_2O$ löslich

Man erhält eine neue *Säure*, die Pentansäure, aus Propylchlorid und Acetessigester synthetisiert. Man nennt diese Art der Zersetzung die *Säurespaltung* des substituierten Acetessigesters.

*Ketonspaltung.* Mit verdünntem Alkali wird das Molekül hauptsächlich an einer anderen Stelle gespalten.

**Formel 421.**

$$H_3C-\underset{\underset{CH_2}{\overset{\|}{\underset{|}{O}}}}{\overset{H}{\underset{|}{C}}}-\overset{H}{\underset{|}{C}}-C\overset{O}{\underset{O\,C_2H_5}{\diagdown}} \rightarrow H_3C-\underset{CH_2}{\overset{\|}{O}}C-CH_2 + \overset{\uparrow}{CO_2} + HO-C_2H_5$$

| Propyl-acetessigester | Methylbutylketon = 2-Ketohexan | Äthanol |
|---|---|---|
| farblos, flüssig, Siedep. 210° unlöslich in H₂O | flüssig, Siedep. 127° unlöslich in H₂O | Siedep. 78° |

In diesem Falle ist aus Propylchlorid und Acetessigester ein neues Keton synthetisiert worden. Man nennt diese Spaltung deswegen die *Ketonspaltung.*

Diese Methoden sind wichtig, weil man durch sie aus Verbindungen mit wenig C-Atomen auf formelmäßig übersichtlichen Wegen Verbindungen mit vielen C-Atomen herstellen kann. Die Synthesen ähneln den schon bei den Malonestersynthesen besprochenen (s. Formel 384, S. 281).

*Lävulinsäure.* Eine $\gamma$-Ketopentansäure ist die *Lävulinsäure.* Sie entsteht durch Kochen von Zucker mit starker Salzsäure, wobei die Umwandlung über zahlreiche komplizierte Zwischenstufen geht und teilweise bei der Lävulinsäure stehen bleibt.

**Formel 422.**

$$\overset{H}{\underset{H}{HC}}-\overset{H}{\underset{\|}{C}}-\overset{H}{\underset{H}{C}}-\overset{H}{\underset{H}{C}}-COOH$$
$$O$$

Lävulinsäure
$\gamma$-Ketovaleriansäure

kristallisiert, Smp. 33°
Siedep. 246°, leichtlöslich in H₂O
Dichte 1,14

*Mesoxalsäure.* Die einfachste Ketodicarbonsäure ist die *Mesoxalsäure.* Man erhält sie durch Oxydation aus Tartronsäure (S. 287).

Das cyclische Ureid der Mesoxalsäure, das Alloxan, läßt sich durch Abbau aus Harnsäure erhalten (Formel 649, S. 402).

**Formel 423.**

$$HOOC-\overset{OH}{\underset{H}{C}}-COOH \xrightarrow{O_2} HOOC-\overset{O}{\overset{\|}{C}}-COOH$$

| Tartronsäure | Mesoxalsäure |
|---|---|
| kristallisiert, Smp. 160° in H₂O löslich | farblos, kristallisiert, Smp. 120° in H₂O leichtlöslich |

*Oxalessigsäure.* Oxydiert man Äpfelsäure, so entsteht Ketobernsteinsäure oder *Oxalessigsäure.* Diese direkte Oxydation der l-Äpfelsäure findet in den Geweben der Warmblütler statt; dort ist die Reaktion auch umkehrbar. Die reversible Reaktion ist im Gewebe eine wesentliche Zwischenreaktion im Transport des Wasserstoffs von den Nahrungsstoffen zum Sauerstoff, d. h. in der Verbrennung der Nahrungsstoffe (s. auch Formel 322, S. 261). Die $C_4$-Dicarbonsäuren sind in der tierischen Zelle Redoxkatalysatoren (SZENT-GYÖRGYI).

Kristallisierte Oxalessigsäure tritt *nur in Enolform* auf; dementsprechend gibt es zwei Formen, eine cis- und trans-Form. Beide sind kristallisiert und besitzen verschiedene Schmelzpunkte. In wäßriger Lösung bildet sich ein Gleichgewicht von cis- und trans-Form.

**Formel 424.**

$$\text{Atmungs—O}_2 \;\leftarrow\; \begin{array}{c} \text{COOH} \\ | \\ \overset{*}{\text{H}}\text{C—OH} \\ | \\ \text{HCH} \\ | \\ \text{COOH} \\ \text{l-Äpfelsäure} \end{array} \;\underset{\leftarrow}{\overset{\rightarrow}{\rightleftarrows}}\; \begin{array}{c} \text{COOH} \\ | \\ \text{C}=\text{O} \\ | \\ \text{HCH} \\ | \\ \text{COOH} \\ \text{Oxalessigsäure} \end{array} \;\leftarrow\; \text{H (Nahrung)}$$

**Formel 425.**

$$\begin{array}{cc} \begin{array}{c} \text{HO} \diagdown \quad \diagup \text{COOH} \\ \text{C} \\ \| \\ \diagup \text{CH} \\ \text{HOOC} \end{array} & \begin{array}{c} \text{HO} \diagdown \quad \diagup \text{COOH} \\ \text{C} \\ \| \\ \text{HC} \diagdown \\ \quad\quad \text{COOH} \end{array} \\ \text{trans-enol, Smp. 184}^\circ & \text{cis-enol, Smp. 152}^\circ \end{array}$$

Oxalessigsäure<br>farblos, kristallisiert, löslich zu 13 % in $H_2O$

Im Diäthylester der Oxalessigsäure sind wie im Acetessigester 2 Protonen beweglich, durch $Na^+$ ersetzbar; diese Natriumverbindungen setzen sich aber mit Alkylhalogeniden nicht zu neuen C—C-Ketten um.

In den kristallisierten, trockenen Enolformen ist Oxalessigsäure beliebig haltbar; in wäßriger Lösung, vor allem in saurer, zersetzt sie sich in einigen Stunden in Brenztraubensäure und $CO_2$. In tierischer Leber hat man Enzymsysteme gefunden, die den umgekehrten Vorgang katalysieren: Aufbau von Oxalessigsäure aus Brenztraubensäure und $CO_2$ (WOOD, WERKMAN; über die biologische Funktion der Oxalessigsäure s. Formel 322, S. 261).

**Formel 426.**

$$\begin{array}{c} \text{COOH} \\ | \\ \text{C—OH} \\ \| \\ \text{HC} \\ | \\ \text{COOH} \end{array} \quad \underset{\text{(enzymatisch)}}{\overset{\text{von selbst}}{\dashrightarrow}} \quad \left[\begin{array}{c} \text{COOH} \\ | \\ \text{C—OH} \\ \| \\ \text{HC} \\ \text{H} \end{array}\right] \quad \rightleftarrows \quad \begin{array}{c} \text{COOH} \\ | \\ \text{C}=\text{O} \\ | \\ \text{HCH} \\ \text{H} \end{array} \quad + \quad \overset{\uparrow}{\text{CO}_2}$$

Oxalessigsäure                Brenztraubensäure

kristallisiert, 13 % wasserlöslich    Enolform, unbeständig    Ketoform, Öl, Siedep. 165°<br>mit $H_2O$ mischbar

*Dioxymaleinsäure.* Oxydiert man Weinsäure vorsichtig, so kommt man zur Ketooxybernsteinsäure, die nur in Enolform auftritt. Von dieser gibt es zwei Isomere, cis- und trans-Form, die man entsprechend der Konfiguration als *Dioxyfumarsäure* (s. Formel 427, S. 297) und *Dioxymaleinsäure* bezeichnet.

Dioxymaleinsäure spielt im Stoffwechsel mancher Pflanzen eine Rolle. Der obere Teil der Formel ähnelt der Formel des Vitamins C (s. Formel 460, S. 313). Durch noch weitergehende Oxydation der Weinsäure kommt man zur *Diketobernsteinsäure.* Sie ist kristallisiert, als Dihydrat stabil und bisher nicht in der Natur aufgefunden worden.

*Ketoglutarsäure.* Erhitzt man Citronensäure mit konzentrierter Schwefelsäure, so entsteht die *β-Ketoglutarsäure (Acetondicarbonsäure).*

Freie β-Ketoglutarsäure ist, wie die meisten β-Ketosäuren, nicht sehr stabil; sie zerfällt (ebenso wie die Malonsäure, S. 281, und die Acetessigsäure, S. 292) in wäßriger Lösung langsam in Aceton und 2 Mol $CO_2$. Ihre Ester sind stabil; sie werden

**Formel 427.**

$$\begin{array}{c} COOH \\ | \\ \overset{*}{H}C\!-\!OH \\ | \\ \overset{*}{H}C\!-\!OH \\ | \\ COOH \end{array} \;+\; \tfrac{1}{2}O_2 \;\rightarrow\; \left[\begin{array}{c} COOH \\ | \\ C\!=\!O \\ | \\ \overset{*}{H}C\!-\!OH \\ | \\ COOH \end{array}\right] \;\rightarrow\;$$

Weinsäure
kristallisiert
in $H_2O$ löslich

Dioxymaleinsäure
cis-enol
weiß, kristallisiert
gegen 155° Zersetzung,
schwerlöslich in $H_2O$

Dioxyfumarsäure
trans-enol
weiß, kristallisiert, bei
Erhitzung Zersetzung
leichtlöslich in $H_2O$

$$+\; \tfrac{1}{2}O_2 \;\rightarrow\; \begin{array}{c} COOH \\ | \\ C\!=\!O \\ | \\ C\!=\!O \\ | \\ COOH \end{array} \;\xrightarrow{2\,H_2O}\;$$

Diketobernsteinsäure
Dihydrat, kristallisiert, Smp. 114°, leichtlöslich in $H_2O$

Hydrat

wie Acetessigester verwendet, da die $CH_2$-Gruppen beweglichen, über die Na-Verbindungen durch Alkylhalogenide substituierbaren H enthalten.

**Formel 428.**

$$\begin{array}{c} H \\ HC\!-\!COOH \\ | \\ HO\!-\!C\!-\!COOH \\ | \\ HC\!-\!COOH \\ H \end{array} \;\xrightarrow[O_2]{H_2SO_4}\; \begin{array}{c} H \\ HC\!-\!COOH \\ | \\ O\!=\!C \\ | \\ HC\!-\!COOH \\ H \end{array} \;+\; CO_2 + H_2O \qquad \begin{array}{c} O\!=\!C\!-\!COOH \\ | \\ HCH \\ | \\ HC\!-\!COOH \\ H \end{array}$$

Citronensäure
kristallisiert, Smp. 153°
Dichte 1,54

β-Ketoglutarsäure
(Acetondicarbonsäure)
kristallisiert, Smp. 135°, unter Zersetzung
leichtlöslich in $H_2O$, instabil

α-Ketoglutarsäure
kristallisiert, Smp. 113°
in $H_2O$ löslich, stabil

Die entsprechende α-*Ketoglutarsäure* spielt im Gewebestoffwechsel als Zwischenprodukt eine Rolle, vor allem bei der Fettsäure- und Eiweißverbrennung; sie entsteht in den Zellen aus Glutaminsäure und aus Isocitronensäure (s. biologischer Fettsäureabbau, Formel 322, S. 261).

## b) Aminoalkohole.

Der einfachste Aminoalkohol ist der *Aminoäthylalkohol* oder das *Colamin*.

**Formel 429.**

$$\begin{array}{c} H\;\;H \\ HO\!-\!C\!-\!C\!-\!NH_2 \\ H\;\;H \end{array} \qquad\qquad \begin{array}{c} H\;\;H \\ HS\!-\!C\!-\!C\!-\!NH_2 \\ H\;\;H \end{array}$$

Colamin, Äthanolamin
ölig, farblos, basisch, hygroskopisch
mit $H_2O$ mischbar, Siedep. 171°, Dichte 1,02

Thioäthanolamin
farblos, kristallisiert. Smp. 100°
leichtlöslich in $H_2O$

Es ist eine stark basische Flüssigkeit und bildet mit Säuren an der Aminogruppe Salze; gleichzeitig kann es an der —OH-Gruppe mit Säuren Ester bilden.

Colamin findet sich neben Cholin in Phosphatiden an die Phosphorsäure verestert (s. Formel 371, S. 277), besonders in einem Teil der Hirnphosphatide, die man *Kephaline* nennt.

**Formel 430.**

$$HO-\underset{H}{\overset{H}{C}}-\underset{H}{\overset{H}{C}}-\overset{+}{N}\!\!<\!\!\begin{matrix}CH_3\\CH_3\\CH_3\end{matrix}\Big]OH^-$$

Cholin
Syrup, farblos, mit $H_2O$ mischbar
starke Base

Das Thioäthanolamin ist ein Bestandteil des für die Essigsäureverbrennung in der tierischen Zelle nötigen Co-Enzyms A (S. 261, 319; s. auch Formel 654, S. 405).

Das *Trimethylammoniumderivat* des Colamins ist die quaternäre Base *Cholin*.

Es reagiert wie Ammoniumhydroxyd stark basisch und bildet mit Säuren Salze. Es kommt wie Colamin als Alkohol an Phosphorsäure verestert im gewöhnlichen *Eierlecithin* vor (siehe Formel 371, S. 277).

Synthetisch stellt man Cholinchlorhydrat aus Chloräthylalkohol und Trimethylamin dar.

**Formel 431.**

$$HO-\underset{H}{\overset{H}{C}}-\underset{H}{\overset{H}{C}}-Cl \quad + \quad N\!\!<\!\!\begin{matrix}CH_3\\CH_3\\CH_3\end{matrix} \quad \rightarrow \quad HO-\underset{H}{\overset{H}{C}}-\underset{H}{\overset{H}{C}}-\overset{+}{N}\!\!<\!\!\begin{matrix}CH_3\\CH_3\\CH_3\end{matrix}\Big]Cl^-$$

Chloräthanol          Trimethylamin          Cholin-chlorhydrat
flüssig, Siedep. 130°     Siedep. 3°        kristallisiert, in $H_2O$ löslich

Sein Essigsäureester, das *Acetylcholin*, ist wahrscheinlich identisch mit dem Wirkungsstoff der motorischen Nervenenden im Muskel, der die Muskelkontraktion auslöst. Das Acetylcholin bringt noch in Verdünnung von 1:100 Millionen einen isolierten Muskel zur Kontraktion. Es wird im Gewebe durch ein spezifisches hydrolysierendes Enzym (Acetylcholinesterase) rasch in das unwirksame Cholin und in Essigsäure gespalten. Die Wirkung der sog. Nerven-Giftgase (z.B. Pyrophosphorsäuretetraäthylester, S. 259) beruht meistens auf einer Lähmung der Acetylcholinesterase.

**Formel 432.**

$$CH_3-C\!\!<\!\!\begin{matrix}O\\O\end{matrix}-CH_2-CH_2-\overset{+}{N}\!\!<\!\!\begin{matrix}CH_3\\CH_3\\CH_3\end{matrix}\Big]OH^- \qquad HC\!=\!\underset{}{C}-\overset{+}{N}\!\!<\!\!\begin{matrix}CH_3\\CH_3\\CH_3\end{matrix}\Big]OH^-$$

Acetylcholin                                        Neurin
HCl-Salz kristallisiert, in $H_2O$ löslich, wird rasch verseift      Syrup, wasserlöslich, giftig, bei Fäulnis aus Cholin

Bei der Einwirkung von Fäulnisbakterien auf Cholin entsteht das ziemlich giftige *Neurin* (Trimethylvinylammoniumhydroxyd), das als normales Stoffwechselprodukt nicht sicher nachgewiesen ist.

**Formel 433.**

$$HC\underset{H}{\overset{HO}{-}}\overset{*}{\underset{H}{C}}-\overset{NH_2}{\overset{*}{\underset{H}{C}}}-\overset{OH}{\underset{H}{C}}-C\!=\!C-(CH_2)_{12}-CH_3$$

Sphingosin
wachsartig, kristallisiert, Smp. 83°
unlöslich in $H_2O$

Ein ungesättigter Aminoalkohol, der an Stelle von Glycerin in einem Gehirnphosphatid, dem Sphingomyelin vorkommt, ist das *Sphingosin*. Es hat wahrscheinlich nebenstehende Konstitution.

## c) Oxyaldehyde.

*Glykolaldehyd.* Der einfachste Oxyaldehyd ist der *Glykolaldehyd*. Man erhält ihn durch Oxydation von Glykol mit Wasserstoffsuperoxyd, besser jedoch aus Dioxymaleinsäure durch Erwärmen.

**Formel 434.**

$$
\begin{array}{c}
\text{H} \\
\text{HC—OH} \\
| \\
\text{HC—OH} \\
\text{H}
\end{array}
\quad + \quad \tfrac{1}{2}\,O_2 \quad \rightarrow \quad
\begin{array}{c}
\text{H}\diagdown \;\diagup O \\
\text{C} \\
| \\
\text{HC—OH} \\
\text{H}
\end{array}
\quad + \quad H_2O
$$

Glykol · Glykolaldehyd

flüssig, Siedep. 197° · fest, Smp. 76° (Zers.)
mit $H_2O$ mischbar · mit $H_2O$ mischbar

$$
\begin{array}{c}
\text{H}\,\text{OOC}\diagdown \\
\phantom{xxx}\text{C—OH} \\
\phantom{xxx}\text{C—OH} \\
\text{H}\,\text{OOC}\diagup
\end{array}
\quad \xrightarrow{70°} \quad
\left[\begin{array}{c}
\text{HC—OH} \\
\| \\
\text{HC—OH}
\end{array}\right]
\quad \rightarrow \quad
\begin{array}{c}
\text{H}\diagdown \;\diagup O \\
\text{C} \\
| \\
\text{HC—OH} \\
\text{H}
\end{array}
\quad + 2\,CO_2
$$

Dioxymaleinsäure · Enolglykolaldehyd · Glykolaldehyd

weiß, kristallisiert · unbeständig · kristallisiert, Smp. 76° (Zers.)
zersetzt sich in wäßriger Lösung bei 70° · · Molekül dimer

Man nennt die Oxyaldehyde *Aldosen*. Da man die Aldosen auch nach der Zahl ihrer C-Atome benennt, ist Glykolaldehyd eine *Aldobiose*.

Alle einfachen *Zucker sind Oxy-aldehyde* oder *Oxyketone*; Glykolaldehyd ist deswegen der einfachste mögliche Zucker. Glykolaldehyd ist kristallisiert, löst sich leicht in Wasser und schmeckt süß. Der gewöhnliche kristallisierte Glykolaldehyd ist dimer und zerfällt in wäßriger Lösung in die monomere Form.

Die folgende Tabelle zeigt die Namen der verschiedenen Aldosen.

Tabelle 38. *Aldosen.*

| Aldose mit 2 C | $\begin{array}{c}\phantom{x}\text{OH}\\ O\diagdown\;|\\ \phantom{x}\text{C—CH}\\ \text{H}\diagup\;\text{H}\end{array}$ | Aldobiose |
|---|---|---|
| Aldose mit 3 C | $\begin{array}{c}\phantom{x}\text{OH OH}\\ O\diagdown\;|\;|\\ \phantom{x}\text{C—*C—CH}\\ \text{H}\diagup\;\text{H H}\end{array}$ | Aldotriose |
| Aldose mit 4 C | $\begin{array}{c}\phantom{x}\text{OH OH OH}\\ O\diagdown\;|\;|\;|\\ \phantom{x}\text{C—*C—*C—CH}\\ \text{H}\diagup\;\text{H H H}\end{array}$ | Aldotetrose |
| Aldose mit 5 C | $\begin{array}{c}\phantom{x}\text{OH OH OH OH}\\ O\diagdown\;|\;|\;|\;|\\ \phantom{x}\text{C—*C—*C—*C—CH}\\ \text{H}\diagup\;\text{H H H H}\end{array}$ | Aldopentose |
| Aldose mit 6 C | $\begin{array}{c}\phantom{x}\text{OH OH OH OH OH}\\ O\diagdown\;|\;|\;|\;|\;|\\ \phantom{x}\text{C—*C—*C—*C—*C—CH}\\ \text{H}\diagup\;\text{H H H H H}\end{array}$ | Aldohexose |

Alle Zucker tragen eine Aldehyd- oder Ketogruppe und Alkoholgruppen. Die einzige Biose hat die Summenformel $C_2H_4O_2$. Triosen haben die Summenformel $C_3H_6O_3$. Ganz allgemein haben die Aldosen und Ketosen die Formel $C_nH_{2n}O_n$ (abgesehen von Desoxyzuckern wie Rhamnose). Alle bilden durch wasserabspaltende Mittel, etwa konzentrierte Schwefelsäure, Kohlenstoff.

**Formel 435.**

$$
C_6H_{12}O_6 \quad \xrightarrow{H_2SO_4} \quad 6\,\text{C} \quad + \quad 6\,H_2O
$$

Zucker, Kohlenhydrat · Kohle, schwarz · $\downarrow$

kristallisiert, weiß · · $H_2SO_4$
wasserlöslich

Die einfachen Aldosen und Ketosen nennt man *Monosaccharide* im Gegensatz zu den später erwähnten *Di- und Polysacchariden*. Alle Zucker sind in Wasser löslich. Wegen der vielen hydrophilen Gruppen im Molekül sind sie dagegen in Alkohol schon schwerlöslich, in Äther meist und in Petroläther ganz unlöslich.

*Kohlenhydrate.* Zucker kann man sich direkt aus Kohlenstoff und Wasser zusammengesetzt denken.

Man nennt deswegen Zucker und ihre Polymeren *Kohlenhydrate.* In der Nahrungsmittelchemie und in der medizinischen Chemie werden sie hauptsächlich so bezeichnet.

*Glycerinaldehyd.* Das nach dem Glykolaldehyd folgende höhere Homologe ist Glycerinaldehyd. Er enthält ein asymmetrisches Kohlenstoffatom und existiert deswegen in zwei isomeren Formen (d- und l-). Das d,l-Racemgemisch besteht aus weißen, süß schmeckenden Kristallen. Glycerinaldehyd spielt im Stoffwechsel der Leber wahrscheinlich eine Rolle. Er ist eine Aldotriose.

*Optische Konfiguration.* Man schreibt nach einem Vorschlag von WOHL und FREUDENBERG den rechtsdrehenden Glycerinaldehyd so, daß seine am untersten asymmetrischen C-Atom stehende —OH-Gruppe nach rechts steht. Man bezeichnet alle höheren Zucker, die sich zum d-Glycerinaldehyd abbauen lassen („konfigurativ zum d-Glycerinaldehyd gehören"), als d-Zucker, ohne Rücksicht darauf, ob der Zucker nach rechts oder links dreht. Die eigentliche Drehung gibt man (auch bei Aminosäuren) durch vorgesetztes (+) oder (—) an. In der Natur kommen fast ausschließlich d-Zucker vor.

**Formel 436.**

$$3\ \overset{\displaystyle H}{\underset{\displaystyle H}{\overset{\displaystyle |}{\underset{\displaystyle |}{\overset{HC-OH}{\underset{HC-OH}{HC-OH}}}}}} \quad +\ \tfrac{1}{2}\,O_2 \rightarrow \quad \overset{\displaystyle H\!\diagdown\!_C\!\diagup\!^O}{\underset{\displaystyle H}{\overset{|}{\underset{|}{\overset{\overset{*}{H}C-OH}{HC-OH}}}}} \quad + \quad \overset{\displaystyle H\!\diagdown\!_C\!\diagup\!^O}{\underset{\displaystyle H}{\overset{|}{\underset{|}{\overset{HO-\overset{*}{C}H}{HC-OH}}}}} \quad + \quad \overset{\displaystyle H}{\underset{\displaystyle H}{\overset{|}{\underset{|}{\overset{HC-OH}{\overset{C=O}{HC-OH}}}}}}$$

| Glycerin | d-Aldehyd-Syrup | l-Aldehyd-Syrup | Dioxyaceton |
|---|---|---|---|
| flüssig<br>Siedep. 290° | racem-d,l-Glycerinaldehyd<br>kristallisiert, Smp. 138°<br>ziemlich löslich in $H_2O$<br>dimolekular | | kristallisiert<br>Smp. 70—75°<br>sehr leicht wasserlöslich<br>dimolekular<br>in $H_2O$ monomolekular |

Glycerinaldehyd bildet sich neben Dioxyaceton bei vorsichtiger Oxydation des Glycerins.

*Dioxyaceton.* Das Keto-isomere des Glycerinaldehyds ist das kristallisierte, süß schmeckende Dioxyaceton, die einfachste *Ketotriose*. Es besitzt kein asymmetrisches C-Atom.

In Form ihrer Phosphorsäureester kommen sowohl Glycerinaldehyd als auch Dioxyaceton in tierischen Geweben vor (Formel 466, S. 318).

**Formel 437.**

| Glycerinaldehyd-phosphorsäureester | Dioxyaceton-phosphorsäureester | Acetoin |
|---|---|---|
| farbloser Syrup<br>leicht wasserlöslich | Syrup | flüssig<br>Siedep. 142°<br>in $H_2O$ löslich |

In vielen lebenden Zellen kommt in geringen Mengen *Acetoin*, 2-Oxy-3-keto-butan, vor.

*Tetrosen.* Die nächsthöheren Homologen sind die Tetrosen. Da bei den Aldo-tetrosen zwei asymmetrische Kohlenstoffatome vorliegen, sind vier optische Isomere zu erwarten, die auch alle bekannt sind.

**Formel 438.**

$$
\begin{array}{cccc}
\underset{H}{\overset{H}{\diagdown}}C\overset{O}{\diagup} & \underset{H}{\overset{H}{\diagdown}}C\overset{O}{\diagup} & \underset{H}{\overset{H}{\diagdown}}C\overset{O}{\diagup} & \underset{H}{\overset{H}{\diagdown}}C\overset{O}{\diagup} \\
HO-\overset{*}{C}H & \overset{*}{H}C-OH & \overset{*}{H}C-OH & HO-\overset{*}{C}H \\
\overset{*}{H}C-OH & HO-\overset{*}{C}H & \overset{*}{H}C-OH & HO-\overset{*}{C}H \\
HC-OH & HC-OH & HC-OH & HC-OH \\
H & H & H & H \\
l(+)\text{-Threose} & d(-)\text{-Threose} & d(+)\text{-Erythrose} & l(-)\text{-Erythrose} \\
\text{Syrup} & \text{Syrup} & \text{Syrup} & \text{Syrup} \\
1 & 2 & 3 & 4
\end{array}
$$

Aldo-Tetrosen
leicht wasserlöslich

Hier sind im Gegensatz zur Weinsäure (s. Formel 406, S. 288) und zum Erythrit (s. Formel 372, S. 277) die beiden „Meso"formen 3 und 4 nicht durch Drehung zur Deckung zu bringen, da die beiden Moleküle nicht zentrumsymmetrisch sind.

In der Natur kommen die Tetrosen, einschließlich Keto-tetrosen, soweit bis jetzt bekannt, nur selten vor.

Die nächsthöheren Homologen dieser Reihe, die Oxyaldehyde mit 5 C, sind die *Pentosen.* Sie haben drei asymmetrische C-Atome; es gibt von ihnen also schon $2^3 = 8$ verschiedene Stereoisomere. Von diesen sind die wichtigsten die *d- und l-Arabinose, d-Ribose* und *d-Xylose.* In Zellkernen kommt *Desoxyribose* vor.

**Formel 439.**

$$
\begin{array}{ccccc}
\underset{H}{\overset{H}{\diagdown}}C\overset{O}{\diagup} & \underset{H}{\overset{H}{\diagdown}}C\overset{O}{\diagup} & \underset{H}{\overset{H}{\diagdown}}C\overset{O}{\diagup} & \underset{H}{\overset{H}{\diagdown}}C\overset{O}{\diagup} & \underset{H}{\overset{H}{\diagdown}}C\overset{O}{\diagup} \\
HO-\overset{*}{C}H & \overset{*}{H}C-OH & \overset{*}{H}C-OH & \overset{*}{H}C-OH & HCH \\
\overset{*}{H}C-OH & HO-\overset{*}{C}H & HO-\overset{*}{C}H & \overset{*}{H}C-OH & \overset{*}{H}C-OH \\
\overset{*}{H}C-OH & \overset{*}{H}C-OH & HO-\overset{*}{C}H & \overset{*}{H}C-OH & \overset{*}{H}C-OH \\
HC-OH & HC-OH & HC-OH & HC-OH & HC-OH \\
H & H & H & H & H \\
d(-)\text{-Arabinose} & d(+)\text{-Xylose} & l(+)\text{-Arabinose} & d(-)\text{-Ribose} & d\text{-Desoxyribose} \\
\text{kristallisiert} & \text{kristallisiert} & \text{kristallisiert} & \text{kristallisiert} & \text{kristallisiert} \\
\text{Smp. } 160° & \text{Smp. } 143° & \text{Smp. } 160° & \text{Smp. } 87° & \text{leicht in } H_2O \text{ löslich} \\
\text{leicht in } H_2O \text{ löslich} & \text{in } H_2O \text{ löslich} & \text{in } H_2O \text{ löslich} & \text{leicht in } H_2O \text{ löslich} &
\end{array}
$$

Alle Pentosen gehen eine spezifische Reaktion ein: die Bildung von *Furfurol* unter dem Einfluß heißer, starker Säure (s. Formel 620, S. 390).

Furfurol ist mit Wasserdampf flüchtig und gibt mit Phloroglucin (s. Formel 524, S. 345) und HCl in verdünnter Lösung eine tiefrote Färbung, die man analytisch als Nachweis für Pentosen verwendet.

*l-Arabinose* kommt im arabischen Gummi, auch im eingetrockneten Saft der Kirschbäume vor. *d-Arabinose* kommt in einigen Glucosiden (s. Formel 454,

S. 310) vor. *l-Xylose* findet sich als Polysaccharid in Holz, Stroh und verholzten Pflanzenteilen (Xylosan) und kann daraus in großen Mengen isoliert werden. *d-Ribose* und *d-Desoxyribose* finden sich in den *Nucleinsäuren* (s. Formel 652, S. 404), Substanzen, die einen wesentlichen Teil der Zellkerne und der Chromosomen aller lebenden Substanzen ausmachen. d-Ribose ist auch im Molekül der Co-Enzyme (s. Formel 653, S. 404) beteiligt, die Katalysatoren der Verbrennung der Nahrungsstoffe in den tierischen Zellen sind. *Desoxyribose* findet sich nur in Thymonucleinsäuren.

*Hexosen.* Die nächsthöheren Homologen sind die Hexosen mit 6 C-Atomen, einer Aldehyd- oder Ketogruppe und 5 OH-Gruppen. Bei den Aldohexosen gibt es 4 asymmetrische C-Atome, also 16 verschiedene stereoisomere Aldosen, weiter 8 verschiedene Ketohexosen, da die Ketohexosen nur 3 asymmetrische C-Atome haben.

Die wichtigsten davon sind die drei Aldohexosen *d-Glucose, d-Mannose, d-Galaktose* und die beiden Ketohexosen *d-Fructose* und *l-Sorbose.*

**Formel 440.**

| d(+)-Glucose | d(+)-Mannose | d(+)-Galaktose | d-Fructose | l-Sorbose |
|---|---|---|---|---|
| kristallisiert + 1 H₂O | kristallisiert + 1 H₂O | kristallisiert + 1 H₂O | kristallisiert | kristallisiert |
| Smp.146°(wasserfrei) | Smp.132°(wasserfrei) | Smp.168°(wasserfrei) | Smp. 95° | Smp. 165° |
| Dichte 1,56 | leichtlöslich | leichtlöslich | leichtlöslich | löslich 60% |
| löslich etwa 60% | | | Dichte 1,66 | in H₂O |

*d-Glucose* ist der am weitesten in der Natur verbreitete Zucker. Er kommt daneben in polymerer Form, in *Disacchariden* (Maltose, Saccharose oder Rohrzucker) oder in *Polysacchariden* (Stärke, Glykogen, Cellulose, s. Formel 464, S. 314) in allen lebenden Zellen vor. d-Glucose ist auch die leicht diffusible Transportform, in der die Zucker durch das Blut als Nahrungsstoff vom Darm oder aus der Leber zu den Muskeln transportiert werden. Als besonders reaktive Zwischenstufen des Zellstoffwechsels kommen in Geweben Glucose- und Fructosemono- und -diphosphorsäureester vor. „Candiolin" ist Fructose-1,6-diphosphorsaures Calcium, das als Stärkungsmittel genommen wird (s. Formel 466, S. 318).

*d-Mannose* kommt in Pflanzen vor; als Polysaccharid in Seetang, Steinnußschalen.

*d-Galaktose* kommt gebunden in zahlreichen Gummiarten, weiter im Disaccharid *Lactose* (s. S. 311), dem *Zucker der Milch,* vor. Außerdem findet sich Galaktose im tierischen Gehirn, in den sog. *Cerebrosiden,* die außerdem Sphingosin (s. S. 298) und hohe Fettsäuren enthalten.

*d-Fructose* findet sich frei im *Honig,* von dem sie etwa ein Drittel ausmacht, weiter gebunden im Disaccharid *Saccharose,* dem gewöhnlichen Speisezucker.

l-Sorbose entsteht bakteriell aus Sorbit (Formel 374, S. 278), dem Zucker der roten Vogelbeeren.

*Osazone.* Alle Aldosen und Ketosen geben mit *Phenylhydrazin Phenylhydrazone.* So erhält man, wenn man Glycerinaldehyd mit Phenylhydrazin behandelt, das folgende Hydrazon.

**Formel 441.**

|  |  |  |
|---|---|---|
| Glycerinaldehyd | Phenylhydrazin | Glycerinaldehyd-phenylhydrazon |
| (d,l) kristallisiert | flüssig, Siedep. 244° | farblos, kristallisiert |
| Smp. 138° | | |
| löslich in $H_2O$ | | |

Bei Zuckern als Oxyaldehyden und Oxyketonen bleibt die Einwirkung des Phenylhydrazins jedoch nicht bei der Bildung der Hydrazone stehen, falls man mit einem Überschuß von Phenylhydrazin in der Wärme arbeitet. Das primär gebildete Hydrazon reagiert an der benachbarten OH-Gruppe mit einem zweiten Molekül Phenylhydrazin so, daß eine kombinierte Redoxydation stattfindet. Dabei wird die Hydroxylgruppe zur Ketogruppe dehydrogeniert und das Phenylhydrazin zu Anilin und Ammoniak reduziert.

**Formel 442.**

|  |  |  |  |
|---|---|---|---|
| Glycerinaldehyd-phenylhydrazon | Phenylhydrazin | Ketoglycerinaldehyd-phenylhydrazon | Anilin |
| farblos, kristallisiert | flüssig Siedep. 244° | nicht isoliert | flüssig, Siedep. 184° |

Das so gebildete Ketohydrazon reagiert mit einem dritten Molekül Phenylhydrazin unter Bildung eines *Osazons.*

**Formel 443.**

|  |  |  |
|---|---|---|
| Ketoglycerinaldehyd-phenylhydrazon | Phenylhydrazin | Glycerinaldehyd-osazon |
| nicht isoliert | flüssig, Siedep. 244° | = Dioxyaceton-osazon |
| | | kristallisiert, gelb |

Möglicherweise ist die Bildung der Osazone formelmäßig anders zu deuten. Die Osazone sind im Gegensatz zu den farblosen und wasserlöslichen Phenylhydrazonen *gelbe Kristalle* und in Wasser meistens schwerlöslich. Sie werden als gut kristallisierende Derivate der schlecht und langsam kristallisierenden Aldosen und Ketosen analytisch angewendet.

Die farblosen Hydrazone der d-Glucose und der d-Fructose sind verschieden. Dagegen sind ihre gelben Osazone identisch. Bei der Osazonbildung der Glucose geht die Asymmetrie des Kohlenstoffs 2 verloren.

**Formel 444.**

$$
\begin{array}{ll}
1. & HC{=}N{-}N{-}C_6H_5 \\
2. & \overset{*}{H}C{-}OH \\
3. & HO{-}\overset{*}{C}H \\
4. & \overset{*}{H}C{-}OH \\
5. & \overset{*}{H}C{-}OH \\
6. & HC{-}OH \\
\end{array}
\qquad
\begin{array}{ll}
1. & HC{-}OH \\
2. & C{=}N{-}N{-}C_6H_5 \\
3. & HO{-}\overset{*}{C}H \\
4. & \overset{*}{H}C{-}OH \\
5. & \overset{*}{H}C{-}OH \\
6. & HC{-}OH \\
\end{array}
$$

Glucose-phenylhydrazon          Fructose-phenylhydrazon

$$+\ 2\,H_2N{-}N{-}C_6H_5$$

$$
\begin{array}{ll}
1. & C{=}N{-}N{-}C_6H_5 \\
2. & C{=}N{-}N{-}C_6H_5 \\
3. & HO{-}\overset{*}{C}H \\
4. & \overset{*}{H}C{-}OH \\
5. & \overset{*}{H}C{-}OH \\
6. & HC{-}OH \\
\end{array}
$$

Glucose-osazon = Fructose-osazon

gelb, kristallisiert, Smp. 208°, fast unlöslich in $H_2O$

Wenn zwei verschiedene Zucker dasselbe Osazon geben, so kann man daraus immer schließen, daß ihre Verschiedenheit nur auf dem asymmetrischen C beruht, das der Carbonylgruppe benachbart ist, im vorliegenden Fall auf C-Atom Nr. 1 und Nr. 2.

(In allen Formeln sind die asymmetrischen Kohlenstoffatome mit Sternchen bezeichnet.)

FEHLING-*Probe.* Eine andere Reaktion, die von allen Zuckern mit freier Carbonylgruppe gegeben wird, ist die Reduktion von alkalischen Lösungen zweiwertiger Kupfersalze. Um das alkalische $Cu^{++}$-Hydroxyd in Lösung zu halten, werden wasserlösliche Kupferkomplexsalze verwendet, von denen die FEH-LINGsche *Lösung* am meisten verwendet wird. Die FEHLINGsche Lösung ist ein Komplex aus Kupferhydroxyd und weinsauren Salzen (s. Formel 407, S. 289). Beim Erwärmen mit Zuckern wird das zweiwertige Kupfer der tiefblauen komplexen Lösung zu rotem einwertigem unlöslichem Kupferoxydul reduziert. Am Entstehen des roten Kupferoxyduls kann man die Gegenwart reduzierender Zucker feststellen  Durch modifizierte Methoden kann man reduzierende Zucker quantitativ titrieren. Die Aldehydgruppe der Aldosen wird dabei zum Teil zur Carboxylgruppe. Der größere Teil der Glucose wird zu $CO_2$, Ameisensäure und anderen Stoffen oxydiert.

**Formel 447.**

$$\text{Mechanismus der FEHLING-Reaktion}$$

s. auch Formel 407, S. 289

Wie von allen Aldehyden und Ketonen kann man auch von Zuckern mit Hydroxylamin Oxime herstellen. Da diese Oxime wenig charakteristisch sind, werden sie in der analytischen Chemie der Zucker nicht verwendet.

*Osone.* Wenn man die Osazone mit konzentrierter Salzsäure vorsichtig erwärmt, so werden die beiden Phenylhydrazinreste abgespalten und es bleibt eine Hexose, die zwei Carbonylgruppen, eine Aldehyd- und eine Ketogruppe enthält. Man nennt solche Verbindungen *Osone.* Sie sind nicht kristallisiert und bisher in der Natur nicht gefunden worden.

**Formel 446.**

Glucose-osazon — kristallisiert, gelb, Smp. 208°

Glucoson — Syrup, leicht wasserlöslich

Phenylhydrazin-chlorhydrat — kristallisiert, Salz, wasserlöslich

*Synthese der Oxyaldehyde.* Praktisch werden sie immer aus Naturstoffen gewonnen. Aus Gründen der Konstitutionsaufklärung war jedoch auch ihre Laboratoriumssynthese nötig. Die meisten Synthesen wurden von EMIL FISCHER durchgeführt.

Die einfachste Synthese von Hexosen besteht in der Polymerisation des Formaldehyds durch Calciumhydroxyd. Es entsteht ein Gemisch von hauptsächlich Hexosen, aus denen EMIL FISCHER unter Anwendung der Trennungsmethoden nach PASTEUR einige Hexosen in reiner Form isolieren konnte.

**Formel 447.**

$6 \times$ Formaldehyd
in wäßriger Lösung

Ketohexose
Hexosengemisch

Breusch, Chemie, 2. Aufl.         20

Eine Vermutung, daß auch die Pflanze, die Hauptquelle der natürlichen Zucker, ihre Hexosen aus Formaldehyd synthetisiert, hat sich als unrichtig erwiesen.

*Cyanhydrin-synthese.* Eine durchsichtige Teilsynthese besteht in der Anlagerung von Blausäure an die Aldehydgruppe. Es entstehen dabei *Oxynitrile* oder *Cyanhydrine,* die sich durch Kochen mit Säuren zu Oxysäuren und $NH_3$ verseifen lassen.

**Formel 448.**

$$
\begin{array}{ccccccc}
& & C\equiv N & & C\equiv N & & COOH \quad + \quad NH_3 \\
& & | & & | & & | \\
H{>}C{=}O & + & H & \rightarrow & \overset{*}{H}C{-}OH & \xrightarrow{\text{Verseifung}} & \overset{*}{H}C{-}OH \\
& & & & | & & | \\
\text{Aldehyd} & & \text{Blausäure} & & \text{Oxynitril} & & \alpha\text{-Oxysäure} \\
& & \text{Siedep. } +26° & & \text{Cyanhydrin} & &
\end{array}
$$

So erhält man, wenn man d-Arabinose mit Blausäure behandelt, d-Arabinose-cyanhydrin.

**Formel 449.**

$$
\begin{array}{l}
\phantom{5.}\quad C\equiv N \qquad\qquad\qquad \text{racemisch} \qquad\qquad C\equiv N \quad 6.\\
5.\quad H{>}C{=}O \; + \; HCN \qquad \boxed{\overset{*}{H}C{-}OH} \; \leftarrow \; \rightarrow \; \boxed{HO{-}\overset{*}{C}H} \quad 5.\\
4.^* \; HO{-}\overset{*}{C}H \qquad\qquad\qquad HO{-}\overset{*}{C}H \qquad\qquad HO{-}\overset{*}{C}H \quad 4.\\
3.^* \; \overset{*}{H}C{-}OH \quad \rightarrow \qquad \overset{*}{H}C{-}OH \quad + \quad \overset{*}{H}C{-}OH \quad 3.\\
2.\quad \overset{*}{H}C{-}OH \qquad\qquad \overset{*}{H}C{-}OH \qquad\qquad \overset{*}{H}C{-}OH \quad 2.\\
1.\quad HC{-}OH \qquad\qquad\quad HC{-}OH \qquad\qquad HC{-}OH \quad 1.\\
\phantom{1.}\quad H \qquad\qquad\qquad\qquad H \qquad\qquad\qquad H
\end{array}
$$

d-Arabinose         2 verschiedene Arabinose-cyanhydrine

kristallisiert, Smp. 160°    Racemgemisch an $C_5$, identisch an $C_4$, $C_3$, $C_2$

In der d-Arabinose sind die mit * bezeichneten C-Atome am C-Atom Nr. 2, 3 und 4 asymmetrisch; es gibt 8 verschiedene isomere Pentosen. In dem gebildeten d-Arabinosecyanhydrin tritt zu den vorhandenen 3 asymmetrischen C-Atomen ein viertes am C Nr. 5. Wie früher besprochen, entsteht bei Laboratoriumssynthesen asymmetrischer C-Atome immer ein racemisches Gemisch (siehe S. 236). So entsteht auch in vorliegendem Fall ein Gemisch, das nur in bezug auf das C-Atom Nr. 5 racemisch ist. Da ein racemisches Gemisch eines asymmetrischen C-Atoms nur aus 2 Komponenten, der d- und der l-Form besteht, erhält man 2 Isomere. Diese beiden Cyanhydrine kann man trennen und wie oben zu den entsprechenden Säuren verseifen.

**Formel 450.**

$$
\begin{array}{l}
6.\quad COOH \;\; \text{racemisch} \;\; COOH \qquad\quad H{>}C{=}O \qquad\quad H{>}C{=}O \quad 6.\\
5.\quad \boxed{\overset{*}{H}C{-}OH} \leftarrow \rightarrow \boxed{HO{-}\overset{*}{C}H} \qquad \overset{*}{H}C{-}OH \qquad HO{-}\overset{*}{C}H \quad 5.\\
4.\; HO{-}\overset{*}{C}H \qquad\quad HO{-}\overset{*}{C}H \qquad HO{-}\overset{*}{C}H \qquad HO{-}\overset{*}{C}H \quad 4.\\
3.\quad \overset{*}{H}C{-}OH \qquad\quad \overset{*}{H}C{-}OH \xrightarrow{H_2} \overset{*}{H}C{-}OH \; + \; \overset{*}{H}C{-}OH \quad 3.\\
2.\quad \overset{*}{H}C{-}OH \qquad\quad \overset{*}{H}C{-}OH \qquad \overset{*}{H}C{-}OH \qquad \overset{*}{H}C{-}OH \quad 2.\\
1.\quad HC{-}OH \qquad\qquad HC{-}OH \qquad HC{-}OH \qquad HC{-}OH \quad 1.\\
\phantom{1.}\quad H \qquad\qquad\qquad H \qquad\qquad\quad H \qquad\qquad\quad H
\end{array}
$$

d-Gluconsäure    d-Mannonsäure    d-Glucose    d-Mannose

Syrup, leichtlöslich in                 kristallisiert, Smp. 146°    kristallisiert, Smp. 132°
$H_2O$, nicht destillierbar

Man erhält 2 Säuren, d-Gluconsäure und d-Mannonsäure, die man auch durch Oxydation ihrer jeweils zugehörigen Hexosen d-Glucose und d-Mannose erhalten kann.

Beide Säuren lassen sich zu den entsprechenden Aldosen, Glucose und Mannose, reduzieren. Durch diese Überführung ist bewiesen, daß d-Arabinose an ihrem 2., 3. und 4. C-Atom dieselbe Konfiguration hat wie d-Glucose und d-Mannose.

Damit wurden *aus einer Pentose zwei Hexosen* aufgebaut. Solche und andere Synthesen lassen sich weiter ausdehnen; alle theoretisch voraussehbaren Monosaccharide bis $C_6$ sind synthetisiert worden. Man kann die Synthese mit dem einfachsten Zucker, dem Glykolaldehyd beginnen oder mit höheren Zuckern. Bis heute sind einzelne Synthesen bis zu einer Kettenlänge von 10 C durchgeführt worden. Außer einigen seltenen Monosacchariden der Reihe mit 7 C sind höhere Monosaccharide in der Natur nicht gefunden worden.

*Zuckerabbau, Konstitutionsermittlung.* Die Aldohexosen haben 4 asymmetrische Kohlenstoffatome, die Ketohexosen 3. Die Konfiguration an den asymmetrischen C-Atomen ist schwierig festzustellen. Man muß dazu die Zuckerkette in chemisch durchsichtiger Weise so lange abbauen, bis man zu einer Substanz kommt, deren räumliche Konfiguration aus anderen Daten bekannt ist. So wurde bei der Glucose der Abbau nach den folgenden Formelbildern durchgeführt, bis man zur Mesoweinsäure (s. S. 288) kam.

**Formel 451.**

|  | d(+)-Glucose | | d(−)-Arabinose | | d(+)-Erythrose | | Mesoweinsäure |
|---|---|---|---|---|---|---|---|
| 6. | $H-C{=}O$ | | | | | | COOH 4. |
| 5. | $\overset{*}{H}C-OH$ | | $H-C{=}O$ | | | | $\overset{*}{H}C-OH$ 3. |
| 4. | $HO-\overset{*}{C}H$ | $\xrightarrow{Br_2/H_2O_2}$ | $HO-\overset{*}{C}H$ | $\xrightarrow{Br_2/H_2O_2}$ | $H-C{=}O$ | $\xrightarrow{HNO_3}$ | $\overset{*}{H}C-OH$ 2. |
| 3. | $\overset{*}{H}C-OH$ | | $\overset{*}{H}C-OH$ | | $\overset{*}{H}C-OH$ | | COOH 1. |
| 2. | $\overset{*}{H}C-OH$ | | $\overset{*}{H}C-OH$ | | $\overset{*}{H}C-OH$ | | |
| 1. | $HC-OH$ / $H$ | | $HC-OH$ / $H$ | | $HC-OH$ / $H$ | | |

| d(+)-Glucose | d(−)-Arabinose | d(+)-Erythrose | Mesoweinsäure |
|---|---|---|---|
| kristallisiert, Smp. 146° | Smp. 160° | Syrup | Smp. 140° (wasserfrei) leichtlös'ich in $H_2O$ durch intramolekulare Kompensation optisch inaktiv |

Die Konstitution der Mesoweinsäure ist bekannt (s. S. 288), auch weil sie durch vorsichtige Oxydation von Maleinsäure (cis-Form) mit $KMnO_4$ entsteht, wobei beide Hydroxylgruppen auf derselben Seite in das Molekül eintreten müssen[1]. Dadurch ist wenigstens die gegenseitige räumliche Lage der Hydroxylgruppen an den Kohlenstoffatomen 2 und 3 festgelegt. Durch diese und ähnliche Methoden ist heute die Konstitution aller Zucker bekannt.

---

[1] Dieser Konstitutionsbeweis ist nur bei der Addition von zwei —OH-Gruppen an die Maleinsäure richtig; bei der Addition anderer Substituenten, z.B. $Br_2$ an die Doppelbindung, entstehen durch eine Art von WALDENscher Umkehr nicht Mesoverbindungen, sondern trans-Substitutionsverbindungen.

Tabelle 39. *Konfiguration aller d-Aldosen bis 6 C.*

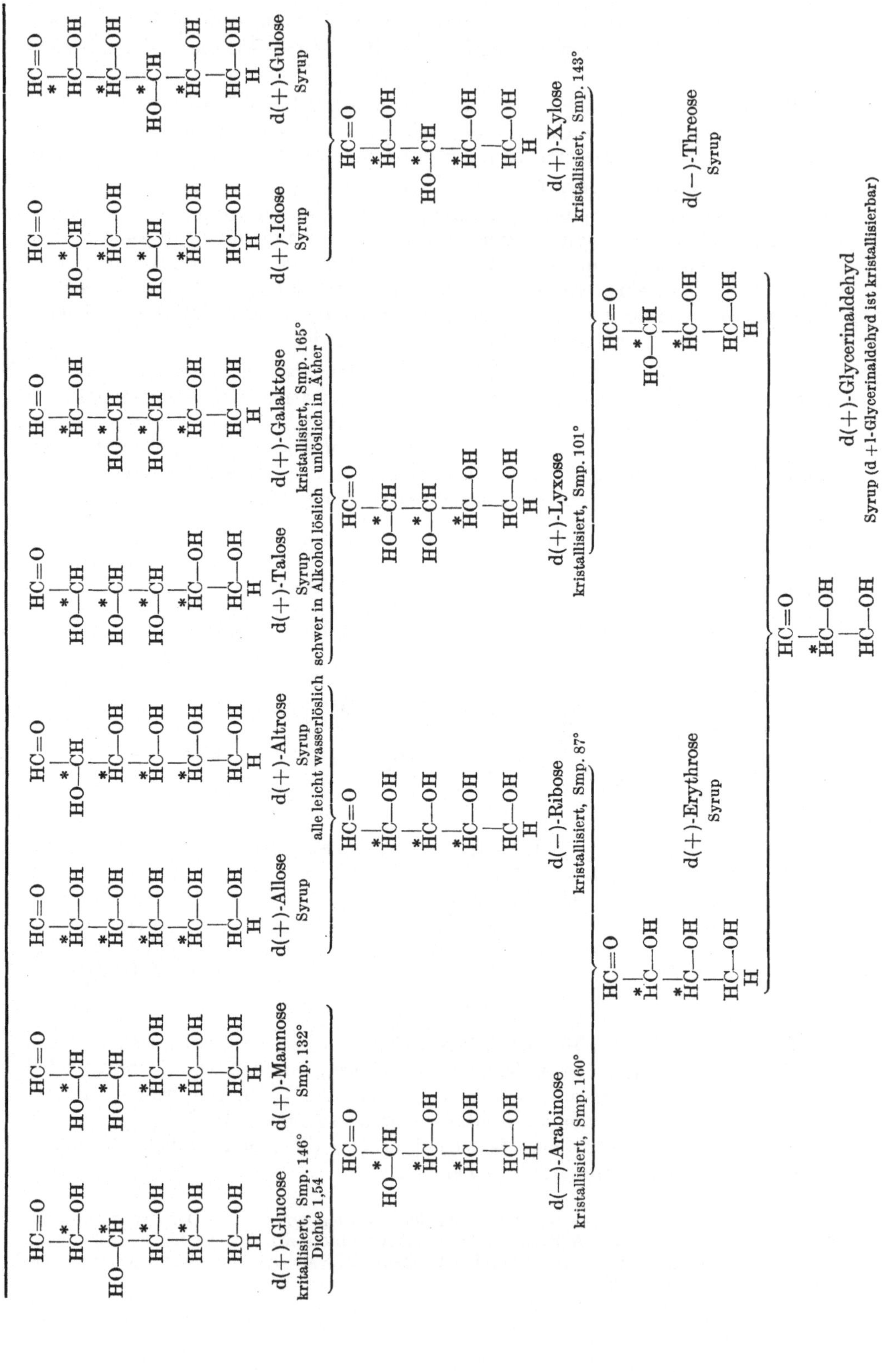

d(+)-Glucose — kristallisiert, Smp. 146° — Dichte 1,54

d(+)-Mannose — Smp. 132°

d(+)-Allose — Syrup

d(+)-Altrose — Syrup

d(+)-Talose — Syrup

d(+)-Galaktose — kristallisiert, Smp. 165°

d(+)-Idose — Syrup

d(+)-Gulose — Syrup

alle leicht wasserlöslich   schwer in Alkohol löslich   unlöslich in Äther

d(—)-Arabinose — kristallisiert, Smp. 160°

d(—)-Ribose — kristallisiert, Smp. 87°

d(+)-Lyxose — kristallisiert, Smp. 101°

d(+)-Xylose — kristallisiert, Smp. 143°

d(+)-Erythrose — Syrup

d(—)-Threose — Syrup

d(+)-Glycerinaldehyd — Syrup (d +l-Glycerinaldehyd ist kristallisierbar)

## d) Zuckeracetale, Zuckersäuren, Di- und Polysaccharide.

*Zuckeracetale, Monosaccharid-acetale.* Alle Aldehyde sind imstande, in der Hydratform mit Alkohol Acetale zu bilden (s. Formel 295, S. 251). Zu dieser Bildung sind auch die Zucker befähigt. Da in den Zuckern Alkoholhydroxyd-gruppen schon zur Verfügung stehen, und da sich 5- und 6-Ringe in organischen Verbindungen besonders leicht bilden, sind die Zucker imstande, ringförmige innere Acetale zu bilden. Die Neigung der Zucker zur Bildung solcher Ringacetale ist so groß, daß sie freiwillig in diese Form übergehen. Dabei geht nur eine der beiden Hydroxylgruppen der hydratisierten Carbonylgruppe eine ringförmige Acetalbildung ein. Man nennt sie deshalb *Halbacetale.*

**Formel 452.**

Pyranring — d-Glucose, pyranoid — d-Glucose, furanoid — Furanring

*Furanoide, pyranoide α,β-Zucker.* Findet die Acetalbindung mit der Hydroxyl-gruppe des 4. Kohlenstoffs statt, so entsteht ein Derivat eines heterocyclischen *5-Rings*, des *Furans.* Man nennt eine solche Substanz einen *furanoiden Zucker.* Bildet sich das Acetal mit der Hydroxylgruppe am 5. Kohlenstoffatom, so ent-steht ein heterocyclischer *6-Ring*, ein Derivat des *Pyrans.* Eine solche Verbindung nennt man einen *pyranoiden Zucker.*

In den Halbacetalen ist am Kohlenstoff der Aldehydgruppe ein neues asym-metrisches C entstanden. Man kann deshalb 2 isomere, das polarisierte Licht verschieden drehende Halbacetalzucker erwarten. Tatsächlich lassen sich diese beiden Formen, die man als α- und β-Form bezeichnet, isolieren.

**Formel 453.**

α-Glucose — β-Glucose

*Mutarotation.* Im Gegensatz zu den anderen asymmetrischen C-Atomen, die in ihrer optischen Konfiguration fast immer stabil und unveränderlich sind, sind die Isomeren dieses C-Atoms nicht stabil. Jede der Komponenten wandelt sich in wäßriger Lösung bis zu einem *Gleichgewicht* in die andere Form um. Dagegen sind die beiden Isomeren in fester Form beständig. Löst man deshalb feste Glucose in Wasser, so ändert sich die anfängliche optische Drehung und, es stellt sich nach einiger Zeit eine Gleichgewichtsdrehung von $+52,30°$ ein, da in gewöhnlicher kristallisierter Glucose das α,β-Gleichgewicht einen anderen Wert hat. Man nennt diese Erscheinung *Mutarotation.* Viele Zucker zeigen Mutarotation.

*Glucoside.* Die bei Halbacetalen an der Carbonylgruppe freibleibende Hydroxylgruppe kann mit anderen Alkoholen Vollacetale bilden.

**Formel 454.**

Äthanol

Pyranoide Halbacetalglucose
gibt Fehling-Reaktion

Pyranoides Äthylglucosid (α)
kristallisiert, Smp. 113°, leichtlöslich in $H_2O$
gibt keine Fehling-Reaktion, keine freie Aldehydgruppe

So entsteht aus Äthylalkohol und pyranoider Glucose Äthylglucosid; man nennt solche *Acetale der Glucose Glucoside.* Die Laboratoriumssynthese dieser Glucoside ist schwierig. Glucoside kommen in zahlreichen Pflanzen vor.

*Disaccharide.* An Stelle einfacher Alkohole können sich mit der freibleibenden Acetalhydroxylgruppe auch Alkoholgruppen anderer Zucker vereinigen. Es entsteht eine Verbindung, die *2 Moleküle Monosaccharid* enthält. Man nennt solche Verbindungen *Disaccharide.* Ein Disaccharid ist die *Maltose*, der gewöhnliche Malzzucker.

**Formel 455.**

Malzzucker, Maltose, Disaccharid, α,4-Glucosido-glucose
weiß, kristallisiert, zersetzt sich beim Schmelzen, halbe freie Aldehydgruppe, gibt Fehling-Reduktionsprobe

Man kann Maltose als Glucose-Glucosid bezeichnen. In der Maltose ist die freie Acetalhydroxylgruppe des einen Glucosemoleküls in α-Glucosestellung mit der Alkoholgruppe am 4. C-Atom eines zweiten Glucosemoleküls vereinigt. Nach dem gleichen Prinzip kann sich an die noch freie Halbacetalhydroxylgruppe des zweiten Glucosemoleküls (im Bild mit Kreuz bezeichnet) ein drittes Molekül Glucose anhängen. Man erhält ein *Trisaccharid.* So können sich beliebig viele Zuckermoleküle aneinander binden; es entstehen *Polysaccharide* (s. Formel 462, S. 314).

Das Disaccharid *Cellobiose*, das man durch vorsichtige Hydrolyse von Cellulose erhält, hat gleiche Struktur, ist aber β-glucosidisch gebunden.

Eine cyclische Halbacetalbindung ist auch bei Ketosen möglich, z. B. bei der Fructose. So ist der gewöhnliche *Rohrzucker* ein Disaccharid, in dem die Acetalhydroxylgruppe der Glucose mit der Acetalhydroxylgruppe der Fructose verbunden ist, wobei beide Zucker miteinander ein Vollacetal bilden. Diese ätherartige Acetalbindung läßt sich durch Kochen mit verdünnten Säuren oder durch Stehenlassen mit Säuren in der Kälte hydrolysieren.

Rohrzucker enthält keine freie Halbacetalgruppe und gibt deshalb keine Fehling-Reaktion. Er findet sich nur im Pflanzenreich und wird im tierischen Verdauungstrakt enzymatisch in Fructose und Glucose gespalten.

**Formel 456.**

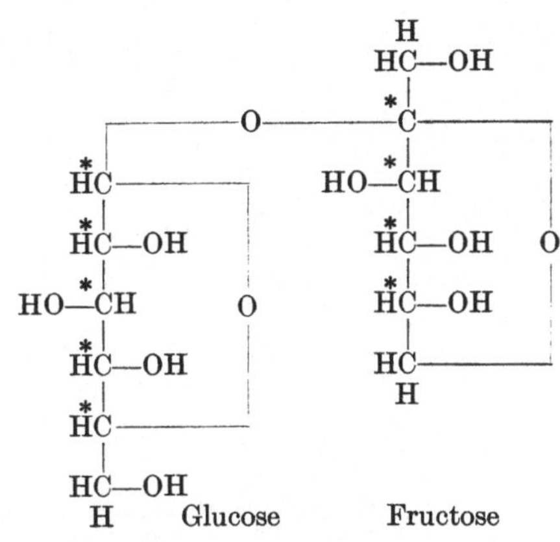

Rohrzucker, Rübenzucker, Saccharose

kristallisiert, Smp. 160°, Zersetzung, in $H_2O$ löslich, keine freie Aldehydgruppe, gibt keine Fehling-Reaktion

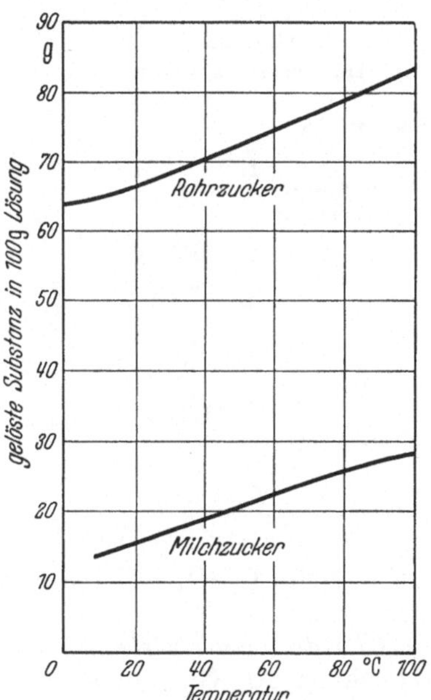


Abb. 81. Löslichkeit von Rohrzucker und Milchzucker. Alle Zucker neigen zur Bildung übersättigter Lösungen, sie kristallisieren langsam.

Milch enthält das Disaccharid *Milchzucker*, die *Lactose*. Sie besteht aus Galaktose und Glucose. Dabei ist die freie Acetalhydroxylgruppe der Galaktose mit der Alkoholgruppe am 4. C-Atom der Glucose verbunden. Lactose gibt Fehling-Reaktion. Ein Trisaccharid *Raffinose* kommt neben Rohrzucker in Zuckerrüben vor.

*Zuckersäuren.* Wenn man Glucose mit Brom oxydiert, so kommt man zur *Gluconsäure*. In ihr ist die Aldehydgruppe zur Säuregruppe oxydiert. Behandelt man Glucose mit stärkeren Oxydationsmitteln, z. B. konzentrierter Salpetersäure in der Wärme, so wird auch die endständige Alkoholgruppe oxydiert und man erhält *Zuckersäure*, eine Dicarbonsäure.

*Glucuronsäure.* In der Leber der Tiere entsteht, vielleicht aus Glucose, vielleicht auf Umwegen durch Resynthese aus Brenztraubensäure, *Glucuronsäure*. Sie erfüllt die Funktion, giftige Verbindungen mit Alkoholgruppen chemisch als Acetale zu binden; diese Acetale kommen dann als wasserlösliche Salze der sog. *gepaarten Glucuronsäuren* im Harn zur Ausscheidung.

So wird aufgenommenes Phenol als gepaarte Glucuronsäure durch die Nieren wieder ausgeschieden, ebenso Menthol und andere Alkohole.

*Heparin*, eine aus Leber isolierte, blutgerinnungshemmende, pulverförmige, wasserlösliche Substanz, ist ein polymerer (s. S. 410) Schwefelsäureester, in dem

**Formel 457.**

$$
\begin{array}{ccc}
\text{Glucose} & \xrightarrow[\text{H}_2\text{O}]{\text{Br}_2} \text{Gluconsäure} & \xrightarrow[\text{konz.}]{\text{HNO}_3} \text{Zuckersäure}
\end{array}
$$

Glucose: Aldehyd — HC—OH — HO—CH — HC—OH — HC—OH — HC—OH — H (Alkohol)
kristallisiert, Smp. 146°

Gluconsäure: Säure — HC—OH — HO—CH — HC—OH — HC—OH — HC—OH — H (Alkohol)
Syrup

Zuckersäure: Säure — HC—OH — HO—CH — HC—OH — HC—OH — Säure
Syrup, leichtlöslich in $H_2O$
gibt FEHLING-Reaktion

**Formel 458.**

Glucuronsäure (Aldehydhalbacetalgruppe … Säuregruppe COOH) $+$ Phenol (⟨ ⟩—OH) → Phenol-glucuronsäure

Glucuronsäure
farblos, Syrup, löslich in $H_2O$
gibt FEHLING-Reaktion

Phenol-glucuronsäure
gibt keine FEHLING-Reaktion

auf je 5 Mol $H_2SO_4$ 2 Mol Glucuronsäure und 2 Mol N-Acetylglucosamin (S. 313) vorkommen.

*Chondroitinschwefelsäure*, eine Bausubstanz der Knorpel, enthält neben veresterter $H_2SO_4$ Glucuronsäure und N-Acetylgalaktosamin.

*Pektin* ist eine polymere Galakturonsäure (aus Galaktose, S. 308) aus Früchten. Da Pektinlösungen leicht gelatinieren, wird Pektin in der Marmeladeindustrie zur Verfestigung eingedickter Fruchtsäfte verwendet.

*Hyaluronsäure* ist ein Polymeres aus Glucuronsäure und N-Acetylglucosamin.

*Laktone.* Die Zuckersäuren kommen meist nicht in der hingeschriebenen offenen Form vor, sondern es bilden sich zwischen der Carboxylgruppe und der OH-Gruppe des 4. C-Atoms *innere Ester*, die man *Laktone* nennt.

**Formel 459.**

γ-Oxy-valeriansäure ⇄ γ-Oxy-valeriansäurelakton

γ-Oxy-valeriansäure
nicht rein isoliert

γ-Oxy-valeriansäurelakton
flüssig, Siedep. 206°

Gluconsäure ⇄ Gluconsäurelakton

Gluconsäure

Gluconsäurelakton
Syrup, löslich in $H_2O$
nicht destillierbar

Laktone verhalten sich wie normale Ester; durch NaOH lassen sie sich wieder in die Salze der offenen Säureform spalten.

*Vitamin C.* Wenn man Gluconsäuren oder Osone (s. Formel 446, S. 305) vorsichtig weiter oxydiert, so kommt man zu den $\alpha$-*Ketohexonsäuren*, von denen es 8 verschiedene Isomere gibt. Behandelt man eines dieser Isomeren, die $\alpha$-Keto-l-idonsäure, mit konzentrierter Salzsäure und erwärmt die Reaktionslösung, so geht die Ketogruppe am $C_2$ mit der Hydroxylgruppe am $C_3$ in eine *Endiolverbindung* über. Diese Substanz ist identisch mit dem *Vitamin C ( = Ascorbinsäure )*.

**Formel 460.**

d-Glucoson — d-Glucosonsäure — $\alpha$-Ketogulonsäure-lakton = $\alpha$-Ketoidonsäure-lakton — Ascorbinsäure Vitamin C

Syrup — Syrup, leicht wasserlöslich — — kristallisiert, Smp. 192 farblos, in $H_2O$ löslich

Der Säurecharakter des Vitamins C rührt nicht von der (laktonisierten) Carboxylgruppe, sondern vom leicht abdissoziierbaren $H^+$ der Endiolgruppe her. Alle Stereoisomeren des Vitamins C wurden synthetisiert und sind biologisch weniger wirksam als dieses (REICHSTEIN).

Vitamin C wurde von SZENT-GYÖRGYI aus Nebennieren und aus Paprika isoliert; man hat es mit feineren analytischen Methoden in allen Pflanzen und in jedem tierischen Organ nachgewiesen. Vitamin C wird zur Bekämpfung und Heilung von *Skorbut* verwendet; es wird als Modemedizin auch gegen viele andere Leiden gebraucht. Vitamin C spielt wahrscheinlich im Oxydationsstoffwechsel eine Rolle als Redoxkatalysator; es läßt sich leicht oxydieren und wieder reduzieren. Den Gehalt verschiedener biologischer Flüssigkeiten kann man durch Titration mit einem blauen Redoxfarbstoff, der durch Vitamin C zu einer farblosen Stufe reduziert wird, feststellen. Der Farbstoff heißt Dichlorphenolindophenol.

**Formel 461.**

Glucosamin

kristallisiert, Smp. 110°, löslich in $H_2O$

*Aminozucker.* Es gibt in der Natur Zucker, die Aminogruppen tragen. Der wichtigste davon ist das *Glucosamin,* dessen sterische Konfiguration der Aldohexose Glucose entspricht.

Ein Polysaccharid des Glucosamins ist das hornartige *Chitin.* Chitin ist der Hauptbestandteil mancher Krebsschalen und der Hülle des Insektenkörpers. Auch in Flechten und manchen Pilzen ist es nachgewiesen worden. Glucosamin kann man aus Chitin, das in Waser unlöslich ist, durch Kochen mit Säure (Hydrolyse) gewinnen.

Glucosamin findet sich auch im Speichelprotein Mucin, außerdem in der Knorpelsubstanz als Chondroitinschwefelsäure.

*Polysaccharide.* Die Zucker kommen in der Natur nicht nur in Mono- und Disaccharidform vor, sondern hauptsächlich in der Form von *Polysacchariden.*

Das Aufbauprinzip der Polysaccharide besteht wie bei der Maltose darin, daß immer die Acetalhydroxylgruppe des vorhergehenden Zuckers mit der vierten Alkoholgruppe des nächsten Zuckers wie in Formel 455, S. 310, vereinigt ist.

**Formel 462.**

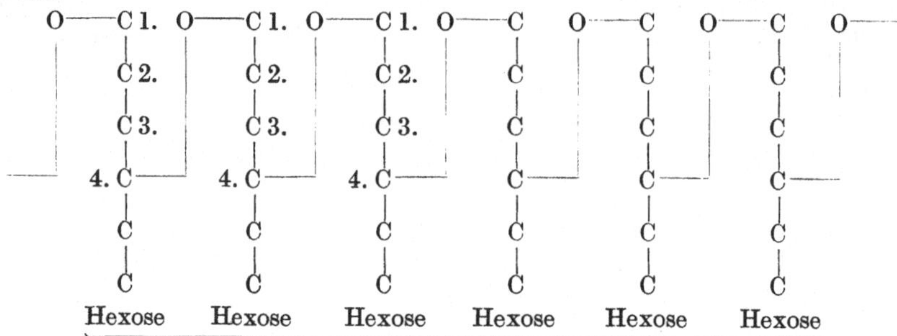


Polysaccharid

Die Moleküle vieler Polysaccharide haben wahrscheinlich nicht nur die Struktur von Fäden wie Stärke, sondern sie gleichen Kämmen (wie Glykogen), so, daß von einem langen fadenförmigen Stammolekül seitliche Fadenmoleküle ausgehen.

Die wichtigsten Polysaccharide sind *Stärke, Inulin, Glykogen* und *Cellulose.* Stärke, Glykogen und Cellulose setzen sich aus Glucosemolekülen zusammen. Inulin ist ein in Pflanzen vorkommendes Polymeres der Fructose.

*Stärke.* Stärke ist ein *Hauptnahrungsmittel* der Menschen. Das Brot enthält etwa die Hälfte bis zwei Drittel seines Trockengewichtes an Stärke. Wie alle Hochpolymeren, die sich in Wasser lösen, gibt auch die Stärke kolloidale Lösungen. Das beruht darauf, daß die einzelnen Stärkemoleküle bei dem sehr hohen Molekulargewicht so große Teilchen darstellen, daß sie schon an die Größenordnung kolloidaler Teilchen heranreichen. Da die Stärkemoleküle die Struktur langer verzweigter Fäden haben, und da *Fadenkolloide* die Lösung viscos und (unter bestimmten Bedingungen) klebrig machen, hat Stärkelösung *Leimeigenschaften* (Stärkekleister).

Durch vorsichtiges trockenes Erwärmen (eventuell mit Spuren von HCl) wird Stärke in Produkte von niedrigerem Molekulargewicht übergeführt, in die *Dextrine.*

Durch kalte Mineralsäuren, besonders konzentrierte HCl, wird Stärke quantitativ in Glucose gespalten. Durch ein weitverbreitetes Enzym, die *Diastase,* die auch im menschlichen Speichel vorkommt, wird Stärke nur bis zu dem Disaccharid Maltose (s. Formel 455, S. 310) gespalten. Stärke gibt noch in sehr verdünnter, wäßriger Lösung mit Jod eine blaue Adsorptionsverbindung (Endpunkttitration in der Jodometrie, s. Formel 60, S. 101).

Stärke findet sich in der Natur in Form mikroskopisch kleiner Körner in Getreidekörnern, im Reis und in Kartoffeln. Sie wird neben ihrer Verwendung als Nahrung technisch angewendet, teils als Leim, in großen Mengen auch in der Textilindustrie als Appretur zum Beschweren der Stoffe.

*Glykogen.* Das Glykogen ist als Polysaccharid die Speicherungsform der Kohlenhydrate in der tierischen Leber; in Pflanzen kommt es nicht vor. Es wird im tierischen Körper aus den Abbauprodukten der Stärke, aus Maltose und Glucose aufgebaut. Jede menschliche Leber enthält 30—100 g Glykogen; auch in den

Muskeln kommt es vor. Seine anaerobe Spaltung über Glucose in Milchsäure (Formel 395 und 468, S. 285 und 319) und deren nachfolgende Verbrennung (S. 468 und 319) über Essigsäure ist die Energiequelle der Muskelarbeit (MEYER-HOF u. a.). Blut enthält etwa 18—30 mg Glykogen in 100 ml. Es löst sich ebenso wie Stärke nur kolloidal in Wasser; im Gegensatz zur Stärke sind seine Lösungen nicht kleisterartig. Man schließt daraus, daß die Moleküle des Glykogens nicht wie bei der Stärke lange Fadenform, sondern mehr die Form von Kugeln oder Knäueln oder Kämmen haben. Zum Unterschied von Stärke geben Glykogen-lösungen mit Jod keine Blau-, sondern Braunfärbung.

Wie Stärke läßt sich Glykogen durch Säuren quantitativ zu Glucose hydroly-sieren; durch das Enzym Diastase bildet sich ebenfalls Maltose.

Die Polysaccharide reduzieren FEHLINGsche Lösung nicht; sie geben auch mit Phenylhydrazin keine Verbindungen, haben also keine freien Carbonyl-gruppen im Molekül. Alle Polysaccharide sind, im Gegensatz zu den Monosacca-riden mit freien Aldehydgruppen, gegen Kochen mit Laugen beständig, nicht aber gegen Kochen mit Säuren.

*Cellulose.* Ein anderes Polysaccharid ist die *Cellulose.* Sie ist der haupt-sächliche Bestandteil des Holzes, das 60—70% Cellulose enthält. Bei der Hydro-lyse durch konzentrierte HCl entsteht daraus quantitativ Glucose, und zwar auf dem Weg über ein Disaccharid Cellobiose (s. S. 310). Von dieser teilweisen Umwandlung des nicht eßbaren Holzes durch HCl in Zucker macht man heute schon in der Industrie Gebrauch; man nennt das Verfahren *Holzverzuckerung* (BERGIUS). So kann man Holz, das vom tierischen Darm als Nahrung unver-wertbar ist, in leicht verwertbaren Zucker überführen. Die erhaltene Holz-glucose wird als Viehfutter verwendet.

*Cellulose* ist im Gegensatz zu Stärke und Glykogen in Wasser und organischen Lösungsmitteln *ganz unlöslich.* Woran das liegt, ist noch ungeklärt; vielleicht sind bei Stärke- und Glykogenmolekülen die hydrophilen Gruppen nach außen, dem Wasser zugekehrt, während sie bei Cellulose nach innen liegen, so daß das Mole-kül in Wasser unlöslich wird.

Durch Röntgenstrahlanalyse der Molekülstruktur hat man festgestellt, daß das Einzelmolekül der Cellulose Faserform hat, wie das auch in der makrosko-pischen Form der Cellulose, etwa Baumwollfasern, zum Ausdruck kommt.

Sie ist weiß und in der Längsrichtung sehr zugfest (Hanfseile). Baumwolle, besonders weißes *Filtrierpapier* ist chemisch reine Cellulose. Sie gibt keine FEHLING-Reaktion.

*Lignin.* Die Cellulose macht zwei Drittel der Trockensubstanz des Holzes aus; der Rest besteht hauptsächlich aus Lignin.

Lignin ist ein kompliziertes, chemisch noch nicht ganz geklärtes Gemisch von polymeren Substanzen mit O-haltigen Propylbenzolringen und $-O-CH_3$, Methoxylgruppen. Weitere 2—3% des Holzes bestehen aus Pentosepolysaccha-riden, die bei der Hydrolyse d-Xylose ergeben (Xylane).

*Zellstoff.* Die *Trennung der Cellulose vom Lignin* geschieht nach zwei Verfahren. Das erste besteht darin, daß man Holzmehl mit 6—8%iger Natronlauge unter 10 Atm. Druck auf 170° erhitzt; dabei geht Lignin in Lösung, während Cellulose, wie alle Polysaccharide, von heißer Lauge nicht angegriffen wird. Nach dem Kochen filtriert man; die weiße Masse der Cellulosefasern bleibt zurück und wird mit Wasser sauber gewaschen. So entsteht *Natronzellstoff.* Für das zweite Ver-fahren werden Holzspäne mit Calciumbisulfit, $CaH_2(SO_3)_2$-Lösung, unter 3 bis 6 Atm. Druck 15 Std auf 140—150° erhitzt. Lignin löst sich in der Calcium-bisulfitlösung auf, Cellulose nicht. Die so erhaltene Cellulose nennt man *Sulfit-*

*zellstoff.* Die ligninhaltige Ablauge (aus der $SO_2$ teilweise wiedergewonnen wird) ist ein Schmerzenskind aller Papierfabriken. Man kann sie nicht in die Flüsse leiten, weil sie übel riecht und die Flüsse auf viele Kilometer verschmutzt und die Fische tötet. Man versucht sie durch Eindampfen und Vergären in Alkohol zu verwandeln oder die Eindampfrückstände als Straßenteer zu verwenden; wegen der großen einzudampfenden Wassermengen sind aber fast alle diese Verfahren unrentabel und eine finanzielle Belastung der Papierfabriken.

Reine Cellulose wird in großem Maßstab technisch verwendet.

*Papier.* Fast alles Papier, vor allem das weiße, wird aus gereinigten Cellulosefasern hergestellt. Dazu wird ein wäßriger Brei von Cellulosefasern, manchmal unter Leimzusatz, in dünner Schicht auf heißen laufenden Siebbändern aufgetragen, zwischen heißen Walzen getrocknet und zwischen weiteren Walzen gepreßt. Schreibpapiere werden mit $Al_2O_3$, $BaSO_4$, Harzsäuren und anderem gehärtet. Gewöhnliches Papier, z. B. Packpapier, wird aus Holzschliff ohne Entfernung des Lignins oder nach nur geringgradiger Reinigung hergestellt, ebenso teilweise Zeitungspapier, bei dem die störenden gelben Farben der Holzfasern (Carotinoide) durch Chlorgas gebleicht und zerstört werden. Vielfach werden solche gelben Papiere durch geringe Zusätze von Indigoblau für das Auge weißer, farbloser gemacht.

*Nitrocellulose.* Eine weitere wichtige Verwendung der Cellulose ist ihre Umwandlung in *Schießbaumwolle.* In der Cellulose sind in jedem einzelnen Glucosemolekül noch drei —OH-Gruppen frei. Diese drei —OH-Gruppen kann man wie jede normale Alkoholgruppe mit einer beliebigen Säure verestern; so auch mit $HNO_3$.

**Formel 463.**

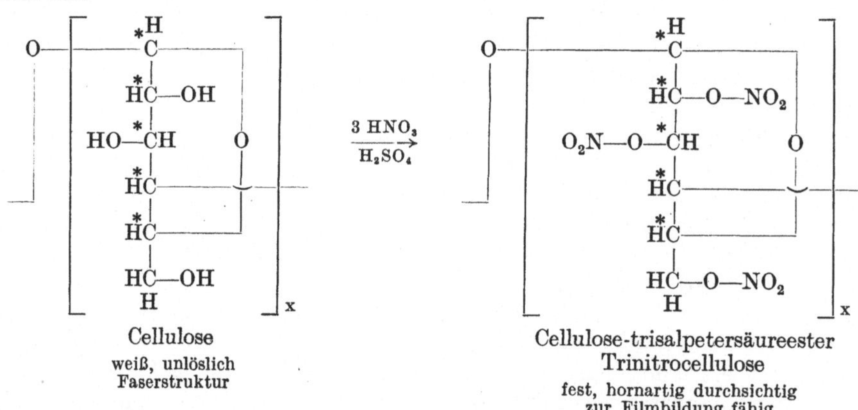

Cellulose
weiß, unlöslich
Faserstruktur

Cellulose-trisalpetersäureester
Trinitrocellulose
fest, hornartig durchsichtig
zur Filmbildung fähig

Es entsteht die *Trinitrocellulose* oder Schießbaumwolle, richtiger *Cellulosetrisalpetersäureester.* Sie brennt bei Entzündung mit einer Stichflamme ab, ohne zu explodieren; bei Initialzündung explodiert sie. Sie ist einer der meist verwendeten Sprengstoffe.

Niedriger nitrierte Cellulose (Dinitrocellulose) löst sich in einer Mischung von Alkohol und Äther. Man nennt eine solche Lösung *Kollodiumlösung.* Nach dem Eintrocknen hinterläßt Kollodiumlösung einen glasklar durchsichtigen, gleichmäßigen biegsamen *Film.* Man hat in den Anfängen der Filmphotographie Filmbänder aus Nitrocellulose verwendet; man ist später davon abgekommen, da sie zu feuergefährlich waren.

*Acetylcellulose.* Ebenso wie mit $HNO_3$ kann man die drei offenen OH-Gruppen eines jeden Glucosemoleküls in der Cellulose mit Essigsäure verestern.

**Formel 464.**

$$\left[\begin{array}{c} \overset{*}{\underset{}{C}}H \\ H\overset{*}{C}-O-C\overset{O}{-}CH_3 \\ H_3C-C\overset{O}{-}O-\overset{*}{C}H \\ H\overset{*}{C} \\ H\overset{*}{C} \\ HC-O-C\overset{O}{-}CH_3 \\ H \end{array}\right]_x$$

Cellulose-triessigsäureester, Cellulosetriacetat
durchsichtige filmklare Masse, unlöslich in $H_2O$, löslich in Aceton

Es entstehen *Celluloseacetate* (Cellulosetriacetylester), die teilweise in Chloroform, teils in Aceton löslich sind. Man kann die Acetonlösung eines solchen Celluloseacetats aus engen Schlitzen auspressen und in Wasser auffangen. Das Aceton löst sich in Wasser, das Celluloseacetat nicht. Dadurch bildet sich im Wasser ein endloses Band von Celluloseacetat, das die Querschnittform des Schlitzes oder Loches hat, durch das die Acetonlösung ausgepreßt wurde. Auf diese Art stellt man durch breite Schlitze *Kinofilme* dar (die schwer brennbar sind), oder durch enge Löcher Fasern, die sog. *Acetatkunstseide.*

Statt mit Essigsäure kann man die —OH-Gruppen der Cellulose auch mit Oxalsäure HOOC—COOH oder Bernsteinsäure $HOOC-CH_2-CH_2-COOH$ halbseitig verestern. Man erhält dann saure Ester, die pro Mol Glucose 3 freie —COOH-Gruppen tragen, deren $Na^+$-Salze die Cellulose wasserlöslich machen.

*Kunstseide* kann man aus Cellulose auch noch mit anderen Verfahren herstellen. Cellulose löst sich, infolge Komplexsalzbildung, in Kupferhydroxydammoniak $[Cu(NH_3)_4]^{++}$ $(OH)_2^{--}$, dem sog. SCHWEITZERschen *Reagens.* Preßt man eine solche Lösung aus engen Düsen in ein Bad von $H_2SO_4$, so wird das Komplexsalz zerstört und die Cellulose fällt als dünner endloser Faden unlöslich aus. Diese Art von Kunstseide heißt *Glanzstoff* oder Kupferseide.

Ein drittes Verfahren besteht darin, daß man Cellulose mit Alkali und $CS_2$, Schwefelkohlenstoff, zusammenbringt. Es bildet sich *Xanthogensäure,* der Ester einer Säure, die man sich analog der Kohlensäure $H_2CO_3$ als $H_2CS_2O$ aus $CS_2 + H_2O$ abgeleitet denken kann.

**Formel 465.**

$$H_2O + C\overset{O}{\underset{O}{\big\langle}} \;\rightleftharpoons\; \overset{HO}{\underset{HO}{\big\rangle}}C=O \qquad \text{Kohlensäure}$$

$$H_2O + C\overset{S}{\underset{S}{\big\langle}} + ROH \;\;\; \overset{R-O}{\underset{HS}{\big\rangle}}C=S \qquad \text{Xanthogensäure}$$

$$(C_6H_{10}O_5)_x + x\,CS_2 + x\,NaOH \rightarrow \left[C_6H_9O_4-O-C\overset{S}{\underset{S^-Na^+}{\big\langle}}\right]_x$$

| Cellulose | Schwefel- | Lauge | Cellulosexanthogensaures |
|---|---|---|---|
| weiß, fest | kohlenstoff | | Natrium |
| unlöslich in $H_2O$ | flüssig, Siedep. 46° | | wasserlöslich |
| | unlöslich in $H_2O$ | | |

Wie bei der Kohlensäure sind praktisch nur die Alkalisalze der Xanthogensäure beständig.

Das Alkalisalz des Xanthogensäure-celluloseesters ist wasserlöslich. Preßt man eine solche Lösung aus engen Düsen in ein Bad mit verdünnter Schwefelsäure, so wird daraus unlösliche Cellulose regeneriert, und es entstehen Kunstseiden-fasern; man nennt diese Seide *Viscosekunstseide*.

Der größte Teil der überhaupt aus Cellulose hergestellten Kunstseide ist Viscoseseide. Auch das durchsichtige *Cellophan* wird so hergestellt.

Mit der echten Seide hat Kunstseide nach ihrer chemischen Konstitution nichts zu tun. Echte Seide ist ein Protein (s. Formel 491, S. 329), das sich aus Aminosäuren aufbaut, Kunstseide ist ein Polysaccharid.

Zur scharfen Unterscheidung dient zwischen Seide und Kunstseide ihr Verhalten gegen heiße Natronlauge; echte Seide löst sich, Kunstseide aus Cellulose nicht. Seide wird hydrolysiert, da die Amidbindungen des Proteins durch Alkali aufgespalten werden; Polysaccharidbindungen (Glucosidbindungen) sind gegen Alkalien beständig und werden nur durch Kochen mit Säuren gespalten.

*Stoffwechsel der Kohlenhydrate.* Die Verbrennung des Hauptnahrungsbestandteils tierischer Zellen, der Kohlenhydrate, geht, soviel heute bekannt ist, folgenden Weg:

Glucose und ihre Polymeren, *Glykogen* und *Stärke*, werden über *Hexose-monophosphorsäuren* zuerst, hauptsächlich im Muskel, enzymatisch in *Fructose-1,6-diphosphorsäure* übergeführt. Als phosphatspendende Substanz ist Adenosin-triphosphorsäure (S. 403) beteiligt. Fructosediphosphat wird dann im Muskel in zwei phosphorylierte 3 C-Bruchstücke, *Dioxyaceton-phosphorsäure* und *Glycerin-aldehyd-phosphorsäure* gespalten. Der Spaltungsvorgang ist reversibel (EMBDEN, MEYERHOF).

Da das $p_H$ des Zellinhalts nur wenig vom Neutralpunkt abweicht, entstehen nicht freie Säuren, sondern deren Salze, soweit das Pufferungsvermögen der anderen Zellbestandteile ausreicht.

**Formel 466.**

Glykogen $\xrightarrow{\text{anaerob}}$ Fructose-1,6-diphosphorsäure (Ca$^{++}$-Salz = Candiolin) $\xrightarrow{\text{anaerob}}$ Dioxyaceton-phosphorsäure + Glycerin-aldehyd-phosphorsäure $\xrightarrow{\text{anaerob}}$

Durch eine innere enzymatische CANNIZZARO-Reaktion (s. Formel 412, S. 291) redoxydieren sich die beiden 3 C-Bruchstücke zu Glycerinphosphorsäure und β-Glycerinsäurephosphorsäure. Die letztere geht über α-Glycerinsäurephosphorsäure in Enolbrenztraubensäure und dann in Brenztraubensäure über, die dann ihrerseits, falls nicht große Mengen $O_2$ angeboten werden, zu *Milchsäure* reduziert wird. Glycerinphosphorsäure wird sekundär oxydativ ebenfalls in Brenztraubensäure übergeführt.

Die hierbei, bis zur Milchsäure, frei werdende Energie (3,7 % der Verbrennungs-energie der Glucose) wird in der Zelle zum Aufbau energiereicher Adenosintriphos-phorsäure verwendet (S. 403), die wahrscheinlich der eigentliche Energielieferant für die Muskelkontraktion ist.

**Formel 467.**

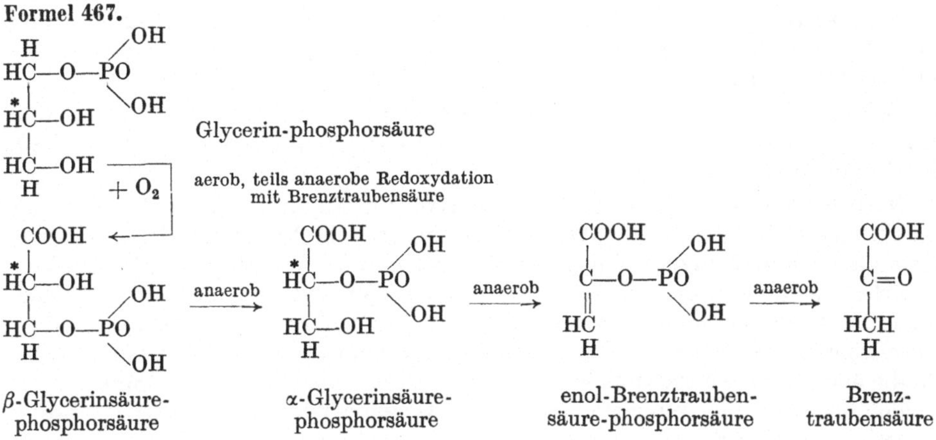

$$
\begin{array}{l}
\text{H} \qquad \nearrow\text{OH} \\
\text{HC—O—PO} \\
\quad\mid \qquad\searrow\text{OH} \\
\overset{*}{\text{HC}}\text{—OH} \\
\quad\mid \\
\text{HC—OH} \\
\quad\mid \\
\text{H} \qquad + \text{O}_2
\end{array}
\qquad \text{Glycerin-phosphorsäure}
$$

aerob, teils anaerobe Redoxydation mit Brenztraubensäure

$$
\begin{array}{l}
\text{COOH} \leftarrow \\
\quad\mid \\
\overset{*}{\text{HC}}\text{—OH} \\
\quad\mid \qquad \searrow\text{OH} \\
\text{HC—O—PO} \\
\quad\text{H} \qquad \searrow\text{OH}
\end{array}
\xrightarrow{\text{anaerob}}
\begin{array}{l}
\text{COOH} \\
\quad\mid \qquad \nearrow\text{OH} \\
\overset{*}{\text{HC}}\text{—O—PO} \\
\quad\mid \qquad \searrow\text{OH} \\
\text{HC—OH} \\
\quad\text{H}
\end{array}
\xrightarrow{\text{anaerob}}
\begin{array}{l}
\text{COOH} \\
\quad\mid \qquad \nearrow\text{OH} \\
\text{C—O—PO} \\
\quad\parallel \qquad \searrow\text{OH} \\
\text{HC} \\
\quad\text{H}
\end{array}
\xrightarrow{\text{anaerob}}
\begin{array}{l}
\text{COOH} \\
\quad\mid \\
\text{C}=\text{O} \\
\quad\mid \\
\text{HCH} \\
\quad\text{H}
\end{array}
$$

$\beta$-Glycerinsäure-phosphorsäure     $\alpha$-Glycerinsäure-phosphorsäure     enol-Brenztrauben-säure-phosphorsäure     Brenz-traubensäure

Milchsäure-Brenztraubensäure wird aus dem Muskel großenteils durch das Blut zur Leber zurücktransportiert und dort teilweise zu Kohlenhydrat rekondensiert. Die dazu nötige Energie wird durch die Verbrennung eines Teils der Brenztrauben-säure zu $CO_2$ und $H_2O$ geliefert. Teiloxydationen führen in der Leber zu Acetyl-Co-Enzym A (Formel 322, S. 261), das auf dem S. 261 beschriebenen Weg über Citronensäure weiterverbrannt wird (aerober Abbau).

**Formel 468.**

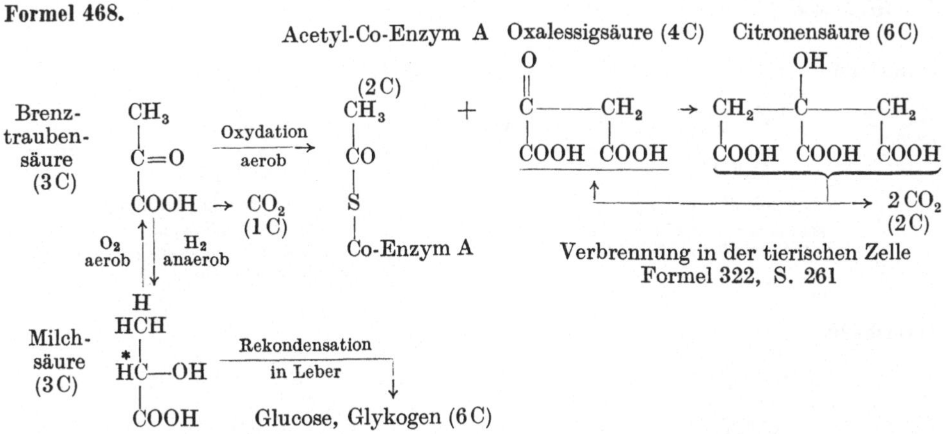

Acetyl-Co-Enzym A     Oxalessigsäure (4 C)     Citronensäure (6 C)

$$
\begin{array}{l}
\text{Brenz-} \\
\text{trauben-} \\
\text{säure} \\
\text{(3 C)}
\end{array}
\begin{array}{l}
\text{CH}_3 \\
\quad\mid \\
\text{C}=\text{O} \\
\quad\mid \\
\text{COOH} \rightarrow \text{CO}_2 \\
\qquad\qquad\text{(1 C)}
\end{array}
\xrightarrow[\text{aerob}]{\text{Oxydation}}
\begin{array}{l}
\text{(2 C)} \\
\text{CH}_3 \\
\quad\mid \\
\text{CO} \\
\quad\mid \\
\text{S} \\
\quad\mid \\
\text{Co-Enzym A}
\end{array}
+
\begin{array}{l}
\text{O} \\
\parallel \\
\text{C} \text{——} \text{CH}_2 \\
\mid \qquad\quad \mid \\
\text{COOH} \;\; \text{COOH}
\end{array}
\rightarrow
\begin{array}{l}
\qquad\quad \text{OH} \\
\qquad\quad \mid \\
\text{CH}_2\text{——C——CH}_2 \\
\mid \qquad\;\; \mid \qquad\;\; \mid \\
\text{COOH} \; \text{COOH} \; \text{COOH}
\end{array}
$$

$O_2$ aerob   $H_2$ anaerob

$$
\begin{array}{l}
\text{Milch-} \\
\text{säure} \\
\text{(3 C)}
\end{array}
\begin{array}{l}
\text{H} \\
\text{HCH} \\
\quad\mid \\
\overset{*}{\text{HC}}\text{—OH} \\
\quad\mid \\
\text{COOH}
\end{array}
\xrightarrow[\text{in Leber}]{\text{Rekondensation}}
\text{Glucose, Glykogen (6 C)}
$$

Verbrennung in der tierischen Zelle → 2 CO₂ (2 C)
Formel 322, S. 261

Durch Hefezellen dagegen, wie sie in gärenden Pflanzensäften (z. B. Trauben-saft) auftreten, wird die Brenztraubensäure ohne Sauerstoff zu Acetaldehyd $+ CO_2$ gespalten (anaerob, Gärung). Dazu ist ein Proteinenzym Carboxylase und Co-Carboxylase nötig (LOHMANN, Formel 648, S. 402). Der Acetaldehyd wird dann bei dem im anaeroben Milieu herrschenden H-Überangebot zu Äthanol reduziert (NEUBERG, Formel 313, S. 256). Auf dieser Reaktion beruht die Her-stellung aller alkoholischen Getränke aus Kohlenhydraten: Wein, Bier.

Über den umgekehrten Vorgang, die Biosynthese der Kohlenhydrate in den Pflanzen, ist bis jetzt nichts Genaues bekannt; nachgewiesen ist nur, daß zur

Reduktion von 1 Molekül $CO_2$ zu $^1/_6$ Molekül Hexose etwa 12 Sonnenlichtphotonen (s. S. 67) mittlerer Wellenlänge von den Pflanzen verbraucht werden.

### e) Aminosäuren.

*Aminosäuren.* Von den drei Hauptbestandteilen der tierischen Nahrung sind zwei, die Fette (s. S. 259) und Kohlenhydrate oder Zucker (vorhergehender Abschnitt) besprochen.

Der dritte Hauptbestandteil sind die *Eiweiße* oder *Proteine*. Proteine sind Stoffe von hohem Molekulargewicht. Sie sind *Kondensationspolymere* (s. S. 329) *der Aminosäuren.*

Natürliche Aminosäuren sind Fettsäuren, die an dem zur Carboxylgruppe $\alpha$-ständigen C-Atom eine $NH_2$-Gruppe tragen; manche tragen an der Fettsäurekette daneben noch andere Substituenten. Es sind bis jetzt etwa 30 verschiedene natürliche Aminosäuren bekannt. In der Natur sind von den theoretischen Möglichkeiten zahlloser isomerer Aminosäuren nur wenige, relativ einfache, realisiert. Die riesige Variation der möglichen isomeren Proteinmoleküle, die das Baumaterial für die noch größere Variation der Formen alles Lebenden darstellen, kommt durch Reihenfolgevariation weniger chemischer Bausteine von Aminosäuren zustande.

Das tierische Blut, das den Geweben die Aminosäuren aus dem Darm (Nahrungsresorption) zuführt, enthält dauernd etwa 200 mg freie Aminosäuren pro Liter.

Alle Aminosäuren sind kristallisiert, farblos und in Säuren und Basen löslich. In wäßriger Lösung reagieren die meisten neutral; ihre Salze je nach Konstitution sauer oder alkalisch.

*Amino-fettsäuren.* Die einfachste Aminosäure ist die Aminoessigsäure oder das *Glykokoll (Glycin).*

**Formel 469.**

$$\begin{array}{cccccc}
\text{H} & & & & & \text{H} \\
\text{HC--NH}_2 & + & \text{NaOH} & \rightarrow & & \text{HC--NH}_2 \\
| & & & & & | \\
\text{COOH} & & & & & \text{COO}^-\text{Na}^+
\end{array}$$

Glykokoll, neutral          Base          Na-Salz des Glykokolls,
kristallisiert, Zers. 256°                      reagiert alkalisch
18 % in $H_2O$ löslich, optisch inaktiv
                                        fest, wasserlöslich, die Carboxylgruppe
                                        hat ein Salz gebildet, Glykokoll ist Anion

**Formel 470.**

$$\begin{array}{cccccc}
\text{H} & & & & & \text{H} \\
\text{HC--NH}_2 & + & \text{HCl} & \rightarrow & & \text{HC--NH}_3 \\
| & & & & & | \\
\text{COOH} & & & & & \text{COOH}
\end{array} \Big]^+ \text{Cl}^-$$

Glykokoll, neutral          Säure          Glykokoll-chlorhydrat,
Zers. 256°                                       reagiert sauer
                                        kristallisiert, wasserlöslich,
                                        die Aminogruppe hat ein Salz gebildet
                                        Glykokoll ist Kation

Das nächsthöhere Homologe ist die $\alpha$-Aminopropionsäure oder das *Alanin,* von dem man sich alle anderen Aminosäuren abgeleitet denken kann. Die nächste ist die $\alpha$-Aminobuttersäure. Dann folgt die $\alpha$-Aminovaleriansäure oder das *normal-Valin* (kürzer als *nor-Valin* bezeichnet); ein Isomeres ist das *Valin.*

**Formel 471.**

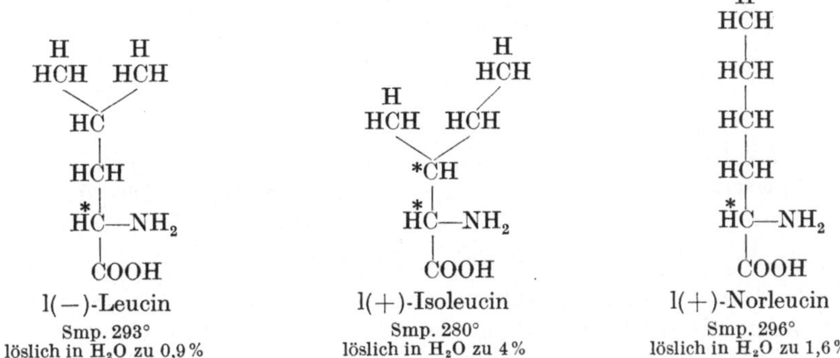

| Glykokoll | l(+)-Alanin = α-Aminopropionsäure | l(+)-α-Aminobuttersäure | l(+)-Valin α-Aminoisovaleriansäure | l(+)-Norvalin α-Aminovaleriansäure |
|---|---|---|---|---|
| Zers. 256°, Dichte 1,16 18% löslich in $H_2O$ | Smp. 297° 17% löslich in $H_2O$ | Smp. 307° 15% löslich in $H_2O$ | Smp. 315° 5% löslich in $H_2O$ | Smp. 291° 11% löslich in $H_2O$ |

Als nächstes Homologes folgt die α-Aminocapronsäure oder das *normal-Leucin*; Isomere davon sind das *Isoleucin* und das *Leucin*. Aminosäuren mit noch längerer Fettsäurekette sind bis jetzt in der Natur nicht gefunden worden. Die Existenz der unverzweigten α-Aminobuttersäure, des *nor-Valins* und des *nor-Leucins* in natürlichen Proteinen ist neuerdings zweifelhaft geworden.

**Formel 472.**

| l(−)-Leucin | l(+)-Isoleucin | l(+)-Norleucin |
|---|---|---|
| Smp. 293° löslich in $H_2O$ zu 0,9% | Smp. 280° löslich in $H_2O$ zu 4% | Smp. 296° löslich in $H_2O$ zu 1,6% |

Neben den reinen Aminofettsäuren gibt es auch solche, die noch weitere Gruppen, —OH, —SH, —$NH_2$ und andere Reste tragen.

**Formel 473.**

| l(−)-Serin | Cystein | l(−)-Cystin |
|---|---|---|
| Smp. 211°, Zersetzung löslich in $H_2O$ zu 20% | kristallisiert, beim Erwärmen Zersetzung, löslich in $H_2O$ | farblos, Smp. 258°, Zersetzung löslich in $H_2O$ zu 0,02% |

| l(−)-Homocystein | l(−)-Methionin |
|---|---|
| kristallisiert | kristallisiert, Smp. 280°, löslich in $H_2O$ |

*Serin, Cystein, Methionin.* Ersetzt man im Alanin am $\beta$-C-Atom ein —H durch—OH, so kommt man zur $\alpha$-Amino-$\beta$-oxypropionsäure, dem *Serin.* Ersetzt man das gleiche —H durch die —SH-Gruppe, so entsteht die schwefelhaltige Aminosäure *Cystein.* Dieses Cystein oxydiert sich in Lösung in Gegenwart von Spuren Fe- oder Cu-Ionen langsam durch den Luftsauerstoff zu *Cystin.*

Eine erst vor kurzem gefundene Aminosäure ist das *Methionin*; es ist ein Thiomethyläther des Homocysteins. Die Aminosäure, die den hauptsächlichen Schwefelgehalt von Casein ausmacht, ist nicht, wie man früher annahm, Cystein oder Cystin, sondern Methionin.

Wie biochemische Versuche mit Aminosäuren ergeben haben, deren $C^{12}$ teilweise zur Kenntlichmachung durch isotopen $C^{13}$ ersetzt war, entsteht die Methylgruppe des Thioäthers im Methionin aus den Methylgruppen des Cholins (s. S. 298). Homocystein und Methionin sind für Tiere unentbehrlich; sie müssen mit der Nahrung zugeführt werden, da sie der Tierkörper nicht synthetisiert.

Serin, das im Casein vorkommt, findet sich dort großenteils als Serinphosphorsäureester.

**Formel 474.**

$$\begin{array}{ccc}
\begin{matrix} \text{H} \\ \text{HC—OH} \\ \overset{*}{\text{HC}}\text{—NH}_2 \\ \text{COOH} \end{matrix}
&
\begin{matrix} \text{H} \qquad\quad \text{OH} \\ \text{HC—O—PO} \\ \overset{*}{\text{HC}}\text{—NH}_2 \quad \text{OH} \\ \text{COOH} \end{matrix}
&
\begin{matrix} \text{H} \\ \text{HCH} \\ \text{HO—}\overset{*}{\text{CH}} \\ \overset{*}{\text{HC}}\text{—NH}_2 \\ \text{COOH} \end{matrix}
\end{array}$$

l(—)-Serin     l(—)-Serinphosphorsäureester     l(—)-Threonin
Smp. 211°                                    kristallisiert, Smp. 257°
                                           leichtlöslich in $H_2O$

Eine homologe Oxyaminosäure ist das *Threonin.*

*Cyclische Aminosäuren.* Ersetzt man ein $\beta$-H im Alanin durch den Phenylrest, so erhält man *Phenylalanin.* Beim Ersatz durch den Phenolrest erhält man *Tyrosin.* Wird statt Phenol Brenzcatechin (s. S. 343) substituiert, so entsteht *Dioxyphenylalanin.* Bei Ersatz durch den Imidazolrest entsteht die Aminosäure *Histidin.* Bei Ersatz durch Indol entsteht *Tryptophan.*

**Formel 475.**

l(—)-Phenyl-alanin     l(—)-Tyrosin (= Oxyphenyl-alanin)     l(—)-Histidin (= Imidazolalanin)     l(—)-Tryptophan- (= Indolalanin)     l(—)-Dioxy-phenylalanin

Smp. 278°        Smp. 295°        Smp. 253°        Smp. 273°        Smp. 273°
3% löslich in $H_2O$     0,04% löslich in $H_2O$     leichtlöslich in $H_2O$     wenig löslich     0,5% in $H_2O$ löslich

*Saure Aminosäuren.* Tritt an Stelle eines $\beta$-H im Alanin eine Carboxylgruppe, so entsteht *Asparaginsäure*; während ein Ersatz durch den Essigsäurerest zur *Glutaminsäure* führt. Beide sind Amino-dicarbonsäuren.

Beide finden sich in Proteinen nicht nur als Dicarbonsäuren, sondern auch als Halbamide, die dann *Asparagin* und *Glutamin* heißen.

*Basische Aminosäuren.* Setzt man statt eines $\beta$ H im Alanin einen Äthylaminrest, so entsteht das *Ornithin*; mit einem Propylaminrest bildet sich *Lysin*. Ersatz durch einen Äthylguanidinrest führt zum *Arginin*.

Eine seltene Aminosäure ist das zuerst in Melonen aufgefundene *Citrullin*; in ihm ist die =NH-Gruppe des Arginins durch =O ersetzt.

Ornithin, Citrullin, Arginin sind Zwischenstufen der *Harnstoffbildung* im tierischen Körper. Das durch Oxydation von Aminosäuren im Stoffwechsel entstandene $NH_3$ lagert sich mit $CO_2$ unter Bildung von Citrullin an Ornithin an. Citrullin geht durch weitere enzymatische Addition von $NH_3$ in Arginin über. Arginin zerfällt durch enzymatische Hydrolyse in Ornithin und Harnstoff (*Harnstoffcyclus*, KREBS und HENSELEIT).

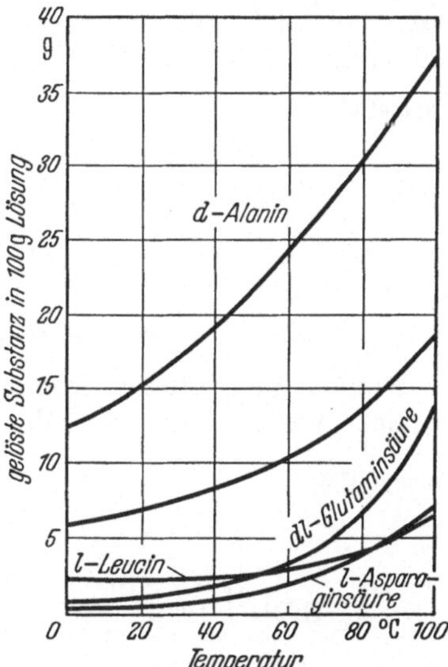


Abb. 82. Löslichkeit einiger Aminosäuren in $H_2O$.

**Formel 476.**

|  |  |  |  |
|---|---|---|---|
| 1(−)-Asparaginsäure | 1(−)-Asparagin | 1(+)-Glutaminsäure | 1(+)-Glutamin |
| Smp. 270° | Smp. 226° | Smp. 206° | kristallisiert |
| Dichte 1,66 | 3% löslich in $H_2O$ | Dichte 1,53 | 3,5% löslich in $H_2O$ |
| 0,5% löslich in $H_2O$ | 1 Carboxylgruppe | 1% löslich in $H_2O$ | 1 Carboxylgruppe |
| 2 Carboxylgruppen | 1 Aminogruppe | 2 Carboxylgruppen | 1 Aminogruppe |
| 1 Aminogruppe | Reaktion *neutral* | 1 Aminogruppe | Reaktion *neutral* |
| Reaktion *sauer* | | Reaktion *sauer* | |

**Formel 477.**

|  |  |  |  |
|---|---|---|---|
| | | Harnstoffgruppe | Guanidingruppe |
| 1(+)-Lysin | 1(+)-Ornithin | Citrullin | 1 (+)-Arginin |
| Syrup | Syrup | kristallisiert, d-l-Form | kristallisiert, Smp. 207° |
| leichtlöslich in $H_2O$ | leichtlöslich in $H_2O$ | Smp. 246° | leichtlöslich in $H_2O$ |

1 Carboxylgruppe: 2 basische Gruppen → Reaktion *alkalisch*

*Thyroxin.* Eine seltene Aminosäure, die den Charakter eines Hormons hat, ist das in der Schilddrüse vorkommende jodhaltige *Thyroxin*. Es ist ein Stoffwechselhormon; bei seinem Fehlen tritt Kretinismus und Wachstumshemmung ein. Bei Überproduktion durch die Schilddrüse kommt es zu den als „Basedow" bezeichneten Krankheitserscheinungen eines übermäßigen Stoffwechsels. Thyroxin wurde 1914 von KENDALL isoliert und 1926 von HARINGTON synthetisiert.

**Formel 478.**

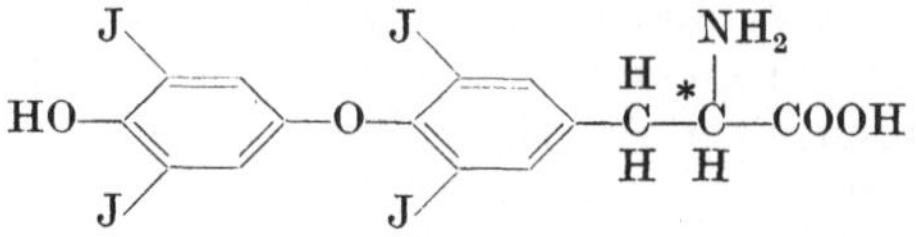

$$HO - \underset{J}{\overset{J}{\bigcirc}} - O - \underset{J}{\overset{J}{\bigcirc}} - \underset{H}{\overset{H}{C}} - \overset{NH_2}{\underset{H}{\overset{*}{C}}} - COOH$$

Thyroxin
farblos, kristallisiert, Smp. 231°, schwerlöslich in $H_2O$

*Prolin.* In Proteinen kommen noch zwei heterocyclische, den Aminosäuren ähnliche Verbindungen vor: das *Prolin* und das *Oxyprolin*.

**Formel 479.**

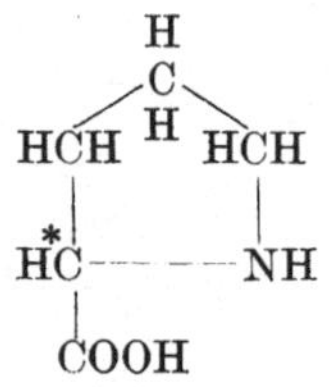

l(−)-Prolin
kristallisiert, Smp. 206°
leichtlöslich in $H_2O$

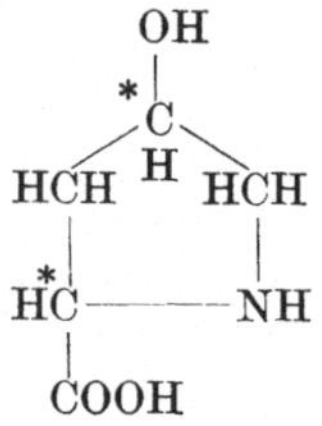

l(−)-Oxyprolin
kristallisiert, Smp. 270°
leichtlöslich in $H_2O$

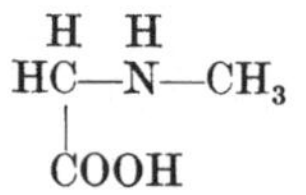

Sarkosin
kristallisiert, Smp. 201°
leichtlöslich in $H_2O$

Beide sind Pyrrolidincarbonsäuren, bei denen die Aminogruppen in eine Ringverbindung eingebaut sind.

Ein am N methyliertes Glykokoll ist das *Sarkosin*. *Kreatin* ist eine Methylguanidinessigsäure. Sie geht durch innere Wasserabspaltung in die cyclische Amidform über. Die Wasserabspaltung erfolgt beim Erwärmen mit Säuren. Das so entstehende heterocyclische *Kreatinin* wird, wahrscheinlich als Abfallprodukt des Muskelstoffwechsels, im Urin ausgeschieden.

**Formel 480.**

Methylguanidin

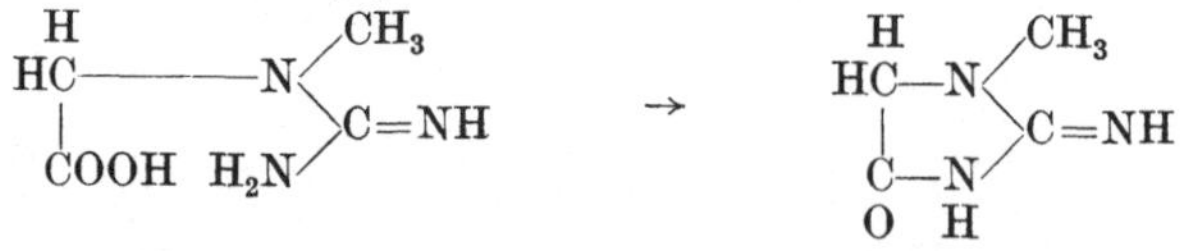

Kreatin
kristallisiert, Smp. 100°, Zersetzung, löslich in $H_2O$ zu 1,3 %

Kreatinin
kristallisiert, löslich in $H_2O$ zu 8,7 %

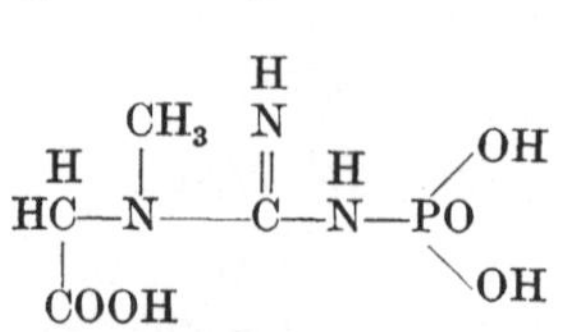

Kreatinphosphorsäure

Eine *Kreatinphosphorsäure* kommt im Muskel vor.

*Betain.* Wird im Glykokoll die Aminogruppe voll methyliert, so erhält man Trimethylammoniumglykokoll, ein inneres Salz aus einer quaternären Ammoniumbase und der Carboxylgruppe, das man als Betain bezeichnet.

**Formel 481.**

$$
\begin{array}{cccccc}
 & & & \text{H} & & \text{H} \\
 & & & \text{HC—SH} & & \text{HC—SO}_3\text{H} \\
\text{H} \quad _+ \nearrow \text{CH}_3 & & & *| & \xrightarrow{\text{O}_2} & | \qquad\qquad + \quad \uparrow\text{CO}_2 \\
\text{HC—N} \!\leftarrow\! \text{CH}_3 & & & \text{HC—NH}_2 & & \text{HC—NH}_2 \\
| \quad\quad \searrow \text{CH}_3 & & & | & & \text{H} \\
\text{COO}^- & & & \text{COOH} & & \\
\end{array}
$$

Betain      Cystein      Taurin

kristallisiert, Smp. 293°    kristallisiert    kristallisiert, Smp. über 360°
Zersetzung, sehr leicht- löslich zu 6,2 % in $H_2O$
löslich in $H_2O$

Man bezeichnet diese Verbindung als das spezielle Betain. Daneben bezeichnet man alle innermolekularen Salze aus Carboxyl- und Tetraalkylammoniumgruppen allgemein als Betaine. Betaine sind in der Natur verbreitet.

*Taurin.* Eine Aminosulfonsäure, die nur in der Galle, gekuppelt an Gallensäuren (s. S. 379), vorkommt, ist das *Taurin.* Es entsteht wahrscheinlich durch enzymatische Oxydation von Cystein.

Aus diesen wenigen α-Aminosäuren, zu denen neuerdings als einzige β-Aminosäure noch das β-Alanin (kristallisiert, Smp. 206°) gekommen ist, bauen sich alle bisher bekannten Proteine auf.

*Pantothensäure.* Das β-Alanin kommt in dem Wachstumsfaktor der Hefe Pantothensäure vor, einem [α,γ-Dioxy-β-dimethylbutyryl]-β-alanin. Pantothensäure ist ein wichtiger Baustein von Co-Enzym A (Formel 654, S. 405).

**Formel 482.**

$$
\underbrace{\begin{array}{ccc}
 & \text{CH}_3 & \\
\text{H} & | & *\text{H} \\
\text{HC—} & \text{C—} & \text{C—} \\
| & | & | \\
\text{OH} & \text{CH}_3 & \text{OH}
\end{array}}_{\substack{\text{α,γ-Dioxy-}\\ \text{β-dimethyl-}\\ \text{buttersäure}}}
\;\text{C—}\;
\underbrace{\begin{array}{ccc}
 & \text{H} & \text{H} \\
\text{N—} & \text{C—} & \text{C—COOH} \\
\text{H} & \text{H} & \text{H}
\end{array}}_{\text{β-Alanin}}
$$

Pantothensäure
farblos, kristallisiert, löslich in $H_2O$, Äthanol

*Hippursäure.* Im Harn der Pferde findet sich eine substituierte Aminosäure, das Benzoylglykokoll oder die Hippursäure. Dieselbe Säure wird auch beim Menschen nach Einnahme von Benzoesäure ausgeschieden. Der Körper entgiftet eingenommene oder im Stoffwechsel entstandene Benzoesäure in der Leber, indem er sie mit Glykokoll kuppelt und so zur Ausscheidung bringt.

**Formel 483.**

$$
\langle\bigcirc\rangle\!-\!\underset{\text{O}}{\overset{\|}{\text{C}}}\!-\!\text{OH}
\quad + \quad
\text{H}_2\text{N}\!-\!\underset{\text{COOH}}{\overset{\text{H}}{\text{CH}}}
\quad \rightarrow \quad
\langle\bigcirc\rangle\!-\!\underset{\text{O}}{\overset{\|}{\text{C}}}\!-\!\text{N}\!-\!\underset{\text{COOH}}{\overset{\text{H} \quad \text{H}}{\text{CH}}}
$$

Benzoesäure      Glykokoll      Hippursäure
kristallisiert, Smp. 121°    Zers. 256°    = Benzoylglykokoll
löslich in $H_2O$ zu 0,27 %          farblos, kristallisiert, Smp. 187°
löslich in $H_2O$ zu 0,4 %

*Histamin.* Die Aminosäuren lassen sich durch Erhitzen unter besonderen Bedingungen decarboxylieren; auch lebende Zellen (Fäulnisbakterien) haben teilweise diese Fähigkeit. So entsteht aus Ornithin das Diamin *Putrescin* oder aus Histidin das *Histamin*.

**Formel 484.**

$$
\begin{array}{cccc}
\text{Ornithin} & \text{Putrescin} & \text{Histidin} & \text{Histamin} \\
\text{Syrup} & \text{Smp. 27°, Siedep. 158°} & \text{Smp. 253°} & \text{kristallisiert, Smp. 83°} \\
& \text{löslich in } H_2O & \text{farblose Kristalle} & \text{löslich in } H_2O
\end{array}
$$

Das Histamin ist ein Hormon, das im Tierkörper Einfluß auf die HCl-Sekretion des Magens und die Bewegung des Darmes hat.

Hormone sind vom Körper selber produzierte chemische Katalysatoren, deren biochemische Wirkung wahrscheinlich auf der Steuerung bestimmter Enzymreaktionen beruht.

*Eigenschaften der Aminosäuren.* Die *Aminosäuren* sind infolge ihres gleichzeitig basischen (Aminogruppe) und sauren Charakters (Carboxylgruppe) als ganzes *neutral*.

Nur die Aminodicarbonsäuren Asparaginsäure und Glutaminsäure reagieren in wäßriger Lösung sauer. Die beiden *Diamino-monocarbonsäuren* Lysin und Ornithin reagieren in wäßriger Lösung alkalisch.

Alle aus natürlichen Proteinen gewonnenen Aminosäuren sind *optisch aktiv* (außer dem Glykokoll), weil das α-C-Atom vier verschiedene Substituenten trägt, also asymmetrisch ist. Sie drehen in Lösung die Ebene des polarisierten Lichts teils nach rechts, teils nach links; stereochemisch haben sie alle l-Konfiguration, wie die im Fleisch vorkommende l-Milchsäure. Als einzige natürlich vorkommende d-Aminosäure ist die d-Glutaminsäure bekannt geworden; die Kapselsubstanz der Milzbrandbacillen ist ein ausschließlich aus d-Glutaminsäure aufgebautes Protein.

*Synthesen.* Die Aminosäuren lassen sich auf folgenden Wegen gewinnen:
1. Durch Einwirkung von Ammoniak auf Halogenfettsäuren.

**Formel 485.**

$$
\begin{array}{cccccc}
\text{α-Chlorpropionsäure} & & & \text{α-Amino-propionsäure, Alanin} & & \\
\text{flüssig, Siedep. 186°, mit } H_2O \text{ mischbar} & & & \text{Smp. 297°} & &
\end{array}
$$

Geht man bei dieser Synthese von optisch inaktiver α-Chlorfettsäure aus, so erhält man ein racemisches Gemisch von gleich viel d- und l-Säure, die man nach den Methoden von PASTEUR trennen kann (s. Formel 408, S. 290).

2. Durch Behandlung von $\alpha$-Ketofettsäuren mit $NH_3$ und nascierendem H. Es entstehen als Zwischenstufen $\alpha$-Iminosäuren, die durch Wasserstoff zu Aminosäuren reduziert werden (KNOOP).

**Formel 486.**

$$\begin{array}{ccccc}
\text{H} & & \text{H} & & \text{H} \\
\text{HCH} & & \text{HCH} & & \text{HCH} \\
| & & | & & *| \\
\text{C}=\text{O} \quad +\ NH_3\ \rightarrow & & \text{C}=\text{NH} \quad +\ 2\,\text{H}\ \rightarrow & & \text{HC—NH}_2 \\
| & & | & & | \\
\text{COOH} & & \text{COOH} & & \text{COOH}
\end{array}$$

| $\alpha$-Ketopropionsäure | $\alpha$-Imino-propionsäure | Alanin |
|---|---|---|
| Brenztraubensäure | nicht dargestellt | Smp. 297° |
| Siedep. 165° | | |

Es ist wahrscheinlich, daß eine Synthese der Aminosäuren auch im lebenden Organismus diesen Weg geht. Der erste Abbau der Aminosäuren bei der Verbrennung der Proteine geht den umgekehrten Weg: von der Aminosäure über die Iminosäure zur $\alpha$-Ketosäure, die dann weiter verbrannt wird.

3. Die wichtigste Darstellungsmethode der Aminosäuren ist die *hydrolytische Spaltung der Proteine* selber. Man kocht dazu die Proteine mit verdünnten wäßrigen Säuren oder Alkalien.

Da die als Gemisch entstehenden Aminosäuren ähnliche Eigenschaften haben und schwer trennbar sind, hat EMIL FISCHER (dem wir die meisten grundlegenden chemischen Arbeiten dieses Gebietes verdanken) die nicht destillierbaren Säuren in ihre Äthylester übergeführt, die sich auf Grund ihrer verschiedenen Siedepunkte durch Destillation trennen lassen.

**Formel 487.**

$$\begin{array}{ccc}
\text{R} & & \text{R} \\
| & & | \\
H_2N-\overset{*}{\text{CH}} & & H_2N-\overset{*}{\text{CH}} \\
| & & | \\
\text{C—OH} \quad +\ HO-C_2H_5\ \rightarrow & & \text{C—O—}C_2H_5 \\
\| & & \| \\
\text{O} & & \text{O}
\end{array}$$

| Aminosäure | Äthanol | Aminosäureäthylester |
|---|---|---|
| wasserlöslich | wasserlöslich | fast unlöslich in Wasser |

Die einzelnen Fraktionen der Destillation (die man zur Erniedrigung der Siedepunkte im Vakuum ausführen muß) werden verseift und die Aminosäuren durch fraktionierte Kristallisation rein gewonnen. Die Aminosäuren selbst sind als innere Salze nicht destillierbar; sie zersetzen sich dabei.

*Peptide.* Die Proteine sind Polykondensationsprodukte (s. S. 329) der Aminosäuren. Die Aminosäuremoleküle sind so verknüpft, daß immer die Carboxylgruppe einer Aminosäure mit der Aminogruppe der nächsten ein *Amid* bildet. Kuppelt man so zwei beliebige Aminosäuren, so entsteht ein sog. *Dipeptid.*

**Formel 488.**

| Alanin | Leucin | Alanyl-leucin |
|---|---|---|
| Smp. 297° | Smp. 293° | kristallisiert |

Kondensiert man mit diesem Dipeptid eine neue Aminosäure, so erhält man ein
*Tripeptid*. Die praktische Synthese ist experimentell sehr schwierig; sie geht
über die an der Aminogruppe geschützten Säurechloride.

**Formel 489.**

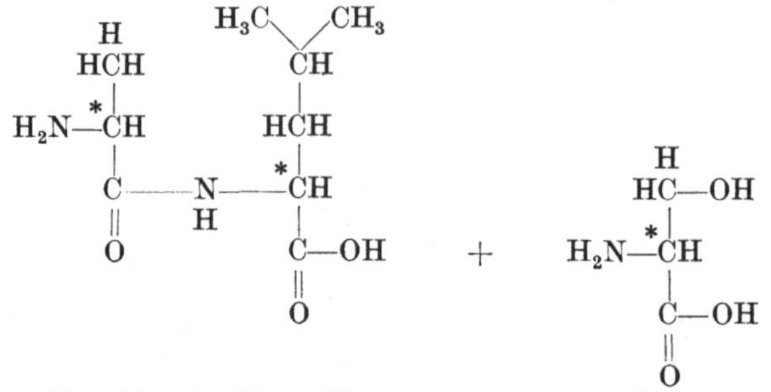

Alanyl-leucin, Dipeptid
fest, kristallisiert, in $H_2O$ löslich

$+$

Serin
Smp. 211°

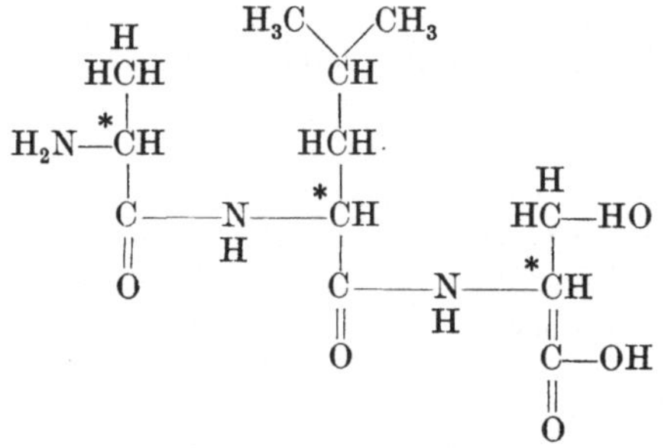

Alanyl-leucyl-serin, Tripeptid
kristallisiert, in $H_2O$ schwerlöslich

Setzt man diese Anlagerung von Aminosäuren weiter fort, so erhält man ein
*Polypeptid*, in dem viele Aminosäuren amidartig zu einer langen Kette aneinander-
gebunden sind. Es entstehen so lange hochpolymere (s. Formel 491; nächste Seite)
Ketten, die man *Proteine* nennt.

In übersichtlichen Einzelsynthesen sind bis jetzt nur Ketten bis zu 16 Aminosäuren aneinandergebunden worden. Diese synthetischen Produkte genau bekannter Konstitution haben bereits Eigenschaften niedrigmolekularer Proteine.

In Geweben und Hefe wurde von Hopkins 1922 ein *Tripeptid Glutathion* aufgefunden, das an seiner —SH-Gruppe leicht oxydiert und reduziert wird und
wahrscheinlich in den Zellen an irgendeiner Stelle als Redoxkatalysator beteiligt
ist. Es findet sich in allen Zellen zu etwa 30—200 mg/100 g. Ein *Dipeptid Carnosin* kommt zu 300 mg/100 g im Fleisch vor.

**Formel 490.**

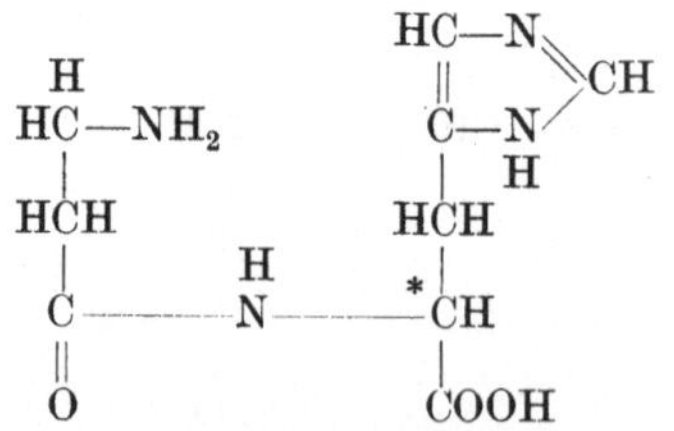

Carnosin, β-Alanyl-histidin
kristallisiert, Smp. 245°, Zersetzung, löslich in $H_2O$

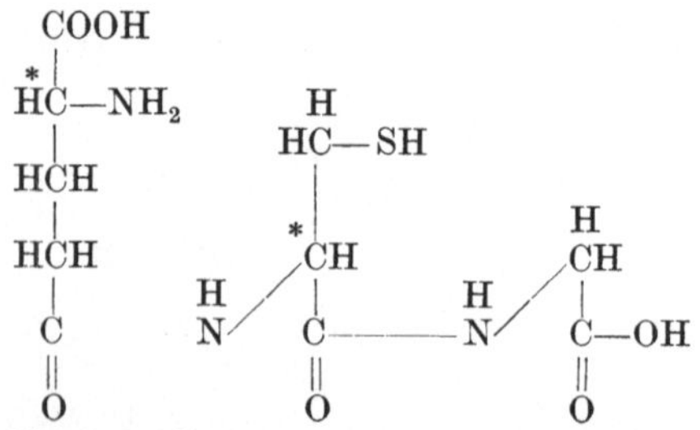

Glutaminyl-cysteinyl-glykokoll, Glutathion
kristallisiert, Smp. etwa 150—180°, leichtlöslich in $H_2O$

## f) Proteine.

*Proteine.* In den meisten natürlichen Proteinen sind etwa 330 (oder 2mal 330 oder x mal 330) Aminosäuren aneinandergekuppelt. Es gibt Proteine, in denen mehr als 10000 einzelne Aminosäuren aneinandergebunden sind.

Die Molekulargewichte der Proteine kann man neuerdings aus ihrer Sedimentationsgeschwindigkeit in der Ultrazentrifuge nach SVEDBERG (bis zu 120000 Touren pro Minute) ·ziemlich genau bestimmen; die meisten haben Molekulargewichte um 33000 oder Vielfache davon.

Ein Protein ist ein Polypeptid von der allgemeinen Formel:

**Formel 491.**

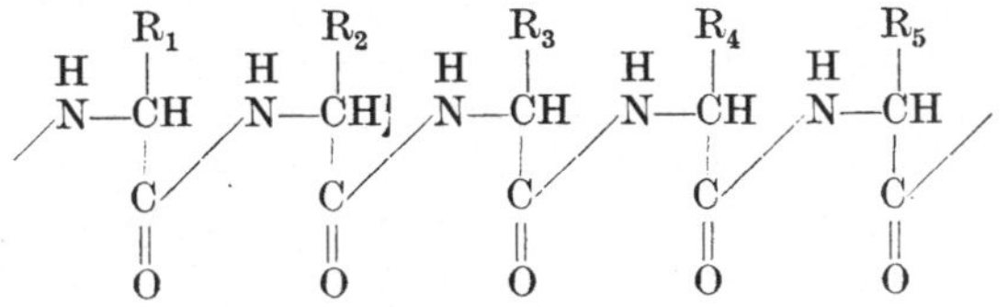

$$\begin{array}{ccccc}
R_1 & R_2 & R_3 & R_4 & R_5 \\
\mathrm{H}\ |\ & \mathrm{H}\ |\ & \mathrm{H}\ |\ & \mathrm{H}\ |\ & \mathrm{H}\ |\ \\
\mathrm{N{-}CH} & \mathrm{N{-}CH} & \mathrm{N{-}CH} & \mathrm{N{-}CH} & \mathrm{N{-}CH} \\
\mathrm{C} & \mathrm{C} & \mathrm{C} & \mathrm{C} & \mathrm{C} \\
\|\ & \|\ & \|\ & \|\ & \|\ \\
\mathrm{O} & \mathrm{O} & \mathrm{O} & \mathrm{O} & \mathrm{O}
\end{array}$$

Polypeptid

R bezeichnet jeweils den Molekülrest einer der etwa 30 natürlich vorkommenden Aminosäuren. Aus Arbeiten von BERGMANN und Mitarbeitern ist es wahrscheinlich geworden, daß in natürlichen Proteinen geordnete Folgen von bestimmten Aminosäuren sich in der Kette immer wiederholen.

Da ein Proteinmolekül mindestens 330 Aminosäuremoleküle umfaßt, und da es etwa 30 verschiedene R, 30 verschiedene Aminosäuren gibt, sieht man, daß die Zahl der möglichen isomeren Proteine sehr groß ist.

*Proteinisomerie.* Die riesige Zahl der möglichen Proteinisomeren läßt sich ausrechnen:

Die einfachsten Proteine haben Molekulargewichte von 33000.

Bei einem Durchschnittsmolekulargewicht einer einzelnen Aminosäure von 100 sind 330 Aminosäuremoleküle am Aufbau eines Proteinmoleküls beteiligt.

Bildet man formelmäßig ein kleineres Protein aus den 30 bekannten verschiedenen Aminosäuren, so daß von jeder Aminosäure nur ein Molekül an diesem kleinen Proteinmolekül vom ungefähren Molekulargewicht 3000 beteiligt ist, so gibt es bereits $30! = 2,10 \cdot 10^{44}$ Isomere. Rechnet man die Zahl der möglichen Isomeren für 330 Aminosäuremoleküle aus 30 verschiedenen Bausteinen (wie sie in natürlichen Proteinen vom Molekulargewicht 33000 vorkommen), so kommt man zu der unvorstellbaren Zahl vom $10^{488}$ ($= 30^{330}$) möglichen verschiedenen Isomeren.

Es ist interessant, damit die Zahl der auf unserer ganzen Erde vorhandenen Proteinmoleküle zu vergleichen.

Lebende Substanz und damit Proteine kommen auf der Erde nur in der ganz dünnen äußeren Grenzschicht, der Kugelfläche vor. Stellt man sich vor (näherungsweise, aber mit einer Unsicherheitsgrenze von $^1/_5$—5 ungefähr richtig), daß die Menge der Proteine einer 7 mm dicken massiven Schicht (Dichte 1,4) auf der ganzen Erdoberfläche entspricht, so sind das ungefähr $5 \cdot 10^{17}$ g Protein (Erdoberfläche 510000000 km²). Ein Mol Protein vom Molgewicht $33000 = 33000$ g Protein enthält $6,06 \cdot 10^{23}$ Moleküle. Die ganze Erde enthält damit etwa $10^{38}$ Proteinmoleküle. Von der Zahl der beim Molekulargewicht 33000 möglichen Isomeren von $10^{488}$ ist auf der ganzen Erde somit maximal der $10^{-450}$. Teil realisiert; das gilt alles unter der Voraussetzung, daß in der ganzen lebenden Welt unserer Erdoberfläche keine zwei gleichen Proteinmoleküle vorkommen, was sicher nicht der Fall ist. Die meisten Proteine haben zudem noch höhere Molekulargewichte als 33000.

Alle diese Proteinmoleküle können als Grundelemente mechanischer Kombinationen in den Zellen wieder ungeheuer zahlreiche neue Lagevariationen eingehen. Auf der praktischen Unwahrscheinlichkeit der genauen Wiederholung einer genau gleichen Raumkombination von Proteinen in lebenden Zellen könnte vielleicht das beruhen, was wir als übermechanische Individualität lebender Organismen betrachten.

Man versteht so die außerordentliche Mannigfaltigkeit der Erscheinungsformen der Proteine, aus denen sich (neben Polysacchariden und Fetten) alle lebende Substanz, alle Zellen und fast unser ganzer menschlicher Körper aufbauen (abgesehen von den Knochen). Die ganzen riesig zahlreichen Gestaltvariationen der lebenden Organismen beruhen letzten Endes auf der sehr großen Zahl der möglichen chemischen Isomeren der Proteine oder Polypeptidketten.

Es ist neuerdings wahrscheinlich geworden, daß manche natürlichen Proteine nicht ausschließlich gerade Kettenmoleküle sind, sondern daß in den Ketten an Glutaminsäuremolekülen oder beim Cystin gabelförmige Verzweigungsstellen vorkommen; manche Proteine sind demnach vielleicht als *Dreidimensionalmoleküle*, als Raumnetze anzusehen (HAUROWITZ).

Hochpolymere Proteine aus nur einer Aminosäure sind bisher außer bei der Kapselsubstanz der Milzbrandbacillen (d-Glutaminsäure) nicht in der Natur gefunden worden. Man kann solche Proteingemische aus nur einer Aminosäure, jedoch nicht einheitlichen Molekulargewichtes synthetisch erhalten. N-Carboxy-α-aminosäureanhydride, gelöst in Benzol, gehen unter dem Einfluß von Spuren von Feuchtigkeit unter $CO_2$-Abspaltung in hochpolymere Kettenproteine über (s. S. 329).

**Formel 492.**

$$x \, \text{Mol} \quad \underset{\substack{\text{N-Carboxy-} \alpha\text{-Aminosäureanhydrid}}}{\overset{\overset{\displaystyle \text{O}}{\overline{\phantom{xx}|\phantom{xx}}}}{\underset{\substack{\| \quad \text{H} \quad | \ \| \\ \text{O} \quad \quad \text{R} \ \text{O}}}{\text{C—N}\overset{*\text{H}}{—\text{C}}—\text{C}}}} \quad \xrightarrow{H_2O} \quad + \quad \overset{\uparrow}{\overline{CO_2}} \quad \underset{\substack{\text{Aminosäurepolymeres} \\ \text{Protein aus nur einer Art Aminosäure}}}{\left[\underset{\substack{\text{H} \quad | \ \| \\ \text{R} \ \text{O}}}{—\text{N}\overset{*\text{H}}{—\text{C}}—\text{C}—}\right]_x}$$

*Proteine und* $p_H$. Die chemischen Eigenschaften der Proteine hängen von der Struktur der Aminosäuren ab, die am Aufbau beteiligt sind.

Eine Aminosäurekette, ein Protein, das sehr viele Aminodicarbonsäuren enthält, löst sich in Alkali, weil überzählige Carboxylgruppen, die nicht im Molekülinnern durch Aminogruppen abgesättigt sind, mit dem Alkalihydroxyd der Lösungsflüssigkeit wasserlösliche Salze bilden können.

**Formel 493.**

$$\begin{array}{c} COO^- \quad\; COO^- \quad\; COO^- \quad\; COO^- \quad\; COO^- \quad\; COO^- \\ \big|\qquad\quad \big|\qquad\quad \big|\qquad\quad \big|\qquad\quad \big|\qquad\quad \big| \\ \text{—N—C—C—N—C—C—N—C—C—N—C—C—N—C—C—N—C—C—} \end{array}$$

Saures Protein, in Alkali löslich

Eine Kette mit vielen basischen Aminosäuren ist leichter in Säuren löslich.

**Formel 494.**

$$\begin{array}{c} {}^+NH_3 \quad\; {}^+NH_3 \quad\; {}^+NH_3 \quad\; {}^+NH_3 \quad\; {}^+NH_3 \quad\; {}^+NH_3 \\ \big|\qquad\quad \big|\qquad\quad \big|\qquad\quad \big|\qquad\quad \big|\qquad\quad \big| \\ \text{—N—C—C—N—C—C—N—C—C—N—C—C—N—C—C—N—C—C—} \end{array}$$

Basisches Protein, in Säuren löslich

Ein Protein, das nur Paraffinketten oder chemisch neutrale Reste als R trägt, ist ohne Hydrolyse praktisch unlöslich.

**Formel 495.**

$$\text{—N—C—C—N—C—C—N—C—C—N—C—C—N—C—C—N—C—C—}$$

mit Seitengruppen: $CH_3$, $SH$, Phenyl, $CH_3$, $OH$, $CH_3$, $SH$

Neutrales Protein ohne saure oder basische Seitengruppen, unlöslich in $H_2O$, schwachen Säuren und Alkalien

Die meisten Proteine enthalten sowohl saure wie basische und neutrale Aminosäuren. Sie stehen dann in ihrem chemischen Verhalten zwischen diesen Extremen.

**Formel 496.**

$$\text{—N—C—C—N—C—C—N—C—C—N—C—C—N—C—C—}$$

mit Seitengruppen: $^+NH_3$, $CH_3$, $COO^-$, $^+NH_3$, $COO^-$, Phenyl

Aus sauren und basischen Aminosäuren gemischtes Protein, in verdünnten Säuren und Basen löslich

*Isoelektrischer Punkt.* Neutralisieren sich die freien Carboxylgruppen und die freien Aminogruppen in einem Proteinmolekül gerade, so ist das Protein in Wasser normalerweise schwerlöslich. Dieser Punkt geringster Löslichkeit zwischen alkalisch und sauer liegt bei einer bestimmten, für jedes Protein verschiedenen Wasserstoffionenkonzentration, bei verschiedenem $p_H$ der Lösung. Man nennt diesen Punkt, in dem die innermolekularen positiven und negativen Ladungen gerade gleich sind, den *isoelektrischen Punkt.* Der isoelektrische Punkt eines basischen Eiweißes liegt im basischen Gebiet, der eines sauren Eiweißes im sauren.

An ihrem isoelektrischen Punkt sind die meisten Proteine in $H_2O$ schwerlöslich; ober- und unterhalb dieses Punktes sind sie mehr oder weniger löslich.

Der isoelektrische Punkt ist eine gut meßbare physikalische Konstante zur Identifizierung reiner Proteine. Er ist ein Charakteristicum, das um so wichtiger ist, als die Messung anderer physikalischer Konstanten (Schmelzpunkt, Siedepunkt) nicht möglich ist oder für alle Proteine ähnliche Resultate gibt.

*Ausfällung der Proteine.* Fast alle Proteine, die in Wasser löslich sind, lassen sich daraus durch konzentrierte neutrale Salzlösungen, durch gesättigte NaCl- oder $(NH_4)_2SO_4$-Lösung bei niederer Temperatur ausfällen *(aussalzen).* Dabei bleiben sie meist unverändert.

Auch durch Kochen oder durch Behandeln mit Säuren in der Kälte oder mit Schwermetallsalzen, etwa $HgCl_2$, lassen sich die Proteine ausfällen. Bei dieser Art der Ausfällung verändern sich jedoch die meisten Proteine. Sie haben dann nicht mehr die vorherigen natürlichen Eigenschaften; man sagt, sie sind *denaturiert.* Worin der Vorgang der Denaturierung besteht, ist noch nicht ganz geklärt. Es handelt sich wahrscheinlich um eine tiefgreifende Veränderung des chemisch-kolloidalen Gefüges der Proteine.

*Proteine als Kolloide.* Da die Proteine wegen ihrer hohen Molekulargewichte nicht mehr in echte Lösung gehen können, bilden sie *kolloidale Lösungen.*

Je nachdem, ob die Proteinketten dabei *lange Fäden* bilden, oder ob sich Netz-moleküle oder Fäden zu einem dreidimensionalen Knäuel zusammenlegen, erhält man Lösungen von leimartiger Konsistenz oder dünnflüssige Lösungen.

Die Lösungen, die Fadenmoleküle enthalten, sind zähflüssig oder, wie man sagt, *viscos*. Oberhalb einer gewissen Konzentration ist die Flüssigkeit oft nicht mehr beweglich; sie *gelatiniert*. In dem Filz der Molekülfäden werden die Wasser-moleküle so unbeweglich, daß das Ganze fest wird. Auch unsere Körpergewebe (z. B. im Muskel das Protein Myosin), die 70—80 % Wasser festhalten, sind solche halbfeste Fadenproteingele. Alle Puddinge, Cremen usw., soweit sie fest sind, sind Gallerten aus Gelatine (oder aus Stärke, Pektin und neuerdings aus synthetischen wasserlöslichen Hochpolymeren).

Knäuelförmige Moleküle, in Wasser gelöst, geben dagegen dünnflüssige Lö-sungen, weil kolloidal gelöste Kugeln die freie Beweglichkeit der Wassermoleküle nicht hindern, wohl aber Fadenmoleküle, die das Wasser wie Filz festhalten.

So sind z.B. von dem fadenförmigen Protein *Gelatine* (das man durch Aus-kochen von Knochen erhält) bei Zimmertemperatur alle Lösungen über 2 % feste Gallerten, während von dem mehr kugelförmigen Protein *Globulin*, das sich im Blutserum findet, auch 10 %ige Lösungen noch dünnflüssig sind.

Proteine sind in wasserfreiem Zustand hornartig, farblos; manche hat man auch kristallisiert erhalten.

*Einzelne Proteine.* Man kann die Proteine je nach ihren vorherrschenden Gruppeneigenschaften in verschiedene Klassen einteilen.

So kennt man die in Wasser oder verdünnten Salzlösungen leichtlöslichen *Albumine* und *Globuline*, von denen das erste im *Eiereiweiß* und im Blutserum, das zweite im Blutserum vorkommt. Weiter findet sich im Blutplasma (ungeronnenes Blut ohne rote Blutkörperchen) ein wasserlösliches Eiweiß *Fibrinogen*, das beim Austreten aus den Adern, beim Bluten aus einer Wunde *gerinnt* und dabei in das unlösliche Protein *Fibrin* übergeht, wobei ein sehr komplizierter enzymatischer Mechanismus und $Ca^{++}$-Ionen mitwirken. Dieses Fibrin verschließt als gelatine-ähnliches, aber wasserunlösliches Fadenmolekülgebilde die Wunde. Weitere Pro-teine sind die schon besprochene Gelatine, das fadenförmige *Myosin*, das den Hauptteil und die contractile Substanz der Muskeln ausmacht, das im Wasser unlösliche *Keratin*, aus dem Haare und Nägel bestehen.

Weitere Proteine sind *Gliadin*, ein saures Eiweiß aus Weizenmehl, das Haupteiweiß des Mehls und Brotes, und die stark basischen *Protamine* aus Fisch-rogen.

Das Pankreashormon *Insulin*, womit man die verbreitete Zuckerkrankheit (Diabetes) in ihren Symptomen bekämpfen, aber leider nicht heilen kann, ist eben-falls ein Protein. Es wurde 1921 von BANTING und BEST aus Pankreas isoliert. Auch *Hormone* aus *der Hypophyse* und aus anderen Körperorganen sind Proteine. Der Ausdruck „Hormon" wurde 1906 von BAYLISS und STARLING vorgeschlagen.

*Wolle* und *natürliche Seide* sind Proteine, Polypeptide, während Baumwolle aus Cellulose, einem Polysaccharid besteht.

Proteine, die außer Aminosäuren *noch andere Bausteine* enthalten, sind das phosphorsäurehaltige *Casein* der Milch, aus dem der Käse besteht, und das Phos-phorsäureserinester statt der Aminosäure Serin enthält; das *Hämoglobin*, der rote Farbstoff des Blutes, das neben Protein einen Prophyrinring und Eisen enthält (s. S. 393). Auch das *Chlorophyll*, der grüne Farbstoff aller Pflanzen, das chemisch ähnlich wie Hämin gebaut ist, an Stelle des Eisens aber Magnesium eingebaut ent-hält, ist in der Pflanzenzelle an Proteine gebunden.

Weiter sind wichtig die *Nucleoproteide*, die die Hauptmasse der Zellkerne ausmachen, die neben Protein Purinderivate (s. Formel 650, S. 403), Phosphorsäure und einen Pentosezucker, die d-Ribose enthalten.

Nucleoproteide sind Hauptbestandteile der Viren, submikroskopischer, oft kristallisierbarer Krankheitskeime, z.B. des Tabakmosaikvirus; das Molekulargewicht der kristallisierbaren Moleküle des Virus ist 17 000 000.

Die *Glucoproteide* enthalten neben Aminosäuren den Aminozucker Glucosamin. Sie finden sich im Mucin, dem Eiweiß des Speichels, auch im Eieralbumin und im Blutserum.

*Enzyme.* Proteine sind auch die sog. *Enzyme oder Fermente.* Enzyme sind die Katalysatoren der chemischen Vorgänge in allen lebenden Substanzen. Sie beschleunigen (katalysieren) Vorgänge, die ohne Enzyme bei Körpertemperatur gar nicht oder nur langsam vor sich gehen. Vielleicht sind auch Proteinhormone wie Insulin Enzyme.

So ist z.B. die *Diastase* im Speichel, die das Polysaccharid Stärke im Mund und im Magen teilweise in das Disaccharid Maltose spaltet (s. Formel 455, S. 310), ein Enzymprotein. Die Proteine selbst, die wir in der Nahrung jeden Tag in großen Mengen zu uns nehmen, werden im salzsauren Magensaft durch Enzyme (Peptidasen), z.B. das *Pepsin*, aus Polypeptiden in Aminosäuren, Dipeptide und Tripeptide gespalten und nachher im Darm als kleine Moleküle durch die Darmwand resorbiert. Aus diesen kleinen Bausteinen baut sich der Körper (bis jetzt unbekannt wie) sein individuelles Eiweiß auf.

Die in der Galle, im Pankreassaft und Darm vorkommenden *Lipasen*, die Glycerin und Fettsäuren verseifen, sind ebenfalls Proteine.

Alle die sehr komplizierten chemischen Vorgänge in jeder tierischen und pflanzlichen Zelle sind fast ausschließlich durch ein kompliziertes Gleichgewicht von Proteinkatalysatoren, Enzymen geleitet. Die Enzymchemie ist heute schon ein eigenes, immer wichtiger werdendes Spezialfach der Biochemie.

*Reaktionen der Proteine.* Alle Proteine geben mit löslichen Kupfersalzen und Alkali blauviolett gefärbte Komplexe. Davon macht man analytisch Gebrauch: Man gibt zu der auf Protein zu untersuchenden Lösung viel NaOH und wenig Kupfersalz; bei Anwesenheit von Protein entsteht eine violette Farbe. Diese Reaktion nennt man *Biuretreaktion.* Sie ähnelt der Biuretreaktion des Harnstoffs (s. S. 267).

Die *Xanthoproteinreaktion*, eine Gelbfärbung auf Zusatz von konz. $HNO_3$, beruht darauf, daß $HNO_3$ mit den Aminosäuren, die einen Benzolring enthalten (Phenylalanin, Tyrosin), gelb gefärbte Nitrobenzolderivate bildet. Die Gelbfärbung der Finger beim Arbeiten mit konz. $HNO_3$ beruht auf dieser Xanthoproteinreaktion.

Fast alle Eiweiße lassen sich durch Kochen ihrer wäßrigen Lösung niederschlagen. Besonders empfindlich ist der Nachweis der Proteine durch eine wäßrige Lösung von *Sulfosalicylsäure* (5-Sulfo-2-oxybenzoesäure, Smp. 120°, leicht löslich in $H_2O$), die schon in der Kälte Proteine aus ihren Lösungen unlöslich niederschlägt. Eine ähnliche ausfällende Wirkung hat *Trichloressigsäure* (s. S. 262).

## 17. Kapitel.

# Aromatische Kohlenwasserstoffe.

Bisher wurden acyclische Verbindungen betrachtet; das sind solche, die sich als Derivate von Paraffinkohlenwasserstoffen ableiten lassen. Es werden jetzt Verbindungen besprochen, bei denen Ringe aus Kohlenstoffketten vorkommen.

Wie am Anfang des organischen Teils gezeigt wurde (s. S. 224, 225), sind aus räumlichen Gründen die Ringe mit 5 und 6 C-Atomen die stabilsten.

Die aromatischen Ringverbindungen lassen sich über cyclische Paraffinkohlenwasserstoffe (Formel 580, S. 368) aus Paraffinen ableiten.

Wie in aliphatischen Paraffinen kann man auch in Cycloparaffinen ein oder mehrere gebundene —H-Atome durch Hydroxyl- oder durch Ketogruppen ersetzen.

Ersetzt man im Cyclohexan drei nicht benachbarte $CH_2$-Gruppen durch CO-Gruppen, so erhält man einen hypothetischen Körper, das Cyclohexantrion. Dieses Cyclohexantrion ist nicht beständig; es geht sofort und praktisch quantitativ in die 3fache Enolform über; es *tautomerisiert*, wie man sagt.

*Benzolring.* Es entsteht ein Trioxyderivat des Cyclohexa-triens, das *1,3,5-Trioxybenzol.*

**Formel 497.**

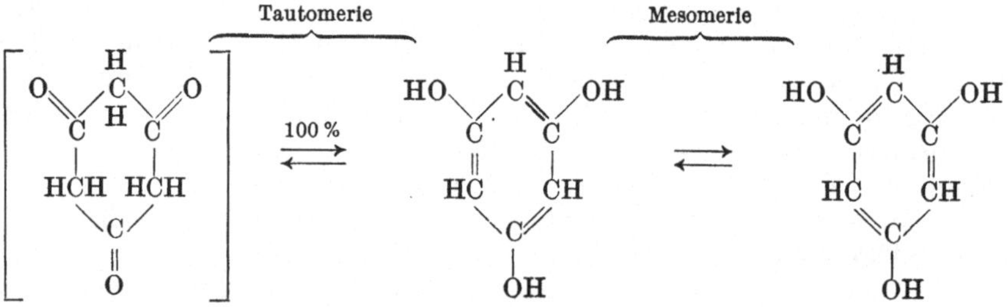

Tautomerie                     Mesomerie

1                     2                     3

1,3,5-Triketo-cyclohexan                     1,3,5-Trioxybenzol, Phloroglucin
frei unbeständig                     kristallisiert, Smp. 218°

Dabei sind die beiden Isomeren, die hierbei entstehen sollten (Formel 2 und 3 lassen sich nicht durch Drehung in der Papierebene zur Deckung bringen), identisch. Das heißt aber, daß die drei Doppelbindungen im Benzolring nicht festgelegt sind, sondern oscillieren, jedenfalls nicht wie andere Doppelbindungen lokalisiert sind. Die beiden angeschriebenen Formeln bezeichnen nur Grenzzustände; der wirkliche Zustand des Benzolmoleküls liegt zwischen beiden.

Bei der Umwandlung zwischen Formel 1 und 2 wandert ein positiv geladenes H-Atom oder, wie man sagt, ein *Proton.* Diesen Vorgang nennt man Prototropie oder *Tautomerie.* Bei der Umwandlung zwischen Formel 2 und 3 wandern keine Protonen, es verschieben sich nur Bindungen, d. h. *Elektronen.* Diesen Vorgang nennt man *Mesomerie.*

Tautomerie liegt immer vor, wenn ein Proton ($H^+$) wandert, wie bei der Keto-enoltautomerie des Acetessigesters (s. Formel 416, S. 293). Mesomerie liegt vor, wenn nur Elektronenbindungen wandern.

Im Benzol liegen drei konjugierte Doppelbindungen vor. Man sollte deshalb annehmen, daß das Benzol besonders ungesättigt sei. Es addiert bei Zimmertemperatur kein Brom. Dagegen erfolgt im Sonnenlicht und bei erhöhter Temperatur langsam Anlagerung von Brom. Benzol verhält sich in fast allen Reaktionen wie ein gesättigter Kohlenwasserstoff.

Man hat zuerst versucht, eine Benzolformel mit zentrierten Bindungen aufzustellen, die jedoch wenig befriedigte.

**Formel 498.**

Benzolformol mit zentrierten Bindungen

Die heute gebräuchliche Benzolformel stammt von KEKULÉ.

**Formel 499.**

KEKULÉsche Formel
voll ausgeschrieben, abgekürzt

Die KEKULÉsche Formel gibt die Zustände am besten wieder. Der Einfachheit halber schreibt man die Benzolformel nur als Sechsring, manchmal noch einfacher als $C_6H_6$. In der amerikanischen Literatur wird der Phenylrest $C_6H_5$ häufig als Ph geschrieben.

Eine instruktive Synthese des Benzols ist die Kondensation von Acetylen bei hoher Temperatur.

**Formel 500.**

3 mal Acetylen
Gas, Siedep. —84°

Benzol
farblos, flüssig, Siedep. 80°
praktisch unlöslich in $H_2O$
Dichte 0,878

*Benzol und seine Derivate* nennt man *aromatische Verbindungen*, weil viele der in der Frühzeit der organischen Chemie entdeckten Pflanzenaromastoffe Benzolkerne enthielten. Alle H-Atome des Benzols lassen sich, im Gegensatz zu H-Atomen in Paraffinen, mit $H_2SO_4$ durch Sulfogruppen $—SO_3H$, mit $HNO_3$ durch Nitrogruppen $—NO_2$ ersetzen.

*Benzol* wird technisch in großem Maßstab bei der Leuchtgasfabrikation gewonnen. Es bilden sich dabei neben Methan und Paraffinhomologen cyclische Kohlenwasserstoffe, Benzol mit seinen Homologen und Teer. Benzol ist ein gesuchtes Industrierohprodukt; fast die ganze Fabrikation von organischen Farbstoffen geht vom Benzol und seinen Homologen aus. Daneben wird Benzol als Lösungsmittel verwendet. Früher wurde es wegen seiner Klopffestigkeit auch als Brennstoff oder als Brennstoffbeimischung für hoch beanspruchte Motoren, besonders Flugzeugmotoren, gebraucht.

*Bezeichnung.* Um eine genaue *Bezeichnungsmöglichkeit für Isomere* zu haben, hat man wie bei Paraffinketten die C-Atome der Reihe nach numeriert. Der Unterschied ist nur der, daß man beim Benzol an einem beliebigen C-Atom anfangen kann zu zählen, da alle C-Atome gleichwertig sind. Im allgemeinen fängt man bei einem substituierten C-Atom an.

**Formel 501.**

Benzol
Smp. 6°, Siedep. 80°
unlöslich in $H_2O$, Dichte 0,878

1-Chlor-3-oxybenzol  =  2-Oxy-6-chlorbenzol
Kristalle, Smp. 28°, Siedep. 214°, sehr wenig löslich in $H_2O$

*Toluol, Xylol.* Ersetzt man im Benzol 1 H durch $-CH_3$, so kommt man zum Methylbenzol oder *Toluol.* Ersetzt man 2 H durch $-CH_3$, so kommt man zum Dimethylbenzol oder *Xylol.* Da die beiden $CH_3$-Gruppen in verschiedener Stellung zueinander stehen können, gibt es drei verschiedene isomere Dimethylbenzole, drei isomere Xylole.

Die *Stellung zweier Substituenten* an einem Benzolring in der relativen Stellung 1,2 bezeichnet man immer durch das Vorwort *ortho.* 1,3-Stellung wird durch die Vorsilbe *meta-* und 1,4-Stellung durch *para-* bezeichnet. Man kennt drei isomere Xylole; das *ortho-Xylol* (1,2), das *meta-Xylol* (1,3) und das *para-Xylol* (1,4).

**Formel 502.**

Toluol
flüssig, Siedep. 110°
Dichte 0,87

ortho-Xylol
Siedep. 141°

meta-Xylol
Siedep. 139°
Dichte 0,86

para-Xylol
Siedep. 136°

alle unlöslich in $H_2O$, löslich in organischen Lösungsmitteln

Sie sind Flüssigkeiten wie das Benzol, die sich durch Siedepunkt, spezifisches Gewicht und physikalische Eigenschaften voneinander unterscheiden. Sie finden sich in dem aus der Steinkohlendestillation erhaltenen Handelsbenzol. Wie das Benzol werden sie technisch viel verwendet. Toluol hat bakteriostatische Eigenschaften (s. S. 364), d. h. es hindert Bakterien am Wachsen und wird deshalb manchmal zum Sterilhalten von Lösungen verwendet, ist aber, wie alle flüssigen Kohlenwasserstoffe, für Tiere ein Lebergift.

**Formel 503.**

Mesitylen
flüssig, farblos, Siedep. 165°, Dichte 0,86

Hexamethylbenzol
farblos, kristallisiert, Smp. 166°, Siedep. 256°

*Mesitylen.* Vom nächsthöheren Homologen, dem Trimethylbenzol, gibt es ebenfalls drei Isomere. Das symmetrische 1,3,5-Trimethylbenzol ist das flüssige *Mesitylen.* Höhere Homologe mit seitlichen Paraffinketten sind in großer Zahl bekannt.

Für die Darstellung der höheren Homologen, also die Einführung von Paraffinresten, gibt es spezielle Synthesen, die nur bei cyclischen Kohlenwasserstoffen erfolgreich sind.

*Synthese der Alkylbenzole.* Die Synthese nach FRIEDEL-CRAFTS beruht darauf, daß man *Halogenalkyl* mit einem *Benzolderivat in Gegenwart von $AlCl_3$* in einem wasserfreien Lösungsmittel zusammenbringt. Das $AlCl_3$ bildet mit dem Halogenalkyl eine Additionsverbindung, die eines oder mehrere H des Benzols mit Alkyl substituiert. Das Aluminiumchlorid wirkt daneben auch abspaltend auf Seitenketten.

**Formel 504.**

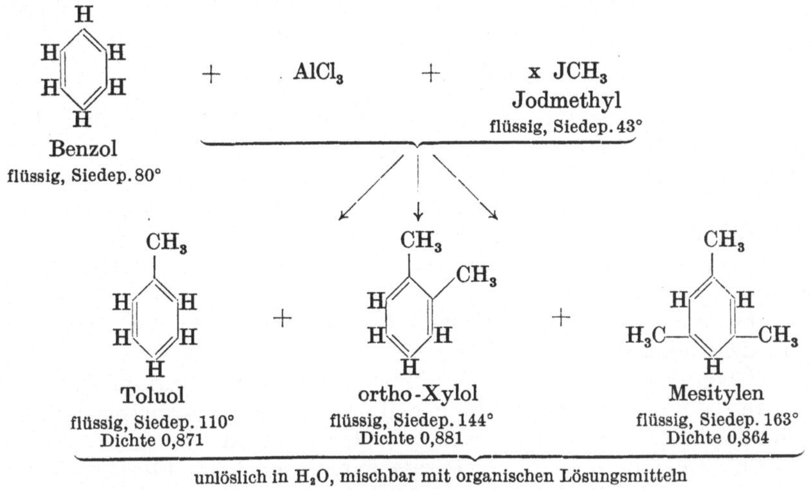

Benzol
flüssig, Siedep. 80°

$+$ $AlCl_3$ $+$ x $JCH_3$
Jodmethyl
flüssig, Siedep. 43°

Toluol
flüssig, Siedep. 110°
Dichte 0,871

$+$

ortho-Xylol
flüssig, Siedep. 144°
Dichte 0,881

$+$

Mesitylen
flüssig, Siedep. 163°
Dichte 0,864

unlöslich in $H_2O$, mischbar mit organischen Lösungsmitteln

FITTIG dehnte die WURTZsche Synthese auf Benzolhomologe aus. Durch Umsetzung von Halogenbenzol mit Alkylhalogeniden und Natrium erhält man so Alkylbenzole, die frei von Homologen sind.

Es entsteht, wie bei fast allen Reaktionen der organischen Chemie, nicht nur ein Endprodukt, sondern ein Gemisch von Homologen und Isomeren, deren Trennung meist der schwierigste Teil einer organischen Synthese ist.

*Substitutionsregeln.* Durch andere Methoden kann man viele Substituentengruppen zum Eintritt in den Benzolkern veranlassen; so $-SO_3H$, $-NO_2$, $-Cl-$ $-Br$, $-CN$ und andere. Am unsubstituierten Benzol sind alle sechs Wasserstoffatome gleichmäßig ersetzbar. Anders ist es jedoch, wenn bereits ein $-H$ durch einen Substituenten ersetzt ist. Dann beeinflußt dieser Substituent die übrigen 5 $-H$ so, daß sie entweder schwerer oder leichter einen neuen Substituenten aufnehmen.

Man hat gefunden, daß eine Gruppe von schon vorhandenen Substituenten, $-NH_2$, $-OH$, $-Cl$, $-Br$, $-CH_3$, neu eintretende Substituenten hauptsächlich in ortho-para-Stellung lenkt *(Substituenten erster Klasse).*

Eine zweite Substituentenart, $-NO_2$, $-\overset{O}{C}H$, $-COOH$, $-SO_3H$, lenkt neu eintretende Substituenten hauptsächlich in meta-Stellung *(Substituenten zweiter Klasse).*

Diese Regeln sind wahrscheinlich so zu erklären, daß unter dem Einfluß der Substituenten erster Klasse das am ortho-C-Atom stehende —H (durch Verschiebung des bindenden Elektronenpaares zwischen H und C näher zum C hin) sich mehr dem ionogenen Zustand nähert. Es wird damit leichter ablösbar und ersetzbar. Dafür erfährt das meta-ständige H eine stärkere Fixierung, das para-ständige wieder eine schwächere als das H im normalen Benzol, so daß es ebenfalls leichter ersetzbar wird.

Bei Substituenten zweiter Klasse, die hauptsächlich in meta-Stellung lenken, ist es umgekehrt: dort sind die ortho- und para-—H-Atome stärker fixiert, während das meta-—H leichter gebunden ist, so daß eine Substitution leicht in meta-Stellung erfolgt.

**Formel 505.**

8　1
6　2
7　3
5　4

Naphthalin
kristallisiert
Smp. 80°
Dichte 1,168
unlöslich in $H_2O$
löslich in organischen
Lösungen
sublimiert leicht

Da keine der Substitutionslenkungen quantitativ erfolgt und sie zudem noch durch Temperatur und Katalysatoren beeinflußt, sogar teilweise umgekehrt werden, sind alle diese Elektronenformulierungen und Theorien vorläufig unsicher. Keine einzige erfüllt das Haupterfordernis einer Theorie: die Möglichkeit einer genauen Vorausberechnung der Mengenanteile der Substitutionsprodukte in Prozenten.

*Naphthalin.* Ein höheres Ringhomologes des Benzols mit zwei 6-Ringen ist das Naphthalin. Es kommt ebenfalls im Gasteer vor und wird daraus in großen Mengen gewonnen.

Schon wesentlich unter seinem Siedepunkt beginnt es in den Dampfzustand überzugehen: es sublimiert. Wegen seines intensiven Geruchs, der Insekten, besonders Kleidermotten vertreibt, wurde es als Konservierungsmittel für Wollstoffe viel verwendet.

Zur Unterscheidung der substituierten Isomeren hat man die C-Atome des Naphthalins der Reihe nach numeriert.

*Dekalin.* Ebenso wie man Benzol mit Platin und Wasserstoff zu Cyclohexan hydrieren kann, kann man auch Naphthalin zum Tetrahydronaphthalin oder *Tetralin* und zum Dekahydronaphthalin oder *Dekalin* hydrieren.

Tetralin und Dekalin sind im Gegensatz zum Naphthalin Flüssigkeiten und werden in der organischen Industrie als hochsiedende Lösungsmittel angewendet, während das bei den Gasfabriken in großen Mengen anfallende Naphthalin selber für Farbstoff- und Heilmittelsynthesen verwendet werden kann.

**Formel 506.**

Naphthalin
farblos, fest, Smp. 80°, Dichte 1,168

$2 H_2$ | Pt　　　　　　　　　　　　　　　　Pt | $5 H_2$

Tetrahydro-naphthalin, Tetralin
flüssig, Siedep. 206°, Dichte 0,97

Dekahydro-naphthalin, Dekalin
flüssig, Siedep. 188°, Dichte 0,87

farblos, unlöslich in $H_2O$, mischbar mit organischen Flüssigkeiten

*Polycyclische Verbindungen.* Noch höhere Ringhomologe des Benzols sind das *Anthracen*, das *Phenanthren*, das *Acenaphthen*, das *Chrysen* usw. Die meisten finden sich im Braunkohlenteerpech. Man kennt heute aneinandergeheftete Kombinationen bis zu 15 Benzolringen, die mit zunehmender Ringzahl zunehmende Färbung zeigen. Mit Pikrinsäure bilden sie schön kristallisierte Additionsverbindungen. Der schwarze Graphit ist eine hochpolymere Modifikation von Benzolringen, in denen alle H durch neue C-Ringe ersetzt sind (s. Formel 538, S. 349).

**Formel 507.**

|  |  |  |
|:---:|:---:|:---:|
| **Anthracen** | **Phenanthren** | **Chrysen** |
| farblos, kristallisiert. Smp. 217°, Dichte 1,24 | farblos, kristallisiert, Smp. 100° Dichte 1,20 | farblos, kristallisiert, Smp. 250° |

alle unlöslich in $H_2O$, wenig löslich in den meisten organischen Lösungsmitteln

Alle diese polycyclischen Stoffe sind fest und kristallisiert. Viele lassen sich aus Steinkohlenteer isolieren.

Derivate des Anthracens kommen in wichtigen natürlichen Farbstoffen vor (s. Formel 528, S. 346). Im Alkaloid Morphin (S. 407) kommt das Phenanthrenskelet vor. Ein aromatischer Kohlenwasserstoff, der im Steinkohlenteer bis jetzt nicht gefunden wurde, ist ein *Cyclopentenophenanthren.* Es ist der Stammkohlenwasserstoff der in der tierischen Galle vorkommenden Gallensäuren und des Cholesterins, sowie der Sexualhormone (s. S. 381).

**Formel 508.**

Cyclopentenophenanthren

kristallisiert, farblos

Es ist schon lange bekannt, daß *Teer krebserregende Stoffe* enthält. Sie wurden von Cook, Dodds und anderen aus Teer isoliert und als cyclische aromatische Kohlenwasserstoffe, als *1,2,5,6-Dibenzanthracen* und *1,2-Benzpyren* erkannt. Ein synthetisch hergestellter cyclischer Kohlenwasserstoff, der interessanterweise den Sterinen und Sexualhormonen (S. 377) nahesteht, das *Methylcholanthren*, ist ebenfalls carcinogen.

**Formel 509.**

|  |  |  |
|:---:|:---:|:---:|
| **1,2,5,6-Dibenzanthracen** | **1,2-Benzpyren** | **Methylcholanthren** |
| kristallisiert, Smp. 262° | kristallisiert, Smp. 177° | kristallisiert, Smp. 174° |

**Formel 510.**

|  |  |
|:---:|:---:|
| **Terramycin** | **Naphthacen** |
| schwach gelbe Kristalle, Smp. 185°, als $Na^+$-Salze und als HCl-Salz leicht in $H_2O$ löslich | orangegelbe Kristalle, Smp. 357° |

Ein aus einer Streptomycesart isoliertes hochwirksames Antibioticum, *Terramycin*, kann als kompliziertes Derivat des *Naphthacens*, eines Kohlenwasserstoffs aus vier „linear annellierten" Benzolkernen, aufgefaßt werden. Eine ähnliche Struktur hat *Aureomycin*.

*Diphenyl.* Verbindungen, die mehrere Benzolkerne, ohne gemeinsame C-Atome, im selben Molekül enthalten, sind z. B. *Diphenyl, Diphenylmethan, Diphenyläthan* und Homologe.

**Formel 511.**

|   Diphenyl   |   Diphenylmethan   |   Diphenyläthan   |
| --- | --- | --- |
| kristallisiert, Smp. 70°  | kristallisiert, Smp. 27°  | kristallisiert, Smp. 52°  |
| unlöslich in $H_2O$, Dichte 1,16 | unlöslich in $H_2O$, Dichte 1,09 | unlöslich in $H_2O$, Dichte 1,06 |

*DDT.* Vom Diphenylmethan ist das heute viel verwendete Insektengift DDT *(Neocid)* abgeleitet. Es ist das para-Dichlordiphenyltrichlormethylmethan. Es hat den Vorteil, daß es geruchlos, praktisch nicht flüchtig und für die menschliche Haut unschädlich ist.

**Formel 512.**

para-Dichlor-diphenyl-trichlormethyl-methan, DDT, Neocid
kristallisiert, farblos, Smp. 105°, unlöslich in $H_2O$, löslich in Petroleum und Äthanol

DDT ist ein *Insektenkontaktgift*, das in minimalster Dosis bei vielen Insekten nach Berührung in einigen Stunden zu tödlichen Nervenlähmungen führt, im Gegensatz zu den meisten bisher verwendeten Insektenfraßgiften, die durch Vergiftung nach Resorption vom Darm aus wirken. In der amerikanischen Armee, die im Krieg dieses Mittel zuerst bei ihren Soldaten als Körperstreupuder anwendete, blieb die sonst unverhütbare Verlausung der Soldaten praktisch aus, und damit wurde Flecktyphus verhütet, der in anderen Armeen Tausende von Toten kostete.

Durch systematische Oberflächenbehandlung von Sümpfen mit Lösungen von DDT in Petroleum, oder mit kolloidalen DDT-Suspensionen in Wasser, gelingt es, ganze Landstriche, die vorher wegen Verseuchung mit Malariaüberträgern unbewohnbar waren, krankheitsfrei und bewohnbar zu machen. Ein teilweise noch wirksameres Insektenbekämpfungsmittel hat man im Hexachlorcyclohexan (Gammexan, S. 371) und in einigen Phosphorsäureverbindungen gefunden.


## 18. Kapitel.

# Aromatische Derivate mit einem oder mehreren Substituenten derselben Art.

### a) Hydroxylderivate.

Behandelt man Toluol mit $Cl_2$-Gas, so wirkt in der Kälte, besonders in Anwesenheit von Katalysatoren, wie $AlCl_3$, $FeCl_3$, J, das Halogen im Kern substituierend. In der Hitze und in Abwesenheit von Katalysatoren werden die drei H— der Methylgruppe durch Chlor ersetzt.

**Formel 513.**

|  |  |  |
|---|---|---|
| 2,6-Dichlor-<br>4-methylbenzol<br>Smp. 26°, Siedep. 201° | $\xleftarrow[\text{Cl}_2]{\text{kalt}}$  Methylbenzol<br>= Toluol<br>flüssig, Siedep. 110°  $\xrightarrow[\text{Cl}_2]{\text{heiß}}$ | Trichlormethyl-<br>benzol<br>Siedep. 214° |

unlöslich in $H_2O$

Obwohl der Benzolring nach der Formel drei Doppelbindungen hat, wird das Chlor unter normalen Bedingungen nicht an die Doppelbindungen angelagert, wie bei Olefinen (Formel 249, S. 232). Im Sonnenlicht wird dagegen $Cl_2$ unter Bildung von Hexachlorcyclohexan (*Gammexan*, Formel 585, S. 371) addiert.

Die Cl-Atome, die am Benzolring direkt oder, wie man sagt, am Kern sitzen, sind schwer austauschbar, so wie Halogenatome in einem Paraffinkohlenwasserstoff schwer austauschbar sind.

Die Cl-Atome, die in der Methylseitenkette sitzen, sind dagegen leicht beweglich, man kann sie leicht gegen sauerstoffhaltige Gruppen austauschen.

So entsteht, wenn das Chlor an der Seitenkette sitzt, aus *Benzylchlorid* durch Erwärmen mit Lauge *Benzylalkohol*.

Der Benzylalkohol, bei dem die Hydroxylgruppe in der Seitenkette sitzt, verhält sich wie ein echter aliphatischer Alkohol.

**Formel 514.**

Benzylchlorid Chlormethylbenzol $+$ HOH $\rightarrow$ Benzylalkohol $+$ HCl

Benzylchlorid
Chlormethylbenzol
flüssig, Siedep. 179°
unlöslich in $H_2O$
Dichte 1,10

Benzylalkohol
flüssig, Siedep. 205°
löslich in $H_2O$ zu 4%
Dichte 1,04

**Formel 515.**

Benzalchlorid Dichlormethylbenzol $+$ 2 HOH $\rightarrow$ Benzaldehydhydrat $\rightarrow$ Benzaldehyd $+$ 2 HCl

Benzalchlorid
Dichlormethylbenzol
flüssig, Siedep. 205°
Dichte 1,25

Benzaldehydhydrat
unbeständig

Benzaldehyd
flüssig, Siedep. 179°
Dichte 1,046

**Formel 516.**

Trichlormethylbenzol Benzotrichlorid $+$ 3 HOH $\rightarrow$ Benzoesäure $+$ 3 HCl

Trichlormethylbenzol
Benzotrichlorid
flüssig, Siedep. 214°
Dichte 1,38

Benzoesäure
fest, Smp. 121°
Dichte 1,26

Behandelt man *Dichlormethylbenzol (Benzalchlorid)* mit Laugen, so erhält man *Benzaldehyd*; aus *Trichlormethylbenzol (Benzotrichlorid)* entsteht auf gleiche Art *Benzoesäure*.

Da man die gleichen Reaktionen mit substituierten Toluolen usw. ausführen kann, werden zahlreiche Verbindungen synthetisch zugänglich.

Ebenso wie Chlorbenzole kann man auch Brombenzole darstellen; die Jodbenzole sind dagegen auf diesem Wege nicht zugänglich. Man stellt sie auf dem Umwege über Diazoniumsalze (s. Formel 553, S. 356) her.

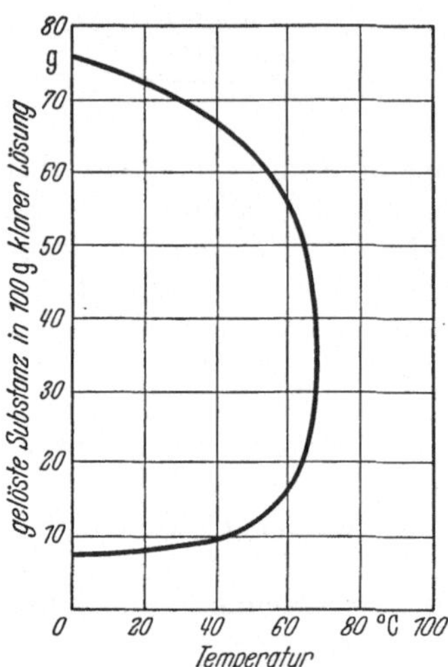


Abb. 83. Löslichkeit des Systems Phenol + Wasser. Die untere Hälfte der Kurve gibt die Löslichkeit von Phenol in Wasser, die obere Hälfte die Löslichkeit von Wasser in Phenol. Bei 66° werden die beiden mischbar; eine definierbare Löslichkeit der beiden Substanzen ineinander existiert nur unter 66°.

*Phenol, Carbolsäure.* Führt man die —OH-Gruppe am Benzolkern selbst ein, so entsteht eine Hydroxylverbindung, die schwachen Säurecharakter hat. Die Verbindung heißt *Phenol* oder *Carbolsäure.* Ihre sauren Eigenschaften rühren daher, daß das C-Atom, an dem die —OH-Gruppe sitzt, gleichzeitig Anteil an einer Doppelbindung des Benzolkerns hat. Es liegt eine Art von Enolform vor, deren Proton meist mehr oder weniger beweglich, abdissoziierbar und als Säureproton durch Metallionen ersetzbar ist.

Phenole bilden Salze, von denen die Alkalisalze in Wasser leichtlöslich sind; die Lösungen reagieren alkalisch.

Die Phenole sind nur schwache Säuren; schon durch Einleiten von $CO_2$ in die wäßrigen Lösungen ihrer Alkalisalze kann man sie zur Ausfällung bringen. Viele Phenole sind leicht oxydierbar. Es entstehen dabei Dioxy- und Trioxybenzole. Geringe Mengen Phenol werden im Urin als Abbauprodukte aromatischer Aminosäuren ausgeschieden.

Technisch werden Phenole durch Erhitzen von Chlorbenzolen mit NaOH unter Druck in Anwesenheit von Kupferkatalysatoren dargestellt. Man kann auch Benzolsulfosäuren mit NaOH schmelzen; der Sulfonsäurerest wird dabei durch —OH ersetzt.

**Formel 517.**

| Benzolsulfonsäure | Phenol | Chlorbenzol |
|---|---|---|
| farblos, kristallisiert | rein farblos | flüssig, Siedep. 132° |
| Smp. 44° | meist schwach rötlich gefärbt | unlöslich in $H_2O$ |
| leichtlöslich in $H_2O$ | fest, Smp. 43° | Dichte 1,10 |
| | löslich in $H_2O$ zu 6% | |
| | löslich in Alkalien, Dichte 1,06 | |

Eine weitere Synthesemöglichkeit besteht in der Umsetzung von Aminobenzol (Anilin) zu Phenol (Formel 552, S. 355). Den größten Teil des technisch verwendeten Phenols erhält man aus der Steinkohlendestillation. *Reines Phenol* schmilzt bei 43°; schon durch Spuren von Wasser wird sein Schmelzpunkt herabgesetzt. Es ist in ganz reinem Zustand farblos, färbt sich jedoch an der Luft langsam rot. Seinem schwachen Säurecharakter entsprechend ist es nur in starken Alkalien leichtlöslich.

Phenol wird für Farbstoffsynthesen verwendet, früher auch viel für Desinfektionszwecke, da es bactericide eiweißfällende Eigenschaften hat (,,*Carbolsäure*").

*Kresole*. Methylphenole (ortho, meta und para) sind die sog. Kresole, die sich ebenfalls im Teer finden und in ihren Eigenschaften dem Phenol ähneln.

Auch von den *Dioxybenzolen* gibt es drei Isomere.

**Formel 518.**

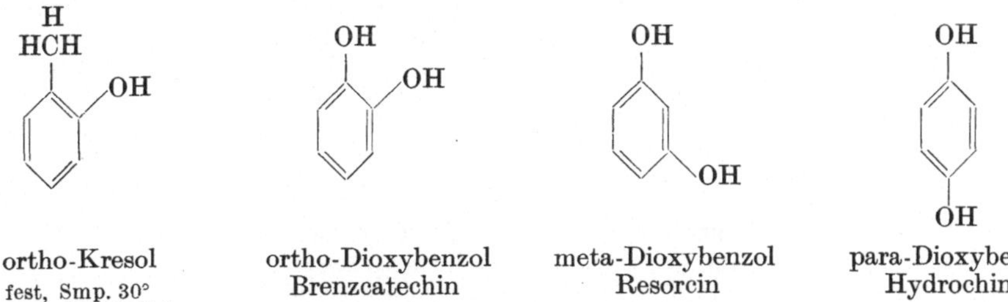

| ortho-Kresol | ortho-Dioxybenzol Brenzcatechin | meta-Dioxybenzol Resorcin | para-Dioxybenzol Hydrochinon |
|---|---|---|---|
| fest, Smp. 30° 2,5 % in H₂O löslich alkalilöslich | Smp. 105°, Dichte 1,34 in H₂O zu 45 % löslich | Smp. 111°, Dichte 1,27 mit H₂O mischbar | Smp. 172° in H₂O zu 6 % löslich |

*Brenzcatechin* kann aus ortho-Dichlorbenzol durch NaOH-Schmelze hergestellt werden. Es wurde unter den Abbauprodukten natürlicher Guajac-harze aufgefunden.

Ein Brenzcatechinderivat ist das *Eugenol*, der Hauptbestandteil des Nelkenöls. Eine ähnliche Struktur hat das *Anethol*, der Hauptbestandteil des Anisöls.

**Formel 519.**

| Anethol | Eugenol | Orcin |
|---|---|---|
| kristallisiert Smp. 22° Siedep. 234° unlöslich in H₂O nach Anis riechend | flüssig, Siedep. 253° Dichte 1,06 fast unlöslich in H₂O nach Nelken riechend | kristallisiert, Smp. 58° Siedep. 290°, Dichte 1,29 |

*Resorcin* wird in der Industrie als Ausgangsmaterial für Farbstoffsynthesen verwendet. Homologe des Resorcins kommen in der Natur vor; so ist das *Orcin* aus Flechtenstoffen, das in der analytischen Chemie für eine Farbreaktion auf Pentosen verwendet wird, ein 1,3-Dioxy,5-methylbenzol. Orcin ist auch die Stammsubstanz des natürlichen *Lackmusfarbstoffs*.

*Hydrochinon* bildet wie Brenzcatechin und Resorcin farblose Kristalle, die sich in Wasser zu 6% lösen. Die Dioxybenzole sind *Reduktionsmittel*, d. h. sie werden leicht oxydiert. Das Hydrochinon und Homologe davon werden in der Photographie als *Entwickler* zur Reduktion von farblosem AgBr zu schwarzem kolloidalem Ag benützt (Photographie, S. 570 und 362). Bei einer solchen Oxydation geht das farblose Hydrochinon über das stark braungefärbte *Chinhydron* in das nur schwach gelbe *Chinon* über. Es gibt ortho- und para-Chinone, dagegen keine meta-Chinone.

*Chinone*. Das Chinon läßt sich durch Reduktionsmittel leicht wieder in Hydrochinon überführen. Das heißt, das Paar Chinon ⇄ Hydrochinon kann als Vermittler, als Katalysator für Oxydationen und Reduktionen dienen (Redoxkatalysator).

Das Chinon kommt im tierischen Körper selbst nicht vor; wohl aber homologe Naphthochinone. Die Formel 520 gibt deshalb nur eine Modellvorstellung eines Wasserstofftransportmechanismus.

**Formel 520.**

Zucker Nahrung $H_2 \rightarrow$ Reduktion $\longleftarrow$ Oxydation $\longrightarrow$ $\leftarrow$ $O_2$ der Atmung

Chinon
kristallisiert, gelb, Smp. 116°
subl., löslich in $H_2O$

Hydrochinon
kristallisiert, farblos, Smp. 172°
zu 6 % löslich in $H_2O$

Dieses Prinzip der Verbrennung von gebundenem Nahrungswasserstoff (der Zucker, Fette und Proteine) durch den Sauerstoff des Blutes unter Vermittlung durch katalytisch wirkende Chinonüberträger ist im Chemismus der lebenden Zellen an einigen Stellen verwendet. Das von DAM entdeckte *Vitamin K* ist ein Derivat des *Naphthochinons*. Vitamin K ist einer der zur Blutgerinnung nötigen Faktoren, die dem Körper mit der Pflanzennahrung zugeführt werden müssen. Sein biochemischer Angriffspunkt liegt in der Leber.

**Formel 521.**

Naphthochinon            Phytylgruppe

Vitamin $K_1$, $\alpha$-Phyllochinon
gelbes, viscoses, wasserunlösliches Öl

**Formel 522.**

Echinochrom
gelbe Kristalle

Naphthochinon
gelbe Kristalle, Smp. 125°

Auch das *Echinochrom*, der gelbe, als Anlockungsstoff für Spermatozoen dienende Farbstoff der Seeigeleier, ist ein Naphthochinonderivat (KUHN).

Im Chinon enthält der Benzolring nicht drei, sondern nur noch zwei unter sich nicht konjugierte Doppelbindungen, die jedoch in Konjugation mit den $>C=O$-

Doppelbindungen stehen. Man nennt diese Verteilung der Doppelbindungen *chinoid*. Chinoide Gruppen geben dem Molekül, an dem sie beteiligt sind, meistens eine Farbe; man nennt deshalb die *chinoide Gruppe* eine *chromophore oder farbengebende Gruppe* (s. S. 382).

*Trioxybenzole.* Die Trioxybenzole sind noch leichter oxydierbar als die Dioxybenzole. So nimmt eine alkalische Lösung des 1,2,3-Trioxybenzols, des *Pyrogallols*, in alkalischer Lösung schon aus der Luft begierig Sauerstoff auf. Man verwendet sie im Laboratorium als $O_2$-Absorptionsmittel, wenn man ein Gas von $O_2$ befreien will. Auch als photographischer Entwickler wird Pyrogallol verwendet. Bei der Analyse von Gasgemischen wird als Absorptionsmittel für Sauerstoff entweder weißer Phosphor oder alkalische Pyrogallollösung verwendet.

**Formel 523.**

Pyrogallol
Smp. 132°, farblos
löslich in $H_2O$ zu 44 %

Das symmetrische 1,3,5-Trioxybenzol ist das *Phloroglucin*. Es besteht aus süßschmeckenden wasserlöslichen Kristallen und kommt in Naturstoffen vor. Es hat die Formel eines Trioxybenzols, kann jedoch auch Reaktionen der tautomeren Form, des 1,3,5-Triketocyclohexans geben, ohne daß es gelingt, dieses Triketocyclohexan frei zu isolieren. So bildet es mit Hydroxylamin ein Trioxim.

**Formel 524.**

1,3,5-Trioxybenzol
Phloroglucin
fest, Smp. 218°, in $H_2O$ löslich

1,3,5-Triketocyclohexan
Phloroglucin
Ketoform nicht isolierbar

1,3,5-Trioximino-cyclohexan
Phloroglucintrioxim
fest, Smp. 155°, wenig löslich in $H_2O$

Es sind außerdem Tetraoxybenzole und ein Hexaoxybenzol bekannt.

*Naphthole.* Von den Monooxyderivaten des Naphthalins unterscheidet man α- und β-Naphthol.

Beide stellt man durch Erhitzen der entsprechenden Naphthalinsulfonsäuren mit NaOH auf 300° her. Die Naphthalinsulfonsäuren selbst entstehen durch Behandeln von Naphthalin mit konzentrierter Schwefelsäure in der Wärme.

**Formel 525.**

β-Naphthalinsulfonsäure
fest, Smp. 91°, in $H_2O$ löslich

β-Naphthol
farblos, fest, Smp. 122°, Dichte 1,217
unlöslich in $H_2O$, löslich in Alkalien

α-Naphthol
fest, Smp. 96°, Dichte 1,224

Naphthole werden als Ausgangssubstanzen bei der Synthese von Farbstoffen verwendet.

Jede Alkohol—OH-Gruppe kann mit einem anderen Alkohol einen Äther bilden. In der Natur finden sich sehr häufig Stoffe, bei denen eine —OH-Gruppe mit Methylalkohol veräthert ist. Eine solche Äthergruppe $HC\!-\!O\!-\!C\!\!\big\langle{}^{H}_{H}$ nennt man *Methoxylgruppe*. Das $\beta$-Methoxynaphthalin, der Methyläther des $\beta$-Naphthols, riecht nach Orangen. Aromatische Methoxylverbindungen sind genau so wie Äther aliphatischer Substanzen nur schwer in ihre Komponenten zu spalten (durch längeres Kochen mit konz. HJ).

**Formel 526.**

β-Methoxynaphthalin

kristallisiert, Smp. 72°. Wird unter dem Namen Nerolin als künstlicher Orangenblütengeruchsstoff verwendet

*Anthrachinon.* Von den Oxyderivaten des Anthracens ist das wichtigste das Anthrahydrochinon. Es ist tautomer mit Oxanthron. Beide Formen sind für sich bekannt. Oxanthron wird durch Kochen mit Laugen in Anthrahydrochinon um gewandelt. Durch Oxydation mit Chromsäure gehen beide in *Anthrachinon* über. Technisch wird Anthrachinon durch Chromsäureoxydation von Anthracen aus Teerdestillaten hergestellt.

Das Anthrachinon ist gelb; es trägt die chromophore Chinongruppe im Molekül. Es ist als Ausgangsmaterial für die technische Synthese zahlreicher Farbstoffe wichtig. Ein Dioxyderivat des Anthrachinons, das Chrysazin, wird als Abführmittel verwendet *(Istizin)*. Anthrachinonderivate kommen in natürlichen Farbstoffen vor (s. S. 383).

**Formel 527.**

Anthrahydrochinon

braune Kristalle, Smp. 180°
rot, löslich in Alkalien

Oxanthron

farblos, Smp. 167°, gelbe Kristalle
kalt unlöslich in Alkalien

Anthrachinon

gelbe Kristalle, Smp. 284°
unlöslich in $H_2O$ und in Alkalien
Dichte 1,42

**Formel 528.**

1,8-Dioxyanthrachinon, Chrysazin, Istizin

rotgelbe Kristalle, Smp. 191°

Emodin

gelbe Kristalle, Smp. 224°

Ein 3-Oxymethylistizin ist das in Aloe vorkommende *Emodin*, ein gelber Farbstoff, der ebenfalls als Abführmittel gebraucht wird. Das 3-Methylistizin aus Rhabarber wird als *Chrysophansäure* bezeichnet (Smp. 196°).

Oxyanthrachinone werden durch Alkalischmelze aus den entsprechenden Sulfonsäuren dargestellt, die man durch Behandlung von Anthrachinon mit rauchender $H_2SO_4$ in der Wärme erhält.

## b) Aromatische Aldehyde und Ketone.

*Benzaldehyd.* Verseift man Dichlortoluol, das in der Methylgruppe 2 H durch Cl ersetzt hat (Benzalchlorid), mit $Ca(OH)_2$, so erhält man *Benzaldehyd*. Es ist eine farblose Flüssigkeit, die einen intensiven Geruch nach bitteren Mandeln hat. In Anwesenheit von Spuren von Metallen (Fe- und Cu-Ionen) oxydiert sich Benzaldehyd an der Luft langsam zu Benzoesäure. Als Zwischenprodukt treten in geringen Mengen Peroxyde auf.

**Formel 529.**

Benzaldehyd
flüssig, Siedep. 179°, löslich in $H_2O$ zu 0,3 %
löslich in organischen Flüssigkeiten, Dichte 1,046

Benzoesäure
fest, Smp. 121°
Dichte 1,26

Auch aromatische Aldehyde wie Benzaldehyd bilden mit Hydroxylamin ein Oxim, mit Phenylhydrazin ein Phenylhydrazon usw. Kocht man Benzaldehyd mit KOH-Lösung, so erfolgt, wie schon bei der Glyoxal besprochen (s. S. 279), eine CANNIZZAROsche *Reaktion*. Dabei reduziert ein Mol Aldehyd ein zweites zum Benzalkohol und wird dabei selbst zu Benzoesäure oxydiert. Alle Homologen des Benzaldehyds geben diese Reaktion.

**Formel 530.**

Benzylalkohol
flüssig, Siedep. 205°, Dichte 1,04

2 Mol Benzaldehyd
flüssig
Siedep. 179°

Reduktion

Oxydation

CANNIZZAROsche Reaktion
(s. auch S. 279 und 291)

Benzoesäure
kristallisiert, Smp. 121°
Siedep. 249°

*Andere Aldehyde.* Viele aromatische in der Natur vorkommende Aldehyde sind Riechstoffe; so ist z. B. der Geruchsstoff des Anis der *Anisaldehyd.* Der Geruchsstoff der Vanille ist der 3-Methoxy-4-oxybenzaldehyd oder das *Vanillin.* In Heliotrop findet sich der Geruchsstoff *Piperonal,* auch *Heliotropin* genannt, 3,4-Dioxymethylenbenzaldehyd. Im Zimt findet sich *Zimtaldehyd.*

**Formel 531.**

Anisaldehyd
farblos, flüssig
Smp. + 2°, in $H_2O$
zu 0 2 % löslich

Vanillin
Smp. 81°
in $H_2O$ zu 1 % löslich

Piperonal, Heliotropin
fest, Smp. 37°
in $H_2O$ zu 0,3 % löslich

Zimtaldehyd
flüssig, Siedep. 129° bei 20 mm Hg.
fast unlöslich in $H_2O$

*Acetophenon, Methylphenylketon* wurde früher unter dem Namen Hypnon als Schlafmittel verwendet.

Ersetzt man im Benzaldehyd das H der Aldehydgruppe durch den Phenylrest, so kommt man zum *Benzophenon*, einem Keton, das sich zu einem sekundären Alkohol reduzieren läßt.

**Formel 532.**

Acetophenon
Smp. 20°, Siedep. 202°, sehr wenig löslich in $H_2O$

Benzophenon
farblos, Smp. 48°, nnlöslich in $H_2O$

## c) Aromatische Carbonsäuren.

*Benzoesäure.* Durch Verkochen des Trichlormethylbenzols (des *Benzotrichlorids*) mit Calciumhydroxyd (s. Formel 516, S. 341) erhält man die einfachste aromatische Säure, die *Benzoesäure*.

**Formel 533.**

Benzoesäure
kristallisiert
Smp. 121°
Dichte 1,26
sublimiert ab 100°
löslich in $H_2O$
zu 0,3%

Zimtsäure
kristallisiert, trans-Säure
Smp. 133°, Dichte 1,24
fast unlöslich in $H_2O$

Sie wird zum Konservieren von Nahrungsmitteln verwendet; beim Passieren durch den Körper wird sie in Benzoylglykokoll, *Hippursäure*, umgewandelt und so durch die Nieren ausgeschieden (siehe Formel 483, S. 325).

*Zimtsäure.* Ein ungesättigtes Homologes der Benzoesäure, bei dem die Carboxylgruppe in der Seitenkette steht, ist die natürlich vorkommende *Zimtsäure*. Wegen ihrer Doppelbindung kommt sie in zwei Modifikationen, einer cis- und einer trans-Form vor. Sie ist in Form ihrer Ester ein Bestandteil mancher Harze und Balsame (Styrax, Perubalsam).

Perkinsche *Synthese*. Man kann Zimtsäure durch Kondensation von Benzaldehyd mit Essigsäureanhydrid herstellen (bei 180°, Natriumacetat als wasserabspaltendes Kondensationsmittel). Diese, als Perkinsche *Synthese* bezeichnete Reaktion ist allgemeiner Anwendung fähig.

*Phthalsäure.* Dicarbonsäuren des Benzols sind die *Phthalsäuren*. Es gibt drei Isomere: ortho-, meta- und para-Benzoldicarbonsäure. Die wichtigste davon ist die ortho-Dicarbonsäure, die schlechthin Phthalsäure genannt wird. Man stellt sie durch Luftoxydation von Naphthalin in Gegenwart von Vanadiumpentoxyd als Katalysator dar.

**Formel 534.**

$$+ \quad 4\tfrac{1}{2}\,O_2 \qquad\qquad + \quad 2\,CO_2 \quad + \quad H_2O$$

Naphthalin
Smp. 80°
Dichte 1,168

Phthalsäure
kristallisiert, Smp. 208°, löslich in $H_2O$ zu 0,8%
löslich in Alkalien und organischen Flüssigkeiten
farblos, Dichte 1,59

Erhitzt man Phthalsäure mit wasserentziehenden Mitteln, so geht sie in *Phthalsäureanhydrid* über.

**Formel 535.**

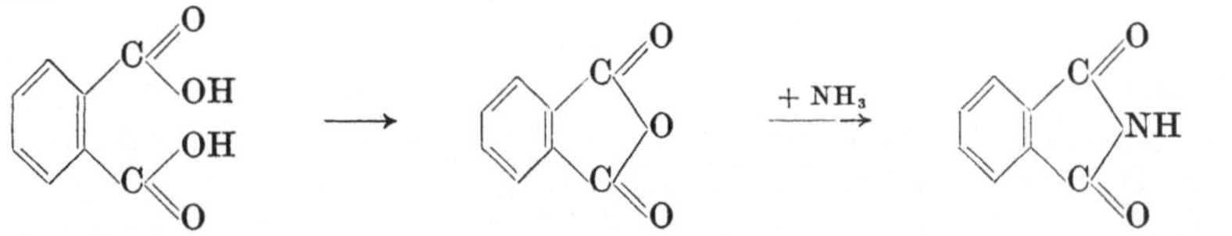

| Phthalsäure | Phthalsäureanhydrid | Phthalimid |
|---|---|---|
| Smp. 208° | kristallisiert, Smp. 128°, Dichte 1,52 | kristallisiert, Smp. 258° |
| Dichte 1,59 | | |

in $H_2O$ fast unlöslich

*Phthalimid.* Erhitzt man Phthalsäureanhydrid mit Ammoniak, so erhält man *Phthalimid.* Sowohl Phthalimid wie Phthalsäureanhydrid werden technisch als Ausgangsmaterial zu organischen Synthesen verwendet.

Im Phthalimid hat das H-Atom am N unter dem Einfluß der beiden benachbarten Carbonylgruppen schwach sauren Charakter und ist daher durch Kalium ersetzbar. Man erhält so das *Phthalimidkalium.* Setzt man dieses in einem indifferenten organischen Lösungsmittel mit einem Halogenalkyl um, so vereinigen sich Halogen und Metallion zu einem im Reaktionsmilieu unlöslichen Salz und einem N-Alkylderivat.

**Formel 536.**

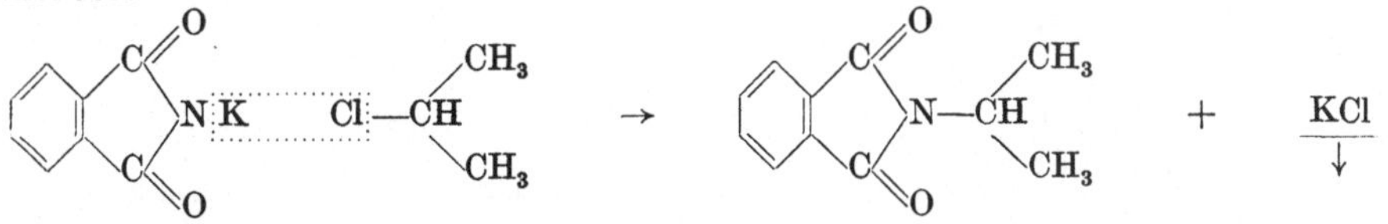

| Phthalimid-kalium | Isopropylchlorid | Isopropyl-phthalimid | | KCl |
|---|---|---|---|---|
| fest, kristallisiert | Siedep. 37° | kristallisiert, Smp. 85°, fast unlöslich in $H_2O$ | | |

Das Kondensationsprodukt kann man zu Phthalsäure und einem *primären Amin* verseifen: eine einfache und viel angewendete Methode zur Synthese reiner primärer Amine.

**Formel 537.**

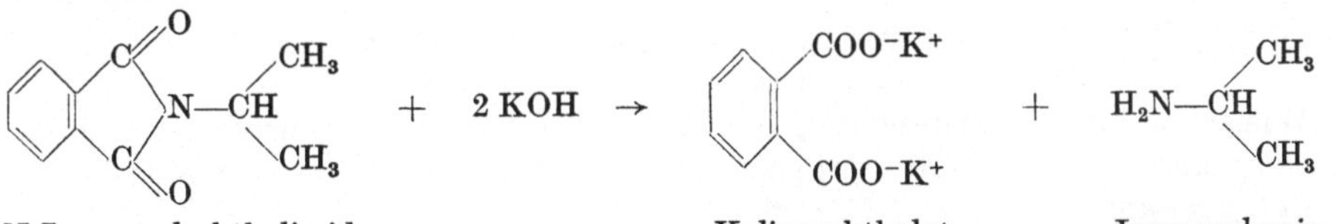

| N-Isopropyl-phthalimid | | Kaliumphthalat | Isopropylamin |
|---|---|---|---|
| kristallisiert, Smp. 85° | | kristallisiert | flüssig, Siedep. 32° |
| | | | mit $H_2O$ mischbar |

**Formel 538.**

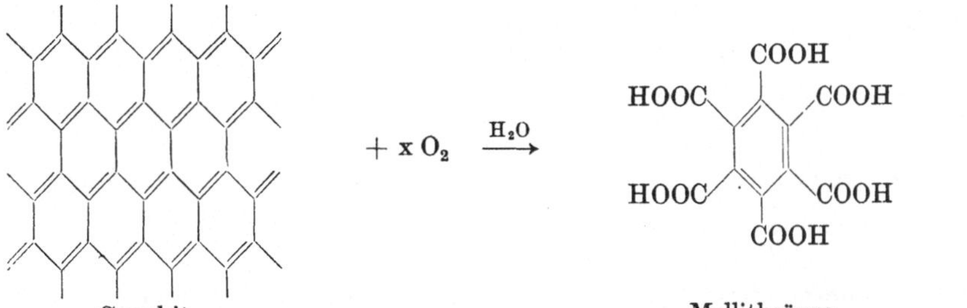

| Graphit | Mellithsäure |
|---|---|
| schwarz, Smp. etwa 3500°, unlöslich in $H_2O$ | kristallisiert, Smp. 287°, leichtlöslich in $H_2O$ |
| und organischen Lösungsmitteln | |

Die Benzolparadicarbonsäure, *Terephthalsäure*, sublimiert bei 300°, ohne zu schmelzen.

*Mellithsäure.* Von den höheren homologen Carbonsäuren des Benzols ist die Mellithsäure, eine Benzolhexacarbonsäure, zu erwähnen. Sie entsteht durch energische Oxydation des Graphits mit $HNO_3$. Aus ihrer Entstehung (auch aus Röntgenspektren) kann man schließen, daß *Graphit* ein flaches *Netzwerk von Benzolkernen* ist.

## d) Aromatische Sulfonsäuren.

Behandelt man Benzol oder seine Homologen mit rauchender $H_2SO_4$, so bilden sich *aromatische Sulfonsäuren (Sulfurierung)*. Schon vorhandene Substituenten am Benzolkern dirigieren den neuen Substituenten in bestimmte Stellungen. Führt man die Sulfurierung bei höherer Temperatur und mit $SO_3$-haltiger konzentrierter Schwefelsäure (Oleum) aus, so kommt man zu Di- und Tri-Sulfonsäuren.

**Formel 539.**

Benzol
flüssig, Siedep. 80°

Benzolsulfosäure
fest, Smp. 44°
leichtlöslich in $H_2O$, hygroskopisch

**Formel 540.**

$SO_3H$

α-Naphthalinsulfosäure
farblos, kristallisiert, Smp. 88°
leichtlöslich in $H_2O$

Sulfonsäuren sind kristallisiert, oft hygroskopisch, in Wasser leichtlöslich und starke Säuren. Zum Unterschied von Schwefelsäure sind ihre Bariumsalze in Wasser meist löslich.

Toluolsulfosäuren lassen sich ebenfalls durch Behandlung von Toluol mit $H_2SO_4$ gewinnen, α- und β-Naphthalinsulfosäure durch Sulfonierung von Naphthalin. Orthotoluolsulfosäure ist Ausgangsmaterial der Saccharinsynthese (Formel 576, S. 366).

Wie schon bei der Besprechung der Phenole und der Oxyanthrachinone gezeigt wurde, kann man die Sulfogruppe durch Schmelzen mit KOH in eine Hydroxylgruppe verwandeln (Formel 525, S. 345).

*Sulfochloride.* Setzt man Sulfonsäuren mit $PCl_5$ oder Thionylchlorid um, so erhält man *Sulfochloride*, deren Chlor wie bei allen Säurechloriden leicht umsetzbar ist.

**Formel 541.**

Benzolsulfonsäure
kristallisiert, Smp. 44°
leichtlöslich in $H_2O$

Benzolsulfochlorid
kristallisiert, Smp. 14°
Siedep. 247°, unlöslich in $H_2O$

Benzolsulfonamid
kristallisiert, Smp. 156°
löslich in $H_2O$ zu 0,5%

*Sulfonamide.* Setzt man Sulfochloride mit Ammoniak oder sonstigen Basen um, so kommt man zu den *Sulfonamiden*, deren para-Aminoverbindungen als Heilmittel heute viel verwendet werden (s. Formel 572, S. 363).

Ähnlich verhalten sich die Toluolsulfonsäuren und die Benzoldisulfonsäuren.

**Formel 542.**

$$CH_3 \qquad\qquad\qquad CH_3$$

$$SO_2\!-\!OH \qquad\qquad\qquad SO_2\!-\!Cl$$

para-Toluolsulfonsäure                 para-Toluolsulfochlorid
farblos, Smp. 38°, leicht wasserlöslich          Smp. 69°, löslich in Äthanol, Äther

## e) Aromatische Nitro- und Aminoverbindungen.

*Nitrobenzole.* Behandelt man Benzol mit konzentrierter $HNO_3$, so reagiet es zunächst mit 1 Mol Säure unter Kernsubstitution; man sagt, das Benzol wird *nitriert*. Das entstehende Produkt nennt man *Nitrobenzol.*

Nitrobenzol, ein farbloses, wasserunlösliches Öl, hat einen ähnlichen bittermandelölartigen Geruch wie Benzaldehyd und wird neben seiner Verwendung zur Darstellung von Anilin auch in der Parfümerie gebraucht.

**Formel 543.**

Benzol
flüssig, Siedep. 80°
Dichte 0,87

Nitrobenzol
flüssig, Siedep. 211°, unlöslich
in $H_2O$, farblos, Dichte 1,20

1,3-Dinitrobenzol
kristallisiert, Smp. 91°, unlöslich
in $H_2O$, schwach gelb, Dichte 1,55

1,3,5-Trinitrobenzol
kristallisiert, gelb, Smp. 121°
unlöslich in $H_2O$, Dichte 1,76

Je nach den Bedingungen der Nitrierung (höhere Temperatur, Gegenwart von konzentrierter Schwefelsäure) treten ein, zwei oder drei Nitrogruppen in den Kern ein. Ebenso lassen sich Homologe des Benzols nitrieren. Das *2,4,6-Trinitrotoluol* wird als Sicherheitssprengstoff unter dem Namen *Trotyl* verwendet. Die Sicherheit liegt in seiner Stoßunempfindlichkeit und chemischen Beständigkeit, im Gegensatz zum Nitroglycerin (s. Formel 369, S. 276), das gegen Stoß (Transport) sehr empfindlich ist.

*Pikrinsäure.* Nitriert man Phenol, so kommt man zum *Trinitrophenol*, zur gelben *Pikrinsäure*. In der Pikrinsäure ist unter dem Einfluß der drei Nitrogruppen die phenolische —OH-Gruppe stark sauer geworden. Pikrinsäure ist eine starke Säure, die mit vielen Basen gelbe, gut kristallisierte Salze gibt. Mit Naphthalin und anderen cyclischen Kohlenwasserstoffen bildet sie kristallisierte gelbe Additionsverbindungen. Pikrinsäure ist explosiv, aber weitgehend stoßunempfindlich; dagegen sind ihre Schwermetallsalze stoßempfindlich.

Pikrinsäure explodiert auf Initialzündung. Da sie einfach und billig darzustellen ist, wurde sie früher als Granatenfüllung verwendet. Da die aus der starken Säure und dem Hüllenmetall, Eisen oder Kupfer gebildeten Salze wegen ihrer Stoß-empfindlichkeit zu schweren Unfällen Anlaß gaben, wird Pikrinsäure heute nicht mehr als Sprengstoff gebraucht.

**Formel 544.**

$O_2N$ — (Benzolring mit $NO_2$ oben, $NO_2$ rechts) — $CH_3$

**Trinitrotoluol**
gelbe Kristalle, Smp. 81°
unlöslich in $H_2O$, Dichte 1,65

$NO_2$ — (Benzolring mit $NO_2$ oben, $NO_2$ rechts) — $OH$

**Trinitrophenol, Pikrinsäure**
gelbe Kristalle, Smp. 122°
löslich in $H_2O$ zu 1,2 %, löslich
in NaOH und organischen
Lösungsmitteln, Dichte 1,76

*Sprengstoffe.* Die Wirkung der meisten *Sprengstoffe* beruht darauf, daß sie den zur Verbrennung ihres H- und C-Gehaltes nötigen Sauerstoff schon im Molekül selber gebunden enthalten, so daß sie intramolekular in kleinster Zeit ($^1/_{1000}$ sec und weniger) in die Gase CO, $H_2O$ und $N_2$ zerfallen können. Im gewöhnlichen Pulver ist dieses Prinzip durch möglichst feine Verreibung von oxydierbaren Stoffen (Kohle, Schwefel) mit Sauerstoff abgebenden ($KNO_3$, $KClO_3$) erreicht. Naturgemäß sind auch bei feinster Verreibung heterogener Pulver die atomaren Abstände zwischen C und O im Durchschnitt noch einige 1000mal größer als etwa im Nitroglycerin, so daß Mischpulver viel langsamer explodieren als Nitroglycerin oder Trinitrotoluol.

Die *Wirksamkeit* eines Sprengstoffes hängt ab von der entwickelten *Temperatur*, die das Gasvolumen, bzw. bei mangelnder momentaner Ausdehnungsfähigkeit, den Explosionsdruck stark beeinflußt; von der *Detonationsgeschwindigkeit*, der *Brisanz* eines Sprengstoffs (das ist die Geschwindigkeit, mit der sich die Reaktion im Explosivstoff fortpflanzt), endlich von der *Ladedichte*; dem spezifischen Gewicht der fertigen Sprengladung.

Wichtig für die praktische Hantierbarkeit ist noch die nicht zu große *Stoß-empfindlichkeit* und die *chemische Haltbarkeit*; außerdem müssen je nach Verwendungszweck Sonderbedingungen erfüllt sein. Bergwerkssprengstoffe dürfen kein CO entwickeln und Kohlenstaub-Luftgemische nicht zur Explosion bringen.

Man verwendet als solche *Ammonite*, Gemische von 80% Ammoniumnitrat (s. S. 114) mit Trinitrotoluol oder Dynamit, dem zur Niedrighaltung der Explosionstemperatur $H_2O$ oder verdampfende Salze wie Alkalichloride beigemischt sind.

Geschützmunition muß möglichst rauchlos und nicht zu brisant abbrennen, da sonst die Geschützrohre platzen. An Fliegerbombeninhalt dagegen wird die Anforderung höchster Brisanz gestellt.

Raketentreibstoffe umgekehrt sollen langsam unter Entwicklung von möglichst viel Gas abbrennen (Methanol + konz. $H_2O_2$ oder $HNO_3$ oder flüss. $O_2$).

Solche Bedingungen schränken die Zahl der praktisch brauchbaren Sprengstoffe aus der an sich großen Zahl von explosiven Substanzen stark ein.

Als *Treibstoffe* für Granaten und *Infanteriemunition* verwendet man meistens mit Alkohol-Äther vorher gelatinierte Gemische von Trinitrocellulose mit Dinitro-cellulose (Schießbaumwolle) und 2% Campher, die zu etwa millimetergroßen

Tabelle 40. *Einige Eigenschaften von Sprengstoffen.*

| Name | Zustand | Entwickeltes Gasvolumen l/kg | Entwickelte Temperatur °C | Detonations-geschwindig-keit m/sec |
|---|---|---|---|---|
| Nitroglycerin . . . . . . . . . . . . | flüssig | 715 | 4280 | 7700 |
| Nitrocellulose, Schießbaumwolle (gelatiniert) . . . . . . . . . . . | fest | 765 | 3100 | 3600 |
| Trinitrotoluol (Granatenfüllung) . . . | fest | 690 | 2820 | 6700 |
| Tetranitromethan-Toluol 87%/13% (Fliegerbomben) . . . . . . . . . | flüssig | 659 | 5700 | 9300 |
| $N_2O_4$-Nitrobenzol 70%/30% (Flieger-bomben) . . . . . . . . . . . . . | flüssig | 665 | 5600 | 8000 |
| Schwarzpulver (Jagdmunition) . . . . | fest | 280 | 2400 | 400 |

Würfelchen zerschnitten sind. Zur Erhöhung der Haltbarkeit ist als Abfangmittel für die bei langer Lagerung entstehende salpetrige Säure, die autokatalytisch die weitere Zersetzung beschleunigt, 1% Diphenylamin (S. 354) zugesetzt. Weiter werden zur Verhinderung der Bildung statischer Elektrizität die Oberflächen graphitiert.

*Initialzündung.* Alle Sprengstoffe werden zu Schießzwecken durch Initialzündung, durch den Stoß hochbrisanter $Hg(ONC)_2$- und $Pb(N_3)_2$-Kapseln zur Explosion gebracht. Zu Sprengungen werden auch Zündschnüre, also auch Flammen verwendet. Zündschnüre eignen sich nicht für alle Sprengstoffe; so brennen z. B. Pikrinsäure und Trinitrotoluol unter Flammeneinwirkung nur mit Stichflamme ohne Explosion ab, während Initialzündung Explosion hervorruft.

*Anilin.* Reduziert man Nitrobenzol mit nascierendem H (aus Eisenpulver und Salzsäure), so geht es über mehrere Zwischenstufen in das *Aminobenzol* oder *Anilin* über.

**Formel 545.**

| Nitrobenzol | Nitrosobenzol | Phenylhydroxylamin | Anilin |
|---|---|---|---|
| flüssig, Siedep. 211° farblos, Dichte 1,20 | fest, farblos, Smp. 68° in Lösung und Schmelze grün unlöslich in $H_2O$ | fest, farblos, Smp. 81° löslich in $H_2O$ zu 2% | flüssig, Siedep. 184° farblos, löslich in $H_2O$ zu 3,5%, leichtlöslich in Säuren und organischen Lösungsmitteln Dichte 1,02 |

Anilin ist eines der wichtigsten Ausgangsprodukte der organischen Großindustrie. Es wird technisch auf dem angegebenen Weg aus Nitrobenzol hergestellt.

Anilin ist in reinem Zustand ein farbloses Öl, das sich in Wasser nur wenig löst, leicht dagegen in Säure, da es *basische Eigenschaften* hat.

Anilin und seine Derivate (Chlorhydrat, kristallisiert, Smp. 199°) werden in großem Maße zur Synthese von Farbstoffen und Heilmitteln angewendet. Ein einfaches Derivat des Anilins, das *Acetanilid*, wurde früher als Mittel gegen Fieber verwendet (*„Antifebrin"*).

**Formel 546.**

Acetanilid, Antifebrin
fest, Smp. 115°, zu 0,5% in $H_2O$ löslich
Dichte 1,21

1-Nitro-3-amino-4-propoxy-benzol
4000mal süßer als Rohrzucker

Ein Propyläther des 2-Oxy-5nitro-anilins ist ein künstlicher Süßstoff; er hat eine 4000mal stärkere Süßkraft als Rohrzucker.

*N-Methylaniline.* Die beiden H-Atome der Aminogruppe des Anilins kann man mit Jodmethyl oder Dimethylsulfat umsetzen. Man erhält der Reihe nach *Monomethylanilin* und *Dimethylanilin.*

**Formel 547.**

|  |  |  |  |
|---|---|---|---|
| Anilin | Jodmethyl | Methylanilin | Dimethylanilin |
| flüssig | flüssig | flüssig | flüssig |
| Siedep. 184° | Siedep. 43° | Siedep. 196° | Siedep. 194° |
| Dichte 1,02 |  | Dichte 0,98 | Dichte 0,95 |

unlöslich in $H_2O$, löslich in Säuren und organischen Lösungen

Das Antibiotikum Terramycin (Formel 510, S. 339) enthält eine Dimethylanilinkomponente.

Im Dimethylanilin ist das para-H besonders leicht ersetzbar. Aus Dimethylanilin und salpetriger Säure erhält man das grün gefärbte *para-Nitrosodimethylanilin,* das sich zum *Dimethylparadiaminobenzol* reduzieren läßt. Die Nitrosogruppe ist eine chromophore Gruppe (s. S. 382).

**Formel 548.**

| Salpetrige Säure | Dimethylanilin | | para-Nitrosodimethylanilin |
|---|---|---|---|
| flüssig, Siedep. 194°, farblos | | | grüne Kristalle, Smp. 85°, unlöslich in $H_2O$ |
| | | | Salze gelb gefärbt |

*Diphenylamin.* Ein anderes substituiertes Anilin ist das Diphenylamin, dessen Lösung in konzentrierter Schwefelsäure sich mit $HNO_3$ blau färbt; es ist ein viel angewendetes Reagens auf die sonst schwer nachzuweisenden $NO_3$-Ionen. Das Diphenylamin geht dabei in komplizierte chinoide Farbstoffe mit 4 Benzolkernen über.

Das im Diphenylamin am N stehende H läßt sich durch Alkalimetalle ersetzen.

**Formel 549.**

| Diphenylamin | ortho-Toluidin | Xylidin |
|---|---|---|
| fest, Smp. 54°, Dichte 1,16 | 1,2-Toluidin | 1-Amino-3,4-dimethyl- |
| unlöslich in $H_2O$ | flüssig | benzol |
| löslich in Säuren | Siedep. 201° | kristallisiert |
| | wenig löslich | Smp. 49° |
| | in $H_2O$ | wenig löslich in $H_2O$ |
| | löslich in Säuren | löslich in Säuren |

Zur Stabilisation der Schießbaumwolle (Nitrocellulose) wird als Abfangmittel für durch Selbstzersetzung entstandene Salpetersäure und salpetrige Säure 1% Diphenylamin zugesetzt. Es entstehen unschädliche Nitrosamine (Formel 350, S. 270).

Die wie Anilin durch Reduktion der zugehörigen Nitroderivate entstehenden drei Amine des Toluols nennt man *Toluidine*, die 6 isomeren Aminoderivate des Xylols *Xylidine*.

*Naphthylamin.* Durch Reduktion der aus Salpetersäure und Naphthalin erhältlichen mono-Nitronaphthaline kommt man zu den *Aminonaphthalinen*, den Isomeren α- *und* β-*Naphthylamin*.

Die Salze der Naphthylamine sind in $H_2O$ meist schwerlöslich.

**Formel 550.**

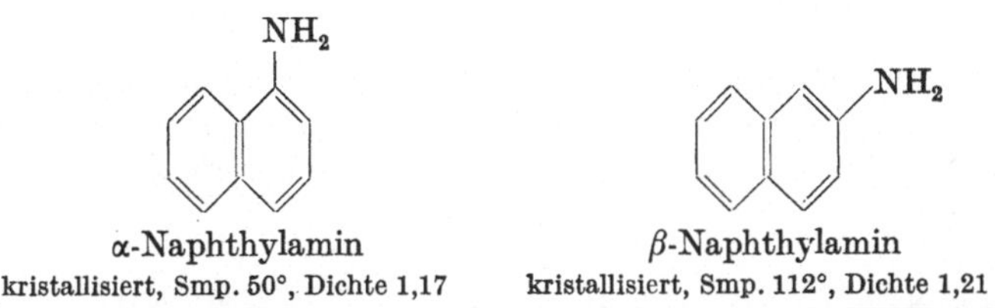


*Diazoniumsalze.* Wenn man Anilin in der Kälte (bei 0°) mit Salzsäure und salpetriger Säure behandelt, so entsteht *Benzoldiazoniumchlorid*. Diazoniumsalze sind in wäßriger Lösung in der Kälte kurze Zeit stabil; in festem kristallisiertem Zustand sind sie explosiv.

**Formel 551.**

$$\text{Anilinchlorhydrat} \quad + \quad \text{ONOH} \quad \rightarrow \quad \text{Benzol-diazoniumchlorid} \quad + \quad 2\,H_2O$$

Anilinchlorhydrat      Salpetrige Säure      Benzol-diazoniumchlorid

fest, Smp. 198°, in $H_2O$
leichtlöslich, löslich in Alkohol
unlöslich in Äther

als festes farbloses Salz kalt isolierbar
explodiert leicht, in $H_2O$ leichtlöslich
in Lösung nur in der Kälte beständig

Diese Reaktion nennt man *Diazotierung*. Alle primären aromatischen Amine (Aniline, Naphthylamine, Diaminobenzole), sind diazotierbar.

Diazoniumsalze sind zu vielfachen chemischen Umsetzungen fähig. Kocht man die wäßrige Lösung des Benzoldiazoniumchlorids, so zersetzt es sich unter Stickstoffentwicklung und Bildung von *Phenol*. Da man Diazoniumchlorid aus Anilin und dieses aus Nitrobenzol leicht und billig erhalten kann, stellte man früher Phenol auf diese Art aus Benzol her. In analoger Weise zersetzen sich alle anderen Diazoniumsalze.

**Formel 552.**

Benzoldiazoniumchlorid      Phenol

fest, Smp. 43°

Kocht man eine wäßrige Lösung von Benzoldiazoniumchlorid in Gegenwart von überschüssigem CuCl, so tritt an Stelle der Diazoniumgruppe Chlor und man erhält *Chlorbenzol*. Nach ihrem Entdecker heißt diese Umsetzung SANDMEYER*sche Reaktion*. Kocht man in Gegenwart von CuCN, so bildet sich *Benzonitril*, das Nitril der Benzoesäure.

Durch Kochen der Diazoniumlösung in Gegenwart von CuSCN kann man das *Benzolrhodanid* darstellen. Die SANDMEYER-Reaktion ist praktisch auf alle aromatischen Amine anwendbar. Über die Darstellung von Azofarbstoffen aus Diazoniumsalzen siehe S. 386.

23*

**Formel 553.**

$$\langle\text{C}_6\text{H}_5\rangle-\text{N}{\equiv}\text{N}]^+\text{Cl}^- \;+\; \text{CuCl} \;\rightarrow\; \langle\text{C}_6\text{H}_5\rangle-\text{Cl} \;+\; \text{N}_2$$

Chlorbenzol

flüssig, Siedep. 132°, unlöslich in $H_2O$, Dichte 1,10

$$\langle\text{C}_6\text{H}_5\rangle-\text{N}{\equiv}\text{N}]^+\text{Cl}^- \;+\; \text{CuCN} \;\rightarrow\; \langle\text{C}_6\text{H}_5\rangle-\text{CN} \;+\; \text{N}_2$$

Benzonitril

flüssig, Siedep. 191°, unlöslich in $H_2O$, Dichte 1,005

*Phenylhydrazin.* Behandelt man ein Diazoniumsalz mit Reduktionsmitteln, z. B. mit $SnCl_2$ oder mit nascierendem Wasserstoff, so lagert sich Wasserstoff an die Doppelbindung an und man erhält Salze des *Phenylhydrazins.*

**Formel 554.**

$$\langle\text{C}_6\text{H}_5\rangle-\text{N}{\equiv}\text{N}]^+\text{Cl}^- \;+\; 2\,\text{H}_2 \;\rightarrow\; \langle\text{C}_6\text{H}_5\rangle-\underset{\text{H}}{\text{N}}-\text{NH}_2 \;+\; \text{HCl}$$

Benzoldiazoniumchlorid                    Phenylhydrazin

wasserlöslich

Smp. 20°, Siedep. 244°, farblos, wenig löslich in $H_2O$, leichtlöslich
in Säuren und organischen Lösungmitteln, Dichte 1,09

Das freie Phenylhydrazin ist eine Base und bildet mit Säuren Salze. Phenylhydrazin wird als Reagens auf Aldehyd und Ketone verwendet, mit denen es häufig gut kristallisierte *Phenylhydrazone* bildet (Formel 294, S. 250). Mit Aldo- und Ketozuckern entstehen Osazone (Formel 444, S. 304).

*Hydrazobenzol.* Zu einem diphenylierten Hydrazinderivat kann man kommen, wenn man Nitrobenzol nicht in saurer Lösung, sondern in alkalischer mit Zinkpulver reduziert. Es entsteht *Hydrazobenzol.*

**Formel 555.**

$$\langle\text{C}_6\text{H}_5\rangle-\text{NO}_2 \;+\; \text{O}_2\text{N}-\langle\text{C}_6\text{H}_5\rangle \;+\; 10\,\text{H} \;\rightarrow\; \langle\text{C}_6\text{H}_5\rangle-\overset{\text{H}}{\text{N}}-\overset{\text{H}}{\text{N}}-\langle\text{C}_6\text{H}_5\rangle \;+\; 4\,\text{H}_2\text{O}$$

2 Mol Nitrobenzol                    Hydrazobenzol

flüssig, Siedep. 211°, Dichte 1,22       fest, Smp. 126°, unlöslich in $H_2O$, Dichte 1,16
löslich in Säuren und organischen Lösungsmitteln

*Benzidin.* Hydrazobenzol lagert sich unter dem Einfluß starker Säure so um daß die beiden Aminogruppen aus der Mitte des Moleküls an die Enden wandern, während die beiden Benzolkerne zum Diphenyl zusammentreten. Man nennt die entstehende Substanz Benzidin und die Umlagerung *Benzidinumlagerung.*

**Formel 556.**

$$\langle\text{C}_6\text{H}_5\rangle-\overset{\text{H}}{\text{N}}-\overset{\text{H}}{\text{N}}-\langle\text{C}_6\text{H}_5\rangle \;\xrightarrow{\text{HCl}}\; \text{H}_2\text{N}-\langle\text{C}_6\text{H}_4\rangle-\langle\text{C}_6\text{H}_4\rangle-\text{NH}_2$$

Hydrazobenzol                    Benzidin

Smp. 126°

Smp. 128°, Dichte 1,25, unlöslich in $H_2O$
löslich in Säuren
und organischen Lösungsmitteln

Benzidin wird ebenfalls in der organischen Industrie, besonders in der Farbstoffsynthese angewendet.

*Phenylendiamin.* Die Diaminobenzole erhält man durch Reduktion der Dinitrobenzole. Sie heißen *Phenylendiamine.* Man unterscheidet drei Isomere, *ortho, meta und para.* Sie sind kristallisiert, stark basisch und farblos. Durch

Luftsauerstoff werden sie langsam zu dunklen Produkten oxydiert; sie sind starke Reduktionsmittel. Ihre Salze, z. B. die Chlorhydrate, sind schön kristallisiert und an der Luft beständig.

**Formel 557.**

ortho-Phenylendiamin
Smp. 103°
kalt in $H_2O$ wenig löslich
farblos, kristallisiert

meta-Phenylendiamin
Smp. 63°
in $H_2O$ sehr leichtlöslich
Dichte 1,13

para-Phenylendiamin
Smp. 140°
in $H_2O$ löslich

Das Orthophenylendiamin kondensiert sich leicht mit 1,2-Diketonen oder Dialdehyden zu einem heterocyclischen Ringsystem, dem *Chinoxalinsystem*, das auch in natürlichen Stoffen vorkommt, so im *Vitamin $B_2$*, dem *Lactoflavin* (v. EULER).

Vitamin $B_2$ ist die wirksame Gruppe eines wichtigen enzymatischen Zwischengliedes im Wasserstofftransport von den Nahrungsstoffen

**Formel 558.**

Lactoflavin, Vitamin $B_2$
gelbe Kristalle, Smp. 282°, löslich in
$H_2O$ mit gelbgrüner Fluorescenz

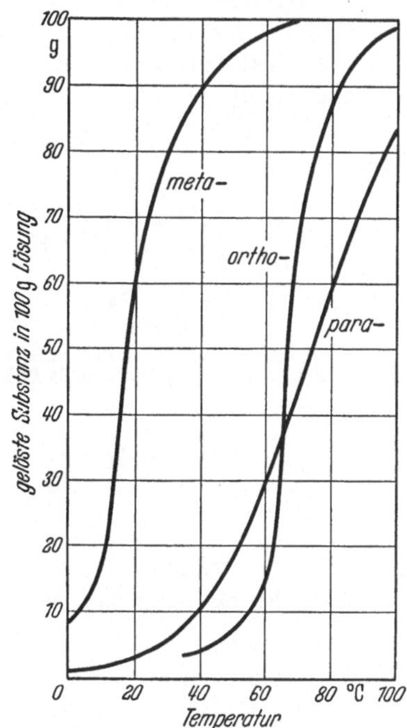


Abb. 84. Löslichkeit der drei Phenylendiamine in $H_2O$.

**Formel 559.**

ortho-Phenylendiamin
Smp. 103°, farblos

Glyoxal
gelbe Kristalle, Smp. 15°

Chinoxalin
Smp. 30°, mit $H_2O$ mischbar
farblos, kristallisiert

$+ \quad 2\,H_2O$

zum Atmungssauerstoff in lebenden Zellen *(Redoxkatalysator)*. Es übernimmt den Wasserstoff in dieser Transportkette von Co-Enzym 1 (s. Formel 653, S. 404) und gibt ihn an Fumarsäure (s. Formel 389, S. 283) und die Eisenporphyrinenzyme *(Cytochrome)* weiter.

Im Stoffwechsel, in der Nahrungsverbrennung in tierischen und pflanzlichen Geweben spielen solche H-Transporteure eine große Rolle (s. S. 282 und 344).

**Formel 560.**

$H_2$ der Nahrung bzw. Dihydropyridinverb.

$O_2$ bzw. Cytochrome

Wasserstofftransport durch Lactoflavin im Zellstoffwechsel (Redoxkatalysator)

*Adrenalin und andere Basen.* In der Natur kommen auch Benzolderivate vor, die die Aminogruppe nicht am Kern, sondern in einer Seitenkette tragen, so das in der Nebennierenrinde vorkommende optisch aktive *Adrenalin* und das in Pflanzen vorkommende ebenfalls optisch aktive Alkaloid *Ephedrin.*

Das Adrenalin ist als freie Base leicht oxydabel; unter Rotfärbung, wobei intermediär ein ortho-Chinon entsteht. Seine Salze mit Säuren sind dagegen haltbar. Es wirkt verengend auf die Blutkapillaren und im Zuckerstoffwechsel des tierischen Körpers entgegengesetzt wie Insulin.

**Formel 561.**

Ephedrin
kristallisiert, Smp. 43°, löslich in $H_2O$
das synthetische Racemgemisch heißt *Ephetonin*

Adrenalin
fest, Zersetzung bei 212°, als Base
fast unlöslich in $H_2O$, löslich in Säuren

Pervitin
HCl-Salz kristallisiert, Smp. 136°

Mescalin
kristallisiert, Smp. 150-160°, leichtlöslich in $H_2O$

Chloromycetin, Chloramphenicol
farblose Kristalle, Smp. 151°, wenig in $H_2O$ löslich, löslich in Äthanol

Ein wichtiges Antibiotikum (wie Penicillin, S. 402, Streptomycin S. 371 und Terramycin S. 339) ist das aus Streptomycesarten isolierte *Chloromycetin*, auch als *Chloramphenicol* bezeichnet. Es ist die einzige bisher in der Natur gefundene Verbindung mit einer Nitrogruppe und einer Trichloressigsäuregruppe.

Ein ähnliches, synthetisches Produkt ist das *Pervitin*, ein „Weckamin", das den übermüdeten Körper künstlich wach hält, aber leicht zur Sucht und zu Nervenzerrüttung führt.

Ein Trimethoxy-phenyläthylamin ist das in einer mexikanischen Kaktusart vorkommende Alkaloid *Mescalin*; ein Rauschgift, das Farbenträume erzeugt.

## 19. Kapitel.

# Aromatische Stoffe mit verschiedenen Substituenten.

### a) Oxysäuren.

*Salicylsäure.* Substituiert man im Phenol das ortho-H-Atom durch eine —COOH-Gruppe, so entsteht Salicylsäure.

Technisch wird sie so dargestellt, daß man Phenolnatrium unter Druck mit $CO_2$ sättigt und dann auf 150° erhitzt. Dabei entsteht intermediär Phenolnatrium-carbonat, das sich bei 150°, vermutlich unter Wanderung der Carbonatgruppe in den Kern, in Salicylat verwandelt (KOLBEsche Synthese).

**Formel 562.**

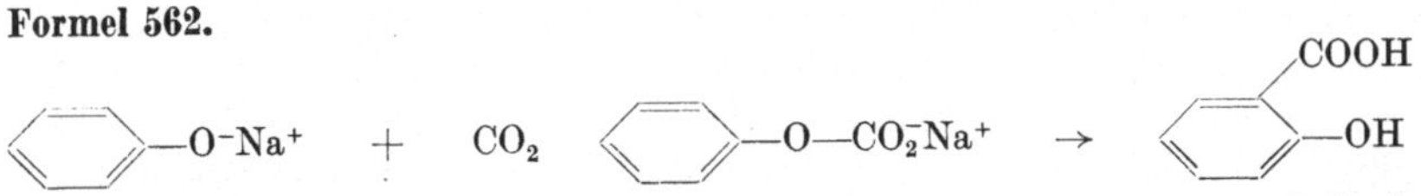

Phenolnatrium     Phenolnatriumcarbonat     Salicylsäure

fest, wasserlöslich

kristallisiert, Smp. 155°, sublimiert
löslich in $H_2O$ zu 0,22%, löslich
in organischen Lösungen, Dichte 1,4

Salicylsäure ist, wie Benzoesäure, ein mittelstarkes Antiseptikum. Sie ist für Menschen unschädlich. Sie wird als Heilmittel gegen rheumatische Schmerzen verwendet, besonders in Form ihres gut verträglichen Acetylderivats, der *Acetylsalicylsäure* oder des *Aspirins*.

**Formel 563.**

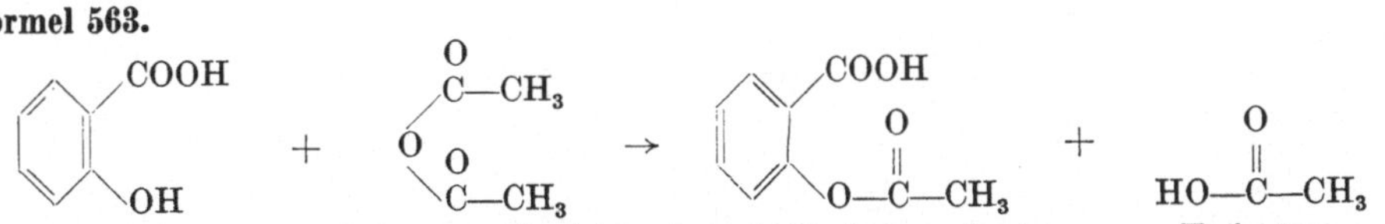

Salicylsäure    Essigsäureanhydrid    Acetylsalicylsäure, Aspirin    Essigsäure

Smp. 155°    flüssig, Siedep. 140°    fest, Smp. 135°, löslich    flüssig, Siedep. 118°
in $H_2O$ zu 0,3%; löslich in
NaOH und organischen Lösungsmitteln

Zur Synthese wird trockene Salicylsäure mit $H_2SO_4$ und Essigsäureanhydrid erwärmt; die phenolische Hydroxylgruppe wird dadurch acetyliert. Die Ausbeute ist beinahe 100%.

*Anissäure.* Eine para-Methoxybenzoesäure ist die aus Anisaldehyd gewonnene *Anissäure.*

**Formel 564.**

Anissäure       Protocatechusäure

kristallisiert, Smp. 184°, Dichte 1,38    kristallisiert, Smp. 194°, Dichte 1,54
löslich in $H_2O$ zu 0,04%      löslich in $H_2O$ zu 2%

löslich in NaOH und organischen Lösungsmitteln

Eine Dioxycarbonsäure ist die *Protocatechusäure*, die man aus verschiedenen Pflanzenstoffen durch Kalischmelze erhalten kann.

*Gallussäure.* Die wichtigste Trioxycarbonsäure des Benzols ist die *Gallussäure.* Sie ist eine 3,4,5-Trioxybenzoesäure.

**Formel 565.**

Gallussäure $\xrightarrow{250°}$ Pyrogallol $+$ $CO_2$

Gallussäure
farblos, kristallisiert, Smp. 239°, löslich
in $H_2O$ zu 1,2%, löslich in NaOH und
organischen Lösungsmitteln, Dichte 1,69

Pyrogallol
kristallisiert, Smp. 132°, in $H_2O$ löslich
besonders leicht in NaOH, diese Lösung
absorbiert $O_2$-Gas

Die farblosen Kristalle der Gallussäure werden durch Luftoxydation langsam braun. Beim Erhitzen über den Schmelzpunkt geht Gallussäure in Pyrogallol über.

*Schwarze Tinte.* Das in $H_2O$ fast unlösliche Eisen(III)-salz der Gallussäure ist tiefschwarz, das lösliche Eisen(II)-salz fast farblos. Davon macht man Gebrauch bei der Herstellung der *Tinte*, die eine ganz schwach saure Lösung von Eisen(II)-sulfat, Tannin, Gallussäure mit etwas Indigosulfonatfarbstoff in Wasser ist. Säure hindert die Oxydation des $Fe^{++}$ zu $Fe^{+++}$ durch den Luftsauerstoff. In neutraler oder alkalischer Lösung geht die Oxydation rascher vor sich. Kommt die Tinte auf das Papier, so neutralisieren die zur Glättung dem Papier beigemischten Basen (besonders $Al_2O_3$) die geringen Mengen der Säure der Tinte; jetzt kann sich das farblose Ferrosalz leicht zum schwarzen Ferrisalz der Gallussäure oxydieren. Andersfarbige Tinten enthalten meist organische Farbstoffe. *Tusche* ist eine kolloidale Suspension von Ruß.

**Formel 566.**

Gallussäure $+$ Gallussäure $\rightarrow$

meta-Digalloylsäure (Didepsid)
kristallisiert, Smp. 290° (unscharf), löslich in $H_2O$

Tannin
fest, zersetzt sich beim Schmelzen, löslich in $H_2O$, wenig löslich in organischen Lösungen

*Tannin.* Die Gallussäure ist ein Hauptbestandteil der Tannine. Tannine werden als Gerbstoffe verwendet. Sie haben die Fähigkeit, Proteine, besonders die in Wasser quellbaren Proteine der tierischen Haut, wasserunlöslich zu machen, auszufällen *(Gerbung von Leder)*. Tannine bestehen aus Glucose, mit deren fünf —OH-Gruppen Gallussäuren verestert sind.

Meistens ist nicht die einfache Gallussäure beteiligt, sondern die *meta-Digalloylsäure*, ein innerer Ester aus zwei Gallussäuremolekülen. Nach diesem Prinzip können auch drei und mehr Oxysäuren zu Kettenmolekülen aus Estern zusammentreten. Man nennt solche Verbindungen *Depside*; die meta-Digalloylsäure ist ein *Didepsid*.

*Mandelsäure.* Eine Oxycarbonsäure des Benzols, die sowohl —OH-, als auch eine Carboxylgruppe in der Seitenkette trägt, ist die *Mandelsäure*. Man kann sie aus Benzaldehyd und Blausäure herstellen. Das zuerst entstehende Benzaldehyd-cyanhydrin wird durch Kochen mit HCl zur Säure verseift (s. a. S. 306).

Die Mandelsäure hat ein asymmetrisches C-Atom. Im natürlichen Bittermandelöl findet sich das Nitril der d-Form. Bei der *synthetischen Darstellung* im Laboratorium entsteht jedoch, wie bei allen Laboratoriumssynthesen, nur ein racemisches d,l-Gemisch.

**Formel 567.**

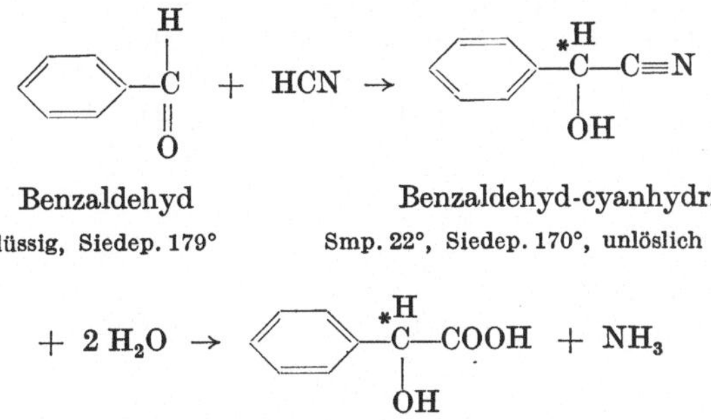

Benzaldehyd

flüssig, Siedep. 179°

Benzaldehyd-cyanhydrin

Smp. 22°, Siedep. 170°, unlöslich in $H_2O$

d,l-Mandelsäure

kristallisiert, Smp. 118°, löslich in $H_2O$ zu 16%
löslich in NaOH und organischen Lösungsmitteln, Dichte 1,34 (l-Form)

*Asymmetrische Synthese.* Durch Zusatz geringer Mengen optisch aktiver Substanzen, Emulsin, zu der Reaktionsflüssigkeit konnte ROSENTHALER erreichen, daß ein optisch-aktives Benzaldehydcyanhydrin entstand. BREDIG zeigte später, daß für die asymmetrische Synthese schon die Anwesenheit des optisch aktiven Chinins genügt. Nach diesen Versuchen kann schon die Anwesenheit einer optisch-aktiven Leitsubstanz in einer chemischen Reaktion, bei der ein racemisches Gemisch entsteht, die Bildung eines der möglichen optischen Isomeren bevorzugen. Es ist wahrscheinlich, daß auch in der lebenden Zelle die optisch-aktiven Verbindungen auf diese Art entstehen.

**Formel 568.**

d,l-Tropasäure

farblos, kristallisiert
Smp. 117°, löslich in $H_2O$

*Tropasäure.* Eine andere Oxycarbonsäure, die als Ester an Tropin gebunden im Atropin (s. Formel 659, S. 408) vorkommt, ist die Tropasäure.

## b) Aminophenole, Aminobenzoesäuren, Aminosulfonsäuren, Aminoarsenverbindungen.

*Phenylhydroxylamin*, eines der Zwischenprodukte bei der Reduktion des Nitrobenzols zu Anilin, das man isolieren kann (s. S. 353), lagert sich mit konzentrierter $H_2SO_4$ in *para-Aminophenol* um.

**Formel 569.**

Phenylhydroxylamin
kristallisiert, Smp. 81°

para-Aminophenol
kristallisiert, Smp. 184°, löslich zu 1% in $H_2O$
löslich in organischen Lösungsmitteln

*Photographische Entwickler.* para-Aminophenol, *para-Methylaminophenol* und die *Diaminobenzole* sind Reduktionsmittel. Sie werden in der *Photographie* neben Hydrochinon unter dem Namen Rodinal und Metol als *Entwickler* zur Reduktion des fast farblosen AgBr zum schwarzgefärbten metallischen Silber verwendet (s. S. 187). Sie gehen dabei in gefärbte wasserlösliche chinoide Verbindungen über (Chinonimin, Chinondiimin).

**Formel 570.**

| kristallisiert, Smp. 172° löslich zu 6% in $H_2O$ | kristallisiert, Smp. 184° löslich zu 1,0% in $H_2O$ | kristallisiert, Smp. 146° als Sulfat in $H_2O$ löslich | kristallisiert, Smp. 147 leicht in $H_2O$ löslich |
|---|---|---|---|
| Hydrochinon | Rodinal | Metol | para-Phenylendiamin |

2 Ag Br +

2 Ag + 2 HBr +

Chinon
kristallisiert, gelb
Smp. 116°
wenig löslich in $H_2O$

Chinon-imin
farblos, kristallisiert
rasch zersetzt
leichtlöslich in $H_2O$

Chinon-methylimin
nicht isoliert

Chinon-di-imin
gelb, kristallisiert
Smp. 124°
rasch zersetzt
leichtlöslich in $H_2O$

*para-Aminobenzoesäure.* Durch Nitrierung von Benzoesäure kommt man zur *meta-Nitrobenzoesäure.* Daneben entsteht in kleiner Menge auch *para-Nitrobenzoesäure.* Durch Reduktion erhält man daraus *para-Aminobenzoesäure* (s. Formel 571, S. 363), einen unentbehrlichen Wirkstoff des Bakterienwachstums.

*Anthranilsäure.* Eine andere Aminobenzoesäure ist die ortho-Aminobenzoesäure oder Anthranilsäure; sie ist ebenfalls technisch wichtig und wird z. B. bei der Synthese des Indigos verwendet (s. Formel 617, S. 388).

Von Aminophenol und para-Aminobenzoesäure leiten sich eine Reihe wichtiger Pharmazeutika ab, wie *Phenacetin, Pantocain, Novocain, Anästhesin* und andere, weiter die in der Tuberkulosebekämpfung wichtig gewordene *para-Aminosalicylsäure* (PAS).

**Formel 571.**

$H_2N$—⟨ ⟩—COOH
**para-Aminobenzoesäure**
Smp. 187°, in $H_2O$ zu 0,3 % löslich

Anthranilsäure (COOH / $NH_2$)
**Anthranilsäure**
Smp. 145°, in $H_2O$ zu 0,3 % löslich

$H_2N$—⟨ ⟩—COOH / OH
**para-Aminosalicylsäure**
farblos, kristallisiert, Smp. 220° (zersetzt), leichtlöslich in $H_2O$

$H_3C$—$CH_2$—$CH_2$—$CH_2$—N(H)—⟨ ⟩—C(O)—O—$CH_2$—$CH_2$—N($CH_3$)($CH_3$)
**Pantocain**
kristallisiert, Smp. 150°, zu 14 % in $H_2O$ löslich

$H_3C$—$CH_2$—O—⟨ ⟩—N(H)—C(O)—$CH_3$
**Phenacetin**
kristallisiert, Smp. 134°, 0,5 % löslich in $H_2O$

$H_2N$—⟨ ⟩—C(O)—O—$CH_2$—$CH_2$—N($C_2H_5$)($C_2H_5$)
**Novocain**
als HCl-Salz kristallisiert, Smp. 156° leichtlöslich in $H_2O$

$H_2N$—⟨ ⟩—C(O)—O—$C_2H_5$
**Anästhesin**
kristallisiert, Smp. 90°, in $H_2O$ schwerlöslich

**Formel 572.**

$NH_2$ / ⟨ ⟩ / $SO_3H$
**Sulfanilsäure**
Smp. 288°, in $H_2O$ zu 0,9 % löslich

$NH_2$ / ⟨ ⟩ / $SO_3H$
**Metanilsäure**
zersetzt sich beim Erhitzen in $H_2O$ 1,5 % löslich

$H_2N$—⟨ ⟩—S(O)(O)—$NH_2$
**para-Aminobenzolsulfonsäureamid**
kristallisiert, Smp. 163° löslich in $H_2O$

$H_2N$—⟨ ⟩—S(O)(O)—N(H)—C(=N—CH / =CH \ S)
**Cibazol**
farblose Kristalle

$H_2N$—S(O)(O)—⟨ ⟩—N=N—⟨ ⟩($H_2N$)—$NH_2$
**Prontosil**
rote Kristalle, als HCl-Salz etwas in $H_2O$ löslich

$H_2N$—⟨ ⟩—S(O)(O)—N(H)—C(=O)—⟨ ⟩($CH_3$)—$CH_3$
**Irgafen**
kristallisiert, farblos, das Amid-H zwischen CO und $SO_2$ ist sauer und durch $Na^+$ ersetzbar; es entsteht so ein leicht wasserlösliches Na-Salz

*Aminosulfonsäuren.* Durch Nitrieren von Benzolsulfonsäure und nachfolgende Reduktion kommt man zur para-Aminobenzolsulfonsäure oder *Sulfanilsäure*; die meta-Aminobenzolsulfonsäure wird *Metanilsäure* genannt. Beide werden technisch zu Farbstoffsynthesen verwendet.

Besonders wichtig sind substituierte Sulfonamide geworden, die *para-Aminobenzolsulfonamide*. Sie sind wirksame Heilmittel gegen Kokkeninfektionen (Prontosil, Cibazol, Irgaphen u. a.).

Der Wirkungsmechanismus dieser von DOMAGK entdeckten Heilmittel beruht vielleicht darauf, daß sie die für das Wachstum von Bakterien nötige para-Aminobenzoesäure vermöge ihrer chemisch ähnlichen Struktur verdrängen.

*Therapeutische Wirkung der para-Aminosulfonamide.* Die Sulfonamide töten die Bakterien nicht ab, sie wirken nicht *bactericid*. Die Sulfonamide stören den Aufbau des Bakterienplasmas und hemmen dadurch die Vermehrung der Keime im erkrankten Organismus. Sie wirken *bakteriostatisch*. Die Abwehrkräfte des Körpers treten oft langsamer in Kraft als das Wachstum der Mikroorganismen vor sich geht. Im Kampf zwischen dem erkrankten Körper und den Mikroorganismen gewinnen die natürlichen Abwehrkräfte des Körpers durch das Eingreifen der Sulfonamide Zeit und damit schließlich die Oberhand.

Die Tragweite der Entdeckung der Sulfonamide für die Medizin und die ganze Menschheit ist noch nicht abzusehen.

*Penicillin.* Dem *Penicillin*, einem sehr labilen, wasserlöslichen Thiazolderivat, das von einem Pilz des Stammes Penicillum notatum an seine Kulturflüssigkeit abgegeben wird und das in vielen Fällen wirksamer ist als die bisher bekannten Sulfonamide, liegt wahrscheinlich teilweise derselbe Wirkungsmechanismus zugrunde (jedoch eine andere chemische Konstitutionsformel; s. Formel 648, S. 402).

Von anderen Antibioticis haben sich bis jetzt Streptomycin (S. 371), Terramycin (S. 339) und Chloromycetin (S. 358) durchgesetzt. Das erste ist gegen gewisse Formen von Tuberkulose (Miliartuberkulose und Meningitis) und gegen Pest und pestähnliche Krankheiten (Tularämie) wirksam. Ein Nachteil des Streptomycins ist, daß sich die Mikroorganismen nach einiger Zeit an das Antibiotikum gewöhnen.

*Naphthylamin-sulfonsäuren.* Ebenso wie vom Anilin lassen sich auch von den Naphthylaminen Sulfonsäurederivate herstellen. Man erhält dabei, entweder durch direkte Sulfonierung von Naphthylaminen oder durch Nitrierung von Naphtholsulfonsäuren und Reduktion, Gemische von *Naphthylaminsulfonsäuren.* Von den zahlreichen möglichen mono-, di- und tri-Sulfonsäureisomeren werden einige in der Farbstoffindustrie und in der Synthese von Heilmitteln gebraucht.

**Formel 573.**

Phenol + Arsensäure → para-Oxyphenylarsinsäure

Phenol
Smp. 41°

Arsensäure
fest

para-Oxyphenylarsinsäure
farblos, kristallisiert, Smp. 173°
leichtlöslich in $H_2O$

Anilin + Arsensäure → Atoxyl = para-Aminophenylarsinsäure = Arsanilsäure

Anilin
flüssig, Siedep. 184°

Arsensäure
fest

Atoxyl = para-Aminophenylarsinsäure = Arsanilsäure
farblos, fest, Smp. 350°
unter Zersetzung, löslich in $H_2O$, Alkali
und Säuren

*Amino-arsensäure.* Behandelt man Phenol oder Anilin mit Arsensäure in der Wärme, so tritt ein Mol Arsensäure in para-Stellung in den Kern ein. Es entstehen *para-Oxyphenylarsinsäure* und *para-Aminophenylarsinsäure.*

Das Natriumsalz der letzteren ist identisch mit dem *Atoxyl,* das eine Zeitlang zur Bekämpfung der Schlafkrankheit verwendet wurde, aber häufig Erblindung verursachte. Ihre größte Bedeutung haben organische Arsenverbindungen dadurch erlangt, daß es PAUL EHRLICH gelang, in dieser Reihe ein brauchbares *Heilmittel* gegen die bis dahin nicht sicher heilbare *Syphilis* zu finden.

*Salvarsan.* Dieses Heilmittel ist das *Salvarsan* (EHRLICH-HATA). Zu seiner Synthese geht man vom Atoxyl aus, das (nach Schutz der $NH_2$-Gruppe durch Acetylierung) nitriert wird. Die paraständige $NH_2$-Gruppe (die leicht mobilisierbar ist) wird durch Kochen mit KOH in —OH verwandelt. Dann wird durch Reduktion die Nitrogruppe zur Aminogruppe und das fünfwertige Arsen zu dreiwertigem reduziert.

Durch Anheftung der Formaldehydsulfoxylsäure wird das auch als Natriumsalz schwer wasserlösliche Salvarsan leichter löslich gemacht; es heißt dann *Neosalvarsan.*

**Formel 574.**

Acetylarsanilsäure

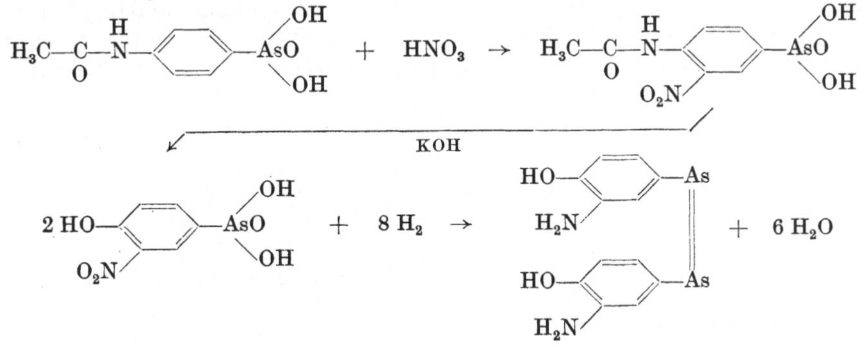

meta-Nitro-para-oxyphenylarsinsäure
kristallisiert, gelb, zersetzt sich beim Erhitzen

Salvarsan
fest, gelb in $H_2O$ schwerlöslich, in NaOH löslich

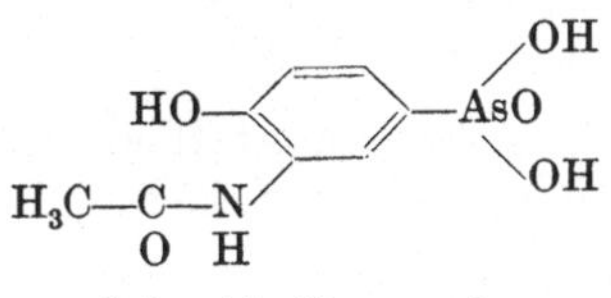

Spirocid, Stovarsol
farblos, kristallisiert, zersetzt sich über 240°, kalt
in $H_2O$ fast unlöslich, Na-Salz löslich

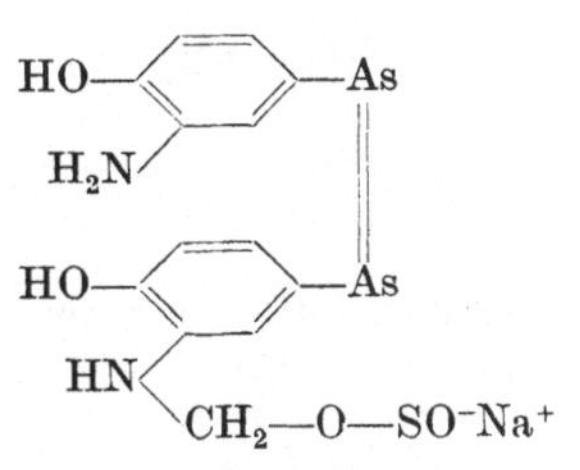

Neosalvarsan
gelb, fest, Na-Salz neutral
wasserlöslich, autoxydabel

Die weniger giftigen dreiwertigen organischen Arsenverbindungen werden durch Luftsauerstoff leicht zu den giftigeren fünfwertigen Verbindungen umgewandelt. Salvarsan kommt deshalb nur in evakuierten Glaskapseln eingeschmolzen zum Verkauf; die für die intravenöse Injektion nötigen Lösungen dürfen erst kurz vor Gebrauch hergestellt werden. Neben Neosalvarsan wird das einfacher gebaute *Spirocid* verwendet.

Ähnlich wie mit Arsensäure hat man auch einige wichtige Heilmittel gegen tropische Infektionskrankheiten durch Einführung von *Antimonsäure* in den Benzolkern hergestellt.

*Arsengiftgase.* Phenylarsindichlorid, Diphenylarsinchlorid und Diphenylarsincyanid wurden im Krieg 1914—18 als Giftkampfstoffe verwendet (CLARK). Als Arsine werden Alkyl- und Arylderivate des $AsH_3$ bezeichnet.

**Formel 575.**

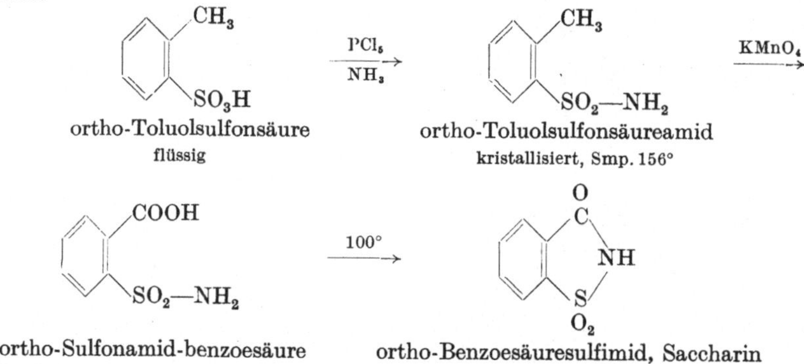

Phenylarsindichlorid
flüssig, Siedep. 252°
unlöslich in $H_2O$

Diphenylarsinchlorid
Smp. 39°, Siedep. 333°
unlöslich in $H_2O$

Diphenylarsincyanid
kristallisiert, Smp. 310°
unlöslich in $H_2O$

Wegen ihres hohen Siedepunktes verdampfen sie nur langsam. Da aber schon minimale Dosen (von Diphenylarsincyanid 1 mg pro m³ Luft) zur Giftwirkung genügen, wird in der umgebenden Luft trotz des niedrigen Dampfdrucks die Giftgrenzenkonzentration überschritten.

*Saccharin.* Sulfuriert man Toluol, so erhält man neben para-Toluolsulfonsäure ortho-Toluolsulfonsäure. Stellt man daraus das Sulfonamid her und oxydiert man die —$CH_3$-Gruppe zur —COOH-Gruppe, so entsteht ortho-Sulfobenzoesäureamid. Beim Erwärmen bildet sich durch Ringschluß daraus der Süßstoff *Saccharin*.

**Formel 576.**

ortho-Toluolsulfonsäure
flüssig

ortho-Toluolsulfonsäureamid
kristallisiert, Smp. 156°

ortho-Sulfonamid-benzoesäure
kristallisiert, Smp. 159°, in $H_2O$ löslich

ortho-Benzoesäuresulfimid, Saccharin
kristallisiert, Smp. 223°, in $H_2O$ zu 0,3 % löslich

Das Saccharin hat mehr als hundertmal so große Süßkraft als Rohrzucker; man kennt heute Stoffe, die bis zu 4000mal süßer sind (s. S. 353).

## c) Radikale.

Nimmt man im Äthylchlorid durch reaktive Metalle das Cl weg, so bildet sich wahrscheinlich intermediär *freies Äthyl*, das jedoch nicht beständig ist, so daß sofort zwei Moleküle zu Butan zusammentreten. Führt man die gleiche Reaktion mit *Triphenylmethylchlorid* durch, so bildet sich zwar Hexaphenyläthan; 10% treten jedoch in Lösung im Gleichgewicht als *freies Radikal Triphenylmethyl* auf. Die Lösung ist dann durch das freie Radikal gelb gefärbt, während kristallisiertes Hexaphenyläthan farblos ist. Am zentralen C sitzt ein einsames Elektron; solche einsamen Elektronen sind farbgebend.

**Formel 577.**

x ⟨C—Cl⟩ + x Na → 2 ⟨C•⟩ + $\xrightarrow[10\%]{90\%}$ ⟨C—C⟩

| Triphenylchlormethan | Triphenylmethyl | Hexaphenyläthan |
|---|---|---|
| kristallisiert, farblos Smp. 111°<br>unlöslich in $H_2O$ | als Radikal gelb, nur in Lösung<br>im Gleichgewicht | farblos, kristallisiert, Smp. 145° |

In einer Lösung von flüssigem $SO_2$ dissoziiert das farblose Triphenylchlormethan in eine gelbe Lösung von $Cl^-$ und Triphenylmethyl$^+$-Ion.

Im Äthan ist bei Substituierung durch 6 Phenylgruppen die Bindung zwischen den beiden C so gelockert, daß die sonst schwer zu trennende Bindung zwischen den beiden C-Atomen sich in Lösung von selbst reversibel bis zu einem Gleichgewicht von 10% Triphenylmethyl spaltet.

Das Gleichgewicht verschiebt sich mit steigender Belastung des Äthans durch Phenylreste nach der Richtung des freien Radikals; das Hexa(diphenyl)-äthan ist in Lösung praktisch quantitativ in das grünlich-violette Radikal Tris-(diphenyl)-methyl dissoziiert.

Ganz allgemein nennt man ein solches Molekül mit freier Bindung ein *Radikal*, und zwar ohne Rücksicht darauf, ob es beständig ist oder nicht.

## 20. Kapitel.

# Hydroaromatische Verbindungen.

## a) Cycloparaffine, Terpene.

Vom *Cyclobutan*, *Cyclopentan* und besonders *Cyclohexan* leiten sich viele Naturstoffe ab, die man alle, weil sie hydrierte aromatische Ringe enthalten, als *hydroaromatische Verbindungen* bezeichnet.

**Formel 578.**

$Ca^{++}$-Salz der Pimelinsäure → Cyclohexanon + $CaCO_3$

Cyclohexanon
flüssig, Siedep. 157°, Dichte 0,94

$\xrightarrow{H_2}$ Cyclohexanol $\xrightarrow{H_2}$ Cyclohexan

Cyclohexanol
Smp. 27°, Siedep. 160°
unlöslich in $H_2O$
Dichte 0,93

Cyclohexan
flüssig, Siedep. 81°
unlöslich in $H_2O$
Dichte 0,78

*Synthese.* Diese Ringe lassen sich auf verschiedene Art synthetisieren. Eine Synthesemöglichkeit beruht auf der schon früher besprochenen trockenen Destillation der Calcium- oder Bariumsalze von Dicarbonsäuren (s. S. 283). Es entstehen cyclische Ketone, die sich über die entsprechenden sekundären Alkohole zum hydroaromatischen Ring reduzieren lassen.

Weiter kann man geeignete Paraffindihalogenide mit metallischem Natrium umsetzen. Dabei entstehen besonders leicht 5—6-Ringe, wie das aus dem Winkel der Bindungsrichtung am C-Atom zu erwarten ist, während die Ausbeuten bei der Darstellung der 4- oder 7-Ringe geringer sind (Abb. 73, S. 224).

**Formel 579.**

$$CH_2-CH_2-Br \mid CH_2-CH_2-Br \quad + \quad 2\,Na \quad \rightarrow \quad CH_2-CH_2 \mid CH_2-CH_2 \quad + \quad 2\,NaBr$$

1,4-Dibrombutan                Cyclobutan
farblos, flüssig, Siedep. 197°        Siedep. +12°, Dichte 0,71

1,5-Dibrompentan             Cyclopentan
flüssig, Siedep. 220°, Dichte 1,7      flüssig, Siedep. 51°, Dichte 0,75

1,6-Dibromhexan             Cyclohexan
flüssig, Siedep. 240°        farblos, flüssig, Siedep. 81°, Dichte 0,78

Die umgekehrte Reaktion, die Öffnung der Ringe zu Paraffinketten, läßt sich erreichen, wenn man die betreffenden hydroaromatischen Stoffe mit Wasserstoff über erhitztes fein verteiltes Metall (Nickel oder Platin) leitet.

**Formel 580.**

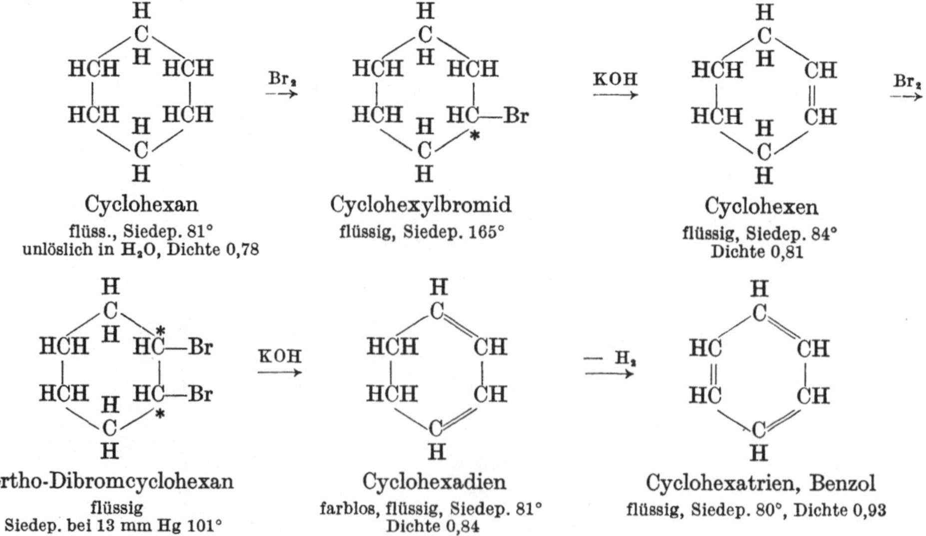

Cyclohexan          Cyclohexylbromid        Cyclohexen
flüss., Siedep. 81°      flüssig, Siedep. 165°      flüssig, Siedep. 84°
unlöslich in $H_2O$, Dichte 0,78                  Dichte 0,81

ortho-Dibromcyclohexan       Cyclohexadien        Cyclohexatrien, Benzol
flüssig          farblos, flüssig, Siedep. 81°    flüssig, Siedep. 80°, Dichte 0,93
Siedep. bei 13 mm Hg 101°      Dichte 0,84

Da man diese und andere Methoden auch auf substituierte hydroaromatische Körper anwenden kann, sind die verschiedensten hydroaromatischen Verbindungen synthetisch zugänglich.

*Hydroaromatisch-aromatisch.* Spaltet man aus hydroaromatischen Ringen, die entweder ein Halogen oder eine Hydroxylgruppe tragen, Halogenwasserstoff oder Wasser ab, so kommt man zu einfach ungesättigten Körpern. So geht das Cyclohexan in *Cyclohexen*, bei weiterer $H_2$-Abspaltung in *Cyclohexadien* und schließlich in *Cyclohexatrien* oder *Benzol* über. Cyclohexen und Cyclohexadien sind gegen Brom ungesättigt; Cyclohexatrien (Benzol) verhält sich gesättigt.

Vom Cyclohexan über Cyclohexen, Cyclohexadien zum Benzol nimmt die Dichte der Verbindungen zu.

*Vier-Ringe.* Derivate des Cyclobutans sind in der Natur selten. In den Blättern des Cocastrauches hat man neben Cocain diphenylierte Dicarbonsäuren des Cyclobutans, z. B. die *β-Truxillsäure* gefunden.

**Formel 581.**

β-Truxillsäure
kristallisiert, Smp. 206°
fast unlöslich in $H_2O$

2 Mol Zimtsäure
kristallisiert, Smp. 133°
fast unlöslich in $H_2O$, löslich in Äthanol, Äther

Die Verbindung ist für die Unbeständigkeit des 4-Rings typisch; schon durch bloße Destillation geht β-Truxillsäure in Zimtsäure über.

*Fünf-Ringe.* Cyclopentanringe kommen in vielen Naturstoffen, auch in Terpenen vor.

**Formel 582.**

d-Camphersäure
kristallisiert, Smp. 187°, löslich in
$H_2O$ zu 0,75 %

Chaulmoograsäure
farblos, kristallisiert, Smp. 69°
wasserunlöslich, alkalilöslich

Auxin a
farblos, kristallisiert, Smp. 195°

Die *Chaulmoograsäure*, eine in den Samen eines indischen Strauches vorkommende Fettsäure, deren Ester als Heilmittel gegen Lepra verwendet werden, enthält einen ungesättigten 5-Ring, den Cyclopentenring, ebenso die *Auxine a* und *b*,

*Wachstumshormone der Pflanzenspitzen*, die noch in Konzentrationen von weniger als 1:10 Millionen wirksam sind. Man beachte am Auxinmolekül, daß es ein Ende enthält, das sehr leicht wasserlöslich ist, weil es viele —OH-Gruppen enthält, und ein Ende, das nur lipoidlöslich ist, weil es reinen Kohlenwasserstoffcharakter hat. Solche Moleküle verankern sich leicht an Lipoidwassergrenzflächen, wie Seifen. Sie sind (wahrscheinlich) in Grenzflächen wirksame Hormone. Überraschenderweise wird fast dieselbe Hormonwirkung durch eine ganz anders gebaute Verbindung, das *Heteroauxin*, Indolylessigsäure (s. Formel 629, S. 395), hervorgerufen.

Die *Camphersäure*, ein Oxydationsprodukt des Japancamphers, enthält ebenfalls einen Cyclopentanring.

*Sechs-Ringe.* Beim Cyclohexan (allgemein bei hydroaromatischen Ringen) kann man für 2 Substituenten außer der ortho-, meta- und para-Isomerie noch eine weitere Möglichkeit erwarten, nämlich die, daß beide *Substituenten an demselben C-Atom* stehen, da in hydroaromatischen Kohlenwasserstoffen im Gegensatz zum Benzol jedes C zwei ersetzbare H oder andere Substituenten trägt.

**Formel 583.**

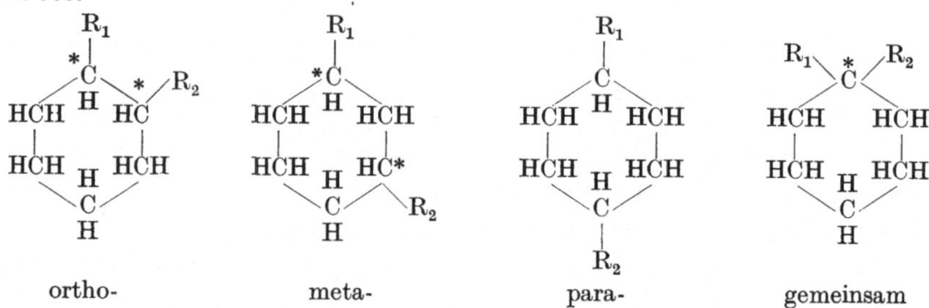

ortho-          meta-          para-          gemeinsam

Die Betrachtung der räumlichen Modelle von Disubstitutionsprodukten des Cyclohexans ergibt, daß bei ortho-, meta- und para-Verbindungen cis- und trans-Isomere auftreten können. Denkt man sich den Ring in der Papierebene fixiert, so stehen beide Substituenten einmal unter der Papierebene (cis-Form), einmal steht ein Substituent nach oben, der andere nach unten (trans-Form), s. auch Formel 252, S. 233.

**Formel 584.**

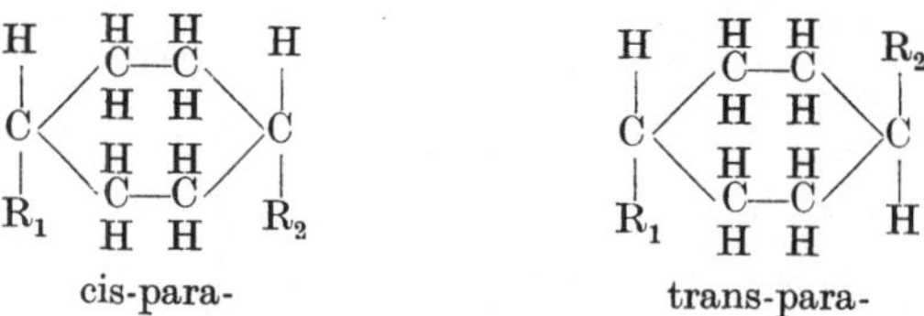

cis-para-              trans-para-

Beide Modifikationen besitzen eine Spiegelebene, sind also nicht in optische Antipoden spaltbar. Dagegen ist die trans-ortho-Verbindung unsymmetrisch und daher in zwei optisch aktive Formen spaltbar.

*Inosite.* Vom *1,2,3,4,5,6-Hexaoxy-cyclohexan* oder *Inosit*, einem in Pflanzen weitverbreiteten zuckerähnlichen Polyalkohol, kennt man allein acht verschiedene cis-trans-Isomere, von denen eines in zwei optisch aktive Formen spaltbar ist. Ein Pentaoxycyclohexan ist der in Eicheln vorkommende süß schmekkende *Quercit*.

**Formel 585.**

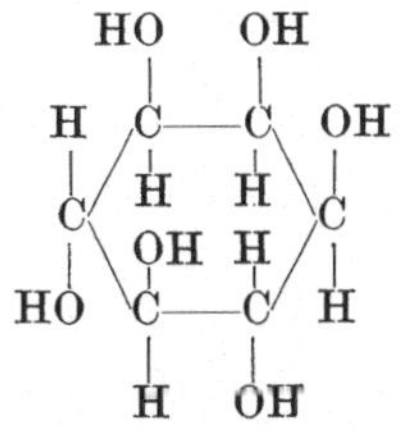

natürlicher Inosit
farblos, kristallisiert, Smp. 247°
zu 10 % in $H_2O$ löslich, Dichte 1,75

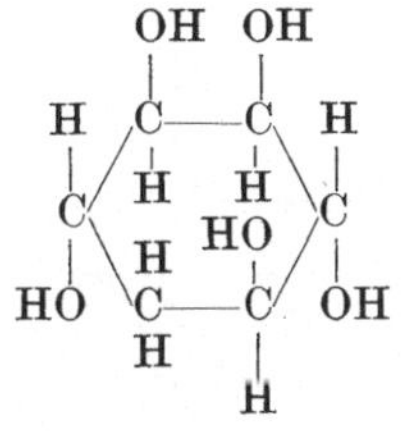

l-Quercit
kristallisiert, Smp. 235°
in $H_2O$ löslich

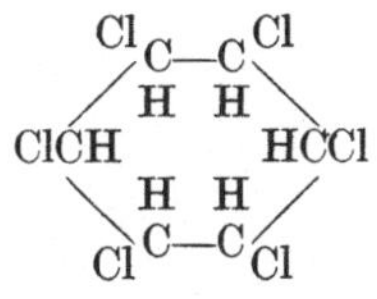

Hexachlor-cyclohexan
(Gammexan)
fest, Smp. der Isomeren 122—300°

*Gammexan.* Das durch Behandeln von Benzol mit Chlor im Sonnenlicht entstehende cis-trans-Gemisch verschiedener *Hexachlorcyclohexane* läßt sich wie Inosit in acht geometrische Isomere zerlegen. Das $\gamma$-Isomere ist unter dem Namen *Gammexan* im Handel und findet Anwendung als Insektenvertilgungsmittel, das in manchen Fällen dem DDT (s. Formel 512, S. 340) überlegen ist.

*Cantharidin.* Das Gift der spanischen Fliege, *Cantharidin*, ist ein innerer Äther eines Cyclohexandioldicarbonsäureanhydrids.

**Formel 586.**

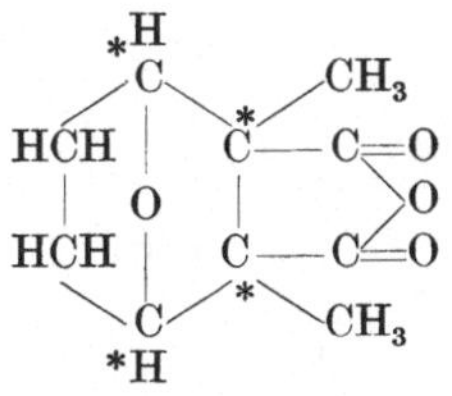

Cantharidin
farblos, kristallisiert
Smp. 218°
unlöslich in $H_2O$

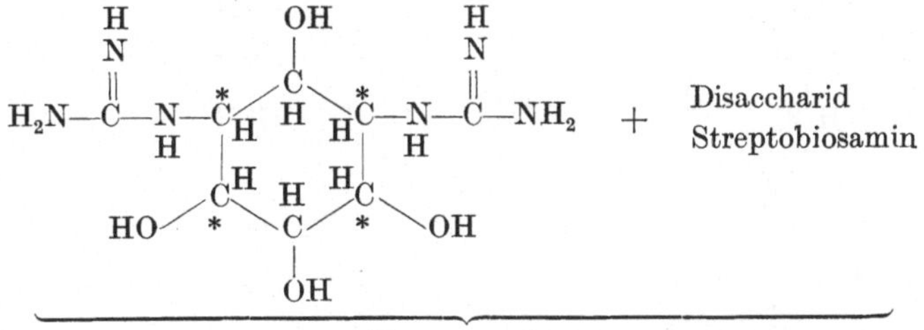

Streptomycin
farblos, kristallisiert

Disaccharid
Streptobiosamin

*Streptomycin.* Ein Diguanidotetraoxycyclohexan, gekuppelt mit einem Disaccharid aus N-Methyl-l-glucosamin und einem verzweigten Zucker Streptose ist das *Streptomycin.* Es ist ein Pilzausscheidungsprodukt wie das Penicillin und gegen manche Fälle von Tuberkulose wirksam, aber leider viel giftiger als Penicillin (s. S. 402).

*Menthanderivate, Terpene.* Die wichtigsten Kohlenwasserstoffe der hydroaromatischen Reihe leiten sich nicht vom einfachen Cyclohexan, sondern von einem substituierten Derivat ab, das in Parastellung eine Methyl- und eine Isopropylgruppe trägt. Man nennt den Stammkohlenwasserstoff *Menthan.* Die ganze Klasse von Verbindungen nennt man *Terpene.*

Zur Bezeichnung der Lage von Substituenten hat man folgende Numerierung eingeführt.

*Menthol.* Das *Menthol* ist ein 3-Oxymenthan, ein einfacher Alkohol des Menthans. Das Menthol, intensiv riechende Kristalle, ist der wesentliche Geruchsbestandteil des Pfefferminzöls. Es sublimiert schon bei Zimmertemperatur langsam und ist optisch aktiv. Das entsprechende Keton *Menthon* kommt ebenfalls im Pfefferminzöl vor.

**Formel 587.**

|  |  |  |
|---|---|---|
| Numerierung des Menthanrings | Menthol 3-Oxymenthan | Menthan, para-Methyl-isopropyl-cyclohexan |
|  | kristallisiert, Smp. 43°, Dichte 0,89 wenig löslich in $H_2O$ | flüssig, Siedep. 169°, Dichte 0,79 unlöslich in $H_2O$ |

*Terpin.* Ein Dioxymenthan ist das *Terpin.* Es kommt in cis- und trans-Form vor. Sein Hydrat bildet sich unter Ringschluß aus einem Olefinalkohol, dem *Geraniol,* einem Riechstoff aus Rosen und Geranien, durch Behandeln mit $H_2SO_4$.

**Formel 588.**

|  |  |  |
|---|---|---|
| Geraniol | Terpin | Eucalyptol = Cineol |
| farblos, flüssig Siedep. 229°, unlöslich in $H_2O$ Dichte 0,88 | kristallisiert, Smp. 105° wenig löslich in $H_2O$ | flüssig, Siedep. 176°, zu 0,2% löslich in $H_2O$ Dichte 0,92 |

Das so entstehende Terpin bildet mit seinen zwei —OH-Gruppen (als cis-Isomeres) leicht einen inneren Äther, das *Eucalyptol,* das z. B. im Eucalyptusöl vorkommt.

Trägt das Menthan im Ring eine Doppelbindung, so nennt man es *Menthen;* trägt es zwei, so heißt es *Menthadien;* von beiden gibt es Isomere.

**Formel 589.**

|  |  |
|---|---|
| p-Menthen-(3) | p-Menthadien-(2,4) |
| flüssig, Siedep. 167°, Dichte 0,81 | flüssig, Siedep. 174° |

*Terpineol.* Ungesättigte Alkohole, Derivate des Menthens, liegen in manchen *Terpineolen* vor, die sich in zahlreichen ätherischen Pflanzenölen finden (Tannennadelöle).

**Formel 590.**

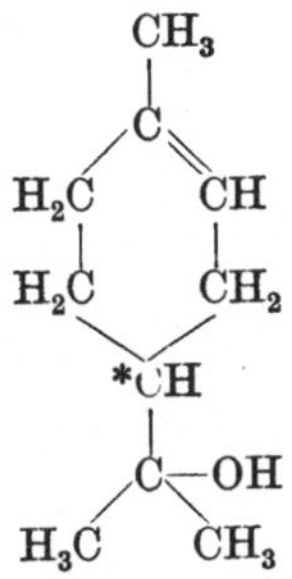

$\alpha$-Terpineol
kristallisiert, Smp. 35°, Dichte 0,93

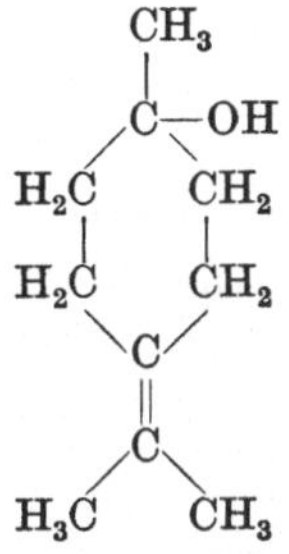

$\gamma$-Terpineol
kristallisiert, Smp. 70°, Dichte 0,92

Das $\alpha$-Terpineol ist ein 8-Oxymenthen-(1,2); ein anderes Terpineol ist 1-Oxymenthen-(4,8). Beide sind in reinem Zustand Kristalle. Das normale käufliche Terpineol ist ein Gemisch von Isomeren und flüssig; es ist in Wasser unlöslich.

*Thymol.* Das aromatische Analogon des Menthans ist das *Cymol.* Das dem Menthol entsprechende aromatische 3-Oxyderivat des Cymols ist das *Thymol.*

**Formel 591.**

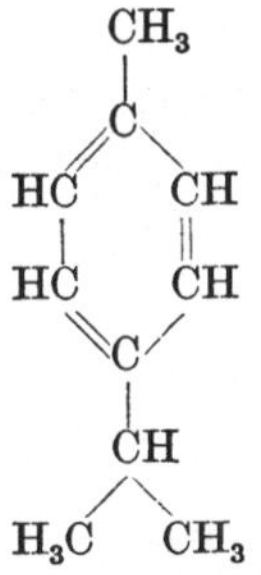

para-Cymol
flüssig, Siedep. 175°, unlöslich in $H_2O$

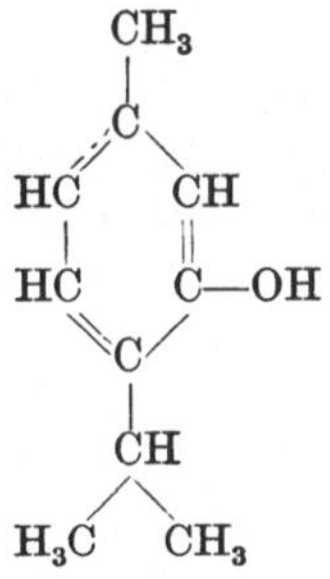

Thymol
kristallisiert, Smp. 51°, zu 0,1 % in $H_2O$ löslich, Dichte 0,97

Thymol kommt in ätherischen Ölen vor, besonders im Thymianöl. Es besteht aus farblosen Kristallen, die in Wasser wenig löslich sind und als mildes Antiseptikum im biochemischen und bakteriologischen Laboratorium verwendet werden.

*Camphanderivate.* Das C-Atom 8 des Menthans kommt in verschiedenen natürlichen Derivaten an das C-Atom 1, 2 oder 3 gebunden vor. Es entstehen so neue Ringsysteme, von denen das wichtigste das *Camphan* ist.

*Campher.* Das 2-Oxyderivat des Camphans ist der Alkohol *Borneol,* der in Tannennadelölen vorkommt. Das entsprechende Keton und der wichtigste Vertreter dieser Gruppe ist das 2-Ketocamphan oder der gewöhnliche japanische *Campher.* Campher ist rechtsdrehend, kristallisiert gut, besitzt einen intensiven Geruch, sublimiert leicht und ist in Wasser unlöslich.

Campher wird in der Technik verwendet; das *Celluloid* ist ein zusammengeschmolzenes Gemisch von Dinitrocellulose mit Campher, in dem der Campher, wahrscheinlich infolge Bildung von Additionsverbindungen, seinen Geruch verloren hat. Auch Schießbaumwolle enthält zur Verbesserung der Formbarkeit 2 % Campher.

**Formel 592.**

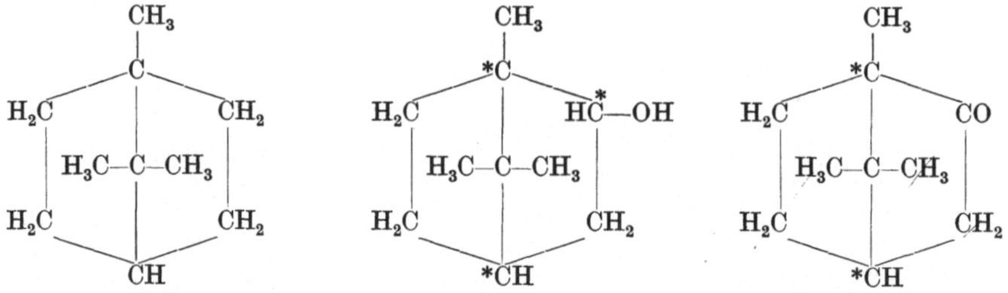

$$CH_3 \qquad\qquad CH_3 \qquad\qquad CH_3$$

$$
\begin{array}{ccc}
\text{Camphan} & \text{d-Borneol} & \text{d-Campher} \\
\text{kristallisiert, Smp. 154°} & \text{kristallisiert, Smp. 204°} & \text{kristallisiert, Smp. 180°} \\
 & \text{Dichte 1,01} & \text{Dichte 0,99}
\end{array}
$$

unlöslich in $H_2O$, löslich in organischen Lösungsmitteln, alle sublimieren leicht

Campher wird oder wurde wegen seines intensiven Geruchs auch als Verhütungsmittel gegen Mottenfraß der Kleider angewendet, ist hier aber heute durch Eulan, DDT (s. Formel 512, S. 340) und Gammexan (s. Formel 585, S. 371) verdrängt. Medizinisch benutzt man Campher als Mittel zur Anregung des Zentralnervensystems, und sekundär des Blutkreislaufs. Wegen seiner großen Schmelzpunktsdepressions-konstante wird er zu Mikromolekulargewichtsbestimmungen in Schmelzpunktsröhrchen (nach RAST) verwendet.

*Isoprenkondensation.* Betrachtet man die Verbindungen der Menthan-Camphanreihe oder aliphatische Körper wie Citral, Geraniol, Kautschuk, so sieht man, daß ihr Gerüst durch Polymerisation des Isoprens entstehen kann.

**Formel 593.**

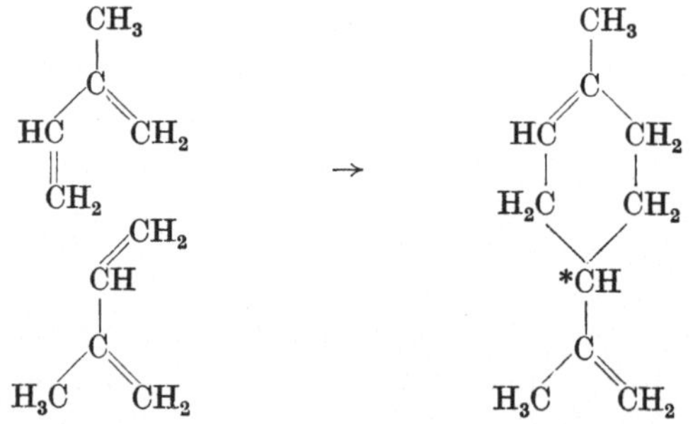

$$CH_3 \qquad\qquad\qquad CH_3$$

$$
\begin{array}{cc}
\text{2 Mol Isopren} & \text{Dipenten (inaktives Limonen)} \\
\text{flüssig, Siedep. 34°} & \text{flüssig, Siedep. 176°, unlöslich in } H_2O
\end{array}
$$

Tatsächlich bildet sich beim Erhitzen von Isopren auf 300° neben anderen Produkten Dipenten.

*Kautschuk.* Nach diesem Prinzip der Isoprenkondensation ist auch der natürliche *Kautschuk* aus etwa tausend Isoprenmolekülen als offene Kette aufgebaut. Kautschuk kommt als Tröpfchenemulsion in der „Milch" mancher Pflanzen vor und wird daraus durch Hitze oder Säurekoagulation ausgefällt. Kautschuk ist eine hochpolymere Substanz; seine Konstitution ist durch HARRIES im Prinzip geklärt worden, als er bei der Ozonisation (s. S. 232) von Kautschuklösungen

Lävulinaldehyd $CH_3$—$\underset{O}{C}$—$CH_2$—$CH_2$—$\underset{H}{C}{=}O$ isolieren konnte. Durch Polymerisation von Isopren mit metallischem Natrium läßt sich künstlicher Kautschuk herstellen.

**Formel 594.**

$$\underset{H}{-C}{=}C{-}CH_2{-}CH_2{-}\underset{H}{C}{=}\overset{\overset{\textstyle CH_3}{|}}{C}{-}CH_2{-}CH_2{-}\underset{H}{C}{=}\overset{\overset{\textstyle CH_3}{|}}{C}{-}CH_2{-}CH_2{-}\underset{H}{C}{=}\overset{\overset{\textstyle CH_3}{|}}{C}{-}$$

Natürlicher Kautschuk, Molekülausschnitt

farblos, halbfest, nur wenig elastisch, solange unvulkanisiert, enthält keine konjugierte Doppelbindung, hochmolekulares Fadenmolekül (s. S. 412)

## b) Carotinoide.

*Polyenfarbstoffe.* Eine Gruppe von Naturstoffen, in denen sowohl offene aliphatische, aus Isopren kondensierte Ketten vorkommen, als auch hydroaromatische Ringe, sind die *Carotinoide* (Tswett 1911).

Es sind in der Natur weitverbreitete, meist wasserunlösliche, lipoidlösliche, gelbe bis dunkelrote *Farbstoffe.* Man nennt sie auch *Lipochrome,* weil sie sich in Lipoiden, Fetten lösen und die Farbe der tierischen Fette, der Butter, des Eidotters, der gelben Rüben, Tomaten und anderer Naturprodukte bedingen.

Fast alle bisher besprochenen Verbindungen sind farblos. Auch das Geraniol, der Kautschuk, ebenso das Isopren sind trotz ihrer Doppelbindungen farblos. Wenn eine Substanz farblos ist, so heißt das, daß sie im Spektralgebiet des für Menschen sichtbaren Lichts (Wellenlänge von 370 m$\mu$ Violettgrenze bis 770 m$\mu$ Rotgrenze) nicht absorbiert. Fast alle farblosen Verbindungen absorbieren jedoch im ultravioletten Bereich des Lichtspektrums. Wir sehen nichts davon, weil unser Auge für ultraviolettes Licht nicht empfindlich ist (s. Abb. 26, S. 68).

Die Abhängigkeit der Farbe und der Absorptionsmaxima einer Verbindung von der Zahl der konjugierten Doppelbindungen wurde von Kuhn und Mitarbeitern an einer synthetischen Reihe untersucht. Sie synthetisierten kristallisierte Diphenyl-polyene der allgemeinen Formel

Tabelle 41. *Eigenschaften von Diphenyl-polyenen.*

| x = | Smp.<br>° | Farbe der Kristalle | Absorptionsmaximum | |
|---|---|---|---|---|
| | | | m$\mu$ | Lösung |
| 2 | 152 | farblos | 334 | Benzol |
| 3 | 200 | grünstichig gelb | 370 | ,, |
| 4 | 232 | grün, chromgelb | 396 | ,, |
| 5 | 253 | orangefarbig | 434 | Nitrobenzol |
| 6 | 267 | orangebraun | 458 | ,, |
| 7 | 279 | kupferbronce | 474 | ,, |
| 8 | 285 | blaustichig kupferrot | 492 | ,, |
| 11 | 318 | violettschwarz | 530 | ,, |
| 15 | — | grünschwarz | 570 | , |

Das Absorptionsgebiet einer Verbindung verschiebt sich also um so mehr nach der weniger energiereichen langwelligen Seite, in Richtung auf das sichtbare Spektralgebiet zu, je mehr konjugierte Doppelbindungen sie enthält. Wird bei einer solchen Verbindung der kurzwelligste Spektralbereich des sichtbaren Lichts, das Blau, absorbiert, so bleibt als Restfarbe gelb (x = 3 bis 5). Baut man weitere konjugierte Doppelbindungen ein, so rückt die Absorption weiter in den Spektralbereich des sichtbaren Lichts; es verschwinden nacheinander blau, grün und gelb (x = 6 bis 15).

Man nennt diese Farbstoffe *Polyenfarbstoffe*. Eine Häufung konjugierter Doppelbindungen ist chromophor, farbengebend, so wie Chinongruppen, Azogruppen und Nitrogruppen (s. S. 382).

*Carotin.* Der wichtigste natürliche Farbstoff dieser Reihe ist das *Carotin*. Man kann sich sein Skelet aus 8 Isoprenmolekülen aufgebaut denken.

**Formel 595.**

$$\text{H}_3\text{C}\ \ \text{CH}_3$$

$\beta$-Carotin
dunkelrote Kristalle, Smp. 184°, unlöslich in $H_2O$
löslich in organischen Flüssigkeiten und in Fetten

Carotinoide sind die Farbstoffe der *gelben Rüben*, des *Eidotters*; weiter der *Federn gelber Vögel* (Kanarienvögel). Carotin wird nur von Pflanzen synthetisiert; tierische Organismen sind dazu unfähig. Man kann weiße Kanarienvögel und Hühnereier mit weißem Dotter erzeugen, wenn man carotinfreies Futter als Nahrung gibt.

In der Natur finden sich drei verschiedene Carotine, die man als $\alpha$-, $\beta$- und $\gamma$-Carotin bezeichnet. Sie unterscheiden sich durch die Lage der Doppelbindungen in den endständigen Kernen. Von den vielen möglichen cis- und trans-Formen überwiegen in der Natur die letzteren. Die Carotine, dunkelrote Kristalle, sind in Äther, Chloroform und Benzin, in Lipoidlösungsmitteln mehr oder weniger leichtlöslich, in Wasser ganz unlöslich. Der Tomatenfarbstoff *Lycopin* ist ein offenkettiges Carotinoid aus 8 Isoprenmolekülen; er enthält an den Enden keine Ringsysteme wie Carotin.

*Xantophyll* ist ein gelber Farbstoff der Pflanzenblätter, der im Herbst nach dem Welken der Blätter und der Zerstörung des grünen Chlorophylls zum Vorschein kommt; das *Zeaxanthin*, ein Dioxy-$\beta$-carotin, ist der gelbe Farbstoff der Maiskörner; *Astacin*, der rote Farbstoff der Krebs- und Hummerschalen, ist ein Tetraketon des $\beta$-Carotins, gebunden an Eiweiß.

*Crocetin.* Werden im Carotin die beiden endständigen hydroaromatischen Ringe wegoxydiert gedacht, so bleibt eine stark ungesättigte verzweigte aliphatische Dicarbonsäure. Es ist das *Crocetin*, das als Ester mit Zuckern im *Safran* vorkommt und seine gelbe Farbe bedingt.

**Formel 596.**

$$\text{HOOC—C=CH—CH=CH—C=CH—CH=CH—CH=C—CH=CH—CH=C—COOH}$$

$\alpha$-Crocetin
ziegelrote Kristalle, Smp. 285°, fast unlöslich in $H_2O$, löslich in NaOH

Eine ähnliche Konstitution hat das *Bixin* (violette Nadeln, Smp. 198°), Monomethylester einer um zwei Äthylengruppen reicheren Dicarbonsäure. Bixin und Crocetin aus natürlichen Quellen werden in der *Nahrungsmittelindustrie* vielfach zum Gelbfärben von Butter und Fetten verwendet. Früher wurden sie auch zum Färben von Seide gebraucht.

*Crocin*, ein Glykosid aus Crocetin und Gentiobiose, spielt eine Rolle bei der Kopulation der Gameten von Grünalgen; es ist noch in Verdünnungen von 1:250 Trillionen wirksam (KUHN, MOEWUS und JERCHEL).

*Vitamin A.* Wie schon anfangs erwähnt, ist der tierische Körper nicht imstande, hochungesättigte Carotinoidketten aufzubauen. Nur die Pflanze kann das. Der tierische Körper braucht jedoch Carotin (STEENBOCK 1919); fehlt es, so kommt es zu schweren Augenveränderungen, Nachtblindheit, Linsentrübungen und Erblindung. Der fehlende Stoff ist nicht Carotin, sondern das lipoidlösliche *Vitamin A*, das im Körper in der Leber durch Spaltung aus Carotin entsteht. Es hat sich gezeigt, daß Vitamin A die *halbe Molekülgröße des Carotins* hat (KARRER).

**Formel 597.**

$$\text{H}_3\text{C}\quad\text{CH}_3$$

Vitamin A

farblose Kristalle, Smp. 64°, unlöslich in $H_2O$

Da es aus Carotin im Körper entsteht, nennt man das Carotin auch *Provitamin A*. Andere Carotinoide gehen nicht in Vitamin A über. Vitamin A ist ein Öl, das in Fischleberölen, im Lebertran vorkommt. Das Vitamin A steht in naher Beziehung zum *Sehpurpur (Rhodopsin)*, dem dunkelroten Farbstoff der Netzhaut. Fehlt es dem Organismus an Vitamin A, so wird die Regeneration des Sehpurpurs, der beim Belichten zerfällt, gestört.

*Verhalten der Carotinoide gegen Luft und Licht.* Alle diese Farbstoffe mit ihren zahlreichen konjugierten Doppelbindungen sind, wie zu erwarten, gegen Luftsauerstoff, besonders im Licht, empfindlich. Da durch Addition von O die Doppelbindungen, die die Farbe verursachen, verschwinden, werden die Polyenfarbstoffe farblos. Man sagt dann, sie seien im Licht ausgebleicht. Das gleiche Verschwinden der Farbe kann man durch Hydrierung der Doppelbindungen der Carotinoide mit Platin und $H_2$ oder durch Addition von HOCl oder $Cl_2$ erreichen *(Chlorbleiche)*. Alle organischen Farbstoffe, gleich welcher chemischen Klasse, lassen sich durch vollständige Hydrierung entfärben.

### c) Steroide.

Eine Gruppe von hydroaromatischen Substanzen, die besonders in der Biochemie tierischer Organismen eine große Rolle spielen, sind die *Sterine, Gallensäuren* und tierischen *Sexualhormone*; weiterhin die pflanzlichen *Saponine, Digitalisstoffe* und *Krötengifte*. Man nennt die ganze Gruppe *Steroide*. Ihnen allen liegt dasselbe Kohlenstoffgerüst zugrunde: das schon eingangs erwähnte *Cyclopentano-perhydrophenanthren*.

*Cholesterin.* Das wichtigste tierische Sterin ist das einfach ungesättigte Cholesterin, ein Alkohol. Es besteht aus weißen, wachsartigen Kristallblättchen. Es kommt frei und in Form seines Palmitin-, Ölsäure- und Linolsäureesters in großen Mengen im Tierkörper vor. Das Blut enthält etwa 1 — 2 g im Liter kolloidal gelöst; das Hirn besteht zu etwa 10 % seiner Trockensubstanz aus Cholesterin. Auch in der Leber kann es bis 10 % des Trockengewichts erreichen. Cholesterin bildet, zusammen mit einem Proteinphosphatid, die nur molekülstarke Haut der roten

**Formel 598.**

```
                CH2
               /   \
          H2C    *CH—CH2
           |      |      |
      H2C  HC   *CH    CH2
       |    \   /  \   /
      H2C  *CH*CH  CH2
       |    |    |
      H2C  *CH  CH2
         \  *  /
         CH2 CH2 .
```

```
          H2C  CH3        CH3              CH3
           \   |      *   *|               |
      H2C  *C—CH—C—CH2—CH2—CH2—C—CH3
   H3C  |    |  *  | H                   H
      H2C |*CH *CH CH2
       |    |    |
      H2C  *C  HC*  CH2
       |    |    |
  HO—*CH   C    CH2
         \      /
         CH2  CH
```

Cyclopentano-perhydrophenanthren
farblos, fest, kristallisiert

Cholesterin
farblose Kristalle, Smp. 148°
perlmutterwachsartige Blättchen, in $H_2O$ unlöslich
in organischen Lösungsmitteln löslich

Blutkörperchen. Die beim Abgang oft schmerzhaften kristallisierten *Gallensteine*, die sich manchmal in der menschlichen Gallenblase bilden und bis zu 30 g wiegen, bestehen meistens aus fast reinem Cholesterin (neben Calciumsalzen und Bilirubin). Jeder Mensch enthält insgesamt 30—100 g Cholesterin. Es ist in Wasser unlöslich, doch kann man, besonders bei Anwesenheit von Protein in der Lösung, kolloidale Lösungen in Wasser herstellen. Im Blutserum liegt eine solche kolloidale stabile Lösung vor. Cholesterin und seine Fettsäureester sind in jedem normalen Fett zu etwa 0,1% enthalten.

Das Cholesterin wird vom tierischen Körper selbst aufgebaut; wahrscheinlich aus kleinen Molekülen wie Essigsäure. Der Weg und die Zwischenstufen sind noch unbekannt. Ebenso ist die biochemische Funktion des Cholesterins in der Zelle weitgehend unbekannt. Man weiß nur, daß das Cholesterin Vorstufe der Gallensäuren und Sexualhormone ist (nachgewiesen mit isotopem $C^{13}$ und Deuterium).

Eine wichtige *analytische* Bestimmungsmethode des *Cholesterins* ist seine Fällung mit dem chemisch ähnlich gebauten Digitalisglucosid *Digitonin*, mit dem es in alkoholischer Lösung einen unlöslichen Niederschlag bildet (WINDAUS).

Ein an der Doppelbindung hydriertes cis-Isomeres des Cholesterins ist das Sterin des menschlichen und tierischen Kots, das *Koprosterin*. Das entsprechende trans-Isomere ist das *Dihydrocholesterin*, das sich neben Cholesterin in Haaren, Nägeln und Hautfett findet.

In Pflanzen kommen ähnliche Sterine, die *Phytosterine*, vor (z. B. α-Sitosterin, Smp. 135°), die das gleiche Grundskelet, aber eine längere Seitenkette als das Cholesterin haben.

*Vitamin D.* Wichtig ist das in der Hefe vorkommende *Ergosterin*. Es ist ein dreifach ungesättigtes Sterin, das zwei Doppelbindungen im Kern hat, während die dritte in der Seitenkette steht. Es zeigt starke Ultraviolettabsorption und geht durch *Bestrahlung mit ultraviolettem Licht* unter Öffnung des mittleren Rings teilweise in das *Vitamin $D_2$* über (WINDAUS).

Das Vitamin $D_2$ ist das Heilmittel gegen die *Rachitis* der Kinder. Es ist nötig für den richtigen Verlauf des tierischen Knochenaufbaus. Es kann vom tierischen Körper nicht synthetisiert werden. Vitamin $D_2$ wird dagegen aus Ergosterin, das in geringen Mengen aus der Pflanzennahrung aufgenommen wird, im Körper durch Sonnenbestrahlung der Haut gebildet.

Bei zu langer Bestrahlung von Ergosterin entstehen isomere *Suprasterine*, die teilweise toxisch sind. Eines dieser Produkte, das unter dem Namen AT 10 be-

**Formel 599.**

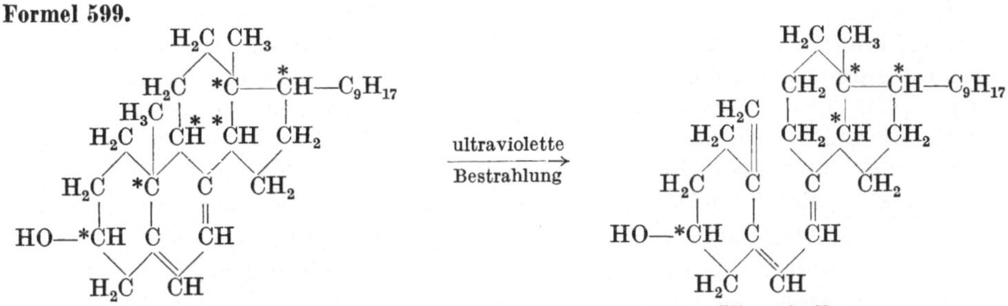

$$
\begin{array}{ccc}
& H_2C\ CH_3 & \\
H_2C & {}^*C\!-\!\overset{*}{C}H\!-\!C_9H_{17} & \\
H_3C\ |\ {}_*\ {}^*| & & \\
H_2C\ |\ CH\ {}^*CH\ CH_2 & & \\
H_2C\ {}^*C\ \ C\ \ CH_2 & & \\
HO\!-\!{}^*CH\ \ C\ \ CH & & \\
H_2C\ \ CH & & \\
\end{array}
$$

Ergosterin

farblos, kristallisiert, Smp. 143°
unlöslich in $H_2O$

$\xrightarrow{\text{ultraviolette Bestrahlung}}$

$$
\begin{array}{ccc}
& H_2C\ CH_3 & \\
CH_2\ \overset{*}{C}\!-\!\overset{*}{C}H\!-\!C_9H_{17} & & \\
H_2C\ |\ CH_2\ {}^*CH\ CH_2 & & \\
H_2C\ \|\ C\ \ C\ \ CH_2 & & \\
HO\!-\!{}^*CH\ \ C\ \ CH & & \\
H_2C\ \ CH & & \\
\end{array}
$$

Vitamin $D_2$

Smp. 115°, unlöslich in $H_2O$
löslich in organischen Lösungsmitteln

kannt ist, beeinflußt den *Blutcalciumspiegel*. Es kann für das chemisch noch nicht isolierte proteinartige innersekretorische *Hormon der Nebenschilddrüse* eintreten, von dem der wichtige Calciumgehalt des Blutes teilweise abhängt.

*Gallensäure.* Der wichtigste Bestandteil der von der Leber gebildeten Galle sind die *Gallensäuren*. Jeder Mensch scheidet pro Tag 5—10 g in der Galle gelöste Natriumsalze der Gallensäuren (Glykocholsäure und Taurocholsäure) in den Darm aus, die größtenteils wieder aus dem Darm in die Leber rückresorbiert werden. Man unterscheidet 3 Gallensäuren, die *Cholsäure*, die drei —OH-Gruppen enthält, die *Desoxycholsäure*, die zwei —OH-Gruppen enthält und eine seltener vorkommende Säure mit einer —OH-Gruppe, die *Lithocholsäure*.

In der Galle mancher Tiere (z. B. der Bären) finden sich auch die entsprechenden Ketosäuren.

**Formel 600.**

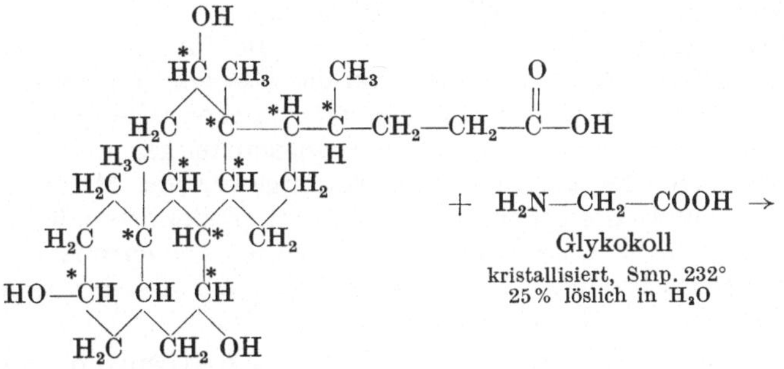

$$
\begin{array}{l}
OH \\
\overset{*}{H}C\ CH_3\ \ \ CH_3 \\
H_2C\ {}^*C\!-\!\overset{*H\ *}{C}\!-\!C\!-\!CH_2\!-\!CH_2\!-\!\overset{O}{C}\!-\!OH \\
H_3C\ |_*\ |_*\ |\ H \\
H_2C\ |\ CH\ CH\ CH_2 \\
H_2C\ {}^*C\ H\overset{*}{C}\ CH_2 \\
HO\!-\!CH\ CH\ CH \\
H_2C\ \ CH_2\ OH \\
\end{array}
$$

Cholsäure

kristallisiert, Smp. 180°, schwerlöslich in $H_2O$
leichtlöslich in Alkalien

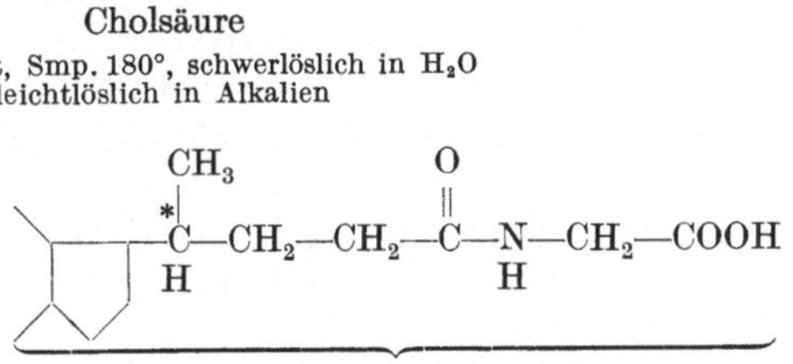

$+\ H_2N\!-\!CH_2\!-\!COOH\ \rightarrow$

Glykokoll

kristallisiert, Smp. 232°
25 % löslich in $H_2O$

$$
\begin{array}{l}
CH_3\ \ \ \ \ \ \ \ \ \ \ \ \ \ O \\
{}^*C\!-\!CH_2\!-\!CH_2\!-\!C\!-\!N\!-\!CH_2\!-\!COOH \\
H\ \ \ \ \ \ \ \ \ \ \ \ \ \ \ \ \ \ H \\
\end{array}
$$

Glykocholsäure

kristallisiert, farblos, Smp. 132—152° (Zersetzung), wenig löslich in $H_2O$, löslich in Alkali

Die Gallensäuren kommen in der Galle meist nicht frei vor, sondern sind peptidartig an die Aminosäuren Glykokoll und Taurin gebunden. Man nennt sie dann *Glykocholsäure* und *Taurocholsäure*. Freie Glykocholsäure ist schwierig, Taurocholsäure leicht in $H_2O$ löslich.

*Choleinsäuren.* Die Natriumsalze der Gallensäuren, besonders der *Desoxycholsäure*, haben die Fähigkeit, zahlreiche wasserunlösliche Substanzen, wie Fette und Fettsäuren, als Additionsverbindungen mit Gallensäuren wasserlöslich zu machen (WIELAND). Man nennt die Additionsverbindungen, vor allem der freien Säuren, die einheitlich gut kristallisieren, *Choleinsäuren.* Man kann sie als eine Art Komplexe auffassen; für jede Fettsäure gibt es eine „Koordinationszahl", die angibt, wieviel Moleküle Desoxycholsäure ein Molekül Fettsäure an sich bindet.

Die Fette werden dadurch im Darm teilweise wasserlöslich, teilweise wenigstens kolloidal fein verteilt und so dem hydrolysierenden Einfluß der fettspaltenden Enzyme, der Lipasen, leichter zugänglich.

*Sexualhormone.* Das Grundskelet des Cyclopentanophenanthrens liegt auch den Sexualhormonen zugrunde (BUTENANDT, DOISY 1929). Sie werden von Hoden und Eierstöcken synthetisiert und regeln in sehr kleinen Dosen Sexualreife und Befruchtungsvorbereitung, sowie die Sexualcyclen und die Schwangerschaft. Sie sind neben proteinartigen Hypophysenhormonen für den geordneten Ablauf von Empfängnis, Austragung der Frucht und Geburt verantwortlich. Ihre erste Isolierung war sehr schwierig. Zur Gewinnung von einem Gramm des männlichen Sexualhormons Androsteron mußten 10000 Liter männlichen Urins eingedampft und aufgearbeitet werden. Viele Sexualhormone stellt man heute schon halbsynthetisch aus leicht zugänglichen natürlichen Steroiden fabrikmäßig her (RUZICKA, REICHSTEIN).

**Formel 601.**

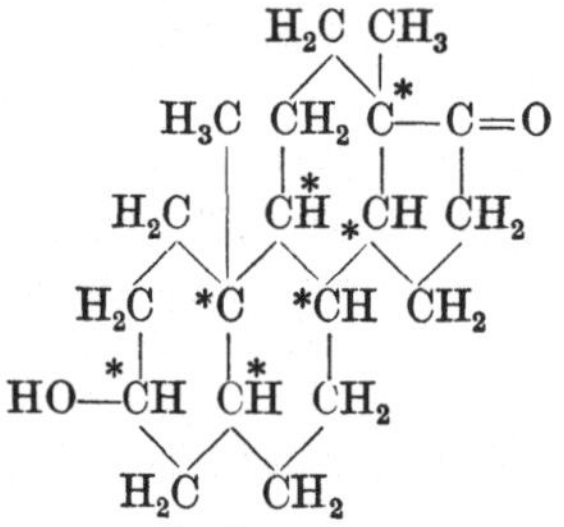

Androsteron
farblos, kristallisiert, Smp. 178°
unlöslich in $H_2O$

Männliche Sexualhormone sind *Androsteron* und *Testosteron* (Smp. 154°); sie sind für Menschen und höhere Tiere dieselben.

Weibliche Sexualhormone, d. h. solche, die für den normalen Ablauf des weiblichen Sexualcyclus nötig sind, sind das *Östradiol* und das *Östron*, sowie das *Progesteron.* Das Progesteron hat sich erstaunlicherweise in einem Teil der Fälle als Heilmittel oder wenigstens als Besserungsmittel gegen Prostatacarcinom der Männer erwiesen. Es ist das erste bekanntgewordene Mittel gegen Carcinom.

In der systematischen chemischen Abwandlung der Steroide liegen wahrscheinlich außerordentliche Entwicklungsmöglichkeiten der chemischen Therapie. Ein rein synthetisches Produkt, das Diäthylstilböstrol, hat sich z.B. als eben so wirksam erwiesen wie das Hormon Östradiol (DODDS).

*Corticosteron.* Ein Progesteron mit zwei —OH-Gruppen ist das *Hormon der Nebenniere*, das *Corticosteron* (REICHSTEIN, KENDALL), bei dessen Fehlen oder Ausfall durch Krankheiten der Nebenniere die betreffenden Menschen unter Dunkelpigmentierung an allgemeiner Schwäche der Muskulatur sterben (ADDISON-sche Krankheit).

Alle bisher besprochenen Steroide sind gut kristallisiert, farblos, leicht in Lipoidlösungsmitteln löslich und praktisch unlöslich in Wasser, abgesehen von Glykocholsäure und Taurocholsäure.

*Saponine, Digitalis.* Die Gruppe der Saponine, Digitalisglucoside und Krötengifte gehört ebenfalls zu den Steroiden; diese Stoffe lösen sich als Glucoside mehr oder weniger in Wasser.

Die *Saponine* sind in Pflanzen verbreitet; sie bilden mit Wasser *Schaum* wie Seifen und werden zur Schaumbildung für technische Zwecke verwendet, z. B. in Schaumfeuerlöschern gegen Benzinbrände oder in den modernen Emulsionsaufbereitungsverfahren für Erze (Flotationsverfahren).

**Formel 602.**

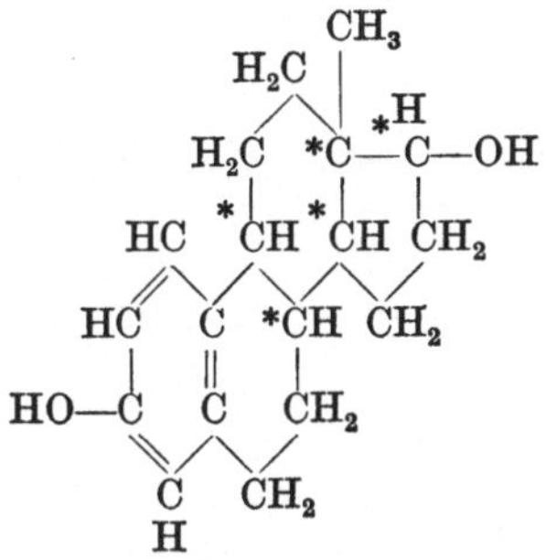

$$CH_3$$
$$H_2C$$
$$H_2C \quad *C-C-OH \quad *H$$
$$HC \quad *CH \; *CH \; CH_2$$
$$HC \quad C \; *CH \; CH_2$$
$$HO-C \quad C \quad CH_2$$
$$C \quad CH_2$$
$$H$$

Östradiol
farblos, kristallisiert, Smp. 175°

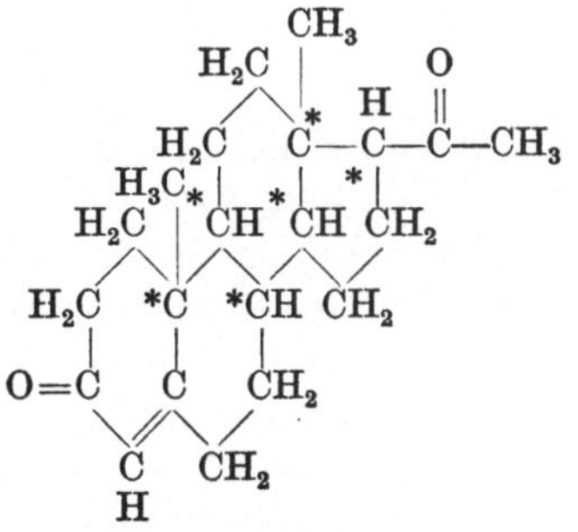

$$CH_3$$
$$H_2C \qquad O$$
$$H_2C \quad C-C-C-CH_3 \quad *H$$
$$H_3C \; *CH \; *CH \; CH_2$$
$$H_2C \quad *C \; *CH \; CH_2$$
$$O=C \quad C \quad CH_2$$
$$C \quad CH_2$$
$$H$$

Progesteron
farblos, kristallisiert, Smp. 128°

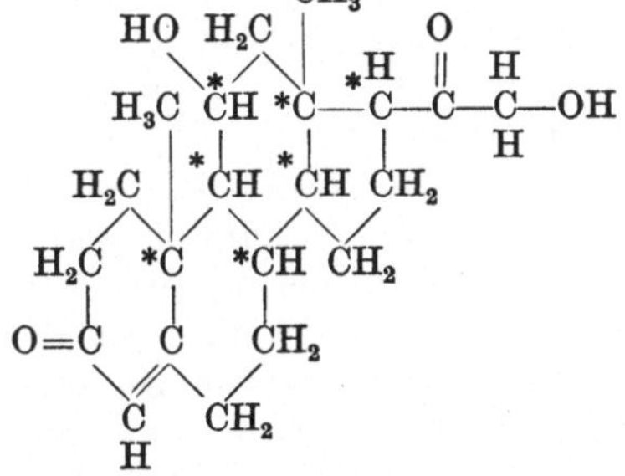

$$CH_3$$
$$HO \; H_2C \qquad O \quad H$$
$$H_3C \; CH \; *C-C-C-C-OH \quad *H$$
$$H$$
$$H_2C \; *CH \; *CH \; CH_2$$
$$H_2C \; *C \; *CH \; CH_2$$
$$O=C \quad C \quad CH_2$$
$$C \quad CH_2$$
$$H$$

Corticosteron
farblos, kristallisiert, Smp. 182°, unlöslich in $H_2O$

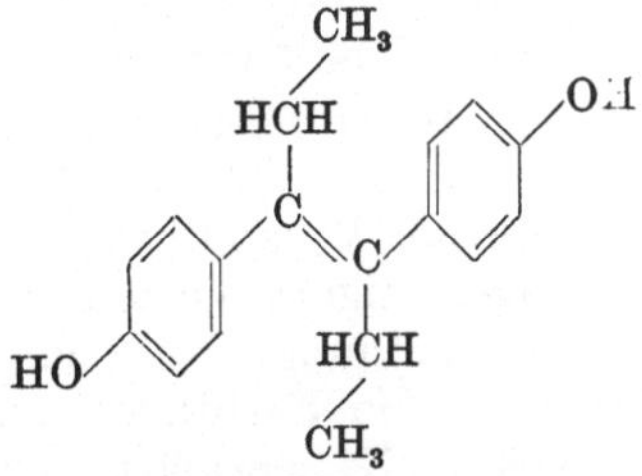

Diäthylstilböstrol
farblos, kristallisiert, Smp. 168°

unlöslich in $H_2O$, löslich in organischen Lösungsmitteln

Manche Saponine sind *Glucoside der Steroide*, d. h. in ihnen sind komplizierte, in ihrer Konstitution teilweise noch nicht geklärte Alkohole der Sterinreihe (die man als *Aglucone* bezeichnet) an Glucose oder andere Zucker acetalartig gebunden.

In den *Digitalisglucosiden* aus den Blättern von Digitalis purpurea liegt ein Gemisch von Verbindungen aus den beiden Agluconen *Digitoxigenin, Gitoxigenin* und den beiden Zuckern *Digitoxose* ($C_6H_6O_4$) und Glucose vor (STOLL). Das C-Gerüst dieser Stoffe ähnelt dem *Steringerüst*, enthält aber noch seitlich einen fünfgliedrigen ungesättigten Lactonring. Durch Zusatz dieses Ringes entsteht die starke pharmakologische Wirkung der Digitalisglucoside, die als herzwirksame Mittel in der Medizin verwendet werden: *Digitoxin, Digitalin.*

**Formel 603.**

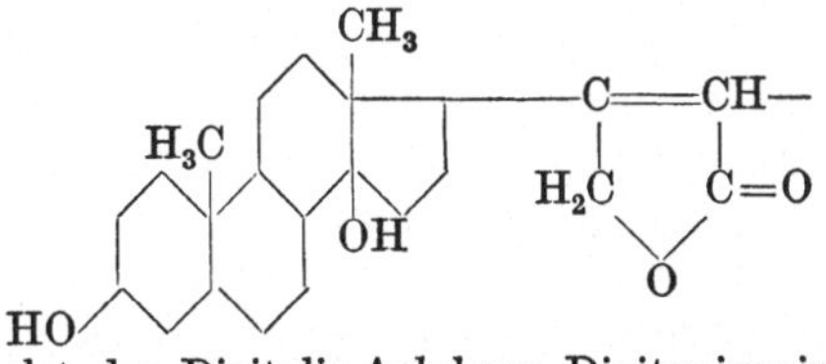

Skelet des Digitalis-Aglykons Digitoxigenin

Das gleiche Kohlenstoffskelet liegt nach WIELAND auch den Giften aus den Rückendrüsen mancher Krötenarten zugrunde *(Bufotalin)*.

## 21. Kapitel.

# Farbstoffe.

Bis jetzt haben sich keine präzisen Regeln finden lassen, durch die man die Farbe einer Verbindung nach der Formel vorausberechnen kann.

Dagegen hat man allgemeine Regeln aufstellen können darüber, ob bestimmte Gruppen Farbstoffcharakter hervorrufen und ihn vertiefen oder nicht.

*Chromophore Gruppen.* So fand man, daß die Anwesenheit von Atomgruppierungen ungesättigten Charakters wie *Nitrosogruppen*, gehäufte *Nitrogruppen* an Benzolkernen, Häufung von *konjugierten Doppelbindungen, chinoide Gruppen* und besonders die *Azogruppe* einer Verbindung Farbigkeit verleiht. Man nennt diese Gruppen *chromophore Gruppen.*

*Auxochrome Gruppen.* Weiter fand man, daß manche Substituenten, die auch bei Häufung einem Molekül keine Farbe geben, besonders —$NH_2$, *phenolische Hydroxylgruppen* und *saure Gruppen* einen an sich vorhandenen Farbstoffcharakter durch die Möglichkeit der Salzbildung verstärken. Man nennt in der Farbstoffchemie solche Gruppen *auxochrome Gruppen.*

Vorstehende Begriffsbestimmungen spielen in der Praxis auch heute noch eine Rolle. Die neuere Theorie hat dagegen zu der Anschauung geführt, daß die Farbigkeit einer Verbindung lediglich auf der Auflockerung der Elektronensysteme in ungesättigten Verbindungen beruht. Bei Steigerung der Zahl konjugierter Doppelbindungen verschiebt sich die Absorption immer mehr nach längeren Wellen: die Farbtiefe nimmt zu. Die Wirkung der „auxochromen" Gruppen —OH, —$NH_2$ erklärt sich dadurch, daß dem Molekül weitere, nicht durch Einfachbindungen beanspruchte Elektronen hinzugefügt werden. Die Nitrogruppe ist demnach eher als „auxochrome" Gruppe aufzufassen. — Streng zu trennen von der farbvertiefenden Wirkung der auxochromen Gruppen ist eine andere: die auxochromen Gruppen sind auch wichtig zur salzartigen chemischen Verankerung der Farbstoffe auf Textilstoffen (Polysacchariden und Proteinen), für Anfärbbarkeit der Textilien und Waschechtheit der Farbstoffe.

*Färbung von Textilien.* Wenn die Farbstoffe basische, mit Säuren Salze bildende Gruppen tragen, nennt man sie *basische Farbstoffe;* tragen sie hauptsächlich saure Gruppen, so heißen sie *saure Farbstoffe.* Diese Unterscheidung ist für den eigentlichen Färbevorgang wichtig, da z.B. Wolle und Seide als Proteine amphoteren Charakter haben und unlösliche salzartige Verbindungen mit beiden Farbstoffklassen eingehen können, während Baumwolle und Kunstseide als Polysaccharide ihrer chemischen Struktur entsprechend keine solchen Salze bilden.

Deswegen lassen sich Seide und Wolle mit sauren und basischen Farbstoffen oft direkt waschecht färben. Baumwolle und Kunstseide muß man entweder mit kolloidalen, also mechanisch von der Faser adsorbierbaren Farbstoffen färben oder *beizen.* Als *Beize* bezeichnet man die Erzeugung eines unlöslichen kolloidal verteilten Metallsalzniederschlags eines Farbstoffes in und auf der Faser. Man tränkt dazu das Gewebe erst mit *Metallsalzlösungen*, Salzen des *Chroms, Zinns, Aluminiums oder Zinks* und gibt die noch feuchten Gewebe in die Lösung eines sauren Farbstoffs. Durch Erwärmen (Dämpfen) der aus dem Bad herausgenommenen Gewebe führt man die gebildeten, teilweise noch wasserlöslichen Farbstoffsalze in unlösliche basische Salze über. Die so an der Faser gebildeten *Farblacke* sind meist gut waschecht. Für basische Farbstoffe muß man die Gewebe vorher mit schwachen Säuren beizen, wozu meist *Gallussäurederivate, Tannine* verwendet werden.

Nur ein kleiner Teil der farbigen organischen Verbindungen läßt sich als Farbstoffe verwenden, da nur wenige farbige Verbindungen die *technischen Anforderungen* an Farbstoffe erfüllen: gute Färbemöglichkeiten, Luftoxydationsbeständigkeit, gute Resistenz gegen Auswaschung, starke Färbekraft, Lichtechtheit und nicht zu hohe Herstellungskosten.

*Lichtechtheit.* Eine technisch wichtige Eigenschaft der Farbstoffe ist ihre Lichtechtheit. Unter Lichtechtheit versteht man ihre Widerstandsfähigkeit gegen photochemische Umlagerung oder Oxydation im Licht, ihre Beständigkeit gegen Farbänderung und das Ausbleichen. Nur die wenigsten Farbstoffe sind lichtecht, da sie chemisch und damit auch photochemisch sehr reaktionsfähige Gruppen, die chromophoren Gruppen, im Molekül enthalten. Völlig lichtechte, d. h. beliebig lange gegen Licht resistente Farben gibt es nur unter anorganischen Verbindungen, deren Farben auf inneratomaren unveränderlichen Absorptionen der Elementeionen beruhen.

Die organischen Farbstoffe kommen aus den verschiedensten chemischen Klassen.

*Chinoide Farbstoffe, Anthrachinon* (s. auch S. 346). Von den in der Natur vorkommenden Farbstoffen wurde schon in alten Zeiten der rote Farbstoff der Krappwurzel verwendet. Er ist *1,2-Dioxyanthrachinon*, das in der Pflanze als Glykosid vorkommt: das *Alizarin.*

**Formel 604.**

Anthrachinon
gelb, kristallisiert, Smp. 284°
fast unlöslich in $H_2O$, Dichte 1,40

Alizarin
kristallisiert, Smp. 289°
unlöslich in $H_2O$, löslich in NaOH

Alizarin wird als Beizenfarbstoff hauptsächlich mit Aluminiumsalzen verwendet. Man stellt es heute synthetisch im Großen her. Durch weitere Einführung von —OH-Gruppen, von —$NO_2$-Gruppen und neuen Seitenringen ist man zu einer ganzen Reihe von gelben, roten und blauen Farbstoffen gekommen, von denen *Alizarinblau* viel verwendet wird. Alizarinblau ist gut lichtecht.

**Formel 605.**

Alizarinblau
blaue Kristalle, Smp. 270°
unlöslich in $H_2O$, Alkohol, löslich in Alkali

Cochenille
als Glucosid, rotes Pulver

Auch der rote *Cochenillefarbstoff,* der in Südamerika auf Plantagen aus gezüchteten Pflanzenläusen isoliert wird, ist ein Anthrachinonderivat.

Ein gelbes Dioxyanthrachinon, das *Istizin,* ist S. 346 beschrieben.

*Indanthren.* Zu einer neuen Klasse von besonders wertvollen und lichtechten Farbstoffen kommt man, wenn man β-Aminoanthrachinon oder seine substituierten Derivate mit festem KOH schmilzt. Es kondensieren sich zwei Moleküle und es entstehen Verbindungen, die unter dem Namen *Indanthrenfarbstoffe* benutzt werden.

**Formel 606.**

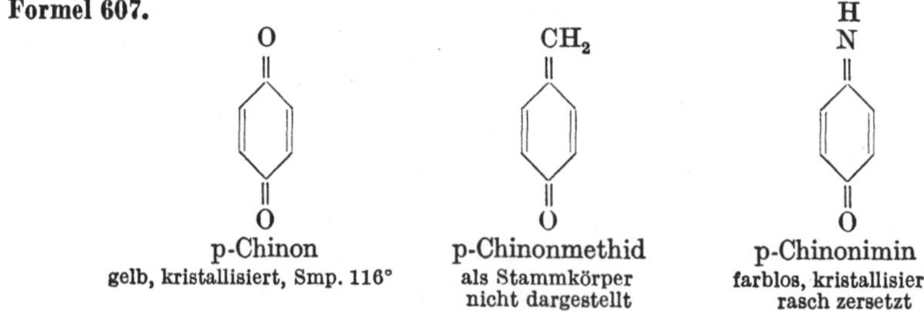

β-Amino-anthrachinon
kristallisiert, Smp. 302°, unlöslich in $H_2O$
löslich in Säuren

Indanthrenblau
fest, unlöslich in $H_2O$, kupferblaue Kristallnadeln
verkohlt bei 450°, ohne zu schmelzen, unlöslich in
$H_2O$, Küpenfarbstoff

Solche Kondensationsreaktionen und damit die Synthese neuer Farbstoffe kann man mit Isomeren vielfältig variieren; der Phantasie der Farbstoffchemiker sind keine Grenzen gesetzt.

*Fuchsin.* Zu einer anderen Klasse von Farbstoffen, Triphenylmethanderivaten, die ihre Farbe einer merochinoiden Mesomerie verdanken, gehört das *Fuchsin.* Unter einer merochinoiden Mesomerie versteht man eine Anordnung, bei der im selben Molekül chinoide und benzoide Ringe so angeordnet sind, daß ein ständiger oscillierender Austausch der Chinongruppe zwischen den Ringen möglich ist (s. Formel 608). Dafür sind Triphenylmethanderivate geeignet. Grundkörper sind das *p-Chinonmethid* und das *p-Chinon-diphenylmethid,* bei denen $= O$ durch $= CH_2$ und $= C{<}^{C_6H_5}_{C_6H_5}$ ersetzt ist. Auch Chinonimin gehört hierher (Formel 570, S. 362).

**Formel 607.**

p-Chinon
gelb, kristallisiert, Smp. 116°

p-Chinonmethid
als Stammkörper
nicht dargestellt

p-Chinonimin
farblos, kristallisiert
rasch zersetzt

Dem Fuchsin schreibt man folgende Formel zu:

**Formel 608.**

Fuchsin (eine der 3 merochinoiden Grenzanordnungen)
Salz, grüne Kristalle, löslich in $H_2O$ zu 0,27%

Im Fuchsin ist die chinoide Gruppierung nicht, wie in der Formel geschrieben, auf den einen der Benzolringe beschränkt; es liegt vielmehr ein Fall von Mesomerie vor, bei dem der chinoide Zustand zwischen allen drei Benzolringen oscilliert (merochinoider Zustand). Die doppelgebundene $=NH_2$-Gruppe bildet dabei ein Salz, das man *Imoniumsalz* nennt.

Durch *Reduktion* mit $H_2SO_3$ läßt sich Fuchsin in ein farbloses *Leukoderivat* überführen, in dem der chinoide Ring in einen gewöhnlichen Benzolring übergegangen ist.

*Phenolphthalein.* In diese Klasse der Chinondiphenylmethane gehört neben dem Fuchsin auch die rote Form des als Indicator im Laboratorium verwendeten Phenolphthaleins. Erhitzt man Phenol mit Phthalsäureanhydrid und wasserentziehenden Mitteln, so kondensiert sich ein Mol Anhydrid mit zwei Mol Phenol und man erhält das farblose Phenolphthalein.

**Formel 609.**

Phenol
Smp. 43°

Phthalsäure-
anhydrid
Smp. 128°

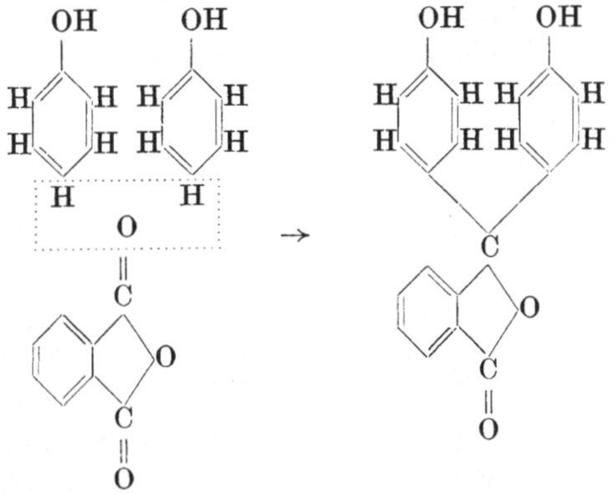

Phenolphthalein
kristallisiert
farblos, Smp. 258—261°, fast unlöslich
in $H_2O$, in alkalischer Lösung rot
löslich in Äthanol

Das Phenolphthalein ist in saurer Lösung ein farbloses Derivat des Triphenylcarbinols; in alkalischer Lösung geht es in ein rotgefärbtes Chinon über, in dem die Chinongruppe wie beim Fuchsin wahrscheinlich zwischen den Benzolringen oscilliert. Phenolphthalein wird deshalb als *Säure-Basenindicator* angewendet (Farbumschlag: sauer, farblos, → alkalisch, rot, von $p_H$ 8,5—9, s. S. 82). Auch als Abführmittel, mit unbekanntem Wirkungsmechanismus wird es verwendet.

Derivate ähnlicher Konstitution sind das *Fluorescein* (dunkelrote Kristalle; die alkalische Lösung fluoresciert gelbgrün) und seine Homologen. Man erhält Fluorescein aus zwei Mol Resorcin und Phthalsäureanhydrid.

**Formel 610.**

2 Mol Resorcin
Smp. 111°

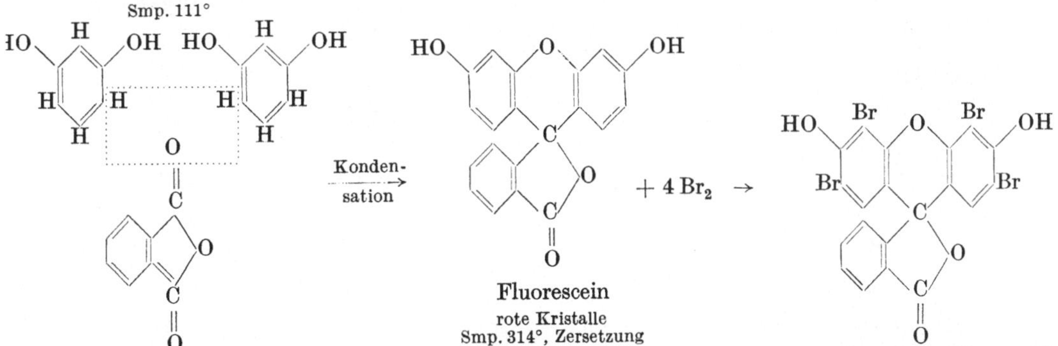

Kondensation

Phthalsäureanhydrid
Smp. 128°

Fluorescein
rote Kristalle
Smp. 314°, Zersetzung
löslich in $H_2O$, Alkali
verdünnt alkalische
Lösungen fluorescieren

$+ 4\,Br_2 \rightarrow$

Eosin $=$ Tetrabrom-fluorescein
rote Kristalle, Alkalisalz in $H_2O$ löslich

Das *Tetrabromderivat* des Fluoresceins ist das rote Eosin. Das leicht wasserlöslische Natriumsalz des Eosins wird als Farbstoff der roten Tinte verwendet.

*Heterocyclische Farbstoffe.* Weitere Farbstoffe leiten sich vom *Phenazin, Acridin, Thiazin* ab.

**Formel 611.**

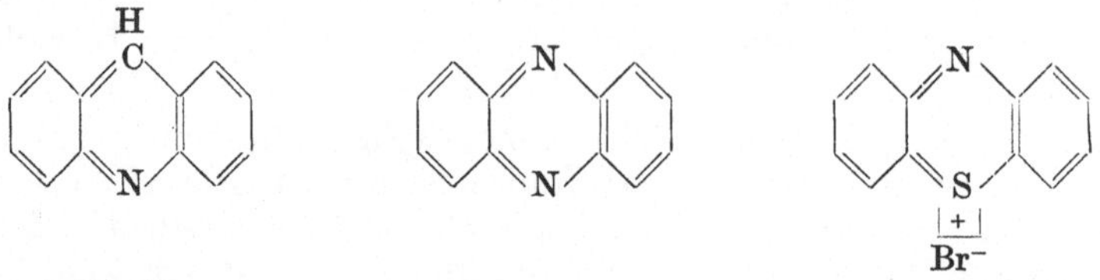

Acridin

farblos, kristallisiert
Smp. 111°
in $H_2O$ fast unlöslich
Salze mit Säuren gelb

Phenazin

kristallisiert, Smp. 171°
in $H_2O$ fast unlöslich

Phenthiazinsalz

farblos

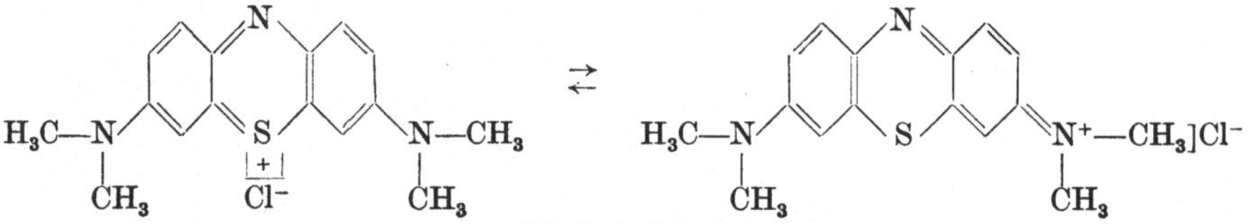

Methylenblau

blauschwarze Kristalle, in $H_2O$ löslich

Das bekannteste Derivat des Phenthiazins ist das Methylenblau; es wird durch Reduktionsmittel, auch durch lebende Zellen, in das farblose *Leukomethylenblau* umgewandelt; unter Umwandlung des Chinondiiminringes in ein einfaches Ringderivat des Phenylendiamins. Leukomethylenblau wird bereits durch Luftsauerstoff zu Methylenblau reoxydiert. Es kann deshalb als *Reduktionsindicator* beim Studium der Zellatmung verwendet werden. Bei Abwesenheit von Luft, anaerob, zeigt eine Entfärbung von Methylenblau durch Gewebe an, daß reagierende Wasserstoffdonatoren anwesend sind. Das ist die Grundlage der in der Biochemie verwendeten Methode von THUNBERG zum Nachweis von Wasserstoffdonatoren.

*Azofarbstoffe.* Setzt man Diazoniumsalze (s. Formel 552, S. 355) in wäßriger Lösung mit anderen aromatischen, reaktionsfähigen Verbindungen, etwa mit einem Phenol um, so reagiert die Diazoniumgruppe mit dem para-Wasserstoffatom des Phenols unter HCl-Bildung und Vereinigung der beiden organischen Reste. Man sagt, das *Diazoniumsalz kuppelt* mit dem Phenol.

**Formel 612.**

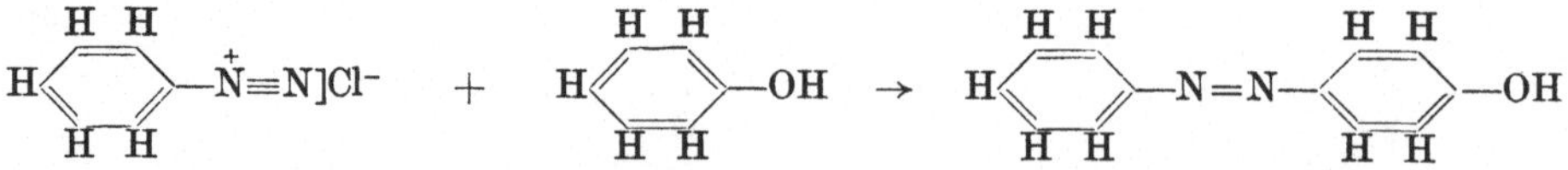

Benzoldiazoniumchlorid

Salz

Phenol

Smp. 43°

para-Oxyazobenzol

orangefarbige Kristalle, Smp. 152°, fast
unlöslich in $H_2O$, löslich in organischen
Lösungsmitteln

Es entsteht ein neuer Körper, das *para-Oxyazobenzol*; ein *Farbstoff.* Die *Azogruppe*—$N{=}N$— ist eine *chromophore Gruppe.* Sie hat nur schwach basische Eigenschaften. Azofarbstoffe kann man auch zur Klasse der Farbstoffe mit vielen

konjugierten Bindungen (Polyenfarbstoffe) rechnen, wenn man die Doppelbindung der Azogruppe als der C=C-Doppelbindung gleichwertig betrachtet.

Von Azobenzolen gibt es, wie von —C=C-Doppelbindungen, cis- und trans-
Formen. Azobenzole kann man auch durch Oxydation von Hydrazobenzolen
(Formel 556, S. 356) darstellen.

Im Gegensatz zu chinoiden und Polyenfarbstoffen sind Azofarbstoffe und
Farbstoffe mit Nitrogruppen bis jetzt nicht in der Natur gefunden worden.

Da man zahlreiche substituierte Aniline oder Naphthylamine diazotieren
und mit zahlreichen anderen Benzolderivaten kuppeln kann, ist eine große Zahl
von Konstitutions- und damit Farbvarianten möglich. Die ganze Klasse nennt
man *Azofarbstoffe.*

*Chrysoidin.* Ein Azofarbstoff, der Baumwolle braun färbt, ist das *Chrysoidin.*
Der im Laboratorium angewendete Säure-Basenindicator *Methylorange* ist ein
sulfonierter Azofarbstoff (alkalisch, gelb → sauer, rot).

**Formel 613.**

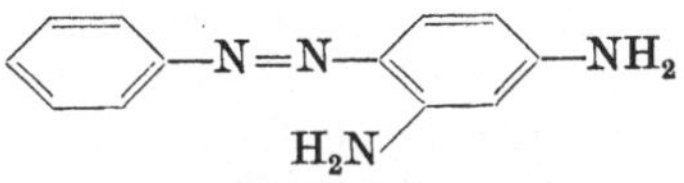

Chrysoidin
gelbe Nadeln, Smp. 117°
unlöslich in $H_2O$

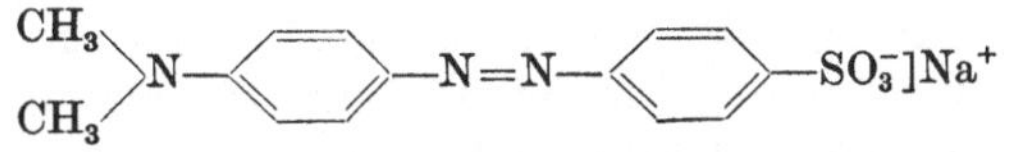

Methylorange
gelbes, wasserlösliches Salz

*Buttergelb.* Eine dem Methylorange verwandte Verbindung ohne Sulfogruppe
ist *Dimethylaminoazobenzol* (gelb, Smp. 115°, nur in organischen Lösungsmitteln
löslich), das früher als gelber Farbstoff zum Färben der Butter verwendet wurde
(„Buttergelb"). Es hat, wie man heute weiß, gefährliche krebserregende Eigenschaften, wenigstens bei Ratten und Mäusen.

Auch das in der Medizin verwendete antibakterielle Heilmittel *Prontosil* (ein
Sulfonamid, s. Formel 572, S. 363) ist ein roter Azofarbstoff.

*Naphtholschwarz.* Man kann auch 2fach gekuppelte Disazofarbstoffe herstellen. Ihr spektrales Absorptionsgebiet ist weiter ins Sichtbare verschoben,
die Farbtiefe nimmt zu. Es entstehen so unter anderem schwarze Farbstoffe,
z. B. das *Naphtholschwarz.*

**Formel 614.**

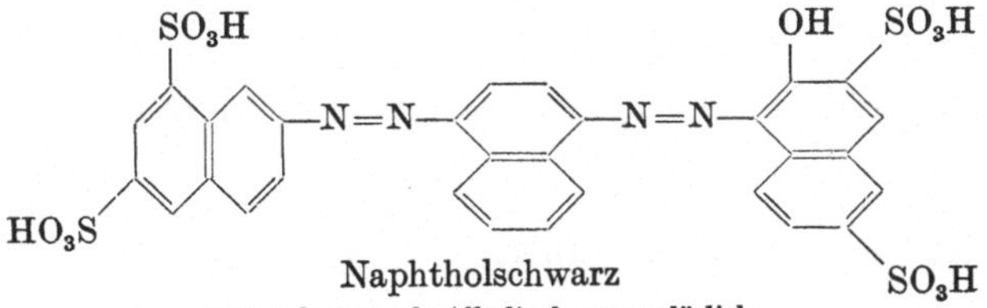

Naphtholschwarz
fest, schwarz, als Alkalisalz wasserlöslich

*Indigogruppe.* Eine andere Gruppe von Farbstoffen, die schon im Altertum
verwendet wurde, sind die natürlich vorkommenden *Indigofarbstoffe.* Indigo
kommt in vielen Pflanzen als farblose Vorstufe in Form eines Glucosids, des
Indicans, vor. Dieses Glucosid wird durch Säuren, auch durch Enzyme, in Indoxyl
und Glucose gespalten. Indoxyl oxydiert sich an der Luft zum blauen Indigo.

*Indigo* ist ein dunkelblaues Pulver, das in Wasser und Alkohol unlöslich ist
und erst bei 390° unter Zersetzung schmilzt. Seine Sulfonsäuren, die man durch
Behandeln des Indigos mit konzentrierter Schwefelsäure erhält, die *Indigo-
sulfonsäuren,* sind als Alkalisalze wasserlöslich *(Indigocarmin).*

**Formel 615.**

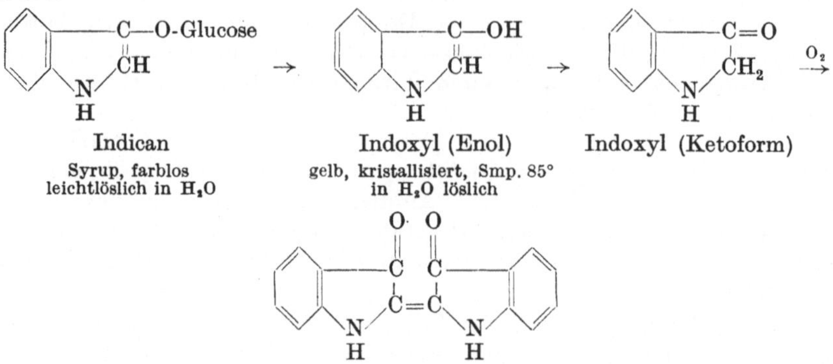

| Indican | Indoxyl (Enol) | Indoxyl (Ketoform) |
|---|---|---|
| Syrup, farblos<br>leichtlöslich in $H_2O$ | gelb, kristallisiert, Smp. 85°<br>in $H_2O$ löslich | |

Indigo

blau, Zers. gegen 390°, unlöslich in $H_2O$ und organischen Lösungsmitteln, im Vakuum sublimierbar, Dichte 1,33

Der blaue Indigo ist sehr licht- und waschecht; er ist deshalb mit seinen Homologen einer der meist verwendeten Farbstoffe. Da Indigo praktisch unlöslich ist, muß man ihn für den Färbeprozeß erst in eine lösliche Form überführen. Das geschieht dadurch, daß man den unlöslichen blauen Indigo durch Reduktionsmittel (alkalisches $Na_2S_2O_4$) in das lösliche, farblose *Indigweiß* überführt.

**Formel 616.**

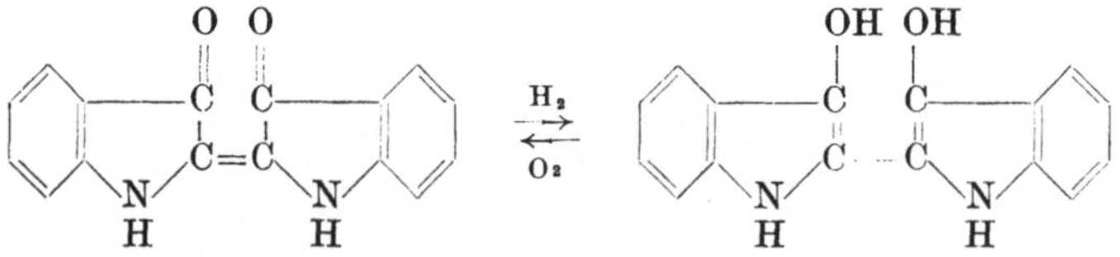

| Indigo | Indigweiß |
|---|---|
| blau, unlöslich in $H_2O$ und Alkali | kristallisiert, wenig löslich in $H_2O$<br>löslich als Alkalisalz |

Mit dieser Lösung kann man die Faser tränken; läßt man die aus der Lösung herausgezogenen Gewebe dann an der Luft hängen, so oxydiert sich das Indigweiß durch den Luftsauerstoff auf der Faser wieder zum unlöslichen blauen Indigo, der nun kolloidal fest und unlöslich auf und in der Faser haftet.

Diesen Vorgang der alkalischen Reduktion des Indigos nennt man *Verküpen*; Farbstoffe, die man auf diese Art zur Färbung verwendet, nennt man *Küpenfarbstoffe*.

**Formel 617.**

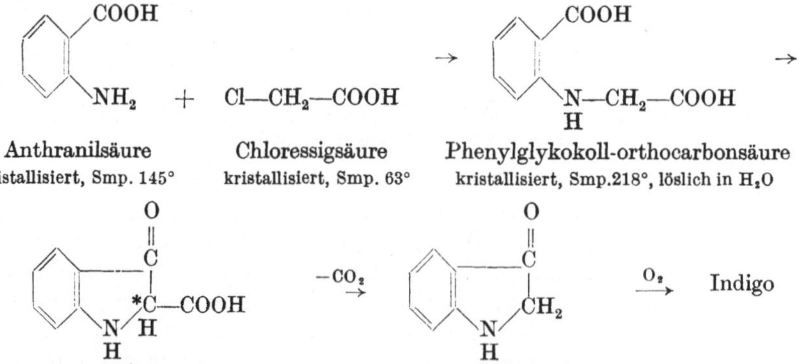

| Anthranilsäure | Chloressigsäure | Phenylglykokoll-orthocarbonsäure |
|---|---|---|
| kristallisiert, Smp. 145° | kristallisiert, Smp. 63° | kristallisiert, Smp.218°, löslich in $H_2O$ |

| Indoxylsäure | Indoxyl |
|---|---|
| kristallisiert, farblos, Smp. 122°<br>wenig löslich in $H_2O$ | gelb, Smp. 85° |

Im Indigweiß haben die beiden OH-Gruppen, die an einem doppeltgebundenen C-Atom sitzen, Säurecharakter; ihre H$^+$ sind durch Metallionen ersetzbar. Sie bilden deshalb mit NaOH wasserlösliche Alkalisalze, die das Indigweiß wasserlöslich machen.

*Indigosynthese.* Synthetisch hat man eine große Zahl von homologen Farbstoffen des Indigos hergestellt. Eine Synthese des Indigos geht folgenden Weg: Anthranilsäure wird mit Chloressigsäure zu Phenylglykokoll-orthocarbonsäure gekuppelt. Durch Zusammenschmelzen mit NaNH$_2$ bei 180—200° läßt sich dann der Ringschluß zum Indoxyl erzwingen.

*Chromon, Flavonfarbstoffe.* Eine Reihe von natürlichen Pflanzenfarbstoffen leitet sich von dem an sich farblosen *Benzo-γ-pyron,* vom *Chromon,* ab.

**Formel 618.**

Chromon, Benzo-γ-pyron
farblos, kristallisiert, Smp. 59°

Quercetin
gelbbraun, kristallisiert, Smp. 313°

Hämatoxylin
farblos, geht durch Oxydation in blaurot über

Cyanidinchlorid, Oxoniumsalz
Anthocyanfarbstoff
rote Kristalle

*Quercetin* ist ein Farbstoff der *Flavongruppe,* wie man die 2-Phenylderivate des Chromons bezeichnet. Es kommt als Glucosid im gelben Stiefmütterchen, im Gelbholz und im Tee vor. Man hat früher Textilien mit diesen Farbstoffen gefärbt. *Hämatoxylin* kommt als farblose Vorstufe im Blauholz vor; der Farbstoff wird in der Gewebeschnittfärbetechnik für mikroskopische Zwecke als differenzierender Farbstoff verwendet (Hämatoxylin-Eosinfärbung).

Die *Anthocyanfarbstoffe,* die Farbstoffe vieler Beeren und Pflanzenblüten, sind Oxoniumsalze. *Cyanidin* ist als Glucosid der Farbstoff der roten Rosen und der Kornblumen. Ähnliche Farbstoffe sind *Malvidin, Syringidin, Pelargonidin.*

## 22. Kapitel.

# Heterocyclische Verbindungen.

## a) Einfache heterocyclische Substanzen.

Heterocyclische Verbindungen enthalten in ihrem Ringsystem nicht nur C-Atome, sondern auch andere Elemente: N, S und O.

Die wichtigsten Stammkerne dieser Reihe sind folgende:

**Formel 619.**

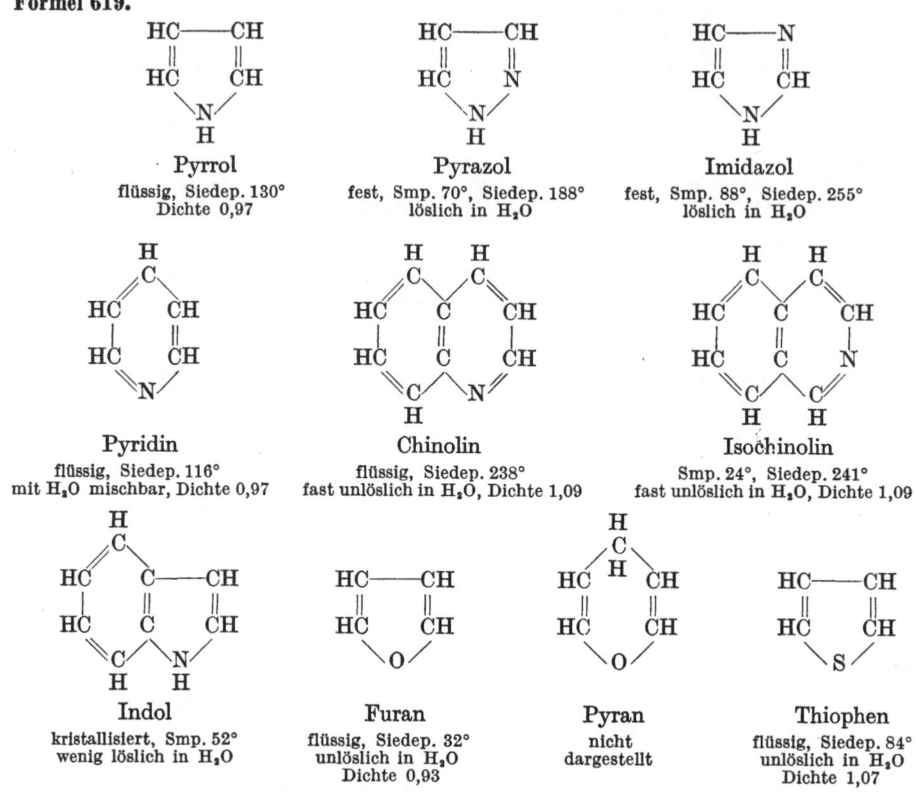


Daneben gibt es Ringe, die bis zu 4 N-Atome enthalten. Wie vom Benzol gibt es von jedem einzelnen dieser Ringe eine große Zahl von substituierten Derivaten. Viele Naturstoffe enthalten heterocyclische Ringe, besonders die als Heilmittel verwendeten basischen Giftstoffe mancher Pflanzen, die *Alkaloide*. Weiter sind heterocyclische Ringe enthalten im roten *Blut-* und grünen *Blattfarbstoff*. Auch die *Zucker* sind in ihrer cyclo-desmotropen Form (S. 309) heterocyclische Gebilde; sie sind Derivate des hydrierten Pyrans und Furans.

*Furan.* Furanderivate erhält man aus Zuckern. So bildet sich *aus Pentosen* beim Erhitzen mit Säuren leicht der Aldehyd des Furans, das *Furfurol*.

*Furfurol*, eine farblose Flüssigkeit, gibt mit essigsaurer Anilinlösung Rotfärbung. Mit Phloroglucin (s. Formel 524, S. 345) gibt Furfurol einen unlöslichen Niederschlag; eine Reaktion, die zur analytischen *Bestimmung* des Furfurols und damit *der Pentosen* verwendet wird.

**Formel 620.**



Durch Reduktion geht Furfurol in den *Furfurylalkohol* über. Aus Hexosen bildet sich beim Erhitzen mit Säuren *Oxymethylfurfurol* (farbl. Smp. 31°; lösl. in H₂O).

Zuckerdicarbonsäuren gehen unter diesen Umständen in *Brenzschleimsäure* über, die man auch durch Oxydation der Aldehydgruppe des Furfurols erhalten kann.

*Cumaron.* Ein Benzofuran, das *Cumaron*, ein farbloses Öl, findet sich im Steinkohlenteer. Es wird zur Herstellung von Kunstharzen verwendet, da es mit Schwefelsäure leicht polymere Harze bildet.

**Formel 621.**

|  Cumaron | Bernsteinsaures Natrium | „Phosphortrisulfid" | Thiophen |
|---|---|---|---|
| flüssig, Siedep. 174° in $H_2O$ unlöslich Dichte 1,07 | kristallisiert, Natriumsuccinat | (aus 3 Tln. Schwefel u. 2 Tln. Phosphor) | flüssig, Siedep. 84° unlöslich in $H_2O$ Dichte 1,07 |

*Thiophen.* Das *Thiophen*, ein Fünfring aus 4 C-Atomen und einem S-Atom, findet sich im Rohbenzol. Es ist eine farblose Flüssigkeit, die sich nicht mit Wasser mischt und chemisch und physikalisch große Ähnlichkeit mit Benzol zeigt. Es läßt sich wie das Benzol sulfurieren und mit $HNO_3$ nitrieren. Ebenso lassen sich alle H des Thiophens durch Halogen ersetzen, ohne daß an die Doppelbindungen Halogen angelagert wird.

Man kann Thiophen durch Zusammenschmelzen von Natriumsuccinat mit „Phosphortrisulfid" darstellen.

Das Benzothiophen oder *Thionaphthen* ist dem Naphthalin ähnlich; es ist der Grundkörper der wichtigen künstlichen Farbstoffe der Thioindigoreihe.

*Pyrrol.* Der wichtigste heterocyclische 5-Ring ist das *Pyrrol*. Es ist, frisch destilliert, eine farblose Flüssigkeit, die sich an der Luft bald unter Verharzung braun färbt, besonders mit Säuren. Pyrrol reagiert trotz seiner $=$N$-$H-Gruppe nicht basisch; das H-Atom am N hat sogar schwach sauren Charakter. Das Pyrrol bildet mit metallischem Kalium in wasserfreien Lösungsmitteln *Pyrrolkalium*, in dem das $K^+$ gegen das Halogen von Halogenalkylen ausgetauscht werden kann. Man kann so N-substituierte Pyrrole herstellen.

**Formel 622.**

Thionaphthen

Smp. 32°, Siedep. 221° farblos, unlöslich in $H_2O$ Dichte 1,15

**Formel 623.**

| Pyrrolkalium | Äthylchlorid | N-Äthylpyrrol |
|---|---|---|
|  | Siedep. + 13° | flüssig, Siedep. 131° |

| Pyrrolkalium | Acetylchlorid | N-Acetylpyrrol |
|---|---|---|
|  | Siedep. 51° | flüssig, Siedep. 182° unlöslich in $H_2O$ |

Erhitzt man solche am N substituierte Pyrrole, so wandert der Substituent in den Kern an das dem N benachbarte C-Atom.

**Formel 624.**

$$\underset{\substack{\text{N-Äthylpyrrol} \\ \text{flüssig, Siedep. 131°} \\ \text{schwerlöslich in } H_2O}}{\text{N-Äthylpyrrol}} \quad \rightarrow \quad \underset{\substack{\text{2-Äthylpyrrol} \\ \text{flüssig, Siedep. 163°} \\ \text{färbt sich am Licht braun}}}{\text{2-Äthylpyrrol}}$$

Pyrrole kann man gewinnen, indem man Ammoniak mit $\gamma$-Diketonen erhitzt. Sie reagieren in Enolform und spalten bei der Kondensation mit $NH_3$ zwei Mol $H_2O$ ab.

**Formel 625.**

**2,5-Diketohexan (Acetonyl-aceton)**
flüssig, Siedep. 194°, mit $H_2O$ mischbar, Dichte 0,973

**Di-enolform** $+$ $NH_3$ $\rightarrow$

**2,5-Dimethylpyrrol**
flüssig, Siedep. 169°, wenig löslich in $H_2O$

Auch aus Furanderivaten kann man durch Erhitzen mit $NH_3$ (in Form von $[Zn(NH_3)_6]^{++}Cl_2^=$) Pyrrole herstellen.

**Formel 626.**

**Furan**
flüssig, Siedep. 32°, Dichte 0,93
$+$ $NH_3$ $\rightarrow$
**Pyrrol**
flüssig, Siedep. 131°, Dichte 0,97
$+$ $2\,H_2$ $\rightarrow$
**Pyrrolidin**
flüssig, Siedep. 80°, mit $H_2O$ mischbar, Dichte 0,85

Reduziert man Pyrrol, so erhält man *Pyrrolidin*, eine zum Unterschied von Pyrrol stark basische, farblose Flüssigkeit, die aminartig riecht und in Wasser leichtlöslich ist. Pyrrolidin bildet mit Säuren Salze.

Pyrrole können sich, wie Benzolderivate, mit Diazoniumsalzen zu Farbstoffen umsetzen.

*Porphyrine.* Pyrrolderivate wurden schon frühzeitig unter den Abbauprodukten des *roten Blutfarbstoffes* und des *grünen Blattfarbstoffes* festgestellt. Man fand dabei eine ganze Reihe von Pyrrolderivaten, so 3-Methyl-4-äthylpyrrol, 2,3-Dimethyl-4-äthylpyrrol und andere. Außerdem wurden substituierte Pyrrolcarbonsäuren gefunden, so die Hämopyrrolcarbonsäure und andere.

Der rote Blutfarbstoff selbst, das *Hämoglobin*, setzt sich aus 3 Bestandteilen zusammen. Erstens aus einem albuminähnlichen *Protein*, zweitens aus *Eisen-Ionen* und drittens aus einem Pyrrolderivat, das man *Porphyrin* nennt. Die rote Farbe ist einer Komplexsalzbildung aus Eisen-ion und Porphyrin zuzuschreiben.

Es hat sich nach langwierigen Arbeiten gezeigt, daß im Porphyrin 4 Pyrrolringe durch Methylengruppen zu einem kondensierten Ringsystem zusammengebaut sind. Die Lage der Doppelbindungen ist nicht ganz festgelegt; wahrscheinlich kommen mesomere Zustände und oscillierende Doppelbindungen im Molekül vor. Die Verschiedenheit der Porphyrine wird durch eine Anzahl von Variationsmöglichkeiten der Substituenten R = 1 bis 8 verursacht (HANS FISCHER).

**Formel 627.**

**Hämin**
blauschwarze Kristalle, unlöslich in $H_2O$ und Säuren
löslich in Alkalien und Eisessig, Smp. über 300° unter Zersetzung

**Chlorophyll a (bzw. b)**
grünes Pulver, löslich in Alkohol
zersetzt sich beim Schmelzen

Die einzelnen Pyrrolkerne des Porphyrins, des Blutfarbstoffs und des Chlorophylls tragen als Substituenten $-CH_3$, $-C_2H_5$, $-CH_2-CH_2-COOH$ und $-CH=CH_2$.

Man unterscheidet je nach dem Vorkommen im Organismus *Protoporphyrin*, das Porphyrin des Blutfarbstoffes (1,3,5,8-Tetramethyl; 2,4-divinyl; 6,7-dipropionsäure); *Koproporphyrin*, das sich im Kot findet; weiter *Uroporphyrine*, die im

Harn ausgeschieden werden. Die beiden letzten sind wahrscheinlich Abbauprodukte des Blutfarbstoffes, der im tierischen Körper ununterbrochen abgebaut und ausgeschieden und auf bisher unbekanntem Weg wieder neu synthetisiert wird. Porphyrine zeigen noch in starker Verdünnung ($^1/_{1\,000\,000}$) rote Fluorescenz beim Bestrahlen mit unsichtbarem Ultraviolettlicht (Nachweismethode).

*Hämverbindungen.* Durch Einlagerung von zweiwertigem Eisen in das Protoporphyrin entsteht das braune, violettschimmernde *Häm*. Ein Cl-Derivat davon ist das *Hämin*, das man aus Blut in blauschwarzen Kristallen erhalten kann. Durch Austausch von Cl gegen OH (z. B. durch Natronlauge) entsteht *Hämatin*. Fast alle bekannten Porphyrine und Hämatine sind, besonders von H. FISCHER und seiner Schule, in jahrzehntelanger Arbeit in ihrer Konstitution aufgeklärt und synthetisiert worden.

*Hämoglobin.* Das Atmungsprotein der roten Blutkörperchen ist aus 6% Häm und 94% Eiweiß zusammengesetzt. Das Hämoglobin ist der Transporteur des $O_2$ von den tierischen Lungen (Luft-$O_2$) durch das Blutgefäßsystem zu den Muskeln und sonstigen Geweben, wo $O_2$ zur Verbrennung der Nahrungsstoffe nötig ist. Dabei wirkt ausschließlich das komplex gebundene Eisen als $O_2$-Träger. Das Hämoglobin wird in den Lungen zum Oxyhämoglobin oxydiert und in den Geweben wieder zu Hämoglobin reduziert; es wirkt als eine Art Pendelkatalysator. Die Enzyme *Katalase* und die *Cytochrome* enthalten als aktive Gruppen ebenfalls Eisenporphyrine. Bei einigen niederen Tieren, Würmern, tritt an Stelle des Eisens im Blutfarbstoff Kupfer auf; das Blut ist dann blau gefärbt.

*Chlorophyll.* Ähnliche Porpyhrine, an die noch ein 5 C-Ring angegliedert ist, liegen der Formel des *grünen Blattfarbstoffs Chlorophyll* zugrunde, nur mit dem Unterschied, daß dort das zentrale Komplexmetall *Magnesium* ist.

Das Chlorophyll hat im Blatt wahrscheinlich die Funktion eines Lichtenergieacceptors; die absorbierte Energie wird dann, über noch unbekannte Reaktionen, zur Reduktion von $CO_2$ verwendet; es entstehen unter Einbau von $H_2O$ die Kohlenhydrate $(C_6H_{12}O_6)_x$.

*Gallenfarbstoffe.* Beim Abbau des Blutfarbstoffs im Körper wird der Porphyrinring aufgespalten, und es entsteht eine offene Kette von 4 aneinandergereihten substituierten Pyrrolen.

**Formel 628.**

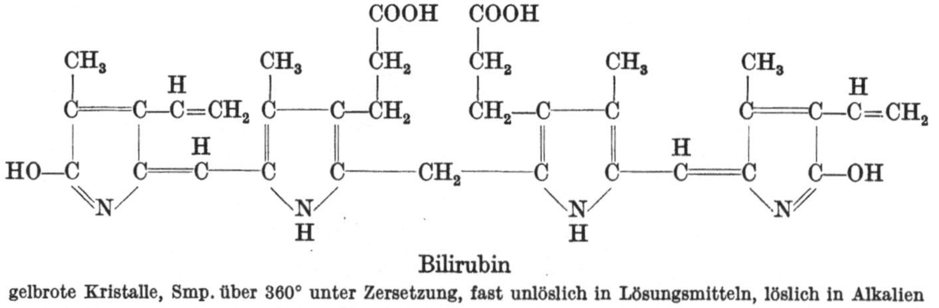

Bilirubin

gelbrote Kristalle, Smp. über 360° unter Zersetzung, fast unlöslich in Lösungsmitteln, löslich in Alkalien

Dieses Ringschema liegt tierischen Farbstoffen zugrunde. So dem *Bilirubin*, dem gelben Farbstoff der Wirbeltiergalle; dem *Stercobilin*, dem Farbstoff des Kots. Ein weiterer Farbstoff dieser Reihe ist das *Glaucobilin*; es ist dies die blaue Farbe, die die Unterhautverfärbung unter der menschlichen Haut nach Bluterg üssen verursacht. Alle sind Abbauprodukte des Blutfarbstoffes.

Der Pyrrolring kommt auch in den Aminosäuren Prolin und Oxyprolin (s. Formel 479, S. 324) vor.

*Indol.* Ein mit einem Benzolkern verbundenes Pyrrol ist das *Indol*, das schon beim Indigo besprochen wurde (S. 388 und 390). Das 3-Methylindol ist das *Skatol*; es ist einer der Träger des üblen Geruchs des Kots. Es entsteht im Darm durch bakteriellen Abbau aus der Aminosäure Tryptophan.

**Formel 629.**

| Tryptophan | Skatol | Indolyl-essigsäure, Heteroauxin |
|---|---|---|
| farblos. kristallisiert<br>Smp. 289° | kristallisiert, Smp. 95°<br>fast unlöslich in $H_2O$ | farblos, kristallisiert, Smp. 184°<br>schwerlöslich in $H_2O$ |

Die $\beta$-Indolylessigsäure ist bemerkenswert durch ihre Eigenschaft, ähnlich dem Wuchsstoff Auxin (s. Formel 582, S. 369) bei Pflanzen ein durch Zellstreckung bedingtes Wachstum zu bewirken.

Im Steinkohlenteer kommt ein mit zwei Benzolkernen kondensiertes Pyrrol vor, das *Carbazol*.

**Formel 630.**

| Carbazol | Pyrazol |
|---|---|
| farblos, fest, Smp. 238°, unlöslich in $H_2O$ | farblos, fest, Smp. 70°, löslich in $H_2O$ |

*Pyrazol.* Vom *Pyrazol* mit 2 benachbarten N im Ring kommen in der Natur keine Derivate vor. Alle bisher bekannten Pyrazole sind synthetisch gewonnen. Man kann sie, neben anderen Methoden, durch Einwirkung von Hydrazin auf $\beta$-Diketone erhalten.

**Formel 631.**

| 2,4-Diketopentan, Acetylaceton | Hydrazin | Dimethylpyrazol |
|---|---|---|
| flüssig, Siedep. 127°<br>zu 12% in $H_2O$ löslich<br>Dichte 0,97 | flüssig, Siedep. 115° | kristallisiert, Smp. 35°<br>löslich in $H_2O$ |

*Pyrazolone.* Aus *Acetessigester* und *Phenylhydrazin* entsteht nicht das Hydrazon, wie zu erwarten wäre, sondern es entsteht ein *Pyrazolonderivat*.

**Formel 632.**

| Acetessigester | Phenylhydrazin | Phenylmethylpyrazolon |
|---|---|---|
| Öl, Siedep. 180°, fast unlöslich<br>in $H_2O$, löslich in Alkalien | Öl, Siedep. 244°, wenig löslich<br>in $H_2O$, löslich in Säuren | kristallisiert, Smp. 127°<br>farblos, kalt, unlöslich in $H_2O$ |

Durch Einführung von Substituenten kommt man zu pharmakologisch wichtigen Substanzen, die meistens eine die Körpertemperatur herabsetzende, zum Teil analgetische Wirkung haben oder Schlafmittel sind; so z. B. *Antipyrin, Pyramidon* und andere.

**Formel 633.**

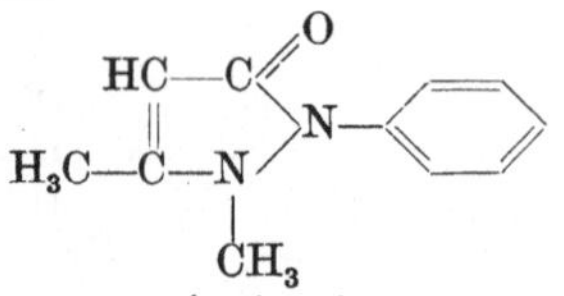

Antipyrin — kristallisiert, Smp. 113°, löslich zu 50% in $H_2O$

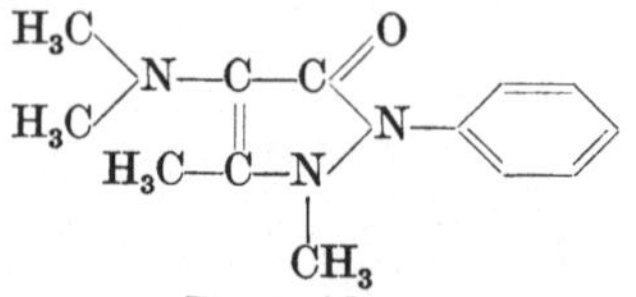

Pyramidon — farblos, kristallisiert, Smp. 108°, löslich zu 6% in $H_2O$

Auch zur Kupplung mit Diazoniumverbindungen lassen sich Pyrazolonderivate verwenden; man erhält auf diesem Wege einige vielgebrauchte Azofarbstoffe.

*Imidazol.* Das *Imidazol* ist ein Strukturisomeres des Pyrazols, in dem die beiden N-Atome im Ring nicht benachbart sind. Im Gegensatz zum Pyrazol kommen Imidazolderivate in der Natur vor. Ein Imidazolderivat ist die Aminosäure Histidin (s. Formel 475, S. 322); weitere sind die Parabansäure, erhältlich aus Oxalsäuredichlorid und Harnstoff, und das daraus durch elektrolytische Reduktion hergestellte Hydantoin (s. Formel 382, S. 281).

Synthetisch kann man Imidazolderivate aus einem Aldehyd, $NH_3$ und Glyoxal oder einem $\alpha$-Diketon herstellen. Imidazol reagiert schwach basisch, es bildet mit Säuren kristallisierte Salze.

**Formel 634.**

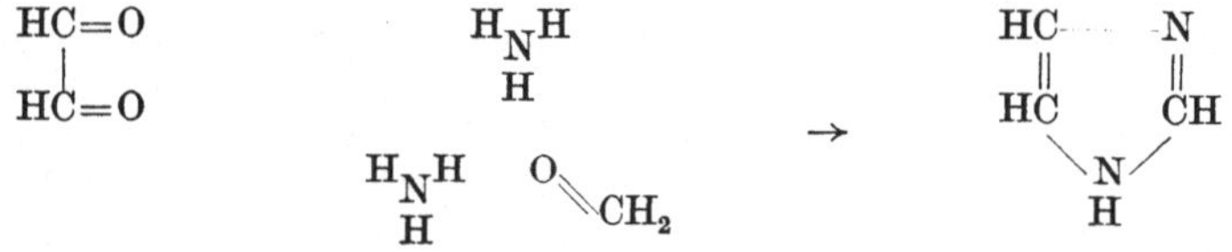

Glyoxal — grünes Gas

Ammoniak — Gas

Formaldehyd — Gas

$\rightarrow$

Imidazol — farbl. krist. Smp. 90°

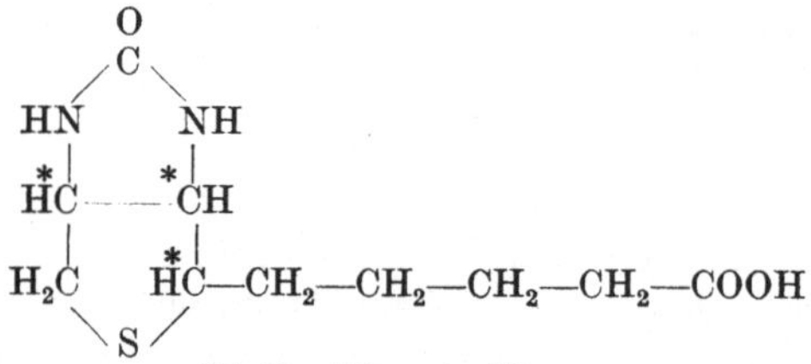

Biotin, Vitamin H
farblos, kristallisiert, Smp. 148°

Der Hefewuchsstoff *Biotin* besitzt ein eigenartiges Ringsystem, das aus einem Imidazolidonring und einem durch n-Valeriansäure substituierten Tetrahydrothiophenring zusammengesetzt ist. Bei seinem Fehlen in der Nahrung kommt es zu einer charakteristischen Hauterkrankung. — Der Imidazolring kommt auch in der großen Gruppe der *Purinkörper* vor (s. Formel 649, S. 402).

*Triazol, Tetrazol.* Durch weiteren Ersatz von $=CH$-Gruppen durch N in Fünfringen kommt man zu den Triazolen und zum Tetrazol. Ein Derivat des 1,2,4-Triazols ist das *Nitron*; es bildet mit $HNO_3$, deren sonstige Salze meist leicht wasserlöslich sind, ein unlösliches Salz und wird deswegen analytisch zur Bestimmung der Salpetersäure verwendet. In der Natur finden sich keine Triazole; ebensowenig Tetrazole.

**Formel 635.**

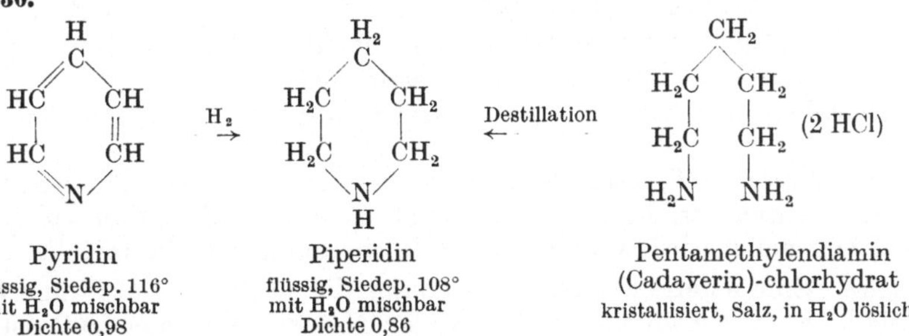

| Triazol | Tetrazol | Cardiazol |
|---|---|---|
| farblos, kristallisiert, Smp. 120° | kristallisiert, Smp. 155° | farblos, kristallisiert, Smp. 58° |
| in $H_2O$ löslich | in $H_2O$ löslich | neutral, löslich in $H_2O$ |

*Cardiazol.* Ein synthetisches Tetrazolderivat, das *Cardiazol*, hat als kreislaufwirksames Mittel in der Medizin Bedeutung erlangt. Es hat vor dem ähnlich wirkenden Campher, der in öliger Lösung injiziert werden muß, den Vorteil, daß es wasserlöslich ist, so daß man es weniger schmerzhaft in wäßriger Lösung injizieren kann.

*Heterocyclische Sechs-Ringe.* Das *Pyridin* kommt im Steinkohlenteer und besonders im Knochenteer vor. Es ist eine klare, intensiv riechende Flüssigkeit von aromatischem Charakter. Hydriert man Pyridin vollständig mit Platin und $H_2$ aus, so erhält man *Piperidin*. Das Piperidin entsteht auch durch trockene Destillation des Chlorhydrats des Pentamethylendiamins (Formel 391, S. 284).

**Formel 636.**

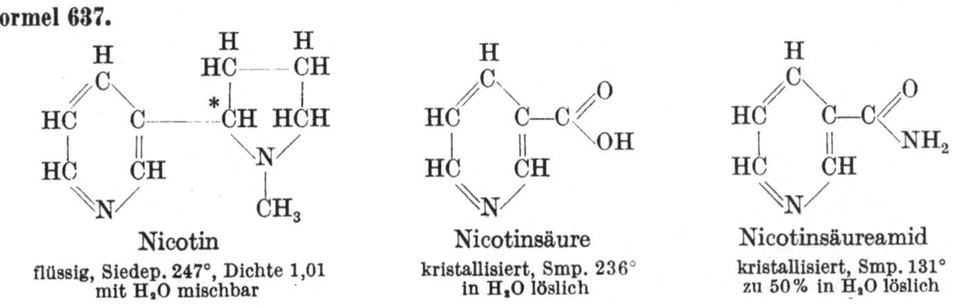

| Pyridin | Piperidin | Pentamethylendiamin |
|---|---|---|
| flüssig, Siedep. 116° | flüssig, Siedep. 108° | (Cadaverin)-chlorhydrat |
| mit $H_2O$ mischbar | mit $H_2O$ mischbar | kristallisiert, Salz, in $H_2O$ löslich |
| Dichte 0,98 | Dichte 0,86 | |

*Nicotinsäure.* Das biologisch wichtigste Derivat des Pyridins ist die Pyridin-β-carbonsäure oder *Nicotinsäure*. Ihr Amid, das *Nicotinsäureamid*, ist als *Vitamin* der B-Gruppe und als Heilmittel gegen Pellagra erkannt worden; es ist auch ein Bestandteil von wasserstoffübertragenden Enzymen (Co-Zymase, Co-Dehydrase, s. Formel 653, S. 404).

**Formel 637.**

| Nicotin | Nicotinsäure | Nicotinsäureamid |
|---|---|---|
| flüssig, Siedep. 247°, Dichte 1,01 | kristallisiert, Smp. 236° | kristallisiert, Smp. 131° |
| mit $H_2O$ mischbar | in $H_2O$ löslich | zu 50% in $H_2O$ löslich |

*Nicotin.* Das *Nicotin* selbst, aus dem man Nicotinsäure durch Oxydation erhalten kann, ist eine stark basische Flüssigkeit, die mit Säuren Salze bildet. Es ist der wirksame, anregende Stoff des *Tabaks.* Nicotin ist ein Alkaloid (siehe S. 397), wie man alle basischen Extraktivstoffe aus Pflanzen nennt. Wie die meisten Alkaloide ist es in kleinen Dosen ein pharmakologisch wertvolles Heil- und Genußmittel, in großen Dosen ein Gift. Nicotinlösungen (Wasserextrakte aus Tabakabfällen) werden als Schutzmittel für manche Pflanzen gegen Insektenfraß verwendet.

Ein anderes Derivat des Pyridins, das *Adermin* gehört der Vitamin $B_6$-Gruppe an; es heilt bei gleichzeitiger Anwesenheit von Vitamin $B_2$ Rattenpellagra.

**Formel 638.**

Dolantin
farbl. krist., Smp. 30°; HCl-Salz
Smp. 187°, lösl. in $H_2O$

Pyridoxin, Adermin, Vitamin $B_6$
farblos, als HCl-Salz, Smp. 206—208°

Coramin
Nicotinsäurediäthylamid
Öl, mit $H_2O$ mischbar
Siedep. bei 2 mm Hg 150°

Ein synthetisches Pyridin-$\beta$-carbonsäurederivat ist das Herzmittel *Coramin,* das als rasch wirkendes Weckmittel bei Narkoseunfällen benützt wird. Methylpyridine *(Picoline)* kommen neben Pyridin im Steinkohlenteer vor.

Das Hydrazid der Pyridin-$\gamma$-carbonsäure (Isonicotinsäurehydrazid, Isoniazid, Neoteben) hat sich als wertvolles Therapeutikum gegen Tuberkulose erwiesen.

Ein synthetisches Piperidinderivat ist ferner 1-Methyl-4-phenyl-piperidin-4-carbonsäureäthylester, das *Dolantin,* das als Ersatz für Morphium zur Schmerzlinderung verwendet wird, aber leider wie Morphium zur Sucht verführt.

*Chinolin.* Eine heterocyclische Verbindung, die je einen Benzol- und Pyridinring enthält, ist das *Chinolin,* das in vielen Naturstoffen eingebaut ist. Seine Synthese gelingt nach SKRAUP; man erhitzt Acrolein (entstanden aus zugesetztem Glycerin und $H_2SO_4$) mit Anilin und einem milden Oxydationsmittel (meistens Nitrobenzol).

**Formel 639.**

Anilin
Öl, Siedep. 184°
Dichte 1,02

Acrolein
flüssig, Siedep. 52°

$+\ O_2\ \rightarrow$

Chinolin
farbloses Öl, Siedep. 237°
Dichte 1,09

Nach der gleichen Methode kann man auch zahlreiche substituierte Chinoline herstellen. Auch im Steinkohlenteer findet sich Chinolin. Durch Oxydation geht es in *Pyridin-α,β-dicarbonsäure*, durch Reduktion über *Tetrahydrochinolin* in *Dekahydrochinolin* über.

**Formel 640.**

Pyridin-α,β-dicarbonsäure
Chinolinsäure
kristallisiert, Smp. 190°
zu 0,5 % löslich in $H_2O$

Chinolin
Siedep. 237°
Dichte 1,09

Dekahydrochinolin
Smp. 48°, Siedep. 207°
wenig löslich in $H_2O$
Dichte 0,91

Synthetische Chinolinderivate sind das als Mittel gegen Amöbenruhr verwendete jodhaltige *Yatren*, sowie das als Heilmittel gegen Gicht verwendete *Atophan*. Es fördert die Harnsäureausscheidung durch die Nieren.

**Formel 641.**

Yatren; 7-Jod-8-oxy- chinolin- 5-sulfonsaures Natrium
fest, hellgelb, in Laugen löslich, in $H_2O$ zu 4 %

Atophan; 2-Phenyl- chinolin- 4-carbonsäure
Smp. 215°, kristallisiert, farblos, in $H_2O$ unlöslich

**Formel 642.**

Plasmochin
hellgelbes Pulver, sintert unter 100°; 0,03 % in $H_2O$ löslich

Acridin
farblos, kristallisiert, Smp. 110°
fluoresciert in Lösung, blau

Atebrin
HCl-Salz, Smp. 246—248°

Rivanol
orangegelbe Kristalle, Smp. 235°, schwerlöslich in $H_2O$

Trypaflavin, Panflavin
rotbraune Kristalle, leichtlöslich in $H_2O$

In die Malariatherapie wurden an Stelle des Chinins zwei synthetische Mittel eingeführt, das *Plasmochin* und das *Atebrin*; das erste zur Bekämpfung der Geschlechtsformen, das zweite zur Bekämpfung der ungeschlechtlichen Entwicklungsformen (Schizonten) der Malariaparasiten. Plasmochin ist ein Derivat des Chinolins. Atebrin leitet sich vom *Acridin* ab, das sich in geringer Menge im Steinkohlenteer findet, aber wie seine Derivate nur synthetisch gewonnen wird.

Derivate des Acridins sind ferner die stark antiseptisch wirkenden Präparate *Rivanol* und *Trypaflavin*, die bei der Wundbehandlung aber allmählich durch die Sulfonamide verdrängt werden.

*Isochinolin.* Neben Chinolin kommt im Steinkohlenteer, aber auch in zahlreichen Naturstoffen das mit dem Chinolin isomere *Isochinolin* vor. Man kann es nach folgender allgemeinen Methode darstellen.

**Formel 643.**

Phenyläthylamin
flüssig, Siedep. 198°, löslich in $H_2O$

Tetrahydro-isochinolin
flüssig, Siedep. 232°, Dichte 1,06
fast unlöslich in $H_2O$

Isochinolin
farblos, kristallisiert, Smp. 26°
Siedep. 222°, Dichte 1,09
fast unlöslich in $H_2O$

Wie beim Chinolin lassen sich mit Pt + $H_2$ alle Doppelbindungen aushydrieren; man kommt so über das Dihydroisochinolin zum Tetrahydroisochinolin und schließlich zum voll hydrierten Dekahydroisochinolin. Sowohl Chinolin wie Isochinolin haben basische Eigenschaften.

*Chroman.* Ein physiologisch wichtiges Derivat des *Benzopyrans* oder *Chromans* ist das *Vitamin E* oder α-*Tocopherol*. Es enthält wie das Vitamin K eine hydrierte Polyisoprenseitenkette und ist ein Antisterilitätsvitamin. Bei seinem Fehlen in der Nahrung (es kommt in Pflanzensamenölen vor) tritt bei Ratten und anscheinend auch bei Menschen Fortpflanzungssterilität ein.

**Formel 644.**

Vitamin E, α-Tocopherol
farbloses Öl, unlöslich in $H_2O$

*Pyrimidin.* Ein 6-Ring mit 2 N-Atomen und 4 C-Atomen ist das *Pyrimidin.* Dieses Ringsystem kommt in zahlreichen Naturstoffen, besonders in den Purinen vor. Einige Derivate des Pyrimidins finden sich in den Nucleinsäuren der Zellkerne, so *Uracil* und *Cytosin.*

**Formel 645.**

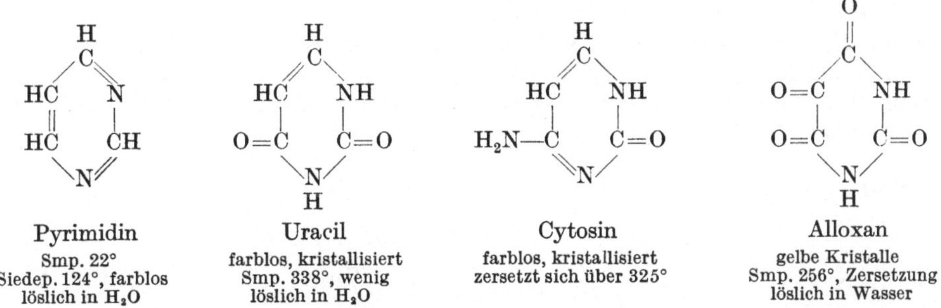

| Pyrimidin | Uracil | Cytosin | Alloxan |
|---|---|---|---|
| Smp. 22° | farblos, kristallisiert | farblos, kristallisiert | gelbe Kristalle |
| Siedep. 124°, farblos | Smp. 338°, wenig | zersetzt sich über 325° | Smp. 256°, Zersetzung |
| löslich in $H_2O$ | löslich in $H_2O$ | | löslich in Wasser |

*Alloxan* erhält man durch Oxydation von Harnsäure mit Salpetersäure (Formel 649, S. 402). Alloxan ist in der experimentellen Biochemie wichtig geworden, da man durch einmalige intravenöse Injektion einer Lösung spezifisch die insulinproduzierenden Zellen des Pankreas zerstören und so chemisch einen Diabetes erzeugen kann (Alloxandiabetes).

*Pyrazin.* Ein 6-Ring mit 2 N-Atomen, bei dem die beiden N-Atome in Parastellung stehen, ist das *Pyrazin.* Sein aushydriertes Produkt nennt man *Piperazin.*

**Formel 646.**

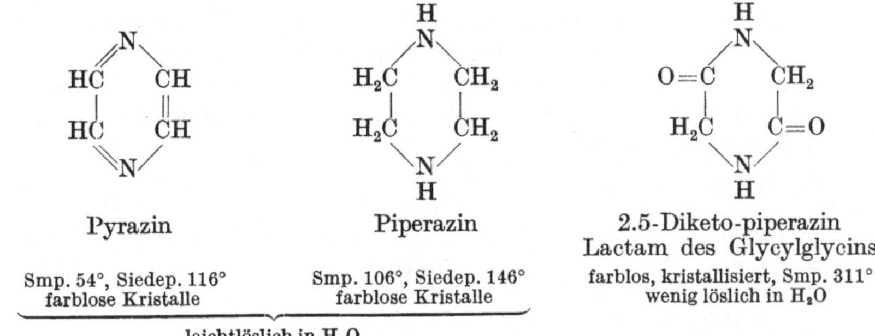

| Pyrazin | Piperazin | 2.5-Diketo-piperazin |
|---|---|---|
| | | Lactam des Glycylglycins |
| Smp. 54°, Siedep. 116° | Smp. 106°, Siedep. 146° | farblos, kristallisiert, Smp. 311° |
| farblose Kristalle | farblose Kristalle | wenig löslich in $H_2O$ |

leichtlöslich in $H_2O$

Derivate des 2,5-Diketo-piperazins sind beim Versuch der Isolierung von Dipeptiden aus Proteinhydrolysaten erhalten worden. Ihre Bildung ist leicht verständlich, da zwei Mol. α-Aminosäure bzw. deren Äthylester unter Verlust von 2 Mol $H_2O$ bzw. Alkohol leicht in das cyclische Anhydrid übergehen:

**Formel 647.**

| Alanin + Phenylalanin | 6-Methyl-3-benzyl-2-5-diketopiperazin |
|---|---|
| Smp. 295°    Smp. 294° | nicht dargestellt |

*Thiazol.* Derivate des Thiazols, eines S-und N-haltigen 5-Rings, sind oft biologisch wirksam und kommen in wichtigen Naturstoffen vor.

Das *Aneurin (Vitamin $B_1$),* eine für den Stoffwechsel von Hirn und Nerven wesentliche Substanz, ist ein Derivat des Thiazols und des Pyrimidins. Sein Ester mit Pyrophosphorsäure ist ein Baustein der *Co-Carboxylase* (LOHMANN). Auch das *Penicillin*, ein aus dem Schimmelpilz Penicillium chrysogenum gewonnenes, für Warmblütler weitgehend unschädliches Antibioticum, enthält in seinem Molekül einen Thiazolring. Es wird wegen seiner Säureempfindlichkeit im menschlichen Magen durch Hydrolyse zerstört und muß daher intravenös oder intramuskulär gegeben werden. Es wird in wenigen Stunden durch die Nieren wieder ausgeschieden.

**Formel 648.**

Penicillin
Na-Salz farblos, kristallisiert, in $H_2O$ löslich
wird kalt durch Säuren und Alkalien zerstört
($R$ = Benzyl-, Pentenyl-, Hexyl-, Phenyl-)

Vitamin $B_1$, Aneurin, Thiamin
(Pyrophosphorsäureester = Cocarboxylase, S. 319)
Salz, farblos, kristallisiert, in $H_2O$ löslich
Smp. 250° unter Zersetzung

## b) Purine.

Die *Purine* sind eine wichtige Gruppe von heterocyclischen Stoffen, die in Pflanzen und Tieren vorkommen. Sie bilden Bestandteile der *Nucleinsäuren* in den Zellkernen und kommen auch als Stoffwechselprodukte vor.

Das Purin selbst setzt sich aus *einem Pyrimidin- und einem Imidazolring* zusammen. Zur Bezeichnung seiner zahlreichen Derivate hat man die einzelnen Glieder des Ringes numeriert.

**Formel 649.**

Purin mit Numerierung
farblos, kristallisiert, Smp. 217°
löslich in Wasser

Harnsäure, 2,6,8-Trioxypurin
kristallisiert
zersetzt sich beim Erhitzen
löslich in $H_2O$ zu 0,005 %
Dichte 1,89

Ammoniumurat
kristallisiert
löslich in $H_2O$ zu 0,05 %

*Harnsäure.* In den menschlichen Nieren kommt neben Harnstoff als Nebenprodukt des Proteinabbaus die *Harnsäure* zur Ausscheidung. Die Salzbildung der Harnsäure erfolgt durch Enolisierung am C-Atom 6. Die Enolform ist eine sehr schwache Säure, die in wäßriger Lösung ein $H^+$ abdissoziieren läßt, das durch Metallionen oder $NH_4^+$-Ionen ersetzbar ist. Die Salze heißen *Urate*. Die weißen Kristalle, die die Hauptmasse der Vogel- und Reptilienexkremente ausmachen, sind Harnsäure und Ammoniumurat. Bei Vögeln und Reptilien ist Harnsäure das hauptsächliche Endprodukt der Proteinverbrennung und nicht Harnstoff wie bei Menschen, oder Acetamid wie bei Mäusen und Ratten. Die gefürchteten menschlichen Harnsteine, die sich in den Nierenablaufwegen aus übersättigtem Harn bilden, bestehen oft aus Ammoniumurat oder Harnsäure (oder aus $CaCO_3$, Phosphat oder Oxalat).

Zum Nachweis der Harnsäure dient die *Murexidprobe*, die so ausgeführt wird, daß man Harnsäure mit $HNO_3$ eindampft; der Rückstand färbt sich mit $NH_4OH$ violettrot. Die Farbe schreibt man einer komplizierten heterocyclischen Säure, der Purpursäure zu. Alle drei OH-Gruppen der Harnsäure (als Trienol) lassen sich mit $POCl_3$ durch Chlor ersetzen. Man erhält *2,6,8-Trichlorpurin*, in dem alle drei Chloratome nacheinander durch andere Substituenten ersetzt werden können. Man kommt so synthetisch zu zahlreichen anderen substituierten Purinen. Diese Synthesen gehen auf EMIL FISCHER zurück.

Weitere Oxyderivate des Purins sind *Hypoxanthin* und *Xanthin*. Aminoderivate des Purins sind das *Guanin* und das am Muskelstoffwechsel beteiligte *Adenin*.

**Formel 650.**

Xanthin
kristallisiert, farblos, löslich in $H_2O$,
zu 0,07% in Laugen löslich

Adenin
kristallisiert, Smp. 360°, löslich zu 0,1% in $H_2O$,
in Säuren und Laugen löslich

Hypoxanthin
kristallisiert, beim Schmelzen Zersetzung, löslich
in $H_2O$ zu 0,07%, in Säuren und Laugen löslich

Guanin
weiß, kristallisiert, zersetzt sich beim Schmelzen,
fast unlöslich in $H_2O$, löslich in Säuren und Laugen

*Nucleinsäuren.* Vom Adenin und anderen Purinen leiten sich wichtige Bausteine der Zellkerne und Chromosomen ab: die Nucleinsäuren, die man auch als Bestandteile der Viren, kristallisierter Krankheitskeime, erkannt hat (Kartoffelmosaikvirus).

Nucleinsäuren enthalten Purine (manchmal Pyrimidine), Ribose, Desoxyribose und Phosphorsäuren.

Einfache Bestandteile der Nucleinsäuren finden sich im Fleisch. Fleisch enthält pro 1 kg Feuchtgewicht etwa 1 g *Adenylsäure* (kristallisiert, Smp. 195°, löslich in $H_2O$), die beim Kochen des Fleisches in die „Fleischbrühe" geht.

**Formel 651.**

Adenin          d-Ribose          Phosphorsäure

Adenylsäure
kristallisiert, farblos, Smp. 195° unter Zersetzung, löslich in $H_2O$

Eine mit 3 Mol Phosphorsäure statt einem veresterte Adenylsäure ist das *Adenosintriphosphat* (in der Literatur meist *ATP* geschrieben). Die leicht spaltbaren und energiereichen zwei zusätzlichen Phosphatbindungen sind wahrscheinlich Mittler der Umwandlung der aus der Nahrungsverbrennung entstehenden chemischen Energie (s. S. 97 und 319) in die mechanische Energie der Muskelkontraktion.

*Inosinsäure* aus Muskel (Syrup, löslich in $H_2O$) ist ähnlich gebaut, enthält aber an Stelle des Adenins Hypoxanthin. *Adenylsäure aus Hefe* hat fast dieselbe Struktur wie Muskeladenylsäure, nur ist die Phosphorsäure hier nicht mit der fünften OH-Gruppe der d-Ribose, sondern mit der am dritten C-Atom verestert. Auch die *Guanylsäure* (krist., Smp. 180°, lösl. in $H_2O$), die Guanin als Purin enthält und im Fleisch vorkommt, hat analoge Struktur. Die eigentlichen Nucleinsäuren sind Stoffe, in denen jede Phosphorsäure eines Moleküls mit einem ihrer noch freien $H^+$-Ionen mit einer freien Ribose —OH-Gruppe des nächsten Moleküls einen Ester bildet.

Als hochmolekulare Substanzen sind Nucleinsäuren in Wasser nur kolloidal löslich und bilden bei genügender Konzentration Gallerten. Fleischkochsaft, die sog. *Fleischbrühe*, enthält viele der für den tierischen Körper wichtigen abgebauten niedrigmolekularen Nucleinsäuren.

**Formel 652.**

```
              |
    Purin—Ribose—Phosphorsäure
              |
      Purin—Ribose—Phosphorsäure
                |
        Purin—Ribose—Phosphorsäure
                  |
          Purin—Ribose—Phosphorsäure
                    |
          Hochpolymere Nucleinsäuren
```
in trockenem Zustand, weiße Pulver, in $H_2O$ kolloidal löslich

*Co-Enzyme.* Vom Adenin leiten sich weitere biologisch wichtige Substanzen ab, die bei der Verbrennung der Nahrungsstoffe in den Geweben eine große Rolle spielen; es sind die *Co-Enzyme* 1 und 2. Sie sind Redoxkatalysatoren.

**Formel 653.**

Nicotinsäureamid, S. 397

```
  N=C  NH2                                                                          H
  |    |                                                                            C
 HC   C—N                    O                                              HC     C—C—NH2
 ||   ||  \        ┌─────────┴─────────┐                                    |      ||
  |    |   HC     OH  OH              OH        O⁻                          HC     CH
 N   C  —N   *C—C—C—C—C—O—P—O—P—O—C—C—C—C—CH                                  \    +/
                                                                                N
         H   H H H H H        O     O   H     OH OH
                                                └───O───┘
```

$\underbrace{\text{Adenosindiphosphat}} \qquad \underbrace{\text{Ribose, S. 301}}$

**Co-Enzym 1**
weißgelbes, leicht wasserlösliches Pulver, inneres Salz

```
        H   O                        H   O
         C\ /C—NH2                     C\ /C—NH2
        HC   C                        HC   C
        |    ||                       |    ||
O2  ←   HCH  CH              ⇄        HC   C          ←  H2  Nahrung
         \  /               ⇆          \  /
          N                             N+
          |                             |
    Dihydropyridin                 Pyridinsalz
```

Schema des Wasserstofftransports durch die Co-Enzyme
(Ausschnitt aus dem oberen Molekül)

Die Co-Enzyme sind Substanzen, die sich aus einem Molekül Adenin, zwei Molekülen (für Co-Enzym 1) oder drei (für Co-Enzym 2) Phosphorsäure, zwei Molekülen des Zuckers d-Ribose (Formel 439, S. 301) und einem Molekül Nicotinsäureamid (Formel 637, S. 397) aufbauen. Sie sind, durch reversible Hydrierung und Dehydrierung am Nicotinsäurepyridinring, neben Lactoflavinen, $C_4$-Dicarbonsäuren und Eisenporphyrinen, die wichtigsten Wasserstofftransporteure bei der Verbrennung der Nahrungsstoffe in tierischen Zellen (v. EULER, WARBURG, KARRER).

Eine ebenfalls von der Adenylsäure ableitbare Substanz ist das im Endstoffwechsel der Fette und Zucker neuerdings wichtig gewordene *Co-Enzym A*. In Form seines Thioesters wird die Essigsäure, das Endglied des Fettabbaus (S. 261) und des Zuckerabbaus (S. 319), enzymatisch mit Oxalessigsäure zu Citronensäure kondensiert und über den Citronensäurecyclus (S. 261, 319) zu $2\,CO_2$ und $2\,H_2O$ verbrannt.

**Formel 654.**

$$\text{Adenylsäure—O—P—O—C—C—C—C—N—C—C—C—N—C—C—S—H}$$

| Adenylsäure (S. 403) | Phosphat | Pantothensäure (Formel 482, S. 325) | Thioäthanolamin (S. 297) |

**Co-Enzym A**
farbloses Pulver, leicht wasserlöslich

*Coffein.* Methylhomologe des Xanthins sind die drei Alkaloide *Theobromin, Theophyllin* und *Coffein*, von denen besonders das letzte wichtig ist.

**Formel 655.**

Theobromin
kristallisiert, farblos, Smp. 337°
sublimiert vorher, wenig löslich in $H_2O$
löslich in Säuren und Basen

Coffein
kristallisiert, farblos, Smp. 236°
sublimiert ab 180°, löslich in $H_2O$
zu 2,1%, Dichte 1,23

Theophyllin
kristallisiert, farblos, Smp. 264°
sublimiert vorher, wenig löslich in
$H_2O$, löslich in Laugen, Säuren

Das *Theophyllin* kommt in Teeblättern vor, es ist der harntreibende Bestandteil des Tees.

Das *Theobromin* ist das Alkaloid der Kakaobohnen.

Das *Coffein* ist der wirksame Bestandteil des *Kaffees*; es ist in guten Kaffeesorten bis zu 1,5% enthalten. Auch im Tee kommt es reichlich vor. Es ist wasserlöslich. Coffein wird in der Medizin als Herzmittel verwendet; es hat, in der normalerweise aufgenommenen Dosis von etwa 100 mg eine allgemein anregende Wirkung auf den ganzen Stoffwechsel, besonders den Gehirnstoffwechsel (Angeregtheit nach Kaffeetrinken). Dargestellt wird es durch Extraktion von Teestaub oder Kaffeebohnen.

*Pterine.* Eine den Purinen nahestehende Gruppe sind die Pterine. So sind das *Leucopterin* und das *Xanthopterin* als weiße und gelbe Farbpigmente aus Schmetterlingsflügeln isoliert worden.

Eine lebenswichtige Substanz, bestehend aus Xanthopterin, para-Amino benzoesäure und Glutaminsäure, die *Folsäure*, ist aus Leber isoliert worden. Sie ist einer der bei der Blutbildung im Knochenmark wichtigen Faktoren; bei ihrem

**Formel 656.**

$$\underbrace{\begin{array}{c} N\!-\!CH \\ \| \quad \| \\ H_2N\!-\!C \quad C\!-\!N\!=\!C\!-\!CH_2\!- \\ | \quad | \quad | \\ N\!=\!C\!-\!N\!=\!CH \end{array}}_{\text{Xanthopterinrest}} \quad \underbrace{N\!\langle\!\!\!=\!\!\!\rangle\!-}_{\text{p-Aminobenzoesäure}} \quad \underbrace{\begin{array}{c} COOH \\ H \quad * | \\ C\!-\!N\!-\!C\!-\!CH_2\!-\!CH_2\!-\!COOH \\ \| \quad | \\ O \quad H \end{array}}_{\text{Glutaminsäure}}$$

Folsäure

gelbe Nadeln, bei 250° Dunkelfärbung, bis 360° ungeschmolzen, unlöslich in organischen Lösungsmitteln
wird durch Säuren zerstört

Fehlen kommt es zu Anämie. Folsäure ist nicht identisch mit dem *antipernizsiösen Leberfaktor*, der eine proteinähnliche $Co^{++}$-haltige Komplexverbindung vom Molekulargewicht 1600 ist *(Vitamin $B_{12}$)*.

## c) Pflanzenalkaloide.

Die Alkaloide sind stickstoffhaltige, in Pflanzen vorkommende basische Stoffe, die meist heterocyclische Ringe enthalten. Sie kristallisieren fast alle gut (wenn auch langsam), ebenso ihre Salze. Sie enthalten oft optisch aktive C-Atome. Eine Pflanzenart kann mehrere chemisch ähnliche Alkaloide enthalten. Alkaloide sind pharmakologisch in tierischen Zellen, besonders Nervenzellen, sehr wirksam. Kleine Dosen können als Heilmittel dienen; große Dosen sind Gifte. Über den Mechanismus ihres Eingreifens in die Biochemie der Zellvorgänge ist wenig bekannt.

Vom biochemischen Aufbau der Alkaloide in der Pflanzenzelle weiß man noch wenig. Allgemein ist der Chemismus der Umwandlungen in den Pflanzenzellen weniger erforscht als der in tierischen Zellen.

SCHÖPF konnte in einigen Fällen durch Zusammenbringen von vermuteten Ausgangsstoffen im physiologischen $p_H$-Bereich oder bei Gegenwart von Pflanzenenzymen Alkaloide synthetisieren.

*Reaktionen der Alkaloide.* Lösungen von Alkaloiden geben, wie die meisten heterocyclischen Basen, einige spezifische Reaktionen, so Fällungen mit $KJ_3$, $K_2[HgJ_4]$, $H_2[PtCl_6]$, Ferri- und Ferrocyankalium und mit Phosphorwolframsäure.

Einige Alkaloide sind schon besprochen worden: das Nicotin (s. Formel 637, S. 397), die Alkaloide der Puringruppe (s. Formel 655, S. 405) und Ephedrin (s. Formel 561, S. 358).

**Formel 657.**

Chinin

kristallisiert, farblos, Smp. wasserfrei 177°, $+3 H_2O$, Smp. 57°; zu 0,06% in $H_2O$ löslich, löslich in Alkohol
$CHCl_3$, Benzol; Chininchlorhydrat: kristallisiert, Smp. 156°, 3% in $H_2O$ löslich; Chininsulfat: kristallisiert
Smp. 205°, 0,12% in $H_2O$ löslich

*Chinin.* Chinin ist der Hauptbestandteil einer in der Rinde des Chinabaumes vorkommenden Gruppe von 20 Alkaloiden, die man unter dem Namen China-alkaloide zusammenfaßt. Sie werden durch Extraktion der mit $Ca(OH)_2$ verriebenen gepulverten Rinde mit Benzol und Umkristallisation des Ein-dampfrückstandes aus Alkohol gewonnen und durch fraktionierte Kristalli-sation ihrer Salze rein dargestellt.

Im Chinin sind zwei Ringsysteme miteinander verbunden, der Chinolinring und ein substituierter Piperidinring, der eine mittlere para-Brücke aus zwei Methylen gruppen enthält.

*Chinin* wird in großem Maßstab als Heilmittel gegen *Malaria* verwendet. Als tertiäre Base bildet es Salze, von denen die meist verwendeten das leichtlösliche Chlorhydrat und das schwerlösliche Sulfat sind. Wegen ihres bitteren Geschmacks hat man versucht, die Salze durch den halbsynthetischen geschmackfreien Chinin-kohlensäureester (Euchinin, Smp. 95°) zu ersetzen.

Das neben dem Chinin vorkommende *Cinchonin* (Chinin ohne Methoxylgruppe, Smp. 268°, zu 0,01% in $H_2O$ löslich, ist gegen Malaria wirkungslos) bildet mit zahlreichen organischen Säuren gut kristallisierende optisch aktive Salze. Man verwendet es deshalb zur Trennung von racemischen Gemischen organischer Säuren nach PASTEUR (s. S. 289).

Ein natürlich vorkommendes Stereoisomeres des Chinins, das *Chinidin* (Smp. 171°, lösl. in $H_2O$ zu 0,05%), ist ein Herztherapeuticum, aber gegen Malaria un-wirksam.

**Formel 658.**

Morphin

kristallisiert, Smp. 230° (wasserfrei), löslich in $H_2O$, 0,02%
HCl-Salz kristallisiert, löslich in $H_2O$, 4%

Papaverin

kristallisiert, Smp. 147°
fast unlöslich in $H_2O$

Colchicin

farblos, kristallisiert, Smp. 157°, löslich in $H_2O$

*Morphin.* Die Alkaloide der Morphingruppe, zu denen *Morphin, Codein* und andere gehören, enthalten neben basischen Gruppen einen Phenanthrenring. Sie werden aus *Opium* gewonnen, dem eingedickten Milchsaft der unreifen Kapseln einiger Mohnsorten. Rohopium enthält 10—25% Alkaloide. Ebenfalls im Opium kommen die Alkaloide *Papaverin* und *Narcotin* ($C_{22}H_{23}NO_7$, Smp. 175°) vor. Auch das Alkaloid der Herbstzeitlose, das *Colchicin*, enthält einen Phenanthrenring. Colchicin ist ein spezifisches Gift gegen Zellteilung.

Morphin ist das wichtigste Schmerzlinderungsmittel, das wir kennen: leider führt sein Gebrauch zu Gewöhnung und Sucht. *Apomorphin* ist ein Umwandlungsprodukt des Morphins, das aus Morphin beim Behandeln mit HCl entsteht. Es wird als stark wirkendes Brechmittel bei Vergiftungen verwendet. *Papaverin* wird bei bestimmten Nierenkrankheiten (zur Lösung von Krämpfen der Muskulatur der Nierencapillaren) gegeben. *Codein*, ein Monomethyläther des Morphins, $C_{18}H_{21}NO_3$ (Smp. 150°, 0,8% in $H_2O$ löslich), ist ein wirksames Hustenlinderungsmittel.

*Heroin* ist ein synthetisches Diacetylmorphin und ein Rauschgift (Smp. 171°), das, weil es aus Rohopium durch Kochen mit Essigsäureanhydrid leicht kristallisiert herzustellen ist, in Ländern mit leichter Zugänglichkeit des Rohopiums verheerende Verbreitung gefunden hat.

*Tropinalkaloide.* Eine andere Gruppe von Alkaloiden hat als Grundskelet den *Tropanring*: eine Kombination aus einem Piperidin- und einem Pyrrolidinring. Alkaloide dieser Gruppe sind das *Atropin. Cocain, Scopolamin*, von denen das Cocain aus Blättern des Cocastrauches gewonnen wird, während Scopolamin und Atropin aus Solanaceen isolierbar sind.

**Formel 659.**

```
   H  H*            H
  HC—C————————CH
      |          |
      N—CH₃    CH₂
      |          |
  HC—C————————CH
   H  H*            H
```

Tropan
flüssig, Siedep. 167°, kalt mit $H_2O$ mischbar
warm in $H_2O$ schwerlöslich, inverse Löslichkeit

```
   H  H*           H                   H*
  HC—C————————CH                    C
      |         |              HC—O—C—C    C₆H₅
      N—CH₃   HC—O—C—C
      |         |              ‖
  HC—C————————CH             O  HCH
   H  H*           H                   |
                                       OH
```

Tropin-tropasäureester
Atropin
kristallisiert, Smp. 115°, löslich 0,13% in $H_2O$
löslich in Säuren, Atropinsulfat, Smp. 180°
leichtlöslich in $H_2O$

Das *Atropin* ist ein Ester aus Tropin und Tropasäure (s. Formel 568, S. 361). Es ist, in der optisch aktiven Form des Hyoscyamins, der wirksame Stoff der Tollkirsche und wird medizinisch in der Augenheilkunde zur Pupillenerweiterung verwendet. Da es auch die Sekretion aller Drüsen hemmt, unter anderem auch die Magensaftsekretion, wird es als Mittel gegen Seekrankheit empfohlen. Es ist stark basisch.

Das *Scopolamin* hat dasselbe Formelskelet wie das Atropin, enthält aber zwischen den beiden C-Atomen am linken Ende der Formel eine Äthylenoxydbrücke. Es wird in Verbindung mit Morphin als Beruhigungsmittel vor Operationen verwendet.

Das wichtigste Alkaloid dieser Gruppe ist das *Cocain*, das aus Cocablättern isoliert wird. Es enthält einen Carboxyltropanring, das *Ekgonin*. Im Cocain ist die Carboxylgruppe mit Methylalkohol verestert, die sekundäre Alkoholgruppe des Ekgonins mit Benzoesäure.

**Formel 660.**

Cocain, Methylbenzoylekgonin
kristallisiert, Smp. 98°, löslich in $H_2O$ zu 0,03 %
HCl-Salz, Smp. 183°, leichtlöslich in $H_2O$

Ekgonin
kristallisiert, Smp. 205° ($H_2O$-frei)
leichtlöslich in $H_2O$

Cocain wird in kleinen Dosen als Lokalanaestheticum angewendet, da es nicht wie Morphin auf das Zentralnervensystem, sondern auf die peripheren Nerven wirkt. In größeren Dosen in den Körper gebracht ist es auch für das Zentralnervensystem giftig.

Die Synthese des Cocains und seiner Nebenalkaloide ist auf verschiedenen Wegen durchgeführt worden. Eine durchsichtige Synthese, die auch für die Konstitution einleuchtend ist, stammt von WILLSTÄTTER und von ROBINSON. Man kondensiert Bernsteindialdehyd (1,4-Dioxobutan) mit dem Monoäthylester der Acetondicarbonsäure und Methylamin. Das erhaltene Produkt wird erhitzt, wobei sich eine —COOH-Gruppe abspaltet. Die Ketogruppe wird zur sekundären Alkoholgruppe reduziert. Es entsteht ein Gemisch der Stereoisomeren des Ekgonins.

Es wird vermutet (bis jetzt unbewiesen), daß auch in Pflanzen die Synthese diesen oder einen ähnlichen Weg geht.

**Formel 661.**

1,4-Dioxobutan    Methylamin    Acetondicarbonsäure-
Bernstein-dialdehyd   Gas, Siedep. − 6°    monoäthylester
farblos, flüssig, Siedep. 170°       flüssig
leicht in $H_2O$ löslich

$H_2$, 200°

Ekgonin
kristallisiert, Smp. 205°, löslich in $H_2O$

*Andere Alkaloide.* Ein Alkaloid mit einem heterocyclischen und einem Lactonring ist das *Pilocarpin*, das als schweißtreibendes Mittel und in der Augenheilkunde gebraucht wird. Ein Piperidinoxyketon ist das *Lobelin*.

Alkaloide, die sich von substituierten Indolen ableiten, sind das *Physostigmin* oder *Eserin* aus Calabarbohnen, das spezifisch das an der Muskelerschlaffung beteiligte Enzym Acetylcholinesterase (s. Formel, 432, S. 298) hemmt, und das *Yohimbin*, ein Aphrodisiacum aus Yohimberinde.

**Formel 662.**

Pilocarpin
kristallisiert, Smp. 34°

Lobelin
kristallisiert, Smp. 130°

**Formel 663.**

Eserin, Physostigmin
kristallisiert, Smp. 102°, wenig löslich in
$H_2O$, meist als Eserinsalicylat verwendet

Skelet des Yohimbins
kristallisiert, Smp. 234°, wenig löslich in
$H_2O$, HCl-Salz, Smp. 200°, löslich in $H_2O$

Indolringe enthalten die Alkaloide *Strychnin* $C_{21}H_{22}O_2N_2$ (Smp. 268°, lösl. in $H_2O$ 0,02%) ·und *Brucin* $C_{23}H_{26}O_4N_2$ (Smp. 178°, lösl. 0,3%). Strychnin erzeugt Muskelkrämpfe.

Die giftigen Basen der Lupinen sind *Lupinin* $C_{10}H_{19}NO$ (Smp. 67°, lösl. in $H_2O$) und *Spartein* $C_{15}H_{26}N_2$ (flüssig, Siedep. 326°). *Cytisin*, $C_{11}H_{14}N_2O$, Smp. 156°, wasserlöslich, ist das giftige Alkaloid des Goldregens.

<h2 style="text-align:center">23. Kapitel.</h2>

# Hochpolymere.

*Grundmolekül*. Als Hochpolymere bezeichnet man Körper von hohem Molekulargewicht, in deren chemischem Grundaufbau dieselbe Molekülgruppierung (das *Grundmolekül*) immer wiederkehrt. Bei Proteinen sind die Grundmoleküle Aminosäuren, bei Polysacchariden einfache Zucker, bei Kautschuk ein Isoprenskelet. Bei ihrer Entstehung lagern sich die Grundmoleküle durch chemische Bindung zu langen Fadenmolekülen, die Fäden zu Netzmolekülen zwei- und dreidimensionaler Art zusammen.

Es gibt zwei chemische Arten von Hochpolymeren.

1. Solche, bei denen die Grundmoleküle der Kette sich unter Wasser- oder Salzaustritt zu Ketten von Polyestern, Äthern, Acetalen, Amiden und Thioäthern zusammenlagern, wobei die Molekülkette in regelmäßigen Abständen von —O—,

—N— und  —Si—  —S— unterbrochen ist (Proteine, Polysaccharide, Nucleinsäuren, Bakelite, Nylon, Silicone, Polyäthylenoxyd u. a.).

2. Solche, bei denen alle Grundmoleküle der Kette durch direkte —C—C—-
Bindungen verknüpft sind (Kautschuk, Polystyrole, Polyvinyle, Polyacryle).

*Darstellung.* Die Synthese der *Hochpolymeren der ersten Art* erfolgt so, daß
man Moleküle, die an jedem ihrer Enden reaktionsfähige Gruppen tragen, miteinander zu hochpolymeren Kettenmolekülen kuppelt. So wird das wichtige
hochpolymere Kunstharz Nylon, der Grundstoff der besten reißfesten Kunstseide,
aus Adipinsäure (Smp. 153°) und Hexamethylendiamin (Smp. 42°; Siedep. 204°;
löslich in $H_2O$) durch Zusammenschmelzen hergestellt.

**Formel 664.**

$$HOOC—(CH_2)_4—COOH \quad HOOC—(CH_2)_4—COOH \quad HOOC—(CH_2)_4—COOH \quad HOOC—(CH_2)_4—$$
$$H_2N—(CH_2)_6—NH_2 \qquad H_2N—(CH_2)_6—NH_2 \qquad H_2N—(CH_2)_6—NH_2$$

Schmelze

$$-N-C-(CH_2)_4-C-N-(CH_2)_6-N-C-(CH_2)_4-C-N-(CH_2)_6-N-C-(CH_2)_4-C-N-(CH_2)_6-N-C-$$

Nylon

farbloses, klar duchsichtiges Harz, schmelzbar, zu sehr reißfesten Fasern und Filmen verarbeitbar

Die Polymerisation der *Hochpolymeren der zweiten Gruppe* (—C—C—C—C—-
Bindungen) aus Grundmolekülen erfolgt entweder von selbst oder mit Katalysatoren in der Kälte, weiter durch Licht und Wärme.

So kann man *Styrol* mit $SnCl_4$, *Butadien* mit metallischem Natrium und *Vinyl-
derivate* mit Peroxyden polymerisieren.

*Mechanismus der Polymerisation.* Unter Einwirkung des Katalysators lagern
sich zwei substituierte Äthylene unter Verlust einer Doppelbindung zu einer 4 C-
Kette mit einer Doppelbindung zusammen; die Doppelbindung lagert ihrerseits
ein neues substituiertes Äthylen zu einer 6 C-Kette an usw. Wahrscheinlich
bildet der Katalysator (von dem schon sehr geringe Mengen genügen) eine lockere
Zwischenverbindung mit der Enddoppelbindung des polymeren Moleküls, die mit
einem weiteren Grundmolekül reagiert, wobei der Katalysator wieder frei wird.

**Formel 665.**

Styrol

flüssig, Siedep. 145°, unlöslich in $H_2O$

Polystyrol

glasklares Harz, thermoplastisch, für
Isolierfolien, Sicherheitsglas und Filme
verwendbar

Da die Verbrennungswärmen der Hochpolymeren niedriger sind als die der
entsprechenden Grundmoleküle, werden bei einer —C—C—-Kettenpolymerisation

(auch bei der Äthylenoxydpolymerisation) beträchtliche Wärmemengen frei, die manchmal, wenn die Polymerisation zu schnell verläuft, zu Explosionen (z. B. bei Äthylenoxyd) und zur Wärmezerstörung des Polymerisats führen können. Durch Wahl des Katalysators, der Temperatur und durch Zumischung anderer Substanzen kann man die Polymerisation beherrschen und in eine gewollte Richtung lenken.

Es gibt Polymere mit nur wenigen Grundmolekülen (Disaccharide, Trisaccharide, niedrige Peptide) bis zu solchen mit 10000 und mehr (Kautschuk). Die Zahl, die angibt, wieviele Grundmoleküle zu einem polymeren Gesamtmolekül chemisch aneinander gebunden sind, nennt man den *Polymerisationsgrad*. Nach einem Vorschlag von STAUDINGER, dessen Schule man einen großen Teil der Erkenntnisse dieses Gebietes zu verdanken hat, nennt man die Riesenmoleküle der Hochpolymeren *Makromoleküle*.

*Lösungen von Hochpolymeren.* Lösungen hochpolymerer Fadenmoleküle (soweit sie überhaupt noch löslich sind) sind strengflüssig, viscos. Die Viscosität ist bei Fadenmolekülen der Moleküllänge proportional (STAUDINGERsches Viscositätsgesetz). Man kann in polymerhomologen Reihen (Reihen verschiedenen Polymerisationsgrades desselben Grundmoleküls) aus der Viscosität der Lösungen das ungefähre Molekulargewicht von Hochpolymeren bestimmen.

Die *Viscosität* rührt daher, daß die langen Fäden der Makromoleküle sich wie ein Netzwerk von Filz verhalten und die Lösungsflüssigkeit mit steigendem Molekulargewicht in ihrer Beweglichkeit zunehmend hindern, also deren Zähflüssigkeit oder Viscosität erhöhen.

Die Lösungen der Hochpolymeren haben wegen der sehr großen Moleküle schon den Charakter kolloidaler Lösungen.

*Struktur.* Reine und einheitliche Polymere sind (mit Ausnahme einiger kristallisierter biogener Proteine und niedriger Polymerer) bis jetzt nicht isolierbar, da in jeder hoch polymeren Substanz Gemische von verschiedenem Polymerisationsgrad und damit verschiedener Kettenlänge vorliegen, die sich nicht wie einheitliche Stoffe zu Kristallen mit gleichmäßigen Endflächen zusammenlagern können.

Die meisten natürlichen Hochpolymeren sind Fadenmoleküle, also eindimensional. So besteht Cellulose aus Fadenmolekülen, wie man schon aus ihrem Strukturbild sieht; nur in einer Dimension, der Fadenlängsachse, liegen chemische Bindungen vor; nur in dieser Richtung hat das Molekül große Reißfestigkeit. In seitlicher Richtung werden die Fäden durch Assoziationskräfte (wie in Molekülkristallen unpolarer Substanzen) zusammengehalten. Cellulosefasern sind in der Längsrichtung leicht spaltbar; sie „zerfasern“.

Bei anderen Hochpolymeren liegen sowohl in der Längsrichtung, wie in beiden Querdimensionen chemische Bindungen vor; man spricht dann von *dreidimensionalen Makromolekülen*.

So wird das eindimensionale Fadenmolekül des Kautschuks (s. Formel 594, S. 375) durch Vulkanisieren mit Schwefel unter Bildung chemischer Bindungsbrücken zwischen den Fäden in ein dreidimensionales Makromolekül verwandelt.

*Vulkanisierter,* „dreidimensionaler“ *Kautschuk* ist dann, zum Unterschied vom eindimensionalen Fadenmolekül Rohkautschuk, nicht mehr in Benzol löslich, da die gesamte Masse des Gummistücks ein einziges Riesenmolekül darstellt, das sich nicht mehr zur Lösung aufteilen kann. Dagegen quillt vulkanisierter Kautschuk noch mit Benzol oder Öl; er löst seinerseits Benzolmoleküle in seinem filzartigen Molekülgewebe.

Fadenmoleküle können in Lösung als unregelmäßige Fäden oder als Knäuel vorliegen. Ob sich Fäden oder Knäuel bilden, hängt davon ab, wieweit im Molekül elektropositive und negative Ladungen an den Molekülenden sich abstoßen oder anziehen und je nachdem ein Aufrichten des Moleküls zu Fäden oder ein Zusammenfallen zu Knäueln verursachen. Die Viscosität von Lösungen, die Fadenmoleküle enthalten, ist viel größer als die Viscosität von Lösungen derselben Konzentration von Knäuelmolekülen.

a                  b

Abb. 85 a u. b: a Lösung von Fadenmolekülen; die viel kleineren Moleküle des Lösungsmittels sind in ihrer Beweglichkeit behindert, die Lösung ist viscos. b Lösung von Knäuelmolekülen; sie sind frei beweglich, damit sind auch die Moleküle des Lösungsmittels frei beweglich, die Lösung ist dünnflüssig, nicht viscos.

Die Eigenschaften findet man besonders ausgeprägt bei Proteinen. So ist eine 3%ige Lösung von Gelatine, einem Fadenmolekülprotein, bei Zimmertemperatur eine feste Gallerte, hat also hohe Viscosität, während eine 3%ige Lösung des Knäuelmolekülproteins Globulin (das ein ähnliches Molekulargewicht hat) dünnflüssig ist und geringe Viscosität zeigt. Die Knäuelmoleküle hemmen im Gegensatz zum Filz der Fadenmoleküle die freie Beweglichkeit des Lösungsmittels nicht.

Die Abhängigkeit der physikalischen Eigenschaften von Hochpolymeren vom Polymerisationsgrad ist von STAUDINGER am *Polystyrol* untersucht worden.

Tabelle 42. *Eigenschaften von Polystyrolen.*

| Polymerisationsgrad des Styrols | Viscosität einer 2%igen Lösung in Benzol | Aussehen als feste Substanz | Filmbildungsvermögen | Bezeichnung |
|---|---|---|---|---|
| 200fach | dünnflüssig | Pulver, spröd | keines | Hemikolloide |
| 200—1000fach | mittelflüssig | fest kleine Fasern | spröde Filme | Mesokolloide |
| über 1000fach | syrupartig | lange Fasern, zäh, reißfest | gute, reißfeste Filme, klar | Eukolloide |

Die chemische Konstitution der wichtigsten natürlichen Hochpolymeren ist schon besprochen worden: Polysaccharide (s. Formel 462, S. 314), Proteine (s. Formel 491, S. 329), Nucleinsäuren (s. Formel 652, S. 404) und Kautschuk (s. Formel 594, S. 375).

*Kunstharze.* Künstlich durch Kondensation hergestellte Hochpolymere sind die Kunstharze. Die chemische Konstitution einiger wichtiger Kunstharze ist die auf der nächsten Seite dargestellte (Formel 666).

*Galalit* ist ein polymeres Kondensationsprodukt aus Casein und Formaldehyd.

Die Eigenschaften eines Polymerisats desselben Grundmoleküls wechseln stark je nach den Polymerisationsbedingungen und der Vorbehandlung. Viele Kunststoffe (z.B. Bakelite) werden von den Fabriken nur in halbpolymerisiertem Zustand (als Hemikolloide oder als Fadenmoleküle) geliefert, die dann thermoplastisch sind und erst bei der Formgebung durch heiße Pressen (bei 100—160°;

**Formel 666.**

Harnstoff — Formaldehyd → Preßharz + $H_2O$

kristallisiert
Smp. 122°

farblos, lichtbeständig
wasserlöslich, als Appretur in der
Textilindustrie verwendet

Dichloräthan + Natriumpolysulfid → Thiokol A + 2 NaCl

flüssig
Siedep. 84°

$Na_2S(S)y$

dunkle Massen, thermoplastisch
elektrischer Isolator, als Kautschukersatz
zu ölfesten Schläuchen, Kabelhüllen für
elektrische Drähte

Phenol + Formaldehyd → Bakelit + $H_2O$

kristallisiert
Smp. 43°

Pulvermassen, schmelzbar
thermoplastisch, elektrischer Isolator
für Preßwaren, elektrische Geräte
Stoffimprägnation

Vinylalkoholessigsäureester
Vinylacetat → Polyvinylacetat

glasklare Masse, wasserunlöslich
Erweichungspunkt etwa 40°
Klebemittel für Sicherheitsglas

Methylacrylsäuremethylester → Polymethylacrylsäureester

glasklares, wasserunlösliches
Harz, gutes Filmbildungs-
vermögen, verwendet als
Autosicherheitsglas, Plexiglas

Butadien → Künstlicher Kautschuk

Gas, Siedep. −5°
(auch Dimethylbutadien und Isopren)

Eigenschaften
ähnlich wie Naturkautschuk

zu elektrischen Schaltern, Haushaltsgeräten und dgl.) endgültig zu dreidimensionalen und dann nicht mehr thermoplastischen Massen kondensiert werden.

In der Technik verwendet man gewöhnlich nicht reine Polymerisate, sondern Mischpolymerisate, die entweder so hergestellt werden, daß man fertige reine Polymerisate zusammenmischt, oder so, daß man ein Gemisch verschiedener monomerer Grundmoleküle zusammen polymerisiert.

Je nach Mischung der chemischen Grundstoffe, Vorbehandlung, Nachbehandlung, durch Zumischen von Füllstoffen, Ruß, Asbest, Gipspulver, Faktis, Farbstoffen, durch Pressen und Behandeln bei verschiedener Temperatur, kann man Stoffe fast jeder gewünschten Qualität herstellen: ölfeste, lichtfeste, säurefeste, alkalifeste, weiche, elastische, harte, wärme- und elektrizitätsisolierende, reißfeste, durchsichtige und undurchsichtige Kunstharze.

*Silicone.* Während lange Ketten aus C-Atomen, etwa in den Kohlenwasserstoffen, gut beständig sind, sind lange Siliciumketten (wie bei den Silanen, S. 170) recht unbeständig. Dagegen sind, anders als beim C, die Siliciumoxyd- und -hydroxydverbindungen extrem stabil. Das hochpolymere $SiO_2$ schmilzt erst bei 1470°, im Gegensatz zum monomeren $CO_2$, das bei —78° sublimiert. Das hochpolymere $SiO_2$ [eigentlich $(SiO_2)_x$] ist wegen seiner Härte als Kunstharz unbearbeitbar; auch sein Hydrat, die Metakieselsäure $H_2SiO_3$ ist unbrauchbar.

**Formel 667.**

<table>
<tr><td>

$$\underset{|}{O}\quad\underset{|}{O}\quad\underset{|}{O}\quad\underset{|}{O}\quad\underset{|}{O}$$
—Si—O—Si—O—Si—O—Si—O—Si—

</td><td>

Siliciumdioxyd
sehr hart, kristallisiert, Smp. 1470°

</td></tr>
<tr><td>

OH   OH   OH   OH   OH
—Si—O—Si—O—Si—O—Si—O—Si—
OH   OH   OH   OH   OH

</td><td>

Metakieselsäure
in Wasser kolloidal löslich
geht bei der Trocknung schließlich in $(SiO_2)_x$ über

</td></tr>
<tr><td>

$CH_3$  $CH_3$  $CH_3$  $CH_3$  $CH_3$
—Si—O—Si—O—Si—O—Si—O—Si—
$CH_3$  $CH_3$  $CH_3$  $CH_3$  $CH_3$

</td><td>

Silicone
je nach Polymerisationsgrad vaseline- bis
paraffinartig, in Wasser unlöslich, in organischen
Lösungsmitteln löslich

</td></tr>
</table>

Ersetzt man die seitlichen OH-Gruppen in der Metakieselsäure durch $CH_3$ oder andere Alkylgruppen, so kommt man zu halbfesten, außerordentlich hitzebeständigen Stoffen niedrigen und mittleren Polymerisationsgrades, den *Siliconen.* Man erhält sie durch dirigierte Hydrolyse von flüssigem Dichlordimethylsilicium (Siedep. 70°) oder Trichlormethylsilicium (Siedep. 66°) mit $H_2O$. Sie sind halbfeste Schmieren, die von —40° bis +200° ihre Viscosität kaum ändern, eine technisch sehr wertvolle Eigenschaft, die kein anderer bis jetzt bekannter Werkstoff hat.

**Formel 668.**

$$x\,Cl\!-\!\underset{\underset{CH_3}{|}}{\overset{\overset{CH_3}{|}}{Si}}\!-\!Cl \quad+\quad x\,HOH \quad\rightarrow\quad -\!\!\left[-\underset{\underset{CH_3}{|}}{\overset{\overset{CH_3}{|}}{Si}}\!-\!O-\right]_x\!\!- \quad+\quad 2\,x\,HCl$$

Dichlordimethylsilicium                            Silicone
flüssig, Siedep. +70°

Harz- und lackartige Stoffe erhält man aus diesen Fadenmolekülgebilden durch dreidimensionale Vernetzung. Man erreicht das entweder durch Erhitzen mit

Spuren von Peroxyden, die durch Oxydation von Methylgruppen ätherartige
Querverbindungen schaffen, oder man mischt von vornherein zum Dichlor-
dimethylsilicium etwas Trichlormethylsilicium und erhält durch gemeinsame
Hydrolyse oder durch nachträgliches Erhitzen automatisch Seitenvernetzung der
Fadenmoleküle zu dreidimensionalen Makromolekülen.

Die Siliconharze und Lacke sind gute elektrische Isolatoren und übertreffen
alle bisher bekannten Kunst- und Naturharze durch ihre Hitzebeständigkeit bis
300—400°. Man kann Elektromotoren, deren Drähte mit Siliconüberzügen isoliert
sind, dauernd ohne Verbrennungsgefahr bei 150° laufen lassen und so aus einem
Motor gleichen Gewichts 2—3mal mehr Leistung herausholen als bisher. Da
die Silicone auch gegen die meisten Chemikalien bei erhöhter Temperatur beständig sind, werden sie als Gerätematerial und als Geräteschutzüberzüge in der

**Formel 669.**

Siliconharze　　　　　Peroxyd　　　　　Silicone |
hemipolymere vaselinartige Fadenmoleküle　　　　　dreidimensionale Hochpolymere, Lacke, Harze

Dichlordimethylsilicium　　　Trichlormethylsilicium　　　　　　Dreidimensionale Moleküle
　　　　　　　　　　　　　flüssig, Siedep. + 66°　　　　　　　　　klare Harze, Lacke

chemischen Industrie verwendet, wie überhaupt synthetische Kunststoffe mehr
und mehr zu Hauptprodukten der chemischen Industrie werden und langsam die
Metalle als Werkstoffe teilweise verdrängen.